芳烃技术

戴厚良　主编

中国石化出版社

内容提要

本书全面系统地阐述了芳烃技术的最新成果和发展趋势，重点总结了21世纪以来我国芳烃生成、芳烃间转化、芳烃分离、芳烃组合工艺、节能技术、乙苯和异丙苯、非石油基芳烃和芳烃衍生物等各个领域技术开发、工程设计、生产实践的经验。本书由长期从事芳烃技术研究、开发、设计及生产的专家撰写，具有系统性、理论性、新颖性和实用性。

本书可供石化行业从事科研、设计、建设、生产和技术管理的科技工作者及高等院校相关专业的师生阅读与参考。

图书在版编目(CIP)数据

芳烃技术/戴厚良主编.—北京：中国石化出版社，2014.11(2022.7重印)

ISBN 978-7-5114-3104-2

Ⅰ.①芳…　Ⅱ.①戴…　Ⅲ.①芳香族烃-生产工艺 Ⅳ.①TQ241

中国版本图书馆CIP数据核字(2014)第257170号

中国石化出版社出版发行

地址:北京市东城区安定门外大街58号

邮编:100011　电话:(010)57512500

发行部电话:(010)57512575

http://www.sinopec-press.com

E-mail:press@sinopec.com

北京科信印刷有限公司印刷

全国各地新华书店经销

*

787×1092毫米 16开本 47.75印张 1144千字

2014年11月第1版　2022年7月第3次印刷

定价:398.00元

《芳烃技术》编委会

《芳烃技术》编辑部

《芳烃技术》撰稿人

（按姓氏笔画排列）

丁宇峰　于中伟　马爱增　王辉国　王德华　毛安国　孔德金
冯　欣　全　辉　刘永芳　祁晓岚　孙洪敏　李　为　李经球
李爱国　杨旭东　吴　巍　邹　薇　汪　洋　张伟清　陈　亮
郁　灼　畅延青　易建彬　周立进　周永兵　郑均林　姜晓花
袁忠勋　顾龙勤　顾昊辉　徐又春　高焕新　郭宏利　郭劲鹤
唐文成　温朗友　谢在库　缪长喜　黎元生　戴厚良

序

芳烃是有机化学工业最基本的原料，芳烃中的苯、甲苯、二甲苯更是石油化工的基础原料，其生产技术水平是一个国家石油化工发展水平的标志之一。芳烃产品可以广泛用于合成树脂、合成纤维、合成橡胶、合成洗涤剂、增塑剂、染料、医药、香料、农药等工业，对发展国民经济、改善人民生活起着重要的作用。

本书是我国第一部全面系统阐述芳烃生产基础理论与实践的技术专著，包括反应机理、原料路线、催化剂、吸附剂、工艺流程及节能优化等。覆盖全面，内容完整，数据详实，客观准确地描述了中国特别是中国石化芳烃技术水平，较为系统地总结了工业实践经验，实现了从理论到实践较完美的结合。不仅具有理论性、创造性和新颖性，而且具有很强的实用性。

这本专著的出版，是一件十分值得庆贺的事情，对于促进芳烃技术的研究开发、技术创新、技术进步及工业应用，必将起到积极而有益的作用。因此，如何去阅读本书，吸取更多教益，就成为值得探讨的问题。

1. 由于本书内容丰富，首先要了解全书的章、节及其主要内容，形成一个框架，组成自己的“芳烃图书馆”，这样就便于查找。

2. 书中对于每一工艺，如催化重整技术，不仅讲了反应原理，而且介绍了重整原料及预处理、固定床、移动床以及工艺模拟、后处理、关键设备等，这样原理与实践相结合，使操作者不仅知道怎么做，而且懂得了为什么这样做，大大增加了操作的主动性。

3. 书中对于化工单元的原理和技术，如芳烃抽提与抽提蒸馏、对二甲苯吸附分离、对二甲苯结晶分离等工艺原理、过程模拟，技术展望等均有论述，也是本书的一特色。

4. 中国石化近年开发了多项具有自主知识产权的芳烃技术，如 SorPX 模拟移动床吸附分离工艺，HAT-plus 重质芳烃轻质化工艺，SSTDP 甲苯择形歧化技术，S-TDT甲苯歧化与烷基转移工艺，MTX 甲苯甲基化工艺等，因此从本书还可以学习到开发一个新工艺的方法和经验。

本书适合于石化及相关行业从事科研、设计、建设、生产和技术管理的科技工作者及高等院校相关专业的师生阅读与参考，希望这个序对阅读本书有所帮助。

闵恩泽

前　言

芳烃是有机化学工业最基本的原料，主要来源于石油和煤焦油。芳烃中的苯(B)、甲苯(T)、二甲苯(X)更是石油化工重要的基础原料，其市场规模仅次于乙烯和丙烯。苯的最大用途是制取苯乙烯，经聚合可得到聚苯乙烯，其次是苯加氢制取环己烷，通过环己烷氧化-环己酮-己内酰胺的制备路线用于生产尼龙。甲苯不仅可以用作有机合成溶剂和高辛烷值汽油组分，也可用于合成异氰酸酯、甲酚等，还可以通过甲苯歧化等工艺生产苯和二甲苯；甲苯衍生的一系列中间体也被广泛用于染料、炸药、有机颜料、己内酰胺等工业。二甲苯中用量最大的是对二甲苯(PX)，PX 经高温氧化可制成对苯二甲酸，是合成聚酯(涤纶)的主要原料，在世界合成纤维(不含聚烯烃纤维)的产量中涤纶约占 80%以上。

近年来，芳烃生产的单元技术已取得了较大的发展与进步，各专利商开发了新的催化剂与吸附剂、反应工艺和分离工艺，生产芳烃的物耗、能耗不断下降。提高反应空速、降低氢烃比、提高目标 BTX 产品选择性、提高重芳烃处理能力以及开发组合工艺等已成为该领域技术的主要发展方向。

中国石化在芳烃领域的工艺技术及配套催化剂、吸附剂开发已取得突破性进展，具有自由运作权的芳烃成套技术开发正稳步推进，在技术研发、工程设计与生产实践等方面有了较雄厚的积累，芳烃技术自身已形成非常完整且相对独立的体系。有鉴于此，为了重点总结 21 世纪以来芳烃技术领域的创新与突破，分析芳烃生产和技术发展的现状与趋势，特别是应对芳烃生产规模大型化、原料多元化、技术集成化及更加注重工艺优化和节能环保等问题，编撰出版《芳烃技术》专著十分必要。

本专著的撰写力求做到以下几个方面：

在系统性阐述方面，本专著围绕催化剂、吸附剂、工艺等核心要素进行系统阐述，涵盖芳烃生成、芳烃间转化、芳烃分离、组合工艺、节能技术、乙苯和异丙苯、非石油基芳烃、芳烃衍生物等诸多技术领域。

在理论性与实用性有机结合方面，本专著注重基础理论，围绕反应化学机理与反应动力学研究、工艺开发以及工业实践，重点论述不同技术路线的关键科学问题和主要途径，实现理论与实践的有机结合。

在新颖性方面，本专著涵盖国内外研究开发的最新成果和工业实践。

本专著的编撰得到了中国石油化工集团公司及所属石油化工科学研究院、上海石油化工研究院、抚顺石油化工研究院、中国石化工程建设有限公司、中国石化洛阳工程公司、扬子石化公司以及中国石化出版社等单位的大力支持，许多作者都是科研、设计、生产一线的学术带头人和技术骨干。同时，邀请国内科研院所与高校的专家学者对全书内容进行了审阅，老专家瞿国华做了大量的指导工作；中国科学院何鸣元院士和费维扬院士专门抽出时间对本书的编撰工作进行了悉心的指导和帮助，并提出了诸多中肯和富有建设性的意见；特别是闵恩泽先生在百忙中为本书作序，谨在此表示衷心的感谢。

书中内容虽经多次审查及修改完善，但仍难免有疏漏、不妥和失误之处，敬请读者批评指正。

真诚期待本书能使广大读者从中获得启迪和裨益。

戴厚良

目　　录

第一章　绪论

芳烃是芳香烃的简称，因在有机化学发展初期这类化合物取自具有芳香气味的树脂、香液、香油而得名。芳烃是化学工业重要的基础原料，是含苯环结构的碳氢化合物的总称。根据分子中苯环数目的不同可分为单环芳烃（苯的同系物）和多环芳烃，其中最重要的是苯（benzene）、甲苯（toluene）和二甲苯[xylene，包括对二甲苯（para-xylene，PX）、邻二甲苯（ortho-xylene，OX）、间二甲苯（meta-xylene，MX）]，统称为 BTX，其次是乙苯、异丙苯和萘。

人类生产和利用芳烃已有近 200 年的历史。19 世纪初开始，欧洲的科学家在热解天然可回收原料时陆续发现了苯、甲苯、二甲苯。芳烃的工业利用是从 19 世纪中叶，煤干馏所得煤焦油中分离出苯、甲苯、萘、蒽等芳烃开始的。此后，工业用芳烃主要来自煤炼焦副产焦炉煤气及煤焦油，直至 20 世纪 40 年代，随着现代炼油工业的发展，BTX 开始在石油化学工业中大规模生产和应用。

BTX 是一级基本有机原料，其产量和规模仅次于乙烯和丙烯。苯的最大用途是制取苯乙烯，经聚合可得到聚苯乙烯，其次是苯加氢制环己烷，经“环己酮-己内酰胺”或“环己酮（以及环己醇）-己二酸/己二胺”的制备路线生产尼龙（锦纶）。二甲苯中用量最大的是对二甲苯，对二甲苯经氧化可制成对苯二甲酸，是合成聚酯纤维（涤纶）和树脂的主要原料，在世界合成纤维的产量中涤纶占 80%以上[1]。

目前，BTX 主要来自催化重整生成油、蒸汽裂解副产的加氢裂解汽油（简称加氢裂解汽油，缩写为 HSCN）和焦化粗苯（也称焦炉轻油）中的 $C_6 \sim C_8$ 芳烃，此外，液化气（LPG）、轻烯烃和重整抽余油等轻烃原料可通过芳构化增产 BTX，将催化裂化轻循环油（LCO）中的重芳烃转化为 BTX 的技术已开发成功，甲醇制芳烃（MTA）、天然气制芳烃及纤维素等生物质生产芳烃等新工艺与新技术也在积极的研发过程中。现代石油化学工业中 BTX 的生产主要由催化重整-芳烃抽提-歧化及烷基转移-二甲苯分馏-异构化-吸附分离等工艺组成的大型芳烃联合装置完成，加氢裂解汽油的 $C_6 \sim C_8$ 馏分因富含 BTX，也是芳烃联合装置的重要原料。近年来，芳烃生产的各单元技术已取得了较大的发展与进步，各技术专利商开发了新的催化剂与吸附剂、反应工艺和分离工艺，生产芳烃的物耗、能耗不断下降。提高反应空速、降低氢烃比、提高目标产品选择性和产品结构调整的灵活性、提高重芳烃处理能力以及开发组合工艺等已成为芳烃技术发展的主要方向。

目前，中国已成为世界最大的苯、甲苯和 PX 的生产国、进口国和消费国。未来，随着我国经济的快速增长，对基本化工原料的需求仍保持旺盛，芳烃生产技术将是我国需要重点开发的核心技术。加快开发并形成原料多样化、产品结构调整灵活、物耗能耗更低并具有自主知识产权的芳烃成套生产技术，将对我国芳烃产业的发展起到积极的推进作用。

第一节 芳烃的地位和作用

一、芳烃在国民经济中的地位与作用

芳烃是化学工业的基础原料，具有重要的地位，其生产技术水平是一个国家石油化工发展水平的标志之一。芳烃产品可以广泛用于合成树脂、合成纤维、合成橡胶、合成洗涤剂、增塑剂、染料、医药、香料、农药、专用化学品等，对发展国民经济、改善人民生活起着重要的作用，并形成众多的产业链，带动了其他产业的发展。

芳烃是生产合成纤维的重要原料，其中的对二甲苯和苯分别是现代纺织业使用最广泛的两种合成纤维——聚酯纤维和聚酰胺纤维的主要原料。聚酯纤维(中国商品名为涤纶)是市场上最经济、最常用的纤维，目前还没有新的合成或天然纤维可以取代它。聚酰胺纤维(中国商品名为锦纶，国外商品名为尼龙)用量排合成纤维第二位。另外，由苯和二甲苯还可制得芳香族聚酰胺纤维(我国称为芳纶)。芳纶是一种高强度、低密度和耐磨性好的合成纤维，主要用于生产轮胎帘子线、橡胶补强材料、特种绳索，以及军工和航天材料，广泛应用在汽车、机电、航天航空、军工等重要领域。

我国纺织纤维生产中合成纤维产量已占到70%，其中聚酯纤维占合成纤维总量的88%[2]。中国已成为世界上最大的纺织品及服装生产国和出口国，纺织业是我国国民经济的支柱产业之一，在国家积累资金、出口创汇、提供就业岗位等方面做出了巨大贡献。我国人口众多，但耕地面积却十分有限，特别是受城市化、城镇化迅速发展的影响，我国耕地面积减少，合成纤维的发展解决了天然纤维与粮食争地的问题。另外受气候等自然条件的影响，天然纤维的产量可能会大幅波动，因此发展合成纤维是保证人民穿衣需求的根本途径。中国改革开放以来，化学纤维的产量从1983年的0.4 Mt，发展到2012年的34.5 Mt[3]，对于自然资源短缺的中国，化学纤维的快速发展，不仅满足了人们的穿衣需求，而且使人们着装日益丰富多彩。

芳烃还广泛用于生产非纤维用聚酯(包括瓶级、包装用膜片级和其他用途)，和人们的日常生活有广泛的联系，如用于制造装饮用水的聚酯瓶，我国以瓶级聚酯为主的非纤维用聚酯已占聚酯总产能的20%左右[4]。当前聚酯瓶已广泛应用于饮料、饮用水、食用油、医药、食品以及化妆品等的包装。聚酯瓶包装安全可靠，轻量方便，可回收利用，实现了节约能源、降低成本的可持续发展。

二、芳烃在石化行业中的地位与作用

(一)芳烃生产在炼化一体化中的作用

1. 芳烃对资源优化的作用

石脑油是催化重整制芳烃(或重整汽油)的原料，同时也是蒸汽裂解制乙烯的主要原料。对既有乙烯装置又有催化重整装置的企业，要兼顾二者对原料的要求，充分用好有限的石脑油资源。其出发点是：链烷烃含量高的宜做乙烯原料，乙烯收率高；环烷烃、芳烃含量高的适宜做芳烃原料。

对于蒸汽裂解制乙烯装置，原料按烃族组成的优劣顺序为：正构烷烃>异构烷烃>环烷烃>芳烃，乙烷、丙烷等轻烃是最好的裂解原料；而催化重整生产芳烃时，最好的原料是环烷基原料，即环烷烃含量高的石脑油，其芳烃潜含量(指原料中 C_6 以上的环烷烃全部转化为芳烃的量与原料中的芳烃量之和)高，芳烃收率高。

将石脑油原料分离成富含正构烃和富含非正构烃的两个组分，分别作为蒸汽裂解和催化重整的原料，可以实现乙烯和芳烃收率的双向优化，提升石脑油在制取乙烯、芳烃和高辛烷值汽油过程中的利用效率，实现石脑油资源的“宜烯则烯、宜芳则芳、宜油则油”的目标。代表性的技术有联碳公司(UCC)开发的 IsoSiv™工艺、UOP 公司开发的 MaxEne 工艺[5]。

中国石化在“宜烯则烯、宜芳则芳、宜油则油”优化等方面进行了有益的探索和尝试，初步形成了较为完整的思路和优化原则，主要包括：以效益为中心，充分发挥炼化一体化的特点，强化不同原料产品链和装置效益核算，按效益优化乙烯原料、重整原料及油品料流向；以“分子管理”挖掘装置潜力，拓展芳烃、乙烯原料，提升原料的针对性，以“分子管理”推动芳烃、乙烯副产品返哺炼油，优化油品调合资源，在满足质量的同时，降低成本，提升炼油竞争力；利用区域优势，在充分挖掘内部资源利用潜力的同时，优化外部资源。

2. 芳烃对生产高辛烷值汽油的作用

芳烃的辛烷值较高，如苯、甲苯、二甲苯、乙苯的研究法辛烷值分别为 100、115、>100、106，是提高汽油辛烷值的理想组分。$C_6 \sim C_8$ 芳烃的辛烷值见表 1-1-1。

表 1-1-1　部分芳烃的辛烷值

烃类	辛烷值[6]	
	研究法(RON)	马达法(MON)
苯	100[7]	108
甲苯	115	103
二甲苯	>100	>100
乙苯	106	98

催化重整汽油和蒸汽裂解汽油中都含有大量的芳烃，但其中各种芳烃的组成比例有很大差别，如表 1-1-2 所示。催化重整汽油中甲苯和 C_8 芳烃(包括乙苯和二甲苯)较多，苯较少，具有较高的辛烷值(RON 为 98~102)、较低的烯烃含量(0.1%~1.0%)，而且基本上不含硫、氮、氧等杂质，是理想的汽油调合组分[8]；蒸汽裂解汽油中苯、甲苯较多，C_8 芳烃较少，经加氢精制并分离出苯后可作为高辛烷值汽油组分。

表 1-1-2　催化重整汽油和蒸汽裂解汽油中各组分含量　%

组　分	催化重整汽油	裂解汽油[9]
总芳烃	60~80	54~73
苯	6~8	19~36
甲苯	20~25	10~15
二甲苯	21~30	8~14
C_{9+}芳烃	13~25	5~15
非芳烃	20~40	27~46

催化重整汽油是重要的汽油调合组分，汽油调合组分(国外常称 gasoline pool—汽油池)中重整汽油所占的比例，美国为 30%～35%，欧洲为 45%～50%[8]，而以中国为代表的发展中国家主要以催化裂化汽油为主。未来，随着新兴经济体国家或地区汽油质量标准的升级，炼油厂需要调入更多高质量的重整汽油来提高汽油辛烷值。但催化重整汽油是调合汽油中苯的最主要来源，调合汽油中 70%～85%的苯来自催化重整汽油[10]。由于苯是致癌物质，世界各国对汽油中苯含量的限制日趋严格。美国环保局(EPA)“移动源空气有毒有害物质”(Mobile Source Air Toxics)排放法规 II (MSAT II)规定美国汽油中的平均苯含量已降至 0.62%(体积分数)以下。我国环保法规对汽油中苯含量限制也日趋严格，降低重整汽油苯含量势在必行，采用抽提蒸馏工艺将苯从重整汽油中分离出去作为石化产品，已成为我国降低汽油苯含量的主要措施之一。

(二)芳烃在合成材料中的作用

PX 主要用于生产精对苯二甲酸(PTA)或对苯二甲酸二甲酯(DMT)，PTA 或 DMT 与乙二醇反应生成聚对苯二甲酸乙二醇酯(PET，是聚酯类产品中最主要的品种，习惯上称为聚酯)，以及聚对苯二甲酸丙二醇酯(PTT)、聚对苯二甲酸丁二醇酯(PBT)等，用于制造聚酯纤维和非纤维用聚酯树脂。近几年，直接由 PTA 生产 PET 的比例逐年提高，2010 年全球超过 97%的 PET 由 PTA 生产[11]。我国 PET 全部通过 PTA 生产，目前我国已经成为全球 PTA 生产第一大国。在我国 PX-PTA-PET 产业链中，受近几年国内新建 PTA 装置产能快速扩张，而上游 PX 产能增加放缓的影响，PX 的产能增速远低于 PTA，PX 与 PTA 上下游不匹配的矛盾愈加突出，近几年我国 PX-PTA-PET 产业链发展情况见表 1-1-3。根据中国石化《2013 石化市场年度分析报告》数据统计，2012 年底，国内 PTA 产能 31.47 Mt/a，产量 20.67 Mt，按生产 1 t PTA 约需 0.67 t PX 计算，消耗 PX 约 13.85 Mt，PX 缺口 5.39 Mt；“十二五”期间，我国将有大量 PTA 产能集中释放，虽然同期计划投产的 PX 项目可能超过 5 个，但 PX 资源短缺局面仍难以改变，预计 2015 年国内 PX 缺口将继续上升至 9.33 Mt，中国仍将是 PX 的主要进口国。我国 PET 工业的迅猛发展带动 PTA 消费快速增长，虽然从 2010 年到 2012 年国内 PTA 装置产能增加了一倍，但 PTA 生产仍不能满足市场需求。2012 年，我国 PET 产量约 30.00 Mt，按生产 1t PET 约需 0.85t PTA 计算，对 PTA 的需求约 25.50 Mt，缺口达 4.83 Mt。未来几年，我国 PTA 产能增速将高于聚酯产能增速，预计到 2015 年国内 PTA 将出现 1.95 Mt 的产能过剩。

表 1-1-3 近几年我国 PX-PTA-PET 产业链发展情况 Mt

	2006 年		2008 年		2010 年		2012 年		2015 年	
	产能	产量	产能	产量	产能	产量	产能	产量	产能	产量
PX	2.98	2.79	3.68	3.17	8.12	6.20	8.82	7.75	13.24	13.05
PTA	9.11	6.73	11.99	9.28	15.02	14.10	31.47	20.67	45.42	33.40
PET	20.30	15.96	23.60	18.56	29.30	23.88	38.60	30.00	46.50	37.00

纯苯主要用于生产苯乙烯、硝基苯/苯胺、环己烷/己内酰胺、异丙苯/苯酚丙酮、烷基苯和氯化苯等产品。苯乙烯是纯苯的最主要衍生物，约占纯苯年消费量的 50%，全球 75%以上的苯乙烯用于生产聚苯乙烯和 ABS/SAN 树脂，其下游领域延伸至塑料、橡胶行业；苯

胺约占纯苯年消费量的17%，主要用于生产MDI(二苯基甲烷二异氰酸酯)；苯酚约占纯苯年消费量的12%，下游酚醛树脂、双酚A占苯酚总消费量的60%以上；己内酰胺主要用于生产尼龙6纤维(锦纶)和尼龙6树脂。目前，纯苯下游苯乙烯、己内酰胺、苯胺、苯酚等在建和拟建的项目很多，短期来看，国内新增纯苯产能远不能满足下游产业链扩张的需求。

C_{10}芳烃中含量较高、有利用价值的组分是均四甲苯、萘、二甲基乙苯和二乙苯。均四甲苯主要用于生产均酐(均苯四甲酸二酐)，均酐大量生产用于国防及高科技领域的聚酰亚胺树脂，以及环氧树脂固化剂、增塑剂、表面活性剂、润滑剂和改进剂等。萘大量用于水泥减水剂的生产，其需求受房地产市场的影响较大，存在不确定性；萘也可用于制苯酐，但受邻二甲苯市场和煤化工发展的双重影响，目前国内苯酐生产主要以邻二甲苯为原料；精萘的下游应用是染料及有机染料中间体；我国是世界最大的染料生产国，对精萘的需求一直持续增加，而国内精萘产量有限，精萘的缺口很大，大量依赖进口。二甲基乙苯脱氢可制二甲基苯乙烯，再聚合制成工程塑料。二乙苯主要用于生产二乙烯苯和对二乙苯，二乙烯苯是重要的交联剂和聚乙烯、丁苯橡胶的改进剂，混合二乙苯分离得到的对二乙苯是对二甲苯吸附分离用的解吸剂，随着我国聚酯纤维工业的快速发展，对二乙苯的需求市场前景较好。

(三)世界芳烃生产与需求

受经济发展的影响，全球芳烃生产和消费总体呈上涨趋势，世界苯、甲苯和PX的产能和消费量变化情况见图1-1-1。

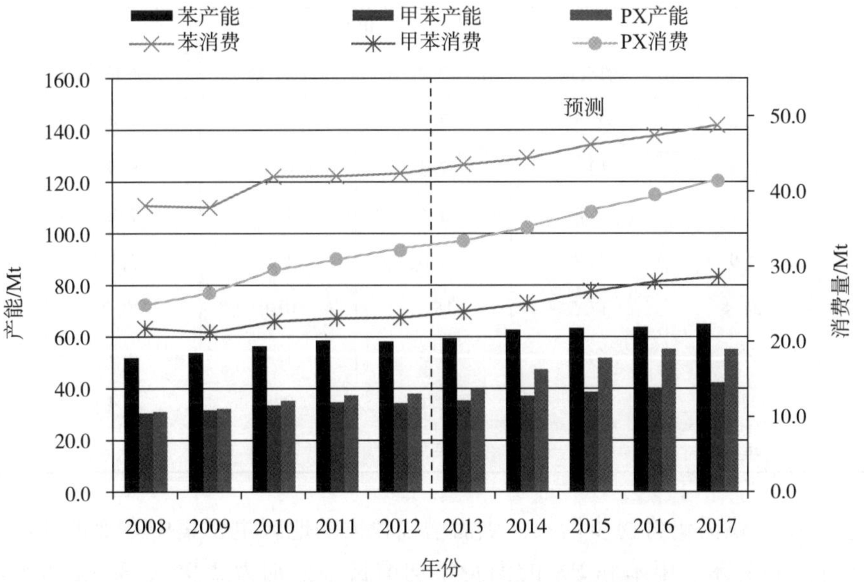

图1-1-1　世界苯、甲苯和PX的消费发展趋势

近几年，苯和甲苯产销增幅趋于平缓，而PX的产销增长幅度远高于苯和甲苯。苯、甲苯和PX最近五年的年均消费增长率分别为2.8%、2.2%和6.0%。2012年，苯、甲苯和PX的消费量分别为42.2 Mt、23.2 Mt和32.2 Mt。受需求带动，芳烃产能持续增长，截至2012年底，世界苯、甲苯和PX的产能分别达到58.2 Mt/a、34.6 Mt/a、38.2 Mt/a，产量与消费量基本持平。从近五年全球主要芳烃产品供应状况来看(见表1-1-4)，苯和甲苯的年均产

能增长幅度高于市场需求增幅，开工率有所下降，2012 年苯和甲苯的开工率分别只有 72.5%和 67.1%；PX 的年均需求增幅高于产能增幅，2012 年 PX 装置的开工率达到 84.0%。

表 1-1-4 近几年全球主要芳烃产品供应状况 Mt

项目	2008 年		2010 年		2012 年		2015 年(预测)		2008～2013 年均增长率/%	
	产能	产量	产能	产量	产能	产量	产能	产量	产能	产量
苯	51.9	38.1	56.5	41.3	58.2	42.2	63.3	46.5	2.8	2.6
甲苯	30.4	21.7	33.8	22.9	34.6	23.2	38.7	26.7	3.3	2.2
PX	30.9	24.5	35.6	29.8	38.2	32.1	51.0	38.4	6.3	6.6

全球芳烃需求最大的地区在东北亚，特别是在中国聚酯生产强劲增长的带动下，东北亚 PX 需求占全球 PX 需求的 61.5%。世界芳烃装置生产能力一半以上也在亚洲地区，尤其是 PX，2012 年亚洲 PX 产能占全球产能的 70%以上，未来新增产能也将主要集中在该地区。除中国大陆外，芳烃产能增长较快的地区或国家还有中东、韩国和新加坡，2008～2013 年，中东、韩国的 PX 年均产能增长率分别为 12.5%、7.6%，新加坡苯的年均产能增长率为 10.7%。2012 年世界主要地区芳烃产销情况见表 1-1-5。

表 1-1-5 2012 年世界主要地区芳烃产销情况 Mt

项　目	苯		甲苯		PX	
	产能	消费量	产能	消费量	产能	消费量
北美	9.8	8.5	7.0	6.1	4.4	3.6
中东欧	3.8	19.5	2.4	0.9	0.9	0.6
西欧	9.8	7.8	2.5	1.6	2.2	2.0
中东	3.9	2.7	3.0	1.5	3.7	0.7
东北亚	24.4	17.5	15.1	10.0	20.0	19.8
东南亚	3.6	2.3	2.3	1.4	4.4	2.8
印巴	1.4	0.6	1.1	0.8	2.4	2.6
全球	58.2	42.2	34.6	23.2	38.2	32.2

未来世界 BTX 供需仍将稳步增长，供需增幅较大的地区主要集中在亚洲地区。据预测，2013～2018 年，世界苯、甲苯和 PX 的消费年均增长率分别为 2.9%、3.9%和 5.4%，其产能的年均增长率分别为 2.1%、3.9%和 6.6%，BTX 产能仍将维持过剩局面。

(四) 中国芳烃生产与需求

受下游衍生物产能扩张的影响，我国 BTX 供需增速远高于世界平均水平，尤其是 PX，2008～2013 年，我国 PX 消费的年均增速高达 21.8%。近几年我国主要芳烃产品供需情况见表 1-1-6。2012 年，苯、甲苯、PX 的表观消费量分别达 8.28 Mt、2.62 Mt、13.85 Mt，分别占世界总消费量的 19.6%、11.3%、43.1%。

表 1-1-6 近几年我国主要芳烃产品供需情况 Mt

项目	2008 年		2010 年		2012 年		2015 年(预测)		2008~2013 年均增长率/%	
	产量	消费量①	产量	消费量①	产量	消费量①	产量	消费量①	产量	消费量①
苯	4.64	4.90	6.82	6.90	7.89	8.28	11.75	12.20	13.2	13.5
甲苯	1.52	1.80	1.81	2.63	1.97	2.62	2.40	3.59	4.9	8.7
PX	3.16	6.13	6.20	9.52	7.75	13.85	13.05	22.40	19.6	21.8

①国内消费量采用表观消费量，表观消费量=产量+进口量-出口量+库存变化量。

我国芳烃产能扩张较快，2008~2013 年，苯、甲苯和 PX 的年均产能增长率分别为 14.5%、7.6%和 26.0%，2012 年我国苯、甲苯和 PX 的产能分别达到 11.01 Mt/a、3.39 Mt/a和 8.82 Mt/a，分别占世界总产能的 18.9%、9.8%和 23.1%。

在我国芳烃市场中，PX 长期处于供不应求的局面。甲苯中很大一部分用于汽油调合，近年来受汽油需求旺盛的影响，市场甲苯供应不足。苯的生产很大程度上取决于市场的供需情况，2011 年以前产销基本平衡，近两年，苯下游装置快速扩张，造成苯市场转向供不应求。据统计，2012 年，中国苯、甲苯和 PX 的净进口量分别为 0.39 Mt、0.65 Mt 和 6.09 Mt。

今后我国经济仍将以较快的速度发展，人民生活水平将进一步提高，下游衍生物需求的增加以及清洁汽油的发展都将推动 BTX 供需以较快速度增长。预计到 2020 年，我国苯、甲苯和 PX 的表观消费量将分别增加至 15.3 Mt、4.5 Mt 和 30.0 Mt，产能也将分别进一步提高至 18.6 Mt、5.0 Mt 和 25.0 Mt，届时 PX 仍将维持供不应求的局面。

第二节 芳烃的来源、性质和用途

一、芳烃来源

芳烃从发现到应用，并发展成为现代工业中不可或缺的化工原料，已经经历了近二百年的历史。目前石油芳烃是芳烃的主要来源，此外还有少量产自煤焦油和生物质等其他来源的芳烃。

(一)石油芳烃来源

石油芳烃已成为 BTX 的主要来源，全球来自石油的 BTX 已占到全部 BTX 的 95%以上。但 BTX 在原油中的含量较低，工业上是通过从石油基原料中合成得到。1940 年美国 Mobil 石油公司研究成功由石油轻质馏分制取芳烃的临氢催化重整工艺，开辟了工业生产 BTX 等重要芳烃的新途径。之后，蒸汽裂解制乙烯工业迅速发展，其副产的裂解汽油成为 BTX 的另一重要来源。目前，石油 BTX 主要来源于催化重整装置的重整生成油和蒸汽裂解装置的裂解汽油，然后经过抽提、歧化/烷基转移、异构化、吸附或结晶分离等工艺得到 BTX 产品。

近几年，由于全球汽油需求增速放缓，催化重整能力增长有限，同时，北美及中东地区的蒸汽裂解装置加工轻质原料(乙烷及页岩气)数量增加，从而导致来自催化重整和蒸汽裂解的石油芳烃减少。近年来世界苯来源变化见表 1-2-1，与 2010 年相比，2013 年产自催化重整和蒸汽裂解的苯在世界苯产量中的占比下降，焦化苯占比增加。为了补充芳烃生产，可利用石油加工中产生的部分产品，采用不同加工工艺增产芳烃，主要包括 LPG 和轻质烷烃的轻烃芳构化增产芳烃、重芳烃轻质化增产 PX、催化裂化 LCO 及裂化汽油转化生产芳烃等。

表 1-2-1 2010 年与 2013 年世界苯来源对比 %

	2010 年	2013 年
催化重整油	36.8	36.0
裂解汽油	39.0	38.0
甲苯歧化与烷基转移	5.8	7.0
甲苯择形歧化	4.7	5.0
甲苯脱烷基	4.2	3.0
异构化	5.0	5.0
炼焦副产	4.5	6.0

（二）芳烃的其他来源

自 19 世纪中叶从煤加工得到的煤焦油中分离出芳烃起，到 1940 年催化重整制芳烃工艺的诞生，将近一个世纪，芳烃全部来源于煤焦化工业。由于有机合成工业的迅速发展，焦化工业生产的焦化芳烃在数量和质量上都不能满足需求。之后，随着催化重整和蒸汽裂解技术的发展，从煤中制取芳烃的数量逐渐减少。

由于原油价格上涨，石油芳烃生产原料供应紧张，开拓经济可行的芳烃生产新途径是增产芳烃亟待解决的问题。近几年，已经在研发将曾经被石油替代的煤以及可再生生物质作为原料生产芳烃的新技术。焦化粗苯和煤焦油可以采用现代先进的炼制技术加工，得到高质量的芳烃产品；煤和生物质还可以经气化合成甲醇，甲醇再经不同的过程生产芳烃；纤维素等生物质也可以通过新的生产技术直接转化成芳烃。

（三）芳烃主要品种

据统计，在总数约 800 万种的已知有机化合物中，含有苯环的化合物占约 30%。芳烃化合物按碳数和加工利用途径主要分为 C_6 ~ C_8 芳烃、C_9 芳烃、C_{10}及以上芳烃。

C_6 ~ C_8 芳烃通常称为轻芳烃，包括苯、甲苯、二甲苯和乙苯，其中 BTX 是一级基本有机原料，主要用于纤维、塑料、橡胶等合成材料以及品种繁多的有机合成中间体和产品的生产，其市场规模仅次于乙烯和丙烯。

C_9 芳烃主要包括三甲苯、丙苯、甲乙苯、茚等，这些组分是生产合成树脂、抗氧剂、增塑剂、防震剂等高附加值精细化工产品的重要有机化工原料。

C_{10}及以上芳烃通常称为重芳烃，一般分为单环和多环芳烃，主要来自催化裂化、催化裂解、催化重整、歧化、异构化、蒸汽裂解、苯与乙烯烷基化制乙苯及煤高温炼焦副反应过程，其中多烷基苯、萘系物等均为重要的化工资源。单环芳烃是分子结构中只有一个苯环的芳烃，多环芳烃中根据苯环间连接方式的不同，又可分为多苯代脂烃、联苯和稠环芳烃三类，其中以稠环芳烃比较重要。多苯代脂烃中苯环通过脂肪烃基连接在一起，如二苯甲烷、三苯甲烷等；联苯的苯环之间通过碳碳单键直接相连，如联苯、联四苯等；稠环芳烃的苯环共用两个相邻碳原子，如萘、蒽、菲等。

二、芳烃性质与用途

苯及其相对分子质量较小的同系物是易燃液体，密度比水小，不溶于水，溶于有机溶剂；多环芳烃及稠环芳烃多是晶状固体。芳烃的C/H比较高，具有高度不饱和的特点，而芳环的化学性质却比较稳定，一般难以加成和氧化，但容易发生取代反应，各种芳烃的物性数据见附录一。

(一)苯

苯(C_6H_6)是结构最简单的单环芳烃，也是一种良好的有机溶剂。在常温下，苯是一种挥发性的无色可燃液体，具有特殊的芳香味，相对分子质量78.11，熔点5.5℃，沸点80.1℃，相对密度(d_4^{20})0.8790。

苯的最主要用途是制取乙苯，然后脱氢制得苯乙烯，其次是制取环己烷、苯酚、烷基苯等。苯乙烯是工业合成树脂及合成橡胶等的重要单体，环己烷主要用于生产尼龙，作为生产纤维和工程塑料的原料。

(二)甲苯

甲苯(C_7H_8)是挥发性带芳香味的无色可燃液体，相对分子质量92.13，熔点-95℃，沸点110.8℃，不溶于水，可溶于醇、醚和丙酮等多数有机溶剂，相对密度(d_4^{20})0.8667。

甲苯不仅可以用作有机合成的溶剂和高辛烷值汽油组分，而且可以用于合成异氰酸酯、甲酚以及生产染料、炸药、有机颜料、己内酰胺等，还可以通过甲苯歧化/烷基转移、甲苯择形歧化等工艺生产苯和二甲苯。

(三)二甲苯

二甲苯(C_8H_{10})存在三个异构体，分别为对二甲苯(PX)、间二甲苯(MX)和邻二甲苯(OX)。二甲苯在颜色、挥发性、芳香性和可燃性等方面与苯和甲苯相似，相对分子质量为106.16，其余主要物理性质列于表1-2-2。

表1-2-2　二甲苯不同异构体的主要物理性质

名称	熔点/℃	沸点/℃	相对密度 d_4^{20}
对二甲苯	13.26	138.37	0.8611
间二甲苯	-47.87	139.3	0.8684(d_4^{15})
邻二甲苯	-25.2	144.4	0.8968

二甲苯除了用作高辛烷值汽油调合组分外，还是合成纤维和塑料的重要原料，其中用量最大的是PX。PX主要用于生产PTA，PTA主要用于生产聚酯纤维、聚酯瓶和聚酯薄膜等；OX主要用于生产邻苯二甲酸酐(俗称苯酐)，苯酐是一种重要的有机原料，广泛应用于增塑剂、不饱和聚酯树脂、醇酸树脂、染料、医药、农药等行业；MX主要用途是生产间苯二甲酸(PIA)和间苯二腈，间苯二甲酸也是生产不饱和聚酯树脂的原料，间苯二腈是生产杀菌剂的中间体。在催化重整等过程得到的混合二甲苯资源中，MX的含量最大，但是它在工业上的用量却远不及其他两种异构体，MX在芳烃联合装置中多通过异构化转化成PX和OX，或

以混合二甲苯的形式用作汽油组分或溶剂。近些年，随着 MX 氧化得到的 PIA 用作共聚聚酯、不饱和聚酯树脂等单体的需求不断增加，MX 的生产得到了很大发展。

BTX 转化为各种石化产品的主要途径见图 1-2-1。

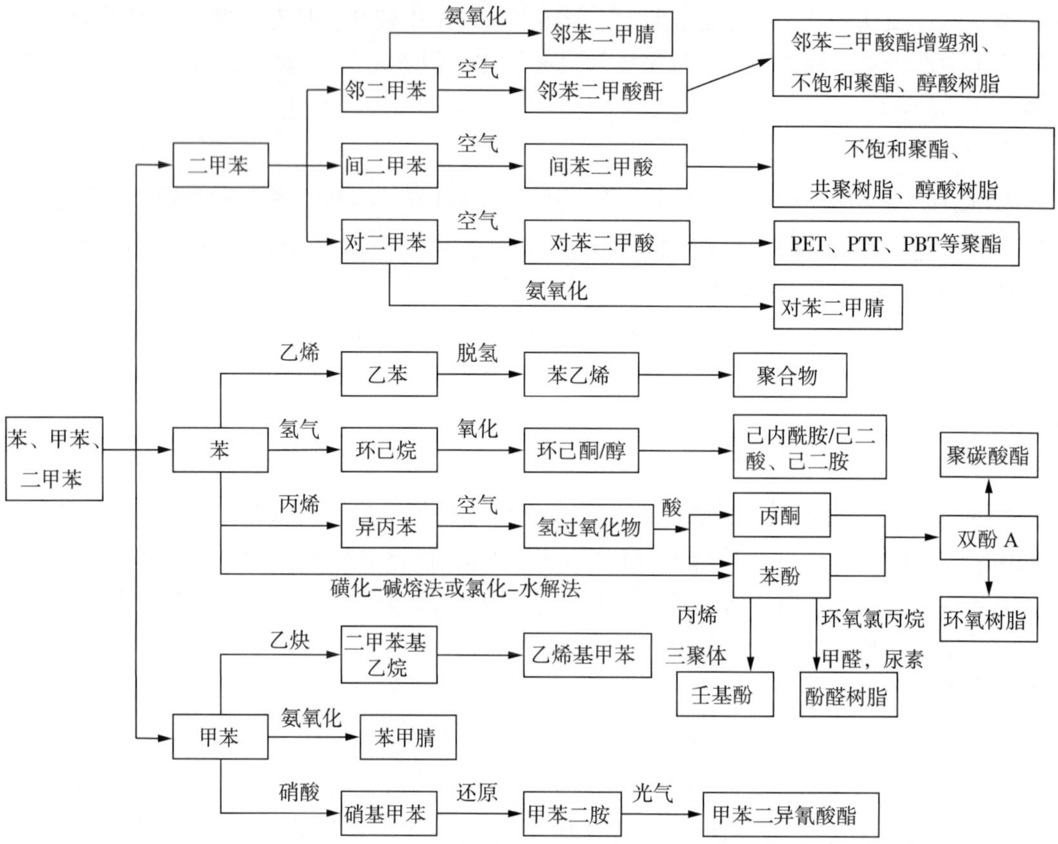

图 1-2-1　BTX 转化为各种石化产品的主要途径

(四) 乙苯

乙苯(C_8H_{10})是具有芳香气味的无色易燃液体，相对分子质量 106.16，熔点-94.9℃，沸点 136.2℃，不溶于水，可与乙醇、醚等有机溶剂混溶，相对密度(d_4^{25})0.8671。

乙苯主要用于生产苯乙烯，是聚苯乙烯、丁苯橡胶和多种弹性体(SBS、SIS)等聚合物的单体，亦可少量生产苯乙酮、苯乙醇等化工原料，另外，也以 C_8 混合芳烃的形式作为高辛烷值汽油组分或溶剂。

(五) 异丙苯

异丙苯(C_9H_{12})是有特殊芳香气味的无色易燃液体，相对分子质量 120.19，熔点-96.9℃，沸点 152.4℃，不溶于水，易溶于乙醇、乙醚等有机溶剂，相对密度(d_4^{20})0.8618。

异丙苯的主要用途是制取苯酚和丙酮，目前 90% 以上的异丙苯用于生产苯酚和丙酮。其次，异丙苯用于制备作为合成树脂和塑料共聚单体的 α-甲基苯乙烯。还有少量异丙苯作为航空汽油添加剂，用于提高航空汽油的辛烷值和品度值。

第三节 芳烃生产技术进展

目前，石油芳烃生产主要由芳烃联合装置完成。芳烃联合装置主要包括芳烃生成、芳烃转化和芳烃分离三类技术。为了拓展芳烃来源，提高炼化一体化资源利用率，降低能耗，芳烃生产中增加了轻烃芳构化、重芳烃轻质化、甲苯择形歧化和催化裂化轻循环油转化等技术，以及不同技术的组合工艺。此外，在乙苯与异丙苯技术、非石油基芳烃技术以及芳烃衍生物技术领域也都有创新成果。

一、芳烃联合装置

(一)典型工艺

采用石脑油为原料，以获取苯、甲苯和二甲苯为目的产品的装置称为芳烃联合装置，通常包括石脑油预加氢、催化重整、芳烃抽提、歧化及烷基转移、二甲苯分馏、二甲苯异构化、吸附分离等装置或单元。如加氢裂解汽油(C_6～C_8 馏分)也作为芳烃联合装置的原料，既可设置独立的芳烃抽提单元分离出芳烃产品，也可直接与重整生成油一起送入二甲苯分馏单元加工处理。不同性质的原料及产品方案，决定了芳烃联合装置的组成以及各个装置的规模。芳烃联合装置原则流程如图 1-3-1 所示，现按流程顺序简要介绍其主要工艺过程如下：

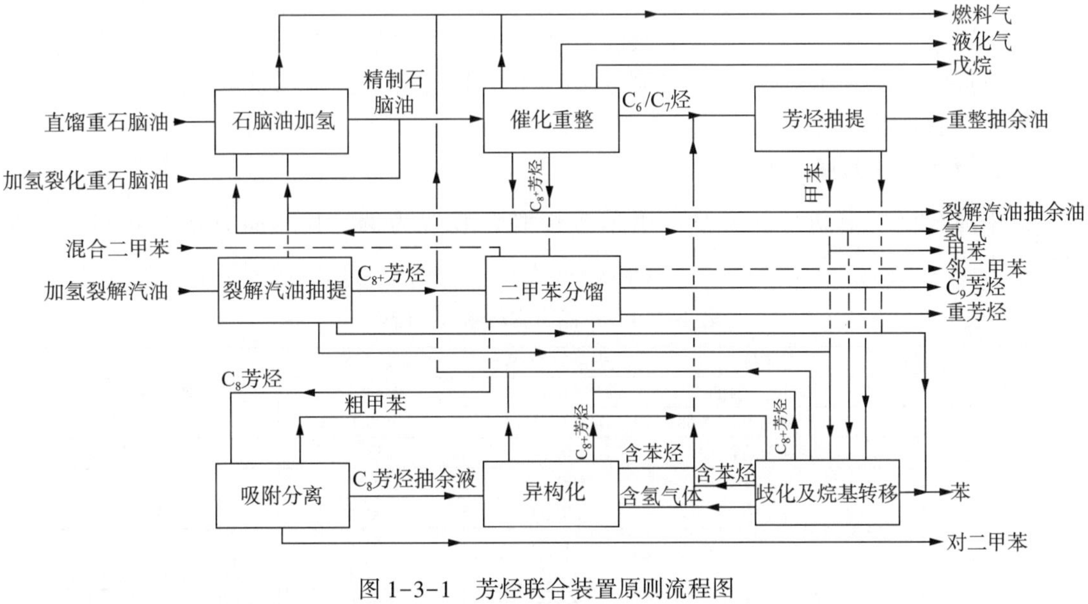

图 1-3-1 芳烃联合装置原则流程图

来自常减压装置的直馏石脑油，通过加氢预处理脱除石脑油中的不饱和烃、硫、氮、砷等杂质，杂质含量合格的精制石脑油与来自加氢裂化装置的重石脑油送至催化重整装置。

在催化重整装置中，石脑油中的烷烃和环烷烃在催化剂的作用下转化成芳烃，催化剂连续再生。催化重整生成油分离出 C_6/C_7 烃去芳烃抽提装置，含少量非芳烃的 C_8 及以上芳烃(通常称 C_{8+}芳烃)去二甲苯分馏装置，干气、液化气可作为蒸汽裂解原料或燃料出装置，戊烷送出装置可作为蒸汽裂解原料或送轻烃回收装置，同时副产氢气。

芳烃抽提过程可以采用液-液抽提或抽提蒸馏工艺。对于重整生成油，芳烃抽提主要采用抽提蒸馏技术，以环丁砜为溶剂，将催化重整的C_6/C_7烃、歧化及烷基转移装置和异构化装置的少量含苯烃分离成芳烃(抽出油)和非芳烃(重整抽余油)；重整抽余油可用作蒸汽裂解装置原料或用于生产己烷。对于加氢裂解汽油，常采用液液抽提技术，主要以环丁砜为溶剂，将加氢裂解汽油经抽提、分馏得到苯、甲苯和C_{8+}芳烃，C_{8+}芳烃进二甲苯分馏装置；抽提还得到裂解汽油抽余油，可用作催化重整装置原料。

来自催化重整的C_{8+}芳烃、来自加氢裂解汽油的C_{8+}芳烃与异构化装置以及歧化及烷基转移装置的C_{8+}芳烃(如需要外购C_8芳烃，图中虚线表示)进入二甲苯塔进行分离，塔顶混合二甲苯送到吸附分离装置，塔底的C_{9+}芳烃送到重芳烃塔，重芳烃塔顶C_9芳烃去歧化及烷基转移装置，或根据物料平衡情况，一部分作为汽油调合组分送出装置。重芳烃塔底物料C_{10+}作为副产品出装置，可送至炼油厂焦化装置或作为燃料油使用。如果联产邻二甲苯，则二甲苯塔底的富含OX的C_{9+}芳烃进OX塔，塔顶产OX，塔底的C_{9+}芳烃进重芳烃塔。

歧化及烷基转移装置以甲苯和二甲苯分馏装置来的C_9芳烃(可含部分C_{10}芳烃)为原料，通过歧化反应和烷基转移反应生成C_8芳烃并副产苯，反应产物经分馏分离出苯、甲苯和C_{8+}芳烃。苯作为产品送出装置，甲苯循环回歧化反应装置，C_{8+}芳烃送到二甲苯分馏装置。

从二甲苯分馏装置来的混合C_8芳烃进入吸附分离装置的吸附塔，吸附塔采用逆流模拟移动床工艺，利用分子筛吸附剂对C_8芳烃同分异构体吸附能力的差异将对二甲苯从混合C_8芳烃中分离出来。对二甲苯作为产品送出装置，几乎不含对二甲苯的C_8芳烃抽余液送到异构化装置。

在异构化装置中，吸附分离装置来的C_8芳烃抽余液在催化剂作用下，通过异构化反应使其组成重新达到热力学平衡，以得到更多的对二甲苯，反应产物脱除C_7馏分后，C_{8+}芳烃去二甲苯分馏装置。

(二)产品方案与物料平衡

以中国石化一套700 kt/a对二甲苯芳烃联合装置为例，其产品方案与物料平衡见表1-3-1。

表1-3-1 产品方案与物料平衡表

	序 号	名称	质量分数/%	物流量/(kt/a)	备注
进料	1	直馏石脑油	57.15	1002.3	常减压装置来
	2	加氢裂化重石脑油	22.81	400.0	加氢裂化装置来
	3	加氢裂解汽油	20.04	351.4	乙烯装置来
		合计	100.00	1753.7	
出料	1	对二甲苯	39.94	700.5	主产品
	2	苯	17.10	299.9	主产品
	3	甲苯	6.45	113.1	歧化原料或汽油调合组分
	4	C_9A	6.65	116.6	歧化原料或汽油调合组分
	5	含氢气体 (其中纯氢)	5.95 (2.67)	104.3 (46.8)	供给其他加氢装置
	6	重整抽余油	7.98	140.0	蒸汽裂解原料
	7	裂解汽油抽余油	3.07	53.8	催化重整原料
	8	戊烷	1.58	27.7	去轻烃回收
	9	液化气	2.75	48.2	蒸汽裂解原料
	10	重芳烃	0.91	15.9	副产品
	11	燃料气	7.62	133.7	作为燃料气或蒸汽裂解原料
		合计	100.00	1753.7	

二、芳烃生成技术

芳烃的工业生产主要以石脑油为原料，通过以催化重整为龙头的芳烃联合装置来实现。但由于石脑油资源短缺是长期困扰芳烃生产的现实问题，有效利用炼化一体化资源优势，开拓经济可行的新途径是增产芳烃亟待解决的问题，也是芳烃生成技术的主要发展趋势。

(一)催化重整技术

催化重整技术是生产芳烃的主要工艺，全球约30%的重整装置用于芳烃生产，估计产自催化重整装置的苯和二甲苯分别占各自市场的38%和87%[12]。现有催化重整工艺主要分为固定床半再生、固定床循环再生和移动床连续再生三种类型，半再生和连续再生一般设置3~4个反应器，循环再生一般比半再生多设置1个反应器。21世纪以来，前两种固定床重整工艺发展已臻成熟，基本流程变化不大。移动床连续重整工艺以美国UOP公司的CCR Platforming工艺和法国Axens公司(隶属于IFP Energies nouvelles集团旗下)的Octanizing/Aromizing工艺为主，两家公司于20世纪后期分别推出了CycleMax、Regen C第三代连续再生工艺技术；2009年随着自主研发的1.0 Mt/a规模超低压连续重整工艺成功实现工业化，中国石化(Sinopec)也成为连续重整技术的专利商之一。连续重整工艺由于可采用超低压(平均反应压力0.35MPa)、高苛刻度(C_{5+}生成油RON超过104)的反应条件，能够获得最大化的芳烃产率，逐渐成为生产芳烃的主流技术。近年来连续重整工艺主要围绕催化剂再生技术进行改进与完善，以满足环境保护对再生气排放的要求。中国石化还开发了逆流移动床连续重整工艺，其特点是催化剂的流动方向与反应物流相反，即催化剂逆流输送，2013年10月，一套600 kt/a逆流移动床连续重整装置成功投产。

随着重整反应苛刻度的提高，无论是固定床还是移动床重整技术，其催化剂的主要发展方向均是进一步降低积炭速率、提高选择性和再生性能。最新一代催化剂的积炭速率比上一代催化剂降低了25%以上，推动了催化重整技术的持续进步。对于连续重整催化剂，自2000年以来，UOP公司推出了R-230系列低积炭速率催化剂，通过采用助剂等方式开发了提高选择性的R-274、R-254系列催化剂，以及相应的高堆积比催化剂等；Axens则于2009年后针对生产汽油和芳烃的不同需求，分别推出了多助剂的CR-601/CR-607、AR-701/AR-707等低积炭速率催化剂；中国石化在不降低催化剂初始比表面积的基础上，通过引入新助剂调变和优化金属及酸性功能，实现了降低积炭速率、提高选择性的目的，保持了催化剂长寿命、高持氯能力的特点，先后推出了PS-Ⅵ和PS-Ⅶ催化剂，并率先实现了高铂型(Pt含量0.35%)低积炭催化剂的工业应用[13~19]。

催化重整装置主要以直馏石脑油、加氢裂化重石脑油为原料。近年来，为了进一步拓宽原料来源，其他一些二次加工的石脑油和加氢裂解汽油抽余油等开始作为重整装置的补充进料，中国石化相继开发了催化裂化重汽油深度加氢、催化裂化汽油与柴油混合加氢等生产重整原料的工艺技术，后者在中国石化已成功应用。

在催化重整设备和配套工艺方面，大型装置的新型进料缠绕管式及板式换热器、重整生成油脱烯烃新技术也在不断开发和应用，以满足节能降耗的需求。

(二)裂解汽油生产BTX

蒸汽裂解装置若采用石脑油及重质原料，在生产乙烯、丙烯和丁二烯的同时副产大量的裂解汽油，其中 BTX 含量约 60%。从裂解汽油中回收 BTX 通常需采用两段加氢的工艺路线，加氢后的裂解汽油 C_6 ~ C_8 馏分通过芳烃抽提分离出 BTX，抽余油中环烷烃约占 70%，芳烃潜含量高达 60%左右，是理想的催化重整原料。

在传统的裂解汽油加氢过程中，其中的苯乙烯转化为乙苯，这不仅增加了氢耗，还使得裂解 C_8 芳烃中乙苯含量高达 40%~60%。由于乙苯在 PX 生产过程中转化和分离困难，造成能耗和物耗增加。近年来，裂解汽油通过溶剂抽提蒸馏将其中的苯乙烯首先分离回收，再进行加氢精制的工艺技术越来越受到重视。荷兰 DSM 公司、美国 GTC 公司采用不同的溶剂开发了各自的工艺技术，已进行工业示范或工业应用。2011 年，中国石化开发的苯乙烯抽提蒸馏(STED)工艺成功工业化，并实现长周期稳定运行[20]，抽余油加氢后得到的裂解 C_8 芳烃中乙苯含量降低至 20%左右，其作为 PX 原料的品质显著改善。

(三)轻烃芳构化技术

轻烃芳构化可将低分子的烃类直接转化为苯、甲苯和二甲苯等轻芳烃，国外在 20 世纪就已陆续实现工业化。LPG、轻烯烃、重整抽余油等轻烃原料不宜作催化重整原料，但可通过芳构化增产芳烃。轻烃芳构化生产芳烃工艺按反应器形式的不同，可分为固定床工艺和移动床工艺两大类。而现有技术按所用催化剂不同又分成两条技术路线：一条是采用改性 ZSM-5 分子筛催化剂的芳构化技术，加工原料为 C_2 ~ C_5 轻烃组分，目前国外有代表性的技术主要包括 BP 公司和 UOP 公司联合开发的以 LPG 为原料的 Cyclar 移动床工艺、Asahi Chemical 公司可加工富含烯烃物料的 Alpha ARO 固定床工艺等，此类工艺具有很高的芳构化反应选择性，芳烃收率均达 60%以上[21]；另一条路线采用 Pt/KL 碱性分子筛催化剂，主要加工 C_6 ~ C_7 烷烃，Chevron 公司的 Aromax 工艺[22]和 UOP 公司的 RZ 铂重整工艺属于此类工艺，这两种工艺的 BTX 收率比传统重整工艺高，但对原料精制要求苛刻。

进入 21 世纪后，中国石化成功自主开发出固定床和移动床轻烃芳构化催化剂及工艺技术。2011 年，处理能力 200 kt/a 的 LHTA-M 移动床芳构化工艺实现工业应用，装置运行稳定。2013 年，加工 70 kt/a 轻石脑油的 LHTA-F 固定床芳构化工艺成功工业应用。此外，大连理工大学等开发的采用纳米分子筛催化剂的固定床轻烃芳构化技术也在多套装置上实现了工业应用。

目前绝大多数轻烃芳构化技术采用固定床反应器，但其发展受催化剂运转周期较短的限制，因此采用移动床技术是轻烃芳构化技术的发展趋势。降低轻烃芳构化的干气产率、进一步改进碱性分子筛催化剂的抗硫能力也是该领域未来的发展方向。

(四)催化裂化轻循环油生产芳烃技术

随着市场需求的变化和环保要求的日益严格，催化裂化过程得到的 LCO 作为柴油调合组分越来越受到限制。LCO 中含有单环、双环和三环芳烃，且芳烃质量分数高达 75%~85%，可作为生产 BTX 的补充原料。截至 2012 年末，我国 FCC 装置总加工能力已达 176.26 Mt/a[23]，2012 年全国 LCO 总产量达到 40 Mt 左右。因此，开发利用 LCO 生产轻芳烃是芳烃生产技术的新趋势。

在利用 LCO 生产 BTX 方面，国内外公司均进行了广泛的研究，近年来开发了采用不同路线的工艺技术。UOP 公司开发了利用加氢裂化和芳烃转化技术增产 PX 的 LCO-X™ 工艺[24]，并于 2008 年发放首张工艺许可证[25]；JX 日本石油与能源公司(JX Nippon Oil & Energy)开发了可在单一反应器中进行加氢及 LCO 转化的工艺过程[26]；加拿大 Nova 公司的技术则通过催化加氢过程及将加氢产生的环烷烃裂解开环来完成；另外，日本川崎触媒化成工业公司也开发了 LCO 原料路线的 BTX 生产技术。目前这些技术尚未见工业应用报道。

中国石化正在开发加氢处理-加氢裂化(分为 RLG 和 FD2G 两种工艺)、加氢处理-催化转化(LTAG)和加氢处理-芳烃抽提-加氢裂化等 LCO 生产轻芳烃的三条技术路线，其中 RLG、FD2G 和 LTAG 技术已经完成工业应用试验。

三、芳烃间转化技术

采用芳烃间转化技术可最大程度实现增产二甲苯，尤其是 PX 的目的。芳烃间转化技术包括歧化及烷基转移技术、二甲苯异构化技术、甲苯择形歧化技术、重芳烃轻质化技术等。

(一)歧化及烷基转移技术

甲苯歧化及 C_9 及以上芳烃(简称 C_{9+}芳烃)烷基转移技术是芳烃联合装置中增产二甲苯的主要工艺单元，在整个芳烃联合装置中起到有效调整芳烃原料与产品结构的重要作用。现有的甲苯歧化及烷基转移技术均以分子筛固体酸为催化剂活性主体，临氢条件下在固定床反应器中进行气固相反应。目前，提供歧化及烷基转移工艺技术的公司及其技术主要有中国石化的甲苯与重质芳烃歧化及烷基转移成套工艺 S-TDT、UOP 公司的 Tatoray 工艺、ExxonMobil 公司的 TransPlus 工艺和 GTC 公司的 GT-TransAlk 工艺等。这些工艺的主体流程基本相同，主要区别在于装置开工之前催化剂是否需要预处理，以及为确保苯产品质量，苯产品是否需要进一步抽提处理等。此外，UOP 公司还开发了 TAC9 工艺，该工艺与 Tatoray 工艺类似，只是反应进料中允许的 C_{9+}芳烃含量更高。

工业上应用的歧化及烷基转移催化剂主要包括中国石化的 HAT/MXT 系列催化剂、UOP 公司的 TA 系列催化剂、ExxonMobil 公司的 EM 系列催化剂、SK 公司的 ATA 系列催化剂和 Süd-Chemie 公司的TDP-1催化剂。歧化及烷基转移催化剂均以分子筛为催化剂活性主体，并负载一定量的金属。所使用的分子筛主要为丝光沸石(如 HAT 系列催化剂等)、β 分子筛(MXT-01 催化剂)、ZSM-12(如 EM 系列催化剂)。所负载的金属有普通金属(如 HAT 系列催化剂)和贵金属(如 EM 系列催化剂、ATA 系列催化剂)。

目前，使用中国石化开发并已广泛应用的 HAT-099 催化剂，反应混合进料中 C_{10}单环芳烃的含量可达 15%，其单程转化率可达 75%，可以利用芳烃联合装置中 90%以上的 C_{10}单环芳烃，具有 C_{10}单环芳烃转化率高、二甲苯增产效果显著等特点。由于该催化剂可处理更多的重芳烃，并有效降低甲苯消耗，因此，现有芳烃联合装置可以通过采用该催化剂，有效调整原料和产品结构，并创造良好的经济效益。此外，ExxonMobil 公司的 EM 系列催化剂能适应低氢烃比(2.2 mol/mol)，UOP 公司最新开发的 TA-20 催化剂，进料空速可达 3.5 h^{-1}，对于装置的扩能改造具有显著优势。

根据反应原料的不同，烷基转移技术还包括苯和 C_9 及其以上单环重芳烃的烷基转移技术。该技术由中国石化开发，相应的 BAT-100 催化剂于 2008 年实现了工业应用。该技术以苯和 C_9 及以上单环重芳烃为原料，通过烷基转移和重芳烃轻质化反应过程，生成甲苯和 C_8 芳烃，能够实现芳烃联合装置中苯、甲苯、二甲苯、C_9 及其以上单环芳烃资源及产品结构的调整。

未来，歧化与烷基转移技术的主要发展方向，一方面是以提高资源的利用效率为导向的进一步提高重芳烃利用率，以节能降耗为导向的提高反应空速、降低氢烃比、降低氢耗、降低芳环损失、提高烷基转移和重芳烃转化过程中的甲基保持率等；另一方面是与其他技术进行组合形成组合工艺，以进一步实现苯、甲苯、二甲苯产品结构的灵活调整，提高装置竞争力。

(二)二甲苯异构化技术

二甲苯异构化技术以增产PX为主要目的，同时可将乙苯(EB)异构转化成二甲苯或脱乙基生成苯，通常按此分为乙苯转化型和乙苯脱乙基型两种技术路线。二甲苯异构化工艺发展已非常成熟，目前最有代表性的是UOP公司开发的Isomar工艺和ExxonMobil公司开发的XyMax工艺，Axens、GTC、中国石化等也拥有各自的工艺技术。

近年来，二甲苯异构化技术的进步主要体现在对催化剂的不断改进，以提高二甲苯异构化和乙苯转化活性，同时降低反应损失。乙苯脱乙基技术以ExxonMobil公司的XyMax工艺应用最广泛，该技术于2000年实现工业化，在轴向反应器内采用EM-4500双床层催化剂体系，上床层中在择形催化作用下主要发生乙苯脱乙基反应，下床层中主要进行二甲苯异构化反应，异构化反应产物中PX占二甲苯的比例(二甲苯异构化活性)已接近甚至达到热力学平衡值，二甲苯损失约1%，乙苯转化率可达85%[27]；2004年又推出改进后的XyMax-2工艺及催化剂，操作温度和压力范围更宽。其他公司已经工业化的均为单一催化剂工艺，乙苯转化率和二甲苯收率略低于双床层催化剂，可适用于轴向床和径向床两种类型的反应器；Süd-Chemie公司披露了基于专有的提高选择性方法开发的ISOXYL催化剂，其乙苯转化率可达90%，二甲苯损失仅0.8%[28]，但迄今未见工业应用报道。UOP公司的Isomar工艺已用于两种类型的异构化过程，尤其在乙苯转化型技术中应用最广泛，该公司2005年推出了新型I-400乙苯转化型催化剂，使用一种非丝光沸石的专用分子筛，与上一代I-9催化剂相比，单程C_8芳烃损失降低了50%，处理能力大幅提高。乙苯转化型催化剂更为显著的进步是Axens公司于2001年推出的Oparis系列催化剂(由Zeolyst International生产)，使用了十元环新分子筛，异构化活性和选择性明显提高；进一步改进后的Oparis Plus催化剂，其PX平衡达成率达95%，C_8烃收率达97.5%以上，用于芳烃联合装置可使PX产率获得较为显著的提高。

中国石化成功开发了SKI系列乙苯转化和乙苯脱乙基两种类型的异构化催化剂，并一直占据我国较大市场份额，2010年又推出了使用新型分子筛的RIC-200乙苯转化型催化剂，综合性能达到国外同类产品水平；此外，还掌握了将乙苯转化型催化剂更换为脱乙基型催化剂，以实现PX装置扩能的改造技术。

(三)甲苯择形歧化技术

甲苯择形歧化(又称选择性歧化)工艺的最大特点是以纯甲苯为原料，生产高浓度PX(90%左右或更高)的二甲苯产品，具有分离简单、能耗低的优点，代表工艺是ExxonMobil公司于1980年开发的MSTDP工艺。随后，ExxonMobil和UOP公司分别开发了PxMax和PX-Plus甲苯择形歧化工艺，可实现增产PX的目的。

甲苯择形歧化技术的关键是催化剂制备技术，尤其是分子筛的选择性改性。中国石化开发的高PX收率的SD-01型甲苯择形歧化催化剂采用小晶粒分子筛，使用改性剂多次改性焙烧以提高选择性，对二甲苯单程选择性可达90%以上。该催化剂于2005年在中国石化天津分公司首次工业应用取得成功，在甲苯转化率为30%时，PX选择性达到90%~93%，苯与二甲苯的摩尔比小于1.4。2006年，中国石化甲苯择形歧化成套技术成功实现工业应用。

(四)重芳烃轻质化技术

重芳烃是乙烯装置、重整装置和芳烃间相互转化生产装置的副产品，随着乙烯装置和芳烃联合装置数量的增加、总产能提高，副产的重芳烃也越来越多。如何有效利用重芳烃，实现增产 BTX 的目的，已成为芳烃技术领域的一个重要课题。

通过直接脱烷基技术，可实现单环重芳烃的轻质化。重芳烃脱烷基技术分为热脱烷基和催化脱烷基两种工艺，可作为提高重芳烃利用率和调节苯及二甲苯供需平衡的手段。20 世纪 60 年代以来，美国 UOP 公司和 Houdry 公司分别推出了热脱烷基技术和催化脱烷基制苯工艺。随着 PX 需求不断增大，烷基苯上取代烷基的转化利用变得更具经济性，由于直接脱烷基工艺适用于目标产品是苯而非二甲苯的情况，使得直接脱烷基技术的发展受到限制。

通过烷基转移技术，可实现重芳烃的轻质化，同时达到增产 BTX 的目的。除了上述歧化及烷基转移技术介绍的几项重芳烃烷基转移技术外，Fina 技术公司开发了能加工大量多烷基重芳烃的烷基转移工艺，可将 C_8~C_{12}芳烃转化为 BTX；中国石化开发了含贵金属/沸石的 HAL 双功能加氢脱烷基催化剂，以及以纳米分子筛为催化剂活性组元的 HAT-plus 重芳烃轻质化技术，可在较温和的条件下实现重芳烃轻质化，为开发利用重芳烃开辟出一条新路。

重芳烃特别是多环重芳烃的轻质化催化剂和工艺的研发应以提高实际处理重芳烃的能力为重点，结合甲苯择形歧化工艺，提高芳烃联合装置原料利用率并最大化生产对二甲苯。

四、芳烃分离技术

在芳烃生成以后，根据目标产品的要求可采用不同的分离技术。这些分离技术包括精馏、萃取(抽提)、抽提蒸馏、吸附及结晶等分离过程。

(一)芳烃抽提和抽提蒸馏技术

从催化重整生成油和加氢裂解汽油中将芳烃与非芳烃进行分离的方法主要有液-液抽提法和抽提蒸馏法。提高溶剂对芳烃的溶解性和选择性、简化流程、降低能耗，一直是此类技术发展的方向。

芳烃液-液抽提工艺适用范围宽，尤其适合处理芳烃含量适中(如低于 70%)、宽馏分的原料，同时回收苯、甲苯、二甲苯及 C_9 芳烃。UOP 公司改进开发的 Sulfolane 工艺[29]，因抽提溶剂环丁砜具有优异的选择性和溶解能力而获得最广泛的应用，早已成为成熟技术，其他一些公司也在对工艺进行局部改进并应用于新建装置中；其次是以甘醇类(包括二、三及四甘醇)为溶剂的工艺技术使用较多，但多年来该技术及其他液-液抽提工艺未见有新的发展且新的应用很少。

当只需要进行苯或苯、甲苯抽提时，抽提蒸馏工艺具有流程简单、投资省、操作费用低的优势。Krupp Uhde 公司开发了 Morphylane 工艺并获得较广泛应用，该工艺使用的溶剂 *N*-甲酰基吗啉(NFM)会热分解产生微量碱性氮而污染芳烃产品、其芳烃回收率低于液-液抽提工艺。2000 年，以环丁砜为溶剂的抽提蒸馏工艺实现工业化后，很快获得推广应用，国外主要有 GTC 公司的 GT-BTX、UOP 公司的 ED Sulfolane 等工艺[30]，其芳烃回收率与液-液抽提相当，普遍高于 99.5%[25]，苯和甲苯产品纯度可达 99.9%以上。中国石化同时开发了以 NFM 为抽提溶剂的芳烃抽提蒸馏技术以及以环丁砜和助溶剂为抽提溶剂的芳烃抽提蒸馏技术(SED)，均于 2001 年工业化。其中 SED 工艺在处理重整生成油和加氢裂解汽油不同原料，产品苯和甲苯在纯度均不低于 99.9%的情况下，回收率分别达到 99.7%和 99.9%；

2010年针对单苯抽提又改进推出了SED-Ⅱ工艺，能耗可降低20%以上，目前国内SED工艺加工能力在同类技术中的占比已超过70%。将重整生成油的C_6馏分进行抽提蒸馏回收高纯度苯产品，既满足了清洁汽油生产的需要，又可兼顾化工原料苯的生产，是一条具有我国油化结合加工特色的技术路线。

将抽提蒸馏技术与液-液抽提技术进行组合应用于已有装置的扩能改造，可兼顾两种工艺的优势并减少投资，具有很好的推广前景。

（二）C_8芳烃分离提纯技术

工业上采用吸附分离或结晶分离的方法实现二甲苯异构体的分离提纯，以获得PX或MX产品，OX因沸点稍高可通过精馏直接得到产品。

吸附分离和结晶分离的C_8芳烃原料是由二甲苯分馏获得。二甲苯分馏通过精馏过程将重整、歧化和异构化装置生产的C_{8+}芳烃分离出C_8芳烃、C_9芳烃以及C_{10+}芳烃。C_8芳烃作为吸附分离或结晶分离原料，C_9~C_{10}芳烃作为歧化原料，同时生产C_{7-}馏分、OX和C_{10+}芳烃等副产品。

芳烃分离过程的低温热很多，国内开发了热联合低温热回收技术，已经成功应用于600 kt/a PX的芳烃联合装置上，节能效果显著。

1. PX吸附分离技术

现有PX的生产主要采用模拟移动床吸附分离技术。UOP公司的Parex工艺和Axens公司的Eluxyl工艺分别使用旋转阀和程控阀组控制工艺物料的分配及步进切换，并配合使用各自的吸附剂，PX产品的纯度可达99.9%，收率97.0%以上。提高装置的处理能力、降低能耗是该技术进一步发展的主要方向。在工艺优化方面，2005年，UOP公司提出了增加床层管线的三次冲洗以提高吸附区吸附效率的方法，已经工业实施。在吸附剂改进方面，UOP公司于2004年推出了ADS-37吸附剂，吸附容量比上一代ADS-27提高了6%以上，之后，2011年又推出了最新的ADS-47，除吸附容量进一步提高外，传质性能得到了改善，可在更短步进周期下操作，使装置处理能力增加；Axens公司也于2005年前后推出了更高吸附容量的SPX-3003吸附剂。

中国石化第一代RAX-2000A型PX吸附剂于2004年首次工业应用，该吸附剂采用了新的专利技术，一是使用小晶粒分子筛改善了传质性能，二是将基质小球进行碱处理使黏结剂转晶的工艺方法，其吸附性能尤其是机械强度优于同一代的其他吸附剂产品；在此基础上又改进开发了第二代RAX-3000吸附剂，吸附容量提高幅度超过8%，并可适用于更短的步进时间下操作。2011年，中国石化自主吸附分离成套技术成功进行工业示范试验，使用了RAX-3000吸附剂，开发了程控阀组系统及独特的床层管线冲洗工艺，避免了采用旁路冲洗造成的部分物料不经过吸附床层，提高了吸附分离效率。2013年，全部采用自主技术、规模为600 kt/a PX的芳烃联合装置已建成投产。

2010年，IFP提出了少于24个吸附床层的吸附分离工艺方案[31]，采用12个、15个或19个床层的单一吸附塔，可以减小两塔切换时的压力波动、减少装置投资，但从工艺角度看能否提高吸附剂的利用效率从而减少吸附剂使用数量，关键仍在于4个吸附分离功能区域的优化设置，这与吸附分离系统的控制水平及装置操作灵活性的考虑相关。

2. PX结晶分离技术

结晶分离技术是现有工业上生产PX的两种工艺方法之一，通过结晶法生产的PX约占全球市场的30%。PX结晶分离技术主要分为悬浮结晶和层式结晶两种类型。悬浮结晶一般采用两级结晶过程，分别为产品段和回收段，既可以分离高PX含量的C_8芳烃原料，也能分离低PX含量的C_8芳烃原料，通常使用离心机作为固液分离设备，能实现连续操作，适合工业大规模生产。PX悬浮结晶技术于20世纪50年代开始工业应用，目前提供PX悬浮结晶分离技术的主要有BP和GTC公司，ExxonMobil公司和Chevron公司采用各自的PX悬浮结晶技术生产PX。层式结晶主要分离高PX含量的C_8芳烃原料，采用间歇操作，无需固液分离，使用两台结晶器进行切换可实现PX的连续生产，适合生产超高纯度的PX产品，但是不适合工业大规模生产。PX层式结晶技术以Sulzer公司的降膜结晶技术和Fives Solios公司的Proabd MSC静态熔融结晶技术为代表。

中国石化开发的PX结晶分离技术属于悬浮结晶类型，目前已经完成5 kt/a规模的工业侧线试验，以甲苯择形歧化的反应产物为原料，在原料中C_{9+}重组分平均含量为5.8%的条件下，PX产品纯度可达到99.8%以上。

PX结晶分离技术工业化较早，工艺流程相对简单，工艺路线比较成熟，当前的发展重点是结晶分离过程的节能降耗，主要集中在以下三点：①结晶器和离心机的大型化，通过提高单台设备的处理能力，降低结晶过程的能耗；②采用更节能的制冷技术，如BP公司充分利用现有装置中的低温余热，采用氨/水吸收制冷系统代替传统高能耗的丙烯或丙烷压缩制冷；③使用低能耗的晶体洗涤塔代替高能耗的离心机，如UOP公司和Badger/Niro公司合作开发的PX结晶分离技术和中国石化开发的晶体洗涤塔技术。

3. 间二甲苯生产技术

由于MX与PX的沸点相近，用常规精馏法很难将其分离，工业生产采用的分离方法主要包括吸附分离法、络合分离法、磺化法、结晶法等。目前的主要生产技术为UOP公司开发的MX Sorbex工艺，系采用逆流模拟移动床技术，通过液相吸附分离过程将MX从混合C_8芳烃中分离出来，MX产品纯度99.5%以上，收率可达95.0%。吸附剂以部分Li交换的NaY分子筛为主，解吸剂为甲苯。MX Sorbex工艺自1998年工业化以来，在世界总产能中占一半以上。Axens公司采用Eluxyl-MX工艺从C_8芳烃进料中分离MX，可生产纯度为99.5%的MX；另一种Eluxyl Twin Raffinate工艺可从第二股抽余液中回收经提纯的MX和/或OX。中国石化则拥有“异构化-吸附分离”生产MX组合工艺技术。

Sulzer Chemtech公司开发了蒸馏与熔体结晶组合技术，以PX抽余液为原料，首先通过精馏分离出纯度为99.6%的EB；之后采用二段分馏分离出非芳烃组分和OX，得到浓缩的MX；最后再采用熔融结晶的方法得到纯度为99.5%的MX产品。该技术投资和能耗比传统结晶技术明显降低，并完成了工业试验。Badger/Niro结晶工艺除了能分离PX外也可用于MX的回收。

五、芳烃组合工艺

芳烃联合装置采用传统的工艺技术有时无法满足实际生产的需要，为了充分利用不同工艺的技术特点，在芳烃生产技术平台中，采用由不同技术组合的工艺技术，可以为石化企业提供额外的竞争优势。

（一）催化重整与芳烃转化结合技术

常规催化重整工艺受原料和工艺条件影响，产物中BTX收率有限，且副产一定数量的

C_{9+}芳烃，为了最大程度地增加BTX产率，降低二甲苯分馏装置的负荷，将常规催化重整和芳烃转化工艺进行组合，在重整生成油分离前增加芳烃转化反应过程，以进一步提高BTX收率。

ExxonMobil开发的BTXtra工艺采用两段流程，第一段为常规催化重整工艺，第二段采用BTXtra工艺技术，在以低酸性ZSM-5分子筛和铂作为活性组元的催化剂上，通过加氢脱烷基(HDA)及甲苯的歧化与烷基转移反应，将第一段重整产物中的C_{9+}芳烃继续转化成苯、甲苯和二甲苯，BTX质量收率可从45.98%提高至56.33%。

(二)甲苯择形歧化与烷基转移组合工艺

甲苯择形歧化虽然可以大幅提高C_8芳烃产品中的PX浓度，但在得到高PX浓度C_8芳烃的同时，还联产大量的苯，而且只能以甲苯为原料，不能处理C_{9+}芳烃。为此，中国石化开发了甲苯择形歧化工艺与苯和C_{9+}芳烃烷基转移工艺的组合工艺(称为SSTDP-SATP组合工艺)，以及甲苯择形歧化工艺与甲苯歧化及烷基转移工艺的组合工艺(称为SSTDP-STDT组合工艺)，以充分利用C_{9+}芳烃资源，并高效生产富含PX的C_8芳烃。

SSTDP-SATP组合工艺中，根据苯和甲苯的资源情况确定其规模，产品结构调整更具灵活性，同时两个反应单元生成的C_8芳烃混合后PX浓度达50%~70%，可显著提高吸附进料中PX的浓度。

SSTDP-STDT组合工艺中甲苯物料分割成两部分，一部分进行择形歧化反应，另一部分进行歧化及烷基转移反应，两部分反应生成的混合C_8芳烃中PX浓度高于热力学平衡值。

甲苯择形歧化与烷基转移组合工艺发展重点是进一步合理匹配择形歧化与烷基转移反应，在产品分离及热回收利用上进行高度集成，降低能耗，减少投资。

(三)结晶分离与吸附分离组合工艺

结晶分离和吸附分离是先后实现工业规模生产PX的两种工艺方法。结晶分离法的优点是工艺相对简单，容易获得很高纯度的产品；缺点是PX单程回收率较低，需要进行低温制冷结晶，且制冷能耗随着原料中PX含量的降低而显著上升。吸附分离法具有单程回收率高的优点，但工艺、设备相对复杂，需要使用价格较高的分子筛吸附剂。

将结晶分离与吸附分离进行组合，其目的是扬长避短，充分发挥结晶分离法产品纯度高和吸附分离法回收率高的优点，降低PX生产过程的能耗；其核心是利用吸附分离法、结晶分离法分别分离低、高PX含量的C_8芳烃原料，并进行两种工艺物流的优化组合。组合工艺还可以与甲苯择形歧化工艺进行组合，分为联合法和耦合法两种类型。联合法以UOP公司提出的组合工艺为代表，来自PX-Plus甲苯择形歧化单元的高PX含量C_8芳烃原料进入Badger/Niro结晶单元进行分离，得到一部分PX产品，结晶单元的母液与其他来源的低PX含量的C_8芳烃原料一起进入Parex吸附单元进行分离，得到剩余的PX产品。耦合法以Axens公司提出的Eluxyl Hybrid工艺为代表，这是一种吸附-结晶组合工艺，低PX含量的C_8芳烃原料先进入吸附单元进行提浓，得到高PX含量的原料，然后进入结晶单元进行分离，得到高纯度的PX产品，结晶母液则循环回吸附分离单元。中国石化针对不同PX生产装置的实际情况也提出了不同的结晶分离与吸附分离组合工艺。

结晶分离与吸附分离组合工艺中各项单元技术比较成熟，当前的发展重点是组合方式的优化与选择。组合工艺用于现有吸附分离法生产装置进行扩能改造时，如甲苯资源较丰富宜采用联合法，可在基本不影响原吸附分离操作的情况下，通过增加择形歧化反应单元和结晶单元来实现装置较大幅度的扩能；当混合 C_8 芳烃原料充足时更适合采用耦合法，通过对吸附分离单元的简化、优化可大幅度提高过程效率，其他装置的改造相对容易实现。至于新建装置是否采用组合工艺，则应进行综合的技术经济对比后确定。

(四)抽提蒸馏和芳构化组合工艺

在高苛刻度条件下得到的催化裂化汽油中芳烃含量较高，可以通过抽提蒸馏分离回收芳烃产品，但其中的烯烃含量也较高，如采用加氢处理，不但耗氢量大，而且烯烃饱和后辛烷值明显下降，利用价值降低。结合芳构化工艺可以将 C_4~C_8 烯烃转化为芳烃，使催化裂化汽油中烯烃资源得到更有效的利用。抽提蒸馏-芳构化组合工艺先将催化裂化汽油进行抽提蒸馏，抽提后富含烯烃的抽余油再经过芳构化工艺将烯烃转化为芳烃，多产芳烃产品。

为了更加经济地实现由高苛刻度催化裂化汽油烯烃增产芳烃的目的，GTC 公司提出了 GT-BTX PluS 抽提蒸馏和 GT-Aromatization 芳构化的联合工艺。GT-BTX PluS 工艺从催化裂化汽油中脱除噻吩硫的同时回收芳烃，GT-Aromatization 工艺将催化裂化 C_4~C_5 馏分和 GT-BTX PluS 得到的 C_6~C_8 抽余液中的烯烃转化成 BTX，并副产轻质烷烃和 LPG。该工艺技术在汽油市场相对过剩或芳烃资源短缺的情况下，可将芳烃含量高达 50%~70%的催化裂化汽油转化成满足市场要求的芳烃，同时可避免将该馏分送入重整预加氢导致的大量氢气消耗[32]。

六、芳烃联合装置节能技术

芳烃联合装置是石化企业中能耗较高的装置。降低装置能耗以降低生产成本是提高芳烃联合装置经济效益的主要途径之一。芳烃联合装置的节能技术主要包括总流程优化、高效催化剂/吸附剂使用、新工艺技术和新设备开发，以及低温热回收利用技术等。

(一)总流程优化

芳烃联合装置的总流程优化能给企业带来显著的节能效果和经济效益。总流程优化包含综合考虑原料及产品方案、装置组成、催化剂类型、工艺技术路线、公用工程条件及市场价格等因素，不同的炼化企业会有不同的总流程优化结果。

(二)研发新型催化剂和吸附剂

重整催化剂、异构化催化剂、歧化与烷基转移催化剂，以及吸附剂的性能和操作参数均影响芳烃联合装置能耗。各化学反应单元重要的操作参数之一是氢烃比，当氢烃比降低时，由于循环氢气量的减小以及反应系统压降的降低，使循环氢压缩机能量消耗降低。对于重整催化剂，其性能指标之一是催化剂积炭速率，当催化剂积炭速率降低时，催化剂再生部分的能耗将降低。对于异构化催化剂，当 PX 热力学平衡达成率和乙苯转化率提高时，异构化、二甲苯分馏及吸附分离三个单元的规模将降低，从而使装置能耗较大幅度地降低。对于歧化与烷基转移催化剂，甲苯和 C_9 及以上单环芳烃的单程转化率提高时，歧化及烷基转移单元的规模(或实际反应进料量)将降低，使单元能耗下降。

吸附剂吸附容量是重要的吸附剂性能指标，可以通过筛油比(吸附剂装量对进料量的比值)及 PX 单程收率来衡量。降低筛油比，可以提高装置的 PX 生产能力。提高 PX 单程收率，能够降低 PX 回路内 C_8 芳烃的循环量，即降低芳烃装置的能耗。例如 UOP 公司的吸附剂由 ADS-7 发展到 ADS-27、ADS-37、ADS-47，PX 单程收率则由 92%提高到 97%以上，芳烃装置能耗降低约 4%。

（三）开发新工艺技术和新设备

1. 分壁精馏技术

分壁精馏技术是通过在精馏塔内部沿轴向或不沿轴向安装一块或多块一定长度的隔板，采用一套汽化冷凝系统，同时分离得到三种或三种以上产品的精馏技术。由于分壁精馏技术避免了常规精馏塔中产品之间出现“分离-混合-再分离”现象，因此减少了能耗。通过模拟计算，轻芳烃（苯、甲苯和 C_8 芳烃）分离过程采用分壁精馏技术时可节能 30%；邻二甲苯、C_9 芳烃及 C_{10+}芳烃的分离过程采用分壁精馏技术时，冷凝负荷可降低 35%，再沸器热负荷可降低 25%。

自 1985 年巴斯夫（BASF）公司的第一台分壁塔投入工业生产以来，目前全世界已有 100 多台分壁塔投入工业应用。我国对分壁精馏技术的研究尚处于起步阶段，研发步伐有待加快。

2. 热高分技术

传统的反应产物气液分离器采用过冷的操作温度（下称冷高分技术），而提高气液分离器的操作温度（下称热高分技术）避免了冷高分技术中液相产物经历“先冷却后加热”的过程，因此可减少能耗。对于歧化与烷基转移单元，采用热高分技术后，生产每吨 PX 可节能 238MJ。按照目前催化剂性能及操作工艺参数，热高分技术适合于歧化及烷基转移单元和异构化单元，预加氢单元也可以采用热高分技术。

3. 高通量管换热器的应用

高通量管换热器的管束元件是高通量管，高通量管是在光管的内表面或外表面上覆盖一层多孔性的金属烧结层，使传热表面积大为增加，并提供大量汽化核心，以强化管内或管外泡核沸腾传热。高通量管换热器的传热系数可高达 2000 $W/(m^2 \cdot K)$以上，比普通光管型提高 3~5 倍。

高通量管换热器于 1975 年由美国 UOP 公司推出，国内自 1999 年起开始研制，并在多套芳烃联合装置中得到成功应用及推广。目前，高通量管换热器已成为芳烃装置节能的主要设备之一。

4. 板壳式换热器的应用

板壳式换热器与焊板式换热器均采用波纹板片作为传热元件，板片间采用焊接密封，具备传热效率高、结构紧凑、重量轻等优点，其热端温差可小于 40℃，大大提高了换热深度。已工业应用的最大板壳式换热器换热面积达 11000 m^2，传热系数>350 $W/(m^2 \cdot K)$。板壳式换热器非常适应于重整进料换热、歧化进料换热以及异构化进料换热等过程。

5. 缠绕管式换热器的应用

缠绕管式换热器因换热管长度不受限制，可以增加换热深度，提高换热负荷。由于缠绕管式换热器管端存在一定长度的自由弯曲段，因此具有良好的挠性，管子的热膨胀可自行补偿，与焊板式结构换热器相比不易受损。缠绕管式换热器已在多套芳烃装置中得到成功应用，其热端温差可小于 30℃，节能效果良好。缠绕管式换热器同样适应于重整进料换热、歧化进料换热以及异构化进料换热等过程。

（四）低温热回收利用技术

1. 利用热媒水回收低温热

对于温位较低的热源（90～130℃），可集中设置低温位热利用设施，采用除盐水或除氧水作为循环热媒水回收热量，用来预热原料、预热加热炉空气等，也可用作伴热、罐区维温、生活用热等。

2. 利用低温热发电

利用低温热发电技术包括低温热水发电和低压蒸汽发电两种技术，前者是先利用低温热产生低温热水，再利用低温热水发电；后者是先利用低温热产生低压蒸汽，再利用低压蒸汽发电。已工业化的低温热水发电技术是朗肯循环技术和卡琳娜循环技术，目前世界上已经有11套采用卡琳娜循环技术的低温热水发电装置。一套产能为600 kt/a PX的芳烃联合装置，设置一套采用卡琳娜循环技术的低温热水发电装置，生产每吨PX可降低能耗242.4 MJ，静态的投资回收期为6.2年；设置一套低压蒸汽发电装置，生产每吨PX能耗则可进一步大幅下降。

七、其他芳烃及芳烃衍生物技术

除BTX外，其他芳烃中最重要的是乙苯和异丙苯。此外，偏三甲苯、均三甲苯、均四甲苯以及萘等其他芳烃是精细化工的重要原料，可制备具有广泛用途的芳烃衍生物产品，利用价值很高。随着我国石油化工的快速发展，重芳烃资源越来越丰富，为这些芳烃产品的规模生产及合理利用，从而进一步提高芳烃产业链的经济效益，提供了更加有利的条件。

（一）乙苯

乙苯主要通过苯和乙烯的烷基化生产。现有使用沸石分子筛催化剂的烷基化生产乙苯工艺分为气相法、液相法和催化蒸馏法等，已日趋成熟，并几乎完全取代了$AlCl_3$催化剂。其中分子筛液相法因具有反应条件温和、乙苯产品中二甲苯含量低、能耗低、装置运转周期长等优势[33]得到广泛应用。国外分子筛液相法多采用固定床反应工艺，使用不同的大孔分子筛催化剂，代表性技术主要有ExxonMobil/Badger公司使用MCM-22分子筛的EB Max工艺、Lummus/UOP公司使用β分子筛的EB One工艺。CD Tech公司结合液相分子筛技术与催化精馏技术开发了EB催化精馏工艺，将反应和乙苯分离合并进行，使用Y型分子筛催化剂，可处理乙烯浓度为10%～100%的乙烯进料。中国石化于2000年开发成功循环固定床液相烷基化工艺（EBLC工艺），原料苯直接注入循环物料中，采用相对较低的苯/乙烯摩尔比，降低了能耗，已在国内多套装置上成功应用；2004年，使用β分子筛的新一代AEB-6烷基化催化剂又应用成功，由于将分子筛晶粒进一步减小，提高了催化剂的选择性和稳定性，在苯烯比3.0的条件下，乙烯转化率为100%，乙基化选择性达99.6%，乙苯产品纯度大于99.88%，其中二甲苯和二乙苯含量均小于10μg/g。

对于炼油厂干气中含有10%～25%（体积分数）的稀乙烯，其与苯烷基化反应制取乙苯还是以气相烷基化法为主。Mobil/Badger等开发了以稀乙烯为原料的气相烷基化工艺，均需要严格控制干气中H_2S、CO_2、H_2O等杂质的含量[34]。中国石化与中国科学院大连化学物理研究所等合作开发了以稀土-ZSM-5/ZSM-11共结晶分子筛催化剂为核心的气相法催化裂化干气制乙苯技术，最新一代技术于2003年完成工业试验后已在多套装置应用，该技术采用气相烷基化和液相烷基转移工艺，干气不需特殊精制，乙苯产品纯度达到99.6%[35]。

近年来，中国石化在高性能SEB-08稀乙烯制乙苯烷基化催化剂和AEB-1H烷基转移催化剂的基础上，开发了新一代稀乙烯制乙苯成套技术（简称SGEB技术），乙苯产品中二甲苯含量低于800μg/g，乙苯纯度达到99.8%以上，并已迅速推广至国内多套稀乙烯制乙苯装置。

(二)异丙苯

与乙苯生产技术类似，目前全球绝大部分异丙苯装置也都采用分子筛液相烷基化法，催化剂酸性组元主要包括丝光沸石、β分子筛及MWW系列分子筛等，取代了原来使用的固体磷酸或$AlCl_3$催化剂。国外成熟的技术主要有UOP公司开发的采用改性β分子筛催化剂的Q-Max工艺、ExxonMobil公司开发的基于MCM-22沸石催化剂的Mobil/Badger异丙苯工艺、Dow公司开发的采用高脱铝氢型丝光沸石(3-DDM)催化剂的Dow/Kellog工艺、Polimeri公司开发的基于β分子筛的液相烷基化工艺和CD Tech公司的催化蒸馏工艺等，除CD Tech公司采用催化蒸馏技术外，其他技术均采用固定床液相反应工艺。这些技术流程简单、反应条件温和、低腐蚀、低污染，产品纯度可达99.97%，收率为99.7%[36]。

中国石化与北京化工大学合作开发了以MCM-22分子筛为主要酸性组元的YSBH系列催化剂，并于2001年工业应用，生产的异丙苯产品纯度在99.9%以上，收率高于98.7%[37]。中国石化还于2007年成功商业化了S-ACT异丙苯成套工艺，采用SRZ-21分子筛为活性组元的催化剂，产品纯度可达99.95%以上。此外，大连理工大学开发的BPA系列催化剂也取得良好的应用结果。

(三)偏、均三甲苯及其衍生物

偏三甲苯的生产多采用重整C_{9+}芳烃精馏分离的方法，采用二塔分离工艺即可获得纯度98%以上的产品，近些年出现了三塔工艺，产品纯度在98.5%以上，可兼顾富集均三甲苯[38]。均三甲苯在C_9芳烃资源中含量较低，主要通过偏三甲苯异构化制得，可直接精馏分离；与其他C_9芳烃分离的方法有萃取蒸馏、烷基化和分子筛吸附等，其中烷基化法利用了均三甲苯具有特殊的对称结构，比其他C_9芳烃更难进行烷基化反应的性质，通过以富集均三甲苯为原料、经烷基化-精馏过程可生产出高纯度(99%以上)均三甲苯。

偏三甲苯主要用于合成偏苯三甲酸酐。偏苯三甲酸酐大部分用于制取偏苯三甲酸三辛酯，作PVC增塑剂。偏三甲苯生产中的硝酸氧化法因环境危害大已基本被淘汰，目前以液相空气氧化法(Amoco法)为主。我国以黑龙江省石油化工研究所为主开发的同类技术于2000年建成了3kt/a规模的生产装置。均三甲苯主要用于合成均苯三甲酸，是良好的高温增塑剂原料，用于生产新型耐高温工程塑料。均三甲苯生产中，Amoco法同样已逐渐淘汰了硝酸氧化法和高锰酸钾氧化法，成为最主要的生产方法。

(四)均四甲苯及其衍生物

国外主要采用偏三甲苯异构化、歧化工艺路线联产均四甲苯。将C_{10}芳烃中的偏四甲苯、连四甲苯资源加以利用，通过异构化反应生产均四甲苯的方法也已经得到应用。中国石化开发了采用分馏塔切割重整C_{10}芳烃，然后将四甲苯富集液进行结晶分离的工艺提取均四甲苯，在资源充足的条件下可以实施应用。

均四甲苯主要用于生产均苯四甲酸二酐(简称均酐)，空气催化氧化法已逐渐取代液相氧化工艺，是目前制备均酐的主要方法。

(五)萘

萘主要从煤焦油或石油产品重芳烃馏分中提取，分为精萘(纯度>99%)和工业萘(纯度

95%~99%）。焦油萘硫含量高，而石油萘硫含量低，更适合于生产精萘。

日本钢铁化学公司采用连续结晶 BMC 精制技术可从煤焦油中生产精萘。石油重芳烃的 C_{10}组分中萘系芳烃含量较低，仅利用分离和提纯的方法难以提取萘产品。美国 UOP/Ashland 公司开发的 Hydweal 法和 Union 公司开发的 Unidak 法，均将抽提出来的萘系芳烃在装有脱烷基催化剂（主要是 Cr_2O_3/Al_2O_3 催化剂）的反应器中进行临氢脱烷基反应，反应产物经气液分离后，再通过精馏得到工业萘，最后用熔融结晶或加氢脱硫的方法提纯制成精萘。

目前国内萘的来源以焦化萘为主，焦化萘产量为 120~140 kt/a[39]，多采用精馏和结晶两个工序生产工业萘，石油萘产量不超过萘总产量的 10%。上海石化建有一套从蒸汽裂解焦油中经连续精馏和结晶提纯生产工业萘的生产装置，国内尚无从石油萘中经临氢脱烷基制萘的工业化装置，精萘生产以结晶法为主，加氢脱硫提纯技术有待开发。

（六）苯乙烯

工业上生产苯乙烯主要通过乙苯催化脱氢的方法，使用 Fe-K-Ce 型催化剂，采用管式等温反应器或多段绝热反应器，在水蒸气条件下进行脱氢反应，目前绝大多数乙苯脱氢装置采用绝热脱氢工艺。该技术发展主要体现在提高催化剂选择性，改进反应器结构、加热方式、能量回收等方面。Lummus/UOP 公司开发的 Classic SM 工艺和 Fina/Badger 公司开发的乙苯脱氢工艺均采用多段绝热反应器，乙苯转化率分别为 72%~78%[40] 和 60%~75%[41]。20 世纪 90 年代，Lummus/UOP 公司推出了 Smart SM 工艺，主要是在 2 个脱氢反应器之间增加了 1 个氧化-脱氢反应器，使乙苯转化率提高至 85%，苯乙烯选择性为 92%~96%[42]。中国石化自 1999 年实现乙苯脱氢制苯乙烯成套技术国产化后，又开发了负压绝热脱氢反应工艺，其技术特点是采用新型轴径向反应器，提高了反应器容积和催化剂的利用率，目前已应用于国内多套装置上，乙苯转化率达到 66.3%，苯乙烯选择性为 97.1%[41]。

乙苯脱氢催化剂的研究正在向低钾含量、低水比、稳定性更好和运转周期更长的方向发展。美国标准催化剂公司和 Dow 化学公司均开发出绝热型催化剂，南方化学公司开发了可在低水比下使用的 Styromax 系列低钾催化剂，既减少了蒸汽用量，又可避免钾流失。中国石化开发了 GS 系列乙苯脱氢催化剂，提高了催化剂的使用寿命，乙苯转化率达到 75%，苯乙烯选择性为 95%~96%[42]。中国石油开发并成功工业应用的 LH 365 乙苯脱氢型催化剂，乙苯转化率大于 65.0%，苯乙烯选择性大于 97.5%[41]。

乙苯共氧化联产（PO/SM）法生产苯乙烯，可同时获得另一重要且价格更高的环氧丙烷产品，但投资较高，宜建设大规模装置。

此外，如前文所述，裂解汽油首先通过溶剂抽提蒸馏将其中的苯乙烯分离回收、以改善裂解 C_8 芳烃品质的工艺技术已实现工业应用，该过程对粗苯乙烯进一步精制后，还可联产苯乙烯产品。DSM 公司的 DEXST 工艺采用二甲基乙酰胺溶剂，溶剂与苯乙烯产品的沸点差较小；GTC 公司的 GTC-Styrene 工艺则以环丁砜为主溶剂，其抽提部分的苯乙烯收率为 88%~93%。中国石化的 STED 工艺采用环丁砜复合溶剂，抽提收率大于 98%，苯乙烯产品纯度达到 99.9%，色度小于 10。

（七）PTA

PTA 主要通过 PX 氧化及粗对苯二甲酸（CTA）加氢精制的两步法生产，代表技术主要有 BP-Amoco、Invista、三井化学、Dow-Inca、MCC 和 Interquisa 等工艺。PX 氧化部分对传统的 Co-Mn-Br 均相催化剂体系的改进研究一直在进行，其中日本关西大学采用 *N*-羟基酞酰亚胺(NHPI)、三羟基亚氨基三聚异氰酸(THICA)取代四溴乙烷助剂的报道引起了更多的关注。CTA加氢精制Pd/C催化剂已很成熟，主要有德国的MPB5-HD、美国的CBA-300、意大利的D-3065、日本的PTA-1500和中国石化的CTP系列Pd/C催化剂。其共同点都是将0.5%的钯负载于椰壳活性炭上，但负载的结构特征如钯分布的深度以及表面分散度、分散微晶晶体的物理尺寸有所差别。不同结构的催化剂反应性能和使用寿命等性能存在差异。目前，PTA生产技术和装置已经进入了规模大型化、技术集成化、装备国产化以及降低原辅材料和公用工程消耗的新阶段，正开发以降低投资、减少物耗能耗、最终增强产品竞争力为核心内容的各项技术，如PX直接氧化一步制取PTA工艺和大型溶剂置换提纯TA技术等。

八、非石油基芳烃技术

(一)焦化粗苯与煤焦油的加工利用增产芳烃技术

我国是煤和焦炭生产大国，有着丰富的焦化粗苯和煤焦油资源，这些资源尚未得到充分合理的利用。随着新技术的开发和推广应用，焦化粗苯经加氢-萃取精制得到的焦化精苯，其质量已可与石油苯媲美；煤焦油加氢制取轻质燃料油(包括石脑油)技术也日益引起重视。合理加工利用焦化粗苯、煤焦油，可作为芳烃资源的重要补充。

焦化粗苯是焦炭生产过程中从焦炉煤气中回收得到的一种轻馏分油，其主要成分是单环芳烃，苯含量约为55%~75%，甲苯为11%~22%。焦化粗苯精制利用技术中酸洗法因腐蚀污染问题已逐渐被淘汰，目前大量采用固定床加氢等技术加工，分为高温加氢和低温加氢-萃取(抽提)两种工艺。高温加氢系美国Houdry公司开发的Litol工艺，采用加氢精制后高温裂解将单环芳烃催化脱烷基，因此只得到单一产品纯苯；低温加氢精制-抽提分离法主要有Axens开发的气液两相加氢-环丁砜抽提蒸馏工艺、Uhde公司开发的气相加氢-*N*-甲酰基吗啉抽提蒸馏工艺(K-K法)，这些工艺均可得到高质量的苯、甲苯产品和二甲苯混合馏分。我国应用较多的是K-K法，部分装置采用中国石化的SED抽提蒸馏技术。中国石化和中科院山西煤炭化学研究所(以下简称煤化所)都有各自开发的加氢技术及其相应催化剂在工业应用。我国焦化粗苯加工装置规模偏小，集中资源发挥规模优势是未来发展的方向。

煤焦油根据干馏温度和加工方法的不同，可以分为低温焦油、中温焦油和高温焦油，其中高温煤焦油芳烃及杂环有机化合物含量较高，经分馏和化学处理的方法可生产轻油、酚油、萘油、洗油、蒽油及煤沥青等，再经深加工后制取苯、萘、酚和蒽等多种芳烃类化工原料。目前国内大部分煤焦油主要作为燃料进行粗放燃烧，排放大量的SO_x和NO_x，造成严重的环境污染，未来可以采用适宜的二次加工手段生产清洁燃料或芳烃原料，不仅具有明显的社会效益，也会获得合理的经济效益。由于煤焦油中杂原子、稠环芳烃以及胶质或沥青质含量高，普遍采用加氢技术进行加工处理。近年来中国石化已开发了多种技术，如采用固定床加氢精制-加氢裂化两段法工艺的FTH系列技术、采用沸腾床加氢处理-固定床加氢裂化组合工艺的HFFT-FC技术、以及根据中低温和高温煤焦油及其不同馏分性质的不同，采用不同的加氢处理或改质(包括高温煤焦油轻馏分与LCO混合改质)的集成技术，可以将煤焦油进料全部转化成石脑油、柴油和加氢尾油等，并可以根据生产芳烃的需要，调整操作多产优质石脑油，这些技术均已实现或准备进行工业化。此外，煤炭科学研究总院也提出了煤焦油悬浮床/浆态床加氢工艺并配套研发了复合多金属粉状细颗粒催化剂。立足于现有石油馏分油加氢技术，不断改进和开发专用的煤焦油加氢催化剂和配套工艺，是今后煤焦油加工利用技术发展的重要方向。

(二)甲苯与甲醇甲基化技术

由于芳烃产品结构中二甲苯(尤其是对二甲苯)需求大，使得芳烃生产过程芳环上甲基数量相对不足。将甲醇与甲苯进行甲基化反应是向芳烃产品中引入甲基的一种直接有效的方法，早在20世纪70年代就有研究报道。随着以煤或天然气为原料的碳一化工的发展，甲醇产能快速增长、生产成本大幅降低，加快了甲苯甲醇甲基化技术的应用开发。这一技术路线能获得高于85%的PX选择性且不产生苯，生产PX具有较强的竞争力，可适应未来芳烃市场发展的需求。目前，从事甲苯甲醇甲基化技术开发的公司有ExxonMobil、GTC Technology、沙特SABIC和国内的大连化学物理研究所、大连理工大学、中国石化等。其中ExxonMobil提出了流化床方法、反应蒸馏法以及合成气与甲苯烷基化等许多新工艺；GTC Technology公司采用层式固定床反应器的甲苯甲醇甲基化工艺已完成中试；SABIC等其他公司的技术均处于小试或中试阶段。中国石化开发的MTX技术，于2012年在全球率先实现了工业转化，甲苯转化率达35%以上，二甲苯选择性为81.4%。

甲苯与甲醇甲基化技术的发展将煤化工和石油化工有机结合，拓展了PX生产的原料范围，可促进煤化工、天然气化工和石油化工的平衡发展。

(三)甲醇芳构化制芳烃技术

甲醇芳构化制芳烃(MTA)是全部利用煤或天然气资源增产芳烃的技术路线。MTA过程涉及氢转移、齐聚、环化、脱氢、烷基化和脱烷基等复杂反应，国外近几年虽有相关研究报道，但尚未见工业化。国内的清华大学、中科院山西煤炭化学研究所、河南煤化集团研究院与北京化工大学等研究机构都进行了MTA技术的开发，并取得了阶段性成果。其中清华大学开发了采用流化床工艺的甲醇制芳烃(FMTA)技术[43]；山西煤化所开发了两段固定床工艺的MTA技术[44]，以Mo/HZSM-5(离子交换)分子筛为催化剂，甲醇转化率大于99%，液相产物选择性大于33%，液相产物中芳烃含量大于60%[45]。2013年1月，中国华电集团公司采用FMTA技术建设的30 kt/a甲醇进料工业试验装置一次投料试车成功，并连续运行了443h，甲醇可以实现完全转化，其消耗为3.07 t/t芳烃，已有计划建设百万吨级MTA工业示范装置[46,47]。

(四)天然气制芳烃技术

我国是可燃冰、页岩气和煤层气等天然气资源相对丰富的国家，天然气的开发利用对中国石化的发展乃至中国能源格局的提升具有重大的战略意义。甲烷是天然气的主要成分，其在无氧条件下可发生脱氢芳构化反应直接转化为芳烃与氢气，中国科学院大连化学物理研究所、中国石化，美国的Mobil、Conoco Philips、Dow Chemical，日本的产业技术综合研究所、三井化学，俄罗斯的Boresko催化研究所等对此进行了广泛的研究。

1993年大连化学物理研究所报道了Mo/HZSM-5无氧脱氢芳构化催化剂，芳烃产率可达热力学平衡产率的70%~80 %(不计积炭)[48]，取得突破性进展。但由于甲烷的热力学平衡转化率较低、单程芳烃产率低、催化剂严重积炭失活等原因，制约了无氧脱氢芳构化的工业化进程[49]。为了获得活性和稳定性都较好的甲烷无氧脱氢芳构化催化剂，近期的研究主要是围绕分子筛负载的过渡金属化合物双功能催化剂展开，催化剂的失活机理与再生工艺也是重要的研究内容。

（五）生物质制 BTX 技术

近年来完全"绿色"聚酯瓶代替石油基聚酯瓶的应用和研究引起广泛关注，绿色植物基 PET 瓶生产的关键是生物基 PX 技术的开发，Anellotech、Gevo、Global Bioenergies、Virent Energy Systems、UOP、Draths、Genomatics 等公司正在进行生物基芳烃生产技术的研发，其中 Anellotech、Gevo 和 Virent Energy Systems 进展比较突出。

美国 Anellotech 公司采用由 Massachusetts 大学开发的一步法催化快速热裂解（CFP™）工艺，在流化床反应器中迅速将木头辅料和其他生物质加热至 600℃，生成氧化物，再采用专用沸石催化剂将这些化合物转化成化学级 BTX。目前，通过改变 ZSM-5 分子筛催化剂的孔口，PX 选择性大幅提高[50]，可从 1t 生物质中生产 189L 的 BTX。Anellotech 公司已计划于 2014 年底建成一套 26 kt/a 的小型工业装置[51]。

美国 Gevo 公司其专有的联合发酵技术（GIFT™）生产生物异丁醇，产能达 6.8×10^7L/a 工业装置于 2012 年 5 月投运[52]目前正进行异丁醇基 PX 的研究，计划 2014 年实现工业规模生产生物基 PX。

Virent Energy Systems 公司开发了基于水相重整（aqueous phase reforming，简称 APR）的 BioForming™工艺，通过改质的 ZSM-5 催化作用，富含芳烃的 BioFormate 产品，最后经芳烃联合装置得到生物基 BTX，计划 2015 年启动生产生物基 PX 的 BioFormPX 工业装置。Global Bioenergies 公司研究生物异丁烯生产化学品的方法。UOP 公司公开了几项生物基 PX 生产技术的专利[53,54]，一条途径是将 2，5-二甲基呋喃（DMF）催化转化为 PX，另一条途径是将异丁烯二聚为异辛烯/异辛烷，再经脱氢环化生产 PX。

生物质制取芳烃技术的产业化发展还需要从原料、催化剂和工艺上获得突破。目前，分子筛催化快速热裂解技术工艺配置相对简单，但其中间产品的转化对催化剂要求高。ZSM-5 微孔分子筛是目前生物质芳烃技术转化研究最多的催化剂，进一步精细调控分子筛孔径、酸性质能有效提升芳烃的产率和选择性。后续发展还应着重于模型纯生物质衍生化学品催化转化、催化快速热裂解过程优化以及大规模流化床反应器设计等研究。

第四节 芳烃生产技术展望

长期以来，芳烃生产技术的进步与创新，始终位于世界石油石化科技创新的前沿，也是我国"十二五"期间加大力度重点开发的核心技术。未来需要结合我国国民经济发展的需求，进一步明确芳烃生产技术的发展方向与趋势；加强基础研究，重点突破化学工程（反应工程、质量传递、热量传递和动量传递）基础理论研究，以强化化工过程，提高装备的利用效率；加快新材料开发，特别是催化材料的研究。

（1）围绕拓宽原料来源、实现原料多样化

加强芳烃生产与炼油、乙烯、煤化工等行业的集成，围绕芳烃资源等关键节点，充分利用炼化一体化优势，最大程度优化资源配置，实现油、化、煤一体化。以多孔催化材料为核心，不断推出新型高性能催化剂和吸附剂。加快甲苯甲基化制二甲苯、LCO 加氢制 BTX、重芳烃轻质化、轻质烃类芳构化、生物质制芳烃等一批新技术的研发，突破芳烃生产过程中对石脑油原料的限制，实现多种原料生产工艺的组合，进行新型反应设备的研究和设计，开发出满足装置大型化、高效化需求的芳烃成套生产技术。

(2)积极推进工艺组合，灵活应对市场

通过优化原料与产品，进行产品结构调整，进而实现芳烃资源的合理利用，进一步降低生产成本和能耗。以甲苯择形歧化与苯和 C_9 芳烃烷基转移组合工艺技术、PX 吸附-结晶分离组合分离工艺技术、甲苯择形歧化-PX 结晶分离技术等反应-反应、反应-分离、分离-分离组合工艺的开发与应用为突破口，实现苯、甲苯、二甲苯产品结构的灵活调整，提高装置竞争力。

(3)建立芳烃生产运行数据库

逐步建立涵盖催化重整、歧化及烷基转移、异构化以及芳烃抽提、PX 分离等反应和分离单元在内、包括多样化的反应原料和反应产物的芳烃生产模型数据库，用以指导芳烃生产的各单元操作，提高芳烃生产过程中装置调整的效率。

(4)重视重芳烃的高价值利用途径开发

重视偏三甲苯、均三甲苯、均四甲苯、石油萘、二甲基乙苯以及聚萘二甲酸乙二醇酯(PEN)等高附加值产品的综合利用，提高芳烃联合装置竞争能力，进一步研究 C_{11+} 芳烃在石油化工一体化中的资源利用以及产品用途开发。

(5)提高芳烃装置能效是芳烃技术发展的重要课题

芳烃生产各技术单元在取得较大发展与进步的基础上，将不断开发新型催化剂、吸附剂及溶剂体系，改进优化反应工艺和分离工艺，推进装置、设备、内构件等的大型化，优化设备及换热流程设计，进一步降低生产芳烃的物耗能耗。提高反应空速、降低氢烃比、提高反应转化率和目的产物选择性、提高重芳烃处理能力以及采用不同工艺的组合优化等将成为该领域技术的主要发展方向。

在芳烃生成技术方面，进一步提高催化重整的芳构化转化性能，重点开发更为有效的常规原料增产芳烃技术和利用 LCO 等富含重芳烃的资源生产高价值的轻质芳烃技术。

在芳烃转化技术方面，重点研究新型分子筛材料的分子工程设计和结构功能化，开发新型催化材料，实现传统催化材料的突破创新；改善相关技术对低品位原料的处理能力、提高转化率和目的产物的选择性；在新反应体系的研究领域进行探索。

在芳烃分离技术方面，利用分子模拟研究分子结构对溶剂/吸附剂性能的影响，开发新的高效环保溶剂和新型吸附剂；发展重芳烃的分离及综合利用技术；优化换热流程及热集成，开发高效设备。

在组合工艺技术方面，实现择形歧化与烷基转移组合工艺、结晶分离与吸附分离组合工艺的工业转化，针对轻质芳烃收率较高的高苛刻度催化裂化技术发展催化裂化汽油抽提-加氢-抽提蒸馏组合工艺，充分发挥各单元技术的优势。

在非石油基芳烃技术方面，注重煤化工与石油化工技术的结合，开发原料利用率更高、综合经济性更好的技术路线，实现煤焦油资源利用率最大化；加快甲苯择形甲基化技术和甲醇芳构化制芳烃技术的工业化进程；在生物质直接液化制取燃料油和芳烃产品技术领域实现突破。

参 考 文 献

[1]　王德成 . 2012 年世界合成纤维各品种的生产状况[J]. 合成纤维工业，2013，5：11.

[2]　李晨 . 国内外对二甲苯发展现状及趋势分析[J]. 中国石油和化工经济分析，2011，(10)：9-11.

[3]　陈锦华 . 中国石化三十年[N]. 中国石化报，2013-02-19(1).

[4] 白木．聚酯瓶在包装领域的应用[J]．中国包装，2011，(5)：39-42.
[5] 瞿国华．新世纪中国乙烯工业原料优化发展趋势[J]．化工进展，2004，23(3)：238-243.
[6] 梁文杰．石油化学[M].2版．东营：中国石油大学出版社，2008：194.
[7] Atsuyuki Miyaji，Toshio Okuhara. Skeletal isomerization of n-heptane and hydroisomerization of benzene over bifunctional heteropoly compounds[J]. Catalysis Today，2003，(81)：43 - 49.
[8] 徐承恩．催化重整工艺与工程[M]．北京：中国石化出版社，2006.
[9] 米镇涛．化学工艺学[M]．北京：化学工业出版社，2006：114.
[10] 马爱增，张大庆，潘锦程，等．降低汽油中苯含量的技术选择[J]．石油炼制与化工，2009，40(9)：1-7.
[11] 2012 World Paraxylene and Terephthalates Analysis. CMAI.
[12] SRI Consulting. World Petrochemicals[R]. 2009-01.
[13] Lapinski M P，Moser M D，Proffitt R G. Catalyst innovations in naphtha reforming[J]. Hydrocarbon Engineering，2006，11(11)：59-64.
[14] 马爱增，潘锦程，杨森年，等．低积炭速率连续重整催化剂的研发及工业应用[J]．石油炼制与化工，2012，43(4)：15-19.
[15] Edgar M D. New Reforming Catalysts Help Refiners Cope with Greater Demand for Gasoline[C/CD]. NPRA Annual Meeting，AM-07-68，San Antonio，TX，2007-03-18.
[16] Lapinski M P，Zmich J，Metro S. Increasing Catalytic Reforming Yields[J]. PTQ Catalysis，2008：23-25.
[17] Young M J. CCR Reforming Reload Economics[C/CD]. AFPM Annual Meeting，AM-12-09，San Diego，CA，2012-03-11.
[18] Ross J，Cook J，Largeteau D，et al. Advances in Naphtha Processing for Reformulated Fuels Production[C/CD]. NPRA Annual Meeting，AM-10-148，Phoenix，AZ，2010-03-21.
[19] www. axens. net/document/954/talking-shop-with-axens.../english. html. Talking shop with Axens.
[20] 戴厚良．芳烃生产技术展望[J]．石油炼制与化工．2013，44(1)：1-9.
[21] 赵仁殿．芳烃工学[M]．北京：化学工业出版社，2001：3.
[22] Worldwide Refinery Processing Review，4Q 2006.
[23] 金云，朱和．中国炼油工业发展现状与趋势[J]．国际石油经济，2013，5：24-35.
[24] Johnson J A. Unlocking High Value Xylenes from Light Cycle Oil[C/CD]. NPRA Annual Meeting，AM-07-40，San Antonio，TX，2007-03-18.
[25] Worldwide Refinery Processing Review，1Q 2012.
[26] JX to Start Bench-scale Production of BTX from LCO. Japan Chemical Web，2011-07-15.
[27] ExxonMobil Chemical Introduces Improved Xylene Isomerization Technology. ExxonMobil company website，Nov. 4，2003.
[28] Süd-Chemie brochure. Catalysts for Oil Refining.
[29] Optimized，Integrated Complex Delivers Minimal Investment Cost and Lowest Cost of Production. http：//w ww. uop. com/processing - solutions/petrochemicals/benzene - para - xylene - production/aromatics-complex/.
[30] Lackner K，Emmerich G. Higher Octane，Less Benzene[J]. Hydrocarbon Processing，1988，67(10)：67-68.
[31] IFP公司．用于改善模拟移动床中对二甲苯的分离方法和装置：中国，200880101229.7[P]. 2010-06-30.
[32] Gentry J，Jin W. FCC gasoline and C_4 streams for BTX production[J]. PTQ，2009(Q4)：103-107.
[33] 薛祖源．乙苯/苯乙烯生产工艺技术进展[J]．上海化工，2008，33(7)：24-26.

[34] 孙新德，郭志军，李宏冰，等．乙苯合成催化剂及工艺研究进展[J]．天然气化工，2005，30(3)：48-53.

[35] 李淑红，张仲利．稀乙烯制乙苯技术浅议[J]．炼油技术与工程，2008，38(3)：24-26.

[36] 张佩君．合成异丙苯生产现状及技术进展[J]．石化技术，2005，12(2)：62-68.

[37] 林衍华，白尔铮．异丙苯生产技术和市场分析[J]．石油化工技术经济，2005，21(5)：38-42.

[38] 刘杰，刘岗．C_9 芳烃深加工技术进展[J]，精细化工原料及中间体，2005，6：3.

[39] 孙亚珍，张志坚，段俊峰．萘油中提取工业萘工艺改造[J]．化工中间体，2012(11)：38-39.

[40] 明键，齐航．乙苯脱氢技术新进展——CSP-SM 工艺[J]．齐鲁石油化工，2003，31(3)：243-245.

[41] 钱伯章，朱建芳．苯乙烯的生产技术进展[J]．江苏化工，2007，35(5)：11-14.

[42] 尤景红．苯乙烯生产技术对比[J]．沈阳工程学院学报，2010，6(2)：185-188.

[43] 骞伟中，魏飞，魏彤，等．一种连续芳构化与催化剂再生的装置及其方法：中国，CN 101244969A [P]，2008-08-20.

[44] 李文怀，张庆庚，胡津仙，等．甲醇转化制芳烃工艺及催化剂和催化剂制备方法：中国，CN 1880288[P]，2006-12-20.

[45] 中国科学院山西煤炭化学研究所．甲醇制芳烃(MTA)技术[R].2009-08-11.

[46] 吕荣洁．煤制芳烃中国造[J]．中国石油石化.2013(9)：38-39.

[47] 清华大学网页 http：//www.chemeng.tsinghua.edu.cn/podcast.domethod = newInfo&id = 1043 2013-04-12.

[48] Wang L，Tao L，Xie M，et al. Dehydrogenation and aromatization of methane under non-oxidizing conditions[J]. Catalysis Letters，1993，21(1-2)：35-41.

[49] Ismagilov Z R，Matus E V，Tsikoza L T. Direct conversion of methane on Mo/HZSM-5 catalysts to produce benzene and hydrogen：achievements and perspectives[J]. Energy & Environmental Science，2008，1：526-541.

[50] Anellotech Poised to Bring Catalytic-BTX Technology to Market[J]. Global Refining & Fuels Today，2012，4(242)：1.

[51] Bio Routes to para-Xylene. PERE 2011S3，2012. 03.

[52] 美国 Gevo 公司拟投运全球首套生物基对二甲苯工业化生产装置[J]．石油炼制与化工，2012，43(1)：25.

[53] Brandvold，Timothy A. Carbohydrate route to para-xylene and terephthalic acid：United States，US008314267[P]. 2012-11-20.

[54] Jan，Deng-Yang. Process for para-xylene production from light aliphatics：United States，US007439409[P]. 2008-10-21.

第二章　芳烃生成技术

石油芳烃主要通过催化重整获得，也可以通过蒸汽裂解和其他一些途径得到，重整生成油和裂解汽油是BTX的主要来源。芳烃联合装置的催化重整单元是生产芳烃的龙头装置，该过程将石脑油中几乎所有环烷烃和部分链烷烃转化生成芳烃，重整生成油中不仅$C_6 \sim C_8$芳烃组分可直接用于生产BTX，其C_9乃至C_{10}芳烃组分中含甲基、乙基取代基的单环芳烃较多，也易于转化为BTX；催化重整过程生成的苯较少，仅占BTX的14%~17%，因此重整生成油是生产二甲苯或对二甲苯的主要原料。石油芳烃另一重要来源是石脑油或更重质原料蒸汽裂解过程副产的$C_6 \sim C_8$芳烃，经过两段加氢脱除烯烃及硫、氮等杂质后，得到加氢裂解汽油$C_6 \sim C_8$馏分，直接作为芳烃联合装置的原料；加氢裂解汽油中苯含量较高，一般占BTX的44%~48%，是苯产品的主要来源之一。此外，C_{9+}重质裂解汽油也可通过加氢脱烷基等增产BTX。

为了解决石脑油原料的不足，拓展芳烃资源，人们一直在寻求石脑油以外的生产芳烃的原料和技术路线。充分利用炼化一体化的资源以增产芳烃，其中一类是轻质资源，包括干气中的乙烯、液化气以及重整拔头油、芳烃抽余油和裂解碳五等含$C_5 \sim C_7$的轻质烷烃和烯烃，通过轻烃芳构化技术可以制得BTX。在这一过程中，轻烃主要通过裂解或脱氢生成小分子烯烃，然后叠合成较大分子烯烃，再经环化脱氢或氢转移反应生成芳烃。另一类资源是较重质资源，如重质裂解汽油、催化裂化轻循环油（LCO）等，这些资源中已经含有苯环，主要通过轻质化、加氢裂化等反应制得BTX。我国的LCO资源丰富，但其芳烃含量高、十六烷值低，随着环境保护要求的日益严格，越来越不适宜作柴油调合组分；LCO中的芳烃为较大分子单环芳烃和以二、三环为主的稠环芳烃，将稠环芳烃选择性加氢饱和、单环芳烃侧链裂化以生成小分子单环芳烃，正逐渐引起人们的兴趣和重视。

第一节　催化重整技术

一、概　述

催化重整（catalytic reforming）是以重石脑油为原料，在一定温度、压力、临氢和催化剂存在的条件下进行烃类分子结构重排反应，生产芳烃或者高辛烷值汽油，同时副产大量氢气的工艺过程。它是现代炼油和石油化工重要工艺之一。

重整生成油可以用作车用汽油的调合组分，也可以经芳烃抽提或抽提蒸馏工艺分离出苯、甲苯、混合二甲苯（含乙苯，也称作C_8芳烃）和C_9、C_{10}芳烃；甲苯、混合二甲苯和C_9、C_{10}芳烃经转化、分离，主要制取对二甲苯（PX），同时也可制取邻二甲苯（OX）、间二甲苯（MX）。重整副产氢气是炼油厂加氢装置（加氢精制和加氢裂化等）用氢的主要来源之一。

（一）催化重整工艺

催化重整过程的第一个工业化装置——临氢重整（hydroforming），于1940年二战期间在美国得克萨斯州的炼油厂投产，主要生产航空汽油基础油和 TNT 炸药的原料甲苯。该过程采用氧化钼系催化剂，催化剂活性低，寿命短，现已被淘汰，但为以后的催化重整的发展奠定了基础。1949 年，美国 UOP 公司建成世界第一套使用 Pt-Al_2O_3 双功能催化剂的固定床催化重整装置，称之为铂重整(platforming)装置。该装置建在美国密执安州的老荷兰(Old Dutch)炼油厂，处理能力为 7.5kt/a，催化剂活性、稳定性较好，可连续运转 0.5~1.0 年。铂重整装置的工业投产，是催化重整工艺发展过程中的一个重要里程碑。从此，催化重整得到了迅速的发展[1,2]。

为了进一步提高铂重整的反应苛刻度，1955 年美国 Exxon Research & Engineering 公司开发了固定床循环强化重整和半再生式强化重整[3]。1967 年，随着铂-铼双金属重整催化剂开发成功，美国 Chevron Research 公司开发了采用铂-铼双金属重整催化剂的铼重整(Rheniforming)工艺，使催化重整工艺又有了新的突破。几种典型的半再生重整技术的工艺特点见表 2-1-1。其中铂重整、胡德利催化重整(Houdriforming)、铼重整工艺没有本质差别。其流程是：经加氢预处理后的原料与循环氢气混合，与重整产物换热后，进入 4 个(生产汽油也可 3 个)串连的重整反应器，反应产物与进料换热、冷却后分离，得到高辛烷值汽油调合组分或芳烃抽提原料及氢气。而麦格纳催化重整(Magnaforming)工艺不同之处在于循环氢不是全部与原料油在第一反应器前混合，而是分出一部分从第三反应器前进入。这种二段混氢的结果使前面反应器的氢烃体积比减少，降低了系统的压降，节约了压缩机功率，而后面反应器的氢烃体积比仍维持较高，有利于减少积炭。

表 2-1-1 半再生重整工艺发展概况

工艺名称	开发商	催化剂金属组元	主要工艺特点	备注
铂重整	UOP 公司	单铂或铂铼双金属，以及 R-72 非铼型双金属	多采用单一催化剂，个别采用R-72/R-56 催化剂组配	1949 年工业化后，在全球得到广泛应用
胡德利重整	Air Products 胡德利分公司	单铂或双金属	单一催化剂，一段混氢	1953 年在美国工业化
铼重整	Chevron Research	Pt-Re	设计压力为 0.7~1.4MPa，氢烃体积比 2.5~3.5，重整生成油的 RON 为 95~103	1967 年首次工业化
麦格纳重整	Engelhard 公司和 ARCO 公司	单铂或双金属	单一催化剂，两段混氢。前面反应器氢烃体积比 2.5~3，入口温度 447~493℃；后面反应器氢烃体积比约为 5，入口温度 482~537℃	1967 年在美国费城炼油厂首次工业化

20 世纪 90 年代初，我国开发了固定床两段装填两段混氢工艺技术。工业实践表明，采用国产等铼铂比和高铼铂比催化剂两段装填两段混氢工艺技术，比全部装填等铼铂比催化剂，重整生成油 RON 可提高 1.2~1.7 个单位，收率提高 1.0~1.5 个百分点，装置运转周期可延长 30%~50%。

1971 年，美国 UOP 公司推出了催化剂连续再生(CCR)重整工艺，该工艺可以在较低的压力和氢烃比条件下操作，具有反应苛刻度高、液体收率好、氢气产率大以及装置运转周期长等特点，使催化重整工艺技术达到了一个崭新的阶段，获得了广泛应用，并得到持续技术改进与提升。之后，法国 Axens 公司、中国石化也先后推出了各自的连续重整工艺技术。表

2-1-2 列出了连续重整技术的发展概况。

表 2-1-2 连续重整工艺概况

公司	再生工艺特点	工业化时间	反应压力/MPa	氢油摩尔比	反应器布置	再生方式	再生压力/MPa	再生气氛
UOP工艺	常压	1971	0.88	3~4	重叠	连续	常压	湿法
	加压	1988	0.35	1~3	重叠	连续	0.25	湿法
	CycleMax	1996	0.35	1~3	重叠	连续	0.25	湿法
Axens工艺	分批	1973	0.80~1.00	3~5	并列	分批	1.30	干法
	Regen B	1999	0.35	1~3	并列	连续	0.55	干法
	Regen C	2000	0.35	1~3	并列	连续	0.55	干法
	Regen C2	2002	0.35	1~3	并列	连续	0.55	干法
Sinopec工艺	加压	2009	0.35	1~3	重叠/并列	连续	0.50	干法

UOP 公司最新的催化剂连续再生工艺 CycleMax 于 1996 年问世，其反应和再生条件与此前的加压再生工艺相同，但是在再生系统的流程、控制系统、设备和材质等方面作了不少的改进，使装置的操作更为便捷和平稳，由于控制回路的减少和材质的改变，使装置投资降低。近年来 UOP 公司在 CycleMax 工艺的基础上，增加了 Chlorsorb 脱氯技术，它是利用待生催化剂吸附再生放空气中 97%~99% 的氯化氢和 100%的氯气，可减少注氯量 30%~50%，同时再生放空气可免予碱洗直接放空。为了适应装置大型化(规模大于 2Mt/a)的需要，CycleMax工艺在设备布置、开停工辅助流程以及热停车启动的技术措施等方面进行了改进，并命名为 CycleMaxⅡ/CycleMaxⅢ工艺。

在进一步完善连续再生技术 Regen B 的基础上，Axens 公司的 Regen C 工艺在 2000 年实现了工业化。2002 年，Axens 公司对 Regen C 流程又作了改进，称为 Regen C2，修改了再生部分的气体流程，焙烧气体由空气改为空气与再生气的混合物，维持氧含量为 10%左右，一段烧焦的氧气由氧氯化尾气带入，用再生气氧分析仪和焙烧气氧分析仪串级控制；取消了单独氧氯化尾气碱洗系统。工业实践表明，Axens 公司的连续再生重整工艺技术有两个特点：一是两套催化剂粉尘淘析系统有利于提高淘析效率，为装置安全长周期运转创造了有利条件；二是催化剂再生压力高(0.55MPa)，烧炭峰温低，提高了再生器烧炭能力的操作弹性。

(二)重整催化剂

催化重整工艺的技术进步包括工艺过程和催化剂的技术进步，其中催化剂的技术进步是最重要的因素，因此各专利商对催化剂的研究、开发都十分重视。近十多年来国外重整催化剂专利商推出了系列新催化剂。

Axens 公司在原有的 Pt-Sn 连续重整催化剂的基础上，开发了多助剂催化剂系列[4~6]，如表 2-1-3 所示。实践证明，与双金属催化剂相比，该系列催化剂 C_{5+}质量收率提高了 1.0%~1.5%，氢气质量收率提高了 0.1%以上，积炭可降低 20%左右。催化剂在采用最先进的干法烧焦技术时可再生 700 次以上[6]。

表 2-1-3　Axens 公司连续重整催化剂系列

名称	Pt/%(质量)	适用范围
CR-617	0.29	低堆密汽油型催化剂
CR-712	0.29	低堆密汽油型催化剂
CR-601	0.25	高堆密汽油型催化剂
CR-607	0.25	高堆密汽油型催化剂
AR-701	0.30	芳烃型催化剂
AR-703	0.30	芳烃型催化剂

表 2-1-4 列出了 UOP 公司的半再生重整催化剂[7]。UOP 最新的 R-500 催化剂的活性比 UOP 其他催化剂高 25%左右，在相同的条件下，运转周期可延长 25%左右。2010 年底在美国使用 R-500 催化剂，运转初期温度比原来的竞争催化剂低 8.3℃左右[4]。

表 2-1-4　UOP 公司的半再生重整催化剂

名称	推出时间	相对密度	助金属	特点
R-56	1992 年	高	无	稳定性好、抗高杂质含量原料
R-86	2001 年	低	无	
R-98	2005 年	低	有	选择性高
R-500	2010 年	高	有	稳定性、活性、选择性均高

表 2-1-5 列出了 UOP 公司的连续重整催化剂。R-230 系列催化剂改进了催化剂的氧化铝载体，调整了金属/酸比，与原来的 R130 系列相比，积炭减少 20%~25%，收率提高 0.5%~0.6%[4]。R-260 系列高密度催化剂可以减少催化剂贴壁流动的影响，多用于装置消除瓶颈改造项目。R-274 与 R-234 相比，产率可提高 0.5%~1.0%，但活性偏低。R-254 是 R-274 的改进型，采用更有效的助金属。实验证明，R-254 活性提高了 4℃，酸性裂化和金属裂化均有所下降。R-284 是高密度催化剂，与 R-264 相比添加了金属助剂，活性比 R-254 提高了 2℃，产率也高一些[4~8]。

表 2-1-5　UOP 公司的连续重整催化剂

名称	推出时间	相对密度	助金属	特点
R-234	2000 年	低	无	选择性高、活性好，装填成本低
R-274	2002 年	低	有	选择性优异
R-264	2004 年	高	无	活性最高，选择性高，抗磨性好
R-262	2007 年	高	无	抗污染性能好，抗磨性能好
R-254	2010 年	低	有	选择性高、活性好
R-284	2010 年	高	有	选择性最高、活性好，抗磨性好

(三)我国概况

目前，世界上大部分炼油厂均有催化重整装置，主要用于生产高辛烷值汽油调合组分或芳烃，今后乃至相当长一段时期重整仍是炼油工艺中主要加工工艺之一。

据统计，2012 年全球有炼油厂 655 座，原油常压蒸馏能力达 4402.73 Mt/a，其中催化重整装置加工能力为 493.13 Mt/a，约占原油加工能力的 11.20%，临氢装置的总加工能力达 2916.87 Mt/a，约占原油加工能力的 66.25%。我国 2011 年年初原油加工能力(中国石油化工集团公司、中国石油天然气集团公司、中国海洋石油总公司、中国化工集团公司和地方炼油厂)为 570.30Mt/a[9]，其中催化重整装置加工能力为 50.31 Mt/a，约占原油加工能力的 8.82%，低于世界平均水平 2.38 个百分点。

1963 年我国研究和开发的 20kt/a 的铂重整-芳烃抽提联合实验装置完成工业试验。1965 年 12 月我国自主研究、设计和建设的第一套 100kt/a 固定床半再生催化重整工业装置投运成功。1966 年我国引进的第一套 100kt/a 固定床半再生催化重整工业装置在大庆投运；1985 年我国引进的第一套 400kt/a 移动床连续再生重整装置在上海石化投运；2009 年我国国产第一套 1Mt/a 移动床连续再生重整装置在广州石化投产成功；2013 年我国自主研发、建设的世界上首套 600kt/a 逆流移动床连续再生重整装置在济南分公司投产成功。经过 40 多年的发展历程，我国催化重整技术得到了长足的发展，从图 2-1-1 可以看出，至 2013 年底，我国催化重整的总加工能力达到 61.06Mt/a，其中连续重整加工能力 41.84Mt/a，占催化重整总加工能力的 83.2%；固定床半再生重整(SR)加工能力为 8.47Mt/a，占催化重整总加工能力的 16.8%。

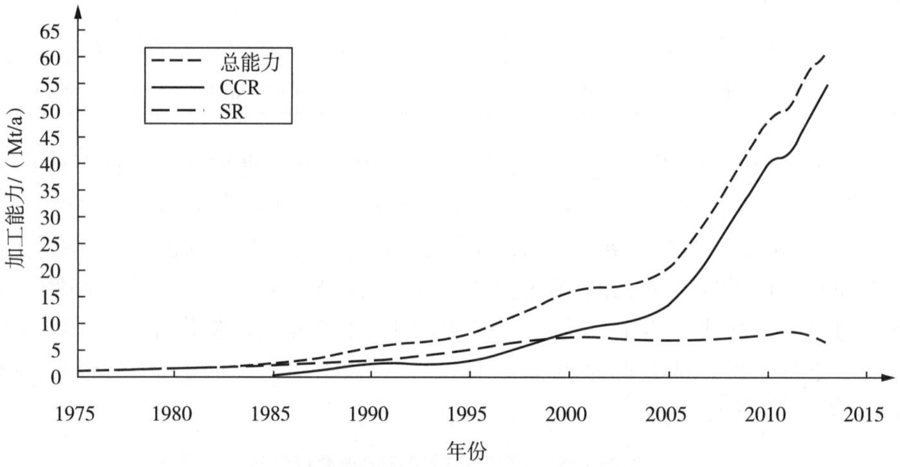

图 2-1-1 我国催化重整加工能力概况

我国重整催化剂的研究始于 20 世纪 50 年代，1958 年研制开发成功我国第一个单铂重整催化剂；1985 年新型铂-铼半再生重整催化剂工业应用；1998 年国产铂-锡连续重整催化剂工业应用成功。经历 40 多年的发展历程，形成了铂-铼、铂-锡两大系列重整催化剂，其性能达到世界先进水平，具有一定的国际竞争能力。目前国产重整系列催化剂，在国内市场的占有率达到 85%以上，并有一定数量的出口。

二、反应原理

催化重整原料主要含链烷烃和环烷烃等饱和烃，也含有少量芳香烃。表 2-1-6 列出了一些不同烃类的纯研究法辛烷值数据。

表 2-1-6　不同烃类的辛烷值数据

单体烃		研究法辛烷值
烷烃	正庚烷	0
	3-甲基己烷	52
	正辛烷	0
环烷烃	环己烷	83
	甲基环己烷	74.8
	乙基环己烷	45.6
芳烃	甲苯	115
	间二甲苯	117.5

三种不同烃类中芳烃的辛烷值最高，因此，无论是生产高辛烷值汽油还是生产芳烃，其最终目的都是希望将链烷烃和环烷烃最大限度地转化为芳烃。对于生产汽油的装置，将正构烷烃转化为辛烷值较高的异构烷烃也是所希望发生的反应。在催化重整反应条件下除了希望发生的反应之外还会发生一些不利的副反应。下面举例说明在重整条件下发生的各类反应：

1. 生成芳烃的主反应(产氢反应)

六元环烷烃脱氢反应

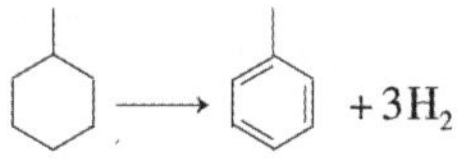

五元环烷烃脱氢异构

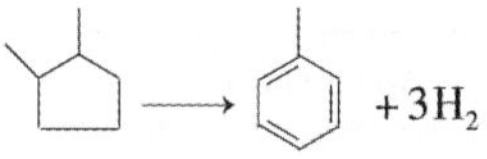

链烷烃脱氢环化

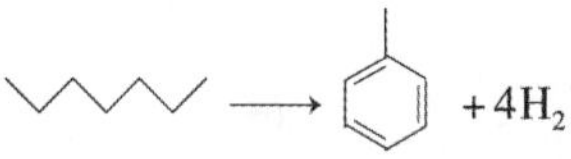

2. 异构化反应

$n-C_7H_{16}$　　$i-C_7H_{16}$

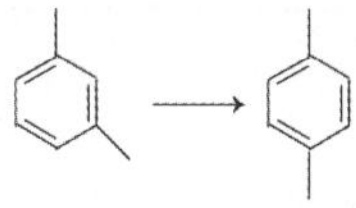

3. 消耗氢气的副反应

氢解反应

加氢裂化反应

$n-C_7H_{16}$　　C_3　　C_4

脱烷基反应

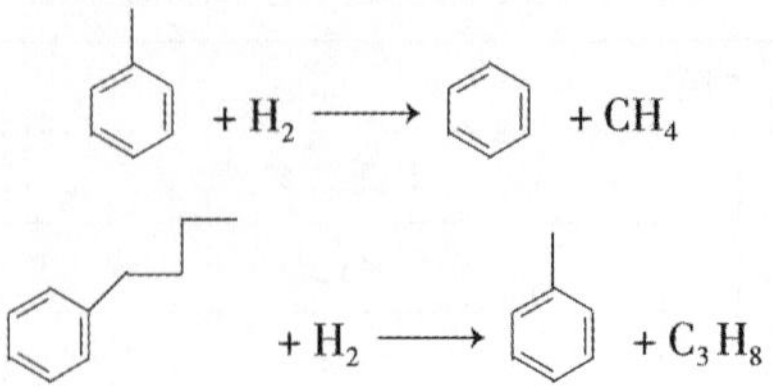

开环反应

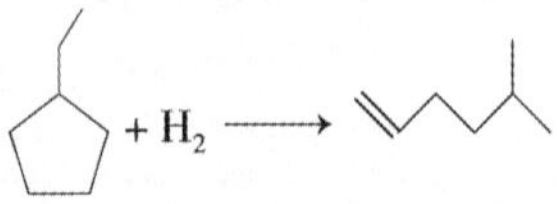

除以上反应外还可能发生烷基芳烃的歧化、烷基转移、烷基化以及生焦等反应，但在催化重整条件下与催化重整的主反应相比，这些反应可以忽略。

一般工业催化重整催化剂是双功能型催化剂，既具有金属催化的加氢、脱氢的功能，又具有异构化、裂解等酸性功能。通过两种功能的协调作用使重整反应向有利的方向进行。但由于在主反应进行的同时存在着生焦等副反应，操作参数不仅影响转化率和收率，同时也会影响催化剂的失活速率。因此，催化重整操作条件往往是在最大收率和最长反应周期之间的一种优化的选择。

（一）催化重整反应化学

催化重整过程不同类型的反应在热力学和动力学上有很大差异，表 2-1-7 中列出了一些烃类重整反应的热力学数据。

表 2-1-7 烃类重整反应热力学数据[10]①

反应	ΔH(500℃)/(kJ/mol)	K_p(500℃，0.1MPa)
环己烷⟷苯+ $3H_2$	221	7.1×10^5
乙基环己烷⟷乙苯+$3H_2$	213	2.5×10^6
甲基环戊烷⟷苯+$3H_2$	205	5.6×10^4
乙基环戊烷⟷甲苯+$3H_2$	192	1.4×10^6
正己烷⟷苯+ $4H_2$	266	3.4×10^5 ②
正庚烷⟷甲苯+ $4H_2$	252	7.7×10^6 ②

①ΔH 代表反应热焓，K_p 为气相平衡常数。

②条件为 800K，0.1MPa。

1. 六元环烷烃脱氢反应

六元环烷烃脱氢是强吸热反应，由表 2-1-7 可知，环己烷在常压、500℃下脱氢生成苯的反应热可达 221kJ/mol，因此提高反应温度应有利于反应的进行。

六元环烷烃脱氢反应的平衡常数值 K_p 可达 10^5 以上，而且随分子碳数增加，K_p 值增加，在给定条件下反应平衡几乎完全向生成芳烃的方向移动。图 2-1-2 表示出温度和压力对六元环烷烃脱氢平衡的影响[11]，高温和低压有利于环烷烃脱氢生成芳烃的反应。

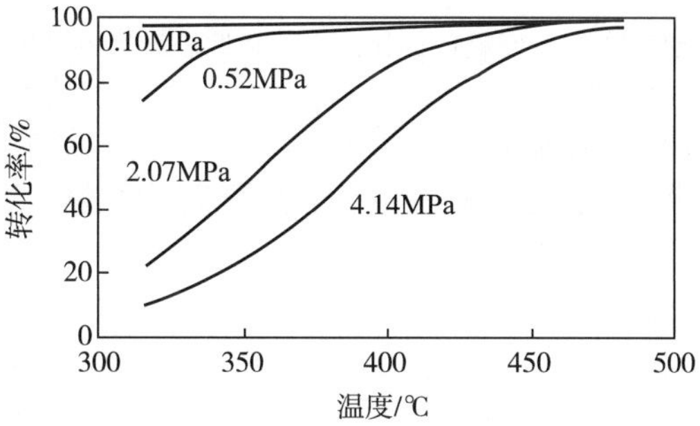

图 2-1-2 温度和压力对甲基环己烷脱氢生成甲苯的影响

在催化重整反应中，六元环烷烃类催化脱氢反应是速度最快的反应。这个反应在双功能催化剂上只由金属功能催化。在催化重整反应条件下，担载在载体上的少量的铂[0.2 %~0.6%(质量)]即可使六元环烷烃脱氢转化为芳烃，达到或接近热力学平衡值。因此，可以认为这一反应在催化重整条件下基本不存在动力学方面的限制。早期的工作已经证明环己烷脱氢生成苯是经过环己烯和环己二烯等步骤实现的，即：环己烷 → 环己烯 → 环己二烯 → 苯[12,13]。

2. 五元环烷烃脱氢异构反应

由表 2-1-7 可知，五元环烷烃脱氢同样是强吸热反应，提高温度和降低压力有利于反应的进行。该反应的平衡常数也很大，有利于芳烃的生成，而且随碳数增加，反应的平衡常数增大。

五元环烷烃转化为芳烃是典型的双功能反应，需要金属和酸性两种中心的参加。Mills 等在早期提出的双功能反应机理(图 2-1-3)至今仍被普遍接受[14]。按照该反应机理，甲基环戊烷首先在金属中心脱氢生成甲基环戊烯，然后在酸性中心发生环的异构生成环己烯，最后在金属中心上脱氢为苯。这一反应的控制步骤是发生在酸性中心的环的异构，它需要通过生成一个正碳离子的过程进行。

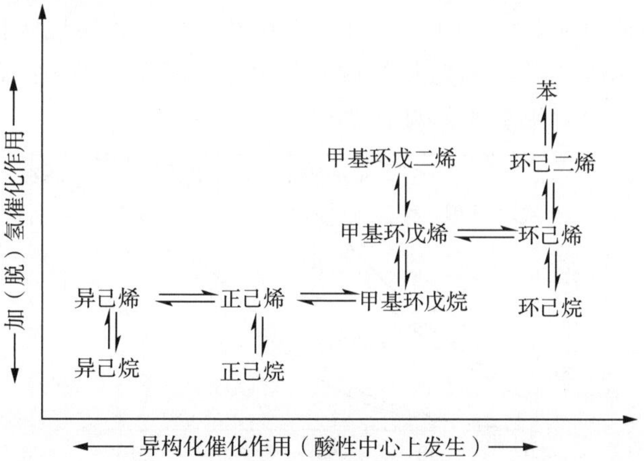

图 2-1-3 双功能催化剂上的重整反应

与六元环烷烃脱氢相比，五元环烷烃异构脱氢反应的反应速率要低得多。表 2-1-8 为 Keulemans 采用脉冲微反测定的五元环烷烃和六元环烷烃 350℃ 的转化数据[15]，在同样条件下六元环烷烃的转化率明显高于五元环烷烃。

表 2-1-8 常压脉冲微反测定五元、六元环烷烃转化为芳烃的反应结果

化合物	沸点/℃	总流出物/%	
		未转化	产物
环己烷	80.7	4	苯 96
甲基环己烷	100.9	2	甲苯 98
乙基环己烷	131.8	0	乙苯 100
甲基环戊烷	71.8	96.0	苯 2.6，正己烷 1.4
乙基环戊烷	103.5	74.0	甲苯 25.0，正庚烷 1.0

在 496℃、14atm(1atm=101325Pa)条件下测定的数据表明，甲基环己烷转化为甲苯的初始转化速率约为二甲基环戊烷转化为甲苯的初始转化速率的 7 倍[16]。研究结果还表明，烷基环戊烷的转化速率随温度增加而增加[17]，但氢压增加会抑制反应的进行[18]。

在催化重整反应条件下，烷基环戊烷主要发生脱氢异构反应生成芳烃。与此同时，也会发生氢解反应生成相同碳数的正、异构烷烃(开环)和 $C_1 \sim C_5$ 烷烃。降低氢分压和提高反应温度有利于烷基环戊烷转化为芳烃的选择性。同时，较高相对分子质量的烷基环戊烷生成苯类的选择性比甲基环戊烷生成苯的选择性要高，甲基环戊烷在深度脱氢的情况下还可生成积炭的前身物甲基环戊二烯。

3. 链烷烃脱氢环化反应

随着催化重整工艺的发展、催化剂的改进和反应苛刻度的提高，链烷烃脱氢环化在催化重整反应中的作用也愈加重要。这是因为链烷烃通常是石脑油中的主要组分，但在原料中其辛烷值最低，当脱氢环化转化为芳烃后不仅芳烃产率增加，而且辛烷值的增加也最显著；同时每分子烷烃脱氢环化可产生 4 分子氢气，因此也成为重要的产氢反应。

反应热力学表明烷烃脱氢环化是强吸热反应，并且有很大的平衡常数值(表 2-1-7)，烷烃的碳数增加对平衡更加有利。图 2-1-4 为温度和压力对正庚烷转化为甲苯的平衡的影响[19]。热力学表明，温度和压力对链烷烃脱氢环化都有明显的影响，高温、低压对反应有利，氢烃摩尔比(H_2/HC)对平衡的影响则很小。

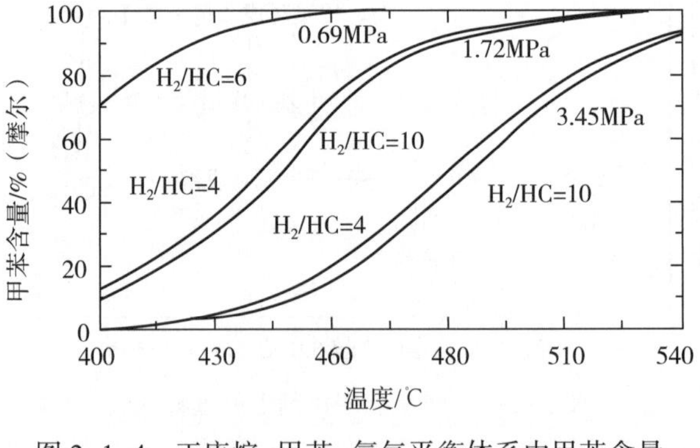

图 2-1-4 正庚烷-甲苯-氢气平衡体系中甲苯含量

虽然热力学数据表明烷烃脱氢环化反应有很大的可行性并可以达到很高的平衡转化率，但由于它是一种由金属和酸功能两种中心催化的多步骤的复杂反应，在重整反应条件下脱氢环化反应受动力学限制以及与其竞争的副反应的影响，只能进行到一定程度，达不到热力学平衡值。

表 2-1-9 列出了一组正庚烷脱氢环化与其他反应的速度对比数据[16]。可以看出，脱氢环化反应速率远低于六元环烷烃脱氢，也低于五元环烷烃脱氢异构，其速度与加氢裂化反应相当。

表 2-1-9 正庚烷脱氢环化与各类反应反应速率(r)的比较 mol/(gcat·h)

温度/℃	压力/MPa	正庚烷反应				甲基环己烷芳构化	二甲基环戊烷芳构化
		加氢裂化	异构化	脱氢环化	合计		
496	3.5	0.10	0.16	0.04	0.30	0.95	—
496	2.5	0.08	0.15	0.05	0.28	—	—
496	1.4	0.05	0.13	0.06	0.26	0.95	0.13
468	3.5	0.05	0.12	0.01	0.18	—	—
468	1.4	0.04	0.09	0.02	0.16	—	—

注：r=初始反应速率。

反应温度和压力对烷烃脱氢环化反应速率以及选择性有明显的影响。表 2-1-10 列出了温度和压力对正庚烷脱氢环化反应的影响[7]。由表 2-1-10 可知，脱氢环化产物随反应温度升高而增加；但是，由于裂解产物也随反应温度升高而增加，因此提高温度对环化反应的选择性无明显改善。而降低压力的结果是在增加脱氢环化产物的同时减少了裂解产物的收率，因此使环化选择性得到明显改善。

表 2-1-10 温度和压力对正庚烷重整反应的影响

反应压力/MPa	1.4		2.45	3.5	
温度/℃	469	496	496	468	496
正庚烷转化率/%	83.7	96.0	96.0	85.8	95.3
环化产物/%(质量)	20.3	37.7	25.0	8.6	16.9
裂解产物/%(质量)	28.2	50.6	56.5	36.8	62.7
环化选择性/%①	41.9	42.7	30.7	18.9	21.2

①环化选择性=环化产物/(环化产物+裂解产物)×100%。

研究还表明，烷烃的碳原子数对脱氢环化反应速率有明显影响，随烷烃的碳原子数增加，脱氢环化反应速率增加[20,21]。一般情况下不希望在重整原料中含有 C_6 烷烃，这是因为其脱氢环化速度和选择性很低的缘故。此外，对于相同碳数的烷烃，正构烷烃的脱氢环化速度要大于带支链的异构烷烃[20]。

烷烃脱氢环化生成芳烃的反应机理十分复杂，按照 Mills 等提出的双功能反应机理(图 2-1-3)，烷烃首先在金属中心脱氢生成烯烃，然后在酸性中心环化为烷基环戊烷，再转移到金属中心脱氢为烷基环戊烯，随后在酸中心上异构为六元环烯烃并最后回到金属中心上脱氢为芳烃。这一机理很好地说明了工业重整催化剂中金属和酸性两种活性中心的作用。工业实践也表明两种活性中心缺一不可。但一些研究工作证明，在不存在酸性中心的单功能的金属催化中心上，烷烃可以通过直接的 C_6 环化生成芳烃而不需要通过五元环扩环的步骤[22,23]。因此一些研究者认为双功能反应途径并不是烷烃脱氢环化反应的唯一途径。目前较一致的看法是由于金属本身的脱氢环化功能对催化剂积炭和环境中微量的硫化物的存在十分敏感，因此在工业重整条件下烷烃的脱氢环化主要通过双功能机理进行。

4. 链烷烃异构化反应

正构烷烃异构化反应是放热反应，但热效应很小（2~20kJ/mol），且很少随温度变化。随温度升高，正构烷烃向异构烷烃转化的平衡常数减小，表明从热力学角度出发，低温对反应有利，而总压和氢分压对平衡都没有影响。

链烷烃异构化反应在各类重整反应中是速度较快的反应，其反应速率与五元环烷烃类异构脱氢反应的反应速率相当。

5. 氢解和加氢裂化反应

烷烃的氢解和加氢裂化都是发生碳链断裂的大分子变小分子的反应，但两者的催化作用中心不同，产物组成也不同。氢解反应在金属中心上进行，主要发生分子末端碳链的断裂，气体产物以甲烷为主；加氢裂化是双功能催化的反应，裂解过程在酸性中心进行，主要在分子的中间位置发生碳链的断裂，气体产物中以 C_3 和 C_4 烷烃为主。氢解和加氢裂化反应都使重整反应的液体收率减少，选择性降低，同时由于是耗氢反应，也导致氢产率的降低。芳烃脱烷基反应与氢解或加氢裂化反应类似，脱甲基反应在金属中心进行，长链烷基苯烷基断裂则类似于烷烃的加氢裂化。

烷烃的氢解和加氢裂化都是强放热反应。两种反应均有很高的平衡常数值，表明反应有很大的可行性。温度对平衡有影响，温度升高平衡常数值减少。压力对平衡几乎没有影响。

金属催化的氢解反应，由于对积炭十分敏感以及在开工时可采用催化剂预硫化等措施来对其进行抑制，在正常工业运转中已不起重要作用。而加氢裂化反应的影响则要大得多。烷烃加氢裂化反应的活化能与脱氢环化反应的活化能十分接近，是脱氢环化的主要竞争反应。至今如何抑制加氢裂化反应仍是催化重整研究的重要课题。

6. 各类重整反应化学特性的比较

表 2-1-11[24] 对于各类主要重整反应的热力学和动力学特性进行了归纳和对比。表中“+”号代表温度或压力提高时对该反应平衡转化率或反应速率的提高有利，而“-”号则代表的意义相反。表中前三类反应都可达到热力学平衡，后两类反应则受动力学控制。最希望发生的有利于提高辛烷值和芳烃产率的三类反应，即六元环烷烃脱氢、五元环烷烃脱氢异构和烷烃脱氢环化反应，均在低压和高温条件下有利。其中烷烃脱氢环化反应进行的同时伴随着烷烃加氢裂化反应。由于温度升高对加氢裂化同样有利，因此降低压力是提高烷烃脱氢环化反应的选择性的最有效的途径。

表 2-1-11　各类重整反应热力学和动力学的比较

反应	反应速率	热效应	达到热力学平衡	热力学		动力学		H_2	蒸气压	密度	液体产率
				压力	温度	压力	温度				
六元环烷烃脱氢	很快	强吸热	是	-	+	-	+	产氢	降低	增	降
五元环烷烃脱氢异构	快	强吸热	是	-	+	-	+	产氢	降低	增	降
烷烃异构化	快	轻度放热	是	无	-①	+	+	不产	略降	略降	略增
烷烃脱氢环化	慢	强吸热	否	-	+	-	+	产氢	降低	增	降
加氢裂化，氢解	很慢	放热	否	无	无	++	++	耗氢	显著增	降	显著降

①影响程度较轻。

(二)工艺参数

催化重整工艺参数的选择取决于原料性质、对目的产品的要求以及所使用的催化剂和工艺。这些操作条件，或者说操作参数包括反应压力、温度、空速以及氢烃比。操作参数影响催化剂的活性和选择性，同时也影响催化剂的失活速率。操作参数与重整装置的工程投资和操作费用也密切相关。

1. 反应压力

反应压力一般是指反应器的平均操作压力。催化重整装置一般设有 3~4 台反应器，最后一台的入口压力接近于平均操作压力。反应器压力是影响产品收率、所需要的反应温度以及催化剂稳定性的重要设计和操作参数。反应器压力降低可以增加目的产物的液体收率和氢产率，可以降低达到目的产物要求所需要的反应温度，但同时也会增加催化剂积炭速率，缩短催化剂反应周期。图 2-1-5 表示出反应器压力对液体产品收率和失活速率的影响[25]。

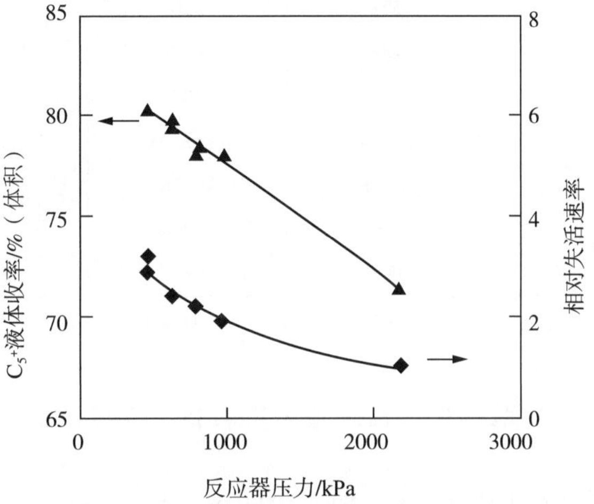

图 2-1-5 在一定产品辛烷值条件下反应器压力对液体产品收率和失活速率的影响

重整化学反应的特性研究已表明，降低压力是提高烷烃脱氢环化生成芳烃和减少加氢裂化反应的最有效途径。对于半再生重整工艺，为了保证有足够的运转周期，一般反应压力仍需保持在 1.2MPa 以上；对于连续重整工艺，反应压力最低已降至 0.28MPa。

2. 反应温度

反应温度通常有两种表示方法，即反应器加权平均入口温度(WAIT)和加权平均床层温度(WABT)：

$$\text{WAIT} = \sum f_i T_i$$

$$\text{WABT} = \sum f_i [2T_i - (\Delta T)_i]/2$$

式中 f_i——各反应器催化剂装填分数；

T_i——各反应器入口温度；

$(\Delta T)_i$——各反应器温降。

为方便起见，一般均采用加权平均入口温度(WAIT)来表示反应温度并用于调控产品质量。

在实际操作中，反应压力基本不变，空速和氢烃比也很少改变，反应温度成为控制产品质量和催化剂失活速率的最主要的操作参数。反应温度越高，重整反应苛刻度越高，产物辛烷值、芳烃产率和氢气产率越高，与此同时催化剂积炭速率也加快。

反应温度的选择与所要求的产品是汽油调合组分还是芳烃产品有关，也同重整工艺装置的类型有关。生产汽油调合组分的装置追求的是在达到所要求产品辛烷值的前提下最高的液体产品收率；生产芳烃的装置则要求更高的操作苛刻度以最大限度地生产芳烃。固定床半再生式重整装置在整个反应周期内需要逐渐提高反应温度以保持产品质量要求，直至反应周期结束并进行停工再生。整个周期内的反应温度一般控制在490～525℃之间。移动床连续再生式重整装置通常是在相对稳定的反应器入口温度下操作，控制范围一般在520～535℃之间。表2-1-12列出了在连续重整反应条件下重整反应温度对反应结果的影响。可以看出，随反应温度增加，重整产物辛烷值提高，芳烃和氢气产率增加，同时液体收率降低，催化剂积炭速率加快。

表2-1-12 反应温度对重整反应结果的影响

WAIT/℃	521	526	531	536
WABT/℃	488	493	498	504
C_{5^+}产品研究法辛烷值	102	103	104	105
C_{5^+}产品收率/%	87.43	86.59	85.59	84.22
芳烃产率/%	69.48	70.38	71.18	71.90
纯氢产率/%	3.85	3.89	3.95	4.03
催化剂积炭速率/(kg/h)	38.0	45.2	54.9	68.7

反应条件：0.35MPa，1.2h^{-1}，原料P/N/A=66.3/23.8/9.9，Pt-Sn催化剂。

3. 空速

空速是指单位时间通过单位催化剂的重整进料量，它反映原料与催化剂接触时间的长短。

空速一般表示为液时空速(LHSV)和重时空速(WHSV)：

$$LHSV = 进料的体积流率(m^3/h)/反应器中催化剂的体积(m^3)$$

$$WHSV = 进料的质量流率(kg/h)/反应器中催化剂的质量(kg)$$

在原料确定的条件下，空速的选择主要取决于反应苛刻度要求、催化剂活性以及反应温度的限制。空速与反应温度有互补关系，在温度一定的条件下反应苛刻度随空速提高而降低，而苛刻度的降低可以通过提高温度来补偿。图2-1-6表示在采用典型的直馏石脑油原料和特定催化剂情况下，当空速改变时为保持产品辛烷值不变需要调节的反应温度值。例如，当空速从2.0 h^{-1}增加至2.2h^{-1}时，反应温度需提高2℃，当空速从2.0 h^{-1}增加至3.0h^{-1}时，反应温度则需提高8℃以上。

对于以生产芳烃为目的的重整装置，设计时往往选择较低的空速。降低空速有利于提高反应苛刻度，可以在较低的温度下达到较高的芳烃产率。但空速过低会使液收率大幅度降低，循环氢纯度下降。

4. 氢烃比

氢烃比是指进入反应器的循环气中的氢气与重整进料的摩尔流率之比(氢烃摩尔比)。从趋势上讲，在一定反应压力下降低氢烃比，即氢分压降低，有利于增加脱氢环化反应和减少加氢裂化反应。实际操作中则很难察觉氢烃比对产品质量和收率有明显的影响。氢分压的降低对催化剂积炭速率有很大影响，图2-1-7表示出采用典型直馏石脑油原料和一定的催化剂情况下氢烃比对催化剂失活速率的影响。半再生重整装置需要较高的氢烃比以维持催化剂的稳定性，一般半再生重整装置的氢烃比需保持在5~8之间。连续重整装置设计中则要综合考虑设备投资和操作费用以优化选择氢烃比，目前一般连续重整装置的氢烃比已降至1.5~3之间。此外，氢烃比的大小直接影响加热炉热量向反应器的携带并影响反应器的温降，因此在中间加热炉的设计中也是一个重要的考虑因素。

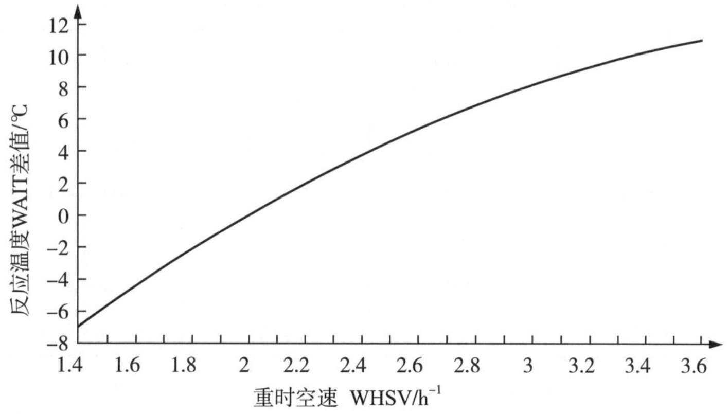

图2-1-6　空速与反应温度的补偿关系

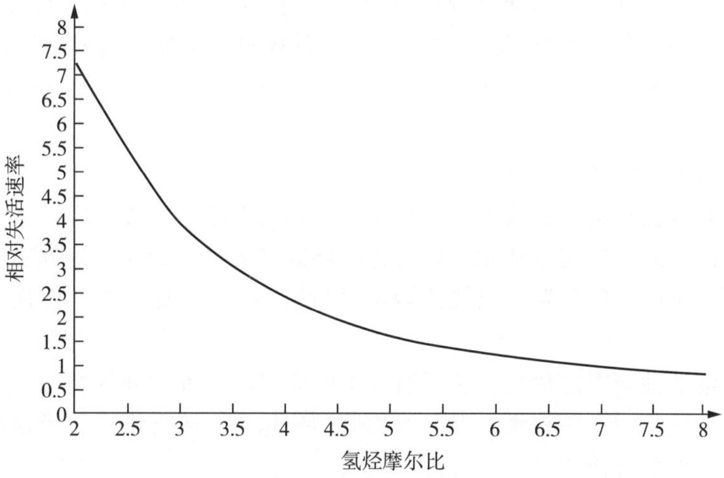

图2-1-7　氢烃比与催化剂失活速率的关系

三、重整原料及预处理

由催化重整反应化学的特点可以看出，催化重整的主反应是分子的碳原子数目不发生改变的反应，由此决定了用于催化重整的原料是石油中的石脑油馏分。由于石脑油馏分的来源不同，因此石脑油的组成也不相同，考虑到石脑油的组成对催化重整的目标产物的产率有较大影响，为此往往需要对重整原料进行优化。在很多情况下，石脑油中含有烯烃、硫、氮、金属等杂质，不能直接用作催化重整的原料，需要进行加氢预处理。

(一)重整原料来源

1. 常规来源

按照现在的炼油工艺及技术，能够提供和满足重整所需要的原料类型有直馏石脑油、加氢裂化石脑油、焦化石脑油、催化裂化石脑油、蒸汽裂解汽油抽余油等。其中直馏石脑油、加氢裂化石脑油是常见的催化重整原料来源；针对直馏石脑油资源紧缺，炼化企业也经常将焦化石脑油、催化裂化石脑油以及蒸汽裂解汽油抽余油作为催化重整原料。

常规来源的石脑油馏分的性质及杂质含量见表 2-1-13。

表 2-1-13 常规来源的石脑油馏分的性质及杂质含量

项目	直馏石脑油[26]	加氢裂化石脑油[27~34]	焦化石脑油[35~38]	催化裂化石脑油[28,29,39~58]	裂解汽油抽余油
收率/%	3.46~41.00	17.98~66.37	15.70~28.70	21.60~55.50	4.35~12.34
硫含量/(μg/g)	2~1100	<0.5	100~12500	100~2400	<0.5
氮含量/(μg/g)	<10	<0.5	61~330	2~1000	<0.5
烯烃含量/%	<1	<0.01	25~40	18~60	<0.01
N+A①/%	30~75	>50	<35	<30	>60

① N 表示环烷烃含量，A 表示芳烃含量。

由表 2-1-13 可知，不同来源的石脑油馏分的硫、氮、烯烃和 N+A 含量有很大差别，硫、氮含量从低到高的顺序为：加氢裂化石脑油、裂解汽油抽余油<直馏石脑油<催化裂化石脑油<焦化石脑油；烯烃含量较低的为加氢裂化石脑油、裂解汽油抽余油，最高的为焦化石脑油和催化裂化石脑油；N+A 含量较低的为催化裂化石脑油和焦化石脑油，较高的为加氢裂化石脑油和裂解汽油抽余油。

2. 由催化裂化馏分生产重整原料

近年来，随着催化重整工艺技术在炼化企业得到越来越广泛的应用，为了进一步拓宽催化重整装置原料的来源，催化汽油和催化裂化循环油这类富集芳烃的组分也逐渐进入了人们的视野，一些研究单位先后开发了以催化裂化汽油和循环油为原料生产催化重整原料的工艺技术。

催化裂化汽油的性质因催化裂化装置所加工的原料油、催化剂的类型、催化裂化装置操作模式和反应条件的不同差别较大，但基本遵循馏分越重，硫含量、芳烃含量越高，而烯烃含量和辛烷值有降低的规律[59]。

在表 2-1-14 列出的伊朗直馏蜡油催化裂化汽油的族组成碳数分布中，催化裂化汽油中烷烃和烯烃主要分布在 C_5~C_8，以 C_5 居多；芳烃则分布在 C_7~C_{12}，以 C_8~C_{10}居多。在我国，由于催化裂化掺渣量大，导致催化裂化汽油中硫、氮含量和烯烃含量较高，不宜作为重整原料。

表 2-1-14 伊朗直馏蜡油催化裂化汽油族组成的碳数分布[60] %

碳数	烷烃	环烷烃	未分离的饱和烃	烯烃	环烯烃	双烯烃	芳烃	合计
4	1.422			6.376				7.798
5	7.334	0.140		13.713	0.561	0.008		21.756
6	5.367	1.483		8.421	3.251		0.536	19.058
7	2.599	1.898	0.254	7.588	0.318		2.564	15.221

续表

碳数	烷烃	环烷烃	未分离的饱和烃	烯烃	环烯烃	双烯烃	芳烃	合计
8	1.317	1.773	1.606	4.047			6.161	14.904
9	2.896	1.275		0.854			6.433	11.458
10	1.028	0.357	0.137				5.628	7.150
11	0.777						0.502	1.279
12	0.209						0.244	0.453
未鉴定碳数							0.918	0.918
合计	22.949	6.926		40.999	4.130	0.008	22.986	99.995

国内外的炼油企业目前的作法都是将催化裂化汽油中部分辛烷值较低的馏分经加氢后作为重整装置的原料。

(二)催化重整原料的优化

由表2-1-13可知，不同来源的石脑油馏分的环烷烃和烷烃含量有很大差别。通过对催化重整反应的研究发现，在催化重整过程中，环烷烃较烷烃更易转化为芳烃，异构烷烃和正构烷烃转化为芳烃的难易程度也不尽相同。由此可见，对催化重整原料进行优化是非常必要的。

1. 催化重整原料的选择

(1)芳构化指数与芳烃潜含量

为了便于重整原料的选取，人们对原料组成与催化重整操作条件和产品收率进行了关联，发现原料中的环烷烃与芳烃的含量与催化重整操作条件和产品收率有密切关系。在此基础上提出了芳构化指数的概念，即以原料中的环烷烃含量N+芳烃含量A、N+2A或N+3.5A作为芳构化指数。芳构化指数的基本含义是指原料中环烷烃和芳烃的含量越高，重整生成油的芳烃产率和辛烷值越高。

由表2-1-13可知，加氢裂化石脑油和裂解汽油抽余油的N+A较高，是优质的重整原料。我国几种原油的直馏石脑油(N+2A)值见表2-1-15。由表2-1-15可知，辽河、中原及胜利原油直馏石脑油馏分(N+2A)较高，是优质的重整原料。

表2-1-15 国内几种直馏石脑油的(N + 2A)

原油	大庆	胜利	辽河	惠州	中原	塔中
实沸点范围/℃	初馏点~160	65~180	初馏点~180	初馏点~160	65~145	初馏点~160
N+2A/%(体积)	34.6	51.1	71.9	33.5	68.0	46.1

芳烃潜含量是表征原料性质的另一指数。芳烃潜含量一般用Ar(%)来表示，基本含义与芳构化指数相近。芳烃潜含量的定义为“原料中C_6以上的环烷烃全部转化为芳烃的量与原料中的芳烃量之和”。

芳烃潜含量的计算方法如下：

$$Ar[\%(质量)]=苯潜含量+甲苯潜含量+C_8芳烃潜含量+C_{9+}芳烃潜含量$$

$$苯潜含量[\%(质量)]=C_6N[\%(质量)]\times78/84+苯[\%(质量)]$$

甲苯潜含量[%(质量)]=C_7N[%(质量)]×92/98+甲苯[%(质量)]

C_8 芳烃潜含量[%(质量)]=C_8N[%(质量)]×106/112+C_8A[%(质量)]

C_9 以上依此类推。

式中的78、84、92、98、106、112分别为苯、C_6N、甲苯、C_7N、C_8A、C_8N 的相对分子质量。

芳烃潜含量是国内常用的一个评估重整原料的指标，并且在此基础上，进一步提出了芳烃转化率的概念，即“催化重整芳烃产率占原料芳烃潜含量的百分比”。按照这样的定义，芳烃转化率经常大于100%。这是因为在催化重整反应过程中，在原料中的环烷烃转化为芳烃的同时，相当一部分烷烃也发生了转化，并部分生成了芳烃。

原料中芳构化指数和芳烃潜含量只能说明生产芳烃的可能性，实际的芳烃转化率除取决于催化剂的性能和操作条件外，还取决于环烷烃的分子结构和原料的馏程范围等因素。例如，表2-1-16中给出了两种相近芳构化指数原料的重整结果[61]。由表2-1-16可知，尽管两种原料具有相近N+A和芳烃潜含量，但是当达到相同反应 C_{5+} 产品辛烷值的情况下，C_{5+} 产品液收、芳烃产率和纯氢产率有较大差距。

表2-1-16 两种相近芳构化指数原料的重整结果

项 目	原料A	原料B
原料N+A/%	30.16	30.31
原料芳烃潜含量/%	29.12	28.91
C_{5+}产品辛烷值	102	102
C_{5+}产品液收/%	87.94	85.57
芳烃产率/%	69.23	65.70
纯氢产率/%	3.80	3.93

研究还发现[62]，环烷烃的转化率不仅取决于分子中的碳原子数，还取决于成环的碳原子数等，例如，采用链烷烃P/环烷烃N/芳烃A质量比为49.5/37.2/13.3的重整原料，在1.72MPa下进行重整反应，当产品的辛烷值RON为97时，甲基环戊烷和二甲基环戊烷的转化率分别为35.94%和36.53%，环己烷与甲基环己烷的转化率分别为79.45%和82.30%。因此，对于生产芳烃来说，良好的重整原料不仅要求环烷烃含量高，而且其中的甲基环戊烷含量不能太高。

(2)以生产芳烃为目的的催化重整原料的选取

生产芳烃的催化重整是要得到苯、甲苯、二甲苯等轻质芳烃。由于环烷烃比烷烃更易转化为芳烃，因此首先要求原料具有较高的芳构化指数。其次，按照“催化重整的主反应是分子的碳原子数目不发生改变的反应”的原则，需要原料中的烃组分主要为 C_6~C_8，按照这样的原则确定的生产各种芳烃的适宜恩氏馏程列于表2-1-17中。

上述馏程的选择主要是根据重整过程中进行的化学反应和有关单体烃的沸点决定的。需要注意的是，依据表2-1-17建议的生产苯的适宜流程为60~85℃，由于 C_6 原料中的2，2-二甲基丁烷和2，3-二甲基丁烷的沸点分别为49.7℃和58.0℃，因此未能进入原料中。实际生产运行中，为了提高催化重整装置的运行效率，许多装置将原料的初馏点确定为65℃，在这种情况下，沸点分别为60.3℃和63.3℃的2-甲基戊烷和3-甲基戊烷就不能进入到原料中。另外，由于甲基环戊烷和正己烷的沸点分别为71.8℃和68.7℃，考虑到这两种组分在催化重整条件下转化率和生成芳烃的选择性较低，因此，为了进一步提高催化重整装置的运行效率，也可以将原料的初馏点提高到75℃左右。

表 2-1-17　生产各种芳烃时重整原料的适宜恩氏馏程

目的产物	适宜馏程/℃
苯	60~85
甲苯	85~110
二甲苯	110~145
苯-甲苯-二甲苯①	60~145

① 要求最大量生产二甲苯并配建有歧化装置的芳烃联合装置，原料终馏点可达175℃。

需要指出的是，尽管芳构化指数是原料选择的主要依据之一，对于苯、甲苯、二甲苯芳烃的生产，采用 C_6、C_7 和 C_8 芳烃潜含量是更有效的手段。也就是说，如果希望得到苯，就选择 C_6 芳烃潜含量高的原料；如果希望得到二甲苯，就选择 C_8 芳烃潜含量高的原料；而对于以BTX为目标产品时，就选择 C_6~C_8 芳烃潜含量高的原料。

2. 石脑油正异构烷烃吸附分离技术

石脑油中的正构烷烃进行蒸汽裂解时烯烃收率最高，是理想的裂解原料，可以利用吸附的方法将石脑油中的正构烷烃分离出来，作为裂解原料可以优化乙烯装置进料。同时，脱除正构烷烃后的石脑油，其N+A含量提高。

吸附分离正构烷烃通常使用的吸附剂是阳离子交换为 Ca^{2+} 的A型分子筛，又称为5A分子筛，其孔径恰好可以允许正构烷烃进入其内部而将异构烷烃、环烷烃和芳烃拒之门外。分离正构烷烃的吸附分离工艺，既可以在气相操作也可以在液相操作，但对于石脑油这种馏分很宽的物料，采用液相操作更有利。UOP公司基于其液相逆流模拟移动床吸附分离Sorbex家族技术，开发了用于从石脑油中分离 C_6~C_{10} 正构烷烃的MaxEne工艺。

（三）重整预加氢技术

1. 重整预加氢化学反应

目前催化重整所采用的双（多）金属重整催化剂对进料中的硫、氮等杂质含量有严格的要求，一般要求硫含量低于0.5μg/g、氮含量低于0.5μg/g、砷含量低于1 ng/g [63]。因此，石脑油用作催化重整的原料时，需要首先对其进行加氢预精制，以脱除硫、氮等杂质，满足重整进料的质量要求。

（1）加氢脱硫反应

在石脑油馏分中，硫化物类型主要有硫醇类、硫醚类、二硫化物和噻吩类化合物。硫醇类、硫醚类和二硫化物的加氢脱硫反应较为容易，而噻吩类化合物的加氢脱硫反应较难。

（2）加氢脱氮反应

石脑油中的氮化物按照氮化物的结构可以分为三类：①脂肪胺及芳香胺类；②吡啶类的碱性氮杂环化合物；③吡咯类的非碱性氮化物。原料油中氮化物与氢反应生成氨和烃类。一般直馏石脑油馏分中氮含量比硫含量低得多，但在催化裂化尤其是焦化石脑油中氮含量较高，脱氮就很重要。脱氮较脱硫困难，其反应速率只有脱硫的1/5。

(3)加氢脱金属反应

石脑油中微量金属杂质(如砷、铅、铜、硅等)，以金属有机化合物形式存在。在加氢条件下，金属有机化合物氢解，然后同活性金属反应生成稳定的化合物，金属沉积在催化剂上面而从油中除去[64]。

(4)烯烃加氢饱和反应

烯烃一般在直馏石脑油中很少，但在未加氢的二次加工石脑油中却很高。烯烃加氢后生成饱和烃。

2. 重整预加氢催化剂

重整预加氢过程是在氢气存在下，石脑油在加氢催化剂上发生脱硫、脱氮等反应。重整预加氢催化剂组成一般是在载体上担载 Co、Mo、Ni、W 等活性金属。

(1)载体

石脑油加氢催化剂的载体有 Al_2O_3，含 SiO_2、TiO_2 的 Al_2O_3 以及活性炭等，但最常见的是 Al_2O_3 和含少量 SiO_2 的 Al_2O_3。近年来 TiO_2 作为载体或作为载体的掺混组分已有一定的发展趋势。通常要求载体孔分布相对集中，绝大多数在 6~10nm 范围内。同时石脑油加氢催化剂对载体的表面性质也有所要求，通常采用添加助剂组分或改变制造时气氛或温度等来加以调变。

(2)活性金属

多数石脑油加氢催化剂的活性组分为 Co-Mo、Ni-Mo、Ni-W 体系，通常认为 Mo 或 W 是主要活性组分，Co 或 Ni 是助活性组分。表 2-1-18 列出了石脑油加氢精制催化剂常用的ⅥA 族和Ⅷ族金属硫化物的活性顺序。

表 2-1-18 不同金属硫化物的活性顺序

烯烃的加氢	NiW > NiMo > CoMo > CoW
加氢脱硫	CoMo > NiMo> NiW > CoW
加氢脱氮	NiW > NiMo> CoMo > CoW

由表 2-1-18 可知，对于脱氮和脱烯烃加氢反应来说以 Ni-W 和 Ni-Mo 为较佳选择，对于脱硫以 Co-Mo 活性组分为好。国外重整预加氢催化剂主要以 Co-Mo 和 Ni-Mo 型催化剂为主[63]，且多选择 Co-Mo 型催化剂，普遍认为达到相同脱硫率，Ni-Mo 剂的温度要比 Co-Mo 剂高 5~10℃。

大量基础研究表明[65]，Ni-W 体系催化剂比 Co-Mo、Ni-Mo 体系催化剂加氢脱氮性能更好。但对于加氢脱硫反应，通常是 Co-Mo>Ni-Mo>Ni-W。我国的直馏石脑油中的氮含量普遍较高，而且掺混二次加工石脑油后其氮含量更高。因此，在石脑油加氢催化剂选择过程中，就总体性能而言，推荐选用 Ni-W、Ni-Mo 体系催化剂，除对直馏石脑油具有良好的适应性外，对于掺混部分二次加工石脑油的原料具有更好的脱氮性能。在 Ni-W 活性组元基础上添加 Co 助剂，则可增强催化剂脱硫活性。中国石化开发了 RS 系列、FH 系列等重整预加氢催化剂，这些催化剂在高空速条件下同时具有高的脱硫、脱氮活性，在工业装置得到广泛应用。

3. 重整预加氢工艺

石脑油根据其来源不同可分为直馏石脑油、加氢裂化石脑油、焦化石脑油、催化裂化石脑油等。除加氢裂化重石脑油可直接作为重整原料外，其余均需经预加氢后才可以作为重整原料。

重整预加氢采用固定床反应器，所用氢气来自重整部分，氢气可采用循环方式，也可以采取一次通过方式。经过加氢的石脑油再经汽提脱除硫化物、氮化物和水分后得到精制油，作为重整进料。

影响石脑油加氢效果的主要操作参数为反应压力、温度、空速和氢油比[66,67]。

(1)反应压力

反应压力影响产品质量，它根据原料油性质和催化剂的要求确定。一般直馏石脑油脱硫的反应压力在2.0 MPa左右，但如原料油中氮含量高或含未加氢的二次加工油，则反应压力要高一些，通常在2.5~3.2MPa之间。提高操作压力，除催化剂脱氮性能增加外，还可有效抑制催化剂表面积炭前身物的形成，有利于延长催化剂的使用寿命。因此反应压力的选择，不仅应考虑加氢脱硫精制的需要，更应考虑催化剂的脱氮性能及合理使用寿命。

(2)反应温度

石脑油加氢的反应速率随着反应温度的升高而增加。在运行初期，由于催化剂活性很高而采用较低的反应起始温度，以后随着催化剂活性下降而逐步提高反应温度。直馏石脑油加氢生产重整原料的反应温度一般为260~320℃，对于未经加氢处理的二次加工石脑油，因其中含有较多的硫、氮及烯烃，需要相对较高的反应温度，并且反应床层有较高的温升。一旦提高反应温度仍不能改善产品质量时，就应将催化剂进行再生或更换。

(3)空速

石脑油加氢的空速，主要由原料油和催化剂性质以及对预加氢产品的质量要求决定。对直馏石脑油，液时空速一般在4~8h^{-1}之间；对掺混二次加工石脑油的原料油，液时空速较低，一般为2~4h^{-1}。

(4)氢油体积比

氢油体积比主要取决于原料油和催化剂的性质。增加氢油比可提高氢分压而使脱硫率增加，有利于减缓催化剂表面积炭速度，延长催化剂的寿命，但也会因减少反应物的停留时间而降低脱硫率，因此需要结合催化剂性能及运转周期等综合分析，才能选择合适的氢油比。一般直馏石脑油的氢油体积比在100左右，未精制二次加工石脑油的氢油体积比在350左右，对两者的混合原料，则视其混合的比例而定，比较合适的氢油体积比范围是200~300。

对于高砷、高氯含量的石脑油，还需增加预脱砷、脱氯等措施。例如我国的大庆原油和新疆原油都是含砷较高的原油，大庆石脑油砷含量200~2000ng/g，新疆石脑油砷含量100~500ng/g，而一般硫化型加氢催化剂要求原料中的砷含量小于200ng/g，为保证主催化剂的活性稳定，通常采用脱砷剂进行预脱砷。脱砷剂既可以单独使用，也可以放置在主催化剂的上部同主催化剂一同使用[64]。在加工含砷量较高的原料油时，多数情况下是在加氢反应器之前增加一台以脱砷为主要目的的加氢反应器，两台反应器串联操作，反应条件以主催化剂为主。中国石化开发了脱砷活性高、容砷量大，可适用于不同工况的RAs系列脱砷剂。近些年发现，使用含有机氯采油助剂会造成原油中氯含量升高，有机氯在预加氢过程变成氯化氢，导致预加氢及下游装置的设备腐蚀和催化剂毒害问题，工业上可采用增加脱氯罐的方法。目前脱氯剂活性组分主要为Fe_2O_3、K_2O、Cu、Mn、Zn、Mg、NaOH、KOH、Na_2CO_3、CaO、$CaCO_3$等，仅能直接脱除氯化氢等无机氯化物，有机氯需通过加氢的方法将其转化为氯化氢再加以脱除。因此，脱氯罐通常设在预加氢反应器后，同预加氢反应器串联使用。

四、固定床半再生催化重整技术

(一)PR 系列半再生重整催化剂

我国很早就进行了半再生重整催化剂的研究开发，并于 1965 年开发出第一个工业催化剂。20 世纪 80 年代以来，一系列铂铼双金属、多金属催化剂(PR 系列重整催化剂)相继开发成功并投入工业应用。中国 PR 系列催化剂的发展见表 2-1-19。

表 2-1-19 PR 系列半再生重整催化剂

催化剂牌号	活性组元①	载体	工业化年代
CB-5	Pt、Re	改性 γ-Al_2O_3 小球	1985 年
CB-5B	Pt、Re、Ti	改性 γ-Al_2O_3 小球	1992 年
CB-6	Pt、Re	γ-Al_2O_3 小球	1986 年
CB-7	Pt、Re	γ-Al_2O_3 小球	1990 年
CB-8	Pt、Re	改性 γ-Al_2O_3 小球	1991 年
CB-9	Pt、Re、X	γ-Al_2O_3 小球	1997 年
CB-11	Pt、Re	改性 γ-Al_2O_3 小球	1998 年
3932(CB-60)	Pt、Re	γ-Al_2O_3 挤条	1995 年
3933(CB-70)	Pt、Re	γ-Al_2O_3 挤条	1995 年
PRT-A	Pt、Re、X	γ-Al_2O_3 条	2002 年
PRT-C	Pt、Re、X	γ-Al_2O_3 挤条	2003 年
PRT-B	Pt、Re、X	γ-Al_2O_3 条	2002 年
PRT-D	Pt、Re、X	γ-Al_2O_3 挤条	2003 年

①X—助金属。

20 世纪 90 年代以来，对载体的成型方法进行了研究改进，开发出挤条形半再生重整催化剂。此前国产催化剂采用油氨柱成型法生产球形载体。该方法工艺较复杂，成品收率低，生产成本高。采用挤条成型的方法生产条形载体，工艺较简单，成品收率高。由于制备中选择了合适的胶溶剂和助挤剂，使得载体压碎强度得到提高。同时，由于载体孔结构优化，催化剂性能得以改善。与球形载体催化剂 CB-6、CB-7 相比，条形催化剂 CB-60、CB-70 用于两段装填工艺，具有更高的活性、选择性和氢气产率。

进入 21 世纪以来，中国石化在金属组元配方和浸渍制备技术方面进行创新，并对载体进行优化改进，研发出选择性更高、稳定性更好的 PRT 系列催化剂。

PRT 系列催化剂在国内市场得到广泛使用并表现出优异性能。表 2-1-20 和表 2-1-21 是 PRT-C 和 PRT-D 催化剂在采用两段装填重整工艺的 300kt/a 工业装置上运转的标定数据。数据表明，PRT-C/PRT-D 催化剂在长周期运转下具有优异的活性、选择性和稳定性。

表 2-1-20 PRT-C/PRT-D 重整操作条件

项 目	初期标定	中期标定	末期标定
运转时间/d	89	288	372
重整进料量/(t/h)	38.05	38.07	40.86
重时空速/h^{-1}	1.91	1.91	1.88
WAIT/℃	482.8	499.4	490.8
WABT/℃	469.6	486.9	476.6
氢油体积比(一/二段)	845/1390	844/1388	807/1328
气液分离器压力/MPa	1.20	1.20	1.20

表 2-1-21 PRT-C/PRT-D 重整标定结果

项目	初期标定	中期标定	末期标定
重整进料芳潜/%	44.69	48.07	49.08
脱戊烷油收率/%	86.4	84.0	84.7
芳烃产率/%	58.29	58.4	61.7
循环氢纯度/%	90.07	88.16	88.42
纯氢产率/%	2.76	2.87	2.90

(二)半再生重整工艺

固定床半再生重整是应用广泛的一种反应及再生工艺流程，其产物即可作为高辛烷值汽油调合组分，也可用于生产芳烃。目前，国内半再生重整装置几乎全部用于生产汽油调合组分。

我国半再生重整装置大多是20世纪80年代建设，一般采用类似麦格纳催化重整(Magnaforming)的两段循环氢重整工艺流程。反应压力大多在1.2~1.5 MPa。第三、第四反应器大多采用径向反应器。进料/产物换热器大多为占地少、压降小、效率高的立式换热器，部分装置采用换热效率更高的板式换热器。装置大多采用DCS集散控制系统。

根据不同铼铂比重整催化剂性能特点以及重整反应规律，中国石化开发出铂铼催化剂分级装填技术，即前段反应器(第一、第二反应器)装填选择性高、抗污染能力强的等铼铂比催化剂，后段(第三、第四反应器)装填抗积炭能力强的高铼铂比催化剂。这种催化剂组配最大程度发挥了两种类型催化剂的优点，使装置效益得以提高。图2-1-8为两段装填与单段装填工艺的比较。由图2-1-8可知，在相同的反应条件下两段装填工艺不仅液体收率高，且芳烃产率高，表明两段装填工艺改进了重整芳构化反应的选择性。

五、移动床连续催化重整技术

移动床连续重整具有独特的技术特点，即催化剂在反应、再生系统间不停循环，且反应和再生系统压力不同并分别为富氢、含氧环境。因此，技术开发必须解决的技术难题是：①适合移动床工艺要求的催化剂；②催化剂的连续和定量输送，包括从低压区向高压区的输送；③反应、再生系统富氢、含氧环境的隔离；④催化剂在移动中完成烧焦、氧氯化、干燥和还原等完整的再生过程。

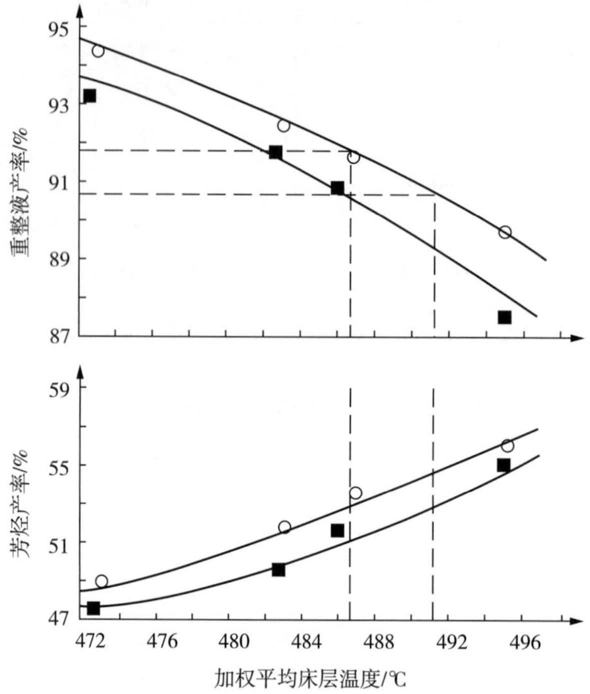

图 2-1-8 单段装填和两段装填工艺的中试数据比较

■—CB-6/CB-6/CB-6；○—CB-6/CB-6/CB-7

中国石化连续催化重整技术的开发始于连续重整催化剂的研发，自 20 世纪 90 年代初起，研制的催化剂成功应用于引进的连续重整装置并逐渐在国内推广。与此同时，开展了重整反应工艺模型研究，先后进行了低压组合床重整工艺、低压连续重整工艺、超低压连续重整工艺和逆流床连续重整工艺的开发。2009 年超低压连续重整工艺获得首次成功应用后，已被国内多套装置采用。2013 年，逆流床连续重整工艺在国内外首次工业应用获得成功。

(一)PS 系列连续重整催化剂

1. 连续重整催化剂的特殊性能要求

连续重整工艺对催化剂性能主要有以下几点特殊要求：

①催化剂具有良好的低压、高温反应性能——高活性、高收率和低结焦速率。

②催化剂具有良好的再生性能。

③催化剂具有良好的抗金属烧结性能和金属再分散性能。

④催化剂具有适当的堆积密度、均匀的颗粒大小分布和颗粒圆形度以及高抗磨损性能。

⑤催化剂具有较高的比表面积和持氯能力。

⑥催化剂具有较高的水热稳定性。

2. 我国连续重整催化剂的开发和工业应用

我国连续重整催化剂的开发起源于 20 世纪 70 年代末期，到目前为止，已经开发成功了 PS 系列催化剂，并得到成功工业应用。

表 2-1-22 列出了我国自主研究开发的连续重整催化剂的特点。

表 2-1-22　我国开发的连续重整催化剂

实验室名称	工业牌号	首次工业应用年份	主要特性
PS-Ⅱ	3861	1990 年	高活性、选择性、耐磨性
PS-Ⅲ	GCR-10	1994 年	同 3861，低贵金属含量
PS-Ⅳ	3961、GCR-100A	1996 年	高水热稳定性
PS-Ⅴ	GCR-100、3981	1998 年	同 3961，低贵金属含量
PS-Ⅵ	RC011、FR011	2001 年	低积炭，高选择性，低贵金属量
PS-Ⅶ	RC031	2004 年	低积炭，高活性，高选择性

按照催化剂的特点，表 2-1-22 中所列的催化剂可以分成三代。PS-Ⅱ和 PS-Ⅲ为第一代，其特点为活性好、选择性好、再生性能和抗磨损性能好。PS-Ⅳ和 PS-Ⅴ为第二代，其特点是活性、选择性较第一代催化剂有较大提高，尤其是水热稳定性得到大幅度改善。PS-Ⅵ为第三代催化剂，其特点是在保持第二代催化剂水热稳定性、活性的同时，选择性进一步提高，特别是催化剂的积炭大幅度降低。

第一代连续重整催化剂的载体制备路线采用了铝溶胶油柱成型法，在载体制备中重点开展了采用廉价低纯铝粉制备高纯铝溶胶的研究，并创造性地解决了用低纯铝制备高纯氧化铝载体的问题。同时，通过载体制备规律的系统研究，制备出了在物化性质、机械强度、堆密度和外观均匀度等各方面都可以和国外载体相媲美的氧化铝小球载体。

第二代催化剂的研制在技术路线上摒弃了老一代催化剂采用的以金属铝为原料，通过热油柱成型方法制备氧化铝载体的路线，开发出以高纯氢氧化铝为原料制备的、具有特殊孔结构的球形氧化铝载体，使催化剂水热稳定性得到显著改进的同时，催化剂活性也明显提高。

在第三代连续重整催化剂的研制中，面临的主要技术难题是在不降低催化剂比表面积的基础上，实现催化剂积炭速率的大幅度下降和选择性的进一步提高。现重点介绍第三代连续重整催化剂的研发和工业应用。

(1)降低催化剂积炭的技术途径

1)降低催化剂初始比表面积

降低催化剂初始比表面积是降低催化剂初始积炭速率的有效技术途径之一。常规连续重整催化剂的初始比表面积一般控制在 200 m^2/g 左右。由于催化剂使用过程中，在反应部分和再生部分均为高温和含水气氛，导致催化剂比表面积下降。一种常规连续重整催化剂在工业运转过程中比表面积的变化见图 2-1-9。由图 2-1-9可知，随着催化剂再生周期数的增大，催化剂的比表面积不断下降；在催化剂使用初期阶段，随着催化剂再生次数的增加，初期比表面积迅速下降，经过约 100 次再生后，催化剂比表面积的下降趋于平缓。

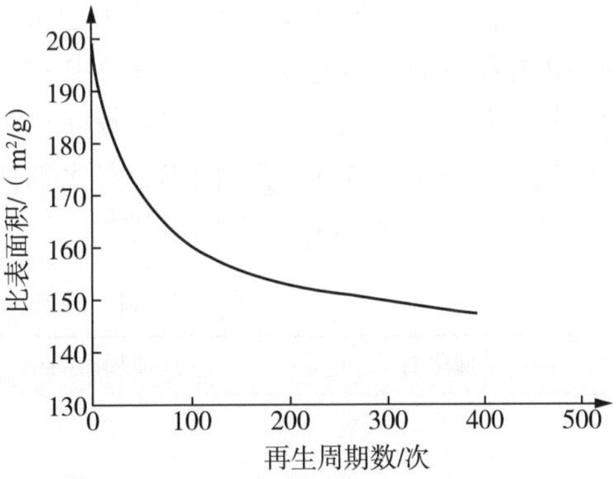

图 2-1-9　连续重整催化剂在工业运转过程中比表面积的变化

一种常规连续重整催化剂在工业运转过程中积炭的变化见图 2-1-10。由图可知，在催化剂使用初期阶段，随着催化剂再生次数的增加，积炭量下降较快，经过约 100 次再生后，催化剂的积炭下降趋于缓慢。由此可见，催化剂的积炭与其比表面积呈现相同的变化趋势。为此，已有技术中多采用降低催化剂的初始比表面积，进而降低催化剂初始积炭速率的技术途径。然而，催化剂初始比表面积的降低，导致催化剂持氯能力大幅度下降。表 2-1-23 中给出了两种具有不同比表面积催化剂的持氯能力，其中 R 为参比催化剂，C 为新型低积炭催化剂。由表 2-1-23 可知，催化剂 R 的初始比表面积比 C 催化剂低 30 m^2/g，为了保持催化剂上具有相同的氯含量，催化剂 R 的注氯量需要比 C 催化剂增加 50%。大量氯的注入，使重整产物中氯含量增加，造成管线、设备与机泵等的严重腐蚀。

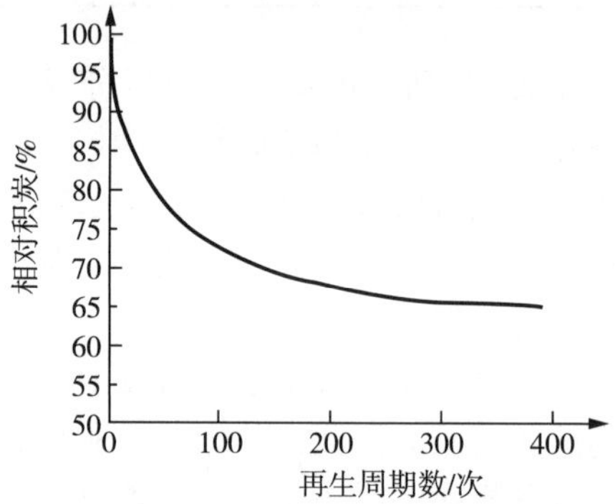

图 2-1-10 连续重整催化剂在工业运转过程中积炭的变化

表 2-1-23 催化剂的持氯能力与比表面积的关系

项目	催化剂 C	催化剂 R
初始比表面积/(m^2/g)	基准	基准-30
注氯量	基准	基准×1.5
氯含量/%(质量)	1.02	1.02

催化剂初始比表面积的降低，导致催化剂使用寿命的缩短。随着催化剂使用时间的延长，比表面积逐渐下降，持氯能力也大幅度下降，因此将催化剂比表面积作为判断催化剂最终使用寿命的主要指标之一。表 2-1-24 中给出了两种不同催化剂的比表面积随使用时间的变化。由表 2-1-24 可知，C 催化剂工业运转 5.2 年，经过 480 次再生后，催化剂的比表面积依然保持在 148 m^2/g；而 R1 催化剂使用 3.0 年，经过 220 次再生后，比表面积已经下降到 143 m^2/g，使用寿命大幅度缩短。

表 2-1-24 运转时间对不同催化剂比表面积的影响

催化剂	使用时间/a	再生周期/次	比表面积/(m^2/g)
C	5.2	480	148
R1	3.0	220	143

2)调控催化剂的金属功能-酸性功能

催化重整催化剂是双功能催化剂，其金属功能-酸性功能的匹配决定着催化剂的催化性能，因而也会对催化剂的积炭速率有较大影响。为此在第三代催化剂的研发中，开展了调控催化剂的金属功能-酸性功能的研究。

表 2-1-25 中列出了新助剂 M 的添加量与催化剂酸性的关系。由表 2-1-25 可知，加入新助剂 M，催化剂的酸性下降；随着新助剂 M 添加量的增大，催化剂的酸性呈下降趋势；酸性达到最小值后，进一步增加新助剂 M 的量，催化剂酸性反而增加。因此，通过加入新助剂 M 可以实现对催化剂酸性的调变。

表 2-1-25 新助剂添加量与催化剂酸性的关系

催化剂	Pt/%(质量)	Sn/%(质量)	新助剂 M/%(质量)	酸量①/(μmol/g)
C1	0.35	0.31	0	170
C2	0.35	0.31	0.3	151
C3	0.35	0.31	0.7	129
C4	0.35	0.31	0.9	156

①氨程序升温脱附方法测定催化剂酸量。

金属功能是由铂中心实现的。一般认为，催化剂有两种铂活性中心[68~70]：一种中心直接锚定在 γ-Al_2O_3 载体表面上，为多 Pt 簇团，对低温吸附氢有利(A1 中心)；另一种中心则锚定在 γ-Al_2O_3 载体上的 Sn 氧化物或新助剂氧化物表面上，与锡和新助剂氧化物之间产生强相互作用，对高温吸附氢有利(A2 中心)。表 2-1-26 中列出了不同催化剂 Pt 中心的比例和分散度(H 与 Pt 摩尔比)。由表 2-1-26 可知，加入新助剂 M 后，Pt 金属分散度基本不变，但催化剂 A1 中心的比例减少，并且随着新助剂 M 含量的增加，A1 中心的比例进一步减少；而 A2 中心的比例呈现与 A1 中心相反的变化趋势。由此可见，在保持 Pt 金属分散度不变的情况下，通过加入新助剂 M 可以调变两种 Pt 中心的比例。

表 2-1-26 新助剂对催化剂 Pt 中心和分散度的影响

催化剂	A1 中心/%	A2 中心/%	$n(H)/n(Pt)$
C1	基准	基准	基准
C2	基准-9	基准+9	基准
C3	基准-12	基准+12	基准
C4	基准-15	基准+15	基准

3)第三代催化剂技术路线的确定

催化重整反应需要催化剂的金属功能-酸性功能的协同作用，因此，通过调整催化剂的金属功能和酸性功能，可以调变催化剂的催化性能。通过加入新助剂，可以调整催化剂的酸性和两种 Pt 中心的比例。研究结果表明[68~70]，A1 中心比较适合于 C—C 键断裂的加氢裂解、氢解和深度脱氢及结焦等结构敏感反应。A2 中心适合于 C—H 键断裂的脱氢和异构化等结构不敏感反应，不易被积炭覆盖。由此可见，A2 中心比例增加，有利于催化剂积炭的降低和重整生成油、芳烃及氢气产率的提高。因此在第三代催化剂的研发中，采用了增加新助剂和采用新的制备技术等调变催化剂的金属功能-酸性功能，在不降低催化剂初始比表面积的前提下，实现催化剂积炭速率的下降、选择性的进一步提高。因此，保持了催化剂的高比表面积、长寿命和高持氯能力。

(2)低积炭速率高选择性PS-Ⅵ型连续重整催化剂[71~76]。

1)PS-Ⅵ型催化剂开发的技术路线

在低积炭速率高选择性PS-Ⅵ型连续重整催化剂开发中，采取的创新技术路线为：①在不降低催化剂比表面积的前提下，通过引入新助剂来调节催化剂的酸性功能和金属功能，使其比同类技术催化剂具有更高的比表面积、更长的寿命和更好的持氯能力；②采用了竞争吸附剂及助剂引入新技术，使助剂达到高度分散、均匀分布；③采用了独特的制备工艺，使新助剂最大限度地发挥对双功能的调节作用，使催化剂保持高活性的同时，降低催化剂的裂解、氢解和积炭性能，使其具有低积炭和高选择性。

2)PS-Ⅵ型催化剂的物化性质

表2-1-27列出了PS-Ⅵ型催化剂与参比剂PS-Ⅴ[77]及另一工业参比剂R1的主要物化性质对比。由表2-1-27可知，PS-Ⅵ型催化剂与PS-Ⅴ型催化剂相比，比表面积基本相当，但增加了新助剂；与R1催化剂相比，PS-Ⅵ型催化剂的比表面积提高30 m^2/g。

表2-1-27 PS-Ⅵ与参比剂PS-Ⅴ及R1的主要物化性质对比

催化剂	Pt/%(质量)	新助剂	比表面积/(m^2/g)
PS-Ⅵ	0.28	有	200
PS-Ⅴ	0.28	无	200
R1	0.29	无	170

3)PS-Ⅵ型催化剂的金属功能和酸性功能

表2-1-28列出了PS-Ⅵ型催化剂与参比剂PS-Ⅴ酸性中心和金属中心的对比结果。由表2-1-28可知，与参比剂PS-Ⅴ相比，PS-Ⅵ型催化剂的Pt金属A1中心下降10个百分点，A2中心增加10个百分点；总酸量(200 ℃酸量)下降10个百分点，而强酸量(350 ℃酸量)下降27个百分点。

表2-1-28 PS-Ⅵ与参比剂A的金属中心与酸性中心对比

催化剂	Pt金属中心比例/%		酸量①/%	
	A1	A2	200 ℃	350 ℃
PS-Ⅴ	基准	基准	基准	基准
PS-Ⅵ	基准-10	基准+10	基准-10	基准-27

①红外测定分析法测定催化剂酸量。

4)PS-Ⅵ型催化剂的催化性能

表2-1-29列出了PS-Ⅵ型催化剂与参比剂PS-Ⅴ的催化性能对比。由表2-1-29可知，与参比剂PS-Ⅴ相比，PS-Ⅵ型催化剂的液体收率、芳烃产率分别增加1.7个百分点和0.8个百分点，积炭量下降21%。

5)PS-Ⅵ型催化剂的工业应用

自2001年首次工业应用以来，PS-Ⅵ型催化剂已在国内连续重整装置采用43套次，这些重整装置采用的工艺技术涵盖了美国UOP公司、法国Axens公司以及中国石化的所有工艺技术类型。表2-1-30给出了PS-Ⅵ型的工业运转结果与参比催化剂R2的对比。由表2-1-30可知，与催化剂R2相比，PS-Ⅵ型催化剂的寿命增加50%以上，粉尘量下降2/3以上，反应温度降低4℃以上，C_{5+}产率、纯氢产率显著增加，积炭量降低10%。

表2-1-29　PS-Ⅵ与参比剂PS-Ⅴ的催化性能对比

催化剂	液体收率/%	芳烃产率/%	积炭量/%
PS-Ⅴ	基准	基准	基准
PS-Ⅵ	基准+1.7	基准+0.8	基准×0.79

表2-1-30　PS-Ⅵ与已有技术催化剂R2的主要技术指标对比

项　目	R2	PS-Ⅵ
Pt%(质量)	基准	基准-0.01
粉尘量/(kg/d)	基准	基准×(1/3~1/5)
C_{5+}产率/%	基准	基准+(0.65~1.42)
H_2产率(标准状态)/(m^3/m^3)	基准	基准+20.1
寿命/a	基准	>基准×1.5
反应温度/℃	基准	<(基准-4)
积炭量/%	基准	基准×0.9

(3)高铂低积炭型PS-Ⅶ连续重整催化剂[78~80]

1)PS-Ⅶ型催化剂开发的技术路线

用于生产芳烃的连续重整装置操作苛刻度较高，需要活性高、抗冲击能力强的高铂型催化剂。但苛刻度和铂含量提高，均使催化剂积炭速率显著增加，因此如何降低催化剂积炭速率一直是该领域的难点。目前已经实现工业化的低积炭速率连续重整催化剂均为低铂型，尚未见高铂型催化剂的报道。为了解决Pt含量提高后、催化剂积炭增加的难题，主要进行了以下几方面的创新：①在PS-Ⅵ型催化剂的基础上，进一步优化助剂与Pt中心的相互作用；②通过制备工艺流程的优化与技术的改进，实现对金属中心微观结构的调变及两种Pt中心比例的调控，充分降低不利的A1中心，增加有益的A2中心(如表2-1-31所示)；③通过金属功能与酸性功能的优化匹配，实现催化剂积炭速率的降低，液体、芳烃和氢气产率的增加。PS-Ⅶ型催化剂的开发成功解决了高铂型催化剂高积炭的难题，并已经实现了工业化。

表2-1-31　PS-Ⅶ与PS-Ⅴ催化剂的铂中心对比　%

催化剂	A1中心	A2中心
PS-Ⅴ	基准	基准
P-Ⅶ	基准-20	基准+20

2)PS-Ⅶ型催化剂的物化性质

表2-1-32列出了PS-Ⅶ型催化剂与PS-Ⅵ及工业参比剂R3的主要物化性质对比。由

表2-1-32可知，与PS-Ⅵ型催化剂相比，PS-Ⅶ型催化剂的铂含量从0.28%提高到0.35%；与R3催化剂相比，PS-Ⅶ型催化剂的铂含量低，但比表面积不变。

表2-1-32 PS-Ⅶ与PS-Ⅵ及R3催化剂的主要物化性质对比

催化剂	Pt/%(质量)	新助剂	比表面积/(m^2/g)
PS-Ⅶ	0.35	有	200
PS-Ⅵ	0.28	有	200
R3	0.375	无	200

3)PS-Ⅶ型催化剂的催化性能

表2-1-33列出了PS-Ⅶ型与PS-Ⅵ型催化剂催化性能的对比。由表2-1-33可知，与PS-Ⅵ型催化剂相比，PS-Ⅶ型催化剂的液体收率下降0.13个百分点，芳烃产率增加0.31个百分点，积炭量基本相同。

表2-1-33 PS-Ⅶ与PS-Ⅵ催化剂的催化性能对比

催化剂	液体收率/%	芳烃产率/%	积炭量/%
PS-Ⅵ	基准	基准	基准
PS-Ⅶ	基准-0.13	基准+0.31	基准

4)PS-Ⅶ型催化剂的工业应用

自2004年首次工业应用以来，PS-Ⅶ型催化剂已在国内的3套连续重整装置得到成功应用。表2-1-34中给出了PS-Ⅶ型的工业运转结果与R4催化剂的对比。由表2-1-34可知，与催化剂R4相比，在原料(N+A)减少2.04个百分点的情况下，液体收率、芳烃产率分别增加3.61个百分点和1.61个百分点，氢气产率增加9.55%，积炭量降低36%，催化剂粉尘量降低67%。

表2-1-34 PS-Ⅶ与R4催化剂的工业运转结果对比

催化剂	R4	PS-Ⅶ
原料(N+A)/%	基准	基准-2.04
液时空速/%	基准	基准+5.8
C_{6+}液体收率/%	基准	基准+3.61
芳烃产率/%	基准	基准+1.61
氢气产率/%	基准	基准×1.0955
积炭量/%	基准	基准×0.64
催化剂粉尘量/%	基准	基准×0.33

目前我国自己开发的PS系列连续重整催化剂已广泛应用在包括中国石化开发的连续再生技术，Axens分批再生、Regen B、Regen C，UOP公司常压再生、加压再生和采用CycleMax再生技术的各种类型的连续重整装置上。

表2-1-35为国产新型连续重整催化剂的推广使用情况。

表 2-1-35　新型连续重整催化剂的推广应用

用　户	装置类型	加工能力/(kt/a)	催化剂	开工日期
乌鲁木齐石化	Axens Regen C	400	PS-Ⅴ	2002.07
扬子石化	UOP 常压再生	1050→1390	PS-Ⅶ	2004.04
辽阳石化	UOP CycleMax	1400	PS-Ⅵ	2005.05
上海石化	UOP 常压再生	400→520	PS-Ⅵ	2005.06
广州石化	UOP 常压再生	400	PS-Ⅴ	2005.06
高桥石化	UOP CycleMax	600→800	PS-Ⅵ	2005.06
吉林石化	UOP 加压再生	400	PS-Ⅵ	2005.10
茂名石化	UOP CycleMax	1000	PS-Ⅵ	2006.08
抚顺石化	Axens 分批再生→Regen C	400→600	PS-Ⅵ	2006.09
镇海炼化	UOP 加压再生	800→1000	PS-Ⅵ	2007.04
金陵石化	UOP CycleMax	1000	PS-Ⅵ	2008.01
和邦化学	UOP CycleMax	800	PS-Ⅵ	2008.04
青岛炼化	UOP CycleMax	1500→1800	PS-Ⅵ	2008.05
洛阳石化	Axens 分批再生→Sinopec	500→700	PS-Ⅵ	2008.06
镇海炼化	UOP CycleMax	1000	PS-Ⅵ	2008.12.
金陵石化	Axens Regen B	600	PS-Ⅶ	2009.02
天津石化	UOP CycleMax	600→800	PS-Ⅶ	2009.03
兰州石化	UOP CycleMax	800	PS-Ⅵ	2009.04
广州石化	SINOPEC	1000	PS-Ⅵ	2009.04
齐鲁石化	Axens Regen B	600	PS-Ⅵ	2009.05
福建炼化	UOP CycleMax	1400	PS-Ⅵ	2009.05
长岭炼化	Sinopec	500→700	PS-Ⅵ	2009.06
湛江东兴	UOP CycleMax	500	PS-Ⅵ	2009.08
延长集团	UOP CycleMax	1200	PS-Ⅵ	2009.08
锦西石化	UOP CycleMax	600→800	PS-Ⅴ	2009.09
上海石化	UOP CycleMax	1000	PS-Ⅵ	2009.09
哈尔滨石化	UOP CycleMax	600	PS-Ⅵ	2009.10
华锦石化	UOP CycleMax	500	PS-Ⅵ	2009.12
天津石化	UOP CycleMax	1000	PS-Ⅵ	2009.12
庆阳石化	Axens Regen C2	600	PS-Ⅵ	2010.09
燕山石化	UOP 加压再生	600→800	PS-Ⅵ	2011.03
大连石化	UOP CycleMax	600	PS-Ⅵ	2011.03
锦州石化	UOP CycleMax	600	PS-Ⅵ	2011.07

续表

用　户	装置类型	加工能力/(kt/a)	催化剂	开工日期
长庆石化	Axens Regen. C2	600	PS-Ⅵ	2011. 11
高桥石化	UOP CycleMax	800	PS-Ⅵ	2011. 11
北海石化	Sinopec	600	PS-Ⅵ	2011. 11
荆门石化	UOP CycleMax	600	PS-Ⅵ	2011. 11
上海石化	UOP 常压再生	400 →520	PS-Ⅶ	2012. 03
高桥石化	UOP CycleMax	600 →800	PS-Ⅵ	2012. 05
九江石化	Sinopec	1200	PS-Ⅵ	2012. 07
吉林石化	UOP 加压再生	400	PS-Ⅵ	2012. 07
天津石化	UOP CycleMax	1000	PS-Ⅵ	2012. 08
天津石化	UOP CycleMax	600 →800	PS-Ⅶ	2012. 08
上海石化	UOP CycleMax	1000	PS-Ⅵ	2012. 09

(二)连续重整工艺

1. 低压组合床重整工艺

中国石化开发的低压组合床重整工艺因其操作压力比国外组合床重整工艺低而得名，其技术核心是：重整第一反应器(一反)和第二反应器(二反)采用固定床半再生重整工艺，使用高活性、高稳定性的铂铼重整催化剂；重整第三反应器(三反)和第四反应器(四反)采用移动床连续重整工艺，使用高选择性、高水热稳定性的铂锡重整催化剂；设置催化剂连续再生系统对重整三反和四反的催化剂进行连续再生。低压组合床重整工艺流程见图 2-1-11。

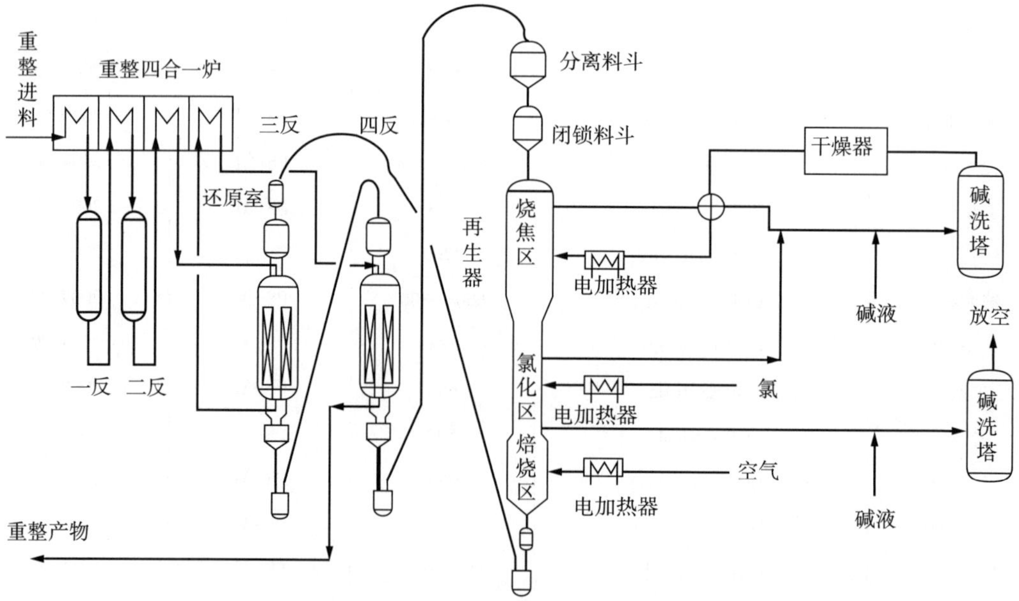

图 2-1-11　低压组合床重整工艺流程图

低压组合床重整工艺于 2001 年 3 月首次应用中国石化 A 厂 500kt/a 重整装置上。2001

年 11 月，对装置进行了 100 %负荷标定考核，结果为：脱戊烷油收率 82.62 %(质量)、脱戊烷油辛烷值(RON)100.8、纯氢产率 3.12 %(质量)、再生催化剂炭含量<0.01 %(质量)、氯含量 1.09 %(质量)、催化剂磨损率 0.007 %(质量)(占催化剂循环量)、装置能耗 85.13 kg 标油/t 重整进料。考核结果详见表 2-1-36。

表 2-1-36　低压组合床重整装置标定结果

项　目		设计值	标定值
原料性质	恩氏馏程/℃	70~175	70~165
	烷烃/环烷烃/芳烃/%(质量)	57.38/31.67/10.95	60.76/27.71/11.53
	芳烃潜含量/%(质量)	41.04	37.85
重整反应条件	进料量/%	100	101
	WAIT/WABT/℃	505/485	508/490
	气液分离器压力/MPa	0.75	0.75
	氢油摩尔比	4.0	4.7
	WHSV/h^{-1}	1.80	1.78
催化剂再生条件	催化剂循环量/(kg/h)	260	260
	待生剂炭含量/%(质量)	5.0	3.57
	再生剂炭含量/氯含量/%(质量)	<0.1/1.1	<0.01/1.1
	催化剂粉尘量/(kg/d)	1.92	0.45
产品性质	C_{5+}辛烷值 RON	98(99.4①)	99
	C_{5+}液收/%(质量)	88.20(86.84①)	87.05
	纯氢产率/%(质量)	3.07	3.12

①根据标定期间实际原料组成模拟计算得到的结果。

2. 连续再生重整工艺

中国石化开发的连续再生重整工艺是在低压组合床重整工艺的基础上发展形成的。与低压组合床重整工艺相比，连续再生重整工艺在技术上的改进及特点是：实现了四台重整反应器内催化剂全部连续移动及运行；降低了重整反应压力，平均反应压力由 0.90MPa 降低至 0.62MPa；装置规模得到提高，尤其是再生规模(催化剂循环量)，由 260kg/h 提高至 500kg/h。

连续再生重整工艺于 2005 年 7 月应用在中国石化 B 厂 700kt/a 重整装置上。2006 年 9 月对装置进行了标定考核，由于全厂生产平衡的限制，标定时装置处理量为设计负荷的 94%。标定期间催化剂磨损率 0.04 %(质量)(占催化剂循环量)，再生催化剂炭含量<0.01%(质量)，氯含量 1.07 %(质量)。标定考核结果详见表 2-1-37。

表 2-1-37　连续重整装置标定结果

项　目	设计值	标定值
进料负荷/%	100	94
重整进料组成 P/N/A/%(质量)	57.95/27.03/15.02	54.71/33.58/11.71
C_{5+}辛烷值 RON	102	102
C_{5+}收率/ %(质量)	88.05	88.08
芳烃产率/ %(质量)	67.95	68.02
纯氢产率/ %(质量)	3.34	3.62
待生催化剂炭含量/ %(质量)	≤5	1.81
能耗/(kg 标油/t 重整进料)	90.13	89.85

3. 超低压连续重整工艺

中国石化开发的超低压连续重整工艺采用目前最低的重整反应压力(平均反应压力0. 35MPa、重整气液分离器压力0. 25MPa)。

典型超低压连续重整装置以石脑油为原料，生产富含芳烃的脱戊烷重整汽油，副产氢气。装置由预加氢、重整和催化剂再生三个部分组成。

(1)工艺流程

预加氢部分的目的是为重整反应部分制备合格的原料——精制石脑油，工艺流程参见图6-4-6。

重整部分包括重整反应、再接触及分馏三个工艺过程。

从预加氢部分来的精制石脑油与循环氢气混合，并经换热及加热后进入重整反应器。在重整反应器中，通过环烷烃脱氢及烷烃脱氢环化等反应，将原料中的环烷烃及部分烷烃转化成芳烃，并副产氢气。由于上述反应是强吸热反应，设置4台加热炉和4台反应器，以保证反应所需的反应器床层温度。反应产物经换热及冷却后进入气液分离器进行气液分离，分出的气相产物(含氢气体)一部分经压缩机升压后送回反应器作为循环氢气，另一部分含氢气体与从气液分离器分出的重整液相产物一起送再接触部分。

再接触过程的目的是提高含氢气体的压力和氢气纯度，同时尽量回收其中的液化石油气和液相产物组分。再接触过程采用较高压力和较低温度操作，使含氢气体中的大部分液化气和重整生成油溶于液相产物中，含氢气体的氢纯度得到提高后作为装置产氢送出装置。

再接触后的液相产品送脱戊烷塔，从塔顶脱出轻组分(C_{5-})后作为脱戊烷重整生成油送对二甲苯装置。连续重整反应、再接触及脱戊烷部分的工艺流程参见图2-1-12。

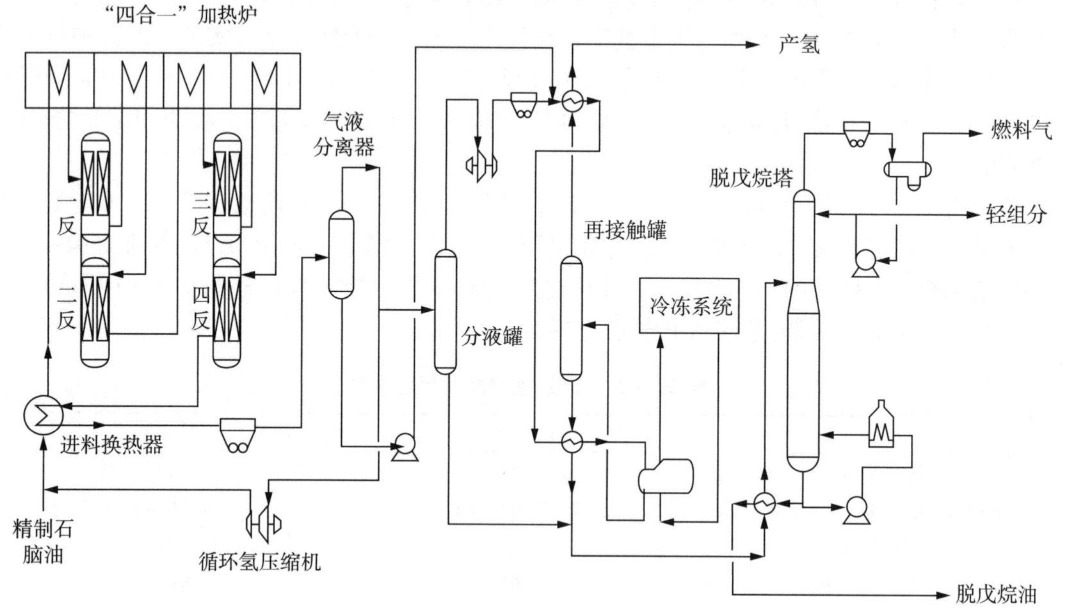

图2-1-12 连续重整部分工艺流程示意图

催化剂再生部分有两个作用：一是实现催化剂循环，二是完成催化剂再生。自重整第四反应器的含炭催化剂(称待生剂)被提升至再生部分，经分离料斗和闭锁料斗后进入再生器，在再生器内进行烧焦(烧除积炭)、氧氯化(补氯)和焙烧(干燥)，然后提升至位于重整第一反应器上方的还原室内进行催化剂还原。完成上述四个步骤的催化剂(称再生剂)回到重整第一反应器，开始下一个催化剂循环，见图2-1-13。催化剂循环靠闭锁料斗控制系统来实现，通过“等待、加压、卸料、降压和装料”五个步骤实现催化剂“无阀输送”。

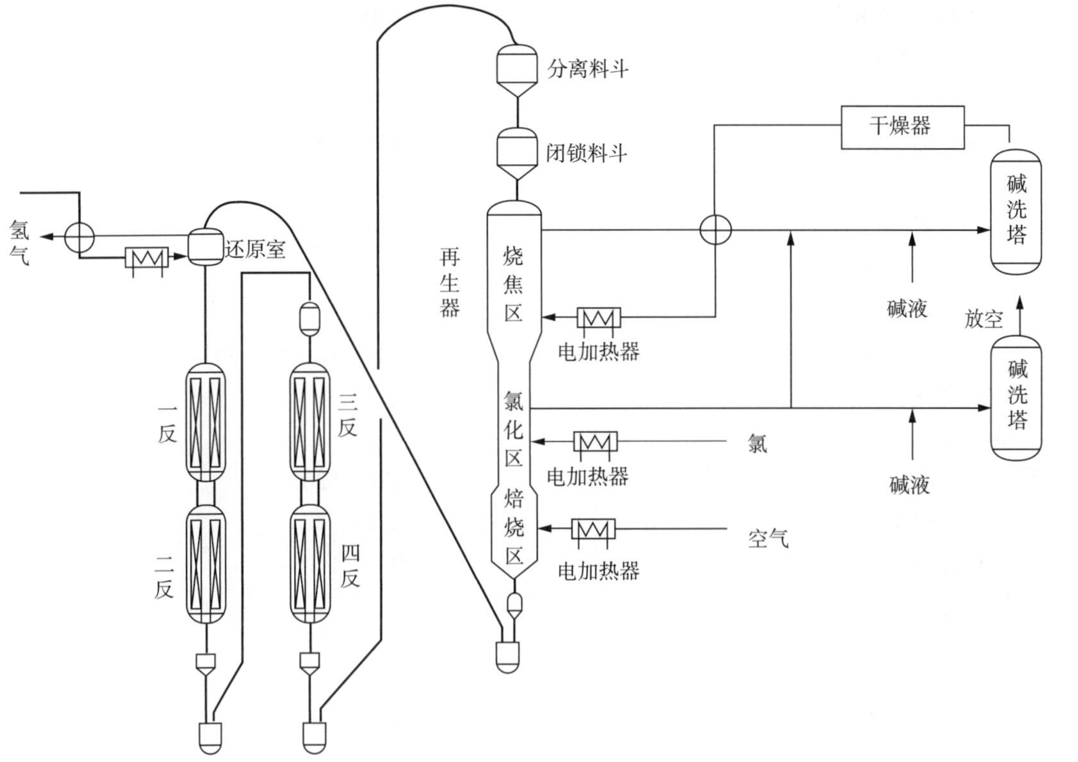

图2-1-13　超低压连续重整技术催化剂再生工艺(碱洗脱氯)流程示意图

(2)技术特点

①新型结构的重整反应器改善了反应器内物流及催化剂分布，能有效避免“贴壁”现象，并降低了反应器制造难度及费用，方便安装、操作及维护。

②再生循环气体采用“干冷”循环流程，并且焙烧区及氯化区介质均采用纯空气，既抑制了催化剂比表面积下降速度、延长催化剂使用寿命，又保证了催化剂的氯氧化及干燥效果。

③闭锁料斗采用“无阀输送”的催化剂循环方式，并布置于再生器上方，利用再生器上部的催化剂缓冲区同时作为高压区的气体缓冲区，使压力更加稳定、闭锁料斗操作更加平稳。

④具有两种再生循环气体脱氯技术——碱洗脱氯和固相脱氯，用户可根据本企业环保要求及处理三废的能力进行合理选择。在碱洗脱氯技术中，易产生酸碱腐蚀的关键部位设备——碱洗冷却器，采用新型材质双相钢2205，与国外同类技术中所采用的哈氏合金(或钛合金)材料相比，节省投资。在固相脱氯技术中，合理的流程设置结合高氯容脱氯剂的使用，简化装置开工程序及方便操作，与国外同类技术中所采用待生催化剂吸氯技术相比，可大大减缓催化剂比表面积的衰减，从而延长催化剂总寿命。

(3)工艺条件

1）预加氢反应条件

反应器入口温度/℃	280～320
预加氢气液分离器压力/MPa	2.50
液时空速/h^{-1}	5.0
氢油（体积）比	90∶1

2）重整反应条件

反应器入口温度/℃	515～530
平均反应压力/MPa	0.35
苛刻度（C_{5+} RON）	104
重时空速/h^{-1}	1.74
氢油摩尔比	2.60
催化剂装填比/%	15∶20∶25∶40

3）催化剂再生

烧焦

温度/℃	470～520
压力/MPa	0.55
氧含量/%（摩尔）	0.5～1.0

氧氯化

温度/℃	510～540
压力/MPa	0.55
氧含量/%（摩尔）	21

焙烧

温度/℃	540～560
压力/MPa	0.55
氧含量/%（摩尔）	21

还原

温度/℃	500～530
压力/MPa	0.51

（4）工业应用

超低压连续重整工艺技术首次成功应用在中国石化C厂一套1.0Mt/a重整装置上，采用了再生循环气体碱洗脱氯技术。装置于2009年建成投产，2010年进行了100%负荷标定考核，装置能耗88kg标油/t重整进料。装置标定考核结果详见表2-1-38。

表2-1-38 超低压连续重整装置标定结果

项目		设计值	标定值
装置负荷		100	100
原料性质	恩氏馏程/℃	95～160	80～169
	烷烃/环烷烃/芳烃/%（质量）	64.72/22.78/12.50	54.63/32.91/12.47
	芳烃潜含量/%（质量）	34.37	44.06

续表

项　目		设计值	标定值
重整反应条件	WAIT/WABT/℃	529/495	525/495
	气液分离器压力/MPa	0.25	0.25
	氢油摩尔比	2.5	2.4
	WHSV/h^{-1}	1.248	1.243
催化剂再生条件	催化剂循环量/(kg/h)	1135	1135
	待生剂炭含量/%(质量)	5.0	3.54
	再生剂炭含量/氯含量/%(质量)	<0.1/1.1	<0.05/0.93
	催化剂粉尘量/(kg/d)	5.8	4.5
产品性质	C_{5+}辛烷值 RON	104	104.6
	C_{5+}液收/%(质量)	87.06	88.87
	芳烃产率/%(质量)	72.46	75.19
	纯氢产率/%(质量)	3.61	3.99

由表2-1-38可知，采用超低压连续重整工艺时，重整稳定汽油(C_{5+})液收高、芳烃产率高、氢产率高、操作周期不受限制。

采用再生循环气体固相脱氯技术的超低压连续重整工艺已分别于2011年和2012年在中国石化的两套工业装置顺利投用。目前，采用中国石化超低压连续重整技术共有6套装置建成投产，各装置均运行平稳。

4. 逆流连续重整工艺

逆流连续重整工艺是由中国石化开发的另一连续重整工艺技术，该技术与现有连续重整技术的不同之处主要在于改变了催化剂在反应区的流动方向。催化剂在反应区循环输送方向与反应物料的流动方向相反，即催化剂为逆流输送。

(1)逆流连续重整工艺的研发思路

在各重整反应器中进行的化学反应其相对反应速率是不同的，并且差别很大。由表2-1-11可知，重整主要反应有难有易，反应速率快慢顺序为：环烷脱氢≫异构化>烷烃脱氢环化>加氢裂化和氢解。依据原料性质和催化剂装填比例不同，在每个反应器中发生的主要化学反应的顺序略有不同，但总的趋势相差不多。容易进行的反应在前面的反应器中进行，相对较难进行的反应在后面的反应器中进行。第一反应器中主要进行以环烷脱氢为主的反应，而在最后一个反应器中主要进行裂解和烷烃脱氢环化反应。

传统连续重整工艺的催化剂和反应物流在反应区的流动方向是一致的，从再生器来的含积炭最低的再生催化剂被提升输送至第一重整反应器，积炭后依次通过后续反应器。随着催化剂从第一反应器向最后一个反应器的顺流移动过程，反应不断加深，催化剂积炭不断增加，含氯量不断下降，催化剂的活性也就不断下降。这一过程示意如下：

	第一反应器　第二反应器　第三反应器　第四反应器
催化剂输送方向	→------------------→
反应物流流动方向	→------------------→

反应器中积炭量 低→-----------------→高
反应器中催化剂活性 高→-----------------→低
反应器中进行的反应级别 易→-----------------→难

由此可见，传统连续重整工艺过程，相对容易进行的反应在前面催化剂活性相对高的反应器中进行，而难进行的反应在后面催化剂活性相对低的反应器中进行，各反应器中催化剂的活性状态与其进行的反应难易程度不相匹配。

采用催化剂逆流输送方式，随着催化剂从第四反应器向第一反应器的移动，活性由高到低。逆流连续重整催化剂流动方向、反应物流方向、积炭高低顺序、催化剂活性以及各反应器中反应难易程度的关系示意如下：

第一反应器 第二反应器 第三反应器 第四反应器
催化剂输送方向 ←-----------------←
反应物流流动方向 →-----------------→
反应器中积炭量 高←-----------------←低
反应器中催化剂活性 低→-----------------→高
反应器中进行的反应级别 易→-----------------→难

因此，该工艺过程使得相对容易进行的反应在相对低活性的催化剂上进行，而较难进行的反应则是在较高活性的催化剂上进行，每个反应器中催化剂的活性状态与反应的难易程度相匹配。

(2)逆流连续重整过程反应的合理性

环己烷脱氢代表了在第一重整反应器中进行的反应，表 2-1-39 给出了两种催化剂积炭量对环己烷脱氢反应影响的实验结果。

表 2-1-39 催化剂不同积炭量下环己烷脱氢反应的实验结果

催化剂积炭量/%	4.3	3.0
反应温度/°C	500	500
LHSV/h^{-1}	15	15
环己烷转化率/%	94.4	96.6
芳烃产率/%	93.2	93.4

当催化剂的积炭量达到 4.3%时，环己烷的转化率仍达 94%以上，与含炭 3.0%的催化剂相比仅降低 2.3%，表明催化剂的积炭量对环己烷脱氢反应，也即对第一反应器中进行的反应影响较小。

正庚烷环化脱氢代表了在最后一个重整反应器中进行的反应，不同催化剂积炭量对正庚烷环化脱氢反应影响的实验结果见表 2-1-40。

随着催化剂积炭量的增加，正庚烷的转化率逐渐降低。当积炭量超过 4.0%后，降低速度加快。随着催化剂积炭量的增加，芳烃产率和正庚烷芳构化选择性迅速下降，积炭量达 4.0%后，下降速度加快。反应温度 520℃比 500 ℃更明显。由此可见积炭对正庚烷转化率有较显著的影响，也就是说催化剂的积炭量对最后反应器中进行的反应影响很大。

上述实验结果表明，逆流连续重整工艺有其合理性。

表 2-1-40 催化剂不同积炭量下正庚烷环化脱氢反应的实验结果

催化剂积炭/%	0	1.4	2.7	4.5	6.0
反应温度/℃			520		
转化率/%	95	94	92	88	77
芳烃产率/%	49	44	43	39	30
反应温度/℃			500		
转化率/%	90	85	86	79	69
芳烃产率/%	37	29	27	26	22

(3)逆流连续重整工艺流程

逆流连续重整工艺同样包括原料预处理、重整反应及产物分离、催化剂连续再生三个部分。原料预处理、重整反应及产物分离同常规的连续重整没有本质区别，最大差别就在于催化剂的循环输送方式。

一般情况下，该工艺设置三~四个并列布置的重整反应器和一个再生器。在反应区，反应物料仍依次由第一反应器至最后一个反应器。而再生催化剂先提升输送至最后一个反应器，再依次输送至前面一个反应器。从第一反应器离开的待生催化剂提升至再生器。

逆流连续重整工艺的重整反应、催化剂循环和再生的流程见图 2-1-14。

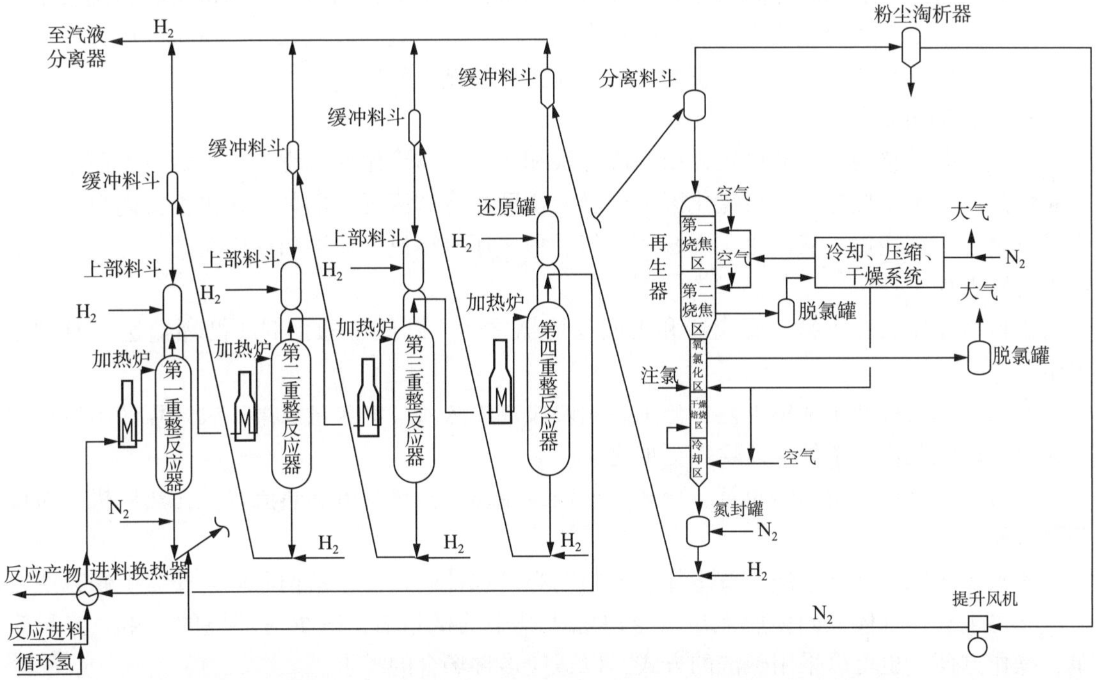

图 2-1-14 逆流连续重整工艺反应再生流程示意图

1)重整反应及产物分离部分

逆流连续重整反应及产物分离的工艺流程与常规连续重整工艺基本相同，可参见图 2-1-12。除各反应器催化剂装填比例趋于均匀外，其主要反应条件与常规连续重整工艺基本相同。

2)催化剂循环

再生催化剂从再生器提升至第四重整反应器上部的缓冲料斗，然后靠重力进入还原罐，还原后再进入第四重整反应器。用提升器将第四重整反应器的催化剂提升到第三重整反应器的缓冲料斗，再靠重力经过上部料斗进入第三重整反应器，依次类推，直到第一重整反应器。待生催化剂从第一重整反应器底部提升至再生器上部的分离料斗内，在分离料斗完成催化剂的淘析，除去粉尘之后的催化剂靠重力落入再生器内进行烧焦等再生过程。离开再生器的再生催化剂经氮封罐进入再生器提升器，至此完成了整个循环过程。

待生催化剂从第一重整反应器到分离料斗用氮气提升，再生催化剂从再生器底部到第四重整反应器缓冲料斗用氢气提升。再生器的压力高于第四重整反应器低于第一重整反应器。从反应区向再生系统和从再生系统向反应区的催化剂输送都是从高压向低压的提升输送。催化剂循环回路不设置闭锁料斗系统，在正常操作情况下，催化剂循环输送管线上没有需要开关的阀门，催化剂的循环输送为真正的“无阀连续”操作过程。

催化剂循环回路的压力降被分散在各反应器之间。催化剂从后一个反应器向前一个反应器的提升输送需克服逆压差。在反应器之间催化剂用氢气提升输送。提升氢气和被提升的催化剂一起进入前一个反应器的缓冲料斗，然后提升氢气从缓冲料斗排出至汽液分离器，催化剂则沿缓冲料斗、下料管、上部料斗流至反应器中。

催化剂在输送过程中会因摩擦产生粉尘，所以正常操作时要除去这部分粉尘。待生催化剂被提升至再生器上部的分离料斗后，经氮气淘析，携带催化剂粉尘的淘析气经粉尘收集器收集其中的粉尘。从粉尘收集器出来的不带粉尘的氮气经氮气风机和除尘风机升压，然后分别作为待生催化剂的提升气体、密封气体及淘析气体循环使用。

3)催化剂再生

逆流连续重整的催化剂再生采用两段烧炭和再生气体冷循环流程。再生器自上而下分为第一烧焦区、第二烧焦区、氧氯化区、干燥焙烧区和冷却区五个部分。在再生器内自上而下完成待生催化剂烧焦、氧氯化、干燥及冷却过程。还原罐设置在第四反应器的上部。催化剂再生的特点如下：

①再生器压力介于第一反应器和第四反应器之间，既便于催化剂的循环输送又有利于再生。

②采用二段移动床烧焦工艺，分别控制两段烧焦区入口氧含量及第二段烧焦区出口过剩氧含量，以优化烧焦条件保证烧焦更加完全。

③再生气循环采用固体脱氯、冷却、干燥、压缩、换热及电加热流程，无热风机，对设备要求低。

④氧氯化区、干燥焙烧区及冷却区采用同心筒式轴向结构，结构简单，安装维修方便。

⑤再生放空气体经固体脱氯后放空以除去其中的微量氯，减少对环境的污染。流程简单、操作方便。也可以采用碱洗的方式，以适应多种场合的需求。

正常情况下进入再生器的待生催化剂含炭量为3%~8%。离开再生器的再生催化剂含炭量小于0.2%。典型的催化剂再生操作条件见表2-1-41。

(4)工业应用结果

2013年，国内外首套采用逆流连续重整工艺、规模为600kt/a的连续重整装置在中国石化建成投产。该装置以直馏及焦化加氢石脑油为原料，采用国产PS-Ⅵ连续重整催化剂，生产高辛烷值汽油调合组分并副产氢气。该装置一次投产成功，投产后运行平稳，操作状况良好。2014年对装置进行了100%负荷标定考核，标定考核结果详见表2-1-42。

表2-1-41 典型的催化剂再生主要操作条件

项 目	数 值
再生器压力/MPa	0.35~0.45
第一烧焦区入口温度/℃	460~480
第二烧焦区入口温度/℃	470~490
第一、二烧焦区入口氧浓度/%(体积)	0.5~1.0
第二烧焦区出口氧浓度/%(体积)	0.1~0.7
氧氯化区入口温度/℃	500~530
干燥焙烧区入口温度/℃	500~530

表2-1-42 逆流连续重整装置标定结果

项 目		设计值	标定值
装置负荷(重整进料量)/(t/h)		71.4	71.4
原料性质	直馏/加氢焦化石脑油/%	76/24	82.7/17.3
	ASTM D-86 馏程/℃	82~172	81~171
	烷烃/环烷烃/芳烃/%(质量)	45.05/43.06/11.89	45.92/45.67/8.41
重整反应条件	一/二/三/四反应器入口温度 /℃	525/525/525/525	529/529/526/523
	气液分离器压力/MPa	0.24	0.24
	氢油摩尔比	2.3	2.7
	液时空速(LHSV)/h^{-1}	1.61	1.6
催化剂再生条件	催化剂循环量/(kg/h)	500	600
	待生催化剂炭含量/%(质量)	≤8.0	5.01
	再生催化剂炭含量/%(质量)	<0.1	0.06
	再生催化剂氯含量/%(质量)	1.1	1.19
	催化剂粉尘量/(kg/d)	2.85	<0.5
产品性质	C_5+辛烷值/RON	103.0	103.19
	C_5+液收/%(质量)	89.04	89.72
	C_5+芳烃含量/%(质量)	79.79	81.62
	纯氢产率/%(质量)	3.54	3.99
能耗/(kg标油/t重整进料)		87.4	84.0

从标定数据可以看出，该工艺液体收率、芳烃产率和氢产率高，能耗低，催化剂磨损少，各项运行技术指标先进。

六、重整催化剂的失活与再生

在重整催化剂运转过程中，由于反应生成的积炭覆盖在催化剂的活性组分上，或催化剂的活性组分为杂质所污染中毒，或催化剂在高温下金属活性组分晶粒聚集变大及载体的孔结构发生变化而使金属分散度和载体的比表面积降低，从而导致催化剂的活性逐渐下降，选择性变差，芳烃产率和生成油辛烷值降低。因此，在催化剂运转过程中，必须严格操作，尽量防止或减少这些失活因素的产生，以控制催化剂的失活速率。连续重整工艺通过对催化剂进行连续再生以维持较高且稳定的催化活性；半再生重整工艺通常用提高反应温度来补偿催化剂的活性损失，当反应温度提高到重整加热炉设计的极限时，催化剂必须进行再生。

(一)重整催化剂的失活

重整催化剂根据失活的性质可以分为可逆失活和不可逆失活[81]。催化剂因积炭、硫和氮化合物中毒、金属比表面积降低导致的失活为可逆失活，也称为暂时失活。这种失活的催化剂可以通过一些技术手段使催化剂的活性和选择性完全或部分地得到恢复。催化剂因发生重金属中毒以及载体比表面积下降导致的失活为不可逆失活，也称为永久性失活。不可逆失活的催化剂的活性不能恢复，只能更换新催化剂。

1. 重整催化剂可逆失活

(1)重整催化剂积炭失活

重整催化剂积炭失活是常见的一种现象。积炭的产生是一个非常复杂的过程，其因素包括：①活性金属(金属含量、Pt 晶粒大小和分散度)；②催化剂载体(结构性质和酸性)；③助剂(如 Sn，Re，Ir，Ge 等)；④操作条件(反应温度、压力、空速、氢烃比和运转时间等)；⑤原料性质(组成、结构以及烃类碱性等)等。

积炭可以在金属位和载体的酸性位上生成。在催化剂反应初期阶段，积炭主要是在金属微粒上沉积，然后它转移到载体的酸性位上，并在此通过复杂的酸催化反应生成类似石墨结构的物质。积炭从开始生成时就以三维的形式沉积，并且在催化剂上的分布是不均匀的，呈现不规则方式排列[82,83]。

金属含量、晶粒大小和分散度对积炭的生成有重要影响。提高 Pt 金属含量一般可导致催化剂积炭增加。另外，考虑催化剂成本问题，现在的重整催化剂上的铂含量一般在0.2%~0.4%。提高 Pt 金属分散度可降低金属中心上的积炭量[84,85]。积炭主要是在具有高配位的金属大晶粒上生成，具有低配位数的金属晶粒具有较大的抗积炭能力。

催化剂载体的结构、比表面积和酸性也是积炭生成的重要因素。提高载体的酸性可以提高积炭量并改变积炭的燃烧特性。

催化剂积炭也受添加金属助剂的影响。催化剂制备时在金属 Pt 的基础上加入第二金属如 Re、Sn、Ir 等[86~88]，可大幅提高催化剂的稳定性。第二金属助剂如 Sn、Re 等可以抑制积炭聚集，通过电子或几何效应改变积炭的性质。金属助剂 Re 和 Ir 可以破坏积炭前身物，在载体上主要引起积炭的脱附，从而改善催化剂的稳定性。在以正庚烷为原料的重整反应中，催化剂积炭含量随着催化剂的不同而发生变化，如图 2-1-15 所示。在 2h 反应时间内，积炭含量按照如下次序增加：Pt-Sn < Pt-Re < Pt-Ge < Pt-Ir < Pt，表明双金属催化剂有较高的抗积炭能力。因此，现在的重整催化剂大多为多金属催化剂。

在重整催化剂上，氯的存在使 Pt 在载体上更均匀沉积，提高了金属相的分散。但随着氯在载体上的含量增加，也提高了积炭含量。重整催化剂有一个优化的氯含量，它通过氢从金属到载体的溢出和良好的金属分散的机理，使得积炭含量降低。硫使催化剂的活性位中毒，改变了最终积炭的性质和定位。在开工初期，进油前进行预硫化是钝化 Pt-Re 重整催化剂过高氢解活性的一个有效而且必要的方法[89]，也可减少积炭。

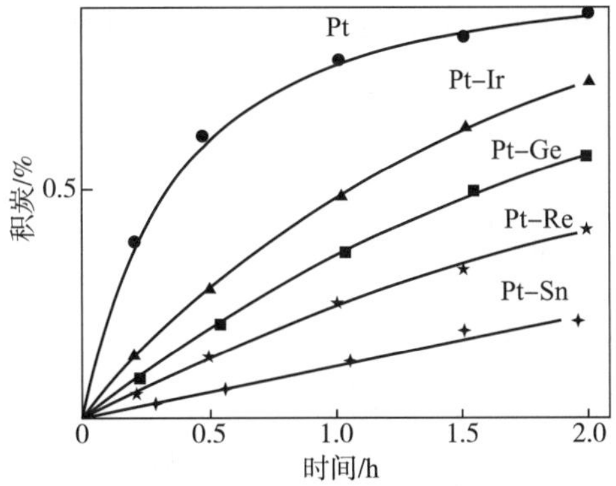

图 2-1-15 第二金属助剂对催化剂积炭生成的影响

重整石脑油原料的组成是影响积炭的另一个因素。目前重整原料复杂多样，如直馏石脑油、加氢裂化石脑油、加氢焦化石脑油、加氢汽油抽余油、煤液化油、凝析油等都可以做重整原料。一般可以控制原料的馏程范围为 75～180℃。一般来说，重馏分会产生较多积炭，而且原料的干点越高，催化剂上的积炭就会越多[90]。

积炭生成也与反应的苛刻度如产物辛烷值或芳烃含量控制的高低，或与反应参数如温度、压力、氢油比和运转时间等因素密切相关。提高反应温度常会导致催化剂上的积炭含量增加，但如能将积炭前身物及时加氢或加氢裂解变成轻烃，则可减少积炭[91]。在高压下反应时，催化剂上的积炭呈过度脱氢和石墨化的性质[92]，说明积炭主要发生在载体位置上。在一定压力下，降低空速但保持氢油比不变，在载体上生成较多的积炭，这与在压力不变条件下降低氢烃比的影响相似。提高反应压力也会抑制积炭的生成，但压力加大后，烷烃和环烷烃转化成芳烃的速度减慢。提高氢油比有利于加氢反应的进行，减少催化剂上积炭前身物的生成。

(2) 重整催化剂硫污染失活

含硫化合物对重整催化剂来说是一种典型的毒物，它可以导致催化剂失活。在重整反应条件下，几乎所有的含硫化合物都很容易生成 H_2S，它可以强烈吸附于铂金属表面，在很低的含硫化合物气相浓度下也会导致催化剂的脱氢和脱氢环化活性变差，反应器温降减少，产品 RON 降低，必须提高反应温度来保持重整产物的 RON 不变化。由图 2-1-16 可知，在硫存在下必须提高反应温度来维持辛烷值不变[93]，但这会加快积炭的生成。因此，重整催化剂一旦发生硫中毒，建议尽快查找到硫的来源，必要时降低各反应器入口温度至不高于 480℃，长时间不能解决时要考虑重整装置停工。

为了保持稳定操作，重整进料中的硫含量有最高限制，对双、多金属重整催化剂而言，硫含量要小于 0.5μg/g[92]。

(3) 重整催化剂氮污染失活

含氮化合物经常以有机化合物的形式存在，如预加氢原料氮含量超过设计值、预加氢催化剂活性降低或换热器发生内漏等会导致重整精制油中氮含量超过 0.5μg/g。在重整反应条件下含氮化合物转化为 NH_3，NH_3 主要抑制了催化剂的酸性功能，在水存在下，由于生成 NH_4Cl 使催化剂上的氯流失，并在一定程度上改变了 Pt 金属的性质[94]。因此氮中毒主要是含氮化合物生成的氨与催化剂表面的酸性中心发生反应生成氯化铵，减少了催化剂表面的酸性中心的数量，从而使催化剂的金属功能与酸性功能失调，使催化剂性能变差。氮中毒引起催化剂的积炭速度加快、活性下降。由图 2-1-17 氮中毒对半再生重整催化剂失活的影响可知，当原料中氮含量为 2μg/g 时，为了维持辛烷值为 97，需要更大幅度提高温度来弥补催化剂活性的损失。

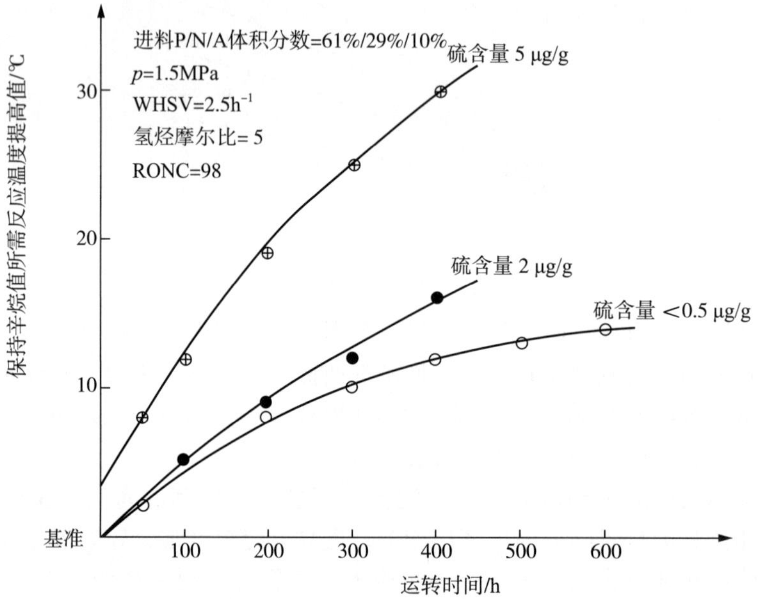

图 2-1-16 重整原料油硫含量对催化剂活性稳定性的影响

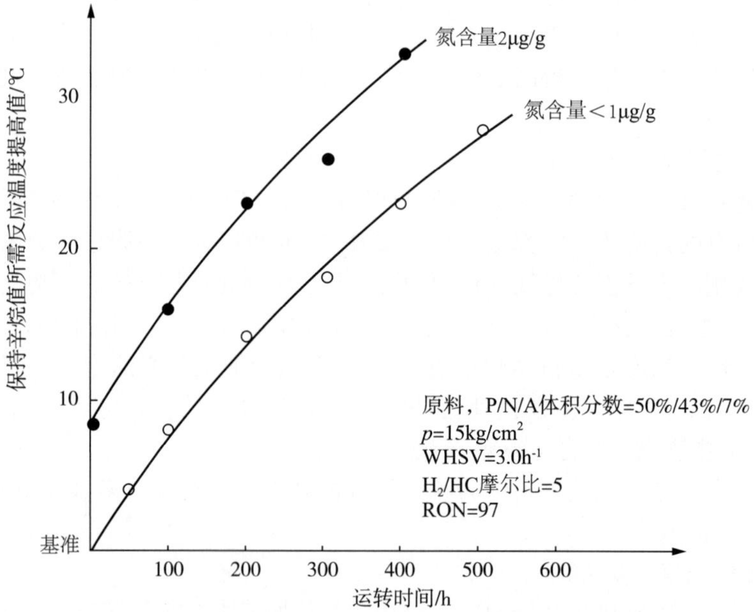

图 2-1-17 催化剂失活速率与原料氮含量的关系

重整催化剂被氮污染后，需要增加注氯量以保持催化剂的正常氯含量。在氮含量准确测定的基础上，适当提高补氯量。

在污染期间最好能降温操作，不能用提温的方法来保持生成油的辛烷值，因催化剂上酸性功能-金属功能之间处于不平衡状态，提温操作会增加催化剂的积炭量，缩短周期运转寿命，因此正确的做法是尽快找到污染原因并迅速处理。NH_3 中毒是暂时性的，一旦毒物从原料中去除后，催化剂的活性很快得到恢复。

发现氮污染后应尽快找出氮含量高的原因并及时排除，否则系统内生成的氯化铵(一般在220℃以下就有白色结晶物出现)将沉积在冷凝器、分离器、循环压缩机入口管线及稳定塔内，使冷却效果变差，甚至可导致压缩机损坏。有些炼油企业的重整装置出现严重的氮污染后，导致稳定塔塔盘上有铵盐结晶现象，间歇注水后导致稳定塔操作波动较大，而且还影响产品质量。

(4)重整催化剂铂金属烧结失活

在新鲜催化剂中，铂金属粒子分散很好，颗粒直径在2nm左右，而且分布均匀。重整催化剂在使用时，反应温度在470~530℃范围内，处在临氢的条件下，反应是吸热的，金属和载体发生烧结的可能性是非常小的[95]。金属处在高温和在氧化气氛下比在氢气气氛下有更易烧结的趋势。在高温烧炭的条件下，催化剂载体表面上的金属晶粒聚集很快，使金属晶粒变大、分散度减小，造成催化剂活性降低，因此一定要很好地控制烧炭温度，特别是峰值温度。另外，要选用热稳定性好的载体，如 γ-Al_2O_3 在高温下不易发生相变，可减少金属的聚集。

在金属位上，催化活性的损失主要是由于金属颗粒的聚结长大造成的，其相反的过程称为金属的再分散(金属颗粒变小)。金属相轻度烧结是可逆的，可以通过一些适当的措施如催化剂烧焦后进行氧氯化更新，再还原使铂金属重新获得再分散[96]。

2. 重整催化剂不可逆失活

(1)催化剂载体烧结失活

在催化剂运转过程中，如果原料油中含水量过高，催化剂上的氯会加快流失，如下式所示，使催化剂酸性功能减弱而失活，并且加速催化剂上铂晶粒的聚集，同时也使催化剂载体结构发生变化。氧及有机氧化物在重整条件下会很快变为水，所以必须避免原料油中过量水、氧及有机氧化物的存在。

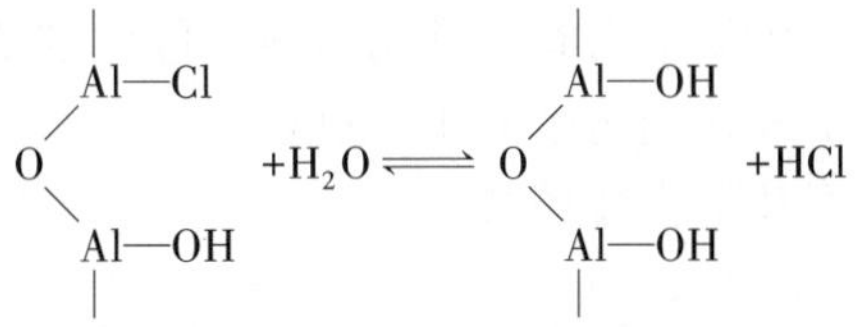

另一方面，催化剂在氧化气氛下烧焦时，烧焦反应是放热的，并且在烧焦过程中产生水。由于在高温和水的存在下发生水热作用，催化剂载体会烧结，导致催化剂的比表面积降低、持氯能力下降，从而导致催化剂的活性下降。因此，重整催化剂烧焦是最容易发生载体烧结的一个过程。由于催化剂载体烧结导致比表面积降低是不可逆的[81]，一般来说，连续重整催化剂再生400次以上，催化剂比表面积在150m^2/g以下，半再生重整催化剂再生3次以上，催化剂比表面积在165m^2/g以下，这时催化剂活性明显降低，就应考虑更换新的催化剂。

(2)催化剂金属中毒失活

重整催化剂常见的金属毒物有 As、Hg、Zn、Cu、Pb 等，这些金属毒物能和金属 Pt 强烈结合形成非常稳定的化合物，造成不可逆的中毒。砷和重金属对催化剂性能的改变，最明显的是使催化剂的脱氢性能变差。

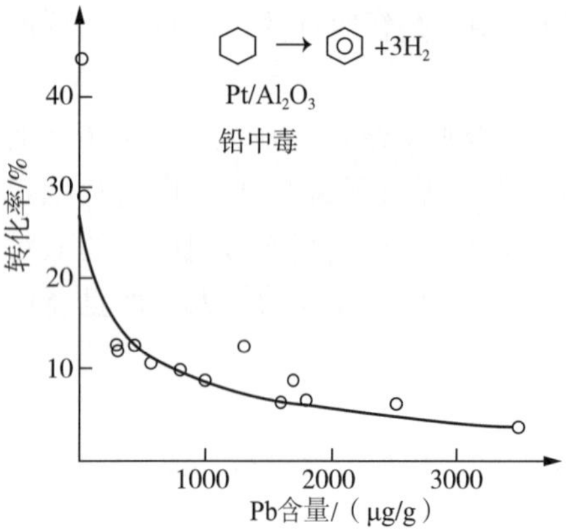

图 2-1-18 铅中毒对催化剂脱氢性能的影响

由图 2-1-18 可知，催化剂上铅的积存量达到约 500μg/g 时，环己烷的脱氢转化率(生成苯的活性)迅速下降至 10%以下。金属毒物使催化剂中毒后，催化剂的脱氢和脱氢环化活性降低，Franck 等[94]认为这是由于氢和烃类间的吸附竞争发生改变的结果。

国内重整催化剂曾发生过 As、Zn 和 Cu 等中毒。催化剂发生砷和重金属中毒后，典型的表现是第一反应器的温降明显减少，第二反应器温降提高，但当毒物由第一反应器穿透进入第二反应器时，第二反应器温降又减少，第三反应器温降提高，重整生成油芳烃含量和辛烷值降低，循环气中氢浓度下降。将失活催化剂进行常规再生，催化剂再生前后的活性几乎没有差别，说明不能用再生方法恢复其活性。砷和重金属中毒为不可逆中毒，中毒后必须更换新鲜催化剂。因此，必须严格控制原料油中的砷和重金属含量(As<1ng/g，Hg<1ng/g，Pb<10ng/g，Cu<10ng/g)，以防止催化剂发生永久性中毒。

(二)重整催化剂的再生

1. 重整催化剂常规再生

在工业运转过程中，重整催化剂的活性和选择性会逐渐下降，重整产品的芳烃含量或辛烷值降低，除了由于催化剂受杂质污染而中毒，或者催化剂在高温下金属活性组分晶粒聚集变大以及载体的孔结构发生变化而使金属分散度和载体的比表面积降低以外，主要原因是催化剂上生成的积炭堵塞了催化剂的活性位。催化剂因积炭失去活性，可以通过常规烧焦、氧氯化更新、还原及硫化等过程，恢复催化剂的活性。连续重整催化剂的再生除不需要硫化过程外基本原理与半再生重整催化剂的再生一致，只是随连续重整工艺技术的不同，再生操作条件略有差别，具体过程及参数见本书有关移动床连续催化重整技术章节。这里主要以半再生重整催化剂为例，介绍重整催化剂再生的主要过程。

重整催化剂再生包括以下几个主要环节：

(1)烧焦

重整催化剂烧焦与催化剂积炭的类型、积炭含量、烧焦温度、烧焦压力、氧含量等因素有关。烧焦在整个再生过程中所占时间最长，且在高温下进行，而高温对催化剂微孔结构的破坏、金属的聚集和氯的损失都有很大影响，所以要采取措施，尽量缩短烧焦时间并很好地控制烧焦温度。表 2-1-43 列出了铂铼催化剂烧炭的操作指标和要求。当反应器内燃烧高峰过后，温度会很快下降。如反应器进出口温度相同，表明此反应器内积炭已基本烧完。在条件允许的情况下，烧焦过程中投用再生后的分子筛可以减少催化剂上氯的流失和催化剂比表面积的降低。

(2)氧氯化更新

氧氯化更新是再生中很重要的一个步骤。催化剂在含氧气氛下，注入一定量的有机氯化物，如二氯乙烷、三氯乙烷、四氯化碳和四氯乙烯等，补充烧焦过程中所损失的氯组分。在氧氯化更新过程中，在含氧和氯化剂的气氛下，在载体上形成 $PtCl_2O_2$ 复合物，它可以还原为单分散的活性 Pt 簇团，从而使大的铂晶粒再分散，以提高催化剂的性能[97]。氧氯化更新的好坏与循环气中氧、氯和水的含量及氯化温度、时间有关。表 2-1-44 列出了铂铼催化剂氯化氧化的工艺条件及控制指标要求。氯化时需注意床层温度的变化，因在高温时，如注氯过快，或催化剂上残炭太多会引起燃烧，将损害催化剂。氧氯化更新时要防止烃类和硫的污染。

表 2-1-43 铂铼催化剂烧焦的操作指标和要求

烧焦阶段	入口温度/℃	升温速率/(℃/h)	第一反应器入口氧浓度/%(体积)	温升控制/℃	N_2 置换条件			结束标准
					CO_2/%(体积)	SO_2/(μL/L)	CO/(μL/L)	
一	400	40~50	0.5~1.0	≤60	>10	>5	>1000	各反应器温升均<5℃，末端反应器出口 O_2 体积分数>0.8%，CO_2 无明显增加
二	440	20	1.0~5.0	≤20	>10	>5	>1000	床层无温升，系统无氧耗，CO_2 不增加
三	480	20~30	≥5.0	≤20	>10	>5	>1000	床层无温升，系统无氧耗，CO_2 不增加

表 2-1-44 铂铼催化剂氯化氧化的工艺条件及控制指标

阶段	介质	反应器入口温度/℃	高分压力/MPa	气剂体积比	循环气中氧体积分数/%	时间/h
氯化	氮气+空气	420~500	0.5	≥0.5	≥0.5	4
氧化更新	氮气+空气	510~520	0.5	≥0.5	≥0.5	4

(3)还原

还原是将氧氯化更新后的氧化态催化剂，用氢气还原成金属态催化剂，如下式所示：

$$PtO_2+2H_2 \longrightarrow Pt+2H_2O$$

$$Re_2O_7+7H_2 \longrightarrow 2Re+7H_2O$$

由于水会使铂晶粒长大和载体比表面积减少，还原时必须很好地控制还原气中的烃和水，否则会影响催化剂的选择性和稳定性[98,99]。除去系统生成的水，一定要在还原时投用再生好的分子筛。烃类(C_{2+}以上)在还原时会发生氢解反应，所产生的积炭覆盖在金属表面，影响催化剂的性能；氢解反应所产生的甲烷，还会使还原氢的浓度大大下降，不利于还原。采用纯氢(电解氢)或变压吸附(PSA)氢气，也可增加活性炭吸附处理设施，可以避免烃类的不利影响。

对于使用还原态的重整催化剂，无需进行还原操作，只需在氢气氛及反应温度或稍高温度下，进行短时间处理以脱除催化剂吸附的微量氧和水，再将各反应器入口温度降至 370℃ 硫化后即可进油。

(4)催化剂预硫化

还原态的铂铼系列重整催化剂，初期具有很高的氢解活性，如果不进行硫化或硫化量不足，将在进油初期发生强烈的氢解反应，放出大量的反应热，使催化剂床层温度迅速升高，出现超温现象。一旦出现这种现象，往往会造成严重后果，轻则造成催化剂大量积炭，损害催化剂的活性和稳定性，重则烧坏催化剂和反应器。对催化剂进行硫化，目的在于抑制新鲜或再生后催化剂过度的氢解活性，以保护催化剂的活性和稳定性，改善催化剂初期选择性。

催化剂硫化时可使用二甲基二硫醚或二甲基硫醚(要求分析纯，纯度≥99%)等硫化剂。硫化量可根据催化剂上铼的含量以及催化剂上已含有的硫含量高低等因素决定。

2. 重整催化剂硫污染后再生

催化剂及系统被硫污染后，在烧焦前必须先将临氢系统中的硫及硫化亚铁除去，以免催化剂在再生时受硫酸盐污染。常用的脱除临氢系统中硫及硫化亚铁的方法有高温热氢循环脱硫法及氧化脱硫法。高温热氢循环脱硫是在装置停止进油后，压缩机继续循环，并将温度逐渐提到510~520℃，循环气中氢在高温下与硫及硫化亚铁作用生成硫化氢，并通过分子筛吸附除去。当油气分离器的出口气中 H_2S 小于 1μL/L 时，热氢循环即行结束。氧化脱硫[100]是将加热炉和热交换器等有硫化亚铁的管线与重整反应器隔断，在加热炉炉管中通入含氧的氮气，在高温下一次通过，将硫化亚铁中的硫氧化成二氧化硫而排出。

在催化剂烧炭时，炉管和热交换器内的硫化亚铁与氧作用生成二氧化硫和三氧化硫进入催化剂床层，在催化剂上生成亚硫酸盐及硫酸盐并强烈吸附在铂及氧化铝上，促使金属晶粒长大，抑制金属的再分散[94]，使催化剂活性变差，并难于氧氯化更新[101]。

重整催化剂发生较为严重的硫酸盐中毒后，采用氧化脱硫和热氢脱硫的方法均达不到理想的脱硫效果，必须通过合适的方法进行脱硫酸盐处理，如在催化剂还原后，在氢气中加入一定量的含氯有机化合物，可以将催化剂上的硫酸根脱除，使催化剂的活性得以恢复，这种脱除硫酸根的方法已经在多套工业装置上得到了验证[102]。

对于半再生催化重整装置，还开发了器外(离线)催化剂再生技术，即装置停工后催化剂从重整反应器内卸出进行过筛，然后在催化剂厂专门的设备上完成催化剂烧炭、氧氯化更新、还原等步骤，得到还原态再生催化剂，装填后经短时间的干燥和硫化后即可进油，大幅度缩短了开工时间，并在提高催化剂氧氯化更新效果和提高催化剂还原质量等方面具有优势。

七、催化重整工艺模拟

自20世纪60年代以来，伴随着催化重整技术的发展，国外许多工程公司及研究机构对重整反应机理进行了大量的研究工作，并建立了各自的重整反应动力学模型[103]。以重整反应动力学研究为基础开发的重整模拟软件，能够准确地模拟重整工艺的反应过程。重整模拟软件可以应用于重整工业装置的计算、新工艺的设计、工艺过程的优化，还可以用于指导研究工作以及工艺过程的计算机优化控制等。

目前，法国IFP公司、美国UOP公司、中国石化等催化重整技术及催化剂提供商均有自己的重整模拟软件。ASPEN等专业软件开发公司也开发了商业化的重整模拟软件。

(一)重整反应动力学模型

1. 催化重整工艺的反应组分

催化重整工艺加工的原料为经过加氢脱除硫和氮的 C_5 ~ C_{12} 的石脑油馏分。重整原料一般只含正构烷烃(nP)、异构烷烃(iP)、环烷烃(N)和单环芳烃(A)。$C_5 \sim C_{12}$的石脑油馏分大约有超过100多个不同的组分。

在催化重整反应动力学的研究和模拟软件的开发过程中，要把重整原料分成多少组分计算才能准确反应实际反应情况并方便应用，这个问题一直是从事反应动力学研究及数学模型开发的研究人员所关注的[104~109]。最初，英国石油公司等采用了最简单的三组分模型，即烷烃、环烷烃及芳烃的模型。但是研究发现，由于五元环(C_5N)和六元环(C_6N)、正构烷烃和异构烷烃的反应性能相差较大，因此也需要加以区分。

由于芳烃生产的需要，模拟软件多将C_8组分中芳烃组分细化，分成乙苯(EB)、OX、MX和PX，以适应芳烃生产的需求。

目前，多数重整反应模型及模拟软件将重整反应原料分为30~40个组分。这样的分法更为精确，它考虑了各类烃类的反应性能的不同，提高了模型的预测精度，而这种组分的划分方法又是目前色谱分析技术所能达到的。

2. 催化重整工艺的反应类型及特点

催化重整工艺过程中主要有以下五种反应类型[104~109]：

(1)环烷烃脱氢生成芳烃

环烷烃(N)脱氢生成芳烃(A)是反应速率很快的可逆反应。高温、低压有利于反应的进行，反应为强吸热过程。

$$C_5N \rightleftharpoons A+3H_2-Q$$
$$C_6N \rightleftharpoons A+3H_2-Q$$

(2)异构化反应

异构化反应包括C_8芳烃的异构化、五元环和六元环的异构化以及烷烃的异构化。异构化反应是反应速率较快的可逆反应，反应为微放热的过程。

$$OX \rightleftharpoons PX+Q$$
$$PX \rightleftharpoons MX+Q$$
$$MX \rightleftharpoons EB+Q$$
$$EB \rightleftharpoons OX+Q$$
$$C_5N \rightleftharpoons C_6N+Q$$
$$iP \rightleftharpoons nP+Q$$

(3)烷烃脱氢环化

烷烃(P)脱氢环化是重整工艺过程中的重要反应，对提高重整产品的辛烷值和芳烃产率有着很大的贡献。高温、低压有利于反应的进行，烷烃脱氢环化反应速率较慢，为强吸热过程。

$$nP(iP) \rightleftharpoons C_6N(C_5N)+H_2-Q$$

(4)加氢裂化反应

加氢裂化反应是重整工艺过程中的不利反应，加氢裂化反应包括烷烃的加氢裂化和环烷烃的加氢裂化，该反应产生低碳烃类，使得重整的目的产品收率降低，并消耗了氢气。加氢裂化反应速率较慢，是强放热过程。

$$nP(iP)+H_2 \rightleftharpoons \text{低碳烃}+Q$$
$$C_6N(C_5N)+2H_2 \rightleftharpoons \text{低碳烃}+Q$$

(5)脱甲基反应

脱甲基反应也是重整工艺过程中的不利反应，脱甲基反应包括环烷烃的脱甲基和芳烃的脱甲基。该反应生成低碳的环烷烃和芳烃，并产生了甲烷，降低了液体产品收率，消耗了氢气。脱甲基反应速率较慢，为强放热过程。

$$A—CH_3+H_2 \rightleftharpoons 低碳芳烃 +CH_4+Q$$

$$C_6N(C_5N) +H_2 \rightleftharpoons 低碳环烷烃+CH_4+Q$$

除以上五种主要反应外，催化重整过程中还会发生积炭反应和烷烃脱氢生成烯烃等反应。

3. 反应速率方程式

对一般的催化反应，反应速率可用以下微分方程式表示：

$$r = F(\mathrm{d}X/\mathrm{d}W)$$

式中 r——每单位质量催化剂上反应速率；

X——进料组分的转化率；

W——催化剂的质量；

F——进入反应器的总物料流率。

将上式对反应器内的催化剂总量进行积分，就可以得出反应器内进料组分的转化率。

计算出这个积分值的复杂性就在于如何确定反应速率 r。因此，如何计算各进料组分在温度不断变化下的各反应器内的反应速率，是建立动力学模型的核心。

催化重整反应是一个典型的非均相催化反应过程。一般来说，非均相反应过程包括扩散、吸附、脱附和表面反应等。对催化重整过程而言，一般认为扩散步骤可以忽略。因此可以将其简化为拟均相反应，而在反应速率常数中引入修正因子，以使反应速率方程式能符合非均相催化反应过程，可极大地简化反应模型。

可用以下简单的反应实例加以说明。

$$a\mathrm{A}+b\mathrm{B} \underset{k_b}{\overset{k_f}{\rightleftharpoons}} c\mathrm{C}+d\mathrm{D}$$

按经典的动力学表示方法，对可逆反应，其正向反应速率为：

$$\begin{aligned} r &= k_f(Y_A)^a \cdot (Y_b)^b - k_b(Y_c)^c \cdot (Y_d)^d \\ &= k_f[(Y_A)^a \cdot (Y_b)^b - (Y_c)^c \cdot (Y_d)^d/K] \end{aligned}$$

式中 r——反应速率；

k_f——正向反应速率常数；

k_b——逆向反应速率常数；

Y——组分 A、B、C、D 的浓度；

K——平衡常数，$K=k_f/k_b$。

对不可逆反应，则

$$r = k_f[(Y_A)^a \cdot (Y_b)^b]$$

按 Arrhenius 方程式，k_f 主要是温度的函数，但是由于是在复杂的催化系统中，因此必须考虑到催化剂的因素。例如各种催化剂不同的活性和选择性以及它们的表面反应影响因素等，因此模型中对 k_f 作了如下修正：

$$k_f = k \cdot p^x \cdot (Z \cdot A)(AF)$$

式中 k_f——正向反应速率常数；

k——表观反应速率常数，仅为温度的函数；

p——总压力；

x——压力指数；

$Z \cdot A$——催化剂的金属或酸性活性因子；

AF——催化剂总的活性因子。

其中 AF 主要与反应类型有关，例如对反应速率较快的脱氢及异构化反应取 $AF=1.0$，对反应速率较慢的加氢脱烷基及环烷加氢裂化等反应取 $AF=0.5$。它反映了催化剂对不同反应的选择性活性。

$Z \cdot A$ 则由两部分组成：

$$Z = f(CA)$$

CA 为催化剂的表观活性因子。$Z \cdot A$ 中的 A，对脱氢反应用金属活性因子 MA_n 代入；对其他由酸性控制的反应用酸性活性因子 AA_n 代入。MA_n 和 AA_n 代表了第 n 个反应器内催化剂起始的金属活性和酸性活性，在计算时预先给定。这样得出的 k_f 不仅与温度有关，而且代表了不同类型的催化剂、不同的失活速率和不同类型的催化重整装置，这种处理方式弥补了采用拟均相简单反应速率方程式的不足，因而能较好地描述各种非均相的催化重整反应。

因此在重整模拟软件中应用的总的反应速率方程式为：

$$r^* = k \cdot P^x \cdot (Z \cdot A)(AF) \cdot [(Y_A)^a \cdot (Y_b)^b - (Y_c)^c \cdot (Y_d)^d / K]$$

重整模拟软件中约有 70~90 个反应，因此就有 70~90 个相应的类似方程式。由于一个产物往往由几个反应产生，因此对某一产物的反应速率就需要综合考虑这些反应而成为：

$$r_j = \sum_{j=1}^{J} [(a_{ij}) \cdot (r_j^*)]$$

式中 r_j——i 组分的总反应速率；

a——i 组分的某个反应(j)的化学当量系数；

r^*——i 组分的某个反应(j)的反应速率；

i——组分；

J——i 组分总共的反应个数。

以苯(B)为例，在模型中苯的生成共有三个反应：

(1)环己烷(CH)脱氢

$$C_6H_{12}(CH) \Longleftrightarrow C_6H_6(B) + 3H_2 \quad (1)$$

(2)甲基环戊烷(MCP)脱氢

$$C_6H_{12}(MCP) \longrightarrow C_6H_6(B) + 3H_2 \quad (2)$$

(3)甲苯(T)加氢脱烷基

$$C_7H_8(T) + H_2 \Longleftrightarrow C_6H_6 + CH_4(C_1) \quad (3)$$

反应(1)、(2)、(3)的速率方程式分别为：

$$r_1^* = k_1 \cdot p^x \cdot (Z \cdot A)(AF) \cdot [(CH) - (B) \cdot (H_2)^3 \cdot p^3 / K_1] \quad (4)$$

$$r_2^* = k_2 \cdot p^x \cdot (Z \cdot A)(AF) \cdot (MCP) \quad (5)$$

$$r_3^* = k_3 \cdot p^x \cdot (Z \cdot A)(AF) \cdot [(T) \cdot (H_2) - (B) \cdot (C_1) / K_3] \quad (6)$$

由于反应(4)、(5)、(6)分别表征的(1)、(2)、(3)三个反应中，从每个分子反应物均生成一个分子的苯，所以 a_{ij} 均等于 1。因此苯的总反应速率为：

$$r_B = r_1^* + r_2^* + r_3^*$$

按此方式，可计算各组分的产率。

4. 反应过程和物料平衡及热量平衡

前面已介绍了反应速率方程式，对它们进行数值积分即可以得到各反应产物的产率。但重整反应表观上是强吸热反应，在工业上在绝热反应器内进行，因此温度逐步下降，对反应速率常数产生很大的影响，所以必须计算反应器中的温度变化 。

温度变化的微分方程式为：

$$dT_c/dW = \sum_{i=1}^{n}[(B_i)\cdot(\Delta H_{Ri})/(A_i)\cdot(c_{pi})]$$

式中 T_c——在一个催化剂增量中的温度变化，K

B_i——i 组分的净产率，mol/h；

ΔH_{Ri}——i 组分的反应热，kJ/mol；

A_i——i 组分的流量，mol/h；

c_{pi}——i 组分的摩尔比热容，kJ/(mol · K)；

i——组分；

n——组分数。

因此，所有的反应速率方程式加上一个温度变化的微分方程式，它们都按催化剂床层长度进行数值积分，便可得到沿反应器床层组分的浓度变化及床层温度变化，最终可以得到催化重整反应器中的物料变化及温度变化结果。

5. 催化剂积炭模型

重整反应器内在进行环烷烃脱氢和烷烃环化脱氢等有利反应的同时，也由于缩合反应而生成焦炭前身物和深度缩合生成焦炭，这些焦炭前身物和焦炭沉积在重整催化剂的载体表面。当催化剂上的焦炭含量增加到一定值后，就会影响催化剂的活性和选择性，必须通过再生过程使催化剂的活性得以恢复。

固定床半再生式重整通常是通过停工再生来实现。因此，正确预测催化剂的周期寿命对固定床半再生重整装置的设计条件的选择非常重要。

连续重整是通过在单独的再生器内实现催化剂的连续再生。因此，正确预测重整催化剂上的积炭量对再生器的设计十分重要。

影响重整催化剂积炭的因素十分复杂，虽然对催化剂上积炭机理的研究做了很多工作，但要做到准确预测仍有很大的困难。

目前通用的方法是通过对大量工业运转数据及实验室数据进行分析处理，得到了催化剂的积炭与原料、操作条件及产品要求的经验模型。经验模型具有可靠的预测精度，可为重整装置的设计提供可靠的设计依据。

催化剂的积炭量与原料、操作条件及产品要求的函数关系表述如下：

$$积炭量 = f(N+A, ASTM-D86-90\%, RON, WHSV, p, H_2/HC)$$

式中 N+A——重整原料中环烷烃及芳烃的体积分数总和，%；

ASTM-D86-90%——重整原料 ASTM 蒸馏 90%馏出点的温度，K；

RON——重整产物的研究法辛烷值；

WHSV——重整反应的重时空速，h^{-1}；

p——重整反应的平均反应压力，MPa；

H_2/HC——重整反应氢烃摩尔比。

(二)催化重整工艺模拟软件

虽然对催化重整工艺反应机理的研究已经较为详细，并且以反应机理研究为基础建立的模型也能很好地表征催化重整的反应过程，但由于催化重整反应过程的复杂性，如不同的催化重整原料、不同的产品方案以及不同的催化剂和不同的催化重整工艺，都会对催化重整模拟软件的预测精度产生影响。

为了解决软件预测精度的问题，各个催化重整技术及催化剂提供商都开发了针对自己的催化重整工艺及催化剂的软件，并建立了相应的数据库，以期能准确预测催化重整反应过程。这也是催化重整模拟软件主要局限在专利提供商及催化剂提供商内部使用的原因。

中国石化自20世纪80年代引进美国PACE公司的催化重整模拟软件后，根据自己的重整催化剂及工艺特点，对软件进行了二次开发，并建立了相应的数据库，使得软件的预测精度有了很大的提高。催化重整软件在组合床重整工艺、低压连续重整工艺、新重整催化剂的研究开发，以及重整工艺及催化剂的推广中得到了很好的应用。

(三)催化重整工艺模拟软件的应用

催化重整工艺模拟软件一般包括以下几个计算单元：

①反应系统的计算；

②催化剂运转周期寿命(固定床半再生式重整)及催化剂生炭速率(连续重整)；

③加热炉热负荷的计算；

④产品分离器闪蒸的计算；

⑤循环氢压缩机功率的计算；

⑥重整生成油性质的计算。

催化重整模拟软件采用严格的动力学模型进行反应模拟计算，加之催化重整装置处理的原料油和产品的性质及组成表征明确，因此对不同类型的重整工艺、催化剂、重整原料、操作类型及操作条件进行模拟计算，模拟软件均可得到满意的结果。

催化重整软件可用于：

①为炼油厂总体规划服务。可以利用软件计算不同进料和不同苛刻条件下的重整产品的收率和性质，为总体规划特别是轻质油品的生产规划提供可靠依据。

②可定量评价原料的影响，为生产不同产品选择适合的原料及馏程。当进料量及原料性质变化时，预测需要调整的工艺参数。

③通过模拟计算，优化操作，挖掘现有装置的潜力。

④提供不同条件下的重整反应结果以及重整部分各种物料平衡表及能量平衡数据，为装置设计提供设计依据。

⑤在科研工作中，应用重整工艺模拟软件，对各种试验结果进行比较，并与工业装置运行结果进行比较，可以为试验提供指导，优化试验工艺条件，减少试验工作量。

八、重整生成油催化脱烯烃技术

(一)技术背景

催化重整过程由于存在加氢裂化、脱氢反应等，使得重整生成油中含有一定数量的烯烃。这些烯烃组分复杂，以苯乙烯、烷基苯乙烯、茚和甲基茚等含量较多。工业上一般用溴指数来衡量物料中烯烃含量。

重整生成油中烯烃会造成芳烃产品的溴指数、酸洗比色等指标不合格，还容易发生氧化、聚合成大分子化合物等，在芳烃加工过程生成胶质和其他副产品，影响传热设备的换热效率。此外，烯烃也是下游吸附剂、催化剂等的有害物，因此要将重整生成油中的烯烃脱除。芳烃联合装置中主要是将二甲苯分馏单元(详见第四章第二节)重整油分馏塔塔底 C_{8+} 物料中的烯烃脱除，该物料中烯烃和胶质含量高，脱烯烃精制负荷最高，成为重整油脱烯烃关注的重点。传统脱除烯烃的方法有两种，即颗粒白土精制脱烯烃技术(可参见第四章第一节)和催化加氢脱烯烃技术，目前主要采用前者。

随着超低压重整技术的发展和推广应用，重整反应苛刻度不断提高，重整生成油中烯烃含量也相应增加，使白土的使用周期大幅缩短，迫切需要一种新的重整生成油脱烯烃技术。

加氢精制脱烯烃技术优点是催化剂运行周期较长，可充分利用烯烃饱和制成的烷烃，资源充分利用。其缺点是需要使用补充氢、贵金属催化剂、高压反应器和其他相关设备，装置复杂、芳烃损失大、再生操作复杂、运行成本及固定投资偏高。美国 UOP 公司和法国 Axens 公司分别开发了 ORP 工艺和 Arofining 工艺[110]，均采用液相反应条件，将重整生成油的烯烃选择性加氢为饱和烃，产物溴指数小于 100mgBr/100g。催化剂每 6 个月再生一次，预期总寿命为 3 年。

近年来，ExxonMobil 公司开发了新型非临氢重整油脱烯烃 Olgone 技术，单程使用周期为白土的 4~6 倍，采用异位再生[111]。此外，中国海洋石油、华东理工大学等也开发了各自的技术。中国石化相继开发出催化加氢脱烯烃和可再生非临氢催化脱烯烃技术，已在工业应用中取得良好效果。

(二)重整生成油加氢脱烯烃技术

催化加氢精制技术是利用贵金属铂或钯催化剂使烯烃加氢饱和而除去烯烃杂质，多见于重整生成油经馏分切割后烯烃含量较高组分的“后加氢”过程。

中国石化开发的催化重整生成油选择性加氢系列催化剂及 FHDO 工艺，可以加工催化重整生成油的 C_6 馏分、$C_6 \sim C_8$(BTX)馏分、全馏分和 C_{8+} 馏分等，加氢产品溴指数可降低到 100mgBr/100g 以下，芳烃含量损失不大于 0.5%，具有良好的催化活性、选择性和稳定性[112]。加氢脱烯烃过程的反应原理如下式所示[113]：

(1) 单烯烃的加氢反应

$$R_1—CH═CH—R_2+H_2 \longrightarrow R_1—CH_2—CH_2—R_2$$

(2) 双烯烃的加氢反应

$$R_1—CH═CH—CH═CH—R_2+2H_2 \longrightarrow R_1—CH_2—CH_2—CH_2—CH_2—R_2$$

(3) 加氢裂化反应

$$R_1—CH═CH—R_2+2H_2 \longrightarrow R_3—CH_3+R_4—CH_3$$

(4) 芳烃加氢饱和反应(主要副反应)

$$C_6H_6+3H_2 \longrightarrow C_6H_{12}$$

1. FHDO 工艺流程

FHDO 催化重整生成油选择性加氢脱烯烃技术工艺流程见图 2-1-19。

对于生产汽油调合组分的装置，通常从重整生成油中切取 C_6 馏分进行选择加氢脱除烯烃，再进行溶剂抽提生产苯和6#溶剂油。C_6 以上馏分直接作为汽油调合组分。

对于生产 BTX 为主的装置，重整生成油经选择性加氢脱烯烃后，送脱戊烷塔。

2. FHDO 工艺催化剂

FHDO 重整生成油选择性加氢脱烯烃技术采用贵金属 HDO-18 催化剂。以 Pd、Pt 为复合活性金属组分，金属分布状态为有利于选择性加氢过程的薄壳型，具有良好的催化性能。

3. FHDO 工艺工业应用

FHDO 技术已先后在中国石化 9 套工业装置应用，最大规模为 700kt/a，目前装置运转正常。工业装置运行结果表明，HDO-18 催化剂具有良好的活性、选择性和稳定性，加氢精制产品的各项指标合格。该技术可以替代白土精制以及非贵金属后加氢工艺。

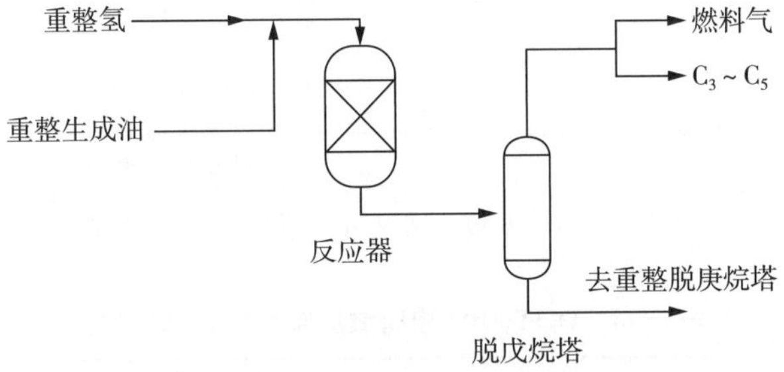

图 2-1-19　选择性加氢脱烯烃工艺示意流程

以中国石化某分公司 200kt/a 催化重整生成油 BTX 馏分选择性加氢脱烯烃装置为例，其工业运行结果见表 2-1-45。由表可知，对于 BTX 物料，该技术具有较高的反应活性和良好的稳定性。

表 2-1-45　FHDO 技术工业运行主要结果

项　目		数　据
原料油	溴指数/(mgBr/100g 油)	4220
	芳烃含量/%	61.9
工艺条件	反应温度/℃	160
	压力/MPa	1.40
	液时空速/h^{-1}	6.5
	氢油体积比	300
运转时间/a		>2
试验结果	溴指数/(mgBr/100g 油)	130
	芳烃含量/%	61.8

(三) 重整生成油催化脱烯烃技术

近年来，开发出一种重整生成油催化脱烯烃技术，利用 β 分子筛、丝光沸石、ZSM-5 分子筛、Y 型分子筛和 MCM-22 分子筛等材料的酸性催化作用，使重整生成油中含有的微量烯烃发生烷基化反应生成高沸点化合物，继而在后续分馏过程中除去，其反应机理[114]如图 2-1-20 所示。

中国石化是国内最早研究重整生成油催化脱烯烃技术的公司之一，其开发的 DOT-100 重整油催化脱烯烃技术于 2009 年在天津石化 800kt/a 重整装置上实现了首次工业应用，迄今已完成了 4 个周期的工业运行，其中包括 3 次失活催化剂的工业再生。并在天津石化另一套 1.0Mt/a 连续重整装置上应用。所使用催化剂的物性指标见表 2-1-46。

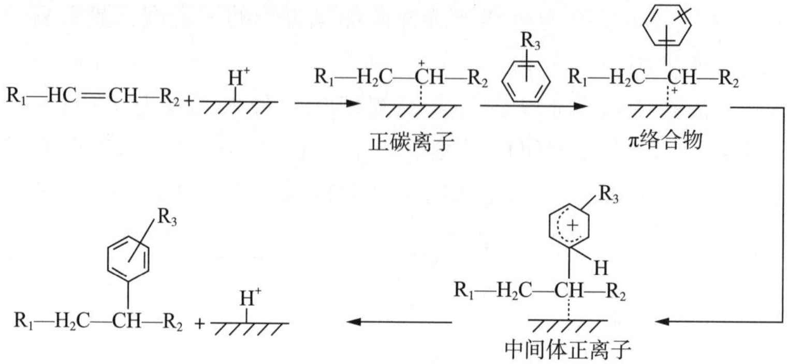

图 2-1-20 重整生成油催化脱烯烃反应机理

表 2-1-46 DOT-100 重整油脱烯烃催化剂物性指标

催化剂	DOT-100
主要组成	分子筛及黏结剂
形状与外观	白色圆柱体
尺寸/(mm×mm)	ϕ(1.6~1.8)×(3~15)
堆积密度/(g/mL)	0.60±0.05
径向抗压碎力/(N/cm)	≥80
粉化度/%	≤0.3

DOT-100 重整油催化脱烯烃技术采用的工艺方案、温度、压力及失活标准均与白土脱烯烃技术相同，不需要临氢，无需对现有白土脱烯烃装置加以改造即可替代白土，对下游工序及产品质量无影响。该技术采用的工艺流程见图 2-1-21。

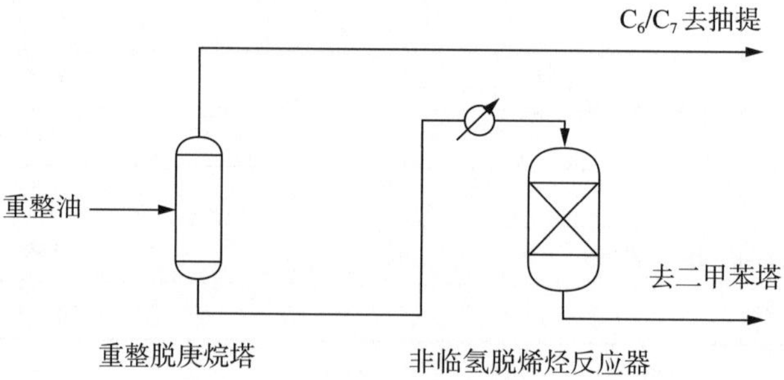

图 2-1-21 DOT-100 重整油催化脱烯烃技术工艺流程示意图

原料中的烯烃含量及胶质含量对 DOT-100 催化剂单程使用寿命影响很大。随着原料溴指数和胶质含量的增加，催化剂单程寿命会显著缩短。然而由于白土受原料溴指数及胶质含量的影响更大，因此与白土相比，在原料条件较为苛刻时，DOT-100 催化剂使用寿命长的优势更为明显。此外，原料溴指数及胶质含量对催化剂的再生效果影响不明显。

DOT-100 重整油催化脱烯烃技术除了可以用于二甲苯分馏单元重整油脱庚烷塔塔底 C_{8+} 物料的脱烯烃精制以外，还可以用于芳烃抽提单元抽出的混合芳烃组分、异构化单元脱庚烷塔塔底 C_{8+} 物料的脱烯烃精制。

DOT-100 催化脱烯烃技术在天津石化工业应用的工况见表 2-1-47。

表 2-1-47　DOT-100 重整油催化脱烯烃技术在天津石化的应用工况

项　目	工艺要求	工况 1	工况 2
反应器压力/MPa(表压)	0.8~2.0	1.1	0.8
WHSV/h^{-1}	≤2.0	1.5~1.8	0.8~1.0
正常使用温度/℃	110~200	157~185	120~185
最高使用温度/℃	≤240	195	185
原料溴指数/(mgBr/100g)	≤1600	250~1300	650~1500

在天津石化的工业应用过程中，DOT-100 催化剂投用后，其出口物料溴指数长期保持在小于 20~100mgBr/100g 的水平；相应的，吸附进料溴指数长期保持在小于 10mgBr/100g 的水平。随着 DOT-100 催化剂活性逐步降低，通过提高催化剂入口温度，可以使吸附进料溴指数保持在小于 15mgBr/100g 的水平。当催化剂入口温度接近操作上限，并且吸附进料溴指数大于 15mgBr/100g 时，催化剂当期寿命接近终点，需着手准备换剂及再生事宜。

工业应用结果表明，采用该技术后脱烯烃工序单程运行周期均为白土的 8 倍[115]，4 个周期的工业试验结果表明总运行周期可以达到白土的 30 倍以上。该技术的应用显著降低了频繁更换白土的劳动强度，解决了白土用量大带来的环境问题等，是一项具有应用前景的芳烃精制技术。

脱烯烃催化剂失活的主要原因是表面及孔道积炭，从而覆盖了活性中心或堵塞了扩散通道。如图 2-1-22 所示，工业上失活的 DOT-100 重整油脱烯烃催化剂积炭量可达 15%左右，沿着催化剂床层由上向下呈现先升高后降低的趋势，这与烯烃及高沸点产物的含量变化有关。

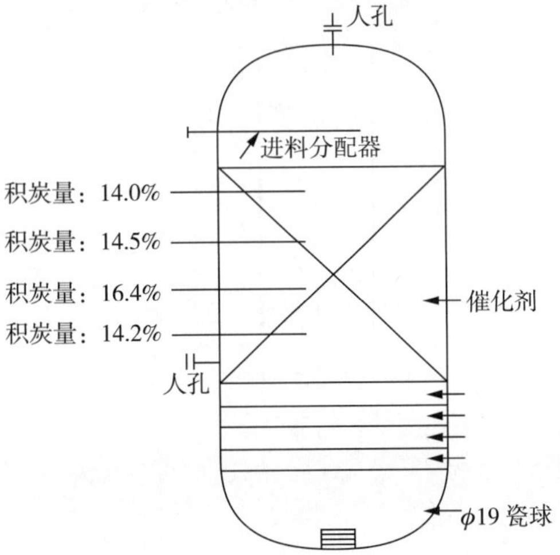

图 2-1-22　DOT-100 重整油脱烯烃催化剂积炭量及分布情况

失活的 DOT-100 重整油脱烯烃催化剂采用异位再生方式，由于积炭量较大，再生过程中需严格控制再生气氛中氧气浓度，防止飞温造成催化剂或设备损坏。

九、关键设备

(一)重整反应器

中国石化超低压连续重整技术的重整反应器采用两两重叠布置(如图2-1-23所示)，即重整第一和第二反应器重叠、重整第三和第四反应器重叠[116]。两两重叠布置方式既减少了催化剂提升次数，从而减少了催化剂的磨损，又降低了反应器高度并兼顾反应器与再生器框架的高度相当，从而降低了设备制造、安装、操作及维修等方面的难度。尤其是随着装置大型化的发展，重整反应器两两重叠布置的优势更显突出。

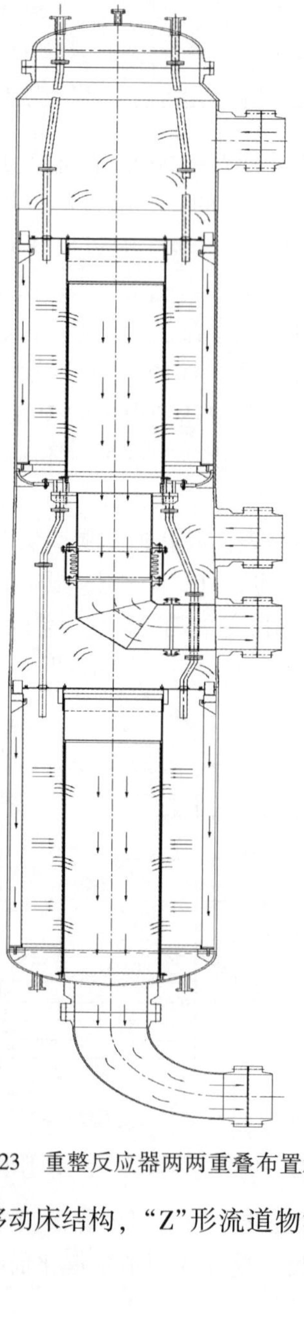

图2-1-23 重整反应器两两重叠布置示意图

重整反应器均为径向下流式移动床结构，“Z”形流道物流为上进下出，内件采用筛网中心管和扇形筒。

重整反应器本体采用单层、热壁结构，反应器本体所用材料采用电炉冶炼、真空脱气法工艺，从而大大提高了钢材的质量，提高了反应器在长期高温临氢运行时的可靠性。

反应器内件中心管、扇形筒为油气进出的通道，其效能的好坏，不仅影响系统压降，而且直接影响气流在催化剂床层中的分配及反应性能。自2010年后，采用SLCR重整技术的连续重整装置的中心管和扇形筒均采用轴向条形筛网结构(见图2-1-24)。条形筛网是由V形截面丝和支持杆或加强筋组成。其开孔率均匀，并可达到较大的开孔率，具有优异的强度、刚度性能，不易堵塞，广泛取代了传统的丝网、冲孔部件等。

重整反应器内件多、装配关系复杂、控制精度要求高：要求扇形筒数量合适；龙门架与楔铁位置相互对应；密封板、盖板组装严密，以防止油气短路及催化剂进入扇形筒以影响装置操作；催化剂输送管精密配合；同时还要求与催化剂接触的表面要平整、光滑，不得有裂纹、毛刺等。中国石化开发的新型密封盖板[117]、新型中心管支座[118]等确保了设备大型化后这些复杂内件的制造、安装与应用。

图2-1-24　轴向条形筛网

(二)再生器

再生器最上部为缓冲区，其下部联结烧焦区。烧焦的目的是把催化剂上的焦炭烧掉，其过程是焦炭与氧在一定的温度下燃烧，产生二氧化碳和水并放出热量。烧焦区是由两个立式的同心筛网围成的径向环形通道，催化剂自上而下移动，再生气体从外向里通过催化剂床层，以实现气固两相错流接触，从而进行烧焦。

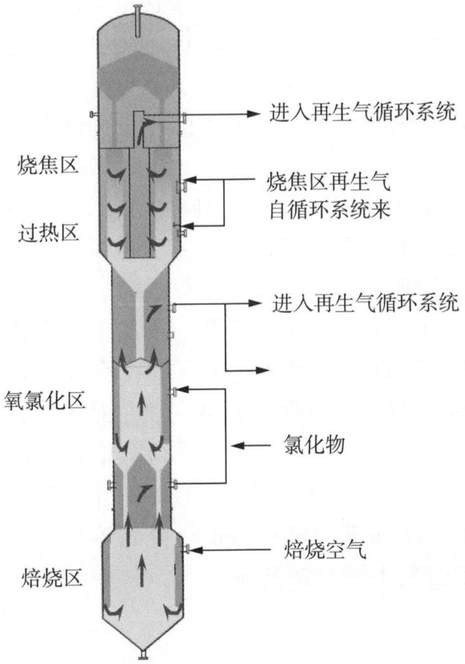

图2-1-25　再生器结构示意图

再生器中部为氧氯化区，氯化氧化步骤的目的是调整催化剂上的氯含量并将催化剂上的金属充分氧化和分散。该区氯化气体自下而上逆流通过催化剂的床层，进行催化剂的氧氯化，氯化区与烧焦区之间由一根催化剂输送管相联。再生器下部为干燥区(焙烧区)。在该区干燥的净化空气自下而上逆流通过催化剂的床层，将催化剂上的水分脱除。再生器结构见图2-1-25。

十、技术展望

按照“理论产率”的定义[119]，即在不同的反应苛刻度下，原料油中的烷烃和环烷烃以100%选择性转化为相同碳数的芳烃(不考虑裂解)计算得到的产率，同时，由产物组成还可以计算得到其辛烷值。若采用此概念来衡量催化重整工艺和含铂重整催化剂的发展过程和水平，则经过20世纪各个阶段的发展，催化重整催化剂和工艺技术不断进步，在高的产品辛烷值下获得高的C_{5+}重整生成油收率的目标正在逐步实现，反应效率越来越接近理论产率。

催化重整催化剂经过载体性能的不断改进，以及第二、第三金属组元的加入，其活性、选择性和稳定性明显提高，积炭显著降低，近期难以出现突破性的进展。从正在进行的研究工作看，重整催化剂的研究向氧化铝载体精细化方向发展，例如：氧化铝载体孔结构的优化[120]等，Jerzy Szczygiel 在总结反应动力学和扩散分析的基础上，对重整催化剂孔结构进行了优化研究，并开展了对催化剂的分析与评价。研究结果表明，催化剂颗粒最好有双分散(两组集中孔)结构：一定数量的大孔(孔径 50~90 nm)作为输送孔，大孔数量过多，不会明显提高过程效率，反而影响催化剂的强度以及磨损性能；中孔的数量则要多。根据反应动力学和扩散分析计算以及正庚烷脱氢环化反应结果，催化剂颗粒孔的内表面能够被重整原料分子接近，其最小孔半径在 470℃条件下应为 3nm，在 510℃条件下应为 5nm。这意味着，孔半径小于 5nm 的小孔在 510℃反应条件下，原料和产物的扩散受到限制，降低了过程效率；同时由于停留时间延长，在小孔内容易形成积炭，因此这种小孔在催化剂颗粒中应尽量少。

某些高密度重整催化剂具有以下特点：催化剂密度升高，但催化剂铂含量下降，这样同套装置装填高密度催化剂时，虽然装填量将增加，但由于铂含量下降，铂的总用量增加不多，提高了贵金属的利用率；高、低密度催化剂在相同重时空速下，活性相当，催化剂积炭量没有明显增加；在相同液时空速下，高密度催化剂选择性好。这些催化剂的良好性能，与催化剂的氧化铝载体的孔结构和表面酸性的优化有关。

催化重整工艺技术本身也已日趋成熟。当前，随着各国环保法规和生物燃料法规的出台，其面临的新挑战主要体现在：扩大重整原料来源，加工较难处理原料，例如 FCC 和焦化重石脑油；环保法规进一步限制汽油中苯含量，如美国 MAST Ⅱ 排放法规已限制汽油中苯含量不大于 0.62 %(体积)，欧洲、中国的现行汽油标准均规定苯含量不大于 1.0%(体积)；以及清洁汽油对芳烃含量要求日益严格，如美国、欧洲现行汽油标准中的芳烃含量分别为不大于 25%(体积)和不大于 35 %(体积)[121~124]。这样，重整装置就要降低操作苛刻度，这种趋势又与氢气需求增长和满足汽油中苯含量降低交融在一起。随着催化重整工艺操作条件范围的变宽[121~124]，需要在使用更难处理的、更重的原料及采用更低的氢分压操作来提高重整汽油质量和氢气收率，实现新的平衡。

为了降低重整生成油中的苯含量，除了采用常规的抽提蒸馏、选择性加氢等技术外，近期出现了通过调整催化重整工艺的操作，并与其他脱除苯及提高辛烷值的工艺过程相结合的组合工艺，值得关注。这类工艺主要是将石脑油(直馏石脑油，也包括焦化石脑油、加氢处理石脑油等)经预加氢后先切割为轻、重馏分，然后分别采用不同的工艺进一步加工。例如石脑油加工一体化工艺[122]将轻馏分送苯加氢饱和/异构化装置，得到低苯汽油；重馏分进催化重整，经分馏及加氢脱苯处理后得到高辛烷值汽油；两者混合得到合格汽油。而加氢异构重整(Hydroisoforming) 工艺[125]将轻石脑油经传统催化重整装置后，产物进行分馏，馏出的初馏点~90 ℃馏分送入轻重整油加氢异构化，得到苯质量分数小于 0.1%的加氢异构化汽油和苯质量分数不大于 0.1%的 90℃~终馏点馏分；重石脑油进加氢异构重整得到芳烃质量分数小于 53%和苯质量分数小于 1.2%的馏分，两者混合后得到合格汽油。

参考文献

[1] Robet A Meyers. Handbook of Petroleum Refiming Processes (Second edition) [M]. New York: McGraw Hill, 1997.

[2] 石油化工研究院综合研究所等. 催化重整[M]. 北京：燃料化学工业部科学技术情报研究所，1974.

[3] James G Speigt Baki Ö ziim. Petroleum Refining Processes [M]. New York: Marcel Dckker Inc, 2002.
[4] Anthony Poparad. Reforming Solutions for Improved Profits in an Up-down World [C]. NPRA Annual Meeting, AM-11-59, 2011.
[5] Ross Jay, Largeteau Delphina, et al. Advances in naphtha processing for reformulated fuels production[C]. NPRA Annual Meeting AM-10-148, 2010.
[6] P Y LE Goff. Consider advanced multi-promoted catalysts to optimize reformer[J]. Hydrocarbon Processing, 2009, (10): 81-85.
[7] 催化重整科技情报站 . 催化重整[M]. 北京：中国石化出版社，2004，180-181.
[8] UOP LLC. Right on target [J]. Hydrocarbon Engineering, 2011, (11): 49-54.
[9] Kang Wu. Capacity, complexity expansions characterize China′s refining industry past, present, future[J]. Oil & Gas Journal, 2011, 109(10).
[10] 徐承恩 . 催化重整工艺与工程[M]. 北京：中国石化出版社，2006：169-170.
[11] Draeger G T, Gwin G T, Leesemann C J G, et al. Production of High-octane Gasoline Compounds[J]. Petroleum Refiner, 1951, 30(8): 71.
[12] Sterba M J, Haensel V. Catalytic Reforming [J]. I E C. Proc. Res. Dev. 1976, 15. (1), Section C.
[13] Кузнецов Б Н, Дуплякин В К, Ковальчук И Д. Особенности привращения углеводородов на нанесенных катализаторах, полученных разложением поверхнотных комплексов [J]. Кинетика и Катализ, 1981, Том XXII, вып. 6, 1484-1489.
[14] Mills G A, Heinemann Heinz, Milliken T H, et al. Catalytic Mechanism [J]. I E C. 1953, 45(1), 134.
[15] Keulemans A I M, Voge H H. Reactivities of Naphthenes over a Platinum Reforming Catalyst by a Gas Chromatographic Technique [J]. J Phys Chem, 1959, 63: 476.
[16] Hettinger W P, Keith C D, Gring J L, et al. Hydroforming Reactions [J]. I E C, 1955, 47(4): 719.
[17] Sinfelt J H, Hurwitz H, Rohrer J C. Role of Dehydrogenation Activity in the Catalytic Isomerization and Dehydrocyclization of Hydrocarbons [J]. J Catalysis, 1962, 1: 481.
[18] Donnis B B, Platinum/Alumina Catalysts in Reforming Methylcyclopentane[J]. I E C., Prod. Res. Dev., 1976, 15(4): 254.
[19] Ciapetta F G, Dobres R M. Baker R W. in "Catalysis Vol 6[M]" Ed. by Emmett P H, New York: Reinhold Publishing Corp. 1958.
[20] Sinfelt J H, Rohrer. Reactivity of Some C_6-C_8 Paraffins over Pt-Al_2O_3[J]. J. Chem. & Eng. Data, 1963, 8 (1).
[21] Krane H G, Groh A B, Schulman B L, Sinfelt J H. Reactions in Catalytic Reforming of Naphthas[C]. Proc. 5th World Petrol. Congr. New York, 1959, Ⅲ-4, p. 39.
[22] Paál Z. On the Possible Reaction Scheme of Aromatization in Catalytic Reforming[J]. J. Catalysis, 1987, 105: 540-542
[23] Menon P G, Paál Z. Some Aspects of the Mechanisms of Catalytic Reforming Reaction[J]. I. E. C., Res., 1997, 36, 3282-3291.
[24] Parera J M, Figoli N S. Reactions in Commercial Reformer., in "Catalytic Naphtha Reforming[M]" Ed. by Antos G J etal, 1995.
[25] Moser M D, P L Bogdan, in "Handbook of Heterogeneous Catalysis[M]" Ed. Ertl G. etal, vol 1, 2008.
[26] 侯祥麟 . 中国炼油技术(第二版)[M]. 北京：中国石化出版社，2001：21-28.
[27] 许经武 . 上海石化总厂加氢裂化装置简介[J]. 炼油设计 . 1986，5-6：123-130.
[28] 侯芙生 . 炼油工程师手册(第一版)[M]. 北京：石油工业出版社，1995.
[29] 程之光 . 重油加工技术(第一版)[M]. 北京：中国石化出版社，1994.

[30] 关明华，丁连会，王凤来，等. 3955轻油型加氢裂化催化剂的研制[J]. 石油炼制与化工，2000，31(12)：1-4.
[31] 石亚华，石玉林，聂红，等. 多产中间馏分油的中压加氢裂化技术的开发[J]. 石油炼制与化工，2000，31(11)：7-10.
[32] 王凤来，关明华，胡永康. 3976高抗氮高生产灵活性加氢裂化催化剂性能研究[J]. 石油炼制与化工，2001，32(8)：36-39.
[33] 胡永康，葛再贵，韩崇仁，等. 轻油型加氢裂化催化剂(3825)的研制与工业应用[J]. 石油炼制与化工，1994：25(11)，50-56.
[34] 史建文，朱义勤，聂红，等. RT—1单段加氢处理催化剂的性能及工业应用[J]. 石油炼制与化工，1996，27(5)：26-31.
[35] Stolfa F. New roles for thermal cracking [J]. Hydrocarbon Processing，1980，59(5)：101-109.
[36] 刘训峰. 延迟焦化装置的技术改进[J]. 石油炼制与化工，2001，32(8)：15-18.
[37] 侯祥麟. 中国炼油技术(第一版)[M]. 北京：中国石化出版社，1991.
[38] 侯祥麟. 中国炼油技术(第二版)[M]. 北京：中国石化出版社，2001：28-35.
[39] 刘环昌，范中碧，周素静，等. Orbit系列重油裂化催化剂的研究开发[J]. 石油炼制与化工，1998，29(9)：27-32.
[40] 刘垚，吴秀章，杨宝康. 大庆减压渣油催化裂化技术[J]. 石油炼制与化工，2001，32(8)：6-10.
[41] 王亚民. MGG工艺技术——一条油气结合、油气并举的新途径[J]. 世界石油工业，1996，3(4)：58-63.
[42] 许友好，张久顺，龙军. 生产清洁汽油组分的催化裂化新工艺MIP [J]. 石油炼制与化工，2001，32(8)：1-5.
[43] 刘怀元. MIO技术的工业应用[J]. 石油炼制与化工，1998，29(8)：10-13.
[44] 汪燮卿，蒋福康. 论重质油生产气体烯烃几种技术的特点及前景[J]. 石油炼制与化工，1994，25(7)：1-8.
[45] 陈祖庇，张久顺，钟乐燊，等. MGD工艺技术的特点[J]. 石油炼制与化工，2002，33(3)：21-25.
[46] 谢朝刚，汪燮卿，郭志雄，等. 催化热裂解(CPP)制取烯烃技术的开发及其工业试验[J]. 石油炼制与化工，2001，32(12)：7-10.
[47] 钟孝湘，张执刚，梨仕克，等. 催化裂化多产液化气和柴油工艺技术的开发与应用[J]. 石油炼制与化工，2001，32(11)：1-5.
[48] 曹祖宾. 沈北催化裂化汽油窄馏分辛烷值与烃类组成分析[J]. 抚顺石油学院学报，1996，16(1)：10-14.
[49] 杨建. 提高汽油抗氧化性能途径的探讨[J]. 石化技术，2000，7(3)：157-160.
[50] 山红红，李春义，袁起民，等. 催化裂化汽油脱硫添加剂USY/ZnO/Al_2O_3的性能评价[J]. 催化学报，2002，23(3)：245-249.
[51] 甘俊，张正义，邓阳，等. 降低汽油烯烃含量催化裂化催化剂GOR的开发与工业应用[J]. 工业催化，2001，9(1)：50-54.
[52] 徐志成，许明德，田辉平，等. 催化裂化催化剂GOR的氢转移活性与降低汽油烯烃含量性能的研究[J]. 石油炼制与化工，2002，33(1)：22-26.
[53] 王立新. 降低催化裂化汽油烯烃助剂的工业试验[J]. 精细石油化工，2001，(4)：71-75.
[54] 冯翠兰，曹祖宾，徐贤伦，等. 催化裂化汽油降烯烃工艺研究进展[J]. 抚顺石油学院学报，2002，22(2)：25-29.
[55] 张晓静，秦如意，刘金龙. 催化裂化汽油吸附脱硫工艺研究[J]. 炼油设计，2001，31(6)：44-47.
[56] 王爱民，房少华，廖启铃，等. 催化裂化汽油溶剂萃取脱硫工艺的研究[J]. 炼油设计，2000，30

(10)：32-34.
[57]　蔺爱国，王德会，戴立顺．催化裂化汽油改质的研究与探讨[J]．石油炼制与化工，2001，32(7)：9-12.
[58]　范志明，柯明，刘溆蕃．催化裂化汽油中硫醇性硫和碱性氮化物分布规律的考察[J]．石油大学学报(自然科学版)，1998，22(5)：86-89.
[59]　陈俊武．催化裂化工艺与工程(第二版)[M]．北京：中国石化出版社，2005：460-480.
[60]　中村中和．石油学会誌[J]．1973，16(1)：51.
[61]　马爱增．芳烃型和汽油型连续重整技术选择[J]．石油炼制与化工，2007，38(1)：1-6.
[62]　Donald ML. Catalytic Reforming. Tulsa，Okalhoma，United State of America：Penn Well Publishing Company，1985.
[63]　徐承恩．催化重整工艺与工程[M]．北京：中国石化出版社，2006：116.
[64]　夏国富，黄海涛，张润强，等．RAs-20 脱砷剂的开发及应用[J]．石油炼制与化工，2001，32(5)：17-20.
[65]　李大东．从应用基础研究到 RN-1 加氢催化剂开发．石化企业进修班资料，1988.
[66]　侯祥麟．中国炼油技术(第二版)[M]．北京：中国石化出版社，2001：157-158.
[67]　李大东．加氢处理工艺与工程[M]．北京：中国石化出版社，2004.
[68]　Lin L W，Wu R A，Wang C R，et al. Studies on catalytic properties of Pt-Sn bimetallic catalysts for paraffin aromatization [J]. J Fuel Chem Technol，1983，11 (1)：28-34.
[69]　Zhang T，Zhang J，L in L. Relation between surface structure and carbon deposition on Pt/γ -Al_2O_3 and Pt-Sn/γ -Al_2O_3 catalysts[J]. Catal Deactivation，1991，68：143-150.
[70]　Lin L W，Yang W S，Jia J F，et al. Surface structure and catalytic reactivity of high dispersive supported bimetallic[J]. Catal Sci China，Ser B，1999，29 (2)：109-117.
[71]　潘锦程，马爱增，杨森年．PS-Ⅵ型连续重整催化剂的研究和评价[J]．炼油设计，2002，32(7)：53-55.
[72]　潘茂华，马爱增．PS-Ⅵ型连续重整催化剂的工业应用试验[J]．石油炼制与化工，2003，34(7)：5-8.
[73]　叶晓东，徐武清，马爱增．PS-Ⅵ型催化剂在 IFP 第一代连续重整装置上的工业应用[J]．石油炼制与化工，2003，34(5)：1-4.
[74]　张宝忠，何志敏，马爱增．PS-Ⅵ型重整催化剂的工业应用试验[J]．化学反应工程与工艺，2007，23(3)：273-278.
[75]　汪莹，马爱增，潘锦程，等．铕对 Pt-Sn/γ-Al_2O_3 重整催化剂性能的影响[J]．分子催化，2003，17(2)：151-155.
[76]　梁维军，马爱增，潘锦程．铁对 Pt-Sn 连续重整催化剂催化性能的影响[J]．石油炼制与化工，2004，35(11)：15-19.
[77]　冷家厂，郭颀，杨森年．GCR-100 型连续重整催化剂的工业应用[J]．石油炼制与化工，2004，35(1)：39-42.
[78]　马爱增，潘锦程，杨森年．高铂型低积炭速率连续重整催化剂 PS-Ⅶ的研究和评价[J]．炼油技术与工程，2004，34(12)：45-47.
[79]　Ma Aizeng，Pan Jincheng，Yang Sennian. Development and commercial application of high-platinum CCR catalyst with low coke deposition rate[J]. China Petroleum Processing and Petrochemical Technology，2007，(4)：13-20.
[80]　周明秋，陈国平，马爱增．PS-Ⅶ型连续重整催化剂的工业应用[J]．石油炼制与化工，2008，39(4)：26-30.

[81] J M Parera, N S Figoli. Deactivation and regeneration of naphtha reforming catalysts [J]. Catalysis, 1990.
[82] D Espinat, E Freund, H Dexpert, G Martino. Localization and structure of carbonaceous deposits on reforming catalysts [J]. Journal of Catalysis, 1990, 126(2): 496-518.
[83] T S Chang, N M Rodriguez, R T K Baker. Carbon deposition on supported platinum particles [J]. Journal of Catalysis, 1990, 123(2): 486-495.
[84] J Barbier, G Corro, Y Zhang, J P Bournonville, J P Franck. Coke formation on platinum-alumina catalyst of wide varying dispersion [J]. Applied Catalysis, 1985, 13(2): 245-255.
[85] J Barbier. Deactivation of reforming catalysts by coking [J]. Applied Catalysis, 1986, 23(2): 225-243.
[86] 王君钰，肖建良，袁为军，等．双金属重整催化剂中 Re、Sn、Ir 组元作用的研究[J]．石油学报(石油加工)，1989，5(1)：61-69.
[87] R. Burch, Alison J Mitchell. The role of tin and rhenium in bimetallic reforming catalysts [J]. Applied Catalysis, 1983, 6(1): 121-128.
[88] C L Pieck, J M Parera. Comparison of coke buring on catalysts coked in a commercial plant in the laboratory [J]. Industrial & Engineering Chemistry Research, 1989, 28(12): 1785.
[89] Victor K Shum, John B Butt, Wolfgang M H Sachtler. The effects of rhenium and sulfur on the activity maintenance and selectivity of platinum/alumina hydrocarbon conversion catalysts [J]. Journal of Catalysis, 1986, 96(2): 371-380.
[90] N S Figoli, J N Beltramini, E E Martinelli, P E Aloe, J M Parera. Influence of feedstock characteristics on activity and stability of Pt/$A1_2O_3$-Cl reforming catalyst [J]. Applied Catalysis, 1984, 11(2): 201-215.
[91] J P Franck, G Martino. Deactivation of reforming catalysts in deactivation and poisoning of catalysts(J. Oudar and H. Wise, eds.). Marcel Dekker, New York, 1985.
[92] J Barbier, E Churin, P Marecot, J C Menezo. Deactivation by coking of platinum/alumina catalysts: effects of operating temperature and pressure [J]. Applied Catalysis, 1988, 36: 277-285.
[93] Hettinger W P, Jr., Keith C D, Gring J L, et al. Hydroforming reactions - effect of certain catalyst properties and poisons[J]. Industrial & Engineering Chemistry, 1955, 47(4): 719-730.
[94] Franck J P, Martino G. Deactivation and poisoning of catalysts (J. Oudar and H. Wise, eds.). Martinus Nijhoff, The Hague, 1982.
[95] Parera J M. Deactivation and reneneration of naphtha reforming catalysts. Catalysis, 1992, 9: 65-125.
[96] S. E. Wanke. Catalyst Deactivation(E. E. Petersen and A. T. Bell, eds.). Marcel Dekker. New York, 1986: 65.
[97] H Lieske, G Lietz, H Spindler, J Völter. Reactions of platinum in oxygen- and hydrogen-treated Pt/γ-Al_2O_3 catalysts: I. Temperature-programmed reduction, adsorption, and redispersion of platinum. Journal of Catalysis, 1983, 81(1): 8-16.
[98] 胡勇仁，张兰新，赵仁殿．微量水对 Pt-Re/γ-Al_2O_3 重整催化剂还原的影响(催化性能的影响)[J]．石油学报(石油加工)，1996，12(1)：17.
[99] 胡勇仁，张兰新，赵仁殿，等．微量水对 Pt-Re/γ-Al_2O_3 重整催化剂还原的影响(红外光谱表征结果)[J]．石油学报(石油加工)，1996，12(1)：23.
[100] 北京石油化工总厂东方红炼油厂．铂重整催化剂硫中毒及再生方法的探讨[J]．石油炼制，1977，2：13-19.
[101] 毛学军．铂铼重整催化剂硫酸根污染的研究[J]．石油学报(石油加工)，2000，16(2)：25.
[102] 张大庆．铂铼重整催化剂硫酸根脱除方法及其工业应用[J]．炼油技术与工程，2003，33(2)：29.
[103] Hydrocabon Processing, 1994, 6.
[104] Process Simulation and Design´95: A Special Report. Hydrocarbon Processing, 1994. 6.
[105] Smith R B, et al. Kinetic analysis of naphtha reforming with platinum catalyst[J]. Chem. Eng. Process[J],

1959，55(6)：76.
[106] Ramage M P，et al. Development of mobil´s kinetic reforming model [J]. Chem. Eng. Sci. 1980，35 (1)：41.
[107] Kmak W S. A kinetic simulations model of powerforming froceed. AIChE National Meeting，Houston，1971，3.
[108] Forment G F. The kinetics of complex catalytic reactions[J]. Chem. Eng. Sci. 1987，42(6)：1073.
[109] 孙绍庄，等. 催化重整集总反应动力学模型研究[J]. 石油学报(石油加工)，1993，9(3)：27.
[110] 解新安，等. 催化重整反应动力学模型的建立及其工业应用(1)——物理模型的建立[J]. 炼油设计，1985，25(6)：49.
[111] www.chemsina.com. 埃克森美孚着手芳烃脱烯烃技术商业化. 2007，2，28.
[112] 陈玉琢. FHDO 催化重整生成油选择性加氢脱烯烃技术开发及工业应用[J]. 石油化工，2008，37：233-235.
[113] 陈玉琢，徐远国，杨占全. HDO-18 选择性加氢催化剂的使用性能[J]. 当代化工，2007，36(1)：44-52.
[114] 王一男，于鲁杰，王昕，等. 分子筛催化芳烃烷基化脱烯烃的研究[J]. 精细石油化工，2007，24 (1)：1-4.
[115] 娄阳. 芳烃重整生成油脱烯烃技术进展[J]. 化学工业，2011，29(9)：16-25.
[116] 阎观亮，彭世浩，徐又春，等. 含有四个反应区的连续重整装置. CN01115290.7. 2001-06-07.
[117] 胡庆均，王冕，张盈满，等. 一种中心管支座. CN201020628234.8[P]. 2010-11-22.
[118] 张盈满，王冕，胡庆均，等. 一种中心管密封盖板 CN201020680228.7[P]. 2010-11-20.
[119] George J，Antos 主编. 徐承恩等译. 石脑油催化重整(第二版)[M]. 北京：中国石化出版社，2009：210.
[120] George J，Antos 主编. 徐承恩等译. 石脑油催化重整(第二版)[M]. 北京：中国石化出版社，2009：170.
[121] Alan Gelder. US refiners-opportunities in a challenging market environment [C]. NPRA Annual Meeting，AM-10-134，2010.
[122] Ross Jay，Largeteau Delphina，et al. Advances in naphtha processing for reformulated fuels production [C]. NPRA Annual Meeting，AM-10-148，2010.
[123] Joseph Gentry，Weihua Jin. FCC gasoline and C_4 streams for BTX production [J]. Petroleum Technology Quarterly，2009，Q4：96-105.
[124] Dominic Varraveto. Benzene management in a MSAT ll environment [C]. NPRA Annual Meeting，AM-08-12，2008.
[125] Mikhail Levinbuk，et al. Reduction of aromatics and benzene in reformates from Semi-regeneration reformers for reformulated gasoline production [C]. NPRA Annual Meeting AM-09-74，2009.

第二节　裂解汽油生产 BTX 技术

一、概　述

裂解汽油是石脑油等液体原料蒸汽裂解制乙烯过程中副产的 C_5～204℃馏分，其中芳烃含量高达60%～75%，是芳烃的重要来源之一[1~3]。

裂解汽油中含有大量的二烯烃、烯基芳烃、烯烃等稳定性差、易聚合组分，无法直接抽提回收芳烃；而且，裂解汽油中所含的硫、氮、氧、重金属等杂质是后续芳烃生产工序中催化剂、吸附剂的毒物，既影响催化剂、吸附剂的寿命，又影响最终所得芳烃的质量。因此，裂解汽油生产芳烃首先必须进行选择性加氢和加氢精制处理。

裂解汽油普遍采用两段加氢处理技术[2]，按馏分可以分为全馏分加氢、中心馏分加氢和部分馏分加氢。全馏分加氢是对 C_5 ~ C_{9+}的全馏分进行加氢；中心馏分加氢是先将裂解汽油中的 C_5 和 C_{9+}馏分分离出来，仅对 C_6 ~ C_8 馏分进行加氢；部分馏分加氢指对 C_6 ~ C_7、C_5、C_{9+}等馏分加氢。目前，以中心馏分加氢工艺为主，得到的加氢裂解汽油既可直接通过芳烃抽提生产苯、甲苯和混合二甲苯产品，也可送至芳烃联合装置与重整生成油一起加工。代表性裂解汽油加氢工艺主要有法国 Axens 公司的工艺技术和美国 Lummus 等公司的工艺技术。国内主要有中国石化、中国石油开发的相关专有技术，且已逐步取代国外技术。

近年来，为了充分利用重质裂解汽油并进一步增产 BTX，国内外公司相继开发了多功能催化剂，通过加氢精制、加氢裂化和加氢脱烷基过程的耦合，将重质裂解汽油中 C_{9+}芳烃加氢脱烷基转化为 BTX。国外主要有韩国 SK 公司的 APU(Advanced Py-gas Upgrading)工艺技术[4]，通过重芳烃脱烷基将 C_{9+}芳烃转化为 BTX。该过程中非芳烃发生加氢裂解反应生成燃料气、乙烷、丙烷和正丁烷等轻烃，因此无需通过溶剂抽提脱除非芳烃，可经汽提分离轻烃后直接蒸馏分离 BTX，其中 C_2 ~ C_4 轻烃可返回裂解炉作蒸汽裂解制乙烯的原料。由于芳环上的乙基更易于脱除，因此产物 C_8 馏分中乙苯的含量很低，是生产 PX 的优质原料。中国石化开发的重质裂解汽油增产 BTX 技术[5]，以裂解汽油 C_{9+}馏分为原料，采用固定床工艺，使用负载贵金属的无黏接剂沸石双功能催化剂，具有较高的 C_{9+}转化率和稳定性。

二、裂解汽油来源与组成

以石脑油、煤油、柴油或加氢尾油为原料通过蒸汽裂解制乙烯过程副产大量裂解汽油。由于裂解原料、裂解方式、裂解炉型以及裂解深度存在明显差异，裂解汽油组分变化甚大。

(一)裂解汽油来源

烃类蒸汽裂解制乙烯过程包括 C—C 键断裂、脱氢、歧化等一系列复杂的化学反应，包括自由基和分子反应，是一个由平行反应和串联反应交叉的反应系统，由此产生碳数和氢碳比不同的馏分。裂解汽油来自乙烯生产流程中的水急冷塔釜、压缩机 4 ~ 5 段间及脱丁烷塔釜[6,7]。

1. 烃类蒸汽裂解制乙烯涉及的主要特征反应

(1)生成烯烃的反应

1)脱氢反应

$$C_nH_{2n+2} \rightleftharpoons C_nH_{2n}+H_2$$

$$C_nH_{2n} \rightleftharpoons C_nH_{2n-2}+H_2$$

(生成二烯烃或炔烃)

2)断链反应

$$C_nH_{2n} \longrightarrow C_lH_{2l}+C_mH_{2m}$$

$$C_nH_{2n+2} \longrightarrow C_lH_{2l+2}+C_mH_{2m}$$

(其中 $m+l=n$)

3)歧化反应

$$2C_nH_{2n} \longrightarrow C_lH_{2l}+C_mH_{2m}$$

$$2C_nH_{2n} \longrightarrow C_lH_{2l-2}+C_mH_{2m+2}$$

$$2C_nH_{2n} \longrightarrow C_{2n}H_{4n-2}+H_2$$

(其中 $m+l=2n$)

(2)生成芳烃的反应

1)环加成反应

二烯烃与烯烃发生环加成反应生成环烯烃，进一步脱氢生成芳烃；

2)芳构化反应

$$C_6H_{11}—R \longrightarrow C_6H_5—R+3H_2$$

3)脱氢芳构反应

$$C_6H_{12} \longrightarrow C_6H_{10}+H_2 \longrightarrow C_6H_8+2H_2 \longrightarrow C_6H_6+3H_2$$

2. 裂解原料对裂解汽油产率及其芳烃含量的影响

裂解原料中烃类的馏程、族组成的变化影响整个裂解产物分布。采用液体原料时对产物分布的影响尤为明显。一般而言，随原料变重，原料消耗上升、生产费用增加，同时联产物(主要是 C_4、C_5 烯烃)和芳烃等副产物量增加。另外，裂解产物组成及产率还取决于裂解工艺和裂解条件[1~3,8]。

以乙烷、丙烷及丁烷等轻烃为原料时，裂解汽油产率为原料的1%~10%(质量)；以石脑油、轻柴油等液态烃为原料时，裂解汽油产率则达到18%~27%(质量)，其中芳烃含量为40%~80%；不同原料的裂解产物分布见表2-2-1。

表2-2-1　不同原料蒸汽裂解的消耗定额和产品分布[1]

裂解原料		乙烷	丙烷	丁烷	轻质石脑油	全馏分石脑油	常压柴油	减压柴油
消耗定额(t/t乙烯)		1.246	2.47	2.514	3.18	3.423	3.938	4.282
产品分布	H_2	0.1015	0.0457	0.0364	0.0405	0.0419	0.0358	0.0409
	富 CH_4 气	0.0682	0.6533	0.5655	0.5009	0.4622	0.4299	0.4209
	乙烯	1.0000	1.0000	1.0000	1.0000	1.0000	1.0000	1.0000
	丙烯	0.0172	0.4721	0.4331	0.5032	0.5675	0.5917	0.6043
	丁二烯	0.0237	0.0869	0.0986	0.1346	0.1754	0.1877	0.1955
	丁烷、丁烯	0.0102	0.0235	0.1700	0.2104	0.1991	0.1992	0.1951
	C_5~C_8 非芳烃	0.0101	0.0738	0.0654	0.2772	0.1719	0.1977	0.1208
	苯	0.0114	0.0642	0.0664	0.2238	0.2443	0.2297	0.2326
	甲苯	0.0017	0.0126	0.0284	0.1062	0.2122	0.1301	0.1371
	C_8 芳烃			0.0113	0.0429	0.1111	0.0865	0.0984
	C_9 芳烃	0.0005	0.0121	0.0076	0.0303	0.1249	0.1023	0.0985
	>204℃	0.0012	0.0254	0.0431	0.1080	0.1129	0.7472	1.1375

(二)裂解汽油组成与特性

裂解汽油的组成相当复杂，含有包括链烷烃、环烷烃、链烯烃、环烯烃、双烯烃、炔烃、芳烃、烯基芳烃及稠环芳烃等超过200种组分[1~3,8]。表2-2-2和表2-2-3列出了不同裂解原料裂解汽油的组成情况。

裂解汽油中 C_5 馏分约占10%~15%，双烯含量高，极易聚合；裂解 C_{9+} 馏分占12%~22%，主要为甲基苯乙烯、α-甲基苯乙烯、炔基芳烃、茚等不饱和芳烃及部分饱和芳烃，双环戊二烯占25%以上，胶质和硫含量高，极易聚合，影响裂解汽油加氢装置和加氢催化剂的长期稳定运行。

表 2-2-2 裂解汽油组成(裂解原料：石脑油) %

组 分	C_4	C_5	C_6	C_7	C_8	C_{9+}	合计
双烯烃	0.18	2.90	1.60	1.89	1.70	1.60	9.87
单烯烃	0.11	4.00	3.39	1.80	1.00	1.60	11.90
饱和烃	0.01	4.48	1.39	0.41	—	—	6.29
芳烃			33.02	15.62	9.61	13.69	71.94
合计	0.30	11.38	39.40	19.72	12.31	16.89	100.00

表 2-2-3 裂解汽油组成(裂解原料：柴油) %

组 分	C_4	C_5	C_6	C_7	C_8	C_{9+}	合计
双烯烃	0.20	11.76	3.96	2.49	1.52	3.06	22.99
单烯烃	0.20	3.40	0.89	0.68	0.41	6.41	11.99
饱和烃	0.10	0.34	0.73	0.61	0.33	1.15	3.25
芳烃			31.17	18.31	11.23	1.05	61.75
合计	0.50	15.50	36.75	22.09	13.49	11.67	100.00

三、裂解汽油加氢技术

裂解汽油作为芳烃抽提原料生产高纯度的苯、甲苯和二甲苯等石油芳烃产品时，必须先除去双烯烃、烯基芳烃以及烯烃和硫、氮、氧等杂质，工业上普遍采用两段加氢工艺。一段加氢主要脱除双烯烃和烯基芳烃，目前以低温液相选择性加氢技术为主，采用固定床反应器，有滴流床或鼓泡床两种方式，工业上以滴流床为主。与典型的滴流床工艺过程类似，一段加氢反应工艺条件较为缓和，内扩散为反应速率控制步骤。二段加氢主要脱除单烯烃和硫、氮、氧等杂质，通常采用高温、气相加氢精制技术，工艺条件相对苛刻[2,3,8]。

(一)化学反应

1. 一段加氢

裂解汽油一段加氢主要是针对链状共轭烯烃及烯基芳烃等，通过选择性加氢生成相应的单烯烃和烷基芳烃，也伴随有少量的单烯烃加氢、二烯烃双键转移和聚合等副反应[2,9]。加氢过程为放热反应，一段加氢中主要的反应如下：

(1)主反应

共轭烯烃加氢为单烯烃：

$R_1CH{=}CH{-}CH{=}CH{-}R_2+H_2 \longrightarrow R_1CH_2{-}CH_2{-}CH{=}CH{-}R_2$ 快反应

环双烯烃加氢为环单烯烃：环双烯烃$+H_2 \longrightarrow$ 环单烯烃 快反应

苯乙烯加氢为乙苯： $C_6H_5C_2H_3+H_2 \longrightarrow C_6H_5C_2H_5$ 慢反应

(2)副反应

单烯烃加氢为饱和烃： $C_nH_{2n}+H_2 \longrightarrow C_nH_{2n+2}$ 慢反应

双烯烃加氢为饱和烃： $C_nH_{2n-2}+2H_2 \longrightarrow C_nH_{2n+2}$ 慢反应

双烯、芳基烯烃及环烯烃聚合 慢反应

2. 二段加氢

裂解汽油二段加氢主要将一段加氢产物中的烯烃加氢饱和，同时将硫、氮、氧等有机化合物加氢转化为硫化氢、氨和水后除去。二段加氢后裂解汽油产品的溴价降至≤1.0gBr_2/100g 以下，硫含量降至 1.0μg/g 以下，可作为芳烃抽提原料，生产高纯度的苯、甲苯、二甲苯[10]。二段加氢涉及的主要化学反应[2,11,12]有：

(1)烯烃加氢

相对于双烯烃加氢，单烯烃加氢所需要的反应温度更高。

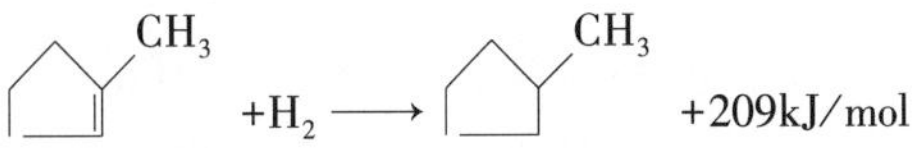

$$CH_3—CH_2—CH_2—HC═CH_2 + H_2 \longrightarrow CH_3—CH_2—CH_2—CH_2—CH_3 \quad +125kJ/mol$$

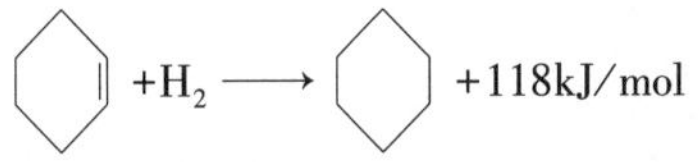

(2)加氢脱硫

裂解汽油中典型的含硫化合物是噻吩类物质[13]。在二段加氢反应条件下，噻吩类物质脱硫生成 H_2S 和相应的烃，整个反应为放热反应。由于 C—S 键的键能较低(见表 2-2-4)，因此不需要太高温度就能完成噻吩等的加氢反应，提高反应温度对加氢脱硫反应速率影响不大。

表 2-2-4　部分键的键能数据

键	C—H	C—C	C═C	C—N	C═N	C—S
键能/(kJ/mol)	413	348	614	305	615	272

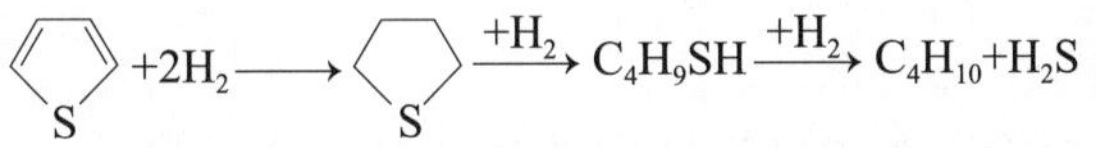

(3)加氢脱氮

含氮化合物加氢脱氮生成相应的烃类及氨。二段加氢原料中的有机氮化物主要是不饱和杂环氮化物，含氮杂环组分加氢脱氮必须先使含氮环完全加氢，然后才能脱除 N 原子，因此脱氮反应要求催化剂具有较高的加氢活性。哌啶上 N 原子的脱除比噻吩环上 S 原子的脱除难得多，加氢脱氮比加氢脱硫需要更高的反应温度和压力，温度和氢分压对加氢脱氮反应速率的影响更明显[14]。C—C、C═C、C—N 与 C—S 等键键能见表 2-2-4。

$$R—NH_2+H_2 \longrightarrow RH+NH_3$$

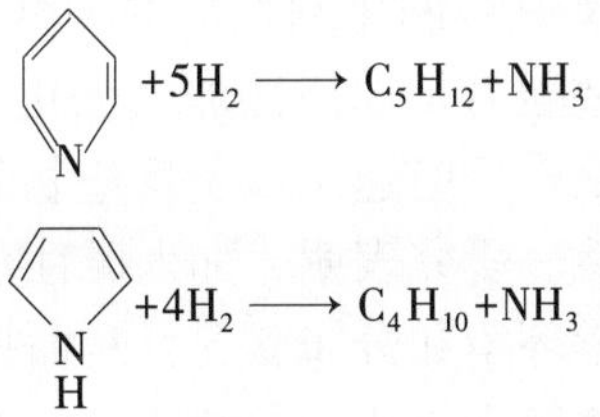

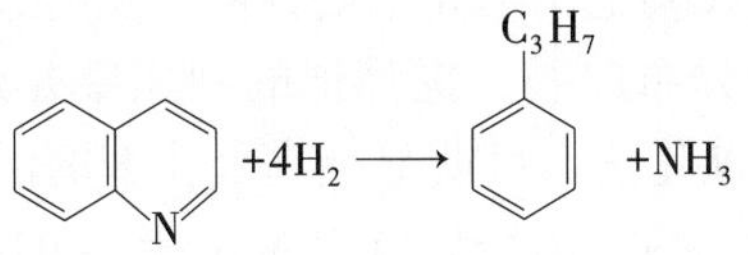

(4)加氢脱氧

裂解汽油中有微量的含氧化合物，主要以醇类、羧酸类和醚类形式存在，可通过氢解反应转化为水和烃，从裂解汽油中脱除。其中，酚类加氢脱氧和酸类化合物加氢脱氧的过程分别如下所示：

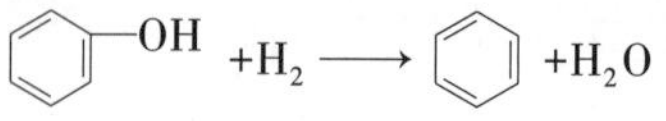

$$R—COOH+3H_2 \longrightarrow R—CH_3+2H_2O$$

(5)副反应

苯环加氢反应为放热副反应，但系统中的 H_2S 对其有抑制作用，且烯烃在催化剂上的吸附能力比芳烃要强得多，因此，芳烃饱和反应活性较低。

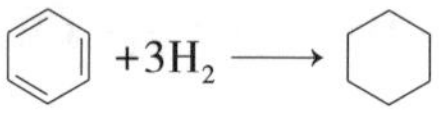

(二)催化剂

1. 一段加氢催化剂

裂解汽油一段加氢催化剂的主要功能是使裂解汽油中二烯烃、烯基芳烃等易聚合组分通过选择性加氢生成相应的单烯烃和烷基芳烃，以满足进一步二段加氢精制的要求。二烯烃和单烯烃加氢反应均为放热反应，反应平衡常数均较大，但由于二烯烃比单烯烃更易吸附，因此，在热力学上二烯烃加氢反应比单烯烃反应更容易进行。而实际原料中单烯烃浓度远高于二烯烃，又对二烯烃加氢的选择性产生不利影响[15]。因此，催化剂活性不宜过高，同时应具有较高的二烯烃和苯乙烯加氢选择性，防止单烯烃和芳烃加氢引起过高的温升而导致聚合反应增加以及聚合物生成的胶质在催化剂上沉积，缩短催化剂寿命。目前，一段加氢催化剂主要有钯/氧化铝催化剂(Pd/Al_2O_3，Pd 质量分数一般在 0.2%~0.5%)和镍/氧化铝催化剂(Ni/Al_2O_3，Ni 质量分数一般在 10%~20%)[1~3,8,9]。

(1)钯系催化剂

在第Ⅷ族中，钯是双烯选择加氢活性和选择性较高的元素[16]。裂解汽油低温加氢采用贵金属钯催化剂，具有起始反应温度低(≤40℃)、空速高、加氢活性高、双烯脱除效果好的特点。由于钯系催化剂活性金属的特殊外层电子构型，As、Pb、Hg 等重金属的外层电子易与 Pd 金属的 d 轨道作用，导致催化剂失活[17]。20 世纪 70 年代以前，裂解汽油一段加氢催化剂普遍采用 Co-Mo-Ni 基高温型催化剂。20 世纪 80 年代后，随着脱砷工艺的日益成熟，钯系催化剂占据了主导地位，特别是经载体改性和加入助催化剂改性后，钯系催化剂在双烯加氢选择性和耐胶质能力方面有了较大改善[18]。

国内外研究者对影响一段加氢钯系催化剂性能的因素进行了广泛的研究[19~23]。在载体方面，控制载体孔结构，降低扩散阻力是选择性加氢催化剂研制过程中要解决的关键问题。载体的酸碱性对一段加氢过程中聚合反应速率以及反应物和产物的吸附-脱附平衡有显著影响，进而直接影响到产物的选择性。研究表明，加入碱性金属氧化物可以调变载体氧化物的酸碱性质，并改善活性组分的化学环境和分布状况，从而提高催化剂的活性和热稳定性[19]。

适当助剂的加入也能显著改善钯系催化剂的性能，如 Cu、Ag、Cr、Mo 等可与钯形成复合物，有利于钯晶粒的分散和分布控制，提高钯的利用率并延长催化剂的寿命[20]。选用第ⅥB 族的元素和碱金属作为助催化剂，可明显提高催化剂的活性和选择性；在钯系催化剂中加入锡或铅可提高加氢选择性，使二烯烃加氢生成 α-烯烃的速度比 α-烯烃加氢生成饱和烃的速度至少高出 1.5 倍[21]；加入 Ag、Au、Sn、Pb 等助催化剂可以减少聚合及深度加氢，延长催化剂寿命[22,23]。

国外从事 Pd/Al_2O_3 裂解汽油一段加氢催化剂研发的主要公司有 Enghard 公司、BASF 公司、SüD-CHEMIE 公司和 Axens 公司等。国内从事裂解汽油一段加氢 Pd/Al_2O_3 催化剂研发的主要有中国石化、中国石油等单位。

中国石化自 2001 年起开展裂解汽油一段加氢催化剂的研究，成功开发的 SHP-01、SHP-01F一段加氢 Pd/Al_2O_3 催化剂，主要用于裂解汽油 $C_6\sim C_8$、$C_5\sim C_8$、$C_6\sim C_9$、$C_5\sim C_9$ 及 C_{9+}馏分的一段加氢[23]。2003 年，SHP-01 催化剂首次在中原石化裂解汽油装置进行了工业应用，结果表明，催化剂反应活性高(反应器入口温度为 37℃)，加氢产品双烯值(100g 油中双烯烃的质量，以 I_2 计，下同)低，双烯加氢选择性高。SHP-01 催化剂第一周期寿命与总寿命分别达到 34 个月和 87 个月。SHP-01 系列催化剂主要性能指标及操作条件见表 2-2-5 和表 2-2-6。

表 2-2-5 SHP-01 系列裂解汽油一段加氢催化剂物化指标

项　目	SHP-01	SHP-01F
外观尺寸/ mm×mm	ϕ(2.5~2.7)×(2.5~3.0)三叶草	ϕ(2.5~2.7)×(2.5~3.0)三叶草
堆密度/ (g/cm^3)	0.50±0.03	0.53±0.03
孔体积/ (mL/g)	0.65±0.03	0.75±0.03
比表面积/ (m^2/g)	150±20	120±20
平均强度/ (N/cm)	≥45	≥45
活性组分含量/ %	0.28±0.03	0.35±0.03
活性组分分布	蛋壳型	蛋壳型
活性组分层厚度/ mm	≤0.10	≤0.10
适应原料	$C_6\sim C_8$，$C_5\sim C_8$	C_5~204℃，$C_6\sim C_8$，$C_5\sim C_8$，$C_6\sim C_9$

表 2-2-6 SHP-01 系列裂解汽油一段加氢催化剂典型操作条件

项　目	SHP-01 (原料为 $C_6\sim C_8$ 馏分)	SHP-01F (原料为 C_5~200℃馏分)
反应压力/MPa	≥2.60	≥2.60
LHSV(新鲜油) /h^{-1}	3.0~5.0	3.0~4.0
入口温度/℃	37~90	上床层 40~90
循环比(对新鲜进料)	3.0~4.5	2.0~2.5
出口温度/℃	60~110	上床层　80~120
下床层入口温度/℃	—	60~110
急冷比(对新鲜进料)	—	1.0
下床层出口温度/℃	—	≤150
产品碘值/(gI_2/100g)	≤1.0	≤ 1.5

目前，SHP-01、SHP-01F 系列催化剂先后在包括中-沙(天津)石化、镇海炼化、武汉石化等多套大型乙烯装置上稳定运行，反应条件温和，操作周期长，表现了良好的原料适应

性和催化性能。

(2)镍系催化剂

早期的裂解汽油一段加氢主要采用非贵金属催化剂、在较高温度下进行加氢，如 Ni、Ni-Mo/W 等催化剂的操作温度为 190~240℃，该类催化剂反应空速低，操作周期短。到 1990 年代，国内裂解汽油加氢装置仅辽阳石化采用镍系催化剂，反应温度相对较高，催化剂再生频繁。

进入 21 世纪后，镍系催化剂在制备技术上取得了突破，镍系催化剂可以达到与 Pd/Al_2O_3 催化剂基本相当的低温活性。国内外相继开发了新型镍系催化剂。吉林石化采用镍系催化剂，成功解决了因 Pd 催化剂易被 As 中毒而造成再生频繁的问题。之后，大庆石化、独山子石化、广州石化、茂名石化也纷纷选用了镍系催化剂，或采用钯系催化剂与镍系催化剂交替使用的方式[17]。

镍系催化剂对二烯烃、炔烃等的选择性加氢作用，主要是基于这些烃类在其上的吸附能力比单烯烃强。不同烃类化合物在镍系催化剂上吸附的强弱顺序为：炔烃>二烯烃>单烯烃>烷烃[25]。由于 Ni 的加氢活性远低于 Pd，因此催化剂中 Ni 的含量远高于钯系催化剂中 Pd 的含量，这提高了催化剂对杂质的容量，使得镍系催化剂显示出较好的耐 As 性能。

由于镍系催化剂使用温度较高，运行中比钯系催化剂更容易产生聚合结焦，因此再生周期较短。通过载体改性，如在 Al_2O_3 载体上引入 Mg 调变载体的酸碱性，降低载体表面酸性，抑制聚合以及由聚合产物覆盖表面活性中心引起的催化剂失活，可提高镍系催化剂的高温稳定性；通过添加 Zn、Mo 等助剂修饰 Ni 催化剂，调变活性组分的化学环境，降低氢的吸附能，可以将催化剂的低温活性提高 1 倍以上[23,24]；另外，通过助剂修饰镍系催化剂还可以提高二烯烃的加氢选择性[15~25]。

国内外研究机构致力于解决传统镍系催化剂使用温度高、再生周期和运行寿命短的问题，相继开发了多个牌号的镍系催化剂，使之成为裂解汽油一段加氢中可与钯系催化剂抗衡的新选择。如 Axens 开发的 LD-241、LD-341 催化剂，英国 Johnson-Matthey 公司开发的 HTC-200 和 HTC-400 催化剂，中国石化开发的 RDD-1 催化剂[8]，中国石油开发的 LY2008 镍系催化剂[17]等。

中国石化针对现有裂解汽油加氢装置的需求及镍系催化剂活性偏低、耐水耐胶质性能不足等问题，又分别开发了适合中心馏分和全馏分裂解汽油加氢的 SHN-01 和 SHN-01F 镍系催化剂。应用结果表明，SHN 系列催化剂具有更好的低温双烯加氢活性、稳定性和抗杂质干扰性能[24]。SHN 系列催化剂物化指标及其典型操作参数见表 2-2-7、表 2-2-8。

表 2-2-7 SHN 系列一段加氢催化剂物化指标

项 目	SHN-01	SHN-01F
外观	黑色三叶草	黑色三叶草
尺寸/mm×mm	ϕ(2.3~2.7)×(2.0~8.0)	ϕ(2.3~2.7)×(0~8.0)
堆密度/(g/cm^3)	0.58±0.03	0.60±0.03
平均压碎强度/(N/cm)	≥55	≥55
活性组分 Ni 含量/(g/cm^3)	0.12~0.14	0.14~0.16

表 2-2-8　SHN 系列一段加氢催化剂典型操作参数

工艺条件	SHN-01（原料为 C_6~C_8 馏分）	SHN-01F（原料为 C_5~200℃馏分）
反应压力/MPa	≥2.60	≥2.60
LHSV(新鲜油)/h^{-1}	2.0~3.0	2.0~3.0
入口温度/℃	55~110	—
上床层入口温度/℃	—	50~110
循环比(对新鲜进料)	1.5~2.5	1.0~2.5
出口温度/℃	80~130	—
上床层出口温度/℃	—	90~130
下床层入口温度/℃	—	70~120
急冷比(对新鲜进料)	—	~1.0
下床层出口温度/℃	—	≤160
产品碘值/(gI_2/100g)	≤2.0	≤2.0

(3)钯系与镍系催化剂的比较

裂解汽油一段选择性加氢催化剂的种类很多，但 Pd/Al_2O_3 和新型高活性镍系催化剂是主流。

钯系催化剂具有起始反应温度低、加氢活性高、空速高、催化剂寿命长等优点，综合性能明显优于传统镍系催化剂。通过采用适合孔径、孔体积较大、孔道短的氧化铝载体，调变载体酸性，有利于改善负载型钯系催化剂耐水、耐胶质和抗结焦性能。

负载型镍系催化剂活性组分含量高，耐重金属杂质能力和氢解活性较强，但活性温度较高，使得不饱和组分聚合加剧，因此，调节反应过程中的加氢、聚合以及低聚物的氢解平衡是提高该催化剂抗结焦性能的重要措施。加工砷等杂质含量较高的裂解汽油原料时，应首选镍系催化剂。

2. 二段加氢催化剂

二段加氢的主要目的是除去裂解汽油中单烯烃及含硫、氮、氧的化合物。由于进料中的双烯烃含量较低[2,10,12]，加氢条件和一般炼油的加氢处理条件相似，通常采用氧化铝或钛、硅、磷等改性的氧化铝为载体，负载 Co、Ni、Mo 等主要活性组分[12]。二段加氢为内扩散控制的催化反应过程。由于一段加氢后的裂解汽油仍含有微量的胶质和双烯等易聚合组分，因此要求催化剂具有较大的比表面积和孔体积，以实现活性组分良好的分散并提高催化剂容纳胶质的能力，延长催化剂的使用寿命[11]。

二段加氢催化剂的活性是关键因素，如果催化剂活性低，需要更高的反应温度，一段加氢过程未转化的二烯烃在较高温度下会在催化剂表面结焦，加快催化剂失活速度，降低其使用寿命；此外，过高的反应温度还可能引起苯、甲苯、二甲苯等芳烃深度加氢，增加过程的芳烃损失。

二段加氢催化剂的操作稳定性除其本身结构外，还取决于反应体系中 H_2S 浓度，如果裂解汽油中硫化物含量过低，会使催化剂活性组分金属硫化物中的硫产生流失，从而影响催化剂活性和寿命[10]。不同活性组分对 H_2S 的吸附能力不同，与 CoMo 系催化剂相比，NiMo 系催化剂对 H_2S 吸附能力更强，更有利于低硫环境中保持活性相的稳定性，缓解活性相失硫[26]。加氢催化反应的深度和速率取决于原料油的化学组成、催化剂性能和反应工艺条件[27,28]。

二段加氢催化剂活性组分主要由 Co-Mo 或 Co-Mo-Ni 构成。我国裂解汽油二段加氢催化剂研制开发始于1960年代，经过50多年的研发，催化剂性能已达到或超过国外同类催化剂水平。目前国内开发并生产的二段加氢催化剂主要有：中国石化开发的SHP-02/02F系列催化剂、QLH-02催化剂、BY系列催化剂和齿球型ME-1P催化剂，中国石油开发的LY系列催化剂、DZC系列催化剂等。其中LY系列催化剂应用最广泛，已在中国石油辽阳石化、兰州石化，以及中国石化广州石化、扬子石化、茂名石化等多套装置成功应用[26~34]。

针对乙烯扩能改造与大型化、裂解原料复杂化(劣质化、重质化)以及裂解汽油加氢装置长周期运行等要求，中国石化于2005年成功开发了SHP系列高性能裂解汽油加氢催化剂，其中SHP-02/02F复合催化剂针对不同原料特点，优化了催化剂的孔结构和分布，改善了活性组分的分散性能，可适用于裂解汽油全馏分和中心馏分的二段加氢过程，起始反应温度比同类催化剂低10~20℃；催化剂的耐As杂质的性能及对高双烯、高胶质物料的适应能力显著提高，产物芳烃损失小；催化剂能适应装置高空速运行，寿命长，再生性能良好，并可适应低硫原料工况。SHP-02系列催化剂先后在中原石化、北京东方石化、天津石化、上海石化、中-沙(天津)石化、镇海炼化、中-韩(武汉)石化等多套裂解汽油加氢装置上成功应用。中国石化开发的二段加氢催化剂物性指标和操作参数见表2-2-9。

表2-2-9　SHP-02二段加氢催化剂主要性能指标

	项　目	SHP系列	
		SHP-02	SHP-02F
催化剂物性	活性组分	Co-Mo-Ni	Mo-Ni
	载体	Al_2O_3	Al_2O_3
	外观	三叶草条	球型
	尺寸/mm×mm	ϕ(1.1~1.3)×(3~20)	ϕ1.5~2.5
	堆密度/(kg/m³)	700±50	860±50
	比表面积/(m²/g)	230±30	130±30
	平均抗压强度/(N/cm)	≥40	≥40(N/粒)
	适应原料	C_6~C_8，C_5~C_9， 一段加氢产品硫含量 100~600μg/g	C_6~C_8，C_5~C_9， 一段加氢产品硫含量 80~600μg/g
工艺条件	反应压力/MPa	≥2.5	≥2.5
	入口温度/℃	220~320	210~320
	液时空速/h^{-1}	2.1~3.2	2.1~3.5
产品指标	溴价/(gBr_2/100g)	≤0.2	≤0.2
	总硫/(μg/g)	≤0.5	≤0.5

(三)裂解汽油加氢工艺技术

裂解汽油加氢工艺技术是在煤焦油粗苯馏分加氢精制和石脑油加氢脱硫精制的技术基础上发展起来的。德国Bayer公司于20世纪50年代末率先开发成功两段加氢除去高碳不饱和烃的工艺并实现工业化。之后，美国Lummus、UOP、Englhard、S&W、Houdry、Texaco、Mobil，英国BP，荷兰Shell，法国Axens，德国Bayer-Lurgi、Kellog、BASF，日本三菱油化等公司先后公开了裂解汽油两段加氢精制工艺的专利。其中代表性工艺主要有美国Houdry

工艺、Lummus 工艺及法国 Axens 工艺。

我国从 20 世纪 70 年代开始引进技术建设与乙烯装置配套的裂解汽油加氢装置，如燕山石化引进了美国 Houdry 工艺，辽阳化纤引进了法国 Axens 技术。20 世纪 80 年代，齐鲁石化、扬子石化、上海石化、大庆石化等又分别引进了美国 Lummus DPG 工艺和 S&W 裂解汽油加氢技术。20 世纪 90 年代后引进的乙烯装置中，裂解汽油加氢主要采用法国 Axens、美国 Lummus 和 S&W 技术。自 2008 年以来，中国石化自主开发的裂解汽油加氢成套技术已成功应用于茂名石化、福建联合石化、中-沙(天津)石化、镇海炼化、中-韩(武汉)石化等企业[35~37]。

裂解汽油加氢技术根据裂解汽油组成及利用途径的差异有所不同，裂解汽油一段加氢有 C_6~C_7、C_6~C_8、C_5~C_8、C_8、C_6~C_{9+}和 C_5~C_{9+}全馏分等 6 种馏分加氢工艺，二段加氢主要有 C_6~C_8、C_5~C_8、C_6~C_{9+}和 C_5~C_{9+}等 4 种馏分加氢工艺。通过两段加氢馏分的不同组合，形成了以下生产加氢裂解汽油(C_6~C_8 中心馏分)的代表性工艺：

①前脱 C_5 和 C_{9+}馏分，C_6~C_8 中心馏分两段加氢；

②前脱 C_5 馏分，C_6 以上馏分一段加氢，再脱 C_{9+}馏分，中心馏分二段加氢；

③粗裂解汽油一段全加氢，脱 C_{9+}馏分，C_5~C_8 馏分二段加氢后脱 C_5；

④粗裂解汽油一段全加氢，脱 C_5 和 C_{9+}馏分，中心馏分二段加氢；

⑤粗裂解汽油一段全加氢，脱 C_5 馏分，C_6 以上馏分二段加氢后脱 C_{9+}馏分；

⑥前脱 C_5 馏分，C_6 以上馏分两段加氢，再脱 C_{9+}馏分。

典型的裂解汽油加氢工艺分为 C_6~C_8 中心馏分加氢和全馏分加氢。由于国内乙烯生产主要采用石脑油蒸汽裂解，其副产的裂解汽油加氢处理主要采用 C_6~C_8 中心馏分加氢，加氢后再抽提得到 BTX。目前，该技术已由中国石化全面实现国产化。中间馏分加氢工艺的装置运行周期、寿命和产品质量等方面均优于全馏分加氢工艺。

C_6~C_8 中心馏分加氢工艺流程如图 2-2-1 所示。中心馏分加氢工艺中裂解汽油首先进入脱 C_5 塔，将其中的 C_5 及 C_5 以下馏分从塔顶分出，然后进入脱 C_9 塔，将 C_9 及 C_9 以上馏分从塔釜除去，分离所得的 C_6~C_8 中心馏分送入一段加氢反应器，同时通入氢气进行液相加氢反应。一段加氢后的双烯烃和苯乙烯控制在允许限度内，反应放热引起的温升采用反应后的液体产物冷却循环来控制。

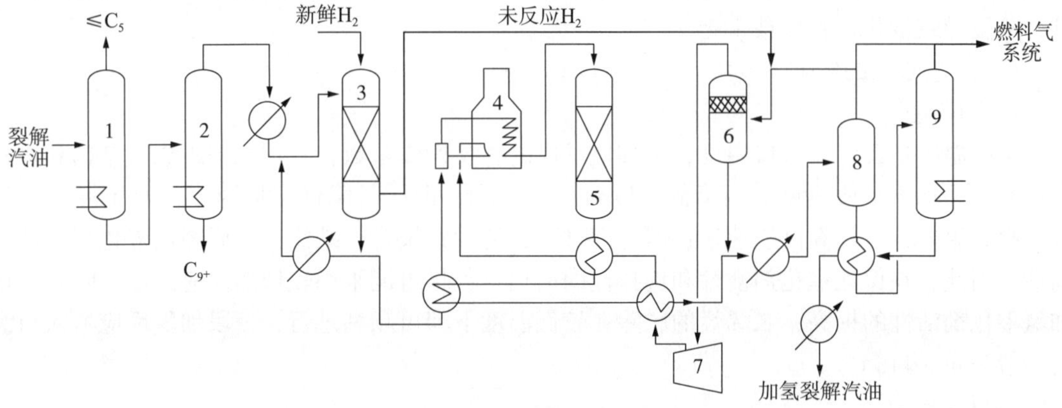

图 2-2-1 中心馏分裂解汽油加氢的典型流程示意图

1—脱 C_5 塔；2—脱 C_9 塔；3—一段加氢反应器；4—加热炉；5—二段加氢反应器；
6—循环压缩机分液罐；7—循环压缩机；8—高压闪蒸罐；9—H_2S 汽提塔

一段加氢的未反应氢气经气液分离后，作为二段加氢反应的补充氢。一段加氢的液相产物则经与二段加氢产物换热、与循环氢混合，再经加热炉加热至设定温度后进入二段反应器，进行烯烃与硫、氧、氮等杂质的脱除。反应器的温度采用循环氢气以及调节加热炉温度进行控制。

二段加氢的反应产物经过一系列换热后，在高压闪蒸罐中分离。该罐分离出的大部分气体同补充氢气一起经循环压缩机分液罐进入循环压缩机，再返回加热炉循环使用；释放的少量尾气可循环回乙烯装置或送至燃料气系统。从高压闪蒸罐分离出的液相产物，经换热后进入硫化氢汽提塔，所含的溶解性硫化氢等气体从塔顶除去，与反应尾气等一并返回乙烯装置或送至燃料气系统。汽提塔塔釜则得到加氢裂解汽油，可作为芳烃抽提的原料。

1. 一段加氢技术

(1)反应器

一段加氢反应为低温、液相加氢，反应器采用固定床绝热反应器。固定床绝热反应器结构简单，建设费用低，容易操作。催化剂在固定床中磨损少，允许的空速范围大，催化剂的形状和大小可在较大范围内进行选择。

固定床加氢反应器又分为滴流床和鼓泡床两种。鼓泡床加氢反应器与滴流床加氢反应器相比，气-液传质系数大，床层持液量大，液体分布均匀，液体和固体间的传热好，反应的选择性高。鼓泡床加氢反应器还可与气-液分离器集成为一台设备，减少设备台数，缩短工艺流程，节省投资。但是鼓泡床加氢反应器的压降高，气体以气泡形式通过床层，易使催化剂床层受扰动引起物料返混，存在液泛的可能性，导致转化率下降[38]。而滴流床不会产生液泛，但大直径滴流床反应器存在壁流、沟流等偏流现象，导致转化率下降。高效气液分配器是滴流床反应器的核心内构件。

以上两种形式的一段加氢反应器在工业上都有应用。尽管鼓泡床有许多优点，并在国外得到成功应用，但国内外还是以滴流床应用更为广泛。主要是因为滴流床反应器在操作上更容易控制，物料中存在的微量水也不易积聚而导致催化剂活性下降等。滴流床反应器对催化剂的机械性能要求也略低。鼓泡床反应器的物料线速受到很大限制，由于为减少催化剂的内扩散阻力，其颗粒直径一般都不大，因此高流速会加大催化剂的磨损及冲刷，引起活性衰减，甚至导致催化剂颗粒被带走。

(2)工艺参数的影响

1)反应温度

反应温度指反应器入口温度，是加氢反应的主要操作参数，与催化剂组成、结构和进料组成有关。加氢是放热反应，降低温度对反应有利，但同时降低反应速率，对工业生产不利。提高温度，可提高反应速率；但温度过高，易导致聚合、结焦，从而降低催化剂的使用周期。因此，在保证催化剂活性和选择性的前提下，尽可能采用较低的反应温度。随着一段加氢催化剂活性的提高，二烯烃的脱除在较低温度下即可顺利进行，一段加氢反应器入口温度一般为40~110℃。

2)反应压力

加氢反应是体积缩小的反应，提高氢压有利于反应的进行。氢分压高可有效地抑制聚合反应，减少聚合结焦的可能性，延长催化剂的运行周期，同时还可加快反应速率，帮助移出部分反应热。但是氢压过高，可能引起烯烃和芳烃加氢，而且对设备要求更高，能耗也增大。不同装置采用的反应压力从 2.5~6.0 MPa 不等[2]，大多数装置采用的反应压力为 2.5~3.0MPa。

3)氢油比

加氢反应是在氢气存在下进行，氢油比的选取主要与进料组成有关。提高氢油比，可提高液相中溶解氢的浓度，从平衡观点看，反应可进行得更完全，并有利于抑制烯烃聚合结焦。但提高氢油比会增加氢气的进料量和排放量，增加能耗，并可能引起烯烃和芳烃加氢等深度加氢的副反应。一段加氢属选择性加氢反应，适宜的氢油比有利于提高双烯烃加氢的选择性。通常采用的氢油体积比为 80~150。

4)液时空速

液时空速是加氢反应的重要操作参数，与催化剂的组成、结构和进料组成有关。空速越小，所需催化剂的装填量越大，物料在反应器内停留时间越长，相应地加氢深度提高，聚合结焦、烯烃和芳烃饱和等副反应增加。而空速过大，会降低二烯烃和苯乙烯的转化率。空速一般在 1.5~3.5h^{-1}。

2. 二段加氢技术

(1)反应器

二段加氢反应温度高于一段，反应温度为 260~400℃，反应压力 2.6~5.0MPa，为气相反应。除 Bayer 公司采用管式反应器外(反应温度较低)，其余均采用绝热式固定床反应器。典型的裂解汽油加氢工艺技术的情况见表 2-2-10。

表 2-2-10　典型裂解汽油二段加氢工艺技术

工艺名称	专利商	催化剂	操作条件
MHC	三菱油化	$Co-Mo/Al_2O_3$	280~380℃，4.9~5.4MPa
DPG	Lummus	$Co-Mo/Al_2O_3$	345~385℃，4.6MPa
Axens	Axens	$Co-Mo/Al_2O_3$	300~400℃，2.9MPa
HPG	HOUDRY	$Co-Mo-Ni/Al_2O_3$	270~340℃，5.4~6.4MPa
Bayer	Bayer	$Co-Mo/Al_2O_3$	260~320℃
UOP	UOP	$Co-Mo/Al_2O_3$	320~430℃
KELLOGG	KELLOGG	Ni(或 Co) $-Mo/Al_2O_3$	260~400℃，4.1~6.2MPa

(2)工艺参数的影响

1)反应温度

由图 2-2-2 可知，随着反应温度上升，烯烃加氢、脱硫率均升高并趋向于最大值，温度再上升，加氢、脱硫率基本不变。这表明提高反应温度，可加快反应速率，缩短反应达到平衡的时间。

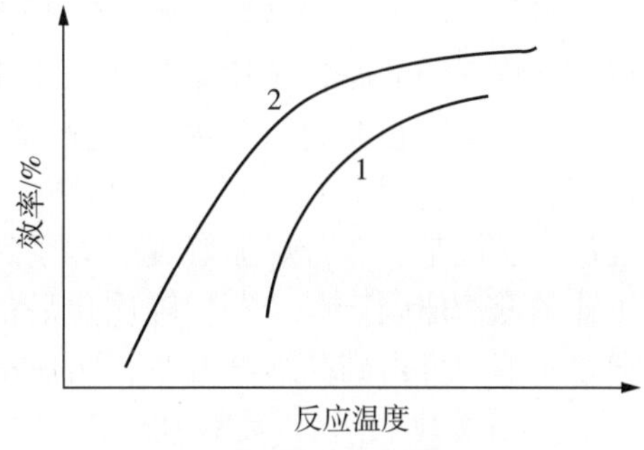

图 2-2-2　反应温度对二段加氢的影响
1—烯烃加氢；2—脱硫

2)反应压力

二段加氢反应一般为体积缩小的反应，因此增大氢压可以促进加氢反应。单烯烃饱和不需要较高的压力就能达到较高的转化率，但氢压升高，单烯烃加氢转化率同步升高，氢压对加氢脱硫率影响不大。较高的加氢压力有利于反应器入口温度的降低和催化剂的长周期运行。

压力对加氢脱氮反应的速度及脱氮率均有明显影响。原料中杂环氮化物结构越复杂、稠环越多时，加氢脱氮反应对压力也越敏感。脱氮率随温度升高而上升，但温度达到一定值后，脱氮率反而下降。二段加氢反应压力一般略低于一段加氢反应压力[2]。随着催化剂水平的提高，很多装置的操作压力比设计压力有所降低，目前大多数装置采用的反应压力为3.0MPa左右。

3)空速

其他工艺条件恒定的情况下，脱硫、脱氮率、加氢深度均随空速的增加而降低。

4)氢油比

从化学平衡角度考虑，提高反应物浓度有利于反应的进行。在一定范围内，氢油比对加氢脱硫率影响不大，如果氢油比过高，将导致催化剂床层温升减小，加氢、脱硫率下降。

5)双烯

二段加氢反应器是在较高温度和压力下进行反应的，若原料双烯含量高，会引起二段加氢反应器催化剂床层温升过大甚至飞温，导致结焦。因此，二段反应器进料的双烯必须予以限制，通常限制在2.0gI_2/100g以下[2,32]。

6)催化剂预硫化

通常，二段加氢催化剂的活性组分以氧化态分散在氧化铝多孔载体上，催化剂只有经预硫化处理，使其所含的金属氧化物转化成金属硫化物后，才具有优良的脱硫、脱氮活性和稳定性，并可抑制芳烃加氢。催化剂预硫化常采用还原-硫化方式。

预硫化条件，如温度、硫化氢浓度以及硫化时间等决定了催化剂的使用效果，其中硫化温度对硫化效果影响较大：①硫化为放热过程，必需控制温度以防反应器飞温；②在硫化氢没有穿透催化剂床层时，反应温度不能超过300℃，否则活性组分将会被还原，造成催化剂活性下降[42]。

四、重质裂解汽油生产BTX技术

重质裂解汽油是指C_9及以上的裂解汽油馏分(简称“裂解C_{9+}”)，主要来源于裂解汽油经过BTX塔(又称脱碳九塔)后分离出的C_{9+}馏分，其芳烃含量高达60%以上，产量占裂解汽油的10%~20%。

目前，国内绝大多数重质裂解汽油仅作为廉价初级原料出售，作为燃料油或是生产低档树脂和溶剂油的原料，树脂生产技术水平低，装置规模小，产品附加值低，造成了资源浪费。仅有少数企业利用裂解C_{9+}生产高档加氢树脂，或进行加氢处理生产加氢溶剂油或者汽油调合组分。裂解C_{9+}中芳烃含量高，在经一段、二段加氢预处理的基础上进一步通过重芳烃加氢脱烷基、非芳烃加氢裂解等系列反应生成BTX和LPG、燃料气等，可有效利用乙烯工业的低价值副产品[3,41]。轻质化后的BTX产品非芳烃含量低，无需采用溶剂抽提过程，通过蒸馏即可得到高纯度BTX，实现重质裂解汽油资源的优化利用和价值提升。

(一)裂解C_{9+}组成及特性

裂解C_{9+}组成复杂，随裂解原料、裂解深度、裂解工艺而变化。按照裂解汽油的分离流程可将裂解C_{9+}分为三种：未加氢裂解C_{9+}，一段加氢裂解C_{9+}和全加氢裂解C_{9+}[40]。重质裂解汽油的组成按其稳定性可分为两类：一类是容易聚合的活性组分，如苯乙烯和乙烯基甲苯类、茚、双环戊二烯等；另一类是较为稳定的组分，如烷基苯及稠环芳烃等。裂解 C_{9+} 含有丰富的芳香基团，含有 60%~70%的芳烃，见表 2-2-11，这部分芳烃组成复杂，难于分离利用。与重整 C_{9+}(组成见第四章第六节)相比，裂解 C_{9+} 馏分中非芳烃含量高，加氢前还含有胶质以及硫、氮等毒物。从两者所含的芳烃看，裂解 C_{9+} 中芳烃组成更复杂，以 C_9 芳烃为例，其中三甲苯含量低，茚或茚满含量高，见表 2-2-12(重整 C_9 芳烃组成见表 4-6-1)。由于裂解 C_{9+} 和重整 C_{9+} 原料组成上差异较大，重质裂解汽油制备 BTX 的难度增大。

表 2-2-11　不同裂解 C_{9+} 的主要组成

组成或性质		未加氢 C_{9+}	一段加氢 C_{9+}	二段加氢 C_9
C_8-非芳含量/%		0.91	3.32	0
C_8-芳烃含量/%		11.30	7.44	9.75
C_9 非芳含量/%		0.76	1.39	1.65
C_9 芳烃含量/%		35.28	28.91	47.90
C_{10+}非芳含量/%		31.43	29	28.81
C_{10+}芳烃含量/%		20.32	29.94	11.89
总芳烃含量/%		66.90	66.29	69.54
部分组分含量/%	茚	8.80	0.45	0.06
	茚满	0.22	11.63	13.33
	双环戊二烯	20.78	0.20	0.39
	二氢双环戊二烯	1.19	13.57	5.42
	四氢双环戊二烯	2.59	4.50	15.17
	萘及其衍生物	3.96	12.07	1.80
颜色		黄褐色	浅黄色	无色
溴价/(gBr_2/100g)		120	32.4	0.73
双烯/(gI_2/100g)		5.8	<1.0	0
胶质/(mg/100g)		>4000	32	14.8
密度/(g/mL)		0.94	0.92	0.91

表 2-2-12　不同裂解 C_{9+} 中 C_9 芳烃的组成　%

项　目	粗 C_9	一段加氢 C_9	二段加氢 C_9
异丙苯	0.13	0.35	3.78
正丙苯	1.56	10.15	12.03
间甲乙苯	7.66	30.13	27.99
对甲乙苯	2.33	8.92	6.81
邻甲乙苯	6.54	10.16	8.58
甲基苯乙烯	26.42	0.28	0
茚满	0.62	20.48	27.83
茚	24.95	1.56	0.13
均三甲苯	4.04	4.07	3.33
偏三甲苯	18.72	8.57	6.86
连三甲苯	7.04	5.31	2.66

我国蒸汽裂解制乙烯副产大量的重质裂解汽油，如何利用这部分资源开发下游产品，对石化行业挖潜增效、发展精细化工具有重要意义。

(二)反应原理

重质裂解汽油生产 BTX 技术由加氢预处理单元和增产 BTX 单元构成。其中，加氢预处理单元包括一段选择性加氢和二段加氢精制，这与裂解汽油一、二段加氢类似。一段选择性加氢是指在负载金属催化剂上对苯乙烯和乙烯基甲苯类、茚、双环戊二烯等重质易聚合组分进行加氢脱除；二段加氢精制是对重质裂解汽油进行加氢脱硫、脱氮并脱除一段加氢残留的不饱和组分，还可使部分稠环芳烃如萘选择性加氢生成四氢萘。增产 BTX 单元是指在酸性载体负载加氢金属的双功能催化剂上进行的四氢萘开环生成多烷基苯、重芳烃脱烷基、烷基转移以及非芳烃加氢裂解等一系列反应，主要目的是重芳烃加氢脱除 C_{2+} 侧链烷基、非芳烃加氢裂解，生成 BTX 以及 LPG 和燃料气等。

1. 加氢预处理

加氢预处理主要目的是首先通过一段选择性加氢除去双烯、烯基芳烃等易聚合组分，再进行二段加氢精制脱除硫、氮等杂质，并使稠环芳烃选择性加氢饱和，以满足下一步增产 BTX 的需要。

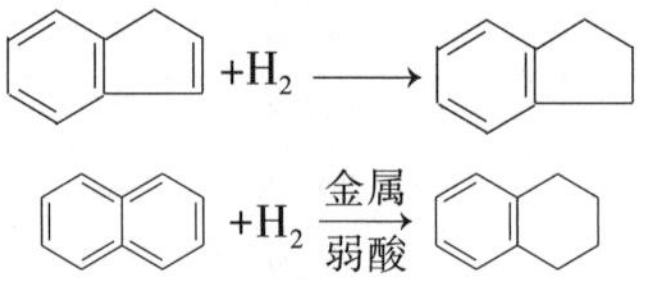

2. 增产 BTX 反应

增产 BTX 单元是通过开环、加氢脱烷基以及裂解等系列反应，使重质芳烃和非芳烃轻质化，实现增产 BTX 且无需溶剂抽提过程即可分离芳烃的目的。

(1)开环反应

重质裂解汽油经加氢预处理之后含有部分环烷烃和侧环芳烃，在双功能催化剂上可以实现环烷烃和侧环芳烃的开环反应。

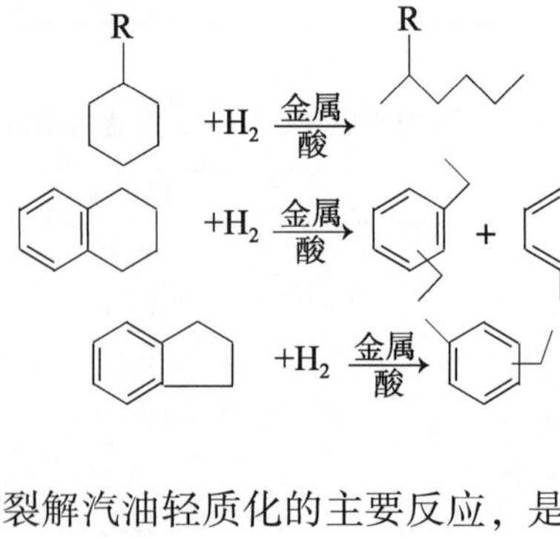

(2)加氢脱烷基

催化加氢脱烷基是重质裂解汽油轻质化的主要反应，是在氢气和催化剂存在下将烷基芳烃侧链变少变短的化学过程。反应机理包括金属中心上的氢解机理、酸中心上的正碳离子机理和自由基裂解机理。在相距较近的两个金属加氢中心上，烷基苯的多碳烷基上两个碳原子可同时被吸附而活化，然后从两个碳之间断裂，产物是甲基或乙基取代的芳烃；而在相距较远的金属加氢中心上，烷基苯的多碳烷基上靠近苯环的一个碳原子可被吸附，在 C—C 键断裂时脱除整个烷基。在强 B 酸中心上可直接对烷基苯的多碳烷基链进行质子化，即使在较弱的B酸中心上多碳烷基链也可发生异构化、再经过裂解反应脱除多碳烷基链，形成苯或者甲苯；而在L酸中心上，烷基苯的多碳烷基链则是形成自由基而从中间断链，生成乙基或甲基芳烃[43~45]。通过加氢脱烷基可以实现重质芳烃轻质化向BTX转化。

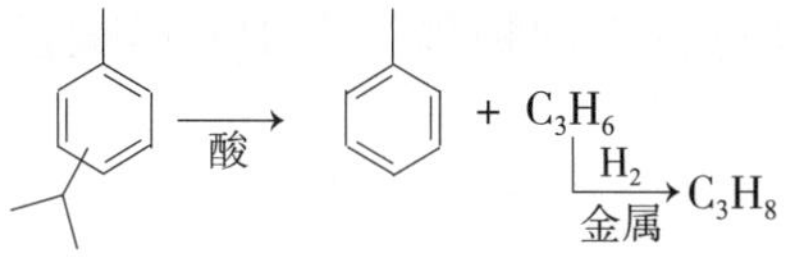

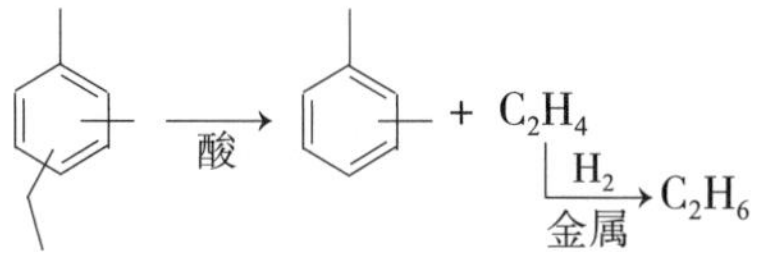

(3)烷烃加氢裂解反应

增产BTX过程采用双功能催化剂，同时也可以催化非芳烃进行加氢裂解反应生成轻质烷烃，有助于实现无需抽提即可分离BTX的过程。

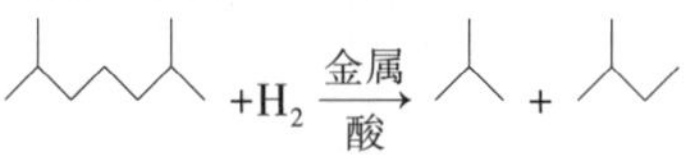

(三)催化剂

催化加氢脱烷基的催化剂包括金属催化剂、金属氧化物催化剂、沸石分子筛催化剂以及同时包含金属活性中心和酸中心的双功能催化剂。与金属催化剂、金属氧化物催化剂相比，沸石分子筛脱烷基催化剂具有低温活性高、稳定性良好的特点，此外，在催化脱烷基反应的同时，还可催化异构化、烷基转移等反应，从而大幅度提高BTX的选择性与收率。而负载金属的沸石基复合双功能催化剂的活性、选择性和稳定性均优于前几类催化剂，是当前加氢脱烷基催化剂的研究开发重点[46]。

以沸石分子筛为基体的双功能催化剂，其金属组分的加氢活性以及沸石的孔道结构，尤其是沸石的孔径大小是影响脱烷基性能的关键因素。一般情况下，具有十元环结构的ZSM-5分子筛负载Mo或者Re后，对重质芳烃的乙基和丙基具有很高的脱除活性，但是只具有中等程度的三甲苯转化率以及较低的二甲苯产率；较大孔径的沸石分子筛则具有很高的烷基转移活性，适合于三甲苯的转化以及较高的二甲苯产率；而具有两种孔道结构的沸石分子筛(十二元环和十元环或者八元环)则同时具有较高的脱烷基和烷基转移活性，但是产物中有较多的非目标产物乙苯以及C_{10+}芳烃，另外，还可能存在催化剂失活较快的问题[46]。

(四)重质裂解汽油生产BTX工艺

加氢脱烷基工艺自20世纪60年代应用以来，相继开发了几种加氢催化脱烷基制苯的生产工艺，如UOP公司的Hydeal工艺，Houdry公司的Detol工艺、Pyrotol工艺和Litol工艺等。其中Pyrotol工艺以裂解汽油为原料，目的是对裂解汽油中的芳烃脱烷基。但是Pyrotol工艺也不能适应裂解重质馏分含量高的裂解汽油原料，进料前要求原料预处理除去部分C_{9+}馏分[47]。这是因为重质裂解汽油含有较多的非芳烃组分，并且多为双环戊二烯、四氢双环戊二烯等大分子多环化合物，并不适于直接脱烷基反应。在Pyrotol工艺中，烷基取代芳烃经脱烷基生成苯，其他反应包括非芳烃裂解成轻质烷烃和加氢脱硫等，未反应的甲苯和重质芳烃循环返回反应段。非芳烃发生加氢裂解反应会增加氢耗，比较适宜的脱烷基原料一般应含有不高于30%的非芳烃[47,49~52]。

2003 年韩国 SK 公司开发了处理 C_{6+} 裂解汽油的 APU(Advanced Py-gas Upgrading)工艺技术[4]，并在 SK 公司 Ulsan 联合装置上进行工业试验。在双功能催化剂上，非芳烃加氢裂解、C_{9+}芳烃发生脱烷基等反应，产物中富含 BTX，而 C_5 以上馏分中烷烃与环烷烃的含量低，因此，APU 工艺无需进行溶剂抽提，产物只需经过精馏分离即可得到高纯度的轻质芳烃。

APU^{SM}工艺在乙烯联合装置中的设置情况见图 2-2-3。

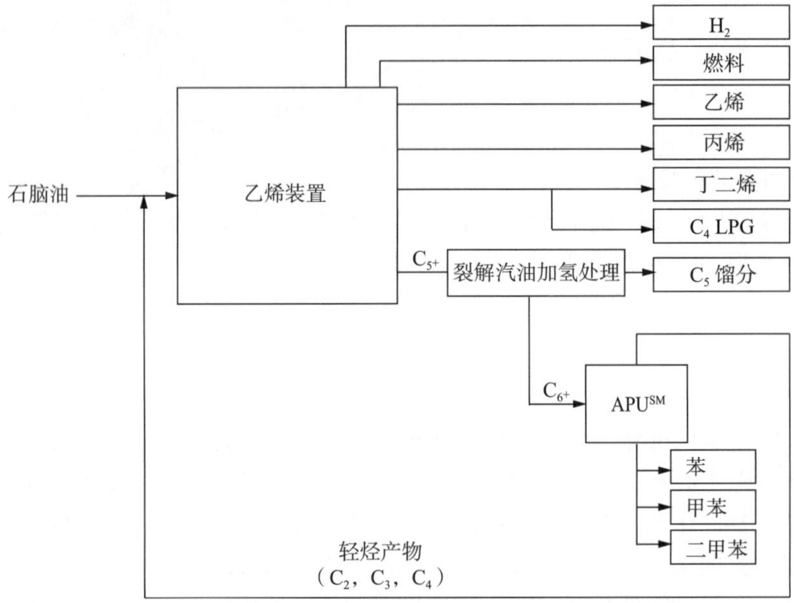

图 2-2-3 APU^{SM}工艺在乙烯装置中的设置

乙烯装置副产的裂解汽油经加氢处理后，切割出 C_6 以上组分，经 APU 工艺处理后得到 BTX 和气相轻组分。LPG 可以从气相产品中回收，而由乙烷、丙烷和丁烷构成的链烷烃是生产乙烯、丙烯的优质原料，可以全部或部分循环到裂解炉，以增加烯烃产量。

针对蒸汽裂解制乙烯装置副产的重质裂解汽油，中国石化开发了相应的重质裂解汽油生产 BTX 的工艺技术。

(五)中国石化重质裂解汽油增产 BTX 技术

中国石化自 2005 年开始重质裂解汽油增产 BTX 催化剂及工艺技术的研究[5]。开发工艺包括原料加氢预处理和增产 BTX 两部分。该技术以重质裂解汽油为原料生产 BTX 和 LPG，提升了石脑油蒸汽裂解制乙烯装置的综合竞争力和经济效益。

1. 催化剂

加氢预处理中一段加氢采用镍系或钯系催化剂，主要脱除重质裂解汽油中的双烯烃、烯基芳烃等重质易聚合组分，生成相应的单烯烃和烷基芳烃，催化剂具有活性高、耐杂质能力强、稳定性好的特点。二段加氢催化剂主要采用改性氧化铝为载体，以 Co、Ni、Mo、W 等为活性组分的双功能催化剂，并通过对载体的改性获取适当酸性，达到深度脱除硫、氮的目的，同时实现稠环芳烃选择性加氢生成单环芳环。

重质裂解汽油增产 BTX 单元采用沸石和贵金属构成的双功能催化剂。沸石提供的酸功能与金属提供的加氢/脱氢功能的有机结合在这类反应中起关键作用。对于链烷烃转化，单功能酸催化剂也可以通过质子化或氢抽提形成的正碳离子进行，但双功能催化剂具有正碳离子中间体重排和/或β-剪切作用，更易快速形成正碳离子中间体。双功能催化剂上酸-金属功能的相互匹配对烷烃加氢异构化与加氢裂解反应有重要影响，其对芳烃侧链烷基转移也同样重要。就芳烃转化反应而言，负载金属可以增强沸石基催化剂的活性、稳定性及选择性。

通过催化剂的酸-金属功能的相互匹配可以获得最佳的芳烃及非芳烃的反应性能，如C_{9+}芳烃中乙基、丙基的高效脱除；加氢脱烷基-烷基转移；生成的烯烃在金属活性位上迅速加氢生成烷烃，减少因烯烃齐聚而导致的催化剂失活等。

中国石化开发的新型无黏接剂沸石双功能催化剂，具有活性高，稳定性好的特点。对加氢预处理后的裂解C_{9+}进行处理，运行1000h后C_{9+}芳烃的转化率仍保持85%以上，催化剂可以承受较高的茚满和C_{10+}非芳烃含量，并保持较高的茚满转化率[5]。

2. 工艺流程

重质裂解汽油增产BTX技术采用固定床工艺，以C_{9+}裂解汽油为例，其工艺流程如图2-2-4所示。裂解汽油经脱除C_5/C_6~C_8后得到C_{9+}馏分，C_{9+}馏分经加氢预处理脱除烯烃及硫、氮等杂质，稠环芳烃经加氢转化为单环芳烃，如萘的转化率可达95%以上，生成四氢萘的选择性大于85%。加氢预处理产物经增产BTX单元后实现加氢裂解、开环反应，并通过脱烷基、烷基转移等一系列反应实现最大化增产BTX，大多数非芳烃在双功能催化剂作用下被转化为轻烃，如LPG、燃料气($C_{1+}C_2$，以C_2为主)等。另外，未转化的重组分可循环利用。

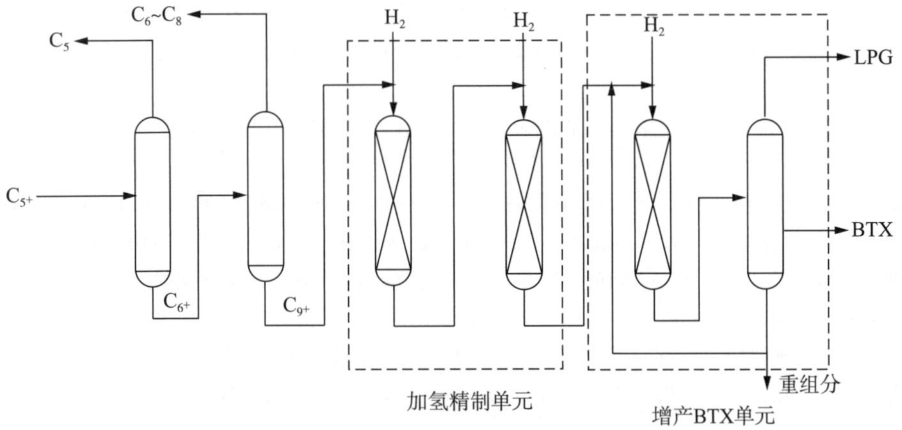

图2-2-4 中国石化重质裂解汽油增产BTX工艺流程图

采用该技术对C_{7+}裂解汽油原料进行加氢裂解处理时，产物中苯和二甲苯都有较大程度的提高。由于反应过程芳烃之间可以通过脱烷基、烷基化、烷基转移以及自身歧化相互转化并受反应平衡的限制，因此随着原料中甲苯含量的提高，甲苯还可向苯和二甲苯转化，这使得该技术成为能够有效调整芳烃产品组成的手段。同样，该技术也可应用于含C_{9+}馏分裂解汽油的不同工况，如C_{6+}或C_{8+}裂解汽油增产BTX。

中国石化重质裂解汽油增产BTX技术的特点：

①原料适应性强。该技术不仅可以加工含有较多C_{9+}馏分的裂解汽油，也可以处理常规技术难以加工处理的低附加值乙烯焦油，且对这些组分都有很高的转化效率。

②增产 BTX 效率高。非芳烃(烷烃和环烷烃等)通过加氢裂解反应转化为 LPG 和燃料气；C_8 芳烃与 C_{9+}重质芳烃则通过加氢脱烷基、烷基转移过程转化为 BTX，剩余部分与重质芳烃一起还可以作为循环进料。另外，由于乙苯发生脱烷基反应转化为苯，混合二甲苯产物中乙苯含量很低，是优质的异构级二甲苯原料。

五、技术展望

在高油价下蒸汽裂解装置加工原料的劣质化、多样化趋势仍将延续，同时页岩气开发、煤制烯烃等的发展，将对乙烯工业产生重大影响。乙烯企业通过炼化一体化实现裂解原料轻质化(轻烃)、低硫化(加氢尾油)，通过对副产裂解汽油的精细化利用，采用抽提、分离与重质馏分增产 BTX 技术的组合，实现效益最大化。通过新型催化剂材料及工艺技术的创新，提高加氢处理催化剂的原料适应性、活性和选择性，开发低氢耗、最大化增产芳烃的节能新工艺，进一步提升裂解汽油的价值，是蒸汽裂解制乙烯装置节能降耗、降本增效、提高综合竞争力的有效途径。未来技术的主要发展，对于传统裂解汽油加氢需要进一步开发耐杂质和适应宽馏分的裂解汽油一段、二段催化剂及其节能工艺技术，特别是一段镍系催化剂；对于重质裂解汽油，应开发相应节能工艺技术提高重质裂解汽油的利用效率；针对裂解燃料油以及其他富含芳烃的重质原料，开发新型高效催化剂及开发相关工艺增产 BTX，同时开发配套的加氢预处理催化剂及工艺技术。

参考文献

[1] 赵开鹏，韩松．裂解 C_9 芳烃的综合利用[J]．石油化工，1999，28(3)：197- 205.

[2] 梁鹏云，吕行．裂解汽油加氢装置高压加氢与低压加氢工艺技术的对比[J]．乙烯工业，2007，19(3)：4-11.

[3] 王德举，李学礼，刘仲能．裂解汽油重质馏分轻质化增产 BTX 芳烃技术进展[J]．上海化工，2008，33(2)：18-21.

[4] Choi S，Oh S H，Kim Y S，et al. APU^{SM} technology for the production of BTX and LPG from pyrolysis gasoline using metal promoted zeolite catalyst. Catal. Surv. from Asia，2006，10(2)：110-116.

[5] 王德举，刘仲能，宗弘元．不同馏分裂解汽油加氢裂解增产 BTX 芳烃研究[J]．第十六次全国乙烯年会论文集，2010，538-540.

[6] 何细藕．烃类蒸汽裂解原理与工业实践(一)[J]．乙烯工业，2008，20(3)：49-55.

[7] 何细藕．烃类蒸汽裂解原理与工业实践(二)[J]．乙烯工业，2008，20(3)：59-64.

[8] 任志鹏，杨智，张谦温．裂解汽油一段选择加氢 Ni 系催化剂的研究进展[J]．石油化工，2009，38(1)：98-102.

[9] 江兴华，刘仲能，侯闽渤．新型裂解汽油一段加氢催化剂的性能评价[J]．工业催化，2004，(4)：13-17.

[10] 刘江峰．裂解汽油加氢催化剂的工业化应用[J]．石油化工设计，2007，24(4)：37-39.

[11] 马红江，兰其盈，梁顺琴，任建国．裂解汽油加氢催化剂研制及工业应用[J]．石化技术与应用，2005，23(3)：193-195.

[12] 李大东．加氢处理工艺与工程[M]．北京：中国石化出版社，2004：940-946.

[13] 张津驰，周志明，曹益宁，杨栋，程振民．裂解汽油中噻吩加氢脱硫反应宏观动力学[J]．化学反应工程与工艺，2007，23(1)：42-47.

[14] 李矗，王安杰，鲁墨弘，李翔．加氢脱氮反应与加氢脱氮催化剂的研究进展[J]．化工进展，2003，

22(6): 583-588

[15] Rafig A, Ali K, Yeniova H, et al Development of a poly- functional catalyst for benzene production from pyrolysis gasoline. Appl Catal, A, 2003, 238(2): 279-287.

[16] Kang M, Song M W, Kim K L. SMSI effect on ceria supported Cu-Pd catalysts in the hydrogenation of 1,3-butadiene[J]. Reaction Kinetics and Catalysis Letters, 2002, 75(1): 177-183.

[17] 刘宪新, 李斯琴. 裂解汽油一段加氢 Pd 系和新型 Ni 系催化剂加氢性能对比及影响因素浅析[J]. 乙烯工业, 2007, 19(2): 50-54.

[18] Liu Zhong-neng, Xie Zai-ku, Jiang Xing-hua, et al. Alumina having acomplex pore structure, and catalyst and process for selective hydrogenation of cracking gasoline: The United States, US 8110527[P]. 2007-8-2.

[19] Scirès, Minicò S, Crisafulli C. Selective Hydrogenation of Phenol to Cyclohexanone over Supported Pd and Pd-Ca Catalysts: an Investigation on the Influence of Different Supports and Pd Precursors[J]. Applied Catalysis A: General, 2002, 235(1-2): 21-31.

[20] 李斯琴, 门晓棠, 刘根生. 裂解汽油选择性加氢催化剂: 中国, CN 1107704C[P]. 2003-5-07.

[21] Didillon Blaise, Cameron Charles, Gautreau Christophe. Selective hydrogenation catalysts containing palladium, also tin and/or lead, and the preparation and use thereof: The United States, US 5955397 [P]. 2001-5-29

[22] Xu Yi, Wu Pei-cheng, Wang Yu, Liu Dong, Ling Zheng-gou, Huang Xiao-lei. Selective hydrogenation process for removing C_{10}-C_{16} diolefins: The United States, US 6627778[P]. 2002-1-10.

[23] Dai Wei, Zhu JING, Li He-long, Mu Wei, Peng Hui, WANG Yu, CHEN Xin. Selective hydrogenation catalyst system and process for preparing the same and its use: The United States, US 6459008[P]. 2002-10-01

[24] 刘仲能, 侯闽渤, 吴晓玲, 等. 高效裂解汽油一段加氢催化剂的研制与应用[J]. 石油化工, 2008, 37(增刊), 111-113.

[25] Hoffer B W, Devred F, Kooyman P J, et al. Characterizationof ExSitu Presulfided Ni/Al_2O_3 Catalyst for PyrolysisGasoline Hydrogenation. J. Catal, 2002, 209(1): 245-255.

[26] Leliveld R G, Dillen A J, Geus J W, Koningsberger D C. Structure and nature of the active sites in CoMo hydrotreating catalysts conversion of thiophene[J]. Journal of Catalysis, 1998, 175(1): 108-116.

[27] 蒋帮勇, 梁顺琴, 钱颖, 等. 裂解汽油二段加氢 LY- 9702 和 LY- 9802 复合床催化剂的工业应用[J]. 石化技术与应用, 2008, 26(5): 463-466.

[28] 邱军. 茂名乙烯裂解汽油加氢操作工艺的优化[J]. 化学工业与工程技术, 2008, 29(1): 41-44.

[29] 王成威, 苏君来, 李亚男. LY-9702/LY-9802 型催化剂在裂解汽油二段加氢中的应用[J]. 乙烯工艺, 2011, 23(2): 60-63.

[30] 王成威. FH-40A 型催化剂在裂解汽油二段加氢中的应用[J]. 乙烯工艺, 2010, 22(3): 54-56.

[31] 崔健, 王辉, 周然然. QLH-02 裂解汽油二段加氢催化剂工业应用[J]. 齐鲁石油化工, 2007, 35(3): 202-205.

[32] 佟德群. FH-40A 催化剂用于裂解汽油二段加氢反应性能和工业应用[J]. 当代化工, 2007, 36(3): 259-261.

[33] 赵野, 郭淑芝, 胡胜, 蒲延芳. DZ-1 裂解汽油二段加氢催化剂的研制与工业应用[J]. 石油炼制与化工, 2001, 32(1): 41-44.

[34] 柴忠义. BY-5 裂解汽油二段加氢催化剂的工业应用[J]. 石化技术, 2009, 16(4): 13-17.

[35] 孙连霞, 孙明永, 张东平, 黄喜太. RDD-1 选择性加氢催化剂的工业应用[J]. 石油炼制与化工, 1999, 30(5): 10-12.

[36] Liu Zhong-neng, Xie Zai-ku, Wu Xiao-ling, Hou Min-bo, Jiang Xing-hua, Zong Hong-yuan. Nickel catalyst for selective hydrogenation: The United States, US 8236726[P]. 2009-12-24.

[37] 蔡世干，等．石油化工工艺学[M]. 北京：中国石化出版社，1993：262-264.

[38] 刘端成．裂解汽油加氢一、二段催化剂反应特性的研究[J]. 乙烯工业，1994，6（2）：50-63.

[39] 赵野，胡胜，于春梅．加氢催化剂预硫化评述[J]. 精细石油化工进展，2005，6(8)：49-52.

[40] 王建强，赵多，刘仲能，等．裂解碳九加氢利用技术进展[J]. 化工进展，2008，27(9)：1311-1315.

[41] 丘纯书．我国增产三苯的工艺路线评述[J]. 化工进展，2008，27(8)：1215-1221.

[42] 陈一斋，李秀云．由重芳烃制取[J]. 辽宁化工，1992，40(6)：41-45.

[43] Toppi S, Thomas C, Sayag C, et al. Kinetics and mechanisms of n-propylbenzene hydrodealkylation reactions over Pt(Sn)/SiO_2 and (Cl-) Al_2O_3 catalysts in reforming conditions. J. Catal., 2002, 210(2): 431-444.

[44] Toppi S, Thomas C, Sayag C, et al. Proposal for a common reactive adsorbate for ethylbenzene and indenic compounds in the conversion of n - propylbenzene over a precooked silica - supported platinum catalyst. J. Catal., 2003, 218 (2): 411-418.

[45] Toppi S, Thomas C, Sayag C, et al. On the radical cracking of n-propylbenzene to ethylbenzene or toluene over Sn/Al_2O_3 - Cl catalysts under reforming conditions. J. Catal., 2005, 230(2): 255-268.

[46] Serra J M, Guillon E, Corma A. Optimizing the conversion of heavy reformate streams into xylenes with zeolite catalysts by using knowledge base high-throughput experimentation techniques. J. Catal., 2005, 232(2): 342-354.

[47] 黄仲涛，曾昭槐，等．石油化工过程催化作用[M]. 北京：中国石化出版社，1995：243-247.

[48] 王秋．重芳烃轻质化工艺研究[J]. 辽宁化工，2001，30(4)：154-156.

[49] Weitkamp J, Bischof H, Doehler W, Laege J, Fuder F, Raichle A, Traa Y. Method for production of n-alkanes from mineral oil fractions and catalyst for carrying out said method: European Patent, EP1228168[P], 2000-10-4.

[50] Ahmed K A, Sameh M A, Sohair M A, et al. Effect of hydrochlorination and hydrofluorination of H-ZSM-5 on the catalytic hydroconversion reactions of cyclohexene. Appl. Catal. A: Gen., 2006, 297(1): 102-110.

[51] 王德举，刘仲能，侯闽渤，等．过剩芳烃生产轻质裂解原料[J]. 工业催化，2004，12(4)：1-6.

[52] Raichle A, Traa Y, Fuder F, et al. Haag-dessau catalysts for ring opening of cycloalkanes. Angew. Chem. Int. Ed., 2001, 40(7): 1243-1246.

第三节　轻烃芳构化技术

一、概　述

我国的轻烃资源比较丰富，除了油田气以外，这些轻烃主要包括产自炼油厂的 C_2~C_7 组分。其中 C_2 组分主要存在于催化裂化、延迟焦化等装置的干气产品中，由于其中含有部分乙烯等烯烃，可以作为轻烃芳构化的原料生产芳烃。C_3、C_4 组分主要存在于炼油厂的液化气产品中，是现有的轻烃芳构化技术的主要加工原料。C_5~C_7 组分主要产自炼油厂常压蒸馏及催化重整装置的拔头油、抽余油等轻石脑油馏分中，主要是饱和的烷烃，也可以作为轻烃芳构化技术的原料。

现有的轻烃芳构化技术主要有两条路线，一条是采用酸性催化剂的芳构化技术，催化剂为金属改性的 ZSM-5 分子筛催化剂。采用此类催化剂的芳构化技术可以将 $C_2 \sim C_5$ 的轻烃组分转化为芳烃并副产氢气，具有原料适应性广、产品价值高、工艺流程简单、原料无需严格精制、建设费用低等优点。代表性的工艺技术包括 Cyclar、Alpha、M2-forming、Z-forming、Aroforming 等。

Cyclar 芳构化技术由 BP 公司与 UOP 公司联合开发，以丙烷、丁烷或其混合物等轻质烷烃为原料，采用移动床工艺一步芳构化生产 BTX 和氢气，第一套工业装置于 1990 年投产，第二代催化剂采用一种 Ga 改性的 MFI 结构硅铝分子筛[1,2]。在反应温度 482～537℃、反应压力<0.689MPa、重时空速 2.0h^{-1}条件下，以丙烷、丁烷作为原料的芳烃质量收率分别为 61%、66%；当以质量比为 1/1 的 C_3/C_4 烃为原料时，典型的产品分布为：苯 15.5%、甲苯 27.6%、二甲苯 14.6%、C_{9+}芳烃 5.7%、氢气 6.8%及燃料气 29.4%[3]。

Alpha 工艺由日本三洋(Sanyo)公司和旭化成(Asahi)公司联合开发，用于将富含烯烃的轻烃原料转化为芳烃，原料可以是来自蒸汽裂解装置的 C_4 和 C_5 抽余油、FCC 汽油的 C_5/C_6 馏分、LPG 等。采用固定床绝热反应器和 Zn 改性 ZSM-5 分子筛与金属氧化物的复合催化剂，催化剂切换再生；反应温度 500～550℃，反应压力 0.3～0.5MPa。第一套工业装置于 1993 年投入运行[3,4]。

ExxonMobil 化学公司开发的 M2-forming 工艺可以采用催化裂化的不饱和气体以及催化裂化或者裂解、焦化等热加工过程得到的含烯烃汽油等原料，以 Zn 或 Ga 改性的 HZSM-5 分子筛为催化剂，采用催化剂循环再生工艺，反应压力接近常压，芳烃质量收率为40%～55%[3]。

日本三菱石油(Mitsubishi Oil)和千代田(Chiyoda)公司联合开发的 Z-forming 工艺以 LPG 和轻石脑油为原料[5]，使用Ⅷ族、ⅡB 族和ⅢB 族金属改性的 ZSM-5 分子筛催化剂，采用固定床工艺，共设置 8 个反应器，分 4 组串联、每组 2 个并联，相互间切换再生操作；与传统的催化重整工艺相比，当以高烷烃含量的石脑油为原料时，其芳烃产率相近，但燃料气产率高达 20%，降低了 Z-forming 工艺的经济性[1]。

法国 IFP 和澳大利亚 Salutec 公司合作开发了 Aroforming 工艺，可由 LPG 或轻石脑油生产芳烃，采用金属氧化物改性的择形分子筛催化剂及多个等温固定床管式反应器，通过切换反应器实现催化剂的再生。当以石脑油为原料时，芳烃收率可达 54.9%[6]。M2-forming、Z-forming 和 Aroforming 工艺迄今尚未见到工业应用的报道。

另一条路线为轻烃重整技术。采用 Pt/KL 碱性催化剂，主要加工 C_6 至 C_7 烷烃，可以得到较高的苯、甲苯收率。代表性的工艺包括 Chevron 公司的 Aromax 工艺和 UOP 公司的 RZ 铂重整工艺，均于 20 世纪 90 年代实现工业化。与传统的重整工艺相比，轻烃重整技术在加工富含 $C_6 \sim C_7$ 烷烃的原料方面具有明显的优势，可以得到更高的 BTX 收率。但该技术对原料精制要求较为苛刻，特别是对原料脱硫要求很高(原料中硫含量要求小于 50ng/g)，限制了其广泛应用。

轻烃芳构化技术开发年代较早，但未获得更广泛的应用，这与轻烃原料不易大规模获取及价格偏高有关。我国催化裂化加工能力及汽油调合组分中 FCC 汽油所占比例大，烷基化和异构化汽油较少，而且随着天然气工业的发展，城市民用液化气的市场正在逐渐缩小，轻烃资源越来越丰富；炼油厂规模大型化和炼化一体化发展，使得将这部分相对过剩的 LPG 等轻烃资源转化为 BTX 产品，在实现拓展芳烃资源的同时具有良好的经济效益。中国石化分别开发了固定床和移动床轻烃芳构化技术，已得到较广泛应用，并开展了轻烃重整技术的相关研究。

二、轻烃资源来源

(一)含烯烃干气

乙烯等轻烯烃资源一般存在于催化裂化、延迟焦化等炼油装置所产的干气产物中。目前催化裂化仍是我国重质油轻质化的最主要加工过程，其加工能力已达 150Mt/a。为了适应原料劣质化和生产石油化工原料的需要，催化裂化新技术近年来又获得了长足的进展，如多产低碳烯烃的 DCC 工艺、最大量生产液化气和汽油的 MGG 和 ARGG 工艺、多产异构烯烃的 MIO 工艺等。这些新技术的开发和应用，使炼油厂催化裂化干气产量和干气中的乙烯等轻烯烃含量大幅增加。一般常规催化裂化干气中乙烯含量通常为 10%~20%，而催化裂解工艺的干气中乙烯含量可高达 50%，但许多炼油厂的干气没有很好地加以利用，造成资源的浪费[7]。典型的催化裂化干气组成见表 2-3-1。

表 2-3-1 催化裂化典型干气产率及组成

组 分	摩尔分数/%	质量分数/%
氢气	33.00	3.67
二氧化碳	1.61	3.94
一氧化碳	3.29	5.13
甲烷	24.87	22.15
乙烯	11.10	17.30
乙烷	8.38	13.99
丙烯	0.70	1.64
丙烷	0.14	0.34
异丁烷	0.28	0.90
1-丁烯/异丁烯	0.22	0.69
正丁烷	0.14	0.45
反丁烯	0.13	0.41
顺丁烯	0.10	0.31
异戊烷	0.24	0.96
空气	15.79	28.12
合计	100.00	100.00

(二)LPG

我国炼油厂生产 LPG 的过程主要有常减压、催化裂化、延迟焦化、催化重整、加氢裂化等。各装置所产 LPG 的产率与组成，随原料、生产方案及工艺条件的不同而变化，通常各装置的平均 LPG 产率见表 2-3-2。

表 2-3-2　炼油厂 LPG 主要来源

装置名称	装置 LPG 平均产率/%
催化裂化	18.2
延迟焦化	2.5
常减压蒸馏	0.5
连续重整	2.6
加氢裂化	3.0

由表 2-3-2 可知，催化裂化装置的 LPG 产率最高，是目前主要的 LPG 生产来源。催化裂化(以 MIP 工艺为例)、延迟焦化、常减压、催化重整和加氢裂化工艺过程所产 LPG 的典型组成见表 2-3-3。

表 2-3-3　各工艺过程所产 LPG 的体积组成　%

组　分	催化裂化	延迟焦化	常减压	连续重整	加氢裂化
C_2^0	—	—	2.91	—	—
C_3^0	9.33	35.67	33.81	37.08	20.13
$C_3^=$	33.77	21.23	—	—	—
i-C_4^0	23.13	13.70	23.83	31.18	46.22
n-C_4^0	4.97	12.83	36.83	26.19	27.55
$C_4^=$	28.80	14.21	—	—	—
$\geqslant C_5$	0.00	2.36	2.62	5.55	6.10
合计	100.00	100.00	100.00	100.00	100.00

由表 2-3-3 可知，催化裂化和延迟焦化装置的液化气中含有部分丙烯和丁烯，而产自常减压、催化重整以及加氢裂化装置的液化气以烷烃为主，基本不含烯烃。

(三)轻石脑油

重整拔头油和抽余油等轻石脑油资源也是重要的轻烃芳构化原料。

重整拔头油的典型组成列于表 2-3-4。

表 2-3-4　典型的重整拔头油组成

组　分	含量/%
丙烷	0.57
异丁烷	7.86
正丁烷	13.61
环戊烷	1.83
异戊烷	33.05
正戊烷	41.14
己烷	1.94
合计	100.00

由表2-3-4可知，重整拔头油的各组分都为饱和的轻质烷烃，是较好的轻烃芳构化原料。

芳烃抽提装置副产的抽余油产品(非芳烃)性质因抽提原料不同而存在较大差异。目前工业上主要的芳烃抽提原料为重整生成油和裂解加氢汽油，相应的抽余油产品分别为重整抽余油和裂解抽余油，典型的抽余油组成见表2-3-5。两种抽余油中芳烃含量均较低，小于1%，但环烷烃和链烷烃含量差别迥异。重整抽余油中链烷烃含量高于80%，是优质的乙烯裂解原料，也可作为轻烃重整工艺的原料；裂解抽余油中环烷烃含量在70%以上，是优质的芳构化原料。

表2-3-5 典型的芳烃抽余油组成

组分		重整抽余油/%	裂解抽余油/%
烷烃	C_5	5.4	0.0
	C_6	46.3	6.2
	C_7	23.2	11.0
	C_{8^+}	6.2	4.5
环烷烃	C_5	0.0	1.6
	C_6	8.1	55.9
	C_7	4.6	13.5
	C_{8^+}	5.2	6.0
芳烃	B	0.2	0.1
	T	0.1	0.2
	$C_{8^+}A$	0	0.5
合计		100.0	100.0

三、反应原理

(一)轻烃芳构化反应机理

轻烃芳构化的反应机理与催化剂密切相关。目前的轻烃芳构化催化剂主要分为两大类：一类是以ZSM-5等酸性分子筛为代表的酸性催化剂，另一类是以负载Pt的KL分子筛为代表的碱性催化剂。

1. 酸催化的芳构化反应机理

酸性催化剂上轻烃芳构化反应的原料包括低碳烷烃和烯烃。烷烃芳构化反应机理研究的核心问题之一是原料如何活化。研究结果表明，低碳烷烃芳构化反应主要有两个步骤，第一步是烷烃转化为低碳烯烃，第二步是低碳烯烃的芳构化。在第一步中，低碳烷烃既可以在催化剂的质子酸中心上活化，通过正碳离子机理离解为低碳烯烃，并副产更低碳数的烷烃或氢气，也可以在脱氢活性中心上通过直接脱氢转化为烯烃和氢气。

关于低碳烯烃在酸性催化剂上芳构化的反应机理，一般认为烯烃通过聚合、裂解、环化、氢转移芳构化或脱氢芳构化，最后转化为芳烃。相关研究近年来仍不断在国内外见诸报道。

王殿中等[8]根据稀乙烯在 HZSM-5 上的转化结果提出了低碳烯烃生成芳烃的步骤，即烯烃经叠合转化为非饱和齐聚物，非饱和齐聚物经环化转化为非饱和环化物，最后转化为芳烃。所提出的乙烯芳构化机理模型如图 2-3-1 所示。

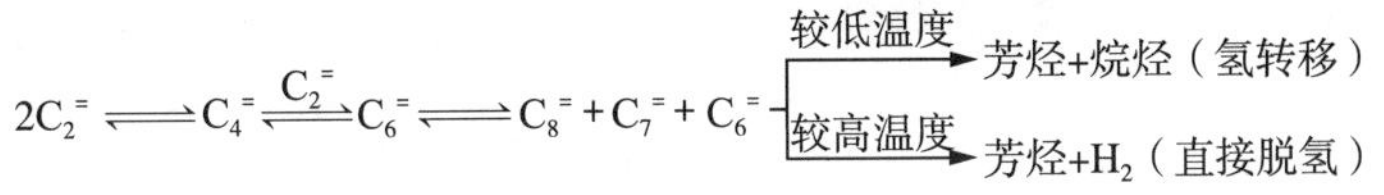

图 2-3-1　王殿中等提出的乙烯芳构化反应机理模型

曹亮等[9]通过理论计算对 HZSM-5 分子筛上乙烯芳构化过程中 C_4 至 C_6 中间体的反应历程进行了研究，并探讨了分子筛的酸催化机理和择形催化作用。罗坚等[10]考察了不同温度下丙烯在 ZSM-5 和 Ga-ZSM-5 上的芳构化反应，发现温度较低时丙烯在两种分子筛上的反应结果相似，均表现为在酸性催化剂上的齐聚-裂解反应；随着反应温度的升高，Ga-ZSM-5 上的齐聚物易脱氢环化生成芳烃，使丙烯转化率和芳烃收率显著提高，而在ZSM-5 上的齐聚物通过与小分子烯烃发生氢转移反应生成芳烃，芳烃产率较低。

Vedrine 等[11]利用紫外可见光谱对丙烯的芳构化过程进行了研究，发现随着反应温度的升高，先出现五元环和六元环的正碳离子，继续升高温度，会出现多烷基芳烃，并由此提出了如图 2-3-2 所示的丙烯芳构化反应历程。

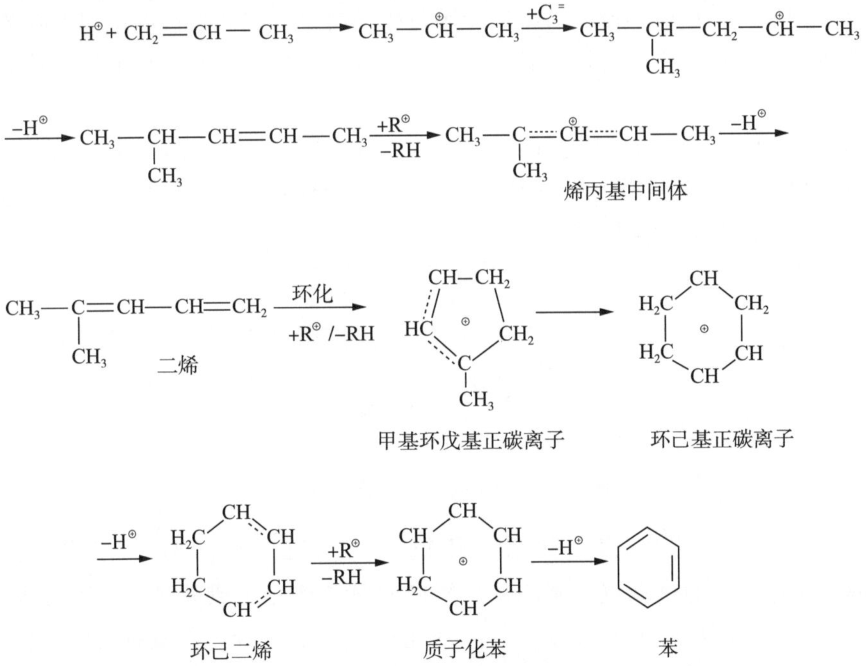

图 2-3-2　Vedrine 等提出的丙烯芳构化反应历程

Ono 等[12]研究了 1-丁烯在 HZSM-5 和 Zn-ZSM-5 上的芳构化反应，把烯烃的芳构化过程简化为如图 2-3-3 所示的机理，即烯烃的二聚物可以在 B 酸中心上环化后发生氢转移反应芳构化生成芳烃和烷烃，也可以在金属组元上发生环化脱氢的芳构化反应生成芳烃和氢气。

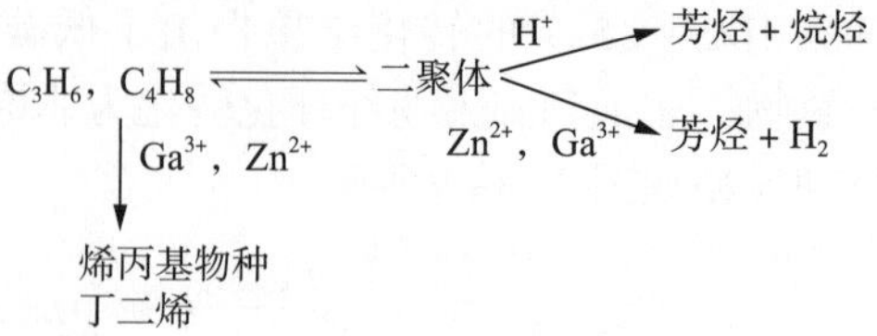

图 2-3-3　Ono 等提出的烯烃芳构化机理

Isaguliants 等[13]对 $C_4 \sim C_8$ 单烯烃和二烯烃在高硅 ZSM-5 上的转化反应进行了研究，并根据 ^{14}C 放射性同位素实验结果提出了烯烃芳构化反应机理，认为芳烃的前驱体不是由低聚物中间体形成，而是由裂解产生的小分子烯烃及二烯作为基本单元组合形成，同时利用该机理较好地解释了反应产物的芳烃分布。

由以上研究结果可知，对于烯烃在酸性催化剂上芳构化反应机理，虽然存在不同看法，但对基本过程的认识是一致的。

2. 碱性催化剂上芳构化的反应机理

自 20 世纪 70 年代末 Bernard 发现 Pt/KL 分子筛对正己烷芳构化具有很高的活性和选择性以来，研究者们在进一步研究 Pt/KL 分子筛的基础上提出了碱性催化剂表面的芳构化反应机理。在金属/碱性载体催化剂上，C_6 和 C_7 烷烃的芳构化反应历程与在酸性催化剂上完全不同，占主导地位的反应是烷烃直接环化脱氢生成芳烃，因此碱性催化剂上的芳构化反应主要生成碳数与原料相对应的芳烃与异构烷烃，裂解产物较少，并几乎不生成碳数高于原料的重芳烃类产物。

Lane 等[14]对正己烷在 Pt/KL 分子筛和 Pt/KY 分子筛上芳构化反应进行了动力学研究，得出的反应过程如图 2-3-4 所示。由图 2-3-4 可知，异构化反应是烷烃在金属/碱性载体芳构化催化剂上发生的常见副反应之一。

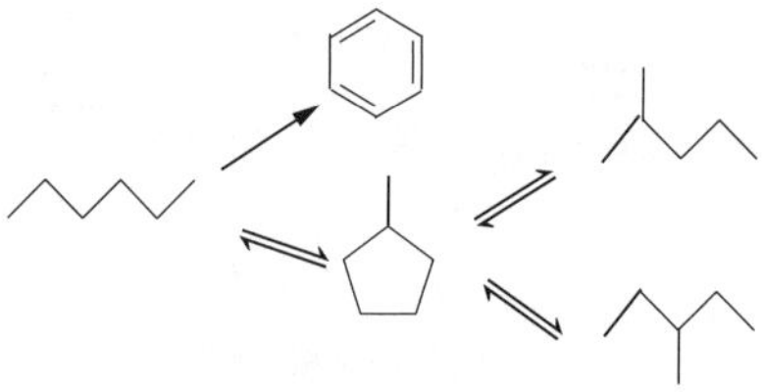

图 2-3-4　正己烷芳构化反应过程

Tauster 等[15]通过对比 Pt/KL、Pt/SiO_2 和 Pt/Al_2O_3 对正己烷芳构化的催化性能，认为在碱性催化剂上烷烃主要通过端点吸附闭环，然后脱氢芳构化生成芳烃。卢维奇等[16]认为烷烃在碱性催化剂的金属中心上直接发生脱氢环化反应生成芳烃。石映祯等[17]提出在 Pt/KL 催化剂上烷烃分子($>C_6$)芳构化反应的主要途径是：主链的 1，6 位碳原子经与镶嵌在 KL 分子筛晶格内孔、高分散的铂粒作用生成 1，6 吸附态后，直接闭环脱氢为芳烃，并提出 Pt/KL 分子筛催化剂上烷烃芳构化的机理模型，如图 2-3-5 所示。

Paal[18]提出碱性中心可能参与芳构化反应，认为 Pt 簇提供脱氢中心，脱氢可以分步进行，生成己烯、己二烯和己三烯中间体，这些中间体可以在碱中心上实现环化和芳构化。姜贤等[19,20]指出在氢解过程中，烷烃分子逐步脱氢形成不饱和的中间体 C_nH_{2n-x}，深度脱氢物种的形成(x 较大)有利于氢解，而 $x \approx 2$ 的物种的形成则有利于芳构化。

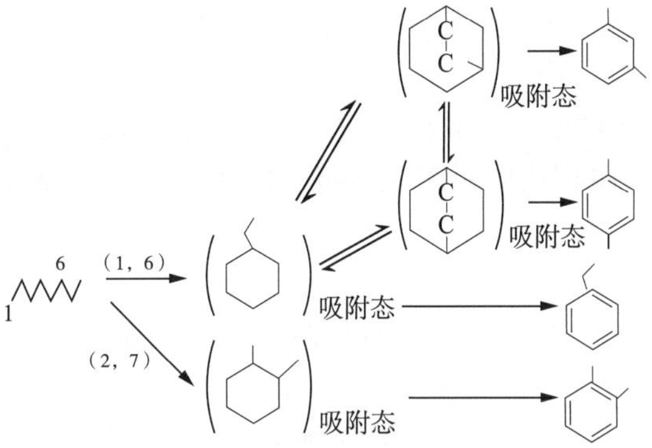

图 2-3-5　Pt/KL 分子筛催化剂上烷烃芳构化机理模型

目前，对 C_6 和 C_7 烷烃在碱性催化剂上的芳构化反应机理并存两种观点：①单功能机理，即烷烃直接在金属活性中心上发生环化脱氢反应生成芳烃。碱性位的作用只是提高金属活性中心的分散度或增强金属活性中心的芳构化催化能力。②双功能机理，即烷烃首先在金属中心上脱氢生成相应的烯烃，所生成的烯烃再在碱性中心上实现环化和芳构化。

(二)轻烃芳构化反应热力学

轻烃芳构化反应原料来源广泛，芳构化过程中涉及的反应多，产物复杂，且反应途径会随反应条件而变。鉴于轻烃芳构化反应本身和反应产物的复杂性，准确计算反应的热力学非常困难，相关的研究报道并不多。

姚本镇等[21]进行了低碳烷烃无氧芳构化的热力学研究，选择涉及 $C_1 \sim C_4$ 烷烃转化的 12 个主要物种和 30 个反应进行计算，结果表明：①温度是影响低碳烷烃各反应的重要因素，在温度较低时各反应平衡转化率均较低，高温有利于低碳烷烃的转化和芳烃的生成，但温度过高将有较多的积炭生成；②与烷烃脱氢生成烯烃相比，低碳烷烃的芳构化反应更容易进行；③相对于甲烷芳构化，乙烷、丙烷和正丁烷更容易发生芳构化反应。

黎小辉等[22]对 LPG 芳构化反应体系进行了热力学分析，并考察了反应温度、压力及原料中丁烷、丁烯和丙烯含量对产物中芳烃平衡组成的影响，发现：①LPG 芳构化芳烃产物以轻质芳烃为主，甲苯最多；②相同碳数的烯烃比烷烃更易转化，相同类型的烃类中，高碳数烃比低碳数烃更容易芳构化；③温度及反应体系中原料组成，特别是丁烯组成是影响 LPG 芳构化制芳烃的主要因素。此外，他们还分析了 LPG 芳构化过程的热效应[23]。袁本旺等[24]以碳四芳构化烷基化工艺研究为基础，对碳四烃芳构化烷基化反应过程进行了热力学分析，并根据碳四芳构化反应结果对反应放热量和绝热温升进行了计算。

四、酸催化的轻烃芳构化技术

(一)酸性芳构化催化剂

酸性芳构化催化剂主要有两类，分别是酸性氧化铝负载脱氢组元的双功能催化剂和以 ZSM-5 为代表的酸性分子筛催化剂。

1. 酸性氧化铝双功能催化剂

早在 20 世纪 40 年代，国外就对轻烃芳构化工艺进行了探索研究。Csicsery[25]在 1970 年将低碳烃在双功能催化剂(如 Pt/Al_2O_3)上的反应称为“Dehydrocyclodimerization”过程，认为芳烃是通过低碳烃脱氢环化二聚反应制得。该过程需要临氢，使用的催化剂通常是同时含有酸性功能(酸性 Al_2O_3)和脱氢功能(Pt、Pd、Cr、Mn)的双功能催化剂。但该过程有明显的缺点：①反应温度高(约 550℃)；②反应产生大量的甲烷和乙烷，且芳烃选择性较低(约 30%)；③催化剂结焦快，单程反应周期的运行时间短。这些缺点限制了此类催化剂在轻烃芳构化领域的应用。

2. 酸性分子筛催化剂

目前，大量的研究工作表明，在众多的酸性沸石分子筛中，ZSM-5 的轻烃芳构化综合性能最优，是最常用的轻烃芳构化酸性分子筛材料。

ZSM-5 分子筛由 Mobil 公司于 1972 年研制成功，由于 ZSM-5 热稳定性和水热稳定性高，特别是有独特的择形催化性能，且抗积炭能力强，很快被用作轻烃芳构化催化剂[26]。相对于非分子筛芳构化催化剂，HZSM-5 的芳构化活性与稳定性要高很多，但仍存在高温下积炭失活快、芳烃选择性偏低的问题。为了进一步提高 ZSM-5 催化剂的芳构化性能，几十年来人们开展了大量的研究工作，主要集中在两个方面：一方面是对 ZSM-5 分子筛进行改性，主要包括金属改性、水热处理改性和非金属改性；另一方面是合成具有特殊结构和组成的 ZSM-5 分子筛，主要包括纳米(或称小晶粒)ZSM-5 分子筛和含杂原子的 ZSM-5 分子筛。为了研制性能优异的轻烃芳构化催化剂，通常需要采用以上多种方法，并对这些方法进行优化组合。

(1)金属改性 ZSM-5 催化剂

金属改性可以消除催化剂上的强酸中心[27]，这是通过表面覆盖途径实现的，由于金属氧化物本身属于 L 酸，因此通过金属改性可以同时提高 L 酸中心与 B 酸中心的比例。

金属改性的常用方法包括固态反应法、浸渍法和离子交换法[28]。英国 BP 公司的 Davies[29] 发现浸渍或离子交换了 Ga^{3+} 的 HZSM-5 可明显提高轻烃芳构化的转化率和选择性。随后 BP 公司和美国的 UOP 公司利用该催化剂联合开发出了液化气移动床芳构化技术——Cyclar 工艺[30]。自从 Cyclar 工艺出现以来，在研制金属改性的 ZSM-5 芳构化催化剂方面进行了大量的研究工作，其中以 Pt、Zn、Ga 的改性研究最为集中。

Kwak[31] 和 Inui[32] 的研究工作表明，仅由 Pt 改性的 ZSM-5 催化剂的芳构化性能不如 Zn 或 Ga 改性的催化剂，且 Zn 的改性作用比 Ga 更明显。而 Ono 等[33] 的丙烷芳构化研究结果表明，Ga 改性的 HZSM-5 分子筛催化剂无论是催化活性还是芳烃选择性都优于 Zn 改性的催化剂。熊兴国等[34] 考察了在 ZSM-5 分子筛上引入 Zn、Ga 物种对乙烷芳构化的影响，发现 Zn 和 Ga 物种在芳构化过程中的脱氢步骤(如乙烷脱氢及聚合环化物脱氢生成芳烃)发挥至关重要的作用。虽然其研究也表明 Zn、Ga 等金属的存在主要起脱氢作用，但单独的 Ga_2O_3 和 ZnO 却不具有芳构化活性，只有当 Zn 或 Ga 与分子筛的质子酸中心相互协同才能提高芳构化反应的选择性[35]。因此，这种金属改性的 ZSM-5 催化剂实际上也是同时具有酸性功能和脱氢功能的双功能催化剂。

(2)水热处理改性 ZSM-5 催化剂

H-ZSM-5 改性的重要目的之一是调变分子筛的表面酸性和孔道结构，而水热处理通常是最常用的方法[36,37]。

Campbell 等[38] 采用固体 NMR(Al-27 和 Si-29)、Xe-129NMR、XRD、XPS 等手段研究了水热处理对 HZSM-5 分子筛的影响，发现水热处理会导致分子筛骨架脱铝，形成低对称性的非骨架铝物种，并存在于分子筛孔道之中。此外还发现分子筛硅铝比越低，水热处理时骨架脱铝作用越不显著。

尉东光等[39]以氨和吡啶为FTIR探针研究了水热处理对分子筛结构及酸性的影响，发现水热处理温度对分子筛中铝的状态有很大影响。随着水热处理温度的升高，骨架铝不断从分子筛的骨架中脱除出来，B酸位也随之减少，B酸位与骨架铝表现出很好的对应关系。脱出来的铝在孔道中沉积形成非骨架铝物种，其结构十分复杂，部分形成了L酸位，从而使L酸位随着水热处理温度的升高而有所增加。

解红娟等[40]考察了水蒸气处理对HZSM-5酸性及丙烷芳构化性能的影响。结果表明，在水蒸气处理温度低于300℃时，B酸中心数随水蒸气处理温度的提高逐渐增加，而L酸中心数则不断减少；水蒸气处理温度超过300℃时，HZSM-5脱铝趋于严重，B酸中心数随温度升高呈加速下降趋势，而L酸中心数则不断提高；300℃时，B酸中心数最多，L酸中心数最少，此时HZSM-5的芳构化活性和芳烃选择性也达到最高值。

赵晓东等[41]发现水热处理后的Pt-H-ZSM-5催化剂的总酸量明显降低，且水热处理温度越高，催化剂总酸量越低，水热处理温度达到700℃时，催化剂基本无强酸中心。作者认为催化剂芳构化活性与强酸量密切相关，高活性的催化剂需要适宜的酸强度分布，而水热处理后，强酸量过少，催化剂芳构化性能不佳。

吕仁庆等[42]采用多种表征手段系统研究了不同温度下用100%水蒸气处理对H-ZSM-5的孔结构及活性的影响。研究结果表明，随着水热处理温度的升高，HZSM-5分子筛的结晶度虽呈下降趋势，但变化并不显著。水热处理温度对正己烷吸附量的影响也不大，表明水热处理后HZSM- 5分子筛的结构没有发生明显变化；随着水热处理温度的升高，HZSM-5分子筛的比表面积减小，二次孔或中孔呈增大趋势，酸中心数目减少，活性降低，但其活性稳定性却较高。此外，在研究碱性水蒸气(含10%NH_3的水蒸气)处理对ZSM-5沸石酸性质及孔结构的影响时，也得出了相似的结论[43]。

罗立文等[44]通过XRD、NH_3-TPD、IR、比表面积与孔结构测定等方法研究了HZSM-5分子筛在不同温度下进行水热处理时的酸性与孔结构。结果表明，随着水热处理温度的提高，HZSM-5分子筛的结晶度稍有增大；酸性明显减弱，弱酸位增多，强酸位相对减少；比表面积与微孔体积减小，介孔体积增大。

(3)非金属改性ZSM-5催化剂

向ZSM-5中引入P、Si等非金属元素，通常也会引起分子筛酸量、酸强度、酸分布、孔道尺寸等的变化，进而影响催化剂的性能。

矫庆泽等[45]用$Si(CH_3)_3Cl$对HZSM-5进行化学气相沉积(CVD)处理，考察Si改性对分子筛酸性及芳构化性能的影响，发现Si改性后分子筛骨架结构未破坏，但随着Si沉积量的增加，分子筛结晶度、强酸中心数目及B/L酸量比例均不断下降。此外，硅改性虽然使催化剂的芳构化活性下降，但却使二甲苯中对二甲苯的选择性提高，这是因为硅的沉积造成催化剂的孔道压缩，改变了孔口的大小，从而使催化剂的择形效应发生变化。

王心葵等[46]研究了磷对HZSM-5的改性及这种改性对丙烷芳构化反应的影响，结果表明，将适量的磷添加到HZSM-5上可有效地抑制反应的裂解活性，明显提高芳烃的选择性，并抑制积炭。

通常来说，磷的含量要适中，含量过低时，催化剂不能有效地发挥其抗积炭性能；磷含量过高时，可能会堵塞分子筛的孔道，同时可能覆盖部分酸中心，减少分子筛的酸性表面，使催化剂比表面积下降，对芳构化反应不利[47]。

(4)纳米(或小晶粒)ZSM-5 催化剂

轻烃芳构化目标反应主要发生在 ZSM-5 分子筛的内表面，反应物分子必须首先扩散到分子筛的晶体内，产物分子又必须从晶体内扩散出去，分子在晶体内的停留时间较长，就容易导致二次反应发生，生成积炭前躯体和副产物，从而导致催化剂积炭失活较快。而小晶粒 ZSM-5 分子筛或纳米 ZSM-5 分子筛具有外表面积大、表面能高、外表面酸中心数量多、吸附能力强和扩散限制小等特点[48]，可以有效缓解上述问题。因此，研发纳米 ZSM-5 芳构化催化剂成为近年来的研究热点。

杨付等[49]对比了晶粒尺寸为 0.2～0.5μm 的超细 HZSM-5 与晶粒尺寸为 2μm 的微米 HZSM-5 的芳构化性能，发现两种晶粒度的 HZSM-5 上生成的芳烃分布大致相同，但前者的活性、芳构化选择性及活性稳定性均明显高于后者，并且在相同反应条件下超细 HZSM-5 的积炭量低于微米 HZSM-5。

张培青等[50]采用 XRF、TEM 和 NH_3-TPD 等技术对所制备的粒径为 20～50nm 的纳米 HZSM-5 催化剂进行了表征，以正辛烷和 1-辛烯的芳构化和异构化为探针反应研究了纳米 HZSM-5 沸石催化剂的催化性能，并与微米 HZSM-5 催化剂(4～6μm)进行比较。结果表明，纳米 HZSM-5 具有晶粒小、微孔短、孔口多以及位于孔口和外表面的酸中心数量多、对大分子的烷基芳烃和异构烷烃等的扩散阻力小等特点，减小了积炭对纳米 HZSM-5 上芳构化、烷基化和异构化反应的影响，比微米 HZSM-5 具有更好的芳构化、异构化活性和稳定性。

(5)含杂原子的 ZSM-5 催化剂

自从 1980 年与 ZSM-5 具有相同骨架结构的硼硅分子筛见诸报道以来，迄今已有数十种元素的 ZSM-5 型杂原子分子筛被合成出来，并且其性质和应用方面的研究更加广泛[51]。在轻烃芳构化领域，含 Ga 的 ZSM-5 杂原子分子筛是最受关注的轻烃芳构化催化剂之一。

罗坚等[10]考察了丙烯在 ZSM-5 和 ZSM-5 型镓硅分子筛(Ga-ZSM-5)上的反应，发现温度较低时两者均使丙烯发生齐聚-裂解反应，自 175℃起均开始产生芳烃，且芳烃产率均随温度升高而增加；在 ZSM-5 上丙烯齐聚物通过与小分子烯烃的氢转移反应生成芳烃，而在 Ga-ZSM-5 上则主要是丙烯齐聚物直接脱氢环化实现芳构化，因此 Ga-ZSM-5 上芳烃产率比在 ZSM-5 上高得多，且 Ga 含量增加，Ga-ZSM-5 芳构化能力增强。

Choudhary 等[52]对比了 H-Gallosilicate (MFI)，H-Galloaluminosilicate(MFI)和 Ga/H-ZSM-5 的低碳烷烃芳构化性能，结果表明，三者的芳构化性能依次为：H-Galloaluminosilicate(MFI)≫H-Gallosilicate (MFI)> Ga/H-ZSM-5。作者认为非骨架 Ga 物种与分子筛酸性位的协同作用对提高催化剂的烷烃芳构化活性和选择性至关重要，而经过热处理的 H-Galloaluminosilicate(MFI)不但具有较强的酸性，并且从骨架脱出的 Ga 物种在分子筛孔道内高度分散，实现了脱氢功能和酸功能的优化匹配，从而具有优异的芳构化性能。

3. 中国石化轻烃芳构化催化剂

(1)固定床芳构化催化剂

中国石化自 1994 年开展轻烃芳构化方面的研究工作以来，开发了适用于固定床工艺的 RF 系列等芳构化催化剂。

RF 系列轻烃芳构化催化剂不含贵金属铂和镓，呈条形，以 RF-1 催化剂为例，其物化性质见表 2-3-6。该系列由于使用改性的小晶粒 ZSM-5 分子筛材料，因此具有很好的芳构化活性和稳定性。

表 2-3-6 RF-1 轻烃芳构化催化剂的物性

项目	数值
外形	直径 1.5~2.0mm 条
强度/(N/cm)	≥90
比表面积/(m^2/g)	300~330
孔体积/(mL/g)	0.3
堆密度/(g/cm^3)	0.67~0.80

以含正丁烯 44%的混合碳四为原料时，在保持反应条件不变、芳烃产率大于 46%的前提下，中型试验装置上 RF-1 催化剂的单程运转周期为 330h。单程运行失活后的催化剂可以进行反复再生以恢复活性。表 2-3-7 给出了新鲜剂及再生 2 次和 4 次后，催化剂在碳四芳构化 300h 连续反应期间氢气、干气及芳烃产率的平均值。由表 2-3-7 可知，催化剂经过数次再生后，芳构化活性未发生明显变化。对经过第 4 次再生的催化剂进行物性和组成分析，结果见表 2-3-8。可以看出，其比表面积和孔体积没有明显变化，且未发现改性金属组分流失。可见，RF-1 型芳构化催化剂具有良好的再生性能。

表 2-3-7 再生前后催化剂的单程寿命及平均产率

催化剂	单程寿命/h	平均产率/%		
		H_2	C_1+C_2	芳烃
新鲜剂	300	2.3	19.4	43.8
第 2 次再生后	300	2.3	19.6	43.9
第 4 次再生后	300	2.3	19.5	43.5

注：反应温度 530℃，压力 0.1MPa，空速 0.67h^{-1}。

表 2-3-8 四次再生后催化剂与新鲜剂物性比较

催化剂	比表面积/(m^2/g)	孔体积/(mL/g)
新鲜剂	307	0.274
再生剂	306	0.295

在 RF-1 催化剂的基础上，通过引入新的助剂并改进催化剂制备工艺，相继开发了RF-2 和 RF-3 催化剂，进一步改善了催化剂的稳定性和选择性。在相同的反应条件下，RF-2 催化剂的单程运转周期可延长至 450h 以上，同时减少了干气的生成，RF-3 催化剂的芳烃产率可提高 4%~6%。两者也同样具有良好的再生性能。

中国石化还开发了可应用于液化气芳构化过程的 LAC 系列催化剂。

(2)移动床芳构化催化剂

在固定床芳构化催化剂的基础上，进一步开展了移动床球形芳构化催化剂的研究开发，并开发出球形 RF-4 催化剂等。

移动床工艺对催化剂有着特殊的要求，尤其对强度、耐磨性能、粒度分布、堆密度、水热稳定性等物化性质要求严格。在连续重整催化剂技术和移动床工艺研究开发的技术基础上，开发了新型分子筛滴球成型工艺，建立了球形催化剂物化性质分析和催化性能评价方法，研制成功适合于移动床反应和连续再生工艺的球形 RF-4 轻烃芳构化催化剂，具有较高的芳构化反应活性和优良的再生性能。RF-4 催化剂的物化性质见表 2-3-9。

表 2-3-9 RF-4 移动床球形芳构化催化剂的物性

项目	数值
外形	直径 1.6mm 球
磨损率/%	0.40
强度/(N/颗)	96
比表面积/(m^2/g)	330~350
孔体积/(mL/g)	0.50
堆密度/(g/cm^3)	0.75

以含丁烯 40%的醚后 C_4 为原料，对比了 RF-1 条形和 RF-4 球形催化剂的芳构化性能，结果见表 2-3-10。可以看出，球形催化剂的芳构化性能与 RF-1 催化剂相当。

表 2-3-10 RF-4 催化剂和 RF-1 催化剂的芳构化性能对比

催化剂	RF-4		RF-1	
反应温度/℃	520	540	520	540
产品分布/%(质量)				
$H_2+C_1+C_2$	22.27	27.34	21.52	25.52
液化气	27.22	21.12	29.47	21.39
C_{5+}非芳烃	0.57	0.50	0.78	0.25
BTX	41.93	43.12	41.58	45.86
$C_{9+}A$	8.01	7.92	6.66	6.98
总芳烃	49.94	51.04	48.24	52.84

进一步考察了 RF-4 球形芳构化催化剂的再生性能。实验结果显示，与新鲜剂相比，经过 100 次再生的催化剂芳烃收率下降了不到 5%。以催化剂的单程运转周期为 7 天计算，100 次再生催化剂的累计运转时间可以达到两年，表明 RF-4 催化剂具有优异的再生性能，可以满足移动床工艺工业应用的要求。

(二)酸催化的轻烃芳构化工艺

1. 工艺条件的影响

(1)原料组成的影响

轻烃芳构化的原料来源较广泛，使用 RF-1 催化剂考察了催化剂对原料的适应性。几种轻烃原料的组成和芳构化实验结果分别列于表 2-3-11 和表 2-3-12。由表可知，RF-1 催化剂不但具有良好的芳构化性能和原料适应性，同时具有优异的抗硫、二烯烃等杂质的能力。

表 2-3-11　几种轻烃原料及其组成　%

低压燃料气		混合碳四		戊烷		重整拔头油		重整抽余油	
H_2	0.6	C_3	0.09	$C_5^=$	0.4	C_2	0.1	C_5	5.1
C_1+C_2	23.6	$C_3^=$	0.06	iC_5	52.8	C_3	4.4	C_6	58.2
$C_3\sim C_5$	74.3	$C_4^=$	44.0	nC_5	46.3	iC_4	9.3	C_7	31.9
$N_2+CO+CO_2$	1.5	iC_4	28.3	C_6	0.5	nC_4	26.2	C_8	4.8
H_2S	数百 μg/g	nC_4	27.2	—	—	iC_5	31.0	—	—
		C_{5+}	0.12	—	—	nC_5	28.4	—	—
		丁二烯	0.19	—	—	总烯烃	0.6	—	—
		总硫	53μg/g	—	—	总硫	200μg/g	—	—

表 2-3-12　不同原料对 RF-1 催化剂芳构化性能的影响

	低压燃料气	混合碳四	戊烷	重整拔头油	重整抽余油
反应条件					
反应温度/℃	550	540	550	550	550
反应压力/MPa	常压	0.2	0.15	0.2	0.15
重时空速/h^{-1}	0.5	0.8	0.8	0.7	0.8
产品分布/%					
H_2	3.8	2.3	2.9	2.9	2.8
干气	43.1	22.6	24.5	30.2	19.7
积炭+损失	0.2	1.8	1.7	1.8	1.8
液化气	23.1	22.3	22.0	20.6	21.3
C_{5+}非芳烃	0.5	0.1	1.3	0.1	0.6
B	4.3	14.6	10.8	12.5	11.4
T	12.9	22.9	21.0	18.9	24.4
C_8A	7.4	9.9	11.8	8.5	13.7
$C_{9+}A$	3.2	3.5	4.0	4.5	4.3
$N_2+CO+CO_2$	1.5				
总芳烃	27.8	50.9	47.6	44.4	53.8

对于液化气原料，目前国内来源非常广泛，不同来源的主要差别是碳四烯烃含量不同。以表 2-3-13 所列的两种原料为例，使用 LAC 催化剂研究了原料组成对芳构化反应的影响[53]。其中原料Ⅰ为催化裂化装置所产液化气分离 C_3 后得到的 C_4 馏分，原料Ⅱ是催化裂化装置分离 C_3 和异丁烯(醚化原料)后的 C_4 馏分，一般称醚后 C_4 馏分。

表 2-3-13　液化气原料体积组成　%

组　分	原料Ⅰ	原料Ⅱ
C_2	0.33	1.16
C_3H_6	3.06	4.42
C_3H_8	2.99	4.56
C_4H_8	56.64	41.23
C_4H_{10}	33.17	43.74
C_{5+}	3.81	4.89

在利用液化气芳构化生产芳烃过程中，原料Ⅰ比原料Ⅱ可得到更高的芳烃产率。根据轻烃芳构化生成芳烃的反应机理[54,55]，C_3^0 和 C_4^0 通过选择性裂化，生成 $C_2^=$ 和 $C_3^=$ 等中间体后，再经过齐聚、环化和脱氢等反应才能形成芳烃；而 $C_3^=$ 和 $C_4^=$ 可以直接齐聚、环化和脱氢形成芳烃。由于原料Ⅰ中 $C_3^=$ 和 $C_4^=$ 的体积分数为 59.70%，高于原料Ⅱ中 $C_3^=$ 和 $C_4^=$45.65%的体积分数，所以原料Ⅰ芳构化得到的芳烃产率高于原料Ⅱ。此外，在原料Ⅱ的芳构化过程中，C_3^0 和 C_4^0 的选择性裂化反应多于原料Ⅰ，因此在原料Ⅱ的芳构化反应过程中得到了较多的干气和氢气。由此可以看出，富含轻烯烃的原料Ⅰ更容易芳构化转化为芳烃。两种原料的产物分布详见表 2-3-14。

表 2-3-14　原料组成对液化气芳构化产品分布的影响　%

项　目	原料Ⅰ	原料Ⅱ
干气(H_2)	19.91(1.80)	23.87(2.18)
液化气	25.48	24.92
液体产品	54.11	50.71
焦炭(含损失)	0.50	0.50
芳烃产率	52.10	48.57

注：反应条件：反应温度 530℃，重时空速 0.5h^{-1}，系统压力 0.1MPa。

表 2-3-15 为原料Ⅰ和原料Ⅱ芳构化生成芳烃的组成分布。由表可知，不同的原料组成对芳烃产品的组成影响并不十分显著，随着原料中 $C_4^=$ 烯烃含量的增加，液体产品中二甲苯的含量有所增大，苯含量有所降低。

表 2-3-15　原料组成对液体产品中芳烃组成的影响　%

项　目	原料Ⅰ	原料Ⅱ
B	17.27	23.86
T	47.46	45.41
EB	1.71	2.15
二甲苯	24.87	20.21
$C_{9+}A$	4.74	4.15
非芳烃	3.95	4.22

(2)反应温度的影响

轻烃芳构化反应通常需要在高于 500℃的条件下进行，这是由于该过程的主要反应之一是轻烃脱氢芳构化生成芳烃和氢气。从动力学上来看，低碳烷烃的活化并裂解脱氢是轻烃芳构化的控制步骤之一，需要在高温下才有较高的反应速率；从热力学上来看，轻烃脱氢芳构化反应是吸热反应，受热力学平衡的限制，需要提高反应温度来促使反应平衡向有利于生成芳烃的方向移动。

由表2-3-16可知，随着反应温度的升高，液体产品的产率及芳烃产率均呈增大的趋势，同时干气产率也增加较快。

表2-3-16　反应温度对液化气芳构化产品分布的影响

反应温度/℃	450	470	500	530
干气(H_2)产率/%	12.41(1.22)	15.35(1.54)	18.66(1.87)	23.87(2.22)
液化气产率/%	42.53	37.16	31.32	24.92
液体产品产率/%	44.56	46.99	49.52	50.71
焦炭(含损失)产率/%	0.50	0.50	0.50	0.50
芳烃产率/%	41.21	44.30	47.15	48.57

注：反应条件：原料Ⅱ，重时空速0.5h^{-1}，系统压力0.1MPa。

表2-3-17列出了反应温度对液体产品中芳烃组成的影响。结果表明，液体产品中的苯含量随温度升高而增大，二甲苯和C_{9+}芳烃的含量随温度升高而减少，甲苯和乙苯的含量随温度升高有所增大，同时液体产品中非芳烃组分随温度的升高而降低。

表2-3-17　反应温度对液体产品中芳烃组成的影响

反应温度/℃	450	470	500	530
非芳烃/%	7.88	5.73	4.78	4.22
B/%	15.63	18.52	21.25	23.86
T/%	43.64	44.33	45.27	45.41
EB/%	1.74	1.68	1.86	2.15
二甲苯/%	24.59	23.96	22.32	20.21
C_9+A/%	6.52	5.78	4.52	4.15

(3)反应压力的影响

王子健[56]考察了反应压力对碳四芳构化反应的影响(反应温度520℃、原料空速1.0h^{-1})，发现随着反应压力的提高，产物中BTX收率和芳烃收率均有所下降。如前所述，轻烃芳构化生产芳烃的主要目标反应是脱氢芳构化，该反应是分子数增加的反应，从热力学角度来讲，提高反应压力对反应是不利的。因此，应选择较低的反应压力以提高芳烃收率，目前报道的反应压力通常在1.0MPa以下。

(4)进料空速的影响

由表2-3-18和表2-3-19可知，随着空速增加，液体产品产率有所降低，同时H_2产率也明显降低；液体产品中除非芳烃组分有所增加外，芳烃组分变化不大。这是因为在芳构化过程中，相对于其他生成中间物的反应步骤而言，最后生成芳烃(环化、脱氢和氢转移)的反应最慢，表现为速率控制步骤[57]。因此，当空速较低时，反应中间体物种在从活性中心上脱附及离开分子筛孔道前有足够的时间进一步反应生成芳烃，从而提高了芳烃产率；而当空速较高时，情况则相反。

表 2-3-18　进料空速对芳构化产品分布的影响

空速/h^{-1}	0.50	0.75	1.00	1.25
干气(H_2)产率/%	18.66(1.87)	16.85(1.58)	15.07(1.37)	14.32(1.21)
液化气产率/%	31.32	34.27	36.80	38.92
液体产品产率/%	49.52	48.38	47.63	46.26
焦炭(含损失)产率/%	0.5	0.5	0.5	0.5
芳烃产率/%	47.15	45.39	44.77	43.30

注：反应条件：原料Ⅱ，反应温度 500℃，系统压力 0.1MPa。

表 2-3-19　进料空速对液体产品中芳烃组成的影响

空速/h^{-1}	0.50	0.75	1.00	1.25
非芳烃/%	4.78	4.99	5.53	6.02
B/%	21.25	21.02	20.82	20.46
T/%	45.27	45.19	44.80	44.00
EB/%	1.86	1.62	1.68	1.74
二甲苯/%	22.32	22.45	22.25	22.73
$C_{9+}A$/%	4.52	4.73	4.92	5.05

2. 中国石化芳构化工艺技术

采用不同的酸性分子筛催化剂，已经开发出多种轻烃芳构化生产芳烃工艺技术，按反应器形式的不同，可分为固定床工艺和移动床工艺两大类。

(1)固定床芳构化工艺技术

从国外公司开发的各种固定床芳构化工艺看，不同的工艺在反应原料、反应器数量、反应器供热方式(如绝热式和等温式)、反应条件(如温度、压力、空速)等方面都有差别，但反应流程基本相似。中国石化采用 RF-1～RF-3 固定床芳构化催化剂，开发了由轻烃生产芳烃的 LHTA-F 固定床芳构化工艺等。

LHTA-F 工艺流程如图 2-3-6 所示。该工艺采用两列固定床反应器，一列反应、一列再生，周期性切换。每列由两个串联的反应器组成，原料经换热、加热炉加热后进入第一个反应器，反应流出物经加热炉再加热后进入第二个反应器。反应产物经换热后进入气液分离罐分离为气相和液相两部分。气相部分经压缩机增压后进入吸收解吸塔，塔顶分离出富含氢气的干气，塔底馏分与气液分离罐分离出的液相部分进入稳定塔，塔顶分离出液化气，塔底是非芳烃含量很低的芳烃馏分。将干气通过进一步的深冷分离可以得到高纯度的氢气和以 C_1、C_2 为主要组分的燃料气。

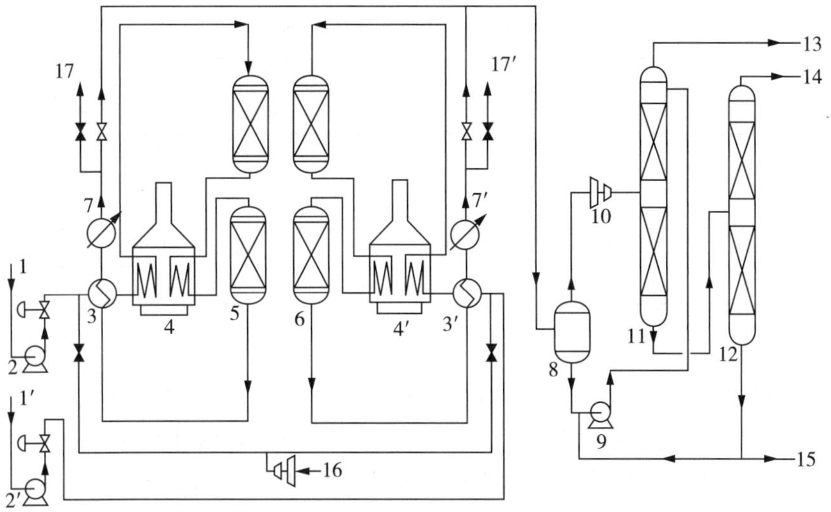

图 2-3-6　LHTA-F 固定床芳构化工艺流程图

1、1′—原料；2、2′—原料输送泵；3、3′、7、7′—换热器；4、4′—加热炉(反应/再生)；5、6—反应器；8—分离罐；9—粗汽油泵；10—富气压缩机；11—吸收解吸塔；12—稳定塔；13—干气；14—液化气；15—混合芳烃；16—再生气压缩机；17、17′—再生放空气

LHTA-F 工艺反应部分典型的操作条件为：反应温度 450～550℃，反应压力 0.1～0.3 MPa，重时空速 0.3～1.0h^{-1}。

山东某石化公司采用 LHTA-F 工艺技术于 2013 年建设了 70kt/a 石脑油芳构化装置，实现了该工艺首次工业应用。该装置以轻石脑油为原料，其组成列于表 2-3-20。

表 2-3-20　工业装置石脑油原料组成

组　分	含量/%
丙烷	0.11
异丁烷	0.59
正丁烷	3.25
异戊烷	6.90
正戊烷	11.96
己烷	31.75
庚烷	39.67
辛烷	4.81
总烯烃	0.96
总和	100.00

装置反应部分的操作温度为 500～540℃，压力为 0.3MPa，重时空速为 0.3h^{-1}，反应周期为 15 天。

石脑油芳构化反应产物分布及混合芳烃产品组成分别如表 2-3-21 和表 2-3-22 所示。

表 2-3-21 石脑油芳构化产物分布

	干气	液化气	混合芳烃
质量分数/%	16.59	24.79	58.62

表 2-3-22 混合芳烃组成

	C_5	C_6NA	B	C_7NA	T	EB	C_8NA	二甲苯	$C_{9+}A$
质量分数/%	0.22	0.20	24.01	0.21	40.25	3.26	0.23	21.61	10.01

(2)移动床芳构化工艺技术

由于轻烃芳构化反应的条件苛刻，通常需要在500℃以上的高温下进行，催化剂积炭失活速率较快，催化剂单程运转周期较短，通常为数小时至数百小时不等。采用移动床工艺条件，催化剂可以连续再生、反应可连续进行，从而克服了固定床工艺频繁切换再生的问题，装置操作更加平稳，更适合于规模化连续生产。因此轻烃芳构化移动床工艺的开发具有重要意义。中国石化已开发成功 LHTA-M 移动床芳构化工艺。

LHTA-M 工艺采用 RF-4 球形芳构化催化剂及移动床连续反应和再生工艺，兼顾生产汽油和芳烃流程。该工艺的反应-再生系统如图 2-3-7 所示。反应部分由多个并列式移动床反应器组成，原料经换热后进入加热炉一加热至目标温度，然后进入反应器一进行芳构化反应，由于反应过程吸热量较大，反应器一的流出物需要进入加热炉二再次加热，然后进入反应器二进行反应，依次进行，直至达到所需的反应深度。反应产品经过产品分离系统分离为干气、液化气和混合芳烃。反应过程中球形芳构化催化剂由反应器上端进入反应器，在重力作用下自上而下移动，在反应器底部由提升器提升至下一个反应器的顶端，依次进行直至到达最后一个反应器出口，此时催化剂积炭量较高，由提升器提升至再生器进行烧炭再生，再生后的催化剂再提升至反应器一的顶端，从而实现催化剂的循环。

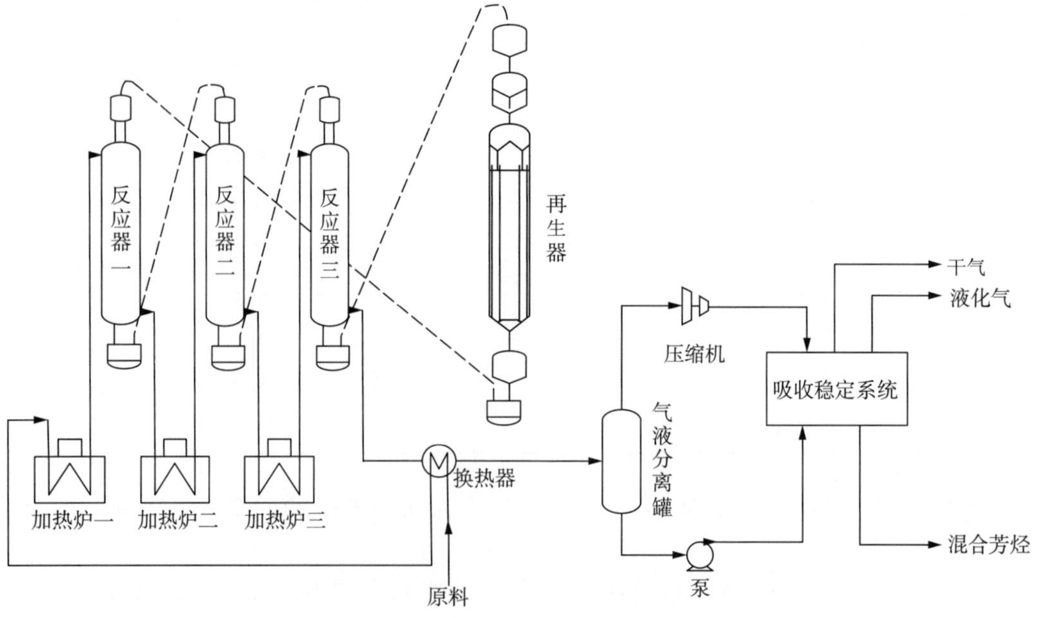

图 2-3-7 LHTA-M 移动床芳构化反应-再生系统示意图

2011 年 3 月，山东另一石化公司采用 LHTA-M 工艺技术建设的 200kt/a 年碳四移动床芳构化装置一次开车成功。目前该装置按汽油方案开工，生产稳定运行超过 3 年，催化剂反应性能和循环性能表现良好。

五、碱性分子筛催化的烷烃芳构化技术

在现有生产条件下，无论是铂铼还是铂锡系列重整催化剂，对重整原料中 C_6 和 C_7 烷烃，特别是 C_6 烷烃的芳烃选择性均较低。由表 2-3-23 可知，我国重整原料中 C_6 和 C_7 烷烃的含量普遍较高，并且随着我国进口原油比例的逐步提高，所面临的 C_6 和 C_7 烷烃的利用问题将越来越迫切（例如从某种苏丹原油所得重整原料油的 C_6 和 C_7 烷烃含量分别为 9.34%与 21.16%），因此有效地将 C_6 和 C_7 烷烃芳构化生成高附加值芳烃是非常重要的。此外，重整装置抽余油的 C_6 和 C_7 烷烃也可以通过烷烃芳构化技术生产芳烃，而碱性催化剂上芳构化生产芳烃技术，即轻烃重整技术，则是专门用于 C_6 和 C_7 烷烃芳构化的高效转化技术。

表 2-3-23　我国主要重整原料油中 C_6 和 C_7 烷烃的含量[58]

油　田	大庆	大港	胜利	辽河	华北	新疆
初馏点/终馏点/℃	79 / 141	75 / 179	87 / 171	64 / 175	82 / 157	81 / 162
C_6 烷烃/%	18.5	4.5	13.1	8.0	16.5	8.2
C_7 烷烃/%	21.3	11.0	14.6	9.9	20.7	13.1
总计/%	39.8	15.5	27.7	17.9	37.2	21.3

（一）碱性芳构化催化剂

碱性芳构化催化剂主要指 Pt/KL 系列催化剂。载体的酸性中心因为引起裂解和积炭等副反应会降低催化剂活性和选择性。KL 分子筛一般约含 10%K，K 的存在减弱了载体的酸性，使载体具有碱性。KL 分子筛的碱性作用使 Pt/KL 催化剂的氢解性能受到明显抑制，异构化能力减弱，环化脱氢功能显著增强[17]。

（二）原料与处理

碱性催化剂上烷烃芳构化是将 C_6～C_9 范围内烷烃转化为芳烃的技术。在工业装置上通常以富含 C_6～C_8 烷烃馏分作为反应原料，如石脑油中 C_6～C_8 烷烃馏分和芳烃分离装置的抽余油中的 C_6～C_8 烷烃。为了降低催化剂上的积炭，应控制原料中 C_{9+} 烷烃馏分的含量。

Pt/KL 催化剂对原料中硫高度敏感，当原料中硫含量大于 50ng/g 时，催化剂容易发生硫中毒而失活。然而采用常规的脱硫工艺很难将油品中的硫脱除至 50ng/g 以下。Pt/KL 催化剂对烷烃芳构化原料中杂质含量的要求与限制见表 2-3-24。Chevron 公司开发的精制脱硫脱水工艺，利用贵金属硫转化剂和双硫吸附剂对原料中的硫化物进行转化和吸附脱除，利用分子筛吸附脱除原料中微量水，使原料中的硫化物在硫转化剂和双硫吸附剂共同作用下能够有效地被脱除，精制后原料中硫含量低于 50ng/g，达到 Pt/KL 催化剂芳构化反应的进料要求。

表 2-3-24 Pt/KL 催化剂对烷烃芳构化原料杂质含量的限制

项目	数据	项目	数据
S 含量/(ng/g)	<50	Cl 含量/(μg/g)	<1
N 含量/(μg/g)	<1	Pb 含量/(ng/g)	<1
H_2O 含量/(μg/g)	<1	As 含量/(ng/g)	<1
O 含量/(μg/g)	<10	Cu 含量/(ng/g)	<1
C_{9+}/%	<4	Si 含量/(ng/g)	<1

(三)烷烃芳构化工艺

20 世纪 70 年代后期，Elf 公司公开了载 Pt 的 L 分子筛催化剂用于 C_6~C_9 烷烃芳构化技术的专利。在此催化剂的基础上，Chevron 公司开发了 Aromax 工艺，UOP 公司开发了 RZ 铂重整工艺，并已在工业上成功应用。目前有 5 套采用 Chevron 公司的 Aromax 工艺的工业化装置和 1 套采用 UOP 公司的 RZ-100 工艺的工业化装置。

图 2-3-8 为 UOP 公司的 RZ 铂重整工艺流程示意图。其工艺流程与固定床重整工艺流程相似。反应装置一般使用 4 个反应器，所使用的 RZ-100 催化剂未见详细报道。图 2-3-9 和图 2-3-10 为 RZ 重整与传统连续重整加工富含 C_6~C_8 烷烃的抽余油时芳烃产率和氢气产率的对比。由图可知，与传统的重整工艺相比，RZ 铂重整工艺在加工富含 C_6~C_8 烷烃的抽余油方面具有明显的优势。

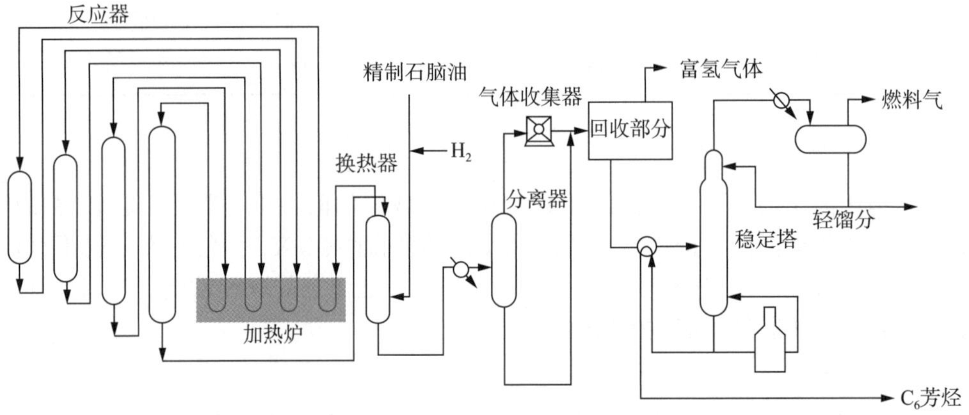

图 2-3-8 RZ 铂重整工艺的流程示意图

Chevron 公司于 1980 年从 Elf 公司获得 L 分子筛技术专利，并在此基础开发了 Aromax 工艺。其工艺流程与固定床重整工艺相近，但在进入反应器前，原料首先经过硫转化和吸附反应器脱除硫化物，使原料中硫含量降至 50ng/g 以下。反应装置一般由 4~6 个反应器组成，反应器为固定床反应器，原料为 C_6~C_8 烷烃，装置在反应压力为 0.35MPa、空速为 $2h^{-1}$ 和氢油摩尔比为 3 的工艺条件下运转，催化剂运转周期能达到 18 个月。Aromax 工艺发展了二代催化剂，第一代催化剂为 PtBa/KL 催化剂，第二代催化剂为氟氯型的 Pt/KL 催化剂。图2-3-11 为 Pt/FKL和 Pt/KL 催化剂的反应寿命对比，结果表明，氟氯型 Pt/FKL 催化剂具有更好的稳定性。但 Pt/FKL 催化剂制备中使用的卤化剂 CF_3Cl 具有强腐蚀性，因此 Chevron 公司又开发了替代 CF_3Cl 制备氟氯型 Pt/FKL 催化剂的新工艺[59]，与原工艺相比，新工艺催化剂制备流程简单，室温操作。目前，催化剂已经工业化生产，催化剂的再生技术仍在研发中。

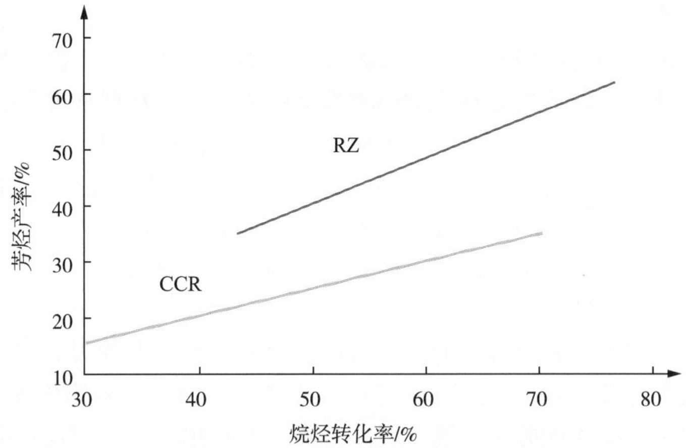

图 2-3-9　RZ 铂重整与 CCR 重整工艺加工富含烷烃抽余油时芳烃产率的对比

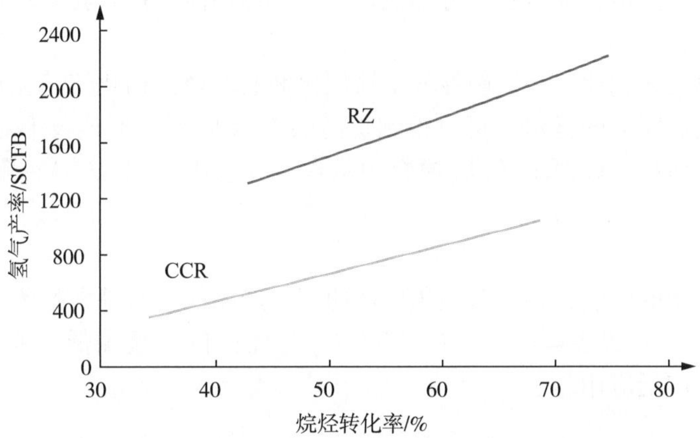

图 2-3-10　RZ 铂重整与 CCR 重整工艺加工富含烷烃抽余油时氢气产率的对比

（SCFB 表示立方英尺/桶，1SCFB = 0.1781079m^3/m^3）

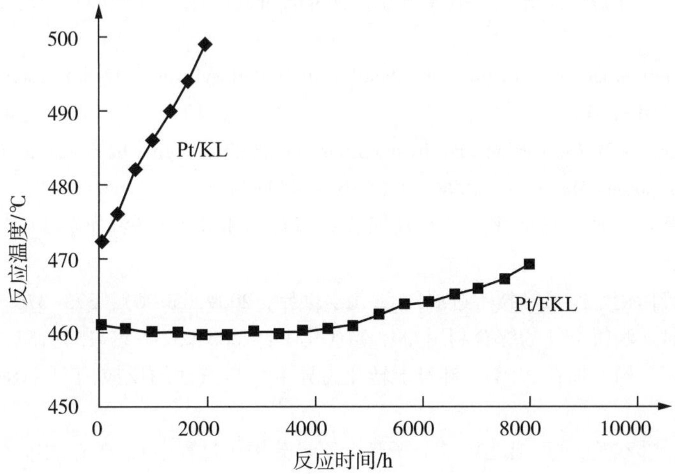

图 2-3-11　Pt/FKL 和 Pt/KL 催化剂的寿命对比试验

六、技术展望

虽然国内外很多公司均已经开发出了多种轻烃芳构化工艺技术，但这些工艺仍存在很多不足和亟待改进之处。目前芳构化技术的最大难点在于：如何在保证最大化生产芳烃或富含芳烃的高辛烷值汽油调合组分的同时，尽可能降低干气等低价值副产品的收率，而降低干气产率是未来轻烃芳构化技术研发工作的重点。以目前国际上水平较高的UOP公司移动床芳构化Cyclar工艺为例，采用C_3/C_4烷烃为原料，芳烃收率最高可以达到66%，是目前现有技术中的最高水平。但该工艺的干气产率也非常高，当丙烷全循环时干气产率可达30%左右，严重影响了该技术的经济性。

近来俄罗斯科学院西伯利亚分院的科学家们发现了一种有趣的现象[60]，即在C_3、C_4烷烃芳构化的同时引入部分甲烷，甲烷可以与C_3、C_4烷烃发生"共芳构化反应"，也就是说甲烷也可以发生芳构化反应生成芳烃。这一现象对降低芳构化干气产率具有重要意义，因为芳构化产生的干气主要是甲烷，如果甲烷也可以参与到芳构化反应中去，芳构化的干气产率就有希望得到大幅降低。但目前这种共芳构化技术的研究还停留在实验室研究阶段，未见工业应用报道。

与传统的重整工艺相比，采用碱性分子筛催化剂的烷烃芳构化工艺在加工富含C_6至C_7烷烃的原料方面具有明显的优势，可以得到更高的BTX收率。但该技术对原料精制要求较为苛刻，特别是对原料脱硫要求较高(原料中硫含量要求小于50ng/g)，限制了该技术的广泛应用，未来需要在催化剂性能，特别是在抗硫能力上做进一步的改进，提高技术的适应范围。

由于热力学平衡的限制，轻烃芳构化生产的芳烃产品的分布基本维持在一个较为固定的比例，即苯：甲苯：C_8芳烃=1：2：1，其中C_8芳烃比例明显偏低，苯和甲苯产率较高，也限制了该技术的广泛应用。

参考文献

[1] 赵仁殿，金彰礼，陶志华，等．芳烃工学[M]．北京：化学工业出版社，2001：284.

[2] 张怀科，郝代军，郭益群．液化石油气制芳烃技术的研究与应用进展[J]．天然气与石油，2006，24(2)：35-38.

[3] Worldwide refinery processing review [M]. Southwestern Pennsylvania：Hydrocarbon Publishing Company，2012，first Q：261-264.

[4] Nagamori Y，Kawase M. Converting light hydrocarbons containing olefins to aromatics (Alpha Process)[J]. Microporous Mesoporous Materials，1998，21(4-6)：439-445.

[5] 朱建芳，钱伯章．炼油、石油化工的轻烃回收和综合利用技术进展(下)[J]．石油化工，1993，22(8)：540-549.

[6] 廖宝星．轻烃芳构化生产芳烃技术进展[J]．化学世界，2009，50(6)：373-376.

[7] 杨丽娜，由宏君．浅析干气的综合利用[J]．当代化工，2003，32(3)：156-157.

[8] 王殿中，何鸣元．稀乙烯在ZSM-5沸石上转化为异丁烯与汽油的反应[J]．石油炼制与化工，1995，26(8)：59-63.

[9] 曹亮，周丹红，邢双英，等．HZSM-5分子筛上乙烯芳构化过程中C_4至C_6中间体的反应机理[J]．催化学报，2010，31(6)：645-650.

[10] 罗坚，谭长瑜，董庆年．丙烯在杂原子分子筛Ga-ZSM-5上的芳构化[J]．石油化工，1990，19(9)：

587-592.

[11] Vedrine J C, Dejaifve P, Garbowski E D, et al. Aromatics formation from mthanol and light olefins conversions on H-ZSM-5 zeolite: mechanism and intermediate species [J]. Studies in Surface Science and Catalysis, 1980, 5: 29-37.

[12] Ono Y, Kitagawa H, Sendoda Y. Transformation of but-1-ene into aromatic hydrocarbons over ZSM-5 zeolites [J]. Journal of the Chemical Society, Faraday Transactions 1: Physical Chemistry in Condensed Phases, 1987, 83(9): 2913-2923.

[13] Isaguliants G V, Gitis K M, Kondratjev D A, et al. On the formation of hydrocarbon chains in the aromatization of aliphatic olefins and dienes over high-silica zeolites [J]. Studies in Surface Science and Catalysis, 1984, 18: 225-232.

[14] Lane G S, Modica F S, Miller J T. Platinum/zeolite catalyst for reforming hexane: kinetic and mechanistic considerations [J]. Journal of Catalysis, 1991, 129(1): 145-158.

[15] Tauster S J, Steger J J, 朱光中. 正己烷在 Pt/KL 上的芳构化——分子模型催化[J]. 惠州大学学报(自然科学版), 1994, 14(4): 101-103.

[16] 卢维奇，张俊敏，王峰云. 正构烷烃芳构化催化剂的表面酸碱性研究[C]//郑小明. 可持续发展战略中的催化科学与技术：第十一届全国催化学术会议论文集. 杭州：浙江大学出版社，2002: 502 -503.

[17] 石映祯，姜贤，张勇，等. 铂/L 分子筛重整催化剂烷烃芳构化反应机理[J]. 催化学报，1993，14(4): 312-316.

[18] Paal Z. Metal-catalyzed cyclization reactions of hydrocarbons [J]. Advances in Catalysis, 1980, 29: 273-329.

[19] 姜贤，郜志农，阮振奎，等. 碱性在 Pt/L 分子筛催化剂中的作用[J]. 燃料化学学报，1994，22(1): 9-15.

[20] 阮振奎，石映祯，姜贤，等. 新型铂-L 型分子筛重整催化剂的特征[J]. 石油化工，1992，21(9): 596-599.

[21] 姚本镇，陈瑾，刘殿华，等. 低碳烷烃无氧芳构化的热力学研究[J]. 天然气化工，2007，33(1): 24-28，46.

[22] 黎小辉，朱建华，郝代军. 液化石油气芳构化反应体系的热力学分析[J]. 石油与天然气化工，2010，39(6): 465-469，482.

[23] 黎小辉，朱建华，郝代军. 液化石油气芳构化反应体系的热效应分析[J]. 炼油技术与工程，2010，40(11): 10-15.

[24] 袁本旺，丁晓伟，李吉春，等. C_4 烃芳构化烷基化反应工艺过程热力学分析[J]. 石油炼制与化工，2008，39(1): 34-38.

[25] Csicsery S M. I. Dehydrocyclodimerization of butanes over supported platinum catalysts [J]. Journal of Catalysis, 1970, 17(2): 207-215.

[26] Cattanach J. Catalytic the production of aromatic compounds: 美国, 3756942 [P]. 1973-09-04.

[27] 解红娟，王军威，冯月兰，等. 水热处理 Zn/HZSM-5 催化剂对丙烷芳构化反应的影响[J]. 分子催化，2000，14(4): 289-293.

[28] 闵恩泽. 工业催化剂的研制与开发[M]. 北京：中国石化出版社，1997.

[29] Davies E E, Kolombos A J. Process for converting C_3-C_{12} hydrocarbons to aromatics over gallia-activated zeolite: US, 4180689[P]. 1979-12-25.

[30] Doolan P C, Pujado P R. Make aromatics from LPG [J]. Hydrocarbon Processing International Edition, 1989, 68(9): 72-74, 76.

[31] Kwak B S, Sachtler W M H. Aromatization of propane over Zn/HZSM-5 catalysts prepared by chemical

vapor deposition [J]. Korean Journal of Chemical Engineering, 1996, 13(4): 356-363.

[32] Inui T, Makino Y, Okazumi F, et al. Selective aromatization of light paraffins on platinum-ion-exchanged gallium silicate bifunctional catalysts [J]. Industrial & Engineering Chemistry Research, 1987, 26(4): 647-653.

[33] Ono Y. Transformation of lower alkanes into aromatics hydrocarbons over ZSM-5 zeolites [J]. Catalysis Reviews-Science and Engineering, 1992, 34(3): 179-226.

[34] 熊国兴，邵春岩，崔巍，等. 在 ZSM-5 分子筛上引入 Zn、Ga 物种对乙烷芳构化的影响[J]. 石油化工，1994，23(1)：1-6.

[35] Montes A, Giannetto G. A new way to obtain acid or bifunctional catalysts V. Considerations on bifunctionality of the propane aromatization reaction over [Ga, Al]-ZSM-5 catalysts [J]. Applied Catalysis A: General, 2000, 197(1): 31-39.

[36] Loeffler E, Lohse U, Peuker C, et al. Study of different states of nonframework aluminum in hydrothermally dealuminated HZSM-5 zeolites using diffuse reflectance IR spectroscopy [J]. Zeolites, 1990, 10(4): 266-271.

[37] Zholobenko V L, Kustov L M, Kazansky V B, et al. On the possible nature of sites responsible for the enhancement of cracking activity of HZSM-5 zeolites dealuminated under mild steaming conditions [J]. Zeolites, 1990, 10(4): 304-306。

[38] Campbell S M, Bibby D M, Coddington J M, et al. Dealumination of HZSM-5 zeolites. I. Calcination and hydrothermal treatment [J]. Journal of Catalysis, 1996, 161(1): 338-349.

[39] 尉东光，周敬来，张碧江. HZSM-5 分子筛的水热脱铝研究 I. 氨-FTIR 与吡啶-FTIR 考察[J]. 燃料化学学报，1996，24(2)：103-107.

[40] 解红娟，王心葵. HZSM-5 的水蒸气处理及其对丙烷芳构化反应的影响. 合成化学[J]. 1996，4(3)：242-244.

[41] 赵晓东，方向晨，贾立明，等. 改性 HZSM-5 分子筛催化剂芳构化性能研究[J]. 工业催化，2012，20(3)：48-52.

[42] 吕仁庆，罗立文，项寿鹤. 水热处理的 HZSM-5 分子筛的孔结构及活性研究[J]. 石油大学学报(自然科学版)，2002，26(3)：97-100.

[43] 吕仁庆，王秋英，项寿鹤. 碱性水蒸气处理对 ZSM-5 沸石酸性质及孔结构的影响[J]. 催化学报，2002，23(5)：421-424.

[44] 罗立文，吕仁庆. 水蒸气处理对 HZSM-5 分子筛催化剂的酸性及孔结构的影响(英文)[J]. 燃料化学学报，2004，32(5)：606-610.

[45] 矫庆泽，蒋大振，郑伟民. $Si(CH_3)_3Cl$ 修饰的 HZSM-5 酸性及正己烷芳构化的催化性能研究[J]. 高等学校化学学报，1992，13(12)：1603-1605.

[46] 王心葵，解红娟，程爱华，等. 丙烷在磷改性的 HZSM-5 上的芳构化反应[J]. 燃料化学学报，1991，19(4)：298-303.

[47] 高媛，白英芝，施岩，等. 改性对 ZSM-5 分子筛芳构化性能的影响[J]. 化学与黏合，2009，31(2)：54-58.

[48] 叶娜. 纳米 ZSM-5 沸石上 C_4 液化气低温芳构化反应研究 [D]. 大连：大连理工大学，2006.

[49] 杨付，王祥生，郭洪臣. 超细 HZSM-5 沸石催化烃类芳构化反应的研究[J]. 分子催化，2004，18(1)：30-35.

[50] 张培青，徐金光，王祥生，等. 纳米 HZSM-5 催化剂催化 C_8 直链烃转化的性能[J]. 催化学报. 2005，26(3)：216-222.

[51] 罗坚，谭长瑜，董庆年. ZSM-5 型杂原子分子筛的合成与催化性能研究概况[J]. 石油化工，1989，

18(3): 202-208.

[52] Choudhary V R, Kinage A K, Choudhary T V. Direct aromatization of natural gas over H-gallosilicate (MFI), H-galloaluminosilicate (MFI) and Ga/H-ZSM-5 zeolites [J]. Applied Catalysis A: General, 1997, 162(1-2): 239-248.

[53] 郝代军. 液化石油气制芳烃技术的研究开发[D]. 北京: 中国石油大学, 2007.

[54] 刘兴云, 李宣文, 佘励勤, 等. 烃分子在锌改性的ZSM-5沸石上的芳构化 I. 活性中心的形成和表征[J]. 石油学报(石油加工), 1988, 4(4): 36-43.

[55] 程谟杰, 王江迈, 杨亚书, 等. ZnHZSM-5上丙烷芳构化的研究——丙烷的活化[J]. 物理化学学报, 1995, 11(8): 724-729.

[56] 王子健. 碳四烯烃芳构化的研究 [D]. 北京: 石油化工科学研究院, 2006.

[57] 程志林, 晁自胜, 万惠霖, 等. ZnNi/HZSM-5催化剂上混合 C_4 烃的芳构化反应[J]. 石油学报(石油加工), 2002, 18(1): 24-30.

[58] 侯祥麟. 中国炼油技术[M]. 北京: 中国石化出版社, 1991: 163.

[59] Fukunage T, Katsuno H. Halogen-promoted Pt/KL zeolite catalyst for the production of aromatic hydrocarbons from light naphtha [J]. Catalysis Surveys from Asia, 2010, 14(3-4): 96-102.

[60] Echevsky G V, Kodenev E G, Kikhtyanin O V, et al. Direct insertion of methane into C_3-C_4 parafins over zeolite catalysts: a start to the development of new one-step catalytic processes for the gas-to-liquid transformation [J]. Applied Catalysis A: General, 2004, 258(2): 159-171.

第四节 催化裂化轻循环油生产芳烃技术

一、概 述

催化裂化轻循环油(light cycle oil, 简称LCO)是催化裂化工艺的主要副产物之一, 其产率约为25%, 2012年全国总产量约40Mt。LCO具有密度高、芳烃含量高和十六烷值低的特点, 通常LCO的密度为0.90~0.97g/cm^3, 十六烷值小于25, 典型LCO的性质见表2-4-1。LCO所含芳烃中双环及以上芳烃约占2/3, 且随着馏分沸点(程)升高, 双环及以上芳烃含量增加, 而单环芳烃含量减少, 见图2-4-1。在车用柴油质量要求不高的时代, LCO通常用作柴油的调合组分。但随着环保要求的提高和柴油质量标准的不断提升, 车用柴油的品质要求越来越高。在新发布的国家标准车用柴油Ⅲ和车用柴油Ⅳ中, 硫含量分别要求不大于350μg/g、不大于50μg/g, 多环芳烃含量均要求不大于11%, 车用柴油的十六烷值则按照不同凝点产品的不同要求达到45~49。LCO因其十六烷值在加氢精制中提升困难而不宜作为柴油的调合组分。但LCO中富含芳烃, 即便是石蜡基原料的催化裂化, LCO的芳烃总含量也达到60%以上, 中间基类原料的催化裂化LCO的芳烃含量更达到80%以上。LCO作为柴油是低品质的组分, 如何将其芳烃加以利用, 生产高附加值的石油产品或化工原料备受关注。尤其是利用LCO中的重芳烃资源转化为高附加值的BTX, 对于推动炼化一体化具有重要意义。

表 2-4-1 典型的 LCO 性质

项目 \ 催化裂化原料		中间基原油 1	石蜡基原油	中间基原油 2
密度(20℃)/(g/cm³)		0.9374	0.9115	0.9434
黏度/(mm²/s)	20℃	4.04	4.19	3.71
	50℃	2.11	—	1.95
折射率 n_D^{20}		1.5483	1.5290	1.5545
实际胶质/(mg/100mL)		426	95	64
酸度/(mgKOH/100mL)		2.3	—	—
凝点/℃		<-15	-22	-34
闪点/℃		58	53	80
溴价/(gBr/100g)		11.2	8.3	2.0
十六烷值		22.7	27.8	20.0
10%蒸余物残炭/%		0.11	0.05	0.13
元素组成/%	碳	89.30	89.32	90.42
	氢	9.66	10.68	9.57
	硫	0.74	0.41	0.17
	氮	0.13	0.07	0.02
硫醇硫/(μg/g)		62	21	3
碱性氮/(μg/g)		173	82	104
族组成(质谱法)/%	链烷烃	12.6	20.9	9.5
	环烷烃	4.5	10.9	2.8
	芳烃	82.0	68.3	87.7
	其中:单环	27.8	21.4	26.7
	双环	46.3	39.7	57.0
	三环	7.9	7.2	4.0
	胶质	0.9	0	0
馏程/℃		163~365	166~343	202~363
初馏点		163	166	202
10%		212	224	225
30%		236	249	251
50%		260	271	277
70%		294	298	299
90%		338	329	338
95%		353	338	349
干点		365	343	363

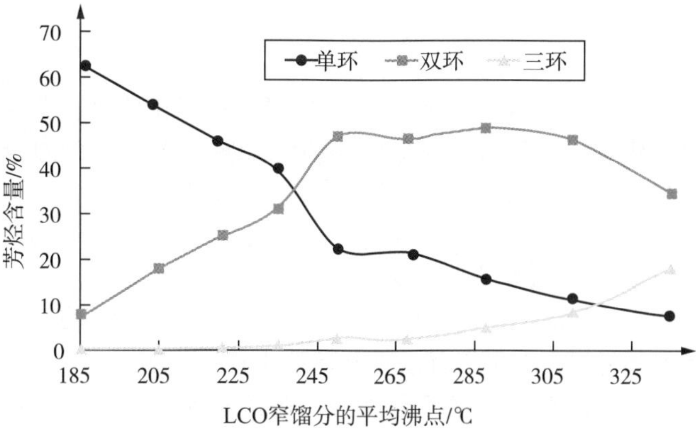

图 2-4-1　LCO 芳烃随沸程分布

国外公司在利用 LCO 生产 BTX 方面进行了广泛的研究，包括美国 UOP 公司开发的 LCO-X 工艺[1~3]、加拿大 NOVA 化学品公司的 ARO 技术[4,5]以及日本东丽公司、千代田化工建设公司和新日本石油公司、韩国 SK 公司等开发的 LCO 制轻芳烃工艺技术[6~9]。

UOP 公司在 2007 年报道了利用 LCO 生产二甲苯和苯的 LCO-X 工艺。该工艺首先对 LCO 进行加氢处理除去 LCO 原料中的杂质，接着通过加氢进行烃类转化，最后通过环烷烃脱氢及芳烃烷基转移等反应实现芳烃产率最大化，主要生产二甲苯和苯，设计的收率分别约为 31%和 11%，此外，还得到一部分超低硫清洁柴油(收率不大于 5%)和液化气、轻石脑油组分。该技术通过三步加工过程，得到二甲苯和苯的收率相对较高。NOVA 化学品公司的 ARO(aromatic ring-opening)技术提出分两步反应将 LCO 转化为 BTX 和轻烃，第一步以 Ni-Mo/氧化铝或 Ni-W/氧化铝为催化剂，进行加氢处理脱除硫、氮等杂质，并使多环芳烃选择性加氢生成含环烷环的单环芳烃；第二步使用 Pd 改性的沸石分子筛催化剂，将环烷环进行开环裂解，同时伴随环烷烃和链烷烃的裂化反应，生成轻烃和富含 BTX 的 $C_6 \sim C_9$ 芳烃，采用与 LCO 组成相近的原料油时 BTX 收率最高为 11%。东丽株式会社的 LCO 两步加氢工艺中，第一步使用加氢活性很高的负载金属催化剂，使萘及烷基萘进行单苯环加氢生成四氢萘及烷基四氢萘；然后采用加氢活性较低的负载金属的分子筛催化剂，进行加氢开环、加氢脱烷基及烷基转移反应，生成 BTX。SK 公司则通过加氢处理将 LCO 中多环芳烃部分饱和为单环芳烃，然后再循环至催化裂化，得到富含更低碳数芳烃的馏分，用于生产 BTX。

这些技术目前大多处于实验室研究阶段。有报道称 UOP 公司于 2008 年第一次许可了 LCO-X 工艺，至今尚未见工业化应用结果的报道。

中国石化在 LCO 生产轻芳烃方面进行了广泛的研究，并以 LCO 中重质芳烃转化为轻质单环芳烃反应过程的控制为重点，在生产 BTX 原料的同时，兼顾清洁汽油和柴油的生产，以实现油化资源一体化优化利用，已经取得了较好的结果，其中包括加氢处理-加氢裂化、加氢处理-催化裂化和加氢处理-芳烃抽提-加氢裂化等生产轻芳烃(BTX)的三条技术路线。

二、LCO 生产芳烃工艺技术

(一)LCO 加氢裂化生产轻芳烃技术

在 LCO 加氢裂化生产轻芳烃技术路线中，采用加氢精制和加氢裂化两种催化剂，通过控制芳烃在加氢精制段、加氢裂化段的化学反应过程，实现将 LCO 中芳烃最大化转化为

BTX 等轻芳烃。

1. LCO 加氢过程反应化学

在 LCO 加氢裂化的反应过程中，涉及加氢精制和加氢裂化两类主要反应过程。其中，精制段反应过程中主要发生加氢脱硫、加氢脱氮和芳烃加氢饱和反应，为裂化段提供低硫、低氮、高芳烃含量，尤其是单环芳烃含量高的裂化原料。在裂化段主要发生链状烃裂化[10]、环烷烃异构化及开环裂化[11]、单环芳烃异构化及开环裂化[12]、单环芳烃侧链裂化或单环芳烃脱烷基[13]等反应，且对于部分环状烃来说，选择性开环裂化反应与异构化反应相互交织、相互影响[11]。在 LCO 加氢裂化生成 BTX 等轻质芳烃反应过程中，更期望发生的反应是双环以上芳烃选择性加氢饱和为单环芳烃，并继以环烷环开环裂化和烷基侧链裂化[14]等反应过程。

由于 LCO 中芳烃尤其双环以上芳烃含量高，在加氢裂化过程中，除了涉及单环芳烃，更多地包含双环及以上芳烃的加氢饱和、加氢裂化反应过程。

图 2-4-2 给出了烷基苯类单环芳烃加氢裂化反应路径。由图可知，若将 LCO 中的烷基苯类单环芳烃转化为 BTX 组分，仅需经过裂化(侧链断裂)反应即可实现。在富氢环境中，需要避免 LCO 中的烷基苯类单环芳烃和生成的 BTX 组分继续加氢饱和。

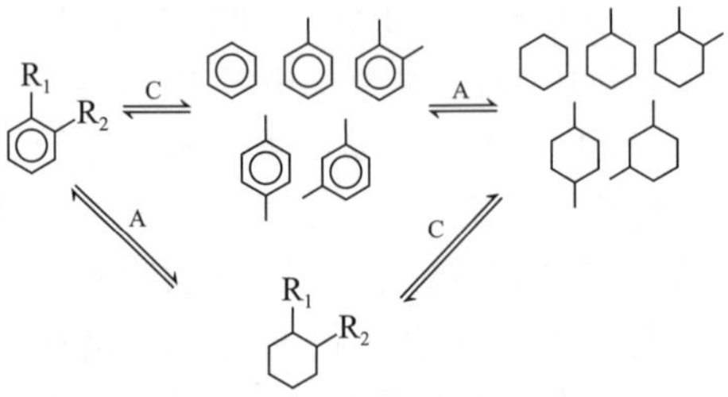

图 2-4-2　烷基苯类单环芳烃加氢裂化反应路径

A—加氢饱和；C—加氢裂化(脱烷基)

在加氢精制和加氢裂化催化剂上进行的双环芳烃加氢裂化反应路径见图 2-4-3，其中包括双环芳烃饱和一个芳环生成四氢萘类、四氢萘类饱和环选择性开环和烷基苯侧链断裂等反应。该反应过程中同样需避免单环芳烃(包括四氢萘类、烷基苯类)的进一步加氢饱和。

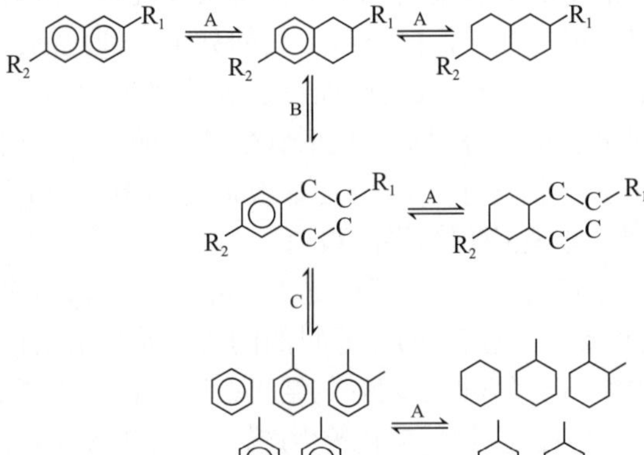

图 2-4-3　双环芳烃加氢裂化反应路径

A—加氢饱和；B—选择性异构开环裂化；C—加氢裂化(脱烷基)

2. LCO 加氢专用催化剂

由 LCO 加氢裂化生产 BTX 等轻质芳烃的化学反应路径可知，该技术专用的催化剂包括两类，其一为加氢精制催化剂，其二为加氢裂化催化剂。

针对LCO馏分中存在的硫、氮等杂质化合物，可以采用常规的加氢精制的工艺进行脱除，但在加氢精制脱除硫化物、氮化物等杂质的过程中，还需考虑控制总芳烃损失最小、保留大量单环芳烃。因此，在加氢精制催化剂载体及活性组分的选择方面需要综合进行考虑。

从芳烃加氢裂化的反应路径来看，为了得到苯、甲苯和二甲苯等轻质芳烃，裂化段催化剂需要有强的开环和断侧链性能，以及适中的加氢性能。裂化段催化剂的加氢功能应与其酸性功能很好匹配，在适宜的酸性中心及酸强度下，加氢性能不能太强。若加氢性能过强，容易导致苯、甲苯、二甲苯等单环芳烃进一步加氢饱和而生成环烷烃组分。对催化剂的裂化功能来说，环烷基芳烃环烷环的开环反应和烷基芳烃侧链断裂反应对催化剂性能的要求是不同的，因此，催化剂开发难点在于解决上述矛盾。此外，裂化催化剂还需考虑在较低的加氢性能下抑制甲基四氢萘缩合等双分子反应，从而抑制积炭的生成，延长催化剂寿命。

3. 工艺技术

采用不同的专用催化剂和操作工况，中国石化开发了两种LCO加氢裂化生产芳烃工艺技术——RLG技术和FD2G技术。

(1) RLG技术

RLG技术以LCO为原料，经加氢裂化将大分子芳烃转化为小分子芳烃，最终生产得到高辛烷值汽油组分或BTX。RLG技术采用了专用的精制催化剂和裂化催化剂，在缓和的中低压条件下，通过精制反应器内芳烃的选择性加氢——最大量饱和双环以上芳烃同时减少单环芳烃过饱和，以及裂化反应器内的四氢萘类单环芳烃的选择性开环裂化、并继续以烷基苯类单环芳烃的烷基侧链裂化反应，最大化地将LCO中的重芳烃转化为苯、甲苯及二甲苯等轻质芳烃。RLG技术的工艺流程示意见图2-4-4。LCO和氢气经换热后依次与加氢精制催化剂、加氢裂化催化剂接触、反应，在产品分馏部分分离为干气、液化气、轻汽油馏分、重汽油馏分、循环油馏分及精制柴油馏分等。其中，循环油馏分富含单环芳烃，经循环转化可进一步提高轻质芳烃收率。

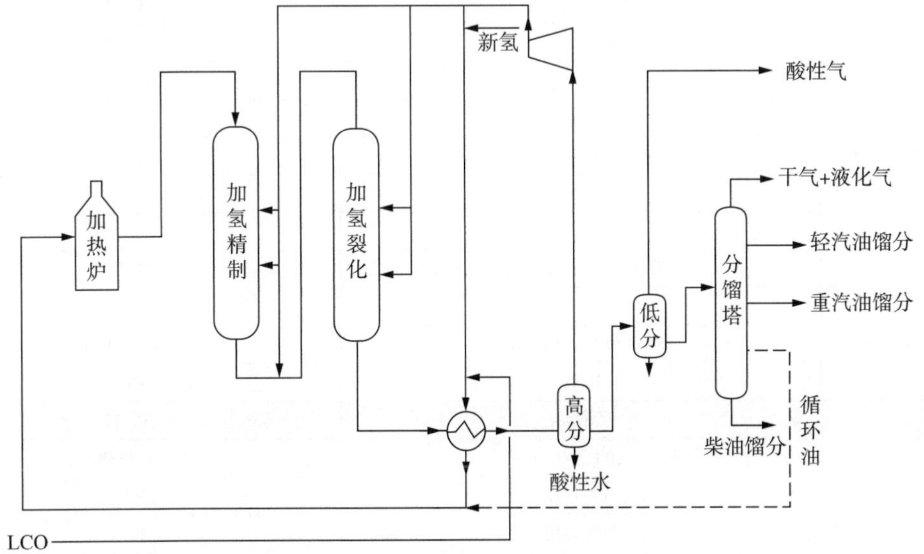

图2-4-4 RLG技术一次通过流程示意图

RLG技术已于2013年在中国石化某厂成功进行工业应用试验。该厂是在现有柴油加氢装置的基础上改造为RLG装置，由于装置条件限制，该装置未采用循环流程，仅在一次通过流程下进行工业试验。工业装置标定原料性质见表2-4-2，工业装置标定结果见表2-4-3。工业装置标定结果表明，LCO可采用RLG技术加工来生产高辛烷值汽油或轻质芳烃，通过控制LCO中的芳烃在加氢精制、加氢裂化反应过程中的转化，可以实现重芳烃向轻质芳烃转化。按生产汽油方案操作，可将苯由塔顶切出，降低汽油调合组分中的苯含量，可生产硫含量小于10μg/g、RON达93.5的高辛烷值汽油调合组分。同时，柴油馏分硫含量小于10μg/g，十六烷值37.1，较原LCO提高12.8个单位，是低硫清洁柴油调合组分。

表2-4-2 工业装置标定原料性质

项目	数据
密度(20℃)/(g/cm^3)	0.9173
馏程范围/℃	164~356
硫含量/(μg/g)	6160
氮含量/(μg/g)	974
总芳烃/%	74.0
十六烷值	24.3

表2-4-3 工业装置标定结果

项目		数据
塔顶汽油	收率/%	10.36
	密度(20℃)/(g/cm^3)	0.6657
	氢含量/%	15.65
	苯含量/%	9.90
	甲苯含量/%	1.20
侧线汽油馏分	收率/%	28.08
	密度(20℃)/(g/cm^3)	0.8284
	硫含量/(μg/g)	4.1
	RON	93.5
	苯含量/%	0.75
	甲苯含量/%	12.34
	混合二甲苯含量/%	19.77
全馏分汽油	收率/%	38.44
	密度(20℃)/(g/cm^3)	0.7799
	RON	90.7
柴油馏分(>205℃)	收率/%	56.17
	密度(20℃)/(g/cm^3)	0.8539
	硫含量/(μg/g)	<10
	十六烷值	37.1
	十六烷值提高值	12.8

（2）FD2G 技术

依托非贵金属加氢催化剂体系开发的 LCO 加氢转化生产高辛烷值汽油调合组分和/或轻芳烃的 FD2G 技术[15]的原则流程见图 2-4-5。FD2G 技术本质上是一种在氢气和催化剂存在条件下的气、液共存的滴流床反应过程，遵循了加氢裂化过程的基本反应原理。而与其他加氢裂化过程所不同的是，为了充分和有效地利用原料中富集的芳烃，FD2G 技术通过工艺和催化剂的优化组合，控制加氢转化反应的发生和进行的程度，实现在产品中尽可能多地保留目的芳烃组分即单环芳烃的目标，而避免原料中的芳烃深度加氢饱和为环烷烃，最终实现原料中重芳烃向轻芳烃的转化。

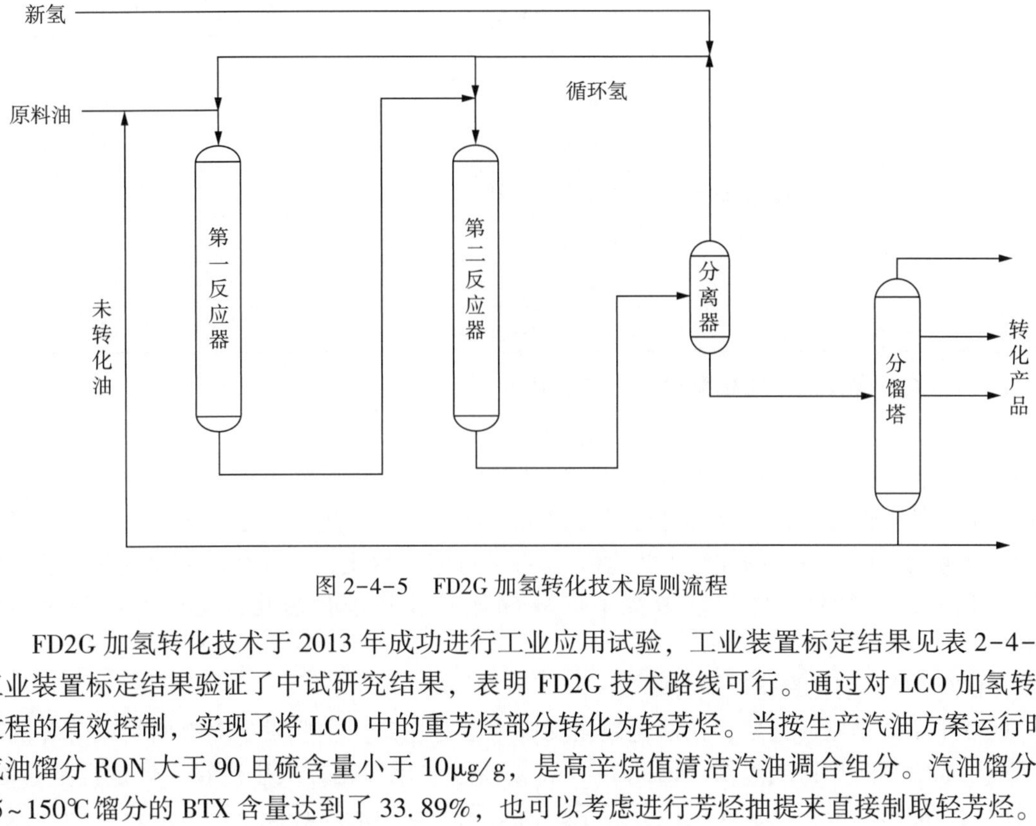

图 2-4-5　FD2G 加氢转化技术原则流程

FD2G 加氢转化技术于 2013 年成功进行工业应用试验，工业装置标定结果见表 2-4-4。工业装置标定结果验证了中试研究结果，表明 FD2G 技术路线可行。通过对 LCO 加氢转化过程的有效控制，实现了将 LCO 中的重芳烃部分转化为轻芳烃。当按生产汽油方案运行时，汽油馏分 RON 大于 90 且硫含量小于 10μg/g，是高辛烷值清洁汽油调合组分。汽油馏分中 65~150℃馏分的 BTX 含量达到了 33.89%，也可以考虑进行芳烃抽提来直接制取轻芳烃。

表 2-4-4　FD2G 技术工业标定结果

项　目		指　标
原料油	密度(20℃)/(g/cm³)	0.9420
	馏程范围/℃	203~365
	硫含量/(μg/g)	3200
	氮含量/(μg/g)	853
	总芳烃/%	76.7
	十六烷值	17.2

续表

项　目			指　标
产品	汽油馏分(<210℃)	收率/%	37.51
		密度(20℃)/(g/cm³)	0.8136
		硫含量/(μg/g)	3.9
	柴油馏分(>210℃)	收率/%	55.70
		密度(20℃)/(g/cm³)	0.8789
		硫含量/(μg/g)	11.0
		十六烷值	29.5
	其中重石脑油馏分(65~150℃)	收率/%	13.94
		密度(20℃)/(g/cm³)	0.7805
		硫含量/(μg/g)	3.9
		苯含量/%	3.12
		甲苯含量/%	16.92
		混合二甲苯含量/%	13.85

(二)LCO 加氢处理-催化裂化生产芳烃技术

中国石化开发的 LCO 加氢处理-催化裂化组合生产芳烃的 LTAG(LCO to aromatics and gasoline)技术，是 LCO 先进行加氢处理使稠环芳烃部分饱和为单环芳烃，或将 LCO 分为富含单环芳烃的轻馏分和富含稠环芳烃的重馏分，LCO 重馏分进行加氢处理使稠环芳烃部分饱和，获取富含单环芳烃的加氢 LCO 馏分，再进行催化裂化，充分利用催化裂化工艺裂化和芳构化的反应特性，将单环芳烃上的环烷环或烷基进行裂化，使重芳烃转化为轻芳烃[16~22,23]。

1. LCO 加氢-催化裂化反应化学

LCO 中主要是双环芳烃，在催化裂化反应中相对稳定，主要发生侧链断裂或芳环的缩合反应生成焦炭前身物或焦炭，因此 LCO 直接通过催化裂化方式生产轻芳烃是行不通的。从反应化学的角度来看，LCO 生产芳烃至少需要先将其中的双环或三环芳烃进行部分饱和为单环芳烃。

对于 LCO 通过加氢处理-催化裂化组合技术生产轻芳烃，加氢苛刻度和催化裂化苛刻度的控制均非常重要。图 2-4-6 给出了 LCO 中双环芳烃通过加氢处理-催化裂化组合技术生产芳烃的两条反应路径。由图可知，如果 LCO 中双环芳烃通过控制加氢深度生成环烷并芳烃类化合物，则环烷并芳烃再经催化裂化部分发生环烷环开环、裂化反应而生成单环芳烃，同时环烷环发生氢转移反应生成双环芳烃；而如果 LCO 中双环芳烃通过深度加氢主要生成双环环烷烃，则双环环烷烃在随后的催化裂化过程主要发生环烷环开环、裂化等反应，然后顺序发生对应的氢转移等反应生成单环芳烃。双环环烷烃通过氢转移反应生成双环芳烃的比例较少。对于催化裂化的操作而言，操作苛刻度的高低直接影响到产品汽油馏分中 $C_6 \sim C_8$ 芳烃的浓度。一般来说，操作苛刻度越高，$C_6 \sim C_8$ 芳烃的浓度越高，相应 $C_6 \sim C_8$ 芳烃产率也越高。

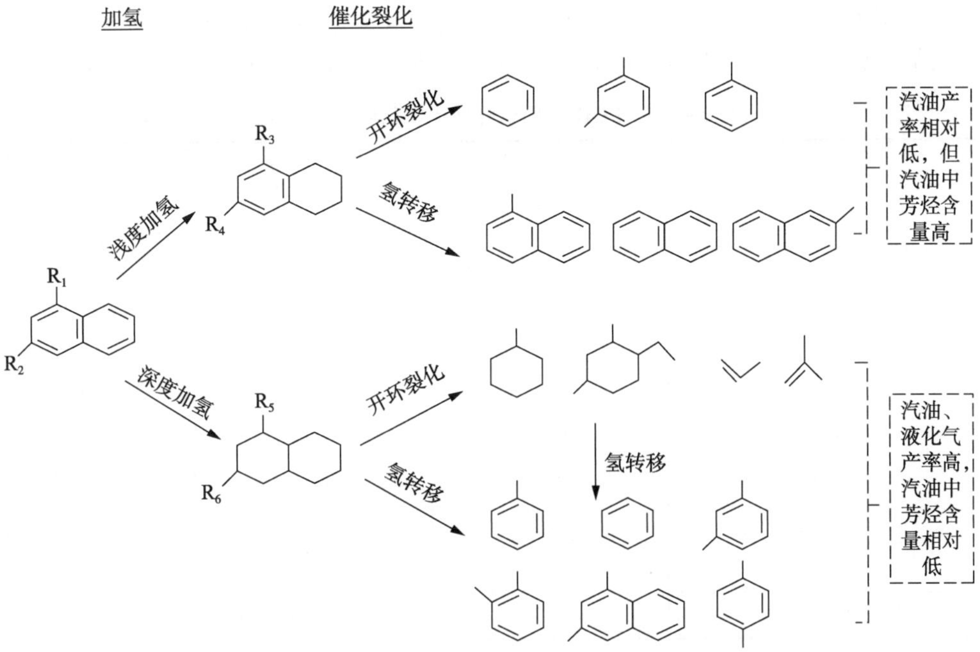

图 2-4-6　LCO 加氢处理-催化裂化反应途径

2. 工艺技术方案

LCO 生产芳烃的 LTAG 技术工艺流程见图 2-4-7，分为两种加工方案。方案一是劣质 LCO 先进加氢装置，然后进入催化裂化装置进行相关的开环、裂化和氢转移等化学反应，生成富含 BTX 的汽油馏分出装置；反应过程中新生成的 LCO 全馏分可以作为产物出装置，或者部分或全部循环至加氢装置，其流程示意见图 2-4-7(a)。方案二与方案一的差异是从催化裂化装置反应生成的 LCO 首先切割分离为 LCO 轻馏分和 LCO 重馏分，其中 LCO 轻馏分部分或全部返回催化裂化装置循环裂化，而 LCO 重馏分部分或全部循环至加氢装置进行加氢处理，其流程示意见图 2-4-7(b)。方案二比方案一的氢耗更低。

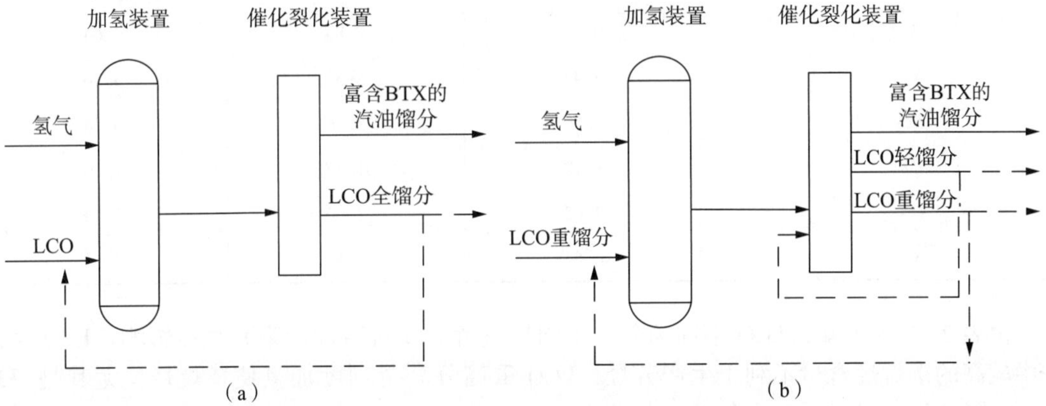

图 2-4-7　LCO 生产芳烃的 LTAG 工艺技术方案

3. LTAG 技术的研究开发

(1) 加氢苛刻度对芳烃生产的影响

LTAG 技术中加氢装置对芳烃生产的影响主要是由 LCO 中多环芳烃的饱和度来实现。表

2-4-5 列出了 LCO 轻馏分、LCO 重馏分经浅度加氢(氢含量小于 12.0%)后产物和 LCO 重馏分经深度加氢(氢含量大于 12.0%)后产物分别进行催化裂化生产芳烃的中型试验结果。

表 2-4-5 LCO 不同馏分催化裂化中型试验结果

项目		LCO 轻馏分	浅度加氢 LCO 重馏分	深度加氢 LCO 重馏分
原料性质	氢含量/%	10.32	11.78	13.27
	烃类组成/%			
	链烷烃	42.5	12.7	16.8
	环烷烃	12.4	29.7	68.1
	双环及以上环烷烃	1.6	20.7	56.6
	总芳烃	45.1	57.6	15.1
	单环芳烃	30.4	48.1	13.8
	双环芳烃	14.7	8.8	1.2
	三环芳烃	0.0	0.7	0.1
条件	反应温度/℃	510		
	剂油比	6		
反应结果	产率/%			
	干气	2.83	2.55	2.21
	液化气	13.43	18.77	25.41
	C_{5+}汽油	38.62	45.91	58.88
	柴油	39.01	27.51	11.51
	重油	0.65	2.00	0.00
	焦炭	5.46	3.25	1.99
	总计	100.00	100.00	100.00
	B	0.46	0.84	0.64
	T	3.43	5.55	5.36
	MX	3.50	3.86	5.38
	PX	1.12	1.27	1.40
	OX	2.02	2.06	2.43
	X	6.64	7.19	9.21

由表 2-4-5 可知，LCO 不同馏分、不同加氢苛刻度对芳烃产率有直接影响。LCO 轻馏分中较高的链烷烃含量不利于生产芳烃，LCO 重馏分高苛刻度加氢使环烷烃，尤其是双环及以上环烷烃含量增加，在随后的催化裂化过程中通过开环裂化和氢转移反应生成较多的 BTX 或 $C_6 \sim C_8$ 芳烃。

(2)LTAG 技术最大化生产芳烃优化

通过加氢处理和催化裂化组合工艺参数的优化，可以实现 LTAG 技术最大化生产芳烃。表 2-4-6 给出了 LTAG 技术方案二，即先将 LCO 馏分进行切割，其中 LCO 轻馏分直接进行催化裂化、LCO 重馏分加氢后再进行催化裂化，工艺参数优化后的中型试验结果。

表 2-4-6　优化后 LTAG 技术芳烃产率

项　目	LCO 轻馏分	浅度加氢 LCO 重馏分
产率/%		
B	1.60	2.01
T	7.37	10.54
OX	2.48	3.12
MX	4.73	6.95
PX	1.78	2.40
X	8.99	12.47
C_6～C_8A	19.56	26.73
C_6～C_9A	27.25	34.83

由表 2-4-6 可知，采用 LTAG 技术，LCO 轻馏分可以实现 C_6～C_8 芳烃产率 19.56%，C_6～C_9 芳烃产率 27.25%；LCO 重馏分加氢后可以实现 C_6～C_8 芳烃产率 26.73%，C_6～C_9 芳烃产率 34.83%。将 LCO 轻馏分和重馏分加权计算后，C_6～C_8 芳烃产率为 23.8%，C_6～C_9 芳烃产率达到 31.8%。

4. LTAG 技术工业应用

LTAG 技术于 2013 年在中国石化某炼化公司 1.0Mt/a 柴油加氢和 1.0Mt/a 催化裂化装置上进行了工业试验。采用 LCO 加氢-催化裂化全循环操作模式，C_6～C_8 芳烃产率为 16.8%，C_6～C_9 产率为 25.4%。汽油馏分烃类组成见表 2-4-7。

表 2-4-7　LTAG 技术工业试验得到汽油的烃类组成　%

烃　类	组　成
链烷烃	32.28
烯烃	10.25
环烷烃	3.47
芳烃	53.52
B	2.38
T	10.29
OX	4.17
MX	8.23
PX	2.36
X	14.76
EB	2.80
C_9A	15.31
合计	99.52

（三）兼顾生产清洁柴油的 LCO 制取轻芳烃技术

LCO 含有一定数量的链烷烃和环烷烃，在加氢裂化或催化裂化过程中易转化为轻烃。为了避免这些具有较高十六烷值组分的损失，中国石化提出了兼顾生产清洁柴油的 LCO 生产轻芳烃技术[24~30]，即在对 LCO 进行以深度脱硫、脱氮为主的加氢精制处理后，将其中的烷烃组分和部分芳烃一起分离出来，作为清洁柴油调合组分，其余的芳烃组分则用作生产轻质芳烃的原料，可以实现 LCO 利用价值的最大化。

1. 工艺流程

LCO 中芳烃与烷烃组分的极性不同，根据溶剂对不同烃类的溶解性差异，对加氢精制处理后的 LCO 先进行溶剂抽提，再将抽出的重质芳烃进行加氢裂化生产轻质芳烃。该技术路线主要包含三个部分：加氢处理、溶剂抽提和加氢裂化，其原则流程见图 2-4-8。

加氢处理部分主要是对 LCO 进行加氢精制，深度脱除其中的硫、氮等杂质，达到清洁车用柴油质量标准的要求，同时使烯烃饱和并伴随部分芳环的加氢饱和。溶剂抽提部分对加氢处理后的精制 LCO 进行抽提分离，分别得到富含饱和烃的抽余油和富含芳烃的抽出油，通过控制抽余油中芳烃组分的含量，使其十六烷值提高的幅度可以满足作为清洁柴油调合组分的需要；抽出油中芳烃含量尽可能提高，送加氢裂化部分转化为富含轻质芳烃的组分。

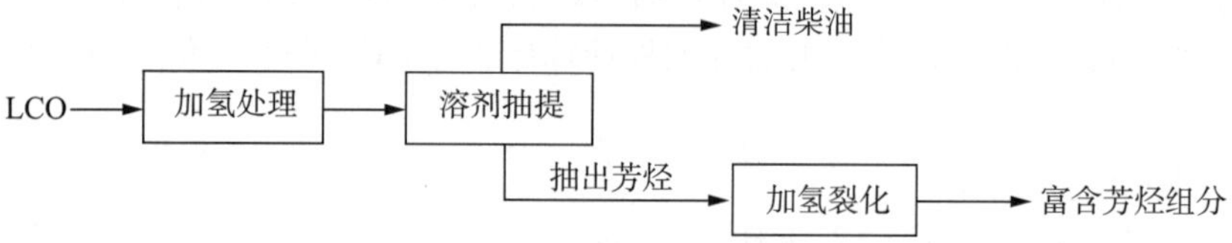

图 2-4-8　兼顾生产柴油的 LCO 制芳烃工艺原则流程

经溶剂抽提得到的抽余油由于芳烃含量大幅降低，十六烷值大幅提高。抽出油主要是双环及以上芳烃。溶剂抽提过程中的重点和难点在于选择合适的抽提溶剂，LCO 组成复杂，馏程范围较宽，选择合适的溶剂不仅可以提高抽出油中芳烃含量，还可以降低抽提过程的剂油比，减小溶剂与抽出芳烃的分离难度，节能降耗。

该技术一方面可以降低后续加氢过程的处理量，减少氢耗和能耗，提高加氢生成油中的轻质芳烃含量；另一方面可以使生产的柴油馏分十六烷值较原料提高 10~30 个单位，用作清洁柴油的调合组分。

加氢裂化部分主要是对从溶剂抽提过来的芳烃馏分进行加氢裂化，使其中的双环及三环芳烃转化为单环芳烃，并进一步裂化成带短侧链的轻质芳烃。为了有效利用 LCO 中的芳烃组分，需要控制加氢转化的深度，避免原料中的芳烃深度饱和为环烷烃，最终实现较高的轻质芳烃收率。图 2-4-9 以双环芳烃加氢处理反应过程为例说明由 LCO 中重质芳烃生产轻质芳烃的反应过程。

兼顾生产清洁柴油的 LCO 制取轻质芳烃技术，不仅为了拓展轻质芳烃的来源，缓解芳烃生产与烯烃、汽油生产资源冲突的问题，同时着眼于燃料油质量升级，为生产更高标准的柴油产品做准备。

2. 研究结果

在深入细致分析 LCO 的组成，特别是 LCO 中芳烃的组成和结构的基础上，通过建立模拟柴油混合物，评价了多种常规抽提溶剂和新型溶剂对 LCO 的抽提效果，筛选了合适的抽提溶剂，并以此为基础调配了复合溶剂以增强抽提溶剂的芳烃选择性。

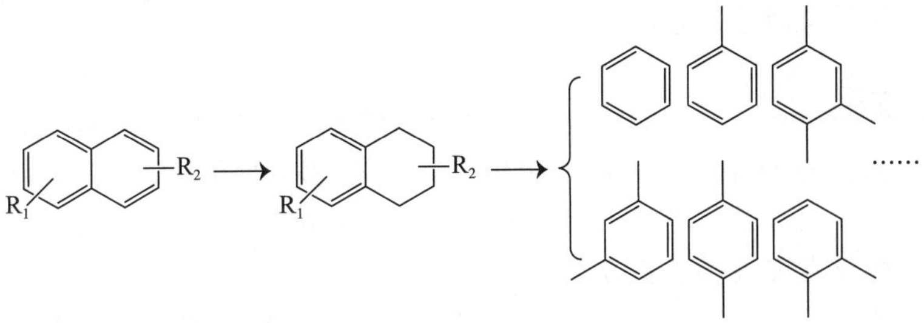

图 2-4-9　LCO 中重质芳烃转化过程示意图

在实验室系统考察了抽提温度、剂油比、抽提级数等操作条件对抽提效果的影响，探索了 LCO 溶剂抽提操作流程。结果表明，采用适当的溶剂，可以使抽出油中的芳烃含量达到 90%以上；抽余油十六烷值提高了十个单位以上，总芳烃含量可以降低到 40%以下，双环及以上芳烃含量降低到 11%以下；抽提过程的剂油比降低到 1.5 以下。

表 2-4-8 给出了在室温下、剂油比为 1.0 时，以单一常规溶剂为抽提溶剂的抽提效果。表 2-4-9 给出了在同样操作条件下，以复合溶剂为抽提溶剂的抽提效果。

表 2-4-8　单一溶剂抽提效果

项　目		LCO	抽余油		抽出油
			单级抽提	四级抽提	
收率/%		—	49.1	24.9	—
组成/%	链烷烃	17.3	31.9	49.1	8.8
	环烷烃	11.4	17.2	28.5	5.4
	单环芳烃	47.5	36.2	18.8	53.5
	双环及以上芳烃	23.8	14.7	3.6	32.3
十六烷值		27.7	41.8	56.6	—

表 2-4-9　复合溶剂抽提效果

项　目		LCO	抽余油		抽出油
			单级抽提	四级抽提	
收率/%		—	66.9	34.5	—
组成/%	链烷烃	17.3	24.9	44.3	5.0
	环烷烃	11.4	14.2	22.5	3.6
	单环芳烃	47.5	42.2	26.1	54.3
	双环及以上芳烃	23.8	18.7	7.1	37.1
十六烷值		27.7	36.6	53.6	—

由表 2-4-8 和表 2-4-9 可知，采用溶剂抽提的方法能有效分离 LCO 中的芳烃组分和非芳烃组分，且复合溶剂可提高溶剂的选择性，提高抽出油中芳烃含量，增加高十六烷值抽余

油的收率。目前该技术的重点集中在 LCO 溶剂抽提过程，富含芳烃的抽出油加氢裂化制备轻质芳烃可以采用前文所述工艺。

三、技术展望

开发由低价值的 LCO 中重质芳烃资源生产高价值的轻质芳烃技术，不仅可以解决 LCO 在汽柴油质量升级中的难题，而且拓展了芳烃的原料来源，为缓解芳烃与油品生产的资源矛盾，实现油化一体化发展提供了新方案。

与石脑油重整相比，利用 LCO 生产轻芳烃，其经济优势主要取决于 BTX、石脑油和轻循环油的市场价格。根据近几年的市场价格走势，LCO 的价格一直比石脑油低 100 美元/t，且随柴油标准的提高，两者的市场差价还会进一步拉大，以 LCO 作为原料生产 BTX 不仅比石脑油重整的生产成本低，而且可以获得更多的 BTX 原料来源，同时也解决了 LCO 的出路问题，因此利用 LCO 直接生产 BTX 是一条经济潜力很大的技术路线。技术进步的方向在于，对于多环芳烃加氢裂化催化剂，应提高其对单环芳烃的饱和环选择性开环和侧链断裂能力，同时降低对单环芳烃的加氢饱和功能；对于催化裂化催化剂应强化开环裂化性能、抑制氢转移功能；而溶剂抽提工艺应进一步开发溶解性能好、且易于分离回收以循环利用的新型溶剂。

参考文献

[1] Johnson J A, Frey S J, Thakkar V P. Unlocking high value xylenes from light cycle oil [C]// NPRA ANNUAL MEETING, San Antonio, USA: National Petrochemical & Refiners Association Inc, 2007: 314-331.

[2] Frey S J, Abdo S F, Negiz A, et al. Process for xylene production: US, 7265252B1 [P]. 2007-09-04.

[3] Frey S J, Towler G. Multi-Zone process for the production of xylene compounds: US, 2008/0161622A1 [P]. 2008-07-03.

[4] Simanzhenkov V, Oballa M C, Kim G. Technology for producing petrochemical feedstock from heavy aromatic oil fractions [J]. Ind. Eng. Chem. Res, 2010, 49: 953-963.

[5] Oballa M C, Simanzhenkov V, Weitkamp J, et al. Aromatic saturation and ring openning process: US, 2007/0062848A1 [P]. 2007-03-22.

[6] Yoshitsugu I, Takahiro Y. Method for producing aromatic hydrocarbon having six to eight carbon atoms: JP, 2009235247 [P]. 2009-10-15.

[7] 南英喜，衫宜重，福井敦，等．芳香族烃的制造方法：CN，201080013690.4 [P]. 2010.03.26.

[8] KimC J, Kim T J, Kim D W, et al. Method for producing high value aromatics and olefin from light cycle oil produced by a fluid catalytic cracking process: US, 2011/0207979A1 [P]. 2011-08-25.

[9] SK Innovation. The method for producing valuable aromatics and olefin from hydrocarbonaceous oils comprising aromatic compounds: KR, 10-2011-0051473 [P]. 2011-05-18.

[10] 李大东．加氢处理工艺与工程．北京：中国石化出版社，2004：159-163.

[11] David K, Narendra K, et al. Ring opening of decalin over zeolites II. Activity and selectivity of platinum-modified zeolites. J. of Catal., 2004, 227: 313-327.

[12] Stefano R.. The impact of catalytic materials on fuel reformulation. Catal. Today, 2003, 77: 467-484.

[13] Maria A A, Patricia C, Agustin M. The role of metal sites during the coupled hydrogenation and ring opening of tetralin on bifunctionalPt(Ir)/USY catalysts. Appl. Catal. A: General, 2004, 267: 111-119.

[14] 鞠雪艳，胡志海，等．金属与分子筛含量对预加氢 1-甲基萘的加氢裂化催化剂的影响．石油学报（石油加工），2012，28(5)：712-716.

[15]　关明华，曾榕辉，石友良，等．一种加氢裂化工艺：中国，ZL200810228348. 0[P].
[16]　毛安国，徐先荣．一种烃油原料的催化转化方法：中国，200610144210. 3[P]. 2006-11-30.
[17]　崔守业，许友好，刘宪龙，等．一种生产高辛烷值汽油的催化转化方法：中国，200710120107. x[P]. 2007-08-09.
[18]　熊震霖，胡志海，石玉林，等．一种蜡油加氢处理和催化裂化双向组合工艺方法：中国，200510084001. X[P]. 2005-07-15.
[19]　胡志海，门卓武，许友好，等．一种由重馏分油生产清洁燃料的方法：中国，200510130078. 6[P]. 2005-12-14.
[20]　侯典国，毛安国．一种烃油催化转化方法：中国，200910250058. 0[P]. 2009-12-03.
[21]　毛安国，侯典国．一种烃油催化转化方法：中国，200910250059. 5[P]. 2009-12-03.
[22]　徐先荣，毛安国．催化裂化柴油轻重馏分的裂化性能研究．炼油技术与工程，2007，37(6)：1-5.
[23]　毛安国，龚剑洪．催化裂化轻循环油生产轻质芳烃的分子水平研究[J]. 石油炼制与化工，2014，45(7)：1-6.
[24]　史军军，朱宁，蒽雷，等．由催化裂化柴油生产轻质芳烃和高品质油品的方法：CN201210014304. 4[P]. 2012. 01. 18.
[25]　史军军，蒽雷，葛晓蓉，等．一种提高劣质柴油十六烷值的方法：CN201210367965. 5[P]. 2012-09-28.
[26]　史军军，蒽雷，葛晓蓉，等．一种重质柴油的改质方法：CN201210367165. 3[P]. 2012-09-28.
[27]　史军军，蒽雷，葛晓蓉，等．一种劣质柴油的改质方法：CN201210394712. 7[P]. 2012-10-17.
[28]　史军军，蒽雷，葛晓蓉，等．由劣质柴油生产清洁柴油的方法：CN201210395319. X[P]. 2012-10-17.
[29]　史军军，蒽雷，葛晓蓉，等．提高重质柴油质量的方法：CN201210394711. 2[P]. 2012-10-17.
[30]　史军军，蒽雷，葛晓蓉，等．一种改善重质柴油质量的方法：CN201210394760. 6[P]. 2012-10-17.

第三章　芳烃间转化技术

在工业生产中，苯、甲苯、二甲苯和碳九及其以上芳烃(C_{9+}芳烃)主要来自石脑油催化重整生成油和蒸汽裂解副产物裂解汽油(HSCN)，其中，用途最广的是苯和对二甲苯。受原料和化学反应热力学平衡限制，直接通过上述芳烃生产过程得到的芳烃产品不能满足市场需求，甲苯和C_{9+}芳烃资源相对过剩，而用于生产对二甲苯的碳八芳烃资源不足。因此，需要通过芳烃之间的相互转化，即芳烃间转化技术(通常又称芳烃转化技术)，实现最大化增产碳八芳烃，特别是对二甲苯。

芳烃转化技术主要包括烷基转移技术、二甲苯异构化技术、甲苯择形歧化技术、碳九芳烃及碳九以上芳烃轻质化技术(简称“碳九及以上芳烃轻质化技术”)。

第一节　烷基转移技术

一、概　述

芳烃联合装置中的烷基转移技术是指以甲苯/苯及C_{9+}芳烃为原料，通过烷基转移反应将其转化为二甲苯[1,2]的技术，达到增产二甲苯、调整芳烃产品结构、提高装置生产灵活性的目的。烷基转移单元作为芳烃联合装置的重要组成部分，提供了联合装置中50%左右的混合二甲苯。根据反应原料的不同，烷基转移技术可分为两类，一类是甲苯歧化与烷基转移技术，主要以甲苯和C_{9+}芳烃为反应原料，生产二甲苯和少量苯；另一类是苯和C_{9+}芳烃烷基转移技术，以苯和C_{9+}芳烃为原料，生产二甲苯和甲苯。

烷基转移反应的实质是芳烃侧链烷基在芳环之间的移动和重排[3~5]，反应原料中芳烃侧链烷基的种类、数量比例是决定反应产物组成的最主要因素。从化学计量上看，以二甲苯为目标产品时，当原料分子中甲基与苯环摩尔比达到2时，才可获得甲基和苯环的最高利用率。烷基转移反应控制与优化的目标是最大程度保留及利用芳烃侧链甲基，降低开环率，最大化生产二甲苯。

烷基转移反应为酸催化的正碳离子反应，酸性分子筛为催化剂的主要活性组分。分子筛孔结构、酸性质等因素直接影响反应的活性、选择性及产品分布。国内外相关研发机构开发了不同的烷基转移催化剂及工艺，主要包括UOP公司的Tatoray工艺及TA系列催化剂、中国石化的S-TDT工艺及HAT系列催化剂、ExxonMobil公司的TransPlus工艺及EM系列催化剂、SK & Zeolyst公司的ATA系列催化剂。

二、反应原理

(一)主要反应

对于甲苯歧化与烷基转移反应，其主反应是增产碳八芳烃的反应，包括甲苯歧化反应、

甲苯与 C_{9+}芳烃烷基转移反应、C_{9+}芳烃侧链脱烷基反应。

1. 主反应

(1)甲苯歧化反应

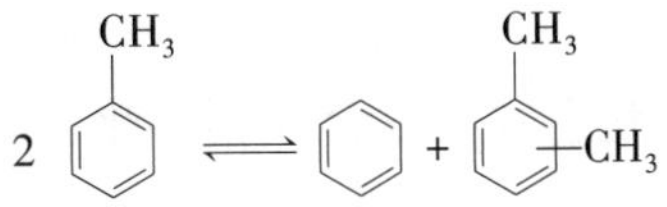

2mol 甲苯经歧化反应生产 1mol 苯及 1mol 二甲苯。在甲苯歧化与烷基转移反应中，甲苯歧化反应是生成苯的主要来源。

(2)烷基转移反应

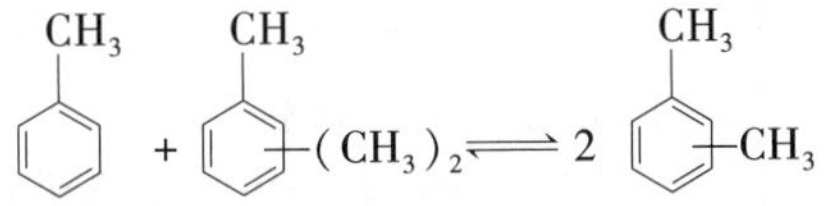

烷基转移反应包括甲苯与 C_{9+}芳烃烷基转移反应，如甲苯与三甲苯生成两分子二甲苯，通过烷基转移反应可实现甲基的重排，最大量生产二甲苯。

(3)C_{9+}芳烃脱侧链烷基反应

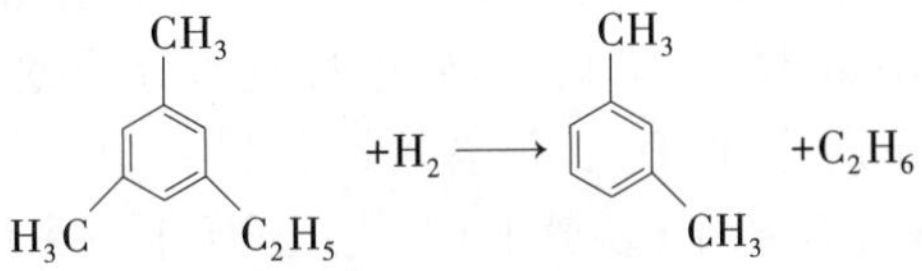

C_{9+}芳烃脱侧链烷基反应主要是脱除侧链乙基、丙基及丁基，生成苯、甲苯或碳八芳烃产物，C_{9+}芳烃脱侧链烷基反应是实现 C_{9+}芳烃转化和利用、增产二甲苯的另一个重要反应途径。

除此之外，烷基转移反应网络中还包括 C_{9+}芳烃歧化反应、加氢脱甲基反应及芳环加氢裂解等副反应。

2. 副反应

(1)C_{9+}芳烃歧化反应

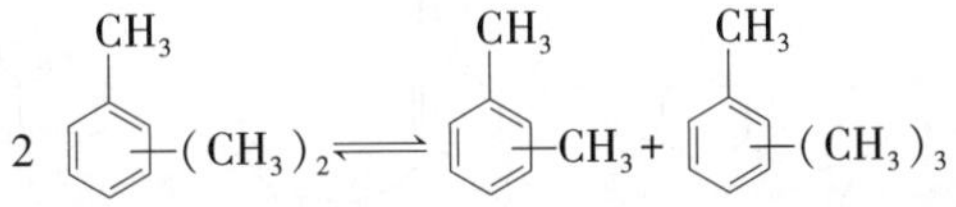

如碳九芳烃自身歧化反应生产碳八芳烃及碳十芳烃，碳十芳烃歧化反应生成更重的碳十一芳烃。C_{9+}芳烃自身的歧化反应会生成更重的芳烃分子，加快积炭反应。

(2)加氢脱甲基反应

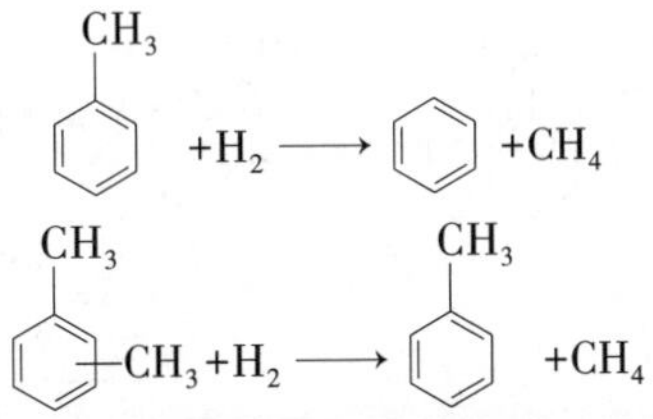

如甲苯脱甲基生成苯和甲烷，二甲苯脱甲基生成甲苯。脱甲基反应将降低反应系统的甲基/苯环比，从而降低二甲苯收率。

(3)芳环加氢饱和及开环

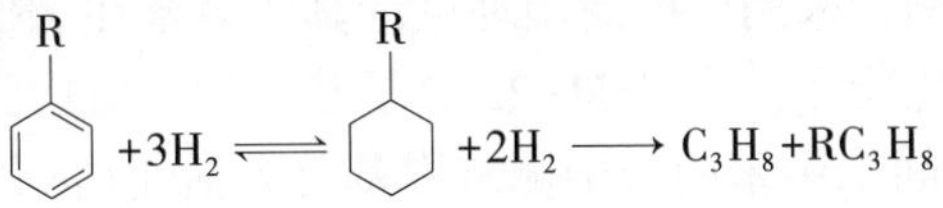

芳烃在加氢金属位上加氢饱和生成环烷烃，环烷烃在酸位上进一步裂解为 $C_3 \sim C_5$ 轻烷烃。芳烃加氢反应是强放热反应，会增大反应氢耗及环损率，应最大程度抑制此类反应发生。

(4)缩合

烯烃、C_{9+}芳烃、茚满及其他化合物易缩合成稠环化合物或焦炭，覆盖酸性位或堵塞分子筛孔口，导致催化剂的失活。

(二)反应机理

通常认为烷基转移反应过程为正碳离子机理[6]，早期提出一种甲基迁移理论。以甲苯歧化反应为例，甲基迁移机理认为其反应路径如图 3-1-1 Ⅰ所示，甲苯分子首先在 B 酸位上吸附活化形成正碳离子，正碳离子上的甲基再转移到另一个甲苯分子，生成一分子苯及二甲基苯正碳离子，后者再脱去质子，生成二甲苯。甲基迁移机理为单分子反应模型，根据该反应机理可认为分子筛孔结构对反应的选择性影响较小。

另一种双分子反应机理认为甲苯歧化反应途径如图 3-1-1Ⅱ所示。一个甲苯分子首先在分子筛缺陷位进行活化生成正碳离子(步骤 A)，并与吸附在相邻 B 酸位上的另一个甲苯生成二苯烷基正碳离子过渡态(步骤 B、C)，然后该过渡态分子发生 C—C 键断裂，生成一分子苯和一个二甲基苯正碳离子(步骤 D)，后者再活化另一个甲苯分子并脱除氢质子生成二甲苯及一分子活化态甲基苯正碳离子(步骤 E)[6~8]，开始下一个反应循环。双分子机理认为歧化与烷基转移过程涉及生成一个反应中间物分子。因此，一些较大尺寸的反应中间物因受分子筛孔的空间限制而不能生成，抑制了反应的进行。该机理模型能较好解释分子筛孔道尺寸对反应选择性的影响。

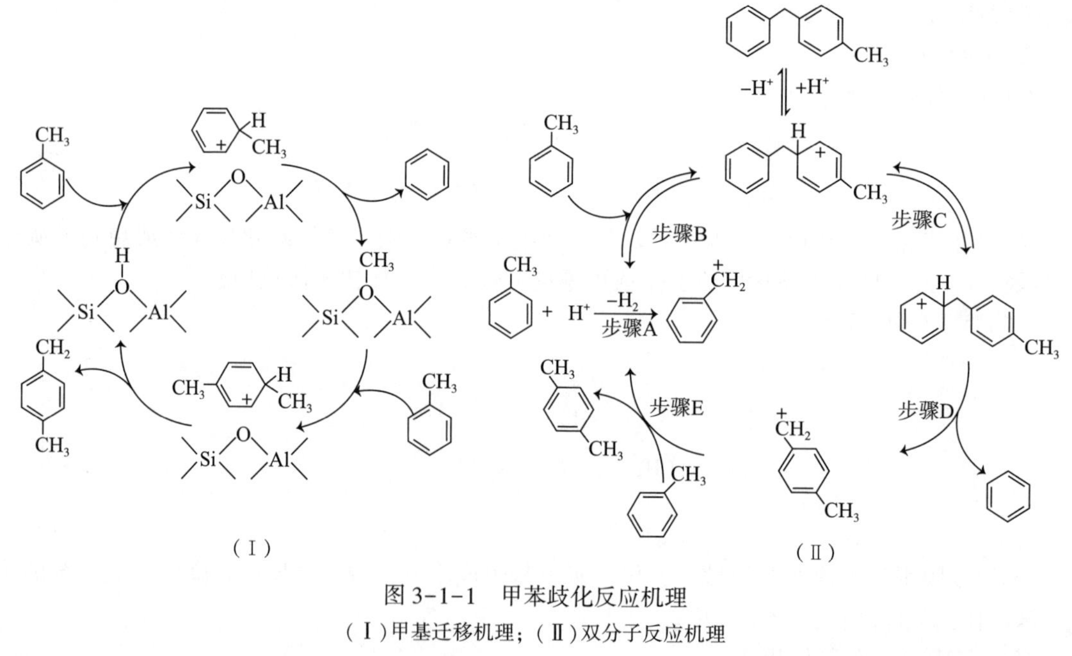

图 3-1-1 甲苯歧化反应机理

(Ⅰ)甲基迁移机理；(Ⅱ)双分子反应机理

以二甲苯歧化反应为例，采用密度泛函理论计算二甲苯在 ZSM-22 及丝光沸石上的歧化反应中间物形成过程及活化能[8]。在 ZSM-22 分子筛上的反应中间物形成过程及中间物生成活化能如图 3-1-2 所示。间二甲苯的一个侧链甲基首先活化(活化能 212kJ/mol)，并与另一分子间二甲苯结合形成苄基正碳离子，再与催化剂发生质子转移，形成较稳定的2，4-二甲基-1-(3-甲基苯基)苯及其异构体，由于这种反应中间物的生成活化能及构型受孔道尺寸的空间限制，反应中间物构型差异导致最终生成不同的三甲苯异构体，表现出对产物的选择性差异。

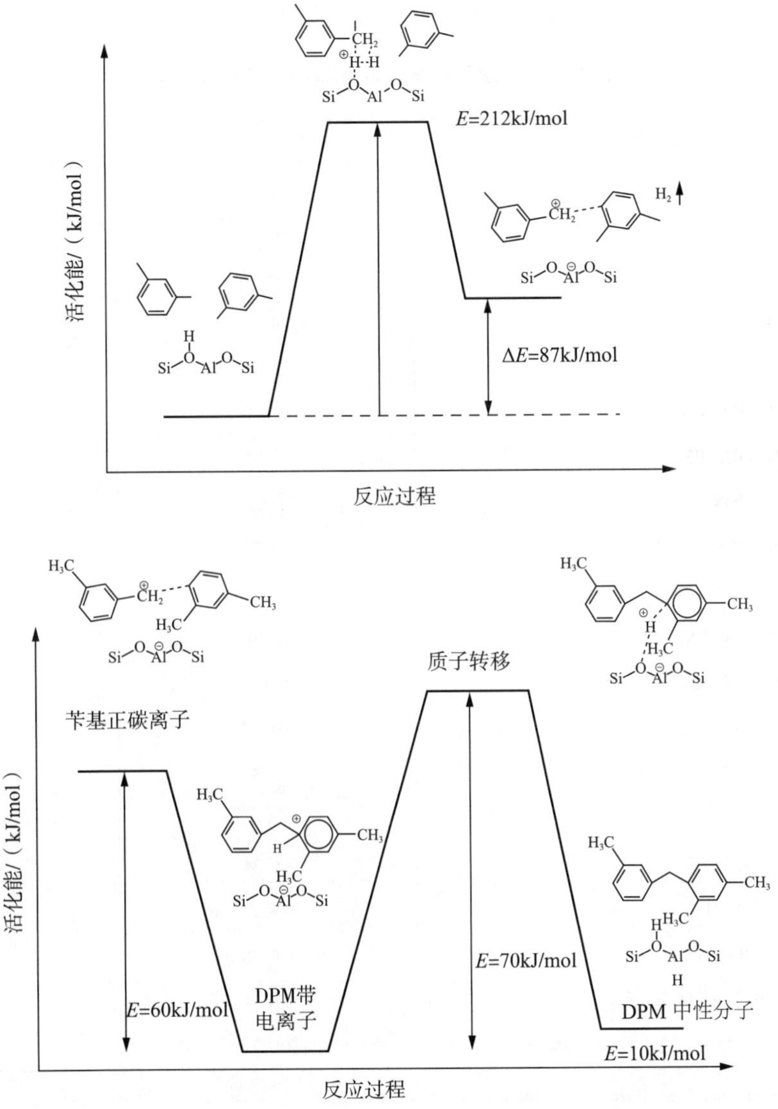

图 3-1-2　ZSM-22 分子筛上二甲苯歧化反应中间物形成过程

（三）反应热力学

烷基转移主要反应的标准反应焓变（$\Delta_r H_m^{\ominus}$）及标准吉布斯自由能变（$\Delta_r G_m^{\ominus}$）如表 3-1-1 所示[9]。由表3-1-1 可知，甲苯歧化及甲苯与三甲苯的烷基转移反应热效应均较小，而脱烷基反应是强放热反应。甲苯与三甲苯烷基转移反应$\Delta_r G_m^{\ominus}$值最小，反应容易进行；脱烷基反应的 $\Delta_r G_m^{\ominus}$ 值最大。

以甲苯和三甲苯为模型原料，计算在丝光沸石催化剂上的反应平衡常数[10]，结果如

表 3-1-2 所示。甲苯歧化反应的化学平衡常数较小，其中以生成间二甲苯的化学平衡常数最大，表明甲苯相对较易于歧化为苯和间二甲苯。甲苯与三甲苯间烷基转移反应平衡常数较大，表明烷基转移反应比甲苯歧化反应更易于发生。而烷基转移反应中又以甲苯与 1，2，3-三甲苯生成间二甲苯的反应平衡常数最大，表明 1，2，3-三甲苯比 1，3，5-三甲苯和 1，2，4-三甲苯较易于和甲苯发生烷基转移反应，生成间二甲苯。

表 3-1-1 烷基转移反应体系热力学性质数据

反应过程	$\Delta_r H_m^\ominus$/(kJ/mol)	$\Delta_r G_m^\ominus$/(kJ/mol)
2T→ B+ OX	1.61	7.16
2T → B+ PX	0.59	6.56
2T → B+ MX	-0.15	3.96
B+1，2，3-TMB→T+OX	-4.19	-10.26
T+1，3，5-TMB→2MX	0.14	-2.8
T+1，3，5-TMB→MX+OX	2.14	0.4
T+1，3，5-TMB→MX+PX	1.12	-0.2
T+1，2，4-TMB→2OX	1.81	4.4
T+1，2，4-TMB→2PX	-0.23	3.2
T+1，2，4-TMB→2MX	-1.71	-2.0
T+1，2，4-TMB→OX+PX	0.79	3.8
T+1，2，4-TMB→OX+MX	0.05	1.2
T+1，2，4-TMB→MX+PX	-0.97	0.6
T+1，2，3-TMB→2OX	-2.58	-3.1
T+1，2，3-TMB→2MX	-6.1	-9.5
T+1，2，3-TMB→OX+MX	-4.34	-6.3
T+1，2，3-TMB→OX+PX	-3.6	-3.7
T+1，2，3-TMB→PX+MX	-5.36	-6.9
1-methy-2-ethylben①→T+C_2H_4	101.4	59.55
2(1，2，4-TMB)→MX+1，2，3，4-TeMB②	9.71	12.51

①1-methy-2-ethylben：1-甲基-2-乙基苯。

②TeMB：四甲苯。

表 3-1-2 不同温度下的反应平衡常数

反应过程	K_p			
	613K	643K	673K	703K
2T → B+ OX	0.09160	0.09364	0.09543	0.09700
2T → B+ PX	0.09440	0.09419	0.09386	0.09341
2T → B+ MX	0.2103	0.2093	0.2081	0.2068

续表

反应过程	K_p			
	613K	643K	673K	703K
T+1，3，5-TMB→2MX	2.923	2.925	2.926	2.926
T+1，3，5-TMB→MX+OX	1.274	1.309	1.342	1.373
T+1，3，5-TMB→MX+PX	1.312	1.317	1.320	1.322
T+1，2，4-TMB→2OX	0.2185	0.2247	0.2305	0.2361
T+1，2，4-TMB→2PX	0.2318	0.2273	0.2230	0.2189
T+1，2，4-TMB→2MX	1.151	1.122	1.097	1.073
T+1，2，4-TMB→OX+PX	0.2250	0.2260	0.2267	0.2273
T+1，2，4-TMB→OX+MX	0.5164	0.5051	0.4945	0.4846
T+1，2，4-TMB→MX+PX	0.5014	0.5022	0.5028	0.5032
T+1，2，3-TMB→2OX	0.8997	0.8839	0.8697	0.8566
T+1，2，3-TMB→2MX	4.739	4.416	4.136	3.892
T+1，2，3-TMB→OX+MX	2.065	1.976	1.897	1.826
T+1，2，3-TMB→OX+PX	0.9267	0.8891	0.18554	0.8248
T+1，2，3-TMB→PX+MX	2.127	1.987	1.865	1.758

表3-1-3列出了不同反应温度下甲苯与三甲苯烷基转移反应体系的热力学平衡组成[11]。由表3-1-3可知，反应温度从300℃升到450℃，在1，2，4-三甲苯：甲苯=1：1(摩尔比)的原料组成下，甲苯平衡转化率从51.6%降至51.0%，三甲苯平衡转化率从51.4%增至52.4%。表明烷基转移反应体系化学平衡受反应温度的影响较小。而相同温度下，甲苯与三甲苯的组成比例对化学平衡分布却有很大的影响。

表3-1-3　甲苯与1，2，4-三甲苯烷基转移反应热力学平衡浓度　%(摩尔分数)

温度/℃	1，2，4-TMB：T(摩尔比)	B	T	X	TMB	TeMB	PeMB①
300	1：0.4	1.7	13.4	37.6	35.6	10.9	0.7
	1：1	4.9	24.2	41.7	24.3	4.6	0.2
	1：2.5	11.9	35.7	37.5	13.3	1.6	0.0
350	1：0.4	1.8	13.7	37.4	35.1	11.1	0.9
	1：1	5.1	24.3	41.4	24.2	4.8	0.2
	1：2.5	12.0	35.6	37.3	13.4	1.7	0.0
400	1：0.4	1.8	13.9	37.3	34.6	11.3	1.1
	1：1	5.2	24.4	41.2	24.0	4.9	0.3
	1：2.5	12.2	35.5	37.2	13.3	1.7	0.0

续表

温度/℃	1，2，4-TMB：T(摩尔比)	B	T	X	TMB	TeMB	PeMB①
450	1：0.4	1.9	14.1	37.2	34.1	11.4	1.3
	1：1	5.3	24.5	41.0	23.8	5.1	0.4
	1：2.5	12.3	35.5	37.0	13.4	1.8	0.0

①PeMB：五甲苯。

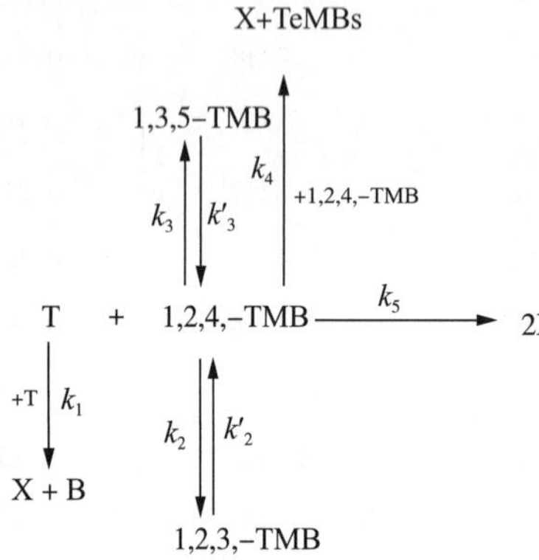

图 3-1-3　甲苯与1，2，4-三甲苯体系反应模型

（四）反应动力学

甲苯和1，2，4-三甲苯反应体系的反应模型如图3-1-3所示[11]，包括甲苯歧化反应、三甲苯异构化反应、三甲苯歧化反应以及甲苯与三甲苯的烷基转移反应。分别以甲苯、1，2，4-三甲苯及甲苯和1，2，4-三甲苯混合物为反应原料。根据以下假设：①异构化反应为单分子反应机理，而歧化反应为双分子反应机理；②歧化和烷基转移反应为不可逆反应，而异构化反应为可逆反应，模拟计算了各反应在丝光沸石催化剂及ZSM-5分子筛催化剂上的宏观反应动力学，动力学参数如表3-1-4所示。

模拟计算结果表明，甲苯歧化反应(R_1)在丝光沸石上表观反应活化能高于ZSM-5分子筛催化剂，这是由于ZSM-5分子筛酸强度高于丝光沸石。而对于反应R_2、R_3、R_4、R_5，在丝光沸石催化剂上的表观反应活化能均小于ZSM-5分子筛催化剂，这归因于两种分子筛孔径不同导致三甲苯在分子筛孔道内的扩散阻力不同。1，2，4-三甲苯(动力学直径0.76nm)在ZSM-5分子筛孔道(孔直径约0.6nm)内的扩散阻力远大于其在丝光沸石孔道(孔直径约0.7nm)内的扩散阻力，导致三甲苯分子在ZSM-5分子筛上的表观反应活化能反而高于丝光沸石。

表 3-1-4　不同分子筛上甲苯与三甲苯烷基转移反应体系动力学参数

反应序号	化学反应	MOR(SiO_2/Al_2O_3=135.9)		ZSM-5(SiO_2/Al_2O_3=29.4)	
		E/(kJ/mol)	$k_0\times10^5$/[m^3/(kg cat·s)]	E/(kJ/mol)	$k_0\times10^5$/[m^3/(kg cat·s)]
R_1	2T→B+X	54.22	1.01	41.61	1.47
R_2	1，2，4-TMB→1，2，3-TMB	13.12	20.40	32.73	17.07
R_3	1，2，4-TMB→1，3，5-TMB	7.92	50.48	45.93	25.68
R_4	2(1，2，4-TMB)→TeMBs+X	12.22	2.84	38.14	0.54
R_5	T+1，2，4-TMB→2X	7.21	0.55	63.54	0.79

C_{9+}芳烃组分转化反应体系动力学研究[12]，以甲乙苯和三甲苯混合料为模型原料，反应网络如图3-1-4所示，包括甲乙苯脱烷基反应、三甲苯歧化反应、甲苯与三甲苯烷基转移

反应及四甲苯脱甲基反应。反应动力学参数如表 3-1-5 所示。计算结果表明，在具有相同孔结构和不同酸量的分子筛上，脱乙基反应与脱甲基反应速率常数均大于歧化反应与烷基转移反应，这是由于前两种反应为单分子反应，后两个反应为双分子反应，单分子反应几率要远大于双分子接触反应几率。而从反应表观活化能来看，不同酸量分子筛上均有 $E_{[4]}>E_{[1]}\approx E_{[2]}>E_{[3]}$。

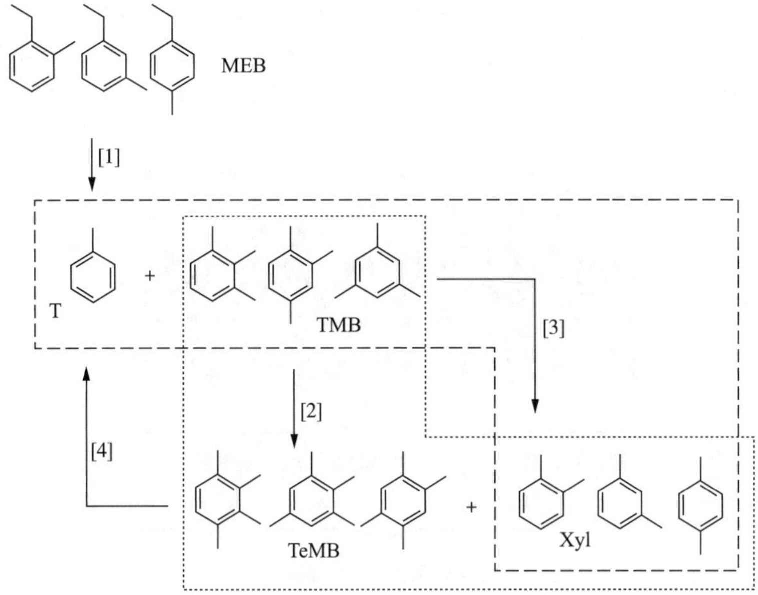

图 3-1-4 $C_{9+}A$ 转化动力学模型

[1]—MEB 脱烷基生成甲苯；[2]—TMB 歧化反应生成四甲苯和二甲苯；
[3]—甲苯与三甲苯烷基转移反应；[4]—四甲苯脱甲基生成甲苯

表 3-1-5　$C_{9+}A$ 转化反应动力学参数

反应编号	化学反应	$k_0\times10^3$			E/(kJ/mol)	
		单位	低酸量	高酸量	低酸量	高酸量
[1]	$MEB+H_2\rightarrow T+C_2H_6$	m^3/(kg cat · s)	7.56	9.20	34.92	42.07
[2]	$TMB+TMB\rightarrow X+C_{10}A$	m^6/(kg cat · s · mol)	0.074	0.092	34.19	42.44
[3]	$T+TMB\rightarrow X$	m^6/(kg cat · s · mol)	0.73	0.77	17.84	27.60
[4]	$TeMB\rightarrow T$	m^3/(kg cat · s)	4.07	9.84	83.41	71.66

三、甲苯歧化与烷基转移技术

甲苯歧化与烷基转移技术是以甲苯和 C_{9+}芳烃为原料，在分子筛催化剂表面发生甲基转移及侧链脱烷基等反应，生成苯和热力学平衡的碳八芳烃产品[13]。

(一)分子筛及催化剂

甲苯歧化与烷基转移反应为酸催化反应，一般以具有特定结构和酸性的分子筛为催化剂。传统的甲苯歧化与烷基转移催化剂通常采用 ZSM-5[14,15] 及具有十二元环通道的丝光沸石为活性组分。近年来，随着新型分子筛的合成及应用，β 分子筛[16,17]、ZSM-12[18]、NU-87[19]、SSZ[20]等分子筛用作甲苯歧化与烷基转移催化剂活性组分的研究也有报道。分子筛作为歧化与烷基转移反应的主要活性组分，其结构、酸性及孔径是影响催化剂反应性能的主要因素。

1. 分子筛结构对反应性能的影响

分子筛孔结构的特点是选择反应所需分子筛的重要依据之一。反应物在分子筛孔道内的反应过程如图 3-1-5 所示：①反应物分子首先扩散进入分子筛微孔；②反应物分子吸附在酸性位上活化、生成反应中间物并进一步转化为最终产物，生成的产物从酸位上脱附；③产物扩散出孔道。

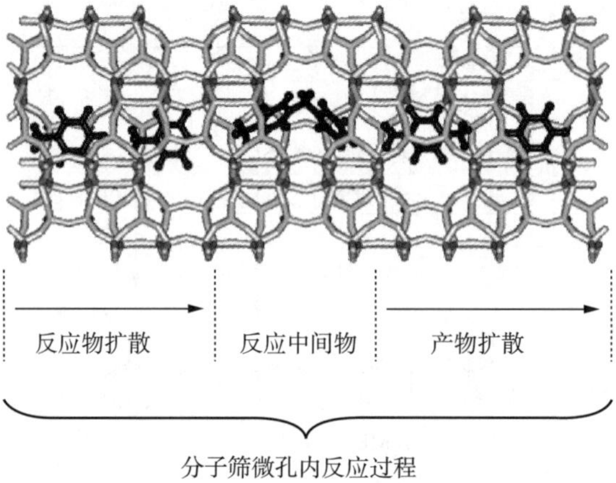

图 3-1-5　分子筛微孔内的反应过程

分子筛孔结构对反应性能的影响主要体现在两个方面，一是分子筛孔道尺寸影响反应原料及产物分子扩散速率。当进入分子筛孔道时，不同分子动力学直径的反应物分子及异构体在孔内的扩散速度不同，使催化剂表现出对反应物分子的选择性，从而影响到催化剂对不同反应物的转化率、选择性及稳定性等指标。二是分子筛孔道尺寸的空间效应影响反应中间物及其状态，与孔道尺寸不匹配或尺寸较大的分子在孔道中难以生成，甚至是不能生成，或者即使在局部生成了，却无法顺利通过孔口逸出，从而使分子筛在甲苯歧化与烷基转移反应中表现出了对产物的择形性。

(1)分子筛孔结构对扩散性能的影响

图 3-1-6 比较了不同芳烃分子在不同孔径分子筛中的扩散系数[21]。对于相同分子筛孔径，随着反应分子尺寸的增大，分子扩散阻力增大，扩散系数减小。因此，当反应体系中涉及到 C_{9+}芳烃等较大分子时，分子筛的孔道扩散阻力是重要的考量因素。

对三甲苯和四甲苯在不同孔径分子筛中的扩散能垒进行计算[22]，发现中孔分子筛的扩散阻力要远大于大孔分子筛(见表 3-1-6)。较小的分子扩散阻力一方面可增大 C_{9+}芳烃在孔内的浓度，有利于 C_{9+}芳烃的转化；另一方面，也可加速产物分子扩散出孔道，降低产物发生二次反应的几率，可提高产物的选择性。从物料扩散的角度，具有 MOR、BEA、MAZ 及 FAU 结构的大孔分子筛有利于 C_{9+}芳烃的处理。

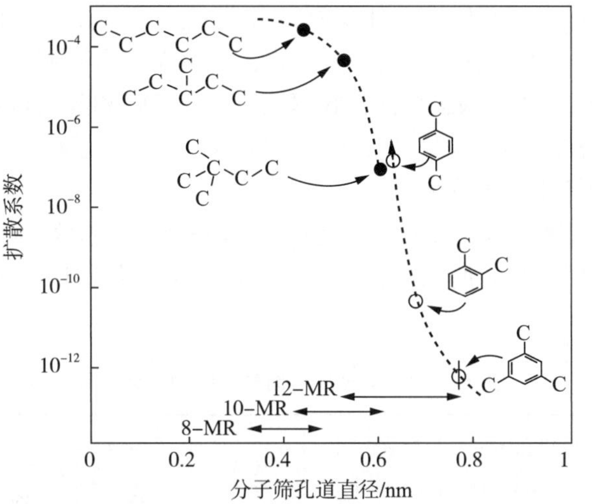

图 3-1-6 烷烃和芳烃分子在 8-MR，10-MR 和 12-MR 分子筛中的扩散系数

表 3-1-6 三甲苯和四甲苯异构体在中孔和大孔分子筛中扩散能垒 kJ/mol

分子筛结构		1，2，4-TMB	1，2，3-TMB	1，3，5-TMB	1，2，3，4-TeMB	1，2，3，5-TeMB	1，2，4，5-TeMB
中孔分子筛	MWW	391.1	894.9	930.1	843.1	1027.5	434.4
	MFI	193.3	430.9	625.2	495.7	558.9	201.3
	EUO	107.4	254.3	318.3	267.6	372.1	79.0
	NES	76.5	174.3	286.8	187.5	281.2	55.4
大孔分子筛	MTW	57.3	64.2	149.0	47.2	145.5	61.1
	FAU	12.9	26.5	34.9	24.6	25.9	9.1
	MOR	8.3	12.9	40.1	12.4	32.1	9.3
	BEA	5.5	27.0	75.4	27.2	85.4	12.4
	MAZ	2.7	19.5	23.3	29.7	37.4	12.0

(2)分子筛孔结构对转化率的影响

表 3-1-7 比较了丝光沸石、β 分子筛和 ZSM-12 三种分子筛应用于甲苯与三甲苯烷基转移反应的性能。

表 3-1-7 不同分子筛上甲苯和 1，3，5-三甲苯烷基转移反应性能

反应性能		丝光沸石	β 分子筛	ZSM-12
转化率/%（质量）	T	39.1	34.6	39.3
	TMB	37.8	48.2	48.0
产品收率/%（质量）	B	4.7	4.7	7.0
	X	31.1	31.5	33.5
	MEB	0.6	0.5	0.2
	$C_{10}A$	2.7	2.7	1.9

注：反应条件：温度 400 ℃，压力 2.1MPa，重时空速 5.5 h^{-1}，氢烃摩尔比 3.0，甲苯：三甲苯=66.7：33.3（质量比）。

由表 3-1-7 可知，在相同反应条件及原料组成下，不同结构分子筛上转化率及产物选择性均有所差异。β 分子筛更有利于三甲苯转化，而丝光沸石有利于甲苯转化，ZSM-12 对两者均有较高的转化率。在产物选择性及收率上，β 分子筛和丝光沸石相当，ZSM-12 具有较高的苯和二甲苯收率。

(3)分子筛孔结构对选择性的影响

分子筛孔道的空间效应不仅对反应转化率有重要影响，也会影响反应选择性。不同孔结构分子筛物化性能如表 3-1-8 所示，在高空速条件下不同孔结构分子筛上乙苯转化反应选择性如图 3-1-7 所示[23]。

表 3-1-8 不同孔结构分子筛的物化性能

分子筛	孔结构	微孔体积/(cm^3/g)	比表面积/(m^2/g)	Si/Al	酸性/(μmol Pyr/g)①			
					Bronsted 酸		Lewis 酸	
					250	350	250	350
ZSM-5	10×10MR	0.12	228	18	44	25	9	6
Mordenite	12MR	0.15	339	18	79	37	25	24
NU-87	10×12MR	0.16	331	16	70	48	26	24
β	12×12MR	0.20	325	13	31	15	53	42

①Pyr 代表吡啶。

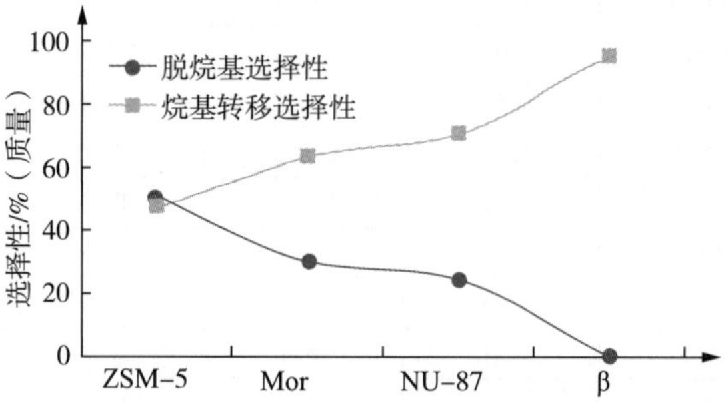

图 3-1-7 分子筛孔结构对反应选择性的影响

由图 3-1-7 可知，反应选择性变化规律与分子筛酸性并无直接联系，而与孔结构密切相关。大孔分子筛(如十二元环的 β 分子筛)有高的烷基转移反应选择性，但脱烷基反应选择性低。相反，中孔分子筛(如十元环的 ZSM-5 分子筛)有较高的脱烷基反应选择性。而丝光沸石和 NU-87 分子筛则较好综合了脱烷基性能和烷基转移性能。

模拟工业上的真实反应工况[24]，研究不同孔结构分子筛上甲苯与 C_{9+}芳烃烷基转移反应产物的分布，结果如图 3-1-8 所示。

由图 3-1-8 可知，ZSM-5 上甲乙苯、丙苯、二甲基乙苯的转化率高，三甲苯和甲苯转化率相对较低，液相产物中乙苯及二甲苯含量较低，C_{10+}芳烃生成量少，尾气中乙烷含量较多。而 β 分子筛上的甲苯和三甲苯转化率高，产物中乙苯、C_{10+}芳烃含量高，但二甲苯含量同样也较低。这种不同孔径分子筛导致产物分布的差异主要是由于孔径对反应中间物的空间限制作用所导致，ZSM-5 分子筛孔道内甲苯和三甲苯烷基转移反应及三甲苯自身的歧化反应受到限制，而遵循单分子反应机理的甲乙苯及丙苯的脱烷基反应发生的几率增大。相反，在 β 分子筛孔道内，甲苯和三甲苯的烷基转移反应优先进行。

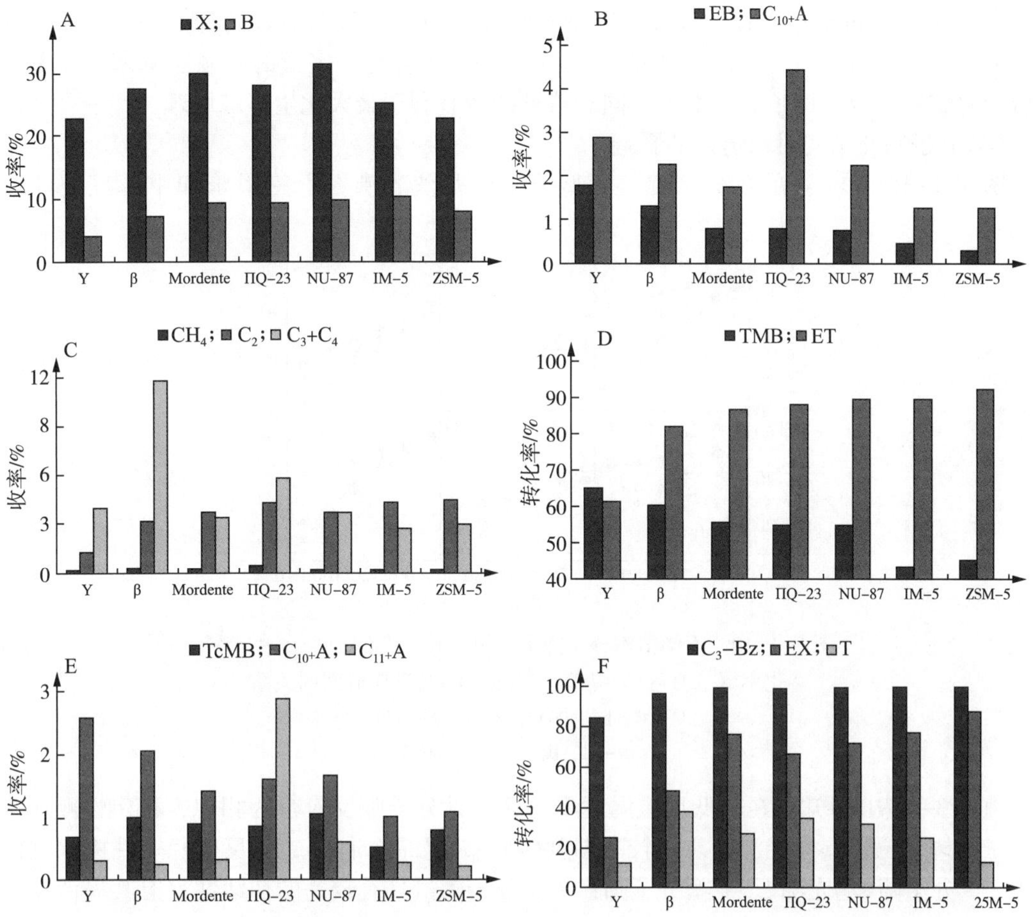

图 3-1-8　分子筛结构对甲苯歧化与烷基转移反应转化率及产物分布的影响

反应条件：温度 400 ℃，重时空速 4 h^{-1}，氢烃摩尔比 8.5，TOS ≈8h；收率及转化率均为质量分数

甲苯与 C_{9+} 芳烃烷基转移反应过程中二甲苯收率与分子筛孔结构关系如图 3-1-9 所示[24]。

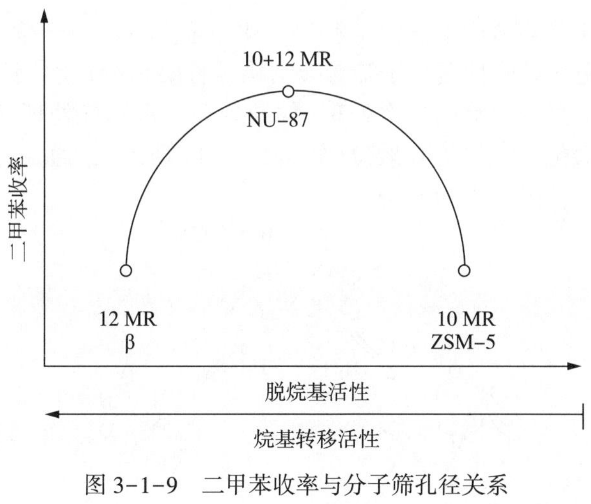

图 3-1-9　二甲苯收率与分子筛孔径关系

由图 3-1-9 可知，具有 12×10 元环结构的 NU-87 分子筛具有较高的二甲苯收率。在真实原料条件下，由于 C_{9+}芳烃原料中除含三甲苯外，还含有一定量的甲基乙基苯，烷基转移反应及脱烷基反应均可生成二甲苯，同时兼顾两者有利于最大化生产二甲苯。

(4)分子筛孔结构对稳定性的影响

图 3-1-10 比较了在 β 分子筛、Y 型分子筛及丝光沸石上三甲苯和甲苯反应的稳定性能[4]。

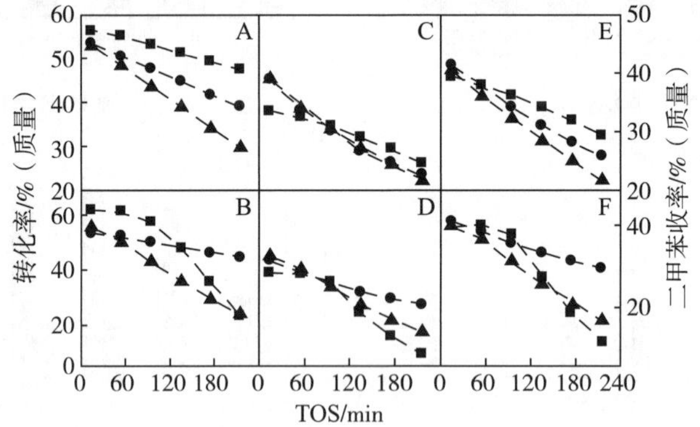

图 3-1-10　不同结构分子筛上三甲苯转化率(A，B)；甲苯转化率(C，D)；二甲苯收率(E，F)与反应时间的关系

A，C，E—400℃；B，D，F—450℃

●—β；■—Y；▲—MOR

由图 3-1-10 可知，在较低反应温度下，这三种分子筛反应行为相似，稳定性顺序为 Y 型分子筛>β 分子筛>丝光沸石。在较高温度(450℃)反应条件下，其反应稳定性由高到低排序为：β 分子筛>丝光沸石>Y 型分子筛；Y 型分子筛虽具有较高的初活性，但其失活速率最快，反应 210min 后，三甲苯转化率从 62 %下降为 23 %，甲苯转化率从 39 %降为 9%。这主要是由于 Y 型分子筛的大孔虽有利于物料的扩散，但在高温条件下其笼型结构中容易形成大分子积炭前驱物导致快速失活；而丝光沸石具有一维孔道且其酸性较强，强酸位引起快速积炭并最终造成孔口堵塞；β 分子筛具有三维大孔结构，受积炭影响较小。

2. 分子筛酸性

分子筛酸性来源于骨架结构中三价元素(如 Al、Ga、Fe)，分子筛骨架因电子不饱和而带有一定的负电荷。分子筛酸性受分子筛骨架结构、骨架 Si/Al 比、骨架金属种类、阳离子交换等因素的影响。通过分子筛的二次处理(如酸处理、水蒸气处理等)也可用于调变其酸性。分子筛上有两种酸位，一类是 B 酸位(如图 3-1-11 所示)，通式为 Si—OH—M(M 通常为 Al 或其他金属原子)。另一类为 L 酸位。

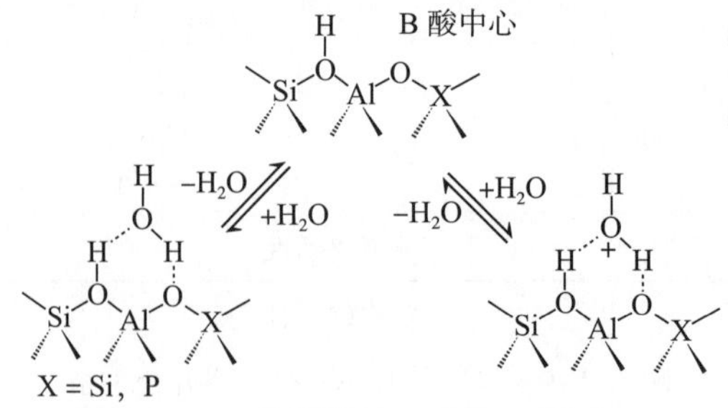

图 3-1-11　分子筛的 B 酸位(B 酸中心)

甲苯歧化与烷基转移反应均是酸催化反应，一般认为B酸位是其活性中心。因此，分子筛酸强度及酸密度(酸量)是影响催化剂反应行为的主要因素。对分子筛酸强度及酸密度进行调变可优化催化剂的反应性能。

(1)分子筛硅铝比对反应性能的影响

分子筛酸强度及酸密度由骨架中三价元素(通常为Al)含量所决定。随着骨架中铝含量增大，酸密度增多，MFI分子筛中骨架铝与酸量的关系如图3-1-12所示[25]，酸密度与骨架铝含量呈线性关系。

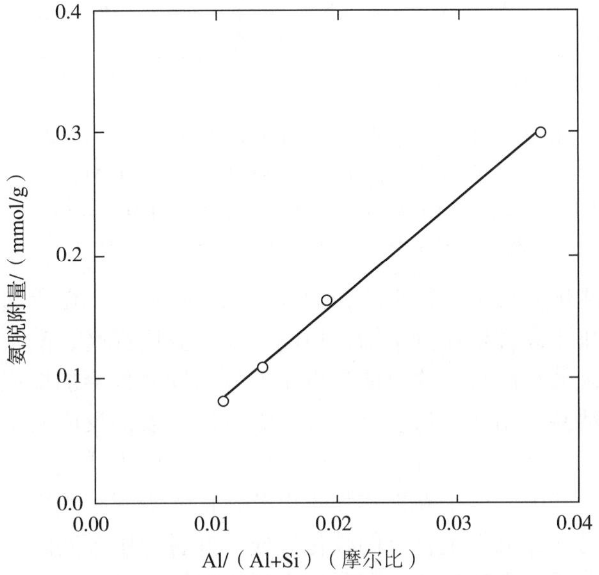

图3-1-12　氨脱附量与MFI分子筛骨架铝含量关系

不同Si/Al比的β分子筛性质如表3-1-9所示[4]，所用分子筛比表面积和孔径几乎一样，而酸密度相差较明显。

表3-1-9　不同硅铝比β分子筛酸性质

分子筛	孔直径/nm	Si/Al	比表面积/(m^2/g)	孔体积/(cm^3/g)	B酸量/(mmol/g)	L酸量/(mmol/g)
β-1	0.76×0.64	12.5	674	0.17	0.32	0.40
β-2	0.76×0.64	46.0	642	0.16	0.13	0.10
β-3	0.76×0.64	75.0	650	0.17	0.06	0.05

将不同酸密度的β分子筛用于甲苯和三甲苯烷基转移反应，在不同反应温度下，分子筛硅铝比对甲苯和三甲苯的转化率及二甲苯收率影响见图3-1-13[4]。在450℃条件下，在Si/Al=12.5的β分子筛上三甲苯转化率达52 %，甲苯转化率达39 %，二甲苯收率38 %。而Si/Al=75时，三甲苯及甲苯转化率分别为25%和11%，二甲苯收率18%。随着硅铝比增大，分子筛酸密度下降，转化率及二甲苯收率均出现显著下降。因此，保持合适的分子筛硅铝比是提高烷基转移反应性能的重要因素之一。

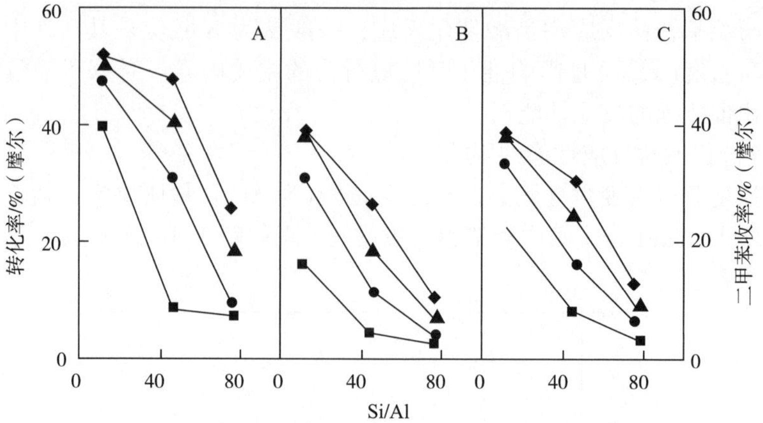

图 3-1-13 β 分子筛硅铝比对转化率及收率的影响

(A)三甲苯转化率；(B) 甲苯转化率；(C) 二甲苯收率

1，2，4-三甲苯：甲苯 = 1：1（摩尔比），WHSV（1，2，4-TMB） = 5 h^{-1}，TOS = 55 min

■—300℃；●—350 ℃；▲—400℃；◆—450℃

β 分子筛酸量对催化剂稳定性能影响如图 3-1-14 所示[4]。在所选温度范围，低硅铝比分子筛的失活速率要快于高硅铝比分子筛，但随着反应温度提高，酸量对活性的影响作用减弱，且失活速率也呈现减小趋势。这可能是由于酸量高同时也会加快积炭反应速率，尤其是强酸位会加速积炭失活甚至堵塞孔口。提高反应温度后，表面反应速率加快，酸密度对转化率的影响作用将减小。此外，在所有反应温度区间，甲苯的失活速率也要大于三甲苯的失活速率。这主要是因为，三甲苯分子碱性要强于甲苯，优先吸附于酸性位，除一部分与甲苯发生烷基转移反应外，另一部分发生自身的歧化反应，并且三甲苯间的歧化反应活化能要低于甲苯歧化反应，随着分子筛强酸位的逐渐积炭失活，对甲苯歧化反应的影响要大于三甲苯间的歧化反应，导致催化剂上甲苯失活速率要快于三甲苯。这种吸附竞争优势导致三甲苯转化率要高于甲苯。

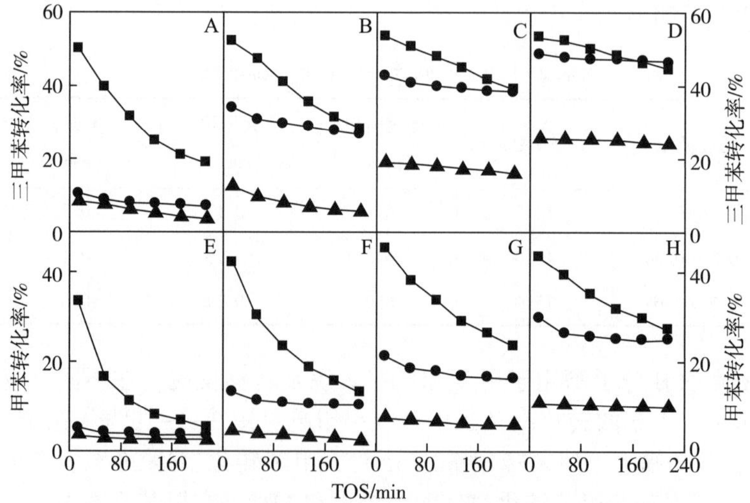

图 3-1-14 三甲苯与甲苯转化率(摩尔分数)与 β 分子筛硅铝比关系

■—Si/Al=12.5；●—Si/Al=46.0；▲—Si/Al=75

1，2，4-三甲苯：甲苯 = 1：1（摩尔比）；WHSV（TMB） = 5 h^{-1}

A，E—300℃；B，F—350℃；C，G—400℃；D，H—450℃

(2) 分子筛硅铝比的调变及对反应的影响

对分子筛进行脱铝或补铝处理，可调变分子筛酸强度及酸密度。脱铝处理方式有酸萃取、焙烧-酸萃取、高温水蒸气处理-酸萃取和络合物脱铝等。沈剑平对氢型 β 分子筛进行酸处理脱铝[26]，脱铝后分子筛 NH_3-TPD 数据如表 3-1-10 所示。

表 3-1-10　β 分子筛酸脱铝处理后的 NH_3-TPD 数据

样品	Si/Al	酸量/(mmol/g)	T_{max}/℃	T_{min}/℃
β	17.2	0.818	371	269
β-1	34.2	0.598	380	292
β-2	38.8	0.573	396	304
β-3	52.2	0.460	380	281
β-4	64.5	0.343	374	283
β-5	69.4	0.320	373	275

由表 3-1-10 可知，随着脱铝程度的提高，酸密度持续下降，酸强度在 Si/Al = 38.8 时达最高值，进一步脱铝后酸强度逐渐下降。

用 $NaAlO_2$溶液处理 β 分子筛进行骨架补铝[27]，处理前后样品 NH_3-TPD 结果如表 3-1-11 所示。

表 3-1-11　β 分子筛骨架补铝前后的 NH_3-TPD 对比①

样品②	脱附峰温度/℃		酸量/(mmol/g)		
	LT^b	HT^c	总酸量	弱酸量	强酸量
Hβ(0)	250	425	0.36	0.30	0.06
Hβ(0.03)	230	415	1.55	0.55	1.00

①LT^b：低温脱附峰；HT^c：高温脱附峰。

②括号内为 $NaAlO_2$ 含量。

由表 3-1-11 可知，经 $NaAlO_2$溶液处理后，β 分子筛的弱酸量、强酸量和总酸量均有所增加。

将补铝前后的 β(0) 与 β(0.03) 样品用于甲苯与 C_9 芳烃歧化与烷基转移反应，结果如表 3-1-12 所示。

表 3-1-12　β 分子筛酸量对反应的影响

样品	空速/h^{-1}	氢烃摩尔比	反应温度/℃	甲苯转化率/%(质量)	C_9A 转化率/%(质量)	总转化率/%(质量)
Hβ(0)	2.5	4.0	385	36.28	53.71	43.58
Hβ(0.03)	2.5	4.0	385	36.02	61.34	46.63

由表 3-1-12 可知，在实验条件下，Hβ(0.03) 样品的 C_9 芳烃转化率要高于Hβ(0) 样品。表明酸量增加，尤其是中强酸量增加有利于 C_{9+}芳烃的烷基转移与脱烷基反应。

(3) 分子筛酸强度的影响

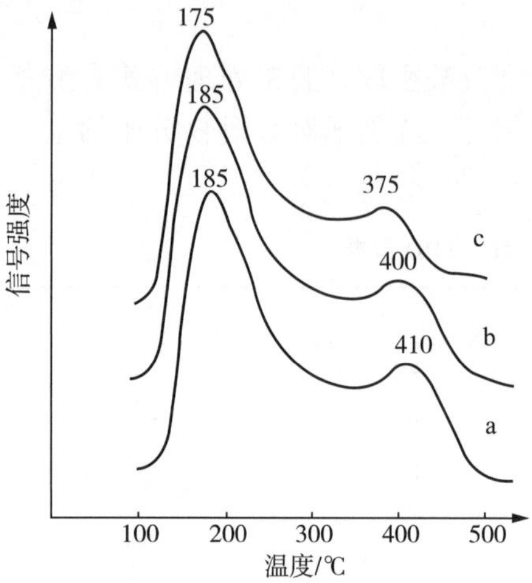

图 3-1-15 EMT 分子筛同晶取代后的 NH_3-TPD 曲线
a—(Al)EMT；b—(Al，Ga)EMT25；c—(Al，Ga)EMT50

分子筛酸强度主要受分子筛结构[28]、骨架金属种类及交换金属离子种类的影响。而对于相同结构的硅铝分子筛，其酸强度一般随硅铝比的增大呈现先增后减的趋势。当分子筛骨架铝被其他元素同晶取代时，随着 Si—OH—M 中取代金属 M 的不同，酸强度也不同。一般来说，不同元素同晶取代的分子筛酸性由强到弱次序为：Al >Ga > Fe > In > B。采用 Ga 部分取代 EMT 分子筛中骨架铝[29]，合成出的 Si—Al—Ga 分子筛组成如表 3-1-13 所示。同晶取代后分子筛的 NH_3-TPD 曲线如图 3-1-15 所示，随着 Ga 的引入量增多，分子筛的酸强度减弱。目前，骨架中掺入 Ga、Fe、B 元素的 β、MOR 分子筛已有报道[30]，而 Fe 也被成功引入到 MCM-22、ZSM-12 分子筛骨架中[31]。一般来说，分子筛骨架的同晶取代对酸强度的影响均有类似的规律。

表 3-1-13 合成(Al)EMT-型分子筛母液组成、分子筛骨架 Si/T 比及 H-型分子筛的晶胞公式

样品	母液的摩尔组成						Si/T (T= Al，Ga)	晶胞单元公式(H-型)
	SiO_2	Al_2O_3	Ga_2O_3	Na_2O	C①	H_2O		
(Al)EMT	10	1.0	0	2.1	0.5	140	3.90	$Na_{0.6}H_{19}Al_{19.6}Si_{76.4}O_{192}$
(Al，Ga)EMT25	10	0.75	0.25	2.4	0.4	140	3.65	$Na_{0.7}H_{20}Al_{15.5}Ga_{5.2}Si_{75.3}O_{192}$
(Al，Ga)EMT50	10	0.5	0.5	2.4	0.4	140	3.47	$Na_{0.7}H_{20.8}Al_{11}Ga_{10.5}Si_{74.5}O_{192}$

①C：冠醚(18-冠-6)。

ZSM-5 骨架中同晶取代金属种类及取代量对甲苯歧化反应影响如图 3-1-16 所示[32]，转化率及选择性与取代金属种类及取代量有着密切的关系，转化率由高到低顺序为：ZSM-5(Al)>ZSM-5(Fe)>ZSM-5(In)，选择性由高到低顺序为：ZSM-5(In)>ZSM-5(Al)>ZSM-5(Fe)。反应性能差异主要是因取代金属种类可影响分子筛酸强度及酸密度。

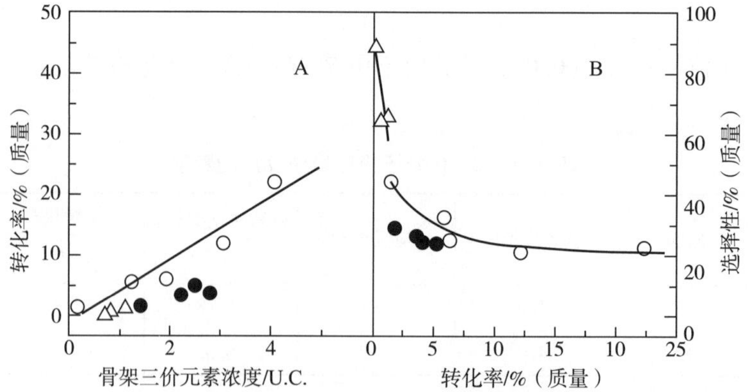

(U.C. 是 Unit Cell 缩写，指每单位晶胞)

图 3-1-16 ZSM-5 分子筛中同晶取代金属种类及量对甲苯歧化反应的影响

○—Al；●— Fe；△—In

根据反应活化能的不同，不同反应所需求的酸强度也有所差异。对甲苯歧化反应所需酸强度进行定量分析[33]，发现对甲苯歧化反应，只有当酸强度 $H_0 \leqslant +2.27$ 的酸位才起到活化作用，酸强度 $H_0 \leqslant -3.0$ 的酸性位容易被积炭覆盖，起主要活性作用的是酸强度为 $-3.0 \leqslant H_0 \leqslant 2.27$ 的酸性位。并认为总酸量的下降和转化率并不是呈线性关系，当总酸量大幅下降时，转化率只出现小幅下降。

不同酸强度丝光沸石催化剂上甲苯歧化和烷基转移反应结果如表 3-1-14 所示。丝光沸石的酸强度对原料中各组分的转化率均有不同程度的影响，碳九及碳十芳烃的转化率均随丝光沸石酸强度增加而升高，这主要是由于强酸位增强了碳九及碳十芳烃的脱烷基活性，甲苯的转化率随分子筛酸强度增加呈下降趋势，这是由于碳九和碳十芳烃在脱烷基轻质化过程中会生成一定量的甲苯。

表 3-1-14 不同酸强度丝光沸石催化剂上甲苯歧化和烷基转移反应结果

丝光沸石酸强度	弱	中	强
甲苯转化率/%	38.3	35.2	33.5
C_9A 转化率/%	57.4	60.7	65.1
$C_{10}A$ 转化率/%	15.1	27.6	48.2

注：反应条件：温度 385℃，压力 3.0MPa，重时空速 $2.5h^{-1}$，氢烃摩尔比 3.5，甲苯：C_9A：$C_{10}A$ = 55：40：5（质量比）。

3. 分子筛晶粒尺寸

分子筛晶粒尺寸也是影响其活性及稳定性的主要因素。小晶粒分子筛具有丰富的外表面，而其晶粒之间形成的丰富二次孔，有利于 C_{9+} 芳烃大分子与酸性位的接触，提高了其反应分子的转化率。由于小晶粒分子筛的孔道短，生成的二甲苯产物能较快扩散出去，不易发生深度脱甲基反应，从而提高了目的产物选择性。

不同晶粒尺寸 ZSM-5 分子筛扫描电镜如图 3-1-17 所示[34]。具有纳米尺寸的晶粒因具有高的表面能，分子筛晶体颗粒结合在一起形成二次颗粒，二次颗粒内形成丰富了二次孔道，有利于物料的扩散。

图 3-1-17 不同晶粒尺寸 ZSM-5 的 SEM 形貌

(a) ZSM-5 (15 nm)；(b) ZSM-5 (60 nm)；(c) ZSM-5 (200nm)

晶粒尺寸与分子筛外比表面积关系如图 3-1-18 所示，随着晶粒尺寸减小，分子筛外比表面积增大。当晶粒尺寸小于 60nm 时，分子筛外比表面积随尺寸减小而急剧上升[34]。

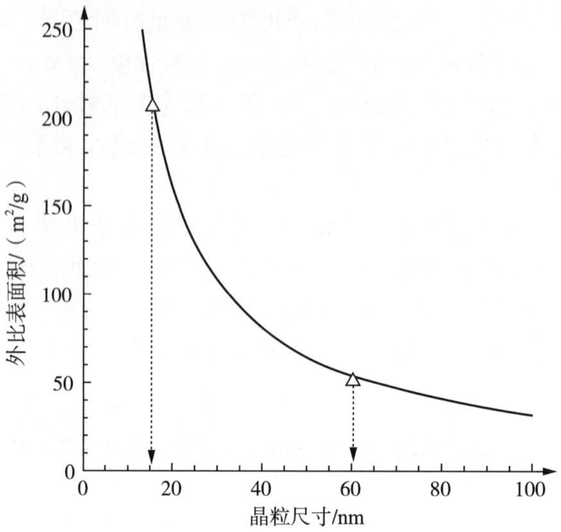

图 3-1-18 分子筛外比表面积与晶粒尺寸关系

表 3-1-15 所示为纳米 HZSM-5 分子筛及微米 HZSM-5 分子筛[35] NH_3-TPD 的表征结果。由表 3-1-15 可知，纳米分子筛酸量更多，而酸强度较弱。

表 3-1-15 不同晶粒大小 HZSM-5 分子筛 NH_3-TPD 结果

晶粒大小	低温脱附峰		高温脱附峰	
	峰温/℃	酸量/($\times10^{-4}$mol/g)	峰温/℃	酸量/($\times10^{-4}$mol/g)
20nm	271	3.49	471	2.48
10μm	278	3.36	482	2.01

此外，以正丁胺为总酸量探针分子，环己胺为外表面酸量探针分子，表征不同晶粒 HZSM-5 分子筛的表面酸分布，结果如表 3-1-16 所示。纳米 HZSM-5 的外表面酸量高达总酸量的 30%以上，而微米级分子筛的外表面酸量不足总酸量的 3%，纳米分子筛因具有较大的外比表面积，能提供较多的外表面酸性中心。

表 3-1-16 晶粒度不同催化剂的总酸量及外表面酸量①

分子筛	晶粒大小	探针分子							
		总酸量/(mmol/g) (n-C_4H_9N)				外表面酸量/(mmol/g) (c-$C_6H_{11}NH_2$)			
		$H_0\leqslant-4.0$	+2.27	+4.8	+6.8	$H_0\leqslant-4.0$	+2.27	+4.8	+6.8
ZSM-5	20~50nm	0.60	0.70	1.20	1.20	0.20	0.02	0.40	0.40
ZSM-5	6μm	0.15	0.50	0.70	0.70	0.01	0.01	0.02	0.02

①n-C_4H_9N—正丁胺；c-$C_6H_{11}NH_2$—环己胺。

使用纳米分子筛的催化剂具有丰富二次孔，有利于物料的扩散；其具有较高的酸量，尤其是有较高的晶粒外表面酸量的比例，使得纳米分子筛在处理大分子物料，提高反应转化率上更具有优势。

4. 金属助剂的作用

传统的甲苯歧化与烷基转移催化剂，如中国石化开发的 ZA-系列催化剂为氢型丝光沸石催化剂，不含金属助剂。直接用氢型分子筛制备的催化剂反应活性较低，失活较快，C_{9+}芳烃处理能力不足，杂质耐受能力差。为提高催化剂的稳定性能及C_{9+}芳烃处理能力，一般都需对分子筛进行金属改性，Pt、Re、Mo、Ni等加氢组分均被用作金属改性剂[36~38]，研究多集中于金属种类选择、金属加氢活性调变、产品质量改善等方面的内容。甲苯歧化与烷基转移催化剂的技术关键在于实现分子筛酸性与金属加氢性能的合理匹配。

酸性分子筛上引入金属可改善催化剂性能，其优势主要包括：

① 加氢金属对积炭前驱物进行加氢饱和，减缓了积炭速率，从而改善催化剂的稳定性能；

②加氢金属可加快C_{9+}芳烃脱烷基反应，提高C_9芳烃和C_{10}芳烃的转化率，此外也可承受一定的稠环化合物。

另一方面，加氢金属组分的引入也会产生以下问题：

①芳烃加氢饱和，芳烃在金属位上催化加氢生成非芳烃，增加反应氢耗，并伴随强放热。一般而言，芳烃的加氢速率随着芳环侧链烷基的增多而减弱，加氢速率按从快到慢的顺序有：苯>甲苯>C_8芳烃>C_{9+}芳烃。其中苯、甲苯容易加氢饱和生成环己烷、甲基环戊烷、二甲基环戊烷等沸点与苯非常接近的非芳烃，工业上很难通过蒸馏办法将其进行分离，金属的引入将降低产物苯的纯度。

② 芳烃深度加氢脱甲基，加氢金属能促进C_{9+}芳烃的脱烷基反应，生成C_{5-}小分子。发生深度脱烷基使大量侧链甲基被脱除，将降低反应系统的甲基/苯环比，从而在热力学上将减少二甲苯的收率，增加苯和甲苯收率。

(1)金属助剂对脱烷基反应性能的影响

加氢金属助剂能提高催化剂的脱烷基活性，主要是通过对酸位上脱烷基反应生成的烯烃进行快速的加氢饱和生成烷烃，减弱了烯烃和苯环重新烷基化反应的概率，使脱烷基反应正向移动。

表3-1-17为纯乙苯原料在相同反应条件下，分别以HZSM-5，Pt/HZSM-5及Pt/Al_2O_3为催化剂的反应产物分布[39]。可知，Pt/Al_2O_3催化剂因缺少B酸位，脱烷基活性很低，主要发生乙苯加氢反应。对于HZSM-5催化剂，可同时发生脱烷基反应及烷基转移反应，生成苯、二乙基苯及少量的甲苯、C_3~C_8非芳烃、乙烯等。而HZSM-5负载铂后，乙苯转化率更高，产物中苯量增多，二乙基苯减少，轻烃中以C_1~C_2烷烃为主，没有乙烯产物，说明金属促进了生成苯的脱乙基反应，并同时抑制了烷基转移反应。这主要是由于脱乙基生成的乙烯能在金属铂位上快速加氢饱和，使得反应朝正方向进行。

(2)金属助剂改善催化剂稳定性

甲苯歧化与烷基转移催化剂失活原因主要是酸位上的积炭反应导致酸位覆盖或孔口堵塞，发生积炭反应的前驱物主要有：①反应过程中产生的不饱和烃；②原料或产物中烷基芳烃的聚合。后者是甲苯歧化与烷基转移反应过程中生成积炭的主要途径。芳烃结构对积炭反应的影响如表3-1-18所示[40]，多环芳烃积炭速率要高于单环芳烃，烷基取代芳烃的积炭速率高于无烷基取代芳烃，随着烷基碳链增长，芳烃积炭速率增大。因此，对含乙基及其以上的侧链烷基苯进行快速脱烷基，将减缓芳烃在催化剂表面的结焦速率。

表 3-1-17 乙苯在 HZSM-5，Pt/HZSM-5 及 Pt/γ-Al_2O_3 上反应产物分布

反应原料		乙苯		
催化剂		HZSM-5	Pt-HZSM-5	Pt/γ-Al_2O_3
空速/h^{-1}		70	70	70
产物/%（质量）	$C_1 \sim C_2$	0.16	8.82	0.02
	$C_2^=$	0.46	—	—
	$C_3 \sim C_5$	1.74	1.90	0.01
	$C_6 \sim C_8$ 非芳烃	0.18	0.21	1.07
	苯	18.24	36.97	0.09
	甲苯	1.42	0.56	0.03
	乙苯	60.13	48.44	98.64
	二甲苯	0.59	0.19	0.02
	三甲苯	0.04	—	—
	甲基乙基苯	0.91	0.06	0.02
	二乙基苯	14.52	2.66	0.03
	二甲基乙苯	0.34	0.06	0.02

表 3-1-18 芳烃取代烷基对催化剂结焦的影响

芳烃	烷基中的碳原子数	积炭量/%（质量）
苯	0	0.04
甲苯	1	0.22
乙苯	2	0.74
对二甲苯	2	0.81
正丙苯	3	1.1
异丙苯	3	1.0
五甲苯	5	2.1
三乙苯	6	0.7
六乙苯	12	1.6
萘	0	2.6
2-甲基萘	1	3.5
2，3-二甲基萘	2	5.5

注：反应条件：温度 500℃，常压，时间 15min，进料空速 2.4h^{-1}，分子筛催化剂。

早期使用的纯分子筛催化剂稳定性差，不能处理含有 C_{10+}芳烃的原料，随后研究人员发现在分子筛上引入金属助剂可大大改善催化剂的稳定性能。丝光沸石催化剂上负载金属铂前后的稳定性如图 3-1-19 所示[41]，负载金属后三甲苯和甲苯的转化率基本不出现下降趋势，催化剂稳定性能则显著提高，说明金属能抑制积炭反应。其原因一方面是通过加氢饱和反应降低产物中烯烃含量，从而抑制了烯烃聚合积炭反应速率；另一方面是金属助剂促进脱烷基反应，降低了产物中乙基苯、丙基苯及丁基苯的量，减缓芳烃化合物的积炭速率。

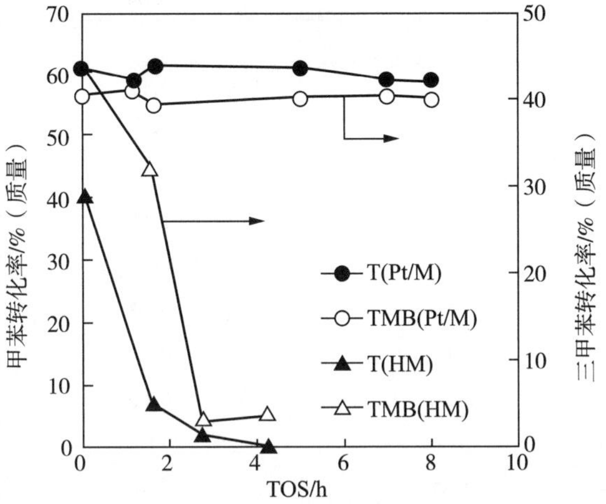

图 3-1-19　HM 和 Pt/M 催化剂在烷基转移反应中的催化性能

反应温度：400 ℃；WHSV：5.5 h^{-1}；压力：2.1MPa；氢烃摩尔比：3.0

原料(质量分数)：甲苯(64.8%)+1，3，5-TMB(32.3 %)+茚(1.9 %)+ 茚满(1 %)

对于负载了金属助剂的分子筛催化剂，金属加氢活性(A_H)与酸位(B)数的平衡是一个重要的参数，金属加氢活性太低不利于稳定性提高，金属加氢活性太高则又会引起严重的加氢副反应。图 3-1-20 为这种双功能催化剂积炭量及剩余活性与金属加氢性能和酸位数比例(A_H/B)的关系[42]。随着金属加氢活性增加，积炭量减少而剩余活性位增加。但金属加氢活性增加到一定值后，积炭量减少缓慢，催化剂剩余活性趋于平稳。

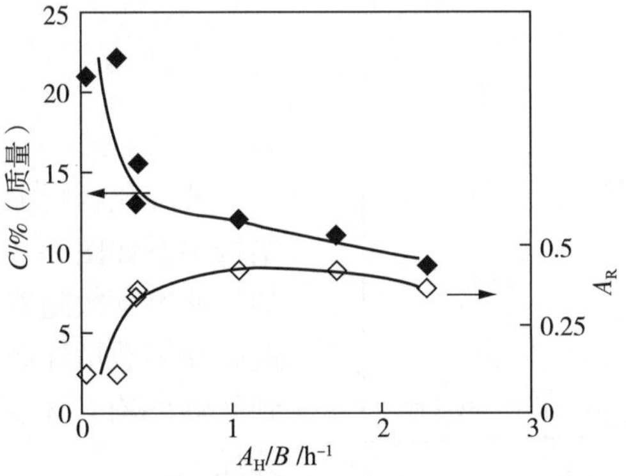

图 3-1-20　催化剂积炭量(C)及剩余活性(A_R)与金属加氢性能和酸性位数量比例(A_H/B)的关系

以负载铂金属的丝光沸石为催化剂，考察了金属负载量对甲苯和三甲苯烷基转移反应性能的影响，结果如表 3-1-19 所示[41]。HM、Pt(0.06%)/M、Pt(5%)/M 的 X_{6h}/X_0 值(反应 6h 后二甲苯量与反应开始时二甲苯量比例)分别为 0.03、0.23、0.96，苯纯度分别为 99.9 %、99.4%、83.9%，随着金属负载量的增加，稳定性大幅提高，苯、甲苯加氢副反应增加，环损率增大。因此，保持合适的加氢活性是提高催化剂性能的关键。

表 3-1-19 丝光沸石上金属 Pt 负载量影响

Pt 负载量/%(质量)	无	0.06	5.0
转化率/%(质量)			
甲苯	39.3	37.2	56.9
三甲苯	38.0	38.5	38.6
收率/%(质量)			
C_{5^-}气体	0.37	1.06	2.16
C_6A+C_8A	35.58	34.56	39.33
N_6	0.00	0.03	0.85
N_7	0.00	0.07	1.33
N_8	0.00	0.00	0.21
苯纯度/%	99.9	99.4	83.9
C_8A/C_6A(摩尔比)	4.87	5.18	6.22
环损率/%(摩尔)	0.02	2.13	8.67
稳定性			
X_{6h}/X_0	0.03	0.23	0.96

注：反应条件：温度 400 ℃，压力 2.1MPa，重时空速 5.5 h^{-1}，氢烃摩尔比 3.0，原料(质量分数)：甲苯(66.7%)+1，3，5-TMB(33.3 %)，N_6、N_7、N_8 分别代表 C_6、C_7、C_8 非芳烃。

(3)金属加氢副反应及其控制

加氢金属位上易发生苯环的加氢饱和反应，生成同碳原子数的环烷烃及其异构体。如苯加氢反应过程如下式所示：

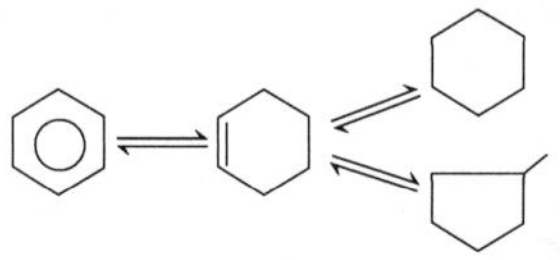

芳环化合物加氢速率常数与芳环化合物结构关系如图 3-1-21 所示[40]，芳环化合物加氢速率常数随着苯环侧链数量的增加及侧链碳原子数增加而减弱。加氢速率常数由高到低顺序有：苯>甲苯>乙苯>二甲苯>C_{9+}芳烃。

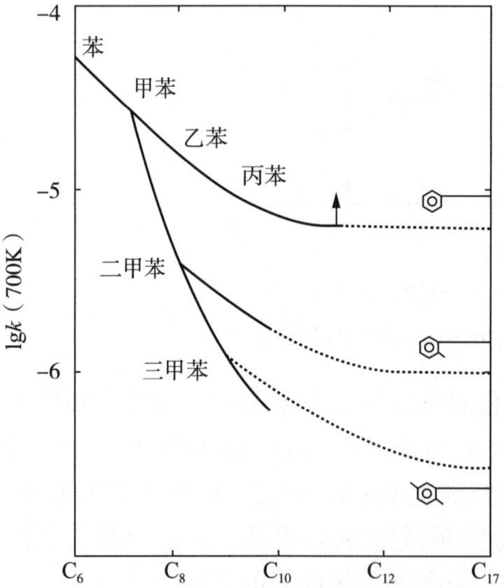

图 3-1-21 芳环化合物与加氢速率常数关系

为了提高金属催化剂整体性能，一般需对金属加氢活性进行控制。常采用的办法有：①优化加氢金属种类及用量；②添加第二金属助剂，抑制活性金属加氢性能；③加氢金属预硫化，减弱金属加氢性能；④催化剂预积炭处理，降低初期活性。

表 3-1-20 为贵金属 Pd 负载量对反应性能的影响[43]。由表 3-1-20 可知，适当减

少金属负载量对降低裂解尾气量及非芳量非常有利，而对转化率影响不大。过多的金属加氢活性中心导致芳烃加氢副反应严重，产品收率大幅下降。

表 3-1-20　加氢金属钯含量对反应性能的影响

钯含量/%(质量)		0	0.1	0.5	2
转化率/%(质量)	甲苯	20.3	22.6	24.5	30.1
	碳九及以上芳烃	43.5	61.6	65.4	74.9
收率/%(质量)	C_{5^-}非芳烃	1.2	2.3	2.9	3.8
	C_{6^+}非芳烃	0.6	1.5	2.7	6.5
	苯	4.5	4.2	3.7	2.1
	二甲苯	33.9	36.8	37.2	34.3
	环损率	0.6	1.2	3.5	5.6

注：反应原料：甲苯：$C_{9^+}A$ =30：70(质量比)。

为了调节金属的加氢活性，使其加氢性能与分子筛的酸性合理匹配，一般可添加另一种活性抑制剂，如 Zn、Pb、Bi、Fe 等形成双金属改性催化剂。加氢活性抑制剂一方面可对活性金属进行充分的分散，防止金属在高温下烧结，另一方面也可以和活性金属形成金属络合物或合金并在两者间进行电子云的迁移，从而减弱了活性金属电子云密度。如在负载钯催化剂中添加一定量的铅，可抑制金属钯的加氢活性。表 3-1-21 列出了负载钯催化剂上助剂 Pb 含量对反应的影响[44]。由表 3-1-21 可知，随着 Pb 含量的增加，裂解尾气量及环损率有明显下降，产品收率提高。但太高的 Pb 含量将降低催化剂的反应活性。

表 3-1-21　Pb/Pd 对反应性能的影响

Pb/Pd(摩尔比)		0	1	3	6
转化率/%(质量)	甲苯	14.8	12.6	11.9	9.8
	碳九及以上芳烃	73.8	68.7	66.4	56.8
产品收率/%(质量)	C_{5^-}	5.2	3.4	2.1	0.8
	N_{6^+}	7.6	3.9	1.8	0.7
	苯	2.6	4.0	4.5	3.8
	二甲苯	33.4	35.9	36.2	34.7
	苯纯度	83.7	95.3	98.6	99.4
	环损率	6.2	3.7	2.1	1.2

注：反应原料：甲苯：$C_{9^+}A$ =30：70(质量比)。

另一种抑制金属加氢活性的办法是预硫化处理，含硫化合物对金属有强吸附作用，能调变金属的外层电子性质，从而改变了其加氢活性。图 3-1-22 为 H_2S 对甲苯加氢反应的抑制作用[42]，微量的 H_2S 存在即可抑制甲苯加氢反应。

负载贵金属的甲苯歧化与烷基转移催化剂用硫处理前后的反应性能如表 3-1-22 所示[41]。由表可知，硫预处理后转化率有所下降，但苯质量明显提高，苯和碳八芳烃收率提高，环损率、裂解尾气量均出现明显下降。

表 3-1-22　预硫化处理对 Pt/ZSM-12 催化剂上甲苯和三甲苯烷基转移反应的影响

反应性能		在线预硫化处理	
		不处理	处理
转化率/%(质量)	甲苯	52.5	45.0
	三甲苯	42.0	41.4
产率/%(质量)	C_5-气体	2.4	1.6
	苯	4.1	8.1
	二甲苯	31.2	33.2
	C_6 非芳烃	1.1	0.02
	C_7 非芳烃	2.8	0.0
	C_8 非芳烃	0.5	0.0
	总 C_{10^+} A	3.9	4.2
	苯纯度	79.7	93.5
	环损率/%(摩尔)	10.9	1.9

注：反应条件：温度 415℃，重时空速 5.5 h^{-1}，压力 2.1MPa，氢烃摩尔比 3.0，甲苯：三甲苯= 66.7：33.3(质量比)。

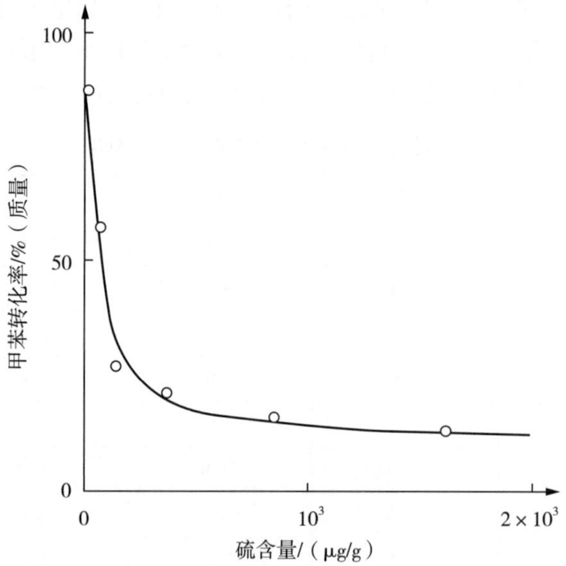

图 3-1-22　H_2S 对甲苯加氢反应的影响

(4)催化剂预积炭

表 3-1-23 为 Pt/ZSM-12 催化剂在不同预积炭条件处理后的反应性能[44]，在运行初期通过适当降低氢烃比，加速催化剂的积炭。而后调整到正常反应工况进行反应，控制适当积炭程度后，转化率略有下降，但苯质量大幅提高。然而预积炭条件过于苛刻时(如采用 He 气进行预处理)则会引起催化剂失活，降低反应转化率及产物收率。

表 3-1-23　催化剂预积炭对反应性能的影响

反应条件及催化剂性能		启动条件			
		正常工况	H_2	H_2	He
预积炭条件	载气	H_2	H_2	H_2	He
	温度/K	683	700	753	730
	氢烃摩尔比	3.0	0.6	0.3	0.0
	时间/h	0.0	96.0	9.0	10.0
	炭含量/%(质量)	11.1	15.4	15.8	19.9
催化剂性能	(甲苯+三甲苯)转化率/%(质量)	51.8	49.5	50.6	27.4
	(苯+二甲苯)收率/%(质量)	46.29	43.64	44.26	23.40
	苯纯度/%(质量)	96.50	99.73	99.88	96.29

(5)复合床层反应工艺

为了解决引入加氢金属带来的产物苯质量低的问题，开发了双床层反应工艺，上床层为负载金属的分子筛催化剂，用于脱烷基与烷基转移反应，下床层为酸性催化剂用于非芳烃的选择性裂解，达到最大化增产二甲苯的同时提高苯质量的目的。表 3-1-24 比较了单床层与双床层的反应性能[45]，采用双床层反应工艺，在确保转化率及产物分布基本不变的前提下，产物苯质量可显著提高。随着反应温度的提高，反应转化率及苯质量显著得到改善。

表 3-1-24　复合床层与单床层反应产物分布及质量

温度/℃		410		
催化床层		单床层	双床层	双床层
上层		Pt/M		
下层		无	H-β	H-ZSM-5
总转化率/%(质量)		49.7	51.0	50.2
产物收率/%(质量)	$<C_6$ 气体	0.32	0.46	0.62
	萘	0.22	0.08	0.07
	苯	4.34	4.65	4.29
	甲苯	26.55	26.30	25.76
	二甲苯	41.03	41.58	40.91
	甲乙苯	0.35	0.83	0.44
	三甲苯	23.77	22.74	24.09
	四甲苯	3.41	3.35	3.67
	N_6/C_6A	0.03	0.02	0.01
	N_7/C_7A	0.00	0.00	0.00
苯纯度/%(质量)		95.49	98.50	99.29

注：反应条件：压力 2.1MPa，重时空速 3.0 h^{-1}，氢烃摩尔比 3.0，甲苯：三甲苯=50：50（质量比）。

5. 工业催化剂

中国石化于1972年开始甲苯歧化催化剂的研究工作，第一代ZA-3甲苯歧化催化剂于1987年首先在天津石化应用，随后又研发出ZA系列、HAT系列催化剂及MXT-01催化剂并工业应用成功[46~49]。截至2012年，国内在运行的甲苯歧化及烷基转移生产装置约20套。其中大部分采用中国石化开发的HAT系列歧化与烷基转移催化剂及STDT甲苯歧化工艺技术。中国石化甲苯歧化催化剂在中国大陆的芳烃生产企业应用情况见表3-1-25。

表3-1-25 国内甲苯歧化及烷基转移催化剂应用情况

序 号	企业名称	投产年份	设计规模/(kt/a)	在用催化剂牌号	扩能规模/(kt/a)
1	天津石化(二期)	2000	556	HAT-099	850
2	齐鲁石化	1989	210	HAT-097	320
3	洛阳石化	2000	370	HAT-097	630
4	扬子石化(传统歧化)	1990	1232	HAT-099	1960
5	镇海炼化	2004	1000	HAT-099	1300
6	上海石化	1985	398	MXT-01	630
7	吉林石化	1996	342	HAT-097	550
8	辽阳石化	1996	480	HAT-097	700
9	乌石化	1997	130	HAT-097	170
10	抚顺石化	1997	390	HAT-096	390
11	青岛丽东	2006	740	HAT-097	740
12	福建炼化	2008	1250	HAT-099	1250
13	金陵石化	2008	1400	HAT-099	1400
14	上海石化(二期)	2009	1130	HAT-097	1130
15	乌石化(二期)	2010	1800	HAT-097	1800
16	辽阳石化(二期)	2010	1380	HAT-097	1380
17	海南炼化	2013	900	HAT-099	900

催化剂的典型制备工艺如图3-1-23所示，包括分子筛合成、离子交换、催化剂成型、干燥和焙烧等。

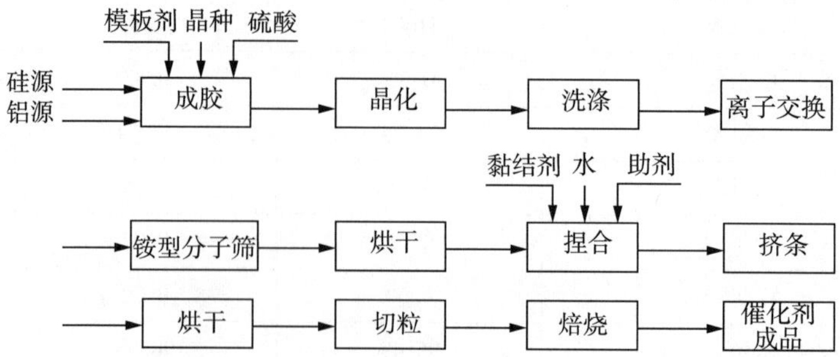

图3-1-23 催化剂制备工艺流程示意图

(1)HAT 催化剂性能

目前，中国大陆甲苯歧化与烷基转移装置主要采用中国石化开发的 HAT-097 及 HAT-099 催化剂。中国石化最新开发的 HAT-100 催化剂的空速高，重芳烃处理能力更强，使用氢烃比更低，可以实现最大化增产二甲苯及节能降耗的目的，2013 年在天津石化进行工业试验[50~52]。三种 HAT 甲苯歧化催化剂的性能指标如表 3-1-26 所示。

表 3-1-27 为 HAT-099 催化剂在不同原料组成下的反应性能。由表 3-1-27 可知，HAT-099 催化剂的原料适应范围较广，在相同反应条件下，随着原料中 C_{9+}芳烃含量的提高，产物中二甲苯量增大，苯量减少，由 C_{9+}芳烃脱烷基反应产生的非芳量提高。由表 3-1-28 反应尾气组成可知，HAT-099 催化剂的反应尾气主要含有乙烷、丙烷，而甲烷含量较低，表明反应过程中 C_{9+}芳烃转化主要通过脱乙基、脱丙基反应及乙烯、丙烯中间物的快速加氢饱和反应，而侧链甲基得以保留并通过甲基转移生产了更多的二甲苯，保持了反应原料与液相产物中甲基/苯环比的基本平衡。从歧化单元氢气消耗角度看，反应原料中 C_{9+}芳烃量越多，C_{9+}芳烃转化率越高，反应氢耗也提高。但歧化单元富含乙烷、丙烷的尾气也是优质的乙烯裂解原料。

表 3-1-26 HAT 催化剂的主要性能指标

项 目		HAT-097	HAT-099	HAT-100
操作条件	重时空速/ h^{-1}	1.5~2.3	2.0~3.0	3.0~4.0
	氢烃摩尔比	4	3	2~3
	反应压力/ MPa	2.8~3.0	2.8~3.0	2.5~3.0
	反应器入口温度/℃	360	350	350
原料组成/%（质量）	甲苯	60~80	40~70	0~50
	$C_{10}A$	5~8	5~15	8~20
反应性能/%（质量）	总转化率	>45	>46	>46
	$C_{9+}A$ 转化率	>50	>60	>60
	总选择性	>90	>89	>86
	二甲苯选择性	>65	>70	>74

表 3-1-27 HAT-099 催化剂在不同原料工况下的产物组成

产物组成		工况 1	工况 2	工况 3
原料(质量分数)	甲苯/%	40	50	70
	C_9A/%	48	41	24
	$C_{10}A$/%	12	9	6
产物浓度分布（质量分数）	苯/%	5	8	11
	二甲苯/%	37	35	32
	非芳烃/%	5	4	2

注：反应条件：温度 380℃，压力 20.7 MPa，WHSV 3.0 h^{-1}，氢烃摩尔比 3.0。

表 3-1-28 HAT-099 催化剂反应尾气组成

尾气组成	甲烷	乙烷	丙烷	C_4 烃	C_5 烃
含量/%(体积)	6.1	68.2	23.3	1.9	0.5

注：反应条件：温度 380℃，压力 2.1MPa，WHSV 3.0 h^{-1}，氢烃摩尔比 3.0，甲苯：C_9A：$C_{10}A$=40：48：12(质量比)。

(2) HAT-099 催化剂工业应用

HAT-099 催化剂的特点在于可以处理高碳十芳烃的原料，并能在更高空速和更低氢烃比条件下稳定运行，产物二甲苯选择性高，尾气甲烷含量低。HAT-099 催化剂的工业标定结果如表 3-1-29 所示。采用甲苯/C_9 芳烃/C_{10}芳烃(质量比)为 51/40/9 的反应原料进行标定。标定结果表明：总转化率为 46.1 %，总选择性为 91.2%，C_{10+}芳烃的平均转化率为 70.1%，体现了其较强的 C_{9+}芳烃处理能力。苯产品纯度在 99.94%以上，苯结晶点 5.47℃，达到了优级品指标。

表 3-1-29 HAT-099 催化剂的工业标定结果

标定时间	第一天	第二天	第三天	平均
重时空速/h^{-1}	2.5	2.5	2.5	2.5
氢烃摩尔比	4.0	4.2	4.1	4.1
$C_{10+}A$ 转化率/%(质量)	73.5	67.8	69.0	70.1
总转化率/%(质量)	46.2	46.1	45.9	46.1
选择性/%(质量)	91.3	91.2	91.1	91.2
苯产品结晶点/℃	5.47	5.47	5.47	5.47

HAT-099 催化剂在长时间工业运行过程中，甲苯歧化反应进出料 C_{10}芳烃含量的变化趋势如图 3-1-24 所示[53]，进料中 C_{10}芳烃含量控制在 4%~12%，而产物中的 C_{10}芳烃含量维持在 2%~7 %左右，C_{10}芳烃平均转化率达 68.5 %。HAT-099 催化剂能适应原料中较高的 C_{10}芳烃含量及较宽的变化范围。反应产物 C_8 芳烃中的 EB 含量变化趋势如图 3-1-25 所示。产物中 EB 含量约为 0.5 %，而 EB/C_8 芳烃值约为 1.5 %。反应产物中较低的 EB 含量，有利于降低二甲苯回路的能耗。

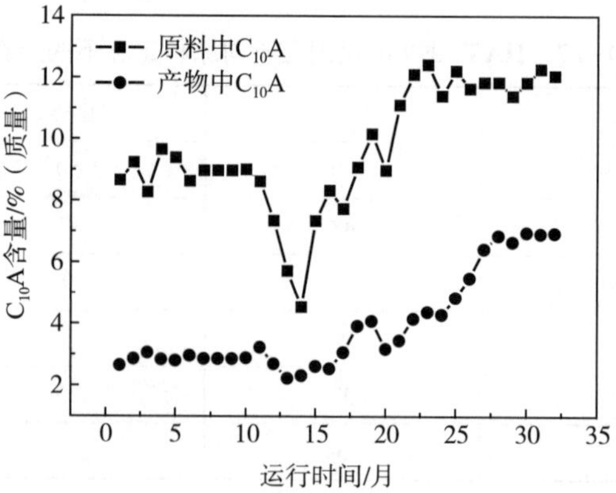

图 3-1-24 反应器进出料中 $C_{10}A$ 含量变化趋势

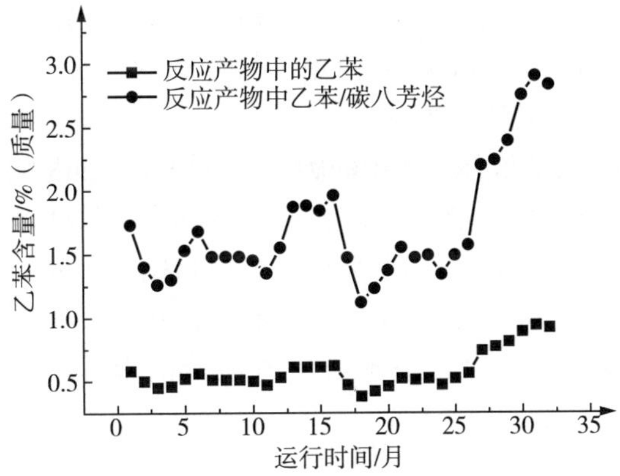

图 3-1-25　产物中乙苯含量变化趋势

(二)S-TDT 甲苯歧化与烷基转移工艺

1. 工艺流程

中国石化自主开发的S-TDT工艺采用轴向固定床反应器，反应产物经过两个气液分离罐进行冷却冷凝、气液分离(冷、热高分)，降低了能耗(见第六章第三节)。工艺流程如图3-1-26所示，甲苯歧化与烷基转移单元过程包括了原料与反应产物的热交换、预热器、催化反应器、反应产物气液分离和产物分离等操作步骤。供给歧化与烷基转移单元的甲苯原料来自苯/甲苯分馏系统；碳九/碳十芳烃来自重芳烃分馏部分。歧化与烷基转移单元的反应产物与反应原料进行换热后经热高分进行气液分离，热高分顶富氢气体经进一步冷却后进入冷高分进行气液分离，冷高分顶富氢气体进行循环，冷、热高分液体产物混合后送至汽提塔，经汽提塔分离出轻组分后，送至苯/甲苯分馏系统，分离出苯、甲苯和碳八及其以上芳烃馏分。其中，甲苯作为原料循环至歧化与烷基转移单元，而碳八及其以上芳烃馏分被送至二甲苯分馏单元进行分离，分离出的混合二甲苯进对二甲苯分离单元，碳九/碳十芳烃再循环至歧化与烷基转移单元。

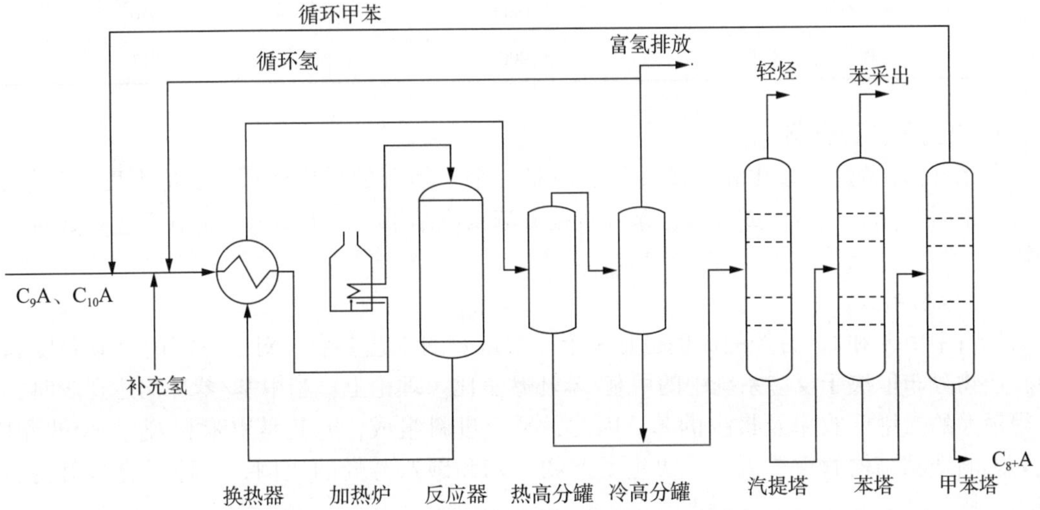

图 3-1-26　甲苯和 $C_{9+}A$ 烷基转移工艺流程图

反应产物的回收和分离流程包括以下内容：

①气液分离：将经过冷却后的氢气与反应液体产物分离，分离后的氢气中含有乙烷、丙烷等不凝气体及少量甲烷气，大部分循环使用。与传统的一级冷气液分离技术相比，采用冷、热双级气液分离技术能有效降低能耗。

②汽提操作：将溶解于反应液体产物中的碳六以下轻烃，如丙烷、丁烷、戊烷等轻组分从汽提塔顶分出。由于 HAT 系列催化剂优化了金属加氢性能，有效抑制了催化剂对芳环的加氢、裂解副反应，从而在工业运行过程中可大幅降低汽提塔顶副产物量，提高了芳环利用率。

③产品分离：汽提塔底馏分中主要有苯、甲苯、碳八芳烃、C_{9+}芳烃等芳烃。该馏分先后经过苯塔从塔顶分出苯产品；经过甲苯塔从塔顶分出未反应的甲苯，分出的甲苯循环使用。

2. S-TDT 工艺工业应用

中国石化以 HAT 催化剂为核心，开发的 S-TDT 工艺包集合了热集成技术、固定床反应器大型化技术及流场优化，采用冷热双级高分技术进一步实现了节能降耗。自 1997 年首次工业化以来，已经在国内外实现多次应用，装置规模也日趋大型化。工业应用范例如表 3-1-30所示。

表 3-1-30 S-TDT 工艺包应用经验

	装置规模/(kt/a)	投产年份
抚顺石化	400	1997
伊朗 BSPC	870	2004
镇海石化	1000	2004
金陵石化	1400	2008
福建炼化	1250	2008
上海石化	1130	2009
辽阳石化	1380	2010
乌鲁木齐石化	1800	2010
海南炼化	900	2013

3. 工艺条件的影响

甲苯和 C_{9+}芳烃的歧化和烷基转移反应是一个多组分的反应体系，反应温度、氢烃比、压力、重时空速、进料组成等工艺条件直接影响反应结果，以下简要分析各工艺参数对反应的影响。

(1)原料组成

进料中甲苯和 C_{9+}芳烃的比例也是一个非常重要的工艺参数。对于一定的反应温度和压力，产物分布取决于反应系统中的甲基/苯环摩尔比。理论上，当甲基/苯环比达到 2 时，可获得最大的二甲苯收率及最少的苯。因此，反应进料组成，尤其是甲苯和 C_{9+}芳烃的配比，成为影响产品结构的重要因素，决定了产物中苯和碳八芳烃的比例，这种影响作用主要表现为：

①甲苯和 C_{9+}芳烃的各自转化率不仅与催化剂本身性能有关，也与甲苯和 C_{9+}芳烃的配比有关。通常情况下，甲苯/C_{9+}芳烃比值增大，甲苯的转化率增大，而 C_{9+}芳烃的转化率

减小；

②原料甲苯/C_{9+}芳烃的比值影响产物中碳八芳烃和苯的比例，甲苯/C_{9+}芳烃的比值越大，碳八芳烃/苯的比值越小。

根据上述原理，通过改变进料中甲苯/C_{9+}芳烃的比例来调节产物中二甲苯/苯的比例，以适应市场的需求。José M. Serra 等人[23]基于理论反应模型计算了原料中 C_{9+}芳烃含量与产品热力学平衡组成的关系。如图 3-1-27 所示，如果只用甲苯作原料，主反应为甲苯的歧化反应，产物中苯和二甲苯的理论摩尔比等于 1，裂解副反应及 C_{9+}芳烃生产量甚少。当在原料中掺入 C_{9+}芳烃后，甲苯不仅自身发生歧化反应，还与三甲苯、四甲苯发生烷基转移反应，同时 C_{9+}芳烃自身发生脱烷基反应。此时苯的产率下降，而二甲苯的收率相对上升，尾气中 $C_2 \sim C_3$ 组分增加。当原料中 C_{9+}芳烃含量达 75 %左右时，产物中二甲苯的平衡组成最高。此外，随着 C_{9+}芳烃含量的提高，与三甲苯、四甲苯发生烷基转移的甲苯量不足，三甲苯趋向发生自身歧化反应生成四甲苯及更重的 C_{11}芳烃。

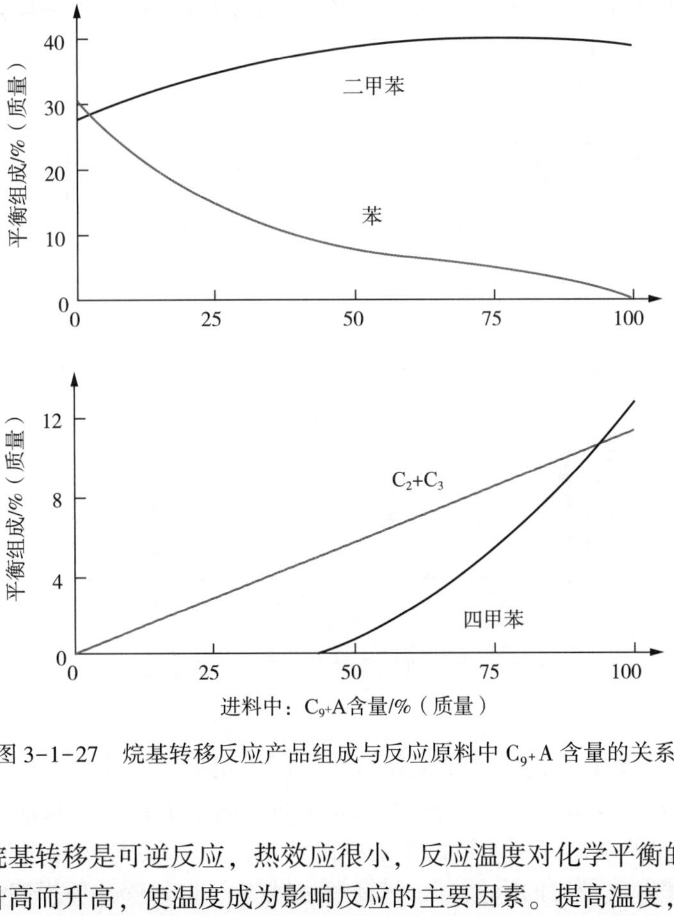

图 3-1-27　烷基转移反应产品组成与反应原料中 C_{9+}A 含量的关系

（2）反应温度

甲苯歧化与烷基转移是可逆反应，热效应很小，反应温度对化学平衡的影响不大，但催化剂活性随温度升高而升高，使温度成为影响反应的主要因素。提高温度，可加速甲苯歧化和烷基转移反应过程，提高甲苯和 C_{9+}芳烃的转化率，提高苯和 C_8 芳烃的选择性。如果反应温度过高，不仅会促使苯环加氢开环，加剧脱甲基副反应，增加芳环损失，使二甲苯收率下降，而且催化剂表面积炭副反应也将加剧，从而加速催化剂失活。

HAT 系列催化剂随着运转时间的延长，催化剂活性下降，需要提高反应温度，来维持原料转化率，一般来说，转化率下降 1%，需提温 3～5℃进行活性补偿，合理的反应温度区间为 340~410℃。

(3)反应压力

理论上，歧化和烷基转移反应无体积变化，压力对化学平衡无太大影响，但氢分压可随总压及氢纯度的变化而改变。压力增高，可提高系统的氢分压，有利于抑制积炭反应，提高催化剂的稳定性。小川大助[54]进行了不同反应温度下的反应压力的影响试验，表明反应速率随着反应压力提高而有所提高。

S-TDT 工艺采用的反应压力一般为 2.5~3.0MPa。反应压力的选择，首先是从催化剂的活性与稳定性考虑，要能够获得足够高的转化率和足够好的稳定性；其次是从设备投资费用考虑，较高的反应压力势必增加设备投资。

(4)重时空速

进料重时空速与反应产物的关系如图 3-1-28 所示[23]。提高反应器的进料空速，可以提高单位时间内单位质量催化剂的加工能力，但物料与催化剂接触时间缩短导致反应物转化率降低，二甲苯及苯收率呈现先增后降的过程。裂解副反应生成的尾气量随空速增大而减弱，C_{9+}芳烃生成量有所增加。

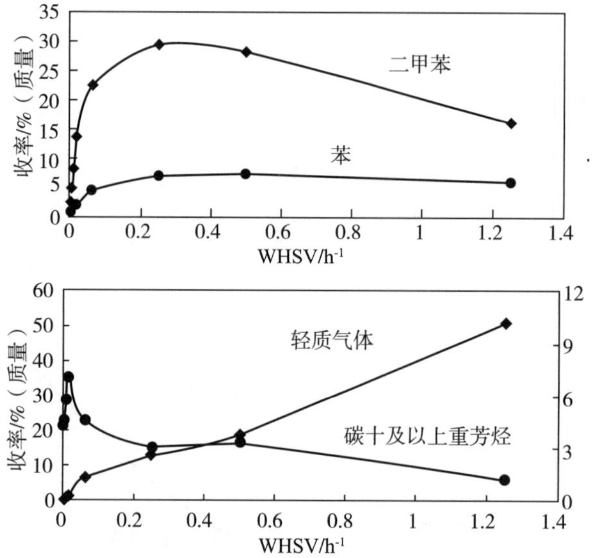

图 3-1-28 进料重时空速与产品收率关系

(5)氢烃比

甲苯歧化与烷基转移反应本身不消耗氢气，但一定的氢烃比(氢气与反应进料的摩尔比)对歧化与烷基转移单元的正常操作具有重要的作用。氢烃比对反应的影响见表 3-1-31[43]。随着氢烃比的降低，甲苯转化率基本保持不变，C_{9+}芳烃转化率呈现下降趋势。从产物结构来看，随着氢烃比的降低，裂解轻烃量减少，非芳量及环损率也呈现下降趋势，说明低氢烃比条件下因降低了氢气分压，减弱了苯环加氢副反应。另一方面，随反应氢烃比降低，产物中苯量略有增加，二甲苯量略有降低。这是由于苯主要来源于甲苯歧化反应，属酸催化反应，不受氢气分压的影响。当降低氢烃比时，增大了物料与催化剂的接触时间，加剧了甲苯歧化反应程度。而二甲苯量主要来源于烷基转移反应及 C_{9+}芳烃加氢脱烷基反应，低氢分压不利于 C_{9+}芳烃脱烷基反应的进行，因此也降低了产物中的二甲苯收率。

表 3-1-31　氢烃比对反应结果的影响

氢烃摩尔比		4.0	3.0	2.3	1.5
转化率/%（质量）	甲苯	21.5	21.2	21.1	20.7
	$C_{9+}A$	61.5	60.3	58.7	55.6
产物/%（质量）	C_5-轻烃	2.3	2.1	1.6	1.4
	C_{6+}非芳烃	2.1	1.9	2.0	1.8
	苯	3.9	4.2	4.3	4.5
	二甲苯	36.3	36.0	35.8	35.6

注：反应条件：温度 370℃，压力 3.0MPa，重时空速 3.0h^{-1}，甲苯：C_9A：$C_{10}A$=30：60：10(质量比)。

由于 C_{9+}芳烃比甲苯易发生脱烷基及裂解等耗氢副反应，并且容易形成积炭，因此当原料中 C_{9+}芳烃较多时，需要适当提高氢烃比。但是，过高的氢烃比将增加操作费用，并导致加氢反应加剧及氢耗增加，合适的氢烃比范围为 3~5。

(6)杂质及毒物

对装置操作及催化剂性能具有影响的杂质和毒物，主要包括茚/茚满、饱和物、烯烃类不饱和物、氮化物、硫化物、氯化物、水、氧气、CO 和 CO_2 等。

1)稠环化合物

芳烃化合物含共轭 π 键结构，具有给电子能力，为弱碱性物质。一般来说，芳环上的取代基越多，芳环上电子云密度越大，其碱性越强。此外，多环芳烃碱性要高于单环芳烃。碱性越高的芳烃分子在催化剂酸位上的吸附能力越强，也更容易发生积炭等副反应。多环芳烃化合物的积炭趋势要明显高于单环芳烃化合物。

茚和茚满属于双环类化合物，分子尺寸较大，且碱性相对较强，与催化剂酸位的吸附作用较强。非常容易缩合为稠环芳烃，结炭沉积在催化剂表面上，从而降低了催化剂的反应活性。一般而言，甲苯和 C_{9+}芳烃混合进料中茚和茚满的含量增加 0.5 %(质量)，要获得相同的转化率，必须使反应器入口温度提高 10 ℃左右。传统歧化单元正常操作过程中要求反应进料中茚满和茚的含量控制在 0.5 %(质量)以下。但需指出的是，随着催化剂技术的发展，特别是在催化剂上引入加氢金属组分后，由于金属组分对稠环芳烃等积炭前躯物具有一定饱和加氢性能，能大幅延缓催化剂的积炭速率，因此对原料中茚和茚满的耐受能力也不断提高。

2)饱和物

饱和物主要是指 C_5 以上的饱和非芳烃类化合物。C_5 以上的重质非芳烃溶解在进料或反应产物中可影响歧化苯产品的纯度，并且有可能随甲苯循环，在系统中积累，最终导致操作无法正常进行。如果这类重质非芳烃热裂解，则容易产生烯烃，并可发生聚合反应，在催化剂的表面形成积炭，影响催化剂的活性和寿命。此外，若大量的此类非芳烃随原料进入反应系统并加氢裂解，则会产生严重的氢耗，并影响到汽提塔的稳定操作。

3)不饱和物

不饱和物(主要为烯烃类)容易在催化剂表面缩合形成焦炭，影响催化剂的活性和稳定性。因此，进入系统的芳烃原料应经过脱烯烃处理。歧化单元正常操作过程中要求反应进料中溴指数值(BI)<20mgBr/100g。

4）氮化物

歧化和烷基转移反应是酸催化反应，氮化物特别是碱性氮化物（如 NH_3 及绝大多数有机氮化物等）对催化剂是非常有害的。在混合芳烃进料中，1μg/g 的碱性氮化物，就足以抑制催化剂的活性，降低反应速率，从而必须提高反应温度加以补偿。高浓度的氮化物会造成催化剂不可逆的永久性失活。在正常操作过程中要求反应器进料中碱性氮化物的含量低于 1 μg/g。

5）硫化物和氯化物

硫化物和氯化物的存在会影响催化剂的活性。如果进料或补充氢中硫化物和氯化物的含量过高，有可能在反应系统内累积，影响产品的质量，并对设备造成腐蚀和破坏。所以，应严格限制反应器进料和补充氢中硫化物和氯化物的含量，并要求其含量均低于 1μg/g。

6）水

在反应温度条件下，水蒸气可以脱除分子筛晶体结构中的铝，从而导致催化剂的活性永久性降低或丧失。为此，芳烃进料和补充氢气均应保持干燥，严防水通过各种渠道进入歧化反应系统。在正常操作过程中反应器进料中水含量控制在 100μg/g 以下。

7）氧气

反应系统中氧气主要有两个来源，第一是运输过程中溶解的微量氧，第二是制氢装置带来的少量氧随补充氢进入。为防止氧气进入系统，原料罐、进料缓冲罐均需氮封，同时严格控制补充氢中氧气的含量。

8）一氧化碳、二氧化碳

CO、CO_2 等杂质的存在短时间内不会对催化剂造成明显的伤害，但这类气体有可能在系统内累积。另外，CO_2 气体与系统中存在的水反应生成碳酸，对设备也具有腐蚀作用。CO、CO_2 主要随补充氢进入系统，因此要严控补充氢中 CO、CO_2 的含量，其含量应低于 20 μL/L。

四、苯和 C_{9+} 芳烃烷基转移技术

近年来，苯市场需求大幅波动，基于传统模式设计及运行的芳烃联合装置，其 BTX 产品的结构与市场需求存在一定的偏差。为了增加装置的灵活性，有效调整产品结构，开发将苯和 C_{9+} 芳烃转化为甲苯和碳八芳烃的烷基转移技术具有重要意义。

中国石化首次成功开发了以苯和碳九及其以上芳烃（C_{9+} 芳烃）为原料，通过烷基转移反应生产二甲苯的苯和碳九芳烃烷基转移技术及其催化剂（简称 BAT 催化剂）[55~57]，可使苯和 C_{9+} 芳烃转化为二甲苯并副产甲苯。

对于苯和 C_{9+} 芳烃烷基转移反应，其主反应是包括苯与 C_{9+} 芳烃烷基转移反应、C_{9+} 芳烃侧链脱烷基反应、C_{9+} 芳烃歧化反应等，目的产物为甲苯和二甲苯。

（一）分子筛及催化剂

1. 分子筛及其影响

苯和 C_{9+} 芳烃烷基转移反应生产甲苯和碳八芳烃的过程，属于酸催化剂作用下的正碳离子反应。苯和 C_{9+} 芳烃烷基转移过程所涉及的反应体系较为复杂。但分析其原理并归类，其主反应包括苯与多侧链烷基苯（C_9 芳烃和 C_{10} 芳烃）之间的烷基转移反应以及多侧链烷基苯的脱乙基和脱丙基反应，其相应的主产物为甲苯和碳八芳烃。除主反应外，副反应主要包括 C_{9+} 芳烃间的歧化反应，C_6～C_{10} 芳烃的苯环加氢、脱甲基、缩合、结焦等，相应副产物为甲烷、丙烷、环烷烃和焦炭。因此，具有适合酸性及孔结构的分子筛是良好的活性主体。

与甲苯和 C_{9+}芳烃烷基转移反应相比，苯和 C_{9+}芳烃烷基转移反应更容易进行。其反应行为同样受分子筛孔结构、酸性分布及加氢金属组分的影响。分别以小晶粒 ZSM-5、大晶粒 ZSM-5 及 Hβ 分子筛为催化剂，以苯和 1，2，4-三甲苯为反应物，考察不同种类及粒径分子筛对反应的影响，结果如表 3-1-32 所示[58]。在 Hβ 分子筛上苯和三甲苯的转化率及产物分布中二甲苯/甲苯值均要高于 ZSM-5 分子筛。这主要是因为 Hβ 分子筛具有大孔径孔道，对 1，2，4-三甲苯扩散阻力较小，苯和三甲苯间的烷基转移反应可在孔道内发生。而 ZSM-5 分子筛对三甲苯扩散阻力大，烷基转移反应大部分发生在分子筛外表面，可利用的酸性位较 β 分子筛少。另一方面，因 ZSM-5 分子筛具有更多的强酸位，容易导致二甲苯产物进一步脱甲基生成甲苯或苯。同样对于 ZSM-5 分子筛，小晶粒 ZSM-5 分子筛的转化率要高于大晶粒 ZSM-5 分子筛，这与小晶粒分子筛具有更多外表面酸位有关。

表 3-1-32 不同催化剂上反应产物分布 %(质量)

催化剂	纳米 ZSM-5	微米 ZSM-5	Hβ
苯	0.24	0.35	0.18
甲苯	0.32	0.20	0.36
二甲苯	0.26	0.14	0.32
甲乙苯	0.01	0.01	0.01
1，3，5-三甲苯	0.05	0.08	0.03
1，2，4-三甲苯	0.12	0.20	0.08
1，2，3-三甲苯	0.02	0.03	0.01
四甲苯			0.01
苯转化率%(质量)	52	30	65
1，2，4-三甲苯转化率%(质量)	62	37	67
X/T(摩尔比)	0.8	0.8	0.9

注：反应条件：温度 400℃，压力 3.0MPa，重时空速 2.1h^{-1}，氢烃摩尔比 4，苯：1，2，4-三甲苯=1：1(摩尔比)，TOS=4h。

将 $H_3PW_{12}O_{40}$(H_3PW)作为酸性组分负载于氧化硅上[59]，用于苯和 C_{9+}芳烃烷基转移反应。通过调变酸强度及进行酸分散度的优化，可获得高活性及选择性，结果如表 3-1-33 所示。由表可知，过低的酸量反应活性低，而过高酸量导致副反应多，积炭反应加剧，产物收率低。

表 3-1-33 苯和 C_{9+}A 烷基转移过程中催化剂活性(a)、二甲苯收率(Y_X)及积炭量

催化剂样品	a/($\times 10^5$mol/g·h)	Y_X/%	积炭量/%
HPW8	4.1	0.0	1.6
HPW15	67	3.9	0.3
HPW20	25	2.8	1.0
HPW25	18	0.0	2.4
Mordenite	42	2.1	14.1

注：HPW8、HPW15、HPW20、HPW25 分别代表 H_3PW 负载量为 8%、15%、20%、25%(质量)；反应温度 470℃。

2. BAT-100 催化剂

中国石化开发的 BAT 苯和 C_9 芳烃烷基转移催化剂实现了工业应用。不同工况下的工业应用结果如表 3-1-34 所示。

表 3-1-34 BAT-100 催化剂不同工况下的反应性能 %(质量)

项 目	工况Ⅰ	工况Ⅱ	工况Ⅲ	工况Ⅳ	工况Ⅴ
进料组成					
苯	29.9	0.1	14.9	40.2	40.2
$C_{9+}A$	69.8	99.6	84.8	59.6	59.6
苯转化率	44.1	—	56.9	42.6	37.3
总转化率	58.4	49.9	59.3	58.6	53.7
总选择性	93.1	83.5	89.1	91.6	92.7

BAT-100 催化剂具有性能稳定、提温速度慢的特点，且在装置投料初期，不用预硫化、开工过程简单；原料总转化率较高(大于 50%)，物耗能耗较低；催化剂对苯环加氢饱和副反应弱，环损小；催化剂具有较强的 C_{9+} 芳烃处理能力，且以 C_{9+} 芳烃为反应原料时，具有最高的 C_8 芳烃产品选择性。

(二)工艺流程

苯和 C_{9+} 芳烃烷基转移反应的进料为苯、C_9 芳烃和 C_{10} 芳烃，在 BAT-100 催化剂的作用下，临氢条件下在固定床反应器内进行气固相反应，生成甲苯和 C_8 芳烃。工艺流程如图3-1-29 所示[61]。循环来的苯、C_{9+} 芳烃和新鲜的苯、C_{9+} 芳烃混合后，与循环氢和补充氢一起进加热炉，加热至一定温度后进入固定床反应器进行烷基转移反应。反应产物经高分罐顶部分离出富氢气体，大部分富氢气体经循环氢压缩机返回至反应器，少部分尾氢(去氢气提浓)；液体产物从高分罐底送入汽提塔、苯塔、甲苯塔、二甲苯塔和重芳烃塔进行逐级分离。分离出的苯和 C_{9+} 芳烃循环，甲苯作为产品采出；C_{8+} 芳烃送至二甲苯分馏单元用于生产 PX。所用的新鲜苯原料可以来自重整油、热裂解汽油、焦化苯和歧化苯，并通过这一技术方案，有效地将苯转化为甲苯和二甲苯。

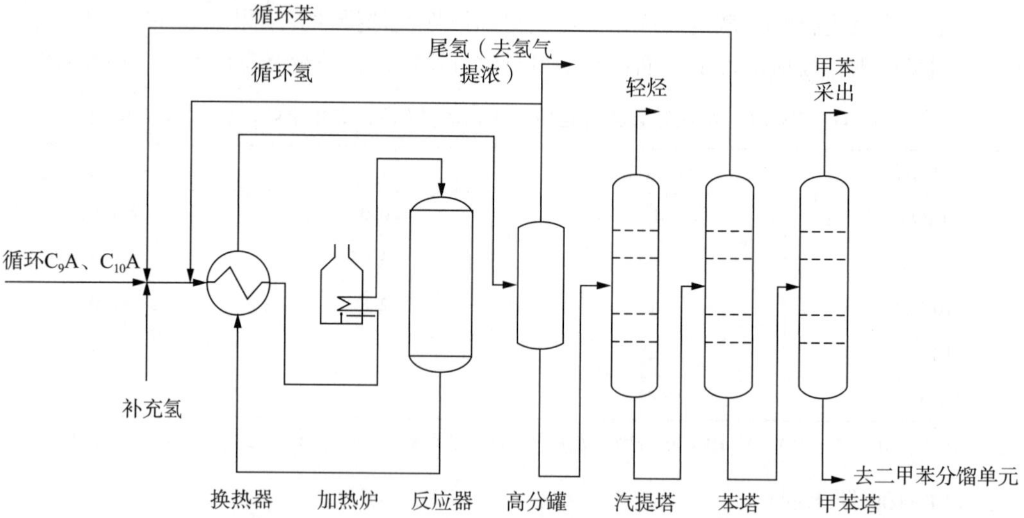

图 3-1-29 苯和 $C_{9+}A$ 烷基转移工艺流程图

(三) 工艺条件的影响

苯和 C_{9+}芳烃烷基转移反应是一个多组分的反应体系，进料组成、反应温度、氢烃比、压力、重时空速等诸多工艺条件直接影响反应结果。

1. 原料组成

苯和 C_{9+}芳烃烷基转移技术中进料组成的变化对转化率及选择性的影响如图 3-1-30 和图 3-1-31 所示[61]。在 C_{10}芳烃进料组成维持 10 %条件下，苯含量在 30%～40%范围内时，苯转化率基本不变，而苯含量在 40%～60%范围内时转化率呈下降趋势；对于 C_{9+}芳烃，C_9芳烃转化率在整个苯变化范围内基本不变，而 C_{10}芳烃转化率在整个原料变化范围内随苯含量的升高而显著上升；总转化率变化趋势与苯的转化率基本一致。

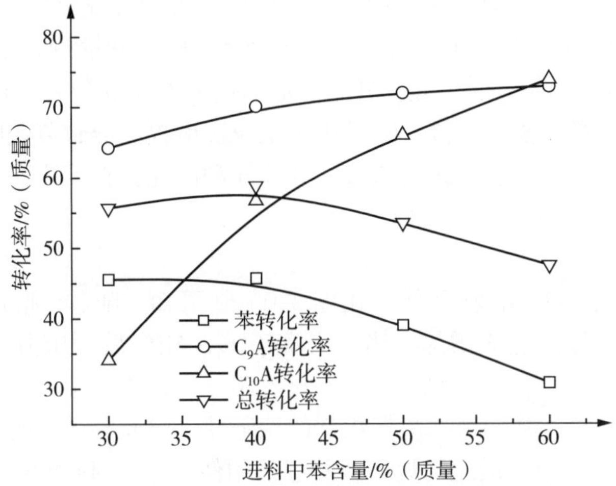

图 3-1-30　原料中苯含量变化对转化率的影响

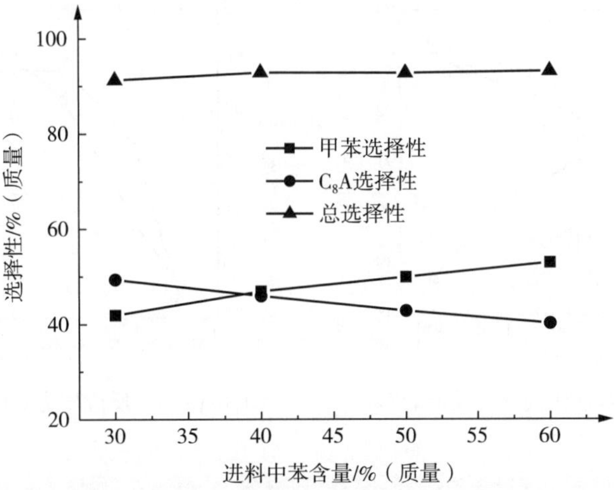

图 3-1-31　原料中苯含量变化对选择性的影响

苯必须与多烷基苯发生烷基转移反应，才能进行转化。因此，当进料中苯含量提高后，C_9 芳烃、C_{10}芳烃含量降低，与苯发生烷基转移的侧链烷基比例下降，因而其转化率降低。而对于 C_9 芳烃和 C_{10}芳烃，除可以与苯发生烷基转移反应外，还可以在临氢条件下发生加氢脱烷基反应，生成 BTX。对于 C_{10}芳烃，随苯含量增高，苯与 C_{10}芳烃之间发生反应的推动力加大，因此 C_{10}芳烃的转化率随苯含量的增加而提高。苯转化率和总转化率随反应进料组成的改变而发生较大的变化，这和传统甲苯歧化与烷基转移技术是不同的。在传统甲苯歧化工艺中，甲苯不仅可以与 C_{9+}芳烃发生烷基转移反应，而且甲苯还可以发生歧化反应生成苯和二甲苯。因此，即使当进料组成在较大范围内变化，其总的转化率相对稳定。

反应进料组成的变化直接影响到生成的甲苯和 C_8 芳烃的组成。进料中苯含量的变化决定了反应体系内的甲基与苯环比例。当进料中甲基与苯环的比例降低时，C_8 芳烃选择性下降，甲苯选择性升高，总选择性保持相对稳定。当反应进料中苯含量较高时，由于芳烃侧链烷基数少，反应将优先生成甲苯而不是二甲苯。

2. 反应温度

芳烃的烷基转移是可逆反应，热效应很小，反应温度对化学平衡的影响不大[60]，但催化剂活性受温度变化影响较大。在不同反应温度下苯和 C_{9+}芳烃进行烷基转移反应性能如图 3-1-32[61]所示。由图 3-1-32 可知，升高反应温度有利于获得较高的转化率，降低未反应物的循环量，但选择性却随之下降。这是由于反应温度提高导致芳烃脱烷基反应加剧。因此反应温度有一个适宜值，综合考虑反应体系的物耗和能耗，在反应初期，适宜的反应温度为 360~380 ℃。

3. 反应压力

反应压力影响如图 3-1-33 所示[61]。由图 3-1-33 可知，随着反应压力的提高，反应器出口处的转化率和选择性均随之增加；当压力高于 1.5 MPa 后，压力对选择性基本没有影响；当压力大于2.0 MPa 时，转化率随压力变化不明显。此外，增高压力可提高系统的氢分压，有利于抑制积炭反应，从而可提高催化剂的稳定性，因此，适宜的反应压力为 2.0~3.0 MPa。反应压力与 S-TDT 甲苯歧化与烷基转移工艺相似[62]，有利于 BAT 技术在传统烷基转移装置上直接应用，实现工业装置生产工艺的灵活调整。

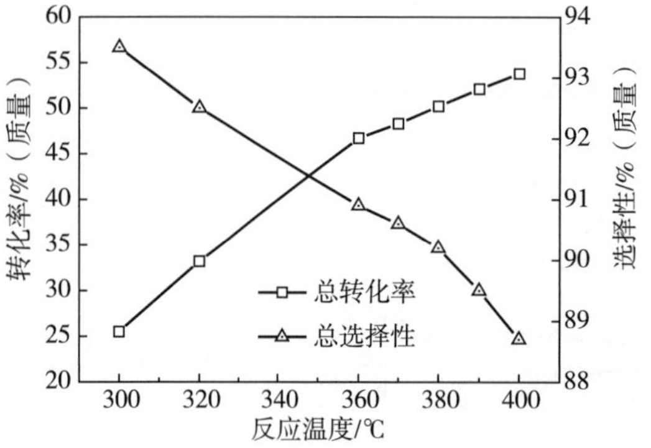

图 3-1-32 反应温度对催化剂反应性能的影响

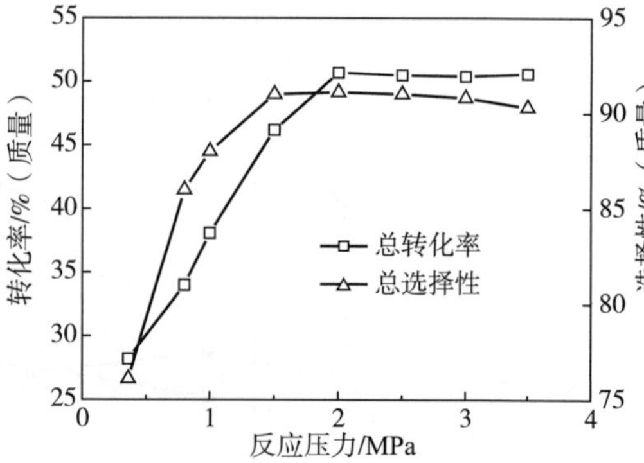

图 3-1-33 反应压力对催化剂反应性能的影响

4. 进料空速

不同进料空速下的反应性能见图 3-1-34。由图 3-1-34 可知，随着空速的增加，转化率和选择性都呈下降趋势。空速的提高对转化率影响较大，对选择性的影响较小。随着空速增加，停留时间变短，导致转化率下降。此外，由于 C_{9+}芳烃的加氢脱烷基性能下降，并生成一些更重的 C_{10+}芳烃，导致选择性下降。当空速较低时，虽然催化剂的转化率较高，但装置的处理能力较低。

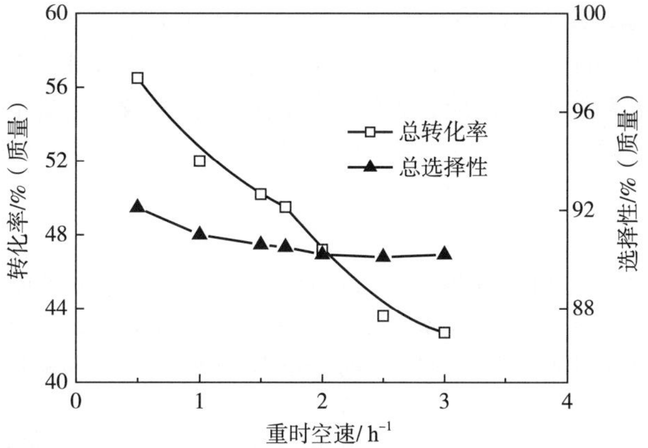

图 3-1-34　空速对催化剂反应性能的影响

5. 氢烃比

氢烃比对反应性能的影响如图 3-1-35 所示[61]。在一定范围内提高氢烃比，转化率有所提高，选择性下降不明显，表明较高的氢烃比有利于促进主反应，抑制副反应。但较高的氢烃比会增加装置运行的操作费用。

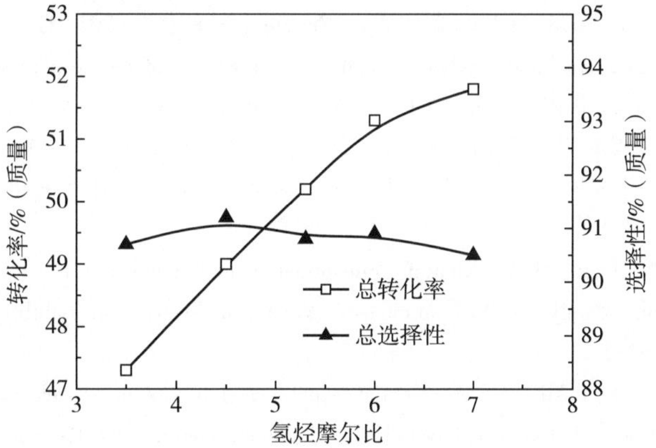

图 3-1-35　氢烃摩尔比对催化反应性能的影响

五、技术展望

对于现有的烷基转移催化技术，主要通过催化剂技术的升级来提高 C_{9+}芳烃转化率、改善催化剂稳定性能及产品质量，以实现经济效益最大化及节能降耗目的。未来发展方向一是通过催化剂技术的提升，持续改善低品位原料的处理能力、提高原料转化率和目的产物收率，进一步提高进料空速和降低氢烃比，降低生产成本。二是通过反应过程的优化，进一步强化主反应、抑制副反应，降低能耗物耗。三是通过与新反应过程的耦合，实现芳烃联合装置工艺流程的重构，达到生产原料多样化、产品结构灵活化的目的。

芳烃烷基转移催化剂技术的进步很大程度上依赖于新型催化材料的发明和应用。为提高混合二甲苯收率，合成具有合适的孔结构及酸特性的催化新材料是未来技术发展的主要方向之一。在工艺方面，主要是通过工艺的集成，实现过程节能降耗，产品结构优化及产品质量的提升。而实现芳烃联合装置各工艺单元间的耦合可进一步优化现有流程，降低物耗、能耗。随着甲苯甲醇烷基化技术(见第八章第二节)、甲醇芳构化(见第八章第三节)、LCO(见第二章)制芳烃等新技术的发展及应用，未来PX生产将趋于原料多样化、产品灵活化方向发展，如何将烷基转移技术与新反应过程进行工艺耦合，实现芳烃联合装置的流程重构，也将是未来研究的方向。

参考文献

[1] 孔德金，杨为民．芳烃生产技术进展[J]．化工进展，2011，30(1)：16-25.

[2] 陈庆龄，孔德金，杨卫胜．对二甲苯增产技术发展趋向[J]．石油化工，2004，33(10)：909-915.

[3] Tseng-Chang Tsai，CHEN Wen-Hua，LIU Shang-Bin. Metal zeolites for transalkylation of Toluene and heavy aromatics[J]. Catalysis today，2002，73：39-47.

[4] Andrea krejci，Sulaiman Al-KHattaf，Muhammad Ashraf Ali，et al. Transalkylation of Toluene with trimethylbenzenes over large-pore zeolites[J]. Applied Catalysis A，2010，377(1-2)：99-106.

[5] M Ashraf Ali，M A Al-Saleh，A Aitani，et al. Transalkylation of heavy aromatics for enhanced xylene production. Proceedings of 15th Saudi - Japan Joint Symposium，Dhahran，Saudi Arabia，November 27 - 28，2005.

[6] Jiří Čejka，Blanka Wichterlová. Acid-catalyzed synthesis of mono- and dialkyl benzenes over zeolites：active sites，zeolite topology and reaction mechanisms [J]. Catalysis Reviews，2002，44(3)：375-421.

[7] S M Csicsery. Shape-selective catalysis in zeolites. Zeolites，1984，4：202-213.

[8] Thomas Demuth，Pascal Raybaud，Sylvie Lacombe，et al. Effects of zeolite pore sizes on the mechanism and selectivity of xylene disproportionation-a DFT study Journal of Catalysis[J]. 2004，222，323-337.

[9] 马沛生．有机化合物实验物性数据手册[M]．北京：化学工业出版社，2006：460-537.

[10] 刘红星，谢在库，张成芳，等．甲苯歧化与三甲苯烷基转移反应体系的化学平衡．石油 化工[J]，2003，32 (1)：28-32.

[11] S M Waziri，A M Aitani，S Al-Khattaf. Transformation of toluene and 1，2，4-trimethyl benzene over ZSM-5 and mordenite catalysts：A comprehensive kinetic model with reversibility[J]. Ind. Eng. Chem. Res，2010，49：6376-6387.

[12] U A Al-Mubaiyedh，S A Ali，S S Al-Khattaf. Kinetic modeling of heavy reformate conversion into xylenes over mordenite - ZSM - 5 based catalysts [J]. Chemical engineering Research and Design. 2012，90：1943-1955.

[13] Chen Q L，Xie Z K. Advances on the research and development of catalysts for toluene disproportionation and C_9 aromatics transalkylation. J Nat Gas Chem，2001，10(1)：61-70.

[14] Cheng Xiao-jing，Wang xiang-sheng，Long Hua-yun. Transalkylation of benzene with 1，2，4-trimethylbenzene over nanosized ZSM-5[J]. Micropor Mesopor Mater，2009，119：171-175.

[15] 齐国金．改性纳米ZSM-5催化甲苯、C_9芳烃烷基转移反应[D]．大连：大连理工大学，2006.

[16] 王昕，翁惠新，孔德金，等．Hβ负载磷钨酸催化剂上甲苯和均三甲苯烷基转移与歧化反应[J]．华东理工大学学报(自然科学版)，2009，35(6)：814-818.

[17] 梁必超，杨德琴，孔德金，等．Hβ和SiO_2负载磷钨酸催化剂用于甲苯和均三甲苯反应制备二甲苯的催化性能[J]．华东理工大学学报(自然科学版)，2008，34(3)：315-318.

[18] 吴伟，黄娟，吴维果．ZSM-12分子筛研究进展[J]，化工进展．2007，26(7)：921-926.

[19] Se-Ho Park，Hyun-Ku Rhee. Catalytic properties of zeolites NU-87 in disproportionation of Toluene[J]. React. Kinet. Catal. Lett.，2003，78(1)，73-80.

[20] S. Al-Khattaf，Z. Musilová-Pavlačková，M. A. Ali，et al. Comparison of activity and selectivity of SSZ-33 based catalystwith other zeolites in tuene disproportionation[J]. Top Catal，2009，52：140-147.

[21] N Y CHEN. in：J. W. Ward (Ed.), Stud. Surf. Sci. Catal., 1988, 38：153.

[22] Roberto Millini Carlo Perego. The role of molecular mechanics and dynamics methods in the development of zeolite catalytic processes. Top Catal, 2009, 52：42-66.

[23] José M Serra, Emmanuelle Guillon, Avelino Corma. A rational design of alkyl-aromatics dealkylation-transalkylationcatalysts using C_8 and C_9 alkyl-aromatics as reactants[J]. Journal of Catalysis, 2004, 227：459-469.

[24] José M Serra a, Emmanuelle Guillon b, Avelino Corma. Optimizing the conversion of heavy reformate streams into xylenes with zeolite catalysts by using knowledge base high-throughput experimentation techniques [J]. Journal of Catalysis, 2005, 232：342-354.

[25] Shakeel Ahmed, Mohamed Z E1-Faer, Mohamed M Abdillahi. Production of methyl tert-butyl ether (MTBE) over MFI-type zeolites synthesized by the rapid crystallization method and modified by varying Si/Al ratio and steaming[J]. Applied Catalysis A：General, 1997, 161：47-58.

[26] 沈剑平，李悦，孙铁，等．酸处理对 Beta 沸石结构和酸性的影响[J]．高等学校化学学报，1995，16(6)：943-947.

[27] 包佳青，谢在库，陆贤，等．铝化 β 沸石的硅铝分布及表面酸性质[J]．高等学校化学学报，2002，23(10)：1930-1935.

[28] 唐颐，华伟明，高滋．沸石的骨架结构与酸强度[J]．物理化学学报，1994，10(12)：1116-1120.

[29] Ioana Fechetea, Philippe Caulletb, Emil Dumitriua. Study of the conversion of aromatic hydrocarbons on EMT-type zeolite influence of the partial substitution of Al by Ga[J]. Vasile Hulea, Applied Catalysis A：General, 2005, 280：245-254.

[30] C R Bayense, A P M Kentgens, J W de Haan, et al. J. Phys. Chem, 1992, 96：775.

[31] E J P Feijin, K De Vadder, M H Bosschaerts, et al. J. Am. Chem. Soc, 1994, 116：2950.

[32] Cejka J, Vondrova A, Wichterlova B, Vorbeck G, Fricke R. Zeolites, 1994, 14：147.

[33] Wang Kun-yuan, Wang Xiang-sheng, LI Gang. A study on acid sites related to activity of nanoscale ZSM-5 in toluene disproportionation[J]. Catalysis Communications, 2007, 8：324-328.

[34] SONG W, R E Justice, C A Jones, et al. Synthesis, characterization, and adsorption properties of nanocrystalline ZSM-5[J]. Langmuir, 2004, 20：8301-8306.

[35] 王学勤，王祥生．苯-乙烯烷基化 HZSM-5 沸石催化剂积炭失活的研究-I. 不同晶粒大小沸石的合成及 HZSM-5 沸石的积炭过程[J]．石油学报(石油加工)，1994，10(2)：38-43.

[36] Boldingh E P, Negiz A, Rekoske J E, et al. Xylene production processes employing Rhenium-containg catalysts. USA：2008/0064910A1[P]. 2008-5-13.

[37] 博尔丁格 T E P，内伊兹 A，马埃尔 G F 等．适用于芳簇化合物转化工艺的催化剂处理：中国．CN101379012A[P]. 2009-03-04.

[38] 麦克明 T，施塔赫尔奇克 D A. 重质芳烃转化催化剂组合物及相关方法：中国．CN101048229A[P]. 2007-10-03.

[39] J M Silva, M F Ribeiro, F Ramôa Ribeiro, E et al. Influence of platinum on the transformation of an ethylbenzene-o-xylene mixture on H-ZSM-5[J]. Applied Catalysis A：General, 1995, 125：1-14.

[40] Antonymuthu Stanislaus, Barry H Cooper. Aromatic hydrogenation catalysis：A review [J]. Catalysis Reviews：Science and Engineering, 1994, 36(1)：75-123.

[41] Tseng-Chang Tsai, Liu Shang-Bin, Wang Ikai. Metal Supported Zeolite for Heavy Aromatics Transalkylation Process[J]. Catal Surv Asia, 2009, 13：94-103.

[42] A I Silva, F Alvarez, F Ramôa Ribeiro, et al. Synthesis of cyclohexylcyclohexanone on bifunctional Pd faujasites influence of the balance between the acidity and the metallic function [J]. Catalysis Today, 2000, 60：

311-317.
[43] 郭宏利，李经球，李华英，孔德金 . Pd-Pb 双金属催化剂上甲苯歧化与烷基转移反应研究[J]. 化学反应工程与工艺，2014，30(2)：133-139.
[44] Chao Pei-Hsien，Lin Hui-Wen，Chen Chien-Hao，et al. Precoking selectivation for improving benzene product purity in heavy aromatics transalkylation[J]. Applied Catalysis A，2008，335：15-19.
[45] Tsai Shang-Tien，Chao Pei-Hsien，Wan Ikai，et al. Dual-bed catalyst system for improving product purity and catalytic stability in alkylbenzene transalkylation[J]. Applied Catalysis A：2010，385：73-79.
[46] 程文才，孔德金，曹德安，等 . ZA-92 型甲苯歧化与烷基转移催化剂的研制与工业应用[J]. 工业催化，1997，(1)：51-56
[47] 程文才，孔德金，杨德琴，等 . HAT-095 甲苯歧化与烷基转移催化剂的研制与应用[J]. 石油化工，1999，28(2)：107-111.
[48] 孔德金，程文才，邹薇，等. HAT-097B 甲苯歧化催化剂反应性能的研究[J]. 工业催化，2002，10(5)：45-49.
[49] 李保军，冷家厂，魏劲松等 . HLD-001TM 甲苯歧化与烷基转移催化剂的工业试验[J]. 化学反应工程与工艺，2006，22(3)：271-274.
[50] 中国石油化工股份有限公司 . 碳九及其以上重质芳烃高选择性生产碳八芳烃的方法：中国 . CN101045668 [P]. 2007-10-03.
[51] 中国石油化工股份有限公司 . 碳九及其以上重质芳烃脱烷基与烷基转移催化剂 . 中国 . CN101045208 [P]. 2007-10-03.
[52] 中国石油化工股份有限公司 . 增产碳八芳烃的烷基转移催化剂：中国 . CN101045207 [P]. 2007-10-03.
[53] 时宝琦，郭宏利，李经球，等 . HAT-099 甲苯与重芳烃烷基转移催化剂的研制与工业应用[J]. 化学反应工程与工艺，2012，28(2)：173-179.
[54] 小川大助，林正太郎，松村辉一郎，等. 工业化学杂志(日)，1969，72(10)：2165.
[55] 中国石油化工股份有限公司 . 用于苯与碳九及其以上芳烃烷基转移的催化剂 . 中国，CN1443737 [P]. 2003-09-24.
[56] 中国石油化工股份有限公司 . 苯与重质芳烃烷基转移催化剂：中国，CN1377863 [P]. 2002-11-06.
[57] 中国石油化工股份有限公司 . 苯与重质芳烃烷基转移方法：中国，CN1377864[P]. 2002-11-06.
[58] Cheng Xiao-jing，Wang Xiang-sheng，Long Hua-yun. Transalkylation of benzene with 1，2，4-trimethylbenzene over nanosized ZSM-5[J]. Microporous and Mesoporous Materials，2009，119：171-175.
[59] Jose′ A Dias，Maria do Carmo Rangel，S_1′ lvia C L Dias，et al. Benzene transalkylation with C_{9+} aromatics over supported 12-tungstophosphoric acid on silica catalysts[J]. Applied Catalysis A：General，2007，328：189-194.
[60] 赵仁殿，金彰礼，陶志华，等. 芳烃工学[M]. 北京：化学工业出版社，2001.
[61] 官调生，冷家厂，郭宏利，等. 苯和碳九芳烃烷基转移催化剂的工业侧线试验 . 化学反应工程与工艺，2009，25(3)：271-275.
[62] 中国石油化工股份有限公司 . 甲苯与碳九及其以上重质芳烃歧化与烷基转移工艺：CN1352230[P]. 2002-06-05.

第二节　二甲苯异构化技术

一、概　述

来自催化重整、蒸汽裂解、歧化与烷基转移以及其他过程的 C_8 芳烃都是混合物，包括乙苯(EB)、对二甲苯(PX)、间二甲苯(MX)、邻二甲苯(OX)四个异构体。通过 C_8 芳烃分离技术(精馏、结晶、吸附等)，可以从 C_8 芳烃混合物中分离出所需的纯二甲苯异构体产品，余下的物料需要通过二甲苯异构化技术，重新达到接近热力学平衡的化学组成，以增产目标产品。

二甲苯异构化催化剂的基本功能是催化对、间、邻二甲苯的相互异构，并将乙苯进行转化处理，由此将催化剂分为乙苯转化型和脱乙基型两个类别。乙苯转化型将乙苯异构化为二甲苯，其优点在于能够利用有限的 C_8 芳烃资源最大量地生产 PX 等目的产品，缺点是乙苯的单程转化率低；脱乙基型主要将乙苯转化为苯，其优点是反应空速高、EB 转化率高，缺点是 C_8 芳烃资源利用率较低，而苯的价格随着市场需求波动较大。

ExxonMobil 公司在公开 ZSM-5 分子筛合成技术 3 年后推出了第一代脱乙基型二甲苯异构化催化剂，随后推出几代不同异构化技术，最新的 XyMax 技术采用双床层复合床反应系统[1]和 EM-4500 催化剂体系(包含两种不同功能的催化剂)，是应用最广泛的脱乙基型二甲苯异构化技术。UOP 公司 1968 年即实现了 Isomar 二甲苯异构化技术的工业化并获得广泛应用，成为最有代表性的乙苯转化型二甲苯异构化技术，但脱乙基型异构化技术工业化的时间相对较晚，其典型的催化剂有乙苯转化型 I-400 和脱乙基型 I-350 催化剂。此外，Axens 公司可提供 Octafining 乙苯转化型二甲苯异构化技术的许可，其特点是设置了循环塔将反应产物中 C_8 非芳烃分离出直接返回异构化进料。ZEOLYST 公司也推出了乙苯转化型 OPARIS 系列和脱乙基型 ZATARIS 催化剂。

中国石化自 20 世纪 70 年代起开展二甲苯异构化催化剂研究[2]。1982 年 SKI-200 进行首次工业应用，随后相继推出了 SKI-300、SKI-400 乙苯转化型异构化催化剂，均采用丝光沸石为酸性组分，获得了广泛的应用。2000 年以后，开发了 SKI-100、SKI-110 乙苯脱乙基型催化剂，并于 2005 年完成了将乙苯转化型催化剂更换为脱乙基型催化剂而对装置进行的扩能改造。近年来，又开发并推广应用了基于新型分子筛的新一代乙苯转化型 RIC-200 异构化催化剂。开发的二甲苯异构化工艺成套技术在中国石化海南炼化 600kt/a PX 装置上获得了应用。

二、反应原理

(一)化学反应机理

二甲苯异构化反应体系包括各芳烃的异构化、脱烷基、歧化和烷基转移，以及加(脱)氢、环烷烃异构和裂解等一系列反应。以下分别介绍二甲苯和乙苯在异构化过程中的主、副反应机理。

1. 二甲苯异构化

三种二甲苯异构体之间相互转化的异构化主反应是一个典型的酸催化反应。目前提出了两种二甲苯异构化的反应机理：一种是分子内反应机理，也称为顺序反应机理[3]，认为 PX

到 OX 的转化需首先生成 MX，甲基不能从同一苯环上的对位直接转移到邻位；另一种是分子间反应机理，也称为三角反应机理[4]，认为通过分子间的烷基迁移，三种异构体之间可以直接转化。两种机理的区别见图 3-2-1。

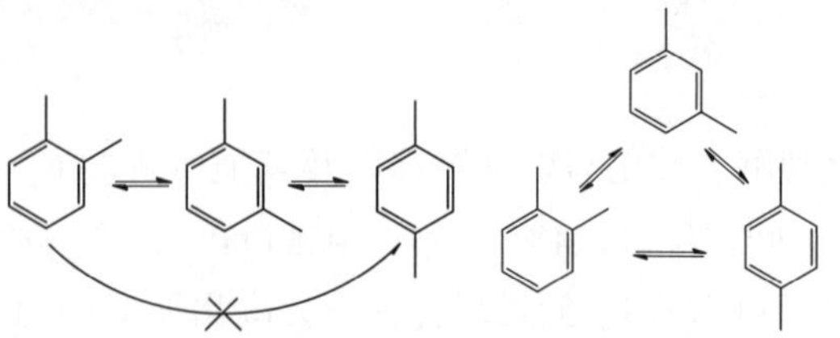

图 3-2-1　二甲苯异构化顺序反应机理及三角反应机理

Cortes 等[5]用含同位素的 PX 为反应物在不同分子筛催化剂上进行二甲苯异构化反应，研究异构化机理。采用 40%的 6 氘代(d6)PX 和 60%普通的 PX 为反应物，分别以 HY 分子筛、β 分子筛和丝光沸石为催化剂，进行 PX 的异构化反应。根据分子内和分子间机理途径的不同，异构化反应会生成不同相对分子质量的产物，见图 3-2-2。

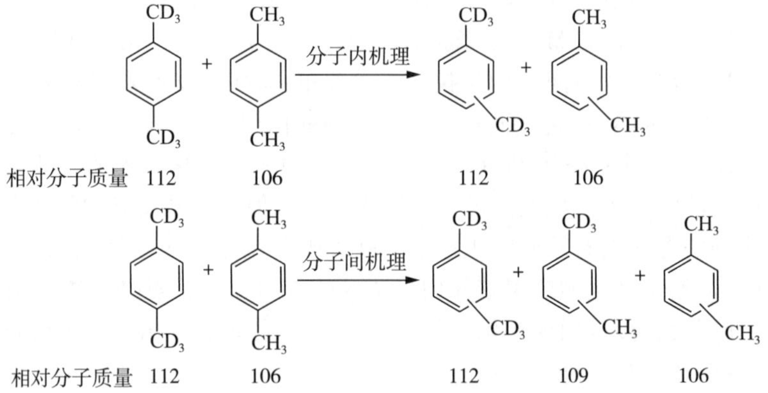

图 3-2-2　分子内和分子间异构化反应机理的同位素检验

6 氘代 PX 的相对分子质量为 112，普通 PX 的相对分子质量为 106，如果异构化反应按分子内机理路径进行，产物中应该只有相对分子质量为 112 或 106 的分子。如果异构化反应按分子间机理路径进行，产物中就会有相对分子质量为 109 的同位素化合物出现。

通过分析产物组成，发现了相对分子质量为 106、109 和 112 的产物，证明两种反应机理是同时存在的。反应发生的几率与分子筛的孔道结构相关，在 HY 分子筛上反应时，相对分子质量为 109 的产物生成比例大于 20%；而在丝光沸石上，相对分子质量为 109 的产物明显少于 HY 分子筛；在 β 分子筛上，当反应转化率较低时，观察不到相对分子质量为 109 的产物。通过改变实验条件，发现单、双分子机理发生的比率还与反应温度有关联。

(1)分子内反应机理

分子内反应机理认为，二甲苯的异构化过程是在单一分子上进行反应，因此，也被称为单分子反应机理。对分子内反应机理的认识也分为两种观点。

一种观点是：Corma 等[6]将计算化学用于推导二甲苯异构化反应机理，他们以 CNDO/2 方法为基础，提出苯环骨架异构机理。该机理的具体实现步骤为：①首先二甲苯被催化剂表面的氢质子吸附形成正碳离子(称之为 Wheland 中间体)；②然后被质子化的二甲苯通过对旋环化(disrotatory cyclization)变为由三元环和五元环组成的双环复合体；③三元环连接甲基的一端翘起，使甲基转移到五元环的另一边；④新的双环状化合物变为 Wheland 中间体；⑤二甲苯异构体在催化剂表面解吸。其中②和④为控制步骤。根据描述，苯环的结构变化如图 3-2-3 所示，具体反应路径如图 3-2-4 所示。

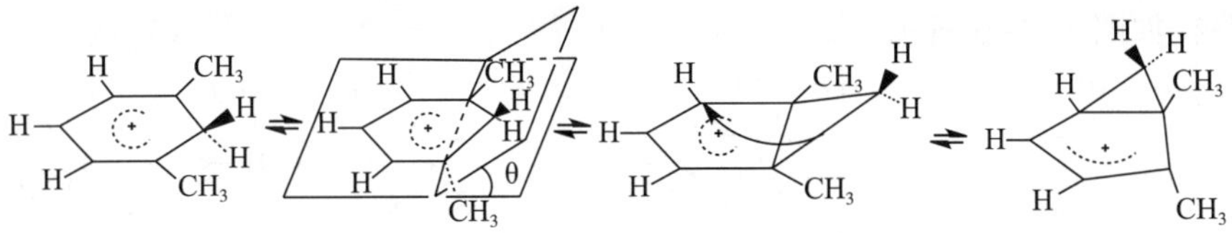

图 3-2-3　苯环结构变化示意图

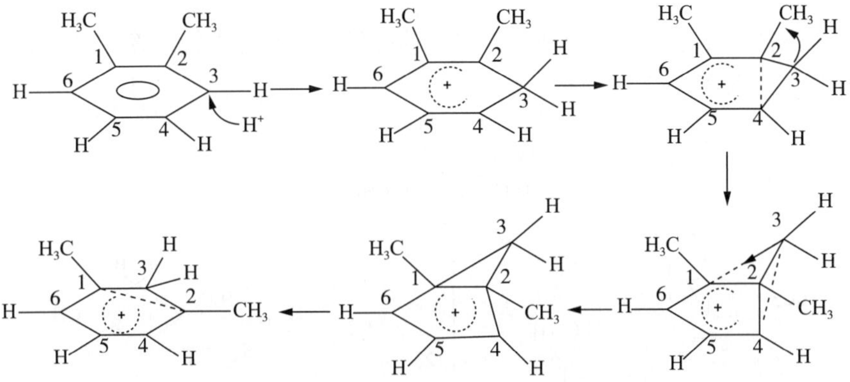

图 3-2-4　苯环骨架异构机理示意图

另一种观点是通过实验推测得出的，Roberts[7] 在研究二甲苯在三氟甲基磺酸催化下的异构化反应时，提出二甲苯在酸作用下发生甲基在苯环内转移的异构化机理，转化过程见图 3-2-5。反应可以分为以下几步：①二甲苯与氢质子结合形成 Wheland 中间体进行氢转移，氢质子优先进攻苯环不含取代基的碳位，首先形成氢-Wheland 中间体（Oa 或 Ob），继

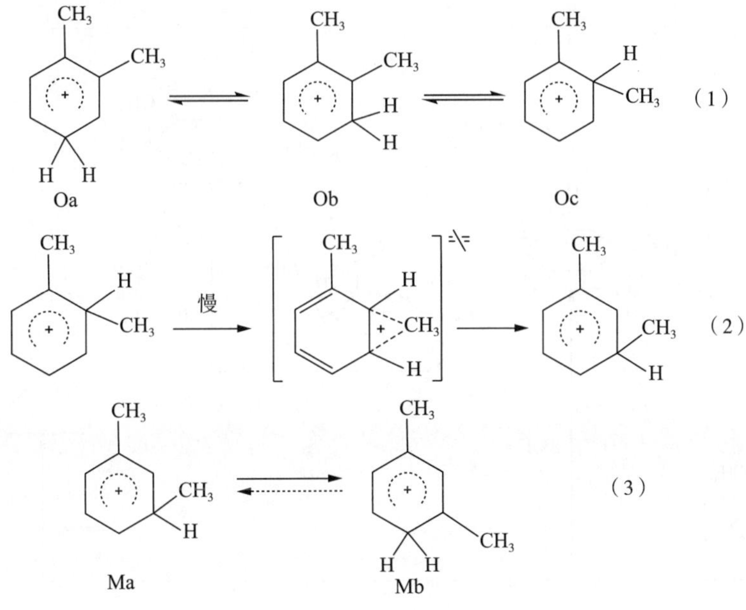

图 3-2-5　甲基转移过程

而氢质子转移至苯环与甲基相连的碳位，形成甲基-Wheland 中间体(Oc)时，引发异构化反应；②被氢质子活化的甲基在苯环上转移，生成另一种二甲苯取代结构的甲基-Wheland 中间体；③然后氢质子转移形成新的氢-Wheland 中间体(氢质子脱除后即完成异构化反应)。具体反应路径如图 3-2-6 所示。

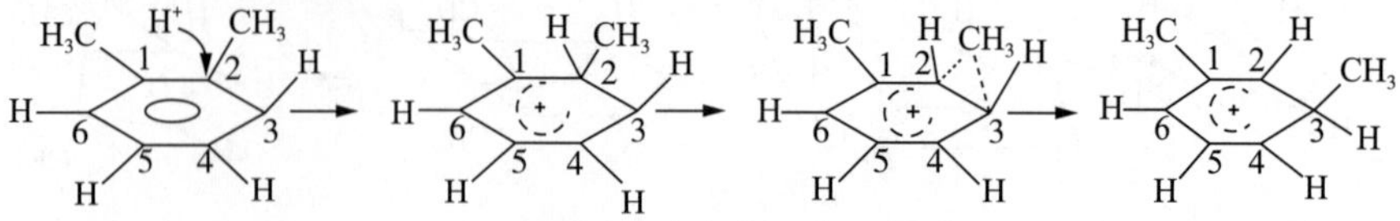

图 3-2-6　甲基转移异构机理

通过分子模拟计算方法对这两种反应路径的能量和过渡态进行计算，可得到氢在苯环上转移的能量[8]，如图 3-2-7 所示。

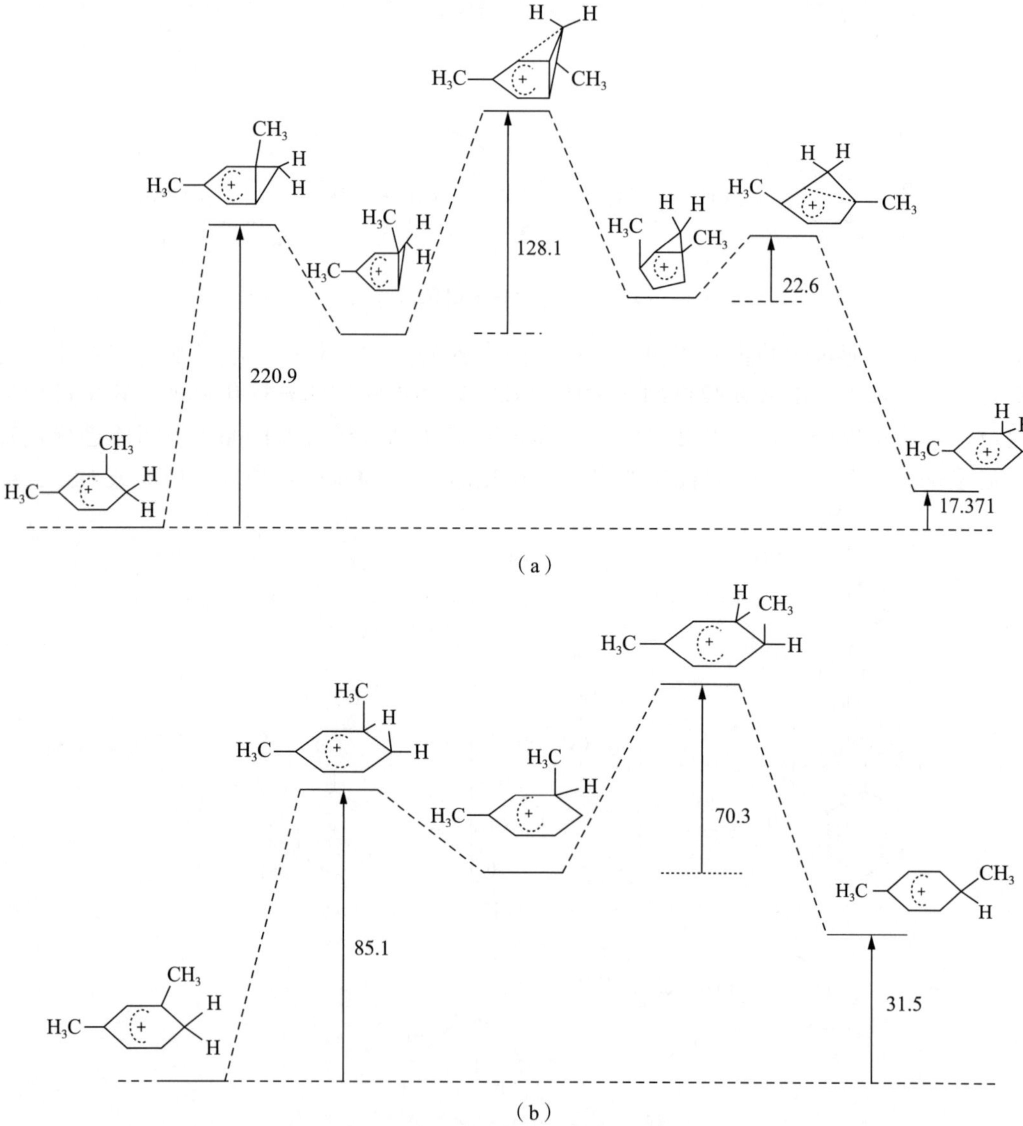

图 3-2-7　苯环骨架异构机理(a)和甲基转移机理(b)的能量路径图(单位：kJ/mol)

计算结果表明，苯环骨架异构的反应路径比甲基在苯环上转移的路径需要经历更多的过渡态，并且该反应路径过渡态的最高能垒值远高于甲基在苯环上转移的路径，可以推断，甲基在苯环上转移的反应路径为二甲苯异构化反应的主要路径。在计算反应各步骤的能量时，还发现氢在苯环上转移的能垒与甲基在苯环上转移的能垒相差不大，因此，也可能成为异构化反应的控速步骤。

(2)分子间反应机理

双分子反应机理认为，二甲苯的异构化过程需通过分子间的烷基迁移实现，因此，也称为分子间机理[9]。研究者根据实验现象推导出二甲苯的双分子异构化机理是通过图 3-2-8 所示的两个步骤完成的[10]。

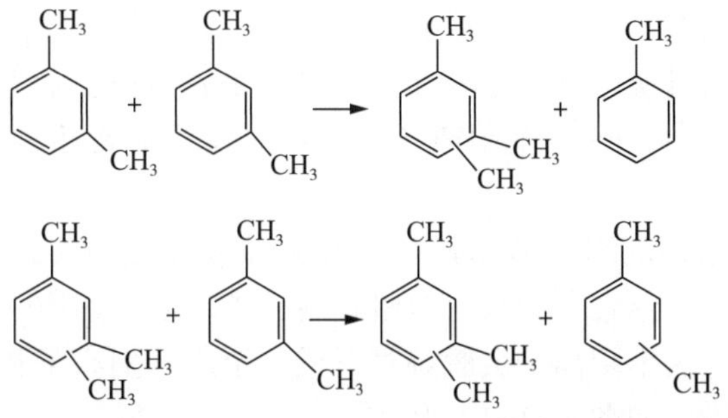

图 3-2-8　二甲苯异构化分子间反应机理

两个二甲苯分子先发生歧化反应生成甲苯和三甲苯，生成的三甲苯再与另一反应物二甲苯发生分子间烷基迁移，得到新的二甲苯和三甲苯。按照此机理，可实现 OX 到 PX 的直接转化。由双分子反应机理的两个步骤可以看出，分子间进行的异构化反应，是通过两次分子间的烷基迁移完成的，可看作是二甲苯歧化反应的二次反应。二甲苯歧化反应是异构化反应过程中的主要副反应，因此认识二甲苯歧化副反应的机理，有利于研发出更有效的异构化催化剂。

2. 乙苯异构化

在二甲苯异构化过程中需同时将乙苯转化。乙苯转化存在两种不同的方式：乙苯异构化转化为二甲苯，乙苯脱乙基转化为苯[11,12]。

对于乙苯转化为二甲苯的过程，普遍认为需要经过金属中心催化加氢/脱氢步骤，即乙苯首先加氢得到中间产物乙基环己烷或乙基环己烯，然后在酸中心的催化作用下异构化为二甲基取代的环烷，再催化脱氢得到二甲苯。根据乙苯加氢程度的不同，乙苯异构化过程存在两种机理：

第一种为烷烃机理，认为乙苯异构化反应是通过 C_8 环烷作为转化的“桥”进行的[13]，反应机理如图 3-2-9 所示。

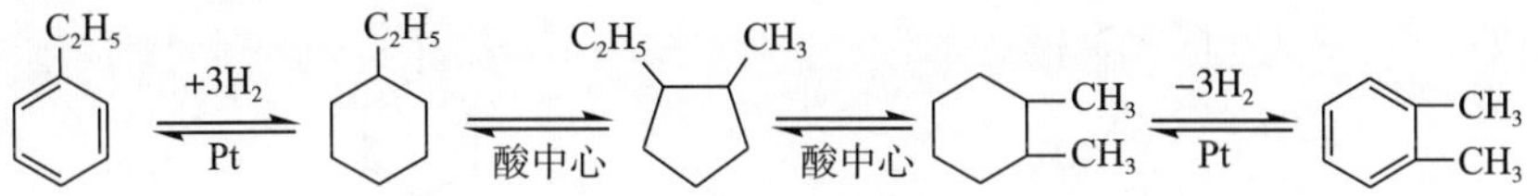

图 3-2-9　乙苯异构化的环烷中间体机理

第二种为烯烃机理，认为乙苯转化过程是通过环烯烃中间体完成的[14,15]。反应机理如图 3-2-10 所示。但实际反应体系中检测到的环烯烃中间体的含量远低于环烷烃的含量。

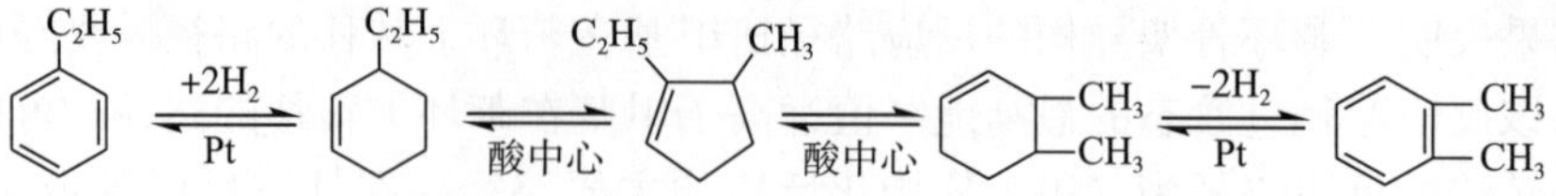

图 3-2-10 乙苯异构化的环烯中间体机理

两种机理都认为，C_8 环烷或环烯烃的异构化是整个反应的控制步骤。

3. 乙苯脱乙基

乙苯的脱乙基反应也存在不同反应路径。使用^{13}C 标记的乙苯分子在中孔 HZSM-5 和大孔 HY 型分子筛上反应，研究乙苯的歧化反应机理[16,17]。两种分子筛的酸强度和孔径不同，导致乙苯在两者的反应途径不同。

乙苯的烷基交换作用在 HY 型分子筛上温度较低时就可以进行，且没有副反应，表现出高选择性和低结焦率。通过实验推测乙苯在大孔径的 HY 型分子筛上按图 3-2-11 的反应途径进行。在这个反应路径中，α-乙基阳离子的生成对反应非常重要，因为整个反应循环都是由此引发的。

在 HZSM-5 上，分子筛的窄孔道和强酸中心会导致烃类的裂解，这对乙苯的脱烷基表现出较明显的促进作用。乙苯在分子筛上被吸附后，芳环会快速质子化形成乙基环己二烯正碳离子。随着温度升高，这个阳离子会脱烷基形成一个乙基阳离子和一个苯分子。乙基阳离子可转化为更稳定的乙烯，如图 3-2-12 所示。

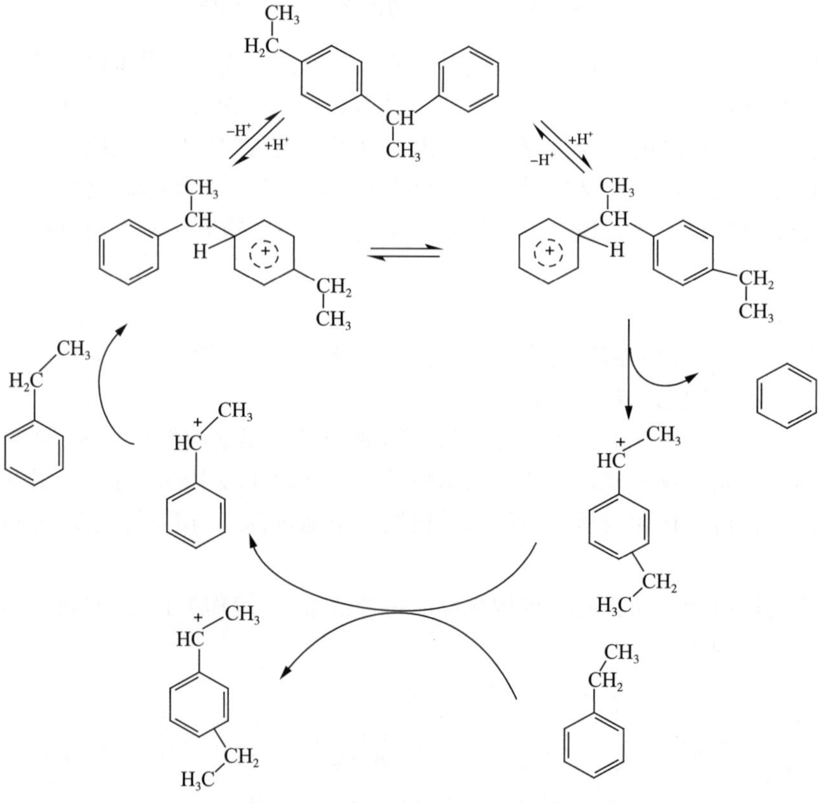

图 3-2-11 乙苯脱乙基反应机理一

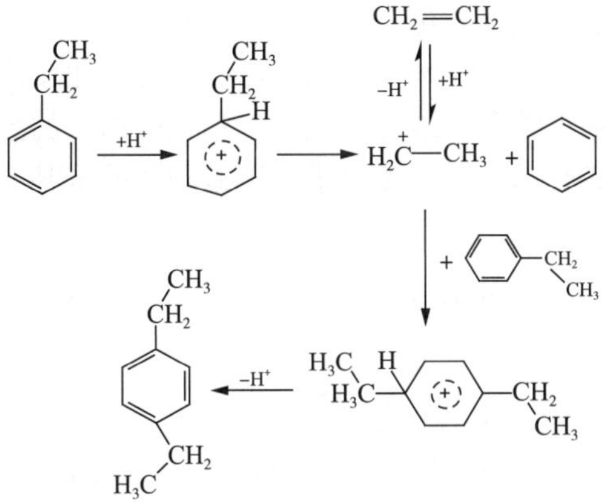

图 3-2-12　乙苯脱乙基反应机理二

乙苯在 HY 和 HZSM-5 分子筛上的反应路径不同主要是由两种材料的孔径差异造成的，较小的分子筛孔径会限制较大体积过渡态的形成，从而导致反应路径不同。

4. 副反应

在两种类型的二甲苯异构化过程中，二甲苯在酸性催化剂上发生歧化反应生成甲苯和三甲苯等，均是主要的副反应。除亲电反应机理外，目前歧化副反应的分子模拟研究中还提出了 L 酸引发苄基反应机理、分子筛孔道择形机理等新认识，这些认识将为异构化催化剂的制备和改进提出方向。

(1)亲电反应机理

早期对歧化反应机理的研究，是在使用液体酸催化剂的基础上进行的，按照歧化反应中间体的不同，又分为单分子亲电和双分子亲电两种类型的反应机理[16,17]。这两种机理均需要氢质子对苯环上的甲基进行活化，形成 Wheland 中间体正碳离子，从而引发甲基在分子间的转移。根据反应过程中间产物类型的不同，二甲苯歧化反应的亲电反应机理又分为单分子亲电机理和双分子亲电机理。二甲苯亲电机理反应过程如图 3-2-13 所示。

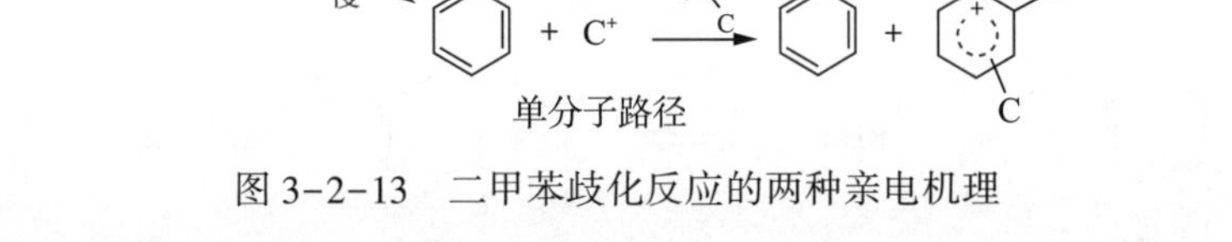

图 3-2-13　二甲苯歧化反应的两种亲电机理

通过对歧化的两种不同反应路径进行计算[18]，发现反应沿双分子亲电机理进行时，需要克服的能垒较小，更倾向于按双分子亲电取代反应机理。目前，对双分子机理的认识还不够清晰，也没有双苯环中间体的具体构型。

(2)苄基反应机理

在研究邻二甲苯在分子筛上进行异构化反应的实验过程中发现，加入异构烷烃，可以在不影响异构化反应的前提下，减少歧化反应。这种抑制作用可能归因于一种歧化反应的中间体——苄基正碳离子的存在。这种苄基正碳离子可以引发歧化反应，而异构烷烃可以提供叔碳上的氢负离子，易与苄基正碳离子结合，减少苄基正碳离子的数量，因而起到了抑制歧化反应的结果，如下面反应式所示。因此提出了二甲苯歧化的苄基反应机理[19]。

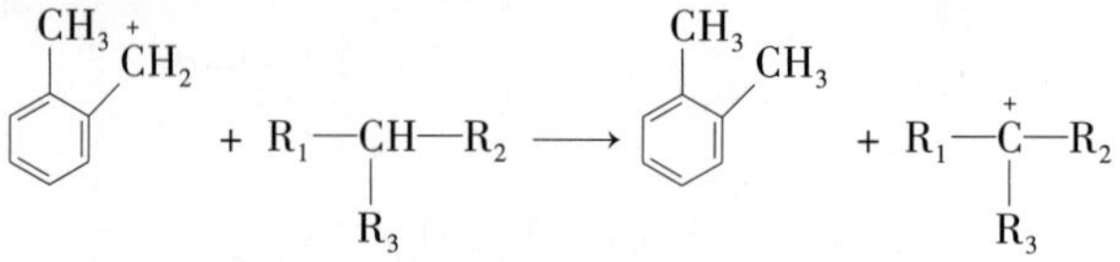

苄基反应机理是指由苄基正碳离子进攻另一个二甲苯而引发的二甲苯歧化过程。Gnep等通过实验证明苄基正碳离子对歧化反应的抑制作用，在此基础上，Guisnet 等[20]对二甲苯的苄基歧化路径进行了总结，见图 3-2-14。

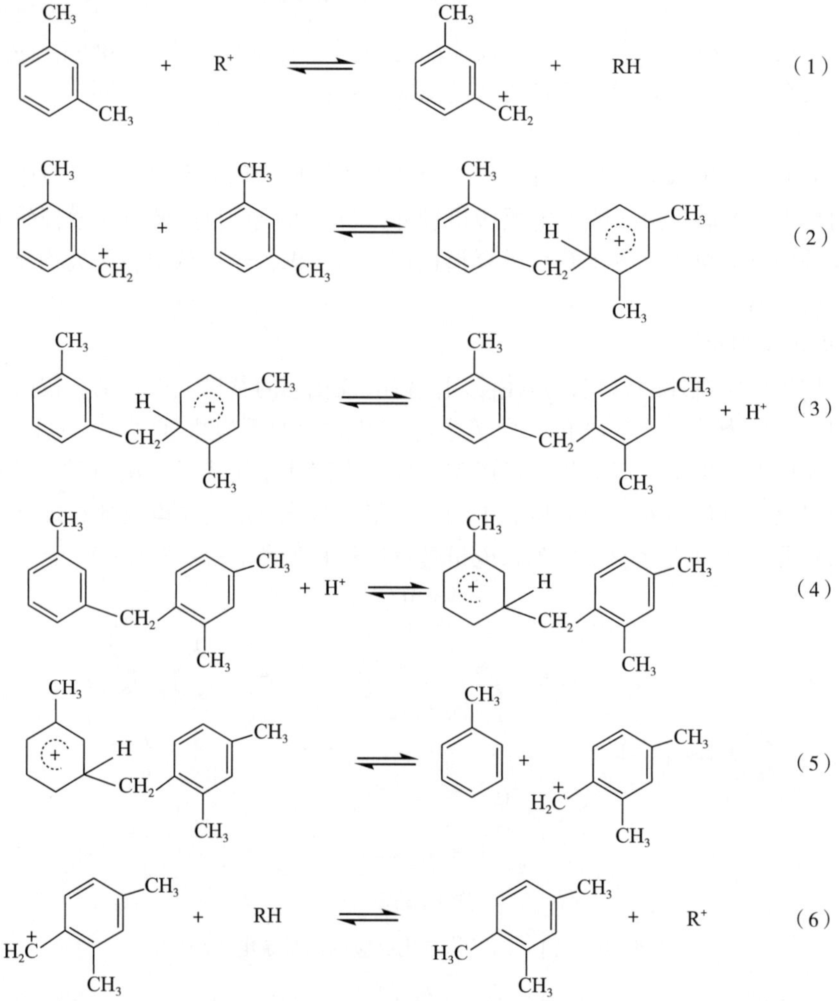

图 3-2-14　二甲苯的苄基歧化机理

虽然有实验结果[21,22]支持苄基歧化路径的合理性，但对于苄基正碳离子的形成过程，还没有形成明确的结论。Thomas 等[23]研究了二甲苯在分子筛孔道中的歧化反应，比较了按照单分子亲电机理和苄基机理两种反应路径的能量变化。根据得到的结果(如图 3-2-15 所示)，由

B 酸中心引发反应生成苄基的能垒高于甲基正碳离子形成的能垒，与实验推断的苄基反应路径更容易发生的结论相矛盾，所以推测苄基正碳离子的形成是由 L 酸中心引发。根据模拟计算的结果，含双苯环结构的中间体在孔道内的稳定性是与反应选择性关联的重要参数。

此外，在乙苯转化型异构化反应过程中，环烷烃裂解反应也是一类重要的副反应，主要是乙苯(包括二甲苯)加氢生成的环烷烃(见图 3-2-9)在金属和酸性催化作用下，进一步发生加氢开环及氢解等反应生成小分子烃类副产物。

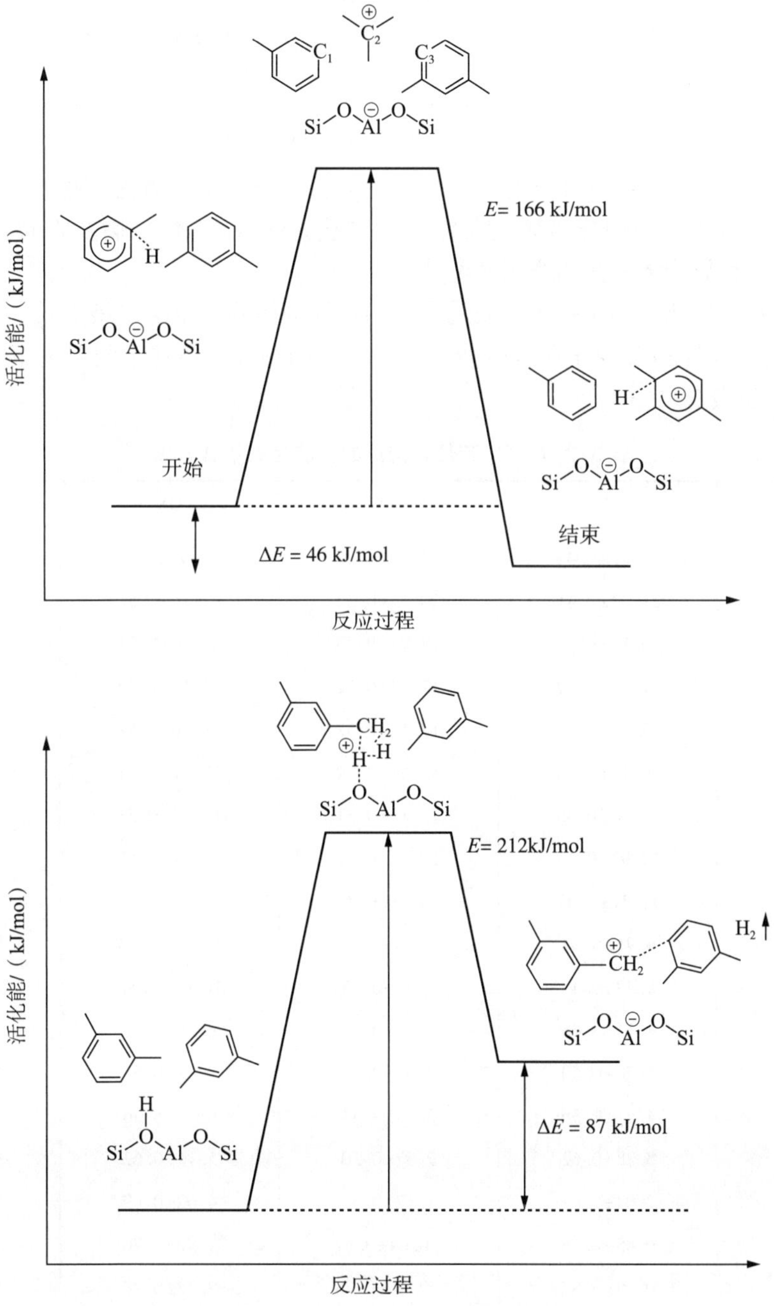

图 3-2-15　单分子亲电机理与苄基形成的能量路径图

(二)反应热力学分析

三种二甲苯和乙苯是 C_8 芳烃的四种同分异构体，四种物质之间的转化受热力学平衡限制，转化产物中每种物质的生成量存在极限值(即在封闭系统中，不与外界环境发生物质和能量交换，无限趋近于热力学平衡状态时，四种物质的热力学平衡值)。

在四种异构体的相互转化过程中，任意两者之间存在转化过程：

$$A \rightleftharpoons B$$

当达到热力学平衡时，A、B 的分压不再改变，达到平衡值。由此，可以将平衡常数 K_{AB} 按如下定义：

$$p_B/p_A = K_{AB} = \exp\left(-\Delta_{A\to B} G_m^\ominus / RT\right) \qquad (3-2-1)$$

两种物质 A、B 的吉布斯自由能之差($-\Delta_{A\to B} G_m^\ominus$)，决定了二者之间的热力学平衡组成，因此，只有准确地测定四种异构体在各温度下的热力学参数(焓、熵及吉布斯自由能等)，才能正确估算四种异构体的热力学平衡组成。

采用差示扫描量热(DSC)技术，通过测量四种异构体的恒压摩尔热容 c_p，可以推算出热力学参数焓(H)、熵(S)和吉布斯自由能(G)[24~27]。四种异构体在不同温度下的热力学参数列于表 3-2-1 至表 3-2-3。

表 3-2-1 C_8 芳烃异构体的标准生成焓 $\Delta_f H^\ominus m$ kJ/mol

温度/℃	PX	MX	OX	EB
-23	22. 22±0. 46	21. 62±0. 31	23. 07±0. 52	34. 13±0. 37
-13	21. 32±0. 45	20. 73±0. 32	22. 24±0. 52	33. 25±0. 37
7	19. 56±0. 47	18. 95±0. 33	20. 60±0. 51	31. 50±0. 37
25	17. 96±0. 47	17. 34±0. 32	19. 10±0. 52	29. 91±0. 37
27	17. 83±0. 45	17. 18±0. 32	18. 96±0. 52	29. 76±0. 37
47	16. 15±0. 45	15. 48±0. 32	17. 37±0. 51	28. 10±0. 37
67	14. 50±0. 45	13. 82±0. 31	15. 83±0. 51	26. 49±0. 37
87	12. 93±0. 45	12. 21±0. 33	14. 31±0. 51	24. 90±0. 36
107	11. 41±0. 47	10. 68±0. 32	12. 86±0. 51	23. 41±0. 38
127	9. 91±0. 47	9. 18±0. 33	11. 44±0. 53	21. 95±0. 37
147	8. 49±0. 45	7. 72±0. 35	10. 09±0. 52	20. 57±0. 38
167	7. 13±0. 48	6. 33±0. 37	8. 78±0. 51	19. 24±0. 40
187	5. 78±0. 50	4. 97±0. 38	7. 49±0. 54	17. 94±0. 42
207	4. 51±0. 56	3. 63±0. 44	6. 31±0. 56	16. 68±0. 48
227	3. 28±0. 62	2. 37±0. 50	5. 11±0. 62	15. 51±0. 50
247	2. 03±0. 69	1. 17±0. 56	4. 02±0. 69	14. 31±0. 61
267	0. 85±0. 76	-0. 04±0. 67	2. 92±0. 76	13. 16±0. 67
277	0. 23±0. 82	-0. 64±0. 73	2. 38±0. 78	12. 58±0. 73

表 3-2-2 C_8 芳烃异构体的标准生成熵 J/K

温度/℃	PX	MX	OX	EB
-23	-331.08±0.42	-325.35±0.42	-332.41±0.42	-322.85±0.42
-13	-334.58±0.42	-328.84±0.42	-335.66±0.42	-326.26±0.42
7	-341.14±0.33	-335.41±0.33	-341.73±0.33	-332.75±0.33
25	-346.55±0.33	-340.98±0.33	-346.88±0.33	-338.15±0.33
27	-347.05±0.33	-341.48±0.33	-347.38±0.33	-338.73±0.33
47	-352.54±0.33	-346.97±0.33	-352.54±0.33	-344.14±0.33
67	-357.44±0.33	-352.04±0.33	-357.19±0.33	-349.04±0.33
87	-361.93±0.33	-356.61±0.33	-361.52±0.33	-353.45±0.33
107	-366.09±0.33	-360.77±0.33	-365.42±0.33	-357.52±0.33
127	-369.91±0.33	-364.67±0.42	-369.00±0.33	-361.27±0.33
147	-373.32±0.42	-368.17±0.42	-372.32±0.42	-364.59±0.42
167	-376.48±0.50	-371.41±0.49	-375.32±0.42	-367.67±0.50
187	-379.39±0.58	-374.40±0.58	-378.14±0.50	-370.50±0.58
207	-382.05±0.75	-377.06±0.67	-380.64±0.58	-373.02±0.67
227	-384.55±0.91	-379.64±0.75	-382.97±0.75	-375.48±0.75
247	-386.79±1.00	-381.89±0.91	-385.13±0.83	-377.73±0.91
267	-388.95±1.16	-384.05±1.08	-387.04±1.00	-379.81±1.08
277	-390.03±1.25	-385.05±1.16	-387.96±1.08	-380.72±1.16

表 3-2-3 C_8 芳烃异构体的标准生成吉布斯自由能 kJ/mol

温度/℃	PX	MX	OX	EB
-23	104.99±0.46	102.95±0.31	106.18±0.52	114.82±0.37
-13	108.30±0.45	106.23±0.32	109.52±0.52	118.08±0.37
7	115.05±0.47	112.86±0.33	116.29±0.51	124.67±0.37
25	121.24±0.47	118.96±0.32	122.47±0.52	130.68±0.37
27	121.95±0.45	119.63±0.32	123.17±0.52	131.38±0.37
47	128.93±0.45	126.54±0.32	130.19±0.51	138.19±0.37
67	136.03±0.45	133.52±0.31	137.28±0.51	145.13±0.37
87	143.23±0.48	140.62±0.33	144.45±0.51	152.15±0.39
107	150.52±0.47	147.77±0.32	151.72±0.54	159.27±0.38
127	157.88±0.47	155.02±0.33	159.07±0.53	166.46±0.40
147	165.28±0.49	162.35±0.35	166.47±0.52	173.70±0.38
167	172.79±0.48	169.71±0.37	173.92±0.55	181.02±0.40
187	180.33±0.50	177.16±0.34	181.44±0.54	188.37±0.42
207	187.89±0.56	184.66±0.40	189.01±0.56	195.80±0.44
227	195.56±0.58	192.19±0.42	196.64±0.58	203.25±0.46
247	203.21±0.65	199.75±0.48	204.24±0.65	210.73±0.52
267	210.89±0.72	207.34±0.58	211.92±0.67	218.21±0.63
277	214.75±0.78	211.13±0.64	215.75±0.73	221.97±0.64

将任意一对异构体 A、B 的吉布斯自由能代入式(3-2-1)，即可获得 A-B 两组分的热力学平衡常数。部分平衡常数的变化趋势见图 3-2-16[28]，其中标绘数据点的区域是异构化反应的实验温度范围。随着温度的升高，间二甲苯与乙苯的比例明显下降，间二甲苯与邻二甲苯、对二甲苯与邻二甲苯的比例也呈下降趋势，间二甲苯与对二甲苯的比例基本保持不变。

以此类推，可以获得在不同温度下，四种 C_8 芳烃的热力学平衡组成，如图 3-2-17 所示。随着温度的升高，乙苯逐渐增加，邻二甲苯略有增加，对二甲苯和间二甲苯减少，其中又以间二甲苯减少幅度最大。图中实线部分基于实验测定数据，虚线是根据平衡常数外推的计算数据。

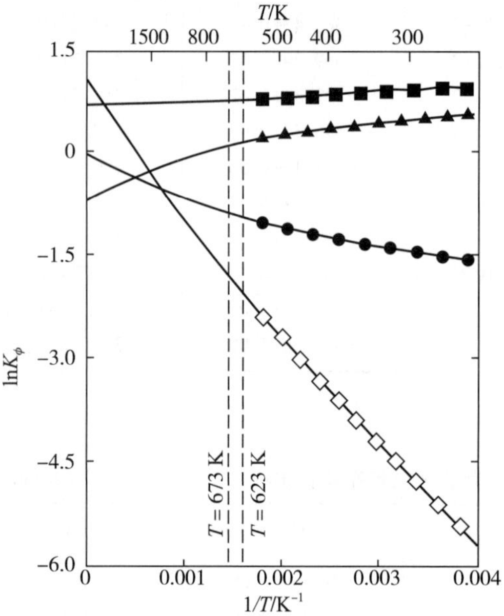

图 3-2-16 平衡常数 K 与温度的关系曲线

●—间/邻二甲苯比；■—对/间二甲苯比；

▲—邻/对二甲苯比；◇—间二甲苯/乙苯比

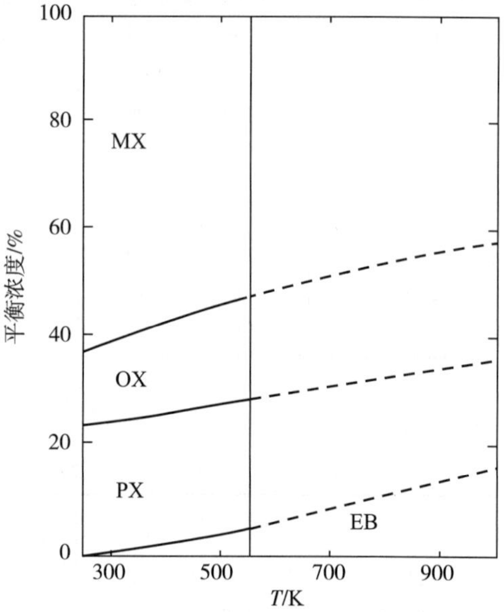

图 3-2-17 不同温度下 C_8 芳烃异构体的热力学平衡组成

(三)反应动力学分析

在二甲苯异构化反应动力学建模过程中，普遍应用混合建模方法。混合建模是一种结合机理建模和辨识建模的方法，通过充分利用过程的各种先验知识，如工艺、机理等，降低了对过程数据样本的要求，使模型具有良好的局部逼近性能，还有较好的全局泛化能力。

二甲苯异构化体系的反应动力学建模，是以反应网络为基础，设计模型基本结构，以实验运行数据为样本，对模型中的参数进行数学回归而获得的混合模型。二甲苯异构化反应动力学模型，是实现反应器工程放大的理论计算基础，也是分析反应机理的重要依据。

分子筛催化剂上的二甲苯和乙苯异构化反应机理研究受到广泛关注。针对二甲苯异构化反应，在早期即出现了两种比较认同的反应机理：一种是分子内 1，2 位甲基转移的顺序反应机理[6]，另外一种是分子内 1，3 位烷基置换反应的三角反应机理[29]。

李玉光等[30]在三组分(三种二甲苯)的基础上，考虑了加氢脱烷基副产物甲苯，形成了如下所示的四组分(甲苯、三种二甲苯)动力学模型。

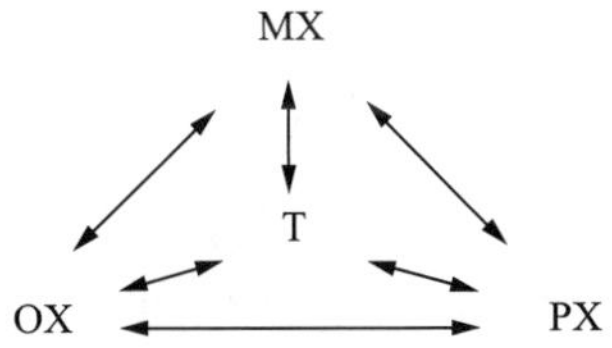

Iliyas 等[31]研究了 USY 型和 ZSM-5 型分子筛催化剂上的二甲苯异构化反应特性，将歧化副反应考虑在内，并视为不可逆反应，形成如下所示的反应网络。

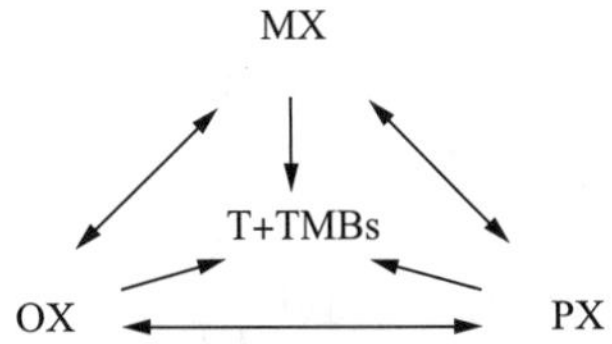

Robschlager 等[15]在研究二甲苯异构化反应的同时，考虑了乙苯的异构化反应，提出了五组分(三种二甲苯、乙苯、集总组分 A)拟一级反应网络，不可逆的反应产物集总为 A，如下所示。

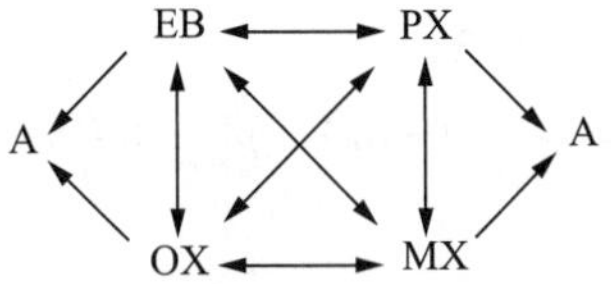

Hsu 等[32]则提出了另一种形式的五组分(三种二甲苯、乙苯、苯及甲烷(Methane)等轻烃)拟一级反应网络，如下所示。

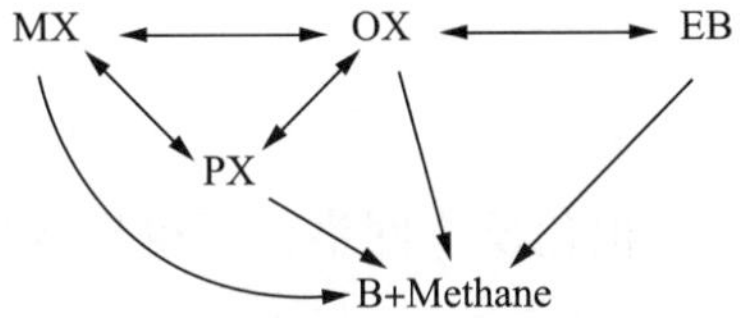

伍登熙等[33,34]认为反应体系中除含有四个 C_8 芳烃外，还含有相当比例的 C_8 环烷(包括 23 种异构体)，乙苯与二甲苯必须经过环烷“桥”中间体才能转化(C_8 环烷间异构化则需经过生成环烯和环烯骨架异构等步骤)，其他歧化、氢解、脱烷基等副反应的产物可归并为一个集总组分，且这些副反应可视为不可逆反应，据此提出了六组分拟一级反应网络。

戴星等[35]则提出，乙苯与二甲苯之间的转化不一定完全经过 C_8 环烷“桥”中间体，还存在通过其他中间体转化的反应途径，为使反应网络的结构更加通用化，提出了改进的六组分拟一级反应网络，同时指出了未考虑 C_8 链烷烃给动力学模型预测带来了偏差。

徐欧官[36]在已开发二甲苯临氢异构化反应网络的基础上，将 C_8 环烷烃和 C_8 链烷烃作为一个 C_8 非芳烃(C_8NA)集总组分，将其余的副产物作为另一个集总组分(A6)，将 C_8 非芳烃与芳烃之间加入了更多的动力学转化关系，进一步完善了六组分反应网络；并基于一种经验失活模型，建立了考虑催化剂失活因素的二甲苯异构化体系拟一级反应动力学模型。

综上所述，完整的二甲苯异构化体系动力学模型是基于对六组分反应网络的动力学模型的完善和补充。如下所示，反应网络结构中增加了 C_8 非芳烃与二甲苯之间的转化关系，并在动力学参数方程中引入催化剂的失活函数。

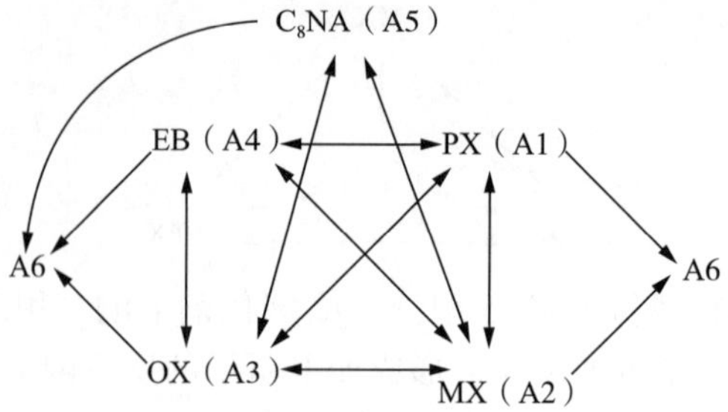

定义 k_{ij} 为反应 $A_j \to A_i$ 的速率常数，其中 $k_{ii}=0(i=1\sim6)$，$k_{i6}=0(i=1\sim6)$。并假定速率常数遵循 Arrhenius 方程，有如式(3-2-2)：

$$k_{ij}=k_{0ij}\cdot\exp\left(\frac{-E_{ij}}{RT}\right)\cdot\Phi \tag{3-2-2}$$

式中 k_{0ij}——指前因子；

E_{ij}——活化能，kJ/mol；

Φ——催化剂失活函数。

进一步定义失活函数，如式(3-2-3)：

$$\Phi=\exp(-\alpha t)\cdot p_{\mathrm{H}}^{\beta}\cdot WHSV^{\gamma} \tag{3-2-3}$$

式中 α——催化剂失活常数；

t——催化剂使用时间，d；

γ——重时空速指数；

$WHSV$——重时空速，h^{-1}；

β——压力指数；

p_{H}——氢分压，kPa。

根据以上分析并结合六组分异构化反应网络，可得异构化反应动力学模型方程(3-2-4)：

$$\frac{\mathrm{d}\alpha}{\mathrm{d}t}=K\cdot\alpha \tag{3-2-4}$$

其中 $\alpha=(\alpha_1,\ \alpha_2,\ \alpha_3,\ \alpha_4,\ \alpha_5,\ \alpha_6)T$，$\alpha_i$ 为 i 组分的质量分数，$\sum_{i=1}^{6}\alpha_i=1$，K 为 6×6 阶速度常数矩阵，其元素 $K_{ij}=k_{ij}(i\neq j)$，对角线元素 $K_{jj}=-\sum_{i=1}^{6}k_{ij}(j=1\sim6)$。

该模型拟合所采用的大量运行数据来自某大型工业装置，使用的异构化催化剂为 SKI-400。用四阶 Runge-Kutta 法对动力学方程参数求取数值解。

对催化剂失活函数的拟合结果如下：

$$\varphi=\exp(-0.0003\times t)\cdot p_{\mathrm{H}}^{0.0687}\cdot WHSV^{-0.6507} \tag{3-2-5}$$

动力学参数的拟合结果见表 3-2-4。

由于该模型的基础数据是直接采自工业装置，因此，拟合出的动力学参数及模型的准确度较高，利用该模型预测的数据与实际数据吻合较好。催化剂失活函数的加入，则使得动力学模型与实际工业装置更为接近，进一步提高了动力学研究的实用价值。

具体检验实例见表 3-2-5。从检验结果来看，最大的误差在于非芳烃的预测不够准确，这表明用 C_8NA 集总组分来代表作为乙苯与二甲苯主要转化过程的中间体、包含几十种异构体的环烷“桥”组分，是整个模型的薄弱环节。

表 3-2-4 六组分拟一级动力学模型参数

反应	指前因子 k_{0ij}/h^{-1}		活化能 E_{ij}/(J/mol)
PX→MX	k_{021}	1.418×10^{6}	57.77
PX→OX	k_{031}	1.791×10^{11}	136.42
PX→EB	k_{041}	3.069×10^{15}	192.56
PX→C_8NA	k_{051}	4.334	10.11
PX→A6	k_{061}	4.532×10^{8}	114.53
MX→PX	k_{012}	4.447×10^{5}	56.72
MX→OX	k_{032}	6.779	4.64
MX→EB	k_{042}	4.331×10^{18}	238.31
MX→C_8NA	k_{052}	3.881	14.16
MX→A6	k_{062}	27.92	31.28
OX→PX	k_{013}	2.502×10^{11}	132.19
OX→MX	k_{023}	10.04	2.58
OX→EB	k_{043}	8.791×10^{19}	254.51
OX→C_8NA	k_{053}	14.21	17.37
OX→A6	k_{063}	2.895×10^{10}	139.06
EB→PX	k_{014}	15.32	18.89
EB→MX	k_{024}	98.37	24.72
EB→OX	k_{034}	58.89	23.91
EB→C_8NA	k_{054}	651.8	26.14
EB→A6	k_{064}	2.039×10^{5}	65.34
C_8NA→PX	k_{015}	1.043×10^{17}	205.57
C_8NA→MX	k_{025}	6.459×10^{21}	268.41
C_8NA→OX	k_{035}	3.443×10^{8}	100.67
C_8NA→EB	k_{045}	7.776×10^{10}	126.58
C_8NA→A6	k_{065}	1.737×10^{4}	62.46

注：NA 指非芳烃。

三、催化材料

(一) 主要分子筛及结构

传统的二甲苯异构化的酸催化活性组分主要为 ZSM-5 和 MOR，其中 ZSM-5 及其改性主要应用于乙苯脱烷基型二甲苯异构化催化剂，而 MOR 主要应用于乙苯转化型二甲苯异构化催化剂。近年来，EU-1 分子筛作为新型的二甲苯异构化催化材料发展迅速，且应用该分子筛作为二甲苯异构化活性组元的催化剂已经工业化。另外，研究报道较多的还有 MgAPSO-31[37] 和 NU-87[38]。

分子筛孔道结构的特点是选择反应所需分子筛的重要依据之一。表 3-2-6 列出了在二甲苯异构化反应过程研究中涉及的主要分子筛的孔道结构。

表 3-2-5 动力学模型检验

实验条件	运转时间/d	130		250		500	
	温度/℃	357.9		372.1		374.0	
	压力/MPa	0.65		0.82		0.90	
	新鲜进料/(t/h)	180.2		253.9		259.6	
	循环料/(t/h)	13.0		17.8		19.0	
	总进料/(t/h)	194.9		273.8		279.5	
	重时空速/h^{-1}	2.28		3.20		3.25	
	氢烃摩尔比	5.73		5.14		5.41	
	H_2 纯度/%	80.76		83.46		85.03	
产物 / %(质量)		模型	实际	模型	实际	模型	实际
PX(1)		16.71	16.15	16.94	16.73	16.84	16.59
MX(2)		41.14	40.16	42.04	40.62	41.96	40.13
OX(3)		17.90	18.46	17.68	18.65	17.88	18.42
EB(4)		9.17	10.65	11.94	11.82	11.75	10.38
C_8NA		11.53	11.55	8.33	9.68	8.63	11.69
A6(6)		3.55	3.03	3.08	2.50	2.95	2.79

表 3-2-6 二甲苯异构化主要分子筛的孔道结构

分子筛	主孔道环结构	主孔道孔径/nm	孔道结构
ZSM-5	十元环	0.53×0.56 0.51×0.55	三维
MOR	十二元环	0.65×0.70	一维
EU-1	十元环	0.41×0.54	一维
NU-87	十元环	0.48×0.57	二维
MgAPSO-31	十二元环	0.54×0.54	一维

ZSM-5 分子筛的孔道体系是三维的，属于正交晶系，主要由两组交叉的十元环孔道组成。一组孔道走向平行于晶胞的 a 轴，呈“Z”字形，具有近似于圆形的开口，其尺寸为 0.53nm×0.56nm；另一组走向平行于 b 轴，是直形通道，其椭圆形开口尺寸为 0.51 nm×0.55nm[39]。MOR 分子筛的主孔道为直筒形的十二元环，孔口截面呈椭圆形，尺寸为 0.65nm×0.70nm[40]。而 EU-1 分子筛具有一维微孔结构，含有沿[100]方向的十元环孔道和与它相通[001]方向的十二元环支袋，主孔道孔口尺寸为 0.41nm×0.54nm，支袋深度为 0.81nm、孔口尺寸为 0.58nm×0.68nm。NU-87 分子筛的主孔道是十元环，孔口尺寸为 0.48nm×0.57nm，同时有与主孔道垂直的十二元环孔道，但仅通过十元环孔道窗口与外界相

通[41]。MgAPSO-31分子筛属于中孔新结构型分子筛，具有十二元环一维直孔道，其孔口呈圆形，直径为0.54nm。这些分子筛除了具有不同的孔道结构特点外，也具有不同的酸性质、硅铝比等，因而在二甲苯异构化反应中表现出不同的催化性能。

(二)分子筛催化性能

择形性是异构化分子筛的重要性质。只有当反应物分子的直径小于分子筛孔道的动力学尺寸时，才能进入孔道，达到孔内的催化中心并发生反应；只有直径小于分子筛孔道动力学尺寸的产物分子，才能离开孔道。

目前有三种被广泛认可的催化剂择形类型：反应物择形、产物择形和中间体择形。二甲苯异构化的主反应受孔道尺寸的影响很大，当反应空间较大时，异构化可通过双分子机理进行；而当反应空间受限时，主要通过单分子机理进行。异构化过程的主要副反应是二甲苯的歧化反应，属于双分子反应，存在两个苯环的过渡态中间体，因此需要较大的反应空间。

徐会青等[42]研究了已应用于工业异构化催化剂的三种分子筛MOR、ZSM-5和EU-1不同结构特点与催化性能的差异。各分子筛物化性质见表3-2-7，其中MOR分子筛具有最大的比表面积、孔体积和平均孔径，ZSM-5最小，EU-1的性质居于两者之间。

表3-2-7　几种分子筛的物化性质

分子筛	孔体积/(cm^3/g)	比表面积BET/(m^2/g)	平均孔径/nm
MOR	0.26	453	2.3
ZSM-5	0.18	386	1.9
EU-1	0.22	423	2.1

三种分子筛分别与氧化铝等挤条成型并制备成异构化催化剂后，在温度390℃，氢分压0.90 MPa，液时空速4.0 h^{-1}，氢油体积比800∶1的条件下，评价了各分子筛催化剂的反应性能，结果如表3-2-8所示。

表3-2-8　几种分子筛催化剂的反应性能

分子筛	温度/℃	C_{5+}收率/%	PX/X/%	C_8A损失/%
EU-1	390	99.6	23.34	4.38
MOR	410	99.2	23.20	5.08
ZSM-5	385	97.3	23.56	26.37

在控制产物中PX平衡含量PX/X约为23%(接近热力学平衡值)的工艺条件下，与MOR相比，EU-1催化剂的反应温度低20℃，C_8芳烃损失降低了约14%；而与ZSM-5相比，EU-1催化剂C_8芳烃损失降低的幅度达83%。EU-1分子筛的催化性能明显优于MOR和ZSM-5，主要是由于其结构和酸性质不同。MOR分子筛的孔径较大，在更高的反应温度下歧化及烷基转移等副反应更易发生，使C_8芳烃损失增加；而ZSM-5分子筛的孔径较小，并由两组交叉通道组成，对反应物的约束较大，反应物与活性中心接触时间较长，加之其酸性较强，导致C_8芳烃损失严重。而EU-1分子筛具有十二元环支袋，这种特殊的结构能够为二甲苯提供合适的反应空间，因此表现出良好的反应性能。

NU-87分子筛有与主孔道垂直、但不与外界相通的十二元环孔道，研究人员对其催化二甲苯异构化反应的择形转化性能进行了研究。表 3-2-9 给出了在 ZSM-5、NU-87 和 β 三种分子筛上、使用纯 MX 进行异构化反应时，在较低的 MX 转化率条件下得到的产物中 PX 与 OX 的摩尔比(PX/OX)、异构化反应总产物与歧化反应总产物的摩尔比(I/D)以及生成三甲苯(1，2，4-TMB)的选择性。其中，PX/OX 代表分子筛的择形转化催化性能，该值越大，表明分子筛的择形性越强；I/D 代表 MX 发生异构化主反应与歧化副反应的相对比值，可作为分子筛上副反应程度大小的判据，该值越小，表明副反应的程度越大；生成 1，2，4-TMB 选择性也可在一定程度上代表分子筛的择形性能，该值越大，分子筛的择形性越强。表中还列出了热力学平衡状态下的 PX/OX 及 1，2，4-TMB 选择性数值，分子筛催化的数值与平衡值差别越大，表明分子筛的择形效应越强。由表 3-2-9 可知，NU-87 的择形转化催化性能低于 ZSM-5，只比 β 分子筛稍高；其副反应程度与 β 分子筛相似，远高于 ZSM-5 分子筛。因此，即使 NU-87 分子筛中主孔道十元环结构的扩散控制作用有利于提高生成 PX 的选择性，但这种作用却被与十元环主孔道贯通、较大的十二元环孔道抵消[43]。

表 3-2-9　MX 在不同分子筛上、在较低转化率下的反应结果

分子筛	MX 转化率/%	PX/OX	I/D	1，2，4-TMB 选择性/%
ZSM-5	10.0	2.3	34.3	100
	21.1	2.1	55.0	100
NU-87	26.9	1.3	3.1	92.5
	30.7	1.3	2.4	93.3
β	19.2	1.1	2.9	65.8
	34.8	1.1	2.3	64.4
350℃下热力学平衡值		1.0		68.0

MgAPSO-31 分子筛虽具有十二元环孔道，但其孔径(0.54nm)小于常规具有十二元环孔道结构的硅铝分子筛，择形效应会更为明显。表 3-2-10 是 MX 分别在不含金属的 MOR、SAPO-31 和 MgAPSO-31 三种分子筛上，在反应温度 450℃、反应压力 1.5MPa、空速 2.5h^{-1}、氢油体积比 1000 的相同反应条件下进行异构化反应的主要结果。

表 3-2-10　不同分子筛的二甲苯异构化反应性能对比

反应性能	MOR	SAPO-31	MgAPSO-31
C_{MX}/%	66.6	18.3	31.1
PX/X/%	24.0	13.5	25.0
PX/OX	1.0	3.0	4.2
X_L/%	37.0	0.4	0.3

由表 3-2-10 可知，三种分子筛的催化活性顺序依次为：MOR>MgAPSO-31>SAPO-31；PX/OX 比值即分子筛择形催化性能高低顺序为：MgAPSO-31>SAPO-31>MOR；由歧化及烷基转移副反应造成的二甲苯损失 X_L 高低依次为：MOR>>MgAPSO-31≈SAPO-31，其中使用 MOR 时二甲苯损失很大，是由于反应温度远高于 MOR 分子筛催化二甲苯异构化反应的最佳温度所致。总体来说，MgAPSO-31 分子筛的催化活性不高，但对二甲苯异构化反应的择形效应

明显。

MgAPSO-31分子筛具有高PX/OX比值和低二甲苯损失的优势，而MOR的催化活性虽然较高，但其PX/OX值低于MgAPSO-31分子筛。MX在MOR上进行异构化的主要副产物为甲苯和三甲苯，因此其主要副反应为二甲苯歧化反应，这除了与MOR的强酸性有关外，还与其孔道结构有关。

(三)分子筛酸性质及功能

二甲苯异构化催化剂是典型的双功能催化剂，催化二甲苯各异构体间异构化反应的活性中心，主要是来源于分子筛催化材料上的固体酸。研究开发具有适宜酸性活性中心的分子筛组分，是发展二甲苯异构化催化剂的核心技术。

1. 异构化分子筛的酸性特征

对目前二甲苯异构化工业催化剂所使用的主要分子筛材料，ZSM-5、MOR和EU-1三种分子筛分别进行氨吸附-程序升温脱附(NH_3-TPD)分析和吡啶吸附后的FT-IR(Py-IR)分析，可以获得不同分子筛酸强度、酸量和酸类型等酸性质的对比结果。

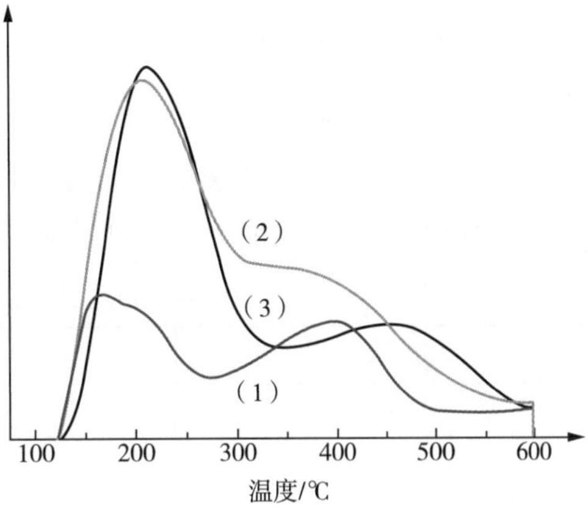

图3-2-18　三种分子筛的NH_3-TPD分析

(1)—ZSM-5；(2)—EU-1；(3)—MOR

三种分子筛的NH_3-TPD曲线见图3-2-18，三种分子筛弱酸(氨脱附温度小于350℃的酸中心)的酸强度顺序为ZSM-5<EU-1≈MOR，强酸的酸强度顺序为EU-1<ZSM-5<MOR；三种分子筛的强酸量顺序为ZSM-5<MOR<EU-1。

采用脱附动力学测定的方法可对酸位强度特征进行进一步分析[44]，根据Polanyi-Wigner方程[45]可知：

$$\frac{d\theta}{dt}=k_a(1-\theta)^n c_G-k_d\theta^n \qquad k_d=\nu e^{\left(-\frac{E_d}{RT}\right)} \tag{3-2-6}$$

式中　θ——表面覆盖度；

k_a——吸附速率常数；

k_d——脱附速率常数；

c_G——气体浓度；

E_d——脱附活化能；

ν——指前因子；

n——脱附级数；

T——温度；

R——气体常数；

t——时间。

对Polanyi-Wigner方程积分变换后可得下式：

$$\ln\left(\frac{\beta}{T_p^2}\right)=-\frac{E_d}{RT_p}+\ln\left(\frac{E_dA}{RC}\right)$$

$$2\ln T_p-\ln\beta=a\frac{1}{T_p}+b$$

$$E_d=sR \tag{3-2-7}$$

式中 β——升温速率,℃/min;

E_d——脱附活化能,kJ/mol;

R——气体常数;

T_p——氨脱附峰顶温度,℃;

s——斜率;

A——饱和吸附量;

a,b——常数;

C——仪器常数。

在不同升温速率下获得酸中心的氨脱附峰温度 T_p,对 $1/T_p$ 作图,拟合直线,斜率即对应酸位的吸附-脱附活化能。三种分子筛的氨吸附-脱附活化能如表3-2-11所示。

表3-2-11 三种分子筛的氨吸附-脱附活化能

分子筛	$E_{d弱酸}$/(kJ/mol)	$E_{d强酸}$/(kJ/mol)
EU-1	70.4±3.5	115.4±5.8
MOR	75.5±8.0	178.9±23.7
ZSM-5	76.6±29.6	140.3±21.0

三种分子筛的弱酸吸附氨后的脱附活化能相差不大,强酸的氨脱附活化能差别明显。EU-1的强酸氨脱附活化能较低,说明EU-1是一种中强酸;MOR的强酸氨脱附活化能最高,酸性最强;ZSM-5的强酸氨脱附活化能低于MOR,但高于EU-1。

用Py-IR表征各分子筛样品的酸性质,以1450~1460cm^{-1}的特征峰表征L酸,1540~1550cm^{-1}的特征峰表征B酸。200℃和350℃下三种分子筛的Py-IR分析结果如图3-2-19、表3-2-12所示。

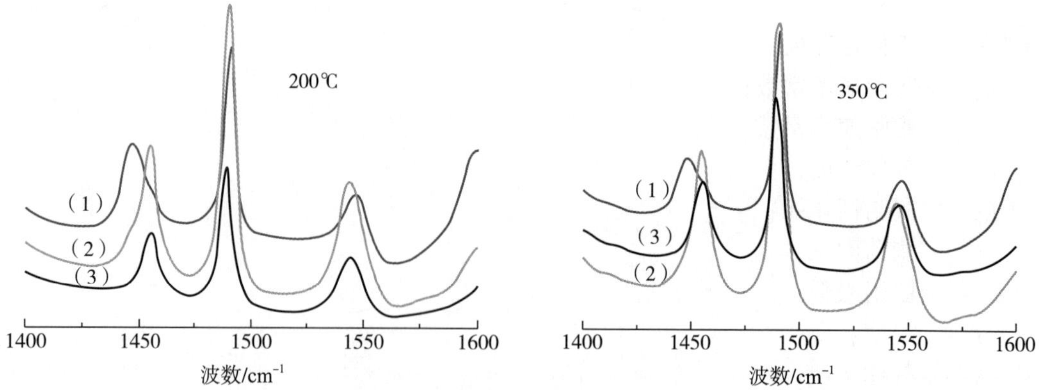

图3-2-19 三种分子筛的吡啶吸附红外谱图

(1)—ZSM-5;(2)—EU-1;(3)—MOR

表 3-2-12 分子筛的吡啶吸附红外表征数据

分子筛	200℃		350℃	
	L 酸/Signal	B 酸/Signal	L 酸/Signal	B 酸/Signal
EU-1	388.45	505.67	401.09	480.39
ZSM-5	239.56	180.12	154.90	174.71
MOR	144.15	178.17	166.53	202.35

注：Signal 表示红外信号的强度。

200℃对应分子筛的弱酸，350℃对应强酸。B 酸和 L 酸峰面积的比值(B/L)可以代表 B 酸相对含量，弱酸中的 B 酸含量顺序为：EU-1(B/L=1.302)>MOR(B/L=1.236)>ZSM-5(B/L=0.752)；强酸中的 B 酸含量排序为：MOR(B/L =1.215)> EU-1(B/L =1.198)> ZSM-5(B/L =1.127)，各数值相差很小，表明三种分子筛的 B、L 酸分布大体一致。总强酸量的顺序为 EU-1>MOR>ZSM-5，与 NH_3-TPD 分析的结论一致。

综合分析，EU-1 的酸强度弱于 ZSM-5 和 MOR，酸量最大；MOR 的强酸量与 ZSM-5 相差不大，酸强度略高于 ZSM-5。

2. 酸中心的空间分布

目前主要依靠碱性探针分子的位阻效应表征分子筛酸中心的空间位置。不同尺寸的探针分子，可以到达分子筛结构中的不同位置，如果与这些位置上的酸中心发生吸附等作用或被催化反应，再用仪器手段观测探针分子，即可以间接获得酸中心的位置信息。近年来，固体核磁共振结合探针分子技术表征固体酸的酸性取得了一些进展。

在采用固体核磁共振技术对固体酸进行表征时，直接的^{1}H NMR 可得到固体酸表面的各种羟基的信息。由于^{1}H 的天然丰度高，共振频率高，灵敏度高，非常适合于酸性表征研究，因此人们一直在寻找一些适合于^{1}H MAS NMR 研究的探针分子来表征固体酸催化剂的酸性特性。目前文献报道的这类探针分子主要有氘代吡啶(pyridine)[46]、氘代乙腈(acetonitrile)[47]、全氟三丁胺(perfluorotributylamine)[48]、氘代甲醇(methanol)[49]等。

如图 3-2-20 所示，在纳米 HZSM-5 分子筛上吸附全氟三丁胺后的^{1}H MAS NMR 谱中，δ=3.9 处的桥式羟基(即 B 酸中心)峰的强度明显降低，而δ=6.0 处的峰强度有所增加。这是由于外表面 B 酸与全氟三丁胺质子化后向低场位移所致，故可以通过定量拟合吸附前后 δ=3.9 处峰的面积，计算出外表面的 B 酸含量。

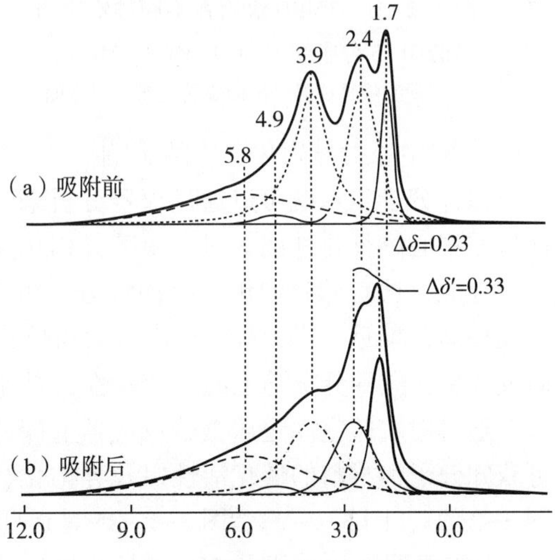

图 3-2-20 纳米 HZSM-5 分子筛吸附全氟三丁胺前后的^{1}H MAS NMR 谱

另一种研究技术是三烷基氧化膦(trialkylphosphine oxide，R_3PO)探针分子的^{31}P MAS NMR。R_3PO 对酸位强度很敏感，其^{31}P 化学位移值变化比较大，能够很好地表征固体酸的酸强度分布，检测灵敏度高，而且还可以对各个酸位的含量进行定量分析，通过结合不同尺寸大小的 R_3PO 探针分子亦可以探测分子筛内外表面的酸性。目前，此技术已应用于表征各种固体酸催化剂的酸强度分布，并研究各种催化剂处理的酸中心对催化性能的影响。

采用不同尺寸大小的三甲基氧化膦(TMPO)和三丁基氧化膦(TBPO)探针分子研究 HZSM-5 分子筛孔道内外表面的酸位[50]，结果如图 3-2-21、图 3-2-22 所示。

由于 TMPO 的分子直径较小(0.55nm)，而 TBPO 的分子直径较大(0.82nm)，因此，TMPO 可以进入到 HZSM-5 分子筛的孔道里面探测其内表面的酸位强度，而 TBPO 不能进入到孔道里面，只能探测到其外表面的酸位强度。

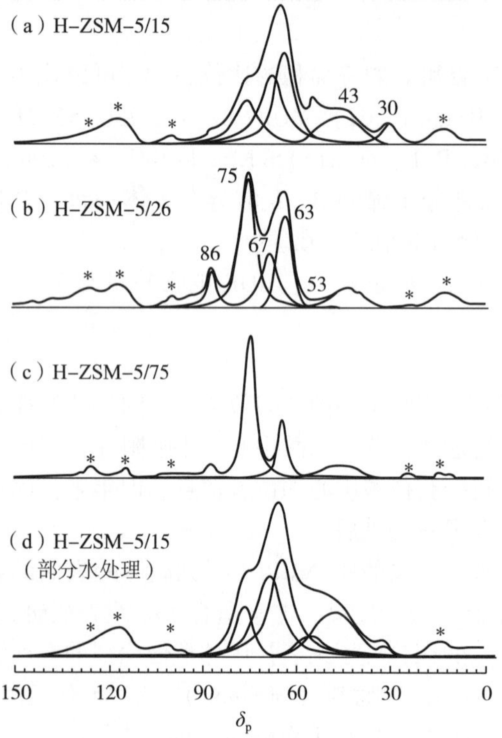

图 3-2-21　TMPO 吸附在不同硅铝比的 HZSM-5 分子筛上的^{31}P MAS NMR 谱

(＊指示的峰是仪器测试的旋转边带，可忽略)

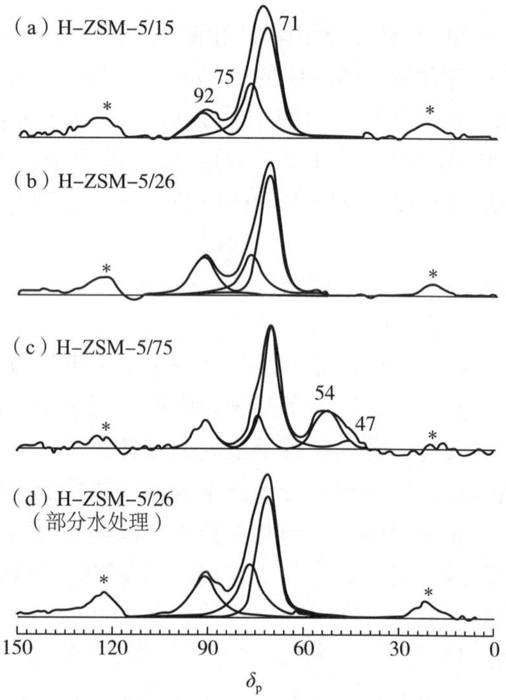

图 3-2-22　TBPO 吸附在不同硅铝比的 HZSM-5 分子筛上的^{31}P MAS NMR 谱

(＊指示的峰是仪器测试的旋转边带，可忽略)

3. 酸中心对异构化反应的影响

探针分子技术既可以通过仪器分析来反映分子筛的酸中心性质，也可以通过探针反应来体现酸中心的催化性能。对二甲苯异构化反应体系来说，要通过探针反应来分析分子筛的酸催化性能，适宜的异构化反应探针分子可选择 MX。在实际工业过程中，MX 在反应原料中的比例通常接近一半，MX 的异构化和歧化反应，是整个异构化过程中的主要部分。因此，研究 MX 在酸性分子筛上的反应特性，是比较经典的分子筛催化性能考察方法[51]。

通过对实验室固定床微分反应器上探针分子 MX 异构化反应产物中的芳烃分布分析，即可获知分子筛材料的催化活性以及异构化、歧化的选择性，甚至包括催化剂的活性稳定性。图 3-2-23、图 3-2-24、图 3-2-25 是近期公开的 16 种分子筛测试实验的结果。

影响酸性分子筛催化 MX 异构化反应的因素非常复杂，其中，分子筛的孔道结构，即酸中心的位置是最重要的影响因素。分子筛孔道使得反应分子进出越容易(孔道维数越多，孔口尺寸越大)、分子筛总酸量越大，其反应活性就越高。而二甲苯异构化反应所需的孔道尺寸小于歧化反应。

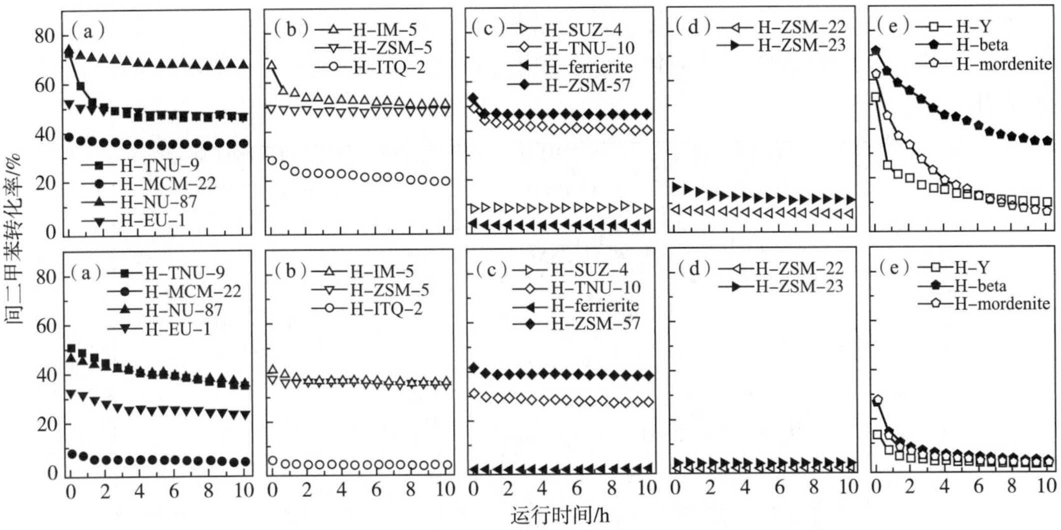

图 3-2-23 MX 在不同分子筛上的转化(活性及稳定性)

[空速 10.7h^{-1}, 0.1MPa, 250℃(下行), 350℃(上行)]

(a)十二元环空腔;(b)十元环交叉孔道;(c)十元环与八元环交叉孔道;

(d)一维十元环孔道;(e)大孔

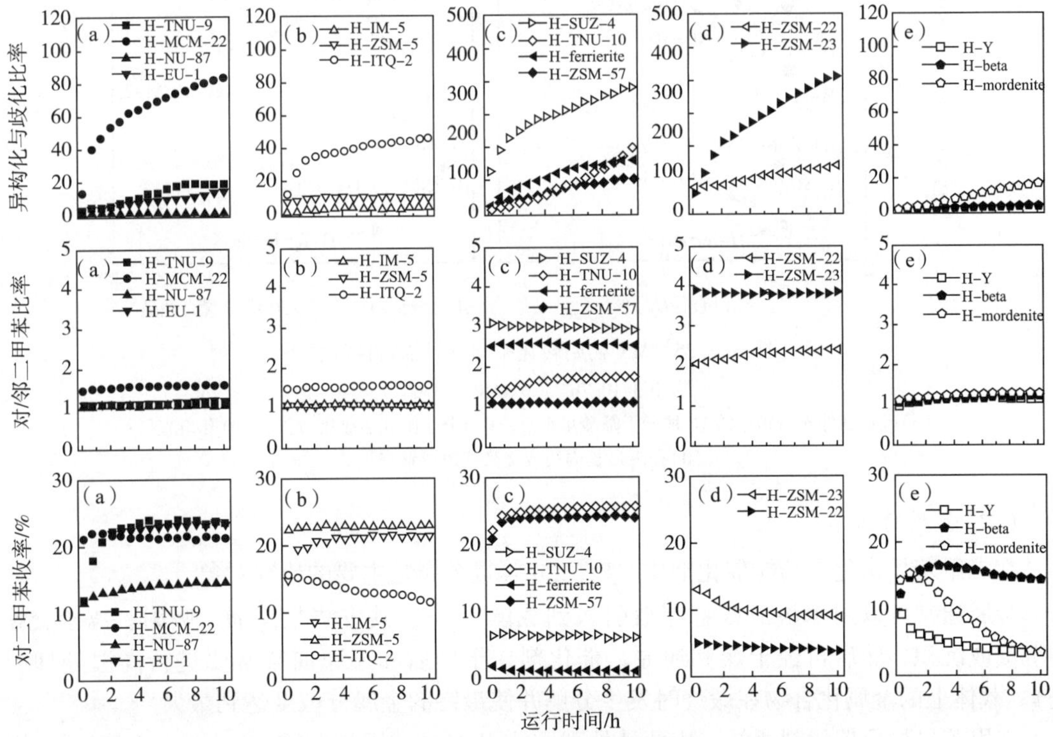

图 3-2-24 MX 在不同分子筛上的转化(产物分布及选择性)

(空速 10.7h^{-1}, 0.1MPa, 350℃)

(a)十二元环空腔;(b)十元环交叉孔道;(c)十元环与八元环交叉孔道;

(d)一维十元环孔道;(e)大孔

对同一类型的分子筛，由于铝原子的数量和分布不同，晶粒的大小和聚集状态不同，其催化 MX 异构化反应的活性、异构化/歧化反应选择性、催化剂活性及稳定性都会有很大的变化范围。

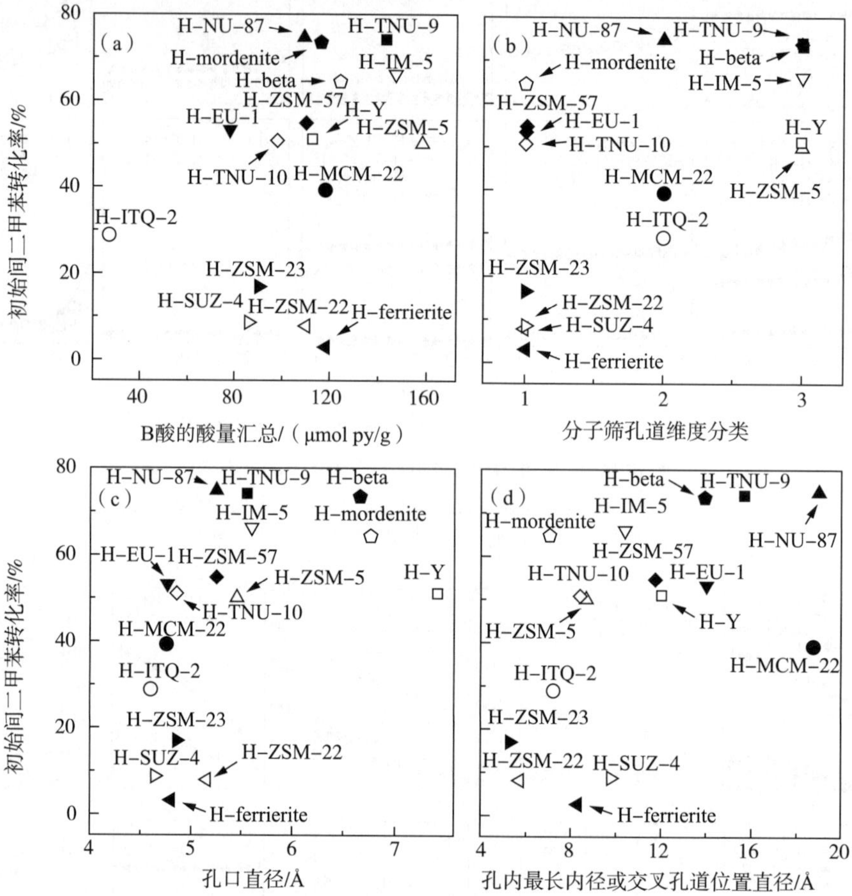

图 3-2-25 MX 初始转化率与分子筛特性的关系

（空速 10.7h^{-1}，0.1MPa，350℃）

(a)吡啶红外光谱确定的 16 种分子筛酸量汇总；(b)分子筛孔道维度分类；(c)孔口直径；(d)孔内最长内径或交叉孔道位置直径

（四）金属的选择

在二甲苯异构化双功能催化剂中，Pt、Pd 等贵金属是主要的研究对象。

金属通常可以用水溶液或悬浮液引入到载体上[52]，其方法是浸渍、吸附、离子交换、共沉淀或沉积，然后再经干燥和还原。催化剂在干燥后和还原前常常要进行高温处理(煅烧)。载体上的金属化合物在煅烧时发生分解并使最终的金属分散度达到最大。

二甲苯异构化催化剂通常采用两种处理方法引入 Pt：用氯铂酸(H_2PtCl_6)水溶液浸渍载体或在载体上进行$[Pt(NH_3)_4]^{2+}$的受控离子吸附或离子交换。使用氯铂酸水溶液浸渍催化剂载体，在室温下沥干，首先得到沉析于载体上的$(H_3O)_2PtCl_6 \cdot 4H_2O$ 水合物，接着在 470K 进行加热脱水，在此温度下水合物发生进一步水解释放出 HCl，之后在 770K 下加热，此时大部分 Pt 以四价氧化物形式存在。

中国石化研发的二甲苯异构化系列催化剂皆为Pt负载型催化剂。金属Pt的引入使催化剂表现出良好的活性和稳定性，Pt良好的加氢/脱氢性能可有效抑制催化剂积炭形成，延长催化剂使用寿命。

近年来，研究者们一直尝试在二甲苯异构化催化剂中寻找适当途径引入非贵金属或价格较低的贵金属代替Pt从而降低催化剂的制造成本。一些金属如镍、钴、铁、铜、银和铼等，可以采用硝酸金属盐的水溶液浸渍载体的方式负载到催化剂中，在脱水和煅烧时硝酸盐分解成金属氧化物。其他盐类，如草酸盐和甲酸盐有时也被采用。

(五)分子筛改性

实验证明，二甲苯异构化催化剂的酸性是影响催化性能的决定因素之一。该反应的催化活性、选择性以及寿命不但与催化剂的酸量有关，而且与酸强度及其分布有关。尽管对于酸性质和催化性能的关系还有待深入认识，但是，通过对催化材料进行预处理或改性，可以对酸性进行一定的调变，进而改善酸催化异构化反应的性能。

1. 水热处理

高温水蒸气处理是提高分子筛稳定性及调变酸性和孔结构的一种常用方法[53]。高温焙烧脱OH^-时伴随着脱水过程，分子筛骨架脱铝作用也伴随发生。无论是B酸中心，还是L酸中心都与分子筛骨架中铝的含量有关，骨架铝减少，B酸中心数和L酸中心数都会减少，从而实现调变分子筛酸性的改性。

异构化分子筛水热处理后造成酸量和酸强度降低的现象，主要是因为脱铝所致，酸性羟基也随之被脱掉。脱离分子筛骨架的铝转移到分子筛表面，以铝的氧化物或氢氧化物形式覆盖在表面上。由于骨架铝的减少，以及分子筛表面上某些酸性位置被铝物种所覆盖，从而导致分子筛酸性降低。水热处理调变分子筛酸性的程度不仅受处理温度影响，也与水汽分压和处理时间有关。采用不同的处理方式，控制不同的条件，可以适当地调变分子筛的酸性。

2. $SiCl_4$ 处理

据文献报道[54]，采用$SiCl_4$处理能够达到脱铝补硅的效果，随着处理温度的升高，酸量和酸强度均趋于降低。以HZSM-5分子筛为例，不同温度下$SiCl_4$脱铝效果见表3-2-13。

表3-2-13　温度对$SiCl_4$处理HZSM-5的影响

编号	1	2	3	4	5	6	7	8	0①
温度/K	793	813	833	853	873	893	973	1023	—
铝含量/%(质量)	1.38	1.31	1.15	1.05	0.81	0.70	0.94	1.14	2.26
SiO_2/Al_2O_3	107	111	126	153	161	213	163	104	64.8

①为未经$SiCl_4$处理的HZSM-5样品。

结果显示，经$SiCl_4$处理后，分子筛硅铝比大大提高(按体相含量计算)。因为脱下的铝形成$AlCl_3$，易挥发，随载气被带走，所以分子筛的铝含量减少。另一方面，脱去铝的位置被硅补充，硅含量增加，总结果使得硅铝比提高，但其变化与温度并非呈线性关系。在893K下处理8h，硅铝比达到最高值；随后温度升高，硅铝比反而下降。这是因为分子筛中四配位铝相对不稳定，较易脱去；而三配位铝相对更稳定，较难脱去。在低于893K时，分子筛骨架中的铝主要以四配位铝形式存在，温度升高有利于脱铝反应。但是，高于893K

时，分子筛大量脱羟基，大量四配位铝转变为三配位铝，因而脱铝效果下降。

3. 阳离子交换处理

使用不同的化合物与分子筛进行离子交换、溶液浸渍、固相反应或机械物理混合等改性处理，均能改变其酸性。例如钠盐处理过的HZSM-5分子筛，吡啶脉冲中毒法测得的总酸度的变化如表3-2-14所示[55]。其大小顺序是HZSM-5>Na(离子交换)>Na(机械混合)>Na(溶液浸渍)。用钙盐处理的分子筛，其酸性变化上也有类似规律[56]。

表3-2-14 不同方法钠盐处理的HZSM-5样品总酸度

样 品	总酸度/(mmol/g)
HZSM-5	0.482
Na(离子交换)	0.153
Na(机械混合)	0.062
Na(溶液浸渍)	0.031

对镁、磷改性的分子筛表面酸性研究的报道比较多。改性后分子筛的总酸度大幅下降，尤其是P-ZSM-5下降得更多。镁改性使较强的酸中心几乎全部消失，而较弱的酸中心却略有增加。红外光谱法进一步研究的结果表明，磷改性主要是减少了HZSM-5上的B酸量(尤其是较强的部分)，同时也减少了L酸量；镁改性则在减少HZSM-5上较强B酸量的同时，还明显地增加了L酸量，因为$Mg^{2+}(H_2O)_x$在交换HZSM-5上的H^+的过程中，被解离成$Mg(OH)^+$,然后与H^+一起中和分子筛表面的负电荷，经813K焙烧后发生脱羟基作用并形成L酸中心。

用过渡金属盐溶液，如硝酸铁或钴浸渍分子筛，也是调变其酸性的改性方法。吡啶吸附IR法研究经铁盐和钴盐溶液处理后的HZSM-5的结果表明，表征B酸的吸收峰($1540cm^{-1}$)振动强度减弱，表征L酸的吸收峰($1450cm^{-1}$)增强。而且浸渍液浓度越高，这种变化越明显。这种B酸、L酸的再分布，是过渡金属离子交换了分子筛通道内H^+的结果。Fe^{3+}和Co^{3+}等阳离子是电子接受者，当其处于分子筛晶内通道时便具有L酸功能。因此，被Fe^{3+}和Co^{3+}等阳离子溶液浸渍后，分子筛B酸度降低，L酸度升高，导致二者重新分布。

4. 分子筛的孔道择形处理

脱乙基型二甲苯异构化催化剂中，双床层催化剂欲提高反应产物中对二甲苯的含量时，需要加强催化剂中分子筛的择形性能，可对催化剂进行预积炭处理、高聚物处理[57]和硅烷化处理[58,59]等。

四、乙苯转化型异构化技术

(一)RIC-200乙苯转化型异构化催化剂

随着新型分子筛合成的技术不断进步，中国石化采用新型分子筛催化材料并进行了改性，研制成功新一代转化型异构化催化剂RIC-200，取代了曾获得广泛应用的上一代以丝光沸石为酸性组分的SKI-400系列催化剂。在研制过程中，对分子筛的酸性质进行了合理调变，并改进了金属负载技术，使得酸性与金属性能的匹配更加合理，提高了催化剂性能。RIC-200催化剂的制备过程主要包括成型、载体处理(焙烧、铵交换)、负载金属等三个步骤，成型阶段包括分子筛预处理过程，以达到合理控制分子筛酸性的目的；在负载金属步骤，调整了负载工艺，优化了金属负载体系，以达到金属分散度更高的目的。RIC-200 异构化催化剂的物化性质见表 3-2-15，异构化反应操作工艺参数见表 3-2-16。RIC-200 催化剂于 2010 年 9 月在天津石化首次工业应用，之后又相继应用于扬子石化、上海石化和海南炼化，均取得了良好效果。处理两种不同乙苯含量原料的典型结果列于表 3-2-17。

表 3-2-15　RIC-200 型催化剂物化性质

项　目	指　标
形状尺寸/mm	圆柱形，(ϕ1.6±0.1)×4~10
铂含量/%(质量)	0.29±0.01
压碎强度/(N/cm)	≥120
堆密度/(kg/m^3)	680±20

表 3-2-16　RIC-200 型催化剂工艺参数

项　目	指　标
反应温度/℃	360~420
反应压力/MPa	0.60~1.5
重时空速/h^{-1}	3.0~4.0
氢烃摩尔比	3.0~5.0

表 3-2-17　RIC-200 催化剂工业考核数据

项　目		天津石化	扬子石化
工艺参数	原料中 EB/%(质量)	7.5	16.5
	反应温度/℃	382	381
	反应压力/MPa	0.72	0.77
	重时空速/h^{-1}	3.5	4.0
	氢烃摩尔比	3.9	2.9
性能指标	异构化活性(PX/X)/%	23.3	23.1
	乙苯转化率(EBc)/%	22.0	33.0
	单程 C_8 烃损失①/%	2.4	1.9

①单程 C_8 烃损失指异构化反应进料与产物中 C_8 烃含量的减少值占 C_8 烃含量的比例。

(二)工艺流程

异构化技术的核心是异构化催化剂。各专利商的工艺设计均是围绕催化剂的性能与二甲苯分离单元的要求进行的，但是对于目前世界上绝大部分工业化的二甲苯临氢异构化技术，仅从工艺流程上来讲，各专利商异构化单元的工艺流程是相似的，包括反应系统和分离系统两部分。

反应系统的主要作用是在氢气的存在下将非热力学平衡二甲苯物料转化为近热力学平衡

二甲苯混合物，同时将乙苯部分转化为二甲苯或者脱乙基变为苯，反应副产物包括少量的气态轻烃、C_{8-}非芳烃、甲苯及少量重芳烃。分离系统的主要作用是脱除反应产物中轻质副产物。

针对使用乙苯转化型异构化催化剂的异构化单元，分离系统的工艺流程可以有两种设计。一种是分离系统中只包含脱庚烷塔一个塔系，异构化反应产物中C_{7-}非芳烃和苯副产物从塔顶被脱除并送入抽提单元，反应产物中作为EB转化为二甲苯中间产物的C_8非芳烃则从塔底与C_8芳烃一起送入后续的二甲苯分馏单元。该流程是目前普遍应用的异构化工艺。其特点是装置建设投资相对较小，操作简单，但是后续吸附分离单元的进料中含有6%～12%(质量)的非芳烃。因此，这种工艺适用于异构化原料中EB含量较低的装置。

另一种分离系统的工艺是包含了脱庚烷塔和C_8非芳烃循环塔两个塔系。这种工艺将异构化产物中的C_{8+}芳烃和部分甲苯、少量C_8非芳烃从脱庚烷塔(此时塔的实际功能为脱除C_8非芳烃塔)底分离出来，送入后续的二甲苯分离单元；大部分C_8非芳烃以及异构化的轻质副产物从脱庚烷塔顶进入C_8非芳烃循环塔，并从塔顶分离出C_{7-}非芳烃和苯，而大部分C_8非芳烃和少量甲苯则从轻烃塔底循环回异构化反应系统进料。这种工艺更适宜处理异构化原料中EB含量较高的工况。

中国石化开发的二甲苯异构化工艺可以采用两种类型的分离系统流程设计，如图3-2-26所示。取消C_8非芳循环塔15并调整脱庚烷塔的操作，即为常规的C_8非芳烃不循环的流程。2013年12月，采用不循环工艺的乙苯转化型二甲苯异构化技术，在某厂600kt/a PX芳烃联合装置中成功应用。

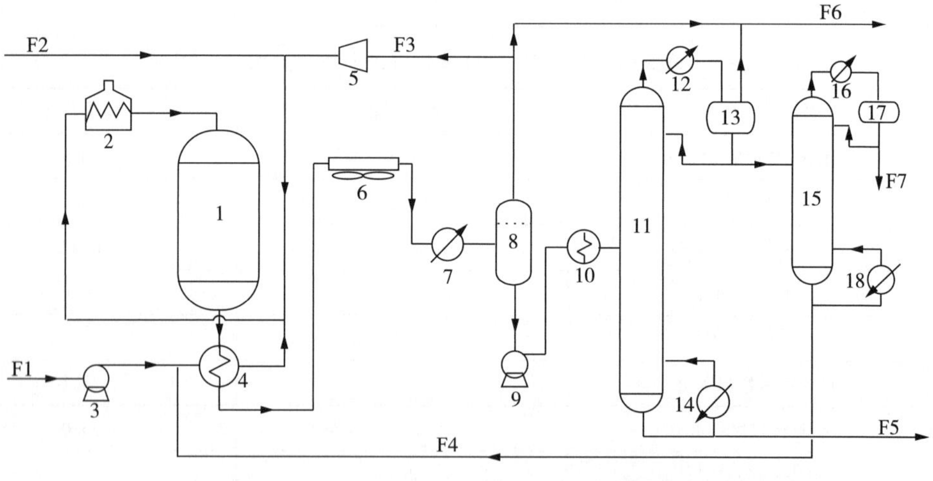

图3-2-26 中国石化二甲苯异构化工艺流程图

物流：F1—异构化进料来自于吸附分离单元抽余液塔侧线缓冲罐；F2—补充氢来自于重整单元或歧化单元；F3—循环氢气；F4—循环C_8非芳烃；F5—异构化产物去二甲苯分馏单元；F6—气体排放去燃料气；F7—轻质副产物去抽提单元

设备：1—异构化反应器；2—异构化加热炉；3—进料泵；4—进出料换热器；5—循环压缩机；6—风冷；7—水冷；8—高压分离罐；9—脱庚烷塔进料泵；10—脱庚烷塔进料换热器；11—脱庚烷塔；12—脱庚烷塔顶冷凝器；13—气液分离罐；14—脱庚烷塔底再沸器；15—C_8非芳烃塔(循环塔)；16—循环塔顶冷凝器；17—循环塔顶回流缓冲罐；18—循环塔底再沸器

(三) 工艺条件的影响

RIC-200 催化剂的工艺控制参数主要是反应温度、反应压力、重时空速、氢烃摩尔比等，工艺参数的匹配对保证催化剂性能极其重要。同样，催化剂性能也需要对工艺参数的适应性要强，以满足长周期运转过程中工艺参数的调整。工业运行表明，RIC-200 型催化剂具有很强的工况适应能力，在很宽的工艺条件范围内均可表现出良好的催化性能。RIC-200 催化剂性能随工艺参数的变化趋势如下介绍。

1. 反应温度

异构化过程三种二甲苯间的异构化反应可接近或达到热力学平衡，由于反应热很小，因此温度对反应平衡组成影响不大，主要影响反应速率；而温度对乙苯转化反应的影响较大，较低反应温度下，乙苯转化率虽很高，主要是进行加氢反应生成环烷烃，使得反应产物中 C_8 非芳烃含量大幅提高，但进一步转化为二甲苯的反应速率很低。

在其他工艺条件保持不变的情况下，提高反应温度，催化剂异构化活性增加，乙苯转化率则下降且在较高温度范围时下降幅度趋缓，而歧化、裂解等副反应会增加，导致二甲苯损失增加，如图 3-2-27 所示。所以，确定催化剂的最佳反应温度应综合考虑活性和选择性要求，催化剂的起始反应温度以 360~370℃为宜。

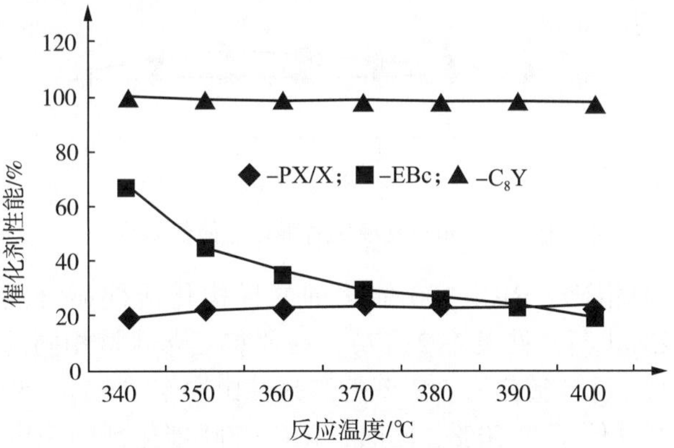

图 3-2-27　温度对催化性能的影响

（注：C_8Y 指 C_8 烃的收率，下同）

2. 反应压力

提高反应压力，有利于乙苯加氢反应的进行，反应体系 C_8 非芳烃含量上升，乙苯转化率明显增加，但异构化为二甲苯的反应速率较低，需要提高反应温度才能同时提高乙苯异构化为二甲苯的反应速率，因此，乙苯转化型异构化过程存在温度、压力的协同作用；相同反应温度下随着压力的提高，二甲苯异构化活性略有增加，二甲苯损失也相应增加，如图 3-2-28所示。该催化剂适宜在 0. 6MPa 的压力下起始操作。

3. 重时空速

反应空速降低，原料与催化剂接触时间延长，异构化活性和乙苯转化率增加，但同时副反应增加，见图 3-2-29。综合考虑活性和选择性，适宜的重时空速为 3~4 h^{-1}。

4. 氢烃比

氢烃比降低，异构化活性略有增强，乙苯转化率降低，见图 3-2-30。该催化剂可以在相对较宽的氢烃比范围内操作，但确定氢烃比需综合考虑催化剂活性、选择性和寿命等各种因素而定。综合考虑以上各种因素，优选氢烃摩尔比为 3.0~6.0 的操作范围。

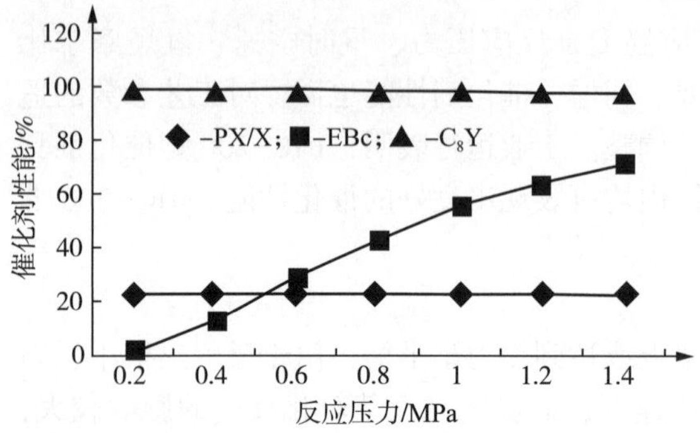

图 3-2-28　压力对催化性能的影响

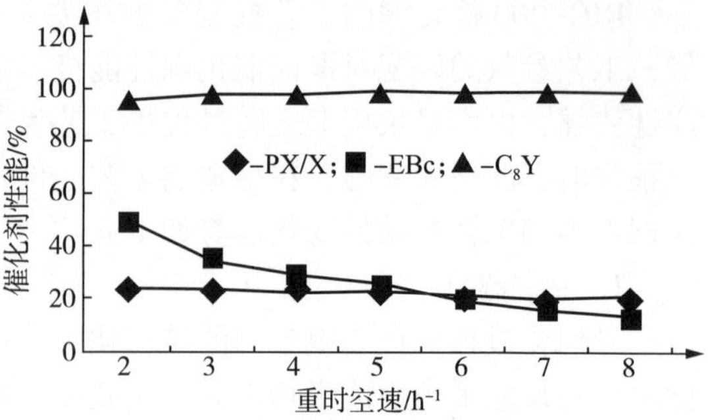

图 3-2-29　空速对催化性能的影响

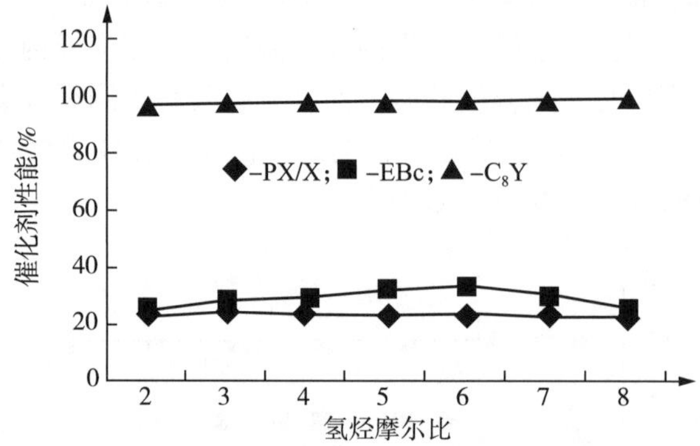

图 3-2-30　氢烃比对催化性能的影响

与 SKI-400 催化剂相比，RIC-200 催化剂的异构化活性显著提高，PX/X 由原来的 21.5%左右提高到了 23%以上(见表 3-2-17)；在原料乙苯含量相同的情况下，乙苯转化率提高了 5 个百分点以上，乙苯转化为二甲苯的选择性由原来的 40%~50%提高到 70%；C_8 损失则比 SKI-400 催化剂降低了约 50%。同时，RIC-200 催化剂的稳定性好，提温提压操作调整更缓慢，在铂含量比 SKI-400 降低约 20%的情况下，可以在较低氢烃比下长期运转，且氢耗大幅下降，仅为 SKI-400 的 50%左右。

五、乙苯脱乙基型异构化技术

(一)催化剂

1. SKI 系列脱乙基型催化剂

中国石化的脱乙基型异构化催化剂于 2002 年首次应用于异构化生产 OX 的联合装置，2005 年催化剂实现升级，并成功用于异构化生产 PX 的联合装置。2009 年，SKI-110 型催化剂研发成功，首次用于新建大型芳烃联合装置，性能得到进一步提升。SKI-110 型催化剂在使用过程中无需注水、注氯，具有二甲苯异构化活性高、乙苯转化能力强、选择性良好、稳定性优良的技术特点[60]。SKI-110 脱乙基型催化剂的工艺操作条件及催化性能见表3-2-18。

截至 2013 年底，该系列催化剂已 6 次工业应用，详细情况见表 3-2-19 和表 3-2-20。

表 3-2-18　SKI-110 型催化剂的工艺条件及催化性能

工艺条件	反应温度/℃	反应压力/MPa	重时空速/h^{-1}	氢烃摩尔比
参数值	360~400	0.50~1.20	8~10	1~1.5
催化性能	PXate①/%	EB 转化率/%	二甲苯损失/%	乙苯转化为苯选择性/%
指标值	96~103	≥55	1~2	85~95

①PX 的热力学平衡达成率，PXate= {〔w(PX)/w(X)〕产物 - 〔w(PX)/w(X)〕进料}/{〔w(PX)/w(X)〕平衡 - 〔w(PX)/w(X)〕进料}×100%

表 3-2-19　SKI 脱乙基系列异构化催化剂的工业应用

序　号	用户	催化剂	开工时间	装置产能/(10^4t/a)	注释
1	吉林石化	SKI-100	2002	12 (OX)	换装国外剂
2	洛阳石化	SKI-100A	2005	23.5 (PX) 3.6 (OX)	扩能改造
3	吉林石化	SKI-100	2008	12 (OX)	换装
4	齐鲁石化	SKI-100A	2009	8 (PX) 4 (OX)	扩能改造
5	上海石化	SKI-110	2009	60 (PX)	新建装置
6	洛阳石化	SKI-110	2011	23.5 (PX) 3.6 (OX)	换装

表 3-2-20　SKI 脱乙基系列异构化催化剂的典型工业应用

项　目	SKI-100(吉林石化)	SKI-100A(洛阳分公司)	SKI-110(上海石化)
反应温度/℃	365	373	367
反应压力/MPa	0.70	0.67	0.50
重时空速/h^{-1}	6.2	6.6	9.2
氢烃摩尔比	2.2	2.3	1.3
PX/X/%	20.31(OX/X)	22.60	23.41
EB 转化率/%	52.24	58.78	59.18
二甲苯损失/%	1.67	1.99	1.54

2. SKI 系列脱乙基型催化剂的技术特点

SKI 脱乙基型催化剂的技术特点如下：

(1) 二甲苯异构化活性高

由于采用的分子筛酸性材料活性中心的密度较高，并在异构化生成 PX 的过程中因孔道空间效应可产生一定的择形作用，催化反应的 PX 热力学平衡达成率容易达到 100%，表观数据结果甚至达到 103%。

(2) 乙苯转化率及转化为苯的选择性高

该类型催化剂属于固体酸-金属双功能催化剂，但其催化作用以酸性活性中心为主，金属活性中心密度数相对少，主要是将乙苯脱乙基生成的乙烯等小分子烯烃催化加氢生成乙烷等。乙苯主要遵循正碳离子机理脱乙基生成苯，反应过程中加氢裂解副反应程度控制较好，乙苯转化成苯的摩尔选择性高。催化剂的乙苯转化率可达 60% 以上，乙苯转化成苯的摩尔选择性达到90%以上。脱乙基反应生成的轻烃因富含乙烷可以直接送烯烃生产单元(无烯烃单元的装置多送作燃料气)，以增加异构化单元副产物价值。

(3)工况适应能力强

该类型催化剂选用的催化材料具有积炭速率慢、稳定性好的特性，催化剂对高空速和低氢烃比工况条件的适应性好。催化剂适于在 8~12h^{-1}甚至更高的重时空速下运行，对原料中乙苯含量没有限制，不会因为新鲜 C_8 芳烃原料中乙苯含量高而造成乙苯和 C_8 非芳烃循环量大，容易在装置中积累的问题。长周期稳定运转过程中，表现出对工艺参数、原料性质等方面造成的苛刻工况具有良好适应性。

(4)降低装置运行成本

该类型催化剂的乙苯转化和二甲苯异构化活性高，且乙苯转化不需要 C_8 非芳烃中间体，采用该类型催化剂时异构化单元 C_8 芳烃循环量明显小，且操作氢烃比低，有效降低了装置运行能耗(参见第六章第三节)。

(二)工艺流程

脱乙基型异构化工艺与转化型异构化工艺流程相近，只是在脱庚烷塔的分离和压缩机规模方面有一定差别。

脱乙基型异构化工艺在反应器形式上有两种，一是径向的，二是轴向的。轴向反应器采用双床层或多床层催化剂体系，以 ExxonMobil 开发的 AMHAI 和 XyMax 为代表[61]。中国石化开发的脱乙基型异构化工艺流程如图 3-2-31 所示。

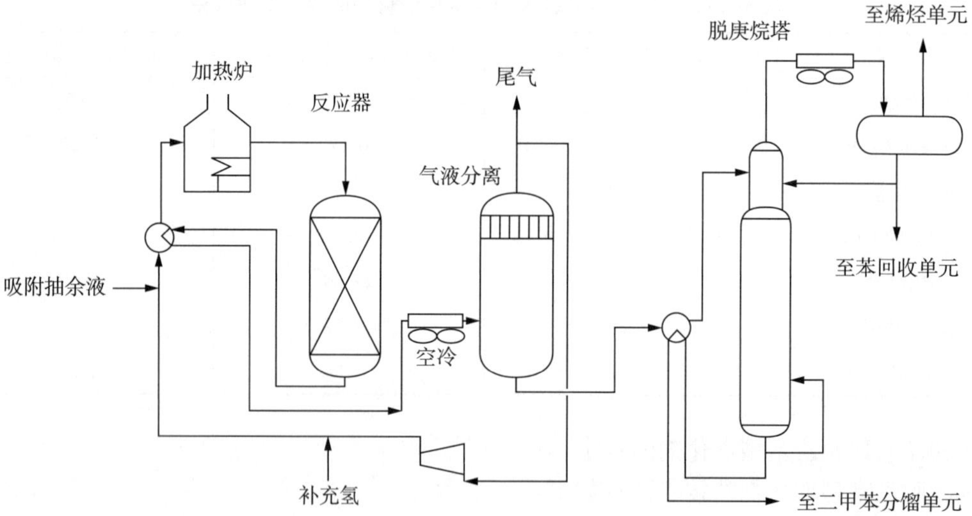

图 3-2-31 采用径向反应器的工艺流程示意图

(三)工艺条件的影响

脱乙基型异构化催化剂的性能受反应温度、反应压力、空速、氢烃比等工艺参数影响，明确催化剂性能与工艺条件变化的规律关系，保证各工艺参数合理匹配，将利于指导催化剂在装置中应用，优化操作。

1. 反应温度

温度是影响脱乙基型二甲苯异构化催化剂性能的关键因素。确定适宜的反应温度主要依据异构化和脱乙基活性的需求而定。同样，温度对异构化过程中发生的歧化、烷基转移及非芳烃的裂解等副反应也有影响：反应温度高，催化剂活性高，副反应相对剧烈。温度对反应结果的影响见图 3-2-32。

2. 反应压力

反应压力对催化剂的活性影响较小。提高压力，乙苯转化率会有增加，同时产物中 C_7 和 C_8 非芳也稍有增加，裂解副反应有增多趋势。从该类型异构化催化剂实际运行情况看，装置正常周期操作中几乎不需要提压。压力对反应结果的影响见图 3-2-33。

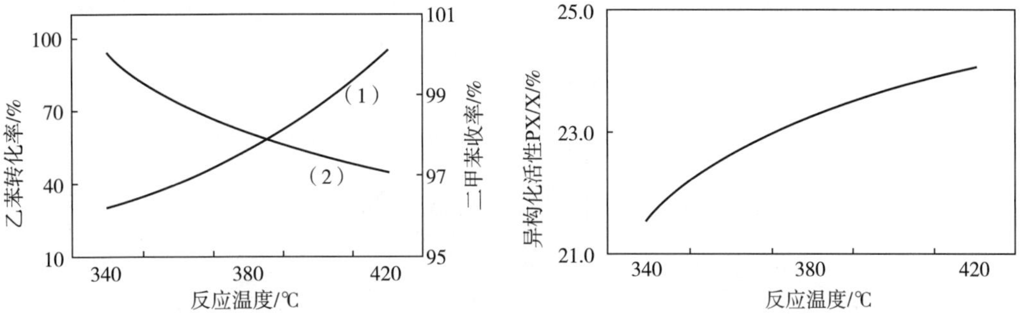

图 3-2-32　温度对反应结果的影响

(1)—乙苯转化率；(2)—二甲苯收率

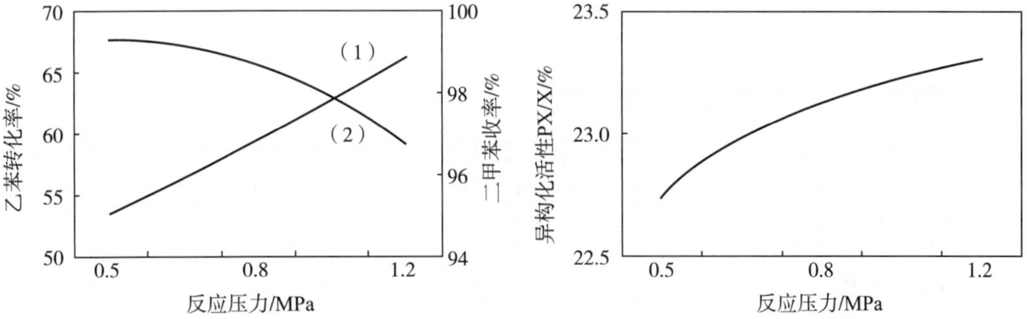

图 3-2-33　压力对反应结果的影响

(1)—乙苯转化率；(2)—二甲苯收率

3. 空速

通常情况下，装置平稳运行时空速变化较小，但实际操作中受到诸多因素的影响，装置负荷会波动，如装置开停工或发生事故时，空速变化很大。空速低会使得反应物在催化床层上的反应时间相对增加，反应深度增加，导致较高二甲苯损失、快速积炭等，对催化剂长周期运转的稳定性产生不良影响。重时空速对反应结果的影响见图 3-2-34。

4. 氢烃比

该类型催化剂的运转周期长，且催化乙苯脱乙基是过程的主反应之一，需要耗氢，因此，反应要在临氢条件下进行。在装置设计的氢烃比区间内，氢烃比的波动对催化剂的活性和选择性影响幅度很小，但大幅度的氢烃比变化会导致有效反应物分子浓度发生变化，从而对反应活性产生影响，进而影响催化剂整体性能的发挥。氢烃比对反应结果的影响见图 3-2-35。

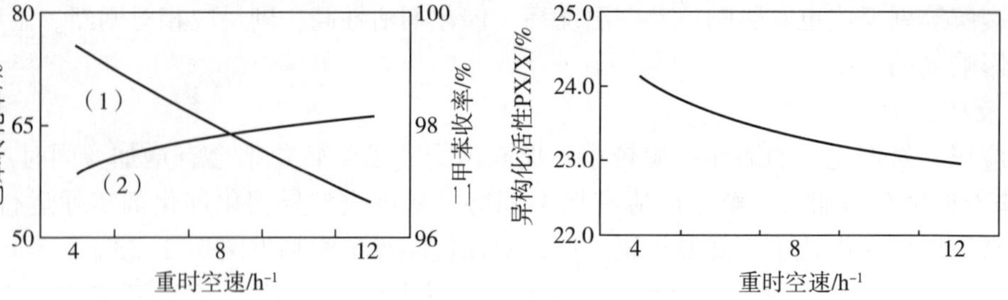

图 3-2-34　重时空速对反应结果的影响

(1)—乙苯转化率；(2)—二甲苯收率

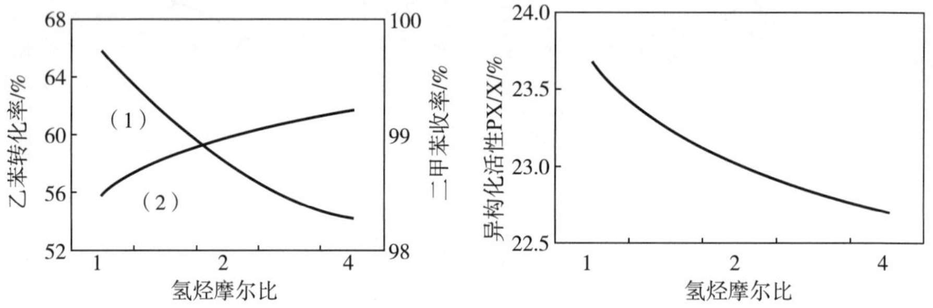

图 3-2-35　氢烃比对反应结果的影响

(1)—乙苯转化率；(2)—二甲苯收率

六、两种二甲苯异构化技术的比较

要全面比较两种类型异构化技术的不同，需要在芳烃联合装置中，从装置原料性质、相关各单元处理能力和负荷状况、装置产能、产品分布特点、操作成本及运行能耗、芳烃产品市场等多方面进行比较[62]。

(一)技术特点

转化型和脱乙基型二甲苯异构化催化剂均已在全球芳烃联合装置中获得广泛应用，其技术特点差异主要体现在工艺条件和催化性能两个方面。具体运行工艺条件和催化性能对比分别见表 3-2-21 和表 3-2-22。

表 3-2-21　两种类型催化剂的工艺操作条件

催化剂	反应温度/℃	反应压力/MPa	重时空速/h^{-1}	氢烃摩尔比
转化型	360~420	0. 50~1. 20	3~5	3~5
脱乙基型	360~400/400~470	0. 50~1. 20/1. 2~1. 8	6~12	1~2

目前，使用单一反应器的脱乙基型催化剂可在相对低温、低压工艺条件下操作，而采用双床层复合床反应系统的脱乙基型催化剂需要在相对高温、高压条件下操作。从表 3-2-21 可以看出，在大致相当的反应温度和压力范围，与转化型催化剂相比，脱乙基型催化剂可采用更高的反应空速和更低的氢烃比。

表 3-2-22　两种类型催化剂的性能

催化剂	PXate/%	EBate①/%	乙苯转化率/%	C_8A 损失/%	二甲苯损失/%	乙苯转化选择性/%
转化型	94~98	50~60	20~30	2.0~3.0	—	转化为二甲苯 50~70
脱乙基型	98~103	>100②	55~85	—	1~2	转化为苯 85~95

①EB 异构化为二甲苯的热力学平衡达成率，$EBate=\{[w(EB)/w(C_8A)]_{进料}-[w(EB)/w(C_8A)]_{产物}\}/\{[w(EB)/w(C_8A)]_{进料}-[w(EB)/w(C_8A)]_{平衡}\}\times100\%$。

②实际发生乙苯脱乙基反应，乙苯的转化程度高于转化型异构化过程乙苯异构化反应达到热力学平衡时的转化程度。

由表 3-2-22 可知，脱乙基型催化剂异构化活性高，尤其是乙苯转化能力强；转化型催化剂上乙苯转化为二甲苯的反应过程受热力学平衡限制，但生产对二甲苯时 C_8 芳烃资源利用率更高。

(二)技术指标

1. 联合装置的典型原料和物料衡算

由于原料来源不同，不同 PX 联合装置的 C_8 芳烃原料性质差别较大，可归纳为三种代表性工况，见表 3-2-23。

表 3-2-23　三种代表性原料的性质

原料/%(质量)	乙苯	对二甲苯	间二甲苯	邻二甲苯
原料(I)	12.01	19.12	44.98	23.89
原料(II)	17.01	18.02	42.45	22.52
原料(III)	22.01	16.92	39.92	21.15

以 600 kt/a PX 联合装置为例，使用两种类型的二甲苯异构化催化剂，在三种代表工况下对 PX 联合装置进行物料衡算，可以对两种类型催化剂的技术指标进行比较。

物料衡算基于表 3-2-22 中给出的催化剂具体性能指标，设定吸附分离单元 PX 收率 98%，PX 产品纯度 99.7%，装置年运行时间 8400h。

表 3-2-24　各工况下两种类型催化剂的性能

项　目	工况	PX/X/%	EB 转化率/%	C_8A 损失/%	二甲苯损失/%
转化型	I	23.2	26	2.3	—
脱乙基型	I	23.5	65	—	1.5
转化型	II	23.2	34	2.3	—
脱乙基型	II	23.5	65	—	1.5
转化型	III	23.2	42	2.5	—
脱乙基型	III	23.5	65	—	1.5

表 3-2-24 中针对不同原料工况条件，对转化型催化剂给出了不同的单程乙苯转化率和 C_8 芳烃收率，原因在于转化型催化剂乙苯转化率除受操作条件下的热力学限制外，还受反应进料中乙苯浓度动力学因素的影响。同时，由于原料性质变化，反映非芳烃平衡控制和 C_8 芳烃收率也有相应差别。

对两种类型异构化催化剂用于 PX 联合装置进行物料衡算，可以获得装置实现目标产出时所消耗的原料和其他产出分布的情况，获得异构化、吸附分离和二甲苯分馏单元的进料负荷和进料性质。

2. 原料和产品

两种类型异构化催化剂由于对乙苯转化的方向不同、反应选择性不同，所以产出相同目标产品 PX 的情况下，所消耗的原料和产品产出分布不同，具体比较见表 3-2-25。

表 3-2-25 原料消耗和主要产品分布的比较

项　目	工况	原料消耗/(kt/a)		主产品产出/(kt/a)	
		新鲜 C_8 芳烃	氢气	对二甲苯	苯
转化型	I	639.4	2.7	600.0	6.9
脱乙基型	I	691.5	2.2	600.0	55.8
转化型	II	644.2	3.0	600.0	8.6
脱乙基型	II	733.1	3.3	600.0	83.3
转化型	III	657.2	3.8	600.0	10.6
脱乙基型	III	779.9	4.6	600.0	114.4

由表 3-2-25 可知，目标产品 PX 等量产出的情况下，脱乙基型催化剂消耗新鲜 C_8 芳烃原料更多，且原料消耗的差别随原料中乙苯含量增加而增加。在原料 I 的工况条件下，脱乙基型异构化催化剂比转化型催化剂多消耗 8.15%的 C_8 芳烃，至原料 III 的工况达到 18.67%；氢气消耗方面，受两种类型催化剂在乙苯转化方向和选择性差别的影响，原料中 EB 含量较低时，转化型催化剂略高；但随着原料中 EB 含量的提高，转化型催化剂的氢耗逐渐低于脱乙基型催化剂。

3. 单元负荷

由于两种类型异构化催化剂在运行工艺条件和乙苯转化率方面不同，在等量产出目标产品 PX 的情况下(600 kt/a PX)，异构化及相关单元的负荷和实际操作条件方面存在较大不同，具体对比结果见表 3-2-26 和表 3-2-27。

表 3-2-26 单元负荷的比较

项　目	工况	异构化单元/(kt/a)	对比	吸附分离单元/(kt/a)	对比
转化型	I	2566.03	+16.72%	3164.46	+13.14%
脱乙基型	I	2198.39	基准	2796.83	基准
转化型	II	2680.38	+18.45%	3285.53	+14.83%
脱乙基型	II	2262.87	基准	2861.31	基准
转化型	III	2781.82	+19.10%	3380.26	+15.21%
脱乙基型	III	2335.62	基准	2934.05	基准

由表 3-2-26 和表 3-2-27 可知，受两种类型催化剂乙苯转化率和反应空速、氢烃比不同的影响，在 PX 等量产出情况下，使用转化型催化剂的装置，其相应异构化和吸附分离等单元负荷均高于使用脱乙基型催化剂的装置，催化剂装填量和压缩机氢循环量也明显提高，且原料中乙苯含量越高，差别越大，这在装置新建或老装置改造中会影响到投资和操作能耗。此外，对比转化型催化剂，使用脱乙基型催化剂能获得更高的吸附分离进料 PX 浓度和

PX/EB 值。

表 3-2-27 操作条件的比较

项 目	工况	催化剂量/t	循环氢流量/(kNm³/h)	吸附进料中 PX/%(摩尔)	吸附进料中 PX/EB
转化型	Ⅰ	76.5	258.2	19.29	2.04
脱乙基型	Ⅰ	26.2	55.3	21.83	4.71
转化型	Ⅱ	79.9	269.7	18.58	1.79
脱乙基型	Ⅱ	27.0	56.9	21.33	3.15
转化型	Ⅲ	82.9	279.9	18.06	1.53
脱乙基型	Ⅲ	27.9	58.8	20.80	2.30

4. 综合分析

使用异构化催化剂的技术经济性需要从催化剂对所属 PX 联合装置的影响进行分析，包括联合装置的处理能力、产品产出能力、产品分布和装置运行条件等。对相同 PX 产能的新建装置，选用两种类型异构化催化剂的不同主要体现在装置规模、产品产率和产出分布等；对现有采用转化型异构化技术的装置实施扩能改造的对比，则主要体现在改造前后装置处理能力和产品产出能力等方面。

基于表 3-2-25 和 3-2-26 关于原料消耗、产出分布、单元负荷等方面的比较，以一套 PX 产能为 600kt/a 的新建装置为例，选用脱乙基型异构化催化剂可以使装置规模减小 10% 以上，产品收率的比较见表 3-2-28。

表 3-2-28 两种类型催化剂产品收率的比较

项 目	工况	PX/原料 C_8A /%	(PX+B)/原料 C_8A /%
转化型	Ⅰ	93.83	94.92
脱乙基型	Ⅰ	86.77	94.83
转化型	Ⅲ	93.14	94.47
脱乙基型	Ⅱ	81.85	93.22
转化型	Ⅲ	91.30	92.91
脱乙基型	Ⅲ	76.93	91.60

由表 3-2-28 可知，以 C_8 芳烃原料为基准，转化型催化剂具有明显更高的对二甲苯产率，原料性质变劣时，差别更明显。如果以对二甲苯和苯总产出的质量收率计，乙苯转化型催化剂则略高。

表 3-2-29 给出了三种原料工况下，对一套 PX 原产能为 600kt /a 的联合装置采用脱乙基型催化剂换装转化型催化剂、在吸附分离进料负荷不变的情况下实施扩能改造的对比。

表 3-2-29 扩能装置产出能力的比较

项目	工况	对二甲苯产能	苯产量/(kt/a)
转化型	I	基准	6.9
脱乙基型	I	+13.14%	63.1
转化型	II	基准	8.6
脱乙基型	II	+14.83%	96.7
转化型	III	基准	10.6
脱乙基型	III	+15.21%	134.1

脱乙基型异构化催化剂主要是以增加 PX 联合装置处理能力，降低乙苯循环量，提高吸附进料中 PX 浓度等途径，实现 PX 目标产品的扩能。由表 3-2-29 可以看出，在三种代表性原料工况下，PX 产能增加了 13%~15%。因此，在 C_8 芳烃原料充足、原料中乙苯含量较高且苯产品的价格较高时，选用脱乙基型催化剂替代乙苯转化型催化剂，可以实现装置目标产品扩能、运行成本降低的效果。

七、技术展望

二甲苯异构化技术发展的重点是催化剂技术。性能优异的催化剂应在二甲苯损失最少的情况下，使反应产物最大程度接近热力学平衡组成，在维持高乙苯转化率的同时具有较好的稳定性。

二甲苯异构化催化剂是典型的双功能催化剂。适用于异构化的分子筛材料的酸性属于中强酸，酸性中心所在的空间应具备择形效应，选择具有合适孔道结构的分子筛，通过调变硅铝比、离子交换度、预处理方法等，对酸中心的性质进行可控调变是催化剂本体的研究方向之一。此外，金属功能以及两种活性中心的匹配也将持续获得改进。减少贵金属用量，引入非贵金属，是异构化催化剂发展的基本方向。

更大尺度的活性中心优化则是对反应器内催化剂床层组合方式的改进。一种发展趋势是将不同反应在不同分区内进行，各区催化剂得到各自最适宜的反应条件，从而获得综合结果的最优化。分区反应也是二甲苯异构化发展的重要方向。

在工业设计上，氢压影响装置投资，氢烃比影响装置能耗，因此，降低氢的耗量和循环量，对异构化装置的整体优化具有重大的意义。

在催化剂研发方面，除了对 EUO、MFI 结构材料通过复合新组元改善催化剂性能外，MEL、MTW、ITQ、NES、MTT 等新型分子筛结构材料亦具有开发潜力[63~65]。

在异构化新工艺开发方面，复合床层技术、串联或并联反应器技术[66]是研究的热点。催化剂组合技术应用于芳烃联合装置，将对降低运行能耗、提高产出效率、节省新建或扩改装置投资发挥重大的作用[67~69]。

在催化剂及关联技术使用方法方面，有关不同的催化剂使用方法、控制非芳烃含量及分布、反应过程中引入苯、甲苯、三甲苯等控制副反应程度等均有新的报道。

参考文献

[1] Abichandani, Jeevan S, Venkat, et al. Dual bed xylene isomerization: US, 5516956[P]. 1996-05-14.

[2] 时汝倩，王金水，李艳秀，等．烷基芳烃异构化催化剂：中国，CN 1102360[P]. 1995-05-10.

[3] Beschmann K, Riekert L. Isomerization of xylene and methylation of toluene on zeolite H-ZSM-5, compound kinetics and selectivity[J]. Journal of Catalysis, 1993, 141: 548-565.

[4] Lanewala M A, Boiton A P. Isomerization of the xylenes using zeolite catalysts[J]. J. Org. Chem. 1969, 34(10): 3107-3112.

[5] Cortes A, Sastre E. Evidence for the presence of a bimolecular pathway in the isomerization of xylene on some large-pore zeolites[J]. Journal of Catalysis, 1991, 129: 177-185.

[6] Corma A, Cortes A, Nebot I, et al. On the mechanism of catalytic isomerization of xylenes, molecular orbital studies[J]. J. Catal., 1979, 57: 444-449.

[7] Roberts R M G. Studies in trifluoromethanesulfonic acid. 2. Kinetics and mechanism of isomerization of xylenes [J]. Journal of Organic Chemistry, 1982, 47: 4050-4053.

[8] 康承琳，龙军，周震寰，等．二甲苯异构化的反应化学[J]．石油学报(石油加工)，2012，28(4)：533-537

[9] Beck J B, Haag W O, in: Ertl G, Knözinger H, Weit- kamp J(Eds.). Handbook of Heterogeneous Catalysis vol. 5, Wiley-VCH, Weinheim, 1977: 2136.

[10] Corma A, Lopis F, Monton J B, in: Guczi L, Soly mosi F, Télenyi P (Eds.), New frontiers in catalysis, studies in surface science and catalysis, Part B vol. 75, Akademia Kiada, Budapest, 1983: 1145.

[11] Bauer F, Bilz E, Freyer A. C-14 studies in xylene isomerization on modified HZSM-5[J]. Applied Catalysis A: General, 2005, 289: 2-9.

[12] Huang J. Effect of pore size and acidity on the coke formation during ethylbenzene conversion on zeolite catalysts[J]. Journal of Catalysis, 2009, 255(1): 68-78.

[13] Gnep N S, Guisnet M. Ethylbenzene isomerization on platinum. fluorided alumina[J]. Bull Soc. Chim. Fr. 1977, 5-6: 429-435.

[14] Robschlager K H, Christoffel E G. Kinetic investigation of isomerization of C_8-aromatics[J]. Can. J. Chem. Eng. 1980, 58: 517-520.

[15] Robschlager K H, Christoffel E G. Reaction mechanism of ethylbenzene isomerization[J]. Ind. Eng. Chem. Prod. Res. Dev. 1979, 18: 347-352.

[16] Burwell R L, Shields A D. The action of some strong acids on secondary phenylpentanes[J]. J. Am. Chem. Soc., 1955, 77(10): 2766-2771.

[17] McCaulay D A, Lien A P. Disproportionation of alkylbenzenes. Ⅱ. Mechanism of alkyl-group transfer[J]. J. Am. Chem. Soc., 1953, 75(10): 2411-2413.

[18] 杨超，周涵，赵天波．分子筛催化甲苯歧化 SE1 反应机理的分子模拟研究[J]．计算机与应用化学，2006，23(8)：697-702.

[19] Gnep N S, Guisnet M. Effect of alkanes on the o-xylene truansformation on Y zeolite[J]. React. Kinet. Catal. Lett., 1983. 22(1-2): 237-239.

[20] Guisnet M, Gnep N S, Morin S. Mechanisms of xylene isomerization over acidic solid catalysts[J]. Microporous and mesoporous materials, 2000, 35(36): 47-59.

[21] Nayak V S, Riekert L. Catalytic activity and product distribution in the disproportionation of toluene on different preparations of pentasil zeolite catalysts[J]. Appl. Catal, 1986, 23(2): 403-411.

[22] Dooley K M, Brignac S D, Price G L. Kinetics of zeolite-catalyzed toluene disproportionation[J]. Ind. Eng. Chem. Res, 1990, 29(5): 789-795.

[23] Thomas D, Pascal R, Sylivie L. Effects of zeolite pore sizes on the mechanism and selectivity of xylene dis-

proportionation-a DFT study[J]. Journal of Catalysis, 2004, 222: 323-337.

[24] Chirico R D, Knipmeyer S E, NguyenA, et al. Thermodynamic Equilibria in Xylene Isomeriation. 1. The Thermodynamic Properties of p-Xylene[J]. J. Chem. Eng. Data, 1997, 42: 248-261.

[25] Chirico R D, Knipmeyer S E, NguyenA, et al. Thermodynamic equilibria in xylene isomeriation. 2. The thermodynamic properties of m-xylene[J]. J. Chem. Eng. Data, 1997, 42: 475-487.

[26] Chirico R D, Knipmeyer S E, NguyenA, et al. Thermodynamic equilibria in xylene isomeriation. 3. The thermodynamic properties of o-xylene[J]. J. Chem. Eng. Data, 1997, 42: 758-771.

[27] Chirico R D, Knipmeyer S E, Nguyen A, et al. Thermodynamic equilibria in xylene isomeriation. 4. The thermodynamic properties of ethylbenzene[J]. J. Chem. Eng. Data, 1997, 42: 772-783.

[28] Chirico R D, Steele W V. Thermodynamic equilibria in xylene isomeriation. 5. xylene isomerization equilibria from thermodynamic studies and reconciliation of calculated and experimental product distributions [J]. J. Chem. Eng. Data, 1997, 42: 784-790.

[29] Lanewala M A, Bolton A P. Isomerization of the xylenes using zeolite catalysts[J]. J. Org. Chem., 1969, 34 (10): 3107-3112.

[30] 李玉光，胡军. 二甲苯在改性 ZSM-5 沸石上异构化动力学[J]. 化学物理学报，1996，8(9)：339-344.

[31] Iliyas A, Al-Khattaf S. Xylene transformation over USY zeolite: An experimental and kinetic study[J]. Appl. Catal. A: Gen., 2004, 269: 225-236.

[32] Hsu Y S, Lee T Y, Hu H C. Isomerization of ethylbenzene and m-xylene on zeolite [J]. Ind. Eng. Chem. Res., 1988, 27(6): 942-947.

[33] 伍登熙，林正仙. 八碳芳烃临氢异构化反应系统动力学模型(I)用特征向量法研究选择性动力学[J]. 化工学报，1985，3(3)：257-267.

[34] 伍登熙，林正仙. 八碳芳烃临氢异构化反应系统动力学模型(II)射线向量的数学表达式及其应用[J]. 化工学报，1985，3(3)：268-277.

[35] 戴星，施亚钧. 八碳芳烃临氢异构化反应网络的动力学研究[J]. 化工学报，1989，3(3)：323-330.

[36] 徐欧官，苏宏业，金晓明，等. 八碳芳烃临氢异构化反应动力学模型[J]. 高校化学工程学报，2007，6：429-435.

[37] Lok B M, Vail L D, Flanigen E M. Magnesium-aluminium-phosphorus-silico-oxide molecular sieve composit ions [P]. US 4758419, 1988- 07- 19.

[38] Se-Ho Park, Hyun-Ku Rhee. Catalytic properties of zeolites EU-1 and NU-87 in disproportionation of toluene [J]. React. Kinet. Catal. Lett., 2003, 78(1): 73-80.

[39] Dai yan (戴燕), Hu bing-cheng (胡炳成). Structure characterization and catalysis of ZSM-5 zeolitesynthesized with ethylenediamine (乙二胺合成 ZSM-5 沸石分子筛的结构表征及其催化性能) [J]. J Nanjing Univ Sci Technol(南京理工大学学报), 2007, 31(2): 252 - 256.

[40] Zhou Feng(周峰), Li Gguang-zhan(李广战). The synthetic method of silica-rich merceriziation zeolite(高硅丝光沸石的合成方法)[J]. World Nonferrous Metal (China) (世界有色金属), 2008, (03): 36 -37.

[41] Shannon M D, Casci J L, Cox P A, et al. Structure of the two-dimensional medium-pore high-silica zeolite NU-87[J]. Nature, 1991, 353: 417-420.

[42] 徐会青，刘全杰，贾立明. 分子筛孔结构和酸性对碳八芳烃异构化反应性能影响[J]. 分子催化，2012，26(3)：252-256.

[43] Lopis F, Sastre G, Corma A. Xylene isomerization and aromatic alkylation in zeolites NU-87, SSZ-33, β, and ZSM-5: molecular dynamics and catalytic studies[J]. J. Catal, 2004, 1: 227-241.

[44] 段雪，王琪．定量解析程序升温脱附谱图的新方法[J]．催化学报(Duan X，Wang Q. Chin. J. Catal.)，1986，7：169

[45] 段雪，马力，王琪，等．定量解析 TPD 和 TPR 谱图的计算程序[J]．北京化工学院学报(Duan X，Ma L，Wang Q，Peng S Y. Journal of BeiJing Institute of Chemical Technology)1987，14：78.

[46] Beck L W，White J L，Haw J F. 1H(27Al) double resonance experiments in solids：An unexpected observat ion in the 1H MAS spectrum of zeolite H－ZSM5[J]. J. Am. Chem. Soc. 1994，116(21)：9657－9661.

[47] Yu H G，Fang H J，Deng F，et al. Acidity of sulfated tin oxide and sulfated zirconia：A view from solid state NMR spectroscopy[J]. Catal. Commun. 2009，10：920－924.

[48] Huo H，Peng L M，Grey C P. Low temperature 1H MAS NM R spectroscopy studies of protonmotion in zeolite H－ZSM－5[J]. J. Phys. Chem. C，2009，113(19)：8211－8219.

[49] Hunger M，Horvath T. Adsorption of methanol on Bronsted acid sites in zeolite H－ZSM－5 in vestigated by multi nuclear solid sta e NMR spectroscopy[J]. J. Am. Chem. Soc. 1996，118：12302－ 12308.

[50] Zhao Q，Chen W H，Huang S J，et al. Discernment and quantification of internal and external acid sites on zeolites[J]. J. Phys. Chem. B，2002，106：4462－ 4469.

[51] Hyung－Ki Min，Seung Hyeok Cha，Suk Bong Hong. Mechanistic insights into the zeolite－catalyzed isomerization and disproportionation of m－xylene[J]. ACS Catal.，2012，2：971－981.

[52] J R 安德森．金属催化剂的结构[M]．北京：化学工业出版社，1985：199.

[53] 蔡光宇，辛勤，王祥珍，等．经磷或镁改质的 ZSM－5 沸石的表面性质研究[J]．催化学报，1985，6：50.

[54] 李玉光，吴晓星，李晓光，等．HZSM－5 分子筛 SiCl4 脱铝及其对甲苯加甲醇甲基化的择形催化作用[J]．石油化工，1986，15：603.

[55] 曾昭槐，郑超文．碱金属化合物改性 ZSM－5 沸石的择形催化作用[J]．高等学校化学学报，1987，8：97.

[56] 曾昭槐，曾永平．碱土金属化合物改性的 ZSM－5 分子筛的择形催化作用[J]．石油学报(石油加工)1987，3(增刊)：32.

[57] Kaeding W W，Chu C，Young L B，et al. Selective alkylation of toluene with methanol to produce para－Xylene [J]. J. Catal.，1981，67：159.

[58] Rodewald P G. Silica－Modified Zeolite Catalyst and Conversion Therewith：US 4060568[P]. 1976－3－31.

[59] 桂寿喜，杜晋轩，顾昊辉，等．一种沸石催化剂的择形改性方法．中国，CN1281750A[P]. 2001－1－31.

[60] 中国石油化工股份有限公司，中国石油化工股份有限公司石油化工科学研究院．一种烷基芳烃异构化催化剂及使用方法：CN1887423 A[P]. 2007－01－03.

[61] 李燕秋，白而铮，段启伟．芳烃生产技术的新进展[J]．石油化工，2005，34：309－315.

[62] Liu Zhongxun. Comparison on commercial application of two types of C_8 aromatics isomerization catalysts[J]. China Pet Process Petrochem Technol，2010，12(4)：13－17.

[63] Shell Internationale Research Maatschappij B. V. ZSM－5，Its preparation and use in ethylbenzene dealkylation：WO，034093 A2[P]. 2009－03－19.

[64] UOP LLC. Xylene production processes with integrated feedstock treatment：US，8044253[P]. 2011－10－25.

[65] UOP LLC. Molecular sieve，catalyst，and/or a process relating thereto：WO，143031[P]. 2011－11－17.

[66] ExxonMobil Chemical Patents Inc. Process for xylene isomerization and ethylbenzene conversion：US，7247762[P]. 2007－07－24.

[67] UOP LLC. Xylene production apparatus with integrated feedstock treatment：US，7776283[P].2010-08-17.
[68] ExxonMobil Chemical Patents Inc. Process for producing catalysts with reduced hydrogenation activity and use thereof：US，7439204[P].2008-10-21.
[69] UOP LLC. Process for reacting over two catalyst beds：US，7687673.2010-03-30.

第三节 甲苯择形歧化技术

一、概 述

择形催化(shape-selective catalysis)的概念由 Weisz 和 Frilette[1]首次提出。甲苯择形歧化反应是典型的择形催化反应，甲苯择形歧化技术(甲苯选择性歧化技术)利用产物分子在择形催化剂内的扩散差异，得到 PX 含量大于 90%的混合二甲苯，而其他二甲苯生产工艺只能得到 PX 含量约为 24 %的混合二甲苯。

甲苯择形歧化催化剂一般采用孔径大小与二甲苯分子尺寸相当的 ZSM-5 分子筛作为反应活性中心。催化剂制备的关键在于对分子筛孔口进行分子尺度的精细调变以及采用惰性化合物覆盖分子筛外表面的酸性位，以避免扩散出孔道的对二甲苯异构化为热力学平衡组成的混合二甲苯。

甲苯择形歧化技术的混合二甲苯产物经一级冷冻结晶即可直接分离生产高纯度的 PX 产品，也可进入吸附分离单元，有效提高芳烃联合装置的 PX 产能，降低 PX 生产的物耗能耗。与传统的 PX 生产工艺相比，甲苯择形歧化技术与结晶分离工艺组合的 PX 生产工艺，具有工艺流程简单、投资小、操作成本低等优点。

中国石化开发的 SSTPD 甲苯择形歧化工艺于 2005 年实现工业化。国外已工业化的甲苯择形歧化技术有 ExxonMobil 公司的 MSTDP 和 PxMax 技术、UOP 公司的 PX-Plus 工艺等。

二、反应原理

(一)择形催化

甲苯择形歧化催化反应涉及分子直径和分子动力学直径两个基本概念。

分子直径是将单个气体分子假设为球形，然后计算其三维尺度的尺寸而得出的，因大部分分子为非球形，如常见的氧气和氮气为椭圆球型，所以该数值并非分子的实际尺寸。

动力学直径一般采用最小短轴截面来计算，也即动力学直径是在给定分子的最小有效维度下所计算的直径，亦即采用二维尺度来定义。表 3-3-1 给出了不同芳烃的分子动力学直径[2,3]。

根据量子动力学的观点，随温度的升高，分子筛的孔道直径增大，气体分子的伸缩振动幅度也增大，动力学直径随之缩小。此外，分子筛微孔孔道内存在较强的电场作用，对分子动力学直径有一定的影响，导致动力学直径相对较大的分子也可以进出分子筛孔道。因此在选择和研发高性能择形催化剂时，需结合实际反应条件来进行孔道及孔口尺寸的选择和设计。

通过对催化剂改性可以改变其择形催化反应类型，从催化反应角度看，影响择形催化的主要因素是扩散、反应位区域条件和催化剂表面的酸性质。

表 3-3-1　芳烃的分子特性

芳烃类别	沸点/℃	动力学直径/nm
苯	80.1	0.58
甲苯	110.6	0.58
乙苯	135.2	0.58
对二甲苯	138.3	0.58
间二甲苯	139.1	0.63
邻二甲苯	144.0	0.66
1，2，3-三甲苯	176.1	0.69
1，2，4-三甲苯	169.3	0.67
1，3，5-三甲苯	164.7	0.75

择形催化反应有以下几种类型[4~12]：孔径排阻(size exclusion)、库仑电子场效应(Coulombic field effects)、构型扩散(configurational diffusion)、过渡态选择性(transition state selectivity or spatiospecifity)和分子通道控制(traffic control)等。此外，还有约束效应(confinement effect)、孔口催化(pore mouth catalysis)[13,14]和鸟巢效应(nest effect)等[4,6,13,14]导致的择形催化反应。

孔径排阻是由分子筛有效孔径大小引起的反应物和产物的选择性特性。库仑电子场效应是由分子筛本身的特性引起择形催化反应，与分子筛的硅铝比和交换离子有关。构型扩散择形催化是指由于反应物或产物与分子筛的孔径大小相接近、需通过改变分子筛孔结构来改变反应的选择性。过渡态选择性是指反应物和产物的动力学直径都小于分子筛孔径，而反应中间物即过渡态物质的动力学直径大于反应物和产物引起的产物选择性。分子通道控制是指拥有两种孔道的分子筛在反应时大分子在孔径较大的孔道中扩散，而小分子在孔径较小或较大的孔道中扩散。

过去常用的分子筛择形催化分类为[4,12,15]：反应物和产物分子择形性(筛分效应)。该种分类方法已无法涵盖全部择形催化类型。

对一个具体的择形催化反应往往无法归于某一类择形催化效应，其涵盖了多种择形催化反应类型。

(二)化学反应过程

甲苯择形歧化反应的主要反应产物是苯和高 PX 浓度混合二甲苯。

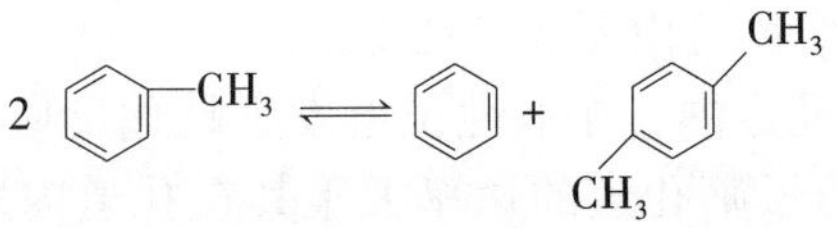

该反应为扩散控制的可逆反应，理论上不耗氢[16]。该反应的热力学和动力学分析见本章第一节。

主要副反应为分子筛外表面的二甲苯异构化反应、分子筛孔道内发生的二甲苯歧化反应以及烷基转移反应和芳烃的加氢裂解反应等，其中副产物乙苯反应生成机理未见研究报道。典型的副反应如下：

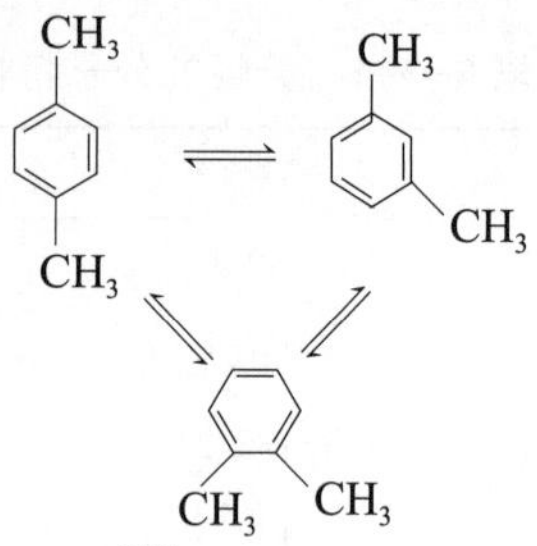

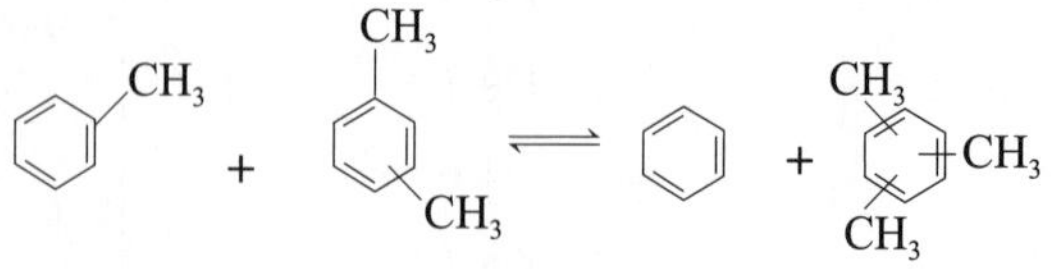

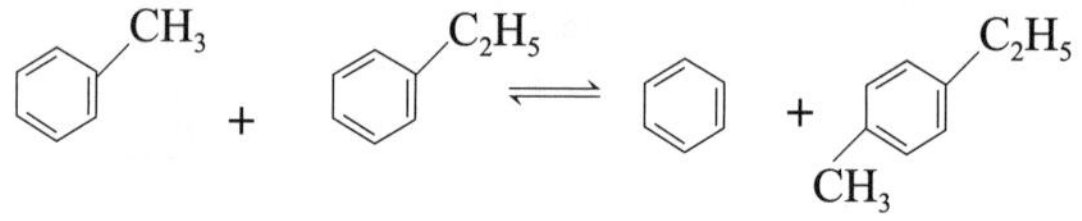

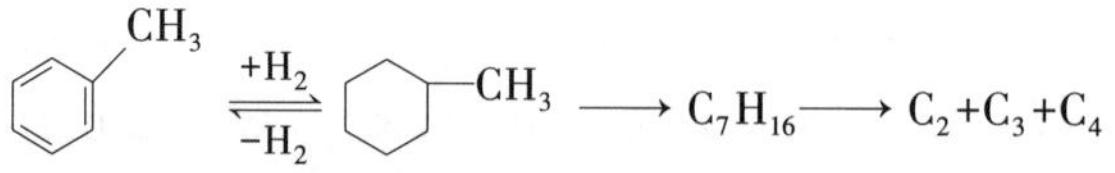

在以上副反应中，异构化反应速率远大于歧化和裂解反应速率，两个反应的 $k_i/k_d \geqslant 700$。为确保获得高对二甲苯浓度的混合二甲苯，提高对二甲苯选择性，必须抑制扩散出分子筛孔道的对二甲苯在分子筛外表面发生异构化反应。因此，在催化剂制备过程中需要完全覆盖外表面的活性位，使二甲苯异构化与甲苯歧化的表观速率常数之比小于 1，即 $(k_i/k_d)_{表观} \leqslant 1$。

甲苯歧化反应是一个由强 B 酸催化的可逆反应，分子筛中 B 酸位的数量越多，酸强度越高，催化反应也就越接近反应平衡状态。分子筛催化的甲苯歧化反应机理[17]如图 3-3-1 所示。

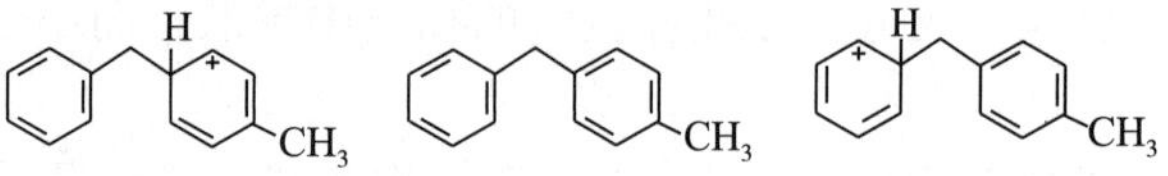

图 3-3-1 甲苯歧化反应机理中的三种二苯基中间体

甲苯在分子筛酸中心作用下，形成三种二苯基中间体(二苯基甲烷类化合物)，该中间体可以与分子筛酸中心发生氢交换，脱去氢离子形成副产物二苯基甲烷，也可以发生分子内氢转移，脱除一个苯基生成产物苯，并结合甲苯的甲基得到氢，生成二甲苯。

(三)择形机理

甲苯择形歧化反应过程[18~26]可由图 3-3-2 表示。

甲苯进入 ZSM-5 分子筛孔道内，在酸性位上发生歧化反应，生成具有热力学平衡组成的混合二甲苯。甲苯扩散进分子筛孔道的速率大于其在孔道内发生歧化反应的速率，$D_t/r^2 \geqslant k_d$(r 为分子筛晶粒尺寸)。对二甲苯的分子动力学直径比间二甲苯分子和邻二甲苯分子略小(见表 3-3-1)，在 ZSM-5 分子筛孔道中，苯、甲苯和对二甲苯的扩散系数远远大于邻二甲苯和间二甲苯的扩散系数，从而优先从分子筛孔道中快速扩散逸出，而绝大部分间二甲苯和邻二甲苯分子的扩散受到阻碍，滞留在分子筛孔道内继续发生异构化反应转化成对二甲苯，滞留在分子筛孔道内的间、邻二甲苯的异构化速率大于其扩散速率。这就使得分子筛孔口外的对二甲苯浓度远远高于分子筛孔道内初始混合二甲苯产物中对二甲苯的热力学平衡浓度，从而达到对位择形的目的。由于分子筛外表面酸性位已被选择性覆盖，扩散出孔道的对二甲苯，难于在外表面发生异构化反应，呈现高对二甲苯选择性。若反应物和产物分子在分子筛孔道内停留时间过长，则芳环裂解和侧链烷基脱除等副反应增强，PX 产率降低。

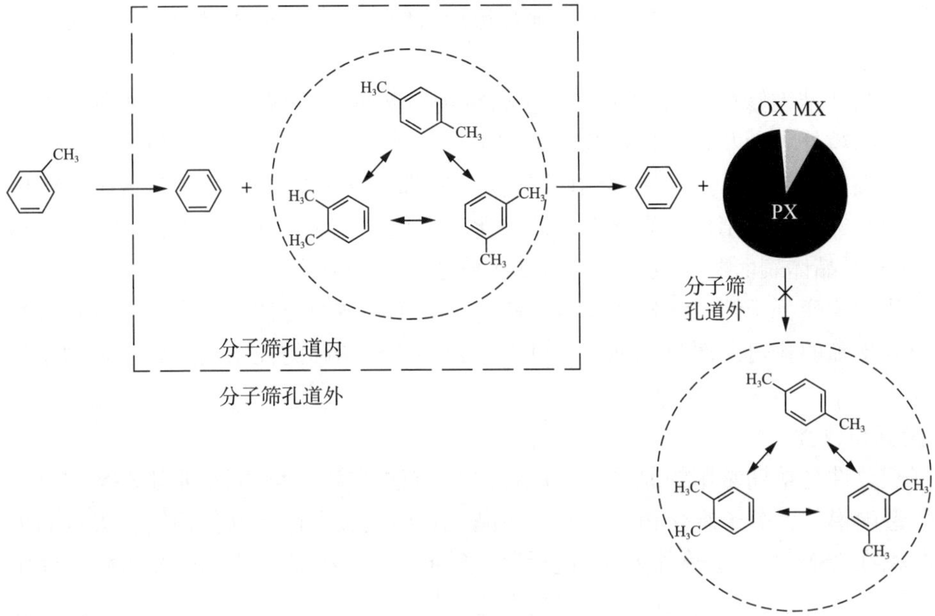

图 3-3-2　甲苯择形歧化反应过程模拟图

催化剂的高反应活性和高对位选择性具有逆向效应。高活性需要尽可能大的分子筛孔道尺寸，而高对位选择性，则需要在 PX 优先扩散性能的前提下，经孔结构精细调变获得能有效阻止邻、间位二甲苯扩散出来的较小分子筛孔道。因此高活性和高对位选择性的催化剂要求分子筛孔道微调到合适大小。与此同时，高对二甲苯收率需要减少芳烃在催化剂上裂解以及烷基转移反应等副反应发生。为了使 ZSM-5 分子筛在选择性修饰后仍保持有较高的催化活性，在改性修饰过程中，还必须设法保持尽可能多的 ZSM-5 的酸性位。

三、择形歧化催化剂

由于 ZSM-5 分子筛的孔径与苯环的分子动力学直径相近，通常采用 HZSM-5 分子筛作为甲苯择形歧化催化剂活性组分。自 20 世纪 70 年代至今，对其合成技术的研究非常多，可以合成硅铝比和形貌不同的 ZSM-5 分子筛[27,28]。此外，也有少数专利采用与 ZSM-5 有类似孔道结构的 ZSM-11 分子筛[29]。

(一)催化剂选择性改性

催化剂的选择性改性，实际上是对所使用分子筛的表面酸性、孔道和孔口进行修饰，以达到筛分二甲苯异构体、提高对位选择性的目的。甲苯择形歧化催化剂选用 ZSM-5 分子筛作为活性主体，其晶体结构属斜方晶系，Pnma 空间群，晶胞参数 $a=2.01$nm，$b=1.99$nm，$c=1.34$nm。HZSM-5 晶体有两种孔道：一种为平行于(001)的正弦形方向的近似圆形孔道，孔径(0.54±0.2)nm；另一种为平行于(010)的椭圆形直形孔道，长轴 0.57~0.58 nm，短轴

0.51~0.52nm。

改变分子筛孔结构的方法主要有以下几种[30,31]：

①离子交换。分子筛孔道内平衡骨架电荷的阳离子，通过离子交换得以置换，分子筛孔道直径则随交换后的阳离子尺寸大小而改变。

②吸附极性分子。该方法是在分子筛孔道内吸附一种特定的极性分子，从而改变了分子筛的孔径大小。

③分子筛孔结构修饰。通过对分子筛晶粒进行热处理、嵌入杂原子对内外表面结构修饰、分子筛晶粒外表面及孔口进行修饰等方法，使分子筛外表面酸性质发生改变、孔径及孔口大小发生细微的变化。该方法应用最广，一般都以非金属化合物如碳化物(结焦)、硅、磷和硼作为修饰物，采用预积炭处理、硅烷化、硼烷化、硼氮化合物嵌入、无机酸或其盐改性以及 ZSM-5 晶体表面覆盖纯硅 Silicalite-1 分子筛膜等方法。

上述几种改变分子筛孔结构的基本方法，可以单独或组合使用。第一、二种方法可较大幅度改变分子筛的孔道，而第三种方法可以小幅调节分子筛的孔结构，属于亚纳米尺度的分子工程技术。

1. 炭沉积改性

炭沉积改性是早期常用的原位择形改性处理方法[32~34]。该方法利用 ZSM-5 孔道较小，不易在孔道内形成大分子炭化物，高温下在晶粒表面酸位上进行催化积炭，大量的大分子炭化物仅沉积在 ZSM-5 分子筛外表面(包括分子筛孔口)，覆盖分子筛外表面酸活性中心，并同时缩小了孔口直径。通过反应前预积炭方法可提高催化剂的对位选择性。早先工业化的甲苯择形歧化 ZSM-5 催化剂就是采用反应前原位预积炭方法进行 ZSM-5 的修饰改性，ExxonMobil公司的 MSTDP 技术采用预积炭改性催化剂。预积炭沉积过程一般在氢烃摩尔比小于 0.7、温度比正常反应温度高 50~100℃下进行[35]。由于改性工艺操作繁琐、重复性差且效果也不够理想，该方法目前在工业上已被沉积二氧化硅改性方法所替代。

2. 二氧化硅沉积改性

分子筛表面的二氧化硅沉积方法[36~39]一般有化学液相沉积(CLD)法和化学气相沉积(CVD)法两种。目前最有效的 ZSM-5 分子筛改性方法有异位改性方法和原位改性方法。

异位改性技术指先将含硅化合物前体沉积于分子筛外表面后再进行焙烧，这种步骤可多次进行，得到具有较好效果的择形催化剂。其中 CVD 方法又分为蒸汽相流动系统和静态真空系统沉积法二种。

原位改性方法指反应过程和分子筛催化剂改性结合，将含硅化合物前体掺入甲苯原料中，在反应器中进行催化反应的同时，对催化剂进行孔道及外表面的修饰，在反应条件下使催化剂原位(in-situ)择形化，经过一段时间的在线预处理使催化剂达到令人满意的对位选择性[40~42]。

应用二氧化硅沉积改性方法制备的催化剂具有反应活性高、对位选择性高、催化性能稳定和再生性能较好的特点。改性中所用的含硅化合物应选择合适的具有热分解性质的硅氧烷类化合物，一般选用硅烷类或(聚)硅氧烷类化合物，较常用的是大分子的聚硅氧烷化合物[43]，简称硅油。

催化剂改性过程中，硅油的分解产物对催化剂性能影响较大。采用裂解色谱-质谱联用表征技术[43]，研究了不同类型的聚硅氧烷的裂解行为及分解产物，发现采用 A、B、C、I

四类高分子有机硅油裂解生成的小分子产物的分子尺寸有很大差异(表 3-3-2)。相对于 ZSM-5 孔径，B、C、I 类硅油难以进入分子筛微孔孔道，而且裂解产物也比分子筛孔径大，无法进入分子筛孔道，从而防止改性过程孔道阻塞；A 类改性剂裂解生成的小分子有机硅化合物能够进入分子筛孔道内，不适合用作改性剂。

表 3-3-2　不同改性剂分解产物 PGC-MS 分析结果

改性剂	聚硅氧烷裂解物
A	$Si(Me)_4$，$HSi(Me)_3$，$Me_3Si-SiMe_3$，$Me_3Si-O-SiMe_3$，Me_2-D_3，Me_2-D_4……
B	$PhSi(Me)_3$，$(Me)_3Si-O-Si(Me)_2Ph$，$PhMe-D_3$，$PhMe-D_4$，$PhMe-D_5$，$PhMe-D_6$……
C	$(Me)_3Si-O-Si(Me)_2NH_2$，NH_2Me-D_3，NH_2Me-D_4……
I	$HOSi(Me)_3$，$(HO)_2Si(Me)_2$，$(Me)_3SiOSi(Me)_2OH$……

一般采用以大晶粒分子筛作为择形催化剂活性基体，来达到改性后高对位选择性目的。对于甲苯歧化反应而言，大晶粒分子筛的扩散路径长，反应物和产物分子在分子筛孔道内的停留时间长，脱烷基反应和芳环开环反应加剧，PX 收率低。如采用小晶粒高活性 ZSM-5 分子筛，分子筛扩散路径短，反应物和产物分子可快速进出分子筛孔道，催化剂活性高，反应温度较低，有助于抑制脱烷基反应和芳环裂解反应，以增加 PX 收率。也有采用小晶粒分子筛的报道，如中国石化专利报道的催化剂[44,45]，具有较好的催化性能。

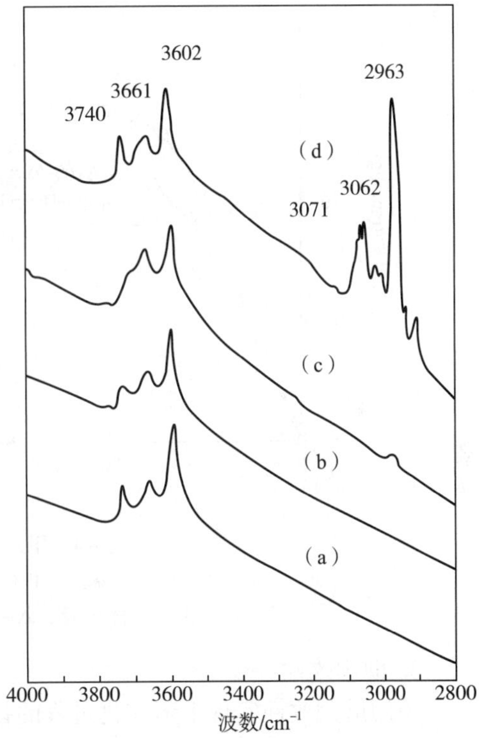

图 3-3-3　改性前后 ZSM-5 的红外表征光谱结果

(a)—未改性；(b)——次改性；(c)—四次改性；(d)—B 类有机硅浸渍后 ZSM-5

采用异位二氧化硅改性方法制备催化剂，其对二甲苯选择性可大于 90%。具体方法为采用改性剂多次改性后焙烧，以达到提高选择性的目的。对化学液相硅沉积修饰分子筛进行分子筛骨架红外光谱研究[43](见图 3-3-3)，3661cm^{-1} 和 3602cm^{-1}处的吸收峰分别归属于非骨架铝物种 Si—Al(OH)和骨架铝 Al—OH 的振动，而在 3740cm^{-1}附近为可以增加分子筛吸水性的分子筛表面 Si—OH 的吸收峰[46~52]。随着改性次数的增加，骨架铝 Al—OH 峰面积下降；改性后，3740cm^{-1}处的峰基本消失。说明硅羟基几乎消失，而骨架铝羟基数随改性步骤增加而降低，非骨架铝羟基峰宽化。表明用硅化合物进行催化剂的改性，硅化合物首先通过浸渍附着于催化剂表面，经焙烧后转化为二氧化硅，催化剂外表面酸性位钝化，硅羟基与硅化合物结合，导致改性后的催化剂疏水性明显增加。文献[53]也报道了在改性前分子筛酸性位上预吸附碱性分子可影响硅氧烷 CVD 改性分子筛的催化活性的类似效应。同时硅羟基在焙烧处理中与硅物种相互作用而消失，在 TEOS SiO_2-CLD 改性中也观察到类似现象[54]。

在择形催化剂制备过程中通常需要多步改性才能达到高对位选择性。随着改性次数的增加，孔口发生了改变，在动力学上表现为二甲苯异构体的扩散系数差异化加大[55]。甲苯及间二甲苯在改性前后样品上的扩散性能如图3-3-4、图3-3-5所示[56]。改性前，甲苯和间二甲苯的饱和吸附量相差不大，但间二甲苯扩散速率较低；随着改性次数增加，甲苯的扩散阻力增加，扩散速率下降，甲苯的饱和吸附量也随之下降；与未改性的样品相比，初步改性使间二甲苯扩散速率大幅下降，改性后最终的催化剂间二甲苯的扩散性能与初步改性样品无明显变化。表明初步改性后，分子筛孔口缩小，使得间二甲苯扩散阻力急剧增大，已达到高对二甲苯选择性对扩散控制的要求。后续改性后，孔口继续缩小，但程度小于第一步改性，二氧化硅的沉积主要起覆盖外表面酸性位的作用。

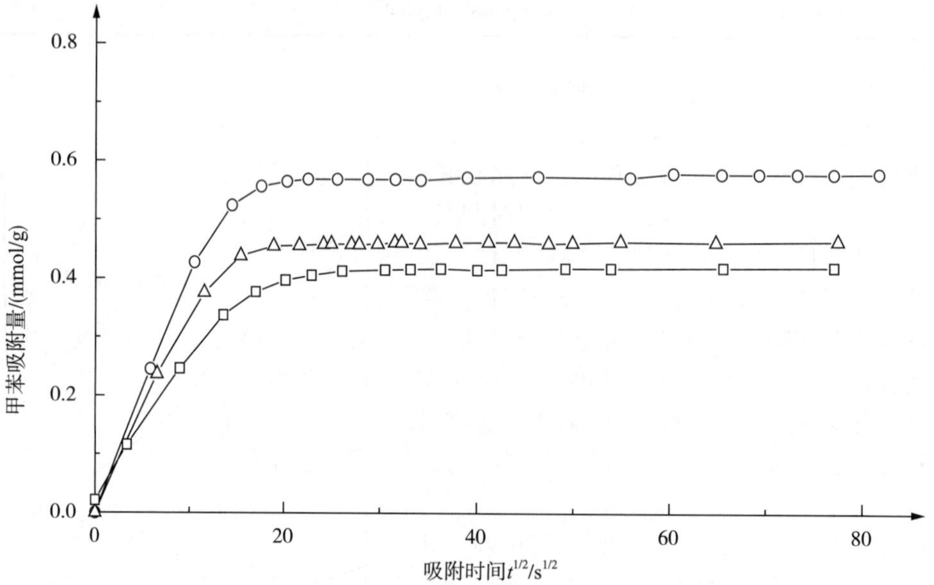

图3-3-4 甲苯在改性前后样品上的扩散性能

（条件：甲苯蒸气0 ℃，样品温度120 ℃）

○—未改性样品；△—初步改性样品；□—最终改性后样品

3. 助剂改性

采用助剂改性实现甲苯歧化过程的择形催化时，一般采用较小的离子或原子半径的元素对分子筛进行改性，如磷、镁、硼、碳化物改性，负载P、Mg、B等元素的氧化物[57~61]，除钝化分子筛外表面酸性外，同时缩小了分子筛孔口或孔道孔径尺寸。该类元素改性后可进入分子筛孔道内，导致甲苯由于孔径排阻效应扩散受阻，改性后在屏蔽外表面酸性的同时致酸性位强度和数量下降，通过提高温度来增加扩散速率和反应速率，提升分子筛的活性。该类改性催化剂要求的反应温度一般要高达500~600 ℃。P、Mg、La改性ZSM-5分子筛的甲苯择形歧化催化剂的性能见表3-3-3[60,61]。

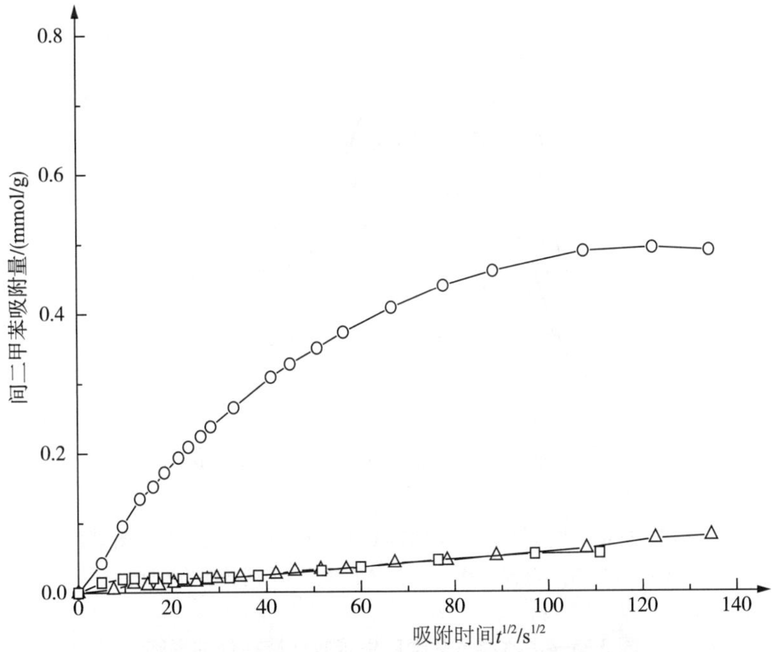

图 3-3-5　间二甲苯在改性前后样品上的扩散性能

（条件：甲苯蒸气 0 ℃，样品温度 120 ℃）

○—未改性样品；△—初步改性样品；□—最终改性后样品

表 3-3-3　P、Mg、La 改性 ZSM-5 分子筛的甲苯择形歧化性能

改性元素	反应温度/℃	空速/h^{-1}	转化率/ %	选择性/%
P	550	5	16.2	90.3
P-Mg	550	5	17.6	92.8
La	550	5	16.4	81.7
P-Mg	600	3.5	27.2	96.6
P	550	1.9	38.1	72.1
P	500	5.7	16.0	95.3

4. 水蒸气改性

该类改性方法使 ZSM-5 分子筛改性后孔道尺寸变小，限制了三甲苯和二甲苯歧化副反应的进行，具有过渡态选择性作用。在实际研究中，采用水蒸气处理也可以引起孔道内部改性。水蒸气处理一般用于分子筛脱铝，以提高催化剂的稳定性，在疏通孔道的同时，一定程度上缩小了孔径。对 ZSM-5 分子筛进行水热脱铝，可导致分子筛骨架铝脱出，形成非骨架铝。从样品的 NH_3-TPD 图(图 3-3-6)可知[62]，经水蒸气处理后，峰面积随水热温度提高而降低，ZSM-5 弱酸中心(对应低温吸附峰)和强酸吸附中心(对应高温吸附峰)的酸量和酸强度下降。

水蒸气处理改性与二氧化硅沉积改性相结合，具有协同改性效果。采用聚硅氧烷对 ZSM-5 改性焙烧后再进行水蒸气处理，对甲苯歧化选择性的影响见表 3-3-4[62]。

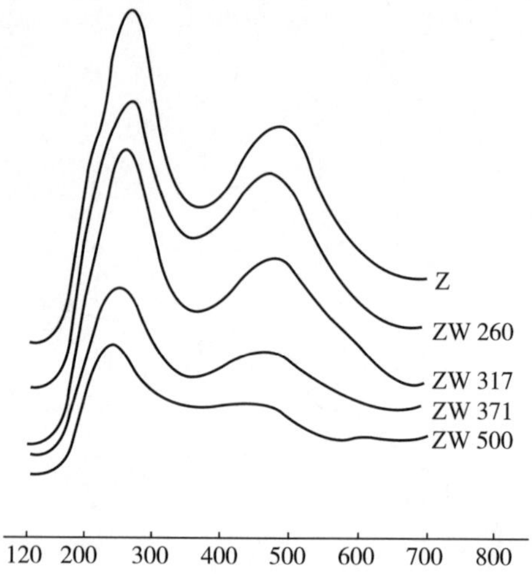

图 3-3-6 水蒸气处理后 HZSM-5 催化剂的 NH_3-TPD 图谱

Z—没有水蒸气处理；ZW—水蒸气处理，后面的数据为温度，℃

表 3-3-4 水蒸气处理对甲苯歧化选择性的影响

催化剂处理温度/℃	产物质量分布/%				转化率/%	对位选择性/%
	苯	对二甲苯	邻二甲苯	间二甲苯		
未处理	12.7	6.7	1.5	5.9	29.3	47.5
288	14.0	6.9	2.0	7.3	33.2	42.9
317	14.8	7.2	1.9	7.2	34.1	44.1
371	14.5	7.4	1.7	6.7	33.2	47.1
500	12.2	8.5	0.6	3.0	26.8	70.6

由表 3-3-4 可知，在水蒸气处理前，二氧化硅屏蔽外表面的酸性位，使催化剂获得一定的选择性。经 288 ℃、317℃和 371℃处理后，催化剂的歧化活性提高，对位选择性稍有下降，此时水蒸气起到疏通孔道的作用，但也导致骨架发生极少部分脱铝，清除部分强酸位。疏通孔道可以增加反应物和产物的孔内扩散速率，从而提高反应转化率，但由于二甲苯异构体的相对扩散速率减少，对位选择性下降。在 500 ℃水蒸气处理后，催化活性下降而对位选择性增加。主要因为分子筛的骨架大量脱铝，引起骨架收缩，且非骨架铝物种在孔道内大量堆积，使孔道的扩散阻力增大。

5. 其他改性方法

钝化分子筛表面酸性的改性方法还可以选择性脱除分子筛外表面的铝，包括水热处理、EDTA 和$(NH_4)_2SiF_6$处理等，以及采用含 P 和 N 的大分子碱使分子筛外表面酸位选择性毒化[53,63,64]。

(二)催化剂制备

甲苯择形歧化催化剂制备的过程从分子筛合成开始，经离子交换、捏合成型和焙烧后，得到含氢型 ZSM-5 的催化剂本体，然后采用二氧化硅或焦炭等惰性化合物钝化分子筛外表面，得到合格的催化剂。典型异位法工业催化剂制备工艺过程[55,65]如图 3-3-7 所示。

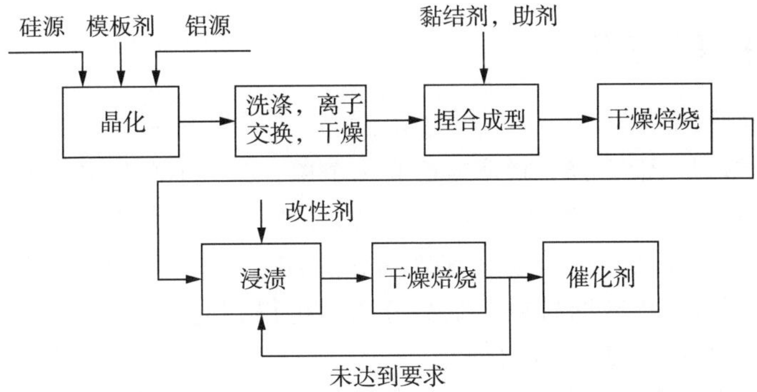

图 3-3-7　典型的甲苯择形歧化催化剂制备过程

催化剂制备工艺中浸渍、干燥、焙烧工序是催化剂制备难点。浸渍一般采用有机硅和有机溶剂，经脱除有机溶剂后，再进行焙烧。有机硅高分子在较高温度下才能分解燃烧，且容易裂解，因此改性重复性较困难，工序控制要求较高。

(三) 工业催化剂

各种甲苯择形歧化技术公开的工艺条件及催化剂性能见表 3-3-5[55,65~70]。

表 3-3-5　甲苯择形歧化技术工艺条件及催化剂性能

技术名称		SSTDP	MSTDP	PxMax	PX-plus	GT-STDP
催化剂		SD-01	ZSM-5	EM-2300	—	ZSM-5
改性方法		异位改性	原位改性	异位改性	—	—
反应工艺条件	反应器类型	固定床	固定床	固定床	固定床	固定床
	反应温度/℃	420~460	455~470	约 420	—	390~400
	压力/MPa	0.8~4.2	2.1~4.2	2.1~4.2	—	3.0
	氢烃比	1~2	2~4	1.0~1.5	—	—
	WHSV/h^{-1}	2~4	2~4	—	—	4.0~4.5
催化剂性能	转化率/%	30	30	30	30	28~30
	苯/二甲苯(摩尔比)	1.2~1.3	1.3	1.2	1.4	1.18~1.21
	第一周期/a	>5	>1.5	>5	—	—
产物收率/%(质量)	非芳烃	—	6.6	3.7	—	—
	苯	—	44.9	44.7	—	—
	二甲苯+乙苯	—	46.0	50.0	—	—
	C_9+A	—	2.5	1.6	—	—
	苯+C_8A	97.3	90.9	94.7	—	—
产物二甲苯分布/%(质量)	对二甲苯	93.0	82.2	89.8	—	80~90
	间二甲苯	6.9	15.1	8.2	—	—
	邻二甲苯	0.1	2.7	2.0	—	—

注：MSTDP 的二甲苯分布为初期运装数据。

四、工艺流程和工艺条件

(一)工艺流程

甲苯择形歧化装置通常为芳烃联合装置的一个单元。现有的工业化甲苯择形歧化技术，均采用气-固相临氢固定床反应工艺，其反应产物分离部分可以与芳烃联合装置其他单元分离系统结合。但最佳的做法是单独建设 BTX 分离系统，这样可以得到富含对二甲苯的混合二甲苯物料，该股混合二甲苯通过单级结晶分离即可得到对二甲苯产品。典型的 SSTDP 甲苯择形歧化工艺流程如图 3-3-8 所示[71]。

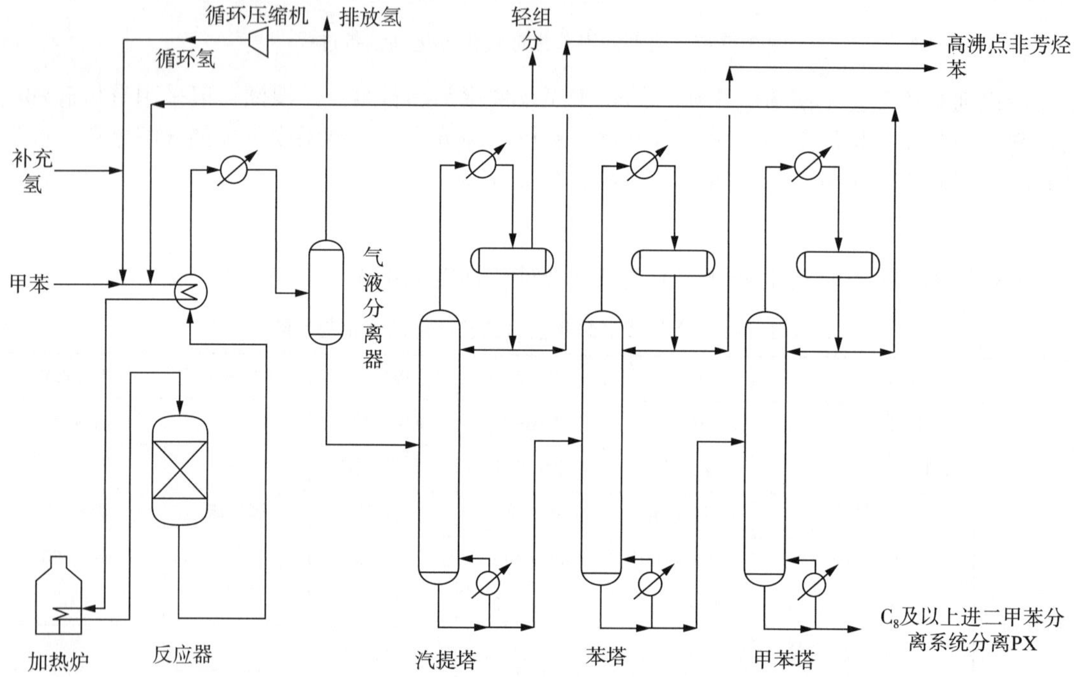

图 3-3-8　典型的 SSTDP 甲苯择形歧化工艺流程图

该工艺流程包括反应热交换、催化反应、产物冷却冷凝、气液分离、氢气循环和产物汽提等过程。从界区外来的新鲜甲苯和循环甲苯原料用进料泵在流量控制下，与来自循环氢压缩机的氢气混和后，进入反应混合进料换热器，与反应产物进行换热。被预热后的反应原料进入反应进料加热炉加热后进入反应器，在择形歧化催化剂床层上进行临氢甲苯择形歧化反应。反应产物经回收热量和冷却后，进入反应产物分离器(高分罐)，进行气液分离，分离的气体大部分经循环氢压缩机与界外来的补充氢混和后，循环使用，液体产物与汽提塔釜液换热后进入汽提塔，脱除 C_1 ~ C_5 等轻组分，汽提塔塔釜产物进入下游苯塔/甲苯塔单元，进一步分馏得到苯、甲苯等产品，其中甲苯作为歧化反应原料循环回反应系统。甲苯塔塔底物料进二甲苯分馏系统。

(二)工艺特点

甲苯择形歧化技术采用临氢固定床反应工艺，以甲苯为原料，在择形催化剂上发生甲苯歧化反应生成苯和高 PX 浓度的混合二甲苯。主要性能指标有甲苯转化率、对位选择性、苯/二甲苯和(苯+二甲苯)选择性等。

$$对位选择性(\%)=\frac{产物的PX质量}{产物的\sum X的质量}\times100\%$$

$$苯/二甲苯(摩尔比)=\frac{产物中B的物质的量}{产物中的\sum X的物质的量}$$

$$(苯+二甲苯)选择性(\%)=\frac{产物B和\sum X的质量}{(反应进料的T质量-反应产物的T质量)}\times100\%$$

催化剂活性越高，甲苯转化率越高，甲苯循环量减少，能耗降低。对位选择性越高，表示对二甲苯在二甲苯中的比例越高；苯/二甲苯摩尔比越低，二甲苯收率越高，副反应越少。

甲苯择形歧化技术的主要工艺特点有[16,20,72,73]：

①获得高对二甲苯含量的混合二甲苯，其中对二甲苯含量可达90%以上。由于对位选择性高，降低了二甲苯异构化操作负荷，对二甲苯分离的操作费用可减少30%以上。

②生产高纯度苯产品。苯产物作为主要产物，从苯塔中塔顶直接分馏得到。

③与传统甲苯歧化与烷基转移反应相比，没有碳九以上重芳烃的裂解放热反应，因此，反应器进出口温升较低。

④催化剂不易失活，催化剂寿命较长。

本工艺的主要不足之处是只能处理甲苯而不能用 C_9 芳烃以及 C_{10+}芳烃作原料。

(三)工艺条件的影响

甲苯择形歧化技术的主要工艺参数为空速、压力、温度、氢烃比等[65,71,74]。

1. 重时空速

空速通常以进反应器的甲苯量来计算。由于甲苯的单程转化率较低，择形歧化装置一般都在较高的空速下运行，以保证单程对二甲苯产量。重时空速对甲苯择形歧化反应影响的规律见图3-3-9。

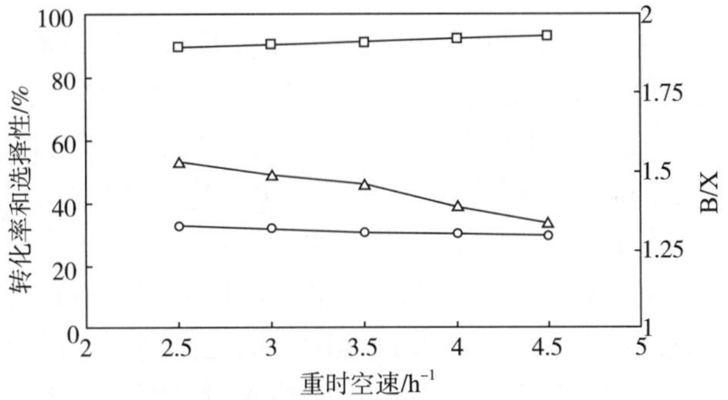

图3-3-9　重时空速对甲苯择形歧化催化剂性能影响

○—甲苯转化率；△—B/X比值；□—PX选择性

随着空速增加，气体线速度增加，反应物在催化剂上停留的时间缩短[27]，减弱了强酸中心上的甲苯裂解反应，产物中苯/二甲苯比下降，苯产量降低，对二甲苯选择性稍有提高。空速增加导致单程甲苯转化率下降，加热炉、冷却器以及后续分离系统的负荷增加，能耗上升。空速降低，甲苯转化率增加，裂解反应加剧，二甲苯和对二甲苯收率下降。

2. 反应压力

反应压力对等分子甲苯择形歧化主反应的化学平衡没有影响，对反应的动力学影响较大，尤其对副反应影响较大。反应压力对甲苯择形歧化反应影响的规律见图3-3-10。提高反应压力时，单程甲苯转化率提高，苯和混合二甲苯之比上升，对二甲苯选择性下降。压力增加，甲苯在分子筛孔道中的扩散速率下降，甲苯与催化剂活性中心碰撞的几率增加，因此转化率上升；但由于压力增加，二甲苯异构体之间的相对扩散系数减小，使得对二甲苯选择性降低。

反应压力上升时，裂解反应明显增强，反应温升增加，氢耗和物耗增加。在保证甲苯转化率和对二甲苯选择性的前提下，通常在较高的压力下操作，在较低反应温度下保持较高的对二甲苯产率。

3. 反应温度

反应温度是控制反应活性的重要工艺参数。甲苯歧化反应虽是可逆反应，热效应很小，反应温度对化学平衡影响较小，但由于甲苯择形歧化催化剂的单程转化率（<32%）离平衡转化率（>58%）相差较大，催化剂活性和反应分子扩散系数可随温度的升高而提高。反应温度对甲苯择形歧化反应性能的影响规律见图 3-3-11。

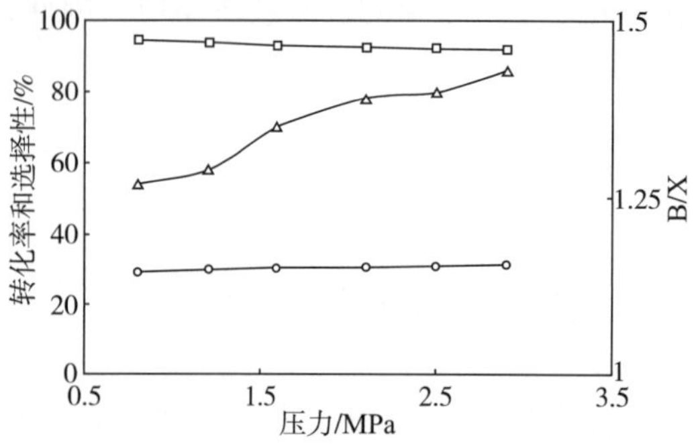

图 3-3-10　反应压力对甲苯择形歧化性能影响

○—甲苯转化率；△—B/X 比值；□—PX 选择性

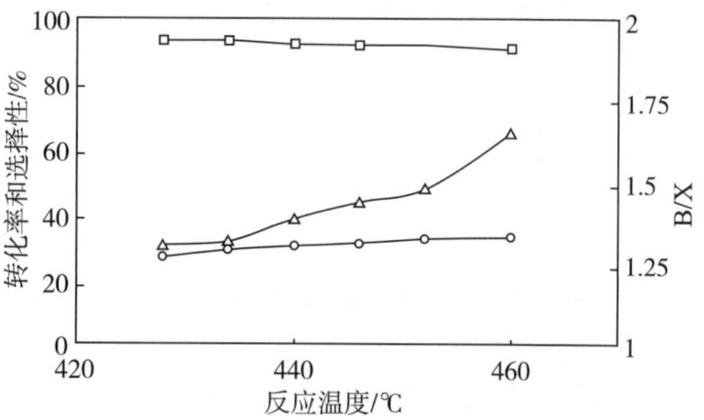

图 3-3-11　反应温度对甲苯择形歧化性能影响

○—甲苯转化率；△—B/X 比值；□—PX 选择性

在高温下分子筛孔径临界直径可相差 0.1 nm，提高反应温度时不仅临界尺寸为 0.58 nm 的对二甲苯很容易逸出孔道，就连临界尺寸为 0.63 nm 的邻、间二甲苯也可部分扩散出孔道，因而选择性下降[3]。因此在甲苯转化率上升的同时对二甲苯选择性下降。同时，反应温度提高时，加剧了甲苯的临氢脱烷基反应和异构化反应，裂解副反应增多，芳环损失增加，二甲苯总收率下降，苯收率增加，催化剂结焦也增强。

催化剂运转初期，其活性较高，一般选择较低的反应温度；随着时间的延长，催化剂上的结焦逐渐增多，活性随之下降，选用的反应温度须随之升高，以保持一定的转化率。

提高反应温度并运行一段时间后，再降低反应器入口温度，催化剂性能难以恢复到原有的水平。因此在实际操作中反应器入口温度是非常重要的操作参数，需要非常严格控制，在提温前，催化剂尽可能采取其他的参数调节后再考虑提温。

4. 氢烃比

氢气不参与甲苯择形歧化反应，但在不临氢的情况下，由于反应物和产物分子从ZSM-5孔道内扩散出去的阻力较大，催化活性中心上易结焦，催化剂迅速失活。现有的商业化甲苯择形歧化工艺全部在临氢条件下操作。由于择形歧化过程采用纯甲苯为原料，其氢烃比比传统的甲苯歧化与烷基转移工艺低，因此氢烃比变化对催化剂性能的影响显著。

氢烃比对甲苯择形歧化反应性能的影响规律见图 3-3-12。加大氢烃比时，甲苯浓度下降，氢气纯度增大，反应的转化率降低，甲苯临氢裂解反应加剧，同时线速度增加，有利于对二甲苯扩散，使其选择性升高；降低氢烃比时，甲苯转化率和产物中 PX 浓度均会升高。降低氢烃比还导致催化剂床层温升增加，补充氢量增加，循环氢纯度下降。催化剂通常在较低的氢烃比下运行，如 SSTDP 工艺和 PxMax 工艺的氢烃摩尔比为 1~2。

（四）原料中杂质的影响

反应进料为甲苯和氢气，除此以外，还有循环氢气和补充氢气带来的体积分数 10%左右的甲烷、乙烷、丙烷、丁烷等低碳数烷烃以及极少量的烯烃。此外，甲苯原料中可能还含有苯、C_8 碳八芳烃等芳烃。

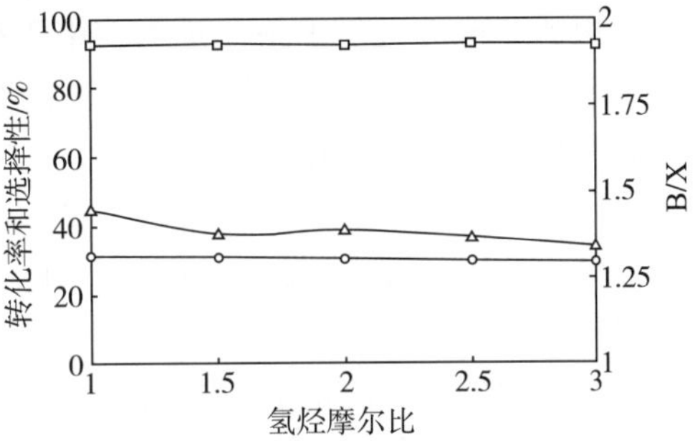

图 3-3-12　氢烃比对甲苯择形歧化性能影响

○—甲苯转化率；△—B/X 比值；□—PX 选择性

反应器出口物料中除了氢气、苯、甲苯、二甲苯、乙苯以外，还有乙烷、丙烷、丁烷、戊烷等非芳烃产物和以甲乙苯、三甲苯为主的芳烃副产物。此外，还含有甲烷、少量的烯烃以及异丙苯、正丙苯、对二乙苯、茚、茚满等化合物。

原料中如含与甲苯沸点相近的非芳烃，在后续分离系统中无法与甲苯分离而随循环甲苯返回反应器入口，在系统中不断积累，从而影响装置运行效率。

甲苯择形歧化技术一般对反应原料的要求如下[66,71]：

甲苯含量≥99.0 %；（苯+C_8 芳烃）含量≤ 0.5 %；C_9 以上芳烃含量≤0.05 %；氯含量≤1.0 μg/g；硫含量≤2.0 μg/g；氮含量≤ 1.0 μg/g（参见附录二表 3）。

补充氢规格（体积分数）：氢纯度≥90 %；氯含量≤1.0 μL/L；硫含量≤2.0 μL/L；氮含量≤1.0 μL/L。

原料中不同组分对反应影响如下：

1. 苯

若甲苯进料中苯含量过多，对反应系统和后续分离系统的影响会非常明显。甲苯择形歧化反应为可逆反应，苯的存在将抑制甲苯歧化反应的进行，使甲苯转化率降低。

如果甲苯新鲜进料中含过多的苯，则需经分馏系统分离以降低甲苯原料中苯的含量。

2. C_8 芳烃

（1）乙苯

乙苯一般来源于甲苯塔塔顶循环甲苯和补充甲苯。乙苯和对二甲苯的扩散系数相近，乙苯和甲苯或对二甲苯的歧化反应活性较甲苯歧化反应高，副产物对甲乙苯含量增加，导致对二甲苯的产量降低，产物选择性下降。同时在其他产物中，由于乙苯易发生裂解反应，反应器内温升增加，苯增加，非芳烃增加，补充氢量增加。

（2）对二甲苯

原料中对二甲苯含量在较低范围内增加时，产物中对二甲苯含量也相应增加，但如果过多，则影响甲苯浓度。对二甲苯与苯可发生烷基转移反应生成甲苯。为了维持反应转化率，需提高反应温度，从而降低催化剂寿命，提高苯/二甲苯比，反应氢耗增加。

（3）间二甲苯和邻二甲苯

由于间二甲苯和邻二甲苯无法进入催化剂分子筛孔内，两者一般全部留在产物中。如这两种杂质含量较多，会引起甲苯纯度下降，产物对二甲苯的选择性下降，对下游的产物分布影响较大。因此甲苯原料中需要限制该两个杂质，保持 PX 选择性。

3. C_9 芳烃和 C_{10}芳烃

一般情况下，C_9 芳烃和 C_{10}芳烃杂质不应出现在反应原料中。原料中的异丙苯、正丙苯和对甲乙苯可进入分子筛孔道内，由于扩散速率慢，容易脱烷基裂解，产物中苯含量会增加，非芳烃含量也增加，转化率有一定程度的下降。其他 C_9 芳烃和 C_{10}芳烃由于无法进入分子筛孔道内，易引起孔口阻塞，也引起甲苯转化率下降。

4. 氢气

氢气纯度与补充氢的量和纯度、循环氢排放、气液分离器温度有关，也与催化剂的反应状况有关。

在相同的氢气流量下，氢纯度降低时，由于循环氢中的非芳烃绝大部分为甲烷、乙烷、丙烷，可以对催化剂高活性催化中心有一定的抑制作用，反应产物中苯/二甲苯比降低，甲苯转化率降低。

5. 非芳烃

反应进料中的非芳烃来自于甲苯原料和循环氢。其中循环氢中的非芳烃大部分为低碳数饱和烃，含少量的烯烃；甲苯原料中的非芳烃一般为高碳数烃，含烷烃、环烷烃。

低碳数饱和烃的存在，可以带走副反应产生的热量，抑制裂解反应。较高碳数的烷烃类在择形歧化催化剂的强酸性位上易于加氢裂解，消耗氢气。含多烷基环烷烃由于动力学直径较大，较难进入催化剂孔道进行反应，因与甲苯沸点相近在择形歧化装置中随着循环甲苯返回反应系统，在系统中积累，影响整个装置的效率。部分与苯的沸点相近的 C_6 及 C_7 正构烷烃、异构烷烃和环烷烃，严重影响产品苯的质量。

6. 毒物

危害催化剂的毒物有茚满和茚、碱性化合物、H_2S 和其他硫化物、氯化物等。

(1)茚满和茚

反应器进料芳烃中茚满和茚来源于甲苯原料，质量含量要求控制在 0.1 %以下。茚满和茚属于双环杂环类化合物，分子体积大，容易被吸附于催化剂活性中心上。茚满和茚的转化率很高，部分缩合为稠环芳烃，变成焦炭沉积在活性中心，对催化剂活性影响很大。

(2)碱性化合物、硫化物及氯化物

碱性化合物、硫化物及氯化物主要来源于甲苯原料，气态化合物主要来源于补充氢。因为催化剂中的分子筛活性中心是强酸性位，碱性化合物(如有机氮化物)对催化剂活性失活。在混合芳烃进料中只要含有 10 μg/g 碱性化合物，就足以抑制反应速率，且积炭趋于严重，催化剂寿命缩短，因此要求混合芳烃进料中上述化合物含量非常低。H_2S 及其他硫化合物、氯化物等使催化剂活性中心中毒，也应加以严格控制。

五、技术展望

甲苯择形歧化技术通过纳米尺度反应-分离过程的耦合，取代传统生产过程中反应和分离单元的组合，可以实现流程简化，大幅度降低对二甲苯生产的能耗物耗。生成的高 PX 浓度的混合二甲苯可直接经过一级冷冻结晶分离，得到 PX 产品，对芳烃企业 PX 生产的节能减排和扩能具有重要的意义。

该技术联产苯产品，苯和 PX 价格影响装置整体的技术经济性。进一步提高技术经济性的关键是开发具有较大范围调节 B/X 比值的催化剂，可根据苯和对二甲苯市场变化调节产物分布。此外，现有甲苯择形歧化催化剂制备工艺复杂，生产成本较高。如何有效简化工艺，降低催化剂制备成本，也是一个重要的课题。

参考文献

[1] Weizs P B, Frilette V J. Intracrystalline and molecular-shape-selective catalysis by zeolite salts [J]. J Phys Chem, 1960, 64: 382-383.

[2] Breck D W. Zeolite molecular sieves: structure, chemisty, and use [M]. New York: Wiley, 1974: 634-635.

[3] David O, Raymond Le V M, David C, et al. Methods for pore size engineering in ZSM-5 zeolite [J]. Appl Catal A: General, 2001, 217: 241-251.

[4] Chen N Y, Garwood W E, Dwyer F G. Shape-slelective catalysis in industrial Application [M]. 2nd Edition, New York, Marcel Dekker, 1996: 37-61.

[5] Thomas F, Degnan J. The implications of the fundamentals of shape selectivity for the development of catalysts for the petroleum and petrochemical industries [J]. J catal, 2003, 216: 32-46.

[6] 张秀斌，赵环宇，柳云骐，等. 分子筛择形催化作用理论和应用的新进展[J]. 石油与天然气化工，2005，34(6)：454-458.

[7] Campelo J M, Lafont F, Marinas J M. Hydroisomerization and hydro-cracking of n-heptane on Pt/SAPO-5 and Pt/SAPO-11 catalysts [J]. J Catal, 1995, 156(1): 11-18.

[8] Martens J A, Patton R F, Uytterhoeven L, et al. Selective conversion of decane into branched isomers: A comparison of platinum/ZSM-22, platinum/ZSM-5 and p1atinum/USY zeolite catalysts [J]. Appl Catal, 1991, 76: 95-116.

[9] Zheng S R, Heydenrych H R, Jentys A, et al. Influence of surface modification on the acid site distribution of HZSM-5 [J]. J Phys Chem B, 2002, 106: 9552-9558.

[10] Choudhury I R, Hayasaka K, Thybaut J W, Narasimhan C S L, et al. Pt/H-ZSM-22 hydroisomerization catalysts optimization guided by single-event microkinetic modeling [J]. J Catal, 2012, 290: 165-176.

[11] Derouane E G, Gabelica Z. A novel effect of shape selectivity: molecular traffic control in zeolite ZSM-5 [J]. J Catal, 1980, 65(2): 486-489.

[12] Chen N Y, Garwood W E. Industrial application of shape-catalysis [J]. Catal Rev-Sci Eng, 1986, 28: 185 -264.

[13] Souverijns W, Martens J A, Froment G F, et al. Hydrocracking of isoheptadecanes on Pt/H-ZSM-22: An example of pore mouth catalysis [J]. J of Catal, 1998, 174(2): 177-184.

[14] Muñoz Arroyo J A, Martens G G, Froment G F. Hydrocracking and isomerization of n-parafin mixtures and a hydro-treated gasoil on Pt/ZSM-22: confirmation of pore mouth and key-lock catalysis in liquid phase [J]. Appl Catal A: General, 2000, 194(1): 9-22.

[15] 曾昭槐. 择形催化[M]，北京：中国石化出版社，1994：24.

[16] 曾昭槐. 择形催化[M]. 北京：中国石化出版社，1994：294.

[17] Xiong Y S, Rodewald P G, Chang C D. On the mechanism for selective para-disproportionation of toluene on pentasil-based catalysts [J]. J Am Chem Soc, 1995, 117: 9427-9431.

[18] 曾昭槐，潘贵生. 二甲苯在 ZSM-5 分子筛中的吸附与扩散[J]. 物理化学学报，1989，5(2)：145-150.

[19] 高滋. 沸石催化与分离技术[M]. 北京：中国石化出版社，2009.

[20] Olson D H, Haag W O. Catalytic materials relationship between structure and reactivity [J]. ACS Symp Ser,

1984, 248: 275.
[21] Weisz P B. Molecular shape selective catalysis [J]. Pure Appl Chem, 1980, 52(6): 2091-2103.
[22] Venuto P B. Organic catalysis over zeolites: a perspective on reaction paths within micropores [J]. Micro Mater, 1994, 2(5): 297-411.
[23] Hag W O, Chen N Y. Catalyst design, progress and prospectives [M]. New York: Wiley, 1987: 193.
[24] Kaeding W W, Chu C, Young L B, et al. Shape-selective reactions with zeolite catalysts: II. selective disproportionation of toluene to produce benzene and *p*-xylene [J]. J Catal, 1981, 69(2): 392-398.
[25] Young L B, Butter S A, Kaeding W W. Shape selective reactions with zeolite catalysts: III. selectivity in xylene isomerization, toluene-methanol alkylation, and toluene disproportionation over ZSM-5 zeolite catalysts [J]. J Catal, 1982, 76: 418-432.
[26] Haag W O. Proceedings of the sixth international zeolite conference [C]. Butterworths, Surrey, UK, 1984, 466 - 475.
[27] 徐如人，庞文琴，于吉红，等．分子筛与多孔材料化学[M]. 北京：科学出版社，2004.
[28] Cundy C S, Cox P A. The hydrothermal synthesis of zeolites: history and development from the earliest days to the present time [J]. Chem Rev, 2003, 103: 663-701.
[29] Paolo B, Pier L B, Paolo C, et al. Toluene disproportionation catalysed by various zeolites [J]. Zeolites, 1985, 5(6): 400-405.
[30] Vansant E F. Pore size engineering in zeolites [M]. New York: John Wiley and Sons, Chichester, 1990: 5-101.
[31] Yue Y H, Tang Y, Gao Z. Zeolite pore size engineering by chemical liquid deposition [J]. Stud Surf Sci Catal, 1996, 105(C): 2059-2066.
[32] Beschmann K, Riekert L. Isomerization of xylene and methylation of toluene on zeolite H-ZSM-5 compound kinetics and selectivity [J]. J Catal, 1993, 141(2): 548-565.
[33] Fang L Y, Liu S B, Wang Ikai. Enhanced para-selectivity by selective coking during toluene disproportionation over H-ZSM-5 zeolite [J]. J Catal, 1999, 185: 33-42.
[34] Haag W O, Olson D H. Selective disproportionation of toluene: The United States, US 4097543 [P]. 1978-06-27.
[35] Beck J S, Olson D H, McCullen S B，等．对沸石催化剂进行形状选择性改性的方法及该改性催化剂的应用：中国，CN 1124950A[P]. 1995-11-28.
[36] Chang C D, Rodewald Paul G. Regioselective methylation of toluene to para-xylene: The United States, US 5607888[P]. 1997-03-04.
[37] Beck J S, Olson D H, McCullen S B. Selective toluene disproportionation process (STDP) with ex situ selectivated zeolite catalyst: The United States, US 5367099 [P]. 1994-11-22.
[38] McCullen S B, Olson H D, Beck J S. Enhanced shape selective applications and methods to increase the 46 activity thereof: The United States, US 5633417[P]. 1997-05-27.
[39] Beck J S, Kinn T F, McCullen S B. High conversion toluene disproportionation with ex situ selectivated zeolite catalysts: The United States, US 5659098[P]. 1997-08-19.
[40] Chang C D, Rodewald P G. Shape selective hydrocarbon conversion over pre - selectivated, activated catalyst: The United States, US 5455213[P]. 1995-10-03.
[41] Chang C D, Rodewald P G. Regioselective methylation of toluene to para-xylene: The United States, US 5498814[P]. 1996-03-12.
[42] Lago R M, Marler D O, McCullen S B. Catalyst modification for shape selective hydrocarbon conversions: The United States, US 5552375[P]. 1996-09-03.

[43] Zhu Z R, Xie Z K, Chen Q L, et al. Chemical liquid deposition with polysiloxane of ZSM-5 and its effect on acidity and catalytic properties [J]. Micro Meso Mater, 2007, 101: 169-175.

[44] 李为，朱志荣，张荣，等．用于甲苯选择性歧化反应的 ZSM-5 分子筛：中国，ZL 200410067616.7 [P]. 2007-12-5.

[45] 朱志荣，李为，杨为民，等．甲苯择形歧化制对二甲苯催化剂的制备方法：中国，ZL 200410067617.1[P]. 2007-12-5.

[46] 郭文圭，辛勤，张慧，等．HZSM-5 型沸石表面结构 OH 基及其酸性的红外研究[J]. 催化学报，1981，2(2)：113-119.

[47] 杨儒，何瑞德，雷依庆．硅烷对 HZSM-5 沸石分子筛的改性研究Ⅱ. 硅烷化改性对 HZSM-5 表面酸性、吸附性能和催化性能的影响[J]. 燃料化学学报，1995，23(1)：36-41.

[48] 谢在库，陈庆龄．分子筛的补铝及其催化性能研究[J]. 工业催化，2001，9(3)：3-7.

[49] 吕万成，陈玉珍，左丽华．渗铝高硅沸石的酸性中心及其催化性能[J]. 工业催化，1999，3：58-63.

[50] 孙尧俊，黄月芳，吴泰琉，等．疏水硅沸石(Silicalite-1)结构性质的表征[J]. 化学学报，1994，52：573-577.

[51] 李为，孔德金，侯敏，等．脱水处理对 HZSM-5 分子筛甲苯择形歧化性能的影响[J]. 工业催化，2008，16(11)：43-47.

[52] Klemm E, Seitz M, Scheidat H, et al. Controlling acidity and selectivity of HY-type zeolites by silanation [J]. J Catal, 1998, 173: 177-186.

[53] John N, John C, Joseph C. Combined catalytic and infrared study of the modification of H-ZSM-5 with selected poisons to give high *p*-xylene selectivity [J]. J Catal, 1984, 87: 77-85.

[54] Zeigler J M, Gordon F F M. Silicon-based polymer science [M], Washington, DC: American Chemical Society, 1990, 3.

[55] 谢在库．新结构高性能多孔催化材料[M]. 北京：中国石化出版社，2010，171.

[56] 张荣，祁晓岚，孔德金．硅改性对甲苯择形歧化催化剂性能的影响[J]. 化学反应工程与工艺，2011，27(2)：127-132.

[57] Niwa M, Hidalgo C V, Hattori T. Germanium methoxide: new reagent for controlling the pore-opening size of zeolite by CVD [J]. Stud Surf Sci Catal, 1986, 28: 297-304.

[58] Rumplmayr G, Lercher J A. Modification of HZSM-5 with trimethylphosphine [J]. Zeolites, 1990, 10: 283-287.

[59] 李书纹，王祥生．氨水合成 ZSM-5 型沸石改性制甲苯歧化选择性生成对二甲苯催化剂的研究[J]. 燃料化学学报，1985，13(3)：211-216.

[60] Kaeding W W. Para-selective zeolite catalysts treated with halogen compounds: The United States, US 4361713[P]. 1982-11-01.

[61] 孙多里，陈连璋，王祥生．甲苯在磷酸改性的 ZSM-5 催化剂上的歧化反应[J]. 石油学报(石油加工)，1986，2(2)：51-59.

[62] 王辉，张汉军，孔德金，等．ZSM-5 催化剂水蒸汽处理对甲苯选择性歧化性能的影响[J]. 石油化工，2000，29(6)：401-404.

[63] Ashton A, Batmanian G S, Dwyer J, et al. the Catalytic properties of modified pentasil zeolites [J]. J Mol Catal, 1986, 34(1): 73-83.

[64] Babu G P, Santra M, Shiralkar V P et al. Catalytic transformation of aromatics over ZSM-5 zeolites [J]. J Catal, 1986, 100: 458-465.

[65] 奚奎华，桂寿喜，乔映宾，等．制取对二甲苯的新型甲苯择形催化剂的研制[J]. 石油炼制与化工，

2000，31(9)：24-29.
[66] 于深波 . SD-01 甲苯择形歧化催化剂的工业应用[J]. 2006，20(6)：34-37.
[67] Chen N Y，Garwood W E. Some catalytic properties of ZSM-5，a new shape selective zeolite [J]. J catal，1978，52(3)：453-458.
[68] Tsai T C，Liu S B，Wang I K. Disproportionation and transalkylation of alkylbenzenes over zeolite catalysts [J]. Appl Catal，1999，181(2)：355-398.
[69] Ramsey S. Technology for reducing para-xylene costs [J]. Petrochem Tech Q，2001，276：147-153.
[70] 奚奎华，戴厚良，桂寿喜，等 . 甲苯择形催化剂的工业放大生产及工业侧线试验[J]. 石油炼制与化工，2000，31(10)：29-34.
[71] 夏中才，张赛军，李旭灿 . SD-01 催化剂在扬子石化公司的工业应用[J]. 化工进展，2009，28(7)：1274-1277.
[72] 朱志荣，谢在库，李灿 . 分子筛择形催化合成对二甲苯的技术进展[C]. 第四届全国工业催化技术及应用年会论文集，2007.
[73] 高滋 . 沸石催化与分离技术[M]. 第二版 . 北京：中国石化出版社，2009：207-253.
[74] 董骞，李华英，李为，等 . 新型甲苯择形歧化催化剂工艺条件优化[J]. 化学反应工程与工艺，2010，26(2)：188-192.

第四节 重质芳烃轻质化技术

一、概 述

重质芳烃是碳十及以上芳烃(C_{10+}芳烃)的统称，其组成非常复杂。石油化工过程中的重质芳烃主要来自于石脑油催化重整[1]、催化裂化[2]、蒸汽裂解[3]等反应过程。本节中所指的重质芳烃均指重整装置所产的重质芳烃。

重整装置副产 C_{10+}芳烃产量占重整进料的 3%~8%。目前，对 C_{10+}重质芳烃的利用主要有三种途径[4]：①直接分离出价值较高的化工产品，如均四甲苯、偏四甲苯、萘及甲基萘等，这部分重质芳烃含量较少，例如均四甲苯仅占重质芳烃总量的 8%左右[5]；②用作调合燃料，但该方法没有发挥重质芳烃资源的利用价值；③通过重质芳烃轻质化，将重质芳烃转化为苯、甲苯、二甲苯和乙苯等轻质芳烃。

与其他利用途径相比，重质芳烃轻质化技术的最大优点在于可以生产 BTX 等重要的基础有机原料。近年来，UOP、ExxonMobil、SK 和中国石化等多家公司在开发烷基转移催化剂和工艺的同时，都在围绕 C_{10+}重质芳烃的利用开展催化剂和工艺的研究开发，其中已工业应用的有 UOP 公司的 Tatoray 工艺及催化剂、UOP 公司的 Toray TAC9 工艺、ExxonMobil 公司的 TransPlus 工艺技术、SK 公司的 ATA 系列催化剂、中国石化的 S-TDT 工艺及 HAT 催化剂等。这些技术目前实际工业应用过程中，仍是以甲苯和 C_{9+}芳烃为原料，而对 C_{10+}重质芳烃的利用非常有限。

随着催化重整和芳烃联合装置规模的不断增加，重质芳烃的资源将越来越多。如何提高重质芳烃的利用率，提高重质芳烃资源的经济价值，将 C_{10+}重芳烃有效转化为 BTX，已成为国内外芳烃生产技术领域的重要研究内容之一[6~10]。

二、反应原理

重质芳烃轻质化生产 BTX 主要是通过直接加氢脱烷基、开环裂化或烷基转移技术来实现的。重质芳烃轻质化工艺都是临氢固定床反应工艺。氢气除了用作原料外，同时具有抑制催化剂结焦、延长催化剂操作周期的作用。重质芳烃通过烷基转移技术实现轻质化并增产 BTX 的主要反应和反应机理与本章第一节“烷基转移技术”中介绍的反应体系和反应机理一致，因此这里着重介绍重质芳烃通过直接加氢脱烷基、开环裂化增产 BTX 的主要反应及反应机理。

(一) 主要反应

重质芳烃轻质化过程是一个较为复杂的反应网络体系，反应物为 C_{10+}芳烃，反应产物有苯、甲苯、二甲苯、三甲苯、甲烷、乙烷等。对单环重质芳烃，其主反应是加氢脱烷基反应(主要是脱 C_2 以上烷基)，通过选择性脱除侧链上的烷基(乙基、丙基、丁基)，生成 BTX，同时副产乙烷、丙烷等，而多甲基苯等则通过进一步的烷基转移反应生产二甲苯。对于多环芳烃，则其主反应是进行选择性加氢裂解生产单环芳烃，如萘系和甲基萘系等稠环芳烃开环反应生成苯、甲苯、二甲苯和乙烷或丙烷等。在重质芳烃轻质化过程中，除发生脱烷基、裂解反应外，还会发生苯环加氢反应生成直链烃、环烷烃和乙烷、丙烷等小分子烷烃，发生烷基转移反应、歧化反应和异构化反应(如甲苯和三甲苯或四甲苯的烷基转移反应生成二甲苯，二甲苯、三甲苯、四甲苯的不同异构体间进行趋于热力学平衡的异构化反应等)以及芳烃缩合生成稠环芳烃(焦)的反应。

1. 加氢脱烷基反应

重质芳烃轻质化的主反应为加氢脱烷基反应，主要是脱去 C_2 以上的烷基，其反应通式为：

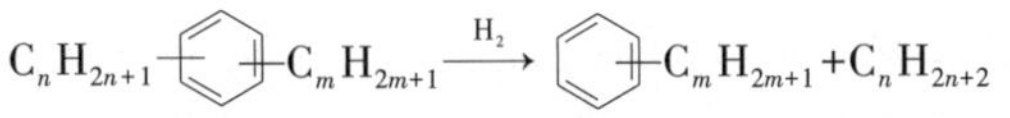

$(n\geqslant 2,\ m\leqslant 2)$

重质芳烃中所含二乙苯或二甲基乙苯等会脱去乙基，甲基丙苯等会脱去丙基，并生成苯、甲苯、二甲苯、乙烷和丙烷等。而萘系和甲基萘系等稠环芳烃首先进行一个芳环的加氢饱和反应，然后饱和的芳环进行开环和侧链断裂反应，最终生成苯、甲苯、二甲苯和乙烷或丙烷等。

在脱烷基反应中，芳环侧链烷基所含碳原子数目越多，越容易脱除。脱烷基速率由大到小的次序为：丁苯>丙苯>二乙苯>乙苯>甲苯，即丁基、丙基与乙基比甲基更容易脱除[6]，而多甲基苯的加氢脱烷基反应过程中，甲基是一个一个脱掉，且随着甲基数目的减少，脱甲基的难度增加，相对速率降低，最后一个甲基脱除的速率最慢[5]。

2. 开环及裂化反应

一般认为，重质芳烃中稠环芳烃的加氢裂化反应要经过以下两个步骤：①芳烃在金属中心上苯环加氢生成环烷烃；②环烷烃在酸性中心上开环裂解生成低碳烷烃[11]。通过选择性加氢裂化可将包括稠环化合物在内的重质芳烃转化为单环芳烃、直链烃、环烷烃或乙烷、丙烷等小分子烷烃。如萘的加氢开环如图 3-4-1 所示[12]。

萘首先加氢生成四氢萘或者十氢萘，然后在酸性中心上开环生成单环芳烃；芳烃再加氢成环烷烃，或者进一步加氢开环生成烯烃。而在加氢活性中心上，形成的饱和烷烃易于脱附，使得反应向不断生产饱和烷烃的方向进行。四氢萘和十氢萘的开环主要取决于催化剂的强酸中心数。

3. 其他反应

在重质芳烃轻质化过程中，除发生脱烷基、裂解、异构化反应和烷基转移反应、歧化反应外[11,12]，还会发生其他反应，例苯环加氢生成环烷烃和直链烃的反应[13]，以及芳烃缩合生成稠环芳烃(焦)的反应[14]。

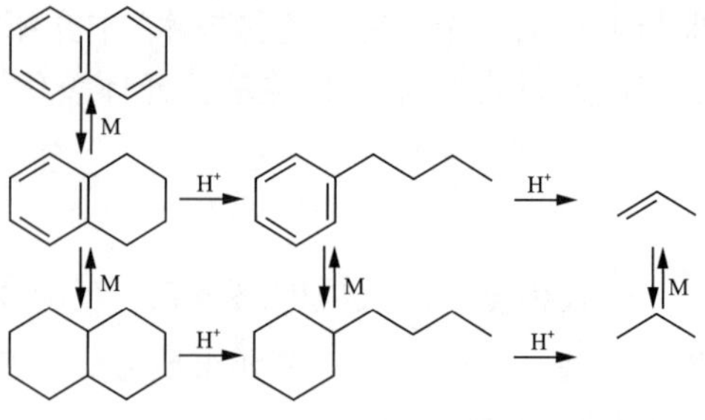

图 3-4-1　萘加氢开环反应

(二)反应机理

研究表明[15]，不同反应所需的酸中心强度不同，一般有如下次序：脱烷基反应>烷基转移反应>异构化反应；芳烃脱烷基主要发生在强 B 酸中心上，而弱 B 酸中心主要发生异构化反应，强、弱 L 酸中心上都能发生自由基脱烷基反应。因此，调节酸性是提高催化剂活性、选择性及抗积炭性能的有效手段[16]。

重质芳烃轻质化反应工艺采用的催化剂同时具有酸性中心和金属中心。酸性中心主要促进脱除烷基的过程，而金属中心主要促进烷基芳烃反应物分子及中间产物的加氢过程，两者协同催化烷基芳烃加氢脱烷基反应。

目前关于酸性中心上脱除烷基的反应有质子迁移和正碳离子反应两种反应机理[15]。

以苯环上脱除甲基为例，如果发生质子迁移反应[17]，氢质子将直接进攻甲基碳原子，使其质子化而形成五配位正碳离子过渡态，然后 α-C—C 键发生断裂脱除甲基(见图 3-4-2)。

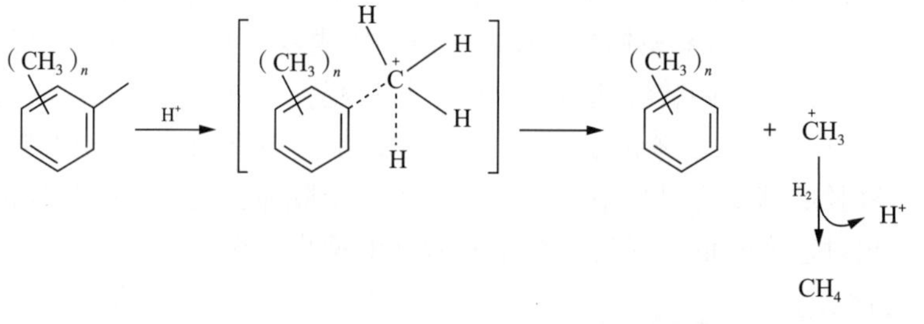

图 3-4-2　多甲基苯经质子迁移反应机理得到的加氢脱烷基反应历程

如果发生正碳离子反应[18]，来自催化剂 B 酸中心的氢质子将进攻多甲基苯中的苯环，形成苯环正碳离子过渡态，然后 β-C-C 键发生断裂脱除甲基(见图 3-4-3)。

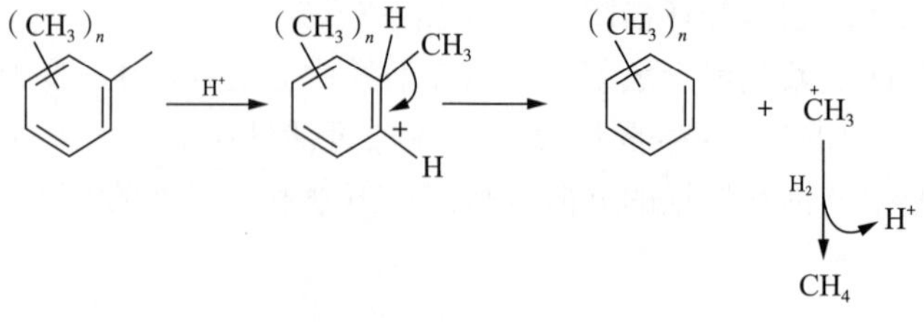

图 3-4-3　多甲基苯经正碳离子反应机理得到的加氢脱烷基反应历程

(三)反应热力学

以反应物由三甲苯(1，2，3-TMB 为例)、四甲苯(1，2，3，4-TetraMB 为例)、二甲基乙苯(1，3-DiM-2-EB 为例)组成的重芳烃加氢脱烷基反应体系为例，忽略加氢裂解反应、芳烃缩合反应等微量反应，计算了其中发生的典型加氢脱烷基反应、异构化反应、烷基转移反应和歧化反应的反应焓变、吉布斯自由能以及平衡常数等热力学参数，结果如表 3-4-1 所示[11]。由表中数据可得到以下结论：加氢脱烷基反应的吉布斯自由能变远小于零，反应最易发生，而异构化反应、烷基转移反应和歧化反应中只有部分反应可自发进行；加氢脱烷基反应为不可逆反应，其平衡常数远大于异构化反应、烷基转移反应和歧化反应；异构化反应中连三甲苯异构为偏三甲苯的反应平衡常数相对最大；对于烷基转移反应，苯和三甲苯的烷基转移反应平衡常数相对最大；对于歧化反应，三甲苯歧化反应更易进行；重芳烃加氢脱烷基反应体系中大多数反应为放热反应，其中加氢脱烷基反应放热量最大，其次为歧化反应，而异构化反应和烷基转移反应放热量相对较低；体系中部分烷基转移反应为吸热反应，主要包括苯和四甲苯、甲苯和四甲苯的烷基转移反应等。

表 3-4-1　反应的焓变、吉布斯自由能变、平衡常数(703.15K)

反应过程	反应类型	ΔH_T/(kJ/mol)	ΔG_T/(kJ/mol)	K_p
(1)　1，2，3-TMB + H_2→ OX+CH_4	加氢脱烷基	-51.06	-56.87	16786.41
(2)　1，2，3-TMB + H_2→ MX+CH_4	加氢脱烷基	-54.04	-61.26	35565.4
(3)　1，2，3，4-TetraMB+H_2→1，2，3-TMB +CH_4	加氢脱烷基	-37.50	-40.06	946.58
(4)　1，2，3，4-TetraMB+H_2→1，2，4-TMB +CH_4	加氢脱烷基	-42.63	-46.01	2617.15
(5)　1，3-DiM-2-EB+ H_2→PX +C_2H_6	加氢脱烷基	-37.15	-33.40	303.10
(6)　1，2，3-TMB↔1，2，4-TMB	异构化	-5.13	-5.95	2.76
(7)　1，2，3-TMB↔1，3，5-TMB	异构化	-8.00	-1.67	1.33
(8)　1，2，3，4-TetraMB↔1，2，3，5-TetraMB	异构化	0.00	4.06	0.50
(9)　1，2，3，4-TetraMB↔1，2，4，5-TetraMB	异构化	0.00	4.06	0.50
(10)　B+1，2，3-TMB↔T+OX	烷基转移	-4.02	-12.77	8.89
(11)　B+1，2，3，4-TetraMB↔T+1，2，3-TMB	烷基转移	9.53	4.04	0.50
(12)　T+1，2，3-TMB↔PX+OX	烷基转移	-7.85	-3.03	1.76
(13)　T+1，2，3，4-TetraMB↔1，2，3-TMB+ PX	烷基转移	8.79	17.90	0.05
(14)　2T↔B+PX	歧化反应	-0.74	13.86	0.09
(15)　2[1，2，3-TMB]↔OX+ 1，2，3，4-TetraMB	歧化反应	-13.55	-16.81	17.73
(16)　2[1，2，3-TMB] ↔OX + 1，2，3，5-TetraMB	歧化反应	-13.55	-12.75	8.86
(17)　2[1，2，3-TMB]↔MX+ 1，2，3，4-TetraMB	歧化反应	-16.63	-21.20	37.57
(18)　2[1，2，3-TMB] ↔MX+ 1，2，3，5-TetraMB	歧化反应	-16.63	-17.14	18.77

(四)反应动力学

以四氢萘的加氢裂化反应为例[19]，该反应是一个非常复杂的过程。根据其可能发生的反应机理，得出四氢萘加氢裂化反应的简化网络示意图，如图 3-4-4 所示。

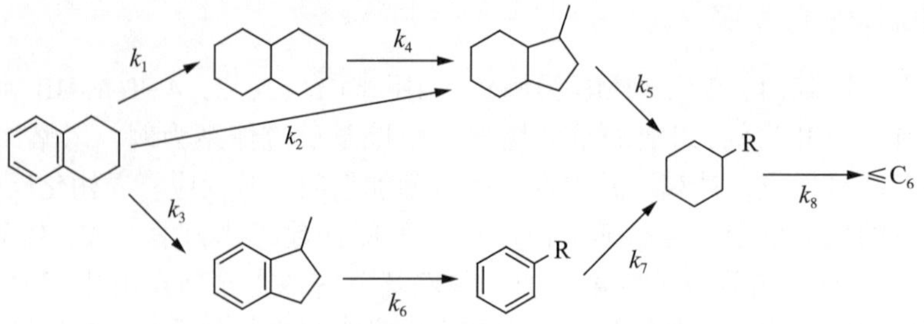

图 3-4-4 四氢萘加氢裂化反应的简化网络示意图(R 代表 C_1~C_4)

研究结果表明[19]，四氢萘加氢裂化反应符合 Langmuir-Hinshelwood 机理，网络中四氢萘的消失速率为拟一级反应，其他各步反应均可按照拟一级反应来处理。用非线性参数估计和牛顿迭代改进法处理试验数据后，得到图 3-4-4 中各反应的动力学速率常数值(见表3-4-2)。

表 3-4-2 反应速率常数(8.5MPa)

反应温度/℃	反应速率常数/h^{-1}							
	k_1	k_2	k_3	k_4	k_5	k_6	k_7	k_8
320	0.490	0.014	0.320	0.704	0.772	17.358	2.390	1.240
340	0.590	0.167	0.755	0.855	2.416	18.846	2.882	1.293
380	1.504	1.669	4.504	1.569	20.163	22.183	3.001	2.213

由表 3-4-2 可知，在各温度下，代表双环开环裂化反应速率常数 k_5 和 k_6 的值都比代表四氢萘加氢速率的速率常数 k_1 和 k_2 的值和代表四氢萘异构化速率的速率常数 k_3 的值大，这表明双环加氢裂化反应的速率不取决于第一环的开环速率，而是受到四氢萘加氢和异构化反应速率的控制；而 k_5 和 k_6 的值一般都比代表单环裂化反应速率的 k_8 的值大，此现象可解释为：单环和双环化合物同时被催化剂吸附时，双环吸附占优势。

三、催化剂

重质芳烃轻质化的催化剂主要分两类：一类是复合氧化物催化剂，另一类是负载金属的分子筛催化剂。

(一)复合氧化物催化剂

早期的烷基芳烃催化脱烷基工业装置中，催化剂大多采用热稳定性好、耐毒性高的 Cr_2O_3/Al_2O_3 催化剂。研究发现[20]，对于 Cr_2O_3/Al_2O_3 催化剂，当 Cr_2O_3 含量为 15%~20% 时，烷基芳烃脱烷基活性主要取决于催化剂的孔结构。

Alibeyli 等采用助剂改性的方法，用氟化钾(KF)调变 Cr_2O_3/Al_2O_3 催化剂的酸中心种类和数量，用于裂解汽油加氢脱烷基生产苯、甲苯和二甲苯，提高了催化剂的稳定性[21]。

对于重质芳烃加氢脱烷基反应，积炭失活是催化剂设计和开发中必须要解决的重要问题，而酸性是导致催化剂积炭的主要原因。一般通过加入碱金属、碱土金属或其氧化物以及稀土氧化物等来改善催化剂抗积炭性能。为了提高 Cr_2O_3/ Al_2O_3 催化剂催化 C_{9+}芳烃加氢脱烷基反应的转化率和选择性，可将载体与含硅化合物一起焙烧以改变载体的酸中心，然后将

改性 Al_2O_3 与钼酸铵及磷酸一起混合浸渍焙烧，制成脱烷基催化剂[22,23]。通过将氧化铝载体预先积炭，然后再在载体上负载活性组分(如 Ni、V、Co、Cr、Mo 等的氧化物或硫化物)可提高产物的选择性和产率，且在催化剂中加入 Si、Mg、Ti、P 等的氧化物能提高催化剂的热稳定性[24]。

Cr_2O_3/Al_2O_3 催化剂上 C_9 芳烃～C_{10}芳烃脱烷基制二甲苯反应的研究结果表明，加氢脱烷基反应产物分布与反应温度密切相关，通过控制反应温度可使脱烷基过程在中间产物二甲苯阶段终止；当反应温度为 580℃时，C_9 芳烃～C_{10}芳烃转化率可达 78%，反应产物中二甲苯的含量达到最高值；C_9～C_{10}芳烃与甲苯在 Cr_2O_3/Al_2O_3 催化剂上临氢脱烷基反应行为不同，由于 C_9 芳烃～C_{10}芳烃比甲苯更易吸附在催化剂上，造成结炭失活加速。因此，Cr_2O_3晶粒必须增大，以减弱重质芳烃的吸附强度[25]。稀土改性的 Cr_2O_3-Re/Al_2O_3 催化剂，用于 C_9 芳烃～C_{10}芳烃脱烷基制 BTX[16]，在温度 550℃、压力 5MPa、空速 $1h^{-1}$和氢烃体积比 1000 的反应条件下，C_9 芳烃及 C_{10}芳烃芳烃转化率为 58.3%，BTX 总选择性可达 95.6%，X 的选择性为 56.0%。

此外，有研究者采用等体积浸渍法制备了不同组成的 CrO_x/SiO_2 催化剂[26]，并将其应用于 C_{10+}芳烃加氢脱烷基反应中。研究结果表明，CrO_x/SiO_2 的催化性能好于 CrO_x/Al_2O_3 体系催化剂，CrO_x/SiO_2 的催化性能与催化剂的表面结构有关，脱烷基活性主要来自载体表面的 CrO_x 物种；当 $n(Cr)/n(Si)$= 1%～2%时，CrO_x 在 SiO_2 表面达到单层分散；当 $n(Cr)/n(Si)$= 2%～20%时，表面 CrO_x 物种的含量变化不大，催化剂的活性及选择性基本不变。

以氧化物为载体的 MoO_3 系催化剂是另一类活性较高、应用较广的加氢脱烷基催化剂。MoO_3 系催化剂可催化 C_9 芳烃～C_{10}芳烃脱烷基反应，同时还会发生异构化和歧化反应[27]。

将 MoO_3-NiO/Al_2O_3 催化剂用于 C_9 芳烃～C_{10}芳烃(苯含量 0.81%，甲苯含量 0.26%，C_8 芳烃含量 0.95%，C_9 芳烃含量 80.96%，C_{10}芳烃含量 15.23%)加氢脱烷基反应[28]，在压力 6 MPa 和温度 550℃的反应条件下，反应产物中苯含量为 9.74%，甲苯含量为 30.27%，二甲苯含量为 32.33%。将 MoO_3-ZnO/Al_2O_3 催化剂用于 C_{9+}芳烃的加氢脱烷基制 BTX 时[29]，典型的反应条件为温度 400～650℃、压力 1.4～4.2MPa、氢烃摩尔比 0.5～5。采用 SiO_2、B_2O_3、MgO、SnO_2、TiO_2、ZrO_2、In_2O_3 或 La_2O_3 等碱性助剂可以调变催化剂酸性，以增强其抗积炭性能[30~32]。

除了 Cr_2O_3 系和 MoO_3 系催化剂外，还有 MnO_2 系及 NiO 系催化剂。也可以氧化铝为载体[24]，负载主活性组分氧化锰，并添加 MgO、NiO 助剂进行加氢脱烷基反应。先将氧化铝载体预积炭 1%～30%，再在载体上负载活性组分如 Ni、V、Mo、Co、Cr 等氧化物或硫化物来改善产物的产率与选择性，并在催化剂中加入 Si、Mg、P 等氧化物来提高催化剂的热稳定性。

(二)负载金属的分子筛催化剂

随着分子筛的合成技术以及应用领域的发展和扩大，分子筛被广泛应用于轻质化过程并显示出优越性。主要表现为采用分子筛催化剂比金属氧化物催化剂所需反应温度低，催化剂的失活趋缓。

在重质芳烃通过催化剂发生脱烷基反应的过程中，分子筛的晶体结构以及孔道尺寸决定着重质芳烃分子的扩散性，并直接影响到催化剂在反应中的活性和选择性。重质芳烃中的单环芳烃、双环芳烃甚至三环芳烃虽然理论上都能进入含有十元环、十二元环、十四元环的分子筛孔道，但在十元环孔道中某些大分子的芳烃的扩散受到阻碍，不能全部到达酸中心进行加氢裂化反应，从而影响了催化剂的脱烷基活性；在十四元环孔道内，芳烃大分子的扩散不受限制，但2个芳烃大分子可以同时通过孔道到达酸中心聚合形成焦炭，影响了催化剂的寿命。因此应根据重质芳烃的具体组成，来选择孔道尺寸合适的分子筛作为催化剂的活性主体。

中国石化开发的HAL重质芳烃轻质化催化剂是以ZSM-5为活性主体的贵金属/分子筛型双功能催化剂[33,34]，负载了Re、Sn、Pt或Pd金属的氧化物。分子筛组分提供反应所需的酸性中心，贵金属组分提供金属活性中心。其金属活性组分一般选用Ⅷ族的钯、铂等元素，这些金属元素都具有未充满的d电子轨道，从电子特性上具备了作为金属活性组分的条件。

中国石化开发的另一类丝光沸石重质芳烃加氢脱烷基催化剂[35,36]，为负载金属或金属氧化物的氢型丝光沸石催化剂。反应进料以C_{10}芳烃~C_{11}芳烃为主，C_{10+}芳烃为95%(质量)，其中C_{10}芳烃为77%(质量)。在反应温度370℃、压力3.0MPa、氢烃摩尔比10和空速$1h^{-1}$的反应条件下，C_{10}芳烃和C_{11}芳烃转化率分别为47%和81%，C_6芳烃~C_9芳烃产率为94%[37]。该项技术可为甲苯歧化工艺提供原料，然后进一步转化为苯和二甲苯。

中国石化最新开发的HAT-plus重质芳烃轻质化工艺，采用纳米β分子筛为活性组分、经非贵金属改性制备的催化剂。纳米β分子筛的XRD谱见图3-4-5，SEM图见图3-4-6，TEM图见图3-4-7。所选的分子筛具有适宜的酸强度和酸量，同时大孔结构有利于重质芳烃分子的扩散，纳米颗粒有利于分子筛外表面活性中心的充分利用，可缩短重质芳烃扩散路径，有效提高重质芳烃转化能力。使用非贵金属对分子筛进行改性，综合考虑分子筛酸性与金属功能的匹配，既有利于重质芳烃加氢脱烷基生成BTX，又不至于过度加氢生成环烷烃或裂解成轻烃，造成芳环损失，同时也抑制积炭。

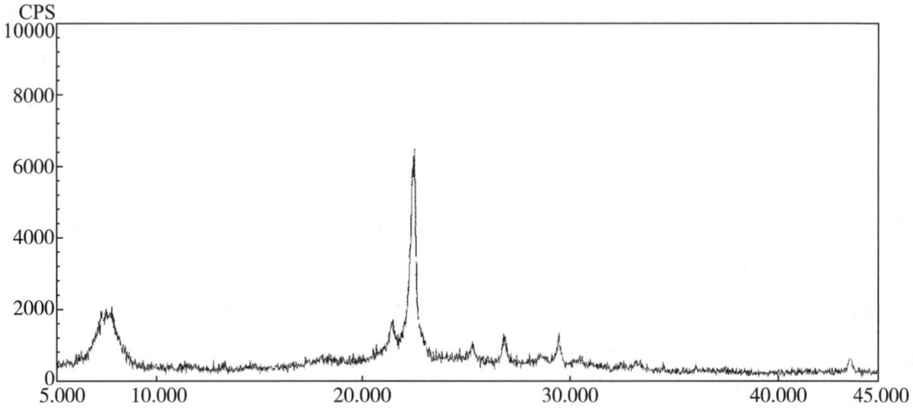

图3-4-5 纳米β分子筛的XRD谱

由XRD谱可知，该样品为纯β分子筛。SEM谱显示，在放大20000倍时，分子筛形貌为粒径约500 nm的椭球形均匀颗粒；当继续放大至50000倍时，这些椭球形颗粒是粒径小于100 nm颗粒的聚集体。由TEM图可明显看出，样品是纳米颗粒的团聚体，组成均一。分子筛晶粒越小，孔道越短，大分子在其晶内扩散阻力就越小，有利于反应物或产物分子快速进出分子筛孔道。而且晶粒越小，分子筛外表面活性中心越多，有利于重芳烃催化脱烷基反应进行。另外，与常规β分子筛相比，纳米β分子筛中出现一定量新的强酸位，如图3-4-8所示，也有利于重芳烃脱烷基反应和烷基反应的进行，因此该催化剂的重质芳烃处理能力较高。试验结果表明：平均转化率高于55%，BTX总选择性大于75%，其中二甲苯选择性可达60%[38]。

(a)　(b)

图 3-4-6　纳米β分子筛的SEM谱

(a)放大20000倍；(b)放大50000倍

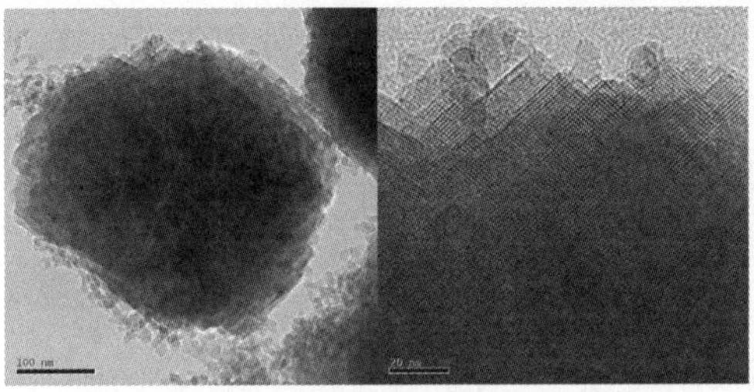

图 3-4-7　纳米β分子筛的TEM谱

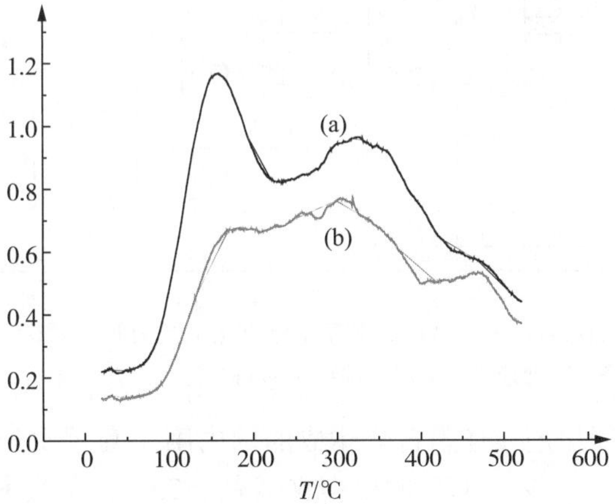

图 3-4-8　纳米β分子筛(b)与常规β分子筛(a)的NH_3-TPD谱

四、工艺流程和工艺条件

中国石化于20世纪90年代开发成功处理纯C_{9+}芳烃原料的HAL重质芳烃轻质化工艺[39]，可在较缓和的条件下实现重质芳烃轻质化。以纳米β分子筛为催化剂活性组元的可处理纯C_{9+}芳烃原料(其中C_{10}芳烃含量高达25%)的HAT-plus重质芳烃轻质化技术，BTX的选择性可达75%以上[38]。重质芳烃轻质化增产BTX技术中，最大的技术难点是高C_{10+}芳烃含量进料造成催化剂稳定性下降问题。另外，已工业化的利用 C_{10+} 芳烃的技术，主要通过烷基转移技术实现重质芳烃的轻质化，原料中都有对 C_{10+} 芳烃的明确限制[40,41]。

(一)工艺流程

1. HAL 重质芳烃轻质化工艺

HAL 重质芳烃轻质化工艺采用加氢脱烷基技术，反应进料以 C_9 芳烃及以上芳烃为主。在反应器入口温度 375~390℃、出口温度 425~440℃，反应压力 0.8~0.85MPa，氢烃摩尔比为 5~6，原料油空速 1.0~4.0h^{-1}条件下，可实现单程转化率 35%~50%，其苯、甲苯和二甲苯的总收率超过 50%。

图 3-4-9 为 HAL 重质芳烃轻质化工艺流程示意图。重质芳烃原料油先经过原料脱重塔将原料中所含的胶质等由塔底分出，塔顶馏出原料油与氢气混合，经换热后加热至所需温度，进入反应器。虽然脱烷基反应是吸热反应，但加氢反应释放的热量更多，重质芳烃轻质化过程是放热的，所以需采取向反应床层分层注入冷氢等手段控制反应温度。反应产物经冷却进入高压分离器，气液分离后，大部分富氢气体经压缩机升压返回反应系统循环使用，液体则经低压分离器分离燃料气后，送精馏系统依次分为轻烃、苯/甲苯、二甲苯、C_{9+}芳烃等馏分，其中苯/甲苯、二甲苯馏分可送芳烃联合装置进一步分离精制或加工，C_{9+}芳烃馏分主要含多甲基取代的芳烃，可作为歧化与烷基转移工艺的原料，也可进一步分离生产偏、均三甲苯及均四甲苯等。

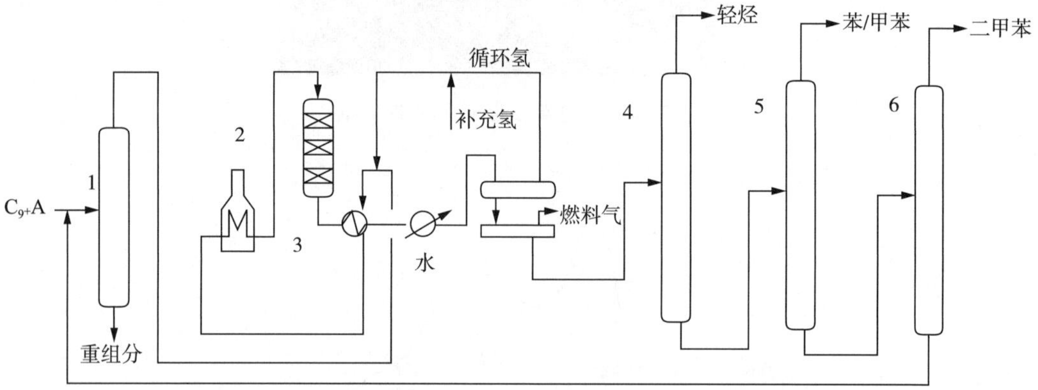

图 3-4-9 HAL 重质芳烃轻质化工艺流程示意图

1—原料脱重塔；2—加热炉；3—反应器；4—汽提塔；5—苯/甲苯塔；6—二甲苯塔

该工艺采用的 HAL 催化剂在辽阳石化建成的国内第一套重质芳烃轻质化中试装置上连续运转了 3400h，试验结果表明，BTX 的单程收率大于 25%，总收率大于 50%，催化剂再生周期大于 6 个月[42]。

2. HAT-plus 重质芳烃轻质化工艺

为了充分利用重芳烃，提高 BTX 收率，中国石化开发了 HAT-plus 重质芳烃轻质化工艺[38]，工艺流程与 HAL 工艺类似。主要技术指标为：原料组成甲苯/ C_{9+}芳烃为 0/100%~46%/54%(质量)；重时空速为 2.0~4.0 h^{-1}；反应压力 3.0MPa；氢烃摩尔比为 2.0~4.0；转化率大于 55%；X 选择性大于 60%。

HAT-plus 重质芳烃轻质化技术可处理大量的重质芳烃原料，而且转化率高，原料中添加适量的甲苯有利于减少非芳烃的生成。随着 C_{10} 芳烃处理能力的提高，生成混合二甲苯的能力基本不变。

HAT-plus 重质芳烃轻质化工艺与 SSTDP 甲苯择形歧化技术配套可形成组合工艺，可以充分发挥两种工艺技术的特点，择形歧化利用甲苯高选择性制备对二甲苯和苯，轻质化则利用重质芳烃制备混合二甲苯、苯和甲苯，这样可发挥各自优势，获得效益最大化。

3. 双反应器的甲苯歧化和重质芳烃烷基转移工艺

中国石化开发的双反应器甲苯歧化和重质芳烃烷基转移工艺流程如图 3-4-10 所示[43]。

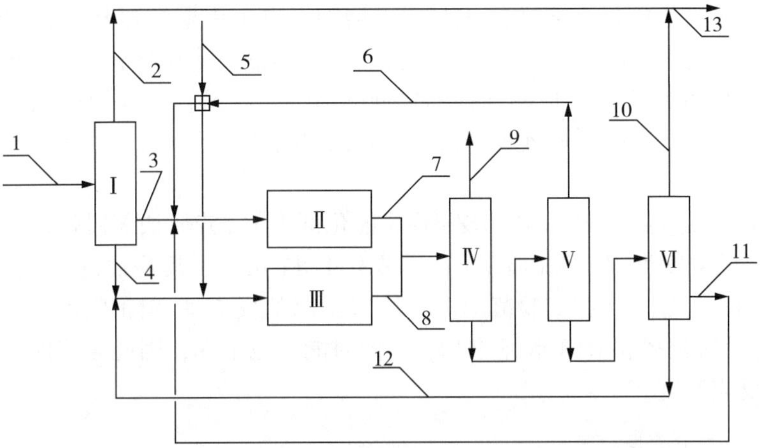

图 3-4-10　双反应器甲苯歧化和重质芳烃烷基转移工艺流程示意图

Ⅰ—二甲苯塔 A；Ⅱ—第一反应区；Ⅲ—第二反应区；Ⅳ—苯塔；

Ⅴ—甲苯塔；Ⅵ—二甲苯塔 B；1～13—物流符号

该工艺使用了两个反应区，在第一反应区处理甲苯和 C_9 芳烃原料，使用传统的甲苯歧化和烷基转移催化剂，催化剂使用寿命长；第二反应区处理甲苯和 C_{10+} 芳烃原料，相对而言，催化剂寿命较短，但 C_{10+} 芳烃的总量就典型的芳烃联合装置而言只占重整进料的 3%～8%。第二反应器装置规模较小，所以第二反应器可设计成单反应器，也可以设计成双反应器切换流程，便于进行催化剂的更换；第一、第二反应区的反应产物汇合在一起后依次进入高分罐、汽提塔、苯塔、甲苯塔等。

该工艺技术的一个显著特点是 C_{10+} 芳烃全部用作反应原料，整个芳烃联合装置不再采出重质芳烃。另外由于采用了第一和第二两个反应区，对第一反应区而言，由于分流掉了一部分甲苯，减少了反应器进料中甲苯/C_9 芳烃的比值，降低了甲苯歧化作用，增加了甲苯和 C_9 芳烃之间的烷基转移作用，从而减少了苯的生成量，提高了 C_8 芳烃的生成量，即提高了二甲苯的收率，而生成的 C_{10+} 芳烃则经分离后可作为第二反应区的原料；在第二反应区，由于甲苯的存在，使 C_{10+} 芳烃与甲苯进行烷基转移反应实现重质芳烃的轻质化，突破了传统的以重质芳烃加氢脱烷基轻质化的加工工艺，从而有效抑制了轻烃的生成，提高了原料的利用率，其生成的苯和 C_8 芳烃经一系列分离后成为产品，而生成的 C_9 芳烃可作为第一反应区的原料。由于采用两个反应区，两个反应区中装填不同的催化剂，增加了装置操作的灵活性，使催化剂的性能得以充分发挥，既实现了 C_{10+} 重质芳烃的全部利用，同时减少了轻烃的生成量，增产了 C_8 芳烃。

（二）工艺条件的影响

重质芳烃轻质化反应是一个多组分的复杂反应体系，原料来源及性质、反应温度、氢烃比、压力、重时空速、进料组成等诸多工艺条件均直接影响反应结果，反应耗氢量也与原料的组成密切相关。本节主要讨论反应温度、反应压力、反应空速、氢烃比对催化剂反应性能的影响。

1. 反应温度

重质芳烃轻质化催化过程中的加氢脱烷基反应属于强放热反应，如果反应温度过高，实际转化率将受到限制。同时，过高的反应温度会使脱烷基反应速率更快，若反应热不及时导出就会导致床层超温、催化剂表面的积炭速度增加、再生周期缩短甚至影响使用寿命等问题。如果反应温度过低，脱烷基反应速率太慢，转化率也要受到影响。一般重质芳烃轻质化的反应温度在350~580 ℃。反应初期，催化剂的活性比较高，可采用较低的反应温度。随着运转时间延长，催化剂的活性逐步降低，此时依据活性、选择性的要求，反应温度可相应逐步提高。

图3-4-11为反应温度对MoO_3/HZSM-5催化剂上C_{9+}芳烃加氢脱烷基反应的影响[11]，原料中C_{10+}芳烃的浓度为40.2%(质量)。由图3-4-11可知，反应温度对C_{9+}芳烃转化率和BTX收率的影响极为显著，在实验范围内，加氢脱烷基反应速率随着反应温度的升高而加快，导致C_{9+}芳烃转化率和BTX收率增加，但同时能耗也增加，因此需按催化剂和设备的特性选择合适的反应温度。

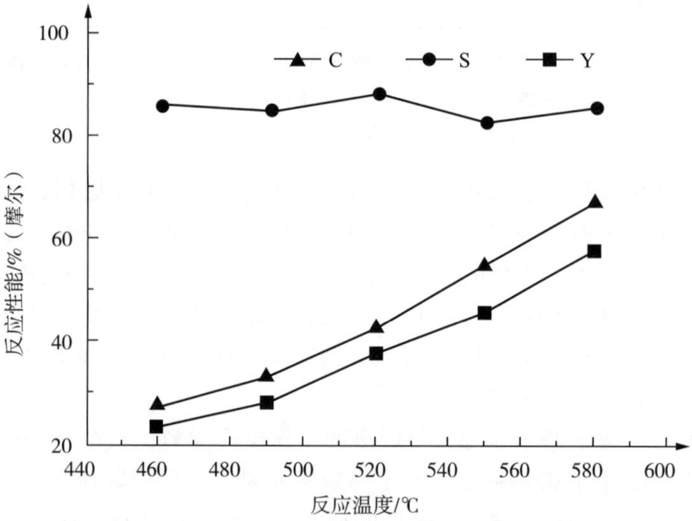

图3-4-11 反应温度对C_{9+}芳烃加氢脱烷基反应的影响

C—C_{9+}的转化率；S—BTX的选择性；Y—BTX的收率

2. 反应压力

提高反应压力，系统内反应物的分压增大，反应速率随之加快。同时，氢分压越高，加氢脱烷基的性能就越强，氢分压高有利于氢气在贵金属上进行有效吸附，从而促进脱烷基反应的进行；但过高的氢分压也容易增加芳香环的饱和程度，增加氢耗，并降低BTX的收率。

图3-4-12为反应压力对MoO_3/HZSM-5催化剂上C_{9+}重质芳烃加氢脱烷基反应的影响[11]。由图3-4-12可知，随着反应压力的上升，C_{9+}芳烃转化率和BTX收率均显著增大，而BTX选择性则逐渐降低。从反应动力学上看，反应压力的增大会提高加氢脱烷基反应速率，因而升高反应压力有助于提高C_{9+}芳烃转化率和BTX收率。但压力的提高，会增大设备

的制造成本。因此，反应过程中应选择合适的操作压力。通常重质芳烃轻质化的反应压力为0.6~3.0MPa。

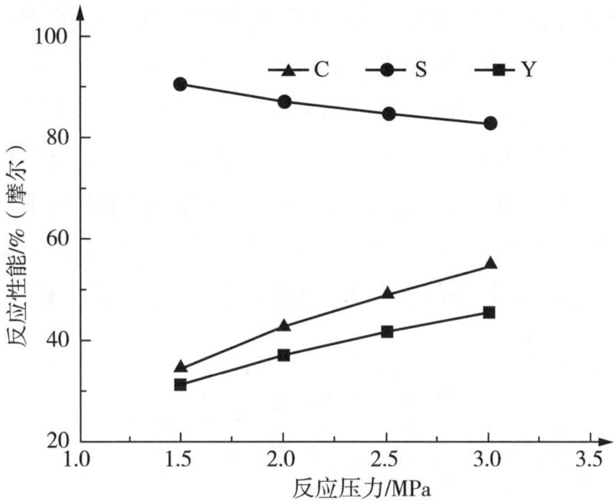

图 3-4-12　反应压力对 C_{9+}A 芳烃加氢脱烷基反应的影响

C—C_{9+}的转化率；S—BTX 的选择性；Y—BTX 的收率

3. 重时空速

重时空速决定反应物的催化反应时间。在一定范围内降低空速可使反应物与催化剂的接触时间适当延长，重质芳烃轻质化程度加深，有利于提高 BTX 的收率。但过低的空速，也会大幅增加反应深度，导致 BTX 收率降低，氢耗增大，使轻质化过程的经济性受影响。因此，需要根据原料油的具体性质、催化剂活性水平等确定合适的轻质化反应深度和适宜的空速。通常，重质芳烃轻质化过程适宜的重时空速为 1.0~3.0h^{-1}。对于含稠环芳烃较多的原料，适合用较低的空速。对于活性较高的催化剂，使用稍高的空速也可达到转化率要求。

图 3-4-13 为重时空速对 MoO_3/HZSM-5 催化剂上 C_{9+}芳烃加氢脱烷基反应的影响[11]。由图 3-4-13 可知，随着空速的增大，C_{9+}芳烃转化率和 BTX 收率逐渐降低，而 BTX 选择性逐渐增加。

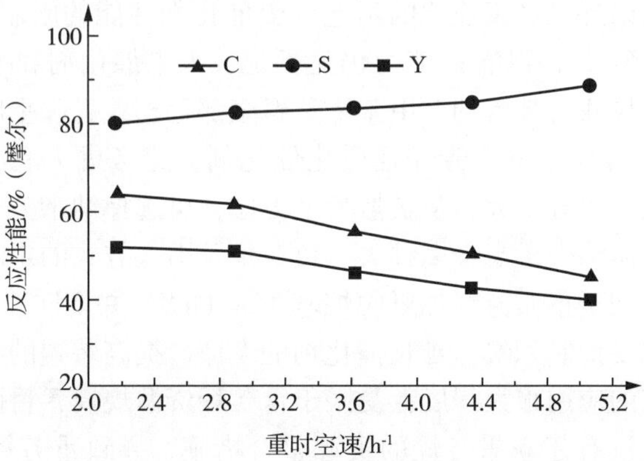

图 3-4-13　重时空速对 C_{9+}A 重质芳烃加氢脱烷基反应的影响

C—C_{9+}的转化率；S—BTX 的选择性；Y—BTX 的收率

4. 氢烃比

氢烃比影响反应物的氢分压以及反应原料与催化剂的相对接触时间。较高的氢烃比使氢分压增大，有利于提高加氢反应速率，同时其他反应物的分压相对降低。因此，C_{9+}芳烃转化率会随氢烃比的提高先增加，后稍有减小。增加氢烃比对于减缓催化剂的积炭速率，延长使用周期有益，但也会对反应氢耗和运行能耗产生影响。另外，循环氢量增加，反应体系的热容量增加，对控制加氢放热的温升是有益的。

图 3-4-14 为氢烃体积比对 MoO_3/HZSM-5 催化剂上 C_{9+}芳烃加氢脱烷基反应的影响。由图 3-4-14 可知，在实验范围内，随着氢烃比的增加，C_{9+}芳烃转化率变化幅度较小，而 BTX 收率和 BTX 选择性均逐渐降低。这是因为在总压不变的情况下，提高氢烃比将造成反应物重质芳烃的分压降低，浓度降低，而氢气相对于重质芳烃远远过量，加氢裂解副反应加剧，造成 BTX 选择性降低。通常控制重芳烃轻质化过程的氢烃体积比在 800~1200 的范围。

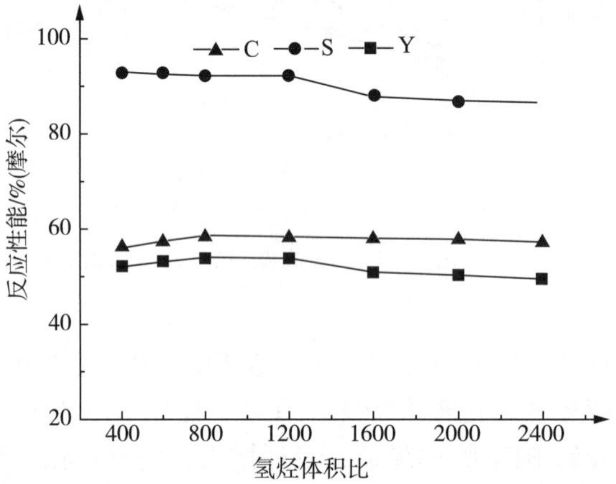

图 3-4-14 氢烃比对 C_{9+}芳烃加氢脱烷基反应的影响

C—C_{9+}的转化率；S—BTX 的选择性；Y—BTX 的收率

五、技术展望

重质芳烃轻质化工艺是以最大化加工重质芳烃、提高 BTX 收率为目标，同时考虑催化剂的处理能力。目前国内外已经工业化的工艺，受催化剂性能的限制，实际处理重质芳烃，特别是 C_{10}以上重质芳烃（C_{11+}芳烃）的能力仍显不足，未来催化剂和工艺研发应以此为重点进行改进。如果能将芳烃联合装置的二甲苯塔釜料全部处理，省去重质芳烃塔，对整个芳烃联合装置具有良好的经济性。重质芳烃轻质化催化剂，宜考虑大孔分子筛，如 β 分子筛、丝光沸石等。由于重质芳烃分子大，从扩散角度考虑，可选择纳米分子筛催化剂。负载贵金属是可以考虑的途径，需综合考虑金属种类、负载量及引入方式的影响，以及分子筛酸性与金属功能的匹配，使有利于重质芳烃加氢脱烷基生成 BTX，并要防止过度加氢生成环烷烃，造成芳环损失，同时也要抑制积炭，延长催化剂的寿命，提高装置的经济效益。

重芳烃轻质化工艺的应用很大程度上受限于重芳烃资源规模，目前由于炼油厂的重芳烃资源规模相对较小，也没有建立重芳烃的资源整合措施，导致重芳烃轻质化单元处理规模小，装置效益不高。此外，提高轻质化路线经济效益的主要措施是对重芳烃资源进行高效综合利用，一方面要充分利用侧链甲基来增产二甲苯；另一方面需因地制宜，实现副产的循环利用。如将加氢脱烷基过程副产的乙烷、丙烷等轻质非芳作为裂解乙烯原料，生产乙烯产品并副产氢气，实现装置的氢气平衡。

参考文献

[1] 唐卫东．连续重整重芳烃综合利用工艺的探讨[J]. 石油炼制与化工，2006，37(11)：35-39.

[2] 陈硕，王定博，吉媛媛，等．丙烯为目的产物的技术进展[J]. 石油化工，2011，40(2)：217-224.

[3] 凌泽济．蒸汽裂解原料优化技术应用综述[J]. 炼油与化工，2011，22(6)：9-12.

[4] 徐爱莲，重整 C_{10^+} A 重芳烃的综合利用[J]. 石化技术，2004，11(4)：44-47.

[5] 王士文，廖巧丽．C_9 ~ C_{10}芳烃临氢脱烷基[J]. 石油化工，1996，25(3)：203-206.

[6] 孔德金，祁晓岚，朱志荣，等．重芳烃轻质化技术进展[J]. 化工进展，2006，25(9)：983-987.

[7] UOP LLC. TAC9^{TM} Process，http：//www. uop. com/objects/ 56%20TAC9. pdf，2003.

[8] David A. Stachelczyk. TransPlus：a flexible approach for upgrading heavy aromatics. National Petrochemical & Refiners Association NPRA Annual Meeting，March 26 - 28，2000，San Antonio，TX.

[9] Kwak B S. Applications of heterogeneous catalytic processes to the environmentally friendly synthesis of fine chemicals[J]. Catal Survey from Asia，2005，9(2)，103-106.

[10] 孔德金，杨为民．芳烃生产技术进展[J]. 化工进展，2011，30(1)：16-25

[11] 申群兵．负载金属氧化物和贵金属的分子筛催化剂上重质芳烃加氢脱烷基制备 BTX 研究[D]. 上海华东理工大学，2010.

[12] 王智强，李伟，张明慧，等．Ni_2Mo_3 N/ Hβ 催化剂芳烃饱和加氢与开环性能[J]. 石油学报(石油加工)，2005，21(2)：23-27

[13] Antonymuthu Stanislaus，Barry H. Cooper Aromatic hydrogenation catalysis：A review [J]. Catalysis Reviews：Science and Engineering，1994，36(1)：75-123.

[14] Calvin H B. Mechanisms of catalyst deactivation [J]. Applied Catalysis A：General，2001，212：17-60

[15] Toppi S，Thomas C，Sayag C，et al. Kinetics and mechanisms of n-propylbenzene hydrodealkylation reactions over Pt(Sn)/SiO_2 and (Cl) $A1_2O_3$ catalysts in reforming conditions. Jounal of Catalysis[J]，2002，(2) 210：431-444.

[16] 王士文，廖巧丽，秦永宁．新型 C_9 ~ C_{10}芳烃脱烷基催化剂的研究[J]. 石油化工，1995，24(12)：849-851.

[17] W O Haag，R M Dessau. Proceedings of the 8th International Congress on Catalysis，Dechema，Berlin. 1984，2：305

[18] Jiri Cejka，Blanka Wichterlovά. Acid-catalyzed synthesis of mono- and dialkyl benzenes over zeolites：active sites，zeolite topology and reaction mechanisms [J]. Catalysis Reviews，2002，44(3)，375-421.

[19] 王雷，邱建国，李奉孝．四氢萘加氢裂化反应动力学[J]. 石油化工，1999，28(4)：240-243

[20] Krichko A A，Navalikhina M D，Petrov Yu I，et al. High-temperature hydrogenation of C_{6-9} aromatic hydrocarbons in the presence of chromium catalysts[J]. khimiya Tverdogo Topliva，1981(2)：70-75.

[21] Alibeyli R，Karaduman A，Yeniova H，et al. Development of a polyfunctional catalyst for benzene production from pyrolysis gasoline[J]. Appl Catal，A，2003，238(2)：279-287.

[22] Phillips Petroleum Co. Hydrodealkylation process and catalyst Composition：The United States，US6509289 [P] 2003-01-21.

[23] Phillips Petroleum Co. Catalyst composition and processes therefor and therewith：The United States，US6627780[P] 2003-09-30.

[24] Fuji oil Co Ltd . Hydrodealkylation of alkylaromatic compounds：The United States，US5053574[P] 1991-10-01.

[25] 王士文，秦永宁，王学正，等．C_9-C_{10}芳烃脱烷基制二甲苯的探索研究[J]. 精细石油化工，1992，(2)：30-33

[26] 石德先，赵震，徐春明，等 . CrO_x/SiO_2 催化剂对 C_{10+}芳烃加氢脱烷基反应的催化性能[J]，催化学报，2005，26(7)：582-586.

[27] Khattab Samir A，Roushdy Mohamed I，Ayoub Samira M. Microcatalytic conversion of C_9-C_{10} aromatic fraction of EI-Alamein Egyptian crude oil[J]. Egyptian Jounal of Chemistry. 1980，21(4)：287-293.

[28] Ozawa A，Kubota T. Mie H，et al. Dealkylating heavy aromatic hydrocarbons：Japan，JP51029131[P]. 1976-08-24.

[29] Wu A H，Drake C . Hydrocarbon conversion catalyst composition and processes therefor and therewith：The United States，US5789642[P]. 1998-08-04.

[30] Wu A H，Drake C A. Catalyst composition and processes therefor and therewith：The United States，US5714659[P]. 1998-02-03.

[31] Wu A H，Drake C A. Hydrodealkylation of C_{9+} aromatic compounds：The United States，US5763721[P]. 1998-06-09.

[32] Wu A H，Drake C A，Melton R J. Catalyst composition and processes therefor and therewith：The United States，US5714660[P]. 1998-02-03.

[33] 郝玉芝，李砚青，程宝玉，等 . 重质芳烃轻质化催化剂及轻质化方法：中国，CN1117404A[P]. 1996-02-28.

[34] 郝玉芝，桂寿喜，李砚青，等 . 重质芳烃轻质化催化剂及轻质化产物的分离方法：中国，CN1270989A [P]. 2000-10-25.

[35] 程文才，杨德琴，李华英，等 . 用于重质芳烃加氢脱烷基与烷基转移的催化剂：中国，CN1217371A [P]. 1999-05-26.

[36] 祁晓岚，孔德金，周亚新，等 . 重芳烃轻质化及烷基转移的方法：中国，CN101885663A[P]. 2010-11-17.

[37] 程文才，杨德琴，李华英，等 . 重质芳烃加氢脱烷基与烷基转移工艺：中国，CN1217370A[P]. 1999-05-26.

[38] 祁晓岚，左煜，陈雪梅，等 . HAT-plus 重芳烃轻质化技术[J]. 石油学报(石油加工)，2008(10)：338-341.

[39] 景振华，桂寿喜，王建伟 . HAL 型重芳烃轻质化催化剂研究及应用前景[J]. 精细与专用化学品，2000(12)：20-21.

[40] http：//www. cbi. com/lummus/process-technology/pdfs/hydrodealkylation. pdf.

[41] 郭宏利，侯敏，孔德金 . 萘对非贵金属改性甲苯歧化催化剂反应性能的影响[J]. 化学反应工程与工艺，2014，30(4)：329-335.

[42] 赵毓璋 . 重质芳烃轻质化技术通过国家科委鉴定[J]. 石油炼制与化工 . 1997(9)：45.

[43] 中国石油化工股份有限公司. 甲苯歧化与重芳烃烷基转移方法：中国，CN1340484A[P]. 2002-3-20.

第四章　芳烃分离技术

在芳烃生产过程中，首先要对不同芳烃生成技术的反应流出物进行芳烃和非芳烃的分离，然后再根据所确定的目标产品物性，选择合适的分离工艺，进行芳烃组分间的分离。芳烃分离主要包括液-液抽提、抽提蒸馏、二甲苯分馏、吸附分离和结晶分离几种分离方法。

工业上通常采用液-液抽提或者抽提蒸馏工艺从重整生成油或 HSCN 中分离出混合芳烃，然后再通过分馏的方法从混合芳烃中分离生产出苯、甲苯和混合二甲苯产品。

通常情况下，对于重整生成油来说，非芳烃组分基本集中分布在 $C_6 \sim C_7$ 馏分中，利用液-液抽提或者抽提蒸馏工艺将 $C_6 \sim C_7$ 馏分中的芳烃(苯和甲苯)和非芳烃组分进行分离；C_{9+}馏分中的非芳烃含量非常少，可直接从原料中切割出来，不再进行芳烃和非芳烃的分离。C_8 馏分中非芳烃的含量也比较少，但其含量取决于重整装置操作的苛刻度，一般情况下，如果重整的反应苛刻度 RON>102 时，可直接用分馏的方法分离出 C_8 芳烃(C_8A)作为生产对二甲苯(PX)的吸附分离原料。

加氢裂解汽油的 C_9 馏分中含有茚满和双环戊二烯等杂质，因此，芳烃联合装置的原料只利用加氢裂解汽油的 $C_6 \sim C_8$ 馏分(HSCN)。用分馏方法将 C_6/C_7 芳烃与 C_8 芳烃分离，分离出的 C_8 芳烃可作为生产 PX 的吸附分离原料；采用抽提方法分离苯和甲苯。

在 C_8 芳烃的同分异构体中，PX 产品是通过吸附分离或结晶分离生产的；邻二甲苯(OX)可直接通过分馏获得；间二甲苯(MX)可通过吸附分离获得；乙苯(EB)可通过精馏、络合分离和吸附分离得到。

模拟移动床吸附分离技术生产效率高，采用该工艺技术分离 PX 具有产品回收率高、纯度高以及能耗低的优点，已经成为 PX 分离主要的工艺。

中国石化开发出了 PX 吸附分离工艺技术——SorPX 工艺技术，国内应用该成套技术 PX 产能为 30kt/a 的首套工业装置于 2011 年建成投产。2013 年，中国石化建成投产了一套 PX 生产能力为 600kt/a 的芳烃联合装置，采用了包括 SorPX 在内的全套自主开发的国产化技术，装置各项运行指标达到了预期的目标。

结晶分离是吸附分离法出现之前工业上生产 PX 的唯一方法。但是深冷结晶工艺在处理低 PX 含量的 C_8 芳烃原料时经济性并不理想，尤其是能耗较高。近年来，随着甲苯择形歧化等技术的出现，结晶分离工艺在分离高 PX 含量的 C_8 芳烃原料时具有一定的经济性。中国石化开发出的 PX 结晶分离工艺和晶体洗涤塔技术——SCP 工艺技术，可用于分离低 PX 含量和高 PX 含量的 C_8 芳烃原料。

C_9 及其以上芳烃($C_{9+}A$)之间的分离基本上是采用传统的分馏方法。可以通过精馏的方式从重整的 C_9 芳烃中分离出纯度达到 95%的甲乙苯和均三甲苯以及纯度达到 98%的偏三甲苯和连三甲苯；采用中国石化开发的侧线精馏与萃取结合的工艺技术可从裂解 C_9 芳烃中提取纯度达 95%的苯乙烯和双环戊二烯；中国石化开发的重整 C_{10}分离工艺，采用连续多股侧线出料精馏和连续多级结晶相结合的方法，可以从重整 C_{10}芳烃中提取纯度达 99%的均四甲苯以及萘和甲基萘产品。

二乙苯(DEB)是用途十分广泛的化工原料，其同分异构体中的对二乙苯(PDEB)最为重要，主要用作吸附分离PX的解吸剂。可通过直接合成法和吸附分离法生产PDEB，中国石化已经拥有了吸附分离法生产PDEB的工艺技术。

第一节 芳烃抽提与抽提蒸馏技术

一、概 述

在芳烃原料中，除芳烃外还同时含有烷烃、环烷烃和微量烯烃等非芳烃组分，这些非芳烃组分不仅与苯、甲苯、二甲苯等沸点非常接近，还能形成共沸物，用普通蒸馏的方法不能得到高纯度的芳烃产品。芳烃萃取(习惯性称“芳烃抽提”)技术是芳烃生产中实现芳烃与非芳烃分离的重要方法。芳烃抽提技术按工艺原理分为两大类，一是溶剂萃取工艺，工业上通常称为液-液抽提工艺；另一类是萃取精馏工艺，工业上通常称为抽提蒸馏工艺。

芳烃抽提装置的原料主要来自催化重整装置的重整生成油和HSCN。抽出油为高纯度的混合芳烃，经过普通精馏得到高纯度的苯、甲苯和混合二甲苯产品，作为石油化工基础原料；抽余油为非芳烃产品。以重整油为原料的抽余油因其几乎不含环烷烃，可用于生产溶剂油或作乙烯裂解原料；HSCN为原料的抽余油因环烷烃含量较高，适合于作重整原料。抽余油也可作为汽油调合组分，但辛烷值较低。

目前世界上已实现工业化的液-液抽提工艺有以下几种：基于二甘醇、三甘醇溶剂的Udex工艺、基于四甘醇溶剂的Tetra工艺、基于二甲亚砜的DMSO工艺、基于*N*-甲基吡咯烷酮溶剂的Arosolvan法、基于*N*-甲酰基吗啉溶剂的Formex工艺和Morphyex工艺、基于环丁砜溶剂的Sulfolane工艺和SAE工艺。其中Udex工艺于1952年由UOP公司和DOW化学品公司共同开发，实现商业应用，由此推动了芳烃抽提技术的迅速发展。20世纪60~70年代，其他几种液-液抽提工艺陆续推出应用，其中应用最广的是Sulfolane工艺。Sulfolane工艺是1961年由UOP公司和Shell公司联合推出，该工艺采用的溶剂性能优异、工艺流程合理，与其他液-液抽提工艺相比，具有投资省、芳烃产品质量好和芳烃收率高的特点。在世界上建成投产的液-液抽提装置中，80%以上采用了环丁砜抽提工艺。

20世纪60年代，我国以采用二甘醇(二乙二醇醚)为溶剂的液-液抽提工艺为主。70年代陆续改为三甘醇(三乙二醇醚)溶剂并进行工艺流程的简化，同时引进环丁砜液-液抽提工艺。80~90年代国内自行开发设计的以四甘醇(四乙二醇醚)为溶剂的抽提新工艺在国内10余套装置中得到了应用。80年代末，我国开发了以环丁砜为溶剂的液-液抽提工艺。1989年，国内首套以环丁砜为溶剂的200kt/a芳烃抽提装置建成投产，此后该技术陆续在国内30多套装置中得到推广应用，环丁砜溶剂的生产也在这一时期实现国产化。

随着合成树脂、合成纤维和合成橡胶的飞速发展，苯和二甲苯的需求量不断增加，而甲苯和C_9芳烃的需求量变化不大。同时，由于催化重整反应深度的不断提高，重整生成油的芳烃含量也不断上升，当连续重整的操作苛刻度达到一定程度时(RON>102)，其生成油C_8馏分不再需要抽提，经过普通精馏就可以生产满足吸附分离进料要求的混合二甲苯产品。此外，随着环保对燃料质量要求的提高，车用汽油对苯含量的限制也更加严格。因此，面对上述芳烃需求和原料组成的变化，抽提原料逐渐趋向于窄馏分和高芳烃含量的特点。抽提蒸馏工艺恰好迎合了抽提原料的变化趋势。对于窄馏分抽提，抽提蒸馏工艺具有流程简单、投资小、耗能低的优势，因此近年来得到广泛的工业应用，在新建装置中逐渐成为主流工艺之一[1]。目前已工业化的抽提蒸馏工艺主要有四种：基于 *N*-甲基吡咯烷酮溶剂的 Distapex 工艺、基于 *N*-甲酰基吗啉溶剂的 Morphylane 工艺、基于环丁砜溶剂的 GT_ BTX 工艺和 SED 工艺。

20 世纪 70 年代，德国 Lurgi 公司和 Krupp 公司分别开发了 Distapex 工艺和 Morphylane 工艺，主要应用于从煤焦油和加氢裂解汽油中抽提蒸馏回收苯，具有流程简单、投资小、耗能低的优势，但苯收率低于液-液抽提工艺。20 世纪 90 年代，我国引进了几套由德国 Krupp-Uhde 提供工艺技术，以 *N*-甲酰基吗啉为溶剂的苯-甲苯抽提蒸馏装置[2]。国内也开发出了 *N*-甲酰基吗啉抽提蒸馏工艺，在中国石化建设了一套以 *N*-甲酰基吗啉为溶剂的单苯抽提蒸馏装置。2000 年，美国 GTC 公司推出了以环丁砜为主溶剂的 GT_ BTX 工艺，在韩国 LG-Caltex 油品公司成功工业应用。该工艺技术芳烃收率与液-液抽提工艺水平相当，能耗较液-液抽提工艺降低 30%。2001 年，国内自主研发的以环丁砜为主溶剂的抽提蒸馏工艺(SED)首次实现工业化，到目前为止，采用 SED 工艺在国内已建成投用了 50 余套工业装置。近年，国内采用美国 GTC 公司抽提蒸馏技术建设的 3 套芳烃抽提装置也已投产。

二、原料和产品

(一) 原料来源与组成

重整生成油和 HSCN 是芳烃抽提的主要原料来源。此外，煤炼焦副产的煤焦油也是我国苯生产的一大来源[3]。高芳烃含量的天然气凝析油[4]和直馏石脑油[5]也可用作芳烃抽提原料。国内也在探索优化乙烯原料，对乙烯原料先进行芳烃抽提，可副产芳烃产品，但只是进行了技术性探讨[6]。催化裂化的轻循环油(LCO)和延迟焦化装置的焦化汽油，经加氢后，切取适当馏分也可作为抽提原料。不同类型的芳烃抽提原料组成示例见表 4-1-1。

表 4-1-1　不同类型的芳烃抽提原料组成　%

项　目	苯	甲苯	二甲苯	非芳烃
重整油单苯抽提	27.50	4.37	—	68.13
重整油两苯抽提	20.65	42.13	1.51	35.71
HSCN 单苯抽提	80.6	4.0	—	15.4
HSCN 两苯抽提	47.32	31.50	—	21.18
HSCN 三苯抽提	41.39	27.10	21.85	9.66
天然气凝析油	20.02	16.98	12.80	50.2
常压直馏油	5.87	8.87	6.93	78.33
煤焦油	82	13	3	2

芳烃抽提原料组成因其来源和目的产品方案不同，其组成有很大的差异，总芳烃含量一般为 20%~90%。

为了满足芳烃产品的质量要求，对芳烃抽提原料中的杂质要求见表 4-1-2。

表 4-1-2　芳烃抽提原料杂质要求

项　目	指　标
总硫/(mg/kg)	≤1.0
噻吩硫/(mg/kg)	≤ 1.0
氮/(mg/kg)	≤ 1.0
总氯/(mg/kg)	≤ 1.0
活性氧/(mg/kg)	≤1.0
溶解氧/(mg/kg)	≤1.0
颜色(Pt-Co 法)	≤15
水	无游离水

(二)产品质量指标

芳烃抽提所生产的芳烃产品的质量指标满足国家标准或行业标准。

苯产品满足石油苯国家标准 GB/T 3405—2011 或工业用纯苯中国石化标准 Q/SH PRD118—2011 的质量指标要求，具体规格见附录二的表 1 和表 2。中国石化企业标准中的优级品、一等品的规格与国家标准中的石油苯-545、石油苯-535 的规格相当，但部分规格高于国家标准。

甲苯产品满足石油甲苯国家标准 GB/T 3406—2010 的质量指标要求，具体规格见附录二的表 3。

混合二甲苯产品满足石油混合二甲苯国家标准 GB/T 3407—2010 或 PX 装置用混合二甲苯中国石化标准 Q/SH PRD0404—2011 的质量指标要求，具体规格见附录二的表 4 和表 5。

根据用途不同，芳烃抽余油产品的技术指标有所不同，一般要求其中的溶剂含量不大于 1mg/kg，芳烃含量不大于 1%(质量)。特别是当抽余油用作生产植物油抽提溶剂时，对芳烃抽余油中的苯含量有更加严格的限制。植物油抽提溶剂产品执行国家标准 GB/16629—2008 的质量指标要求，具体规格见附录二的表 13。

三、液-液抽提回收芳烃工艺

已经工业化的液-液抽提工艺技术的种类很多，大部分工艺的流程相近，主要差别是所采用的萃取溶剂不同。目前工业上应用最广泛的是以环丁砜为溶剂的液-液抽提工艺技术。

(一)工艺原理

液-液抽提是一种物理分离过程，其原理是利用芳烃和非芳烃在溶剂中溶解度的不同。选择一种(或多种混合)溶剂，芳烃在此溶剂中的溶解能力比非芳烃强，采用萃取的原理将芳烃溶解于此溶剂中形成富含芳烃的溶剂，简称富溶剂，然后再将富溶剂进行蒸馏得到混合芳烃和贫溶剂，这样就实现了芳烃与非芳烃的分离。在抽提过程中溶剂循环使用。

1. 溶剂的溶解性和选择性

不同的溶剂对各种烃类的溶解度不同，以环丁砜为例，它对各种烃类的溶解度见图4-1-1。

由图 4-1-1 可知，芳烃与非芳烃在溶剂中的溶解度存在明显差异，在抽提工艺中习惯性把这种差异称之为选择性。

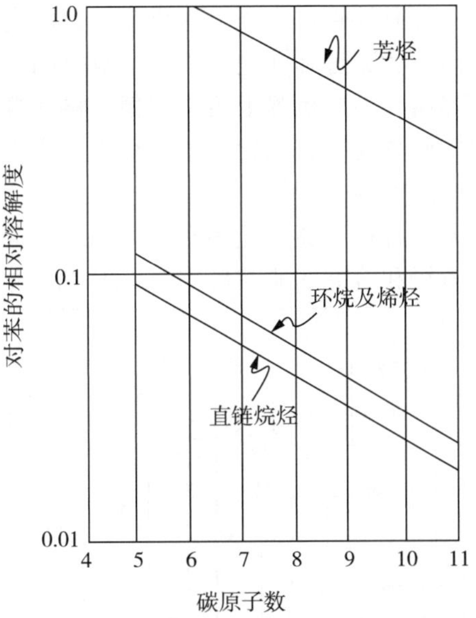

图 4-1-1　环丁砜中烃类相对溶解度[7]

溶剂的选择性可以表示为分类选择性和轻重选择性：

①分类选择性，即芳烃与非芳烃在溶剂中的溶解度存在明显差异，按族组成顺序为：芳烃>烯烃>环烷烃>烷烃

②轻重选择性，即同族烃类中，随碳原子数的增加溶解度下降，即：

苯>甲苯>二甲苯>重芳烃

轻质烯烃>重质烯烃

轻质环烷烃>重质环烷烃

轻质烷烃>重质烷烃

2. 两相密度差

当溶剂与抽提原料在抽提塔中进行液-液接触时，溶剂会对原料中的芳烃和非芳烃选择性溶解，并形成组成和密度不同的两相。由于两相密度的不同，使芳烃原料与溶剂产生逆流多级接触，并逐级将芳烃从原料中分离并提纯出来。总之，溶剂与芳烃原料混合后能够形成两相密度差也是抽提溶剂必须具备的条件之一。

3. 沸点差

溶解芳烃后的富溶剂需送至溶剂回收设施回收溶剂，即将芳烃和溶剂分离开，溶剂循环回到抽提单元循环使用。通常采用蒸馏的方法分离芳烃和溶剂。这就要求芳烃与溶剂之间存在沸点差，并且沸点差越大，溶剂与芳烃的分离就越容易。

(二) 环丁砜抽提工艺

1. 工艺流程

以环丁砜为溶剂的抽提工艺(SAE)流程见图 4-1-2。

芳烃抽提过程在抽提塔中进行，为全液相操作，塔内件采用筛孔塔板。抽提原料、贫溶剂和回流芳烃分别自抽提塔中下部、顶部第一层塔盘上和最底部一层塔盘下进入抽提塔。在

抽提塔中，抽提原料为连续相，自本层塔盘升液管上升，在上层塔盘下表面聚集，并横向向上层塔盘升液管方向流动，再经升液管进入再上层塔盘，以此类推逐层向塔顶移动。溶剂为分散相，自顶层塔盘开始呈雨滴状穿过筛孔进入下层塔盘空间。溶剂液滴穿过横向流动的连续相——即发生两相接触，之后在下层塔盘上表面聚集，再次穿过筛孔被分散，继续下一相接触过程，以此类推逐层向塔底移动。在两相接触过程中，作为分散相的溶剂不断溶解连续相中的芳烃，并置换出溶剂中溶解的非芳烃。每一次接触都使连续相中的芳烃浓度降低、非芳烃含量升高，分散相中的芳烃含量升高。经多次相接触后，含大量芳烃和少量非芳烃的富溶剂离开抽提塔底，含少量芳烃和溶剂的非芳烃(抽余油)离开抽提塔顶。

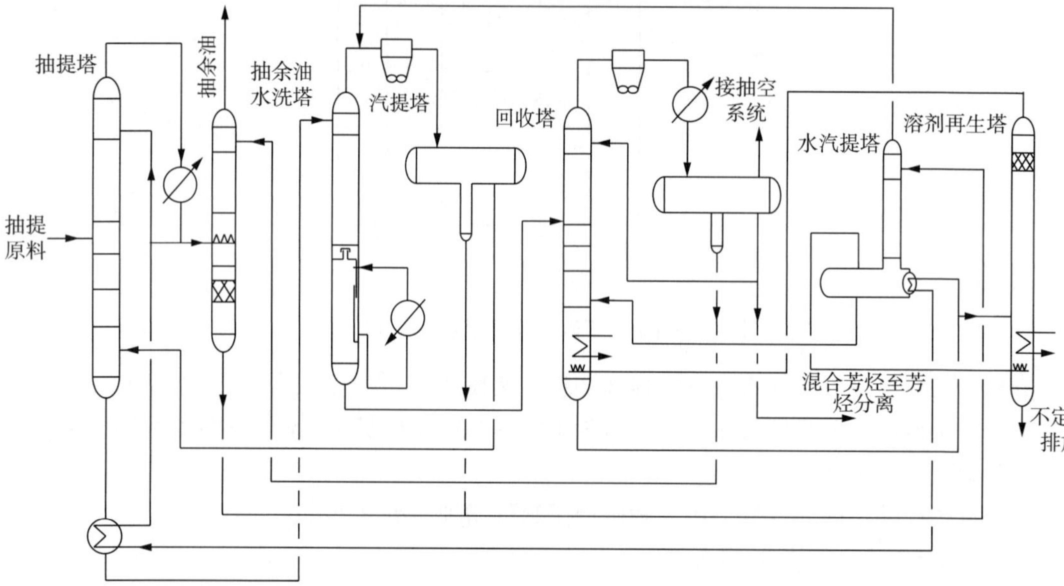

图 4-1-2 环丁砜抽提工艺(SAE)流程图

抽提塔顶的抽余油进入抽余油水洗塔，用水洗涤脱除抽余油中溶解和夹带的环丁砜溶剂后，作为芳烃抽提的副产物送出装置。抽余油水洗塔充满液体操作，采用筛孔塔板。水洗水和抽余油分别自塔顶和塔底入抽余油水洗塔。从塔顶送入的水洗水，聚集在顶层塔盘上表面，并逐步向降液管中溢流，通过导液管流至下层塔盘，再经溢流、导液进入再下层塔盘。聚集在塔盘下表面的抽余油自下向上呈液滴状穿过筛孔，然后再穿过塔板上表面的水层(连续相)，发生相接触。穿过水层的抽余油在再上层塔盘下表面再次聚集，再次向上穿过筛孔，穿过塔板上表面的水层，依次类推一直到塔顶。在相接触过程中，作为连续相的水不断地溶解分散相(抽余油)中的环丁砜溶剂。抽余油与水洗水经多次逆流相接触后，抽余油中的溶剂逐步被水溶解，脱出溶剂后的抽余油自塔顶离开，溶解了溶剂的水自塔底离开送至水汽提塔。

汽提塔的作用是通过萃取蒸馏的方式将溶解在富溶剂中的少量非芳烃分离出来。汽提塔只有提馏段。溶解了芳烃的富溶剂离开抽提塔底，与贫溶剂换热后送至汽提塔顶部。富溶剂中溶解的少量非芳烃与一定量的芳烃从汽提塔顶馏出，馏出的物料经冷凝冷却后在汽提塔顶罐进行油水分离，油相送往抽提塔作为回流芳烃。

回收塔的作用是将混合芳烃从富溶剂中的分馏出来。分离出来的贫溶剂被送回抽提塔循环使用。混合芳烃送至芳烃精馏部分进行单体芳烃的分离。自汽提塔底的富溶剂入回收塔中部，在减压和水汽提条件下完成芳烃与溶剂的分离。塔顶气经冷凝冷却后送至回流罐进行油水分离。分离出的油相一部分用作该塔回流，其余部分为混合芳烃送往下游芳烃精馏部分。分离出的水则送至抽余油水洗塔用作水洗水。塔底贫溶剂抽出作为水汽提塔重沸器热源，再与来自抽提塔底的富溶剂换热后，返回抽提塔顶部循环使用。

水汽提塔主要用于汽提分离抽余油水洗水和汽提塔顶罐水中的非芳烃。来自抽余油水洗塔的含溶剂水和来自汽提塔顶回流罐的含溶剂和烃的水一起送至水汽提塔，以除去其中夹带和溶解的非芳烃。含少量烃的蒸汽从水汽提塔顶汽提出来后送往汽提塔顶空冷器。进入水汽提塔的大部分水在汽提塔重沸器汽化后进入溶剂再生塔用作汽提蒸汽。这部分汽提蒸汽离开溶剂再生塔后再进入回收塔底作为汽提介质。少量含溶剂的水从汽提塔塔底重沸器抽出后送往回收塔底，也用作汽提汽。

为了去除溶剂中积累的机械杂质和聚合物，设置一个溶剂再生塔。回收塔底的少量溶剂送至溶剂再生塔内再生，并不定期地从再生塔底排出残渣。

在工艺过程中，还采用了一系列方法保持溶剂的质量。如氮封、加强气密性等防止空气进入系统引起溶剂氧化；视循环溶剂的 pH 值，向系统中注入单乙醇胺等，这些措施均可缓解发泡和设备的腐蚀。

2. 操作条件

SAE 工艺典型的操作条件见表 4-1-3。

表 4-1-3 典型的环丁砜液-液抽提操作条件

项　目	数　据	项　目	数　据
抽提塔顶操作压力/MPa	0.5	非芳烃水洗比(水洗水/非芳烃)	~0.18
贫溶剂入塔温度/℃	65~80	回收塔顶压力(绝)/MPa	~0.04
溶剂比(贫溶剂/进料)	2.5~4.5	回收塔底温度/℃	168~178
回流芳烃比(回流芳烃/进料)	0.35~0.7	回收塔回流比	0.25~0.5
汽提塔顶压力/MPa	0.1~0.2	汽提水比(汽提水/贫溶剂)	0.01~0.02
汽提塔底温度/℃	168~178		

(1)溶剂比

溶剂的性质是决定溶剂比的关键性因素。四乙二醇醚抽提溶剂比超过 5.6。环丁砜抽提溶剂比通常都在 4 以下。操作中可以根据抽余油中的芳烃含量来调整，溶剂循环量小，有一定的节能效果。因环丁砜对轻质芳烃的溶解能力更大，因此若抽提进料轻，溶剂比可小些，如单苯抽提，溶剂比低至 2.2 左右时，苯回收率仍可高达 99.9%以上。

(2)抽提塔操作压力

抽提塔为液-液萃取操作，塔顶操作压力通常控制在 0.5MPa 左右。抽提原料越轻(泡点越低)，贫溶剂入塔温度越高，物料在抽提塔中就越易汽化，因此应适当提高塔顶操作压力，以确保抽提塔始终处在液相操作。

(3)贫溶剂入抽提塔温度

贫溶剂入塔温度决定了整个抽提塔的操作温度。温度高，溶剂对芳烃的溶解能力大，但对芳烃的选择性降低。当溶剂比确定时，可根据抽余油中的芳烃含量确定适宜的入塔温度。

首先宜选择低的贫溶剂入塔温度，这样由抽余油所带走损失的热量少，同时溶剂的选择性好，有利于提高产品纯度。

(4)汽提塔操作

汽提塔底操作温度一般控制在170~178 ℃，可以根据汽提塔底富溶剂中的非芳烃的含量确定。如果非芳烃含量高，则应提高塔底温度。

汽提塔顶蒸出量以满足回流芳烃要求的量来确定，而最终的决定因素是混合芳烃的质量。在保证抽出芳烃组分要求的前提下，应尽量小，这样有利于节能。

一旦塔底操作温度和塔顶蒸出量确定了，汽提塔的操作压力也就确定了。

(5)回收塔操作

回收塔底温度和汽提水量决定塔底贫溶剂中的芳烃含量，贫溶剂循环量和溶剂中的芳烃含量对抽提塔芳烃回收率有重要影响。回收塔底温度可以根据溶剂中的水含量确定。

(6)循环水量

抽提过程的循环水量根据回收塔所需汽提水量、非芳烃水洗水量二者中的最大量确定。循环水量大，贫溶剂中的芳烃含量低，非芳烃水洗后溶剂含量低，但装置能耗高。因此，在满足汽提和水洗的前提下，应选择低的循环水量。

3. 工艺技术指标

以加氢裂解汽油为原料的SAE装置，其芳烃收率、溶剂消耗及能耗标定数据分别列于表4-1-4~表4-1-6。

表4-1-4 芳烃回收率 %

项　目	考核值
苯	99.95
甲苯	99.9
二甲苯	99.5

表4-1-5 溶剂消耗

溶剂损失点	考核值
非芳烃带走溶剂/(g/kg 非芳烃)	<0.001
回收塔顶带走溶剂/(g/kg 混合芳烃)	<0.001

表4-1-6 公用工程消耗及能耗

项　目	消耗量
3.5MPa 蒸汽/(t/t)	1.042
1.6MPa 蒸汽/(t/t)	0.069
电/(kW/t)	20.164
循环水/(t/t)	11.942
锅炉给水/(t/t)	0.071
能耗折算/(MJ/t)	3989

如表4-1-1中所示，抽提原料中的芳烃含量差异较大，因此芳烃抽提装置的能耗以单位产品为基准较以抽提进料为基准更能客观地反映装置的能耗水平。表4-1-6中的公用工程消耗为装置消耗除以各种芳烃产品总量(即苯、甲苯和二甲苯的总产品量)——单位芳烃产品能耗。上述能耗包括芳烃抽提和芳烃精馏两部分的总能耗。蒸汽几乎占总能耗的90%，因此降低蒸汽消耗是芳烃抽提装置节能的关键。

四、芳烃抽提蒸馏工艺

芳烃抽提蒸馏工艺是利用溶剂对烃类各组分相对挥发度影响的不同，通过萃取精馏工艺，从窄馏分原料中直接提取某种高纯度芳烃或芳烃混合物的过程。已工业化的抽提蒸馏工艺主要有基于*N*-甲基吡咯烷酮溶剂的Distapex工艺、基于*N*-甲酰基吗啉溶剂的Morphylane工艺以及基于环丁砜溶剂的GT_ BTX工艺和SED工艺。以上各种工艺的主体流程相同，主要包括抽提蒸馏塔和溶剂回收塔。在抽提蒸馏塔内通过萃取精馏作用将非芳烃组分与芳烃组分分离，塔顶得到富集非芳烃的抽余油产品；在溶剂回收塔内进行芳烃与溶剂的分离，回收塔顶得到芳烃产品，回收塔底贫溶剂循环使用。目前工业应用最多的主流工艺是基于环丁砜溶剂的抽提蒸馏工艺。

(一)工艺原理

抽提原料中不仅含有与芳烃沸点相近的非芳烃，而且某些非芳烃可以与芳烃形成各种共沸物，表4-1-7列出了几种非芳烃与苯形成的共沸物性质。由于存在共沸物，采用普通精馏不能从抽提原料中获取纯的芳烃，工业上采用芳烃抽提工艺分离提纯芳烃。

表4-1-7　含苯二元共沸物[8]

烃组分	纯组分沸点/℃	共沸物沸点/℃	苯在共沸物中质量分数/%
正己烷	68.7	68.5	4.7
甲基环戊烷	71.8	71.4	9.3
2，2-二甲基戊烷	79.3	75.8	46.3
环己烷	80.8	77.7	51.8
2，2，3-三甲基丁烷	80.9	76.6	49.7
2，4-二甲基戊烷	80.5	76.6	50.5
2，3-二甲基戊烷	89.8	79.2	79.5
正庚烷	98.4	80.1	99.3
2，2，3-三甲基戊烷	99.2	80.1	97.7
苯	80.1	—	—

在芳烃抽提蒸馏过程中，通过加入溶剂，提高目的产品芳烃和其他组分间的相对挥发度α，从而使精馏分离成为可能。在常压范围内，抽提原料的气相可作为理想气体处理，通过精馏方法分离关键组分i、j的难易程度可以用相对挥发度α_{ij}表征：

$$\alpha_{ij}=\frac{y_i/x_i}{y_j/x_j}=\frac{\gamma_i p_i^\circ}{\gamma_j p_j^\circ} \tag{4-1-1}$$

式中　x——液相摩尔分数；

y——气相摩尔分数；

γ——液相活度系数；

p°——纯组分饱和蒸气压。

相对挥发度 α 越远离 1，越有利于精馏分离。在恒沸组成时两组分相对挥发度为 1，通过普通精馏方法无法实现恒沸溶液的分离。在式 4-1-1 中，p_i^o/p_j^o 在通常温度范围内基本不变，改变相对挥发度的唯一途径就是通过加入溶剂来改变其活度系数比 γ_i/γ_j。加入溶剂后，原料溶液的组分和组成均发生了变化，分子间相互作用改变，因而也使原料组分的活度系数比值发生变化，从而使相对挥发度 α_{ij} 尽可能远离 1，有利于精馏分离。这就是抽提蒸馏的基本原理。

图 4-1-3 表示常压时苯-环己烷共沸物(苯的质量分数 51.8%)体系加入不同浓度环丁砜溶剂后的活度系数及相对挥发度的变化情况。随着环丁砜浓度的增加，环己烷活度系数 γ_i 快速增加，苯活度系数 γ_j 增加缓慢，结果使 α_{ij} 增大，可实现苯和环己烷的精馏分离。

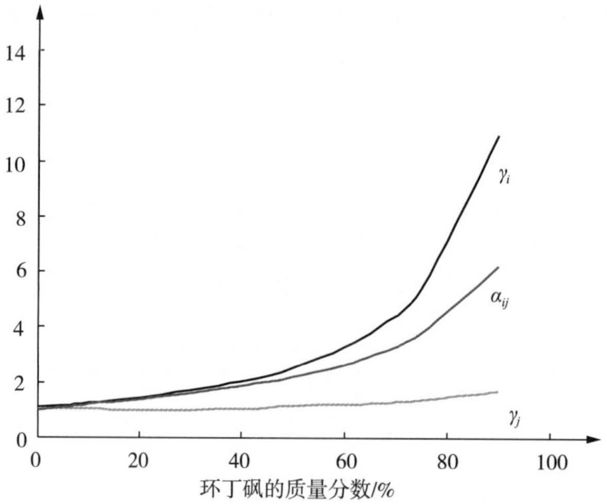

图 4-1-3　环丁砜浓度与苯和环己烷活度系数及相对挥发度的关系

i—环己烷；j—苯

(二)抽提蒸馏溶剂的选择

溶剂性能对抽提蒸馏过程的技术经济性起着决定性作用。良好的抽提蒸馏溶剂应具备以下性质[9]：

①溶剂有良好的选择性，能使待分离组分的活度系数增大，提高其相对挥发度；

②对于待分离组分是一种良好的溶剂，在精馏操作条件下不出现液液两相分离，否则抽提蒸馏塔易突沸，操作不稳定；

③与待分离组分有足够的沸点差，利于用精馏方法回收溶剂，循环使用；

④溶剂热稳定性强，无腐蚀性，与组分不发生化学反应，从生产角度考虑是比较安全的；

⑤从经济上考虑，溶剂应价廉易得。

从以上抽提蒸馏溶剂选择的要求来看，最关键和最根本的是溶剂的选择性。一般认为，应该使待分离组分的相对挥发度增大到 2 以上才可认为是一种较理想的溶剂。表 4-1-8 给出了不同溶剂存在时，甲基环己烷-苯体系的相对挥发度。由表 4-1-8 可知，加入几种溶剂后，甲基环己烷和苯的相对挥发度由无溶剂时的 0.81 提高到 2 以上，表中所列几种溶剂按选择性递减顺序依次为含水环丁砜、环丁砜、环丁砜-助溶剂(COS)、*N*-甲酰基吗啉、*N*-甲基吡咯烷酮。

表 4-1-8　不同抽提蒸馏溶剂存在时甲基环己烷-苯体系①的相对挥发度

溶　剂	溶剂量/%(质量)	泡点温度/℃	相对挥发度
无溶剂	—	80	0.81
N-甲基吡咯烷酮	87.8	140	2.3
N-甲酰基吗啉	87.8	131	3.3
环丁砜	87.8	121	4.2
环丁砜(含水 0.8%)	87.8	113	4.7
环丁砜- COS(COS 10%)	87.8	125	3.6

①溶剂、甲基环己烷、苯的质量比为 87.8∶0.1∶12.1，系统压力 101kPa。

溶剂的溶解能力是抽提蒸馏溶剂另一个重要的性能指标。尽管待分离组分在溶剂中有不同的溶解能力，但在抽提蒸馏操作条件下应避免出现液-液两相分离，因为一旦在塔板上形成两个液相，溶剂浓度低的液相容易闪蒸突沸，使抽提蒸馏塔不能稳定操作。因此在抽提蒸馏塔应保持足够的溶剂比，使得待分离组分溶解于溶剂中形成单一液相，在汽液传质状态下操作。溶剂的溶解能力越大，保持单液相操作的溶剂比就越小，过程的能耗就越低。

抽提蒸馏溶剂的选择性与溶解能力通常是一对矛盾因素，提高其溶解能力，其选择性会随之下降。目前在工业中获得应用的芳烃抽提蒸馏溶剂有 *N*-甲基吡咯烷酮、*N*-甲酰基吗啉和环丁砜，其中环丁砜具有最优的选择性和适中的溶解能力，在单一溶剂中综合性能最佳，获得广泛应用。以环丁砜为主溶剂，添加适当的助溶剂后，与主溶剂配伍形成复合溶剂，复合溶剂在某些应用场合表现出较单一溶剂更好的抽提蒸馏溶剂性能。例如，SED-I 工艺采用环丁砜-COS 复合溶剂，与纯环丁砜溶剂相比，显著提高了溶解能力和苯的回收率，而且溶剂不含水，流程及操作更简单，对设备无腐蚀，但溶剂选择性有所下降，仅适用于单苯抽提蒸馏过程；而 SED-II 工艺采用环丁砜-水复合溶剂，与纯环丁砜溶剂相比，进一步提高了溶剂对芳烃的选择性，可以在一个抽提蒸馏系列同时回收两苯或三苯产品，但溶剂溶解能力下降，需要适当提高溶剂比和温度保证抽提蒸馏过程操作稳定。

(三)工艺操作参数的影响

对于抽提蒸馏操作过程而言，各种因素对分离效果的影响可归结为两方面作用，一是对相平衡产生影响，从而影响相对挥发度及分离效果；二是对过程的稳定性和可操作性产生影响，一个不稳定的过程，很难达到预期的分离效果。

从对相平衡的影响来看，随着温度升高，溶剂的选择性降低，不利于分离。但温度升高，溶剂溶解能力提高，单液相区变大，有利于避免液液相分离，操作稳定。

提高系统压力，对待分离组分相对挥发度影响不大，但抽提蒸馏塔容易产生两个液相，不利于稳定操作。

提高溶剂比，抽提蒸馏塔塔板上的溶剂浓度提高，不仅提高了溶剂的选择性，同时有利于避免液液相分离，使操作更稳定。但是对一定的抽提蒸馏塔操作而言，过大的溶剂比不仅增加了过程能耗，同时液相负荷过大，也容易造成液泛。

抽提蒸馏塔顶回流的作用是回收溶剂，由于溶剂与待分离组分沸点差较大，一般仅需较小的回流比。与普通精馏不同，提高抽提蒸馏回流比不利于原料组分的分离。这是因为回流比提高后，降低了溶剂浓度，不仅使溶剂选择性降低，同时容易产生液液两相，使操作不稳定。因此在有效回收溶剂的前提下，应尽量维持小回流比。

(四)*N*-甲酰基吗啉抽提蒸馏工艺

作为芳烃抽提蒸馏溶剂，*N*-甲酰基吗啉具有优良的溶解能力和较好的选择性，同时热稳定性高，不腐蚀设备。德国 Krupp Koppers 公司采用 *N*-甲酰基吗啉为溶剂成功开发了 Morphylane 工艺[10,11]，该工艺较传统的液-液抽提工艺流程简单，投资少。

中国石化开发了新的 *N*-甲酰基吗啉抽提蒸馏流程，进一步提高了芳烃收率，降低了溶剂回收温度，减少了溶剂热分解释放吗啉而污染甲苯产品的问题，同时解决了过程控制和核心设备设计等技术难点。该工艺的流程如图 4-1-4 所示。该流程中设置了一台溶剂闪蒸罐及相应的真空系统。一部分循环溶剂进入闪蒸罐进行闪蒸，罐底得到烃含量较低的净化溶剂，返回抽提蒸馏塔塔顶。闪蒸出的芳烃和少量溶剂与富溶剂混合进入回收塔。另一部分循环溶剂(贫溶剂)经过一系列换热后进入抽提蒸馏塔上段。抽提溶剂分为两股，一股为烃含量较低的净化溶剂，从抽提蒸馏塔顶进入，保证较高的芳烃收率。另一股贫溶剂从抽提蒸馏塔上段进入，允许烃含量稍高以降低回收塔底温度。此外，溶剂分两股、两段进入抽提蒸馏塔后，塔上段汽液相负荷分配更合理，提高了塔板效率，同样的实际塔板数可获得更好的分离效果。

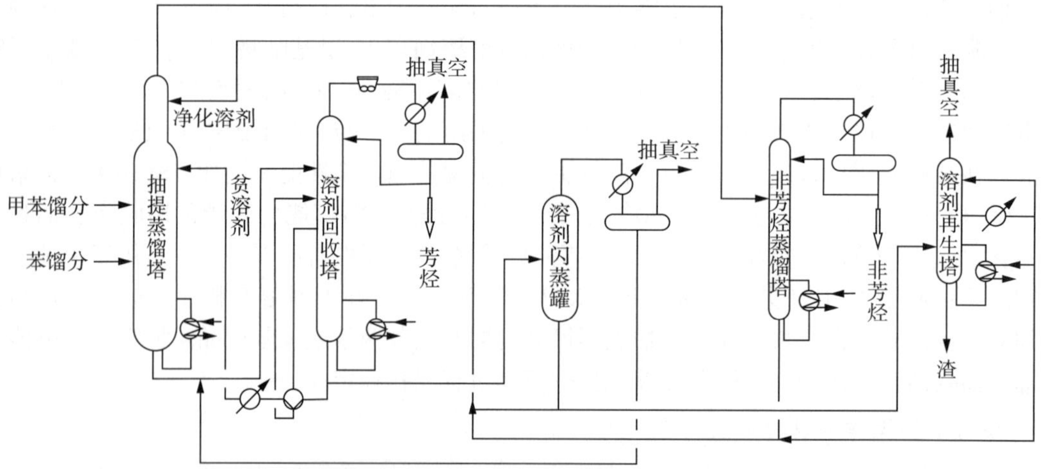

图 4-1-4 *N*-甲酰基吗啉抽提蒸馏工艺流程示意图

中国石化 *N*-甲酰基吗啉抽提蒸馏工艺在一套 200kt/a 芳烃抽提装置上进行工业应用，该装置以 HSCN 为原料，以苯抽提为主操作工况，兼顾苯/甲苯抽提工况，主要工业应用结果列于表 4-1-9~表 4-1-12。表 4-1-11 中甲苯产品氮含量低于 0.5 mg/kg，该产品需要经过白土低温吸附精制处理，在液时空速为 $1h^{-1}$ 的情况下，白土使用寿命约 3 个月。

N-甲酰基吗啉抽提蒸馏工艺较适于苯抽提工况，可以直接得到优质级苯产品；而应用于苯/甲苯抽提工况时，一方面工艺要求苯馏分和甲苯馏分分开进料，需要两台预分馏塔，增加了流程复杂性，另一方面甲苯产品需要采用白土低温吸附精制，白土耗量大，因此推广

应用受到一定限制。

表 4-1-9　抽提蒸馏原料组成

组　分	苯工况/%	苯/甲苯工况/%	
		苯馏分	甲苯馏分
非芳烃	23.36	20.41	9.56
芳　烃			
C_6	76.63	79.54	0.11
C_7	0.01	0.05	90.26
C_8	—	0.00	0.07
合计	100.00	100.00	

表 4-1-10　苯产品规格

项　目	指　标
苯/%	≥99.9
非芳烃/(mg/kg)	≤900
硫/(mg/kg)	≤0.5
氮/(mg/kg)	≤0.5
结晶点/℃	≥5.45

表 4-1-11　甲苯产品规格

项　目	指标
甲苯/%	99.85
非芳烃/(mg/kg)	≤900
苯和 C_8 芳烃/(mg/kg)	≤500
硫/(mg/kg)	≤0.5
氮/(mg/kg)	≤0.5

表 4-1-12　芳烃回收率

项　目	苯工况	苯/甲苯工况
苯/%	99.8	99.8
甲苯/%	—	99.4

(五)环丁砜抽提蒸馏工艺

SED 环丁砜抽提蒸馏工艺是中国石化开发的专利工艺技术。该工艺包括抽提蒸馏、溶剂回收和溶剂再生等单元。

SED 工艺的发展大致经历了两个阶段。SED-I 工艺采用环丁砜-COS 复合溶剂，比较适用于 HSCN 和焦油粗苯的苯抽提，也可用于重整汽油的苯抽提。该工艺的特点是采用无水溶剂，抽提出来的苯经过白土处理后可直接作为苯产品，流程短，投资低。该工艺应用于苯含量较高的加氢裂解汽油和煤焦油粗苯抽提时更具优势，投资、能耗和占地都比液-液抽提工艺低[12~15]。SED-I 应用于连续重整生成油的苯抽提过程时，由于抽提原料苯含量低、烯烃含量较高，该工艺暴露出白土寿命较短、能耗较高的缺点。为了拓宽 SED 技术的适用范围，同时实现三苯抽提，并进一步降低能耗，中国石化在 SED-I 的研发基础上进行了改进，推出了 SED-II 工艺。改进后的工艺仍采用以环丁砜为主溶剂，助溶剂改为水。规模为 550kt/a 的芳烃抽提装置首次应用于 2005 年，其标定结果表明，在苯和甲苯的纯度不低于 99. 96%和 99. 91%的情况下，回收率均为 99. 9%[16,17]。SED-Ⅱ也适用于连续重整生成油苯抽提过程，规模为 220kt/a 的苯抽提装置首次应用于 2010 年，其标定结果表明，在保持苯产品质量和收率与 SED-Ⅰ工艺相同情况下，SED-Ⅱ工艺的能耗降低了约 24%，工艺消耗的溶剂也大幅降低，白土使用周期延长至 1 年以上。目前该技术已经得到了广泛的应用。

典型的 SED 工艺流程示意图见图 4-1-5。在抽提蒸馏(ED)塔内，原料油经过溶剂的抽提蒸馏作用从塔顶脱除非芳烃。ED 塔底得到芳烃和溶剂混合物进入到溶剂回收塔。溶剂回收塔进行减压蒸馏将芳烃与溶剂分离，回收塔顶得到芳烃产品，塔底贫溶剂循环回抽提蒸馏塔。对于单苯抽提蒸馏工况，SED 装置可直接得到苯产品。对于苯/甲苯抽提蒸馏工况，SED 装置得到的芳烃产品将进入下游精馏单元进一步分离得到苯产品和甲苯产品。

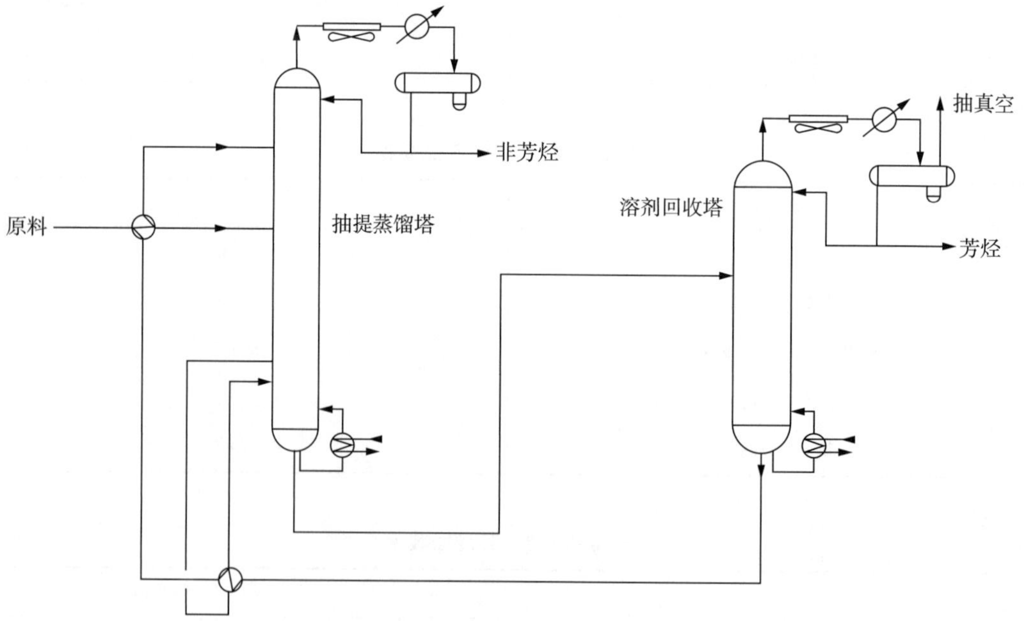

图 4-1-5　SED 工艺流程示意图

表 4-1-13 给出了典型的抽提蒸馏原料的组成数据。表中苯工况为重整生成油 C_6 馏分，苯/甲苯工况为加氢裂解汽油 C_6～C_7 馏分。

表 4-1-13　典型的抽提蒸馏原料组成

组　分		苯工况/%	苯/甲苯工况/%
烷烃	C_5	1.88	0.44
	C_6	56.06	4.10
	C_7	5.47	1.56
	C_8	—	0.47
环烷烃	C_5	0.64	0.50
	C_6	3.06	7.10
	C_7	0.62	2.40
	C_8	—	0.25
芳　烃	C_6	32.25	57.21
	C_7	0.02	25.97
	C_8	—	0.00
Σ		100.00	100.00

SED 工艺主要操作参数、产品质量、收率及能耗物耗指标分别见表 4-1-14～表 4-1-17。

表 4-1-14　SED 工艺主要操作参数

项　目	苯工况	苯/甲苯工况
溶剂质量比	2.8～4.5	3.5～5.5
ED 塔顶压力/MPa	0.04～0.10	0.04～0.10
ED 塔顶温度/℃	85～95	105～115
ED 塔回流比（R/D）	0.3～0.5	0.5～0.8
溶剂回收塔顶压力/MPa	-0.04	-0.05
溶剂回收塔底温度/℃	172～178	172～178
溶剂回收塔回流比(R/D)	0.5～0.7	0.5～0.8

表 4-1-15　苯产品质量规格及回收率

项　目	指　标
苯/%	≥99.9
非芳烃/(mg/kg)	≤500
硫/(mg/kg)	≤1
结晶点/℃	≥5.45
回收率/%	99.5～99.9

表 4-1-16 甲苯产品质量规格及回收率

组分	指 标
甲苯/%	≥99.9
非芳烃/(mg/kg)	≤1000
苯和 C_8 芳烃/(mg/kg)	≤500
硫/(mg/kg)	≤1
回收率/%	99.7~99.9

表 4-1-17 能耗及化学品消耗指标

项 目	指 标
综合能耗/(MJ/t 原料)	1172~1507
溶剂随产品携带损失/(g/t 原料)	≤1
单乙醇胺/(g/t 原料)	1~2
消泡剂/(g/t 原料)	0.5~1.0

五、抽提蒸馏-液液抽提组合工艺

(一)工艺组合的原则

随着乙烯裂解深度的加深，HSCN 中芳烃含量越来越高，芳烃质量分数一般都在 80%以上，有的甚至高达 90%。采用传统的液-液抽提工艺处理 HSCN 时，需要用大量的抽余油与原料进行混兑，将抽提进料芳烃含量降至约 70%，以维持抽提塔正常操作，但原料混兑措施降低了装置实际处理能力，能耗、物耗有所增加，有时还会因为混兑不均匀而出现操作不稳。抽提蒸馏工艺适合于处理芳烃含量高的窄馏分油，具有流程简单、能耗低的优点，但其芳烃收率较液-液抽提法略低。两种方法处理 HSCN 各有所长，并且具有一定的互补性。因此，如将 HSCN 先经过预分馏切出部分苯馏分，苯馏分进行抽提蒸馏得到苯产品和含有少量苯的非芳烃，非芳烃与预分馏塔底料一起进行液-液抽提，形成所谓的抽提蒸馏-液液抽提组合工艺，则可以兼顾能耗物耗低、芳烃回收率高的优势。采用组合工艺进行扩能改造，只需新建一套流程简单的抽提蒸馏单元，可节省投资，缩短工期。改造期间不影响原抽提装置的正常生产，改造方案具有竞争力。

抽提蒸馏-液液抽提组合工艺进行工业应用应该遵循以下原则：

①适用于现有液-液抽提装置的大幅扩能改造，尤其是与乙烯装置配套的芳烃抽提装置；

②两个抽提单元最好采用相同的主溶剂系统；

③抽提蒸馏单元直接得到苯产品。

(二)组合工艺流程

环丁砜抽提蒸馏-液液抽提组合工艺流程如图 4-1-6 所示。虚线框中为现有的液-液抽提装置，新增加预分馏单元和抽提蒸馏单元。预分馏单元的功能是将 HSCN 中 C_6~C_8 馏分馏分切割得到苯馏分和苯后馏分。苯馏分送入抽提蒸馏系统，在溶剂环丁砜的存在下，通过萃取精馏实现苯与非芳烃的分离，直接得到苯产品。抽提蒸馏单元的抽余油(非芳烃)可以直接出装置，也可以与苯后馏分合并作为液-液抽提单元的进料，苯后馏分采用典型的环丁砜液-液抽提工艺最终得到混合芳烃产品和非芳烃产品，混合芳烃再进入下游芳烃精馏单元分离得到苯(少量)、甲苯和混合二甲苯产品。

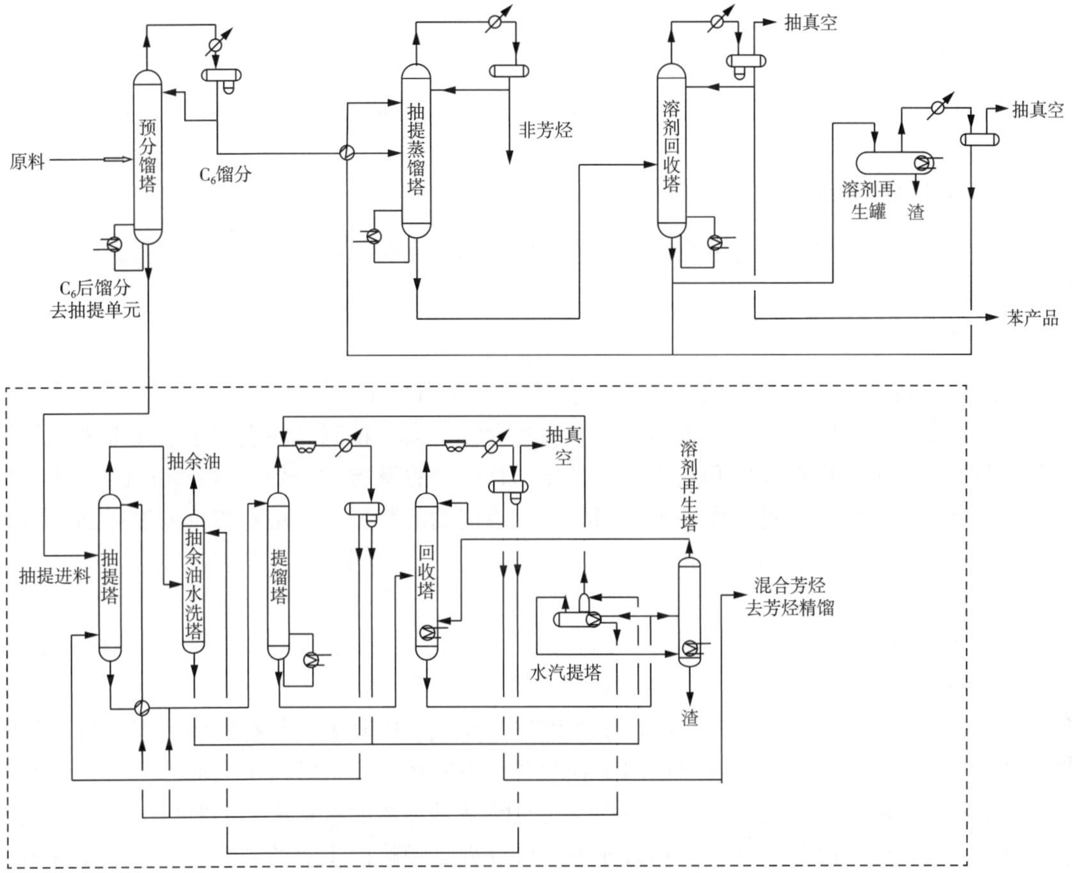

图 4-1-6　环丁砜抽提蒸馏-液液抽提组合工艺流程示意图

环丁砜抽提蒸馏-液液抽提组合工艺在一套处理能力为 200 kt/a 液-液抽提装置改造项目上进行了工业应用。表 4-1-18 列出了改造前后装置主要技术经济指标。工业结果表明，芳烃产品质量达到国家优级标准，苯、甲苯收率分别为 99.9%和 99.1%。采用组合工艺与采用液-液抽提工艺改造方案相比，投资省，能耗低(单位能耗降低约 24%)[18]。

表 4-1-18　主要技术经济指标对比

项　目	组合工艺(改造后)	液-液抽提(改造前)
处理能力/(kt/a)	360	200
苯结晶点/℃	5.48	5.48
苯纯度/%	>99.98	99.95
苯收率/%	99.9	99.9

续表

项　目	组合工艺(改造后)	液-液抽提(改造前)
甲苯收率/%	99.1	99.1
溶剂工艺消耗/(g/t 进料)	4.1	5.0
消泡剂用量/(g/t 进料)	3	6
能耗/(MJ/t 进料)	2936	3872
混兑重整抽余油/(t/h)	0	3.6

六、芳烃精制与精馏

经芳烃抽提分离出的混合芳烃，通常需经后续的白土精制和精馏过程分离得到苯、甲苯和二甲苯产品。

(一)芳烃精制

经抽提得到的混合芳烃中或多或少含有烯烃，为满足苯、甲苯和二甲苯产品的质量要求，需将其中的烯烃除去。目前仍然普遍采用的方法是白土精制。因废白土填埋带来的环保压力越来越大，国内也在开发和应用替代技术。HSCN 的溴指数一般<100mgBr/100g 油，可以满足芳烃产品的要求。对利用抽余油同时生产溶剂油的装置，采用重整生成油后加氢精制脱烯烃技术，可以将抽余油加氢和芳烃脱烯烃结合起来，可同时满足溶剂油和芳烃产品对烯烃含量的要求。

1. 白土精制工艺

(1)白土特性[19]

颗粒白土是利用天然膨润土矿经化学处理加工而成。因其表面具有较弱的固体酸和较大的吸附面积，故在芳烃生产中普遍被用于脱除芳烃中的烯烃。颗粒白土的活性大小主要取决于表面弱酸中心的总量和有效吸附表面积。在脱除微量烯烃的过程中，颗粒白土一方面充当吸附剂，将烯烃物质吸附于其表面和微孔中；另一方面颗粒白土上的弱酸中心又能促进烯烃的聚合和烷基化作用，聚合成高沸点化合物在后续精馏中被脱出；同时还存在二甲苯烷基转移生成苯、甲苯和 C_{9+}芳烃等副反应。随着白土颗粒表面上不溶性高聚物和焦化物的生成，白土的活性逐渐降低，导致失活。

(2)工艺流程

白土塔设置在芳烃精馏的前面，通常设置两个白土塔，工艺流程见图 4-1-7。

混合芳烃升压后，与白土塔出料换热，再经加热器加热到适宜温度后，从白土塔顶部进入，从底部出来与白土塔进料换热后至苯塔。两个白土塔既可并联也可串联操作。

当 HSCN 的溴指数<300mgBr/100g 油时，可以不设置白土塔，但通常设置一个白土塔，作为保护手段。

对于重整生成油采用加氢加氢处理时，其催化剂使用寿命长，性能稳定，无需设置白土塔作为保护手段。

(3)白土塔操作[20~22]

白土塔操作温度是脱烯烃效果的重要参数，一般在 150~200℃。脱烯烃操作需在液相条件下进行，为此，白土塔操作压力维持在1.2~1.5MPa。

在150℃以下，白土的吸附能力很强，但催化活性很低，相应白土的使用寿命短。随着温度的升高，尽管白土的吸附能力下降，但白土的催化活性增强，可延长白土的使用寿命。温度不宜超过200℃，因过高的操作温度会加剧烷基转移等副反应，导致芳烃收率损失。

两个白土塔串联操作与并联操作相比，前者白土使用寿命更长。在串联操作时，第1个塔可以一直使用到白土完全失去活性为止。当温度升高到200℃，第2塔出口溴指数超过控制指标(20mgBr/100g油)时，应更换第1塔中白土。

对遇水不易粉化的白土，可采用蒸汽再生。再生后的白土，其出口溴指数能够达到20mgBr/100g油。再生后白土的使用寿命不如首次使用，但这对充分发挥白土的性能，一定程度地减少白土使用量有效果。

2. 催化脱烯烃技术

目前，国内已经成功开发和应用了重整生成油加氢精制工艺和催化脱烯烃技术，详见第二章第一节“重整生成油催化脱烯烃技术”部分的描述。

3. DOT精制技术

详见第二章第一节“重整生成油催化脱烯烃技术”部分的描述。

(二)芳烃精馏

1. 流程

典型的苯/甲苯精馏工艺流程见图4-1-7。

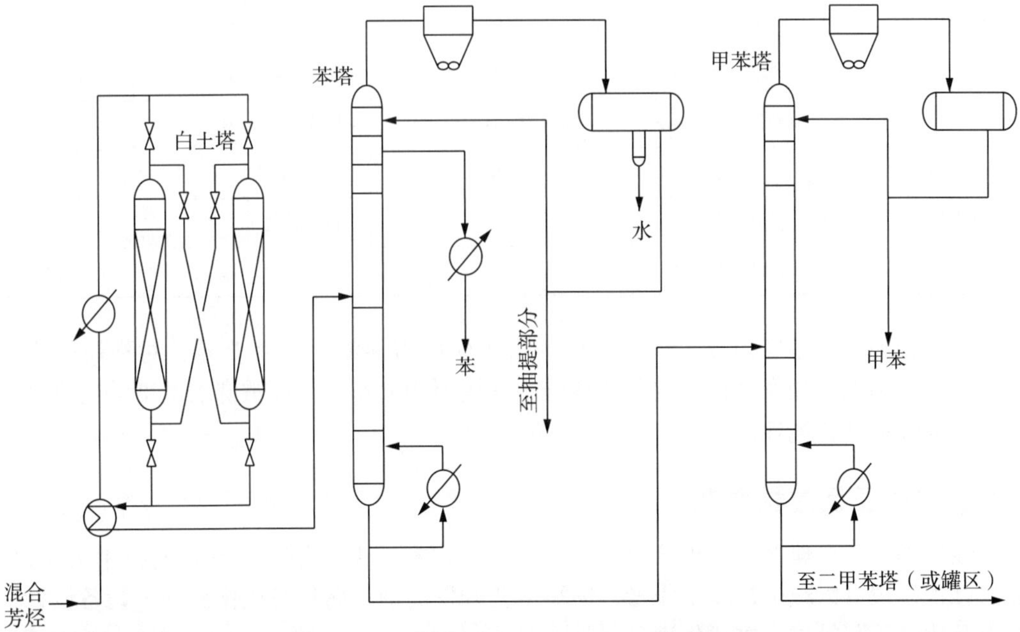

图4-1-7 典型的苯/甲苯精馏工艺流程图

含苯、甲苯和少量C_8芳烃的混合芳烃原料先经换热和加热后进入精制部分(如白土塔、催化脱烯烃反应器等)，除去其中的不饱和烃。从精制部分出来的混合芳烃与其进料换热后进入苯塔，苯塔顶物料绝大部分送回苯塔顶作回流，很少部分送往抽提部分以避免轻质非芳烃在回流罐的积累影响苯产品质量。苯产品从第5层塔板下(自上往下)抽出。苯塔底物料送至甲苯塔中部，从塔顶抽出甲苯产品，甲苯塔底混合二甲苯送往二甲苯塔作进一步分离，或直接冷却后作为产品送出装置。

若甲苯塔采用加压操作方案，甲苯塔操作压力一般为0.35~0.5MPa，甲苯塔顶物一般作为苯塔底重沸器热源。

2. 操作条件

苯/甲苯精馏典型操作数据见表4-1-19。表中苯/甲苯精馏操作条件给出了两个示例。中间一组数据为重整生成油(C_6~C_7馏分)抽提后的苯/甲苯塔操作参数。甲苯塔为常压操作。最下面一组数据为PX联合装置中的苯/甲苯塔操作参数，苯塔进料为重整生成油(C_6~C_7馏分)抽出油与歧化产物(汽提后)的混合物，且甲苯塔为加压操作。

表4-1-19 典型的苯/甲苯精馏操作条件

工艺路线	苯塔	数据	甲苯塔	数据
单苯抽提（重整油）	顶操作压力 / MPa	0.04	—	—
	回流比	1.30	—	—
	塔顶温度 / ℃	90.5	—	—
	塔底温度 / ℃	128.9	—	—
两苯抽提（重整油）	顶操作压力 / MPa	0.06	顶操作压力 / MPa	0.04
	回流比	1.73	回流比	3.90
	塔顶温度 / ℃	95	塔顶温度 / ℃	128
	塔底温度 / ℃	138	塔底温度 / ℃	169
三苯分离（生产PX原料）	顶操作压力 / MPa	0.04	顶操作压力 / MPa	0.38
	回流比	3.14	回流比	2.24
	塔顶温度 / ℃	90	塔顶温度 / ℃	176
	塔底温度 / ℃	145	塔底温度 / ℃	225

不同装置因混合芳烃组成不同，各精馏塔操作所需回流比会有差异。对规模较大的装置，甲苯塔采用加压操作是很好的节能措施，其塔顶物流作为苯塔重沸器的部分或全部热源可以显著地降低装置能耗。

七、抽提工艺过程模拟

芳烃抽提是一个典型的物理分离过程，建立过程模拟系统是工艺开发的技术关键之一。可靠的过程模拟可以减少试验工作量，缩短工艺开发周期，而且对优化流程、设备设计、指导操作及故障诊断等均有重要作用。

20世纪80年代，中国石化相继开发成功芳烃抽提专用流程模拟系统AREBSIM和SULEB，并陆续用于指导现有装置操作，为老装置改造和新装置的设计提供详细的设计基础资料，取得了明显的经济效益[23,24]。专用过程模拟系统虽然具有计算速度快、收敛性能好等特点，但只适用于固定的流程，对于工艺流程的任何改动，如换热流程的改动、物流的改变等，都需要修改计算程序，因此推广应用受到限制。90年代以来，随着通用流程模拟软件如 ASPEN PLUS、PRO Ⅱ等的推广应用，芳烃抽提模拟系统的开发逐渐转变为开发专用的芳烃抽提相平衡数据包，然后将专用相平衡数据包安装于通用流程模拟软件中，借助通用模拟软件的强大计算功能，进行工艺流程的研究与优化、工业装置优化设计、故障诊断及操作优化。为了建立可靠的相平衡数据包，需要进行以下工作：①测定有关体系的基础相平衡数据；②选择合适的相平衡模型，求取模型参数；③将模型参数装入通用流程模拟软件，建立抽提过程模拟系统；④采用中试或工业数据校验模拟系统，验证数据包的可靠程度。

（一）相平衡模型

芳烃抽提是一个典型的物理分离过程，涉及强极性的溶剂、水以及非极性或弱极性烃类的多元复杂体系，分离过程涉及多元体系的液液平衡和汽液平衡。根据热力学定律知道：在一定温度 T、压力 p 下处于平衡状态的两相，逸度相等。对于汽液平衡的两相，$f_i^V = f_i^L$，即：

$$y_i\phi_i p = x_i\gamma_i p_i^0\phi_i^0 \mathrm{EXP}\left(\frac{1}{RT}\int_{p_i^0}^{p} V^L \mathrm{d}p\right) \tag{4-1-2}$$

在低压下也可以简化为：

$$y_i p = x_i p_i^0 \gamma_i \tag{4-1-3}$$

液液两相达平衡时应满足：

$$x_i^{\mathrm{I}}\gamma_i^{\mathrm{I}} = x_i^{\mathrm{II}}\gamma_i^{\mathrm{II}} \tag{4-1-4}$$

式中 f_i^V、f_i^L——组分 i 的气相和液相逸度；

ϕ_i、ϕ_i^0——组分 i 在系统状态及饱和状态下气相逸度系数；

x_i、y_i——组分 i 的液相及气相摩尔分率；

γ_i——液相组分 i 的活度系数；

R——气体常数；

Ⅰ、Ⅱ——平衡的两个液相。

γ_i 为组分 i 的活度系数，用于描述液相的非理想行为，γ_i 是计算强极性体系汽液和液液相平衡的关键。常用的以局部浓度概念为基础的活度系数模型如 NRTL、UNIQUAC、UNIFAC 以及 LEMF 模型等均可用来关联极性体系的相平衡数据。以实验测定的溶剂-烃类、溶剂-水、烃-烃、烃-水之间不同二元体系的基础相平衡数据为基础，选定某一活度系数模型进行参数估值，对互溶二元系，采用汽液相平衡数据（VLE），对于部分互溶系，则采用互溶度数据（LLE），必要时增加部分多元系的相平衡数据估计和校正模型参数值。

（二）建立相平衡数据包

基础相平衡数据包括二元汽液平衡、二元互溶度、多元汽液和多元液液平衡数据。选取 20 个具有代表性的烃、5 种有机溶剂和水，测定各组分之间的基础相平衡数据，这些组分包括烷烃（正丁烷、正戊烷、正己烷、正庚烷、正辛烷、正壬烷、正癸烷）、环烷烃（环戊烷、甲基环戊烷、环己烷、二甲基环戊烷、甲基环己烷、二甲基环己烷）、芳烃（苯、甲苯、EB、PX、MX、OX、三甲苯）和溶剂（二甘醇、三甘醇、四甘醇、环丁砜、N-甲酰基吗啉、水）。测定和关联二元基础相平衡数据，获得活度系数模型参数，再利用多元汽液和多元液液平衡数据校验模型参数，建立芳烃抽提系统相平衡数据包。

图 4-1-8、图 4-1-9 以及表 4-1-20 示例了不同溶剂-烃体系的相平衡数据，模型预测值与实验符合良好。

(三)模拟计算实例及应用

通常情况下，抽提装置的设计操作参数是基于设计原料条件并考虑一定操作弹性后进行优化的结果。装置建成投产后，原料组成可能发生变化，设备的实际效率或效能与设计值也有偏差，因此需要根据装置的实际情况，在设计值的基础上进一步优化操作参数，可靠的过程模拟系统可以为优化操作提供指导，在保证装置运行平稳、产品质量合格的前提下，尽可能降低装置能耗，追求效益最大化。

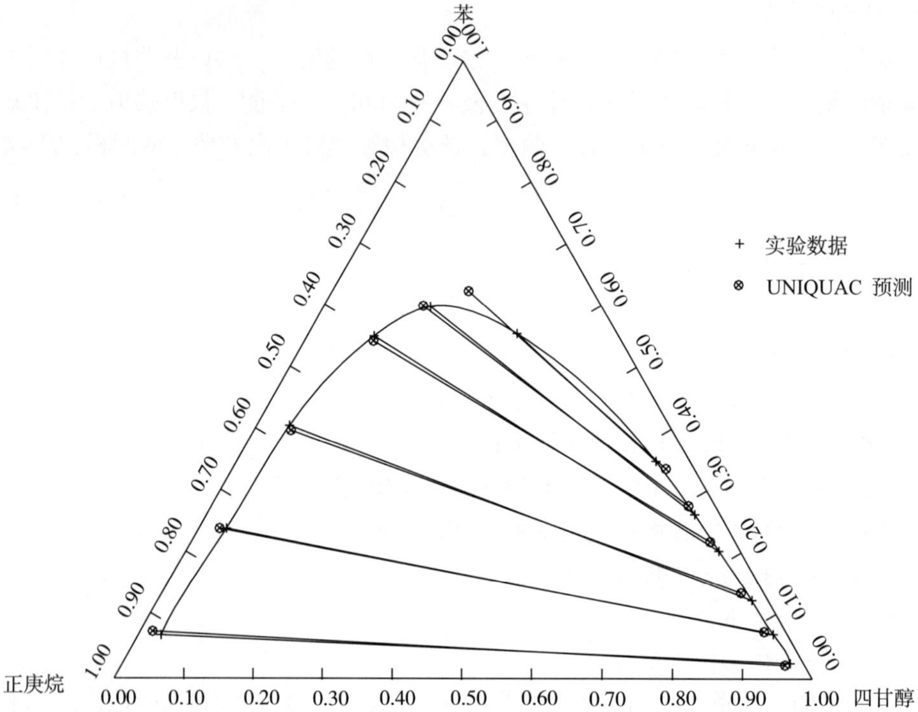

图 4-1-8 120℃正庚烷(1)-苯(2)-四甘醇(3)[w(水)=5.0%]液液相平衡

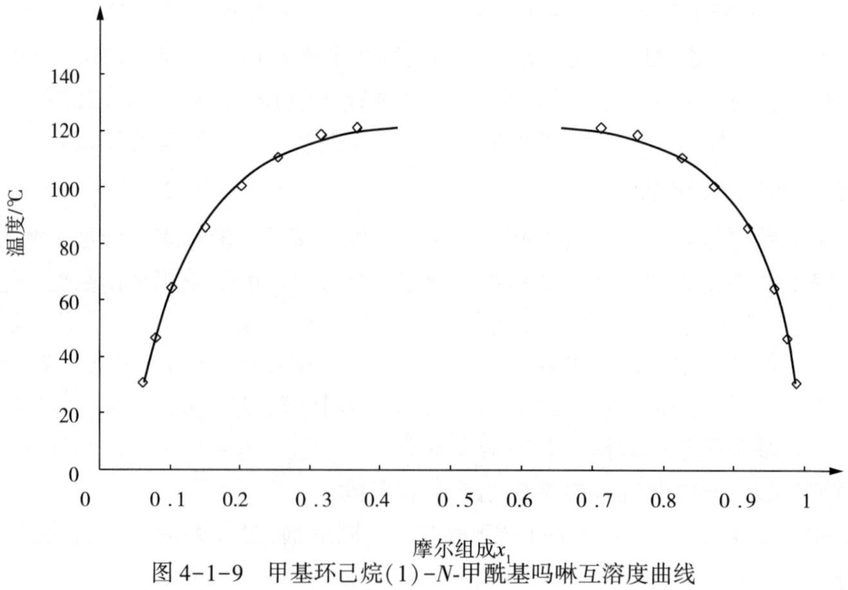

图 4-1-9 甲基环己烷(1)-N-甲酰基吗啉互溶度曲线

表 4-1-20 环丁砜-正庚烯(1)-甲苯(2)三元液相平衡

温度	实验值				模型预测值			
	x_1^{I}	x_2^{I}	x_1^{II}	x_2^{II}	x_1^{I}	x_2^{I}	x_1^{II}	x_2^{II}
40℃	0.8635	0.1143	0.0426	0.0449	0.8680	0.1138	0.0403	0.0489
	0.7691	0.2076	0.0462	0.0841	0.7680	0.2048	0.0475	0.0903
	0.6922	0.2866	0.0552	0.1263	0.6821	0.2802	0.0541	0.1273
	0.6266	0.3311	0.0680	0.1744	0.6112	0.3400	0.0599	0.1597
	0.5169	0.4232	0.0773	0.2360	0.4968	0.4298	0.0700	0.2169
	0.4352	0.4887	0.0923	0.3005	0.4097	0.4901	0.0786	0.2673
	0.3638	0.5299	0.1129	0.3484	0.3412	0.5295	0.0864	0.3133
70℃	0.8357	0.1459	0.0511	0.0581	0.8277	0.1383	0.0622	0.0641
	0.7268	0.2526	0.0678	0.1091	0.7094	0.2415	0.0725	0.1167
	0.6176	0.3469	0.0671	0.1581	0.6027	0.3292	0.0824	0.1679
	0.6256	0.3227	0.0847	0.1790	0.5869	0.3416	0.0840	0.1758
	0.4852	0.4278	0.0948	0.2574	0.4611	0.4330	0.0974	0.2453
	0.3903	0.4869	0.1051	0.3144	0.3720	0.4858	0.1090	0.3036

下面以一套 SED-Ⅰ苯抽提工业装置为实例，通过模拟计算分析评价几个主要操作参数对装置能耗指标的影响，给出各因素对能耗的相对影响系数，明确主要参数，以指导装置运行调优，节能降耗。表 4-1-21 为该装置的部分设计参数，以表 4-1-21 设计参数为基准，逐个调整表中 5 个操作变量，在保证苯产品质量合格和收率相同的前提下，模拟计算出各个操作工况下装置的综合能耗，通过与设计基准工况的能耗对比，考察各个操作参数对综合能耗的影响，模拟计算结果列于表 4-1-22。

表 4-1-21 某厂苯抽提蒸馏装置的部分设计参数

项 目		设计值
组成/%	苯	25.64
	甲苯	0.02
	非芳烃	74.34
苯循环比		0.118
溶剂比		4.2
抽提蒸馏塔回流比		0.42
溶剂回收塔回流比		2.53
溶剂冷却前后温差 /℃		13.6

表 4-1-22 操作参数对能耗指标的影响

项 目	基准	1	2	3	4	5	K
苯循环比	0.118	0.106	0.118	0.118	0.118	0.118	0.26
溶剂比	4.2	4.2	4.0	4.2	4.2	4.2	0.02
ED 塔回流比	0.42	0.42	0.42	0.38	0.42	0.42	0.10
回收塔回流比	2.53	2.53	2.53	2.53	2.42	2.53	0.32
溶剂冷却前后温差 /℃	13.6	13.6	13.6	13.6	13.6	12.3	0.10
综合能耗 /(kg 标油/t 原料)	50.90	49.57	50.85	50.40	50.18	50.39	—

为了定量化评价各个操作参数对综合能耗的影响，引入能耗相对影响系数 K 的概念，定义 K 为单个操作参数变化引起的综合能耗相对变化率与该参数相对变化率之比。K 值越大，表明该操作参数对能耗的影响就越大，其计算式如下：

$$K=(\Delta w/w)/(\Delta p/p) \tag{4-1-5}$$

式中 p——某操作参数；

w——装置综合能耗。

由表 4-1-23 可知，各操作参数对综合能耗的影响不尽相同，以影响能耗作用大小排序如下：溶剂回收塔回流比和苯循环比>抽提蒸馏塔回流比和溶剂冷却前后温差>溶剂比。其中溶剂比对能耗的相对影响系数 K 仅为 0.02，影响很小，这是因为抽提装置约 90%能耗为蒸汽消耗。溶剂在抽提蒸馏过程中基本不汽化，随着溶剂比提高，蒸汽能耗基本不变，主要增加了部分电耗，所以对综合能耗影响不大。

表 4-1-23 SED-Ⅰ苯抽提装置运行调优结果

项 目	设计值	标定值	参数相对变化率/%	K	估算能耗变化率/%
苯循环比	0.118	0.086	-27.1	0.26	-7.0
溶剂比	4.2	4.4	4.8	0.02	0.1
ED 塔回流比	0.42	0.48	14.3	0.10	1.4
回收塔回流比	2.53	2.50	-1.2	0.32	-0.4
溶剂冷却前后温差/℃	13.6	6.0	-55.9	0.10	-5.6
综合能耗/(MJ/t 原料)	2131	1821	—	—	—
综合能耗变化率/%	—	-14.5	—	—	-11.5

装置建成投产后，操作参数参照设计值进一步优化，在保证装置运行平稳、产品质量合格的前提下，尽可能降低装置能耗。在选择待优化的操作参数时，首先需要考虑对能耗相对影响系数(即 K 值)大的，其次应该根据装置实际情况考虑优化空间大的参数，两个条件都具备，选择该参数进行调优，装置会取得较好的节能降耗效果。以上述苯抽提蒸馏装置为例，该装置建成投产后，抽提原料的苯含量为 25.1%，与设计值基本相同，考虑到苯循环比对能耗相对影响系数较大，在实际运行时降低了苯循环比以节省能耗，苯循环比由设计值 0.118 降低到 0.086。此外该装置在运行中回收塔顶空冷器冷却能力充足，允许回收塔操作在较高真空度下，大大降低了塔底贫溶剂温度，从而可以大幅降低溶剂冷却前后温差，尽管该参数 K 值为 0.1，但操作变量可优化空间大，预计仍然可以取得可观的节能效果。因此选择调优参数以苯循环比和溶剂冷却前后温差为主，苯循环比由设计值 0.118 降低到 0.086，溶剂冷却前后温差由设计值 13.6℃降低到 6.0℃，其他参数在设计值附近进行优化。在此操作条件下，装置运行平稳，苯产品纯度达到 99.99%，苯收率为 99.67%，装置综合能耗为 1821MJ/t 原料，较设计值下降了 14.5%，节能效果显著。在表 4-1-23 中，根据各个参数对能耗相对影响系数 K 值进行估算，调优后装置综合能耗预计降低 11.5%，与标定结果基本符合。

八、芳烃抽提过程的主要设备

液-液抽提过程中的核心设备是抽提塔。工业上已应用的抽提塔有填料塔、筛板塔、脉冲塔、转盘塔及梅尔混合沉降塔等，其中筛板塔具有结构简单、制造成本低、不易堵塞和处理量大的优点，绝大多数液-液抽提装置均采用筛板抽提塔。国内液-液抽提装置几乎都采用筛板抽提塔。

抽提蒸馏过程的核心设备是抽提蒸馏塔。工业上已应用的抽提蒸馏塔有填料塔、浮阀塔以及填料浮阀复合塔。由于抽提溶剂循环使用，导致溶剂系统容易脏污，填料塔往往出现分离效率逐渐下降的现象，影响装置长周期稳定运行。浮阀塔可以克服溶剂系统脏污的影响，保证装置长周期稳定运行，而且设备投资低于填料塔，目前工业上抽提蒸馏塔主要采用浮阀塔板型式。

九、劣化环丁砜的再生

环丁砜是较理想的芳烃抽提溶剂，工业应用广泛。在工业运行中，曾发现一些装置存在环丁砜溶剂逐渐劣化形成酸性物质的现象，pH 值下降，颜色变深，造成设备腐蚀，溶剂损耗增加。这些都严重影响环丁砜抽提装置的经济效益和正常运行。工业生产中仅仅加入单乙醇胺调节溶剂的 pH 值，并不能根本解决问题，而且加入过量单乙醇胺还易造成水系统的乳化以及对芳烃质量带来影响。

关于环丁砜的劣化机理，曾有几种不同观点：一种观点认为劣化是因为环丁砜在高温下分解为 SO_2 和丁二烯，SO_2 造成腐蚀，丁二烯自聚而堵塞设备；另一种观点认为环丁砜的劣化仅是其中不稳定杂质(环丁烯砜)分解产生 SO_2，而环丁砜本身是不会分解的。但上述两种观点都未提供任何实验依据。中国石化通过实验对劣化环丁砜进行了研究，使用色谱、质谱、红外光谱、离子色谱和等离子发射光谱等分析仪器测定，发现环丁砜的劣化主要是环丁砜水解开环生成磺酸的过程；其中酸性物质主要是磺酸，还有少量的硫酸，即：

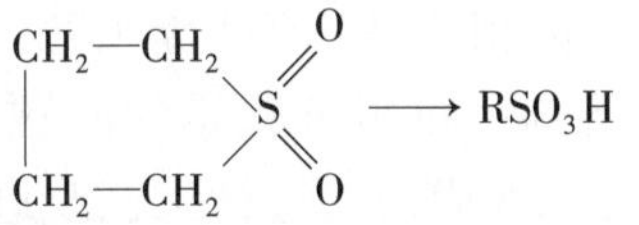

R 为 C_4

其中少量的硫酸可能是作为杂质的环丁烯砜，在高温下分解放出二氧化硫溶于水的氧化产物。中国石化开发了一种采用离子交换技术的工业方法[25]，可以脱除生产过程中环丁砜溶剂里累积的酸性物质(包括磺酸根离子、硫酸根离子和氯离子等)。目前已经有多套劣化环丁砜再生工业装置投入工业生产[26,27]。

劣化环丁砜再生装置依托芳烃抽提装置，分为离子交换与树脂再生两个部分。劣化环丁砜再生装置的进料为芳烃抽提装置的贫溶剂，经过离子交换树脂处理脱除酸性物质或者脱氯后返回芳烃抽提装置作为芳烃抽提装置的溶剂继续使用。树脂使用一段时间后，逐渐失去活性，需要使用稀碱液对树脂进行再生，使其恢复活性。

以脱除磺酸根为例，离子交换除去酸性物质的原理可用以下化学反应式表示：

$$\text{树脂-A}^+\text{OH}^- + \text{RSO}_3^-\text{H}^+ \longrightarrow \text{树脂-A}^+\text{RSO}_3^- + \text{H}_2\text{O}$$

树脂失效后用稀 NaOH 溶液再生，其反应式如下：

$$\text{树脂-A}^+\text{RSO}_3^- + \text{NaOH} \longrightarrow \text{树脂-A}^+\text{OH}^- + \text{RSO}_3\text{Na}$$

离子交换与树脂再生两个部分切换操作。

使用劣化环丁砜再生技术后可有效地除去芳烃抽提装置环丁砜溶剂劣化产生的酸性物质和氯，使劣化环丁砜恢复并达到新鲜环丁砜规格要求，可以停止添加单乙醇胺等含氮物质，延长环丁砜抽提装置的运行周期，有效解决芳烃抽提中环丁砜劣化导致的装置腐蚀和设备堵塞等问题。

十、芳烃抽提工艺的选择原则

芳烃抽提技术经过50多年的发展与应用，已相当成熟与完善。对于液-液抽提工艺而言，综合溶剂性质、工艺流程、抽提操作条件和经济性等几方面因素，以环丁砜液-液抽提工艺为最优。具有代表性的环丁砜液-液抽提工艺有UOP公司的Sulfolane工艺和国内的SAE工艺。该工艺尤其适合于BTX三苯抽提，具有芳烃纯度高、收率高的特点。进入20世纪90年代，随着芳烃需求和抽提原料组成的变化，抽提原料逐渐趋向于窄馏分和高芳烃含量的特点，抽提蒸馏工艺具有流程简单、投资省、耗能低的优势，因此近年来得到广泛的工业应用，在新建装置中逐渐成为主流工艺之一。综合目前芳烃抽提工艺发展水平和工业应用经验，建议参考如下原则选择适宜的芳烃抽提工艺。

①对于已有液-液抽提装置需要大幅扩能改造，建议采用抽提蒸馏-液液抽提组合工艺进行扩能改造，不仅节省投资，而且改造后装置的技术经济指标提升，兼顾两种工艺的优势，芳烃产品纯度高、收率高，能耗低。

②对于单苯、两苯抽提工况，液-液抽提和抽提蒸馏工艺都可满足要求。对于单苯抽提，可优先考虑采用抽提蒸馏工艺，其芳烃产品纯度及收率与液-液抽提工艺相当，但流程相对简单，可以选择SED工艺或者*N*-甲酰基吗啉ED工艺。对于两苯抽提，如果选择抽提蒸馏工艺，因为*N*-甲酰基吗啉ED工艺的甲苯产品含碱氮，其应用受到限制，因此，应优先选择SED工艺。

③对于三苯抽提工况，建议采用液-液抽提工艺，优选SAE工艺或者Sulfolane工艺。抽提蒸馏工艺也有三苯抽提的工业应用，但相比液-液抽提工艺，其苯产品收率和C_8芳烃纯度低，而且实际应用过程中还暴露出溶剂中重组分积累的问题，影响了装置长周期稳定运行。因此抽提蒸馏工艺应用于三苯抽提工况尚需要进行工艺改进及工业运行考验。

十一、技术展望

为了改进芳烃抽提工艺，世界各国探索了上百种有机或混合溶剂。利用分子模拟手段，研究分子结构对溶剂性能的影响，并探讨在有机溶剂中加入无机盐的可行性。具有结构可设计特性的离子液体正逐渐引起人们的关注。目前这类研究正处于分子设计模拟和实验室小试阶段[28]，今后可能是发展方向之一。

芳烃抽提是一个典型的物理分离过程，节能降耗是体现技术竞争力的根本。为了进一步节能降耗，需要在以下方面进行研究和突破。

①新的分离工艺研究与应用；开发溶解性和选择性更优的新溶剂体系，大幅降低过程能耗。随着石油化工的发展，芳烃抽提技术也面临着拓展应用范围的问题和机遇。

• 从加氢裂解汽油C_8馏分中抽提苯乙烯的技术，除了廉价获得一定量的苯乙烯外（见第九章第一节），还可以提高裂解C_8芳烃的利用价值，降低芳烃联合装置操作费用（见第六章第三节）；

• 配合炼油工艺的需要，开发经济可行的重芳烃抽提技术，在改善柴油质量的同时，借助重芳烃轻质化技术，增产BTX轻芳烃，或者为其他行业提供炭黑、橡胶填充料等；

● 开发石脑油溶剂抽提脱芳烃工艺，在优化石脑油的同时，多产 BTX 轻芳烃。

②新分离设备的研究和应用，如分壁塔应用于抽提蒸馏过程，预期可以简化流程，投资降低约 20%，能耗降低 15%以上[29]。

参考文献

[1] 侯芙生 . 中国炼油技术 . 3 版[M]. 北京：中国石化出版社，2011：238-250.
[2] 肖庆伟，金浩，熊丹柳，等 . 芳烃回收装置 MED 塔操作原理浅析[J]. 金山油化纤，2000(1)：14-17.
[3] 袁天聪 . 芳烃抽提工艺评价[J]. 石油化工设计，2003，20(3)：5-8.
[4] 易建彬 . BJ 塔板在重整和芳烃抽提装置中的应用[J]. 炼油设计，2002，32(12)：8-9.
[5] 高永康，徐涛. 李翠珍 . 常压石脑油芳烃抽提装置工艺改造与工艺参数优化[J]. 炼油技术与工程，2005，35(3)：41-43.
[6] 何琨，丁蕙，吴德荣，等 . 芳烃抽提法优化乙烯联合装置的裂解原料[J]. 石油化工，2006，35(9)：872-876.
[7] 李成栋 . 催化重整装置技术问答[M]. 中国石化出版社，1997：289.
[8] 孙宗海，瞿国华，张溱芳 . 石油芳烃生产工艺与技术[M]. 北京：化学工业出版社，1986：141.
[9] 徐承恩主编 . 催化重整工艺与工程[M]. 北京：中国石化出版社，2006：806-807.
[10] K. Lackner. N-formyl Morpholine-based process provides economic aromatics recovery in Germany [J]. Oil & Gas Journal. 1982，(4)：210-214.
[11] K. Lackner，G. Emmerich. Higher octane，less benzene [J]. Hydrocarbon Processing，1988，67(10)：67-68.
[12] 田龙胜，唐文成 . 萃取精馏分离纯苯及溶剂油的研究[J]. 石油炼制与化工，2001，32(7)：5-8.
[13] 林晓峰，宋仕运，张守运，等 . 苯抽提蒸馏技术的工业应用[J]. 化工进展，2003，22(9)：925-928.
[14] 李炜 . 环丁砜抽提蒸馏制苯工艺的工业应用[J]. 炼油技术与工程，2006，36(5)：16-19.
[15] 陈寻成，唐文成 . 环丁砜抽提蒸馏工艺在海南炼化苯抽提装置的应用[J]. 石油炼制与化工，2007，38(10)：12-15.
[16] 张志良，肖庆伟 . SED 芳烃抽提工艺的工业应用[J]. 石油炼制与化工，2008，39(4)：41-45.
[17] 孔德金，杨为民 . 芳烃生产技术进展[J]. 化工进展，2011，30(1)：16-25.
[18] 王净依，田龙胜，等 . 环丁砜抽提蒸馏-液液抽提组合工艺的工业应用[J]. 石油炼制与化工，2002，33(6)：19-22.
[19] 贺效宜 . 颗粒白土的分类研究[J]. 金山油化纤，1996，(3)：9-11.
[20] 侯耀暄 . NC-1 颗粒白土在催化重整装置上的工业应用[J]. 石油炼制，1991，(5)：35-36.
[21] 宁小娟 . 芳烃脱烯烃失活白土的再生利用[J]. 石油化工化纤，2007，(2)：4-7.
[22] 白云川 . 芳烃装置延长白土使用寿命的措施[J]. 洛阳石化科技，2008，(4)：12-13.
[23] 郭绍新 . 用虚拟平衡概念计算液-液萃取分离的改进收敛方法[C]. 化学工程学会报告会，1981.
[24] 张晶 . 抽提、抽提蒸馏过程的模拟软件[D]. 硕士论文(北京石油化工科学研究院)，1989.
[25] 中国石油化工总公司 . 劣化环丁砜再生方法 . 中国，CN 98101201. 9.　1998.
[26] 张惠跃 . 劣化环丁砜再生技术应用[J]. 石油炼制与化工，2003，34(4)：40-42.
[27] 乔伟新 . 劣化环丁砜再生技术的工业应用[J]. 炼油技术与工程，2008，38(4)：17-20.
[28] 尹伟超 . 共沸物系的离子液体萃取精馏[D]. 硕士论文(天津大学)，2010.
[29] Kolbe B.，Wenzel S. Novel distillation concepts using one-shell columns[J]. Chemical Engineering and Processing. 2004，43(3)：339-346.

第二节 二甲苯分馏技术

一、概 述

二甲苯分馏是通过精馏过程将重整、歧化和异构化装置生产的 C_8 以上芳烃(C_{8+}芳烃)分离出 C_8 芳烃、C_9 芳烃以及 C_{10}以上芳烃。其目的是为吸附分离或结晶分离制备合格的 C_8 芳烃原料，为歧化提供 C_9~C_{10}芳烃原料。同时生产 C_{7-}馏分、OX 和 C_{10}以上(含 C_{10})芳烃等副产品。

二甲苯分馏由多台分馏塔和白土塔构成，通常包括重整油分离塔、二甲苯塔、重芳烃塔、白土塔。如果生产 OX 产品，还需要设置邻二甲苯塔。有时重整油分离塔设置在重整装置内。

重整油分离塔将 C_{5+}重整生成油馏分分离为 C_6~C_7 馏分和 C_{8+}芳烃。C_6~C_7 馏分作为芳烃抽提装置原料；C_{8+}芳烃与歧化、异构化生产的 C_{8+}芳烃一起经二甲苯塔、邻二甲苯塔及重芳烃塔分离出 OX 产品、C_8 芳烃、C_9~C_{10}芳烃和 C_{10}以上芳烃。C_8 芳烃送至吸附分离或结晶分离作原料。C_9、C_{10}单环芳烃送至歧化反应部分作原料。C_{10}以上芳烃可以作为柴油调合组分，但十六烷值低，也可以直接作为副产品出厂。

二、原料来源及产品质量指标

(一)原料来源

能够生产 C_8 芳烃的装置都可以为二甲苯分馏装置提供原料，包括重整、歧化和乙烯装置。上述装置提供的原料经二甲苯分馏分离出 C_8 芳烃后作为吸附分离单元进料。HSCN 的 C_8 芳烃中含有较多的乙苯(EB)，不是优良的芳烃原料，如果 C_8 芳烃资源丰富，不建议利用。因重整、歧化及异构化在反应过程中有烯烃产生，这些装置生产的 C_{8+}产物在进入二甲苯塔分离之前需要先经脱烯烃处理，否则不能满足吸附分离进料的要求。脱烯烃处理常用的是白土精制工艺，也可以采用催化脱烯烃等新技术(详见第二章第一节“重整生成油催化脱烯烃技术”部分的描述)。

异构化装置不是 C_8 芳烃的生产装置，经过吸附分离单元吸附了 PX 的抽余液需要经过异构化装置反应。在异构化的反应过程中，C_8 芳烃的同分异构体转化成 PX 并达到平衡浓度。脱去 C_{7-}馏分的异构化反应产物进入二甲苯塔进行 C_8 芳烃和 C_{9+}馏分的分离。

(二)产品质量指标

二甲苯分馏部分的主要产品是吸附分离进料、C_9 芳烃以及 C_{10}以上芳烃。吸附分离进料为二甲苯塔顶产品，组成为 C_8 芳烃。有时，二甲苯分馏部分也联产邻二甲苯。

1. 吸附分离进料

二甲苯塔顶产品作为吸附分离进料，其质量指标要求见表 4-2-1。

表 4-2-1 吸附分离进料的控制指标

项 目	指 标
苯含量/(μg/g)	≤500
甲苯含量/%	≤0.5
甲基乙基苯含量/(μg/g)	≤100
其他 C_9A 含量/(μg/g)	≤500
$C_{10}A$ 含量/(μg/g)	≤10
水含量/(μg/g)	≤30
溴指数/(mg/100g)	≤10
酸洗比色	≤1
色度(Pt-Co)	≤10
总硫含量/(μg/g)	≤1
过氧化物含量/(μg/g)	≤1
溶解氧含量/(μg/g)	≤1
氮含量/(μg/g)	≤1
总氯化物含量/(μg/g)	≤1
羰基数/(μg/g)	≤1
总氧含量/(μg/g)	≤5
铅含量(μg/kg)	≤10
砷含量/(μg/kg)	≤5
铜含量/(μg/kg)	≤5

2. 邻二甲苯产品

OX 产品满足石油邻二甲苯石化行业标准 SH/T 1613.1—1995 中优级品质量指标要求，具体见附录二表 8。

3. 重芳烃塔塔顶产品

重芳烃塔塔顶产品为 C_9、C_{10}单环芳烃，通常作为歧化装置进料，过剩时也会有部分外送作为汽油调合组分。不同的歧化催化剂对于 C_{10+}芳烃的含量有不同的要求，尤其是对茚满的浓度有严格的限制，需要根据具体的情况确定产品质量标准。歧化原料基本以 C_9 芳烃为主，C_{10}芳烃仅占 5%~20%。

三、二甲苯分馏工艺

(一)工艺流程及设备选择

1. 工艺流程

典型的二甲苯分馏工艺流程见图 4-2-1 和图 4-2-2。

重整脱戊烷油进入重整油分离塔，塔顶的 C_6~C_7 馏分送芳烃抽提，分离出苯和甲苯。塔底的 C_{8+}物料经白土塔或脱烯烃反应器脱除烯烃后，与歧化、异构化 C_{8+}芳烃一起送二甲苯分馏塔(简称二甲苯塔)。

二甲苯塔的功能是从 C_{8+}进料中分离 C_8 与 C_{9+}芳烃，为吸附分离或结晶分离单元提供合格的 C_8 芳烃原料。

重整、歧化、异构化单元 C_{8+}芳烃进二甲苯塔。二甲苯塔塔顶物料经冷凝冷却后进入回流罐。回流罐的液体一部分作为回流，另一部分送至吸附分离装置作原料。塔底 C_{9+}芳烃进入重芳烃塔或邻二甲苯塔。

对于需要生产 OX 的装置，通过调整二甲苯塔操作条件使部分 OX 随 C_{9+}芳烃进入二甲苯塔塔底，含有 OX 的塔底物料再进入邻二甲苯塔进行分离。邻二甲苯塔塔顶馏出的物料经冷凝冷却后作为 OX 产品送出装置。邻二甲苯塔塔底的 C_{9+}芳烃送往重芳烃塔处理。由于 OX 与 MX 的沸点仅相差 5.1℃，通过精馏方法分离得到全部 OX 有一定难度，需要的二甲苯塔塔板数较多，并且能耗较高。通常 OX 的产量考虑为 PX 产量的 10%~30%。

对于不生产 OX 的装置，OX 随其他 C_8 芳烃进入二甲苯塔塔顶。二甲苯塔塔底的 C_{9+}物料送往重芳烃塔。

重芳烃塔的功能是从进料中分离 C_9 芳烃、C_{10}单环芳烃和 C_{10+}芳烃，为歧化单元提供 C_9、C_{10}单环芳烃原料。

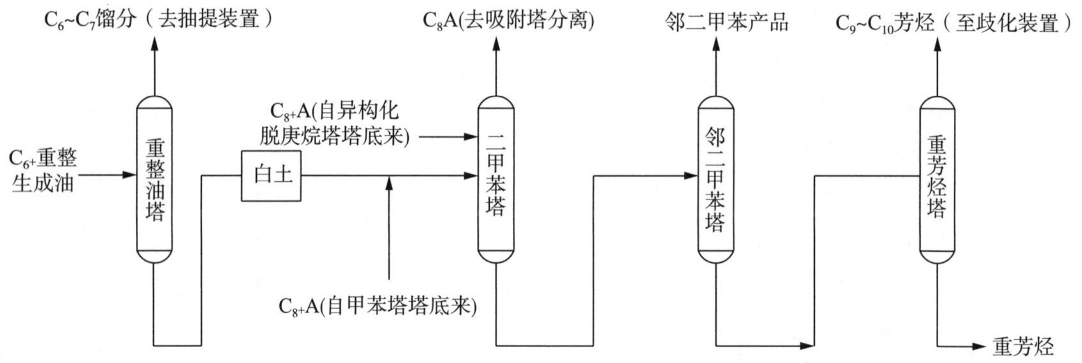

图 4-2-1 生产 OX 时典型的二甲苯分馏工艺流程图

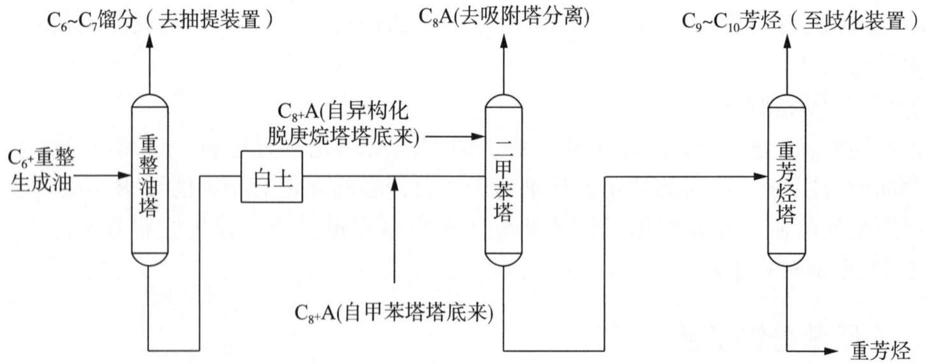

图 4-2-2 不生产 OX 时典型的二甲苯分离工艺流程图

2. 热联合及热量回收利用

在芳烃联合装置中，二甲苯分馏单元的能耗比例最高。采用热联合流程对合理利用能量、降低装置能耗具有重要的意义，已成为未来的发展趋势之一。热联合的方法因工艺设置不同而有差异。通常，重整油分离塔可以与重芳烃塔进行热联合，即重芳烃塔加压操作，塔顶物料作为重整油分离塔重沸器的部分热源，以回收重芳烃塔塔顶物料的冷凝热量。重整油分离塔不足的热量可以由 3.5MPa 蒸汽补充。

为了回收二甲苯塔塔顶物料的冷凝热，通常二甲苯塔采用加压操作方式。塔顶物料可以作为吸附分离单元抽出液塔、抽余液塔、邻二甲苯塔以及成品塔等重沸器热源。具体的供热方案需要根据实际热量平衡进行匹配。

二甲苯塔热源来自二甲苯塔重沸炉。通常，二甲苯塔塔底重沸物料同时可以作为重芳烃塔重沸器、二甲苯白土塔进料加热器、解吸剂再蒸馏塔重沸器、歧化汽提塔重沸器和异构化脱庚烷塔重沸器热源，温度降低后，再经重沸炉加热返回到二甲苯塔内。典型的二甲苯塔的操作压力约 0.85MPa，塔底物料的温度为 285℃左右，可以满足做上述塔重沸热源的要求。

二甲苯塔顶物料可以用做吸附分离单元抽余液塔和抽出液塔的重沸器热源。这两个塔通常为常压操作。由于温位较低，塔顶物料的冷凝热无法利用，直接用水冷或空冷冷却掉。这部分的热量非常巨大，浪费严重。为了充分利用抽余液塔和抽出液塔塔顶物料的热量，必须提高其操作压力进而提高塔顶物料的温位。抽余液塔和抽出液塔的操作压力提高后，作为其重沸器热源的二甲苯塔顶物料的温位就要提高，以满足抽余液塔和抽出液塔提压操作的要求。因此，要求二甲苯塔进一步提高操作压力。

采取二甲苯塔加压操作的方案，将操作压力提高到 1.7MPa 左右，将塔顶物料用做抽余液塔和抽出液塔的重沸热源。抽余液塔和抽出液塔加压操作，利用塔顶物料的冷凝热生产低压蒸汽。生产每吨 PX 可发生 0.45MPa 蒸汽 2.25t 左右。该低压蒸汽可用于驱动异构化和歧化压缩机，也可用于发电。二甲苯塔加压操作的工艺流程见图 4-2-3。

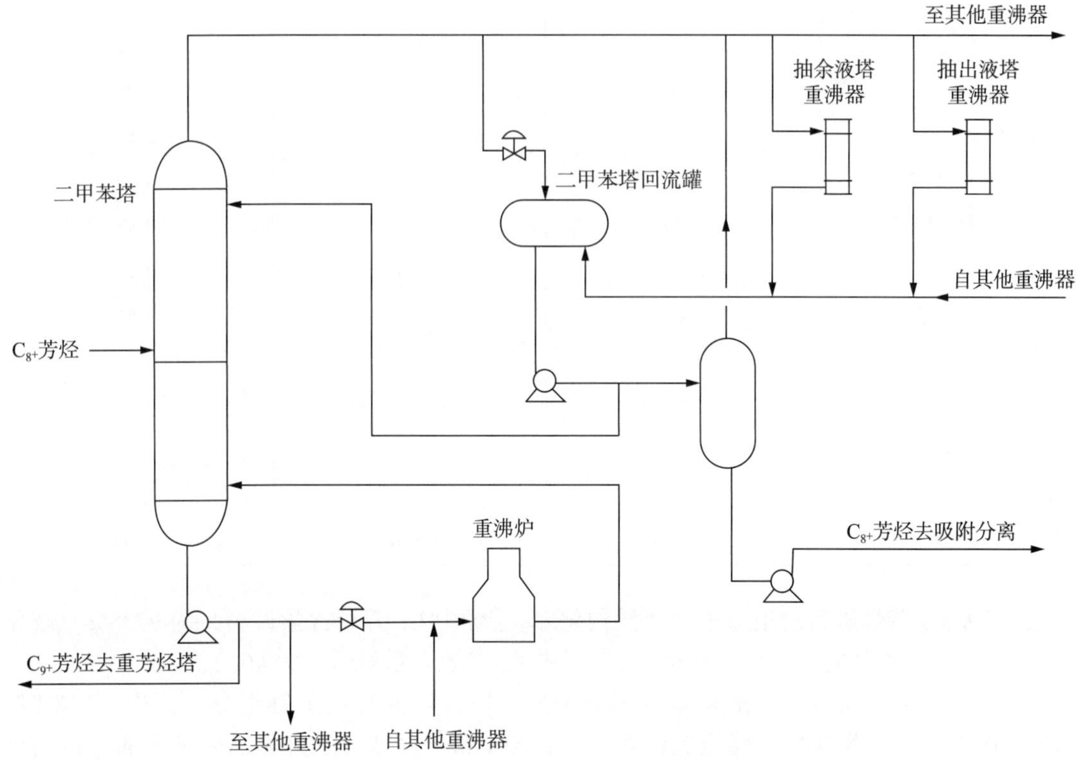

图 4-2-3　加压操作二甲苯塔工艺流程图

3. 二甲苯塔流程设置方案

芳烃联合装置中的二甲苯塔通常有三部分进料，一部分是重整 C_{8+} 芳烃，一部分是异构化的 C_{8+} 芳烃，另一部分是歧化的 C_{8+} 芳烃。以某芳烃联合装置的二甲苯塔为例，三部分进料组成见表 4-2-2。重整、歧化和异构化三部分 C_{8+} 芳烃的比例为 21.6%、22.9%和 55.5%。该塔的总进料量为 5000kt/a，要求为吸附分离提供能生产 841kt/a PX 产品的 C_8 芳烃原料，同时生产 80kt/a 的 OX。

表 4-2-2　二甲苯塔进料的组成

组分	组成/%		
	自重整来 $C_{8+}A$	自异构化来 $C_{8+}A$	自歧化来 $C_{8+}A$
甲苯	0.2	0.20	0.29
乙苯	8.12	1.65	2.41
对二甲苯	8.57	22.83	13.23
间二甲苯	18.18	51.81	29.50
邻二甲苯	11.31	23.15	13.85
异丙苯	0.65	—	0.21
3-甲基-乙基苯	6.96	0.03	2.89
4-甲基-乙基苯	2.97	0.01	1.52
2-甲基-乙基苯	2.75	0.01	0.85
1，3，5-三甲基苯	3.35	0.04	6.51
1，2，4-三甲基苯	12.47	0.13	16.64
1，2，3-三甲基苯	2.92	0.03	2.66
茚满	0.98	—	0.19
甲基丙基苯	4.30	—	0.47
二乙基苯	0.59	0.04	0.12
二甲基乙基苯	7.04	0.05	3.57
1，2，3，5-四甲基苯	5.41	—	2.76
六甲基苯	0.73	—	0.95
萘	0.90	—	0.04
$C_{11+}A$	1.60	—	1.35
总计	100.00	100.00	100.00

这三种 C_{8+} 芳烃进料的组成不同。异构化 C_{8+} 芳烃中 C_8 芳烃含量最高，为 97.8%。歧化 C_{8+} 芳烃中 C_8 芳烃含量为 59%。重整 C_{8+} 芳烃中 C_8 芳烃含量最低，为 46.2%。

当不生产 OX 产品时，OX 和异丙苯分别是二甲苯塔的轻重关键组分。当生产 OX 时，MX 和 OX 分别是二甲苯塔的轻重关键组分，而 OX 和异丙苯分别是邻二甲苯塔的轻重关键组分。因为各进料中关键组分含量的差异较大，尤其是在联产 OX 时，为二甲苯分馏提供了优化空间。

(1)设置一个二甲苯塔的方案

二甲苯分馏装置如果设置一个二甲苯塔，其工艺及物料流程示意见图 4-2-4。

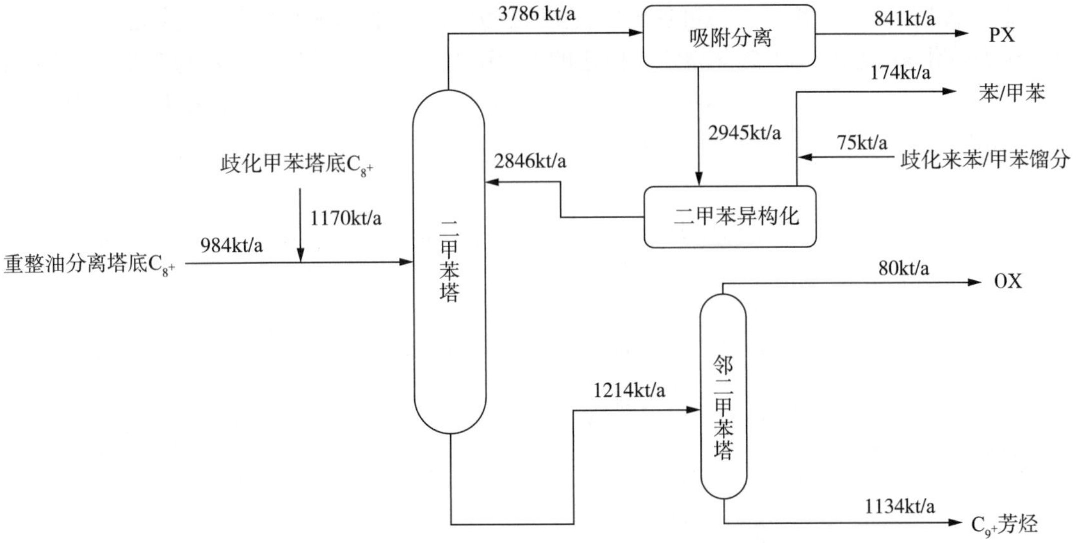

图 4-2-4 一个二甲苯塔的工艺及物料流程示意图

该方案的全部三股物料在不同位置进入二甲苯塔，二甲苯塔底全部物料再进入邻二甲苯塔，在邻二甲苯塔顶分出 OX 产品。OX 产品量由二甲苯塔的分离精度进行控制。由于 MX 与 OX 之间的沸点差较小，要求二甲苯塔回流比较大，塔板数较多。该方案二甲苯塔主要设计条件见表 4-2-3。

表 4-2-3 二甲苯塔主要设计条件

项 目	数 值
塔顶温度/℃	246
塔底温度/℃	292
塔顶压力/MPa	0.814
回流比	3.92
重沸炉热负荷/MW	210
塔板数/层	170
塔直径/m	上部 9.8，下部 12

由表 4-2-3 可知，塔上部和塔下部直径分别达到 9.8m 和 12m，重沸炉热负荷高达 210MW，都是超大型设备，在工程上很难实施。

(2)设置两个二甲苯塔的方案

在三部分进料中，因重整 C_{8^+}芳烃中异丙苯含量最高，用二甲苯塔底物料生产 OX 时分离难度相对较大。而歧化 C_{8^+}芳烃中异丙苯含量较少，生产 OX 时分离难度小于重整的 C_{8^+}芳烃。虽然异构化的 C_{8^+}芳烃中不含异丙苯，但是其组份基本都是 C_8 芳烃。用异构化的 C_{8^+}芳烃生产 OX 时，进料中 90%以上的组分被蒸馏到二甲苯塔顶，能耗高。

根据三种原料的组成情况及产品要求，设置两个二甲苯分馏塔。一个为二甲苯再蒸馏塔，另一个为二甲苯塔。二甲苯再蒸馏塔的进料为全部重整 C_{8+}芳烃和绝大部分的异构化 C_{8+}芳烃。该塔进行 C_8 和 C_{9+}芳烃的分离，塔顶物为 C_8 芳烃，塔底物为 C_{9+}芳烃。二甲苯塔的进料为歧化 C_{8+}芳烃，补充少部分异构化的 C_{8+}芳烃。二甲苯塔进行 OX 与其他 C_8 芳烃的分离，塔顶物为 C_8 芳烃，塔底物再送至邻二甲苯塔分离出 OX 产品。补充到二甲苯塔的异构化 C_{8+}芳烃的数量是由所生产的 OX 产品数量确定的。该方案的工艺及物料流程示意见图 4-2-5。

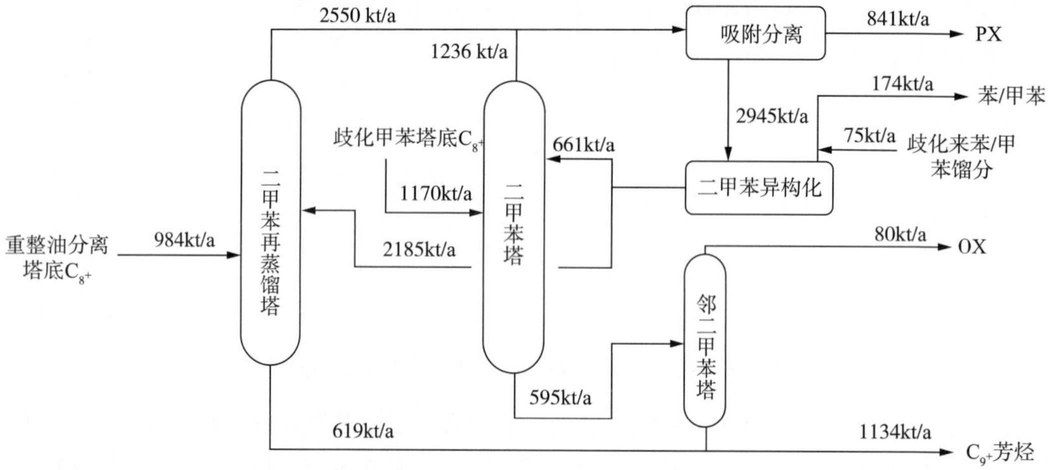

图 4-2-5 两个二甲苯塔的工艺及物料流程示意图

该方案的二甲苯再蒸馏塔底物不再用于分离 OX 产品，因此该塔的分离苛刻度降低，回流比降低，塔板数减少。该方案两个二甲苯塔主要设计条件见表 4-2-4。

表 4-2-4 二甲苯再蒸馏塔及二甲苯塔主要设计条件

项 目	二甲苯再蒸馏塔	二甲苯塔
塔顶温度/℃	257	257
塔底温度/℃	304	299
塔顶压力/MPa	0.98	0.98
塔底压力/MPa	1.09	1.15
回流比	2.77	3.99
重沸炉热负荷/MW	126	75
塔板数/层	110	170
塔直径/m	上部 7.6，下部 9.0	上部 5.8，下部 7.4

由于重整和异构化 C_{8+}芳烃不再用于分离 OX 产品，而用异丙苯含量相对少的歧化 C_{8+}芳烃去分离 OX 产品。因此该方案与 C_{8+}芳烃先全部去二甲苯塔分离出 C_8 芳烃然后塔底物再去邻二甲苯塔分离出 OX 产品的方案相比，既降低了 OX 与 C_8 芳烃分离的苛刻度，也降低了 OX 与 C_{9+}芳烃分离的苛刻度。由表 4-2-4 可知，二甲苯再蒸馏塔的回流比降低，塔板数减少。由于二甲苯再蒸馏塔的进料量占全部 C_{8+}芳烃的 64%。因此分离能耗也低于设置一个二

甲苯塔的方案。两个塔重沸炉总热负荷比设置一个二甲苯塔的重沸炉热负荷降低了10MW。此外，该方案的塔径远远小于一个二甲苯塔的塔径，在工程实施上没有困难。

4. 主要设备特点

重整油分离塔、邻二甲苯塔、重芳烃塔采用常规的浮阀或筛板塔板。为常规的分馏塔设备。

(1)二甲苯塔

二甲苯塔加压操作后，液相负荷增加较多，液气负荷比大，液相负荷是塔的控制因素。与此同时，液体表面张力减少，气液相密度差减少，气液相分离难度增加，导致二甲苯塔塔板数较多。尤其是生产OX时，塔板数多达170层左右。如果采用常规的浮阀或筛板塔板，在处理量达到一定程度时，塔的直径非常大，塔的高度也很高。对于设备制造和安装将带来很多困难，直接影响到装置的工艺性能和经济性。因此，对于这种液相负荷较大的二甲苯塔，适宜采用多降液管塔板。一方面可以减少塔径，另一方面多降液管塔板板间距小，可以降低设备的整体高度。

以一套处理量为3850kt/a的二甲苯塔为例，其原料来源有两部分，一部分为从重整和抽提来，另一部分从异构化来。两种原料的比例为35.5%和64.5%，其进料组成见表4-2-5。

表4-2-5 二甲苯塔进料组成

组分	组成/%	
	重整和抽提来原料	异构化来原料
C_8 非芳烃	—	6.14
EB	5.67	9.45
PX	11.19	18.16
MX	24.68	43.47
OX	12.67	21.06
C_9 非芳烃	2.13	—
C_9A	37.38	0.98
C_{10}非芳烃	0.05	—
$C_{10}A$	4.48	0.74
$C_{11+}A$	1.75	—

该塔设计主要操作参数如下：

塔顶温度/℃　290

塔底温度/℃　336

塔顶操作压力/MPa　1.7

质量回流比　2.65

如果该塔采用常规的浮阀塔板，其塔板数为175层，高度达110m，上部直径9.8m，下部直径达11.8m。

多降液管塔板是一种多流程、多降液管的筛孔塔板，其结构特点是在塔板上布置多个降液槽。这种塔板能承受大的液体负荷，液面梯度小。在一定的塔径下具有最长的出口堰长，可以提供最大的降液管流通面积，因此在高液相负荷下依然具有很高的处理能力和较高的分离效率。尽管多降液管塔板的效率略低于常规的浮阀或筛孔塔板，但是由于可以采用比较小的塔板间距。塔的切线长度通常低于常规的浮阀或筛孔塔板，可以有效地降低塔的质量。

如果采用多降液管塔板，高度可降低到约90m，上部直径8.8m，下部直径9.4m。与常规的浮阀塔相比，塔筒体的质量降低20%以上。

目前比较有代表性的多降液管塔板包括UOP公司的MD塔板和SULZER/SHELL公司的HiFi PLUS塔板。MD塔板特点是无需专门的支撑结构，降液板兼作塔板的支撑梁。制造安装简单，拆卸方便，施工周期短。这两种型式的塔板在同类装置均有成功的应用经验。

对于二甲苯分馏技术方案的选择，首先就要解决好二甲苯塔加压操作与设备规模超大的矛盾。一方面，可以通过选择适用于该加压体系的多降液管塔板以降低塔径和塔高度。另一方面，可以把二甲苯塔一分为二，每台塔的规模均控制在合理的范围内。这种方案尤其适用于生产OX的工况，其中一台塔采用较多的塔板数量，用于生产OX。目前已有多个工厂采用两个系列的二甲苯塔生产OX和吸附分离进料。

(2)高通量管换热器

与普通换热管相比，高通量管具有传热系数高的优点。通常情况下，采用重芳烃或二甲苯塔塔顶物料作热源的重沸器为立式重沸器，热负荷较大时，可以考虑采用高通量管型式的重沸器以减少设备数量。蒸汽重沸器采用U形管换热器。为了防止蒸汽泄漏，需要设置蒸汽脱过热器以减少蒸汽的过热度。

(二)工艺操作参数

1. 二甲苯分馏操作条件

(1)二甲苯塔操作条件

生产OX时，二甲苯塔的进料位置比不生产OX时高，塔底温度略低。其他操作条件与进料组成以及OX在塔底的回收率有关，不同的OX回收率，回流比等操作条件差异较大。以下是二甲苯塔在两种工况下的主要操作条件，其中OX回收率约为15%。

1) 生产OX时的主要操作条件

塔板数量	160~170层
塔顶操作温度	~247℃
塔底操作温度	~282℃
塔顶操作压力	~0.848MPa
回流比	2.5~4.0

2) 不生产OX时的主要操作条件

塔板数量	100~170层
塔顶操作温度	~247℃
塔底操作温度	~287℃
塔顶操作压力	~0.848MPa
回流比	2.5~3.0

(2)邻二甲苯塔典型操作条件

塔盘数	~100 层
操作温度(顶/底)	~157℃/206℃
塔顶操作压力	~0.04MPa
回流比	~17.0

(3)重芳烃塔典型操作条件

塔盘数	~40 层
操作温度(顶/底)	~218℃/246℃
塔顶操作压力	~0.2MPa
回流比	~0.93

2. 工艺操作参数

二甲苯分馏部分多为精馏塔，精馏塔的操作参数主要有温度、压力、回流比等。塔的操作压力由塔顶产品组成决定，同时要兼顾热量的联合利用。塔内逐板的温度分布由逐板产品分布决定，分离精度不同，则塔内的温度分布不同。回流比的大小是影响塔操作的关键因素，回流量的多少主要取决于组分之间分离的难易程度和分离精度的要求。回流比太大，会造成能量浪费，太小则得不到合格的产品。

二甲苯塔塔顶产品在流量和塔板温差串级控制下取出。温差控制器由塔上部灵敏塔板和下部的某一块塔板的温度差设定，下部的塔板所在塔段温度变化较小。塔内部逐板组成的微小变化会引起较大的温差波动。采用温差控制而非单点温度控制是为了消除塔压力波动对塔操作的影响，因为塔操作压力波动时各塔板的温度变化值基本相同。当塔底产品 C_8 芳烃含量高时，温差控制的设定值需要提高，塔顶产品馏出量增加，塔回流量减少。当塔顶产品中重组分含量高时，温差控制的设定值需要降低，塔顶产品馏出量减少，塔回流量增加。

二甲苯塔回流也采用流量与回流罐液位串级控制。重沸炉出口的汽化分率采用差压控制，以保证向塔内输入的热量恒定。

四、技术展望

二甲苯分馏工艺技术已经成熟，由于二甲苯塔在芳烃联合装置的热量联合中处于枢纽的位置，同时又是主要的耗能单元，因此，根据原料组成合理设计二甲苯塔对于芳烃联合装置的节能降耗至关重要。

在以往的设计中，二甲苯塔的操作压力通常为0.74~0.85MPa，以满足塔顶冷凝热作为抽余液塔、抽出液塔等塔底重沸器热源的温位的需要。常规设计的抽余液塔、抽出液塔均为常压塔，塔顶的低温热没有有效的回收利用。随着石化行业对装置节能降耗工作的日益重视，这部分热量也逐渐被考虑回收利用。而利用这部分热量最有效的途径就是提高抽余液塔和抽出液塔的操作压力。这就要求进一步提高二甲苯塔的操作压力。

二甲苯塔的加压操作会带来多方面的问题，最突出的是物料的分离难度增加，引起设备规模超大。塔径、塔板数量和塔壁厚度均比常规设备增加较多，投资增加较多。因此，二甲苯分馏技术发展的重点就是如何解决好节能与经济性的问题，进一步研究和优化二甲苯塔系统的技术方案。主要技术发展方向在以下几个方面：

①进一步优化低温热利用方案，将低于150℃的低温热进行有效的利用，进一步降低能耗。

②开发适合大液/汽负荷比的高效塔板，以减少二甲苯的尺寸，降低投资。

③开发间壁塔在二甲苯分馏工艺中的应用技术是一个重要的方向(见第六章第三节)。

第三节 对二甲苯吸附分离技术

一、概 述

C_8 芳烃包括 EB、PX、MX 和 OX 四种异构体，其沸点非常接近，其中 PX 和 MX 的沸点差仅为 0.8℃，很难通过精馏分离。可以利用特定吸附剂优先吸附 PX 的特性来分离提纯 PX，尤其是模拟移动床技术使得 PX 吸附分离的工业化得以实现。模拟移动床吸附分离技术近似实现液固两相逆向流动，提高吸附过程的分离效率，可以满足 PX 分离高纯度和高收率的要求。

PX 吸附分离技术是利用特定类型的分子筛吸附剂对 C_8 芳烃不同异构体间吸附作用力强弱的差异来实现不同组分之间的分离，类似于液固萃取过程，是一个单纯的物理分离过程。当液固两相接触时，与吸附剂结合力较强的组分从流动相中被吸附转移至吸附相中，实现与其余组分之间分离的目的，然后再选用适当的解吸剂将被吸附组分从吸附剂中解吸出来，获得抽出液，精馏此抽出液，分离出其中的解吸剂以回收目的产品，解吸剂和吸附剂则循环使用。PX 吸附分离技术比较复杂，涉及多方面的内容，包括吸附剂和解吸剂体系、工艺配置、专用设备和控制系统等。

PX 吸附分离技术自 1971 年首次工业应用以来不断改进，产品纯度从 99.2%逐步提高到 99.8%，PX 的单程收率从 85%提高到 97%以上，单位产品的能耗也大幅度下降。

中国石化研发的吸附剂强化了传质性能和机械强度，于 2004 年首次工业应用，在此基础上又开发出新一代吸附剂，其吸附容量进一步提高。通过对床层管线冲洗、吸附塔内构件、模拟移动床控制系统等关键技术研究，中国石化形成了芳烃吸附分离成套技术——SorPX工艺技术。利用 SorPX 技术建设的规模为 30kt/a 的首套装置于 2011 年成功投产。

2013 年，中国石化建成投产了一套 PX 生产能力为 600kt/a 的芳烃联合装置，采用了包括 SorPX 在内的自主开发的成套国产化技术。各项技术和经济指标达到或超过设计值。

国外吸附分离技术专利商有 UOP 公司和 Axens 公司，其代表性技术分别为 Parex 工艺和 Eluxyl 工艺。吸附剂方面，UOP 公司曾先后推出 ADS-3、ADS-7、ADS-27、ADS-37、ADS-47等多种牌号吸附剂。Axens 公司也陆续推出了 SPX-2000、SPX-3000、SPX-3003 牌号吸附剂。随着吸附剂的升级换代，单位体积吸附剂的吸附容量不断上升，使得 PX 产量得以持续提高。

二、原料来源和产品质量

(一)原料来源

PX 吸附分离的原料为 C_8 芳烃。新鲜 C_8 芳烃主要来自催化重整装置、歧化及烷基转移装置、甲苯择形歧化装置及 HSCN，循环物料来自芳烃联合装置中 C_8 芳烃异构化装置。经二甲苯塔将重组分(C_{9+}芳烃)分离出去，最终进入吸附分离装置的物料来自二甲苯塔塔顶。EB 是与 PX 最难分离的组分，原料中 PX 浓度和 EB 浓度对吸附分离过程影响较大。原料中

PX 浓度高，单位产品的能耗和物耗都降低，EB 浓度高，分离难度加大。各种来源的吸附分离原料中 C_8 芳烃典型组成列于表 4-3-1。

表 4-3-1　不同来源的 C_8 芳烃典型组成

来　源	C_8A /%(质量)			
	EB	PX	MX	OX
催化重整装置	17.6	18.6	39.4	24.4
歧化及烷基转移装置	2.0	23.1	52.8	22.1
甲苯择形歧化装置	2.7	87.8	7.6	1.9
HSCN	42.3	11.4	29.6	16.7
催化裂解汽油	12.5	19.4	46.5	21.6
乙苯转化型异构化装置	9.0	21.1	47.2	22.7
脱乙基型异构化装置	1.7	23.1	53.1	22.1

由表 4-3-1 可知，甲苯择形歧化、歧化及烷基转移、脱乙苯型异构化反应生成的 C_8 芳烃中的 EB 含量较低，PX 含量较高。同样规模的 PX 装置，歧化装置所产的 C_8 芳烃占的比例越高，则吸附分离、异构化和二甲苯分馏装置规模越小。HSCN 的 C_8 芳烃中的 EB 含量最高，PX 含量最低，不是良好的 PX 生产原料。在 C_8 芳烃资源丰富的工厂，HSCN 的 C_8 芳烃不用于生产 PX。

(二)产品质量指标

吸附分离生产的 PX 产品质量指标完全满足石油对二甲苯石化行业标准 SH/T 1486.1—2008 的指标要求，该标准的详细内容见附录二的表 6。

三、吸附分离工艺原理

(一)吸附分离理论

当吸附剂表面与吸附质分子之间的相互作用使得流动相中吸附质分子的势能降低时，吸附质分子将附着在吸附剂表面，吸附作用就发生了。吸附剂表面与吸附质分子之间的相互作用包括以下几种：化学键合、分子间作用力-范德华力和静电作用力。不同类型吸附过程由不同的相互作用主导。

化学键合是在吸附剂表面与吸附质分子之间有电子的转移或共用，这种吸附一般出现在化学反应过程中，称为化学吸附，其吸附热很大。

在活性炭和高硅沸石等吸附剂表面基本无极性，吸附过程中范德华力占主导地位，吸附剂与不同吸附质之间相对亲和性的强弱主要取决于吸附质分子的尺寸、极性以及吸附剂微孔的孔道尺寸。非极性吸附剂对水的亲和性低而对大部分有机物的亲和性高。

硅胶、氧化铝和低硅铝比沸石是极性吸附剂，尤其是低硅铝比的沸石，具有很强的晶内电场，在吸附过程中静电作用力非常重要，对极性分子的吸附非常强。在 PX 吸附分离过程中 X 型沸石[$n(SiO_2)/n(Al_2O_3)=2\sim3$]对 C_8 芳烃的吸附就属于这种情况，吸附过程放热强烈，粗略估算可达到 700kJ/kg，约为 C_8 芳烃汽化潜热的两倍，高于普通物理吸附的吸附热。

1. 吸附等温线

为了掌握吸附剂对特定吸附质的吸附情况，通常要测定一定温度下达到平衡状态后单位质量吸附剂的吸附量随压力(吸附质为气相)或浓度(吸附质为液相)变化的数据，获得吸附等温线。实测的吸附等温线根据其形状不同可分为五种类型，见图 4-3-1。其中 I 型等温线最常见，其特征是吸附量随压力或浓度的变化而变化，在低压或低浓度下随压力或浓度的增加吸附量增加较快，在压力或浓度增加到一定程度后，吸附量增加的幅度逐渐减小并逼近最大吸附量。沸石对烃类的吸附等温线大多符合这种类型。

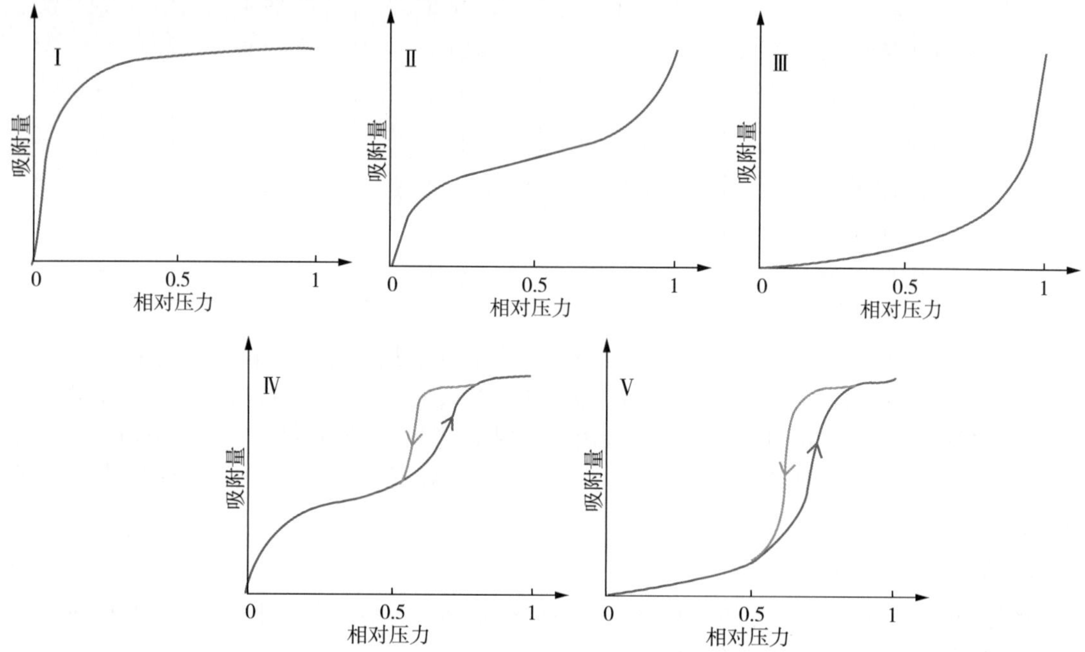

图 4-3-1　吸附等温线

为了预测或关联吸附等温线，提出了不同形式的方程。在低压或低浓度下吸附量的变化通常可以用亨利定律(Henry's law)来表示，这是最简单的线性关系。

$$q=k_{\mathrm{H}}p \quad 或\ q=k_{\mathrm{H}}c \tag{4-3-1}$$

式中　q——吸附量；

k_{H}——亨利常数；

p——压力；

c——浓度。

在较宽压力范围内常用的吸附等温线方程有 Langmuir 方程和 Freundlich 方程。Langmuir 方程可以根据一定的假设通过热力学理论推导出来。假设吸附剂表面吸附位数量一定，表面均匀，所有吸附位的能量相同，并且吸附质分子之间无相互作用，可以推导出式 4-3-2 所示的 Langmuir 方程。

$$q=q_{\mathrm{m}}bp/(1+bp) \tag{4-3-2}$$

式中　q_{m}——饱和吸附量；

b——Langmuir 常数；

p——压力。

式(4-3-2)中的两个参数都有明确的物理意义，q_{m} 为饱和吸附量，b 为平衡常数。此方程只适用于Ⅰ型吸附等温线。当 b 和 p 的乘积远远小于 1 时，该方程可简化为亨利定律的形式。考虑分子间相互作用且具有不均匀表面(吸附热随吸附量变化而改变)，可以得到半经验的 Freundlich 方程：

$$q = k_f p^{1/n} \tag{4-3-3}$$

式中　q——吸附量；

k_f，n——Freundlich 方程常数。

式(4-3-3)有两个参数 k_f 和 n。当 $n>1$ 时，其等温线为Ⅰ型，$n=1$ 时该方程可简化为亨利定律的形式。

还有一些基于不同假设的理论和不同形式的方程，可以参考相关文献[1,2]。

吸附分离过程涉及的吸附质至少有两种，这时，可以把单一组分吸附的 Langmuir 方程扩展到 n 个混合组分，称为扩展 Langmuir 方程：

$$q_i = \frac{q_{mi} b_i p_i}{1 + \sum_{j=1}^{n} b_j p_j} \tag{4-3-4}$$

式中　q_i——组分 i 的吸附量；

q_{mi}——组分 i 的饱和吸附量；

b_i——组分 i 的 Langmuir 常数；

p_i——组分 i 的分压。

式(4-3-4)中组分 i 的饱和吸附量 q_{mi} 与它在纯组分状态下的饱和吸附量是相等的。根据此方程，两个组分在吸附剂上的相对选择性是恒定的，不随压力变化而变化，这有时与实际情况不符合。

对于多组分系统，扩展的 Langmuir-Freundlich 方程也很有用。

$$q_i = \frac{q_{mi} b_i p_i^{1/n_i}}{1 + \sum_{j=1}^{n} b_j p_j^{1/n_j}} \tag{4-3-5}$$

式中　q_i——组分 i 的吸附量；

q_{mi}——组分 i 的饱和吸附量；

b_i——组分 i 的 Langmuir 常数；

p_i——组分 i 的分压；

n_i——组分 i 的 Freundlich 方程常数。

2. 传质

在吸附分离研究中传质与吸附平衡同样重要。吸附质在吸附剂上吸附依次需要经过以下几个传质步骤：

①吸附质从流体主体扩散通过边界层到达吸附剂外表面；

②吸附质扩散经过吸附剂内大孔道到达吸附剂内部；

③吸附质在吸附剂内微孔(或晶内孔)中的扩散；

④吸附质被吸附。

吸附质脱附后离开吸附剂的过程与前述①、②、③三个步骤类似但次序和方向相反。对于化学吸附，步骤④可能是最慢的甚至是控制步骤。但在吸附分离过程中绝大多数都是物理吸附，吸附这一步骤被认为是瞬时完成的，以下只讨论前三个步骤。

描述传质过程的一个基本关系式是 Fick 定律。

$$J=-D\frac{\partial c}{\partial z} \tag{4-3-6}$$

式中 J 为通量，即单位时间单位面积的物质通过量，其与浓度梯度$\frac{\partial c}{\partial z}$成正比，当扩散发生在吸附相时，$\frac{\partial c}{\partial z}$可用$\frac{\partial q}{\partial z}$代替，式中的负号代表传质方向与浓度梯度方向相反，$D$ 为扩散系数，各种不同条件下的扩散都可以归结到 D 的不同。

步骤①的扩散过程可以看作是静止流体中的一般扩散，扩散系数与吸附剂没有关系。

步骤②中的扩散过程也可以看作是静止流体中的扩散，但受到吸附剂内大孔结构因素的影响，这些孔道的数量、弯曲、互相连通的情况都会影响有效的扩散系数，可以引入吸附剂颗粒内孔隙率 ε_p 和曲折因子 κ 来校正。

步骤③的扩散是科学研究中的一个热点，吸附质分子和吸附剂微孔之间的相互作用因素多且复杂，目前还只能通过实验测量获得特定组分在特定结构吸附剂微孔内的扩散系数。

这几个扩散步骤同时进行，单位时间的传质量是相同的，如果其中某个步骤的浓度梯度明显大于其他步骤，则可以认为此步骤是控制步骤，通过改善此步骤的传质可以提高整个过程的传质速率。在 PX 液相吸附分离中，步骤①一般不是控制步骤，步骤②和③在特定条件下都可能是控制步骤。可以通过增加颗粒内孔道数量、改善孔道分布或减小颗粒尺寸来改善步骤②的传质；可以通过减小吸附剂内沸石晶粒尺寸或提高吸附温度来改善步骤③的传质。

还可以通过另外一种简化的方式来描述整个传质过程，即传质速率等于传质系数乘以两相中浓度差的函数，将各种因素都归结到传质系数中。两相中浓度差的函数有几种不同的方式，如线性推动力或二次推动力等。

3. 吸附剂和解吸剂

用于吸附分离的吸附剂种类很多，比如活性炭、硅胶、Al_2O_3 和树脂等，以下重点介绍用于液相吸附分离的分子筛吸附剂。

在液相吸附分离中一般进行着如下的循环过程：吸附剂与待分离物料接触，将其中的目标组分吸附，产生一股抽余液；解吸剂将吸附剂上的目标组分解吸，产生一股抽出液，同时吸附剂循环使用；将抽出液中的解吸剂与目标组分分离，将抽余液中的解吸剂与其他组分分离，解吸剂循环使用，其过程原理参见图 4-3-2。

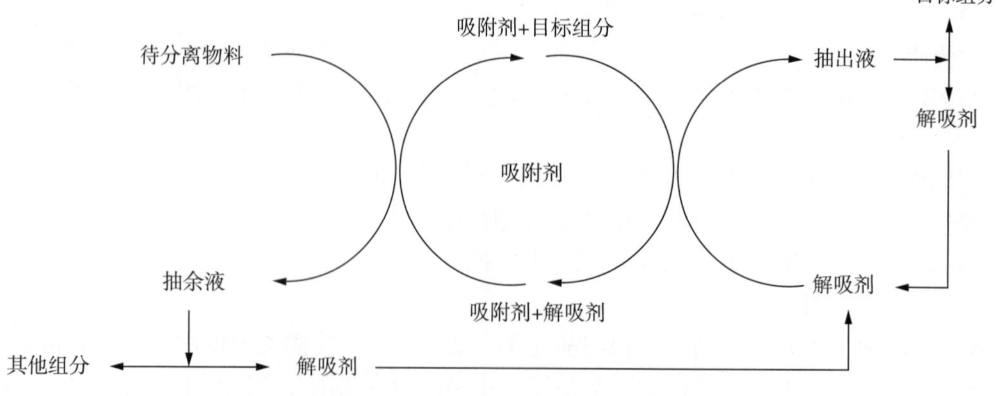

图 4-3-2 吸附剂-解吸剂循环示意

已投入工业应用的这类分离体系主要有：

①利用 Ba^{2+}、K^{+}交换的 X 或 Y 型沸石从混合 C_8 芳烃中分离 PX，以甲苯或对二乙基苯(PDEB)为解吸剂。

②利用 Na^{+}、Li^{+}交换的 Y 型沸石从混合 C_8 芳烃中分离 MX，以甲苯为解吸剂。

③利用 Ca^{2+}交换的 A 型分子筛(通常称为 5A 分子筛)从烃类混合物中分离出正构烷烃，以不同沸点的正构烷烃为解吸剂。

④利用 Ca^{2+}交换的 Y 型沸石从果葡糖浆中分离果糖，以水作为解吸剂。

对于吸附剂，首要的要求是在待分离物料各组分之中，对目标组分具有高选择性。吸附剂对不同组分表现出不同的选择性，按照分离机理可分为以下几种。

一种是利用分子直径不同进行分离。如同用筛子筛分粗细不同的沙石，简称筛效应。例如使用 5A 分子筛从烷烃混合物中选择性地吸附正构烷烃，就是利用了正构烷烃的分子直径较小，可以进入 5A 分子筛的晶内孔，而异构烷烃的分子直径较大，不能进入 5A 分子筛的晶内孔这一特性而实现分离的。另一个例子是利用 PX 和 EB 的分子直径较小可以进入 ZSM-5分子筛孔道，将 C_8 芳烃分为 PX 和 EB、MX 和 OX 两组。

还可以利用待分离物料中各组分极性的不同实现分离。例如 X 型分子筛的硅铝比低，属于极性吸附剂，可以从石脑油中将极性相对较强的芳烃与其他烷烃分离开来。

而对于从混合 C_8 芳烃中吸附分离 PX 的过程，其选择性的机理还不很清晰，有不同的理论试图说明这一问题。酸碱理论认为 C_8 芳烃是一种路易斯碱体系，各异构体的相对碱度不同，C_8 芳烃各异构体在 0℃时的相对碱度见表 4-3-2。而分子筛吸附剂具有酸性。一些研究的结果表明降低分子筛的酸量有利于提高 PX 相对 MX 的选择性。影响吸附剂酸性的因素包括分子筛的硅铝比、交换阳离子的种类和数量、吸附剂的水含量等。但仅用这种酸碱间的相互作用不能解释目前使用的 PX 吸附剂上各种 C_8 芳烃异构体吸附能力的强弱顺序。

表 4-3-2 C_8 芳烃各异构体在 0℃时的相对碱度

物种	MX	OX	PX	EB
相对碱度	100	2.00	1.00	0.14

文献[3]研究了 BaX 吸附分离 C_8 芳烃体系，提出了晶内场对称性匹配理论，认为当在 X 型分子筛内的所有 2 位离子交换位均为 $Ba^{2+}(2)$占据，且仅含与之配位的 2 个 H_2O 分子，而这两个 H_2O 分子被极化时，分子筛晶内吸附力场对称性从 T 群变为 D2 群。而 PX 在 4 个 C_8 芳烃异构体中对称性与 D2 群最为接近，是 D2h 群。所以 PX 在吸附剂上表现出最强的吸附选择性。这种理论可以解释吸附剂的最佳水含量为 5%~6%和 PX 在 4 个 C_8 芳烃异构体中吸附强度最大这些事实。但不能解释为什么苯在同种吸附剂上表现出比 PX 更强的吸附选择性。

采用分子筛吸附分离 C_8 芳烃时，待分离的各组分性质接近，分子筛内结构特异性强，某一个因素变化就能引起吸附剂与吸附质分子相互作用的显著变化。近年来分子模拟技术发展迅速，在吸附机理的研究中应充分利用分子模拟方法定量地考察吸附剂与吸附质分子相互作用中各个主要因素的综合影响。这是研究吸附选择性机理的重要方向。

吸附容量是表征吸附剂性能的另一个重要指标。对于分子筛吸附剂，可以用分子筛的骨架密度(FD，每 nm^3 体积内四面体配位的中心原子如硅铝等的数目)来粗略判断不同结构类型沸石的吸附容量。骨架密度的取值一般在 12.1~20.6 范围内。骨架密度越低则晶胞内可以用来容纳吸附质的空间越大。几种常见分子筛的FD值和吸附容量数据见表4-3-3。分离PX使用的八面沸石类分子筛FAU的FD值为12.7，吸附容量比较大。

表4-3-3 几种常见分子筛的骨架密度(FD)和吸附容量

结构类型	FD/(T/nm^3)	分子筛	吸附质	吸附容量/(mg/g)
FAU	12.7	NaX	甲苯	200~240
LTA	14.2	5A	正构烷烃	110~130
MFI	17.9	ZSM-5	甲苯	110~140

解吸剂对吸附分离过程的影响非常重要。采用不同的解吸剂甚至能改变待分离各组分在吸附剂上的选择性次序。而选择解吸剂遵循的原则为：一是与原料互溶性好且与原料组分之间有较大的沸点差，以便于后续精馏分离；二是与吸附剂的结合力强弱适中，在吸附区和脱附区容易实现目的产品与解吸剂之间的相互置换；三是要有良好的稳定性，在吸附分离工况条件下不易发生反应。通常选用与原料组分有不同烷基取代的同系物作为解吸剂，例如从C_8芳烃中吸附分离PX过程中使用甲苯或PDEB作为解吸剂。

(二)对二甲苯吸附工艺原理

PX吸附分离工艺原理就是利用吸附剂分子筛表面对C_8芳烃的选择性吸附从C_8芳烃中分离出PX。吸附剂是多孔的分子筛晶体。当此吸附剂浸于C_8芳烃液体中时，其孔中吸附芳烃分子。平衡时，孔中吸附相组成与分子筛周围液体不同，吸附相PX浓度高于液相PX浓度。吸附剂分子筛表面对C_8芳烃是选择性吸附，比如，早期吸附剂的PX和其他C_8芳烃异构体的选择性(浓缩因数)β约等于3。

$$\beta=(P_A X_L)/(P_L X_A)=3 \quad (4-3-7-1)$$

$$P_A=3P_L/(1+2P_L) \quad (4-3-7-2)$$

式中 P_A——PX在吸附相中的浓度；

P_L——PX在液体中的浓度；

X_A——其他C_8芳烃异构体在吸附相中的浓度；

X_L——其他C_8芳烃异构体在液体中的浓度。

由式(4-3-7-2)可以计算出不同液相浓度下的吸附相浓度，其结果见表4-3-4。

表4-3-4 PX吸附不同液相浓度下的吸附相浓度

液相中PX浓度/%	10.0	25.0	50.0	75.0	90.0	96.0	98.6	99.5	99.8
吸附相中PX浓度/%	25.0	50.0	75.0	90.0	96.0	98.6	99.5	99.8	99.93
吸附相/液相PX浓度/倍	2.5	2.0	1.5	1.2	1.07	1.03	1.009	1.003	1.001

由表4-3-4可知，采用吸附工艺，即使原料中的PX浓度再高，一次相平衡后，其吸附相中PX的浓度也不能满足产品质量要求，必须对吸附相采用多级吸附。为满足PX纯度要求，必须将吸附相从平衡后的吸附剂中解吸出来，然后再浸入新的吸附剂进行再吸附，然后再解吸、再吸附等多次循环解吸吸附，类似多级精馏。根据上述计算，如果原料中的PX浓度为25.0%，产品纯度为99.9%，需要7级以上的理论吸附级数。如在工业上实现这种间歇进行的吸附和解吸，将极其复杂和低效。PX吸附分离原理是模拟吸附剂和工艺液体的连续

逆向流动，但实际上吸附剂并不移动，即采用模拟移动床吸附分离工艺方法。采用这种方法可以得到高纯度的 PX 和高的分离效率。

(三)模拟移动床工艺原理

1. 移动床与模拟移动床

吸附分离技术发展的早期主要采用固定床，以简单的穿透-再生间歇方式进行吸附分离，对吸附剂容量的利用率比较低，并且对于强吸附组分而言只相当于一个平衡级的分离效果。为提高吸附分离的效率，出现了移动床，固体吸附剂在重力作用下自上而下移动，原料、解吸剂在固定位置进入，抽出液、抽余液在固定位置抽出，吸附剂与流动相逆流接触。吸附床层内形成稳定的浓度分布，实现连续稳定操作。但此过程中大量吸附剂在吸附柱内以及外部循环，要求吸附剂具有很高的耐磨性，否则粉末很难处理，并且移动床中两相的流动很难保持理想的平推流状态，降低了效率。

为解决移动床的上述问题，出现了模拟移动床工艺，在这种工艺中吸附剂仍装填于固定床中不移动，通过周期性地改变流动相各股物料的进出口位置造成固定相和流动相的相对逆流运动，解决了移动床工艺所遇到的困难，使吸附分离技术在更多的领域中得以应用。

模拟移动床是对移动床过程的近似，移动床过程的运转操作模型如图 4-3-3 所示。

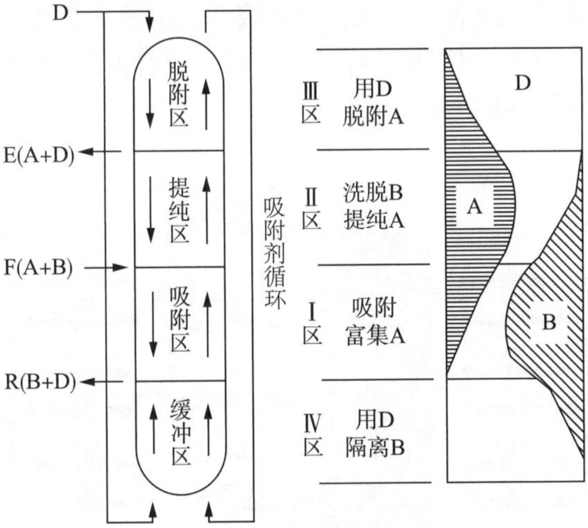

图 4-3-3 移动床的区域和液相浓度分布图

A—强吸附组分；B—弱吸附组分；D—解吸剂

假定原料中包含 A、B 两个组分，解吸剂为 D，它们与吸附剂之间的吸附强度次序是 D≈A>B。吸附剂自下向上移动，到达顶端后循环回底部，进料中的强吸附组分 A 被优先选择吸附，被吸附剂携带向上移动，弱吸附组分 B 向下流动，浓度逐渐提高，作为抽余液抽出，标记为 R。解吸剂在顶部注入将吸附剂上富集的 A 置换解吸，将部分脱附下来的物料抽出作为抽出液，标记为 E，其余脱附下来的物料继续向下流动用于提纯，将吸附剂中携带的少量弱吸附组分 B 置换掉。另有少量解吸剂 D 从移动床的底部向上流动，避免抽余液污染解吸剂。将原料和抽余液之间的区域称为吸附区，又称Ⅰ区；将原料和抽出液之间的区域称为提纯区，又称Ⅱ区；将解吸剂和抽出液之间的区域称为脱附区，又称Ⅲ区；将解吸剂和抽余液之间的区域称为缓冲区，又称Ⅳ区。这四个区域的功能和作用如下：

Ⅰ区的功能是由液体中吸附 A。主要吸附着 D 的吸附剂进入此区底部。随着液体与固体逆流向下，A组分由液体转入固体孔隙中被吸附。与此同时，D解吸，由孔隙中转入液体。

Ⅱ区的功能是由吸附剂孔中除去B。当固体达到新鲜进料点时，孔中含有在Ⅰ区中吸附的A，但还含有大量的B。随固体向上移动，B由孔隙中转入液体，将孔隙留给A和D。当固体达到Ⅱ区顶部时，孔隙中仅含有A和D。

Ⅲ区的功能是由吸附剂孔中解吸A。进入本区的吸附剂孔中含有A和D，进入本区顶部的液体是纯D。随固体向上移动，孔隙中的A被D置换。

Ⅳ区的目的是在Ⅰ区和Ⅲ区之间建立一个缓冲区。当吸附剂离开Ⅲ区时，空隙中全部是吸附剂D。进入Ⅳ区顶部的液体是抽余液，含有B和D。在本区内液体向上流动，与固体移动方向相同，可防止抽余液进入Ⅲ区，避免污染抽出液。

上述移动床系统中，固体连续移动成闭路循环，并且通过固定的液体进出料点，四个区的位置也不随固体的移动而移动。这样的固体连续移动的系统在工业应用上难以实现。

吸附剂床层不动，而周期性地移动各股物料的进出料位置也可获得同样的工艺效果。模拟移动床就是采用此原理，即以液体在床层内流动的相同方向，移动液体进出料的位置，就模拟了固体以相反方向移动，参见图4-3-4。在此模拟移动床系统中，由吸附床层组成的设备附有一定数量的连接管线，物料在开关阀的控制下，经分配器进入或离开吸附剂床层。对于给定的床层，进料和解吸剂由管线引入，抽余液和抽出液由管线排出。其他所有的管线不起作用。当下一床层阀门打开，原床层阀门关闭时，所有的进出物料位置将向前步进一床层。这就模拟了吸附剂与液体的逆向流动。

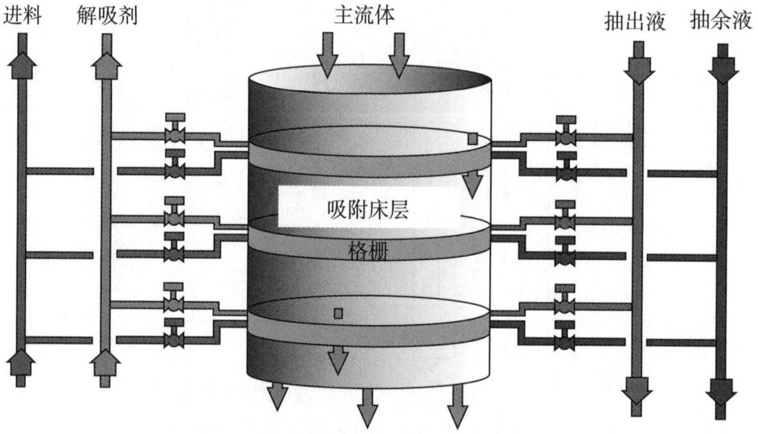

图4-3-4 模拟移动床原理

在功能上，吸附床层无顶、底之分，这相当于环状床。四股液流的位置可围绕着床层连续地移动，而各股进出料之间的位置，总保持同样的距离。进出料的位置将吸附塔分成Ⅰ、Ⅱ、Ⅲ、Ⅳ区，也即吸附、提纯、脱附和缓冲四个区，随着进出料位置的顺序移动，四个区也移动。在正常操作的每一时刻都有一组阀门是打开的，包括：进料进入阀、抽余油抽出阀、解吸剂进入阀、抽出液抽出阀。这些阀门处于不同的床层之间的位置。随着四个区的移动，吸附分离循环泵也周期性地连接在不同的区域。四个区的流量不同，吸附分离循环泵流量也要随着所处的区域周期性地改变。如图4-3-5所示，时间为0时，泵是在进料口和抽余液口之间，因而泵的流量是Ⅰ区流量；在时间为T时，泵是在抽出液和进料口之间，泵的流量是Ⅱ区流量。

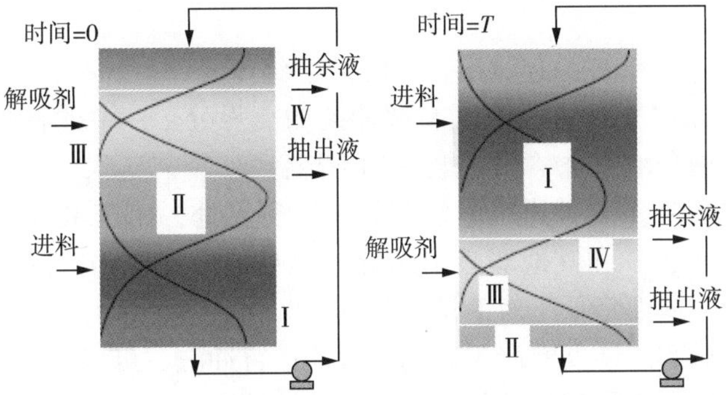

图 4-3-5 吸附塔内浓度分布和区域变化示意图

在移动床中基本的参数有床层直径 D_b、吸附区高度 $H_{\text{Ⅰ}}$、提纯区高度 $H_{\text{Ⅱ}}$、脱附区高度 $H_{\text{Ⅲ}}$、缓冲区高度 $H_{\text{Ⅳ}}$、吸附剂循环速率 U_a、原料进料量 Q_F、解吸剂用量 Q_D 和提纯区流量 $Q_{\text{Ⅱ}}$ 等。

在模拟移动床中以固定床代替了移动床，通常设置 1~2 个吸附塔，每个吸附塔内的吸附剂被格栅分成多个床层，每个床层的高度设为 H_b，则各区域的高度就等于区域床层数乘以 H_b。模拟移动床操作过程中吸附剂本身不移动，通过周期性地改变流动相各股物料的进出口位置实现模拟移动，物料进出口每隔 T 秒就从上一个床层切换到下一个床层，则 $U_a=H_b/T$。

一个床层内吸附剂颗粒间空隙、沸石晶粒间空隙以及格栅内部空间都属于床层内的非选择性体积，这些体积总和记为 V_{wb}：

$$V_{wb}=V_1+V_2+V_3$$

式中 V_{wb}——非选择性体积，m^3；

V_1——吸附剂颗粒间的空隙体积，m^3；

V_2——沸石晶粒间的空隙体积，m^3；

V_3——分隔床层支撑吸附剂的格栅内部空间体积，m^3。

在这里引入一个重要的概念，即非选择性体积流量，它表示床层中非选择性体积中存留的物料相对于进出料位置移动的流量。当进出料口从上一个床层切换到下一个床层时，就有 V_{wb} 体积的液体相对移动，移动方向与吸附剂相同，折算为非选择性体积流量为 V_{wb}/T，由于床层中非选择性体积所占的比例很大，因此 V_{wb}/T 是个很大的流量。在模拟移动床操作中各区域的实际流量需要在把其看作真实移动床所需要的流量基础上增加 V_{wb}/T 的流量用于抵消模拟移动产生的非选择性体积流量。需要指出的是，在移动床中缓冲区内液体流动的方向与其他区域液体的流动方向是相反的，可记为负值。在模拟移动床操作过程中，由于要抵消非选择性体积流量，缓冲区内实际的液体流动方向与其他区域相同，是一个略小于非选择性体积流量的流量值。

2. 管线冲洗

在模拟移动床运转过程中，物料通过每个床层的物料管线和格栅进入吸附床层或从床层内抽出。床层的物料管线和格栅中会依次通过至少四股进出物料，即原料 F、抽出液 E、解吸剂 D 和抽余液 R，其次序为 R—F—E—D—R，循环往复。

由于物料管线和格栅是共用的，因此共用的这部分空间中存留的物料会对吸附过程造成以下不利影响：

①留在管线中的 F 会和 E 一起流出，影响 E 的纯度；

②留在管线中的 E 被 D 冲进脱附区与缓冲区的交界处，E 中的强吸附组分会有部分进入缓冲区，进而进入抽余液 R 中，造成收率的下降；

③存留在管线中的 R 被 F 冲进吸附区与提纯区交界处，由于 R 中只含有少量强吸附组分，而含有较多的解吸剂 D 和其他弱吸附组分，解吸剂和其他弱吸附组分会与此处的强吸附组分竞争选择性孔，从而降低了对 F 的处理量。

其中第一种情况对产品纯度有严重影响，必须进行冲洗，可以用解吸剂或相对较纯的产物冲洗共用管线。为提高吸附过程的效率，其他两种情况也应处理。

对于第二种情况可以在脱附区用解吸剂向内冲洗或在靠近解吸剂注入的位置从吸附塔内向外冲洗。

另一种冲洗方案是在相邻格栅间设置外部旁通管线，使一小部分流体连续经过旁通管对共用管线进行冲洗。旁路管线冲洗示意见图 4-3-6[4]。

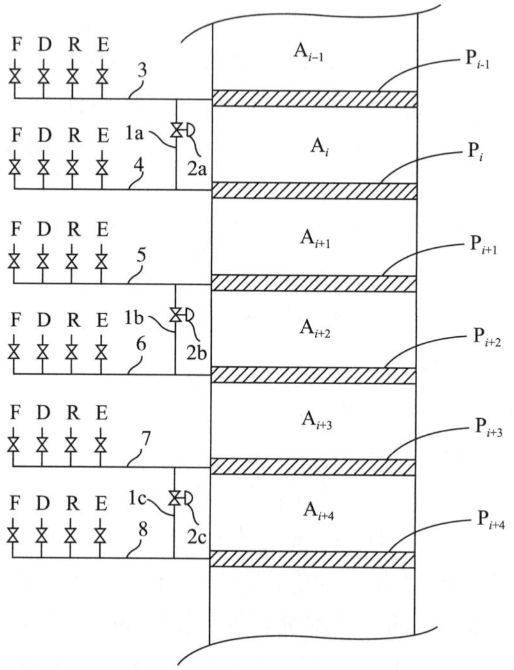

图 4-3-6　旁路管线冲洗示意

A_{i-1} ~ A_{i+4}—吸附床层；P_{i-1} ~ P_{i+4}—格栅；2a、2b、2c—旁路管线的阀门

格栅 P_{i-1} ~ P_{i+4} 分别与管线 3~8 相连，输送原料 F、抽出液 E、解吸剂 D 和抽余液 R 的管线通过开关阀与管线 3~8 相连。管线 3 和 4、管线 5 和 6、管线 7 和 8 分别通过旁通管线 1a、1b、1c 相连，并分别设置阀门 2a、2b、2c。当没有 F、E、D、R 通过旁通管线连接的床层管线时，旁通管线的阀门开启，对格栅和共用管线进行冲洗。当 F、E、D、R 其中任何一种流体通过旁通管线连接的床层管线时，旁通管线的阀门关闭。

3. 工艺参数

吸附剂装填完成之后，由吸附剂装填体积、格栅内部容积、泵送及压送环路容积等基础数据可以计算出整个装置的非选择性体积，根据装置的吸附剂装填量确定选择性体积(沸石晶粒内的微孔体积)；设备安装完成后，可以计算得到需要冲洗的床层管线共用体积 V_c，将其作为基准冲洗体积。根据吸附剂装填量确定装置的100%负荷进料量(m^3/h)。以上数据是进行工艺计算的基础。

判断装置性能的指标有产品纯度、产品收率、进料量。为使装置获得满意的性能，在操作中有几个关键的参数，主要是吸附塔操作温度及压力、吸附剂循环流量与吸附进料流量比、提纯流比、脱附流比、缓冲流比和床层切换时间 T。

(1)吸附塔操作温度及压力

综合考虑传质速率和吸附选择性，吸附塔操作温度一般采用170~180℃，提高温度有利于加快传质速率，而降低温度对提高PX的选择性有利。控制吸附塔塔底压力在0.8~0.9MPa，保证在操作温度下流体不汽化，并为物流去分馏单元提供压头。物料自上而下流过吸附剂床层会产生压降，需要控制整个吸附塔压差不要过大，以保证格栅安全和避免造成大的物流返混。

(2)选择性吸附参数 S_a

选择性吸附参数 S_a，是选择性孔体积流量与进料芳烃流量之比，一般根据经验确定，其数值大小与吸附剂性能、工艺设置以及原料状况都有关系。吸附剂容量大、原料中乙苯含量低易于分离时可以设置较小的 S_a 值。早期装置的 S_a 值在0.8左右，目前已经降低到0.6左右。同样的进料量，较低的 S_a 值可以允许吸附剂以较低的速度循环，相应的解吸剂的循环量也可以较低，有利于降低装置的消耗。

(3)提纯流比

提纯流比，是提纯区实际流量减去非选择性体积流量后与吸附剂循环流量的比值。提纯流比是影响产品纯度和收率的关键参数，生产中经常会根据产品纯度调整此参数。通常提高提纯流比可以提高产品纯度，但会使得收率降低，而降低提纯流比会有相反的效果。

(4)脱附流比

脱附流比，是脱附区实际流量减去非选择性体积流量后与吸附剂循环流量的比值。脱附流比与产品收率的关系比较密切，如果脱附流比偏低，则吸附剂中的强吸附组分脱附不彻底，产品的收率较低；如果脱附流比太大，则消耗过多的解吸剂。

(5)缓冲流比

缓冲流比，是缓冲区实际流量减去非选择性体积流量后与吸附剂循环流量的比值，是一个小于零的值。缓冲流比会影响产品纯度，如果缓冲流比的绝对值太小，则会有抽余液中的杂质穿过缓冲区进入脱附区影响产品纯度；如果缓冲流比的绝对值太大，对保证产品纯度有利，但增加了解吸剂的用量，增加装置的消耗。因此应在操作中寻找到一个比较合适的缓冲流比值。

(6)物料位置切换时间 T

物料进出位置切换的间隔时间 T 是一个重要参数，但 T 不是一个自由的量，是由吸附剂循环流量与吸附进料流量比和进料量所决定，当吸附剂循环流量与吸附进料流量比一定时，增加进料量需要减小物料位置切换时间，加快吸附剂循环；当进料量一定时，增加吸附剂循环流量与吸附进料流量比也需要减小物料位置切换时间，加快吸附剂循环。

四、RAX系列对二甲苯吸附剂

PX吸附剂是PX吸附分离技术的核心技术之一，用于从混合 C_8 芳烃异构体中选择性吸附分离出 PX，生产高纯度 PX 产品。中国石化自 1996 年起开始研究开发用于液相连续逆流模拟移动床吸附分离工艺的 PX 吸附剂，先后开发了 RAX-2000A、RAX-3000 两代 PX 吸附剂。RAX 系列 PX 吸附剂以阳离子交换改性的八面沸石作为活性组分，经成型、改性及活化等过程制备而成，具有吸附容量高、吸附选择性好、抗压强度大等优点。吸附分离得到的 PX 产品纯度在 99.8%以上，收率在 98%以上。

在 PX 吸附剂开发过程中，重点解决了三方面技术问题。首先是筛选合适的分子筛作为活性组分。X 分子筛是制备 PX 吸附剂的活性组分[5~8]。通过系统研究 X 分子筛的结晶规律和分子筛性质对吸附性能的影响规律，研制了吸附容量高、选择性好和传质速率快的小晶粒 X 分子筛[9]。其次将分子筛粉末通过适当的工艺形式聚结成型，形成具有适宜强度、堆密度和粒径分布的基质小球。最后根据 X 分子筛结构特点和吸附选择性要求，开发了基质小球焙烧、碱处理、离子交换和脱水活化等一系列后处理改性工艺，形成了完整的 PX 吸附剂生产技术[9~14]。

不断提高单位吸附剂的生产能力是主要发展趋势之一。吸附容量、吸附选择性和传质速率等性质决定了吸附剂处理能力的大小。吸附选择性主要与分子筛类型相关，采用传统的八面沸石作为活性组分。进一步提升吸附剂选择性比较困难，所以如何提高吸附容量和传质速率成为改进吸附剂性能的研究重点。吸附分离过程发生在分子筛晶内，分子筛含量对吸附容量有决定性影响。RAX-3000 率先采用了原位转晶技术处理基质小球[14]，可将成型引入的黏结剂最大限度地转化为 X 分子筛，其分子筛含量接近理论值；同时，通过优化成型配方，添加致孔助剂，使其具有更加发达的堆积孔，改善了传质性能，从而提高了吸附剂的生产能力。

(一)RAX-2000A 吸附剂

RAX-2000A 为中国石化开发的第一代 PX 吸附剂，物化指标见表 4-3-5。该吸附剂于 2004 年 10 月首次工业应用[15]，工业运行数据见表 4-3-6，吸附室压差变化情况见图 4-3-7。工业应用结果表明，RAX-2000A 的吸附性能及稳定性好，运行中表现出低床层压降和对高 EB 含量的劣质原料有良好适应性的特点。

表 4-3-5 RAX-2000A 型 PX 吸附剂的物化指标

项目	指标
活性组分	X 分子筛
形状	球形
颗粒直径/mm	0.3~0.8
堆密度(LOI 600℃)/(kg/m³)	800~840
130N 压碎率(颗粒强度)/%	≤1.0
甲苯吸附量/(mg/g)	≥165

表 4-3-6 RAX-2000A 型 PX 吸附剂的工业运行数据

操作负荷/%	原料 EB 含量/%	原料 PX 含量/%	S_a	PX 纯度①/%	PX 收率②/%	吸附室压降/MPa
103	24.55	16.18	0.735	99.69	99.1	0.18~0.19
103	18.88	17.22	0.735	99.77	99.1	0.18~0.19
111	18.07	17.19	0.735	99.81	98.6	0.21~0.22

①PX 纯度：为成品塔底采样的分析数据。

②PX 收率：由进料、抽出液塔顶采样、抽余液塔侧线采样分析得到 PX 含量，经计算得到。

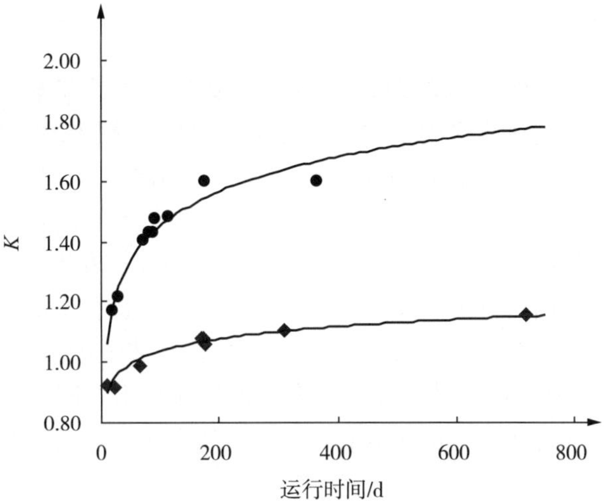

图 4-3-7　吸附室压差系数 K 随运行时间变化曲线

◆—RAX-2000A 工业装置；●—进口剂工业装置

(二)RAX-3000 吸附剂

RAX-3000 为中国石化开发的第二代 PX 吸附剂，是以 RAX-2000A 的研究开发和工业生产为基础，通过优化专用分子筛原粉，改进基质小球成型、焙烧和碱处理工艺，在保证颗粒强度优势的基础上进一步提高了吸附剂活性组分含量和吸附选择性，使单位质量吸附剂的生产能力得到较大幅度提高。RAX-3000 的物化指标见表 4-3-7，该吸附剂在吸附分离装置的运行结果见表 4-3-8。根据在装置上取得的运行数据推算，RAX-3000 的实际处理能力较 RAX-2000A 提高了 10%以上。

表 4-3-7　RAX-3000 型 PX 吸附剂的物化指标

项　目	指　标
活性组分	X 分子筛
形状	球形
颗粒直径/mm	0.3~0.8
堆密度(LOI 600℃)/(kg/m^3)	800~840
130N 压碎率(颗粒强度)/%	≤0.8
甲苯吸附量/(mg/g)	≥178

表 4-3-8　RAX-3000 型 PX 吸附剂工业装置的运行数据

操作负荷/%	原料 EB 含量/%	原料 PX 含量/%	S_a	PX 纯度/%	PX 收率/%	吸附室压降/MPa
110	15.44	18.12	0.63	99.74	97.0	0.19~0.21
120	11.78	19.87	0.59	99.71	96.2	0.21~0.22

五、SorPX工艺

SorPX工艺是中国石化开发的模拟移动床吸附分离成套工艺技术。该工艺选择由程序控制开关阀组来控制各股物料进出吸附塔位置的变化。设置4路管线冲洗，充分利用吸附剂的选择性孔体积。该工艺采用中国石化自主研究开发的专用模拟移动床控制系统(MCS)和吸附塔内构件。模拟移动床控制系统的开发注重系统的安全性和可靠性，可以实现循环泵流量平稳变换及吸附塔系统的压力平衡，设计了程序控制阀的分步容错方案，个别阀门的故障不影响装置的正常运转。在内构件的开发中，强化了格栅的流体分配和混合性能。

采用SorPX技术，设计规模为30kt/a的首套PX生产装置于2011年投产。该装置采用192个程序控制开关阀4路管线冲洗的技术方案，模拟移动床控制系统和格栅内构件均为中国石化自主研制开发，并首次工业应用RAX-3000型吸附剂。装置的各项技术经济及产品质量指标均达到了预期值。

采用SorPX技术的首套工业化装置于2013年投产，该装置PX生产能力为600kt/a，投产后装置的各项技术经济及产品质量指标均达到设计值，低温热得到充分利用，能耗大幅度下降。

(一)工艺流程

SorPX技术采用两台吸附塔和24个吸附床层，通过程序控制开关阀，控制各进出物料位置周期性切换。利用两台循环泵，将两台吸附塔首尾相接，使24个床层形成一个闭合回路，每个吸附床层只设一套进出分配管线，在循环泵的作用下，液流周期性地绕24个床层循环。程序控制开关阀可用来周期性地改变各物料进出口位置，但各物料间相对位置(间隔的床层数和相互次序)保持不变，相当于改变各区域的位置，使区域沿着床层周期性循环，达到连续吸附分离的目的。SorPX工艺流程见图4-3-8。

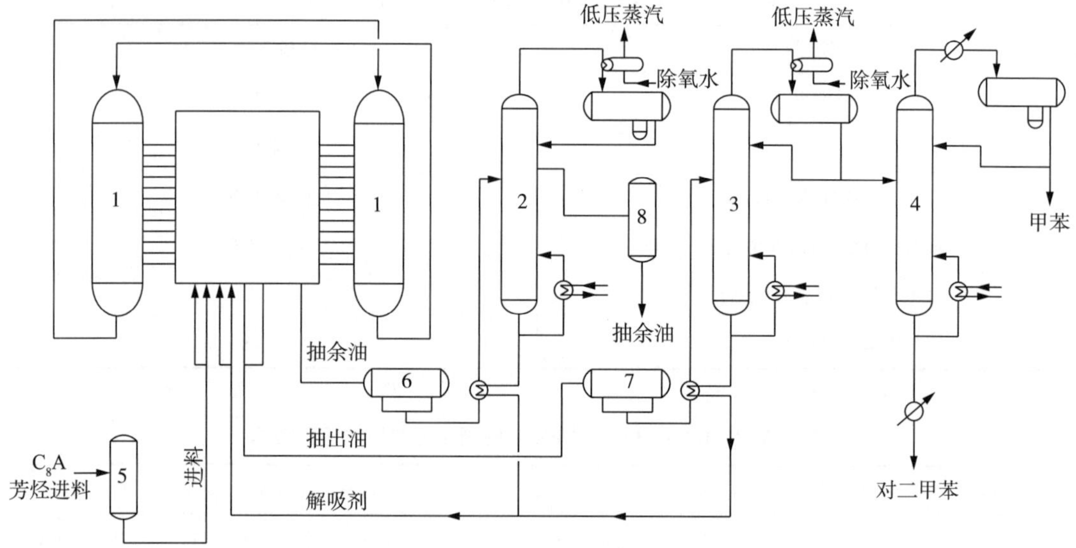

图4-3-8 SorPX工艺流程示意图

1—吸附塔；2—抽余液塔；3—抽出液塔；4—成品塔；5—吸附进料缓冲罐；6—抽余液混合罐；7—抽出液混合罐；8—抽余液塔侧线缓冲罐

C_8 芳烃经过滤器除去固体微粒后进入吸附塔的吸附区。在吸附区域内，PX 被吸附在吸附剂上，抽余液(未被吸附的 C_8 芳烃与解吸剂的混合物)从吸附区下部在压力控制下流出，送至抽余液混合罐以稳定抽余液的组成，避免下游分馏系统的波动，然后经换热升温后进入抽余液塔。在抽余液塔中实现 C_8 芳烃和解吸剂分离。塔精馏段侧线分离出 C_8 芳烃，作为异构化的原料送至异构化单元。塔底产品即解吸剂，用泵升压并与塔进料换热后，再与抽出液塔底的解吸剂混合，作为成品塔重沸器热源，然后大部分经解吸剂过滤器送入吸附塔的解吸区，少部分送至解吸剂再蒸馏塔处理。

吸附塔提纯区顶部的抽出液(被吸附的 PX 和解吸剂)从吸附塔引出后在流量控制下进入抽出液混合罐，经换热升温后进入抽出液塔进行 PX 和解吸剂分离。塔顶产品为含有部分粗甲苯的 PX，送往成品塔处理。抽出液塔底物即为解吸剂，与塔进料换热后，与抽余液塔底的解吸剂混合，返回吸附塔循环使用。

成品塔塔顶分出的粗甲苯产品，用泵送出装置至歧化单元。塔底产物即 PX 产品冷却至常温，经在线色谱分析合格后用泵送至产品罐区。产品分析不合格时直接送到不合格产品罐。

从抽余液塔及抽出液塔底分出的一部分解吸剂送至解吸剂再蒸馏塔处理，该塔塔底物为变质解吸剂，经冷却、泵升压后与重芳烃一起送出装置。塔顶为再生后的解吸剂，送至抽余液塔循环使用。

(二)物料分配控制和管线冲洗方案

物料分配和管线冲洗方式是不同工艺的主要特征，对于装置所能达到的性能有重要影响。物料分配控制要可靠，以实现工艺要求；管线冲洗在保证冲洗效果的同时要减少对分离过程的扰动。

1. 物料分配控制

吸附塔的每个吸附床层引出一根物料管线用于向吸附床层内输入或从床层中抽出物料。这根物料管线在吸附塔外均接有与各股物料总管相连的带程序控制开关阀的工艺管线，工艺管线包括进料线、解吸剂线、抽出液线、抽余液线和冲洗管线。通过计算机程序控制开关阀的切换操作，来实现周期性地改变各股物料的进出口位置。同一时间点，每股物料只有一个床层线上的程序控制开关阀处于开启状态，其余床层线上程序控制开关阀全部关闭。在一个步进时间段(一般为 70~150s)内，处于开启状态的阀门，在进入下一步进时间段后关闭，同时下一床层对应的阀开启。每次切换都使各区向前移动一个床层。

由于程序控制开关阀彼此之间相对独立，适应性强，可根据工艺需要改变吸附塔四个区之间床层数的分配来协调 PX 的纯度与收率之间的关系。当某个开关阀出故障时，可将该故障阀切出进行检修而不影响装置的正常生产。

SorPX 工艺中各股物料设有各自的集合总管，从集合总管引出支管线分别通向每个吸附床层，通向某个吸附床层的各股物料的支管线汇聚到一根床层管线并通向吸附床层内的分配管线与格栅相连。每股物料通向每个床层的支管线上都设有一个程序控制开关阀，通过程序控制各程序控制开关阀的开闭，实现物料按照工艺要求进出特定吸附床层。

2. 管线冲洗方案

SorPX 工艺中共设置 24 个吸附床层，采用 4 路冲洗，则进出物料为 8 股，每股物料通向每个床层的管线上都设置一个程序控制开关阀，则共需要 192 个或 168 个程序控制开关阀。正常运转中，同一时刻只有 8 个程序控制开关阀处于开通状态，其余程序控制开关阀都处于关闭状态。某一时刻程序控制开关阀组的状态见图 4-3-9，处于开通的程序控制开关阀以白色填充，所连接的物料管线加粗，其余处于关闭状态的程序控制开关阀以黑色填充。所有程序控制开关阀为气动式，只有开通和关闭两种状态，阀门的严密性要求高，泄漏等级要达到Ⅵ级。

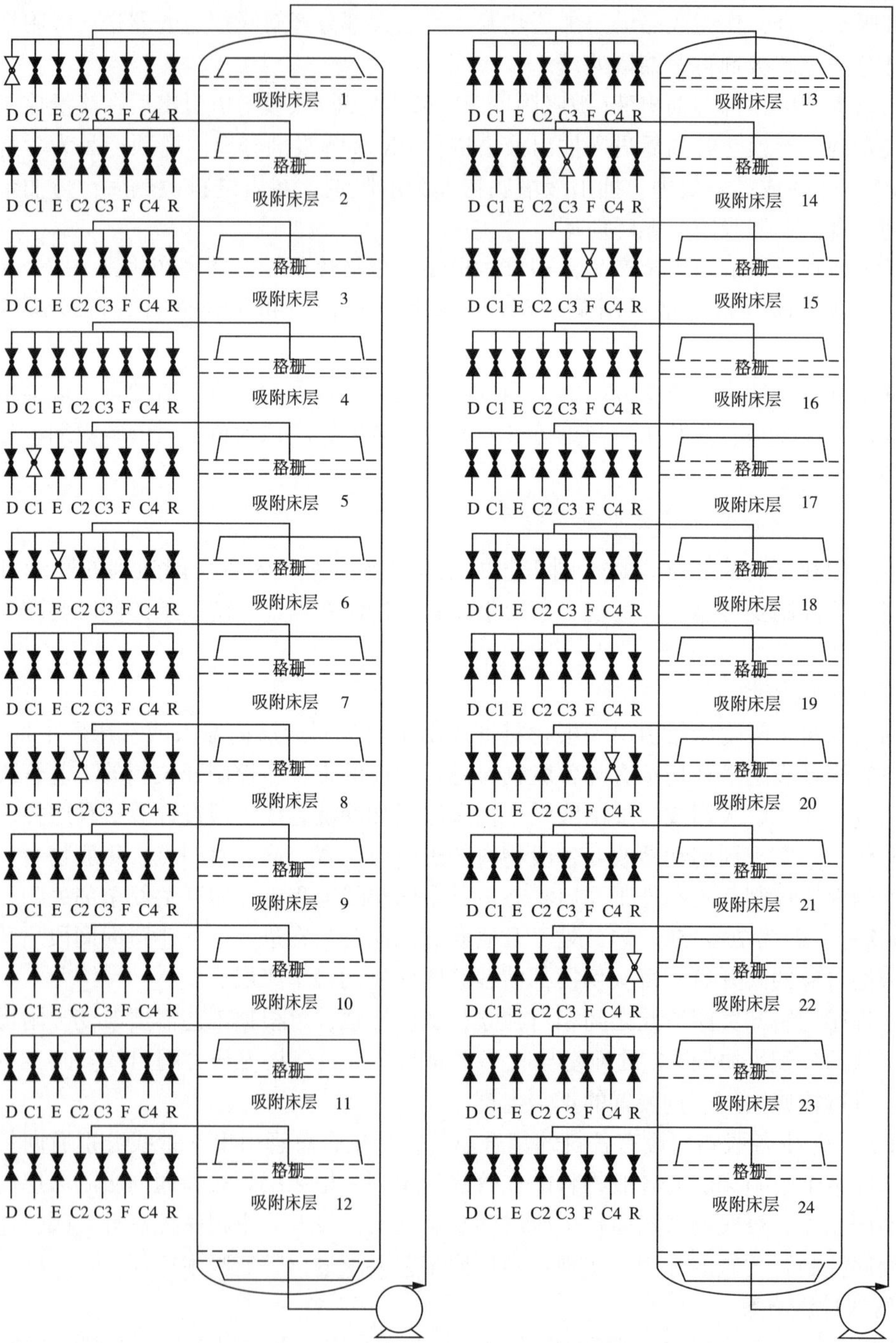

图 4-3-9 程序控制开关阀组开闭状态

进出吸附床层的基本工艺物料包括原料 F、解吸剂 D、抽出液 E 和抽余液 R。在模拟移动床运转过程中，床层管线共用的部分和吸附床层内的分配管线都会依次通过前述的 4 股物料，通过的次序为 R—F—E—D—R，循环往复。SorPX 工艺引入物料对管线中存留的原料、抽出液、抽余液都进行冲洗。

表 4-3-9[16] 给出了一个模拟移动床吸附分离 PX 过程中提纯区各床层液相物料组成以及冲洗物料组成的实例。

表 4-3-9　提纯区各床层液相物料及冲洗物料的组成数据

物料名称	%					按 C_8A 归一的 PX/%
	EB	PX	MX	OX	PDEB	
抽出液	0.05	30.00	0.03	0.01	69.91	99.70
原料	23.50	22.06	45.30	9.14	0.00	22.06
原料注入点上游一床层	24.76	25.35	38.61	5.41	5.88	26.93
原料注入点上游二床层	16.29	47.11	7.03	1.15	28.42	65.81
原料注入点上游三床层	4.83	56.04	0.59	0.19	38.35	90.90
B 体积为所经管线 1.2 倍时进吸附床层物料	19.59	23.38	37.76	7.62	11.65	26.47
B 体积为所经管线体积 1.7 倍时进吸附床层物料	13.84	25.33	26.66	5.38	28.79	35.57
抽出液抽出点下游一床层	0.11	53.15	0.06	0.02	46.66	99.65
抽出液抽出点下游二床层	0.18	56.14	0.07	0.03	43.59	99.50
抽出液抽出点下游三床层	0.27	57.42	0.09	0.04	42.18	99.31
抽出液抽出点下游四床层	0.36	57.24	0.11	0.05	42.24	99.10
抽出液抽出点下游五床层	0.59	56.53	0.14	0.05	42.69	98.64
A 体积为所经管线体积 1.0 倍时进吸附床层物料(之前 B 冲洗体积为所经管线体积 1.2 倍)	0.12	29.98	0.17	0.04	69.70	98.93
A 体积为所经管线体积 0.7 倍时进吸附床层物料(之前 B 冲洗体积为所经管线体积 1.7 倍)	0.10	29.98	0.12	0.03	69.77	99.19

表 4-3-9 中 B 为管线通过原料后第一次冲洗，A 为再一次冲洗，都用抽出液作为冲洗物料。B 冲洗中进入吸附床层物料的组成与原料注入点上游一床层物料的组成最接近，与原料注入点上游三床层的物料组成相差很大。A 冲洗中进入吸附床层的物料组成与抽出液抽出点下游三～四床层的物料组成比较接近，而与抽出液抽出点下游一或五床层的物料组成相差较大。

为了将冲洗对分离过程的扰动降低到最小，冲洗物料和冲洗位置按照如下原则来设置：

①冲洗后床层管线中存留的物料组成与即将通过管线的物料相同或接近；

②冲洗进入吸附系统的物料应与所在位置的物料组成接近。

根据以上原则设 4 股冲洗：C1～C4 冲洗。其中 C2 冲洗和 C3 冲洗所用物料相同，都是抽出液，并且都是向吸附床层内流动，本工艺引入了 C2/C3 分时冲洗。C2/C3 分时冲洗指的是 C2 冲洗和 C3 冲洗共用一套管线和程序控制开关阀，在一个步进时间内一段时间开通 C2 冲洗所在床层的共用程序控制开关阀，另一段时间开通 C3 冲洗所在床层的共用程序控制开关阀。引入 C2/C3 分时冲洗可以节省设备，并改善管线冲洗过程的流动状态。

(三)吸附室格栅

1. 格栅作用

格栅是模拟移动床吸附分离工艺中很重要的专用部件。吸附塔内各床层间由格栅分开，进出物料管线与格栅连通。除了支撑吸附剂外，格栅还用于将上游吸附剂床层底部的流体收集并与吸附塔进料(原料及解吸剂)混合后再分配至下游吸附剂床层顶部，也通过它将收集的部分物流作为吸附塔出料(抽出液及抽余液)从侧线抽出塔外。

2. ACG 系列格栅

格栅的核心功能及其技术难点在于如何解决吸附塔物料周期性导入抽出工艺条件下物流进出格栅的收缩放大效应，以求达到减小或消除吸附剂床层出入口端效应，保证床层内物流流动形态接近于活塞流，消除床层截面上物流浓度梯度，最大化吸附剂利用率。

中国石化对格栅内构件相关技术进行了研究和开发。在对吸附塔已有格栅技术调研分析的基础上，确定了参比方案，结合吸附分离装置工艺要求及格栅功能提出了吸附塔新型格栅结构方案。采用 CFD 模拟计算与冷模试验相结合的方法进行新型格栅的研究及结构优化。在冷模试验装置上对 5 套试验格栅的性能进行了评价对比。试验结果表明，试验格栅的性能随结构参数的优化稳步提高。按照冷模试验参数对 5 套试验格栅进行了冷模工艺参数的 CFD 模拟计算，模拟计算的压降、混合和分配性能参数与冷模数据基本吻合；图 4-3-10 给出了一组格栅在冷模试验与 CFD 模拟中获得的压降对比数据，两种方式得到的压降数值相近，趋势吻合。

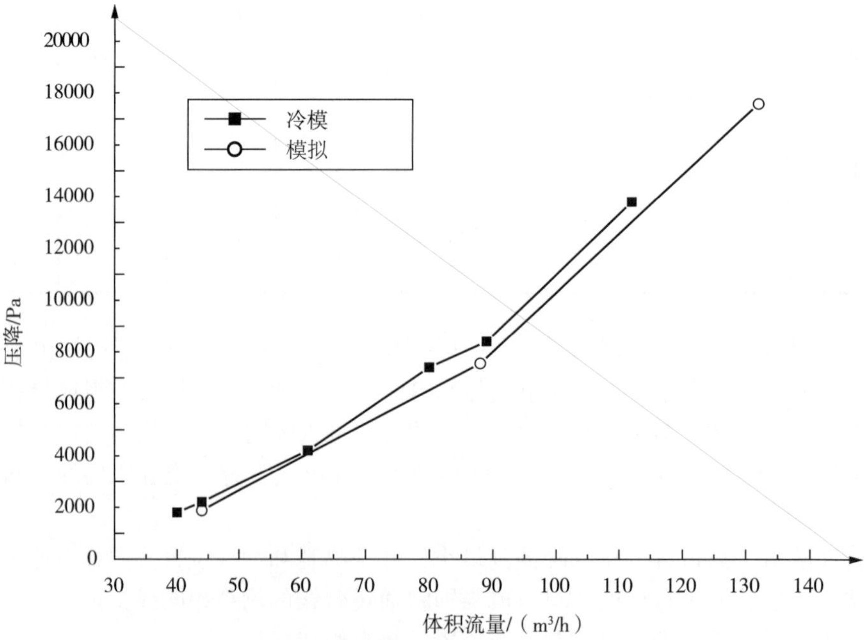

图 4-3-10 一组格栅压降的冷模试验结果与 CFD 模拟数据对比

通过研究掌握了新型格栅压降、混合及分配等流体力学性能的控制规律，在此基础上进一步改进格栅内部结构、延长混合流道、设置流体整流部件等，中国石化开发出了 ACG 系列新型格栅[17~19]应用于 SoxPX 工艺。在 ACG 格栅中采用了一种迷宫结构[17]，其结构见图 4-3-11，用来强化主流体与侧线流体的混合。在 ACG 格栅中还设置了整流部件[18]，用于减小流体射流和扰动，使流体具有比较均匀和稳定的流动，整流部件的形式见图 4-3-12。

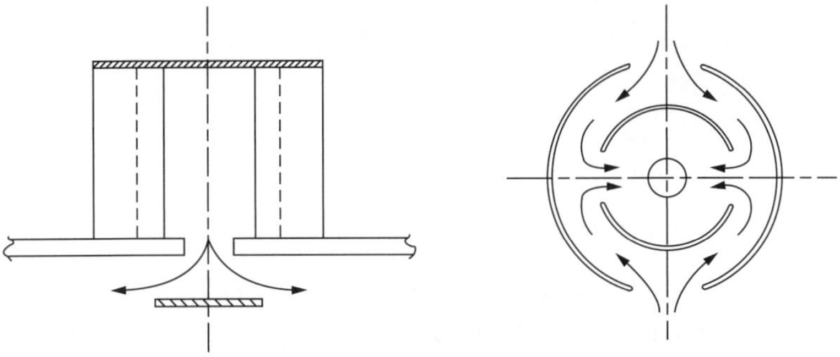

图 4-3-11　迷宫结构

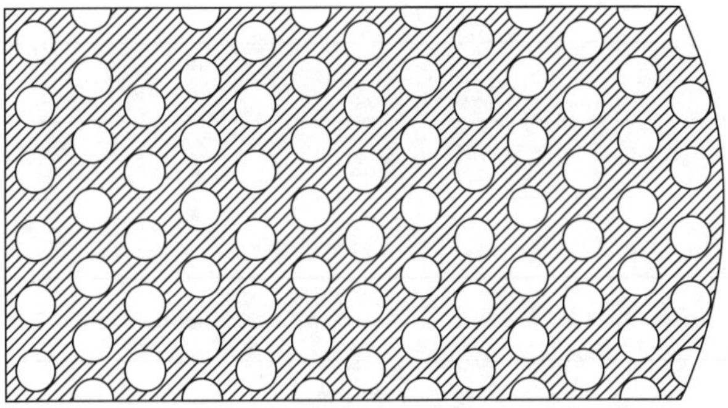

图 4-3-12　整流部件

将 ACG 型格栅与参比格栅方案的性能进行对比(表 4-3-10)可知，ACG 型格栅的流体混合均匀度偏差和流体分配均匀度偏差都显著低于参比格栅方案，表现出了优良的流体分配和混合性能。因设置了强化物流混合及分配的构件，ACG 型格栅的压降要略高于参比格栅。

表 4-3-10　ACG 型格栅与参比格栅技术的性能对比

格栅类型	参比格栅	ACG 型格栅
流体混合均匀度偏差	0.18	0.09
流体分配均匀度偏差	0.24	0.08
典型工况压降/kPa	1.20	1.45

图 4-3-13 为 ACG-I 型格栅出口组成分布和速度分布性能模拟结果，格栅出口流体分配及混合非常均匀，不存在明显的速度场或浓度场偏差。

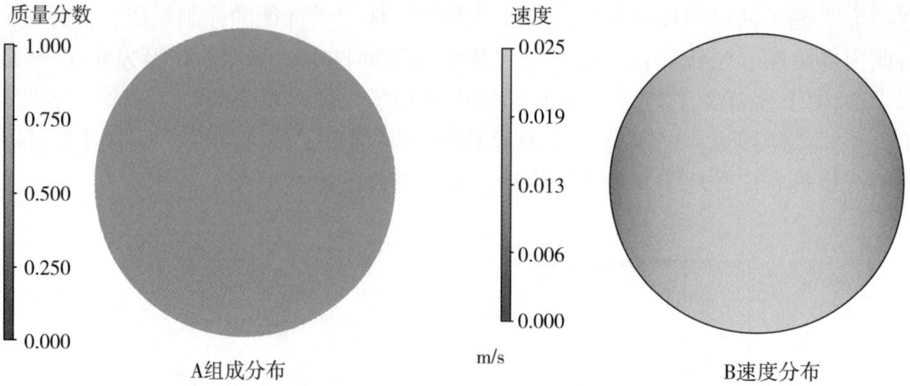

图 4-3-13 流体通过 ACG-I 型格栅的模拟结果

第一套 30kt/a 的 SoxPX 装置采用了 ACG-I 型格栅，运行效果良好，装置负荷、产品纯度和收率等都达到了预定指标。该装置实际运行的格栅压降只占床层压降的 5.6%，最大压降小于 1.5kPa。采用冷模试验和 CFD 模拟计算相结合得到的该装置压降预测值与实测值偏差为-12.4%，对比结果见图 4-3-14。

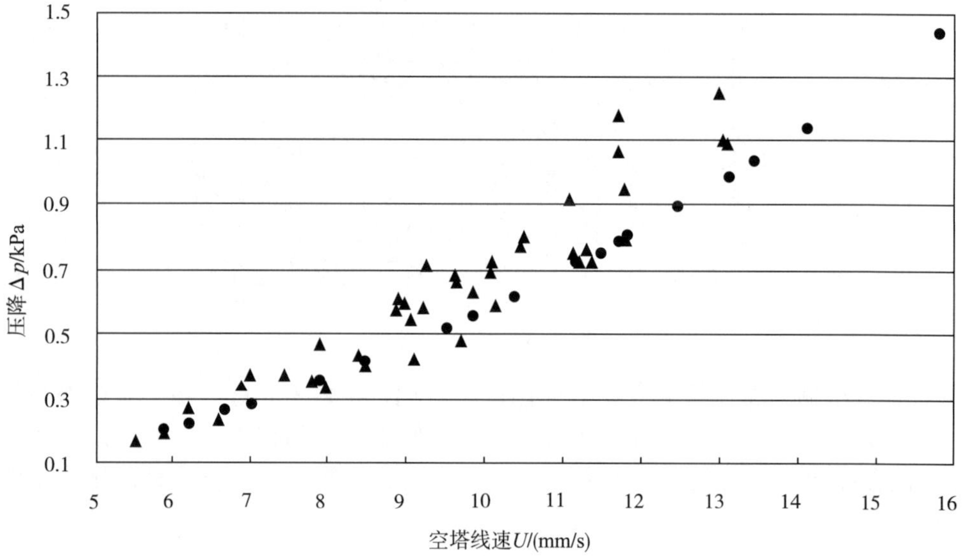

图 4-3-14 装置格栅压降预测值与实测值对比

▲—实测值；●—预测值

3. 现有格栅技术

吸附分离专利商公开的吸附塔格栅结构和配管方案介绍如下。

UOP 公司专利[20]公开的格栅基本结构见图 4-3-15。格栅顶部设置支撑上游吸附剂床层且允许流体通过的丝网；格栅内部为流体收集混合分配部件，主要由带贯穿通道的流体偏转板、设置喷孔的缓冲室、折流板组成，折流板位于贯穿通道下方，上游下来的主流体与缓冲室喷出的侧线流体在贯穿通道附近混合后流至折流板侧向分散；格栅底部有允许流体通过且防止吸附剂跑损的丝网。UOP 公司在 2005 年申请的专利[21]中，在格栅底部增加了改善流体分布的筛孔板类流量控制器。

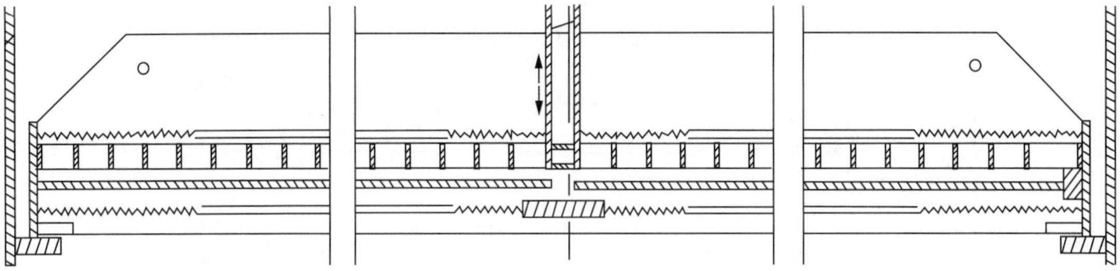

图 4-3-15 UOP 公司格栅结构示意

格栅可以有不同的分块形式，见图 4-3-16[21]。对于直径较小的吸附塔采用条块形格栅，采用单独的支撑梁支撑格栅；对于直径较大的吸附塔需要设置中心管，采用扇形格栅，格栅边框承担支撑格栅的功能，格栅头尾两端搭接在吸附塔中心管及塔壁的支撑圈上实现支撑和密封。

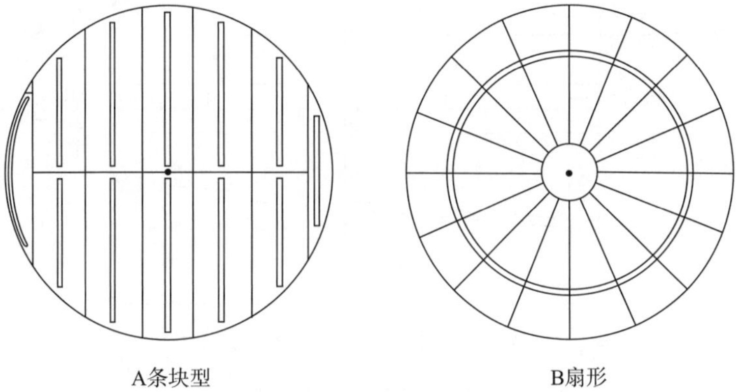

图 4-3-16 UOP 公司的格栅分块形式

法国石油研究院(IFP)公开了一系列有关格栅结构及配管方案的专利[22~25]。

格栅及其管线连接见图 4-3-17[22]。此格栅与 UOP 公司公开的格栅在结构上相似的部分包括：顶部和底部的栅格、内部流体收集混合分配部件、流体偏转板等。主要区别在于缓冲室为上下两个独立腔室，上部的腔室用于收集主流体并与出料管线相连，下部的腔室用于引入侧线流体并与进料管线相连，下部腔室侧壁有开孔以使引入的侧线流体喷射与主流体混合。上一床层的出料管线与下床层的进料管线通过旁路管线相连，用于持续进行管线冲洗。

格栅采用直条形分块形式，见图 4-3-18。图中为吸附塔的横截面，外圆为吸附塔壁，中心的小圆为贯穿全塔的中心管，整个塔截面分为 4 个相同的区域，每个区域放置 4 块直条形格栅，格栅块可通过支撑梁及中心管与塔器上支撑圈实现支撑。每个格栅中间直线排列 3 个管线接口，其中用黑点标记的管线接口用于引入物料，在格栅内与下部腔室相连，另外两个管线接口用于引出物料。

吸附塔塔壁上设置独立且高度不同的两组环形分配圈，一组用于物料引入，另一组用于物料导出，每组分配圈分别用软管与相应的格栅管线接口相连。Axens 公司的专利[25]中强调选定合适的接口位置和尺寸使流体通过这些软管的时间基本相等。

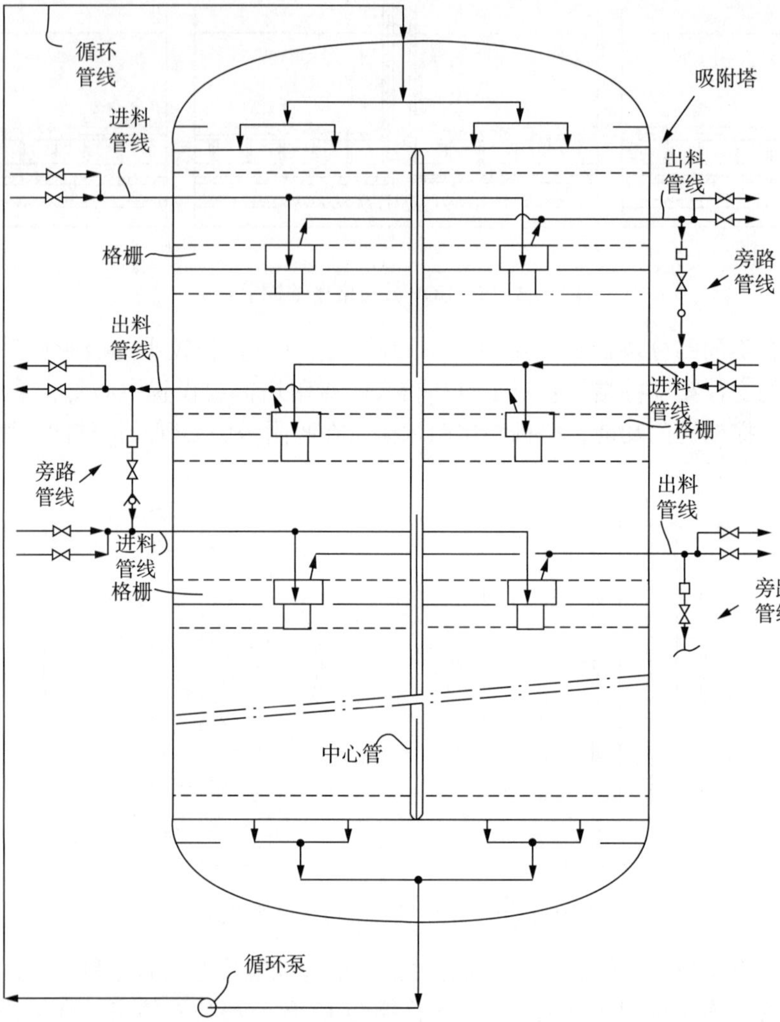

图 4-3-17 Axens 公司的格栅及其管线连接示意

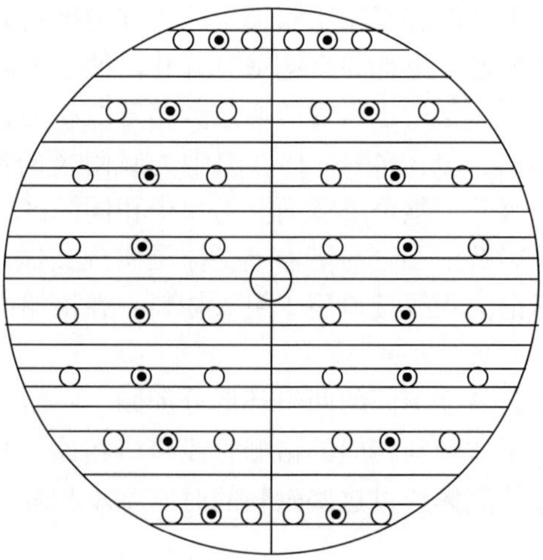

图 4-3-18 Axens 公司的格栅分块形式

（四）MCS 模拟移动床控制系统

1. 概述

MCS 模拟移动床控制系统是中国石化开发的用于 SorPX 工艺的专有控制系统，是 SorPX 控制系统的核心，对保证装置高效、安全和平稳的运行起着极其重要的作用。

吸附分离装置的关键设备是两个吸附塔（A/B 塔），液相物料在每个吸附塔内自上而下流动，吸附塔塔底的物料由循环泵输送至另一吸附塔塔顶，两个吸附塔之间物料构成了一个“∞”字循环回路。每个吸附塔分为 12 个吸附床层，每个床层都有一根物料总管用于向床层内注入或从床层中抽出物料，连接到该总管的物料共有 7 股，其中 4 股是基本工艺物料，此外还有 3 股注入冲洗物料，它们分别是解吸剂冲洗（C1）、抽出液冲洗（C2/C3）和进料冲洗（C4）。

通向各个床层总管的每条物料管线上都有一台程序控制开关阀，共有 168 台。7 股物料进出吸附塔的位置是由 MCS 内部预设的组态软件通过控制相关程序控制开关阀的开和关来实现的。在同一时刻下，整个装置的各种物料都有一台阀处于开的状态，每台阀门由其自身所带的阀位回讯器将实际阀位反馈信号送至 MCS 内部进行确认。在一个步进时间段（一般为 70～150s）后，下一床层对应的阀打开，然后当前床层的阀关闭。C2/C3 阀门情况比较特殊：在一个步进时间内的前一段时间打开上层程序控制开关阀，后一段时间打开下层程序控制开关阀，该方案称为分时冲洗。重复各步进时间段内阀门动作步骤，直到每种物料的 24 台阀都已经依次打开和关闭一次，表示一个完整的周期结束。MCS 通过预设的程序指令，控制各物料的不同床层程序控制开关阀由上向下依次开/关，并且周期性地步进，以实现通过改变进/出料位置来模拟吸附床层移动的效果。

A 吸附塔塔底的物料由循环泵 1 输送至 B 塔塔顶，其流量由 A 塔塔底压力控制，称为压送回路；B 吸附塔塔底的物料由循环泵 2 输送至 A 塔塔顶，其流量按照循环泵 2 所在区域设定的流量控制，称为泵送回路。泵送和压送回路中的流量不是恒定的，应与此管路所在的区域流量相同。以某一装置为例，其泵送回路流量设定值变化如图 4-3-19 所示。在区域切换时，实际流量要求与设定流量的差距在步进时间 T 的 5%的时间之内小于 5%。在稳定的区域内要求泵送环路流量波动幅度在-3%～3%之间。

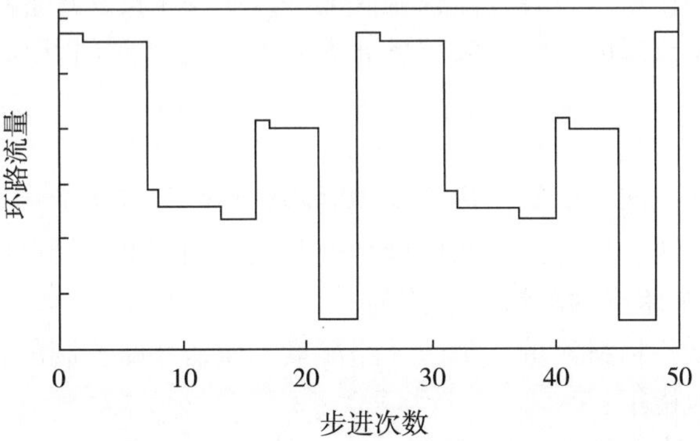

图 4-3-19　泵送回路流量设定值

吸附塔是全液相系统，塔顶、塔底之间压力差值较大，同一物料在由上至下依次改变进出位置的过程中，其物料背压值也会随之逐步下降，到达塔底（12、24 层）时为最低，而下一步切换至塔顶的瞬间，背压值会显著升高，对控制回路会带来巨大的扰动。同时，两塔之间的循环线流量会随着吸附区域的变化而发生大幅的改变，控制系统必须以最快速度对其进行调整，否则吸附塔压力会立即失衡导致生产事故。由于连接到 MCS 的程序控制开关阀数量众多，而阀门类设备受到其本身的结构形式、机械性能、动作方式等内在因素的限制，不可能万无一失，现场阀门发生故障的几率必然较常规装置要高，MCS 的目标就是通过软件编程，保证即使是某些阀门异常情况下，仍能确保整个吸附塔系统始终处于一种受控的动态平衡模式下(容错功能)，维持装置的长期、平稳、安全运行。

MCS 的流程画面如图 4-3-20 所示。

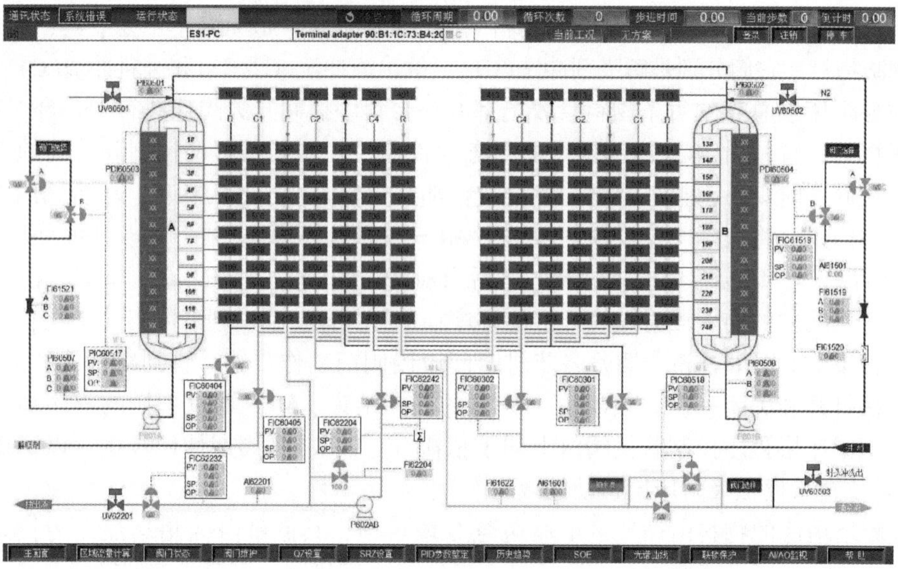

图 4-3-20　MCS 模拟动床控制系统流程画面

2. 程序功能

MCS 可根据给定的基础数据和操作参数，计算得到各股物料流量、各区域流量以及步进时间，自动将计算的流量值赋予相应的流量控制回路，并维持稳定操作，维持吸附塔底压力。程序可选择多种操作模式，各程序控制阀能够按照要求的次序和时间打开或关闭。当个别程序控制开关阀发生故障时能保证装置的正常运行，记录阀门开/关行程时间和累计故障次数。

MCS 可以实现：

①对每台阀门或同一床层的阀门进行维护时不影响装置的正常运行；

②并且可以实现泵送、压送流量在区域转换时调节阀开度控制(QZ)；

③实现物料在 24 个床层的流量转换控制；

④实现正常工况下各物料流量、泵送环路流量、压送环路控制的相互关联，维持两个吸附塔的流量平衡、压力稳定；

⑤实现 C2、C3 分时冲洗；

⑥实现主要物流的流量偏差报警及控制变量输入转换功能(SRZ)；

⑦实现泵送，压送，抽余液主、备调节阀的在线切换功能；

⑧实现安全联锁功能。

3. 系统特征

MCS 内部程序主要由三部分组成。第一是模拟量控制模块，通过高级应用程序组态实现吸附分离循环泵流量平稳变换及吸附塔系统压力平衡；第二是开关阀顺控模块，通过布尔量及逻辑表达式的方式，实现吸附分离进料分配系统的实时控制；第三是联锁保护模块，包括吸附剂、塔内件和循环泵联锁保护方案，实现紧急情况下整个装置的安全停车。

本系统属于较大规模控制系统，操作过程复杂，可靠性要求高，采用取得 IEC 61508 SIL3 级安全认证的多重化控制系统作为硬件平台，安全性和可靠性较常规 PLC 有了本质的提高；控制系统采用分步容错方案，可大幅降低因程序控制阀故障导致的对系统操作的影响，提高了系统整体的适用性，易于实现移动床的最优模拟；具有学习功能，能够记录并完善区域切换时及稳态下的各种操作控制参数；具有自适应功能，能够自动计算并设置关键控制参数；具有分时冲洗和时序 PID 参数转换功能。

（五）SorPX 技术工业示范装置

2011 年，中国石化采用 SorPX 技术建成投产了一套 30kt/a 规模的 PX 吸附分离工业示范装置。该装置包括吸附分离、异构化和分馏三个单元。装置的工艺设置、控制系统、格栅内构件和吸附剂均为首次工业应用。该装置担负着多项试验任务，测试中国石化自主开发的 PX 吸附分离工艺的性能，并为进一步的优化改进提供技术平台。

该装置吸附剂装填情况见表 4-3-11。

表 4-3-11　吸附剂装填情况

项　目	数　据
吸附塔直径/m	1.90
吸附剂层高/m	1.08
装剂总质量/t	60.1
装剂体积/m^3	72.19
装填密度/(kg/m^3)	832.5
平均水含量/%	4.28
平均装填效率/%	97.6 %
各床层装填效率最大偏差/%	+1.0 /-2.5
从吸附塔检查到封顶总时间/d	39

装置投产运行后，选择性吸附参数 S_a 低限和装置处理能力的高限进行了两次试验。这两次试验的 S_a 分别达到 0.61 和 0.59；装置负荷分别达到 110% 和 120%。测试结果见表 4-3-12。表中剂油比和筛油比等指标反映了吸附剂的良好性能，也反映了自主开发工艺的先进性。上述结果都是在步进时间约 80s 时取得的，如进一步缩短步进时间，装置负荷还可提高，筛油比还可以降低。

表 4-3-12　两次高负荷试验的条件和结果

项　目	测试 1	测试 2
负荷/%	110	120
S_a	0.61	0.59
步进时间/s	80.97	79.25
平均纯度/%	99.71	99.72

续表

项目	测试1	测试2
平均收率/%	96.8	96.0
剂油比(D/F)	1.16	1.10
筛油比	2.54	2.33
产能/(kt/a)	33	39.6

装置在低负荷下的运转效果较正常负荷时略差。其他操作参数不变，装置负荷从70%提高到100%，产品纯度提高约0.1%。

运行结果表明，格栅的各项性能指标能够满足工艺的技术要求，格栅压降小于2kPa，与冷模试验预测基本吻合。

进行了不同冲洗设置的比较试验、不同区域床层数设置方案的比较试验、考察操作温度对性能影响的试验。通过试验验证了C2/C3分时冲洗的可行性，优化了不同区域床层数设置方案。这些试验所取得的结果为吸附分离工艺工业化设计的优化提供了基础。

(六)SorPX技术工业应用

2013年，中国石化采用包括SorPX在内的自主开发的成套国产化技术，建设投产了一套PX产量为600kt/a规模的工业化芳烃联合装置。该装置应用RAX-3000型吸附剂，并结合先期投产的30kt/a示范装置取得的实际经验数据，对工艺流程、模拟移动床控制系统和格栅内构件结构等进行了改进。采用2台吸附塔，每个塔设置12个吸附床层，并采用解吸剂冲洗(C1)、抽出液冲洗(C2/C3分时冲洗)和进料冲洗(C4)3股注入冲洗物料的技术方案，共设置168个程序控制开关阀，工艺流程见图4-3-8。

该装置的主要设计参数和实际运行技术指标见表4-3-13。

表4-3-13　600kt/a吸附分离装置的主要参数和技术指标

项目	设计值	运行值
吸附塔操作温度/℃	177	177
吸附塔操作压力(塔顶)/MPa	1.3	1.15
解吸剂/进料	1.31	1.09
S_a	0.67	0.59
PX单程收率/%	97.0	98.28
PX纯度/%	99.8	99.8

该装置投产后，其各项技术及产品质量指标均达到或超过设计值，并与工业试验结果一致，达到了预期目标。

六、模拟移动床吸附分离过程模拟

化工过程的模拟是完善工艺、指导工艺改进的常用方法。特别是对于模拟移动床吸附分离工艺来说，由于工业装置结构复杂，想要建立起完整灵活的装置来进行小型实验相对困难，计算机模拟就成为不可或缺的手段。有关中小规模连续逆流吸附分离过程的数学模拟早在20世纪80年代末到90年代初就有报道[26~28]。到2000年前后，对工业规模的C_8芳烃模拟移动床吸附分离过程的模拟研究也开始活跃[29~31]，并且随着计算机的飞速发展，计算模拟的研究内容延伸到冲洗方式、分区策略以及操作参数优化等更为细致和复杂的方面[32~35]。相对于实验装置，计算机模拟具有灵活、简便、快速的特点。因此，依靠模拟软件来对吸附分离过程进行模拟研究，将成为开发新工艺、改进现有工艺以及指导工业生产的重要手段和方式。

(一)模拟的基础方程

要准确地模拟吸附分离过程，首先必须选用恰当的数学方程来描述整个过程。吸附分离过程本质上是流体经过吸附柱的色谱分离过程，为物理过程。而流体的基础方程为连续性方程。连续性方程描述了整个吸附分离过程中，吸附塔内各个方向上浓度分布状况、质量交换状况以及浓度随时间变化状况，其本质为质量守恒方程，形式如下：

$$\frac{\partial c_i}{\partial t}+\frac{(1-\varepsilon)}{\varepsilon}J_i=D_L\frac{\partial^2 c_i}{\partial z^2}-v\frac{\partial c_i}{\partial z} \tag{4-3-8}$$

式中 c_i——组分 i 在流动相中的浓度；

ε——床层空隙率；

D_L——轴向扩散系数；

v——流体流速；

z——轴向坐标；

t——时间；

J_i——传质通量。

方程(4-3-8)中包含了传质过程和扩散过程。因此要建立起完善的模型，首先需要确立描述传质和扩散的方程及其参数。

描述传质的物理量为传质通量 J_i，这关系到液相各个组分同固体吸附相中的物质交换，是整个吸附分离过程的核心。传质过程的数学描述有着各种理论假定，最简单的形式为集总线性传质方程，其中以吸附相计量的方程如下：

$$J_i=\frac{\mathrm{d}q_i}{\mathrm{d}t}=k_i(q_i^*-q_i) \tag{4-3-9-1}$$

或以液相计量的方程如下：

$$J_i=\frac{\mathrm{d}q_i}{\mathrm{d}t}=k_i(c_i-c_i^*) \tag{4-3-9-2}$$

式中 k_i——组分 i 的传质系数；

q_i——组分 i 的吸附量；

q_i^*——组分 i 的平衡吸附量；

c_i——组分 i 的浓度；

c_i^*——组分 i 的平衡浓度。

传质方程中的变量进一步涉及到吸附分离的本质——吸附平衡过程。因此要描述传质过程，又必须先确立吸附平衡过程的数学表达。同样，吸附平衡过程也有各种假说及数学描述，目前最为常用的方程为扩展朗格缪尔吸附等温线方程。

$$q_i^*=\frac{q_{mi}K_ic_i}{1+\sum_1^n K_jc_j} \tag{4-3-10}$$

式中 q_{mi}——组分 i 的饱和吸附量；

K_i——组分 i 的吸附平衡常数；

c_i——组分 i 的液相浓度；

n——组分数。

至此，对于传质通量项的数学描述就已建立起来，方程变量为液相组分浓度 c_i，方程参数为传质系数 k_i、吸附平衡常数 K_i 以及饱和吸附量 q_{mi}。除了上述传质模型和吸附等温线模型以外，也可以选择其他数学模型来描述复杂的吸附分离过程。例如，传质过程的数学模型还有二次方传质模型、瞬时传质模型、颗粒质量平衡或一般性速率模型、集总孔传质模型等；吸附平衡的数学模型则可选择统计朗格缪尔模型、弗罗因德利希模型、扩展朗格缪尔-弗罗因德利希模型、线性模型、理想状态朗格缪尔以及理想状态弗罗因德利希模型等。至于何种模型能较好地描述实际过程，可通过实验室对吸附剂的性质进行测定获得。目前，应用最为广泛的模型为上述介绍的集总线性传质方程和扩展朗格缪尔吸附等温线方程。

在建立起传质通量模型之后，需要对轴向扩散项进行确定。轴向扩散项的未知参数为轴向扩散系数 D_L。通常描述该系数可以用到另外一个参数佩克莱数 Pe。

$$Pe=\frac{v_1H_b}{\varepsilon D_L} \tag{4-3-11}$$

式中 v_1——表观流速；

H_b——床层高度；

ε——床层空隙率。

参数 Pe 可以描述轴向扩散程度即返混情况。若 $Pe=0$，则液相可视为全混状态；若 $Pe<30$，返混程度显著；若 $Pe>100$，则返混很小，接近平推流；若 Pe 为正无穷，则流动状态为平推流。因此，轴向扩散项可以用以 Pe 为参数、以液相浓度 c_i 为自变量在轴向上的二次导数方程来表达。

至此，关于吸附分离过程的数学模型通过上述方程建立起来，接下来就需要确定方程的参数，参数的准确性关系到模拟结果的可靠性以及适用性。现有工艺典型的操作温度在180℃左右，操作压力为0.8MPa，吸附剂的性能参数需要在此条件下进行准确定义，这是建立计算机模型的基础。

(二)模拟参数的确定

目前芳烃类吸附等温线方程的确立通常采用静态平衡吸附法，相关文献所采用的装置各不相同，但原理基本相似，即通过间歇操作对吸附前后体相中各个吸附组分的浓度进行测定，以确定吸附相中的各组分浓度，从而得到吸附剂对各个吸附组分的吸附性能。实验过程尽量同工业装置的温度、压力保持一致。

饱和吸附量的获得通常采用单一吸附组分吸附实验，单一组分朗格缪尔吸附等温线方程如下：

$$q_i=\frac{q_{mi}K_ic_i}{1+K_ic_i} \tag{4-3-12}$$

当吸附组分的体相浓度 c_i 增大到一定程度时，吸附相中的吸附量 q_i 接近于饱和吸附量 q_{mi}。以PX为例，通过朗格缪尔吸附等温线方程的拟合可以得到饱和吸附量，如图4-3-21所示。

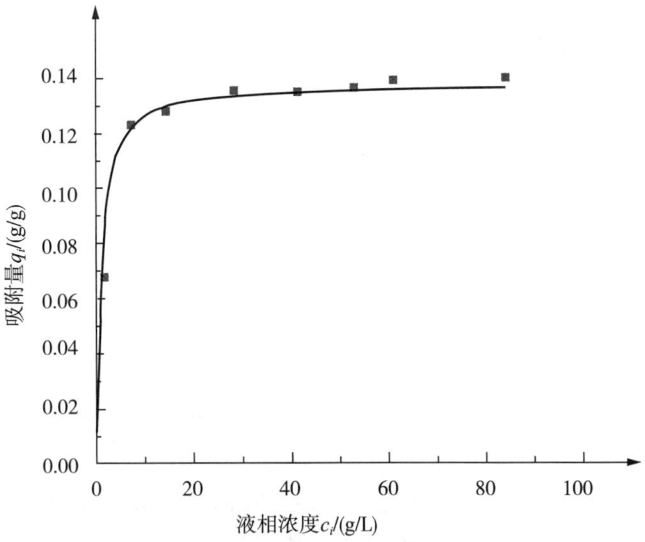

图 4-3-21　PX 的朗格缪尔吸附等温线拟合吸附量

吸附平衡常数 K_i 的测定一般需要通过两个吸附组分以上的静态吸附实验进行测定。由于吸附平衡常数实际上描述了吸附剂对各个吸附组分的选择性，因此相对于单组分实验，多组分吸附实验更能反映工业装置条件下，各个组分之间的竞争吸附关系。为了简化方程，以两组分为例，方程(4-3-10)可以变为：

$$q_i=\frac{q_{mi}K_ic_i}{1+K_ic_i+K_jc_j} \tag{4-3-13}$$

该方程可以通过两吸附组分以不同浓度 c_i 和 c_j 混合进行吸附实验，并测定一系列的吸附量 q_i 值，通过数据点拟合或者求解方程的方法得到两个组分各自的吸附平衡常数 K_i 和 K_j。同理，任意两组吸附组分混合液的吸附平衡常数均通过该方法得到。

传质参数和扩散系数的获得需要采用动态传质实验。常用的方法为脉冲实验，即在解吸剂冲洗吸附柱过程中，某一时刻注入一股含有非吸附组分或吸附组分的脉冲样，通过拟合各个组分在通过吸附柱后的曲线求得传质和扩散项。流体经过吸附柱的过程满足连续性方程(4-3-8)。其中对于非吸附组分，方程中吸附项为0，因此方程可简化为：

$$\frac{\partial c_i}{\partial t}=D_L\frac{\partial^2 c_i}{\partial z^2}-v\frac{\partial c_i}{\partial z} \tag{4-3-14}$$

上述方程中唯一的未知参数为扩散项系数 D_L，因此通过对非吸附组分的脉冲曲线拟合即可求得 D_L。对于吸附组分，在静态平衡实验求得饱和吸附量 q_i 以及吸附平衡常数 K_i 之后，传质通量中的未知参数仅有传质系数 k_i。因此，同样对吸附组分的脉冲曲线进行拟合即可求得 k_i。以非吸附组分正壬烷和吸附组分 PX 混合液脉冲实验为例，脉冲曲线拟合结果见图 4-3-22，通过对两个组分分别进行曲线拟合，可求得扩散系数以及传质系数。

通过实验取得连续性方程的基本参数后，就可将方程应用到模拟计算中。对于工业装置的模拟来说，需要在不同时间和条件下对所采用的连续性方程进行求解，实现对操作参数、进料组成、模拟移动床区域分布等条件的考察。

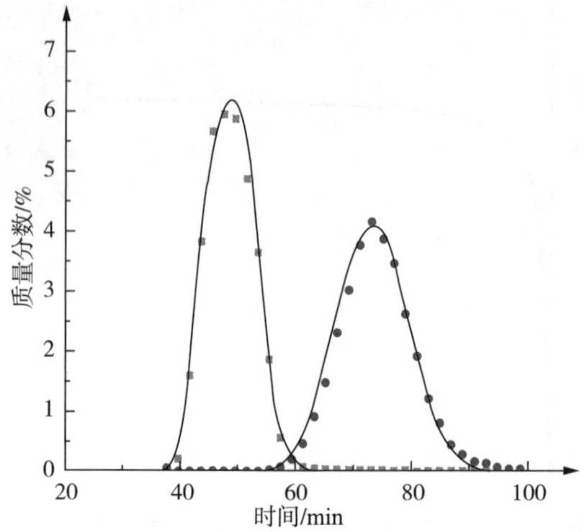

图 4-3-22 正壬烷-PX 混合液脉冲实验测定值的曲线拟合结果

■—正壬烷；●—PX

(三)吸附分离工艺过程的模拟

吸附分离过程的模拟包含工业装置过程模型的建立以及对模型所含方程的求解。目前公认最为完善的过程模拟软件为 Aspen Plus，其中 Aspen Chromatography 组件专为色谱过程模拟开发，可实现脉冲进样色谱分离、真实移动床吸附分离以及模拟移动床吸附分离等过程模拟，同时适用于转阀切换物料的吸附分离工艺以及程序控制开关阀切换物料的吸附分离工艺。该软件有估值、优化以及模拟三个重要模块。估值模块是通过输入实验数据对各种参数进行估算，其作用主要是利用静态吸附实验或者动态脉冲实验得到的数据对吸附剂的吸附、传质以及吸附剂床层中返混参数进行估算，从而为过程模拟提供最基本的吸附分离参数。优化模块是在建立起流程模型并代入基本的吸附分离参数以后，设定目标参数，通过优化变量的方式找出最佳操作参数。三个模块中最为基础和重要的模块为模拟模块，利用该模块可建立吸附分离流程模型，不仅能对现有装置进行模拟，还能对各种新工艺流程进行设计，如设计出不同的区域组合、不同冲洗方式以及不同床层数的新工艺模型，而这些模型利用实验装置很难实现；此外该模块还可以用于模拟各种非正常操作状况下装置的运行情况，从而预测工业装置上各种突发状况对分离结果的影响，如在某些阀门出现故障的情况下需要屏蔽掉某些吸附床层的情况。可以说，该模块是改进、优化和开发新工艺的关键。

以 30kt/a PX 吸附分离工业示范装置为例建立模型。依据工业示范装置的实际工艺设置建立的工艺流程模型如图 4-3-23 所示。图中各进出物料符号含义：D 为解吸剂，E 为抽出液，F 为进料，R 为抽余液，C1～C4 为各管路冲洗。

该模型所有区域分布、格栅体积以及冲洗方式等各种装置设置均和扬子石化装置保持一致。建立起流程模型之后，填入吸附剂基本参数，参数获得方法参照上一节所述，或者采用软件的估值模块进行估算获得；接下来参照工业装置填入各种操作参数和吸附剂装填参数，最后对工业装置的 4 区模型进行模拟。模拟结果见图 4-3-24，由图可知，模拟结果基本接近工业装置数据，说明参数和模型的可靠性好。再根据工业装置操作参数变化进一步考察不同操作参数对于吸附分离结果的影响，同样取得了与工业装置相同的趋势以及相近的结果。因此可以认为建立的 4 区模型基本可靠。

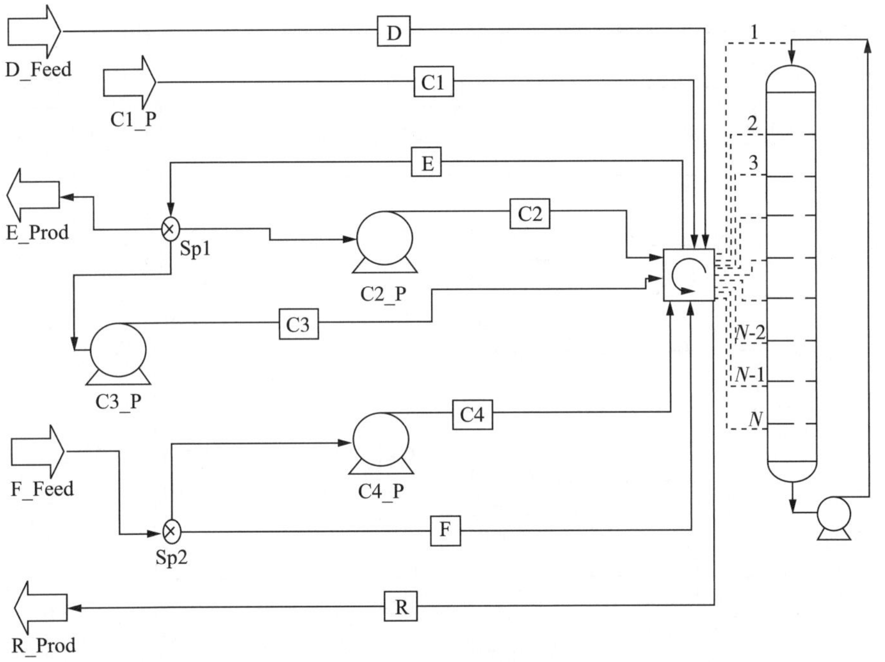

图 4-3-23 4 区模拟移动床吸附分离装置工艺流程模型

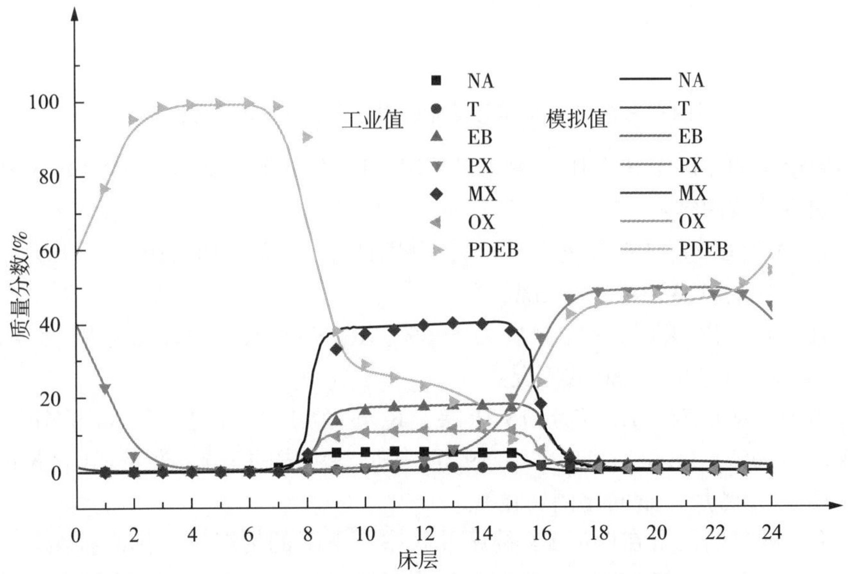

图 4-3-24 吸附分离装置全塔图与模拟全塔图对比

在常规 4 区模型基础上，以开发 5 区模拟移动床新工艺为例，建立新模型并进行模拟计算。5 区新工艺是在 4 区基础上增加一个区域，流程模型如图 4-3-25 所示。在抽余液 R 和进料 F 之间的床层再增加一股新抽余液 R_1，称为中间抽余液。目的是从 R_1 中预先抽出大部分 EB，在抽余液 R 中部分提纯 MX。由于 OX 的沸点与其他 C_8 芳烃异构体沸点的差别相对较大，以及 PX 吸附剂对 MX 和 OX 的选择性几乎一样，因此在吸附分离提纯 MX 时不将 MX 和 OX 分离。

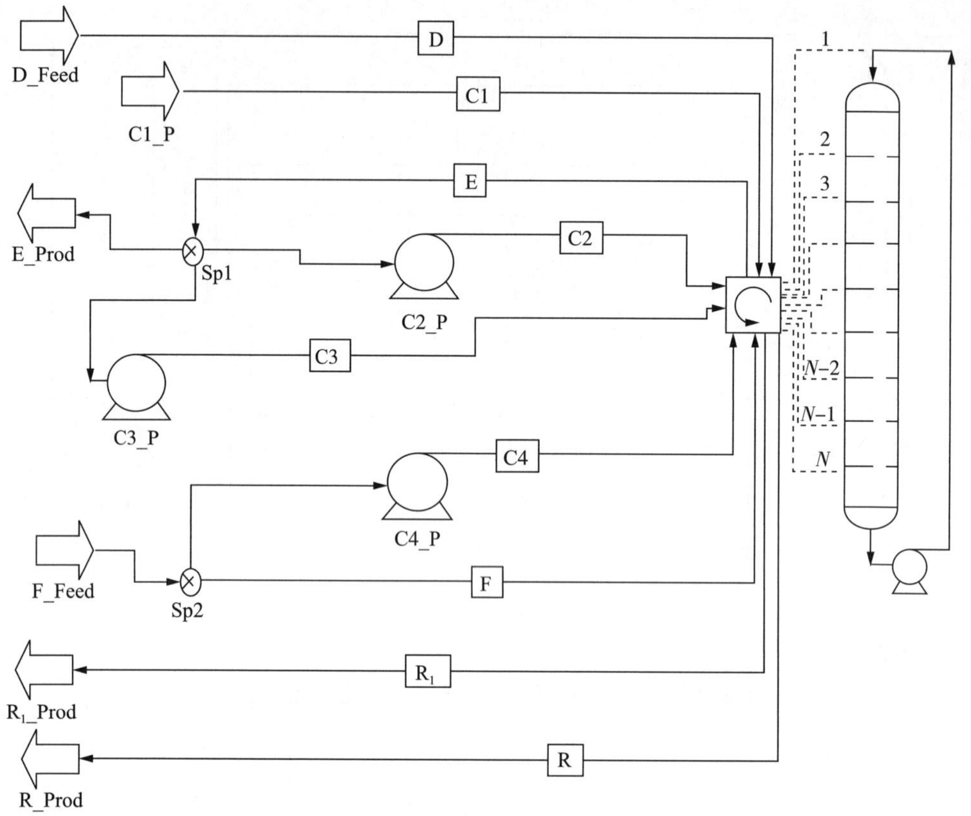

图 4-3-25 5 区模拟移动床吸附分离装置工艺流程模型

为了判断设想的 5 区工艺在什么条件下适用，以及能否得到(MX+OX)纯度较高的抽余液，特设定如下计算内容：

①选定 L_2/A 为 0.74，EB 含量为 5.6%，分别计算 R_1 位于 18，19，20 床层时，R_1/F 分别为 0.8，1.0，1.2，1.3，1.4 的工况；

②选定 R_1 位于 18 床层，EB 含量为 5.6%，R_1/F 为 1.2，L_2/A 分别为 0.64，0.68，0.70，0.72，0.74，0.76，0.80 的工况；

③选定 L_2/A 为 0.74，R_1 位于 18 床层，R_1/F 为 1.2，计算 EB 含量分别为 3.0%，4.5%，5.6%，7.0%，11.0%，15.0%，19.0%等原料组成的工况(改变 EB 含量时，非芳烃含量不变，其他 C_8 芳烃含量同比例变化)。

由于新工艺的目的是要在保证 PX 纯度及收率不下降的情况下，提高抽余液 R 中(MX+OX)的相对浓度，而尽量使 EB 进入到中间抽余液 R_1 中。因此，计算结果中关注的参数为抽出液 E 中 PX 的纯度和收率，抽余液 R 中(MX+OX)的纯度、收率及含量。计算结果见表 4-3-14~表 4-3-16。

由表 4-3-14 可知，中间抽余液位置及 R_1/F 对 PX 纯度影响甚微；随着中间抽余液位置下移和 R_1/F 的减小，PX 收率增大，抽余液中(MX+OX)的收率和含量上升，抽余液中(MX+OX)纯度下降。说明中间抽余液床层位置下移和 R_1/F 的减小，对 PX 收率和抽余液中(MX+OX)收率的提高是有利的。

表 4-3-14　中间抽余液 R_1 在不同床层以及不同 R_1/F 下的模拟结果①

	R_1/F	PX 纯度/%	PX 收率/%	(MX+OX)收率/%	(MX+OX)纯度/%	(MX+OX)含量/%
4 区	0.0	99.99	96.03	99.8	91.01	36.37
R_1-18	1.4	99.99	82.31	1.1	97.48	1.78
	1.3	99.99	82.64	3.4	97.44	4.35
	1.2	99.99	83.14	7.1	96.83	7.63
	1.0	99.99	84.35	17.8	95.46	14.39
	0.8	99.99	85.28	31.8	94.28	20.65
R_1-19	1.4	99.99	87.20	1.8	96.85	2.80
	1.3	99.99	87.84	4.3	96.62	5.45
	1.2	99.99	87.92	8.2	96.08	8.80
	1.0	99.99	88.66	18.9	94.98	15.25
	0.8	99.99	89.32	32.6	94.01	21.17
R_1-20	1.4	99.99	90.81	3.1	95.73	4.85
	1.3	99.99	90.99	6.1	95.42	7.74
	1.2	99.99	90.99	10.2	95.06	10.92
	1.0	99.99	91.51	20.9	94.26	16.91
	0.8	99.99	92.02	34.1	93.55	22.16

①R_1-18 指中间抽余液 R_1 起始位置在第 18 床层……，以此类推。

(MX+OX)收率指从抽余液 R 中得到的 MX 和 OX 总量占进料中 MX 和 OX 总量的比例。

(MX+OX)纯度指抽余液 R 中 MX 和 OX 占抽余液 R 中总 C_8 芳烃的比例。

(MX+OX)含量指抽余液 R 中 MX 和 OX 的质量分数之和。

表 4-3-15　5 区模拟移动床在不同 L_2/A 下的模拟结果

L_2/A	PX 纯度/%	PX 收率/%	(MX+OX)收率/%	(MX+OX)纯度/%	(MX+OX)含量/%
0.80	99.99	72.376	8.8	96.61	8.90
0.76	99.99	79.557	7.7	96.79	8.11
0.74	99.99	83.137	7.1	96.83	7.63
0.72	99.99	86.816	6.5	96.93	7.05
0.70	99.99	89.448	6.2	96.92	6.85
0.68	99.99	92.172	5.7	96.94	6.45
0.64	99.95	94.163	4.9	97.20	5.78

由表 4-3-15 可知，随着 II 区回流比 L_2/A 下降，PX 纯度下降(由于纯度较高，下降幅度不明显)，收率上升；抽余液中(MX+OX)收率和含量下降，纯度上升。说明 L_2/A 减小，对 PX 收率有利，对 PX 纯度不利，而对(MX+OX)纯度有利，对(MX+OX)收率不利。

表 4-3-16　5 区模拟移动床在不同 EB 含量下的模拟结果

EB 含量/%	PX 纯度/%	PX 收率/%	(MX+OX)收率/%	(MX+OX)纯度/%	(MX+OX)含量/%
3.0	100.00	82.044	7.0	98.25	7.68
4.5	100.00	82.479	7.1	97.44	7.71
5.6	99.99	83.137	7.1	96.83	7.63
7.0	99.99	83.974	7.2	96.04	7.53
11.0	99.99	86.751	7.1	93.68	7.13
15.0	99.99	89.491	7.2	91.19	6.84
19.0	99.99	91.574	7.3	88.60	6.57

由表 4-3-16 可知，随着原料中 EB 含量增大，PX 纯度略下降，收率升高；抽余液中(MX+OX)收率基本不变，纯度和含量下降。说明原料中 EB 含量越低，抽余液中越容易得到高纯度的(MX+OX)。

因此，通过 Aspen Chromatography 软件对于新工艺 5 区模拟移动床的模拟，可以初步判断出该工艺在 EB 含量较低的特定进料情况下，新增抽余液 R_1 对于 MX 的部分提纯有一定帮助，各种操作参数的改变对提纯 MX 有显著的影响，可进行一定程度的优化。

七、技术展望

吸附剂始终是 PX 吸附分离技术进步的关键因素之一，目前吸附剂改进的方向是不断提高单位吸附剂的产能。通过提高吸附剂分子筛含量、促进黏结剂转晶和减少活化过程中分子筛结构破坏等手段可以提高吸附剂的吸附容量。通过调整分子筛晶粒以及调整颗粒内传质孔道等手段从而提高吸附剂的传质性能，可以让吸附剂在更高的循环速率下工作。循环周期进一步缩短，提高单位吸附剂的产能。随着吸附剂传质性能的改进，吸附分离操作温度也有了下调的余地，较低温度下 PX 与其他 C_8 芳烃在吸附剂上的分离系数更大。上述吸附剂都基于八面沸石分子筛材料，经过不断改进，其吸附性能已近极限，应突破传统八面沸石材料的局限，着手新材料的研究。一种金属有机骨架结构材料的吸附性能值得关注，有望成为下一代吸附剂的主要材料。

在工艺方面，通过更加精细的控制以及对吸附剂更加充分的利用，可以实现降低装置能耗物耗的目标。进一步优化床层管线冲洗设置和区域床层数设置，提高设备利用效率。

在工程方面，开发更加高效的吸附塔内件，进一步减小吸附塔的尺寸，在提高混合效率的同时降低吸附塔内件的压降，以提高吸附剂的利用率。

参 考 文 献

[1] Yang R T. Gas Separation by Adsorption Processes[M]. Boston: Butterworths, 1987.

[2] Hellmut G Karge, Jens Weitkamp. Molecular Sieves Science and Technology: 7 Adsorption and Diffusion [M]. Berlin: Springer-Verlag, 2008.

[3] 赵同复，李斌，王振龙，等 . BaX 分子筛阳离子分布及其吸附分离对二甲苯的机理[J]. 催化学报，2005，26(8)：655-659.

[4] IFP 公司．采用减少的阀数目的模拟移动床分离方法与设备：中国，200710139991.1[P].2008-03-19.
[5] Donald H R. Zeolitie adsorbent for xylene separation：The United States，US3960774[P].1976.
[6] Richard W N. Process for separation para-xylenen：The United States，US 3997620[P].1976.
[7] 环球油品公司．用二乙基甲苯作为解吸剂吸附分离对二甲苯：中国，89107038.9[P].1989.
[8] 策卡有限公司，法国石油公司．聚结型沸石吸附剂其制备方法及其在吸附对二甲苯中的应用：中国，98810104.1[P].1998.
[9] 中国石油化工股份有限公司．一种小晶粒 X 沸石制备方法：中国，CN 1191199C[P].2002.
[10] 中国石油化工股份有限公司．吸附对二甲苯的吸附剂及其制备方法：中国，CN 1191118C[P].2002.
[11] 中国石油化工股份有限公司．对二甲苯吸附剂及其制备方法：中国，CN 1552515A[P].2003.
[12] 中国石油化工股份有限公司．对二甲苯吸附剂及其制备方法：中国，CN 1565718A[P].2003.
[13] 中国石油化工股份有限公司．小晶粒低硅铝比 X 沸石制备方法：中国，CN 101254928B[P].2007.
[14] 中国石油化工股份有限公司．聚结型沸石吸附剂及其制备方法：中国，CN 101497022B[P].2008.
[15] 王辉国，郁灼，王德华，等．RAX-2000A 型对二甲苯吸附剂的工业应用[J]．石油炼制与化工，2007，38(9)：23-27.
[16] 中国石油化工股份有限公司．模拟移动床吸附分离方法和设备：中国，201110213323.5 [P].2013-01-30.
[17] 中国石油化工集团公司．一种液体收集混合分配装置．中国，201020000158.6[P].2010.
[18] 中国石油化工股份有限公司．流体分布设备．中国，201010514190.0[P].2010.
[19] 中国石油化工股份有限公司．一种流体混合分布设备．中国，201210048738.6[P].2012.
[20] UOP Inc. Fixed bed multiple zone fluid-solids contacting apparatus：The United States，US 4 378 292 [P].1983.
[21] 环球油品公司．流体分布设备：中国，ZL200580039141.3[P].2007.
[22] Jean-Paul Dessapt，Pascal Duchene，Bertrand Szymkowiak，et al. Fluid distributing-collecting system and its process：The United States，US 6 156 197[P].2000.
[23] Jean-Paul Dessapt，Pascal Duchene，Bertrand Szymkowiak，et al. Fluid distributing-collecting system process：The United States，US 6 402 959 B1[P].2002.
[24] 法国石油研究所．流体的分配器-混合器-抽出器和相关的工艺过程：中国，L99810257.1[P].2003.
[25] 法国石油研究所．流体分配和收集系统及其设备：中国，ZL99810540.6[P].2003.
[26] Storti G，et al. Optimal design of multicomponent countercurrent adsorption separation processes involving nonlinear equilibria [J]. Chemical Engineering Science，1989，44(6)：1329-1345.
[27] Storti G，et al. Robust design of binary countercurrent adsorption separation processes [J]. AIChE Journal，1993，39(3)：471-492.
[28] Mazzotti M，et al. Robust design of countercurrent adsorption separation processes：2. Multicomponent systems [J]. AIChE Journal，1994，40(11)：1825-1842.
[29] Minceva M，Rodrigues A E. Modeling and simulation of a simulated moving bed for the separation of p-xylene [J]. Industrial and Engineering Chemical Research，2002，41：3454-3461.
[30] Migliorini C，Mazzotti M. Simulated moving-bed units with EBtra-column dead volume [J]. AIChE Journal，1999，45(7)：1411-1421.
[31] Minceva M，Rodrigues A E. Influence of the transfer line dead volume on the performance of an industrial scale simulated moving bed for p-xylene separation [J]. Separation Science and Technology，2003，38(7)：1463 - 1497.
[32] Minceva M，Rodrigues A E. Understanding and revamping of industrial scale SMB units for p-xylene separation [J]. AIChE Journal，2007，53(1)：138-149.

[33] Sutanto P S, Lim Y-I, Lee J. Bed-line flushing and optimization in simulated moving-bed recovery of para-xylene [J]. Separation and Purification Technology, 2012, 96: 168-181.
[34] Lim Y-I, Lee J, Bhatia S K, et al. Improvement of para-xylene SMB process performance on an industrial scale [J]. Industrial and Engineering Chemical Research, 2010, 49: 3316 - 3327.
[35] Wei F, ZhaoY. Modeling comparison between novel and traditional feed modes of simulated moving bed [J]. Industrial and Engineering Chemical Research, 2008, 47: 3200-3206.

第四节 对二甲苯结晶分离技术

一、概 述

结晶是固体物质以晶体状态从蒸汽、溶液或熔融物中析出的过程[1]，对二甲苯结晶分离技术是利用 C_8 芳烃中各组分熔点的差异，通过结晶分离出对二甲苯的技术。由 C_8 芳烃中 PX 与其他组分的物理性质[2]可以看出，各组分之间沸点相差很小，而熔点却相差很大，采用结晶分离技术能较容易地分离出高纯度的 PX 产品，事实上结晶分离技术是模拟移动床吸附分离技术出现之前工业上生产 PX 的唯一方法。PX 结晶分离技术属熔融结晶技术领域，根据 PX 晶体生长环境的不同，PX 结晶分离技术可以分为悬浮结晶和层式结晶两类。悬浮结晶技术分离低 PX 含量 C_8 芳烃时，为了获得较高的 PX 回收率，结晶过程需要在-60℃左右的低温下进行，通常又称之为深冷结晶分离技术；悬浮结晶技术在分离高 PX 含量 C_8 芳烃时，在较高的结晶温度下便能获得足够高的回收率，结晶温度离 PX 熔点较近，通常称之为悬浮熔融结晶技术。层式结晶技术主要分离高 PX 含量 C_8 芳烃，也称之为层式熔融结晶技术，根据结晶层周围母液的流动状态，又可分为动态层式结晶(以降膜结晶为主)和静态层式结晶两种。据统计，目前全球 30%左右的 PX 由结晶分离技术生产。

PX 结晶分离技术最早于 20 世纪 50 年代开始工业应用，当时生产 PX 的原料全是低 PX 含量 C_8 芳烃，这一时期，国外多家公司均开发了各自的 PX 深冷结晶分离工艺，如美国 Amoco 公司[3]、美国 Chevron 公司[4]、德国 Krupp 公司[5]、日本丸善(Maruzen)公司[6,7]、美国 Arco 公司[8,9]、法国 IFP 公司[10]、美国 Exxon 公司[11,12]等。这些 PX 深冷结晶分离技术的工艺流程基本相同，区别主要在于制冷剂、制冷方式、结晶器和固液分离设备的不同[13,14]。目前仍提供 PX 深冷结晶分离技术的主要是 BP 公司[15~17]和 GTC 公司[18]。

近年来，随着甲苯择形歧化等技术的出现，出现了高 PX 含量的 C_8 芳烃原料，分离这类高 PX 含量 C_8 芳烃原料的结晶工艺有两类：一类是悬浮熔融结晶工艺，如 GTC 公司的 CrystPX 结晶工艺[19,20]、ExxonMobil 公司的结晶工艺[21~24]、IFP 公司的结晶工艺[25,26]以及 UOP 公司的 PX Plus XP 结晶工艺[27~30]，这类工艺属于对原深冷结晶分离工艺的改进；另一类是层式熔融结晶工艺，如 Sulzer 公司的结晶工艺[31~35]和 Fives Solios 公司的 Proabd MSC 结晶工艺[36~38]。

中国石化自 2004 年开始进行 PX 结晶分离技术的开发工作，在 PX 结晶过程热力学[39]和动力学[40,41]的研究基础上，开发了 PX 结晶分离技术和晶体洗涤塔技术[42,43]，可用于分离低 PX 含量和高 PX 含量的 C_8 芳烃原料。

二、结晶分离工艺原理

(一)结晶分离理论

1. 结晶热力学

(1)PX 溶解度

根据 PX 的物理性质可知，纯 PX 的熔点为 13.25℃，即常温下纯 PX 为液体，若要使 PX 结晶析出，则结晶温度需要降至 13.25℃以下。但是在 C_8 芳烃中，由于其他 C_8 芳烃组分的存在，PX 实际结晶析出的温度会比 13.25℃更低，即凝固点下降现象。若将 PX 视为溶质，其他 C_8 芳烃组分视为溶剂，不同 PX 含量的 C_8 芳烃对应着不同的 PX 结晶析出温度，即 PX 在 C_8 芳烃中的溶解度曲线。

通过实验测定 PX 在 C_8 芳烃中的溶解度曲线[44,45]，实验结果均表明，C_8 芳烃可以近似看成是理想溶液体系，PX 以及其他组分在 C_8 芳烃中的溶解度都可以通过理论计算方法获得，主要的计算方法有三种，分别是 Van't Hoff 方程及其改进形式[46~48]。计算式见式(4-4-1)~式(4-4-3)。计算所需参数见表 4-4-1。

$$-\ln X=\frac{\Delta H_m(T_m-T)}{RT_mT} \tag{4-4-1}$$

$$-\ln X=\frac{\Delta H_m(T_m-T)}{RT_mT}-\frac{\Delta c_p(T_m-T)}{RT}+\frac{\Delta c_p}{R}\ln\frac{T_m}{T} \tag{4-4-2}$$

$$-\ln X=A(T_m-T)[1+B(T_m-T)] \tag{4-4-3}$$

式中 X——组分的摩尔分数；

ΔH_m——组分的熔化热，J/mol；

T_m——组分的熔点，K；

R——摩尔气体常数，其值为 8.314J/(mol·K)；

T——温度，K；

Δc_p——组分固、液两相的比热容差，J/(mol·K)；

A，B——凝固点降低常数。

表 4-4-1 C_8 芳烃中各组分溶解度的计算参数

组分	熔点 T_m/℃	熔化热 ΔH_m/(kJ/mol)	凝固点降低常数		固液比热容差
			A	B	Δc_p/[kJ/(mol·K)]
PX	13.25	17.12	0.02599	0.0028	0.0243
MX	-47.80	11.60	0.02741	0.0027	0.0402
OX	-25.20	13.60	0.02659	0.0030	0.0276
EB	-94.96	9.18	0.03471	0.0029	0.0490

(2)固液平衡相图

固液平衡相图由液相浓度曲线(溶解度曲线)和固相浓度曲线组成，根据结晶过程的固液平衡相图，可以计算不同原料浓度下的 PX 结晶温度，以及不同结晶温度下的 PX 产品纯度、产量以及回收率。

通过实验绘制 C_8 芳烃中各二元体系的固液平衡相图[49]，实验结果表明，C_8 芳烃中 PX 结晶过程的固液平衡相图属于简单低共熔型，其中 PX-MX 二元体系的固液平衡相图如图 4-4-1 所示。图中，左侧坐标轴是纯 MX 一元体系，A 点的温度是 MX 的熔点，*AC* 是 MX 固相浓度曲线(固相中 PX 含量为 0，MX 含量为 100%)。右侧坐标轴是纯 PX 一元体系，*B* 点的温度是 PX 的熔点，*BD* 是 PX 固相浓度曲线(固相中 PX 含量为 100%，MX 含量为 0)。*AE* 是 MX 的溶解度曲线，*BE* 是 PX 的溶解度曲线，*E* 点是 PX-MX 低共熔点。*AEB* 以上的区域是不饱和区域，在此区域内降温不会有晶体出现。*ACEA* 区域是 MX 固相与其饱和溶液的共存区域。*BEDB* 区域是 PX 固相与其饱和溶液的共存区域，*CED* 是共晶线，是 PX 固相、MX 固相及与 PX 和 MX 均饱和的液相三相共存的区域。*CED* 以下的区域是 PX 固相和 MX 固相共存的区域，没有液相存在。

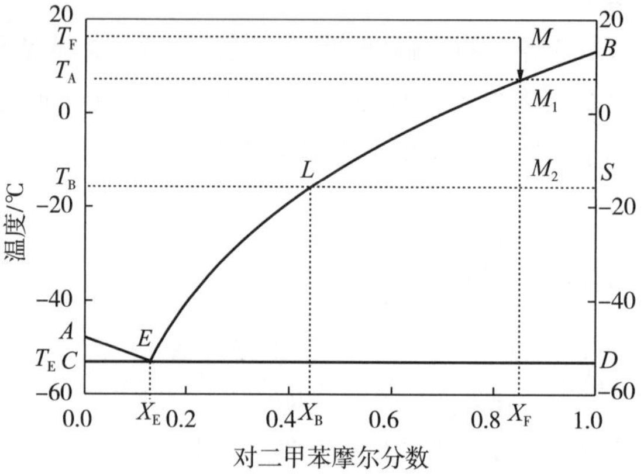

图 4-4-1　PX-MX 二元体系的固液平衡相图

由图 4-4-1 可知，如果 C_8 芳烃原料中 PX 含量低于低共熔点组成(13%)，则降温结晶过程中 MX 会先结晶析出，反之，则 PX 先结晶析出。对于温度为 T_F、PX 浓度为 X_F(>13%)的 C_8 芳烃原料，其系统点为 *M*，降温结晶过程中，当温度降到 T_A 时，系统点为 M_1，C_8 芳烃成为饱和溶液。而后继续降温，PX 开始结晶析出。当温度降到 T_B 时，系统点为 M_2，液相点为 *L*，固相点为 *S*。根据液相点和固相点，可得到液相中 PX 含量为 X_B，而固相中 PX 含量则为 100%。根据杠杆规则(质量守恒)可计算出结晶过程的 PX 回收率为：

$$R_E=\frac{100(X_F-X_B)}{X_F(1-X_B)} \tag{4-4-4}$$

式中　R_E——PX 回收率,%；

X_F——原料中 PX 摩尔分数；

X_B——母液中 PX 摩尔分数。

继续降温，PX 晶体会不断析出，液相中的 PX 含量则会沿溶解度曲线逐渐降低，固相中 PX 含量则始终为 100%，而且结晶温度越低，PX 回收率就越高。但是继续降温至 T_E 时，C_8 芳烃中的 MX 则会开始与 PX 一起结晶析出，此时得到 PX 与 MX 的共晶，此后将不能得到纯的 PX 晶体，将此时的 T_E 称为低共熔点，其对应的温度(-53℃)为 PX-MX 低共熔点温度，其对应的组成为低共熔点组成(13%)。可以看出，结晶过程的 PX 回收率在此时达到最大，即低共熔点的存在限制了 PX 结晶过程的最大回收率。在 PX 结晶生产过程中，为确保产品纯度应避免出现共晶现象，结晶温度应该控制在低共熔点之上，一般比低共熔点温度高

2~5℃，结晶过程的实际回收率要低于计算所得的最大回收率。

C_8 芳烃中除了存在 PX-MX 低共熔点以外，还存在其他低共熔点，这些低共熔点的存在都限制了 PX 的最大回收率。对于不同 PX 含量的 C_8 芳烃原料，结晶过程的 PX 回收率可能受限于 PX-MX 低共熔点，也可能受限于 PX-OX 低共熔点。C_8 芳烃中各组分之间形成的低共熔点也可以通过理论的方法计算得出，先根据溶解度计算公式，计算不同温度下 C_8 芳烃中各组分的溶解度，然后再根据质量守恒，可计算出 C_8 芳烃中各二元、三元以及四元体系的低共熔点，这些低共熔点的温度及组成如表 4-4-2 所示。

表 4-4-2　C_8 芳烃中各体系的低共熔点温度及组成

体系名称	温度/℃	组成/%(摩尔)			
		PX	MX	OX	EB
PX-OX	-35.0	24.0	—	76.0	—
PX-MX	-53.0	13.0	87.0	—	—
PX-EB	-95.5	2.5	—	—	97.5
MX-OX	-62.0	—	67.0	33.0	—
MX-EB	-100.5	—	19.0	—	81.0
OX-EB	-98.0	—	—	9.0	91.0
PX-MX-OX	-65.0	8.0	61.0	31.0	—
PX-OX-EB	-98.5	2.0	—	9.0	89.0
PX-MX-EB	-101.0	2.0	19.0	—	79.0
MX-OX-EB	-103.0	—	18.0	8.0	74.0
PX-MX-OX-EB	-103.5	1.8	17.0	7.6	73.6

根据各组分的溶解度曲线以及它们之间所形成的低共熔点温度和组成，便可以对实际的 PX 结晶过程进行分析，计算出不同结晶温度下对应的 PX 回收率以及结晶过程 PX 的最大回收率。

对于不同 PX 含量的 C_8 芳烃原料，其结晶过程 PX 的回收率随温度的变化以及结晶母液中 PX 含量随温度的变化如图 4-4-2 所示。对于低 PX 含量的 C_8 芳烃原料，以来自甲苯歧化与烷基转移反应单元的 C_8 芳烃原料为例，其中 PX 含量为 23.1%，PX 的饱和结晶温度 T_C 约为-36.5℃；对于高 PX 含量的 C_8 芳烃原料，以来自甲苯择形歧化反应单元的 C_8 芳烃原料为例，其中 PX 含量为 87.8%，PX 的饱和结晶温度 T_C 为 8.3℃。

由图 4-4-2 可知，对于低 PX 含量的 C_8 芳烃原料，当结晶温度降到低共熔点 T_E(-64℃)时，PX 的回收率达到最大，也仅有 68%左右，因此分离这类原料时，为确保结晶过程具有一定的经济性，就必须要在很低的结晶温度下进行，以保证有足够的 PX 回收率。而对于高 PX 含量的 C_8 芳烃原料，由于原料中的 PX 含量很高，因此在较高的结晶温度下便能获得可观的回收率。当结晶温度降为-18℃，回收率就可达 90%。此后继续降低结晶温度，PX 回收率的上升幅度开始变缓，当结晶温度降为-30℃，回收率上升为 94.5%。当结晶温度降到低共熔点 T_E(-67℃)时，PX 回收率达到最大，也仅上升到 98.8%左右。因此，处理这种高 PX 含量 C_8 芳烃原料时，没有必要为了提高 PX 回收率而在-30℃以下的温度下进行结晶。

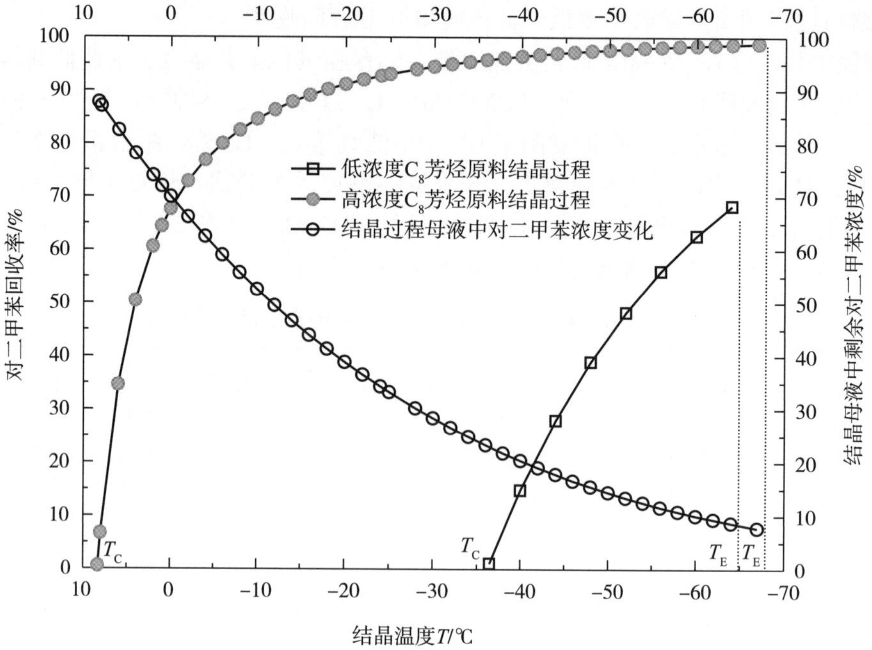

图 4-4-2　PX 结晶过程结晶温度与回收率和母液浓度之间的关系

通过对比可以看出，虽然从理论上 C_8 芳烃原料中只要 PX 含量大于低共熔点组成，就可以利用结晶法分离 PX。但是，在相同的结晶温度下，PX 的回收率随着原料中 PX 含量的增加而增加。因此，C_8 芳烃中 PX 含量越大，采用结晶法分离就越有利。

(3)结晶介稳区宽度

影响 PX 结晶过程的热力学因素除结晶温度外，还有介稳区宽度。对于一定组成和温度的 C_8 芳烃原料，根据 PX 的溶解度曲线，可以计算出对应的 PX 饱和结晶温度 T_A。但是在实际结晶过程中，当原料温度降到 PX 的饱和结晶温度 T_A 时，受降温速率和搅拌等外在因素的影响，PX 并不一定会结晶析出，而是要等原料温度继续降到一定温度 T_C(其对应的饱和浓度为 X_C)时，PX 才开始真正结晶析出。通常将饱和结晶温度 T_A 与物料实际结晶温度 T_C 之间的温差 T_A-T_C 称为过冷度，将此时所对应的浓度差 X_F-X_C 称为过饱和度，它们都是结晶过程的推动力。

在 PX 的固液平衡相图中，如图 4-4-3 所示，由一系列饱和结晶温度 T_A 所构成的曲线便是 PX 的溶解度曲线(图中 BE)，而由一系列实际结晶温度 T_C 所构成的曲线则称之为 PX 的超溶解度曲线(图中 FG)。

溶解度曲线之上的区域为稳定区，在此区域内降温，PX 不会结晶析出，溶解度曲线和超溶解度曲线之间的区域为介稳区，可以用过冷度 T_A-T_C 或过饱和度 X_F-X_C 来表示其宽度。在介稳区内，如果没有外来的杂质或有意引入的晶核，同时也不存在其他扰动，则 PX 并不会自动结晶析出，但是如果其中含有晶种，则晶种就会长大。超溶解度曲线以下的区域为不稳区，在该区域内，即使不存在外来杂质或有意引入的晶核，PX 也会自发结晶析出，PX 会瞬间爆发成核，生成大量细晶，从而使结晶过程失去控制[50]。因此，PX 结晶过程必须将过冷度或过饱和度控制在介稳区宽度之内[51]，使结晶析出的 PX 在原有的晶体上生长，从而控制 PX 晶体的成核和生长速率，取得理想的晶体粒度和粒度分布，便于后续的固液分离以提高产品纯度。

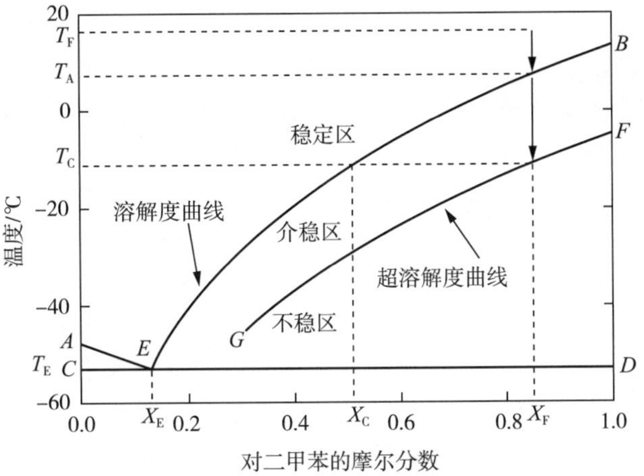

图 4-4-3　PX 结晶介稳区宽度示意图

测定 PX 介稳区宽度，主要是测定其超溶解度曲线。对于 PX 结晶体系，其溶解度曲线的位置是确定的，而其超溶解度曲线的位置却是不确定的，它的位置受有无晶种、晶种表面积、产生过饱和的速率(降温速率)、搅拌速率等多种因素的影响，因而其超溶解度曲线实际上是有多条的。

超溶解度曲线的测定方法有目视法、电导率法、折射率法、浊度法等。这些方法在原理上是相同的，只是检测晶核的方法有所不同，越能及早地发现首批晶核的出现，所得的介稳区宽度也就越准确。对高 PX 含量的 C_8 芳烃原料，在实验室利用浊度法进行测量，PX 的结晶介稳区宽度为 6~10℃。

2. 结晶动力学

结晶过程中影响最终产品纯度的因素主要有以下三点：①晶体表面黏附的母液；②晶体生长过程中晶体之间包藏的母液；③杂质进入晶体中。根据 PX 结晶过程的热力学研究得知，C_8 芳烃属低共熔体系，结晶温度在低共熔点之上时，只有 PX 结晶析出，其他组分不会进入 PX 晶体中，因此，影响最终产品纯度的因素主要是晶体表面黏附的母液和晶体之间包藏的母液。

为提高 PX 产品纯度，需减少晶体表面黏附的母液和晶体之间包藏的母液。为此，除采用高效的固液分离设备外，还应对结晶过程中晶体的成核和生长速率进行控制。晶体成核速率小，细晶数量就少，有利于提高晶体的平均粒度。晶体粒度增大后，其比表面积减小，所黏附的母液也会随之减少。晶体生长速率小，晶体间包藏的母液也会随之减少，但是结晶器的产能会降低。

结晶过程的动力学研究主要是研究晶体的成核速率和生长速率，它是进行结晶器设计和结晶过程控制的重要依据，根据晶体生长环境的不同，可将 PX 结晶技术分为两类：一类是悬浮结晶，另一类是层式结晶。对于不同的结晶类型，其结晶动力学的研究内容和方法也不同。

(1)悬浮结晶过程动力学

悬浮结晶(suspension crystallization)过程的晶体生长环境如图 4-4-4 所示，对 C_8 芳烃原料进行降温，PX 结晶析出后，PX 晶体由于搅拌的作用悬浮在结晶母液中。

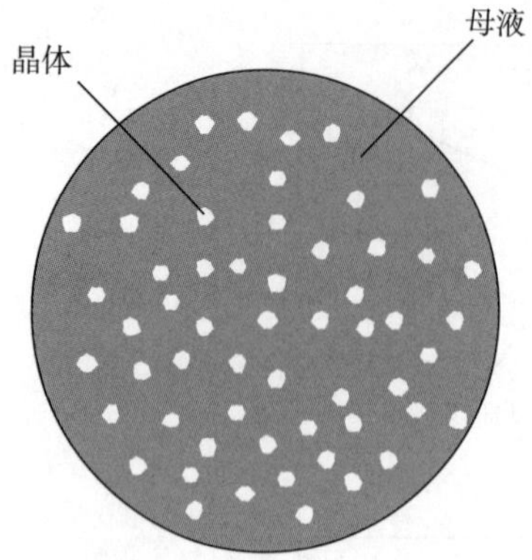

图 4-4-4 悬浮结晶过程的晶体生长环境示意图

悬浮结晶过程中，PX 晶体被饱和液相所包围，结晶过程的推动力(过冷度)由饱和液相提供，晶体的生长沿空间三个维度同时进行，单位体积的结晶器内可提供巨大的晶体生长面积。因此，PX 晶体的生长速率很慢，几乎是在接近热力学平衡的状态下进行生长，晶体生长过程中包藏的杂质很少，所得晶体具有很高的纯度，晶体本身不需要进一步的纯化。晶体表面所黏附的富含杂质的结晶母液是影响产品纯度的主要因素，最终的产品纯度很大程度上取决于后续的固液分离的效率和晶体的洗涤效果。

晶体的粒度分布是影响固液分离效率的一个很重要的参数。它主要受晶体成核速率和生长速率的影响。晶体平均粒度大，粒度分布宽度窄，对固液分离有利。在结晶器中，晶体除了经历成核过程和生长过程外，有时还要考虑到晶体粒子的聚集以及破碎。另外，对于有些物质，不同大小的晶体粒子的生长速率也并不相同。研究 PX 悬浮结晶过程动力学，若不考虑晶体的聚集与破碎，并假设不同粒度大小的 PX 晶体有相同的生长速率[52,53]，则其研究内容主要是建立结晶动力学方程，确定晶体成核速率、生长速率与操作条件(相对过饱和度、悬浮密度、搅拌速率等)之间的关系。

结晶动力学方程通常表示为[54]式(4-4-5)和式(4-4-6)的形式。

$$B=k_bS^b \tag{4-4-5}$$

$$G=k_gS^g \tag{4-4-6}$$

$$S=\Delta X/X^* \tag{4-4-7}$$

$$\Delta X=X-X^* \tag{4-4-8}$$

$$k_b=k_{b0}\exp(-E_b/RT) \tag{4-4-9}$$

$$k_g=k_{g0}\exp(-E_g/RT) \tag{4-4-10}$$

式中 B——晶体的成核速率，个数/m³·s；

G——晶体的生长速率，m/s；

S——相对过饱和度；

ΔX——过饱和度；

X——PX 的实测含量值(质量分数)；

X^*——PX 的平衡含量(质量分数)；

k_b——成核动力学常数，个数/m³·s；

k_g——生长动力学常数，m/s；

b——成核动力学指数；

g——生长动力学指数；

R——摩尔气体常数，其值为 8.314J/(mol·K)；

T——温度，K；

k_{b0}——成核动力学常数指前因子；

k_{g0}——成长动力学常数指前因子；

E_b——成核活化能，J/mol；

E_g——生长活化能，J/mol。

由于 PX 属于低熔点物质，在常温下为液体，常规的离线粒度仪无法检测 PX 晶体的粒度分布，因此有关 PX 结晶动力学的研究较少，目前采用的研究方法主要有非线性优化法和矩量变换法两种。

非线性优化法的原理是通过间歇结晶实验，记录 PX 结晶过程中结晶母液的温度和组成变化，利用非线性优化法计算 PX 结晶动力学参数。

以含 69%PX 和 31%OX 的混合物为原料[55]，在不同的降温速率下，得到了 PX 结晶过程动力学方程，即：

$$B=734.6\exp\left(\frac{61.12}{RT}\right)S^{0.94} \tag{4-4-11}$$

$$G=24.55\exp\left(\frac{-578.36}{RT}\right)S^{3.92} \tag{4-4-12}$$

以含 91%PX 和 9%MX 的混合物为原料[40]，在不同降温条件下，得到了 PX 结晶过程动力学方程，即：

$$B=1.70\times10^{4}S^{0.5} \tag{4-4-13}$$

$$G=1.66\times10^{-2}S^{1.99} \tag{4-4-14}$$

以含 25%PX 的 C_8 芳烃为原料[56]，考虑到 PX 结晶过程中晶体生长速率很快，不考虑晶体生长动力学方程，得到了晶体成核动力学方程，即：

$$B=4.3\times10^{4}S^{0.36} \tag{4-4-15}$$

利用这种非线性优化法进行结晶动力学研究不需要测量结晶过程的晶体粒度分布，这对于 PX 这种低熔点物系有很大的好处，但是它也存在以下不足之处：①在获取结晶动力学参数时缺少晶体的粒度数据，所得结晶动力学参数仅能反映结晶过程的母液温度和组成变化，不能反映结晶过程真实的晶体粒度变化，因此，其准确性并不能得到保证。②结晶动力学参数受非线性优化过程的初值设置影响很大，如 Patience 等人由两组相近的实验得到了相差很大的结晶动力学参数，因而所得结晶动力学参数的准确性并不能得到保证。③非线性优化时需要联合求解质量守恒方程、热量守恒方程和粒数守恒方程，由于晶体成核速率常数 k_b 和生长速率常数 k_g 相差很大(相差几个数量级)，因此所构成的微分方程组是一个刚性方程组，求解很困难。

矩量变换法是通过结晶实验，测量结晶过程的晶体粒度分布来回归结晶动力学参数的方法。结晶实验可以是间歇的，也可以是连续的。通过添加晶种的间歇结晶实验[41]，以含 82%PX 和 18%MX 的混合物为原料，利用超声在线粒度仪 OPUS 检测结晶过程 PX 晶体粒度分布的变化，并考虑晶浆悬浮密度 M_T 和搅拌速率 n_p 的影响，应用矩量变换法得到了 PX 结晶动力学方程，即：

$$B = 2.85\times10^{11}S^{3.93}M_T^{0.08}n_p^{0.94} \tag{4-4-16}$$

$$G=46.99S^{3.54} \tag{4-4-17}$$

在 PX 结晶过程中，除上述过饱和度 S，晶浆悬浮密度 M_T 和搅拌速率 n_p 对晶体的成核和生长速率产生影响外，C_8 芳烃原料中的 PX 含量也对结晶过程产生影响。通常，对于低 PX 含量的 C_8 芳烃原料，传质是 PX 结晶过程的控制步骤，此时 PX 晶体生长速率小，所得晶体粒度也小，不利于固液分离；对于高 PX 含量的 C_8 芳烃原料，传热是 PX 结晶过程的控制步骤，此时 PX 晶体生长速率较快，所得晶体粒度较大，有利于固液分离。因此，选择上述结晶动力学方程时，需考虑到其所适应的 PX 含量范围，根据原料中的 PX 含量选择相应的结晶动力学方程。

(2)层式结晶过程动力学

层式结晶(layer crystallization)过程的晶体生长环境如图 4-4-5 所示，PX 晶体是在结晶器的换热表面上逐步结晶析出并形成晶体层，结晶过程的推动力(过冷度)由晶体层而非饱和液相提供。根据结晶层周围母液的流动状态，层式结晶可分为静态层式结晶和动态层式结晶(以降膜结晶为主)两种。在静态层式结晶过程中，物料静止不动，通过制冷剂冷却结晶器的壁面，使 C_8 芳烃原料中的 PX 以逐层生长的方式在结晶器壁面上结晶析出；而在降膜结晶过程中，C_8 芳烃原料和制冷剂均以薄膜形式分别从结晶器壁面的两侧流过。不论是静态层式结晶还是降膜结晶，晶体的生长均只能是沿结晶器壁面的垂直方向一维生长，因此限制了单位结晶器体积的生产能力。

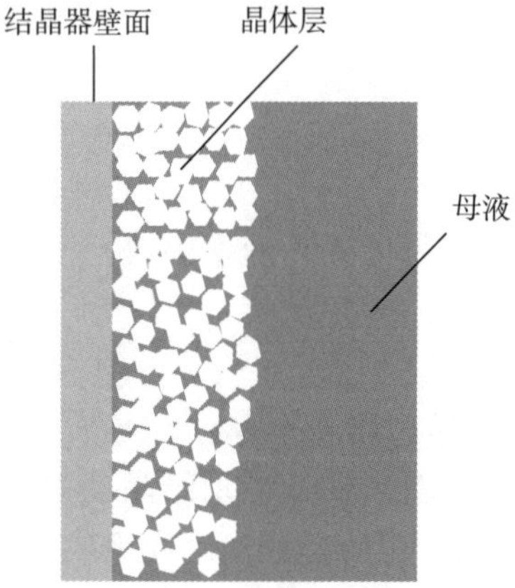

图 4-4-5 层式结晶过程的晶体生长环境示意图

层式结晶过程中，在晶体层开始生长的初期，要控制结晶器的壁面温度差不能太大，以防止不均匀的成核现象。在晶体的生长阶段，为了获得较高的生产能力，需克服晶体层的传热阻力，壁面温差就需要增大，使晶体的生长保持较高的速率，以弥补结晶器中晶体生长面积较小的不足。但较高的晶体生长速率又会使结晶层中包藏的母液(杂质)量增加，从而降低产品纯度。在层式结晶过程中，产品纯度主要受晶体之间包藏的母液的影响，为了提高产品纯度，需要在晶体层熔化作为产品排出之前增加发汗(或部分熔融)提纯步骤。发汗提纯的机理是将晶体层维持在其熔点附近的温度下，让晶体层内部的低熔点杂质(或局部包藏杂质的晶体)不断熔化并流出，从而使晶体层得到提纯。

层式结晶过程结晶动力学的研究内容与悬浮结晶过程有很大不同。在层式结晶过程中，晶体床层在生长过程中包藏的杂质是影响产品纯度的主要因素，最终的产品纯度很大程度上取决于晶体床层的生长速率和发汗效果，而不是晶体粒度分布。因此，结晶动力学的研究更关注晶体床层的生长速率以及杂质在结晶和发汗过程中在固液两相中的分配系数，前者影响结晶器的产能，后者影响产品纯度。层式结晶过程将晶体层视为一个整体，不需要引入晶体粒度分布的概念，故其结晶动力学的研究内容主要是确定晶体层生长速率、杂质分配系数以及发汗速率与产品纯度之间的关系。

晶体层的生长速率 G 可以表示为：

$$G=k_g\Delta T^g \quad (4-4-18)$$

$$\Delta T=T_L-T_{SL} \quad (4-4-19)$$

式中 G——晶体层的生长速率，m/s；

k_g——晶体层的生长动力学常数；

ΔT——过冷度，K；

T_L——液相温度，K；

T_{SL}——固液界面处的温度，K；

g——生长动力学指数。

晶体层中所包藏的杂质量（杂质在固液两相中的分配系数）与晶体层的生长速率密切相关。根据 BPS 模型[57,58]，两者之间的关系为：

$$k_{eff}=\frac{k^*}{k^*+(1-k^*)\exp(-\frac{G\delta}{D})} \tag{4-4-20}$$

式中　k_{eff}——杂质在固液两相中的有效分配系数；

k^*——杂质在固液两相中理想的分配系数；

δ——边界层厚度，m；

D——扩散系数，m^2/s。

发汗速率与产品纯度之间的关系通常表示为[59]：

$$\frac{dX_S}{dt}=k_S(X_{S\infty}-X_S) \tag{4-4-21}$$

式中　k_S——发汗提纯速率，1/s；

$X_{S\infty}$——发汗过程结束后晶体层中结晶组分的质量分数；

X_S——发汗过程中晶体层中结晶组分的质量分数；

t——时间，s。

C_8 芳烃中 PX 层式结晶过程的动力学研究，目前报道较少，可以根据晶体层的传热速率以及装置的产能要求进行结晶器的设计[60]。

（二）对二甲苯结晶分离工艺

PX 结晶分离工艺根据其采用的结晶分离技术不同分为悬浮结晶工艺和层式结晶工艺，前者既可以分离低 PX 含量的 C_8 芳烃原料，也可以分离高 PX 含量的 C_8 芳烃原料；而后者又可以分为降膜结晶工艺和静态熔融结晶工艺，其中降膜结晶工艺主要是分离高 PX 含量的 C_8 芳烃原料，而静态熔融结晶工艺则可以分离高 PX 含量的 C_8 芳烃原料或较低 PX 含量的 C_8 芳烃原料（如悬浮结晶或降膜结晶过程的结晶母液）。

1. 悬浮结晶分离工艺

对于低 PX 含量的 C_8 芳烃原料，PX 悬浮结晶分离工艺的典型流程如图 4-4-6 所示。结晶过程通常分为两级，第一级结晶过程为 PX 回收段，属低温（深冷）结晶过程，侧重提高结晶过程 PX 的回收率。由于原料中 PX 含量很低，因此在低共熔点附近操作，可采用乙烯间接制冷，所得晶体细小，过滤比较困难，所得晶浆固含量也比较低，可采用沉降过滤复合式离心机进行固液分离。第一级结晶过程的结晶晶浆经固液分离后，得到的一级结晶母液送入异构化单元，所得滤饼由于含湿量较高，只能得到纯度为 85%～90%的粗 PX 晶体，不能作为产品抽出，通常将这些粗 PX 晶体熔化后送入第二级结晶过程进行重结晶。第二级结晶过程为 PX 提纯段，属高温结晶过程，侧重提高产品纯度，结晶温度离 PX 熔点较近，可采用丙烷或丙烯制冷。所得晶体较大，过滤相对容易，可采用双级活塞推料离心机进行固液分离。第二级结晶晶浆经固液分离后，得到的二级结晶母液返回一级结晶过程以回收其中的 PX，所得滤饼使用纯的液态 PX 产品或甲苯进行洗涤，滤饼熔化得到纯度大于 99.8%的 PX 产品。

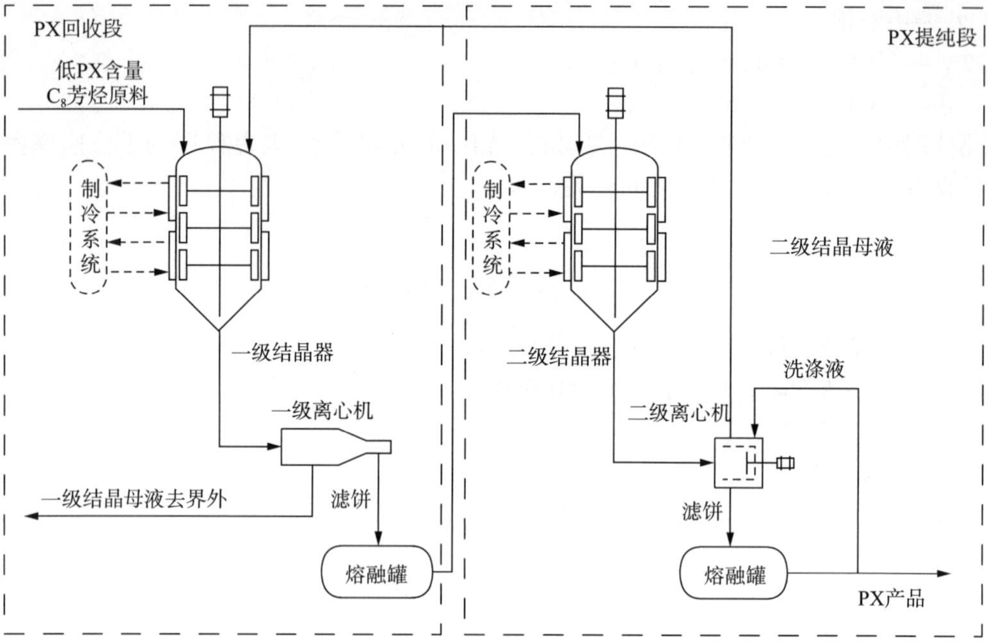

图 4-4-6 PX 悬浮结晶分离工艺流程图(低 PX 含量的 C_8 芳烃原料)

对于高 PX 含量的 C_8 芳烃原料，PX 悬浮结晶分离工艺的典型流程如图 4-4-7 所示。结晶过程也分为两级。由于原料中 PX 含量很高，原料先进入结晶温度较高的第二级结晶过程(PX 提纯段)以获得高纯度的 PX 产品，而剩余的结晶母液再通过结晶温度较低的一级结晶过程(PX 回收段)以回收其中的 PX。由于一级和二级结晶过程的结晶温度都比较温和，因此可都采用丙烯或丙烷间接制冷，所得 PX 晶体也比较大，固液分离时均可采用双级活塞推料离心机。

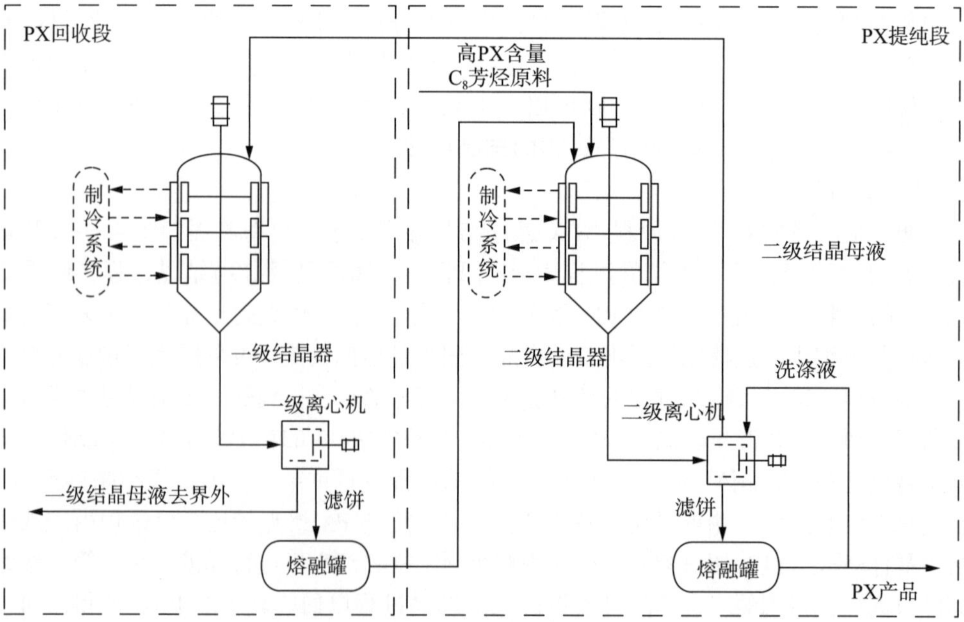

图 4-4-7 PX 悬浮结晶分离工艺流程图(高 PX 含量的 C_8 芳烃原料)

在悬浮结晶工艺中，除了使用离心机进行固液分离以获得 PX 产品外，也可以使用晶体洗涤塔对 PX 晶体进行提纯，以获得高纯度的 PX 产品。

2. 层式结晶分离工艺

(1)降膜结晶工艺

在降膜结晶过程中，PX 结晶过程需经历结晶-发汗-熔化三个步骤，如图 4-4-8 所示。

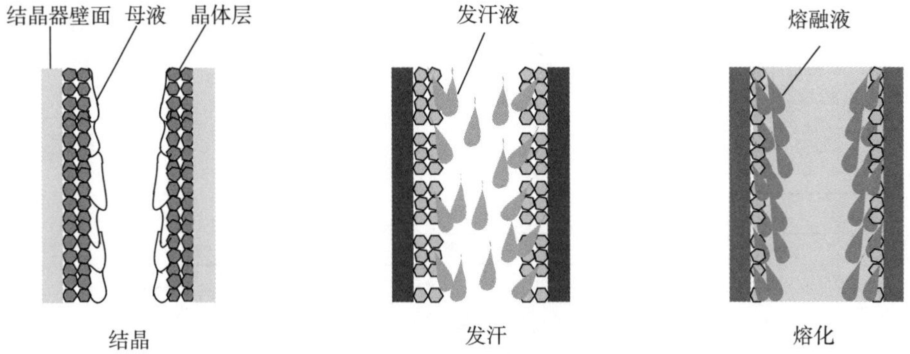

图 4-4-8　降膜结晶过程示意图

首先，待结晶的原料沿结晶管壁一侧以液膜形式向下流动，制冷剂在结晶管壁另一侧流动也以液膜或其他方式向下流动，制冷剂通过管壁对原料进行冷却，使原料中的 PX 开始结晶析出，并在换热壁面上形成晶体层。随着结晶过程的进行，晶体层厚度不断增加，达到一定的晶体层厚度以后，停止进料(或物料循环)，结晶过程结束。此后，逐步升高制冷剂的温度，使晶体层温度维持在 PX 熔点附近，对晶体层进行发汗提纯。发汗过程中，晶体层中所包藏的低熔点杂质会因升温而熔化，形成发汗液并从晶体层流出；与此同时，发汗液在排出的过程中也对晶体层表面富含杂质的黏附液进行置换，因而整个晶体层中 PX 的含量得到了提高。发汗过程结束以后，将晶体层完全熔化，作为产品排出。

通常将一个循环(结晶-发汗-熔化)视为一次(级)完整的降膜结晶过程，和悬浮结晶分离工艺相似。为了提高产品纯度和回收率，降膜结晶工艺也采用多级结晶操作，也分为 PX 提纯段和 PX 回收段，PX 降膜结晶分离工艺流程如图 4-4-9 所示。

该工艺的核心装置是立式双降膜结晶器，它由多根垂直安装的降膜结晶管所组成。在 PX 提纯段，高 PX 含量 C_8 芳烃原料从原料罐送入缓冲罐，缓冲罐中的原料经物料循环泵在降膜结晶器中进行循环，物料从结晶器顶部进入，在列管内部形成向下流动的液膜，而制冷剂在列管外部也形成向下流动的液膜。列管内部的物料经外壁的制冷剂冷却后，PX 开始结晶析出，并在列管内部形成很薄的晶体层。晶体层达到一定厚度时，结晶过程结束，缓冲罐中的剩余结晶母液送入一级母液罐中。随后，通过换热器逐步提高制冷剂的温度，对晶体床层进行发汗提纯。发汗过程中，晶体层中所包藏的低熔点杂质会因熔化而流出，从而使得晶体层中的晶体纯度得到提高。发汗过程结束后，排尽发汗液，将发汗液送入原料罐中。最后，升高制冷剂温度使晶体层完全熔化，得到高纯度的液态 PX 产品，并将其送入产品罐中。在 PX 回收段，一级母液罐中的物料作为降膜结晶器的进料，在更低的温度下进行结晶操作，并进行相应的发汗和熔化操作，结晶过程的剩余结晶母液送入二级母液罐中，发汗过程的发汗液返回到一级母液罐中，熔化过程的 PX 送入原料罐中。

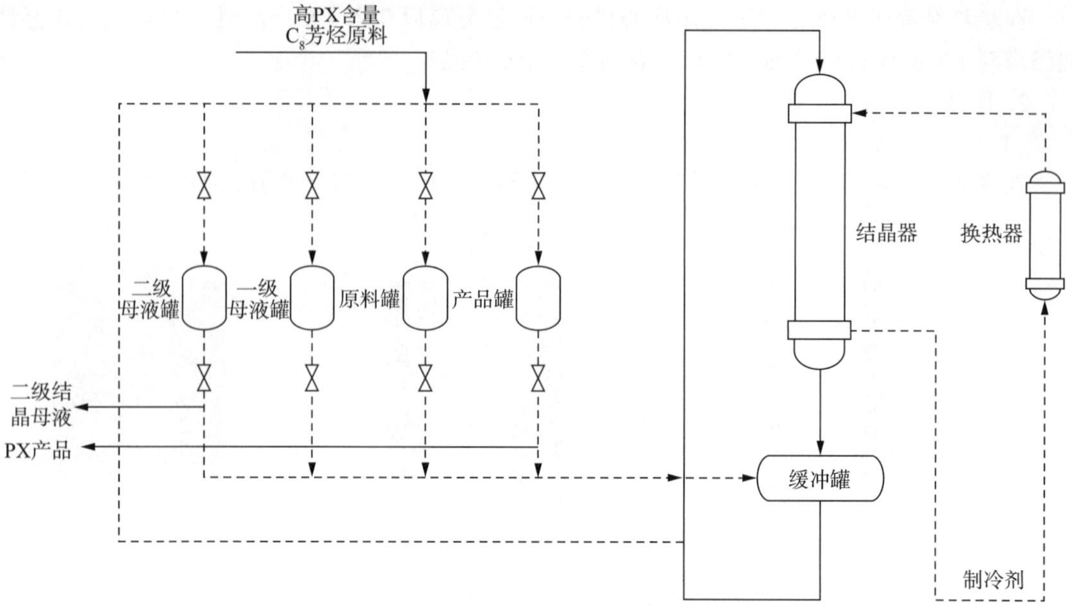

图 4-4-9 PX 降膜结晶分离工艺流程图

和悬浮结晶分离工艺不同的是，虽然降膜结晶工艺也采用多级结晶操作，但是并不需要使用两台结晶器，它可以在同一台结晶器中实现两级结晶操作。由于该工艺本质上属于间歇过程，因此要实现连续性生产，通常还需要再配一套相同的结晶系统进行切换操作。当两台结晶器联用时，可将两台结晶器整合到热泵制冷循环中，一台结晶器进行结晶操作时，另一台结晶器则进行发汗和熔融操作，一台结晶器充当蒸发器，另一台结晶器则充当冷凝器，从而降低结晶过程的能耗。

(2) 静态熔融结晶工艺

静态熔融结晶过程的基本原理与降膜结晶过程相同，所不同的是静态熔融结晶过程中物料是静止不动的，因此在结晶过程结束后，需要排尽结晶母液，总共需要经历结晶-排液-发汗-熔化四个步骤，如图 4-4-10 所示。

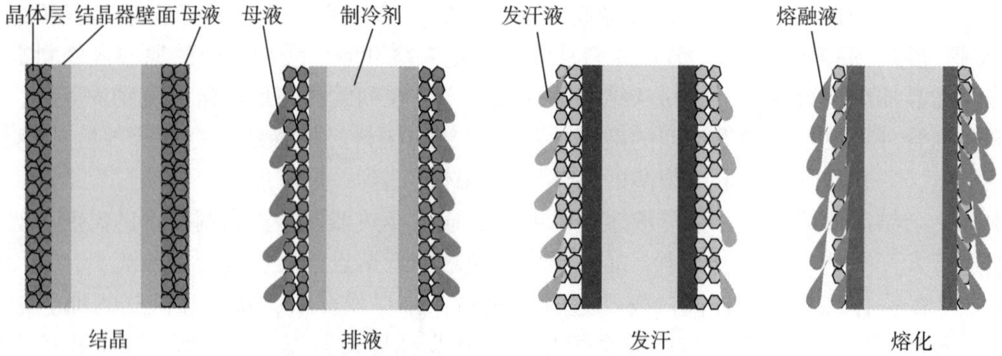

图 4-4-10 静态熔融结晶过程示意图

和降膜结晶分离的工艺流程相似，PX 静态熔融结晶分离工艺也采用多级结晶操作，工艺流程如图 4-4-11 所示。

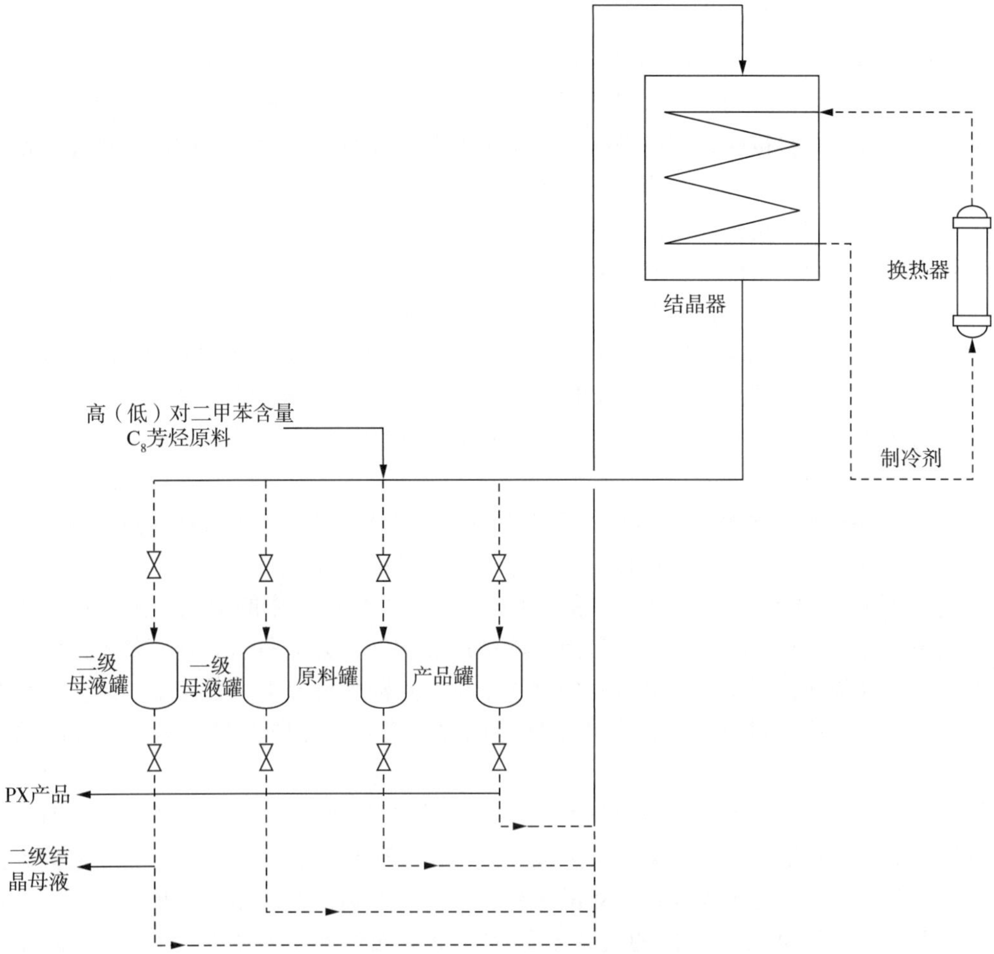

图 4-4-11 PX 静态熔融结晶分离工艺流程图

该工艺的核心装置是静态熔融结晶器，它由方形壳体和排列在方形壳体内的换热管所组成。其工艺流程与降膜结晶工艺相似，所不同的是 PX 结晶析出后会在结晶器内形成结晶网或结晶床，结晶过程结束以后，需将剩余的富含杂质的结晶母液从结晶器底部排尽。

（三）结晶分离过程控制

1. 悬浮结晶分离过程控制

悬浮结晶分离工艺属于连续操作过程，生产过程中涉及许多固液处理设备，除了要控制结晶温度外，还要确保晶浆输送管路的通畅和固液处理设备的稳定运行。

（1）结晶温度的控制

在稳态操作条件下，结晶过程的操作温度主要影响结晶过程的回收率。对于相同 PX 含量的原料，结晶温度低于正常的工艺设定范围时，PX 结晶析出增多，容易造成晶浆管路的堵塞；若结晶温度高于正常的工艺设定范围时，则回收率会降低。在间接制冷过程中，一般通过调节制冷剂的流量来控制结晶器内的操作温度。在装置开车阶段，结晶器在降温过程中应选择较低的降温速率，确保结晶过程的过冷度不超出介稳区宽度，防止出现 PX 因爆发成核而生成大量细晶的现象。

(2)结晶过程的温差控制

结晶过程的温差控制是指结晶过程中对工艺物料与制冷剂之间的温差控制。PX 结晶过程属于冷却结晶过程，其制冷方式可选择直接制冷和间接制冷两种方式。采用直接制冷的优点是制冷剂直接与原料接触，制冷效果好，且能有效防止结晶器壁面上的结垢现象；缺点是结晶器内部也容易出现局部过冷现象，局部过冷容易引起 PX 瞬间爆发成核生成细晶，造成晶体平均粒度下降，影响固液分离效果，进而影响产品纯度。现有的 PX 结晶分离工艺多采用间接制冷方式。间接制冷时，制冷效果稍差，但是制冷效果容易控制。此时，物料与制冷剂之间的温差控制十分重要，温差小时，设备的生产强度降低，即降低了生产效率；温差大时，换热壁面处的 PX 结晶速率快，如果结晶器中的刮刀不能及时移除换热壁面上的晶体，结晶器的传热系数会显著降低，同样会影响到结晶器的生产效率。除结晶器以外，其他涉及工艺物料的换热器也要控制好温差，以防止 PX 在换热器中结晶析出。

(3)晶体粒度的控制

C_8 芳烃体系是典型的低共熔体系，理论上只要原料 PX 含量高于低共熔点组成，当结晶温度高于低共熔点温度时，结晶过程中就只会有 PX 结晶析出，因此，结晶过程可以得到纯的 PX 产品。但是，实际生产中 PX 产品纯度还受到固液分离效率的限制，附着在晶体表面或包藏在晶体之间的富含杂质的结晶母液会降低产品纯度。为提高固液分离效率，除采用高效的固液分离设备外，还需在结晶过程中制得粒度大且粒度分布均匀的 PX 晶体。为控制结晶过程的粒度，必须控制结晶操作在介稳区范围之内进行，即要控制好结晶过程的温度波动，确保结晶温度不超出介稳区，防止 PX 瞬间爆发成核而生成大量细晶。细晶的存在不仅会降低晶体的平均粒度，影响固液分离效率进而会影响产品纯度，而且在固液分离时细晶会进入液相并随之离开结晶单元，从而会造成 PX 产品和系统冷量的损失。为更好地控制结晶过程的晶体粒度，需研究各操作条件对晶体粒度分布的影响，在结晶过程热力学与动力学研究的基础上，建立各种操作条件的波动对晶体粒度分布影响的动态模型[61]，并据此加以控制。

(4)晶浆固含量的控制

结晶过程中由于涉及到晶浆的输送，为确保结晶过程的连续性，防止晶浆在管路中的沉积，必须控制好结晶过程中的晶浆固含量。晶浆固含量低于正常的工艺设定范围时，会造成结晶单元生产能力的下降，甚至使后续离心机不能正常工作；而晶浆固含量高于正常的工艺设定范围时，又容易造成晶浆管路的堵塞，从而使工艺流程中断。在 PX 结晶过程中，可以将部分结晶母液返回到结晶系统中，通过调节返回的结晶母液量来控制结晶器中的晶浆固含量。

(5)洗涤过程的操作

固液分离过程中，PX 晶体与结晶母液无法实现完全分离，因结晶母液中杂质含量多，少量结晶母液的存在便会使 PX 产品纯度大幅下降。PX 结晶生产过程单纯依靠固液分离并不能生产符合纯度要求的 PX 产品，为提高产品纯度，必须利用洗涤液对晶体滤饼进行洗涤，以置换出富含杂质的结晶母液。

使用甲苯作为洗涤液，其优点是甲苯熔点低，洗涤时自身不会结晶析出；缺点是需要通过精馏将甲苯和 PX 进行分离才能得到最终的产品，而精馏出来的甲苯又需要冷却后才能循环用作洗涤液，能耗较大。采用纯的液态 PX 产品作为洗涤液，其优点是没有洗涤液的分离回收过程；缺点是会造成部分 PX 产品的损失。

不论采用何种洗涤液，都需要控制好洗涤液用量，洗涤液用量低时满足不了产品纯度要求，洗涤液用量大则会造成洗涤液的浪费。若采用纯的液态 PX 产品作为洗涤液，则还要控制好洗涤液的温度。洗涤液温度低时，洗涤液本身容易在洗涤过程中结晶析出，从而堵塞过滤孔道降低洗涤效果；洗涤液温度高时，洗涤液会熔化掉部分滤饼，既降低了洗涤效果，又增加了产品损失。

(6)固液处理设备的操作

结晶器在正常操作时，需要定期对换热壁面进行冲洗，可在换热夹套中通入温度较高的制冷剂以除去结晶器壁面上的晶垢。结晶器中刮刀的转速应该设置较低，以减少刮刀对晶体的磨损。

离心机在正常操作时，也需要定期对转鼓、机壳和进出料管线进行冲洗。离心机进行冲洗或定期维护时，生产流程无需中断，可通过晶浆罐来储存晶浆。晶浆罐需要选择合适的桨叶型式和转速以减少对晶体的破坏，并确保有良好的混合效果。

与晶浆接触的液位计、流量计、调节阀等各类仪表容易因冻堵而失灵，与结晶器及离心机相连的泵以及晶浆管路，容易出现晶体堵塞现象，其中管阀件连接处和滤饼下料处最常见。为了及时消除晶体堵塞，确保结晶过程的连续性，必须设置相应的防堵冲洗系统。使用冲洗系统时需选择合适的冲洗液并控制好冲洗液用量和温度，以减少冲洗液对原系统稳定状态的干扰。对堵塞发生较频繁的个别部位，可采取自动定时防堵措施。

2. 层式结晶分离过程控制

与悬浮结晶工艺相比，层式结晶工艺的特点是将结晶、发汗提纯和产品收集集中在同一台设备中完成，无需固液输送和固液分离，只有结晶器是固液处理设备，且属于静设备，工艺流程比较简单，整个工艺中除必要的泵和阀以外没有其他的转动设备。层式结晶过程的操作主要是对结晶温度、发汗温度、降温速率和升温速率的控制。由于只能采用间歇操作，因此其操作参数都是随时间变化的，而且在不同的生产阶段，其操作参数的变化规律和操作要求也不同。

在降温结晶过程中，晶体的成核不可避免，需要在结晶器壁面形成晶核(很薄的晶体层)，为后续的晶体层生长提供晶种。为防止出现不均匀的成核现象，在晶体层开始生长的初期，要控制结晶器的壁面温差不能太大；而在晶体的生长阶段，为了获得较高的产率，壁面温度差就要足够大，克服晶体层的传热阻力，使晶体的生长保持较高的速率，以弥补结晶器内晶体生长面积较小的不足。随着结晶过程的进行，结晶器壁面上的晶体层厚度会越来越大，由于晶体的导热系数远远低于结晶器壁面的导热系数，而且随着 PX 的结晶析出，循环物料的熔点也会不断下降，因此，为保证结晶过程的产率，壁面另一侧的制冷剂温度还必须随着结晶过程的进行而不断降低。

在发汗过程中，部分 PX 晶体会熔化，发汗温度和发汗时间不仅会影响产品纯度，还会影响产品收率，因此需要选择合适的发汗温度和发汗时间。另外，发汗过程的升温速率也需要进行控制，一方面要防止局部晶体熔化所引起的晶体层坍塌；另一方面，发汗过程中低熔点的杂质熔化后会形成许多孔道供发汗液流出，当发汗液排出以后，孔道的平衡温度也会随之上升，如果此时的发汗温度开始低于其熔点温度，则孔道又会因重结晶而发生堵塞，导致发汗液无法排出，影响提纯效果。

三、结晶分离工艺关键设备

(一)结晶器

PX结晶分离工艺的关键设备主要指结晶器和固液分离设备，如离心机、洗涤塔。

1. 悬浮结晶过程的结晶器

(1)间接制冷过程

间接制冷结晶器的选择主要考虑两点：一是控制结晶过程的成核速率，二是防止晶体结壁。按制冷温度的不同要求，制冷剂可以采用乙烯、丙烯、丙烷、氨、冷冻盐水等。PX结晶过程所采用的间接制冷结晶器可分为套管结晶器和立式刮壁结晶器两种主要的型式。

套管结晶器的典型结构如图4-4-12所示，主要由套管、电机及支架组成，在使用时通常还需配置相应的晶浆罐，原料进入晶浆罐中与晶浆混合，晶浆在套管结晶器和晶浆罐之间，通过晶浆泵作强制外循环。晶浆通过套管结晶器时，被套管结晶器夹套中的制冷剂冷却，达到过饱和度以后，进入晶浆罐中。晶浆罐为绝热操作，为晶体提供一个有利的生长环境，晶体在其中逐渐长大并消耗之前在套管结晶器中所产生的过饱和度[62]。

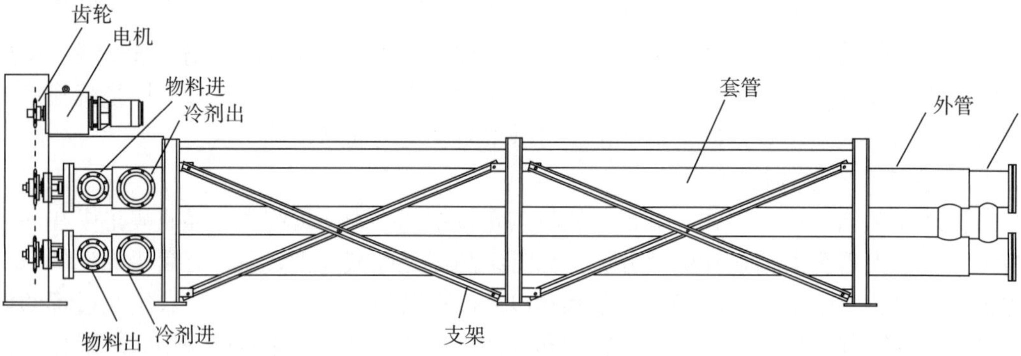

图4-4-12 套管结晶器示意图

套管结晶器的内部结构如图4-4-13所示，为防止PX晶体在套管结晶器的换热表面结壁，套管结晶器内部的转轴上安装有刮刀，并通过弹簧压紧，使其紧贴结晶器壁面，以确保刮刀的使用效果。转轴通过链条在电机带动下做旋转运动，转速通常设置较低，既能及时将结晶器壁面上的晶体刮下，确保套管结晶器的换热效率，又能防止刮刀损坏。通过调节进入套管结晶器的晶浆循环量和刮刀的转速，可以提高结晶过程的传质和传热效果。虽然刮刀可以有效减少结晶器壁面上的晶体结垢，但还是不能完全消除晶体结垢现象，因此套管结晶器在正常操作时，需定期进行清垢操作。

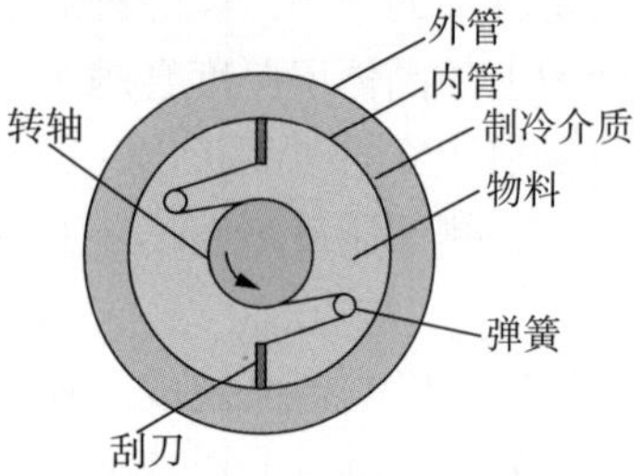

图4-4-13 套管结晶器内部结构示意图

一组套管结晶器通常由多根套管串联组成，这为晶浆提供了更长更窄的流通通道，使晶浆流动更接近平推流，使套管结晶器的放大设计更容易。采用套管结晶器的优点在于其传热效果好，设计放大简单，增加结晶器产能时只需要增加套管结晶器数量即可。其缺点在于设备使用钢材较多，需要配备相应的晶浆罐，所采用的晶浆循环泵在晶浆循环时容易对晶体造成磨损与破碎，生成的细晶不利于后续的固液分离。

立式刮壁结晶器的典型配置及内部结构如图4-4-14所示。该结晶器接近满罐操作，结晶过程的热量通过结晶器夹套中的制冷剂移走，在结晶器内部的转轴上安装有刮刀，通过刮刀的低速转动，及时移走结晶器壁面上晶体。结晶器底部通常为锥形，其优点在于可以给后续固液分离提供高含固量的晶浆进料，对提高后续固液处理设备的产能十分有利。结晶器底部通常增加一台晶浆循环泵。通过晶浆的循环防止结晶器底部晶体的沉积，并提高结晶器中晶浆的流动速率，以提高结晶器内的传热和混合效果。

立式刮壁结晶器的优点在于，结晶过程所产生的过饱和度能及时被结晶器中的晶体很快消耗掉，结晶器中的过饱和度较低，且分布较均匀，因此晶体的成核速率也较低，能得到粒度较大的PX晶体，便于后续的固液分离。该结晶器的不足之处在于单位体积所提供的换热面积较小，为增大结晶器的换热面积，通常需增大结晶器的直径和高度，为此，结晶器的夹套通常是分多段设置，且为了提高换热效率，结晶器夹套内可设置折流板，以提高结晶器的换热效率。

(2)直接制冷过程

直接制冷时制冷剂与原料一起加入到结晶器中，要求制冷剂不溶于原料或易与原料分离。直接制冷的优点是制冷效率高，不需要使用刮刀和搅拌设备，可以避免晶体结壁等现象；缺点是制冷剂与物料直接接触时必须控制好气化压力和制冷剂在结晶器中的分布，并且需要采取气液分离措施以回收制冷剂。

直接制冷的制冷剂通常为乙烯、丙烯和二氧化碳等惰性气体，结晶器可以采用Oslo结晶器，如图4-4-15所示。

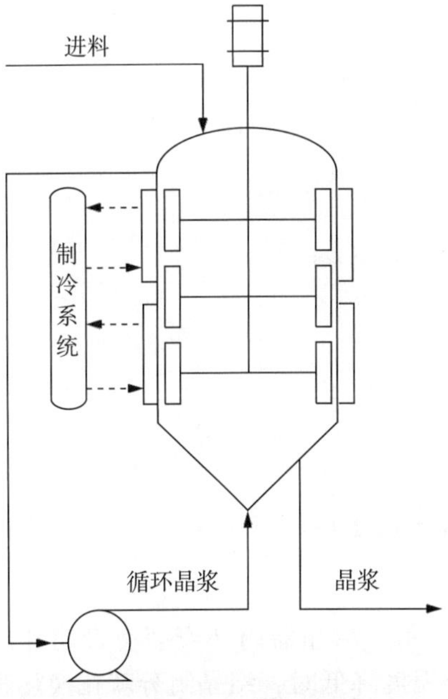

图4-4-14 立式刮壁结晶器配置及内部结构示意图

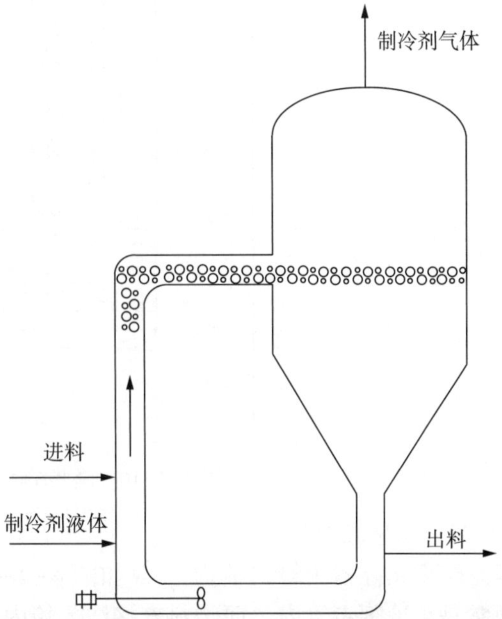

图4-4-15 Oslo结晶器示意图

液态制冷剂可以加到晶浆循环管路中，既有利于晶体的分散，又能使原料逐步均匀冷却，降低过饱和度，有助于晶体长大。蒸发了的制冷剂气体在结晶器顶部排出，经气液分离并压缩冷凝后循环使用。

为了改善制冷剂在结晶器内的分布，可在结晶器内设置导流筒和分布器，利用分布器对制冷剂进行均匀分布，并借助导流筒使结晶器内的物料作强制循环以达到均匀冷却的效果。

2. 层式结晶过程的结晶器

与悬浮结晶所用的结晶器不同，层式结晶所用的结晶器不需要旋转的刮刀和驱动机构，属于静设备。

(1)降膜结晶器

降膜结晶器为立式列管式，如图 4-4-16 所示，其外形似塔，内部为列管，主体结构与列管式换热器相同，但其上部有物料及制冷剂的分布装置。该设备采用双降膜的设计方式，即物料侧和制冷剂侧均采用降膜流动的方式，以提高传热效率，减少制冷剂的用量。对于双降膜的设计方式，从内构件到设备的整体，对设备的设计和制造均有较严格的要求，而且对安装的垂直度要求也十分严格。降温结晶过程中，结晶组分在列管的管壁一侧结晶析出，因此，降膜结晶器的换热面积决定着单台结晶器的生产能力，为实现较大的生产能力必须采用较大的设备，结晶器的投资会比较大。

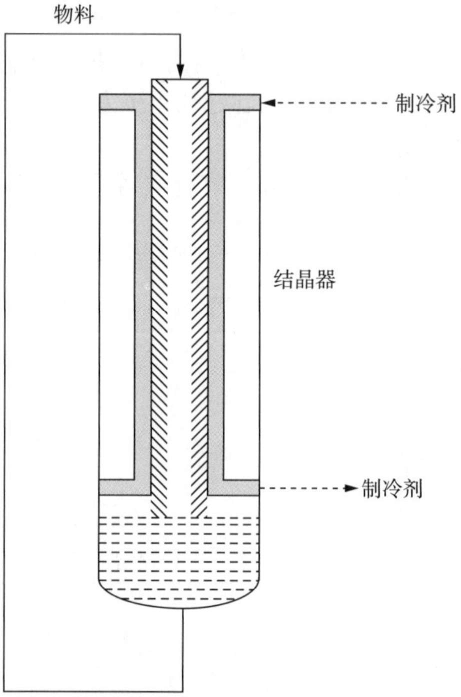

图 4-4-16 降膜结晶器(单管)示意图

(2)静态熔融结晶器

静态熔融结晶器为箱式结构[35]，如图 4-4-17 所示，结晶器内部安装有带翅片的换热管，通常是载冷剂走管内，而物料直接注入箱内。当温度降低时，结晶组分就在换热管表面和换热管的翅片上结晶析出，当物料的温度降低到设定值时即停止降温，进入下一个操作步骤。与降膜结晶器类似，静态结晶器的生产能力也取决于结晶器所能提供的换热面积，为实现较大的生产能力也必须采用较大的设备，设备投资和占地面积均比较大。

3. 不同结晶器的比较

静态熔融结晶器中，结晶物料静止不动，结晶设备的传热部件是浸没在结晶原料中的，所以结晶过程的传质效果较差。在形成晶体层以后，晶体层的附近会形成一个杂质富集的区域，而且随着晶体层厚度的逐渐增加，传热效果也会越来越差。通常，静态熔融结晶器中物料的停留时间较长，要实现较大的生产能力，其设备规模十分庞大。

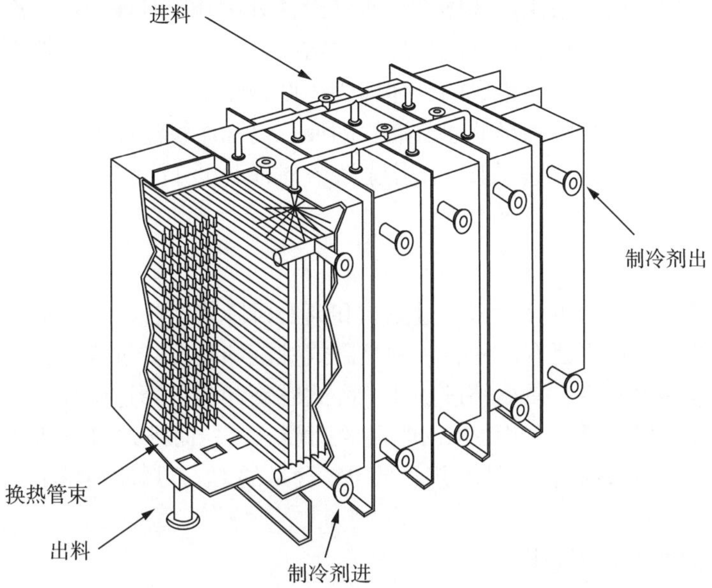

图 4-4-17　静态熔融结晶器示意图

与静态熔融结晶器相比，降膜结晶器的传质传热效果均有较大的改善，结晶物料和制冷剂均以降膜的形式流过换热面，换热效果好，节省了制冷剂的用量，而且物料停留时间缩短，生产能力得到了提高。由于结晶物料在结晶过程中是通过循环的方式实现流动的，因此整个结晶过程的传质效果也比静态熔融结晶器好，在流动状态下，晶体层附近不会像静态结晶那样存在一个杂质富集区，这进一步改善了晶体生长条件。

在降膜结晶器中，物料一直在晶体层表面流动，为了防止晶体床层坍塌，需要晶体层能牢固地黏附在结晶器壁面上。在发汗过程中，低熔点杂质会熔化并流出晶体层，通常靠近壁面处的温度最高，此处的晶体容易最先熔化，从而会导致晶体层松动。进料中杂质含量越大，这种风险也就越大，因此降膜结晶器对进料中杂质含量的限制较高。而在静态熔融结晶器中，由于结晶母液处于静态状态，且结晶和发汗过程缓慢，晶体层的稳定性较好，因而对杂质含量的要求较低。在 PX 结晶分离工艺中，可以考虑将两种结晶器联合使用，在 PX 提纯段采用降膜结晶器，保障产品纯度，并减少设备尺寸，增大装置产能；而在 PX 回收段，由于结晶母液中杂质含量高，可采用静态熔融结晶器进行 PX 回收，保障 PX 的回收率。

和悬浮结晶器相比，层式结晶器仍有一些不足：①结晶器重复进行冷却和升温操作，能耗较大。降温结晶过程中需消耗大量的冷量对结晶器进行冷却，而在结晶过程结束之后又要对晶体层进行升温发汗，最后还要进一步升温把晶体层完全熔化成液体，即又要对结晶器进行升温，在下一次结晶操作时，就必须要消耗额外的冷量来重新冷却结晶器，这种重复的冷量消耗，在层式结晶的每个循环中都是必不可少的，因此，能耗较大。②层式结晶器每个阶段的物料都需要单独收集，包括原料、结晶母液、发汗液、不合格产品以及合格产品，通常至少需要 4~5 个储罐。为了保证回收率，结晶母液、发汗液和不合格产品都需要作进一步的结晶处理。从经济的角度考虑，一次结晶所得的结晶母液和发汗液或不合格产品通常不会立即进行处理，而是收集到足够的量后再统一处理，因而储罐体积较大，从而增加了设备的投资和保温成本。

对于悬浮结晶器，由于采用连续操作，所有设备只在开车时被冷却一次，在以后的生产程中不再需要消耗额外的冷量，因此能耗较层式结晶器低。在悬浮结晶器中，晶体的生长在接近热力学平衡的环境下进行，生成的晶体即为100%纯物质，其杂质主要由晶体表面黏附的母液带入，而晶体表面黏附的母液通常通过固液分离和滤饼洗涤即可以除去，因而通过一次结晶便能获得高纯度的产品。如果采用洗涤塔对晶体进行提纯，则结晶过程的能耗会更低。

(二)离心机

离心机根据其工作原理可分为离心过滤式和离心沉降式两种[63]。PX悬浮结晶分离工艺中用于固液分离的离心机主要有两种，一种是卧式螺旋卸料沉降过滤复合式离心机；另一种是卧式双级活塞推料离心机，属离心过滤式。卧式螺旋卸料沉降过滤复合离心机主要用于低PX含量的C_8芳烃原料结晶工艺中PX回收段的固液分离，而卧式双级活塞推料离心机主要用于高PX含量的C_8芳烃原料结晶工艺和低PX含量的C_8芳烃原料结晶工艺中PX提纯段的固液分离。

1. 卧式双级活塞推料离心机

卧式双级活塞推料离心机是一种自动操作、连续运转、脉动卸料的过滤式离心机，具有在全速下完成进料、分离、滤饼洗涤、甩干和卸料等工序的特点。

该机器的工作原理如图4-4-18所示，在转鼓启动达到全速旋转以后，将所需分离的悬浮液通过进料管连续地送入离心机中，并通过进料分布器使浆料均匀分布到内转鼓(一级转鼓)滤网上。在离心力作用下，液相穿过滤网和转鼓壁上的滤孔，经排液管排出机外，固相截留在内转鼓上形成环形滤饼层。当内转鼓回程时，相对地把滤饼沿转鼓轴向向前移动一段距离，而当内转鼓进程时，空出的筛网表面又被连续加入的悬浮液充满，形成新的滤饼。这样的往复运动，把滤饼脉冲地向前推进，并得到进一步脱液。滤饼脱离内转鼓进入外转鼓(二级转鼓)时，滤饼被松散，在外转鼓筛网上重新分布，并被不断推出，最后滤饼被外转鼓推到集料槽中，通过安装在外转鼓上的刮刀把滤饼从切向出料口卸出机外。机器转鼓的旋转由电机通过三角皮带驱动，内转鼓的往复运动通常由液压系统通过复合油缸来实现。

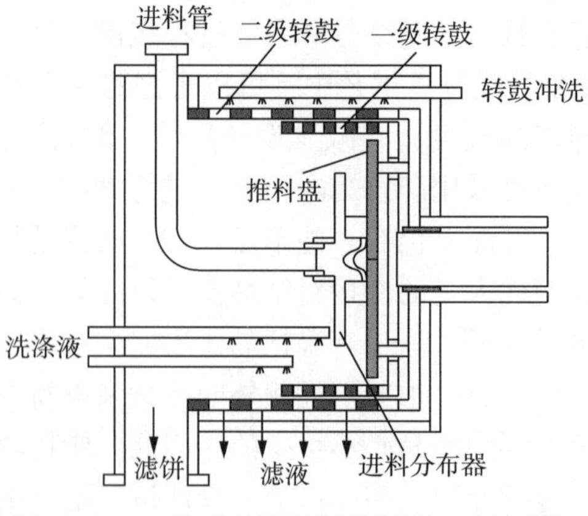

图4-4-18 卧式双级活塞推料离心机示意图

卧式双级活塞推料离心机用于 PX 的固液分离，主要有以下优点：

①滤饼的洗涤效果好。滤饼层从内转鼓推送到外转鼓时得以松动，此时引入洗涤液对松动的滤饼进行洗涤，可以获得较好的洗涤效果，另外洗涤液和滤液还可以分开收集。采用结晶分离法生产 PX 时，在 PX 提纯段，由于结晶温度较高，所得晶体粒度大且结晶母液黏度低，使用双级活塞推料式离心机，通常能获得高纯度的 PX 产品。

②滤饼含湿率较低，一般可小于 5%。内转鼓的滤饼层被推送到外转鼓时，不但增大了离心力，而且滤饼层得以松动，在外转鼓内重新布料，改变了原滤饼层的毛细结构，使滤饼层得以充分脱水，可获得含湿率较低的滤饼。当 PX 滤饼的含湿量为 3%~5%时，通过对滤饼进行洗涤便能获得高纯度的 PX 产品。

虽然采用双级活塞推料离心机有以上两优点，但鉴于机器本身的工作原理，若要确保离心机连续稳定运行，结晶工艺还需满足以下几点要求：

①离心机进料的晶浆固含量要稳定。晶浆中的固含量对卧式活塞推料离心机能否正常操作影响很大，因为它的卸料过程是依靠推料盘的往复运动实现滤饼层向前移动的，当滤饼层的强度不够时，会引起滤饼隆起和堆积，导致设备不能正常运转。晶浆中固含量越高则设备的生产能力越大，晶浆中固含量越稳定离心机工作也就越稳定，对于活塞推料式离心机，适宜的晶浆固含量为 30%~70%，因此结晶过程必须要减少晶浆中固含量的波动以确保离心机的稳定工作。

②由于卸料方式采用连续活塞推料，所以对被分离晶浆中的晶体粒径有较严格的要求，晶体颗粒粒径越大，分离效果也越好，并希望晶体具有一定的形状，滤饼具有一定的孔隙率，以便于排液。在 PX 结晶分离工艺中，PX 回收段由于结晶温度高，所得晶体粒度大，因此可采用活塞推料离心机，而在低温的 PX 回收段(深冷结晶分离工艺)，由于结晶温度很低，晶体粒度很小，且晶浆固含量低，因而不适合采用活塞推料式离心机。

③卧式活塞推料离心机在推料过程中，滤饼与滤网之间的摩擦会导致部分晶体破碎。另外，这种设备是在转鼓高转速情况下进行加料的，因而晶体破碎的可能性较大。为减少 PX 晶体的破碎，在晶浆输送时需选用合适的浆料泵。

2. 卧式螺旋卸料沉降过滤复合离心机

卧式螺旋卸料沉降过滤复合离心机属于卧式螺旋卸料沉降离心机的一种，它的结构与工作原理和卧式螺旋卸料沉降离心机基本类似，也采用螺旋卸料，只是在柱/锥形卧式螺旋离心机的基础上再增加一个过滤直段，既有沉降转鼓又有过滤转鼓[64]，如图 4-4-19 所示。

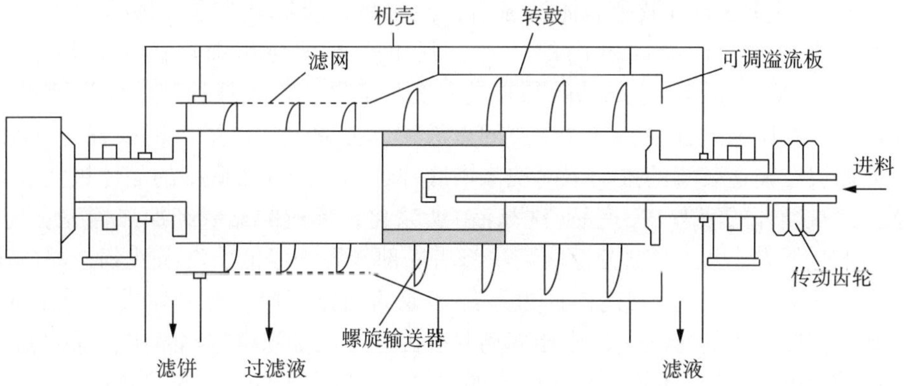

图 4-4-19　卧式螺旋卸料沉降过滤复合离心机示意图

卧式螺旋卸料沉降过滤复合离心机主要由一个圆柱-圆锥-圆柱形的转筒和与它同轴装在里边的螺旋输送装置以及差速器组成。转鼓由主电机带动，螺旋由副电机通过差速器来带动。螺旋输送装置的螺旋叶片外缘形成的旋转体外形与转筒内壁形状相似，并保持一定间隙，其旋转方向与转鼓相同，但两者之间由差速器产生一定的速度差。当筒体转动时，物料沉降在转筒内壁。由于螺旋与转筒之间存在速率差，二者存在相对运动，因此螺旋能在转筒内推动物料运动。操作时，悬浮液由进料管加到螺旋输送器的分配室中。在此，物料被平稳地加速，通过螺旋输送器的出口进入到沉降段的转鼓上。转鼓根据分离要求以设定的转速旋转，在离心机作用下，悬浮液在转鼓内形成环形液流。固体粒子在离心力作用下沉降到转鼓的内壁上，被螺旋推向转鼓小端的过滤段的转鼓上。液相在转鼓内形成一个内环，经澄清后流向转鼓的圆柱端，经可调溢流板流出。溢流板决定了液层深度，液层深度越大，液相澄清效果越好。澄清的液体借助重力排出。晶浆在过滤段的转鼓上由于离心力作用，进行进一步脱水。液相通过滤网排出，而固相则通过螺旋输送至卸料口排出。必要时可在过滤段内引入洗涤液对滤饼进行洗涤。固体在离心机内的停留时间可通过改变转速差来实现，停留时间的长短是决定滤饼含湿量的一个重要因数。

在PX结晶分离工艺中，低温的PX回收段(深冷结晶分离工艺)由于原料中PX含量低，结晶温度低，所得的PX晶体细小，且结晶晶浆中固含量很低，因而不能采用推料式离心机进行固液分离。由于沉降过滤式离心机对物料的适应性较好，能分离的晶体粒度范围较广，在晶体粒度大小不均匀时均能照常进行分离，且对进料固含量的变化不敏感，因此可以采用沉降过滤式离心机进行固液分离。但是，由于所得滤饼的含湿量通常比过滤式离心机高，且滤饼洗涤效果不好，因此固液分离后的滤饼并不能作为最终产品，其PX含量为85%~90%。这部分滤饼通常是熔化后送入PX提纯段进行重结晶。

(三)晶体洗涤塔

悬浮结晶过程中，使用离心机作为固液分离设备时，其转速高，能耗较大，而且为提高产品纯度，需要对晶体进行洗涤以除去晶体表面黏附的母液，洗涤液一般采用纯的液体PX产品，因而会造成PX产品损失。

与离心机相比，晶体洗涤塔具有能耗低、提纯效果好和无洗涤液损失的优点。根据晶体洗涤塔内晶体床层运动方式的不同，可将洗涤塔分为三种类型：机械型、水力型和重力型。

1. 机械型晶体洗涤塔

荷兰Niro公司开发的机械型晶体洗涤塔，使用活塞或螺杆推动晶体床层运动，具有设备紧凑、生产能力大和产品纯度高的优点，其工作原理与精馏塔的工作原理相似。如图4-4-20所示，从结晶器出来的结晶晶浆进入洗涤塔后，首先被顶部的输送装置压缩成紧密的晶体床层，在压缩过程中，富含杂质的母液大部分通过洗涤塔内部设置的过滤器排出，而剩下晶体床层在输送装置的推动下向洗涤塔底部运动。洗涤塔底部的晶体被安装在底部的刮刀刮落，并被循环的液态PX产品(洗涤液)所浆化，形成的晶浆经加热器完全熔化以后，一部分作为PX产品排出，一部分返回到洗涤塔底部作为洗涤液。洗涤液到达晶体床层底部后，通过提高压力($p_1>p_2$)使其逆向通过已经形成的晶体床层，对晶体进行逆流洗涤提纯，同时也推动晶体床层中的母液向过滤器移动并排出。进入洗涤塔的晶浆中，晶体温度与其所在结晶母液的温度T_C是相同的，而洗涤液的温度T_W是高于纯PX的熔融温度的，由于PX浓度越高，其平衡温度就越高，所以$T_W>T_C$。在逆流洗涤过程中，洗涤液温度不断降低，晶体温度不断升高，最终洗涤液在离开晶体床层前便会全部结晶析出，形成新的晶体并补充到晶体床层中去，一方面提高了晶体床层的平均浓度，另一方面洗涤液又没有损失[65]。洗涤液在洗涤塔中重结晶析出的区域称之为洗涤前沿，在这个区域内，晶体床层的孔隙率会出现下降，温度也会因为洗涤液重结晶而发生突变。由于晶体床层孔隙率的下降，洗涤液通过床层的阻力会相应增加，此时需要相应地增加洗涤液的压力 p_1。

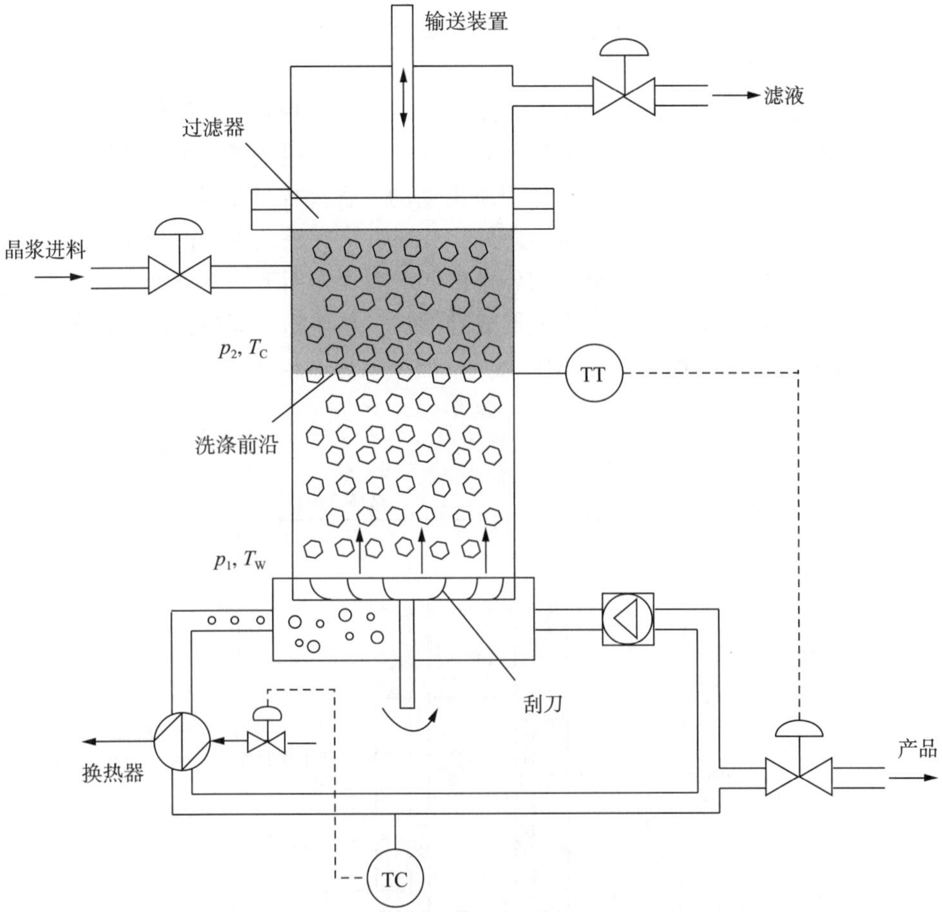

图 4-4-20　机械型晶体洗涤塔工作原理示意图

晶体洗涤塔中虽然也有活塞和螺杆等输送装置以及刮刀等转动设备，但是其运动速率和转速都很低，因而能耗要比离心机低，而且还没有洗涤液的损失，是一种高效的晶体提纯设备，也一直是结晶领域的一个研究热点，将晶体洗涤塔应用于 PX 的分离提纯受到了业界的广泛关注。

UOP 公司的 PX Plus XP 结晶工艺采用 Niro 机械型洗涤塔对 PX 晶体进行提纯。据称，对于 PX 含量为 90% 的原料，该结晶工艺可得到纯度为 99.9% 的 PX，PX 回收率可达到 93.5%[27]。

美国 Phillips 石油公司开发的活塞式和脉冲式晶体洗涤塔[66,67]最早在工业上用于 PX 的分离提纯。结晶过程的晶浆经螺旋输送到晶体洗涤塔中，通过活塞或脉冲来推动晶体床层运动，大部分母液通过安装在洗涤塔侧面的过滤网排出。

日本吴羽化学工业株式会社(Kureha Chemical Industry Co.，Ltd)开发了 KCP 机械型晶体洗涤塔[68]，结晶器中的粗晶经初步固液分离后，由晶体洗涤塔下部侧面的螺旋输送加料机送入晶体洗涤塔中。洗涤塔内装有螺旋搅拌桨，将塔底的粗晶输送到塔顶熔融段，晶体在熔融段熔化，一部分作为产品排出，其余部分作为回流液从塔顶向下流动，洗涤晶体表面黏附的母液。为了使由上而下的高纯度洗涤液能均匀良好地与晶体接触，通常在洗涤塔中垂直安装 2 根旋转方向相反的螺旋搅拌桨，一方面使塔内的晶体被粉碎，另一方面向上输送晶体，使晶体与洗涤液进行有效地接触完成发汗提纯和逆流洗涤过程。

2. 水力型晶体洗涤塔

荷兰 TNO 公司开发了一种水力型晶体洗涤塔[69]，如图 4-4-21 所示，与 Niro 机械型晶体洗涤塔具有相同的洗涤效果。其主要的不同之处在于水力型洗涤塔中晶体床层的移动是依靠结晶母液由过滤装置流出时的水力学作用所推动的。含晶体的晶浆在向下流动的过程中，母液通过洗涤塔内的过滤器从滤液管排出塔外，并通过泵在塔顶进行部分循环。排除母液的粗晶在塔内堆积成晶体床层，并在母液向外排出的水力学作用下向下移动。塔下部晶体床层中的晶体被刮刀刮起，并与回流的洗涤液形成悬浮物，悬浮物全部熔化后一部分作为产品抽出，其余部分作为洗涤液返回到洗涤塔中。

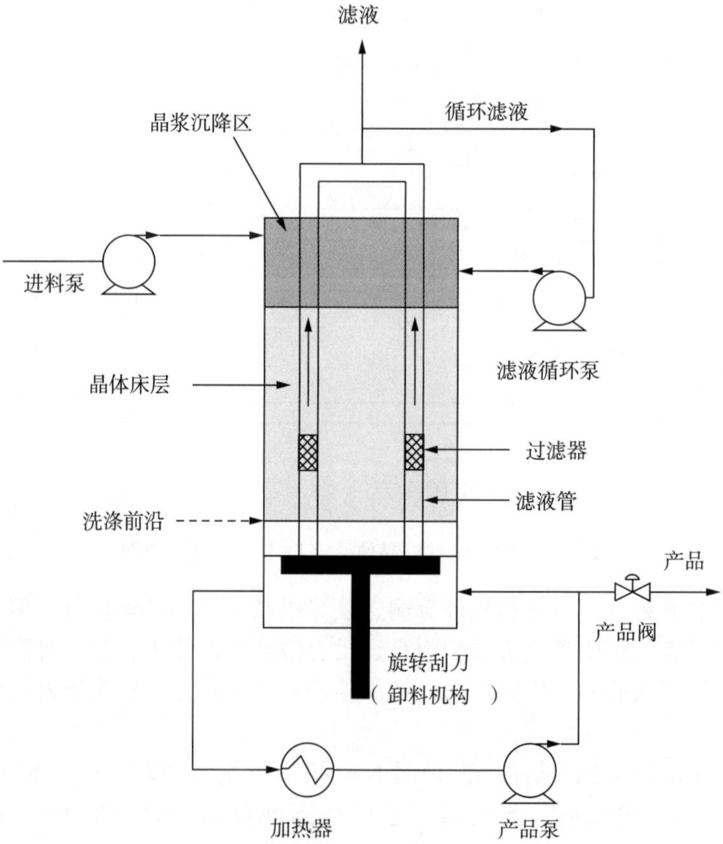

图 4-4-21 水力型晶体洗涤塔工作原理示意图

由于该洗涤塔中的晶体床层依靠母液向外排出时所产生的水力来驱动，因而其内部运转部件更少，结构简单且能耗较低。实验室的研究结果表明，该洗涤塔可用于 PX 的分离提纯，并能获得大于 99.9%的产品纯度。

3. 重力型晶体洗涤塔

澳大利亚联合碳化公司(Union Carbide Australia Limited)开发的 Brodie 提纯器[70~72]由回收段、精制段、提纯段和熔融段组成，其回收段和精制段水平安装，内有螺旋刮刀以输送晶体，其提纯段和熔融段为重力型洗涤塔，如图 4-4-22 所示，晶体在洗涤塔中依靠自身重力由提纯段向熔融段移动，与来自底部熔融段的洗涤液进行逆流洗涤提纯。

日本月岛株式会社(Tsukishima Kikai Co., Ltd)开发的 4C(countercurrent cooling crystallization)结晶工艺[73]，与 Brodie 提纯器的设计思路相似，已在工业上用于 PX 的分离提纯。为了实现更稳定的操作，它使用独立的带搅拌的结晶器代替了 Brodie 提纯器中的回收段和精制段，便于结晶过程的操作与控制，而提纯段和熔融段同样采用重力型洗涤塔。

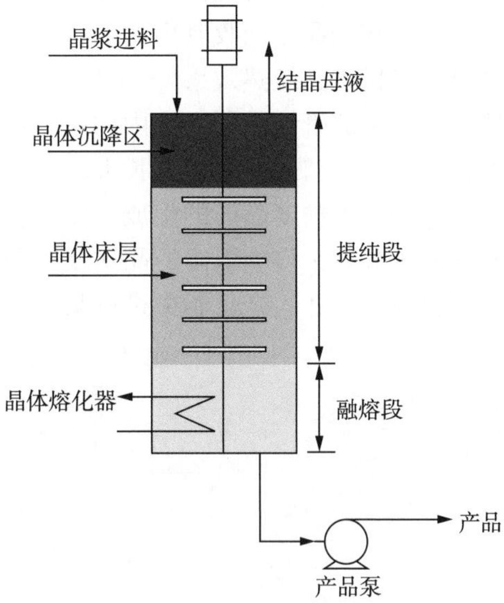

图 4-4-22　重力型晶体洗涤塔工作原理示意图

新日本制铁株式会社(Nippon Steel Corporation)开发的 BMC(back mixing column)洗涤塔也与 Brodie 提纯器中的重力型洗涤塔相似，洗涤塔从上至下分别为结晶段、提纯段和熔融段，结晶段产生的晶体依靠自身重力向提纯段移动，经提纯段提纯后到达熔融段，一部分作为产品排出，其余部分返回作为洗涤液在提纯段对晶体进行逆流洗涤提纯[74]。

与机械型和水力型洗涤塔相比，重力型洗涤塔的最大优点是结构简单，但由于塔内的晶体床层是通过重力沉降过程所形成的，因此床层高度增加速度慢，且受晶体粒度影响大，因此生产强度较低。另外，这种类型的洗涤塔对晶体的提纯机理也不同于前两者。由于晶体在洗涤塔中的停留时间较长，重力型洗涤塔的晶体提纯过程是在逆流洗涤、洗涤液重结晶和发汗三种机理的共同作用下完成的。使用重力型晶体洗涤塔时，一个很重要的问题是晶体的重力沉降缓慢，影响了固液两相之间的稳定逆流接触，特别是对于有机物体系，其固液两相密度差通常较小，单纯依靠晶体的重力沉降，不能够获得良好的固液两相逆流流动，从而影响洗涤塔的分离提纯效果。针对多数有机物体系固液两相密度差较小，晶体沉降性能差的特点，可以将洗涤塔倾斜一定角度以加速晶体在洗涤塔中的沉降[75~78]。

对于机械型和水力型晶体洗涤塔，晶体床层由外力驱动，床层的运动速率较大，晶体在洗涤塔中的停留时间较短，可以在洗涤塔中维持很高的晶体悬浮密度，因而其产量通常很高，提纯机理则以逆流洗涤为主。

四、SCP 工艺

(一)工艺流程

SCP 工艺是中国石化针对不同 PX 含量的 C_8 芳烃原料所开发的 PX 结晶分离成套工艺技术。该工艺可用来处理来自甲苯择形歧化等单元的高 PX 含量的 C_8 芳烃原料，甲苯择形歧化后的反应产物经脱除苯和甲苯等组分后，不脱除C_{9+}重组分便可直接作为结晶原料，也可以用于处理吸附提浓以后的高PX含量的C_8芳烃原料。其工艺流程如图4-4-23所示。

高PX含量C_8芳烃原料经预冷后进入老化釜，与来自一级离心机的低温晶体滤饼进行混合，对低温晶体进行浆化洗涤和升温老化。老化后的晶浆送入二级离心机进行固液分离，得到老化滤饼和老化母液。老化滤饼洗涤后在晶体熔融罐中加热熔化，一部分作为PX产品排出，其余部分则作为洗涤液循环到二级离心机中对老化滤饼进行洗涤。老化母液进入结晶器中进行冷却结晶以回收其中的PX。结晶器采用套管结晶器，并配置相应的晶浆罐和晶浆循环泵，其优点是换热效果好，且晶浆外循环的操作方式使结晶过程的控制更加稳定。结晶过程的冷量由套管结晶器夹套内的制冷剂提供，PX晶体在套管结晶器中结晶析出，然后在晶浆循环罐中停留一定时间并长大。晶浆罐为绝热操作，主要是为PX晶体提供继续生长的环境，有利于大粒度晶体的生成，便于后续的晶体洗涤提纯。晶浆罐中的晶浆经一级离心机进行固液分离后，得到低温的晶体滤饼和结晶母液。低温晶体滤饼因其温度较低，洗涤效果得不到保障，故送入老化釜中进行浆化洗涤和升温老化，而结晶母液则离开结晶单元。

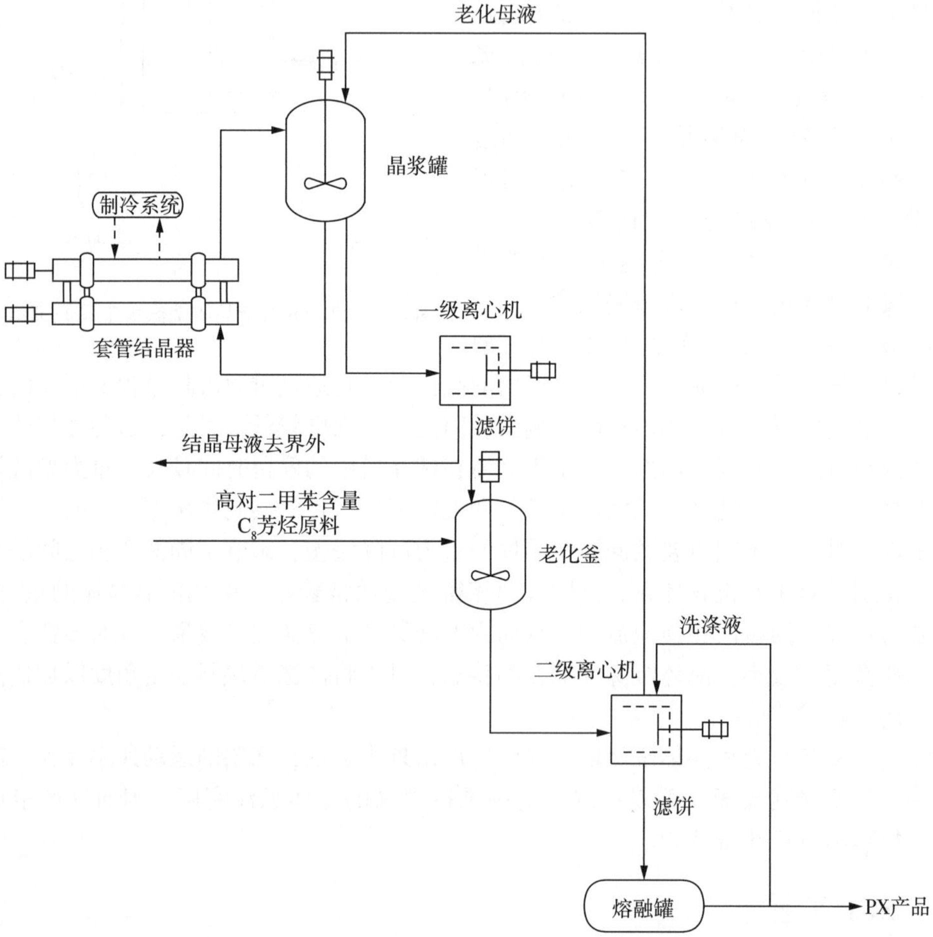

图4-4-23 处理高PX含量的C_8芳烃原料的结晶分离工艺流程图

结晶器的操作温度由原料中的PX含量和工艺要求的PX回收率来决定，三者之间的关系如图4-4-24所示。

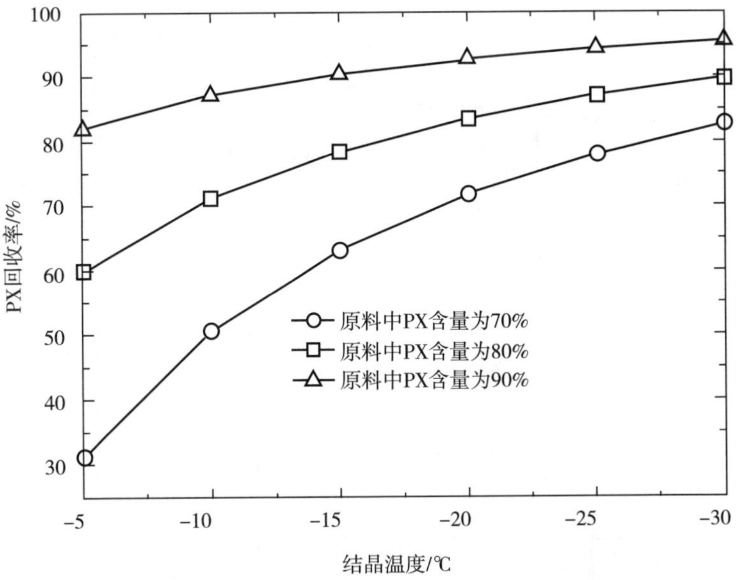

图 4-4-24　结晶温度与原料中 PX 含量及 PX 回收率的关系

工业试验结果表明，该工艺流程简单、产品纯度高，在 PX 含量为 85%、C_{9+}重组分含量为 5.8%的原料条件下，结晶分离得到的 PX 产品纯度均大于 99.8%。

除采用离心机作为固液分离设备外，该工艺也可以采用晶体洗涤塔进行 PX 晶体的分离提纯，其工艺流程如图 4-4-25 所示。

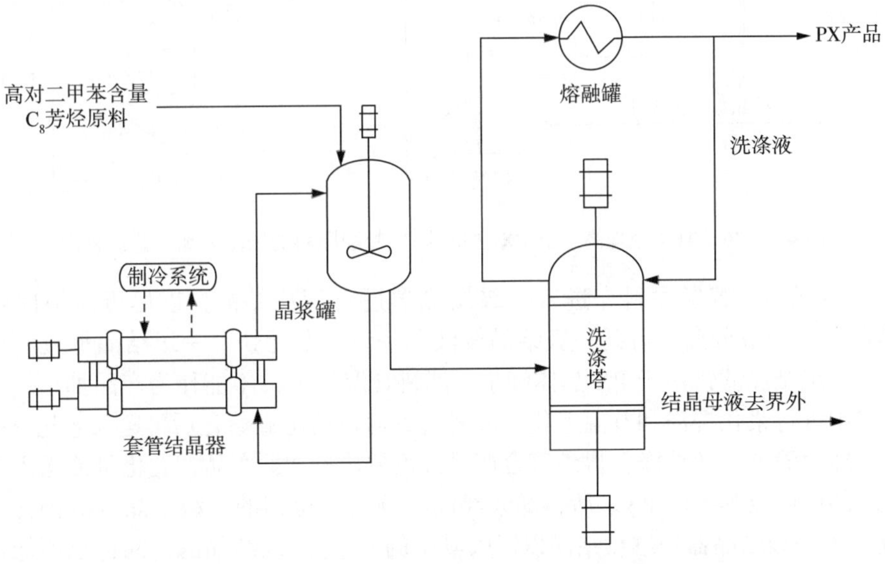

图 4-4-25　采用晶体洗涤塔的 PX 结晶分离工艺流程图

高 PX 含量 C_8 芳烃原料经套管结晶器制冷后结晶析出 PX，所得晶浆经晶体洗涤塔分离后得到高纯度的 PX 产品和结晶母液。试验结果表明，使用该工艺生产 PX，原料中 PX 含量为 90%时，产品纯度可达到 99.9%。

该工艺也可以分离低 PX 含量的 C_8 芳烃原料，只需在现有工艺上增加一级低温结晶过程即可，其工艺流程如图 4-4-26 所示。

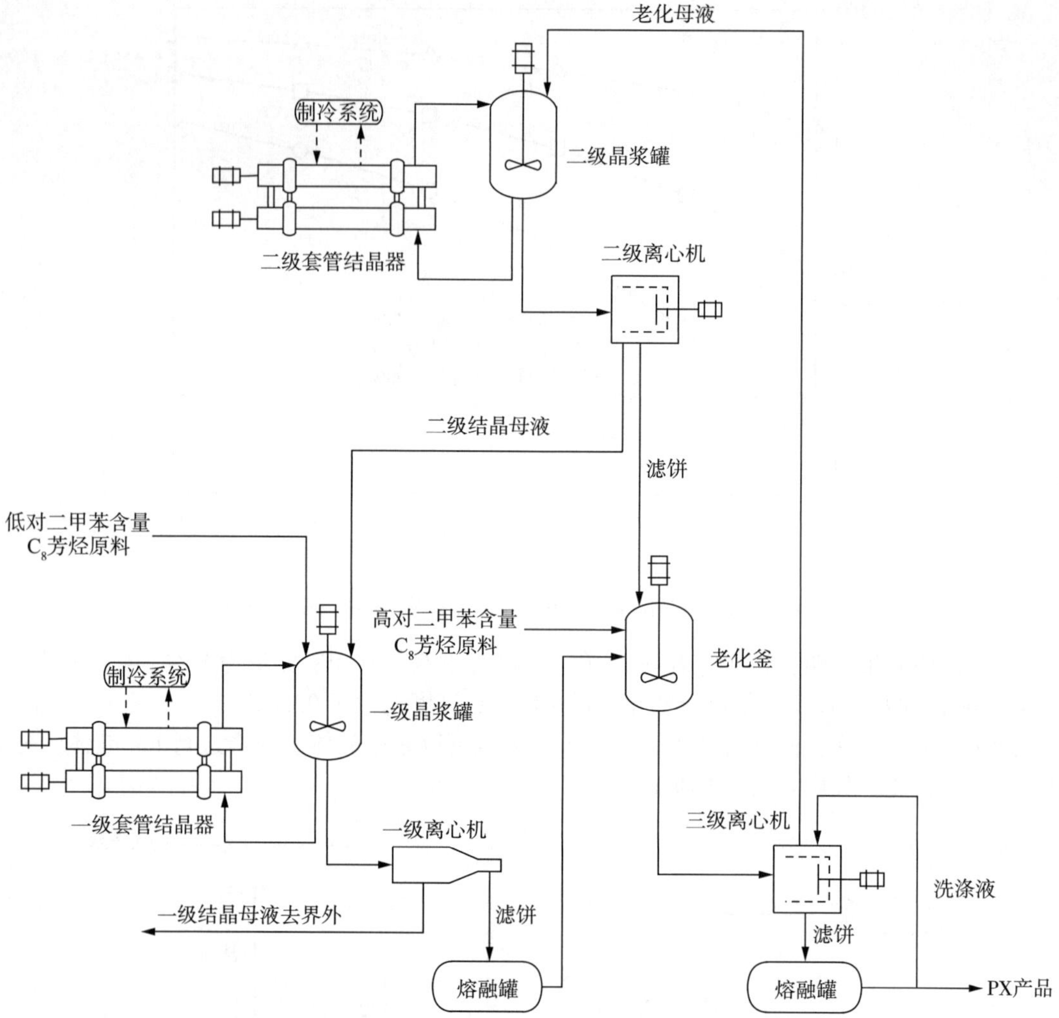

图 4-4-26 兼顾处理高、低 PX 含量的 C_8 芳烃原料的结晶分离工艺流程图

低 PX 含量的 C_8 芳烃原料先进入一级结晶器进行深冷结晶，以尽可能地回收其中的 PX。所得晶浆经固液分离后得到一级结晶母液和一级结晶滤饼。一级结晶母液离开结晶单元去界外。一级结晶滤饼由于 PX 晶体细小，滤饼含湿量大，不能作为产品抽出，因此将其送入老化釜中进行浆化洗涤和升温老化，或者将其通过熔融罐熔化后再送入老化釜中。老化釜中的晶浆经固液分离和洗涤，得到符合产品纯度要求的 PX 产品，老化母液送入二级结晶器中进行结晶以回收其中的 PX。所得晶浆经固液分离后得到的二级结晶母液仍含有较多的 PX，因此送入一级结晶器中继续结晶以回收其中的 PX。二级结晶滤饼同样也不能作为产品抽出，需送入老化釜中进行浆化洗涤和升温老化操作。

(二)技术特点

SCP 工艺的主要特点是利用老化釜对低温 PX 晶体(滤饼)进行浆化洗涤和升温老化操作，以代替常规的低温滤饼熔化后再重结晶的操作，具有以下优点：

①能耗低。利用温度较高、浓度较高的原料对低温的 PX 晶体进行浆化洗涤和升温老化，既回收了晶体携带的冷量，又能使原料中的部分 PX 结晶析出，老化后的晶体经固液分

离后可以直接作为产品采出，不需要熔化后再重结晶，降低了能耗。

②产品纯度高。为老化釜适当地提供少量的冷量或热量，或调节进入老化釜的原料温度，能控制老化釜中的晶体老化效果，保障产品纯度。在晶体老化过程中，晶浆温度上升，升温后的晶浆由于液相黏度的降低有利于固液分离过程。由于小粒度的晶体具有更大的溶解度，因而晶浆升温过程中一部分PX细晶会熔化，细晶熔化提高了液相的过饱和度，有利于其他大粒度晶体的长大，能提高PX晶体的平均粒度，有利于后续的固液分离过程。晶浆升温后所得晶体与洗涤液之间的温差缩小，能有效防止PX洗涤液在洗涤过程中的重结晶现象，从而确保洗涤效果和产品纯度。

五、PX结晶过程的节能技术

(一)能量的综合利用

芳烃装置中的结晶分离单元为整个装置提供了一个低温热源，通过对整个芳烃装置中冷热物流进行夹点分析，可以实现能量的综合利用，降低结晶过程的能耗。首先，可以利用低温的结晶母液对结晶单元的原料进行预冷却；其次，可以利用芳烃装置中的其他高温热源，如高温的C_8芳烃原料，为晶体熔融罐提供热量；最后，可通过对结晶级数以及结晶温度的合理分配与设置，降低结晶分离工艺的能耗。

(二)节能的制冷技术

PX结晶分离工艺的能耗主要来源于制冷单元。为降低结晶分离工艺的能耗，需要对制冷技术进行改进。BP公司近年来利用低温热源开发了氨吸收制冷技术，可用来替代丙烯或丙烷的压缩制冷系统，能大幅降低结晶装置的能耗[16]。

(三)节能的固液分离设备

PX结晶分离过程的能耗除了来自制冷单元的能耗外，高速旋转的离心机也是一个很重要的能耗来源。与高速旋转的离心机相比，晶体洗涤塔的能耗更低，提纯效果更好，是未来替代离心机的理想节能设备。其优点在于：

①产品能直接从洗涤塔采出，无需离心机这种高能耗的固液分离设备，其运动部件的转速都很低，因而能耗较低。

②洗涤液在洗涤塔中对晶体床层能进行连续多级逆流洗涤，因而晶体洗涤效果好，产品纯度高。

③洗涤过程中洗涤液遇到冷的晶体床层会不断结晶析出，在离开洗涤塔之前已全部结晶析出并补充到晶体床层中，因而洗涤过程无洗涤液损失。

六、技术展望

PX结晶分离技术的发展很大程度上得益于关键设备(结晶器和离心机)的大型化发展以及原料中PX含量的提高。未来PX结晶分离技术的发展应该是进一步降低结晶分离工艺的能耗，以抵消结晶分离技术回收率偏低带来的不利影响。

首先，继续进行关键设备(结晶器和离心机)的大型化开发。PX结晶分离技术在工业应用的初期，受限于当时的工业制造水平和自动化控制水平，结晶过程的操作和维护费用较高，导致结晶分离工艺的能耗较大。近年来，随着现代生产制造水平和自动化控制水平的不断提高和关键设备的大型化开发应用，结晶分离工艺的能耗已经得到了大幅度的降低。今后若能进一步提高结晶器和离心机的单台处理能力，则结晶分离工艺的投资和生产成本还能得到进一步降低。

其次，考虑与其他工艺(如甲苯择形歧化和吸附分离)进行组合，以高 PX 含量的 C_8 芳烃作为原料进行结晶分离，并对结晶分离工艺进行优化。一方面要针对不同的原料进行相应的热力学和动力学研究，并结合可靠的结晶过程在线检测方法(晶体粒度分布、组成、过饱和度、固含量等)，对结晶过程进行在线优化和控制，同时要对结晶过程的级数和结晶温度进行全局优化；另一方面也可以根据结晶分离工艺对进料杂质含量要求不高的特点，针对二甲苯分馏和异构化单元进行适当优化，与吸附分离工艺进行组合时，可以降低结晶分离工艺的回收率要求，充分发挥结晶分离工艺产品纯度高和吸附分离工艺回收率高的优势，最大程度地降低 PX 生产成本。

最后，进行能量的综合利用，开发和应用节能的制冷技术和节能的固液分离设备。PX 结晶分离工艺中，制冷能耗和电耗(主要是离心机和泵)占了较大的比例，将装置中的废热用于制冷系统，或者利用晶体洗涤塔取代部分和全部的离心机，都将进一步降低结晶分离工艺的能耗。

参考文献

[1] 王静康. 化学工程手册：结晶[M]. 北京：化学工业出版社，1996：2.

[2] Lide David R. CRC handbook of chemistry and physics [M]. 87th ed. Boca Raton，FL：Taylor and Francis，2007：3-520.

[3] Lammers Gerard C. Process for the recovery of paraxylene：The United States，US3177265 [P]. 1965-04-06.

[4] Laurich Stephen A. P-xylene process：The United States，US3467724 [P]. 1969-09-16.

[5] Kramer F. Production of pure p-xylene：The United States，US3723558 [P]. 1973-03-27.

[6] Kayahara Ikuta，Tanaka Yusuke. Smooth surface chiller crystallizer：The United States，US 3722229 [P]. 1973-03-27.

[7] Maruzen Sekiyu Kabushiki Kaish. A process and apparatus for manufacturing high purity p-xylene：The United Kingdom，GB949161[P]. 1964-02-12.

[8] Edison Robert R，Dresser Thorpe. Separation of paraxylene：The United States，US3916018[P]. 1975-10-28.

[9] Chauvel A，Lefebvre G. Petrochemical processes volume 1：synthesis-gas derivatives and major hydrocarbons [M]. Paris：Editions Technip，1989：261.

[10] Wiegandt Herbert F. Process and apparatus for the continuous separation of solid materials contained in a liquid：The United States，US3435625 [P]. 1969-04-01.

[11] Bennett Rufus B，Dockendorff Ralph L，Powers John M，et al. Process for production and recovery of paraxylene：The United States，US2810772 [P]. 1957-10-22.

[12] Bennett Rufus B. Recovery of paraxylene by crystallization：The United States，US2790018 [P]. 1957-04-23.

[13] 陈亮，肖剑，谢在库，等. 对二甲苯结晶分离技术进展[J]. 现代化工，2009，29(2)：10-14.

[14] 赵仁殿，金彰礼，陶志华，等. 芳烃工学[M]. 北京：化学工业出版社，2001：239-249.

[15] Wilsak Richard A. Energy efficient process for producing high purity paraxylene：The United States，US6565653 [P]. 2003-05-20.

[16] Amelse Jeffrey A. Process for recovering paraxylene utilizing ammonia absorption refrigeration：The United States，US7405340 [P]. 2008-07-29.

[17] Wilsak Richard A, Roberts Scott A, Janulis Rose M. Melt-crystallization separation and purification process: The United States, US20100041936[P]. 2010-02-18.

[18] GTC Technology Corporation. Naftec PX plant nears start-up [EB/OL]. (2012-5-23) [2013-2-18]. http://www.gtctech.com/naftec-px-plant-nears-start-up/.

[19] Gentry Joseph C, Kumar Sam, Lee H M. Innovations in paraxylene technology [EB/OL]. Houston, Texas: GTC Technology Corporation, 2001 [2013-2-18]. http://www.gtchouston.com/articles/innovations in paraxylene technology.pdf.

[20] GTC Technology Corporation. Paraxylene production [EB/OL]. Houston, Texas: GTC Technology Corporation, 2001[2013-2-18]. http://www.gtchouston.com/articles/paraxylene production.pdf.

[21] Eccli William D, Fremuth Alexander D S. Crystallization of paraxylene from high purity paraxylene feeds: The United States, US5448005 [P]. 1995-09-05.

[22] Eccli William D, Fremuth Alexander D S. Single temperature stage crystallization to recover paraxylene: The United States, US5498822 [P]. 1996-03-12.

[23] Kinn Timothy F, Knob Kevin J. Process and apparatus for para-xylene production: The United States, US20080249345 [P]. 2008-10-09.

[24] Hagemeister Mark Paul, Johnson David Lee, Monson John Joseph. Process for the purification of paraxylene: The United States, US20100261941[P]. 2010-10-14.

[25] Mikitenko Paul, Macpherson Stuart R. Process for production of paraxylene comprising a high-temperature crystallization with at least one stage and a partial melting of the crystals: The United States, US6111161 [P]. 2000-08-29.

[26] Mikitenko Paul, Macpherson Stuart R. Process for separating paraxylene comprising at least two crystallization stages at high temperature: The United States, US6147272 [P]. 2000-11-14.

[27] UOP LLC. Crystallization [EB/OL]. Des Plaines: UOP LLC, 2006 [2013-2-18]. http://www.uop.com/objects/badger niro cryst.pdf.

[28] UOP LLC. PX-Plus XP [EB/OL]. Des Plaines: UOP LLC, 2006 [2013-2-18]. http://www.uop.com/objects/54pxplusxp.pdf.

[29] Swift John D. Crystallization process for para-xylene recovery using two-stage recovery section: The United States, US5329061 [P]. 1994-07-12.

[30] Swift John D. Integrated selective adsorption and crystallization process for para-xylene recovery: The United States, US5329060 [P]. 1994-07-12.

[31] Sulzer Chemtech A G. Fractional crystallization [EB/OL]. Winterthur: Sulzer Chemtech AG, 2006 [2013-2-18]. http://www.sulzerchemtech.com/portaldata/11/resources/brochures/mtc/fractional_crystallization-e.pdf.

[32] Saxer K. Fractional crystallization process: The United States, US3621664 [P]. 1971-11-23.

[33] Bischof R, Rhyner H, Saxer K. Method and apparatus for fractional crystallization separation: The United States, US4228089 [P]. 1980-10-14.

[34] Jancic S, Ehrsam C. Method of fluid component separation by crystallization and crystallization separating apparatus: The United States, US4776177 [P]. 1988-10-11.

[35] Stepanski M, Jans B J. Process for fractional crystallization of substances, a crystallizer suitable for working the process, and use of the process: The United States, US6145340 [P]. 2000-11-14.

[36] Schwartz G, Cunin P, Drouglazet G, et al. Crystallizer: Europe, EP0728508 [P]. 1996-08-28.

[37] Drouglazet G, Genin R, Schwartzman E. Process for the purification of organic products by fractionated crystallization at a variable circulation rate: The United States, US6454853 [P]. 2002-09-24.

[38] Parry Ray Dhillon. Old process new PX tricks [EB/OL]. (1996-01-06) [2013-2-18]. http: //www. icis. com/Articles/1996/01/06/43394/old-process-new-px-tricks. html.
[39] 陈亮，肖剑，谢在库，等. 对二甲苯结晶过程的固液相平衡研究[J]. 聚酯工业，2009，22(1)：7-11.
[40] 陈亮，肖剑，谢在库，等. 高质量分数对二甲苯结晶动力学研究[J]. 化学工程，2009，37(10)：22-24.
[41] 陈亮，肖剑，谢在库，等. 对二甲苯悬浮熔融结晶动力学[J]. 化工学报，2009，60(11)：2787-2791.
[42] 陈亮，谢在库，肖剑，等. 由混合二甲苯分离对二甲苯的方法：中国，200910057545.5 [P]，2013-07-31.
[43] 陈亮，谢在库，肖剑，等. 由混合二甲苯结晶分离对二甲苯的方法：中国，200910057546.X [P]，2013-07-31.
[44] Porter R S，Johnson J F. Extended xylene solubility studies [J]. Journal of Chemical and Engineering Data，1967，12(3)：392-394.
[45] Haddon W F，Johnson J F. Solubility Data for p-Xylene [J]. Journal of Chemical and Engineering Data，1964，9(11)：158-159.
[46] Shiau L D，Wen C C，Lin B S. Separation and purification of p-xylene from the mixture of m-xylene and p-xylene by distillative freezing [J]. Industrial & Engineering Chemistry Research，2005，44(7)：2258-2265.
[47] Shiau L D，Wen C C，Lin B S. Application of distillative freezing in the separation of o-xylene and p-xylene [J]. AIChE Journal，2006，52(5)：1962-1967.
[48] McKay D L，Dale G H，Tabler D C. Para-xylene via fractional crystallization [J]. Chemical Engineering Progress，1966，62(11)：104-112.
[49] Jakob A，Joh R，Rose C，et al. Solid-liquid equilibria in binary mixtures of organic compounds [J]. Fluid Phase Equilibria，1995，113(1)：117-126.
[50] 丁绪淮，谈遒. 工业结晶[M]. 北京：化学工业出版社，1985：12.
[51] Mersmann A，Bartosch K. How to predict the metastable zone width. Journal of Crystal Growth [J]，1998，183(1-2)：240-250.
[52] De Goede R，Van Rosmalen G M. Crystal growth phenomena of paraxylene crystals [J]. Journal of Crystal Growth，1990，104(2)：399-410.
[53] De Goede R，Van Rosmalen G M. Modelling of crystal growth kinetics：A simple but illustrative approach [J]. Journal of Crystal Growth，1990，104(2)：392-398.
[54] Mullin J W. Crystallization [M]. 4th ed. Oxford：Butterworth Heinemann，2001：249.
[55] Mohameed H A，Abu Jdayil B，Takrouri K. Separation of para-xylene from xylene mixture via crystallization [J]. Chemical Engineering and Processing，2007，46(1)：25-36.
[56] Patience D B，Rawlings J B，Mohameed H A. Crystallization of para-xylene in scraped-surface crystallizers [J]. AIChE Journal，2001，47(11)：2441 - 2451.
[57] Burton J A，Prim R C，Slichter W P. The distribution of solute in crystal grown from the melt. Part I. Theoretical [J]. Journal of Chemical Physics，1953，21(11)：1987 - 1990.
[58] Mersmann A. Crystallization technology handbook [M]. New York：Marcel Dekker Inc，2001：665.
[59] Matsuoka M，Fukuda T，Takagi Y，et al. Purification by sweating of organic solid solutions by layer and suspension type melt crystallization operations [J]. Journal of Chemical Engineering of Japan，1995，28(5)：562-569.
[60] Beek W J，Muttzall K M K，Van Heuven J W. Transport phenomena [M]. 2nd ed. New York：Wiley，

1999：194.
[61] 陈亮，肖剑，谢在库，等．对二甲苯连续结晶过程动态模拟与控制[J]．石油化工，2010，39(S)：953-955.
[62] Arkenbout G F. Melt crystallization technology [M]. Lancaster：Technomic Publishing，1995：164.
[63] 施震荣．工业离心机选用手册[M]．北京：化学工业出版社，1999：10.
[64] Sutherland Ken. Filters and filtration handbook [M]. 5th ed. Oxford：Butterworth Heinemann，2008：472.
[65] Van Der Steen Rob，Nandani Shailesh. Suspension based melt crystallization-the clear facts [EB/OL]. Niro Process Technology，2004 [2013 - 2 - 18]. http：//www. gea - messo - pt. com/ geacrystal/cmsdoc. nsf/webdoc/webb7qpdjt.
[66] Marwil S J，Kolner S J. Pulse column purification of para-xylene[J]. Chemical Engineering Progress，1963，59(2)：60-65.
[67] Arkenbout G J. Continuous fractional crystallization [J]. Chemtech，1976，6(9)：596-599.
[68] Hayashi Yasuo，Kodama Kenji，Ohta Minoru，et al. Apparatus for purifying crystals comprising a stirrer with fins forming a discontinuous spiral：The United States，US3770386[P]. 1973-11-06.
[69] TNO. Melt crystallization [EB/OL]. Apeldoorn：TNO，2006 [2013 - 2 - 18]. http：//www. tno. nl/downloads/melt crystallization2. pdf.
[70] Brodie J A. Solid - liquid continuous countercurrent purifier method and apparatus：The United States，US3645699 [P]. 1972-02-29.
[71] Brodie J A. A continuous multi - stage melt purification process [J]. Mechanical & Chemical Engineering Transaction，1971，5：37-44.
[72] Molinar J G D，Dodgson B V. Theory and practice related to the Brodie purifier [J]. The Chemical Engineer，1974，7-8：460-464.
[73] Takegami K，Morita M，Nakamaru K，et al. Countercurrent cooling crystallization and purification method for multi-component molten mixture：The United States，US4588414 [P]. 1986-03-13.
[74] Kuwahara Hiroyuki，Horibe Kazuyoshi，Noma Nobumasa，et al. Method of refining crystalline material：The United States，US6403828 [P]. 2002-06-11.
[75] Matsuoka M，Takiyama H，Soutome O. Separation characteristics of an inclined column crystallizer [J]. Chemical Engineering Research and Design，1997，75(2)：206-212.
[76] Funakoshi K，Uchida H，Takiyama H，et al. Influence of reflux ratio on separation and purification of acrylic acid by inclined column crystallizer [J]. Journal of Crystal Growth，2002，237-239：2251-2256.
[77] 陈亮，李军，刘逸飞，等．倾斜晶析塔内有机物纯化过程的理论与实验研究[J]．四川大学学报(工程科学版)．2006，38(3)：54-58.
[78] Chen Liang，Li Jun，Matsuoka Masukuni. Experimental and theoretical investigation on purification process of organic materials in a continuous inclined column crystallizer [J]. Industrial & Engineering Chemistry Research，2006，45(8)：2818-2823.

第五节 其他 C_8 芳烃异构体的分离和提纯技术

C_8 芳烃的四种异构体中，除用量最大的 PX 外，MX、OX 和 EB 等单体芳烃作为重要的基本有机化工原料，在工业上也有着广泛的应用。其中 MX 和 OX 主要从混合二甲苯中直接分离获得，而 EB 主要通过苯与乙烯烷基化法生产(详见第七章第一节)。从 C_8 芳烃中直接分离 EB 的技术具有较好的应用发展前景，值得关注。

一、间二甲苯分离技术

(一)概述

MX广泛应用于合成树脂、农药、医药、涂料和染料等诸多领域，需求量在逐年增长。国内MX主要用于生产间苯二甲酸和间苯二腈，少量用于生产间苯二胺、间甲基苯甲酸和香料等。MX氧化制成的间苯二甲酸是生产共聚聚酯、不饱和树脂、醇酸树脂、特种高温树脂、纤维改性剂、增塑剂等的单体，其消费量约占总产量的50%；MX经氨氧化所得间苯二甲腈是生产农药百菌清的中间体。

工业上从C_8芳烃中分离MX主要有HF-BF_3络合分离和吸附分离两类工艺技术。前者因设备腐蚀和环境污染等问题逐步被淘汰。吸附分离法以UOP公司开发的MX-Sorbex工艺[1]为代表，采用NaY或LiNaY分子筛吸附剂[2,3]，甲苯作为解吸剂，分离所得MX产品纯度可达99.5%，单程收率可达95%，具有产品纯度和收率高、无设备腐蚀的优点，是当前生产MX的主流工艺技术。法国石油公司也在专利[4]中公开了类似的方法分离MX，采用NaY分子筛作为吸附剂，四氢化萘作为解吸剂。中国石化开发有OX异构化-气相吸附分离MX工艺。

(二)气相吸附分离间二甲苯工艺

气相吸附分离制备MX是指在常压条件下，将混合C_8芳烃原料经加热炉气化后送入吸附柱与分子筛吸附剂接触，其中的PX等异构体被优先吸附进入分子筛晶体内，与吸附剂结合力最弱的MX几乎不被吸附，穿透吸附剂床层进入到吸余液中，再精馏此吸余液获得MX产品。吸附相中组分经解吸剂洗脱后吸附剂循环使用。典型的气相吸附分离MX工艺为中国石化开发的邻二甲苯异构化-气相吸附分离工艺。

1. 工艺流程

邻二甲苯异构化-气相吸附分离工艺是以OX为起始原料，经异构化反应生成包含MX在内的混合二甲苯和C_6/C_7、C_{9+}芳烃组分，异构化反应产物依次经过脱C_6/C_7芳烃塔、脱邻二甲苯塔和脱C_{9+}芳烃塔进行分馏处理。从脱邻二甲苯塔塔顶取得的MX和PX混合物作为吸附单元进料，经气相吸附后分成包含PX和解吸剂的脱附液和包含MX和解吸剂的吸余液。精馏吸余液从塔底获得MX产品，精馏脱附液从塔底抽出的PX，一部分作为吸附单元的置换剂，另一部分与脱C_{9+}芳烃塔顶抽出的OX一起循环回异构化单元重新转化。脱附液塔和吸余液塔塔顶抽出的解吸剂甲苯循环使用。该工艺于1996年首次工业应用[5]，建成5kt/a规模的MX生产装置，MX纯度大于99%，收率大于90%，是当时国内生产MX的最先进工艺。见图4-5-1。

2. 吸附剂

为配套气相吸附分离MX工艺而开发的分子筛吸附剂(商品牌号RAX-I)的物化指标见表4-5-1。该吸附剂的特点是选择性吸附进料中的PX，从吸余液获得MX产品。由于受异构化反应热力学平衡限制，混合二甲苯中MX的浓度显著高于PX，因此以低浓度的PX作为吸附相可以提高单位吸附剂的原料处理能力。

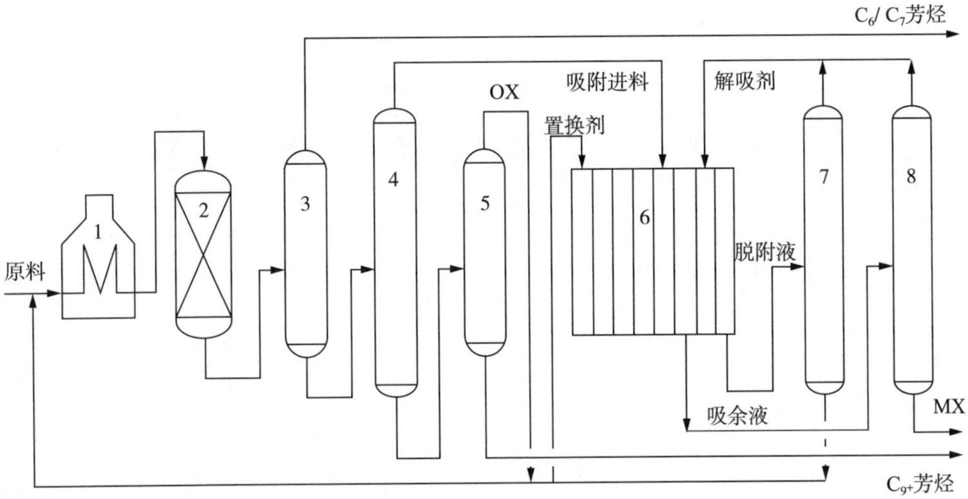

图 4-5-1 二甲苯异构化-气相吸附分离组合工艺流程图

1—加热炉；2—异构化反应器；3—脱 C_6/C_7 芳烃塔；4—脱邻二甲苯塔；
5—脱 C_{9+} 芳烃塔；6—多柱串联吸附器；7—脱附液精馏塔；8—吸余液精馏塔

表 4-5-1 RAX-I 型吸附剂的物化指标

项 目	指 标
活性组分	KY 分子筛
比表面积/(m^2/g)	≥480
孔体积/(mL/g)	≥0.28
外形尺寸/mm	ϕ1.8×(5~10)，条状
堆密度/(kg/m^3)	500~540

3. 气相吸附分离过程

多柱串联气相吸附分离工艺流程如图 4-5-2 所示，设有 8 具吸附柱，分成吸附区、置换区和脱附区等三个区域，各区吸附柱分配依次为 2 柱、4 柱和 2 柱。每具吸附柱顶部和底部各设有 3 台气动阀控制不同工艺物流的进入和排出，在一个操作周期内只有 11 台阀门处于打开状态，其余 37 台阀门关闭，在下一个操作周期，打开的阀门同步向右切换一个柱位，如此往复循环实现气固两相的逆流移动。

气相吸附单元以分馏单元送来的 PX 与 MX 混合物为原料，以 PX 为置换剂，甲苯(T)作为解吸剂。在吸附区，原料中的 PX 被优先吸附进入分子筛晶内并置换出吸附相中的甲苯，绝大部分 MX 穿透吸附剂床层进入吸余液；吸附了 PX 和少量 MX 的吸附柱向左移动进入置换区，吸附剂中的 MX 被作为置换剂注入的 PX 置换出来进入吸附区，同时吸附相中的 PX 得到提纯；在脱附区，利用甲苯洗脱 PX 得到脱附液，被甲苯饱和的吸附剂重新切入吸附区。如此循环操作，实现 MX 与 PX 之间的分离，从吸余液获得 MX 产品。气相吸附分离过程的操作参数见表 4-5-2，该工艺仅适用于处理不含 EB 或其含量低于 0.2%的物料，吸附分离 MX 产品纯度大于等于 99.0%，MX 收率大于等于 90%。

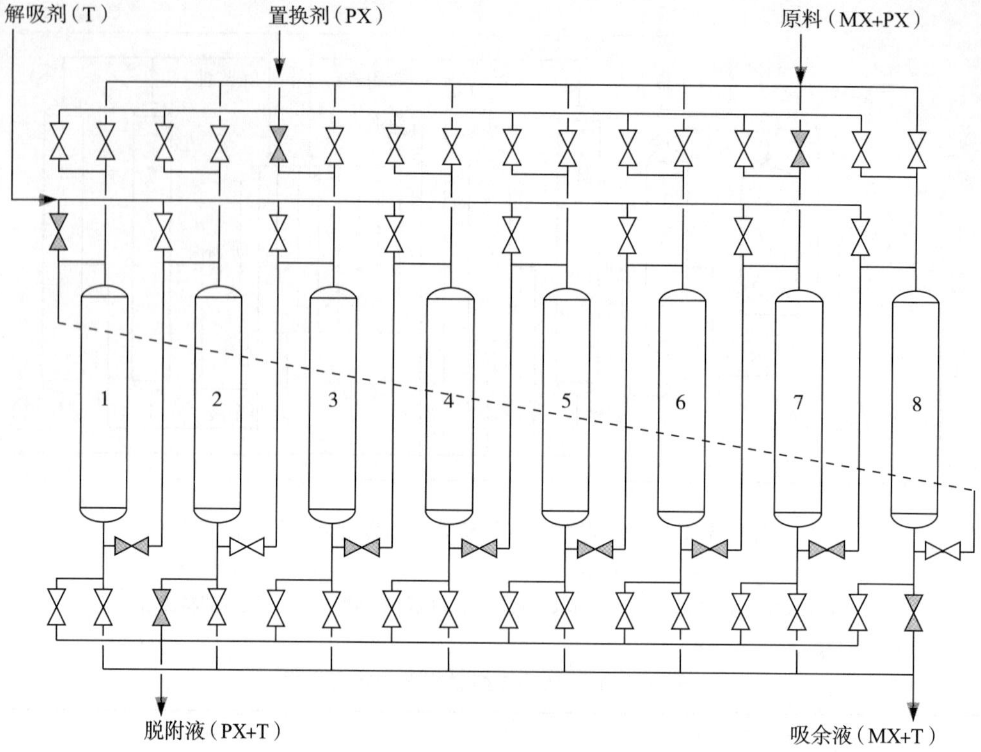

图 4-5-2　多柱串联气相吸附分离工艺流程图

阀门状态：⧓—开；⋈—关

表 4-5-2　气相吸附分离操作参数

项　目	指　标
操作温度/℃	175～185
原料、置换剂入口压力/MPa	0.02～0.05
解吸剂入口压力/MPa	0.2～0.3
单柱进料重时空速/h^{-1}	0.26～0.28
单柱置换剂重时空速/h^{-1}	0.18～0.20
单柱解吸剂重时空速/h^{-1}	1.25～1.30

二、乙苯分离技术

（一）概述

C_8 芳烃中通常含有一定量的 EB，工业上一般采用异构化法将其转化为二甲苯来最大化生产 PX，但转化率较低，操作条件苛刻，还会生成副产物苯和乙烷，原料中剩余的 EB 又会影响 PX 的分离效率。若将 EB 从 C_8 芳烃中直接分离出来，既可以降低 C_8 芳烃异构化反应的苛刻度，又可提高 PX 装置的分离效率，更可以充分利用 EB 资源，提高芳烃装置的经济效益。

从 C_8 芳烃中分离 EB 的方法主要有精馏法、络合分离法、吸附分离法以及联产 EB 和

PX 工艺等技术。精馏法最早于 1957 年工业应用，美国 Cosden 石油化学公司在得克萨斯州的 Bigspring 首次采用精馏法由 C_8 芳烃中分离 EB[6]。由于 C_8 芳烃各组分间沸点相差很小，精馏塔需要 360 块塔板，整个装置由 3 个 61m 高的精馏塔串联而成，操作回流比高达 60~80，美国 Badger 工程公司参与工程设计。与当时小规模的烷基化装置相比，该工艺具有一定的技术经济优势，但因能耗大、投资和操作成本高，并未获大量推广。我国 20 世纪 70 年代初曾建有一套 C_8 芳烃精馏分离 EB 的装置，产品纯度可以达到 99.5%。其他分离方法也仅见于文献报道。更加低能耗、高效率地利用原料中每一个组分已成为引领未来技术开发的方向，从 C_8 芳烃中直接分离 EB 的工艺有望获得更大发展。

（二）原料来源与质量指标

C_8 芳烃最初主要来自炼焦工业，随着石化工业的发展，其来源发生了重大变化。目前 C_8 芳烃主要来自催化重整装置和乙烯装置，部分来自烷基转移和甲苯歧化生成油，焦化 C_8 芳烃的比例已不足总产量的 2%。典型的 C_8 芳烃组成见表 4-3-1。甲苯歧化生成油中 EB 含量较低，没有分离价值，其他来源的 C_8 芳烃均可作为分离 EB 的原料，尤以 HSCN 最佳。

（三）乙苯分离工艺

1. 萃取精馏法

由于塔板数多、回流比大、能耗太高，常规精馏法分离 EB 工艺逐步被淘汰。

为提高 EB 分离效率，降低操作能耗，多家机构开展了萃取精馏工艺研究。国际合成橡胶公司[7,8]采用邻苯二甲酸酐和顺丁烯二酸酐混合物或多氯苯酚作为萃取剂，从 PX、MX 与 EB 的混合物中萃取精馏分离 EB，精馏塔最小理论板数分别为 50 和 41，EB 产品纯度为 99%。菲利普石油公司[9]采用烷基磺酸铜盐萃取精馏技术从混合 C_8 芳烃中分离 EB，在塔顶得到富含 EB 的物流。专利[10]采用叔丁醇、四氯化碳或乙醇为催促剂的精馏法从 C_8 芳烃中分离 EB 和 OX，EB 分离塔内装有不锈钢丝波纹填料，该法可以得到纯度 99.94%以上的 EB，提取率达 99.7%以上。

2. 络合分离法

C_8 芳烃的几种异构体中 EB 的相对碱度最小，在特定条件下，可以使用 $HF-BF_3$ 从 C_8 芳烃中抽出碱度较大的二甲苯异构体，而使 EB 留于抽余物流中。日本三菱瓦斯化学公司开发的 PomEB 络合分离工艺[11]，可获得纯度为 99%的 EB，收率最高可达到 95%。该法将 C_8 芳烃原料送入 EB 分离塔中部，络合剂 $HF-BF_3$ 送入塔的顶部，塔底送入异构化产物和稀释剂作为回流，在 0℃条件下操作，塔顶组分为 EB 和歧化抑制剂。该工艺的控制关键是抑制浓缩的 EB 在络合剂的作用下发生歧化反应。

3. 吸附分离法

随着以分子筛吸附剂分离 PX 工艺技术的成功工业应用，研究人员开展了从 C_8 芳烃中吸附分离 EB 的研究。EB 吸附分离技术的关键是吸附剂的研制及相应吸附-解吸体系的确定，按照原料组分被优先吸附的顺序，大体分为以下两类。

（1）优先吸附二甲苯异构体

优先吸附二甲苯异构体的代表性的工艺是美国 UOP 公司开发的 Ebex 工艺[12]，以 Sr^{2+} 和 K^+ 混合交换的 X 型分子筛为吸附剂，Sr 与 K 的质量比为 5~25，吸附剂 500℃下灼减含水率控制为 1%~2%，以甲苯作为解吸剂。该工艺在 20 世纪 80 年代进行了中试，原料中 EB 质量分数为 50%，在 EB 产品纯度为 99.5%时收率为 99.7%，能耗相对精馏法可降低约 60%。

由于在抽余油中获取EB，当进料中EB含量偏低时，生产单位产品的吸附剂用量较大，因而该工艺尚未见工业化报道。

(2)优先吸附EB

C_8芳烃混合物中EB的含量通常低于3种二甲苯异构体的总量，因而采用优先吸附EB的吸附剂效率更高。文献中报道的优先吸附EB的吸附剂主要有BaX[12]型、RbX[13]型、CsX[14]型和Ga-Beta[15]型等。但这些吸附剂大多选择性偏低，通过吸附分离法生产EB的费用仍然高于直接合成法。2001年Axens公司公开了一种采用钛硅分子筛吸附EB的技术[16]，相对于其他吸附剂，其使用量和操作能耗有所下降，但吸附剂的昂贵价格限制了其工业应用。

4. 联产EB和PX工艺

由C_8芳烃分离同时得到PX和EB产品，不但可以降低异构化过程的处理量和操作苛刻度，还可以提高芳烃联合装置的分离效率和经济效益。日本旭化成株式会社开发了一种顶替色谱法从C_8芳烃中分离EB和PX并完成了中试。该法利用一个主塔将C_8芳烃物流分为(EB+PX)和(EB+MX+OX)两股物流，分别进入第一辅塔和第二辅塔；第一辅塔得到EB和PX产品，第二辅塔得到EB产品和(MX+OX)抽余油。专利[17,18]将C_8芳烃原料通过吸附分离得到(EB+PX)和(MX+OX)两股物流，(EB+PX)物流通过结晶分离得到PX产品，结晶母液进一步分离得到高纯度EB。专利[16]将传统的PX吸附分离分成5个区，得到两股抽余油，其中一股富含EB和少量MX、OX，将这股抽余油送入第二吸附单元可得到高纯度EB产品。

三、技术展望

基于高纯度、高收率和环境友好等突出优点，液相模拟移动床吸附分离法将成为从混合C_8芳烃中分离生产间二甲苯的主流工艺技术。由于MX在全球的消费量相对较小，技术竞争性也相对较弱，自UOP首次推出MX-Sorbex工艺以来，尚未见其有更新的技术报道。近年来，MX消费量呈现快速发展势头，预计未来受日益增长的市场需求和提高产品质量、增产降耗的技术发展要求推动，MX吸附分离工艺也将获得进一步发展。与PX吸附分离技术发展类似，不断提高分子筛吸附剂的性能，持续改进优化模拟移动床工艺将是该类工艺发展的两大核心，两种吸附分离工艺的改进思路和优化方法可以相互借鉴或移植。吸附剂技术的研究方向主要是通过配方优化和制备工艺优化来提高吸附剂的吸附容量、吸附选择性和传质速率，从而不断提高单位吸附剂的生产能力，同时开发和应用新型高效能吸附材料。工艺进步的主要发展方向是优化吸附塔床层分区，改进床层管线冲洗，减小吸附塔内无效体积，更加精确地控制物料流量和系统压力，使吸附剂的生产能力得到充分利用。

从混合C_8芳烃中分离EB的难度较大，相关技术开发还不成熟，产品纯度、收率或生产能耗等技术和经济指标尚未达到大规模工业应用的水平。在已报道的几种EB分离方法中，吸附分离技术或是较有发展潜力的一种工艺路线，其开发的重点是研制出高选择性吸附剂，匹配出适应工艺需求的吸附-解吸体系，工艺工程则可借鉴较为成熟的PX吸附分离工艺。

联产两种甚至多种C_8芳烃单体的组合工艺，如联产PX和MX，或联产PX和EB等，有望大幅提高单元装置的生产效率，降低生产能耗和物耗，也是值得关注研究方向。

参考文献

[1] www. uop. com/processing-solutions/petrochemicals/benzene-para-xylene-production/#xylene-recovery.
[2] 环球油品公司．从芳烃中吸附分离间二甲苯的改进方法：中国，CN1050595C[P]. 1994.
[3] Santi K. Process for the adsorptive separation of metaxylene from aromatic hydrocarbons：The United States，US 5382747[P]. 1995.
[4] 法国石油公司．从芳族烃物料中分离间二甲苯的方法：中国，CN1939883A[P]. 2006.
[5] 赵毓璋，杨健．二甲苯吸附分离-异构化组合工艺生产高纯度间二甲苯[J]．石油化工，2000，29(1)：32~36.
[6] 孙宗海，瞿国华，张臻芳．石油芳烃生产工艺与技术[M]. 北京：化学工业出版社，1986：251-252.
[7] International Synthetic Rubber Co Ltd. Separation of ethylbenzene from para- and meta-xylene by Extractive distillation：The United States，US 4292142[P]. 1981.
[8] International Synthetic Rubber Co Ltd. Separation of ethylbenzene from para- and meta-xylene by Extractive distillation：The United States，US 4299668[P]. 1981.
[9] Philips Petroleum Company. Separation of ethylbenzene xylene by Extractive distillation：The United States，US 5135620[P]. 1992.
[10] 中国石化股份有限公司．一种从混合二甲苯中分离乙苯和邻二甲苯的生产工艺：中国，CN 1566045[P]. 2005.
[11] 日本石油学会．石油炼制工艺方法手册[M]，第一册，1973 年；第二册，1976 年．
[12] UOP. Separation of ethylbenzene with adsorbent comprising Sr and K Exchanged X or Y zeolite：The United States，US 4079 094[P]. 1978.
[13] Exxon Research and Engineering Company. Process for separating ethylbenzene from xylenes by selective adsorption on a rubidium substituted X zeolite.：The United States，US 4613725[P]. 1986.
[14] UOP. Process for adsorptive separation of ethylbenzene from aromatic hydrocarbons：The United States，US 5453560[P]. 1995.
[15] Exxon Research and Engineering Company. Process for separating ethylbenzene from xylenes by selective adsorption on a gallium beta zeolite(ATD-35)：The United States，US 4751346[P]. 1988.
[16] Inst Francais Du Petrol. Process for co-production and separation of ethylbenzene and paraxylene：The United States，US 6177604B1[P]. 2001.
[17] Mobil. Recovery of isomers from aromatic mixtures：The United States，US 3729523[P]. 1973.
[18] 中国石油化工股份有限公司．从 C_8 芳烃中吸附-结晶分离对二甲苯和乙苯的方法：中国，CN 100577618C[P]. 2007.

第六节 C_{9+} 芳烃的分离

一、C_{9+}芳烃来源

C_{9+}芳烃通常是指 C_9 及以上的单环和稠环芳烃($C_{9+}A$)，主要来自催化裂化、催化裂解[1-2]、催化重整、歧化、异构化[3~7]、蒸汽裂解[8]、苯-乙烯烷基化制 EB[9]及煤高温炼焦副反应过程[10]，是石油化工和煤焦化装置的重要副产品。C_{9+}芳烃组成复杂，含有较多的多烷基苯、双环戊二烯、萘系物等组分，它们均为重要的化工资源。随着分离技术发展和资源集中度提高，对于C_{9+}芳烃的综合利用也越来越得到重视。目前，C_{9+}芳烃的利用主要集中在分离高纯度单体作为精细化工产品原料、生产高品质溶剂油、石油树脂以及轻质化作为增产BTX芳烃的原料等[11]。本节重点讨论石油基C_{9+}芳烃分离工艺，煤基C_{9+}芳烃分离及利用见第八章非石油基芳烃相关部分。

石油C_{9+}芳烃主要来自芳烃联合装置、蒸汽裂解装置和苯乙烯装置等石油化工装置，催化裂化和催化裂解生产和利用的C_{9+}芳烃资源相对较少。

芳烃联合装置基本以PX为主要目标产品，根据产品需求不同，还可副产苯、甲苯、OX和C_{9+}芳烃等芳烃产品。C_{9+}芳烃绝大部分来自连续重整装置和歧化装置。连续重整的反应过程是将非芳烃转化为芳烃的过程，因此反应产物中C_{9+}芳烃通常能达到20%~30%。歧化装置以甲苯和C_9芳烃及少量的C_{10}芳烃为原料，C_9和C_{10}芳烃既是参加反应的原料，也是反应过程中副反应的产物，由于受到转化率的限制，一部分或全部的C_9和C_{10}芳烃需要在歧化装置循环。重整装置和歧化装置的C_{9+}芳烃最终通过二甲苯分馏装置的二甲苯塔分离出二甲苯后和重芳烃塔分离出歧化用C_9~C_{10}芳烃后所得。

蒸汽裂解装置以石油烃为原料，在高温和水蒸气存在的条件下发生裂解反应生产乙烯、丙烯，同时副产丁二烯、苯、甲苯、二甲苯和乙苯及少量C_{9+}芳烃等。蒸汽裂解反应产物经急冷、压缩和分离生产出烯烃，副产的C_5~C_9组分进入裂解汽油加氢单元分离出C_{9+}芳烃。

苯乙烯装置包括苯烷基化单元、烷基转移单元和乙苯脱氢单元(具体描述参见第七章第一节和第九章第一节)。在烷基化单元，乙苯与乙烯发生烷基化反应生成多乙基苯等C_{9+}芳烃，多乙基苯可以作为对二乙苯的原料，分离出对二乙苯。

二、C_{9+}芳烃组成

根据加工过程的不同，C_{9+}芳烃的组成差异较大，如催化重整生成油经抽提、精馏分离出苯、甲苯和二甲苯后剩余的芳烃中C_9芳烃占80%以上，其中主要组分为偏三甲苯、均三甲苯及甲乙苯，三者约占重整C_9芳烃的70%左右；重整C_9芳烃进一步与甲苯进行歧化、异构化反应(增产PX)后分离可得到以C_{10}芳烃为主的重整C_{10}芳烃，其中均四甲苯的含量约占8%；蒸汽裂解装置副产C_{9+}芳烃约占乙烯总产量的10%~20%，蒸汽裂解C_{9+}芳烃中C_9芳烃约占80%(简称裂解C_9)，含有双环戊二烯、苯乙烯和茚等活性组分，直接分离利用困难较大，目前主要利用其混合组分生产芳烃石油树脂；乙苯装置副产的C_{9+}芳烃是苯与乙烯烷基化反应过程生成的多乙苯(主要是DEB)，该股原料可直接作为PDEB装置的原料[12]分离高纯度的PDEB产品；催化裂化、催化裂解以及煤高温炼焦副产的C_{9+}芳烃含有较多的双环、三环以上芳烃分离利用见第八章第一节。

三、分离工艺

由于C_{9+}芳烃来源多样化，且组成复杂。因此本节选取有代表性的C_{9+}芳烃的分离工艺进行描述，主要有重整C_9芳烃分离工艺、重整C_{10}及以上芳烃分离工艺、裂解C_9芳烃分离工艺以及对二乙苯分离工艺。

(一)重整C_9芳烃分离工艺

1. 概述

重整C_9芳烃主要来自芳烃联合装置的催化重整装置，其中的偏三甲苯、甲乙苯、均三甲苯和连三甲苯等，是发展精细化工的宝贵资源，具有很高的经济附加值。

重整 C_9 芳烃虽然组成比较复杂，但其组分相对集中。表 4-6-1 为我国某石化厂重整 C_9 芳烃的组成。由表 4-6-1 可知，重整 C_9 芳烃中组分相对集中，偏三甲苯、连三甲苯、均三甲苯、甲乙苯等含量较高，具有分离利用价值。

表 4-6-1　某石化厂重整 C_9 芳烃组成

组　分	含量/%(质量)
二甲苯	0. 30
异丙苯	4. 52
正丙苯	4. 42
间甲乙苯	11. 59
对甲乙苯	6. 34
均三甲苯	8. 98
邻甲乙苯	6. 64
偏三甲苯	40. 46
连三甲苯	12. 94
其他	3. 81

2. 分离工艺

国内外生产偏三甲苯的厂家大多采用传统的分离工艺和设备，利用双塔连续精馏的工艺流程，分离出的偏三甲苯的纯度可达到 98%以上。国内某公司采用了三塔连续精馏的工艺流程，偏三甲苯的纯度在 98. 5%以上，增加了富集均三甲苯产品，并进而生产均三甲苯，同国内其他装置相比，在产品品种和产品质量上具有一定的优势[13]。

国内外生产均三甲苯的代表性的方法有深冷结晶法、HF-BF 法，抽提/异构化法、偏三甲苯异构化-精馏法、萃取精馏法、分子筛吸附法、丙酮缩合制均三甲苯、烷基化-精馏法等，其中工业化技术比较成熟的是偏三甲苯异构化和烷基化-精馏法这两类。偏三甲苯异构化-精馏法是生产均三甲苯的重要方法之一，工艺有气相异构化和液相异构化两种，所用催化剂有浸钼和镍的氢型丝光沸石等。这类方法通常还副产均四甲苯等产品，均三甲苯的纯度可达到 95%以上。藁城聚丙烯厂采用的便是此类工艺。但是此类方法很难获得纯度 98%以上的均三甲苯产品，同时产品成本较高。

重整 C_9 芳烃产率和组成与原料的性质、馏分范围及工艺条件有关。原料馏分宽、反应压力低，则重芳烃产率高，双金属催化剂比单铂催化剂重芳烃产率高。重整 C_9 芳烃几乎不含烯烃，安稳性好，可以分离单独使用。1984 年起，中国石化与天津大学、南京工业大学、南京师范大学等共同开发了重整 C_9 芳烃分离工艺，该工艺以精馏与萃取精馏相结合，分离其中的组分。通过该工艺可分离得到纯度为 98%的偏三甲苯，纯度为 95%的甲乙苯，纯度为 95%的均三甲苯，纯度为 99%的连三甲苯和溶剂油等产品[14,15,21]。

重整 C_9 芳烃分离工艺简图如图 4-6-1 所示。重整 C_9 芳烃进入 T1 预分馏塔进行精馏，塔顶得到馏分流股 1 为沸点低于偏三甲苯的馏分，塔釜得到馏分流股 2 为偏三甲苯和连三甲苯；流股1继续送至T2脱轻塔继续精馏，塔顶流股3为沸点低于均三甲苯的馏分，塔釜流股4为均三甲苯和邻甲乙苯，在T5均三甲苯塔中进行萃取精馏得到均三甲苯；流股3继续送至T4甲乙苯塔精馏，塔顶流股5可作为高辛烷值汽油调合组分和溶剂油，塔釜为纯度在95%以上的甲乙苯；T1预分馏塔釜流股2送至T3偏三甲苯塔精馏，塔顶得到98%以上的偏三甲苯，塔釜流股7为连三甲苯和少量偏三甲苯，继续去T6连三甲苯塔精馏，塔釜得到连三甲苯，塔顶馏分可作为双氧水生产中的溶剂。表4-6-2~表4-6-6给出主要分馏塔产品馏分的组成以及分离产品的规格。

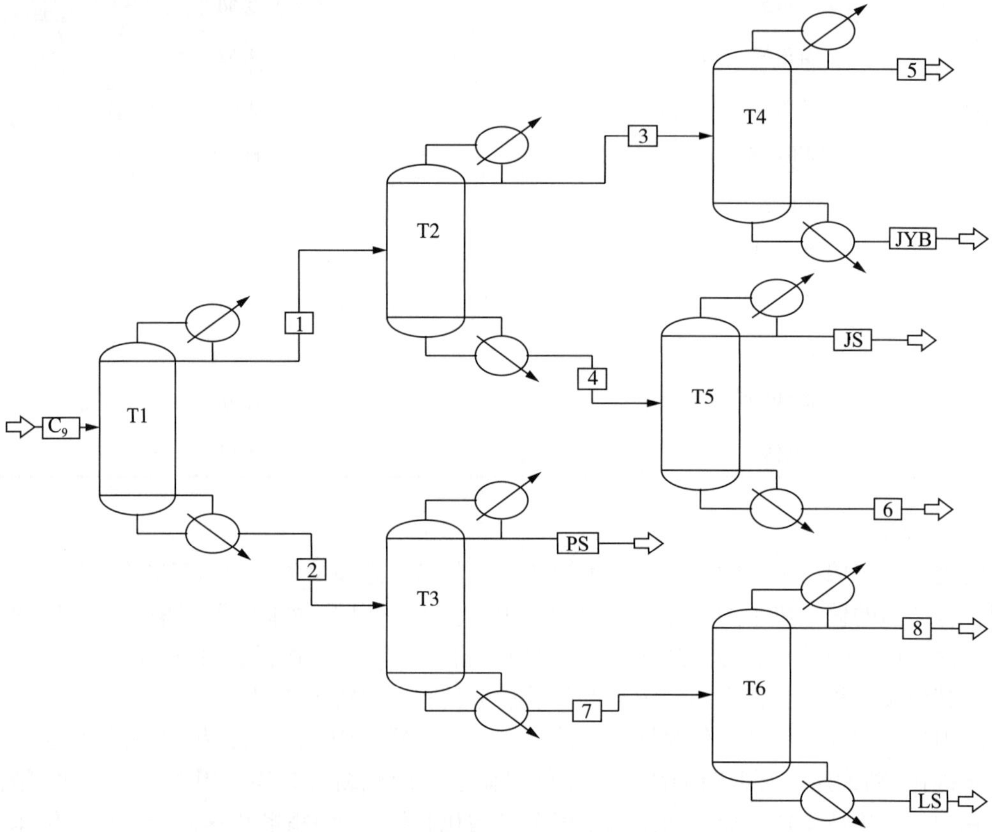

图4-6-1 重整C_9芳烃分离工艺流程图

T1—预分馏塔1；T2—脱轻塔2；T3—偏三甲苯塔；T4—甲乙苯塔；T5—均三甲苯塔；T6—连三甲苯塔；JYB—甲乙苯；JS—均三甲苯；PS—偏三甲苯；LS—连三甲苯

表4-6-2 T3偏三甲苯塔塔顶组成

名 称	含量/%(质量)
均三甲苯	0.6
邻甲乙苯	0.4
偏三甲苯	98.0
连三甲苯	1.0

表 4-6-3 T4 甲乙苯塔塔釜组成

名 称	含量/%(质量)
正丙苯	2.6
间甲乙苯	63.6
对甲乙苯	30.7
均三甲苯	2.0
邻甲乙苯	1.1

表 4-6-4 T5 均三甲苯塔塔顶组成

名 称	含量/%(质量)
间甲乙苯	0.9
对甲乙苯	2.1
均三甲苯	95.12
邻甲乙苯	1.88

表 4-6-5 T6 连三甲苯塔塔釜组成

名 称	含量/%(质量)
偏三甲苯	1.0
连三甲苯	99.0

表 4-6-6 重整 C_9 芳烃分离产品规格

物 质	纯 度
原料	重整 C_9A
甲乙苯	95%
均三甲苯	95%
偏三甲苯	98%
连三甲苯	98%

3. 主要工艺参数

重整 C_9 芳烃分离的主要工艺参数如表 4-6-7 所示。

表 4-6-7 重整 C_9 芳烃分离主要工艺参数

塔顶温度/℃	150~170	140~160	160~175	145~160	150~165	145~160
塔底温度/℃	170~180	160~170	175~190	160~175	165~180	160~175
回流比	8~12	15~20	8~12	10~15	20~30	8~12
塔板数	80~100	110~130	80~100	80~100	60~70	70~90
原料进料位置	40~50	55~65	40~50	40~50	30~35	35~45
萃取剂进料位置	—	—	—	—	3~8	—
溶剂比(萃取剂/原料)	—	—	—	—	5~10	—

(二)重整C_{10}及以上芳烃分离工艺

1. 概述

C_{10}芳烃主要来源于芳烃联合装置。根据不同的市场需求以及分离水平，C_{10}芳烃的用途不尽相同，既可作溶剂也可作为化工和医药的原料或用于生产针状焦。由于C_{10}芳烃中含有单环烷基芳烃及多环芳烃，成分复杂，有100多种组分，完全分离是几乎不可能的。目前一般按照馏分切割，以生产均四甲苯、萘和甲基萘等为主。典型的重整C_{10}芳烃原料组成见表4-6-8。

表4-6-8　某石化厂重整C_{10}芳烃原料组成

序　号	芳烃名称	原料组成/%
1	1，2-二乙苯	0.80
2	1，4-二乙苯	1.14
3	1，2-二甲基-4-乙苯	4.81
4	均四甲苯	11.26
5	偏四甲苯	4.10
6	连四甲苯	13.76
7	1-甲基茚	1.20
8	2-甲基茚	1.74
9	萘	16.72
10	五甲苯	2.41
11	α-甲基萘	4.74
12	β-甲基萘	10.80
13	苯基环己烷	0.39
14	二甲基萘	7.95
15	未知组分	18.18

2. 分离工艺

中国石化开发的重整C_{10}分离工艺采用连续多股侧线出料精馏和连续多级结晶相结合的方法从重整C_{10}芳烃中提取均四甲苯、萘和甲基萘。工艺流程见图4-6-2所示。C_{10}芳烃原料组成和分离结果见表4-6-8和表4-6-9。精馏塔、结晶器等装置操作参数见表4-6-10和表4-6-11。重整C_{10}芳烃原料由T1侧线精馏塔中部进入进行侧线精馏。塔顶出料流股1得到沸点在萘以下的轻组分，侧线出料流股2得到均四甲苯的富集液，继续送至C1均四甲苯结晶器进行结晶得到均四甲苯。流股3为富含甲基茚馏分。流股4为萘的富集液，送至C2萘结晶器结晶得到萘。流股5为富含五甲苯的富集液，塔釜流股6为甲基萘的富集液，送至C3甲基萘结晶器进行结晶得到α-甲基萘和β-甲基萘。

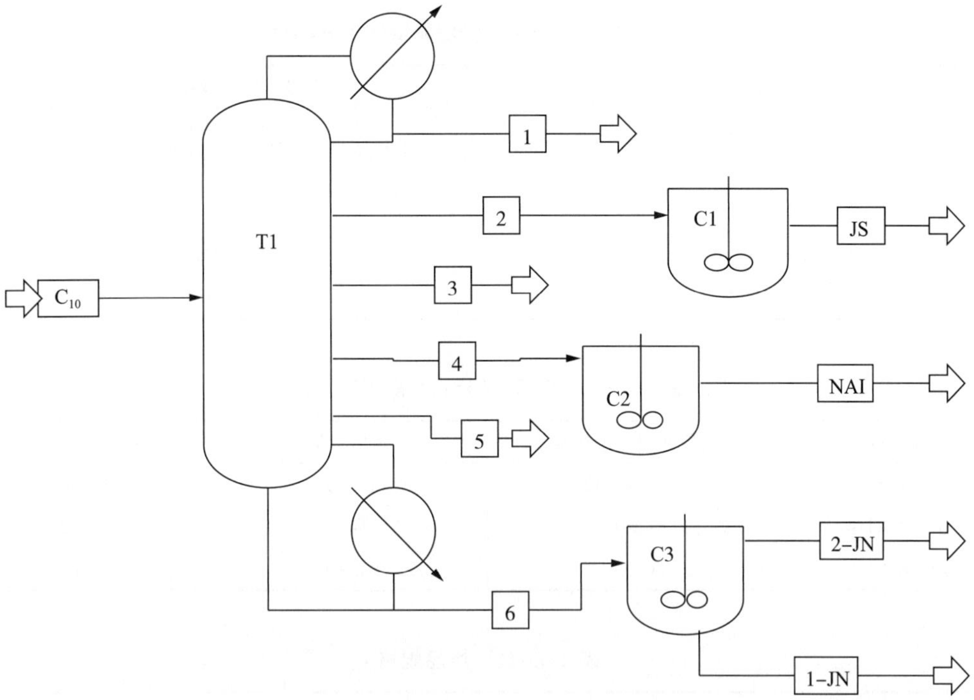

图 4-6-2　C_{10}芳烃分离工艺流程图

T1—连续侧线精馏塔；C1—均四甲苯结晶器；C2—萘结晶器；C3—甲基萘结晶器；
JS—均四甲苯；NAI—萘；2-JN—β-甲基萘；1-JN—α-甲基萘

连续侧线精馏分离 C_{10}及以上芳烃工艺的主要产品流股的组成如表 4-6-9 所示。工艺参数及产品规格见表 4-6-10～表 4-6-12。

表 4-6-9　主要产品流股组成

流　股	名　称	组成/ %
JS	均四甲苯	99.18
	偏四甲苯	0.57
	Σ甲基茚	0.15
NAI	Σ甲基茚	1.22
	萘	97.29
	五甲苯	1.18
	β-甲基萘	0.30
1-JN	α-甲基萘	98.17
	C_{11}以上	1.83
2-JN	萘	1.37
	五甲苯	3.29
	β-甲基萘	95.34

表 4-6-10 连续多股侧线精馏塔工艺参数

参 数	连续多股侧线精馏塔
塔顶温度/℃	180~190
塔底温度/℃	220~235
回流比	10~12
塔板数	100~120
原料进料位置	40~60

表 4-6-11 C_{10}芳烃分离结晶工艺参数

参 数	均四甲苯结晶器	萘结晶器	甲基萘结晶器
温度/℃	-8 ~ -12	-5~-10	0 ~ -10
结晶时间/h	2~5	1~2	1~2
抽滤时间/h	0.5~1	0.5~1	0.5~1

表 4-6-12 产品规格

物料	纯度
原料	重整装置 C_{10}及以上芳烃
均四甲苯	99%
萘	95%
α-甲基萘	98%
β-甲基萘	95%

(三)裂解 C_9 芳烃分离工艺

1. 概述

裂解 C_9 芳烃馏分组成极其复杂，大约含有 150 多种组分，而且非常分散。表 4-6-13 为某石化公司裂解 C_9 的组成。从合成的角度出发，可将其分成两类，一类为可以进行聚合的活性组分，如苯乙烯和乙烯基甲苯类、双环戊二烯等；另一类为非活性组分，如烷基苯及稠环芳烃等，在聚合过程中作为聚合溶剂使用。

表 4-6-13 某石化公司裂解 C_9 的组成

组分名称	含量/%(质量)
环戊二烯	0.40
C_6	0.17
C_7	0.12
EB	0.34
苯乙烯	8.54
OX	1.89

续表

组分名称	含量/%(质量)
丙烯基苯	0.23
正丙苯	2.10
间乙基甲苯	1.45
对乙基甲苯	7.26
均三甲苯	3.21
邻乙基甲苯	3.73
甲基苯乙烯	16.78
偏三甲苯	2.41
双环戊二烯	27.92
连三甲苯	0.44
茚	4.15
C_9 未知	0.37
C_{10}及 C_{10}以上	18.49

2. 分离工艺

中国石化开发的采用侧线精馏与萃取结合的工艺技术可从裂解 C_9 芳烃中提取苯乙烯和双环戊二烯，剩余部分可用于聚合做树脂，再通过催化加氢的方法使少量不饱和组分饱和，然后采取精馏与萃取精馏结合提取 C_9 芳烃，这样不仅得到歧化生产 C_8 芳烃的原料，同时得到苯乙烯和双环戊二烯重要的化工原料。工艺原理如图 4-6-3 所示，裂解 C_9 芳烃原料进入侧线精馏塔 T1 进行侧线精馏，塔顶得到的轻组分进入 T2 苯乙烯萃取塔进行萃取精馏，T2 塔顶得到苯乙烯，塔釜得到的含有 C_9 的溶剂继续送至 T4 苯乙烯溶剂回收塔进行溶剂回收，得到 S1 苯乙烯萃取剂，送至 T2 苯乙烯萃取塔循环使用；T1 侧线精馏塔的侧线出料送至 T3 双环戊二烯脱轻塔进行精馏，塔釜得到双环戊二烯富集液送至 T5 双环戊二烯精制塔进行精制，T5 塔顶得到双环戊二烯，塔釜得到 C_9 溶剂；T1 侧线精馏塔塔釜出料、T3 双环戊二烯萃取塔塔顶出料、T4 苯乙烯溶剂回收塔塔顶出料、T5 塔塔釜出料一起送至 R1 石油树脂聚合装置进行聚合反应得到 C_9 石油树脂，剩余未反应的馏分送至 R2 加氢装置加氢，然后送至 T6C_9 芳烃萃取塔进行萃取精馏，T6 塔顶得到 C_9 芳烃，可作为 C_8 歧化原料，T6 塔釜出料送至 T7C_9 芳烃溶剂回收塔进行精馏，塔顶得到 C_9 溶剂油，塔釜得到 S3C_9 芳烃萃取剂返回至 T6 循环使用[16~18]。表 4-6-14~表 4-6-18 列出了分离主要产品的塔顶和塔釜的组成。

表 4-6-14　T1 侧线精馏塔塔顶主要组成

名　称	组成/%(质量)
环戊二烯	3.77
C_6	1.60
C_7	1.13
EB	3.21
苯乙烯	80.49
OX	9.71

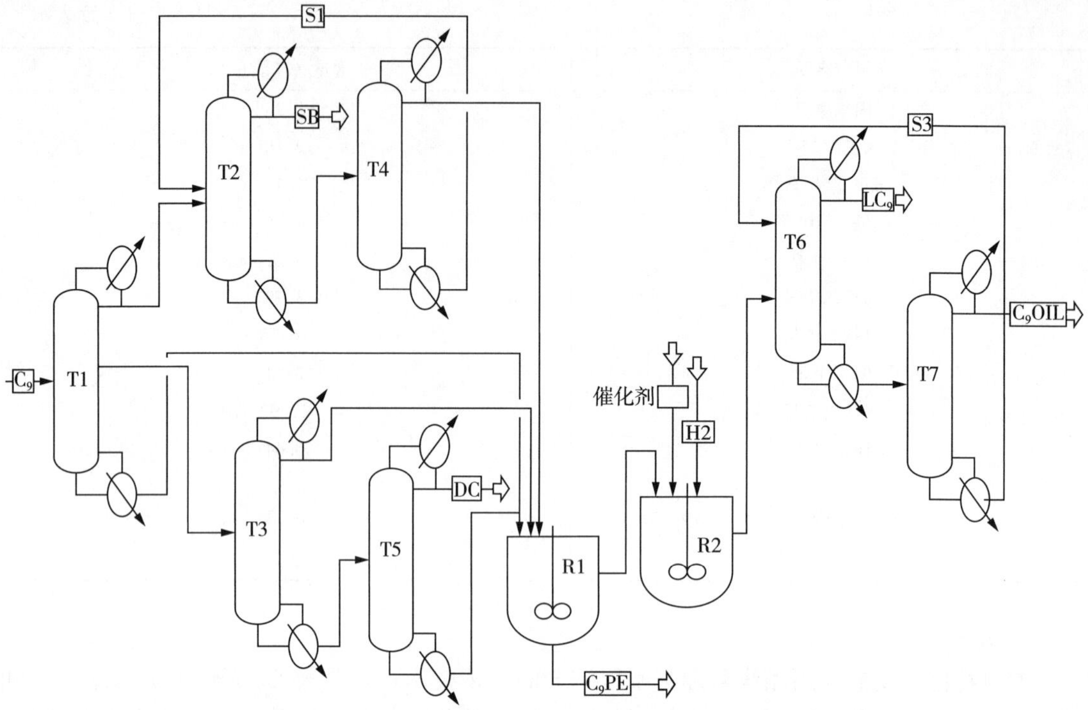

图 4-6-3　工艺流程图

T1—侧线精馏塔；T2—苯乙烯萃取塔；T3—双环戊二烯脱轻塔；T4—苯乙烯溶剂回收塔；T5—双环戊二烯精制塔；T6—C_9 芳烃萃取塔；T7—C_9 芳烃溶剂回收塔；R1—石油树脂聚合装置；R2—C_9 加氢反应器；S1—苯乙烯萃取剂；S3—C_9 芳烃萃取剂；SB—苯乙烯；DC—双环戊二烯；C_9PE—C_9 石油树脂；LC_9—C_9 芳烃；C_9OIL—C_9 溶剂油

表 4-6-15　T1 侧线精馏塔侧线采出主要组成

名　称	组成/%(质量)
OX	1.21
丙烯基苯	0.33
正丙苯	2.98
间乙基甲苯	2.06
对乙基甲苯	10.32
均三甲苯	4.56
邻乙基甲苯	5.30
甲基苯乙烯	23.85
偏三甲苯	3.42
双环戊二烯	39.68
连三甲苯	0.62
茚	5.66

表 4-6-16　T2 苯乙烯萃取塔塔顶主要组成

名　称	组成/%(质量)
乙苯	0.52
苯乙烯	95.12
邻二甲苯	4.36

表 4-6-17　T5 双环戊二烯精制塔塔顶主要组成

名　称	组成/%(质量)
环戊二烯	0.8
双环戊二烯	98.8
其他	0.4

表 4-6-18　T6C_9 芳烃萃取塔塔顶主要组成

名　称	组成/%(质量)
茚满	1.37
C_9A	98.51
双环戊烷	0.12

分离得到的苯乙烯、双环戊二烯含量均达 95%以上，苯乙烯一次收率达到 90%以上，双环戊二烯收率达到 75%以上；分离得到 C_9 芳烃，可作为歧化和烷基转移装置的原料，也可进一步分离三甲苯等产物；其他馏分作为 C_9 溶剂油。从裂解 C_9 芳烃中提取苯乙烯和双环戊二烯可得到的产品规格见表 4-6-19。主要工艺参数见表 4-6-20。

表 4-6-19　产品规格

物　质	纯　度
原料	裂解 C_9A
苯乙烯	95%
双环戊二烯	95%
C_9A	茚满+双环戊二烷≤1.5%

表 4-6-20　裂解 C_9 芳烃分离主要工艺参数

项　目	侧线精馏塔	苯乙烯萃取塔	C_9A 萃取塔	C_9A 溶剂回收塔
塔顶温度/℃	65~75	55~60	160~164	168~175
塔底温度/℃	95~110	100~120	203~228	220~240
回流比	10~15	8~12	8~12	5~8
塔板数	70~90	80~90	50~65	40~50
原料进料位置	35~45	40~45	25~33	20~30
萃取剂进料位置	—	7~9	4~5	—
溶剂比(萃取剂/原料)	—	7~8	3~5	—
表压/MPa	-0.091	-0.095	—	—

(四)二乙苯分离工艺

1. 概述

DEB是对二乙苯(PDEB)、间二乙苯(MDEB)和邻二乙苯(ODEB)三种异构体的混合物，工业上主要来自苯乙烯装置，将烷基化过程产生的多乙苯通过精馏除去轻重组分就可得到其中的DEB馏分。DEB三种异构体的相对含量见表4-6-21。混合DEB的用途主要是高温下脱氢制二乙烯基苯。二乙烯基苯是重要的交联剂，可以用作离子交换树脂、聚酯树脂和聚合单体组分，也可用作聚苯乙烯、丁苯橡胶的改进剂。

表4-6-21 苯乙烯装置副产多乙苯中DEB三种异构体相对含量

组分	1，3-二乙苯	1，4-二乙苯	1，2-二乙苯
相对含量/%	62~67	25~31	4~9

在DEB三种异构体中PDEB最为重要，主要用作吸附分离PX的解吸剂。生产PDEB主要有直接合成法和吸附分离法两种路线。合成法[19]主要采用乙苯与乙醇或乙烯在改性的ZSM-5分子筛催化剂上进行烷基化反应，反应为择型反应，PDEB在三种DEB产物中的选择性可达95%以上，反应产物经精馏获得纯度在99%以上的PDEB。此方法单程转化率较低，物料循环量大，能耗高。吸附分离法从苯乙烯装置副产的混合DEB中直接将PDEB分离出来，产品纯度高，生产成本低，但采用的模拟移动床吸附分离工艺技术难度较大。可以直接利用生产PX的吸附分离装置分离PDEB[20]。以下主要介绍中国石化开发的吸附分离法生产PDEB工艺技术。

2. 吸附分离法生产PDEB工艺

以苯乙烯装置副产多乙苯中的DEB混合物为原料，经分馏单元脱C_9塔、脱重芳烃塔精制后，送入吸附分离单元得到高纯度PDEB，贫PDEB的DEB混合物经异构化反应生成近平衡的DEB，再与新鲜DEB原料混合后循环进入分馏单元。PDEB产品纯度99.0%以上。生产装置包括分馏单元、吸附分离和异构化单元三部分。工艺流程见图4-6-4。

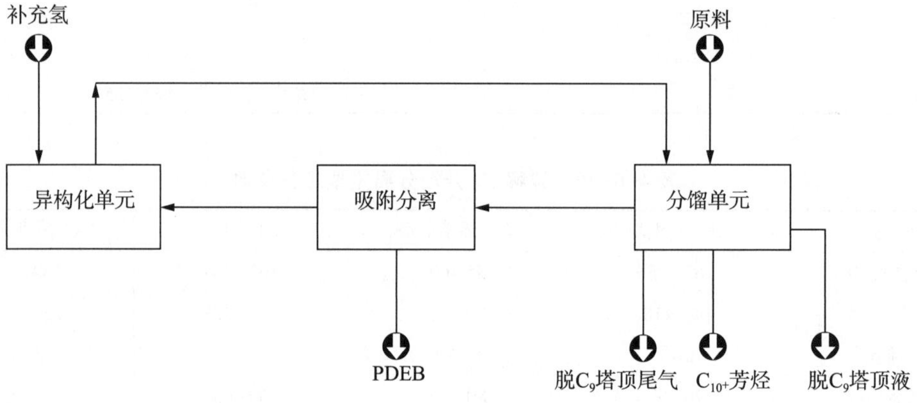

图4-6-4 PDEB分离工艺流程图

分馏单元包括脱C_9塔和重芳烃塔，其作用是切割原料中的轻组分和C_{10+}馏分，将中间馏分作为吸附分离的原料。

吸附分离采用模拟移动床工艺，吸附原料与优先吸附PDEB的吸附剂逆流接触，原料中的 PDEB 被吸附，得到贫 PDEB 的抽余液；再以 PX 为解吸剂，将吸附剂上的 PDEB 洗脱获得富含 PDEB 的抽出液。在抽出液塔中将解吸剂与 PDEB 分离，PDEB 作为产品，解吸剂循环使用。在抽余液塔中将解吸剂与贫 PDEB 抽余液分离，解吸剂循环使用，贫 PDEB 抽余液去异构化部分进行反应。

在异构化单元，吸附分离单元送来的贫 PDEB 抽余液与循环氢压缩机来的循环氢混合，加热到反应所需温度后进入反应器进行反应。催化剂为中国石化专门开发的 SKI-400H 异构化催化剂。反应器出来的产物在异构化产品分离罐中分成气液两相。分离罐顶部大部分气体经循环氢压缩机增压后循环回反应系统；分离罐中液相送至分馏单元。

3. 模拟移动床吸附分离过程

模拟移动床吸附分离过程是吸附分离法生产 PDEB 的核心。

吸附分离过程采用的吸附剂是中国石化开发的 RAX-3000 型吸附剂，此吸附剂也用于 PX 吸附分离过程。吸附剂的活性成分是经过离子交换的八面沸石，它对 PDEB 的亲和性远大于对其他两种异构体的亲和性。解吸剂用于从吸附剂中取代进料组分。吸附剂对解吸剂的亲和性与它对 PDEB 的亲和性接近比较有利，并且应选用与进料组分沸点差较大的液体，以便于其与进料组分的分离。本过程中使用纯度在 99%以上的 PX 作为解吸剂。此解吸剂的沸点比进料组分的沸点低，在解吸剂回收部分是以塔顶产物的方式回收。

吸附分离过程在液相进行，操作温度为 177℃（也可在 165～185℃较宽的范围内选定其他的温度），操作压力 0.9MPa，过程连续进行。

此工艺设置两个吸附塔 A 和 B，每个吸附塔又分为 12 个床层，共 24 个床层。在每个吸附塔内物料以液相自上而下流动，A 吸附塔底的物料由循环泵 1 输送至 B 塔顶，B 吸附塔底的物料由循环泵 2 输送至 A 塔顶，两个吸附塔构成了一个循环回路。由一组开关阀控制各股物料进出位置的周期性变化，以实现吸附剂的模拟移动。采用开关阀组为工艺的调整提供了非常大的灵活性，可以很容易地改变吸附分离各区域的长度，也可以在有特殊需要时对某一单独的床层进行操作。本工艺设置了 4 路冲洗，可以保证产品高纯度并最大限度地利用吸附剂有效吸附孔体积。PDEB 装置的主要设备一览表见表 4-6-22。

表 4-6-22　PDEB 装置的主要设备

序　号	名　称	数量/台
1	塔器	8
2	容器	11
3	换热器	16
4	空冷器	6
5	加热炉	2
6	泵	30
7	压缩机	2
8	反应器	1
9	过滤器	4

4. 物料平衡和公用工程消耗

以某套 20kt/a PDEB 装置为例，其物料平衡和公用工程消耗分别见表 4-6-23 和表4-6-24。

表 4-6-23 PDEB 装置的物料平衡

进出物料	名称	流量		质量分数/%
		kg/h	kt/a	
原料	原料 $C_{10}A$	3150	25.2	99.2
	补充氢	25	0.2	0.8
	总计	3175	25.4	100.0
产品	重芳烃塔釜液	335	2.7	10.6
	脱 C_9 塔顶不凝气	76	0.6	2.4
	脱 C_9 塔顶液	166	1.3	5.2
	PDEB	2598	20.8	81.8
	总计	3175	25.4	100.0

表 4-6-24 PDEB 装置的公用工程消耗

序 号	项 目	每吨进料消耗
1	循环水/t	11.18
2	高压蒸汽(3.15MPa)/t	0.29
3	电/(kW·h)	220.38
4	仪表风/Nm^3	63.49
5	氮气/Nm^3	15.87
6	燃料气/t	0.16

四、技术展望

随着我国炼油工业、芳烃工业、乙烯工业的快速发展，C_{9+}芳烃资源总量也将得到迅速提高。C_{9+}芳烃组分分离达到经济规模，产品种类更加丰富，产品质量会进一步提高，预计C_9芳烃中偏三甲苯、均三甲苯、连三甲苯、异丙苯、正丙苯和甲基乙基苯等均可得到有效分离，C_{10}及以上芳烃中均四甲苯、偏四甲苯、邻四甲苯、PDEB、邻二乙苯、间二乙苯、二甲基乙苯、萘、甲基萘、茚满和双环戊二烯等均可有效分离。C_{9+}芳烃分离工艺成为重要精细化工原料的生产方法，C_{9+}芳烃分离工艺成为石化产业链延伸加工的重要环节之一。

能耗是影响C_{9+}芳烃分离工艺实现的关键因素。可以预计C_{9+}芳烃分离工艺过程能耗会更低。主要体现在以下几个方面：

①分离工艺方案更加优化，随着产品种类的丰富，分离序列的优化成为分离工艺优化的核心内容，通过分离工艺的优化，达到降低C_{9+}芳烃分离能耗的目的。

②C_{9+}芳烃分离工艺包括精馏工艺、结晶工艺等组合工艺，吸热、放热工艺频繁出现，如何利用包括夹点技术、热泵技术等在内的热集成技术，使C_{9+}芳烃分离整体能耗最低，具有重要应用价值。

③精馏工艺是C_{9+}芳烃分离的重要组成部分，精馏过程节能是分离节能的关键。新型精馏塔的开发应用，如高效塔板技术、隔壁精馏塔技术等在C_{9+}芳烃分离工艺中的开发与应用，

对降低精馏过程能耗具有重要意义；新型精馏技术的应用，如萃取精馏、共沸精馏以及多效精馏等新精馏技术的开发应用，对于提高 C_{9+}芳烃分离工艺的技术水平，推动节能技术的进步具有重要意义。

参考文献

[1] 王建明．催化裂解生产低碳烯烃技术和工业应用的进展[J]．化工进展，2011，30(5)：911-917.

[2] 陈硕，王定博，吉媛媛，等．丙烯为目的产物的技术进展[J]．石油化工，2011，40(2)：217-224.

[3] 唐之勤，王德举．重整重芳烃催化加氢裂解反应工艺条件的探究[J]．化学反应工程与工艺，2011，27(1)：1-5.

[4] 唐卫东．连续重整重芳烃综合利用工艺的探讨[J]．石油炼制与化工，2006，37(11)：35-39.

[5] 杨国庆，彭俊卿．偏三甲苯装置改扩建联产均三甲苯[J]．石油化工应用，2010，29(8)：82-84.

[6] 米多．连续重整 C_9 重芳烃的综合利用技术[J]．石油化工技术与经济，2010，26(6)：46-50.

[7] 杜建卫，刘键，黄奋生．C_{10}重芳烃二乙苯的分离研究[J]．天津化工，2010，24(4)：36-37.

[8] 凌泽济．蒸汽裂解原料优化技术应用综述[J]．炼油与化工，2011，22(6)：9-12.

[9] 于志国．苯和乙烯液相法生产乙苯技术[J]，石化技术，2005，12(1)：54-58.

[10] 马文斌，孙兆林，许杰，等．稠环芳烃的开发利用[J]．化学工业与工程技术，2003，24(6)：39-41.

[11] 孔德金，祁晓岚，朱志荣，等．重芳烃轻质化技术进展[J]．化工进展，2006，25(9)：983-987.

[12] 杜伟彦，张凤美，王卫东．多乙苯氧化反应器的研究[J]．石油化工，2004，33：1516-1518.

[13] 刘杰，刘岗．C_9 芳烃深加工技术进展[J]．精细化工原料及中间体，2005，6：3.

[14] 杨胜凯，顾正桂．一种新的重整 C_9 芳烃生产均三甲苯的原料预处理方法[J]．南京师范大学学报(工程技术版)，2004，4(3)：61-63.

[15] 林军，等．萃取精馏制取均三甲苯的实验研究[J]．化工时刊，2000，(5)：18.

[16] 中国石化．连续两股侧线出料精馏法提取裂解 C_9 芳烃中三甲苯馏分的方法及设备[P]，ZL200910025816.9.

[17] 中国石化．连续侧线精馏和萃取精馏结合提取加氢裂解 C_9 中富含三甲苯馏分的方法[P]，ZL200910029481.8.

[18] 中国石化．连续两股侧线出料精馏装置[P]．ZL200920036138.1.

[19] 冷冰．HZSM-5 择形催化剂上乙苯烷基化反应生成对二乙苯的研究[D]．天津：天津大学化工学院，2007.

[20] 卢卫民．PX 装置兼产对二乙苯的瓶颈分析[J]．石化技术，1997，4(3)：138-143.

[21] 唐卫东．连续重整重芳烃综合利用工艺的探讨[J]．石油炼制与化工，2006，37(11)：35-39.

第五章　芳烃组合工艺技术

在芳烃生产各单元技术持续进步的同时，将两种或两种以上不同单元技术进行组合的芳烃组合工艺技术，也在不断开发并实现商业化。形成组合工艺的各单元技术本身均属已有的成熟技术，但组合工艺并不是将这些单元技术简单地加和，而是充分发挥不同工艺的技术特点，通过组合形成一种新的工艺方案，实现在拓展和优化芳烃资源、增强现有芳烃联合装置生产和产品结构调整灵活性、或降低能耗物耗、减少装置投资等方面的突破，提升芳烃生产过程的技术经济优势。本章介绍的芳烃组合工艺技术包括甲苯择形歧化与芳烃烷基转移组合工艺、PX结晶分离与吸附分离组合工艺、由深度催化裂化得到的富含芳烃催化汽油生产BTX的不同组合工艺等。

第一节　甲苯择形歧化与芳烃间烷基转移组合工艺

一、概　述

传统的甲苯歧化及烷基转移工艺以甲苯和 C_9 及其以上芳烃（C_{9+}芳烃）为原料，在临氢和催化剂存在的条件下，发生甲苯歧化及甲苯与芳烃间以甲基转移为主的烷基转移反应，生成苯和组成接近热力学平衡的混合二甲苯。该工艺在利用甲苯的同时，充分利用了 C_9 及其以上单环芳烃和芳环上的甲基，可最大化增产混合二甲苯，因此得到了广泛应用。

甲苯择形歧化工艺以甲苯为原料，在临氢和具有择形作用催化剂存在的条件下，发生甲苯选择性歧化反应，生成苯和富含PX的混合二甲苯。由于甲苯择形歧化工艺得到的二甲苯中PX含量高达90%，芳烃联合装置如采用该工艺，可使混合 C_8 芳烃原料中PX含量明显提高，在PX产量相同情况下，可降低二甲苯分馏、PX分离和二甲苯异构化单元的加工负荷，使PX分离过程效率提高、能耗及投资降低。但由于该工艺只能以甲苯为原料，不能加工利用价值相对较低的 C_{9+}芳烃，因此，在芳烃联合装置中，不能简单地用甲苯择形歧化工艺代替传统的甲苯歧化及烷基转移工艺。

苯和 C_{9+}芳烃烷基转移工艺以苯、C_{9+}芳烃为原料，在临氢和催化剂存在的条件下发生烷基转移反应，生成甲苯和组成接近热力学平衡的混合二甲苯。该工艺同样可以充分利用 C_9 及其以上芳烃增产混合二甲苯，还可有效调整苯、甲苯和二甲苯等芳烃产品结构。

甲苯择形歧化工艺、苯和 C_{9+}芳烃烷基转移工艺、传统甲苯歧化及烷基转移工艺各有其特点。为了充分发挥各自的技术优势，中国石化开发了两种芳烃烷基转移组合工艺[1~4]，一是甲苯择形歧化工艺与苯和 C_{9+}芳烃烷基转移工艺的组合工艺，称为SSTDP-SATP组合工艺，现已完成该工艺的工业试验；二是甲苯择形歧化工艺与甲苯歧化及烷基转移工艺的组合工艺，称为SSTDP-STDT组合工艺，已实现工业应用。

二、甲苯择形歧化与苯和 C_{9+} 芳烃烷基转移组合工艺

SSTDP-SATP 组合工艺原则流程示意图如图 5-1-1 所示。在 SSTDP 反应区，甲苯发生择形歧化反应，生成苯和 PX 含量为 80%~90%甚至更高的混合二甲苯(简称高 PX 二甲苯)；在 SATP 反应区，苯和 C_{9+} 芳烃进行烷基转移反应生成甲苯和热力学平衡的混合二甲苯。其中，SSTDP 单元生成的苯去 SATP 单元，转化成甲苯和二甲苯；SATP 单元生成的甲苯又可送回 SSTDP 单元。因此，SSTDP-SATP 组合工艺在苯、甲苯资源利用和产品结构的调整上具有更大的灵活性。两个反应区生成的二甲苯混合后，可以得到 PX 浓度为 50%~70%的混合二甲苯(简称富 PX 二甲苯)，用于生产 PX。也可以将 SSTDP 生成的高 PX 二甲苯直接送往结晶分离单元，通过一级结晶技术即可生产出 PX 产品，分离后的结晶母液则作为 PX 吸附分离单元的原料，进一步生产高纯度 PX 产品。

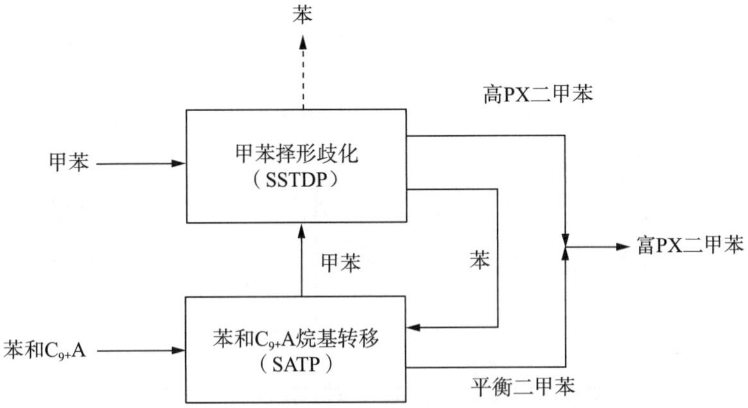

图 5-1-1　SSTDP-SATP 组合工艺原则流程示意图

在目前典型芳烃联合装置的 7 个单元中，SSTDP-SATP 组合工艺可以直接替代传统的甲苯歧化及烷基转移单元，替代后的联合装置工艺流程如图 5-1-2 所示。其中甲苯塔塔顶得到的甲苯送入 SSTDP 单元作为反应原料，生产苯和 PX 含量高达约 90%的混合二甲苯，塔釜采出液进入二甲苯分馏单元；重芳烃塔塔顶得到的 C_{9+} 芳烃馏分和苯塔得到的部分苯，一起进入 SATP 单元生产甲苯和组成接近热力学平衡的二甲苯。此时，从二甲苯分馏塔塔顶得到的二甲苯馏分中，PX 含量高于使用传统烷基转移工艺得到的 PX 热力学平衡值。

如果需要额外增产 PX，也可外购适量的甲苯作为 SSTDP 单元的原料。此外，与传统甲苯歧化及烷基转移反应过程类似，在 SATP 单元中，苯和 C_{9+} 芳烃经过烷基转移反应生成甲苯和二甲苯，产物中二者的比例也与原料中苯与 C_{9+} 芳烃的组成直接相关。

组合工艺中的 SSTDP 单元和 SATP 单元，可根据具体情况决定是否设立苯塔/甲苯塔。SATP 单元是本组合工艺得以实现的关键部分，其主要目的是利用苯替代甲苯，将 C_{9+} 芳烃转化为二甲苯，继而用来生产 PX 产品。而 PX 分离单元既可采用吸附分离技术也可采用结晶分离技术。

(一) 工业试验

SSTDP-SATP 组合工艺中的两项单项技术，即甲苯择形歧化技术、苯与 C_{9+} 芳烃烷基转移技术，已经成功进行了工业运行(催化剂的性能及特点详见第三章)。为了进一步研究该

组合工艺的特点，亦即在联动运行条件下装置增产富PX混合二甲苯的能力及其对原料和产品结构调整的功能，中国石化开展了该组合工艺的工业试验。

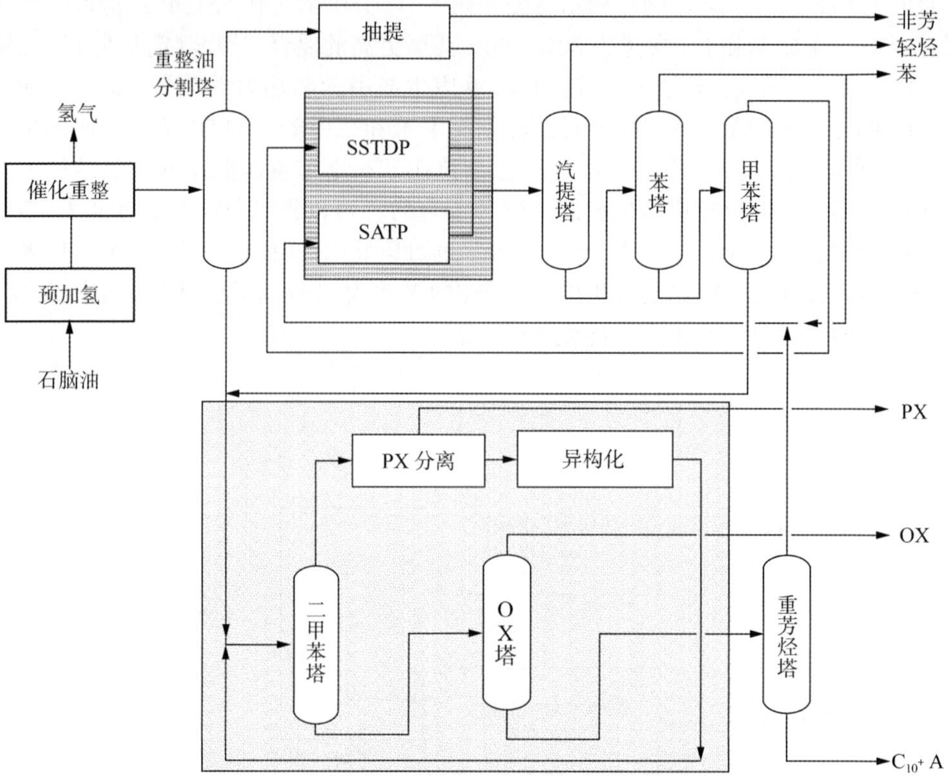

图5-1-2 SSTDP-SATP组合工艺在芳烃联合装置的应用方案

▨组合工艺；□二甲苯回路

在SSTDP-SATP组合工艺的工业试验中，SSTDP单元在两种不同工况条件下的典型反应结果如表5-1-1所示。在低空速、低温条件下，甲苯转化率下降，B/X较低；相反，在较高空速和较高温度条件下，转化率上升、B/X较高，亦即苯选择性较高，而二甲苯选择性较低。由此可以看出，较低反应温度可以减少加氢裂解副反应。

表5-1-1 SSTDP单元使用SD-01催化剂的典型反应结果

项目		典型数据	
工艺条件	反应温度/℃	395	405
	压力/MPa	2.0	2.0
	氢烃摩尔比	1.4	1.2
	空速/h^{-1}	2.5	3.0
反应结果	转化率/%	26.5	29.5
	对位选择性/%	90.5	90.5
	B/X摩尔比	0.99	1.20

SATP 单元在不同原料组成条件下运行，反应工况如表 5-1-2 所示。原料中苯含量在 0~40%(质量)之间。

表 5-1-2　SATP 单元运行工艺条件

项　　目	工况Ⅰ	工况Ⅱ	工况Ⅲ	工况Ⅳ
原料苯/C_9A/$C_{10}A$/%(质量)	40/50/10	30/60/10	15/73/12	0/87/13
WHSV/h^{-1}	2.0	2.0	2.0	2.0
压力/MPa	2.8	2.8	2.8	2.8
反应温度/℃	350	350	350	350
氢烃摩尔比	3.0	4.0	4.0	4.0

SSTDP 单元和 SATP 单元的装置规模如果按照 3：1 的比例配置，则组合工艺的反应产物如表 5-1-3 所示。组合工艺消耗的新鲜原料、产出苯和混合二甲苯的情况如表 5-1-4 所示。

表 5-1-3　SSTDP-SATP 组合工艺混合产物组成　　%(质量)

组分	工况Ⅰ	工况Ⅱ	工况Ⅲ	工况Ⅳ
苯	15.41	13.95	11.63	10.52
甲苯	61.37	60.85	59.96	58.53
C_8A	18.07	18.84	19.68	19.11
C_9A	4.03	5.19	6.97	9.01
$C_{10^+}A$	1.05	1.10	1.67	2.75

表 5-1-4　SSTDP-SATP 组合工艺原料及产品结构

项　　目		组合工艺			
		工况Ⅰ	工况Ⅱ	工况Ⅲ	工况Ⅳ
新鲜原料/(t/h)	甲苯	4.7	4.7	4.9	5.5
	C_9A	1.8	2.2	2.6	2.8
	$C_{10}A$	0.4	0.3	0.3	0.0
	总计	6.8	7.2	7.8	8.3
反应产物/(t/h)	苯	1.8	1.9	2.2	2.7
	EB	0.3	0.3	0.2	0.2
	PX	3.1	3.1	3.2	3.2
	MX	1.0	1.1	1.3	1.2
	OX	0.3	0.4	0.5	0.4
	总计	6.4	6.8	7.7	7.7
产物中 PX/X/%		70.5	67.4	64.0	66.7

由表 5-1-4 可知，采用 SSTDP-SATP 组合工艺后，得到的混合二甲苯中 PX 浓度达到

60%以上，远高于传统甲苯歧化及烷基转移工艺中25%的PX浓度。此外，由反应结果还可以看出，新鲜原料中甲苯/C_{9+}芳烃越高，得到的二甲苯中PX的浓度也越高。因此，可以通过SSTDP单元和SATP单元规模的合理匹配，控制SSTDP-SATP组合工艺产出的二甲苯中PX的浓度。

(二)模拟计算

为了研究应用SSTDP-SATP组合工艺对芳烃联合装置的影响，对采用组合工艺和传统歧化及烷基转移工艺时芳烃联合装置的全流程，分别进行了模拟计算[3]，比较了联合装置各相关单元的处理规模以及得到产品的产出情况。

模拟计算使用的原料为重整生成油的脱戊烷油，其组成以及各组分流量如表5-1-5所示。模拟计算涉及的工艺单元还包括二甲苯异构化、PX吸附分离单元，相关各工艺单元技术指标如表5-1-6所示。

表5-1-5 原料组成及流量

组　分	非芳烃	苯	甲苯	C_8A	C_9A	$C_{10^+}A$	Σ
组成/%	11.8	4.8	20.7	28.4	23.6	10.7	100
流量/(kt/a)	129.7	52.4	226.4	311.7	259.0	116.9	1096.1

表5-1-6 各单元技术性能指标 %

项　目	指　标	数　值
传统歧化	(甲苯+C_9A)转化率	46
	(苯+C_8A)选择性	90
二甲苯异构化(仅以乙苯转化型为例)	乙苯转化率	30
	PX/X	22
	C_8A损失	3.0
吸附分离	PX回收率	96
	PX纯度	99.7
择形歧化	甲苯转化率	30
	对位选择性	91
	(苯+ C_8A)选择性	94
苯和C_9A烷基转移	(苯+C_9A)转化率	50
	(甲苯+C_8A)选择性	91

1. 各单元处理规模比较

采用表5-1-5所示的脱戊烷重整生成油为原料，以一套规模为600kt/a PX的典型芳烃联合装置为模拟对象，分别按照常规流程设置和图5-1-2所示的应用方案进行全流程模拟。

图5-1-3为涉及的4个主要工艺单元处理规模的比较，其中烷基转移单元分别是传统工艺的甲苯歧化及烷基转移装置和组合工艺的苯与C_{9+}芳烃烷基转移装置，未包括组合工艺新增的甲苯择形歧化装置。可以看出，在同样的原料情况下，应用组合工艺时，这4个单元的处理规模均比应用传统工艺低。主要原因是组合工艺将重整原料中的甲苯与苯和重芳烃烷基转移生成的甲苯由新增的甲苯选择性歧化装置加工处理，而且甲苯通过选择性歧化反应生

成了含高浓度 PX 的混合二甲苯，使得进入二甲苯分馏塔的 C_{8+} 芳烃物流中 PX 浓度提高，因此需要异构化单元处理的混合二甲苯的数量较传统工艺减少；相应地，二甲苯塔和吸附分离单元的进料量也因其中 PX 浓度的提高而下降，这些装置处理负荷的降幅约为 20%~30%。组合工艺虽然需要增加一套 1547kt/a 甲苯择形歧化装置，但该工艺有利于减少能耗、降低生产成本。同时，这些装置处理量的下降为整个联合装置提高生产能力创造了条件。

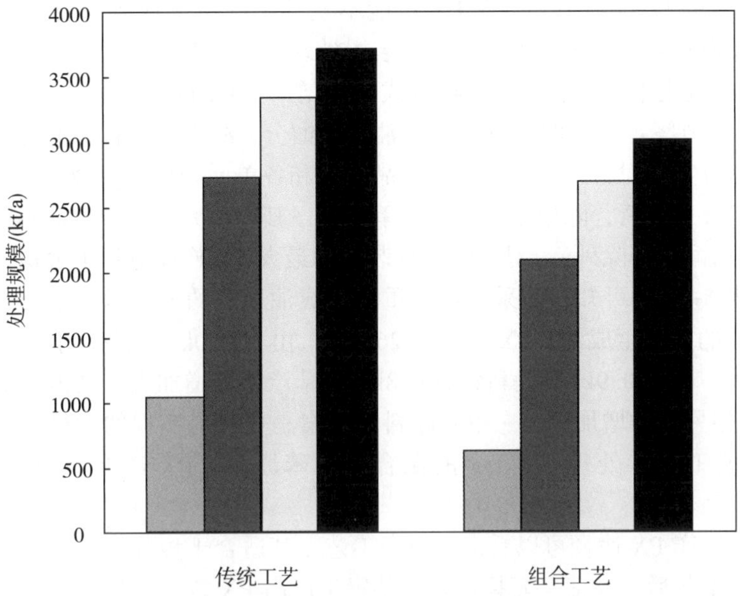

图 5-1-3 传统工艺与 SSTDP-SATP 组合工艺各单元装置处理规模比较

烷基转移单元；异构化单元；吸附分离单元；二甲苯塔

2. 联合装置主要产品产出情况比较

表 5-1-7 列出了分别采用传统工艺和 SSTDP-SATP 组合工艺时，联合装置所得苯、PX 产品产出情况的模拟计算结果。结果表明，采用组合工艺后，PX 产量增加约 3%，而苯产量降低约 4%，二者的总产量略有增加。PX 产量增加的主要原因是采用组合工艺后，二甲苯异构化单元处理负荷降低，使得二甲苯损失量有所下降。

表 5-1-7 不同生产工艺产品产量的比较 kt/a

产 量	传统工艺	SSTDP-SATP 组合工艺	产量变化/%
苯	170.9	163.7	-4.2
PX	600.0	617.0	+2.8
合计	770.9	780.7	+1.3

3. 吸附分离进料 PX 浓度比较

表 5-1-8 列出了分别采用传统工艺和组合工艺时，吸附分离进料中 PX 浓度的比较。结果表明，采用组合工艺后，吸附分离进料中 PX 的浓度明显升高，较传统工艺高出约 27%。研究结果表明，在此范围内维持吸附分离进料量不变，吸附分离装置的 PX 产能几乎可按相同比例提高。因此，组合工艺可以提高芳烃联合装置 PX 的产能。

表 5-1-8 吸附分离进料 PX 浓度比较

项目	传统工艺	SSTDP-SATP 组合工艺
PX 浓度/%	18.5	23.5

4. 应用 SSTDP-SATP 组合工艺增产 PX 的效果

采用 SSTDP-SATP 组合工艺，在 PX 产能不变的情况下可使各主要单元的处理负荷降低；另一种操作模式是在充分发挥相关单元装置处理能力的基础上，可提高芳烃联合装置的 PX 产能。在实际应用中，可以采取多种方式实现增产 PX 的目的，根据原料来源不同主要有两种增产 PX 的方案：一是增加重整生成油（C_{6+}馏分）数量，二是增加混合二甲苯原料数量。不同的原料方案，对芳烃联合装置的产品产能和各单元处理负荷会带来不同的影响。

按照采用组合工艺后，除甲苯择形歧化单元外，其他单元的处理负荷不高于传统工艺的相应负荷（部分精馏塔等除外），对芳烃联合装置的最大 PX 产能进行了模拟计算，结果列于表 5-1-9。由表 5-1-9 可知，当采用增加重整生成油原料的方案时，组合工艺可比传统工艺多处理 23.6%的重整生成油，PX 增产约 26.6%，由 600.0kt/a 提高到 759.7kt/a，同时苯产能增加 17.5%，由 170.9kt/a 提高到 200.8kt/a（苯产能的增加主要是由于重整生成油中含苯所致）；而采用另一种增加混合二甲苯原料的方案是更容易实现的途径。采用该方案，组合工艺可比传统工艺多处理 124kt/a 的混合二甲苯原料，PX 产能增加 130.3kt/a，提高了 21.7%。

由以上两条增产 PX 途径可以看出，组合工艺尤其适合于传统工艺芳烃联合装置的扩能改造。采用组合工艺后，新建一套择形歧化装置生产高 PX 浓度的混合二甲苯，而其他单元基本无需大的改造，具有改造工作量小、投资省、增产规模大的优点。另外，组合工艺同样适用于新装置的建设，由于大幅度降低了二甲苯吸附分离等单元的负荷，因此可使投资节省、能耗降低。

表 5-1-9 采用组合工艺扩能前后联合装置产能和各单元处理规模比较 kt/a

比较项目		传统工艺	SSTDP-SATP 组合工艺	
			增加重整油方案	增加混合二甲苯方案
主要原料	重整生成油	1096.1	1354.8	1096.1
	混合二甲苯	0	0	124
主要产品	苯	170.9	200.8	165.7
	PX	600.0	759.7	730.3
	总量	770.9	960.5	896.0
单元规模	甲苯歧化及烷基转移	1199.0	0	0
	苯和 $C_{9+}A$ 烷基转移	0	944.0	777.8
	甲苯择形歧化	0	1900.2	1564.9
	异构化	2722.8	2527.6	2589.2
	PX 吸附分离	3347.1	3310.6	3347.0
	二甲苯分馏	3983.7	3972.2	3883.7

三、甲苯择形歧化与甲苯歧化及烷基转移组合工艺

甲苯择形歧化(SSTDP)与传统甲苯歧化及烷基烷基转移(STDT)工艺也可以进行组合。采用该组合工艺，不仅可以通过甲苯择形歧化工艺高效生产PX，而且可以通过传统甲苯歧化技术，特别是通过应用适合高重芳烃含量进料的催化剂，生产优质的混合二甲苯。SSTDP-STDT组合工艺原则流程示意图如图5-1-4所示，即在传统芳烃联合装置中增设一甲苯择形歧化装置，将一部分甲苯进行择形歧化反应，生成苯和富含PX的二甲苯；另一部分甲苯和$C_{9+}A$进行歧化及烷基转移反应生成甲苯、热力学平衡的二甲苯和少量苯。两个装置生成的二甲苯混合后，可以得到PX浓度高于热力学平衡值的混合二甲苯，用于生产PX产品。

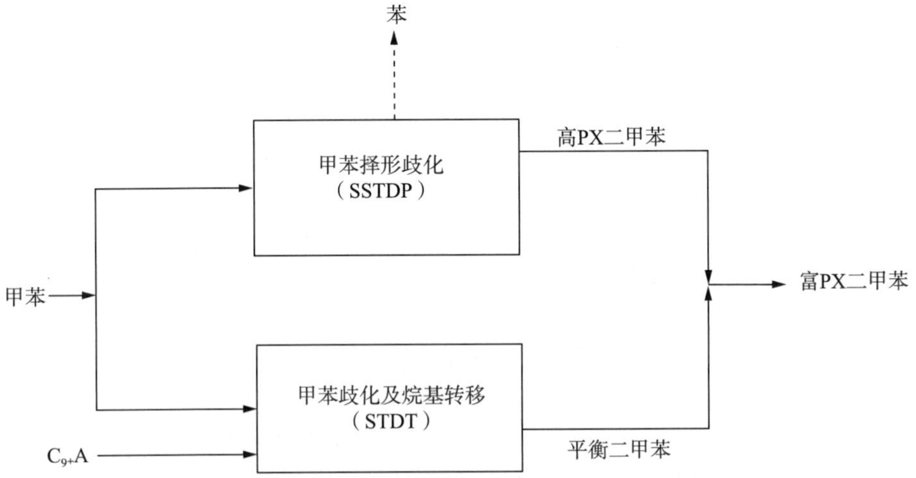

图5-1-4　SSTDP-STDT组合工艺原则流程示意图

通过对SSTDP-STDT组合工艺全流程模拟计算[4]，研究了采用组合工艺时，甲苯、C_9芳烃原料在SSTDP和STDT两个单元中的不同分配比例，对芳烃联合装置的PX产量、苯产量情况及各单元处理规模的影响。

以表5-1-6所列各单元的性能指标为基准进行模拟计算，使用的原料中芳烃组分的相对组成以及各组分的流量见表5-1-10。表5-1-11为STDT单元在不同条件下运行时，模拟计算所采用的催化剂反应性能数据。根据分配甲苯歧化及烷基转移单元加工甲苯数量的不同，可调整其反应原料中甲苯与C_9芳烃的质量比。

表5-1-10　原料中芳烃组分相对质量组成及流量

组　成	苯	甲苯	C_8A	C_9A	$C_{10+}A$	合计
含量/%(质量)	11.65	43.09	31.45	11.51	2.30	100.00
流量/(kt/a)	80.0	296.0	216.0	79.0	15.8	686.8

(一)联合装置主要产品产出的变化

在固定总进料不变的条件下，组合工艺STDT单元进料中甲苯/C_{9+}芳烃质量比对联合装置PX产能的影响如图5-1-5所示。由图5-1-5可知，随着STDT进料中C_{9+}芳烃含量的增加，亦即分配给SSTDP单元的甲苯数量的增多，芳烃联合装置的PX产量逐步下降。这是因

为甲苯进行选择性歧化反应时生成了较多的苯，二甲苯收率明显低于传统的歧化及烷基转移反应；此外，随着 STDT 单元原料中 C_{9+}芳烃含量的增加，芳环损失会增大，也造成了二甲苯的产量有所下降，从而使 PX 产量也相应减少。

表 5-1-11 不同原料条件下甲苯歧化及烷基转移催化剂反应性能

原料组成	甲苯/C_{9+}A（质量比）			
	80/20	70/30	60/40	50/50
（甲苯+C_{9+}A）转化率/%（质量）	46.51	46.86	47.21	47.06
（苯+C_8A）选择性/%（质量）	93.54	91.54	89.75	83.76

注：反应性能参考 HAT-096 催化剂。

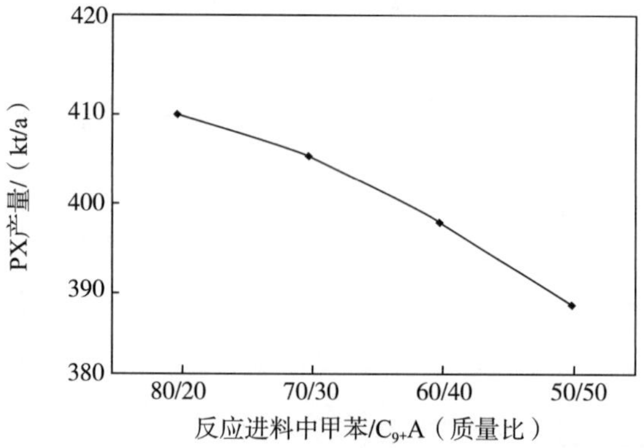

图 5-1-5 组合工艺 STDT 单元进料中甲苯/C_{9+}芳烃质量比对 PX 产量的影响

甲苯/C_{9+}芳烃质量比对苯产量的影响如图 5-1-6 所示。由图 5-1-6 可知，随着 STDT 单元进料中 C_{9+}芳烃含量的增加，芳烃联合装置的苯产量逐渐增大，这主要是因为甲苯选择性歧化反应副产大量苯造成的。

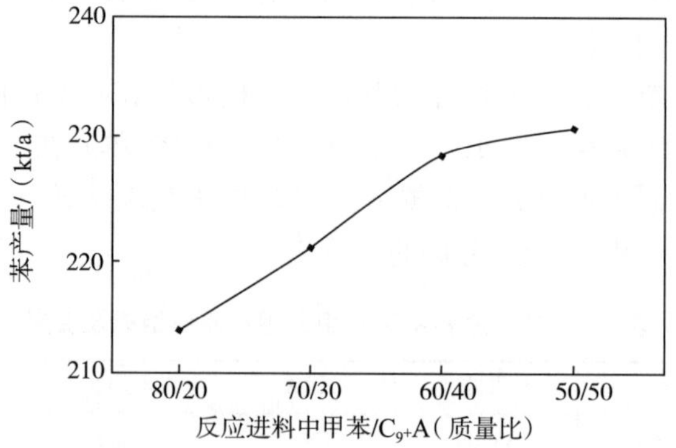

图 5-1-6 STDT 单元进料甲苯/C_{9+}芳烃质量比对组合工艺苯产量的影响

（二）装置处理规模变化

组合工艺中 STDT 单元进料的甲苯/C_{9+}芳烃质量比对该单元本身以及芳烃联合装置中的异构化单元、吸附分离单元、二甲苯塔处理规模变化的影响如图 5-1-7 所示。随着 STDT 单元反应进料中 C_{9+}芳烃含量的增大，一方面该单元处理规模下降，生成的二甲苯数量减少；

另一方面选择性歧化反应比例增加，生产的二甲苯数量减少，这使得组合工艺生产的二甲苯总量不断减少，相关装置的处理负荷下降。同时，择形歧化得到的高 PX 含量二甲苯使得混合二甲苯中 PX 的浓度不断提高，从而进一步导致下游的 PX 吸附分离、二甲苯异构化及二甲苯塔的处理规模下降，这就为整个联合装置的扩能改造、提高现有装置的生产能力奠定了基础。

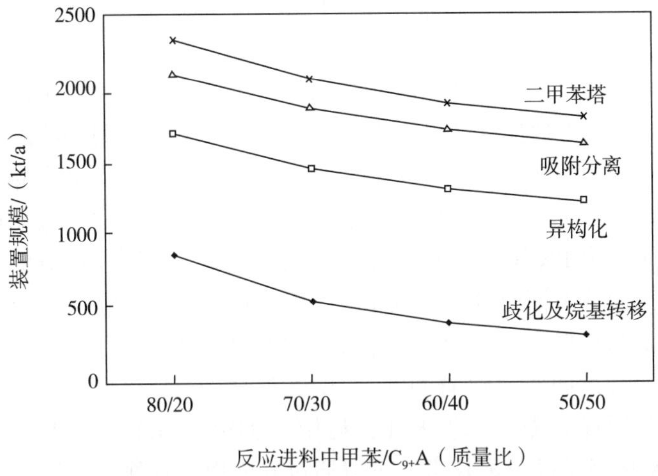

图 5-1-7 STDT 单元进料中甲苯/C_{9+}芳烃质量比对各单元处理规模的影响

（三）SSTDP-STDT 组合工艺与传统工艺产品结构比较

国内某企业通过新建一套 SSTDP 装置的方式实施应用了 SSTDP-STDT 组合工艺，表 5-1-12 列出了应用组合工艺前后，装置使用原料和产品结构情况的对比。可以看出，组合工艺在新鲜甲苯与 C_{9+}芳烃进料量相同的情况下，通过降低歧化及烷基转移反应进料中甲苯含量，将多余甲苯引入择形歧化单元；与传统甲苯歧化与烷基转移反应工艺相比，其苯产量增加，混合二甲苯产量减少，但 PX 浓度增加，优化了 PX 吸附单元的进料。

表 5-1-12 SSTDP-STDT 组合工艺与传统工艺产品结构比较

流量/(t/h)		组合工艺			传统工艺
		STDT 单元	SSTDP 单元	合计	STDT 单元
原料	甲苯	15.86	5.20	21.06	21.06
	C_9A	25.10	0	25.10	25.10
产物	苯	7.69	2.44	10.13	8.90
	混合二甲苯	28.66	2.35	31.01	34.75
	（其中 PX）	(6.43)	(2.09)	(8.52)	(8.71)

（四）应用 SSTDP-STDT 组合工艺的优势分析

采用 SSTDP-STDT 组合工艺对芳烃联合装置进行改造，可以达到扩能的目的，扩能的途径有两条：一是增加芳烃联合装置的原料，二是仅外购甲苯作为选择性歧化单元的原料。

在表 5-1-10 所列原料的基础上增加 22%的原料量，通过调节部分甲苯，使组合工艺 STDT 单元的甲苯/C_{9+}芳烃质量比由原来的 80/20 下降至 60/40，模拟计算结果如表 5-1-13

所示。由表5-1-13可知，采用SSTDP-STDT组合工艺后，芳烃联合装置除新增一套选择性歧化单元外，其他单元均无需扩能（部分精馏塔除外），PX和苯的产量有较大幅度的增加，分别增加了75.4 kt/a和64.6 kt/a。吸附分离单元原料中PX的质量分数大幅提高，同时乙苯浓度有所降低，这两个因素都使得吸附分离装置的处理能力上升，在相同吸附剂用量的情况下，可以回收增产的PX。而吸附分离单元的核心装置吸附塔无需改造，便可提高PX的产出。因此，当甲苯资源丰富时，特别适用采用甲苯择形歧化技术进行芳烃联合装置的扩能改造。

另一种途径是在表5-1-10所列原料的基础上，仅外购甲苯以尽量满足各单元的原有处理能力。根据表5-1-13所列计算结果，需将其中的部分甲苯连同外购的424 kt/a的甲苯作为选择性歧化单元的原料。可以看出，尽管外购了大量的甲苯，但是各单元的处理规模并未增大，而PX和苯的产量却有大幅增加，增幅分别为45%和96.5%。其中吸附分离单元进料量虽未增大，但由于其中PX浓度大幅度提高，从而使得PX处理负荷增幅过大，受吸附剂吸附能力的限制，无法分离回收这么多的PX。可供解决的方案是：选择性歧化单元生产的二甲苯采用生产成本和建设成本都较低的单级结晶分离技术分离出PX产品，再将结晶分离残液送吸附分离单元继续回收PX（详见本章第二节），实现整个联合过程的高PX回收率。这样，吸附分离单元同样无需扩能。因此，运用SSTDP-STDT组合工艺，新建甲苯选择性歧化单元并配套PX单级结晶分离技术，可以通过外购甲苯的途径大幅增产PX。

表5-1-13　采用组合工艺对芳烃联合装置扩能的计算结果 kt/a

工艺类型		传统工艺	SSTDP-STDT组合工艺	
			增加原料量方案	外购甲苯方案
原料	重整生成油	686.8	837.9	686.8
	甲苯	0	0	424.0
产量	苯	213.2	277.8	417.5
	PX	408.8	484.2	593.4①
各单元处理规模	歧化及烷基转移	874.4	481.4	456.9
	甲苯择形歧化	0	847.9	2108.4
	异构化	1690.7	1611.1	1494.2
	PX吸附分离	2099.6	2095.3	2087.5
	二甲苯分离	2316.7	2316.1	2294.4

①该产量为计算值，若超过吸附分离装置原处理能力较多，需要新建PX分离装置（例如采用结晶工艺处理高PX含量物料）。

四、小结

综上所述，由于SSTDP-SATP组合工艺能最大化降低苯产品产量，增加二甲苯尤其是PX的产量，因此，当苯价格远低于PX价格时，该组合工艺具有显著优势。在产品调整灵活性方面，随着“三苯”价格的大幅波动，生产企业采用传统技术很难及时调整，以契合市场对产品的需求，而采用组合工艺，通过合理分配原料，灵活调整产品结构，可迅速与市场需求接轨；在能耗、物耗上，由于组合工艺大幅提高了混合二甲苯中PX浓度，因此也降低了吸附分离等单元的负荷及能耗。

应用 SSTDP-STDT 组合工艺后，在甲苯资源不足的情况下，随着分配给择形歧化单元的甲苯量的增加，芳烃联合装置的 PX 产量下降，苯产量上升；同时，异构化单元、吸附分离单元、传统歧化单元以及二甲苯分馏单元的处理规模下降，能耗降低。

在甲苯资源充足的情况下，SSTDP-STDT 组合工艺是芳烃联合装置扩能改造的一个较好的技术方案。只需新建选择性歧化单元或再配套单级结晶分离单元，而其他单元基本上无需改造，便可实现扩能的目的，具有改造工作量小、对操作影响小、能耗低的优点。

五、技术展望

随着芳烃技术的不断发展，性能更为先进的芳烃转化催化剂和/或工艺技术将不断涌现，能够降低原料消耗、提高产品收率、减少公用工程使用的技术将不断走向工业应用。由于三苯消费结构变化的不确定性，三苯市场价格会发生经常性的波动，导致生产企业生产计划安排常常赶不上市场的变化。采用组合工艺通过分配不同单元的原料组成，即可灵活快速调变产品结构，实现生产快速适应市场的需要，提高企业的盈利能力。

在组合工艺应用方面，未来需进一步将择形歧化与烷基转移反应工艺进行合理匹配，在产品分离及热回收利用上进行高度集成，降低能耗，减少投资。

反应器技术及塔分离技术的革新也为传统芳烃联合装置工艺流程的组合奠定了基础。近年来，国内外对联合装置的工艺组合申请了多项专利技术。如通过烷基转移单元与异构化单元的整合，可提高二甲苯收率，降低装置建设投资和能耗[5]。将重整油分离塔中 $C_8 \sim C_{10}$ 芳烃不经过白土塔处理直接引入烷基转移单元，同时发生烷基转移反应和烯烃饱和反应，可替代重整油白土脱烯烃处理单元，简化流程[6]。预计将来以节能和绿色低碳为目标，针对不同反应原料及工况进行各类生产工艺的组合，实现产品的高效生产将成为大势所趋。

参考文献

[1] 谢在库，杨卫胜，孔德金．甲苯选择性歧化和甲苯与碳九及其以上芳烃歧化与烷基转移方法：中国．CN 1413968[P]，2003-3-30.

[2] 王建伟，杜晋轩，梁战桥．甲苯择形歧化与烷基转移的组合工艺：中国，CN1234669C[P]. 2006-1-4.

[3] 杨卫胜，孔德金，谢在库．增产对二甲苯的芳烃组合工艺[J]. 化学反应工程与工艺，2009，25(3)：276-279.

[4] 杨卫胜，孔德金，谢在库．甲苯选择性歧化与传统歧化组合工艺研究[J]. 石油化工，2003，32(9)：788-791.

[5] Antoine Negiz，James E Rekoske，Edwin P Boldingh. Processes for producing xylenes using isomerization and transalkylaion reactions and apparatus therefor：US，US 20080067053 A1[P]. 2008-3-20.

[6] Edwin P Boldingh，Robert J L Noe. Processes for transalkylating aromatic hydrocarbons and converting olefins：The united states，US20120083638A1[P]. 2012-4-5.

第二节　结晶分离与吸附分离组合工艺

一、概　述

结晶分离法和吸附分离法是相继在工业上实现 PX 生产的两种工艺方法，二者各有特点。吸附-结晶组合工艺则是同时使用这两种分离方法生产 PX 的工艺方法，其目的是在实现增产 PX 的同时，降低生产成本。

结晶分离法是利用 C_8 芳烃不同异构体之间熔点的差异，来实现 PX 与其他 C_8 芳烃异构体分离的方法。和吸附分离法相比，其主要特点是工艺流程简单、产品纯度高，但是受低共熔点的限制，其单程回收率较低，特别是对于低 PX 含量(PX 含量定义为 PX 占四个 C_8 芳烃异构体的质量分数，本节均相同；低 PX 含量指常规来源的 C_8 芳烃原料，其中 PX 含量一般不大于 24%，可参见表 4-3-1)的 C_8 芳烃原料，需要深冷、多级结晶过程，使得设备投资和能耗明显增加。

吸附分离法是利用特定类型的分子筛吸附剂对 C_8 芳烃不同异构体之间吸附作用力强弱的差异，来实现不同异构体之间的分离，是当前 PX 生产中采用最多的工艺方法。和结晶分离法相比，其主要特点是 PX 的单程回收率高，但是吸附分离法在 PX 的提纯过程中，物料中 PX 含量越高时，提高单位纯度所需吸附剂的数量就越大，此外对吸附进料中 C_{9+} 芳烃杂质含量要求严格(详见第四章表 4-2-1)，使得二甲苯分馏塔能耗增加。

将结晶分离法与吸附分离法进行组合，可以充分发挥两种分离方法各自的特点和优势，实现在不同工况下尽可能减少投资、降低能耗。根据获得 PX 产品途径的不同，组合工艺可以分为两类，一类是结晶分离与吸附分离联合法组合工艺，即同时由结晶分离法和吸附分离法分别生产 PX 产品，但是两种方法处理的原料尤其是其中 PX 含量明显不同，而且结晶分离的母液需送吸附分离单元进一步回收 PX，这类组合工艺特别适合对现有吸附分离法生产装置进行扩能改造；另一类是结晶分离与吸附分离耦合法组合工艺，首先通过吸附分离法将低 PX 含量的 C_8 芳烃原料提浓为高 PX 含量(一般不小于 80%)物料，然后仅通过结晶分离法获得 PX 产品，该组合工艺适合于对现有装置的扩能改造，也可用于新建 PX 生产装置。

与单独的结晶分离工艺或吸附分离工艺相比，吸附-结晶组合工艺的能耗更低，国内外多家公司都相继提出了各自的吸附-结晶组合工艺。UOP 公司提出了一种联合法组合工艺，将高 PX 含量的甲苯择形歧化反应产物单独通过 Badger/Niro 结晶单元获得大部分 PX 产品，然后将结晶母液与其他低 PX 含量物料一并送入 Parex 吸附单元以进一步回收 PX 产品[1,2]。UOP 公司还提出了一种耦合法组合工艺，首先利用吸附分离工艺对低 PX 含量 C_8 芳烃原料进行提浓，然后通过结晶分离工艺分离这部分高 PX 含量的 C_8 芳烃以获得 PX 产品[3,4]。IFP 公司的 Eluxyl Hybrid 工艺是一种耦合法组合工艺，该工艺同样先将低 PX 含量的 C_8 芳烃原料送入 Eluxyl 吸附单元进行提浓以得到高 PX 含量的 C_8 芳烃物料，然后利用结晶分离工艺获得 PX 产品[5~8]。此外，Samsung Total 公司[9]、GTC 公司[10]也分别提出了各自的组合工艺。中国石化在成功开发吸附分离工艺和结晶分离工艺的基础上，针对不同来源的 C_8 芳烃原料也开发了不同的吸附-结晶组合工艺[11~13]。

吸附-结晶组合工艺的实质是利用结晶分离技术分离高 PX 含量的 C_8 芳烃物料，利用吸附分离技术分离或提浓低 PX 含量的 C_8 芳烃物料。不同公司提出的结晶分离与吸附分离组合工艺，总体思路都基本相同，区别主要在于采用了各自的吸附分离和结晶分离工艺，同时，为了进一步降低 PX 生产成本，对组合方式以及依据组合方式的不同，对两个分离单元及其他单元进行了不同的优化。结晶单元主要是根据进料中 PX 含量的不同，调整相应的结晶级数和结晶温度，而吸附单元主要是根据抽出液中 PX 纯度要求大幅下降的变化，对吸附单元进行调整和简化以获得最大的处理能力。此外，结合两种工艺的特点，实现降低包括二甲苯分馏、异构化单元在内的 PX 回路的能耗，也是组合工艺开发的关键环节。

二、结晶分离与吸附分离联合法组合工艺

吸附-结晶联合法组合工艺的工艺流程如图 5-2-1 所示。首先，采用能获得高 PX 含量 C_8 芳烃物料的技术，如甲苯择形歧化或甲苯甲基化等，生产高 PX 含量的 C_8 芳烃原料作为结晶单元的进料，通过结晶单元获得一部分高纯度 PX 产品；然后再将结晶单元的剩余结晶母液与低 PX 含量的 C_8 芳烃原料一起送入吸附单元以获得剩余的 PX 产品，吸附单元的抽余液经异构化单元处理后再次得到热力学平衡组成的低 PX 含量的 C_8 芳烃原料；这样，联合法组合工艺的 PX 单程回收率可达到常规吸附分离工艺水平。

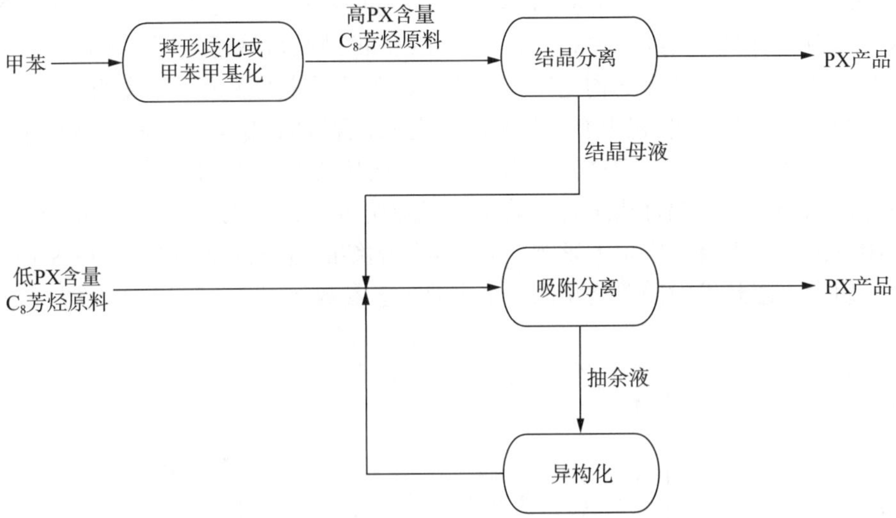

图 5-2-1　结晶分离与吸附分离联合法组合工艺图

联合法组合工艺的特点是分别通过结晶分离工艺和吸附分离工艺生产 PX 产品，其中结晶分离工艺用来分离高 PX 含量的 C_8 芳烃原料，而吸附分离工艺用来分离低 PX 含量的 C_8 芳烃原料以及结晶分离工艺中剩余的结晶母液。在联合法的组合方式中，结晶单元的结晶母液送入吸附单元进行进一步分离以回收其中的 PX，以保证整个组合工艺的高 PX 回收率，因此结晶单元无需设置低温结晶阶段来提高结晶单元的 PX 回收率，结晶过程全都在较温和的结晶温度下进行，不仅 PX 的产品纯度可以得到保障，而且也降低了结晶单元的能耗。

联合法组合工艺只是将两种分离工艺进行了简单的组合，组合工艺中的结晶分离工艺和吸附分离工艺与单独应用时操作均相同，所不同的是结晶分离工艺中可采用较高的结晶温度。例如，对于 PX 含量为 80%的高浓度 C_8 芳烃原料，单独采用结晶分离工艺时，结晶温度要降至-30℃才能获得 90%的 PX 回收率；而在组合工艺中，结晶分离工艺的操作温度可以提高至-10℃，此时结晶单元的 PX 回收率为 71%，已与低 PX 含量的 C_8 芳烃原料理论上能获得的最大回收率相当，由于结晶母液中剩余的 PX 可由吸附单元进行进一步回收，因此整个组合工艺的 PX 回收率可确保在 97%以上。对于组合工艺中的结晶单元，无需为了追求提高结晶过程的回收率而继续降低结晶温度，因为结晶温度降低得越多，能耗增加的幅度也就越大。此外，低温条件下设备的材质要求也会相应提高。

目前，国内的 PX 生产装置全部采用吸附分离工艺，且原料来源主要是低 PX 含量的 C_8

芳烃。在对这些生产装置进行较大幅度的扩能改造时，通过甲苯择形歧化或甲苯甲基化等工艺来获得额外的高 PX 含量 C_8 芳烃物料，然后配套建设规模相对较小的结晶分离装置单独处理这部分原料，以获得额外的 PX 产能，即采用结晶分离与吸附分离联合法组合工艺，是一种可供选择、投资和操作费用较低的技术方案。此外，使用高 PX 含量 C_8 芳烃原料进行扩能改造，二甲苯异构化单元受到的影响也最小。因此，吸附-结晶联合法组合工艺适宜于甲苯资源较丰富且价格较低情况下，芳烃联合装置的扩能改造。

三、结晶分离与吸附分离耦合法组合工艺

吸附-结晶耦合法组合工艺的工艺流程如图 5-2-2 所示。首先利用吸附单元对低 PX 含量的 C_8 芳烃原料进行提浓，得到高 PX 含量的 C_8 芳烃物料；然后将这部分高 PX 含量的 C_8 芳烃送入结晶单元以获得高纯度 PX 产品；结晶单元的结晶母液再返回到吸附单元继续进行提浓，而吸附单元的抽余液经异构化单元处理后重新得到接近热力学平衡组成的低 PX 含量的 C_8 芳烃原料。如果联合装置中有其他来源的高 PX 含量的 C_8 芳烃原料，例如来自甲苯择形歧化、甲苯甲基化等工艺，则这部分原料也可与吸附提浓后的 C_8 芳烃一起，直接送入结晶单元进行结晶分离。在耦合法组合工艺中，经吸附分离提浓的 C_8 芳烃中的 PX 含量，不仅会对吸附分离过程本身产生很大影响，而且会影响结晶过程的结晶温度和 PX 回收率，因此是耦合法组合工艺开发中需要优化的一个重要工艺参数。

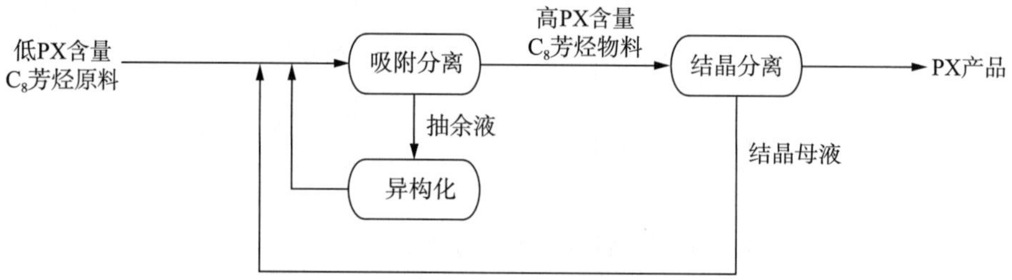

图 5-2-2 结晶分离与吸附分离耦合法组合工艺图

与联合法组合工艺相比，耦合法组合工艺的特点是只通过结晶分离工艺生产 PX 产品，由于结晶分离法具有产品纯度高的优点，因此该组合工艺为 PX 质量的稳定控制提供了更大的弹性操作范围。相对于常规的结晶分离工艺，耦合法组合工艺实际上是利用吸附分离过程代替了其中操作温度最低的深冷结晶过程。在分离低 PX 含量 C_8 芳烃原料时，单独采用结晶分离工艺需要在-60℃左右的深冷温度下进行结晶操作，此时 PX 晶体生长缓慢，且晶体粒度小，在进行固液分离时所得滤饼含湿量高，只能得到纯度为 85%～90%的粗 PX 晶体，不能作为产品采出，这部分滤饼通常是熔化后作为高温结晶过程的原料。而在耦合法组合工艺中，结晶单元取消了深冷结晶过程，直接用吸附单元来对低 PX 含量的 C_8 芳烃原料进行提浓，为结晶过程提供适宜的高 PX 含量 C_8 芳烃原料。吸附分离比深冷结晶过程的提浓效率更高、不受低共熔点的限制，而且能耗也更低。

耦合法组合工艺中吸附单元只负责为结晶单元提供高 PX 含量的 C_8 芳烃原料，不需要生产高纯度的 PX 产品，这显著降低了吸附分离过程提纯区的要求，吸附剂用量可以大幅减少，吸附分离各功能区域的床层数及其分配也可进行优化和简化。

从生产过程的能耗看，为保证 PX 产品纯度，单独的吸附分离过程对进料中 C_{9+}芳烃含

量的要求很严格，一般要求不大于500μg/g，因此二甲苯分馏塔的操作能耗较高；而在耦合法组合工艺中，吸附单元产出的高PX含量C_8芳烃中含有的C_{9+}芳烃，对结晶单元产品纯度的影响很小，因此，耦合法组合工艺对于二甲苯分馏塔的分离要求会显著降低，这是组合工艺降低PX回路总能耗的主要原因。虽然结晶单元C_8芳烃进料中允许C_{9+}芳烃含量可以高达10%[14]，但考虑到原料中C_{9+}芳烃浓度的增加会降低结晶过程的回收率，尤其是吸附单元抽余液送异构化单元进行异构化反应时，其中的C_{9+}芳烃对催化剂的稳定性会产生不利影响。因此，如何控制吸附单元进料中C_{9+}芳烃(实际上主要是C_9芳烃)的含量，是耦合法组合工艺开发需要综合优化的另一个重要工艺参数。

(一)结晶分离工艺

经过吸附分离提浓后的C_8芳烃原料中，PX含量可在较大范围内变化，以满足组合工艺的不同需求。仅从结晶工艺过程考虑，当结晶进料中PX含量达到94%左右时，其饱和结晶温度约为11℃，当结晶温度为-10℃时便能获得92%的PX回收率，理论上结晶分离工艺采用单级结晶过程即可。但是采用纯PX产品作为洗涤液洗涤滤饼时，洗涤液在洗涤过程容易结晶析出从而影响洗涤效果，为了保证产品纯度，宜采用更高的结晶温度；然而，由于结晶单元的母液要全部返回到吸附单元(两种类型组合工艺均如此)，为了减少系统循环量，应采用较低的结晶温度以尽可能地提高结晶单元的PX回收率。综合考虑，结晶分离工艺仍然采用两级结晶过程，即通过相对较高温度的一级结晶过程获得PX产品，同时利用相对低温的二级结晶过程提高结晶单元的回收率，其工艺流程如图5-2-3所示。

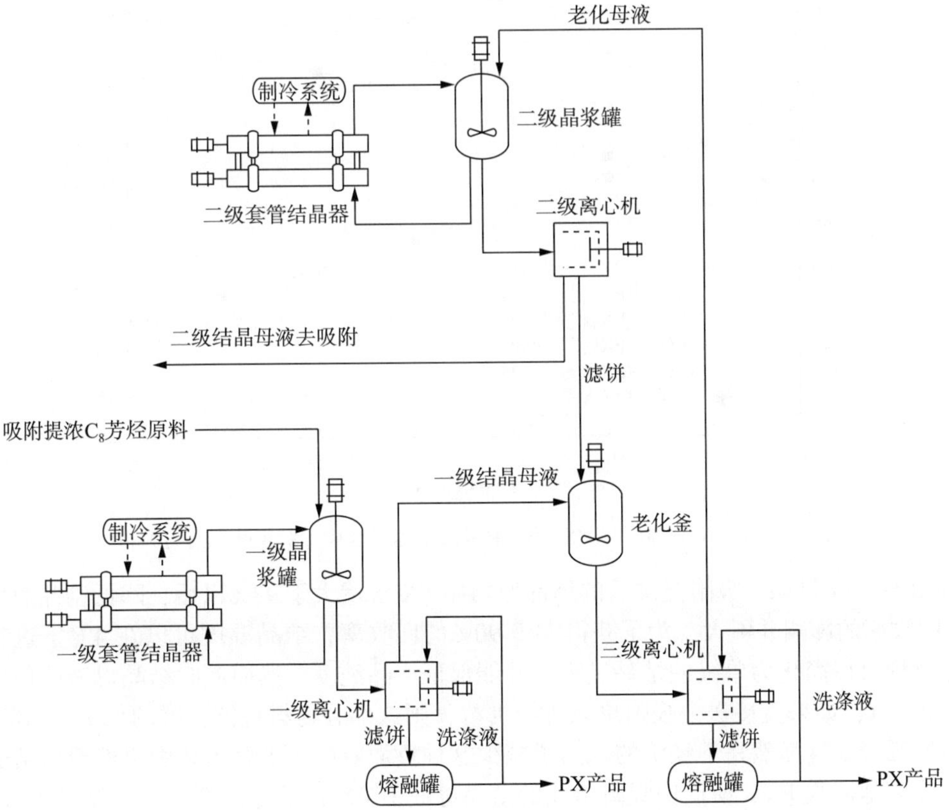

图5-2-3 组合工艺中结晶单元工艺流程图

来自吸附提浓单元的高 PX 含量 C_8 芳烃原料送入一级结晶器进行结晶，所得晶浆送入一级离心机经固液分离得到 PX 晶体和一级结晶母液。PX 晶体经洗涤液洗涤后熔化，一部分作为产品采出，其余部分作为洗涤液返回到离心机中对 PX 晶体进行洗涤；一级结晶母液作为老化釜的打浆原料，送入到老化釜中对二级结晶过程的低温滤饼进行浆化洗涤和升温老化。老化晶浆送入三级离心机经固液分离得到 PX 晶体和老化母液，PX 晶体经洗涤液洗涤后熔化，一部分作为产品采出，其余部分作为洗涤液返回到离心机中对 PX 晶体进行洗涤，老化母液则送入第二级结晶器中进行 PX 的回收。第二级结晶器中所得 PX 晶体进入老化釜进行浆化洗涤和升温老化，而二级结晶母液则送入吸附单元继续进行提浓。

与常规分离高 PX 含量 C_8 芳烃原料的结晶分离工艺相比，组合工艺的结晶单元由于进料中 PX 含量的进一步提高，可以在多个相对较高温度的结晶阶段获得 PX 产品，而且在相同的结晶温度下，其 PX 回收率更高，可以取消−30℃以下的低温结晶过程。这不仅降低了结晶单元的能耗，而且对设备材质的要求也大幅度降低，使投资减少。

由于第二级结晶过程的结晶母液需要返回到吸附单元进行进一步提浓，因此，结晶母液的循环量和 PX 含量会对吸附单元的操作产生影响。二级结晶过程的操作温度不仅决定了结晶单元的 PX 回收率，也对返回到吸附单元的结晶母液中 PX 含量(或母液循环量)产生影响。不同 PX 含量的 C_8 芳烃在不同温度下结晶得到的 PX 回收率及结晶母液中 PX 含量如图 5-2-4 所示。

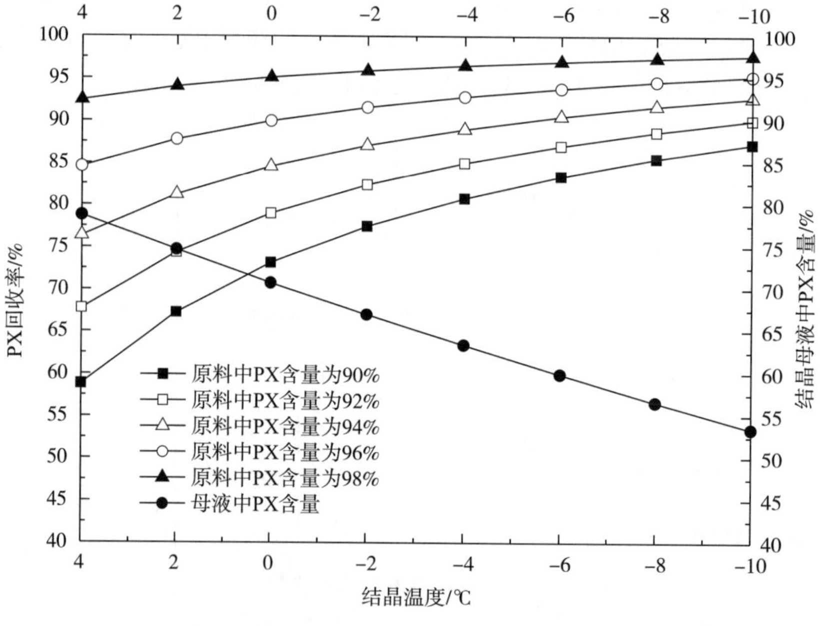

图 5-2-4 结晶温度与 PX 回收率以及结晶母液中 PX 含量之间的关系

由图 5-2-4 可知，吸附提浓后的结晶原料中 PX 含量大于 98%以后，降低结晶温度对提高 PX 回收率的影响并不大，为了获得大于 90%的回收率，结晶温度可以在 4℃下进行，此时结晶过程可以简化为单级的结晶过程，并能保证产品纯度。然而此时结晶母液中仍然含有约 80%的 PX，如果直接送去吸附单元进行提浓，则这部分物料将被新鲜的低 PX 含量 C_8 芳烃原料所稀释，这显然是不经济的。为了减少这种负面效应，组合工艺中仍然希望结晶单元能尽可能多地回收 PX，使返回吸附单元的结晶母液中 PX 含量尽量低。对于结晶单元而言，当原料中 PX 含量为 92%~96%时，−10℃左右的结晶温度是比较合适的，此时结晶母液中的 PX 含量已降至 53%左右，PX 回收率达到 90%以上。在此基础上继续降低结晶温度，回收率提高不明显，反而结晶过程对设备材质的要求会相应提高。

上述结晶工艺同样适用于联合法组合工艺。

(二)简化的吸附分离工艺

耦合法组合工艺中吸附单元的功能是为结晶单元提供 PX 含量适宜的 C_8 芳烃原料，其分离精度要求低于常规吸附分离过程，因此其优化的主要目标是使该单元的投资和操作费用(主要是能耗)尽量减少，以抵消结晶单元的投资和能耗的增加。在组合后的 PX 回路各单元中，吸附单元投资所占比例以及吸附分离工艺要求对 PX 回路操作能耗的影响仍然是最大的。因此，吸附分离过程的简化和优化将对耦合法组合工艺的技术经济性产生重要影响。

1. 吸附单元产出的结晶进料中 PX 含量的控制

从吸附提浓过程本身看，得到的抽出液中 PX 含量可以在很大范围内变化。这种变化对吸附单元的操作参数尤其是相同处理能力下所需吸附剂的数量会有很大影响，从而与吸附单元的投资密切相关。抽出液作为结晶单元的 C_8 芳烃进料，其 PX 含量对结晶单元的结晶温度、PX 回收率、结晶母液中 PX 含量和母液数量均有重要的影响，当 PX 含量大于 80%时无需采用-30℃以下的低温结晶。结晶母液循环返回到吸附分离单元进行再提浓，母液数量(包括其中 PX 含量)反过来又会对吸附分离装置的规模产生影响。因此，吸附分离单元提供给结晶单元的进料中 PX 含量是这两个分离过程组合的关键因素。

对于吸附单元，降低所产出 PX 纯度(即抽出液中 PX 含量)的要求，可使其投资和生产成本明显减少。这主要是因为吸附分离是一个通过多级吸附-脱附平衡的逐级提浓分离过程。PX 纯度越高，进一步提纯时提高单位浓度所需要的分离级数就越多，亦即需要的吸附剂数量越多，同时，提纯过程所需的回流比(Ⅱ区回流比)也较高。表 5-2-1 给出了在使用同一吸附剂和相同 C_8 芳烃原料、模拟移动床装置四个功能区域床层数分配比例及操作步进时间均相同的条件下，考察吸附分离抽出液中 PX 含量与吸附剂处理负荷关系的 3 组实验结果，其中第 1 组基准实验为常规吸附分离工艺的操作工况。由表 5-2-1 可知，与第 1 组基准实验相比，第 2 组实验将单位体积吸附剂的原料处理量(F/V)提高了 30%，在得到的抽出液中 PX 含量降低至 98.5%时，PX 回收率为 93.7%；进一步降低抽出液中 PX 含量至 91.3%，PX 回收率提高到 98.7%，高于基准实验的结果；同时，解吸剂与进料的质量流量之比(D/F)显著下降了 0.22 个单位。第 3 组实验在装置吸附床层总数为 12 的情况下操作，并将 F/V 比基准实验提高了一倍，得到的抽出液中 PX 含量为 96.8%时，PX 回收率仍可达 97.1%，D/F 也低于基准实验结果。此外，在第 2 和第 3 组实验中，得到的抽出液中 PX 含量越低，Ⅱ区的回流比也越低，表明操作条件趋于缓和。可见，降低抽出液中 PX 含量的要求，不仅可大幅度提高单位吸附剂的处理能力，D/F、L_2/A 等也可明显降低。

因此，与常规吸附分离相比，在耦合法组合工艺中，可以在简化吸附分离工艺的同时，大幅度提高吸附单元的处理能力。在吸附单元处理能力提高 100%、PX 回收率达到常规吸附分离要求不低于 97%的情况下，得到的结晶单元进料中 PX 含量最高可接近 97%。

综合考虑结晶单元的要求，对于耦合法组合工艺，吸附单元提供的结晶进料中 PX 含量的较佳范围为 92%~96%，在此范围内吸附分离装置可以采用比常规吸附分离工艺更少的床层数(例如 12 个吸附床层)操作，其各功能区域床层数分配、床层管线冲洗工艺等也可进一步优化和简化，所需要的吸附剂数量减少一半。在此基础上进一步降低结晶进料中 PX 含量的要求，对组合工艺处理能力的影响较小。

表 5-2-1 吸附分离抽出液中 PX 含量与吸附剂处理负荷的关系

实验编号	总床层数	F/V	Ⅱ区回流比(L_2/A)	抽出液中 PX 含量/%	PX 回收率/%	D/F
1	24	基准	0.67	99.71	96.5	基准
2	24	基准×1.3	0.48	86.8	99.2	基准-0.22
			0.51	91.3	98.7	
			0.56	98.5	93.7	
3	12	基准×2	0.50	89.6	97.3	基准-0.1
			0.56	96.8	97.1	

2. 吸附单元进料 C_9 芳烃含量的控制原则

在芳烃联合装置的 PX 回路中，即使不考虑热联合的作用，二甲苯分馏塔仍是实际能耗较高的一个操作单元，这是因为常规的吸附分离工艺对 C_8 芳烃进料中的 C_9 芳烃含量有严格限制。耦合法组合工艺可以在很大程度上放宽这一限制，从而使二甲苯分馏塔的能耗降低。进入吸附单元的不同 C_9 芳烃经过吸附分离后，分别进入抽出液和抽余液两股物料中，然后经过结晶单元或异构化单元处理，又返回二甲苯分馏塔。由于在这些工艺过程中 C_9 芳烃本身基本不发生变化，因此，吸附单元进料中的 C_9 芳烃组分也应控制，避免循环积累。

对于抽出液物流，经过结晶单元分离出绝大部分的 PX 作为产品后，少量的结晶母液循环回二甲苯分馏塔；抽余液中的 C_9 芳烃经过异构化单元后，再与异构化过程生成的少量 C_{9+} 芳烃一起，也进入二甲苯分馏塔形成循环，因此，二甲苯分馏塔仍需要保留对这部分 C_9 芳烃的脱除能力。此外，从尽量减少对异构化催化剂稳定性的不利影响角度考虑，进入抽余液的这部分 C_9 芳烃应控制在较低含量范围。

在 C_8 芳烃的吸附分离过程中，乙苯与 PX 最难分离，即乙苯/PX 的选择性系数最小。在耦合法组合工艺中，乙苯相对更容易与 PX 一起进入抽出液；进入吸附单元的各 C_9 芳烃将按照与 PX 选择性系数的大小，分别进入抽余液和抽出液。表 5-2-2 列出了在 RAX-2000A 吸附剂上，乙苯和 8 种 C_9 芳烃异构体与 PX 之间的相对选择性系数，即各种 C_9 芳烃/PX 的选择性系数与乙苯/PX 的选择性系数之比值。由表 5-2-2 可知，对甲基乙苯的相对选择性系数为 0.57，表明其在吸附剂上与 PX 的吸附能力接近，难以与 PX 分离，进入吸附单元的对甲基乙苯绝大部分进入抽出液中；异丙苯、正丙苯的相对选择性系数均接近于 1，它们与乙苯的吸附能力相近，会有部分进入抽出液中；其他 C_9 芳烃的相对选择性系数都比 1 大得较多，主要进入抽余液中。

表 5-2-2 乙苯及各 C_9 芳烃与 PX 之间的相对选择性系数

组　分	乙苯	异丙苯	正丙苯	间甲基乙苯	对甲基乙苯
选择性系数	1	0.85	1.06	2.13	0.57
组　分		均三甲苯	邻甲基乙苯	偏三甲苯	连三甲苯
选择性系数		3.00	1.52	1.28	1.52

从 C_9 芳烃异构体的沸点看，相对容易进入抽出液中的几种 C_9 芳烃的沸点均相对较低，在二甲苯分馏塔脱除的能耗较高。耦合法组合工艺放宽限制后，这些 C_9 芳烃可以专门采取

单独的措施脱除，由于处理的物料大幅减少而有利于降低能耗，工艺的灵活性增加。吸附单元进料中 C_9 芳烃含量的控制指标，需要根据其在新鲜 C_8 芳烃原料中的组成和分布，并结合流程设置等进行优化设计。

3. 简化的吸附分离工艺流程

简化的吸附分离工艺仍采用液相逆流模拟移动床吸附分离技术，用 12 个吸附床层代替通常的 24 个吸附床层，以获得 PX 含量范围为 92%～96%的 C_8 芳烃作为结晶单元的进料，而 PX 回收率维持在 97%以上。对于相同的处理能力，简化吸附分离工艺的吸附剂装量不超过现有吸附分离工艺吸附剂装量的一半。

简化的吸附单元工艺流程如图 5-2-5 所示。吸附分离装置设置 1 个吸附塔，包括 12 个吸附床层，吸附塔内物料以液相自上而下流动，由一台循环泵将吸附塔底物料循环到塔顶。吸附塔操作温度为 177℃，控制吸附塔塔底压力为 0.9MPa，与常规吸附分离工艺相同。吸附进料为 C_8 芳烃，其中可以含有少量的甲苯(小于 1%)和 C_9 芳烃(一般应控制小于 0.5%)；解吸剂为 PDEB；抽出液中富含 PX，PX 回收率大于 97%，经抽出液塔分离后，由塔顶采出高 PX 含量(PX 质量分数大于 90%)的 C_8 芳烃送去结晶单元进行分离提纯，塔底采出 PDEB 循环用作解吸剂；抽余液经抽余液塔分离，塔顶侧线采出贫 PX 的 C_8 芳烃送去异构化单元，塔底采出 PDEB 循环用作解吸剂。循环解吸剂中要求甲基乙苯含量小于 0.1%。

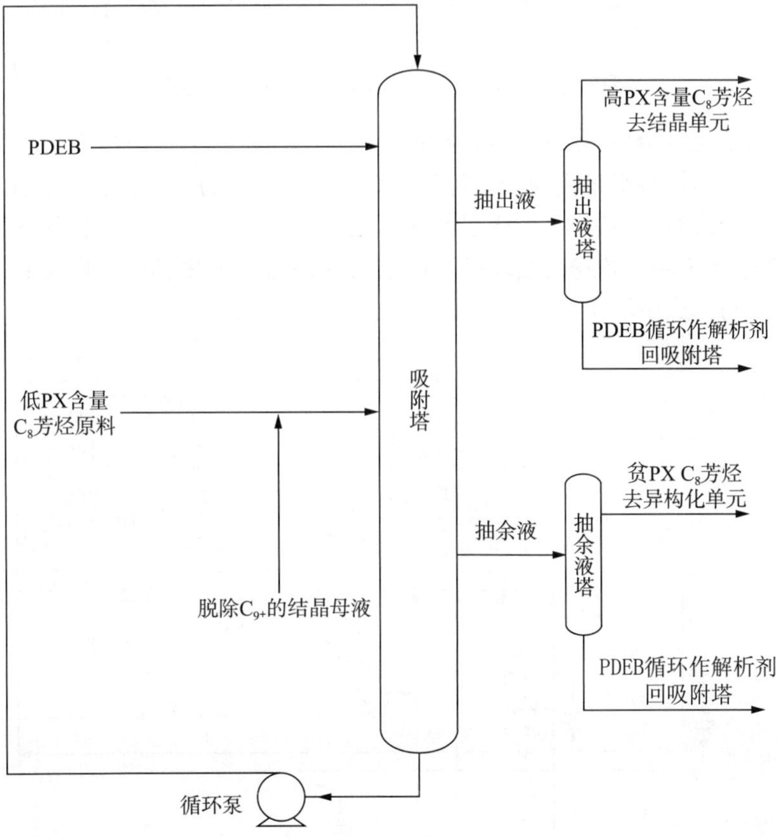

图 5-2-5　简化的吸附单元工艺流程示意图

简化吸附分离工艺吸附塔基本功能区域的分配及管线冲洗的设置如图 5-2-6 所示。共有 6 股物料在吸附塔的不同位置进出，并且周期性地改变进料位置，每个吸附床层引出一根物料管线用于向床层内输入或从床层中取出物料。这 6 股物料中有 4 股是基本的工艺物流，分别是进料 F、解吸剂 D、抽出液 E、抽余液 R。这 4 股物流将 12 个吸附床层分为 4 个基本的功能区域，F 和 R 之间是一区，其作用是吸附；E 和 F 之间是二区，作用是提纯；E 和 D 之间是三区，作用是脱附；D 和 R 之间是四区，作用是将一区与三区隔离开，避免污染；这 4 个区域内的床层数分别为 3，4，3，2，但也可以根据情况进行调整。另两股是用于管线冲洗的物流：冲洗 1(C1)位于 D 和 E 之间，与 E 间隔一个床层，其物料组成与 D 相同，进入吸附床层；冲洗 3(C3，因其功能及位置设置与常规吸附分离工艺的冲洗 3 相同，故采用相同编号)位于 E 和 F 之间，与 F 间隔一个床层，所用物料组成与 E 相同，进入吸附床层。这两股冲洗物料将前述 4 个基本的功能区域又进一步分隔，形成一些小的区域，如将 C3 和 F 之间的区域称为ⅡA 区，C1 和 E 之间的区域称为ⅢA 区。

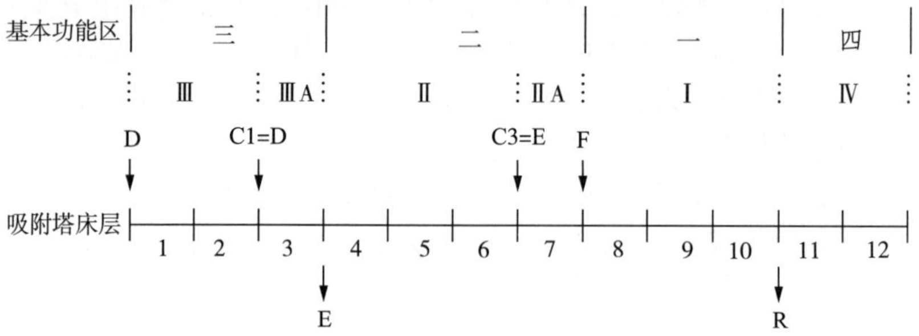

图 5-2-6 简化吸附分离工艺的功能区域划分

简化的吸附单元吸附塔系统的原则流程如图 5-2-7 所示。进出吸附塔 6 股物流的位置周期性改变是通过程控阀组来实现的。每股物料有一根输送的总管，总管上有流量调节阀和流量计，从总管分出通向所有 12 个床层的支管线，每条管线上有一个程控阀，则 6 股物料共有 12×6=72 个开关阀。各物料通向各个床层的 6 根管线汇聚到一条床层管线，向吸附床层内输入或从吸附床层中取出物料。

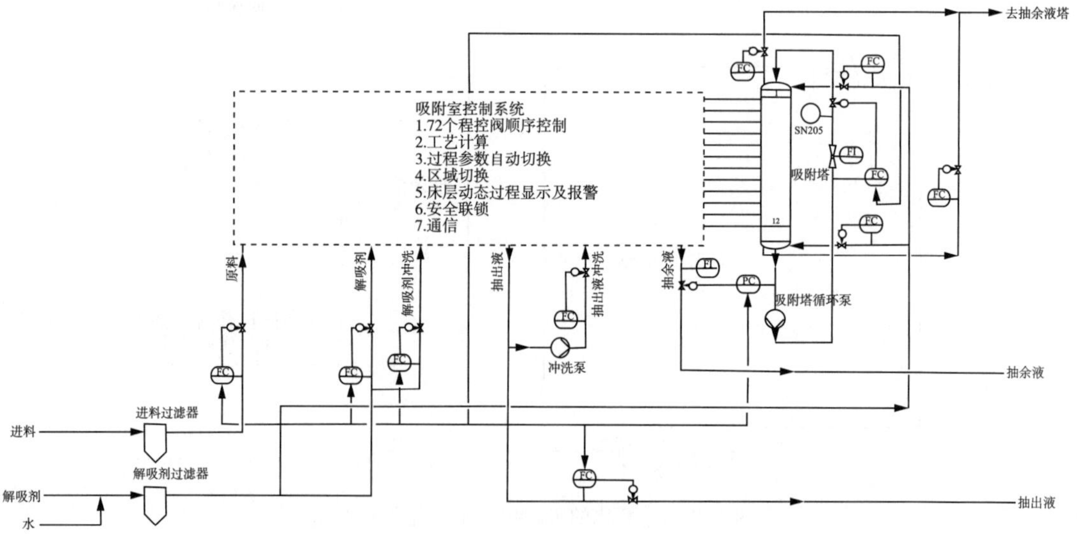

图 5-2-7 简化吸附单元吸附塔系统原则流程示意图

（三）分馏过程的优化与节能

二甲苯分馏塔塔顶馏出的 C_8 芳烃中 C_9 芳烃含量由常规吸附分离工艺要求的 500μg/g，提高到耦合法组合工艺可以允许的 0.5%，这显著降低了二甲苯塔的分离精度要求，亦即二甲苯塔可以大幅度降低回流比及塔底热负荷。但是，二甲苯塔与抽余液塔和抽出液塔高度热集成，即二甲苯塔塔顶及塔底物流均作为抽余液塔和抽出液塔的热源，如果二甲苯塔回流比过小，二甲苯塔顶及塔底物流为抽余液塔和抽出液塔提供的热负荷有可能不够，这两台塔的分离精度有可能达不到要求，从而使高度热集成无法实现。因此，选择合适的二甲苯塔分馏精度及优化操作条件、同时优化抽余液塔和抽出液塔操作条件，是吸附分离与结晶分离耦合法组合工艺中最关键的节能技术之一。

以 600kt/a 规模 PX 生产装置为例，采用耦合法组合工艺时，可分别对抽余液塔、抽出液塔和二甲苯塔进行如下设计优化。

1. 抽余液塔操作参数优化

抽余液塔分离精度由塔底采出 PDEB 中 C_8 芳烃含量小于 10μg/g 调整至小于 50μg/g、塔顶侧线抽出 C_8 芳烃中 PDEB 含量小于 20μg/g 调整至小于 30μg/g 后，塔底热负荷由 89MW 降低至 74MW，降低幅度为 17%。抽余液塔优化前后操作参数见表 5-2-3。

表 5-2-3　抽余液塔优化前后操作参数

项　目	优　化　前	优　化　后
分离精度	侧线中 PDEB 含量小于 20μg/g； 塔底物中 C_8 含量小于 10μg/g	侧线中 PDEB 含量小于 30μg/g； 塔底物中 C_8 含量小于 50μg/g
塔盘数/层	89	91
进料板位置/层	38	44
进料温度/℃	204	226
回流比（对进料质量之比）	1.16	1.11
塔顶热负荷/ MW	73	68
塔底热负荷/ MW	89	74

异构化进料对 PDEB 含量的限制并不严格，最大可以允许 200μg/g，塔顶侧线采出中 PDEB 含量过高意味着 PDEB 损耗量较大，抽余液塔侧线采出中 PDEB 含量一般最大不超过 50μg/g，设计一般保证抽余液塔适当的分离精度尽量降低侧线 PDEB 含量。优化后的侧线采出中，PDEB 含量由 20μg/g 提高至 30μg/g，仍在正常范围内，对异构化催化剂不会造成不利影响。

2. 抽出液塔操作参数优化

抽出液塔分离精度由塔底采出 PDEB 中 C_8 含量小于 10μg/g 调整至小于 50μg/g、塔顶采出 C_8 芳烃中 PDEB 含量小于 20μg/g 调整至小于 30μg/g 后，塔底热负荷由 26MW 降低至 21MW，降低幅度为 19%。抽出液塔优化前后操作参数见表 5-2-4。

3. 优化二甲苯分馏塔操作条件

（1）适当降低回流比

常规设计中，二甲苯分馏塔塔顶气优先作为抽余液塔重沸器热源，剩余塔顶热量作为抽出液塔重沸器热源，抽出液塔重沸器热源不足部分由二甲苯塔塔底液提供。由于抽余液塔塔底重沸热负荷较抽出液塔塔底重沸热负荷大很多，且考虑到二甲苯塔和抽出液塔波动和调整操作的需要，用二甲苯塔塔顶气加热的抽出液塔重沸器热量一般不低于抽出液塔塔底总重沸热负荷的 30%，因此实际设计的二甲苯塔回流比往往比仅满足分离要求所需的回流比要大。

表 5-2-4 抽出液塔优化前后操作参数

项　目	优 化 前	优 化 后
分离精度	塔顶采出中 PDEB 含量小于 20μg/g；塔底采出中 C_8 含量小于 10μg/g	塔顶采出中 PDEB 含量小于 30μg/g；塔底采出中 C_8 含量小于 50μg/g
塔盘数/层	70	75
进料板位置/层	33	35
进料温度/℃	200	220
回流比(对进料质量之比)	0. 75	0. 68
塔顶热负荷/MW	22	20
塔底热负荷/MW	26	21

优化设计中，二甲苯塔塔顶气优先作为抽出液塔重沸器热源，剩余塔顶热量作为抽余液塔重沸器热源，抽余液塔重沸器热源不足部分由二甲苯塔塔底液提供。由于二甲苯塔塔顶剩余热量较多，一般可占到抽余液塔塔底重沸热负荷的 50%以上，在满足二甲苯塔分离精度要求的前提下，为降低二甲苯塔回流比创造了条件。

二甲苯塔回流比由 2. 86 降低至 2. 17 时，二甲苯塔塔底所需热负荷(根据分离精度设计)由 96MW 降低至 80MW，降低幅度为 17%，而二甲苯塔塔底总热负荷不变，可为热集成提供更多的热量。二甲苯塔优化前后操作参数见表 5-2-5。

(2)适当增加塔盘层数

当二甲苯塔塔盘数由 150 层增加至 170 层，回流比可进一步降低，由 2. 17 降低至 1. 80，二甲苯塔塔底所需热负荷由 80MW 进一步降低至 72MW，降低幅度为 10%。

表 5-2-5 二甲苯塔优化前后操作参数

项　目	优 化 前	优 化 后	
		降回流比	降回流比+增加塔盘数
塔盘数/层	150	150	170
回流比(对塔顶产品质量)	2. 86	2. 17	1. 80
塔顶热负荷/MW	87	72	64
塔底计算热负荷/MW (根据分离精度设计)	96	80	72
二甲苯塔重沸炉总热负荷/MW (抽余液塔和抽出液塔优化前)	124	123	123
二甲苯塔重沸炉总热负荷/MW (抽余液塔和抽出液塔优化后)	104	103	103

由表 5-2-5 可知，对于同样的抽余液塔和抽出液塔方案，优化前后二甲苯塔重沸炉的

总热负荷变化不大。这是因为二甲苯塔塔顶和塔底热量全部作为抽余液塔重沸器和抽出液塔重沸器热源，而抽余液塔重沸器和抽出液塔重沸器的总热负荷是固定的，优化二甲苯塔条件后二甲苯塔顶减少的热量，必须通过增加二甲苯塔重沸炉的热负荷来补充。优化二甲苯塔操作条件可以有效减少二甲苯塔塔径，二甲苯塔的节能必须通过优化抽余液塔和抽出液塔条件、降低抽余液塔和抽出液塔重沸负荷来实现。

(3)优化进料板位置

二甲苯塔顶 C_9 芳烃含量要求降低后，塔顶产品中允许带较多的 C_9 芳烃，塔顶 C_8 芳烃收率要求很容易实现，可以适当将进料板位置上移，增加提馏段塔盘数，以有利于对塔顶沸点较高、与解吸剂沸点相近的 C_9 芳烃含量指标的控制。

4. 能耗对比

600kt/a 吸附-结晶组合工艺概念设计结果表明，在相同的规模(600kt/a PX 和 50kt/a OX)、原料和产品方案下，增加抽余液塔、抽出液塔的塔盘数并适当降低两塔操作的分离精度要求，而物料消耗基本不发生变化，吸附-结晶组合工艺比传统吸附分离工艺能耗降低6.5%左右，具体比较结果如表 5-2-6 所示。

表 5-2-6 吸附-结晶组合工艺和传统吸附分离工艺能耗对比　　kg 标油/t PX

	传统吸附分离工艺	吸附-结晶组合工艺	差　值
歧化及烷基转移单元	386.39	348.69	-37.70
吸附分离单元			
异构化单元			
二甲苯精馏单元			
结晶分离单元		12.49	+12.49
合　　计	386.39	361.18	-25.21

对于不同规模的吸附-结晶组合工艺装置，由于工艺方案基本相同，能耗对比的结果相差不大。以上能耗数据仅为概念设计初步研究结果，实际节能效果需要工艺包或工业案例进一步验证。

综上所述，耦合法组合工艺用于现有吸附分离法 PX 生产装置的扩能改造时，由于只需要使用一个吸附塔便能将 C_8 芳烃原料中 PX 的含量提高到 90%以上，因此现有的吸附单元在不增加吸附塔的情况下便能实现产能翻番，改造潜力大。当耦合法组合工艺用于新建 PX 生产装置时，可以通过优化设计，提高其经济性。

四、技术展望

采用联合法进行工艺组合时，由于结晶单元的原料来自甲苯择形歧化或甲苯甲基化等相对独立的工艺单元，因此特别适合进行装置的扩能改造。对于已有甲苯歧化及烷基转移单元的联合芳烃装置，可以调整歧化及烷基烷其转移单元进料中的甲苯比例或外购甲苯，新建甲苯择形歧化等单元以生产高 PX 含量的 C_8 芳烃，这部分增产的 PX 可通过结晶分离获得额外的 PX 产品。采用耦合法进行工艺组合时，由于结晶单元的进料浓度进一步提高，相同结晶温度下，获得的 PX 产品会更多，不但结晶过程可以优化，吸附过程也可以进行简化，以减少设备投资和吸附剂用量，与此同时，分馏单元的操作也可以进行适当优化以进一步降低组合工艺的能耗。因此，耦合法组合工艺方案不仅可用于现有吸附装置或结晶装置的扩能改造，同样适合于新装置的建设。

吸附分离和结晶分离作为工业上生产 PX 的主要方法，各自的分离工艺已经非常成熟，将两种分离方法进行组合，目的是充分发挥两者的优势，进一步降低 PX 的生产成本。组合工艺为 PX 生产装置的扩能和新建提供了更灵活的技术路线，未来的发展方向是组合方式以及各单元的优化设计。对于结晶单元，应根据进料中 PX 含量以及回收率的要求，优化结晶单元的结晶级数和结晶温度；对于吸附单元，则应根据结晶母液循环量和其中的 PX 含量、以及吸附提浓的分离精度要求进行操作条件的优化，也可以开发专门用于 PX 吸附提浓的吸附剂和吸附工艺；对于组合工艺中的其他单元，则应根据组合方式的不同、分离单元对进料要求的不同进行相应的优化设计。

参考文献

[1] 陈亮，肖剑，谢在库，等．对二甲苯结晶分离技术进展[J]．现代化工，2009，29(2)：10-14.

[2] UOP LLC. Crystallization [EB/OL]. Des Plaines：UOP LLC，2006 [2013-2-18]. http：//www. uop. com/objects/badger niro cryst. pdf

[3] 王德华，王建伟，郁灼，等．碳八芳烃异构体分离技术评述[J]．化工进展，2007，26(3)：315-319.

[4] Swift John D. Integrated selective adsorption and crystallization process for para-xylene recovery：The United States，US5329060 [P]. 1994-07-12.

[5] 王基铭，袁晴棠．石油化工技术进展[M]．北京：中国石化出版社，2002：116.

[6] Mikitenko Paul，Hotier Gerard Paul. Production of para-xylene from an effluent from paraselective toluene disproportionation using a crystallization process combined with simulated moving bed adsorption：The United States，US5866740 [P]. 1999-02-02.

[7] Hotier Gerard，Roux Guerraz Claude，Nguyen Thanh Than. Process and apparatus for the separation of p-xylene in C_8 aromatic hydrocarbons with a simulated moving bed adsorption and a crystallization：The United States，US5629467 [P]. 1997-05-13.

[8] Nakamura David. WPC：Modern technological solutions for paraxylene production [EB/OL]. (2000-6-14) [2013-2-28]. http：//www. chemicalonline. com/doc. mvc/WPC-Modern-Technological-Solutions-for-Paraxy-0001

[9] Lee Jin Suk，Kim Hyun Chul. Separation method of aromatic compounds comprising simulated moving bed xylene mixture pre-treatment process and additional xylene isomerization process：The United States，US20100105971 [P]. 2010-04-29.

[10] GTC Technology Corporation. Naftec PX plant nears start-up [EB/OL]. (2012-5-23) [2013-2-18]. http：//www. gtctech. com/naftec-px-plant-nears-start-up/

[11] 孔德金，钟禄平，肖剑，等．对二甲苯生产的组合方法：中国，200810043974. 2[P]. 2013-03-06.

[12] 杨旭东，徐又春，伍于璞，等．一种吸附-结晶分离对二甲苯的方法及装置：中国，201010188798. 9 [P]. 2011-12-07.

[13] 陈亮，谢在库，肖剑，等．由混合二甲苯结晶分离对二甲苯的方法：中国，200910057546. X [P]. 2013-07-31.

[14] Kinn Timothy F，Knob Kevin J. Process and apparatus for para-xylene production：The United States，US20080249345 [P]. 2008-10-09.

第三节　深度催化裂化汽油生产芳烃的组合工艺

一、概　述

随着催化裂化加工深度的不断增加，其产物汽油馏分中芳烃含量逐渐提高，尤其是以重油为原料生产低碳烯烃的技术如催化裂解(deep catalytic cracking，简称 DCC)、催化热裂解(catalytic pyrolysis process，简称 CPP)等工艺汽油中芳烃含量更高，一般可达 50%以上[1]，最高甚至超过 80%[2]。随着这类高苛刻度催化裂化工艺的推广应用，从深度催化裂化汽油(以下简称催化裂解汽油)中回收轻质芳烃越来越受到关注，一方面这能够拓宽芳烃生产资源，符合炼化一体化的发展趋势；另一方面，芳烃在车用汽油产品中是限制组分，中国现行车用汽油产品标准 GB17930—2013 规定芳烃的体积分数不大于 40%，欧Ⅳ车用汽油产品标准即要求芳烃体积分数不大于 35%，因此从催化裂解汽油中回收芳烃也是适应汽油产品质量升级的需要。

以催化裂解汽油为原料，分离回收芳烃以生产高纯度的苯、甲苯和二甲苯产品，需要采用芳烃抽提工艺高效分离芳烃与非芳烃组分，同时要饱和其中的烯烃，脱除硫、氮等杂质以满足芳烃产品的质量要求。硫、氮杂质的脱除主要采用加氢精制工艺，烯烃的脱除既可以通过加氢处理，也可以通过芳烃抽提工艺。因此，催化裂解汽油分离回收生产 BTX 的加工路线，根据脱除烯烃方法的不同，抽提工艺与加氢工艺可以有两种组合方式。一种是加氢处理-抽提组合工艺，即催化裂解汽油首先进入加氢单元脱除烯烃及硫、氮杂质，加氢处理后的催化裂解汽油与常规芳烃抽提原料性质相当，进入芳烃抽提单元分离得到芳烃和抽余油(非芳烃)产品。另一种是抽提-加氢精制-再抽提组合工艺，即催化裂解汽油先直接进行芳烃抽提，得到抽余油和一次抽出油；抽余油富含烯烃，循环回催化裂化装置回炼可显著提高乙烯、丙烯产率[3]，或者作为芳构化装置原料可进一步增产芳烃；一次抽出油富含芳烃，同时含有少量烯烃及硫、氮杂质，进入加氢精制单元脱除这些杂质后，再经过二次抽提处理得到合格芳烃产品。前一种催化裂解汽油加氢处理-抽提组合工艺技术成熟、流程简单，是目前工业上采用的常规流程；但由于对含烯烃的全部催化裂解汽油进行加氢处理，加氢单元规模大、氢耗高，抽余油辛烷值损失大、利用价值低。与前者相比，抽提-加氢精制-再抽提组合工艺加氢单元规模小、耗氢少，抽余油利用价值高，但也存在由于采用两次抽提过程，流程更复杂，能耗增加等问题，目前尚未见工业应用，需要进一步进行技术经济对比。中国石化在补充和完善含烯烃体系芳烃抽提基础相平衡数据包的基础上，建立了催化裂解汽油芳烃抽提过程模拟系统，设计了催化裂解汽油液液抽提-加氢精制-抽提蒸馏组合工艺流程，完成了小试研究开发，结果表明可以生产满足国家优级品标准的 BTX 产品，芳烃收率大于 99%，并基于过程模拟完成了催化裂解汽油芳烃抽提部分的工艺包设计。

催化裂解汽油采用芳烃抽提得到的富含烯烃抽余油，是芳构化生产芳烃的原料。针对高苛刻度操作催化裂化装置生产的汽油馏分，GTC 公司提出将其进行分馏切割得到 $C_6 \sim C_8$ 馏分，然后经过抽提蒸馏分离出芳烃和噻吩硫，再经加氢脱硫后可送芳烃联合装置进一步加工；得到的富含烯烃的抽余油则送入固定床芳构化装置生产高芳烃含量的物料，形成了一种组合工艺以提高芳烃产量[4,5]。中国石化则开发了催化裂解汽油液液抽提-抽余油芳构化生产芳烃的组合工艺，进一步提高了催化裂解汽油生产芳烃的灵活性。

二、催化裂解汽油加氢处理-抽提生产芳烃组合工艺

表 5-3-1 所示为某企业 DCC 装置全馏分汽油的组成，可以看出其中富含轻质芳烃，其 BTX 含量高达 45%。与常规抽提原料(重整汽油、加氢裂解汽油等)相比，DCC 汽油烯烃含量高，硫、氮杂质含量高，生产高纯度的芳烃产品必须先脱除这些杂质。目前工业上采用常规的加氢处理-抽提组合工艺处理这类催化裂解汽油，生产高纯度芳烃产品。DCC 汽油首先进行加氢处理，脱除双烯烃、单烯烃及硫和氮等杂质，加氢后的精制汽油进行切割得到抽提原料，经过抽提分离后得到高纯度芳烃产品和抽余油产品。

表 5-3-1 DCC 工艺全馏分汽油的组成

组　分	烃族组成/%(质量)			
	链烷烃	环烷烃	烯烃	芳烃
C_{5^-}	1.4	0.1	2.9	—
C_6	1.7	0.4	2.4	3.5
C_7	2.0	0.6	2.4	18.9
C_8	2.1	0.4	1.7	22.4
C_9	1.5	0.5	0.8	23.7
C_{10}	1.1	0.1	0.1	6.1
C_{11}	2.2	0.1	0.1	0.5
C_{12}	0.3	—	—	—
合计	12.3	2.2	10.4	75.1
溴价	21 gBr/100g			
二烯值	3.9 gI/100g			
总硫	180μg/g			
总氮	48μg/g			

DCC 汽油加氢处理单元的原则流程如图 5-3-1 所示。与蒸汽裂解汽油的加氢过程类似，DCC 汽油加氢处理也采用两段加氢工艺，一段加氢脱除双烯烃，二段加氢脱除单烯烃和硫、氮等杂质[6,7]。但与蒸汽裂解汽油的一段加氢过程相比，DCC 汽油一段加氢主要脱除少量的双烯烃，反应温升较低，无需采用反应产物冷却循环取热措施。加氢单元生产的精制汽油硫、氮含量均小于 1μg/g，溴价小于 0.3 gBr/100g，为抽提单元提供合格的抽提原料。

抽提单元采用的工艺可以根据加氢催化裂解汽油的组成和产品方案等，从两种芳烃抽提工艺中选择。液液抽提工艺流程复杂，适于处理宽馏分原料，芳烃产品收率高；抽提蒸馏工艺流程简单，适于高芳烃、窄馏分原料，能耗低。当目标产品为三苯产品(BTX)时，适于采用液液抽提工艺，工业上普遍采用环丁砜液液抽提技术。抽提单元的原则流程见图 4-1-2，原料为加氢精制汽油切割得到的 C_6~C_8 馏分。经过液液抽提得到混合芳烃和抽余油产品，混合芳烃再经精馏分离生产苯、甲苯和混合二甲苯产品。中海油大榭石化采用催化裂解汽油加氢处理-环丁砜液液抽提(SAE)组合工艺，正在建设一套处理量为 400kt/a、由 DCC 汽油生产芳烃的工业装置，生产符合国标的优级苯、甲苯和二甲苯产品，根据模拟计算结果，苯、甲

苯、二甲苯的抽提收率分别可达 99.9%、99.6%和 99.2%。该装置计划于 2014 年建成投产。

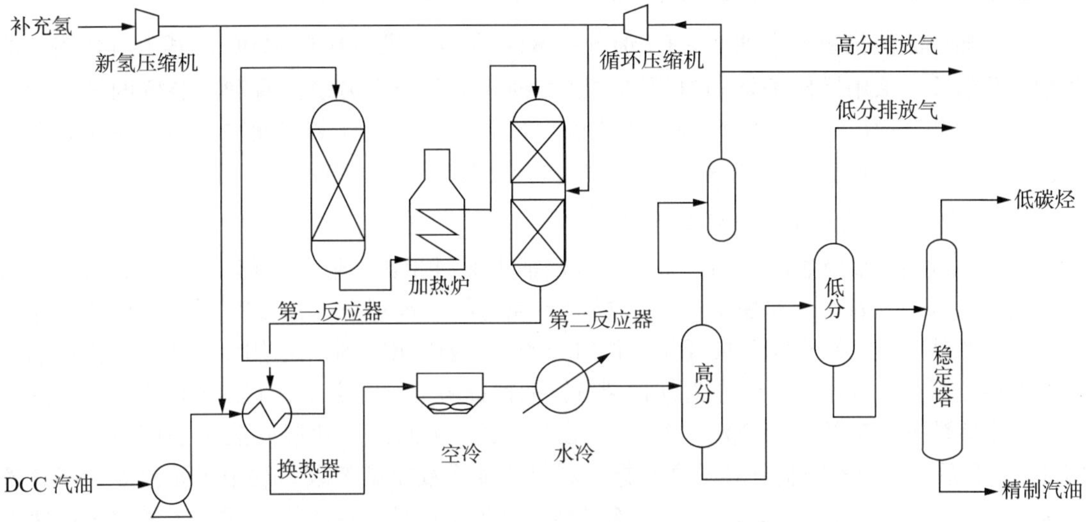

图 5-3-1 DCC 汽油加氢处理生产抽提原料单元原则流程图

当目标产品为苯和甲苯产品时，适于采用抽提蒸馏工艺。此时抽提单元的原则流程见图 4-1-5，原料为加氢精制汽油经过切割得到的 C_6～C_7 馏分。C_6～C_7 馏分经过抽提蒸馏分离得到混合芳烃和抽余油产品，混合芳烃去下游精馏单元分离生产苯、甲苯产品。沈阳石蜡化工有限公司 CPP 装置产出的 CPP 汽油经加氢后，按不同馏程切割得到 C_6～C_8 馏分或C_6～C_7 馏分的组成见表 5-3-2，与 DCC 汽油的 BTX 组成相比，其苯含量要高得多，而 C_8 芳烃含量明显降低。因此，选择由 CPP 汽油生产苯和甲苯的加工方案，采用加氢处理-环丁砜抽提蒸馏(SED)组合工艺，建设了一套处理规模为 80kt/a 的工业装置，于 2012 年 7 月投产，苯、甲苯产品质量均达到国标优级品，收率分别为 99.7%、99.5%。

表 5-3-2 CPP 汽油加氢处理后不同切割馏分的组成 %(质量)

组　分	C_6～C_8 馏分	C_6～C_7 馏分
C_{5-}烷烃	0.10	0.14
C_6 烷烃	7.23	9.94
C_7 烷烃	3.65	5.02
C_8 烷烃	1.56	1.72
C_9 烷烃	0.10	0
苯	29.36	40.37
甲苯	31.30	42.80
C_8A	26.00	0.01
$C_{9+}A$	0.7	—
芳烃总含量	87.36	83.18

三、催化裂解汽油液液抽提-加氢精制-抽提蒸馏组合工艺

未经加氢的催化裂解汽油 $C_6 \sim C_8$ 馏分中 BTX 含量一般为 60%～80%，其中所含烯烃的化学性质活泼，采用操作条件相对缓和的液液抽提工艺分离芳烃，有利于装置的长周期运行；得到的芳烃抽出油经加氢精制后生成的少量非芳烃，适宜采用抽提蒸馏方法脱除。因此，可以采用液液抽提-加氢精制-抽提蒸馏组合工艺从催化裂解汽油中分离回收 BTX。

(一)催化裂解汽油芳烃抽提过程模拟

与重整汽油、加氢裂解汽油等常规的芳烃抽提原料相比，催化裂解汽油中烯烃含量高，约占全部非芳烃的 60%，是影响芳烃抽提产品纯度的关键组分，需要在原有芳烃抽提相平衡数据包的基础上，补充完善烯烃与其他组分的相平衡数据，建立适用于催化裂解汽油的芳烃抽提模拟系统。选用环丁砜作为催化裂解汽油抽提溶剂，测定了含有烯烃体系的芳烃抽提基础相平衡数据，包括二元汽液平衡、二元互溶度、多元汽液和多元液液平衡数据，采用 NRTL 活度系数模型关联基础相平衡数据，获得活度系数模型参数；利用多元汽液和多元液液平衡数据校验模型参数[8~11]，建立了适用于催化裂解汽油芳烃抽提过程的相平衡数据包。图 5-3-2、图 5-3-3 分别为部分二元体系互溶度平衡数据及三元体系汽液平衡数据的实验测定和模型预测结果，可以看出模型预测值与实验值符合良好。将催化裂解汽油芳烃抽提相平衡数据包安装于 PRO/II 流程模拟软件中，建立了催化裂解汽油芳烃抽提过程模拟系统，可以预测汽液平衡和液液平衡，进行工艺流程模拟计算。为了检验新的过程模拟系统的可靠性，采用模拟 DCC 汽油进行 8 级抽提实验，以实验结果校核过程模拟系统可靠性。图 5-3-4 标绘了 8 级抽提实验中抽余相各组分逐级浓度分布，模拟计算值与实验结果相符，表明模拟系统具有良好的预测精度，可以满足工业设计要求。

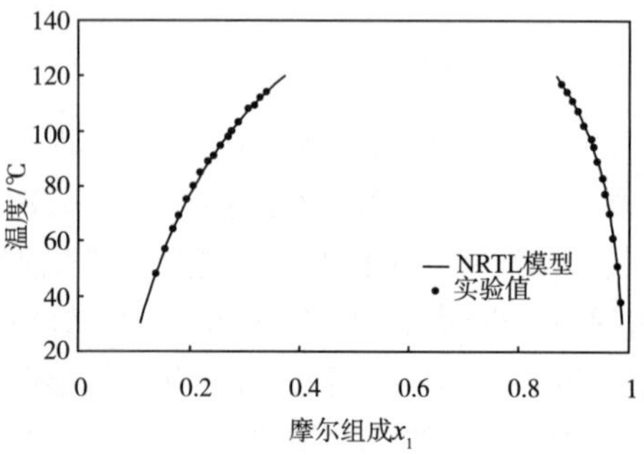

图 5-3-2　环己烯(1)-环丁砜(2)互溶度曲线

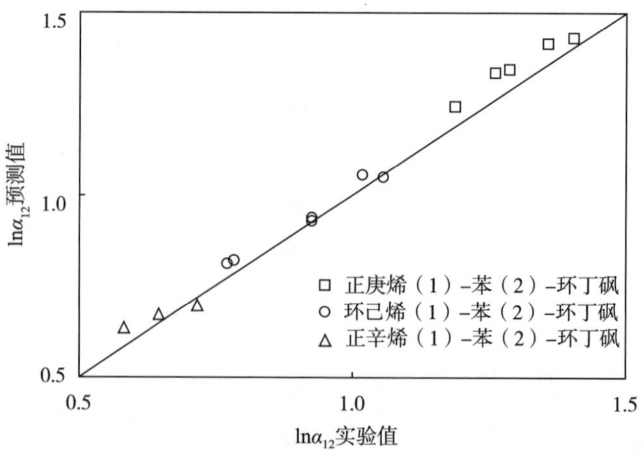

图 5-3-3　烯烃(1)-苯(2)-环丁砜体系相对挥发度 α_{12} 实验值与预测值对比

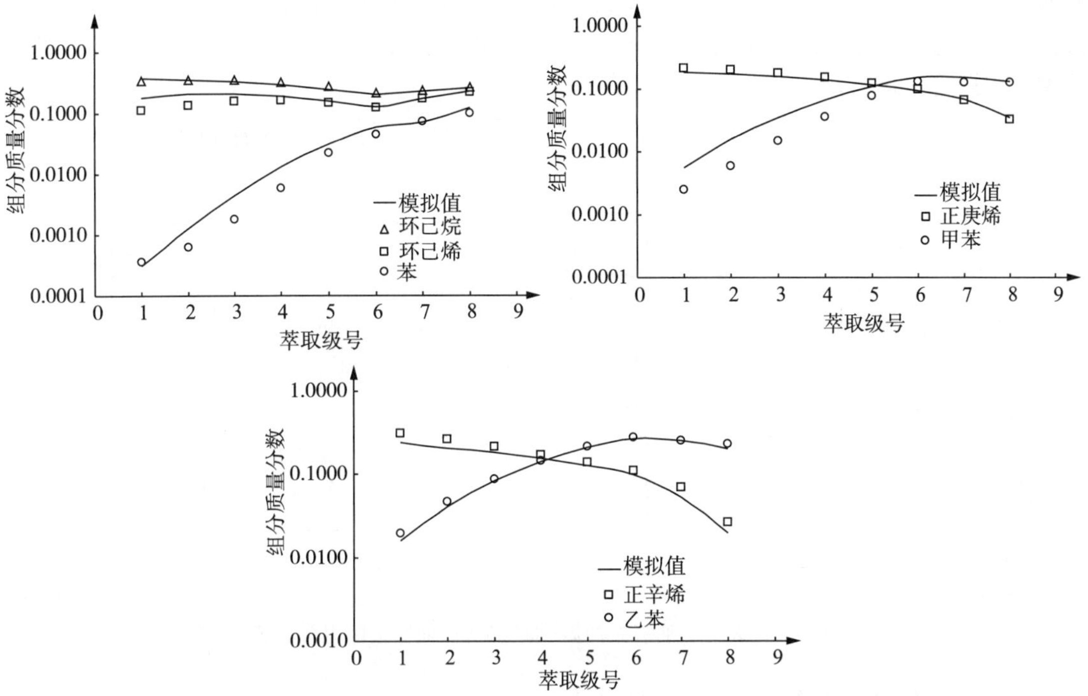

图 5-3-4 模拟 DCC 汽油多级抽提实验抽余相烃组分浓度逐级分布

(二)组合工艺流程

图 5-3-5 为催化裂解汽油液液抽提-加氢精制-抽提蒸馏组合工艺流程示意图，组合工艺包括液液抽提、一次抽出油加氢精制和抽提蒸馏三个单元。催化裂解汽油首先进入液液抽提单元，将芳烃与烯烃、烷烃进行分离，该单元主要包括抽提塔、抽余油水洗塔、汽提塔和溶剂回收塔，利用含水环丁砜对芳烃和非芳烃组分的溶解选择性，通过萃取、蒸馏等单元操作，分离得到抽余油产品和一次抽出油；抽余油产品富集包括烯烃在内的非芳烃组分，可以循环回催化裂解装置进行回炼增产乙烯、丙烯产品，也可以作为芳构化单元原料生产芳烃；一次抽出油芳烃组分中硫、氮杂质较高，送往加氢精制单元。加氢精制的作用是脱除一次抽出油中的硫、氮杂质及少量烯烃，加氢后的精制油中硫、氮含量均小于 1μg/g，溴价小于 0.3 gBr/100g，作为抽提蒸馏单元的原料。抽提蒸馏单元主要由抽提蒸馏塔和溶剂回收塔组成，抽提蒸馏塔顶蒸出的气相包含非芳烃、少量芳烃、溶剂和水，送往液液抽提部分与汽提塔顶气相合并，经过冷凝后作为返洗液进入抽提塔底；抽提蒸馏单元的溶剂回收塔塔顶得到合格的混合芳烃产品出装置。液液抽提和抽提蒸馏两单元可共用溶剂再生系统(图中省略)。

液液抽提-加氢精制-抽提蒸馏组合工艺将液液抽提和抽提蒸馏工艺进行了优化组合。一次抽提过程采用液液抽提工艺，充分发挥液液抽提工艺适于处理宽馏分原料及芳烃收率高的特点，而且抽提塔操作温度低，可有效减少烯烃聚合造成的不利影响。一次抽出油加氢精制后作为二次抽提原料，其芳烃含量高达 95%以上，适于采用抽提蒸馏工艺，充分发挥抽提蒸馏工艺流程简单及能耗低的优势。根据已有的工业经验，一次抽出油加氢精制过程会产生微量重组分，抽提过程中烯烃聚合也会产生重组分，这些重组分主要集中在抽提蒸馏单元的回收塔塔底随溶剂循环，但在液液抽提过程中会随着抽余油产品带走，不产生累积，即两次抽提过程通过共用贫溶剂系统，可以避免重组分积累，保持贫溶剂组成和性质稳定，维持装置长周期稳定运行。

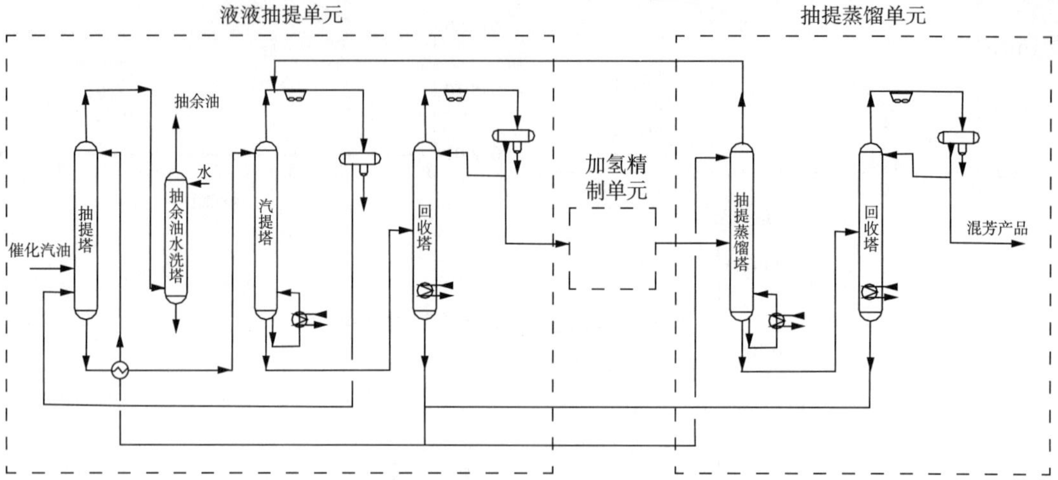

图 5-3-5　催化裂解汽油液液抽提-加氢精制-抽提蒸馏组合工艺流程图

(三)催化裂解汽油液液抽提过程模拟实例

组合工艺的加氢精制及抽提蒸馏两个单元处理的是常规物料，已有可靠的过程模拟系统提供工业设计。以表 5-3-3 所列的 DCC 汽油 C_6~C_8 馏分为例，采用新建立的催化裂解汽油模拟系统对液液抽提过程进行主要操作参数及分离结果的模拟计算，并与在一套小型装置上取得的实验数据进行对比，结果列于表 5-3-4。小型实验装置流程较为完整，包括抽提塔、抽余油水洗塔、汽提塔和溶剂回收塔等设置，其中液液抽提过程为连续操作，使用含水 1.0%的环丁砜作抽提溶剂。

表 5-3-3　DCC 汽油 C_6~C_8 馏分组成

组　分	烃族组成/%(质量)			
	链烷烃	环烷烃	烯烃	芳烃
C_5-	0.10	—	0.63	—
C_6	1.00	0.98	5.10	1.83
C_7	2.85	3.30	9.21	16.57
C_8	3.54	2.20	7.23	32.48
C_9	4.06	1.23	3.34	4.35
合计	11.55	7.71	25.51	55.23
总硫	950μg/g			
总氮	5μg/g			

由表 5-3-4 可知，DCC 汽油液液抽提所得抽出油中芳烃纯度达到 99.34%，烯烃含量为 0.22%，原料油中的烯烃只有约 0.4%进入抽出油中，可以大幅降低后续加氢精制单元的负荷及氢耗量；抽余油非芳烃组分富含烯烃，芳烃含量小于 1%，是 DCC 装置回炼以增产乙

烯、丙烯，或者通过芳构化工艺生产芳烃的适宜原料。采用催化裂解汽油抽提模拟系统模拟计算的结果显示，抽出油芳烃纯度为99.86%，稍高于实验结果，主要原因是模型中未考虑硫、氮化合物的影响，其他操作条件及分离结果模拟计算值与实验结果基本相符，进一步表明模型预测精度可以满足工业设计要求。

表 5-3-4　DCC 汽油液液抽提实验及模拟计算主要结果对比

项　目	实 验 值	模 拟 值
抽提压力/MPa	0.1	0.1
抽提溶剂温度/℃	27	27
溶剂比(S/F)	6.6	6.6
汽提塔压力/MPa	0.1	0.1
汽提塔底温度/℃	146~150	152
抽余油组成		
芳烃/%	0.75	0.94
烯烃/%	49.7	51.4
硫/(μg/g)	10	—
氮/(μg/g)	6.8	—
抽出油组成		
芳烃/%	99.34	99.84
烯烃/%	0.22	0.11
硫/(μg/g)	2100	—
氮/(μg/g)	3.9	—

实验结果表明，DCC 汽油中的含硫化合物绝大部分进入抽出油中。根据工业经验和模拟计算，经过加氢精制后，其硫、氮含量均可小于1 μg/g，烯烃完全饱和；经过抽提蒸馏单元二次抽提后，可以得到芳烃纯度大于99.9%的混合芳烃，再经过芳烃精馏分离，可以生产优质级苯、甲苯和混合二甲苯产品。

(四)两种组合工艺的技术指标对比

以催化裂解汽油为原料生产高纯度的苯、甲苯和混合二甲苯产品，采用加氢处理-抽提组合工艺路线或者液液抽提-加氢精制-抽提蒸馏组合工艺路线，在技术上都是可行的，两种工艺路线各有优势。前者抽提单元流程简单、能耗低，但加氢单元规模大、氢耗高，且原料中烯烃组分完全饱和后进入抽余油中，抽余油产品的辛烷值低。后者采用了两次抽提过程，流程复杂，能耗稍高，但仅对一次抽提得到的抽出油进行加氢精制，加氢单元规模及耗氢量大幅下降，抽余油中富集了烯烃组分，其利用价值高。以一套处理规模为200kt/a、由DCC汽油分离回收BTX的装置为例，原料组成数据如表5-3-3所示，分别采用上述两种组合工艺路线进行处理，通过流程模拟计算，比较两种组合工艺的技术经济指标，结果列于表5-3-5。

由表5-3-5可知，两种组合工艺的BTX产品收率相同，混合芳烃产品纯度相近，液液抽提-加氢精制-抽提蒸馏组合工艺由于采用两次抽提过程，其芳烃产品纯度更高，两种工艺生产混合芳烃产品再经过精馏后，均可以生产满足国家优级品标准的苯、甲苯和混合二甲苯产品。

表 5-3-5 催化裂解汽油分离回收芳烃的两种组合工艺对比

项　目	加氢处理-液液抽提工艺	液液抽提-加氢精制-抽提蒸馏工艺
芳烃产品		
纯度/ %	99. 92	99. 95
苯收率/ %	99. 9	99. 9
甲苯收率/ %	99. 6	99. 6
C_8A 收率/ %	99. 4	99. 4
抽余油产品		
芳烃含量/%	0. 65	0. 65
烯烃含量/%	<0. 01	54
抽提部分		
主要塔数	6	8
综合能耗/(kg 标油/t 原料)	37	46
加氢部分		
相对负荷/ %	100	53
相对氢耗/ %	100	0. 8

两种组合工艺路线得到的抽余油产品中芳烃含量相同，但烯烃含量有显著差异，其性质和用途大不相同。加氢处理-液液抽提工艺的抽余油基本不含烯烃，辛烷值低，而液液抽提-加氢精制-抽提蒸馏组合工艺的抽余油基本保留了原料中所有的烯烃，其烯烃含量高达54%，可返回催化裂解装置回炼，提高乙烯、丙烯产率。从抽提部分比较来看，液液抽提-加氢精制-抽提蒸馏组合工艺流程复杂，增加了 2 台塔器，而且能耗增加了约 24%。从加氢部分比较来看，液液抽提-加氢精制-抽提蒸馏组合工艺装置规模减小了约 50%，而且大幅降低了氢气耗量，仅相当于加氢处理-液液抽提工艺的 0. 8%，操作费用大幅降低。

四、催化裂解汽油液液抽提-抽余油芳构化组合工艺

随着轻烃芳构化技术的发展，可以将 C_4～C_8烯烃转化为芳烃，这为催化裂解汽油中烯烃资源的再利用提供了另一个很好的途径。催化裂解汽油直接经液液抽提得到的富含 C_6～C_8烯烃的抽余油，可以作为芳构化的原料增产芳烃；同时，芳构化得到的液体产物还可与富含芳烃的抽出油一起，进入加氢精制单元脱除烯烃及硫、氮杂质，然后一并作为二次芳烃抽提装置的原料，生产高纯度芳烃产品。这种催化裂解汽油液液抽提-抽余油芳构化生产芳烃的组合工艺，其原则流程见图 5-3-6。一般地，深度催化裂化工艺的 C_4、C_5 烯烃产率也较高，将 C_4、C_5 烯烃与催化裂解汽油的抽余油一起作为芳构化的原料，可以最大化地生产芳烃，使催化裂解汽油生产芳烃过程的灵活性进一步提高。此时由于只需一套芳构化和加氢精制系统，可减少投资，因此具有更好的经济效益。

以表 5-3-3 所列的 DCC 汽油 C_6～C_8 馏分为例，经过液液抽提得到抽余油的组成见表 5-3-6。以该抽余油为原料进入芳构化单元进行反应，所得液相产物芳构化汽油的收率为50%～55%，其组成见表 5-3-7，其中 BTX 总含量达到 85%。

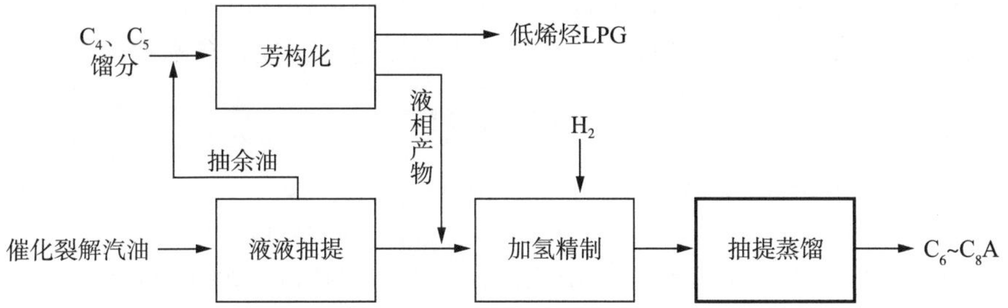

图 5-3-6　催化裂解汽油液液抽提-抽余油芳构化组合工艺流程图

表 5-3-6　DCC 汽油 C_6~C_8 馏分抽余油组成

组　分	烃族组成/%			
	链烷烃	环烷烃	烯烃	芳烃
C_5	0.22	—	1.40	—
C_6	2.22	2.17	11.32	0.00
C_7	6.33	7.26	20.38	0.09
C_8	7.86	4.84	15.98	0.26
C_{9+}	9.01	2.73	7.42	0.51
总硫	10μg/g			
总氮	7μg/g			

表 5-3-7　DCC 汽油 C_6~C_8 馏分抽余油芳构化后汽油组成

组　分	烃族组成/%			
	链烷烃	环烷烃	烯烃	芳烃
C_5	1.68	—	0.12	—
C_6	1.36	1.25	0.05	20.58
C_7	0.93	0.29	0.01	43.72
C_8	0.28	0.05	0.00	21.36
C_{9+}	0.04	0.01	0.00	8.27
总硫	1μg/g			
总氮	1μg/g			

五、技术展望

深度催化裂化工艺的产物汽油馏分中芳烃含量高，可成为生产轻芳烃的补充资源。由于其烯烃含量较高，目前工业上采用加氢处理-抽提组合工艺生产 BTX 产品，该组合工艺是加氢与抽提工艺的简单联合，进一步提高技术经济指标完全依赖各单元技术水平的进步与发展。加氢单元技术的发展方向是提高催化剂寿命、减少芳烃加氢损失，抽提单元需要在保证芳烃产品高纯度、高收率下进一步节能降耗。深度催化裂化汽油采用液液抽提-加氢精制-抽提蒸馏组合工艺可保留烯烃资源，大幅降低了加氢规模和耗氢量，其抽余油产品利用价值高，可以回炼多产乙烯、丙烯，或者与芳构化组合多产芳烃，具有良好的应用前景。该组合工艺的关键在于液液抽提与抽提蒸馏的组合优化，以进一步降低能耗，提升技术竞争力。

参考文献

[1] 许友好．催化裂化化学与工艺[M]．北京：科学出版社，2013：868.

[2] 侯芙生．中国炼油技术[M]．3 版．北京：中国石化出版社，2011：187.

[3] 于敬川．窄馏分催化裂解汽油多产丙烯的研究[J]．石油炼制与化工，2009，40(8)：20-24.

[4] Gentry J，Jin W. FCC gasoline and C4 streams for BTX production [J]. Petroleum Technology Quarterly，4Q 2009：103.

[5] Gentry J. Refining for Profits，Not Products. In 2009 European Refining Technology Conference 14th Annual Meeting，Berlin，Germany：Nov. 2009[CD-ROM]；Session B：Global Developments and Impact on Latest Technologies.

[6] 梁鹏云，吕行．裂解汽油加氢装置高压加氢与低压加氢工艺技术的对比[J]．乙烯工业，2007，19(3)：4-11.

[7] 任志鹏，杨智，张谦温．裂解汽油一段选择加氢 Ni 系催化剂的研究进展[J]．石油化工，2009，38(1)：98-102.

[8] 王正旺．环丁砜芳烃抽提相平衡数据测定及关联[D]．硕士论文(北京石油化工科学研究院)，1987.

[9] 陈尊庆．气相色谱法与气液平衡研究[M]．天津：天津大学出版社，1991：311-313.

[10] 朱慎林，徐丽莲．用 NRTL 方程计算芳烃抽提体系的液液平衡[J]．石油化工，1985，14(7)：398-401.

[11] 王正旺，李族光，林正仙．环丁砜抽提过程中水影响的预测[J]．石油学报(石油加工)，1989，5(4)：55-60.

第六章 芳烃节能与工程优化技术

能耗是燃料（气和油）和公用工程（水、电、蒸汽、净化风和非净化风以及氮气）等能源消耗的简称，其单位为kg标准油/h或MJ/h（1kg标准油的热量为41.868MJ）。装置单位能耗是指单位原料（或产品）量所需的各项能耗之和，简称为装置能耗，其单位为kg标准油/t或MJ/t。通常情况下，炼油装置（如催化重整装置）能耗以原料量为计算基准；化工装置（如对二甲苯装置）能耗以产品量为计算基准；芳烃联合装置属化工装置，其能耗以对二甲苯产品量为计算基准。

芳烃联合装置能耗主要产生于燃料（气和油）、蒸汽（3.5MPa和1.0MPa）和电（6000V或10000V、380V以及220V），其次是水（循环水、除盐水、软化水、锅炉给水、新鲜水以及凝结水）、净化风和非净化风、氮气以及低温热（蒸汽和水）。现行的芳烃联合装置能耗计算标准采用《石油化工设计能耗计算标准GB/50441—2007》。

石脑油催化重整是强吸热反应，而且芳烃分离过程复杂及精馏过程较多，因此芳烃联合装置能耗在石化装置中一直处于前列。典型的芳烃联合装置包括预加氢、催化重整、芳烃抽提、歧化及烷基转移（可简称歧化，包括苯－甲苯分离部分）、对二甲苯分离（吸附分离）、异构化及二甲苯分馏七个单元。七个单元有可能在不同时期设计建设及联合布置方式存在差异，且习惯的能耗计算基准不同，本章将芳烃联合装置能耗计算方法进行如下处理：

①将预加氢单元和催化重整单元（包括催化剂再生）作为一套装置——催化重整装置，其单独的能耗计算以每吨重整进料量为基准，计入到芳烃联合装置能耗时，将每吨重整进料量的能耗换算为每吨对二甲苯产品量的能耗；

②将芳烃抽提单元单独作为一套装置，其单独的能耗计算以每吨抽提进料量为基准，计入到芳烃联合装置能耗时，将每吨抽提进料量的能耗换算为每吨对二甲苯产品量的能耗；

③将歧化及烷基转移（包含苯－甲苯分离部分）、吸附分离、异构化及二甲苯分馏四个单元作为对二甲苯（PX）装置，其能耗计算以每吨PX产品量为基准；

④芳烃联合装置能耗计算以每吨PX产品量为基准。

本章所涉及的芳烃节能与工程优化技术包括：总流程优化、新技术开发以及热集成技术。

第一节 芳烃联合装置能耗

一、联合装置能耗概况

国内早期采用引进技术建成的芳烃联合装置，由于装置规模偏小以及技术落后，联合装置设计能耗均大于41868MJ/tPX，即1000kg标准油/tPX（本章能耗单位均采用kg标准油/t），见表6－1－1。部分装置现已停运，部分装置经适当节能改造后能耗略有降低。进入21世纪以来，随着技术进步以及装置规模的扩大、催化剂性能的提高、换热流程的优化，芳烃联合装置能耗已降低至700kg标准油/tPX左右。随着节能、环保意识和要求的提高，近期拟建的部分芳烃联合装置设计时，考虑了各低温物流的热利用以及加热炉热效率的提高（热效率≥92%），联合装置设计能耗已降低至500kg标准油/tPX以下。

表 6-1-1 国内部分芳烃联合装置设计能耗

装置名称	原　料	规模/(kt/a)			能耗/(kg 标准油/t PX)				异构化催化剂类型	投产日期
		重整	芳烃抽提	对二甲苯	重整	芳烃抽提	对二甲苯	合计		
上海石化	石脑油	400	200	165	292	101	874	1267	转化型	1985 年
辽阳石化	石脑油、C_8A	400	200	252	185	37	450	672	脱乙基型	1995 年
天津石化	石脑油	600	260	254	319	47	499	865	转化型	2000 年
洛阳石化	石脑油	700	260	184	223	37	553	813	转化型	2000 年
洛阳石化(改造后)	石脑油	700	260	215	223	37	441	701	脱乙基型	2005 年
镇海炼化	石脑油	1000	450	450	212	78	484	774	转化型	2003 年
青岛丽东	石脑油、C_8A	1200	760	700	152	37	363	552	脱乙基型	2006 年
金陵石化	石脑油、C_8A	1000	300	600	151	40	467	658	转化型	2008 年
中海油惠州	石脑油	2000	780	840	178	42	350	570	脱乙基型	2009 年
福建炼化	石脑油、$C_6A \sim C_8A$	1400	820	700	222	50	425	695	转化型	2009 年
腾龙芳烃	石脑油、C_8A	2700	930	1600	206	23	429	658	转化型	2012 年
平均①		1100	470	540	196	41	438	675		

①平均规模采用数学平均值，平均能耗采用以对二甲苯产品量为基准的加权平均值。

二、联合装置能耗构成及分析

国内部分芳烃联合装置设计平均能耗及构成见表6－1－2。由表中可以看出，芳烃联合装置中各装置能耗比例为：催化重整装置约30%、对二甲苯装置约64%、芳烃抽提装置约6%；对于两种类型异构化催化剂的芳烃联合装置，各装置能耗比例相近，但异构型催化剂的总能耗比脱乙基型高约20%。表6－1－2中需要说明的是：异构型催化剂的类型只影响对二甲苯装置的能耗，从而影响芳烃联合装置的能耗，而不影响以重整进料为计算基准时的催化重整装置能耗。由于重整装置和对二甲苯装置对芳烃联合装置总能耗影响较大，本节仅针对催化重整装置和对二甲苯装置进行能耗分析。

表6－1－2　国内部分芳烃联合装置设计平均能耗及构成

能耗		重整	抽提	对二甲苯	合计
转化型异构化催化剂①	平均能耗/(kg标准油/t PX)②	209	40	452	701
	能耗比例/%	29.8	5.7	64.5	100.0
脱乙基型异构化催化剂	平均能耗/(kg标准油/t PX)	175	39	377	591
	能耗比例/%	29.6	6.6	63.8	100.0

①不包括表6－1－1中上海石化芳烃装置。

②平均能耗均采用以对二甲苯产品量为基准的加权平均值。

（一）催化重整装置

对于催化重整装置（本章节中仅指连续重整装置，简称重整装置，下同）的能耗计算方法，目前国内与国外并不完全一致，体现在两方面：首先，国外（尤其是专利商）预加氢单元是独立于重整装置以外的装置，而国内的重整装置包括预加氢单元；其次，国外计算能耗时不计装置自产自用的燃料气，而国内计算能耗时则计算这部分燃料气。

典型重整装置能耗构成见表6－1－3。由表6－1－3可知，预加氢占18%，重整反应及后分馏占58%，再接触占20%，再生占4%。重整装置能耗主要用于重整反应及后分馏部分，催化剂再生部分能耗很少。当重整氢增压机采用蒸汽透平驱动式离心机时，典型重整装置能耗组成是：燃料占77%、电占13%、蒸汽占8%；当重整氢增压机采用电动往复机时，装置能耗组成则是：燃料占80%、电占26%，蒸汽占－8%（负值表示蒸汽外送），见表6－1－4。由表6－1－4可知，重整装置内最大的能耗是燃料（气和油），其次是电，其余公用工程合计能耗仅占2%。

对重整装置能耗影响较大的工艺设备有：

（1）重整反应加热炉

重整反应加热炉通常设置四台，简称为“四合一”炉。重整反应加热炉辐射段（重整反应吸热）需消耗燃料35～40kg标准油/t重整进料，加上对流段发生蒸汽所需消耗的燃料，共50～60kg标准油/t重整进料。当重整“四合一”炉热效率每提高1个百分点，重整装置能耗下降约0.6kg标准油/t重整进料。过去设计的重整装置加热炉热效率一般≤90%，近期设计≥92%。

（2）重整进料换热器

重整进料换热器热负荷与重整反应加热炉辐射段热负荷相当，甚至更大，其换热深度用

"热端温差"来衡量，热端温差每降低1℃，重整装置能耗下降约0.15kg标准油/t重整进料。过去设计的热端温差>40℃，近期设计约30℃。

表6-1-3 连续重整装置能耗构成

	预加氢	重整反应及后分馏	再接触	再生	合计
能耗/(kg标准油/t重整进料)	17	55	19	4	95
各单元能耗比例/%	18	58	20	4	100

表6-1-4 连续重整装置能耗构成

各项能耗	燃料	电	蒸汽	其他	合计
比例1(蒸汽透平离心式增压机)/%	77	13	8	2	100
比例2(电动往复式增压机)/%	80	26	-8	2	100

(3)重整氢增压机

随着全厂氢气管网压力的提高，重整产氢外送压力由约1.5MPa提高至约2.5MPa，重整氢增压机不得不从两级压缩提高到三级压缩，压缩机功率也迅速增大。当重整氢增压机采用3.5MPa蒸汽凝气式离心机时，重整产氢外送压力每提高0.1MPa，重整装置能耗上升约0.8kg标准油/t重整进料。

(4)压缩机蒸汽透平

通常情况下，循环氢压缩机和重整氢增压机均采用3.5MPa蒸汽透平驱动离心式压缩机，其透平可同时或分别采用背压式或凝气式，当全厂蒸汽平衡具备条件的情况下，如：3.5MPa蒸汽供应充足以及所产1.0MPa蒸汽能够得到下游装置合理利用时，循环氢压缩机和重整氢增压机应尽量选用背压式透平驱动，这样能够有效降低装置能耗。相对于凝气式透平，背压式透平每增产1t/h1.0MPa蒸汽，重整装置能耗降低约0.1kg标准油/t重整进料；相对于背压式透平，凝气式透平每增加1t/h3.5MPa蒸汽消耗，重整装置能耗增加约0.3kg标准油/t重整进料。

(二)对二甲苯装置

对于600kt/a及以上规模的对二甲苯装置，按单元统计能耗(本节称为表观能耗)时二甲苯分馏单元能耗最高，吸附分离单元能耗最低，其能耗比例分别为54%和6%，这是因为对二甲苯装置内各单元存在热联合，如：二甲苯分馏单元中的二甲苯塔塔顶和塔底物流分别为吸附分离单元中的抽出液塔和抽余液塔提供热源。若将热联合所发生的热负荷计入到热量使用单元内(本节称为实际能耗)，则吸附分离单元能耗最高(37%)。对二甲苯装置能耗构成见表6-1-5。

表6-1-5 对二甲苯装置能耗构成

能耗比例	二甲苯分馏	歧化	吸附分离	异构化	合计
各单元表观能耗比例/%	54	15	6	25	100
各单元实际能耗比例/%	22	19	37	22	100

对二甲苯装置中最大的能耗是燃料消耗，其比例占50%以上。当全厂燃料供应充足或蒸汽供应有限时，可通过二甲苯塔重沸炉及塔底物流等实现高度热联合，即增加燃料消耗、

减少蒸汽消耗，这时，燃料能耗比例最高可达74%、蒸汽能耗比例可降至13%。当全厂蒸汽供应充足或廉价时，可减少热联合、多用蒸汽作为塔及加热器的热源，这时，燃料能耗比例可降至55%、蒸汽能耗比例可增加至34%。对二甲苯装置能耗构成见表6-1-6。

表6-1-6 对二甲苯装置能耗构成

	燃料	电	蒸汽	其他	合计
各项能耗比例/%	55~74	10~12	34~13	1	100

对对二甲苯装置能耗影响较大的工艺设备有：

(1)二甲苯塔重沸炉

二甲苯塔重沸炉是芳烃联合装置中热负荷最大的加热炉，一般由2台以上平行操作，其燃料消耗在对二甲苯装置中占70%。当二甲苯塔重沸炉热效率每提高1个百分点，对二甲苯装置能耗下降20~25kg标准油/tPX。

(2)歧化和异构化进料换热器

与重整进料换热器类似，歧化进料换热器和异构化进料换热器的换热深度用“热端温差”来衡量。歧化进料换热器热端温差每降低1℃，对二甲苯装置能耗下降0.3kg标准油/tPX；异构化进料换热器热端温差每降低1℃，对二甲苯装置能耗下降0.5kg标准油/tPX。

(3)抽出液塔和抽余液塔

通常情况下，抽出液塔和抽余液塔采用常压操作，两股塔顶物流(温度均高于140℃)直接去空冷器冷却。若将这两台塔适当提压操作，以提高两股塔顶物流温位(相应提高二甲苯塔压力，以满足热集成温位的需要)，用发生低压蒸汽的方法回收其热量，回收的热量可达约140kg标准油/tPX，扣除三塔(二甲苯塔、抽出液塔和抽余液塔)提压后需多消耗的热量，合计节能约100kg标准油/tPX(参见本章第四节)。

加压操作时，抽出液塔和抽余液塔所需热负荷之和的能耗约140kg标准油/tPX，若将塔盘效率从70%提高到80%，对二甲苯装置能耗可下降约20kg标准油/tPX。

三、技术展望

芳烃联合装置能耗的影响因素较多，原料性质、产品方案、生产流程、公用工程条件及运行负荷等均对装置能耗产生较大影响。用“基准能耗”及“能耗因数”比“统计能耗数值”或“平均能耗数值”能更真实地描述装置的用能水平。

基准能耗是指在技术先进、操作优化和科学管理条件下装置可能达到的最低计算能耗。每套装置在其基础条件下应对基准能耗进行修正，装置的实际能耗与修正后的基准能耗之比即为能耗因数(EF)。EF值越大，表明装置用能水平越低、节能潜力越大。EF值越接近1.0，表明装置用能水平越高，在设计完善、操作优化程度较高的情况下，EF值小于1.0也是可能的。

目前，大部分炼油装置已使用基准能耗及能耗因数来衡量装置的用能水平，但芳烃联合装置尚未使用，原因是芳烃联合装置较炼油装置复杂，计算及修正其基准能耗值存在一定困难，需要进行大量的开发工作。因此，开发计算及修正基准能耗值的相关模型及软件、并应用于芳烃联合装置将是今后芳烃联合装置进一步节能增效重要的技术支撑。

第二节 芳烃联合装置的总流程优化

一、概 述

芳烃联合装置总流程优化包括原料与产品结构的优化、异构化催化剂类型的选择、装置内各单元工艺流程的组合与优化等。

当石脑油原料中芳烃潜含量(尤其是 C_8)较高(≥40%)时，属于优质重整原料(富料)，这时联合装置能耗较低；芳烃潜含量较低(<30%)时，属于劣质重整原料(贫料)，联合装置能耗较高。提高加工装置外来的甲苯、C_8 芳烃及 C_9 芳烃比例时，联合装置能耗会降低。

通常情况下，联合装置除生产对二甲苯外，还联产邻二甲苯。有时，联合装置还需多生产苯或生产甲苯以及混合二甲苯。在这几种情况下，采用不同计算方法，其能耗数据不同，如采用芳烃产品总量来计算时，联合装置能耗数据较低，但通常情况下，芳烃联合装置能耗以每吨对二甲苯产品量来计算(如前所述)，因此，这时芳烃联合装置能耗数据较高。

对于同时生产高辛烷值汽油组分的芳烃联合装置，歧化单元可选用适应加工重质化原料的歧化催化剂来加工较多的 C_9 芳烃和 C_{10} 芳烃(仅指单环芳烃，下同)原料，也可以将部分 C_9 芳烃和 C_{10} 芳烃作为高辛烷值汽油组分调入汽油，并调整其作为歧化原料与高辛烷值汽油组分的比例，需结合产品市场价格进行全厂综合考虑。

异构化催化剂类型可以选择脱乙基型或乙苯转化型，采用哪种催化剂具有更好的经济效益取决于 C_8 芳烃资源的可靠性及价格，也取决于苯产品和对二甲苯产品的价格。

用来提纯重整装置产氢的变压吸附装置(简称 PSA)通常与重整装置联合布置。重整装置与 PSA 装置之间氢气流程的组合优化结果表明：低压(1.67MPa)再接触比高压(2.67MPa)再接触节省能耗 5kg 标准油/t 重整进料；低温(0℃)再接触比常温(40℃)再接触可多回收液化石油气组分 1.5 个百分点以上。

C_8 非芳烃循环技术是减少对二甲苯装置内 C_8 循环物流的有效措施之一，可使二甲苯分馏单元和吸附分离单元规模减小约 5%。

PX 装置联产邻二甲苯(OX)可提高装置经济效益，OX 产品产量的适宜范围为 OX 与 PX 的产量比为 0~0.3。

二、影响因素分析

对二甲苯装置能耗较高的主要原因之一是装置内循环物料中乙苯、邻二甲苯和间二甲苯(MX)较多，受催化剂性能及热力学平衡的限制，其转化成 PX 的效率较低，从而造成吸附进料中 PX 浓度偏低(17%~19%)，导致 C_8 组分循环量过大。本节以 600kt/a 典型装置为例，将 C_8 芳烃中乙苯和邻二甲苯等对装置能耗所产生的影响进行分析，以更好地优化对二甲苯装置总流程。

(一)乙苯含量的影响

在乙苯转化型异构化反应中，乙苯虽然可以转化成二甲苯，提高二甲苯收率，但一般情况下其单程转化率低(≤30%)、反应温度高、中间物 C_8 环烷烃含量高，并且反应中 MX 和 OX 的平衡浓度高、而 PX 的平衡浓度低，从而造成联合装置能耗增加[1]。

当异构化反应进料中乙苯浓度从16.7%降至12.6%时，循环比(C_8芳烃循环量与PX产量之比)由2.97降至2.83，对二甲苯装置能耗降低12.84kg标准油/t PX，见图6-2-1。

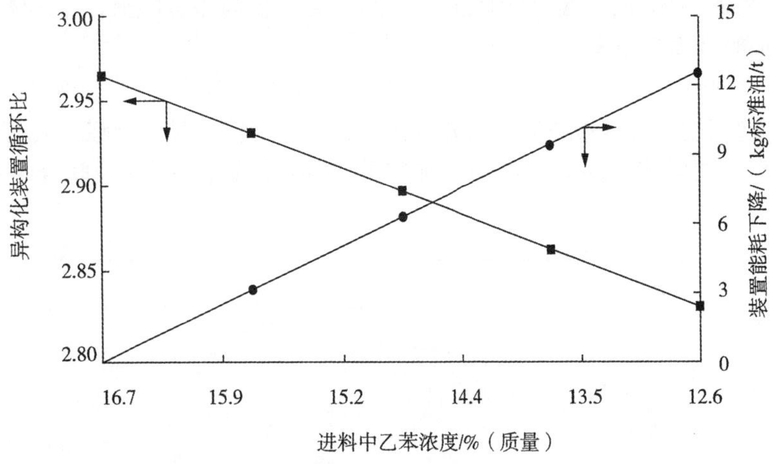

图6-2-1　异构化反应进料中乙苯浓度对循环比及装置能耗的影响

-■- 循环比；-●- 能耗下降

(二)邻二甲苯回收率的影响

在C_8芳烃四种同分异构体中，邻二甲苯沸点最高，且沸点差相对较大，一般采用直接精馏的方法，从C_8循环组分中分离出部分邻二甲苯产品，以满足市场需求。在C_8芳烃资源充足的条件下，对二甲苯装置联产适当比例的邻二甲苯，除增加装置产品方案的灵活性外，还有利于降低异构化反应及吸附分离等工艺过程的能耗。

联产邻二甲苯的比例可以用邻二甲苯回收率来衡量，即从邻二甲苯塔顶分离出的邻二甲苯产品量占二甲苯塔总进料量中邻二甲苯总量(包括循环物流)的百分比。在保持(PX+OX)总产品量不变的前提下，取邻二甲苯回收率20%为基准点，该基准点能耗1.00，当邻二甲苯回收率从基准点降低至0时，循环比由2.89升高至3.62，装置能耗由1.00升高至1.19；当邻二甲苯回收率从基准点提高至50%时，循环比由2.89降低至2.14，装置能耗由1.00降低至0.81，见表6-2-1。

表6-2-1　邻二甲苯回收率对循环比及装置能耗的影响

OX回收率/%	50	40	30	20	10	0
循环比	2.14	2.36	2.60	2.89	3.22	3.62
能耗	0.81	0.86	0.93	1.00	1.08	1.19

(三)歧化原料中C_{10}芳烃含量的影响

歧化及烷基转移单元进料中C_{10}芳烃(单环，下同)含量的提高，将影响产品(苯和C_8芳烃)的收率和装置的能耗，见图6-2-2。由图可知：

①C_{10}芳烃含量提高时，苯产品收率始终是下降的。

②C_{10}芳烃含量<60%时，C_8芳烃收率随C_{10}芳烃含量的提高而提高；>60%时，C_8芳烃收率开始下降，且下降幅度逐渐加大。

③C_{10}芳烃含量<10%时，苯和C_8芳烃总收率随C_{10}芳烃含量的提高略有增加；>10%时，苯和C_8芳烃总收率开始下降，且下降幅度逐渐加大。

④C_{10}芳烃含量<10%时，装置能耗随C_{10}芳烃含量的提高略有降低；>10%时，装置能耗增加，且增加幅度逐渐加大。

综上所述，当歧化及烷基转移单元进料中C_{10}芳烃含量适当提高时，能够提高苯和C_8芳烃总收率、降低装置能耗；当原料中C_{10}芳烃含量提高幅度较大时，能够扩大芳烃联合装置原料来源、提高对二甲苯产品量，但会增加装置能耗（参见本节“芳烃联合装置经济性分析”）。

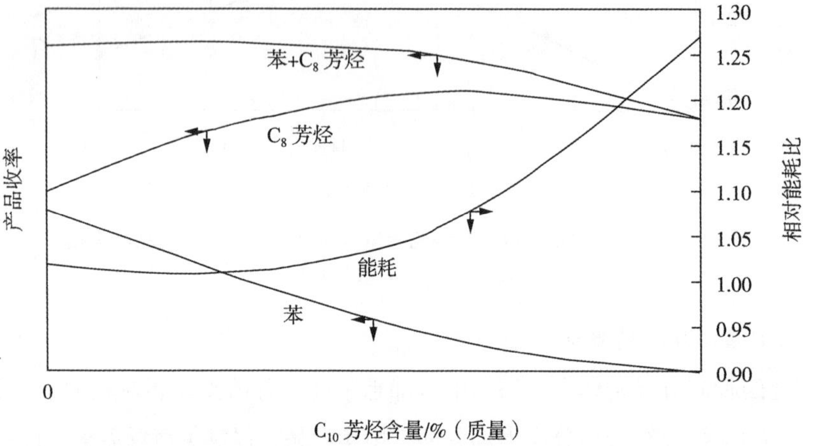

图6－2－2　歧化及烷基转移单元进料中C_{10}芳烃含量与产品收率及能耗的关系

三、总流程设计与工艺选择

（一）总流程设计

芳烃联合装置主要目的产品是对二甲苯，根据原料来源不同，其流程的复杂程度不同。最简单的是采用混合二甲苯为原料的流程，仅需设置对二甲苯分离、C_8芳烃异构化及二甲苯分馏三个单元；最复杂的是采用以石脑油为原料的流程，通常设置预加氢、催化重整、芳烃抽提、歧化及烷基转移（包含苯－甲苯分离）、对二甲苯分离（吸附分离或结晶分离）、异构化及二甲苯分馏七个单元。产品除对二甲苯外，还包括邻二甲苯、苯、甲苯、氢气、液化气及高辛烷值汽油组分等。

典型的芳烃联合装置工艺流程见图6－2－3。

由于混合二甲苯市场资源有限，加上经济效益的原因，国内没有完全采用外购混合二甲苯为原料生产PX的装置。多数芳烃联合装置采用石脑油为原料，部分装置（见表6－1－1）采用补充混合二甲苯方式，以提高装置适应市场的能力和增加生产的灵活性。

由于生产邻二甲苯的工艺流程及设备比较简单，仅需在二甲苯分馏部分增加邻二甲苯塔，投资增加不多，并且可以提高吸附分离进料中的PX浓度，对于新建装置，可以降低吸附分离、异构化和二甲苯分馏三个单元的规模。对于现有装置改造，可以提高PX产量，提高装置的经济效益。

对于有加氢蒸汽裂解汽油（HSCN）且C_8芳烃资源紧张的情况，也可用HSCN中的甲苯和混合二甲苯作为芳烃联合装置的原料。由于 HSCN 的 C_8 芳烃中约 50% 是乙苯(见表 4-3-1)，对异构化反应不利，因此，对采用乙苯转化型方案的芳烃联合装置应控制 HSCN 的 C_8 芳烃原料的比例，对采用脱乙基型方案的芳烃联合装置可以采用该原料。

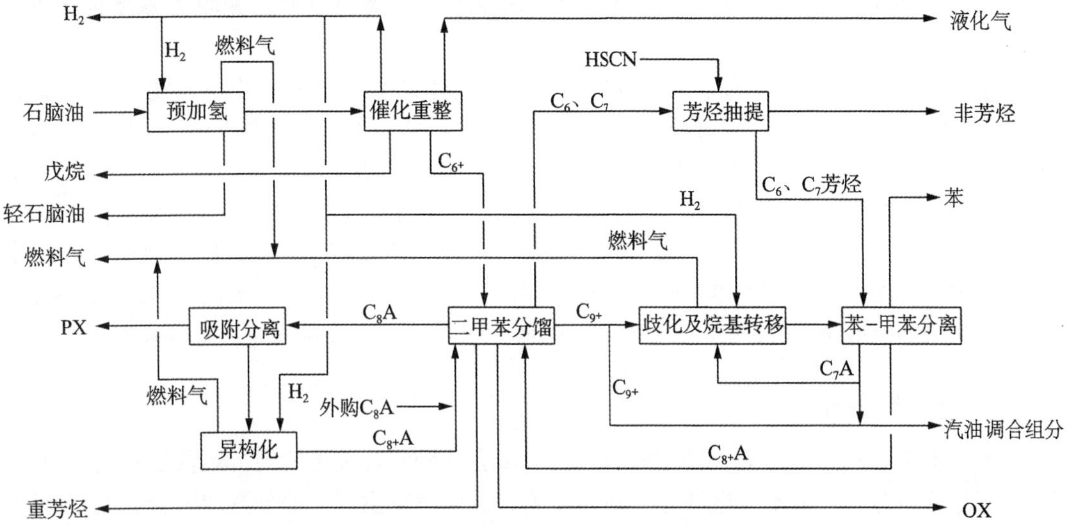

图 6-2-3 典型的芳烃联合装置工艺流程示意图

芳烃联合装置的原料来源和组成不同，相应的歧化和异构化工艺技术和方案不同，需要进行技术和经济比较后确定。

(二)歧化工艺选择

歧化工艺主要分为歧化及烷基转移和甲苯择形歧化两种类型。甲苯择形歧化工艺对二甲苯的选择性高，反应产物混合二甲苯中对二甲苯的含量(质量分数，下同)高达 82% ~90%，但 C_8 芳烃产品收率低(约 45%)，单程转化率较低(约 30%)，其原料只能是甲苯，不能利用 C_{9+} 芳烃资源生产对二甲苯，目前国内仅建一套装置。歧化及烷基转移工艺是充分利用甲苯和 C_9 芳烃、C_{10} 芳烃资源为原料，通过歧化及烷基转移反应生成 C_8 芳烃，以最大限度地增产对二甲苯。甲苯和 C_9 芳烃、C_{10} 芳烃比例不同，歧化及烷基转移装置生产的苯和 C_8 芳烃的比例也不同。对同时生产高辛烷值汽油组分的芳烃联合装置，需根据全厂经济效益确定歧化装置的原料。

(三)异构化工艺选择

根据乙苯在异构化反应过程中的转化方式，C_8 芳烃异构化催化工艺有两种类型，一是乙苯脱乙基型，二是乙苯转化型。

乙苯转化型工艺的突出特点是将 C_8 芳烃中乙苯转化为对二甲苯，充分利用 C_8 芳烃资源，最大限度地生产对二甲苯。在 C_8 芳烃资源紧张的情况下，该工艺是最佳选择。该工艺不足之处是乙苯单程转化率低(约 30%)，且反应需要环烷烃中间“搭桥”，造成乙苯和 C_8 非芳烃在吸附分离、异构化以及二甲苯分离三个单元之间大量循环。该工艺重时空速一般为 $3 \sim 5h^{-1}$，氢烃摩尔比为 3 ~5。

乙苯脱乙基型工艺的特点是将原料中的乙苯大部分脱烷基生成苯，反应不受平衡限制，单程转化率高达 50% ~70%，而且反应不需要环烷中间“搭桥”，可使吸附分离、异构化以及二甲苯分馏单元负荷大幅度降低，同时有效提高吸附分离进料中的对二甲苯浓度。与转化型工艺相比，该工艺空速高，一般重时空速为6～12h^{-1}，氢烃摩尔比低，一般为1～2。对于新建装置，乙苯脱乙基型与乙苯转化型工艺相比，可减少工程投资和公用工程消耗，但单位C_8芳烃原料生产的对二甲苯产率下降；对于改造装置，通过更换乙苯脱乙基型催化剂，可以提高对二甲苯产量。

芳烃联合装置中C_8芳烃通常来自重整装置和/或歧化及烷基转移反应生成物，还有部分来自HSCN(见表4－3－1)。歧化及烷基转移反应生成的C_8芳烃中乙苯含量最低，约2.0%；HSCN的C_8芳烃中乙苯含量最高，约50 %；重整反应生成的C_8芳烃中乙苯含量居中，约18 %。对于以乙苯含量12 %的新鲜混合C_8芳烃为原料的典型对二甲苯装置，当采用乙苯转化方案时，对二甲苯的收率(对二甲苯产量与新鲜混合C_8芳烃原料量之比)为93.4%，对二甲苯和苯的总收率为94.5%；当采用脱乙基方案时，对二甲苯的收率为86.8%，对二甲苯和苯的总收率为94.8%[2]。可见，两种方案的对二甲苯和苯的总质量收率很接近。

四、经济性分析

由于原料来源和组成不同，流程配置不同，每套芳烃联合装置的经济效益也不同。目前新建的芳烃联合装置一般都是既要生产对二甲苯，又要考虑生产一部分汽油组分，需根据项目的经济性确定技术方案。

以一套连续重整装置生产的甲苯、混合二甲苯、C_9芳烃及C_{10}芳烃为原料生产800kt/a对二甲苯的芳烃联合装置为例，进行装置经济性分析。原料及产品价格取自中国石化股份公司2012年预算价格体系中的价格，且包含17%的增值税，对应原油价格为国际3种原油(布伦特、辛塔、迪拜)FOB均价105美元/桶的价格体系。

装置考虑贫料和富料两种原料工况，可用的原料组分及数量见表6－2－2。

表6－2－2　装置可用的原料组分及数量

组　　分	贫料/(kt/a)	富料/(kt/a)
甲苯	200	200
混二甲苯	492	473
C_9A	289.5	372.5
$C_{10}A$	52.5	194.5
总量	1034	1240

(一)歧化及烷基转移单元技术方案对经济效益的影响

歧化及烷基转移单元的工艺流程已很成熟，其技术先进与否主要体现在催化剂的性能，而衡量催化剂性能先进的重要指标之一是允许进料中C_9芳烃、C_{10}芳烃高比例(C_9芳烃、C_{10}芳烃与甲苯之比)，这时，产品中的C_8芳烃比例(C_8芳烃与苯之比)也增加，但产品总收率下降，经济效益会发生变化，需综合考虑进料中甲苯与C_9芳烃、C_{10}芳烃的比例。

采用两种技术方案进行技术经济比较：方案1为贫料工况，利用表6－2－2中贫料的全部C_9芳烃和C_{10}芳烃及部分甲苯(新鲜进料中甲苯含量为28.2%)；方案2为富料工况，利用表6－2－2中富料的大部分C_9芳烃和C_{10}芳烃，不利用甲苯(新鲜进料中仅含有少量异构化反应生成的甲苯，基本采用纯C_9芳烃和C_{10}芳烃)，甲苯考虑外卖或作为高辛烷值汽油调合组分。歧化单元两种技术方案物料平衡见表6－2－3。

表6－2－3　歧化单元两种技术方案物料平衡

物料名称	方案1		方案2		（方案2－方案1）物料/（kt/a）
	%（质量）（对进料）	kt/a	%（质量）（对进料）	kt/a	
进料					
甲苯	28.2	135.8	2.9②	14.2②	－121.6
C_9A	61.0	294.0①	64.0	311.7	17.7
$C_{10+}A$	10.9	52.5	33.1	160.9	108.4
含氢气体	4.4	21.0	6.6	32.0	11.0
小计	104.4	503.3	106.6	518.8	15.5
出料					
苯	12.1	58.3	2.8	13.6	－44.7
C_8A	76.1	367.0	79.3	386.0	19.0
轻组分	0.0		0.2	1.1	1.1
燃料气	16.2	78.0	24.3	118.1	40.1
小计	104.4	503.3	106.6	518.8	15.5

①其中的4.5kt/a由异构化反应生成的。

②来自成品塔顶。

由表6－2－3可以看出，方案1产品中苯和C_8芳烃的收率达88.2%，方案2产品中苯和C_8芳烃的收率仅为82.1%，相差6.1个百分点。

由于两种方案的装置规模差异不大，公用工程成本差异忽略不计，不同C_{10}芳烃价格下两种方案的生产成本（原料成本）和产品增值比较结果见表6－2－4。

取两种价格体系：价格1和价格2，见表6－2－4。在价格1中，由于上述价格体系中没有单独的C_9芳烃和C_{10}芳烃价格，仅有重芳烃的价格，C_9芳烃和C_{10}芳烃价格均取7176元/t，方案2比方案1的产品增值减去原料成本增值，差值为－1.2亿元/a，表明方案2经济效益不如方案1。在价格2中，C_9芳烃价格7176元/t、C_{10}芳烃价格6050元/t，方案2比方案1的产品增值减去原料成本增值，差值为54万元/a，表明方案2经济效益与方案1相当。上述分析未考虑C_{10}芳烃对歧化催化剂寿命的影响。

综上所述，对于同时生产高辛烷值汽油组分的芳烃联合装置，歧化单元原料重质化后，能够扩宽歧化反应的原料来源以及增加对二甲苯产品量，但苯和C_8芳烃收率降低，可能会影响芳烃联合装置的经济效益，需根据市场情况综合考虑甲苯、C_9芳烃和C_{10}芳烃作为歧化原料与调合汽油组分的分配比例。

（二）异构化技术方案对经济效益的影响

贫料工况采用乙苯转化和脱乙基两种不同异构化方案时二甲苯回路物料平衡见表6－2－5。

表6-2-4 歧化单元两种技术方案的生产成本比较

物料名称	(方案2-方案1)物料/(kt/a)	价格1		价格2	
		单价/(元/t)	成本差/(万元/a)	单价/(元/t)	成本差/(万元/a)
进料					
甲苯	-121.6	7728	-93972	7728	-93972
C_9A	17.7	7176	12701	7176	12702
$C_{10}A$	108.4	7176	77788	6050	65582
含氢气体	11.0	12182	13400	12182	13400
方案2-方案1 原料成本增值小计			9917		-2289
出料					
苯	-44.7	7843	-35058	7843	-35058
C_8A	19.0	7915	15039	7915	15039
轻组分	1.1	7294	802	7294	802
燃料气	40.1	4235	16982	4235	16982
方案2-方案1 产品增值小计			-2235		-2235
产品增值-原料成本增值合计			-12152		54

表6-2-5 不同异构化方案时二甲苯回路物料平衡

物料名称	乙苯转化方案		脱乙基方案		(脱乙基方案-乙苯转化方案)物料/(kt/a)
	%(质量)(对进料)	kt/a	%(质量)(对进料)	kt/a	
进料					
重整 C_8A	57.3	492	53.4	492	0
歧化 C_8A	42.7	367	46.6	430	63
含氢气体	1.3	11	0.4	4	-7
小计	101.3	870	100.4	926	56
出料					
对二甲苯	93.1	800	86.8	800	0
苯			5.6	52	52
重组分	2.2	19	2.3	21	2
C_{5-}轻烃	0.6	5			-5
燃料气	5.4	46	5.7	53	7
小计	101.3	870	100.4	926	56

由表6-2-5可以看出，对二甲苯和苯的总质量收率，乙苯转化方案为93.1%，脱乙基方案为92.4%，两个方案基本相同。对生产相同量的对二甲苯，脱乙基方案所需 C_8 芳烃

比乙苯转化方案多7.3%。

不同苯价格下两个方案的生产成本比较见表6-2-6。

表6-2-6　不同苯价格下乙苯转化和乙苯脱乙基方案的生产成本比较

物料名称	(脱乙基方案-乙苯转化方案)物料/(kt/a)	价格1		价格2	
		单价/(元/t)	成本差/(万元/a)	单价/(元/t)	成本差/(万元/a)
进料					
重整C_8A	0	7915		7915	
歧化C_8A	63	7915	49865	7915	49865
含氢气体	-7	12182	-8527	12182	-8527
原料成本增值					
小计			41337		41337
出料					
对二甲苯	0	11353		11353	
苯	52	7843	40784	6840	35568
重组分	2	5185	1037	5185	1141
C_{5-}轻烃	-5	7294	-3647	7294	-3647
燃料气	7	4235	2965	4235	2965
产品增值小计			41139		35923
能耗	-16kg标准油/tPX	4235	-5420	4235	-5420
生产成本合计			5222		6

由表6-2-6可见，价格1结果：原料及产品的价格均采用上述价格体系时，脱乙基方案与乙苯转化方案相比，原料成本的增加与产品价值的增加基本相当，但脱乙基方案的能耗低，按燃料气价格折算后，不考虑催化剂成本的差异，脱乙基方案的生产成本比乙苯转化方案低5222万元/a；价格2结果：调整苯的价格至比C_8芳烃的价格低1075元/t，两个方案的生产成本基本相同。

综上所述，异构化催化剂选择脱乙基型还是乙苯转化型，取决于C_8芳烃资源可靠性及价格，也取决于苯产品和对二甲苯产品的价格，或者说，取决于苯产品和对二甲苯产品与C_8芳烃原料的价差，当价差较大时，选择乙苯转化型催化剂能够提高芳烃联合装置经济效益；当价差较小时，选择脱乙基型催化剂更经济。以上方案未考虑采取外购C_8芳烃作为补充原料时的市场风险。

五、重整氢气再接触与PSA组合优化

连续重整所产氢气从重整气液分离器分出时压力较低(0.25MPa)，氢纯度不高[约85%(摩尔)]，无法送入全厂氢气管网，必须经氢气再接触处理，即：从重整气液分离器分出的氢气和重整生成油分别升压及换热冷却后再次进行气液平衡。进行氢气再接触处理的另一个目的是：将重整氢中所含的汽油组分(C_{5+})和大部分液化石油气组分(C_3、C_4)吸收到重整生成油中，保证重整液体收率及尽量多地回收液化石油气组分。经氢气再接触处理后的重整氢

气纯度(约90%)仍然不能满足加氢装置的要求，需继续送变压吸附(PSA)进行提浓。

在重整原料一定的情况下，重整装置氢气再接触条件(温度和压力)不同，送入PSA氢气的流量及纯度会不同，PSA氢气收率和装置能耗也会相应变化，甚至影响到全厂氢气平衡和能耗。可见，重整氢气再接触与PSA组合的优化是实现全厂氢气平衡和节能的重要措施之一。

重整氢气再接触与PSA氢气流程见图6-2-4。

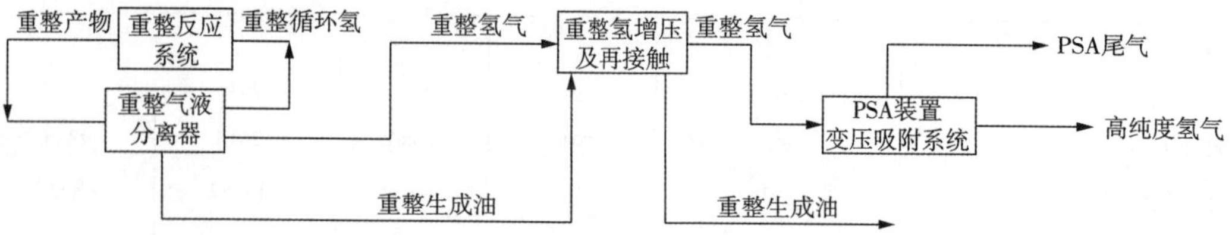

图6-2-4 重整氢气再接触与PSA氢气流程图

以某厂1000kt/a连续重整装置及配套的PSA装置为例，根据不同的再接触压力和温度，采用四种再接触与PSA组合方案进行能耗对比：

方案一：再接触采用低压(1.67MPa)和低温(4℃)，设置制冷系统；PSA设置重整氢压缩机，采用电动往复机。

方案二：再接触采用低压(1.67MPa)和常温(40℃)，不设置制冷系统；PSA同方案一。

方案三：再接触采用高压(2.67MPa)和低温(4℃)，设置制冷系统；PSA不设置重整氢压缩机。

方案四：再接触采用高压(2.67MPa)和常温(40℃)，不设制冷系统；PSA同方案三。

四种重整氢气再接触与PSA组合方案对比见表6-2-7，对比结果为：

①与低压再接触相比，高压再接触时重整装置能耗增加8kg标准油/t重整进料，总能耗增加5kg标准油/t重整进料，并且高压再接触多回收的液化石油气组分数量有限，低温时仅多回收0.6个百分点(占重整进料量，下同)、常温时仅多回收0.9个百分点。

②低温再接触与常温再接触总能耗差别不大，但低温再接触可回收较多的液化石油气组分，低压时多回收1.8个百分点、高压时多回收1.5个百分点。

建议采用低压低温再接触、PSA设置重整氢压缩机(电动往复式)对重整产氢接力升压方案(方案一)。

六、异构化C_8非芳烃流程优化

对于采用乙苯转化型异构化催化剂的对二甲苯装置，乙苯异构反应过程需要C_8环烷“搭桥”，异构化反应产物中的C_8非芳烃(主要是C_8环烷)需要循环回异构化反应进料。为了实现C_8非芳烃的循环，常用技术是：C_8非芳烃随脱庚烷塔底C_{8+}芳烃一起送至二甲苯分馏单元的二甲苯塔，随塔顶流出物进入吸附分离单元，然后随抽余液一起循环回异构化反应进料，即C_8非芳烃在二甲苯分馏、吸附分离和异构化三个单元中“大循环”。“大循环”会使循环回路中各设备负荷加大、各单元规模增加，同时，使吸附进料中PX的浓度降低。

异构化C_8非芳烃流程优化技术的核心内容是：在异构化单元内设置循环塔，将异构化产物中的C_8非芳烃分离出来直接返回异构化进料，实现C_8非芳烃“小循环”。以新建

600kt/a 对二甲苯装置为例，异构化 C_8 非芳烃流程优化技术考虑两种方案[3]：

表 6-2-7　四种重整氢气再接触与 PSA 组合方案对比

项目		方案一	方案二	方案三	方案四
主要工艺参数	再接触压力/MPa	1.67	1.67	2.67	2.67
	再接触温度/℃	4	40	4	40
	重整氢气至 PSA 压力/MPa	1.50	1.50	2.50	2.50
	氢气至 PSA 温度/℃	40			
	PSA 变压吸附入口压力/MPa	2.50			
	PSA 纯氢外送压力/MPa	2.40			
	增压方案①	重整氢增压机(两段) PSA 重整氢压缩机		重整氢增压机(三段)	
	重整氢流量/(kg/h)	11657	15980	10597	13954
	回收液化石油气组分/(kg/h)	基准	基准 -2109	基准 +691	基准 -1104
	回收液化石油气组分/%(质量)	基准	基准 -1.8	基准 +0.6	基准 -0.9
	重整氢气纯度/%(摩尔)	92.0	89.6	92.9	90.8
	重整氢气相对分子质量	4.34	5.79	3.96	5.10
	PSA 纯氢收率/%	90	90	91	91
主要消耗指标	再接触部分				
	3.5MPa 蒸汽/(t/h)	25.3	25.3	36.2	36.2
	电/kW	970	420	1150	600
	循环水/(t/h)	760	635	760	635
	PSA 装置				
	电/kW	2200	2550	750	900
	循环水/(t/h)	250	300	80	100
能耗	再接触部分/(kg 标准油/t)	20.66	19.36	28.77	27.47
	PSA 装置/(kg 标准油/t)	5.01	5.82	1.70	2.05
	合计/(kg 标准油/t)	25.68	25.18	30.48	29.52

①重整氢增压机组采用凝汽透平驱动。

方案一：改变脱庚烷塔功能，C_8 非芳烃从脱庚烷塔顶随庚烷以下组分一起分离出来，进入循环塔进一步分离，从循环塔底液分离出 C_8 非芳烃直接循环回异构化反应进料，见图 6-2-5。

方案二：脱庚烷塔功能维持不变，C_8 非芳烃随重组分从脱庚烷塔底分离出来，进入循环塔，从循环塔顶分离出 C_8 非芳烃直接循环回异构化反应进料，见图 6-2-6。

新建 600kt/a 对二甲苯装置异构化 C_8 非芳烃流程优化技术方案对比结果见表 6-2-8。

两种方案的比较结果：

①与常规流程相比，异构化 C_8 非芳烃流程优化技术可使单元规模减小约 5%(二甲苯分馏单元和吸附分离单元两种方案分别减小 6% 和 7%，异构化单元规模不变)。对于 600kt/a 对二甲苯装置，可节省投资 1000 万元以上(两种方案分别节省投资 1200 万元和 1800 万元)。

②与常规流程相比，异构化 C_8 非芳烃流程优化技术需增加能耗约 40kg 标准油/tPX，这

是因为 C_8 非芳与 C_{8+} 芳烃沸点相近，分离难度较大。

③方案二较方案一公用工程消耗和投资均略低，应优先考虑。

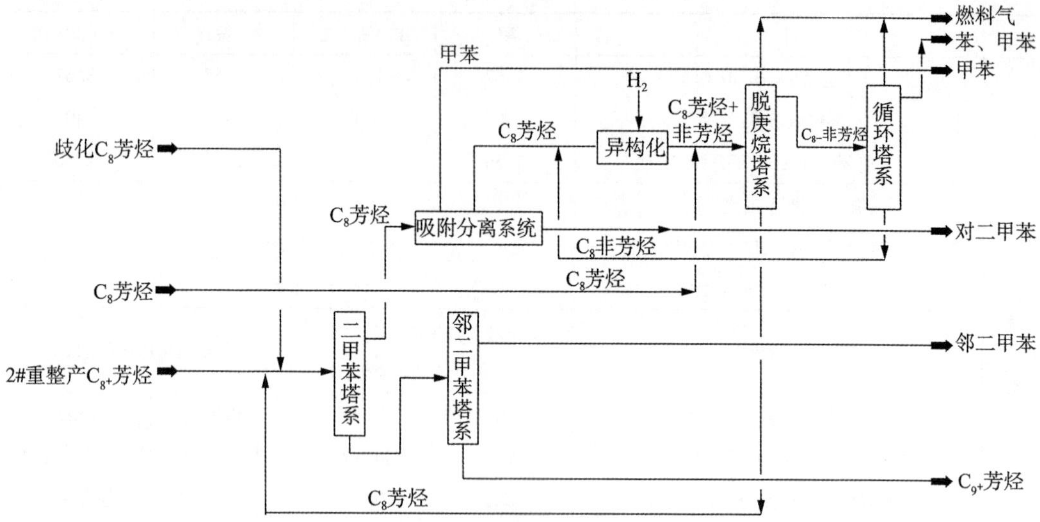

图 6-2-5 异构化 C_8 非芳烃流程优化技术方案一流程示意图

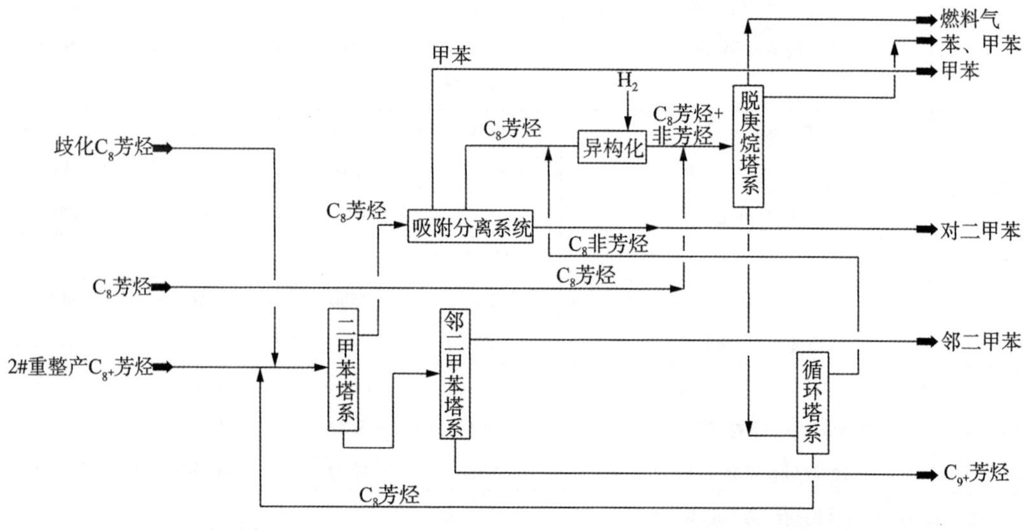

图 6-2-6 异构化 C_8 非芳烃流程优化技术方案二流程示意图

表 6-2-8 新建 600kt/a 对二甲苯装置异构化 C_8 非芳烃流程优化技术方案对比结果

项　　目	常规流程	C_8 非芳烃流程优化技术	
		方案一	方案二
二甲苯分馏单元规模	基准	基准 -6%	基准 -6%
吸附分离单元规模	基准	基准 -7%	基准 -7%
投资/万元	基准	基准 -1200	基准 -1800
占地面积/m^2	基准	基准 +600	基准 +600
能耗/(kg 标准油/tPX)	基准	基准 +40	基准 +38

综上所述，异构化 C_8 非芳烃流程优化技术能够降低二甲苯分馏单元和吸附分离单元负荷以节省投资，或者说能够提高装置处理能力，但需要增加数量可观的能耗，在对二甲苯产品市场很好或者投资紧张的情况下可以考虑采用，否则不经济。

七、联产邻二甲苯对能耗的影响

对二甲苯装置可以采用精馏方法直接分离出邻二甲苯产品，实现对二甲苯装置联产邻二甲苯。与对二甲苯产品相比，邻二甲苯产品生产成本相对较低，其价格与对二甲苯相差不大且走势相对独立。适当联产邻二甲苯可显著增强对二甲苯装置的灵活性，还可以提高吸附分离单元进料中 PX 浓度，改善吸附分离操作。

根据异构化催化剂的反应性能，采用乙苯转化型异构化催化剂并保持 PX 产量不变的前提下，对 PX 装置联产不同量的 OX 产品进行模拟计算[4]，结果表明：

①PX 装置联产 OX 时，各单元(包括吸附分离、异构化和二甲苯分馏)规模均变小(见图6-2-7)，这说明，当联产 OX 产品时，现有 PX 装置可扩能挖潜，新建 PX 装置可减小单元规模。

②当 OX 产量增加时，PX 和 OX 总液收(PX 与 OX 产量之和与 C_8 芳烃进料量之比)增加(见图6-2-8)，当 OX 与 PX 的产量比小于 0.3 时曲线变化较陡；而 OX 与 PX 的产量比大于 0.3 以后，曲线变化越来越平缓。这说明，从原料资源利用角度来看，在 PX 装置上联产 OX 产品产量的最敏感范围为 OX 与 PX 的产量比为 0～0.3。

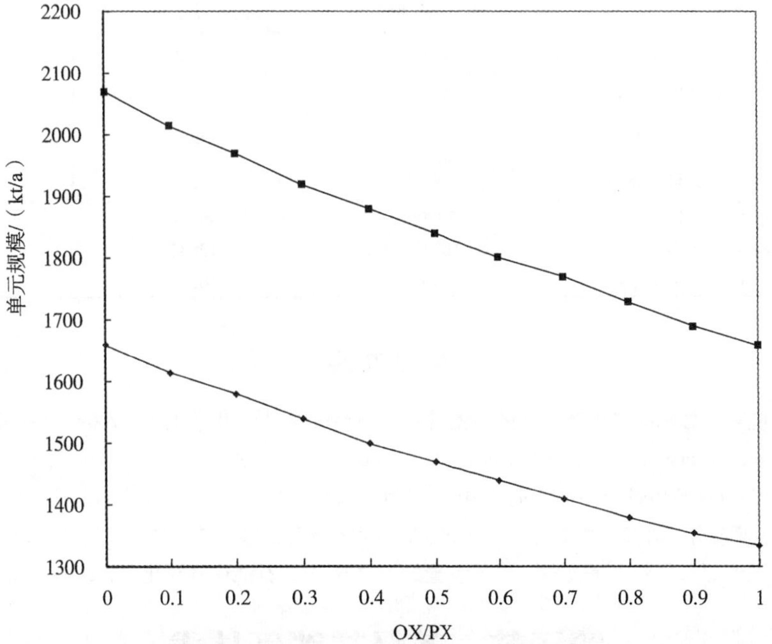

图6-2-7　OX 产量对装置规模的影响

—◆— 异构化单元；—■— 吸附分离单元

联产邻二甲苯后，二甲苯塔分离难度加大，二甲苯塔在相同的塔盘数时需增加回流比，因此二甲苯塔的能量消耗会增加，但吸附分离和异构化单元的能量消耗会降低，总的能量消耗增加不多。对于600kt/a 对二甲苯装置(开工时数 8400h/a)，联产邻二甲苯 19% 时，(PX

+ OX)产品总量由597kt/a增至616kt/a，增加幅度3%，能量消耗增加1667MJ/h。若以PX产品量计算，单位能耗增加1722MJ/tPX；若以(PX + OX)产品总量计算，单位能耗降低315MJ/t(PX + OX)，见表6-2-9。

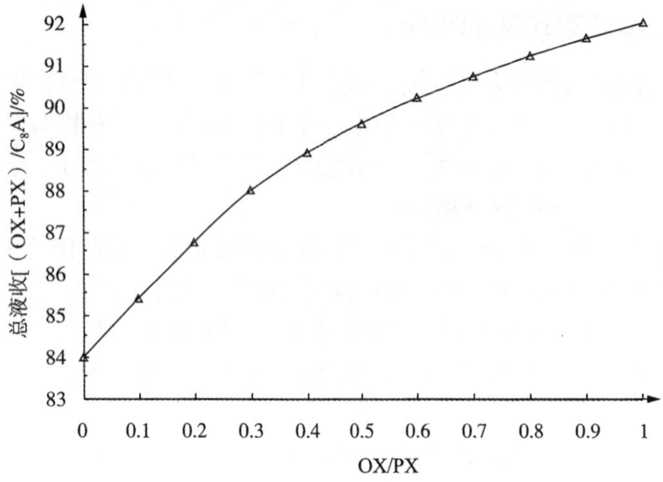

图6-2-8 OX产量对(OX+PX)总液收的影响

表6-2-9 联产19%邻二甲苯时能耗变化

参数及能耗		不联产邻二甲苯	联产邻二甲苯	增量
二甲苯塔回流比(对产品重)		2.60	4.10	
能耗计算基准(以产品计)	对二甲苯/(kt/a)	597	517	
	邻二甲苯/(kt/a)	—	99	
	合计/(kt/a)	597	616	
能量消耗/(MJ/h)		778900	780567	+1667
单位能耗/(MJ/t PX)		10960	12682	+1722
单位能耗/(MJ/t(PX+OX))		10960	10645	-315

参考文献

[1] 严明，张晓东．影响间二甲苯工艺的因素分析及调整措施[J]．化学工业，2009，06：43-45.

[2] Liu Zhongxun. Comparison on commercial application of two types of C_8 aromatics isomerization catalysts[J]. China Pet Process Petrochem Technol，2010，12(4)：13-17.

[3] 刘红云，金晓霞等．对二甲苯装置C_8非芳烃循环技术经济分析[J]．炼油技术与工程，2011，07：61-64.

[4] 徐又春．联产邻二甲苯以提高对二甲苯装置经济效益[J]．石油炼制与化工，2003，06：37-39.

第三节 芳烃节能新技术

一、概 述

芳烃节能新技术包括新型催化剂、新工艺技术以及新型设备。

新型重整催化剂是通过降低氢油比、催化剂积炭速率和提高芳烃产率来实现节能，新型异构化催化剂是通过降低氢油比和提高乙苯转化率来实现节能，并且后者节能效果比较明显。新型歧化及烷基转移催化剂同样是通过降低氢油比、提高转化率和选择性来实现节能。

新工艺技术包括分壁精馏技术和热高分技术。分壁精馏技术避免了常规精馏塔中产品之间出现“分离－混合－再分离”现象，因此能够达到节能目的。热高分技术适合于歧化与烷基转移单元和异构化单元，预加氢单元可以采用热高分技术，但节能效果不如前者。

新型设备包括新型换热器、新型空冷器、高效塔盘、新型加热炉以及压缩机的优化组合。新型设备可节约能耗，又可减少设备投资及占地面积，是实现芳烃联合装置大型化的重要技术保障。

高通量管换热器的传热系数可达2000W/m^2·K以上，可以在很小的温差下(约10℃)维持沸腾。板壳式换热器和缠绕管式换热器可使热端温差<30℃，适应于重整进料换热、歧化进料换热以及异构化进料换热等换热负荷大、换热深度深等工艺过程。高效复合管式空冷器比普通空冷器节能24%，节省占地面积75%，节省投资30%。

高效复合型塔盘的板效率大于75%，比常规塔盘高10个百分点以上。

重整反应加热炉由传统的自然通风型改为空气预热型后，热效率可提高到≥92%，且炉膛内传热均匀度得到改善。

重整氢增压机两段接力方案比三段方案节省能耗20%以上，节省投资10%以上。在全厂中压蒸汽(3.5MPa)富裕、低压蒸汽(1.0MPa)能够得到充分利用的情况下，重整氢循环机和重整氢增压机(均为离心式)选用背压式蒸汽(3.5MPa背压至1.0MPa)透平驱动比全凝式蒸汽(3.5MPa)透平驱动节省能耗50%以上。压缩机凝汽式透平采用空冷式比采用水冷式能耗低50%以上。

二、新型催化剂的节能

(一)新型重整催化剂

体现重整催化剂性能并对装置能耗产生影响的工艺参数主要是氢油比和催化剂积炭速率。氢油比影响重整循环氢压缩机能量消耗，催化剂积炭速率影响催化剂再生规模，即影响催化剂再生部分的能耗。中国石化新研发的重整催化剂PS－Ⅵ，在催化剂积炭速率相同的前提下，氢油比比PS－Ⅴ和参比剂R分别降低18%和26%，装置能耗分别降低0.4和0.6kg标准油/t重整进料。在氢油比相同的前提下，PS－Ⅵ催化剂积炭速率比PS－Ⅴ和参比剂R分别降低27%和42%，装置能耗分别降低1.1和1.7kg标准油/t重整进料，见表6－3－1。

表6－3－1 重整催化剂性能及能耗对比

项　目	PS－Ⅵ	PS－Ⅴ	参比剂R
氢油摩尔比	2.50	2.95	3.15
重整循环氢压缩机能耗/(kg标准油/t重整进料)	基准	基准+0.4	基准+0.6
催化剂积炭速率	基准	基准×1.27	基准×1.42
催化剂再生部分能耗/(kg标准油/t重整进料)	基准	基准+1.1	基准+1.7

(二)新型异构化催化剂

体现催化剂性能并对异构化单元能耗产生影响的工艺参数主要是PX平衡浓度、乙苯转化率以及氢油比。前两项决定C_8组分的循环比，即决定异构化、二甲苯分馏及吸附分离三个单元的规模，氢油比影响异构化循环氢压缩机能量消耗。因此，除降低环损外，异构化催化剂的更新换代主要体现在提高PX平衡浓度、提高乙苯转化率以及降低氢油比方面。中国石化新研发的RIC－200异构化催化剂，与SKI－400系列催化剂相比，PX平衡浓度由21.9%提高到23.2%，乙苯转化率由25%提高到27.5%，氢油比由5.4降低至3.4。

对于典型对二甲苯装置，采用异构化催化剂RIC－200时，比采用催化剂SKI－400B可节能26kg标准油/tPX，见表6－3－2。

表6－3－2 异构化催化剂SKI－400B和RIC－200性能及装置能耗比较

催化剂	SKI－400B	RIC－200
工艺参数		
反应温度/℃	388	381
产物分离器压力/kPa	1050	745
重时空速/h^{-1}	3.40	3.75
氢油摩尔比	5.4	3.4
原料中乙苯含量/%(质量)	14	12
性能指标		
PX平衡浓度/%(质量)	21.9	23.2
乙苯转化率/%	25.0	27.5
C_8环损/%(质量)	3.50	2.15
能耗指标/(kg标准油/t PX)		
单元规模变化引起的能耗	基准	基准－23
循环氢压缩机能耗	基准	基准－3
合计能耗	基准	基准－26

(三)新型歧化及烷基转移催化剂

近年来，歧化及烷基转移催化剂的更新换代主要体现在保持高转化率的前提下，不断提高重时空速、持续增加歧化进料中C_{9+}芳烃含量以及降低氢油比等方面，其中氢油比对装置能耗影响较大。中国石化研发的歧化及烷基转移HAT系列催化剂由HAT－096、HAT－097发展到HAT－099，氢油比由6.0降低至3.0。

对于典型对二甲苯装置，歧化及烷基转移催化剂由HAT－096更换为HAT－097及HAT－099后，全装置可分别节能0.8和1.1kg标准油/tPX，见表6－3－3。

三、新工艺技术的节能

(一)热高分技术

芳烃联合装置中，需要进行反应产物气液分离过程的单元有：预加氢、重整、异构化和歧化。传统的反应产物气液分离技术是冷高分技术，即反应产物与进料换热，再经空冷器冷却至

40℃后进入气液分离器(俗称高分)进行油气分离，分离出的气体作为循环氢气返回反应系统，分离出的液相送入后续的分馏塔进行产品分离。冷高分技术工艺流程见图 6-3-1。

表 6-3-3　HAT 系列歧化及烷基转移催化剂性能及装置能耗比较

催　化　剂	HAT-096	HAT-097	HAT-099
工艺参数			
反应温度/℃	360~420	360~420	360~420
产物分离器压力/kPa	3000	3000	3000
重时空速/h^{-1}	1.7	2.2	2.5
氢油摩尔比	6.0	4.0	3.0
原料中 C_{9+} 含量/%(质量)	≤40	≤45	≤60
循环氢压缩机能耗/(kg 标准油/tPX)	基准	基准-0.8	基准-1.1

冷高分技术虽然流程简单，但分出的液相产物(即分馏塔进料)经历了“先冷却后加热”的过程，多消耗了一定的能量。解决这一问题的办法是采用热高分技术，即：反应产物与进料换热到一定温度后，进入热高分罐进行油气分离，分出的富氢气体经空冷器进一步冷却后进入冷高分，从冷高分分出的氢气作为循环氢经压缩机增压循环回反应系统；从热高分罐分出的液相产品与从冷高分罐分出的液相产品混合后送至分馏塔。热高分技术工艺流程见图 6-3-2。

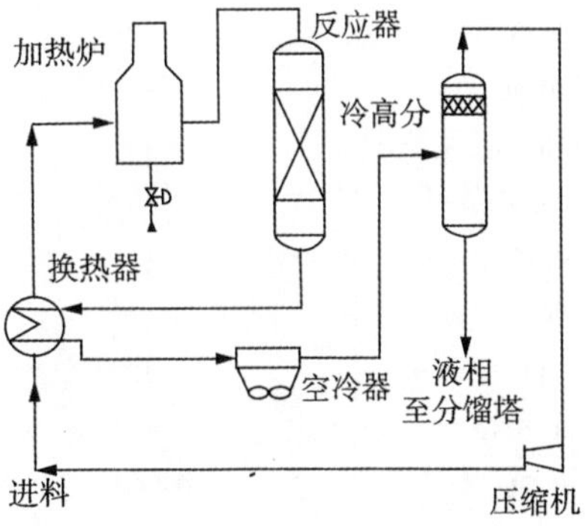

图 6-3-1　冷高分技术工艺流程图

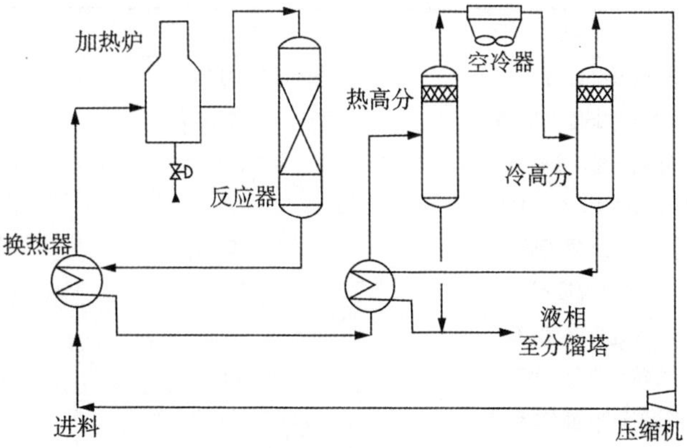

图 6-3-2　热高分技术工艺流程图

重整反应产物不能采用热高分，原因是要保证 C_{5+} 重整汽油收率和液化石油气回收率(参见本章第二节)。其他单元能否采用热高分技术，主要看采用热高分后循环氢气组成(主要是氢纯度)的变化。当变化不大时，即可采用热高分技术，并且变化越小，节能效果越明显。

根据典型的歧化、预加氢和异构化三个单元的反应产物组成进行模拟计算，采用热高分技术后三个单元循环氢纯度及平均相对分子质量的变化情况见表 6-3-4。

结果显示：

①歧化单元和异构化单元(包括转化型方案和脱乙基方案)采用热高分温度 100℃时，循环氢纯度和平均相对分子质量变化均较小，表明歧化单元和异构化单元均适合采用热高分

技术。

②预加氢单元采用热高分温度100℃时，循环氢纯度(摩尔)由93.1%降低至89.3%，平均相对分子质量由5.44上升至7.68，循环氢纯度和平均相对分子质量变化均较大，表明预加氢单元采用热高分技术不理想，其原因是反应产物中轻烃组分含量较多，在热高分温度下容易变成气相。

表6-3-4 三个单元采用热高分技术后循环氢纯度及平均相对分子质量的变化

温度/℃	歧化		异构化(转化型)		异构化(脱乙基型)		预加氢	
	氢纯度/%(摩尔)	平均相对分子质量	氢纯度/%(摩尔)	平均相对分子质量	氢纯度/%(摩尔)	平均相对分子质量	氢纯度/%(摩尔)	平均相对分子质量
40	73.9	9.12	90.0	4.62	75.5	8.74	93.1	5.44
80	73.1	9.46	89.9	4.72	75.0	8.97	89.9	7.40
100	72.9	9.52	89.8	4.72	74.9	9.02	89.3	7.68

以歧化单元为例，对热高分技术的节能效果进行分析。某厂1600kt/a对二甲苯装置中3120kt/a歧化单元，采用热高分技术后，汽提塔进料温度提高了83℃，相当于汽提塔底热负荷减少14.12MW，空冷器耗电减少了0.24MW。由于循环氢纯度及相对分子质量变化很小，使循环氢压缩机功率仅增加0.13MW，合计节约能量14.23MW，折算成能耗5.7kg标准油/tPX。歧化单元采用热高分技术工艺参数及节能效果见表6-3-5。

表6-3-5 歧化单元采用热高分技术工艺参数及节能效果

项 目	热 高 分	冷 高 分	热高分节能/MW
单元规模/(kt/a)	3120	3120	—
反应产物流量/(kg/h)	450356	450356	—
循环氢气量/(kg/h)	123255	116878	—
循环氢纯度/%(摩尔)	72.9	73.9	—
循环氢相对分子质量	9.51	9.12	—
热/冷高分温度/℃	128/40	40	—
分馏塔进料温度/℃	123	40	14.12
空冷器热负荷/MW	21.67	36.57	—
空冷器耗电量/MW	0.30	0.54	0.24
压缩机功率/MW	0.99	0.86	-0.13
合计	—	—	14.23

(二)分壁精馏技术

精馏是石油化工生产中应用最广泛的一种分离技术，但精馏过程能耗巨大，化工过程中40%~70%的能耗用于分离，而精馏能耗占其中的95%[1]。由于芳烃联合装置中的各个单元均涉及原料的预分离或产物精制等精馏分离过程，为了降低能耗，目前已开发了包括热集成、低温热回收、多效精馏在内的多种精馏节能技术[2,3]。近年来，随着分壁精馏技术的发展和不断成熟，为芳烃联合装置的节能降耗提供了新的途径，如Krupp Uhde公司设计实现了从不同油品中分别回收苯和甲苯的分壁塔工业装置，能耗分别降低36%和16%[4,5]；UOP公司建成了从C_{7+}烯烃/石蜡油中分离C_{7+}芳烃的分壁塔，降低能耗约50%，节省投资

15% ~25%[6]；ExxonMobil 公司实现了对芳烃装置中二甲苯回收塔的改造，能耗降低 53%，操作成本降低 40%，节能效果明显[7,8]。

(1)基本原理

分壁精馏技术是通过在精馏塔内部沿轴向或不沿轴向安装一块或多块一定长度的隔板，采用一套汽化冷凝系统，同时分离得到三种或三种以上产品的精馏技术[9,10]。以传统的三组分(A/B/C)分离为例，分壁精馏技术的分离原理如图 6-3-3 所示。

隔板在分壁塔内沿轴向垂直安装，将分壁塔分为隔板以上的公共精馏段Ⅰ、隔板以下的公共提馏段Ⅱ、隔板一侧的进料段Ⅲ和隔板另一侧的产品段Ⅳ。原料从分壁塔的进料段Ⅲ进入，在进料段Ⅲ实现预分离，一部分中间组分 B 随轻组分 A 由隔板的上端进入公共精馏段Ⅰ，另一部分中间组分 B 随重组分 C 由隔板的下端进入公共提馏段Ⅱ；轻组分 A 在公共精馏段Ⅰ进行提浓，并从塔顶采出；重组分 C 在公共提馏段Ⅱ进行提浓，并从塔釜采出；中间组分 B 则通过公共精馏段Ⅰ和公共提馏段Ⅱ的分离后进入隔板的另一侧实现富集，并从产品段Ⅳ采出。

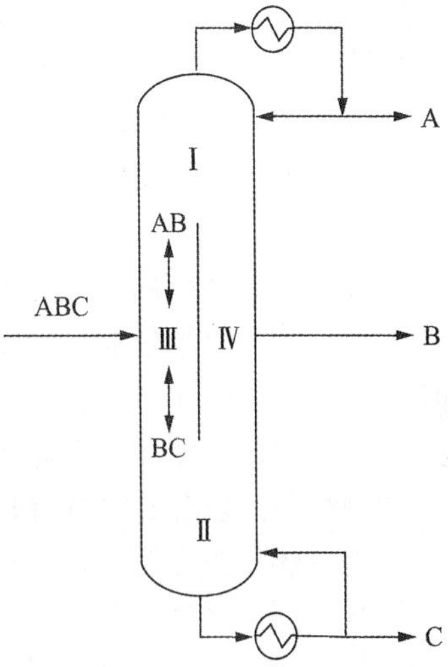

图 6-3-3　分壁精馏技术分离三组分流程示意图

Ⅰ—公共精馏段；Ⅱ—公共提馏段；Ⅲ—进料段；Ⅳ—产品段

与传统两塔流程相比，分壁塔节能的主要原因有两点：

①避免了中间组分的返混效应。在常规两塔分离序列中，在第 1 分馏塔的提馏段内随着轻组分 A 浓度的降低，中间组分 B 的浓度逐渐增加(见图 6-3-4)，但在靠近塔釜处，由于重组分 C 浓度增加，中间 B 组分浓度在达到最大值后逐渐减小，即组分 B 在该塔中发生返混，这也是该塔分离效率较低的重要原因。与之相反，如图 6-3-5 所示，在隔壁塔中，经进料段Ⅲ预分离后的 A、B 和 B、C 两组混合物进入主塔后做进一步分离，其中，中间 B 组分在塔中浓度达到最大时采出，这就有效避免了两塔流程中的返混现象。

②减小了进料与进料板上物流组成不同引起的混合。在预分离段顶部和底部 B 组分的组成完全和主塔这 2 股物料进料板上的组成相匹配，符合最佳进料板的要求。

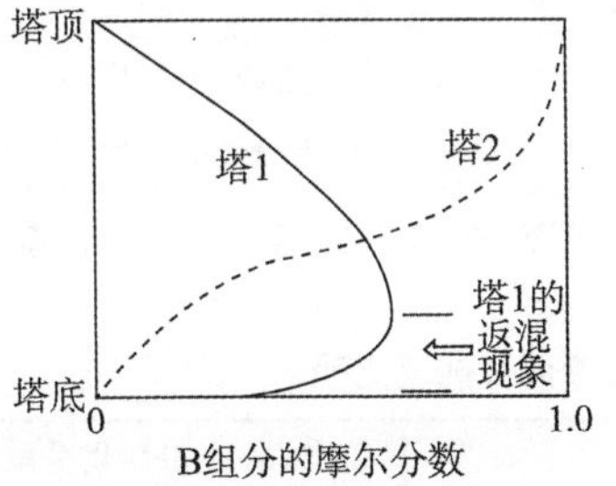

图 6-3-4　传统两塔分离序列中 B 组分的浓度分布

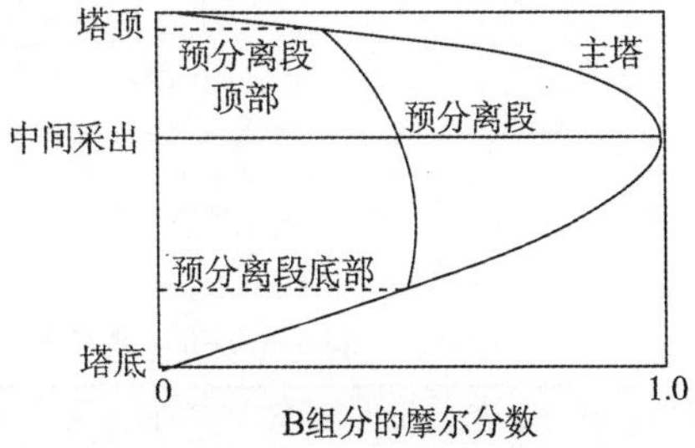

图 6-3-5　隔壁塔中 B 组分的浓度分布

由于有效避免了采用两塔分离时中间组分的再混合，避免了能量的重复浪费，因此降低了分离过程中的能耗[4,11]。根据被分离组分的特性不同，采用分壁精馏技术比传统的精馏技术能耗降低20%～40%，对于一些特殊的物系，能耗降低更多，达到50%～60%[11～13]。另外，由于减少了一台精馏塔和相应的附属设备，设备的占地空间及总投资均降低，相比传统的精馏技术节省投资约30%[13]。

近年来，国内多家单位开展了分壁精馏技术的研究。中国石化从2004年开始，在分壁塔的模拟和设计优化以及控制系统和控制方案等方面进行了深入研究，并建有大型冷模试验装置(塔径1m)和小型热模试验装置(20L/h)。2006年，中国石化采用分壁精馏技术对裂解汽油的分离以及芳烃的分离进行研究，结果表明：采用分壁塔分离裂解汽油时，实验结果与模拟数据基本吻合，相比常规精馏分离，分壁塔的再沸器负荷降低20.8%[14]；采用分壁塔分离芳烃和非芳烃时，相比常规萃取精馏分离，能耗降低25.3%[15]。中国石化目前正在进行苯－甲苯分馏单元中C_{6+}芳烃分离的研究，并对比分壁精馏技术与常规两塔分离技术的能耗情况。

(2)C_{6+}芳烃分离

某厂苯－甲苯分馏单元以C_{6+}芳烃混合物为原料，分离出主要产品苯和甲苯。常规的两塔分离流程如图6－3－6所示，分壁塔分离流程如图6－3－7所示。在相同的产品质量，即苯和甲苯的产品纯度均不低于99.90%的条件下，采用分壁塔流程方案一(公共精馏段/进料段和侧线产品段/公共提馏段的理论板数为20/25/15)时，比常规两塔流程节能18.97%，其中冷凝器热负荷降低17.29%、再沸器热负荷降低21.58%；采用分壁塔流程方案二(公共精馏段/进料段和侧线产品段/公共提馏段的理论板数为20/30/20)时，比常规两塔流程节能30.48%，其中冷凝器热负荷降低26.07%、再沸器热负荷降低37.31%。同时，采用分壁塔流程(方案一及方案二)时，苯和甲苯的产品纯度及收率均略有提高。两种分离过程的工艺参数、能耗指标及产品指标见表6－3－6。

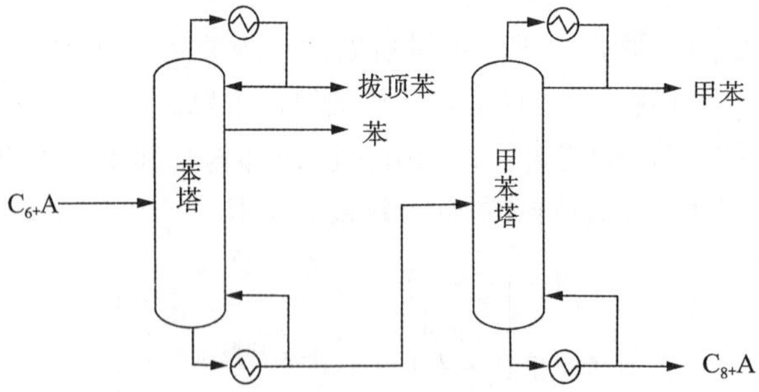

图6－3－6　C_{6+}芳烃分离两塔分离流程图

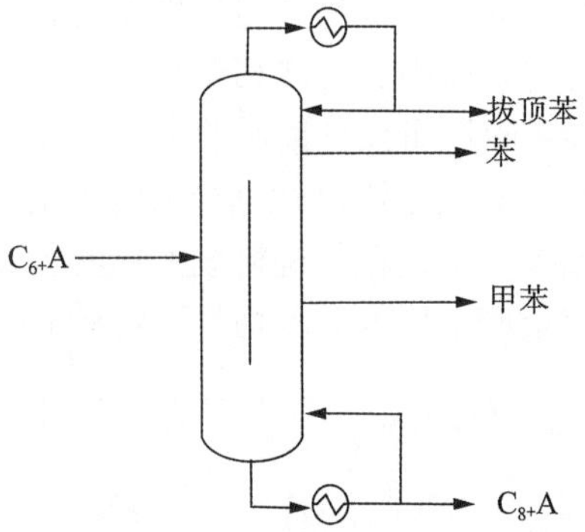

图6－3－7　C_{6+}芳烃分离分壁塔分离流程图

表6－3－6　两种分离过程的工艺参数及能耗比较

	两塔分离		分壁塔分离	
	苯塔	甲苯塔	方案一	方案二
工艺参数				
进料量/(kg/h)	118.79	78.59	118.79	118.79
理论板数	40	40	60(20/25/15)	70(20/30/20)
回流比①	1.93	1.32	2.44	2.27

续表

	两塔分离		分壁塔分离	
	苯塔	甲苯塔	方案一	方案二
操作压力	常压	常压	常压	常压
进料位置	21	21	13(进料段)	20(进料段)
苯出料位置	5	—	7(公共精馏段)	7(公共精馏段)
甲苯出料位置	—	塔顶	15(侧线产品段)	21(侧线产品段)
气相分配比②	—	—	0.64	0.71
液相分配比②	—	—	0.82	0.78
能耗指标				
冷凝器热负荷/kW	25.62	15.16	33.73	30.15
再沸器热负荷/kW	11.79	14.53	20.64	16.50
总热负荷/kW	67.10		54.37	46.65
产品指标				
苯纯度/%	99.90		99.91	99.93
甲苯纯度/%	99.90		99.90	99.93
苯收率/%	99.43		99.45	99.46
甲苯收率/%	99.81		99.80	99.82
方案一：冷凝器热负荷：-17.29%、再沸器热负荷：-21.58%、总热负荷：-18.97%				
方案二：冷凝器热负荷：-26.07%、再沸器热负荷：-37.31%、总热负荷：-30.48%				

①甲苯塔的回流比 $R=L/D$，苯塔及分壁塔的回流比 $R=L/F$，均以质量流量计，其中 L 为塔顶回流液流量、D 为塔顶采出液流量、F 为原料流量。

②气(液)相分配比指分壁塔进料段和侧线产品段气(液)相摩尔流量的比值。

以上述分壁塔流程方案一为例，介绍分壁塔的节能原理。图6-3-8为常规两塔分离时甲苯的浓度分布，图6-3-9为分壁塔中甲苯的浓度分布。

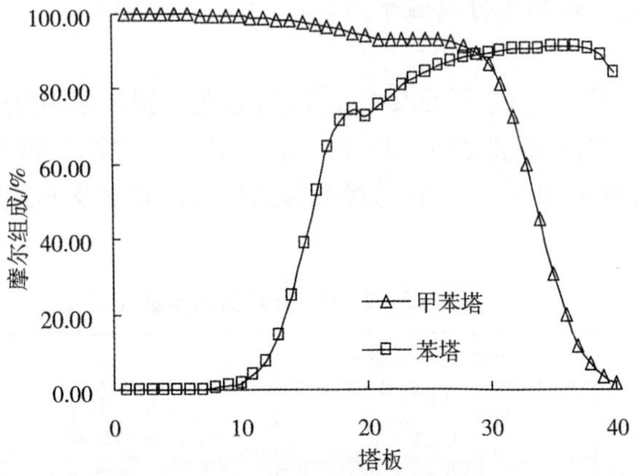

图6-3-8　两塔分离时甲苯的浓度分布

由图6-3-8可以看出：在苯塔的精馏段中，甲苯的浓度存在一个峰值(第19块理论板)，摩尔含量由原料中的52.26%提高至74.18%，浓度增加了21.92%，表明甲苯已经实现了一定程度的分离；但是，由于苯塔的主要目的是获得合格的苯产品，因此需要通过增加塔顶回流使塔顶的甲苯浓度降低，也就是说，在苯塔的塔顶至第19块理论板间，实际上是苯和甲苯的再混合过程，这就使得一部分分离能耗被浪费了。另外，在苯塔的提馏段中，由于轻组分的被分离，甲苯的浓度逐渐上升，但在靠近塔釜处，由于重组分浓度的增加，浓度又逐渐下降，也就是说，在塔釜附近存在甲苯与重组分的再混合过程，同样导致分离能耗的浪费，分离效率降低。

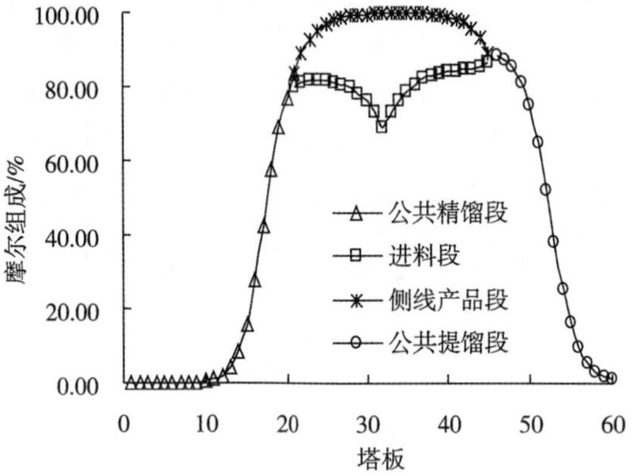

图 6-3-9　分壁塔中甲苯的浓度分布

采用分壁塔分离 C_{6+} 芳烃混合物时，由图 6-3-9 可以看出：由于原料在进料段实现预分离，一部分甲苯随轻组分进入公共精馏段，另一部分甲苯随重组分进入公共提馏段，随着甲苯在公共精馏段和公共提馏段分别实现与轻、重组分的分离，甲苯浓度在侧线产品段达到最高，并从该段采出，有效避免了甲苯在苯塔中的再混合问题，从而避免能量的重复浪费，达到节能的效果。

由图 6-3-8 和图 6-3-9 还可以看出，苯塔的进料板处甲苯摩尔组成为 72.78%，分壁塔的进料板处甲苯摩尔组成为 69.22%，而原料中的甲苯摩尔组成为 52.26%，由此可见，采用分壁塔分离 C_{6+} 芳烃混合物时，可减少两塔分离时苯塔的进料组成与进料板上的物流组成不同引起的混合问题，提高了分离效率。

(3) C_{8+} 芳烃分离

对于 C_{8+} 芳烃(邻二甲苯、C_9 芳烃及 C_{10+} 芳烃)分离过程，采用分壁塔流程与常规流程进行模拟对比。C_{8+} 芳烃进料组成见表 6-3-7，C_{8+} 芳烃模拟常规分离流程和分壁塔分离流程分别见图 6-3-10 和图 6-3-11，C_{8+} 芳烃模拟操作条件对比及分离效果对比分别见表 6-3-8 和表 6-3-9。

表 6-3-7　C_{8+} 芳烃进料组成

进料	组成/%(质量)	进料	组成/%(质量)
对二甲苯	0.07	偏三甲苯	31.46
间二甲苯	0.21	连三甲苯	5.53
异丙苯	0.54	茚满	0.03
邻二甲苯	17.53	$C_{10}A$	8.00
正丙苯	1.36	$C_{11}A$	9.34
对甲乙苯	11.68	进料量/(kg/h)	70000
均三甲苯	11.03	进料温度/℃	170
邻甲乙苯	3.22	压力/kPa	300

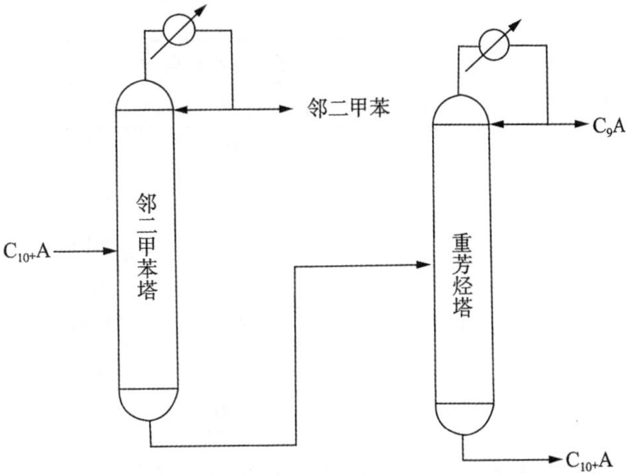

图 6-3-10　C_{8+} 芳烃模拟常规分离流程

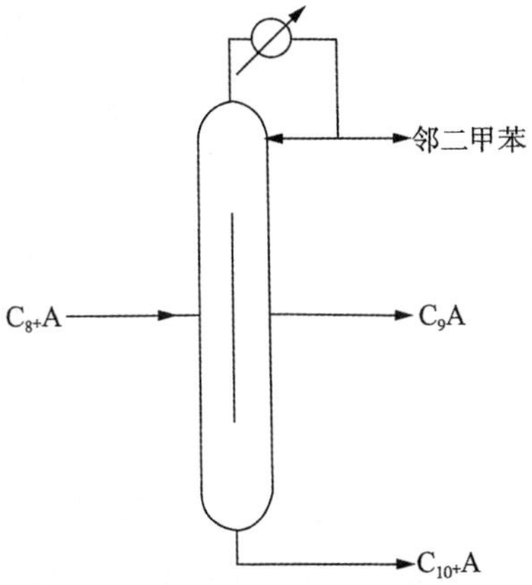

图 6-3-11　C_{8+} 芳烃模拟分壁塔分离流程

表 6-3-8　C_{8+} 芳烃模拟操作条件对比

项　　目	常规分离流程		分壁塔分离流程
	邻二甲苯塔	重芳烃塔	
进料量/(kg/h)	70000	60800	70000
理论塔板数	60	40	70
回流比	8.00	0.05	9.20
塔顶压力/kPa	120	140	120
塔顶冷凝器负荷/kW	9104	5608	10320
塔釜再沸器负荷/kW	9681	5194	10600
冷凝器负荷合计/kW	14712		10320
再沸器负荷合计/kW	14875		10600

表 6-3-9　C_{8+} 芳烃模拟及分离效果对比

项　　目	常规分离流程			分壁塔分离流程		
	邻二甲苯	C_9A	$C_{10+}A$	邻二甲苯	C_9A	$C_{10+}A$
流量/(kg/h)	10550	56000	3450	10550	56000	3450
组成/%(质量)						
对二甲苯	0.46	—	—	0.44	0.01	—
间二甲苯	1.38	0.01	—	1.34	0.02	—
异丙苯	0.14	0.65	—	0.18	0.64	—
邻二甲苯	98.01	3.98	—	98.02	3.97	—
正丙苯	0.01	1.73	—	0.01	1.73	—
对甲乙苯	—	14.84	—	0.01	14.84	—
均三甲苯	—	14.01	—	—	14.01	—

续表

项目	常规分离流程			分壁塔分离流程		
	邻二甲苯	C_9A	$C_{10+}A$	邻二甲苯	C_9A	$C_{10+}A$
邻甲乙苯	—	4.09	—	—	4.09	—
偏三甲苯	—	39.98	—	—	39.97	0.01
连三甲苯	—	7.02	—	—	7.02	0.01
茚满	—	0.04	0.02	—	0.04	0.00
$C_{10}A$	—	9.10	0.03	—	9.10	0.14
$C_{11}A$	—	4.55	99.95	—	4.56	99.84
合计	100.00	100.00	100.00	100.00	100.00	100.00

模拟结果显示 C_{8+} 芳烃分离过程采用分壁塔流程时，同样具有明显的节能效果。采用分壁塔流程时，冷凝负荷由14712kW降低至10320kW，降低幅度为29.85%；再沸器热负荷由14875kW降低至10600kW，降低幅度为28.74%。

四、新型设备的节能

（一）新型换热设备

换热设备在芳烃联合装置中占有重要地位，在装置动力消耗和投资方面占整个工程的重要份额，其性能的改善对于改进系统的用能过程、降低能量消耗具有重要意义。

根据传热的基本计算式[16]：

$$Q = KA\Delta T \tag{6-3-1}$$

式中 K——传热系数，$W/(m^2 \cdot K)$；

A——换热面积，m^2；

ΔT——热流体与冷流体的平均传热温差，K。

式(6-3-1)表明：换热器中的换热量除了与换热面积和平均传热温差成正比外，还与表明传热过程强弱程度的传热系数 K 有关。当换热器中换热面积及平均传热温差确定时，传热系数愈高，则换热量越大。因此，要强化换热器中传热过程，即提高换热器在单位体积、单位时间的换热量，可以通过三种途径来实现，即：增大平均传热温差、增加换热面积和提高传热系数。

增大平均传热温差的方法有两种。一种是在冷、热流体的进口和出口温度一定时，利用不同的换热面布置来改变平均传热温差。如果换热面的布置使冷、热流体同向流动，则这种布置的平均传热温差最小。因此，各类换热器都力求采用逆流或接近于逆流的布置。另一种是扩大冷、热流体进出口温度的差别，以增大平均传热温差。但在实际工程中，冷、热流体的种类及温度常受生产及经济性等限制，不能随意变动。

增加换热面积是强化传热的一种有效途径。采用小直径管子和扩展表面均可增大传热面积。管径愈小，耐压愈高，因此在同样金属重量下总表面积愈大。采用扩展表面换热面后，如采用肋片管等，由于增加了肋片，也增大了换热面积。因此，在换热器中采用各种肋片管、螺纹管等扩展表面换热面积，是提高单位体积内换热面积的有效方法。一些新型紧凑式换热器，如板壳式和缠绕管式换热器中，布置在单位体积中的换热面积要比普通管壳式换热器大很多，设备占地小、重量轻、耗材少，并且能充分利用冷热端能量，具备长周期运行条件。

提高换热器的传热系数以增加换热量，是强化传热的重要途径，也是当前研究强化传热的重点，如采用波纹管、螺旋槽管、高通量换热管等。传热学原理表明，当换热器管子壁厚不大时，在稳定传热工况下，洁净换热器的传热系数 k 可按下式近似计算：

$$\frac{1}{K}=\frac{1}{h_1}+\frac{\delta}{\lambda}+\frac{1}{h_2} \tag{6-3-2}$$

式中　h_1——壳程流体与管子外壁之间的换热系数，$W/(m^2 \cdot K)$；

h_2——管程流体与管子内壁之间的换热系数，$W/(m^2 \cdot K)$；

δ——管壁厚度，m；

λ——管子材料热导率，$W/(m \cdot K)$。

由于管子金属材料的热导率很大，管壁厚度较薄，式(6-3-2)中右边中间项可以忽略不计。因此，要增大传热系数 K，可以将提高管子两侧的换热系数 h_1 和 h_2 作为出发点。通过改变管壳程传热元件的结构，改善介质流动状态，提高管壳程换热能力较差一侧的换热系数，以取得较好的强化传热效果。一些新型高效换热器，如高通量管换热器采用表面烧结多孔管、板壳式和缠绕管式换热器都采用了高效的强化传热原件，达到了强化传热的目的。缠绕管式换热器管束层与层之间换热管反向缠绕，这种特殊结构极大地改变了流体流动状态，形成强烈的湍流效果；由于管内螺旋流动的强化作用，使得管程的传热膜系数也得到增加；同时垫条等部件对壳程的流动不断扰动，三个方面的共同作用，使得缠绕管式换热器的传热性能得以显著提高[17]。板壳式换热器采用波纹板片作为传热元件，波纹板片具有“静搅拌”作用，能在很低的雷诺数下形成湍流，传热效率是管壳式换热器的 2～3 倍。板壳式换热器可实现真正的“纯逆流”换热，与管壳式换热器相比，冷端及热端温差小，可以多回收热量，从而大大节约装置的操作费用[18]。

1. 高通量管换热器

高通量管换热器的研究始于20世纪60年代。1975年，美国UOP公司推出商用高通量管换热器。国内从1999年起进行高通量换热管及其换热器的研制，产品在扬子石化、上海石化、乌鲁木齐石化等芳烃联合装置获得成功应用。目前，高通量管换热器已成为芳烃联合装置节能的主要设备之一，得到了广泛应用。

高通量管换热器的管束元件是高通量管。高通量管是在光管的内表面或外表面上覆盖一层多孔性的金属烧结层，使传热表面大为增加，并提供大量汽化核心，以强化管内或管外泡核沸腾传热的换热管。内表面多孔高通量管见图6-3-12，外表面多孔高通量管见图6-3-13。

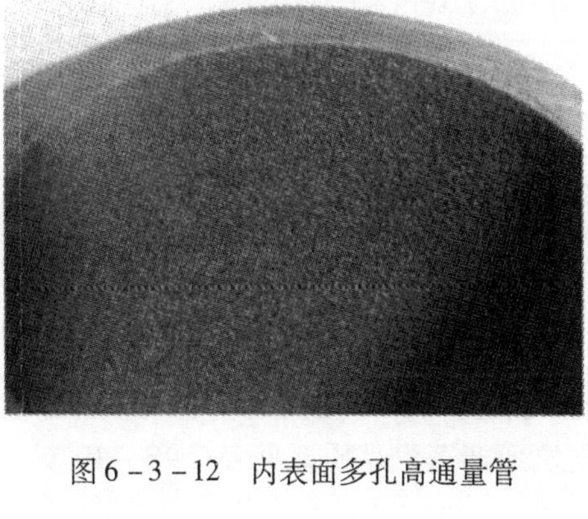

图6-3-12　内表面多孔高通量管

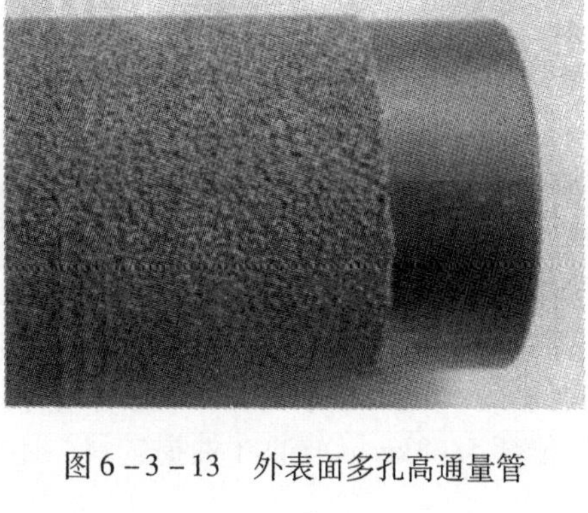

图6-3-13　外表面多孔高通量管

由于烧结型高通量换热管表面具有一层包含相互连通、形状各异的凹穴与孔隙的多孔层，其强化传热的机理主要有以下三个方面：

①沸腾传热速率与传热面产生气泡的速度密切相关，光滑表面上产生气泡的汽化核心是原有的表面缺陷处，表面多孔管有无数个汽化核心，大大加速了气泡成核速度与沸腾传热能力。多孔表面远比光滑表面容易产生气泡。光滑表面和高通量管表面汽化核心分别见图6－3－14、图6－3－15。

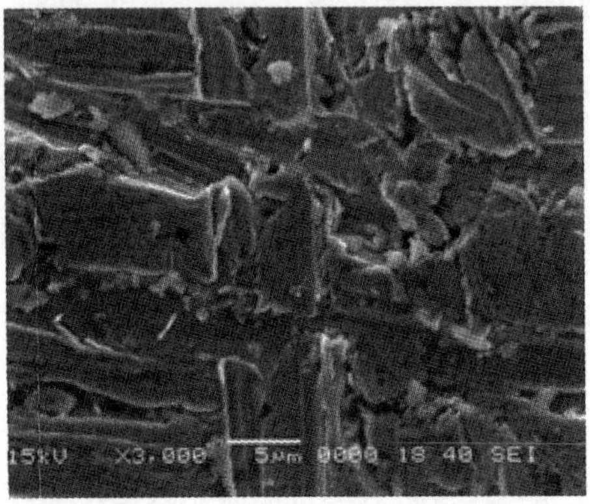

图6－3－14　光滑表面固有汽化核心缺陷

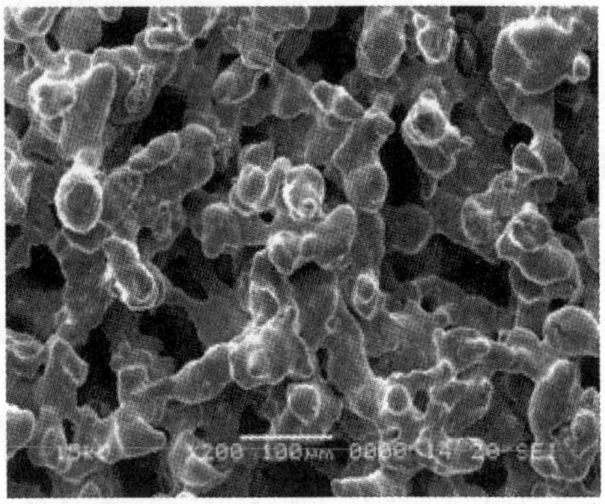

图6－3－15　烧结多孔表面汽化核心

②相互连通的多孔层在气泡长大和逸出的同时，因虹吸作用加速了局部液体的搅动——产生整体对流传热。烧结型表面多孔管沸腾传热以隧道内液膜与壁面间的对流传热、薄膜蒸发、整体对流三种方式同时进行，见图6－3－16。

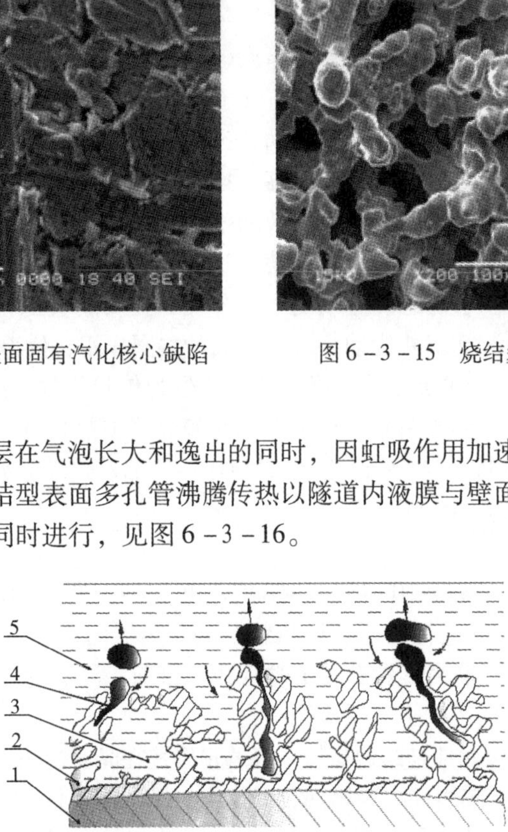

图6－3－16　多孔层中的沸腾过程示意图

1—管子基体；2—烧结多孔层；3—内凹孔穴；4—气泡；5—液体

③表面多孔层具有高的比表面积，大大增加了传热面积，且材质为金属基材料，传热性能好。

与普通换热器相比，高通量管换热器的传热系数可达2000W/m^2·K以上，可以在很小的温差下(约10℃)维持沸腾，临界热负荷密度比普通管高50%以上，阻垢性能良好。高通量管换热器体积小，占地面积小，投资省。

高通量管换热器的工业应用实例：

实例一：200kt/a芳烃抽提装置二甲苯塔顶蒸汽发生器，采用高通量管管换热器时可节省装置能耗5.63kg标准油/t抽提进料，还可以提高所产蒸汽品质，见表6－3－10。

表 6－3－10　200kt/a 芳烃抽提装置二甲苯塔顶蒸汽发生器选型对比

参　数	普通光管蒸汽发生器	高通量管蒸汽发生器
热负荷/MW	8.64	8.64
传热温差/℃	28	7
1.0MPa 蒸汽/(t/h)	—	－13.4
0.5MPa 蒸汽/(t/h)	－13.4	—
能耗/(kg 标准油/t 抽提进料)	－37.14	－42.77

实例二：800kt/a 对二甲苯装置重整油分馏塔重沸器，2 台 ϕ1450mm×6000mm 高通量管重沸器可以替代 3 台 ϕ1925mm×6000mm 普通光管重沸器，节约设备投资 32%，减少占地面积 55%，见表 6－3－11。

表 6－3－11　800kt/a 对二甲苯装置重整油分馏塔重沸器选型对比

项　目	普通光管重沸器	高通量管重沸器
热负荷/MW	27.94	27.94
传热温差/℃	11.0	11.0
传热系数/[W/(m^2·K)]	625	1804
总换热面积/m^2	4064	1408
每台换热器换热面积/m^2	1355	704
换热器台数/台	3	2
换热器尺寸/mm×mm	ϕ1925×6000	ϕ1450×6000
每台换热器管子根数/根	1953	1015
换热器占地面积/m^2	56.9	25.8
投资	基准	基准－32%

2. 板壳式换热器

早期建设的重整装置(包括半再生及连续重整)，其重整进料换热器多数采用纯逆流管壳式立式换热器，但其传热效率低、所需传热面积大，同时受制造能力方面的限制，单台换热器最大换热面积不超过 4000m^2，相配套的连续重整装置规模约 600kt/a。当连续重整装置规模增大后，重整进料换热器只能采用多台管壳式立式换热器并联操作。

随着重整装置规模大型化的发展，板式换热器以其传热效率高、结构紧凑、重量轻等优势，逐渐取代了管壳式立式换热器。板式换热器以波纹板片作为传热元件，板片沿流体流动方向的流道断面形状不断变化，加强了流体流动的扰动，能够在较低的雷诺数下形成湍流，因此提高了流体的传热性能，如表 6－3－12 和图 6－3－17 所示。板式换热器的另一优点是板片换热元件具有“静搅拌”效应，不易结垢，其结垢系数仅有管壳式换热器的 $^1/_5$～$^1/_4$。

表 6－3－12　板式换热器与管壳式换热器传热性能对比

流动状态	列管式换热器雷诺数	板式换热器雷诺数
滞流和过度流	<4000	<100
湍流	4000～6000	100～300
最佳湍流	≥6000	≥300

为了区别引进的板式换热器与国产板式换热器，前者称为“焊板式换热器”，后者称为“板壳式换热器”。

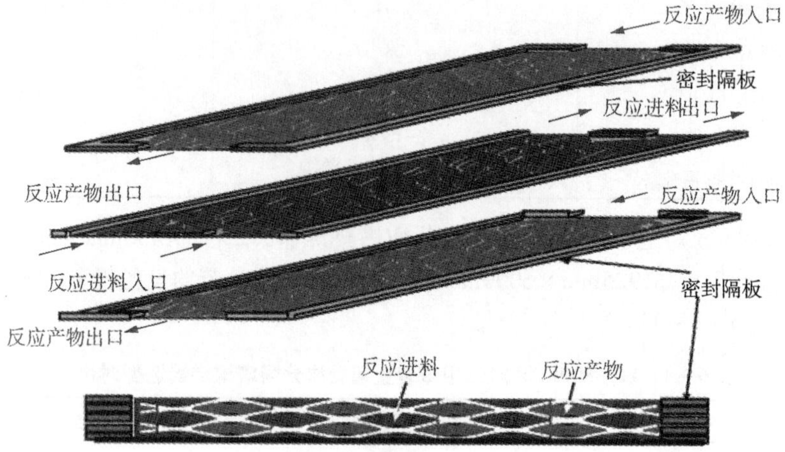

金属板叠焊在一起

图 6－3－17　板式换热器结构示意图

板壳式换热器板片间采用焊接密封，板束装在压力壳内，提高了板壳式换热器的安全可靠性，见图 6－3－18。板壳式换热器适应于重整进料换热、歧化进料换热以及异构化进料换热等换热负荷大、换热深度深等工艺过程。近年来，随着波纹板片工艺参数的改进及整装技术的进步，板壳式换热器在连续重整装置上的应用越来越广泛。现已进行工业应用的最大的板壳式换热器换热面积已达到 1100m^2，应用于 1400kt/a 连续重整装置上。

某厂 1400kt/a 连续重整装置采用目前最大的板壳式换热器，在 100% 负荷下标定考核，结果显示各项技术指标良好，运行平稳，其中热端温差为 29℃，低于设计值 34℃，标定结果见表 6－3－13。

表 6－3－13　某厂 1400 kt/a 连续重整装置板壳式换热器标定结果

项目			设计值		标定值	
冷侧介质	流量/(kg/h)		224944		236063	
	温度/℃，入/出	原料	88	485	88	462
		循环氢	105		106	
	入口压力/MPa		0.57		0.56	
	压降/kPa		35		61	
热侧介质	流量/(kg/h)		225017		236063	
	温度/℃，入/出		519	102	491	96
	入口压力/MPa		0.32		0.31	
	压降/kPa		66		98	
有效传热温差/℃			34		30	
总传热系数[W/(m^2·K)]			364		379	
热负荷/kW			89866		93536	
热端温差/℃			34		29	

3. 缠绕管式换热器

缠绕管式换热器是一种新型管壳式换热器，由缠绕在换热器中心筒上的换热管束与外壳构成，每层换热管之间有定距元件。一种流体由管程入口进入管箱，沿缠绕的换热管内流动并进入出口管箱，最后从出口排出；另一种流体由壳程进口进入，穿过装满缠绕管管束的壳体空间，最后从出口排出，外形结构见图 6－3－19。缠绕管式换热器管束结构是：设置中心筒并与管板相连，在中心筒上以螺旋状交替(均匀)缠绕数层小直径换热管。缠绕管式换热器结构见图 6－3－20。

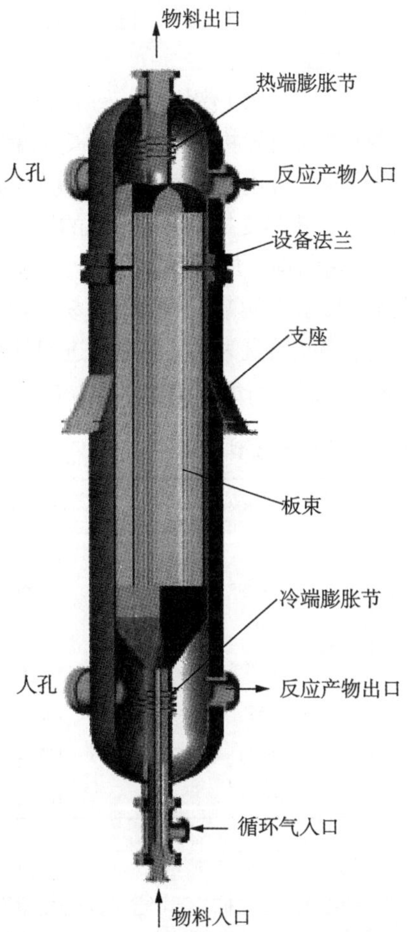

图 6－3－18　板壳式换热器结构示意图

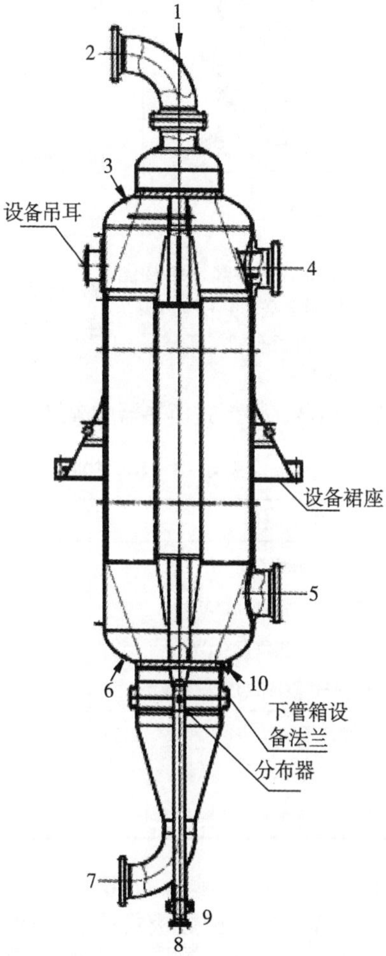

图 6－3－19　缠绕管式换热器外形结构图

1—管程放空口；2—管程出口；3—壳程放空口；4—壳程入口；5—壳程出口；6—壳程排凝口 1；7—管程氢气入口；8—管程油入口；9—管程油入口套管；10—壳程排凝口 2

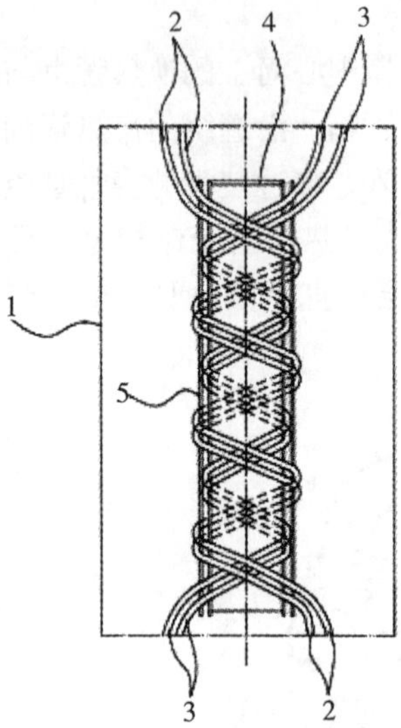

图 6-3-20 缠绕管式换热器结构图
1—壳体；2，3—换热管；4—中心筒；
5—定距元件

缠绕管式换热器具有如下特点：

①管内介质以螺旋方式通过，壳程介质逆流横向交叉通过绕管，避免了折流板结构换热器在折流板背面存在换热死区和垢物积聚沉淀等弊病，同时，流体在相邻管之间、层与层之间不断地分离和汇合，加强了管外侧流体的湍流，大大提高了传热系数，同时不易结垢。

②实现不同介质之间高压差和高温差的换热，能够满足开、停车及事故工况时介质快速升、降温的要求。

③结构紧凑，单位容积的传热面积可达普通换热器的2倍以上，比较适应于装置大型化。

④换热管长度不受限制，换热深度深，适应于如重整进料换热、歧化进料换热以及异构化进料换热等过程。

⑤管端存在一定长度的自由弯曲段，具有良好的挠性，管子的热膨胀可自行补偿，不易受损。反向绕制的换热管与垫条/管箍组合形成一个紧密结构，加强了抗振能力。耐压性能好，不受工况波动的影响，操作可靠，免检修、易维护。

以一套500kt/a连续重整装置为例，对重整进料换热器选用立式管壳换热器、焊板式换热器和缠绕管式换热器三种类型时进行能耗对比，见表6-3-14。

表 6-3-14 500kt/a 连续重整装置进料换热器选型对比

项　目	立式管壳换热器	焊板式换热器	缠绕管式换热器
热端温差/℃	48	31	31
进出料换热器热负荷/MW	26.70	27.96	27.96
进料加热炉热负荷/MW	5.38	4.15	4.15
重整反应产物空冷热负荷/MW	8.05	6.71	6.71
燃料气/(kg/h)	722	557	557
电/kW	198.0	158.4	158.4
合计能耗/(kg标准油/t重整进料)	13.07	10.11	10.11

结果显示：

①缠绕管式换热器和焊板式换热器热端温差均可降至31℃，而立式管壳换热器热端温差为48℃，表明缠绕管式换热器换热深度与焊板式换热器相当，比立式管壳换热器换热深度深。

②与立式管壳换热器相比，采用缠绕管式换热器可降低进料加热炉热负荷1.23MW、重整反应产物空冷热负荷1.34MW，装置能耗降低2.96 kg标准油/t重整进料。

缠绕管式换热器于2009年首次应用于某炼油厂新建500kt/a连续重整装置，该换热器尺寸为ϕ2400mm×15600mm，换热面积3890m^2。在100%负荷下标定考核结果见表6-3-15。

由表中可以看出：换热器热端温差为24℃，低于设计值30℃，冷侧和热侧压降分别为17kPa和39kPa，分别低于设计值30kPa和50kPa。目前，缠绕管式换热器已在四套芳烃装置中得到工业应用，各项技术指标良好，运行平稳。

表 6-3-15　缠绕管式换热器标定结果

参数	设计值		标定值	
	入口	出口	入口	出口
冷流温度/℃混相	95	475	—	476
油相	114	—	96	—
氢气	101	—	55	—
热流温度/℃	506	106	500	100
冷端温差/℃	11		—	
热端温差/℃	30		24	
传热系数/[W/(m^2·K)]	400		420	
冷侧压降/kPa	30		17	
热侧压降/kPa	50		39	

(二)高效空冷器

1. 高效空冷器类型及特点

普通型空冷器因传热效率低、占地面积大，给装置大型化设计以及装置扩能改造带来困难[19]，而且耗电量大，不利于节能，因此，近年来国内开发了各种新型的高效空冷器，如：板式湿空冷器、复合型空冷器等。

(1)板式湿空冷器

板式湿空冷器以板式干空冷器为基础，增加喷淋设施及喷淋水循环系统，并将风机改为垂直安装的引风式风机(以叶片方位为准)，使工艺介质自上而下流动，空气经喷淋水增湿降温后横穿板束，与介质换热。与板式干空冷器相比，板式湿空冷器由于进入空气经减温增湿后换热温差提高，换热效率得到提高，可将工艺介质冷却至更低的温度(40℃以下)，并且，台位数可进一步减少，占地面积也可进一步节省。板式湿空冷器结构见图 6-3-21。

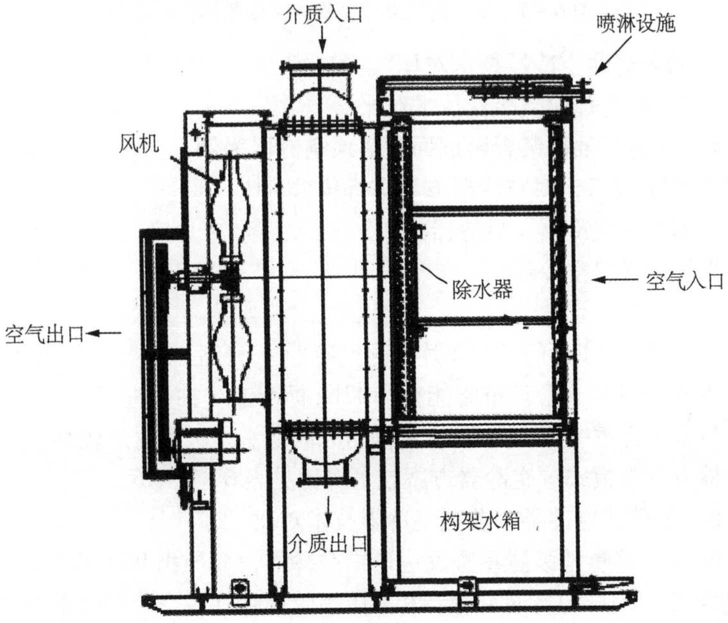

图 6-3-21　板式湿空冷器结构示意图

(2)高效复合型管式空冷器

高效复合型管式空冷器由预冷翅片管、冷凝盘管、喷淋、水泵、水箱及风机等构成。工艺介质先进入上部的空冷段，在翅片管内强化换热至70℃以下，然后进入下部的冷却段，目的是避开循环水易结垢温度范围。下部冷却段采用光管，并通过喷淋设施将循环冷却水均匀喷淋到光管上，形成一层很薄的水膜，管内介质与管外的水和空气(湿空气)进行蒸发换热。用轴流风机从设备下部四周的进风栅引进空气，空气由下往上流动，与喷淋水形成逆流。湿空气在下部冷却段换热后，进入上部的空冷段对进入的工艺介质进行大风量、大温差的冷却，然后排入大气。下部未蒸发的水在下落的过程中被进风冷却，并均匀下落到水箱中被循环使用。高效复合型管式空冷器结构见图6-3-22。

高效复合型管式空冷器具有压降较小、传热系数高、结构紧凑及占地面积小等优点。为了避免管壁结垢，循环冷却用水需采用软化水。

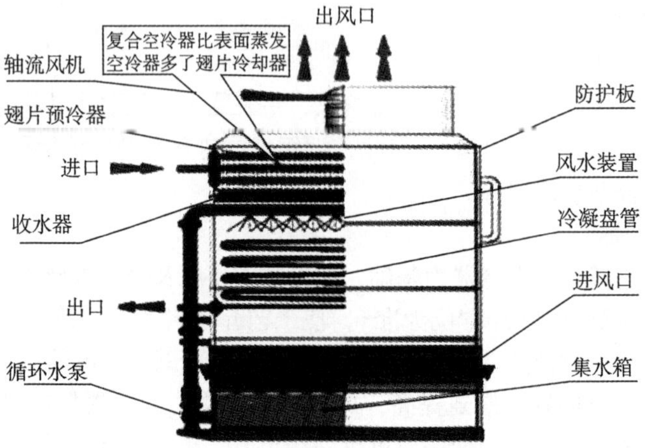

图6-3-22 高效复合型管式空冷器结构示意图

2. 高效空冷器与普通空冷器技术对比

(1)板式湿空冷器与普通空冷器技术对比

以某厂600kt/a芳烃抽提装置溶剂回收塔顶空冷器为例，介质由73℃冷凝冷却至40℃，空冷器入口空气温度37℃，对空冷器方案进行技术对比：

方案一：采用普通空冷器+后冷器；

方案二：采用板式湿空冷器。

对比结果：

①板式湿空冷器5片即可替代12片普通空冷器+1台后冷器，占地面积节省80%；

②方案二省电113kW，合计节省能耗0.42kg标准油/t抽提进料；

③方案二投资比方案一高50%，投资高的原因之一是板束材质较高。

普通空冷器方案与板式湿空冷器方案技术对比见表6-3-16。

(2)高效复合型管式空冷器与普通空冷器技术对比

某厂3200kt/a连续重整装置重整反应产物空冷器，介质由98℃冷凝冷却至40℃，空冷器入口空气温度35℃，采用普通空冷器和采用高效复合管式空冷器技术对比结果为：

表 6-3-16 普通空冷器方案与板式湿空冷器方案技术对比

消耗及能耗	普通空冷器+后冷器方案	板式湿式空冷器方案
设备规格及台数	空冷：GP9X3，12 片 水冷：BES700×6000，1 台	LBK3000，5 片
传热系数/[W/(m^2·K)]	190	285
占地面积/m^2	330	58
公用工程消耗		
电/kW	198	85
循环水/(t/h)	21	—
除盐水/(t/h)	—	2.8
能耗/(kg 标准油/t 进料)	0.90	0.48
设备投资	基准	基准+50%

①高效复合管式空冷器 12 片即可替代 48 片普通空冷器，节省占地面积 75%；
②高效复合管式空冷器省电 405kW，合计节省能耗 0.18kg 标准油/t 重整进料；
③高效复合管式空冷器节省投资 30%，其主要原因是传热效率高、传热温差大。
普通空冷器与高效复合管式空冷器技术对比见表 6-3-17。

表 6-3-17 普通空冷器与高效复合管式空冷器技术对比

消耗及能耗	普通空冷器	高效复合管式空冷器
设备规格及台数	空冷：GP9×3，48 片	SYL-12×3，12 片
传热系数/[W/(m^2·K)]	289	404
占地面积/m^2	1728	432
公用工程消耗		
电/kW	1080	675
循环水/(t/h)	—	—
除盐水/(t/h)	—	18
能耗/(kg 标准油/t 进料)	0.74	0.56
设备投资	基准	基准-30%

(三)高效塔盘

自 1813 年泡罩塔诞生以来，板式塔作为一种主要气液传热与传质设备，已有 200 多年的发展历史。围绕提高塔板效率、增大通量两个主要目标，国内外研究人员对板式塔的内在结构，如板面布置、降液管、溢流堰、溢流形式、连接方式以及孔、阀、罩的结构型式等进行了一系列改进，有效改善了气液接触、液面梯度、雾沫夹带、液体返混、塔板压降等状况，涌现出许多具有高效率、大通量的新型结构塔板，为板式塔的发展注入了极大活力，在石油和化学工业领域有着广泛的应用前景[20,21]。

1. 复合微孔型阀高效塔盘

复合微孔型阀高效塔盘[22,23]是一种新型的高效塔盘，近年来在芳烃领域应用较多。目前，我国新建的 PX 装置规模大多数在 600kt/a 以上，其中，重要的精馏塔(如：二甲苯塔、抽余液塔等)若采用常规塔盘形式，则塔径需在10m以上，属于特大型塔。特大型塔工程实施难度大，技术上也存在分离精度难以保证等问题。解决这些问题的办法通常是引进技术专利商指定的专利产品——MD塔盘。MD塔盘主要特点是通量高，所需塔径较小，但需要从国外引进，存在造价昂贵和制造周期长等问题。

复合微孔型阀高效复合型塔盘技术采用了独特的复合孔微型阀、多折边倾斜式降液管、三角形鼓泡促进器、等流程长度四溢流塔盘和新型桁架梁设计等，性能良好，是一种比较理想的高效塔盘新技术，可以替代引进的MD塔盘。

(1)阀

采用由浮阀和固定阀组合的复合孔微型阀，根据塔内介质物性对阀的布置进行优化组合。复合孔微型阀的阀体周边加工成由许多半圆孔组成的弧形曲线形状，形成众多小孔叠加于大孔之上。气体流过阀孔时，就自动地被分割为许多小气束，增加了气液相的传质面积及效率，同时，小气束的动能大为减小，大大降低了液沫夹带，从而提高了气液流通能力。复合孔微型阀结构见图6-3-23。

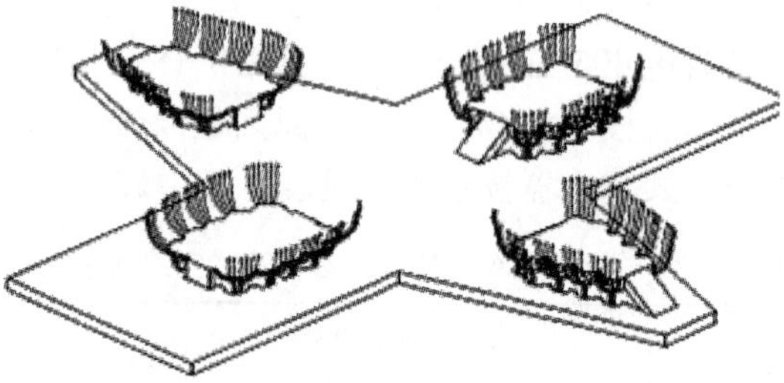

图6-3-23　复合孔微型阀结构示意图

(2)降液管

降液管采用多折边倾斜式结构，不仅解决了液体流动死区的问题，还消除了气体流动的不均匀性。降液管由上向下向塔壁处倾斜，底部为一多折边细长条以使液体流动分布均匀。降液管内壁由下向上沿整个堰长逐渐扩大，以使上升气体沿塔盘横向分布均匀。另外，这种降液管还有效地增加了液体流程长度，从而增加了气液接触时间，大大改善了塔板的传质效率。多折边倾斜式降液管结构见图6-3-24。

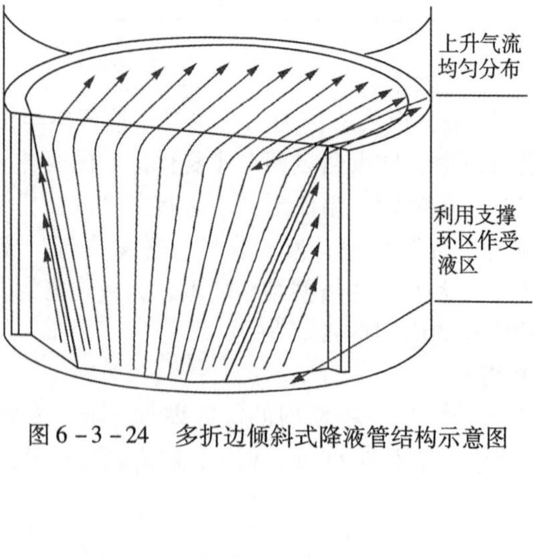

图6-3-24　多折边倾斜式降液管结构示意图

(3)鼓泡促进器

采用独特的三角形鼓泡促进器，使气体既有向前的速度分量来推动液体向前流动，又有向上的速度分量来增加泡沫层高度，延长气液接触时间，增加传质效率。三角形鼓泡促进器结构见图6-3-25。

(4)液体流道

采用了等流程长度四溢流塔盘，较常规的等流道面积设计更有利于液流的均匀分布。

(5)支撑件

对于大型塔，塔板的支撑结构是整个塔内件设计最关键的一步，它不仅决定了塔板是否具有足够的机械强度，而且直接影响塔板的汽液流通能力和传质效率。高效复合型塔盘技术设计出一种新型支撑梁，即梁上部为钢板折弯形成的外翻边C形钢，梁下部为钢板折弯形成的不等边角钢双拼而成。该支撑梁方案焊接量极少，梁的水平度容易得到保证，且强度也能满足要求。所有支撑梁均沿着降液管下方液体受液盘设置，不占用任何用于气液传质的塔盘活性面积，大大增加了塔盘的气相流通能力和气液传质效率。

图6-3-25　三角形鼓泡促进器结构示意图

高效复合型塔盘技术已成功得到工业应用，如：镇海炼化450kt/a对二甲苯装置抽余液塔改造、天津石化250kt/a对二甲苯装置二甲苯塔改造、金陵石化600kt/a对二甲苯装置抽余液塔等。高效复合型塔盘的工业应用情况表明：塔盘效率大于75%，比常规塔盘效率提高10个百分点以上，而投资比引进的MD塔盘节省26%以上。

2. ADV微分浮阀塔盘

ADV微分浮阀塔盘[24]结构示意图如图6-3-26所示，其主要特点是：① ADV浮阀顶面有切孔，部分气体由此喷出，形成密气泡，充分利用传质空间，气液接触更充分，提高传质效率；②采用鼓泡促进器使整个鼓泡均匀，同时气体分布也趋于均匀，从而增加了塔板处理能力和提高了传质效率；③局部采用带有导向作用的ADV微分浮阀，消除了塔板上的液体滞止区，使液体分布接近于理想分布；④采用改进的降液管形式，增加鼓泡面积，提高生产能力；⑤采用新的塔板连接方式，使塔板连接处也能布阀，提高塔板的阀孔排列均匀度，进一步提高了效率。

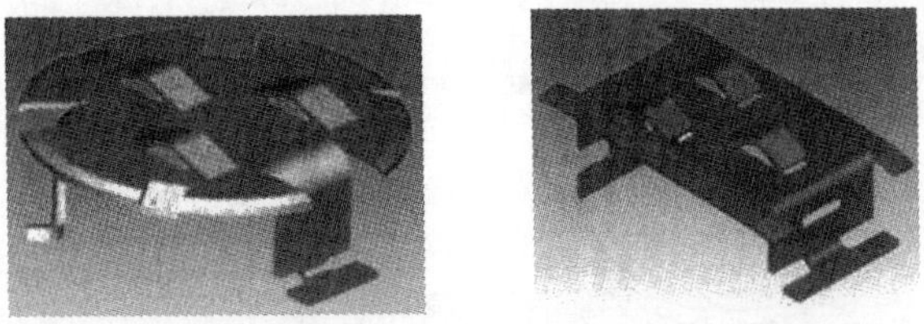

(a) 圆盘形　　(b) 矩形

图6-3-26　ADV微分浮阀塔盘结构示意图

ADV微分浮阀塔盘已在炼油厂丙烯塔改造[25]、芳烃抽提装置的汽提塔及苯塔改造[26]中获得应用。

3. 高效导向筛板

高效导向筛板[27]结构示意图如图6－3－27所示。与普通筛板相比，高效导向筛板有重大改进，主要体现在：①将液体进口段的筛板设置三角形鼓泡促进器；②在板面开有一定数量的导向孔，从导向孔喷出的气流推动液流，从而减小了塔板上液面高度的不均匀性，使板面液体流动近似于活塞流；③设置鼓泡促进器和导向孔，使筛板液层鼓泡均匀，液面梯度小，塔板压降小，处理能力增大，传质效率提高。

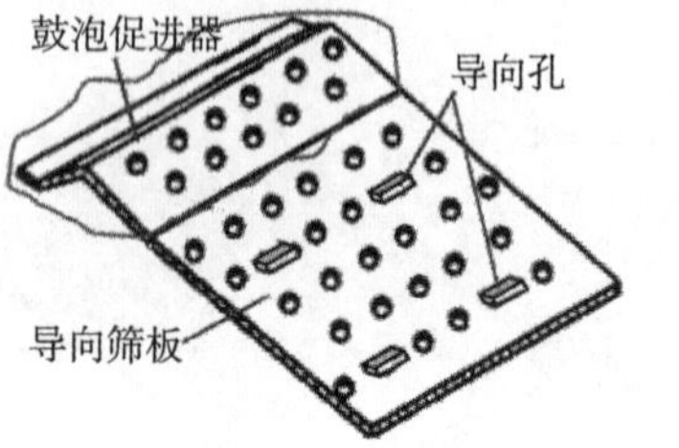

图6－3－27 高效导向筛板结构示意图

高效导向筛板已成功应用于乙苯与苯乙烯的分离，使原来两塔精馏改为单塔精馏，生产能力提高了40%。

4. 多降液管筛板

多降液管型筛板包括20世纪60年代美国UCC公司开发的MD塔板[28]、美国UOP公司在20世纪90年代开发的增强型ECMD塔板[29]、2001年美国AMT国际公司开发的网格型降液管ADV® LD塔板[30]以及浙江工业大学开发的DJ™[31]系列塔板等。

多降液管筛板塔盘的结构如图6－3－28所示，其特点是：①每层塔盘上设有悬置于气相空间的多根降液管；②相邻两塔盘的降液管方位相互垂直；③降液管底部设有降液孔，无受液盘，流体通过降液孔淋洒到下一层塔盘板面上。

多降液管筛板塔盘的优点是：①塔板压降小，板间距小，为一般塔盘的板间距的50%～70%；②气液通量大；③气液分布均匀，操作稳定性好。

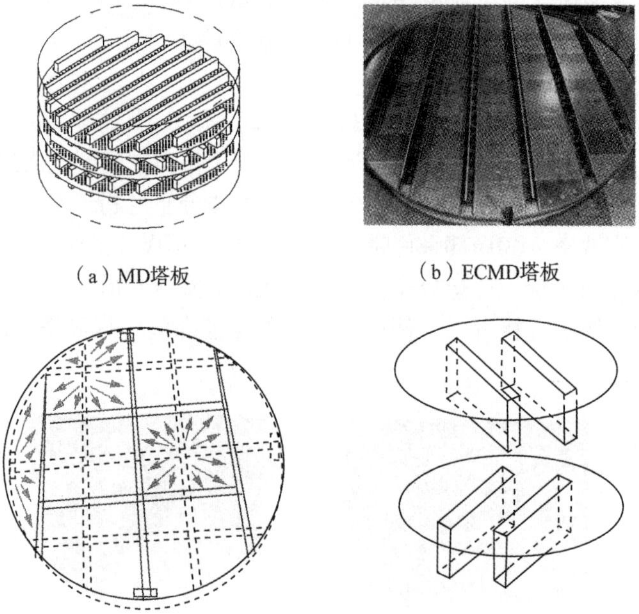
(a) MD塔板　(b) ECMD塔板

(c) ADV®LD塔板　(d) DJ™系列塔板

图6－3－28 多降液管塔盘示意图

其中DJ塔盘替换催化重整脱水塔原来的浮阀塔后，脱水塔分离效果更好，操作弹性更大，对原料油变化的适应性更强[32]。

5. 立体传质塔板

立体传质塔板在液相为分散相、气相为连续相的条件下具有气液传质面积大、压降低、雾沫夹带小等明显优势，是今后新型塔板重要发展方向之一。

立体传质型塔板(CTST)[33]是在垂直型塔板基础上改进的一种新型塔板，由开有矩形孔的塔板、两侧开有筛孔的梯形喷射罩及分离板组成，其结构如图6－3－29所示。气体由塔板矩形孔进入喷射罩中，液体由喷射罩底部的缝隙进入喷射罩内，气液经过拉膜、破碎、碰顶折返、喷射、对射及分离6个接触过程。

CTST具有以下优异性能：①塔板开孔率高，分离板减小了雾沫夹带，液体不含气泡，因此，气体通过塔板能力和液体通过降液管的能力都同时大幅提高；②由于气体通过塔板矩形孔直接进入喷射罩内，而不需要穿过板面上的积液层，因此塔板压降小；③抗堵能力强，并具有消泡功能。

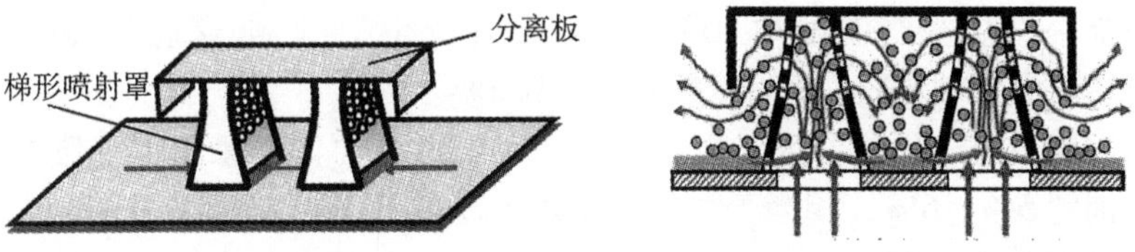

（a）结构　　（b）工作原理

图6－3－29　立体传质塔板结构示意图

CTST分别在炼油常压塔、催化裂化稳定塔、LPG气分塔[34]、PTA装置尾气常压吸收塔[35]改造中成功应用

（四）新型加热炉

1. 空气预热型重整加热炉

重整加热炉是重整装置反应进料加热炉和第一、第二、第三中间加热炉的统称，分别为重整第一、第二、第三和第四反应器提供反应所需能量，是重整装置的关键设备之一。在中小型重整装置上，重整加热炉各炉集中布置在一个炉体内，中间用火墙分割成独立的炉膛，或四个独立的炉膛共用一个公共对流室，通常称为“四合一”加热炉。近年来，随着装置的大型化，通常在大于1500kt/a的重整装置上，采用两个炉体，2＋2集中布置。

对流室通常采用发生中压蒸汽或加热热载体和部分中压蒸汽的方式回收烟气余热，重整加热炉热效率通常为90%～91%。设置空气预热器进一步回收烟气余热后，重整加热炉热效率能够提高到92%以上。为防止空气预热器的烟气露点腐蚀，采取了下列措施：

①对燃料气进行深度脱硫，控制燃料气硫含量 $<20\mu g/g$，同时可以降低硫化物的排放；

②开发新型耐露点腐蚀材料，如铸铁板式空气预热器等。

侧烧重整加热炉燃烧器数量多，布置复杂，余热回收供风系统布置困难。通过优化燃烧器的布置和能量分布[36]，提高燃烧器空气喉口速度，传热均匀度得到改进，管壁温度明显下降。优化结果减少了燃烧器的台数，加大了燃烧器的纵向间距，有利于余热回收供风系统布置。在较高的燃烧器空气流速情况下，传热均匀度（体现在炉管管壁温度）得到较大改善。

由于燃料气价格的上涨和我国煤炭资源丰富、价格较低的原因，用煤炭发生的蒸汽（自装置外来）替换重整加热炉自产蒸汽，替换出来的燃料气（主要是催化干气）作为制氢装置或其他化工装置的原料，可以获取更多的收益。经初步估算，一套2800kt/a重整装置，用煤炭发生的系统蒸汽替换重整加热炉自产蒸汽，重整加热炉对流室用于加热燃烧空气和其他燃气加热炉上的工艺介质时，可以节省运行成本1.04亿元/年，经济效益显著。

近年来，国内成功研发了一种新型高效空气热管预热器，通过在热管的蒸发段烧结表面多孔层强化工质的沸腾，在热管的冷凝段采用表面改性强化工质的冷凝，采取表面改性技术抑制热管内部不凝气体的产生，大幅度提高热管的传热性能，延长热管使用寿命。同时，在热管外表面镀渗耐蚀合金以提高热管的抗露点腐蚀性能、满足低排烟温度的需要。该空气热管预热器已在扬子石化得到工业应用，结果表明加热炉热效率提高1.5个百分点，排烟温度可降至129℃。

2. 加热炉对低温热能的综合利用

利用低温工艺介质或低温热水、低压蒸汽用于预热加热炉所需燃烧空气，可以减少燃料消耗。通常每提高燃烧空气温度约20℃，燃料消耗减少1%。如燃烧空气由15℃预热至75℃，可减少燃料消耗约3%，相当于热效率提高3%。

重整加热炉增设空气预热器可提高热效率2%～3%，再同时采用低温废热预热燃烧空气可减少燃料消耗5%～6%，相当于加热炉热效率提高了5%～6%。重整加热炉低温热利用流程示意图见图6－3－30。

采用低温废热加热助燃空气，能够提高空气进入空气预热器的温度，空气预热器低温段金属壁温随之提高，可有效防止露点腐蚀。

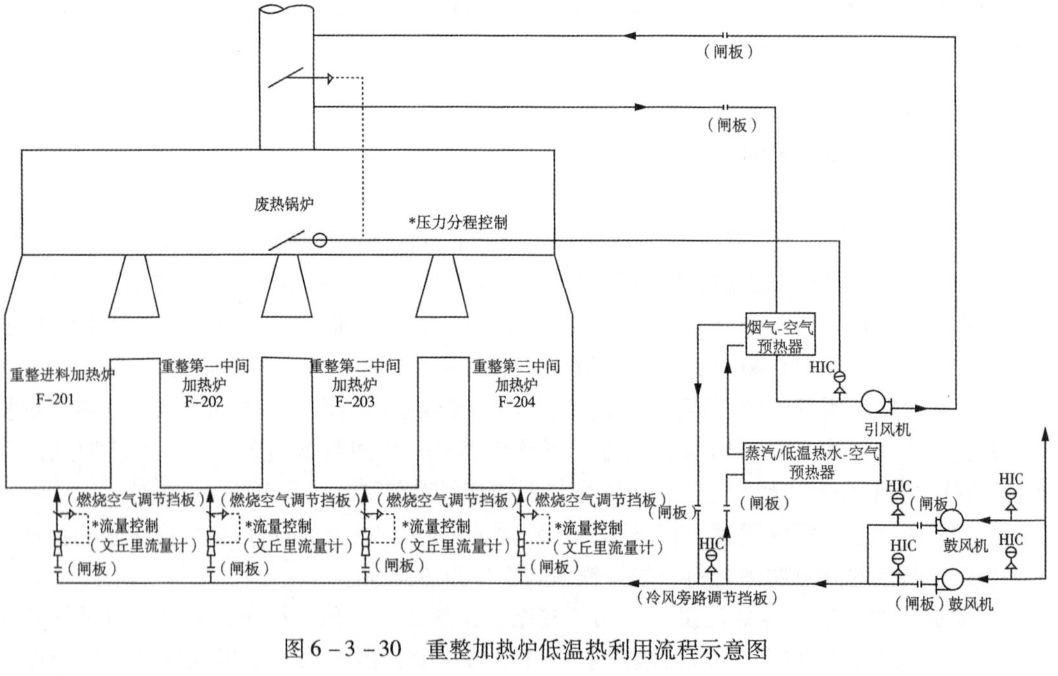

图6－3－30 重整加热炉低温热利用流程示意图

3. 水热媒技术

水热媒技术是采用水作为中间介质回收烟气余热后再预热加热炉助燃空气的一种技术，分为闭式循环和开式循环两种方式。闭式循环水热媒技术需要设置循环水泵，循环介质在系统内闭路循环，其操作压力为系统内最高温度点的饱和蒸汽压（完全封闭）或封闭介质压力（加压水或加压气体压力）；开式循环水热媒技术是采用系统高压热水为媒体吸收烟气余热后再预热炉用助燃空气后(或再预热系统低温高压水后)排入系统水管网，其系统内最高温度点的饱和蒸汽压应低于或等于操作压力，以控制较低的饱和度，当操作压力远高于系统内最高温度点的饱和蒸汽压时可考虑串接多台加热炉水热媒烟气余热系统，以减少高压循环水的用量。

芳烃联合装置中加热炉余热回收系统的烟气温度较低，采用水热媒系统时，技术上是一种较合理的选择。采用水热媒余热回收系统时，水热媒介质管线尺寸远小于烟气管线尺寸，投资费用低，经济上具有合理性。

重整加热炉以及各塔重沸炉采用水热媒余热回收系统时热效率提高约3%，并且采用旁路控制进入预热器烟气侧的热水温度高于露点温度，能有效防止烟气露点腐蚀。重整加热炉水热媒与低温热利用组合流程示意图见图6-3-31。

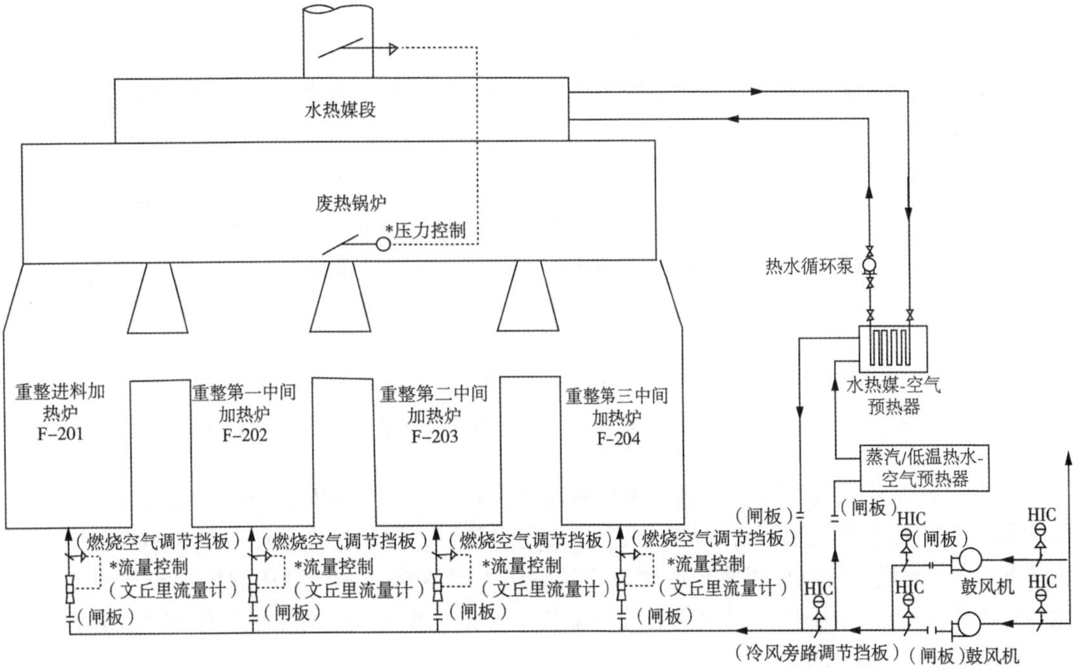

图6-3-31　重整加热炉水热媒与低温热利用组合流程示意图

(五)压缩机的优化组合

1. 重整循环氢压缩机与重整氢增压机的优化组合

重整循环氢压缩机及重整氢增压机可选用的类型有往复式压缩机和离心式压缩机，前者采用电机驱动，后者采用透平驱动。对于小规模半再生重整装置，多数情况下重整循环氢压缩机及重整氢增压机均选用往复式压缩机，以节省投资。对于连续重整装置，特别是规模较大(≥1000kt/a)的连续重整装置，当重整氢增压机选用往复式压缩机时，则存在增压机台数过多、占地面积过大，并且由于反应系统存在少量的粉尘，会使压缩机易受损而出现压缩机维修困难等问题；当重整氢增压机选用离心式压缩机时，则由于受单段压缩比的限制而存在压缩机段数增多、能耗增加等问题。因此，对于规模较大的连续重整装置，需要综合考虑重整氢增压机的类型选择以及与重整循环氢压缩机进行优化组合。

以1500kt/a连续重整装置为例，在氢气出装置边界压力为2.6MPa的条件下，对循环氢压缩机及重整氢增压机的选型提出三种方案并进行技术对比。

方案一：循环氢气经循环氢压缩机升压维持氢气循环，循环氢压缩机入口压力0.25 MPa，出口压力0.55 MPa；重整产氢经离心式增压机升压后送出装置，增压机入口压力0.25MPa，出口压力2.8MPa。循环氢压缩机选单段离心式压缩机，增压机为三段离心式压缩机。方案一简称为“增压机三段”方案，流程示意图见图6－3－32。

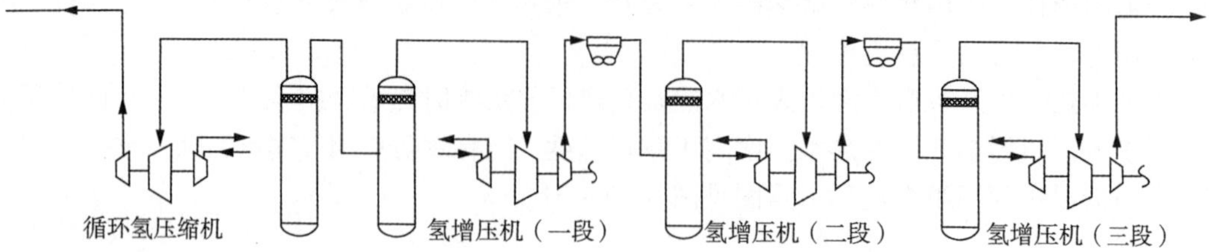

图6－3－32　方案一流程示意图

方案二：与方案一不同的是增压机为两段往复式压缩机，方案二流程示意图参见图6－3－33。

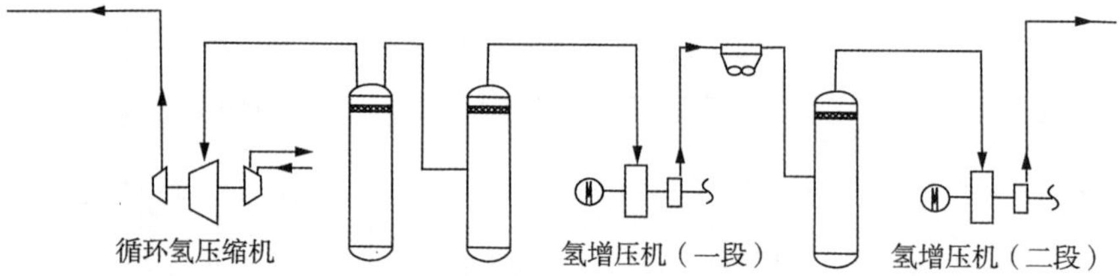

图6－3－33　方案二流程示意图

方案三：循环氢气和重整产氢经循环氢压缩机升压至0.55MPa，一部分氢气返回反应器作为循环氢，其余氢气经离心式增压机升压后送出装置，增压机入口压力0.52MPa，出口压力2.8MPa。设置一台螺杆机将还原尾氢增压后送入增压机。循环氢压缩机选单段离心式压缩机(流量较大)，增压机为二段离心式压缩机。方案三简称为“增压机两段接力”方案，流程示意图见图6－3－34。

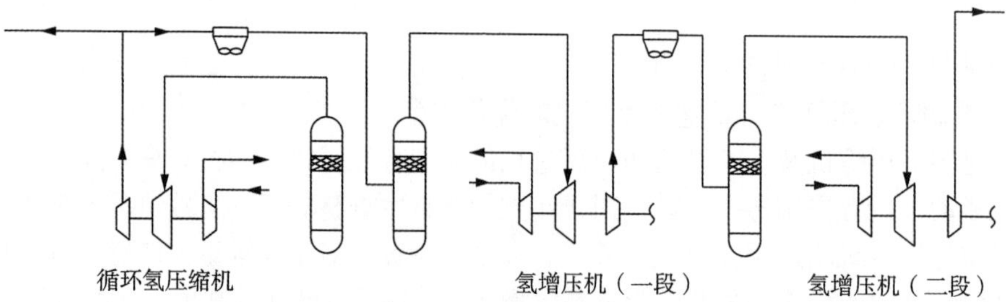

图6－3－34　方案三流程示意图

三种方案中，重整循环氢离心机均采用3.5MPa蒸汽背压透平驱动。方案一和方案三中，重整氢增压机采用3.5MPa蒸汽凝汽式透平(空冷冷却)驱动。三种方案的比较结果见表6－3－18。可以看出：

①方案一能耗最高。

②方案二能耗最低，但投资最高、设备台数较多、占地面积最大和维护困难，大型往复机对含有少量粉尘介质的适应性不强。装置规模越大(1000kt/a 以上)，该方案的劣势越明显。

③方案三投资最省，占地面积最小。

综合评价结果显示方案三具有明显的优势。

表 6-3-18　三种压缩机组合方案技术对比

项　目	方案一	方案二	方案三
循环氢压缩机			
机型	离心机一段	离心机一段	离心机一段
驱动方式	3.5MPa 蒸汽背压	3.5MPa 蒸汽背压	3.5MPa 蒸汽背压
蒸汽耗量/(t/h)	49	49	80
占地面积/m^2	15×6	15×6	19×6
投资/万元	2300	2300	3000
重整氢增压机			
机型	离心机三段	往复机二段 3 台，2 开 1 备	离心机二段
驱动方式	3.5MPa 蒸汽凝汽空冷冷却	电机	3.5MPa 蒸汽凝汽空冷冷却
电耗/kW	—	5000×2	—
蒸汽耗量/(t/h)	53	—	34
占地面积/m^2	25×6	13×(13+13+13)	13×4
投资/万元	7000	7800	5000
还原尾气压缩机			
机型	—	—	螺杆式压缩机
电耗/kW	—	—	301
占地面积/m^2	—	—	5×4
投资/万元	—	—	200
能耗合计/(kg 标准油/t 重整进料)	27	18	21
占地面积合计/m^2	240	597	202
投资合计/万元	9300	10100	8000
系统控制难易程度	较复杂	容易	容易
检修与维护难易程度	检修困难	维护困难	检修和维护均容易

2. 凝汽式与背压式透平的优化组合

对于规模较大(1000kt/a 以上)的重整装置，重整循环氢压缩机和重整氢增压机通常选用蒸汽透平驱动，透平采用凝汽式还是背压式，对装置能耗影响显著，投资差别也较大。

以一套 1500kt/a 连续重整装置为例，重整循环氢和重整产氢分别独立设置压缩机，重整循环氢量 104119Nm^3/h，重整产氢量 95000Nm^3/h，重整氢经增压机三级升压后送至 2.3MPa 氢气管网。在装置原料、产品、工艺方案及流程完全相同的条件下，对循环氢压缩机和重整氢增压机透平分别采用背压式和凝汽式(空冷式)进行投资及能耗比较，结果见表

6－3－19。可以看出：

①方案一——全背压式方案的能耗最低、投资最省，但3.5MPa蒸汽消耗量及1.0MPa蒸汽产出量高达217t/h，增加了运行过程中蒸汽平衡难度；

②方案四——全凝汽式方案3.5MPa蒸汽消耗量最低、不产1.0MPa蒸汽，但投资最高，能耗也最高，能耗比方案一高18.49kg标准油/t重整进料，一般不采取此方案；

③方案二——背压＋凝汽式方案和方案三——凝汽＋背压式方案各项指标均适中，是比较可行的方案，炼化企业可根据本企业公用工程条件及投资与能耗要求进行选择。

表6－3－19 重整循环氢压缩机和氢增压机驱动方案对比

能耗及投资	方案一(背压＋背压)	方案二(背压＋凝汽)	方案三(凝汽＋背压)	方案四(凝汽＋凝汽)
循环氢压缩机				
驱动形式及蒸汽压力	3.5MPa背压至1.0MPa	3.5MPa背压至1.0MPa	3.5MPa凝汽式	3.5MPa凝汽式
轴功率/kW	3100	3100	3100	3100
3.5MPa蒸汽耗量/(t/h)	49	49	17	17
1.0MPa蒸汽产出量/(t/h)	49	49	—	—
投资/万元	2300	2300	3200	3200
重整氢增压机				
驱动型式及蒸汽压力	3.5MPa背压至1.0MPa	3.5MPa凝汽式	3.5MPa背压至1.0MPa	3.5MPa凝汽式
轴功率/kW	10638	10638	10638	10638
3.5MPa蒸汽耗量/(t/h)	168	53	168	53
1.0MPa蒸汽产出量/(t/h)	168	—	168	—
投资/万元	5500	7000	5500	7000
合计				
3.5MPa蒸汽耗量/(t/h)	217	102	185	70
1.0MPa蒸汽产出量/(t/h)	217	49	168	—
能耗/(kg标准油/t)	14.58	28.32	19.32	33.07
投资/万元	7800	9300	8700	10200

3. 空冷式凝汽透平的节能效果

当重整循环氢压缩机或重整氢增压机选用凝汽式蒸汽透平驱动时，其蒸汽乏汽可选用空冷器来冷凝冷却，也可选用水冷器来冷凝冷却，前者即为空冷式凝汽透平，后者即为水冷式凝汽透平。

以1500kt/a连续重整装置为例，压缩机方案采用氢气接力方案，即：重整循环氢和重整产氢均由重整循环氢压缩机从0.25MPa升压至0.55MPa，重整氢增压机再将重整产氢从0.53MPa(重整产氢从循环氢压缩机出口至增压机入口之间的冷却压降0.02MPa)升压至2.8MPa，两台压缩机均采用3.5MPa蒸汽凝汽透平驱动。重整循环氢压缩机和重整氢增压机凝汽透平采用空冷式比采用水冷式分别节约能耗0.78kg标准油/t重整进料和1.04kg标准油/t重整进料，见表6－3－20和表6－3－21。

表 6-3-20 重整循环氢压缩机空冷式凝汽透平与水冷式凝汽透平能耗对比

参数及消耗	空冷式凝汽透平	水冷式凝汽透平
压缩机参数		
介质流量/(Nm^3/h)	199119	199119
入口压力/kPa	250	250
出口压力/kPa	550	550
轴功率/kW	5087	5087
凝汽器消耗		
水/(t/h)	—	2000
电/kW	233	—
能耗/(kg 标准油/t)	0.34	1.12

表 6-3-21 重整氢增压机空冷式凝汽透平与水冷式凝汽透平能耗对比

参数及消耗	空冷式凝汽透平	水冷式凝汽透平
压缩机参数		
介质流量/(Nm^3/h)	95000	95000
入口压力/kPa	530	530
出口压力/kPa	2800	2800
轴功率/kW	7000	7000
凝汽器消耗		
水/(t/h)	—	2700
电/kW	320	—
能耗/(千克标准油/吨)	0.47	1.51

五、技术展望

我国对分壁精馏技术的研究开发处于起步阶段，尚未实现国产化及工业化。由于分壁塔分离过程的变量比较多，存在分壁塔两侧的液体回流分配和气体分配、各变量的灵活控制等技术难点。在解决了复杂的控制技术后，分壁精馏技术将会在我国芳烃领域得到广泛的工业应用。

目前，由于制造原因，高通量管能够采用的管材是：碳钢、低合金耐热钢和 CuNi 合金，不能采用奥氏体不锈钢。芳烃联合装置中换热器常采用的管材是：碳钢、低合金耐热钢和奥氏体不锈钢，不能采用 CuNi 合金，因为铜对芳烃装置中的催化剂及吸附剂具有毒性，且 CuNi 合金价格较昂贵。因此，开发出奥氏体不锈钢材质的高通量管将会促进高通量管换热器在芳烃联合装置中的进一步推广应用。

参考文献

[1] 孙兰义，李军，李青松．隔壁塔技术进展[J]．现代化工，2008，28(9)：38-43.
[2] 夏文女．节能新技术在芳烃装置改造中的应用[J]．石油化工技术与经济，2011，27(2)：11-14.
[3] 李玮，于文辉．重芳烃分离装置的逆流双效精馏[J]．石油化工应用，2009，28(5)：74-76.

[4] Diehl Thomas, Kolbe Bärbel, Gehrke Helmut. Uhde morphylane extractive distillation – Where do we stand [C]. ERTC Petrochemical Conference, Prague, Chech Republic, 2005, 1 – 12.

[5] Kolbe Bärbel, Wenzel Sascha. Novel distillation concepts using one – shell columns[J]. Chemical Engineering and Processing, 2004, 43: 339 – 346.

[6] Schultz A Michael, O'brien E Dennis, Hoehn K Richard, et al. Innovative flowschemes using dividing wall columns[C]. 16th European Symposium on Computer Aided Process Engineering and 9th International Symposium on Process Systems Engineering, 2006, 695 – 700.

[7] Slade Bernie, Stober Berne, Simpson Dave. Dividing wall column revamp optimises mixed xylenes production [C]. Distillation & Absorption, 2006, 1 – 6.

[8] Yildirim Ömer, Kiss A Anton, Kenig Y Eugeny. Dividing wall columns in chemical process industry: A review on current activities[J]. Separation and Purification Technology, 2011, 80: 403 – 417.

[9] Kaibel Gerd. Distillation columns with vertical partitions[J]. Chemical Engineering and Technology, 1987, 10: 92 – 98.

[10] Rong Ben – Guang. Synthesis of dividing – wall columns(DWC) for multicomponent distillations – A systematic approach[J]. Chemical Engineering Research and Design, 2011, 89: 1281 – 1294.

[11] Schultz A Michael, Stewart G Douglas, Harris M James, et al. Reduce costs with dividing – wall columns [J]. Chemical Engineering and Processing, 2002, 98: 64 – 71.

[12] Halvorsen Ivar J, Skogestad Sigurd. Energy efficient distillation[J]. Journal of Natural Gas Science and Engineering, 2011, 3: 571 – 580.

[13] Asprion Norbert, Kaibel Gerd. Dividing wall columns: Fundamentals and recent advances[J]. Chemical Engineering and Processing 2010, 49: 139 – 146.

[14] 叶青，李浪涛，裘兆蓉．分隔壁精馏塔分离裂解汽油[J]．石油学报(石油加工)，2010，26(4)：617 – 621.

[15] 叶青，裘兆蓉．具有能量集成的萃取精馏新工艺及模拟[J]．天然气化工，2007，32(3)：34 – 37.

[16] 林宗虎，汪军，李瑞阳，崔国民，等．强化传热技术[M]．化学工业出版社，2007：2 – 5.

[17] 张贤安．高效缠绕管式换热器的节能分析与工业应用[J]．压力容器，2008，25(5)：54 – 57.

[18] 陆璐．换热器的研究现状及发展[J]．产经科技论坛，2011，10(2)：49 – 50.

[19] 刘恒宁．气分装置主要设备选择．石油化工设备，1999，28(3)：41 – 42.

[20] 董军，李建波．塔板技术的发展现状与研究展望[J]．石油炼制与化工，2007，38(11)：46 – 51.

[21] 丁梦军，王成习．大通量塔板研究进展[J]．化学工程，2010，38(10)：36 – 41.

[22] 高国正，周建欣．复合孔微型阀高效塔盘在 PTA 装置溶剂脱水塔改造中的应用[J]．炼油技术与工程，2005，35(8)：43 – 47.

[23] 李友松，倪晓亮．复合孔微型高效浮阀塔盘在对二甲苯装置抽余液塔中的应用[J]．化工进展，2006，25(6)：714 – 716.

[24] 谢润兴，刘吉，吕家卓．ADV 微分浮阀塔板的研究和应用[J]．石油炼制与化工，1999，30(12)：31 – 36.

[25] 王雪梅，张宏达．ADV(r)微分浮阀塔盘在气体分馏装置中的应用[J]．当代化工，2005，34(2)：99 – 102.

[26] 乔伟新．ADV 高效塔盘在芳烃抽提装置改造中的应用[J]．石化技术，2006，13(4)：21 – 26.

[27] 李群生，杨金苗．高效导向筛板的原理及其在炼油化工中的应用[J]．炼油与化工，2005，16(3)：4 – 7.

[28] Kirkpatrick R D. MD trays can provide saving in propylene purication [J]. Oil and Gas, 1978, 76(3): 72 – 78.

[29] Resetarits M R. Distillation in tower [J]. Trans I Chem E Symp, 1992, (125): B223.

[30] Lee, et al. Gas - liquid contacting apparatus. US 6746003B2, 2004.
[31] 浙江工业大学化学工程设计所. DJTM 系列塔板——新一代大通量高效塔板: 中国, ZL97103868.6, 1997.
[32] 林广田, 廖勇. DJ-3 新型塔盘在催化重整脱水塔中的应用[J]. 山东化工, 2002, 31(4): 22~25.
[33] 于文奎. 梯形立体喷射气液接触组合元件: 中国, CN93218445.6[P], 1993-07-10.
[34] 李正有. CTST 型塔板在分馏塔扩能改造中的应用[J]. 石化技术与应用, 2007, 24(4): 285-288.
[35] 於扣红, 吕建华. 立体传质塔板在 PTA 装置尾气常压吸收塔的应用[J]. 聚酯工业, 2012, 25(4): 8-10.
[36] 李绍明. 大型重整加热炉的设计与优化[J]. 炼油技术与工程, 2012, 06: 33-36.

第四节 芳烃联合装置的热集成技术

一、概 述

化工生产中，一些物流需要冷却，另一些物流需要加热，充分利用需要冷却的热物流去加热需要加热的冷物流，尽可能地减少公用工程加热和冷却负荷，以提高系统的热回收能力并降低投资及操作成本，这一工艺过程称为热集成，又称"热联合"。

芳烃联合装置的热集成技术包括装置内各单元内部和各单元之间的热集成以及装置与上游(或下游)装置之间的热集成。预加氢热进料和蒸汽凝结水分级扩容是装置与上游(或下游)装置热集成典型案列之一。装置内冷、热物流众多，结合夹点技术优化出的换热流程将产生明显的节能效果。装置内部物流既要考虑高度热集成，又要考虑各个单元的相对独立性，尽量不选用中间物流先被冷却再被加热的流程。

在重整-芳烃抽提联合装置中，二甲苯塔与甲苯塔和重整油分馏塔的热集成，可以节约能耗 36kg 标准油/t 抽提进料以上。对二甲苯装置三塔(二甲苯塔、抽余液塔和抽出液塔)的热集成可以节约能耗 100kg 标准油/tPX 以上，重芳烃塔与重整油分馏塔的热集成可以节约能耗 30kg 标准油/tPX 以上。

芳烃联合装置中，可回收利用的低温热源(温度 100~150℃)较多。在热媒水能够得到全厂充分利用的情况下，利用热媒水(60~90℃)回收低温热可使重整装置降低能耗 5kg 标准油/t 重整进料以上、对二甲苯装置降低能耗 13kg 标准油/tPX 以上。

低温热发电技术包括低温热水发电和低压蒸汽发电。低温热水(70~120℃)发电可以节约能耗 5kg 标准油/tPX 以上，热电转换效率接近 7%；低压蒸汽(0.45MPa)发电可以节约能耗约 50kg 标准油/tPX，热电转换效率 15%，投资回收期小于两年。

二、夹点技术在芳烃节能中的应用

在工艺换热网络中，存在多股冷物流和多股热物流，冷物流与热物流之间的换热量与公用工程消耗量的关系可以用温-焓($T-H$)图表示。在 $T-H$ 图上，多股冷、热物流可以分别合并为冷、热物流复合曲线。两曲线在 H 轴上投影的重叠部分即为冷、热物流之间的换热量，不重叠部分即为冷、热公用工程消耗量。当两曲线相互接近至最小允许温差(ΔT_{min})时，热回收量最大，冷、热公用工程消耗量(Q_H、Q_C)最小，该位置叫作夹点，见图 6-4-1。

夹点技术自 1978 年英国学者 B. Linnhoff 提出，经过多年的应用研究，已发展成为一种可行、实用和有效的节能技术，被广泛应用于炼油化工、造纸、制药等行业。目前，世界范围内已有2500个以上工业项目成功应用夹点技术实现节能，获得了显著的节能效果。夹点技术的工业应用证明：对于新装置设计阶段，可节能30%～50%，节省投资10%以上；对于老装置改造，可节能20%～35%，改造投资回收期仅为0.5～3年[1]。近年来，国内也在加强对夹点节能技术的研究，以提高石油化工用能技术水平。

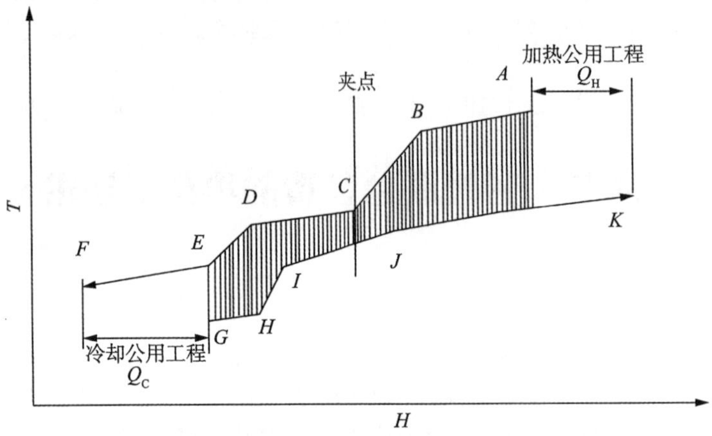

图6－4－1 换热网络温－焓图

(一)夹点设计原则

夹点的出现，将整个换热网络分成了两个部分：夹点之上和夹点之下。夹点之上是热端，只有换热和加热公用工程，没有任何热量流出，可看成是一个热阱；夹点之下是冷端，只有换热和冷却公用工程，没有任何热量流入，可看成是一个热源；在夹点处，热流量为零。因此，夹点技术的设计原则是：

①不应跨越夹点传热；

②夹点之上不应设置任何公用工程冷却器；

③夹点之下不应设置任何公用工程加热器。

(二)夹点设计方法

举例说明夹点设计方法及步骤[2]。例题中的换热网络共有3个热流和2个冷流，各物流数据见表6－4－1。为方便起见，取物流平均比热容进行计算。

表6－4－1 例题中物流数据

物流	流量/(kg/h)	MC_p①/(kW/℃)	平均比热容/[kJ/(kg·℃)]	初始温度/℃	最终温度/℃	热负荷/kW
h1	40000	27.78	2.50	360	150	5833.8
h2	80000	53.33	2.40	320	200	6399.6
h3	70000	50.56	2.60	280	100	9100.8
c1	150000	100.00	2.40	120	240	－12000.0
c2	120000	80.00	2.40	230	360	－10400.0

①MC_p代表热容流率。

(1)夹点的确定

换热网络中夹点温差值越小，则热量回收率越高、操作费用越小，但夹点温差值过小时，设备费用及总费用会增加较高(见图6-4-2)，因此，每个换热网络的最佳夹点温差应进行技术经济分析才能确定。具体步骤是：根据经验选择可行的夹点温差范围(如例题中夹点温差范围为5~50℃)，以夹点温差$\Delta T_{\min}$为变量，在该范围内平均选取若干个夹点温差，分别计算换热网络的换热负荷、公用工程负荷、换热面积、各项费用等，最终确定最佳夹点温差。

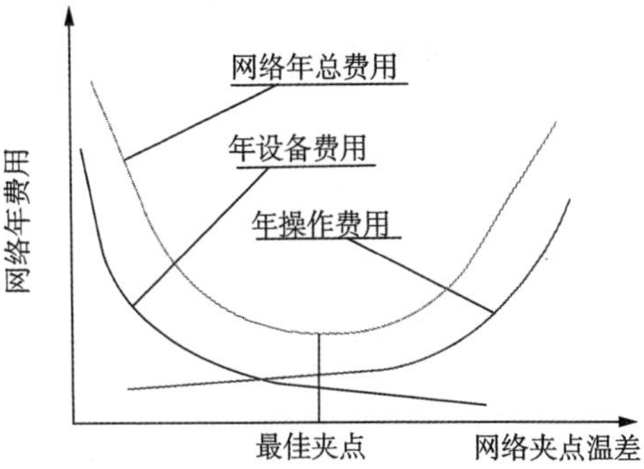

图6-4-2　夹点温差对费用的影响

1)夹点的计算

以热流温度为基准，即各热流的进出口温度保持不变，各冷流的进出口温度分别加上夹点温差$\Delta T_{\min}=20℃$，将换热网络中各个冷热物流按温度划分成若干个子网络，见表6-4-2所示。

根据表6-4-2问题表格(1)划分子网络的结果，首先从第一个子网络开始，按式(6-4-1)、式(6-4-2)和式(6-4-3)分别计算无外界供热时各个子网络的输入热量、赤字和排出的热量，见表6-4-3。

$$D_k=(\sum_{i=1}^{n_c}MC_{pc,i}-\sum_{j=1}^{n_h}MC_{ph,j})\cdot(T_k-T_{k+1})\quad k=1,2,\cdots,K \tag{6-4-1}$$

$$O_k=I_k-D_k\quad k=1,2,\cdots,K \tag{6-4-2}$$

$$I_{k+1}=O_k\quad k=1,2,\cdots,K \tag{6-4-3}$$

式中　D_k——第k个子网络的赤字，表示该子网络为满足热平衡时所需外加的静热量，kW；

I_k——由外界或其他子网络提供给第k个子网络的热量，kW；

O_k——第k个子网络向外界或其他子网络排出的热量，kW；

$MC_{pc,i}$——子网络k中冷物流i的热容流率即质量流率乘以平均比热容，kW/℃；

$MC_{ph,j}$——子网络k中热物流j的热容流率即质量流率乘以平均比热容，kW/℃；

n_c——网络中冷流的数目；

n_h——网络中热流的数目；

T_k——子网络k的高温界面温度，即各流股进入子网络k的温度，℃；

T_{k+1}——子网络k的低温界面温度，即各流股离开子网络k的温度，℃；

k——网络中的子网络序号；

K——网络中的子网络数目。

在SN1中，无外界输入热量，$I_1=0$，由式(6-4-1)得到：

$D_1=(MC_{pc2}-0)\times(T_1-T_2)$

$=80.00\times20$

$=1600.0$ (kW)

$O_1=I_1-D_1=-1600.0$

在SN2中，$I_2=O_1=-1600.0$

$D_2=(MC_{pc2}-MC_{ph1})\times(T_2-T_3)$

$$=(80.00-27.78)\times 40$$

$$=2088.8(\mathrm{kW})$$

$$O_2 = I_2 - D_2 = -1600.0 - 2088.8$$

$$= -3688.8$$

表6-4-2 例题问题表格(1)

子网络序号	热物流 h1	热物流 h2	热物流 h3	冷物流 c1	冷物流 c2	热流温度/℃	冷流温度/℃
SN1					↑	$T_{h,1}=380$	$T_{c,1}=360$
SN2	↓				↑	$T_{h,2}=360$	$T_{c,2}=340$
SN3	↓	↓			↑	$T_{h,3}=320$	$T_{c,3}=300$
SN4	↓	↓	↓		↑	$T_{h,4}=280$	$T_{c,4}=260$
SN5	↓	↓	↓	↑	↑	$T_{h,5}=260$	$T_{c,5}=240$
SN6	↓	↓	↓	↑		$T_{h,6}=250$	$T_{c,6}=230$
SN7	↓		↓	↑		$T_{h,7}=200$	$T_{c,7}=180$
SN8			↓	↑		$T_{h,8}=150$	$T_{c,8}=130$
SN9			↓			$T_{h,9}=140$	$T_{c,9}=120$
						$T_{h,10}=100$	$T_{c,10}=80$

同理完成其他子网络计算，在上述9个子网络计算中，任意子网络k向相邻低温位$k+1$子网络输出的热量必须≥0。为此，需要向最高温位(即第一个)子网络输入热量3688.8kW(即无外界输入热量条件下，所有子网络I_k最大负值的绝对值)。

令$I_1=3688.8$ kW，按式(6-4-2)和式(6-4-3)分别重新计算各个子网络的I_k、O_k，列于表6-4-3。在有外界输入热量条件下，换热网络中各个子网络的$I_k \geq 0$和$O_k \geq 0$，满足了热量传递的热力学定律。

表6-4-3 例题问题表格(2)

子网络序号	赤字 D_k/kW	热量 Q/kW 无外界输入热量 I_k	无外界输入热量 O_k	有外界输入热量 I_k	有外界输入热量 O_k	温度/℃
						$T_{h,1}=380$
SN1	1600.0	0.0	-1600.0	3688.8	2088.8	$T_{h,2}=360$
SN2	2088.8	-1600.0	-3688.8	2088.8	0.0	$T_{h,3}=320$
SN3	-44.4	-3688.8	-3644.4	0.0	44.4	$T_{h,4}=280$
SN4	-1033.4	-3644.4	-2611.0	44.4	1077.8	$T_{h,5}=260$
SN5	483.3	-2611.0	-3094.3	1077.8	594.5	$T_{h,6}=250$
SN6	-1583.5	-3094.3	-1510.8	594.5	2178.0	$T_{h,7}=200$
SN7	1083.0	-1510.8	-2594.6	2178.0	1095.0	$T_{h,8}=150$
SN8	494.4	-2593.8	-3088.2	1095.0	600.4	$T_{h,9}=140$
SN9	-2022.4	-3088.2	-1065.8	600.4	2622.8	$T_{h,10}=100$

由表6-4-3可以看出：换热网络所需的最小公用工程加热负荷$Q_h=3688.8$ kW，冷却

负荷 Q_c =2622.8 kW，夹点位于子网络 2 和子网络 3 之间，热流温度为 320℃，冷流温度为 300℃。

2)最优夹点的确定

根据式(6－4－4)可以算出换热网络设备费用和操作费用，进而可以解出换热网络的年总费用等指标。

$$Y = (Y_1/C_1 + Y_{1m}) + Y_2 \tag{6-4-4}$$

式中 Y——换热网络年总费用，万元/a；

Y_1——设备投资费，万元；

C_1——设备折旧年限，a(一般取 C_1 =5～10a；管壳式换热器 C_1 =5，板式换热器 C_1 =10)；

Y_{1m}——设备年维修费用，一般取设备年设备折旧费的 15%，万元/a；

Y_2——换热网络年操作费用，包括加热燃料消耗、电耗等，万元/a。

计算不同夹点温差 ΔT_{min} 下换热网络的各项费用，以年总费用最小作为换热网络设计的优化目标，据此，例题中最佳夹点温差 ΔT_{min} =20 ℃，见表 6－4－4。

表 6－4－4　最佳夹点温差 ΔT_{min} 的确定

ΔT_{min}/℃	换热负荷/kW	加热负荷/kW	冷却负荷/kW	换热终温/℃	换热面积/m²	夹点温度/℃	年总费用万元/a
5	19861	2489	1422	328.9	7303	317.5	4826
8	19671	2729	1662	325.9	5493	316.0	2352
11	19431	2969	1902	322.9	4485	314.5	1482
14	19191	3208	2142	319.9	3817	313.0	922
17	18951	3449	2382	316.9	3522	311.5	745
20	18711	3689	2622	313.9	3257	310.0	682
23	18471	3929	2862	310.9	2965	308.5	736
29	17991	4409	3342	304.9	2504	305.5	928
32	17725	4674	3608	301.6	2190	246.0	1203
38	16935	5464	4398	291.7	1659	249.0	1881
41	16541	5858	4793	286.8	1502	250.0	2207
50	15355	7044	5978	271.9	1164	255.0	3601

(2)换热网络设计

1)确定换热匹配最小允许传热温差 $\Delta T_{e,min}$

在最佳夹点温差 ΔT_{min} =20℃下，根据经验，取 ΔT_{min} 的 50%～80% 作为 $\Delta T_{e,min}$(例题中 $\Delta T_{e,min}$ = 12～18℃)，在此范围内平均选取若干个 $\Delta T_{e,min}$ 分别进行换热网络的合成计算，以年总费用最小作为换热网络设计的优化目标，确定例题中最佳 $\Delta T_{e,min}$ =16℃，见表 6－4－5。

表 6－4－5　确定最佳换热匹配最小允许传热温差 $\Delta T_{e,min}$

$\Delta T_{e,min}$/℃	换热台位数	换热器个数	平均温差/℃	换热面积/m²	年总费用/(万元/a)
12	5	10	20.0	3113	955.3
14	5	11	24.0	2703	784.4
16	6	12	27.8	2528	656.1
18	8	15	31.0	2457	723.9

2)换热网络的设计

在 $\Delta T_{min}=20$℃和 $\Delta T_{e,min}=16$ ℃下，对夹点上方(SN1、SN2)和夹点下方(SN3 ~ SN9)进行换热网络的初步设计，见图 6-4-3。

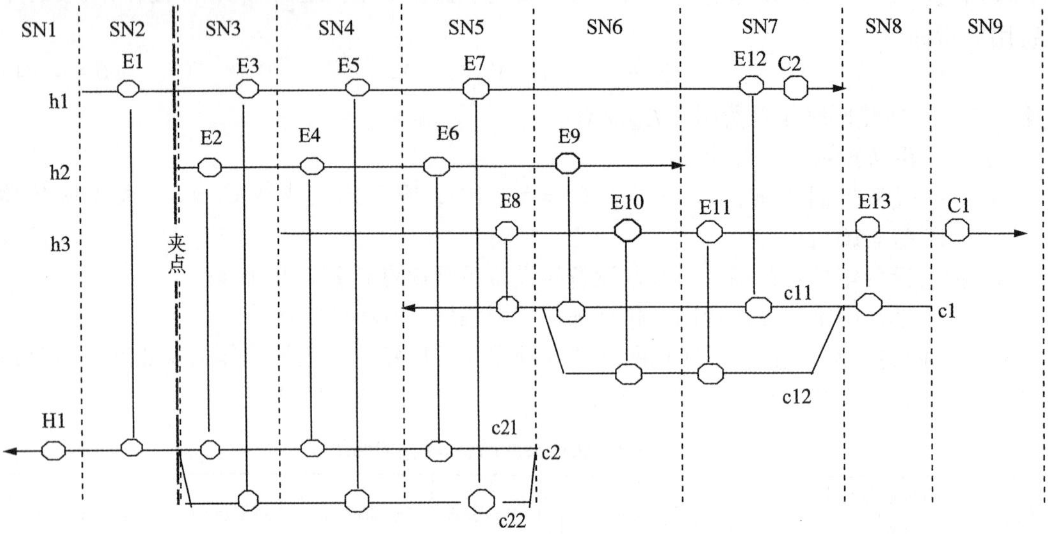

图 6-4-3 设计换热网络示意图

(3)换热网络的简单调优

将图 6-4-3 中不影响传热温差的热负荷回路进行合并：E4、E6 与 E2 合并，E5、E7 与 E3 合并，E11 与 E10 合并，简单调优后的换热网络见图 6-4-4。

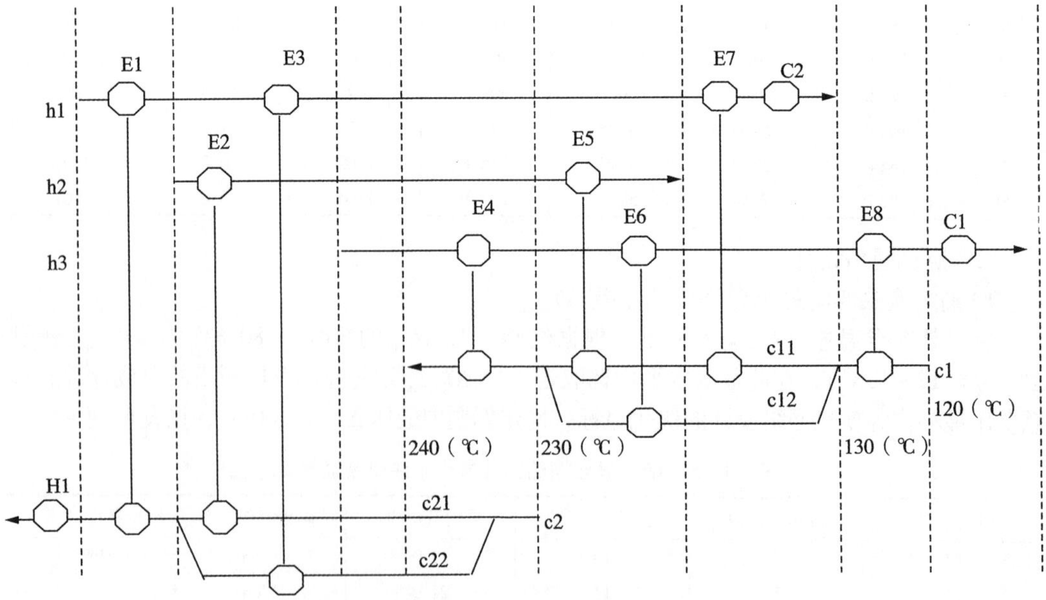

图 6-4-4 简单调优后换热网络示意图

(4)换热网络优化

按照减少换热台位数量、简化换热流程和节省设备投资等原则，将某些换热单元进行合并，使各换热单元传热温差接近给定的允许匹配温差 $\Delta T_{e,min}$。见图 6－4－5。

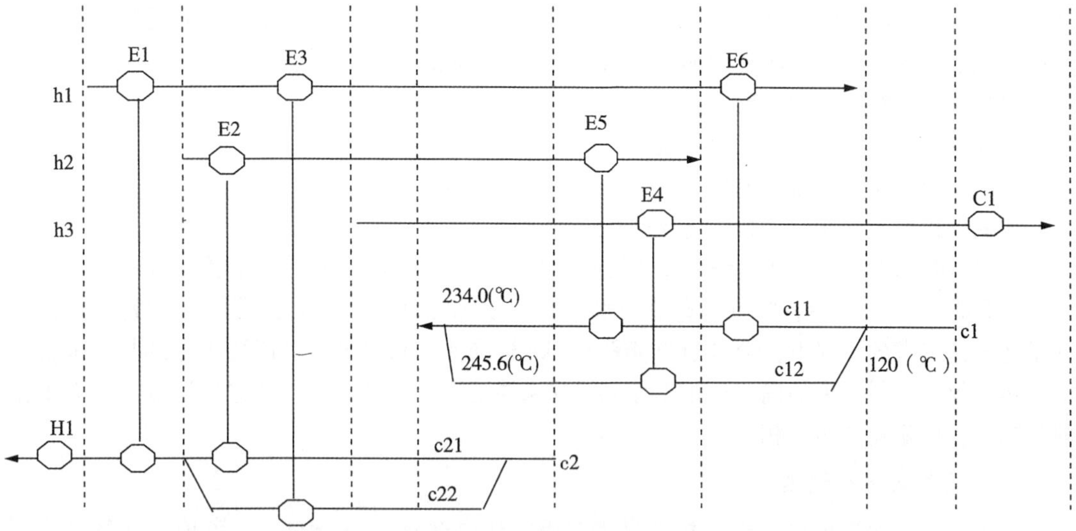

图 6－4－5　优化后换热网络示意图

(三)夹点技术在芳烃装置中的节能效果

某芳烃联合装置(典型芳烃联合装置流程)重芳烃分离单元利用夹点节能技术进行换热网络优化改造，加热公用工程节能 14%、冷却公用工程节能 8.8%[3]。

扬子石化联合华东理工大学，综合夹点技术与㶲分析法优点，提出了可适用于多股流复杂换热网络能级分析的改进型 $\Omega-H$ 图法，推导出了多组分混合物料能级计算公式，对歧化单元进行系统用能和单体设备用能进行诊断，指明了系统流程再造和单体设备高效化研究的途径。采用操作型夹点进行分析的结果为，热物流与冷物流最小温差为 73.6℃。现行换热网络夹点温差明显偏大，换热网络存在不合理，具备进一步调优和加强热回收的可能性。取最小传热温差为 15℃进行夹点计算，得出加热和冷却公用工程的节能潜力均为 19.87MW，占当前实际加热公用工程量的 25.1%[4]。进一步分析发现，现行换热网络存在违背夹点设计原则的现象，导致用能不合理。采用㶲分析法确定装置中反应系统和分离系统各存在两个主要用能瓶颈，该四台设备的㶲损失占装置换热子系统㶲损失的 72%，其中，反应进出料换热器不可逆换热损失最大，为系统用能最薄弱环节，且由它导致后置空冷器与反应加热炉负荷过大。考虑换热网络变动的复杂程度和经济性，提出了三种优化改造方案，均可减少公用工程的使用量：方案一和方案二均对现有换热设备不进行高效化改造，但对换热网络进行较大改动，实现的可行性较小；方案三则应用高效换热器进行换热网络调优与热回收，将反应进出料换热器进行高效化改造后，回收热量增加 1.53MW，降低能耗 2.0kg 标准油/t PX。

三、预加氢单元热集成

(一)预加氢热进料

传统的预加氢原料工艺流程是：各种原料在上游装置冷却至常温(一般为40℃)后送至罐区，然后用泵从罐区抽出送入重整装置作为预加氢进料。如果这些原料在上游装置不经过冷却而直接送入重整装置作为预加氢进料，这就是“预加氢热进料”。

预加氢热进料的节能体现在：

①减少上游装置的冷却水消耗量；

②节省罐区泵送所需的电耗；

③减少预加氢单元对进料进行预热所需的热能。

以1000kt/a连续重整装置为例，以原料温度40℃为基础，采用预加氢热进料后，原料温度每升高10℃，上游装置可节省冷却水93t/h，预加氢单元可节省标准燃料81kg/h，在不计罐区电耗节省的情况下，合计节省能耗0.7kg标准油/t重整进料。值得注意的是，采用预加氢热进料时进料温度的确定要根据原料性质来决定，一般情况下，热进料温度不宜大于原料初馏点，以避免产生气相。

(二)汽提塔进料预热

预加氢单元汽提塔顶不出液相产品，汽提塔顶温度降低(≤80℃)，塔顶气相物流热利用价值不大。石脑油分馏塔尽管操作压力不高(通常<0.5MPa)，但由于塔顶出液相产品(轻石脑油)，所以塔顶温度较高(≥90℃)，塔顶汽相物流具有一定的热利用价值，可以用来加热汽提塔进料，见图6-4-6。

某1000kt/a连续重整装置，预加氢气液分离器操作温度为50℃，利用石脑油分馏塔顶气相物流将汽提塔进料由50℃预热至65℃，节省标准燃料110kg/h，折成能耗为1kg标准油/t重整进料。

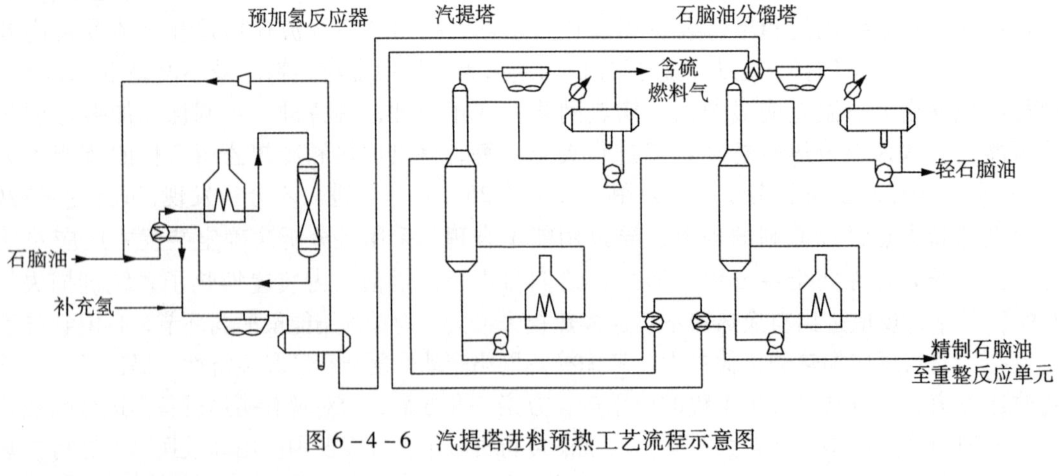

图6-4-6　汽提塔进料预热工艺流程示意图

四、重整后分馏部分热集成

由于混合二甲苯产品需求量的不断增长，在连续重整装置内用精馏方法从重整生成油中分离出混合二甲苯作为产品的工艺路线越来越被广泛采用。当连续重整苛刻度较高时，重整生成油分离出混合二甲苯后的重组分(C_{9+}重整汽油)作为高辛烷值汽油调合组分容易出现质量问题，如：胶质偏高、干点偏高等。为此，近期设计的连续重整装置大多考虑相应措施，将C_{9+}重整汽油进一步分离，脱除其中的重组分，以得到胶质和干点均合格的C_{9+}重整汽油。

脱除C_{9+}重整汽油重组分的工艺方案有两种：

方案一：对二甲苯塔适当改造(如：提馏段降低板间距、增加塔板数、增加侧线抽出)，使重组分从二甲苯塔底脱除，合格C_{9+}重整汽油从二甲苯塔提馏段以气相侧线抽出并利用该气相物流发生1.0MPa蒸汽，如图6-4-7所示。

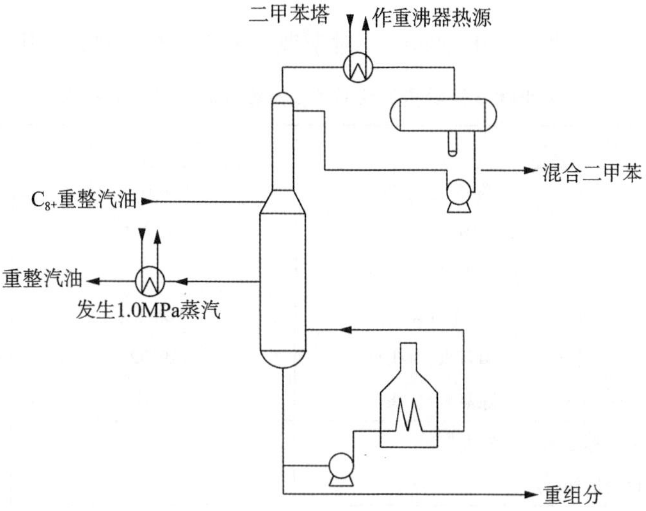

图6-4-7 方案一工艺流程示意图

方案二：设置脱重组分塔对二甲苯塔底产品进行分馏，从脱重组分塔顶分出合格C_{9+}重整汽油，塔底即为重组分，利用二甲苯塔底物流为脱重组分塔底提供热源，利用脱重组分塔顶气相物流发生0.4MPa蒸汽，如图6-4-8所示。

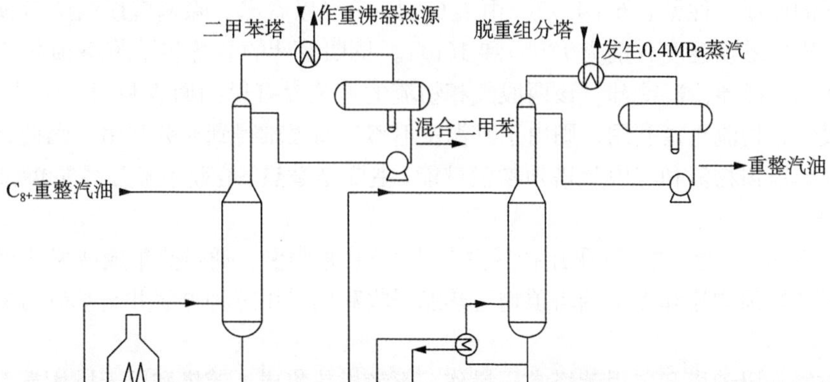

图6-4-8 方案二工艺流程示意图

以某厂1000kt/a连续重整装置为例，对增设脱重组分设施的两种技术方案进行投资和能耗对比。两种方案均分离出260kt/a合格C_{9+}重整汽油，脱除20kt/a重组分。两种技术方案对比结果见表6-4-6。

①方案一增加的投资和能耗均较少(投资增加500万元、能耗增加1.8kg标准油/t重整进料)，但对现有装置进行改造的工程量及运行的影响较大，实施工期较长，并且由于二甲苯塔同时生产三种产品，操作上有可能产生波动。

②方案二增加的投资和能耗均较多(投资增加800万元、能耗增加2.7kg标准油/t重整进料)，但对现有装置进行改造的工程量及运行的影响较小，容易实施，并且由于二甲苯塔及脱重组分塔均采用塔顶塔底各生产一种产品的常规分馏技术，产品质量更加有保证，操作更加平稳可靠。

③对于新设计装置，建议采用方案一；对于现有装置改造，建议采用方案二。

表6-4-6 1000kt/a连续重整装置C_{9+}重整汽油脱重组分技术方案对比

项目		方案一	方案二
公用工程增加	燃料气/(kg/h)	0.18	0.44
	1.0MPa蒸汽/(t/h)	-3.42	—
	0.4MPa蒸汽/(t/h)	—	-6.00
	电/kW	45.3	58.5
	循环水/(t/h)	29.82	14.25
	除氧水/(t/h)	3.42	6.00
能耗增加/(kg标准油/t重整进料)		1.8	2.7
投资增加/万元		500	800

五、塔顶物流热回收技术

(一)甲苯(二甲苯)塔

芳烃精馏部分的经典工艺流程设计是产品逐级分馏，即：苯塔+甲苯塔+二甲苯塔，各塔在常压下的操作条件见表6-4-7。由表6-4-7可以看出，除苯塔顶温度较低外，甲苯塔和二甲苯塔的塔顶温度分别为130℃和161℃。早期设计的装置将甲苯塔顶物流和二甲苯塔顶物流送入空冷器冷凝冷却，该两股气相物流的潜热没有得到回收利用，装置能耗很高。若将该两股气相物流直接利用，则由于其温位不够高而很难得到充分利用。因此，如何充分回收利用甲苯塔顶物流和二甲苯塔顶物流热能(主要是潜热)是近年来芳烃精馏部分主要节能技术之一。

以某厂500kt/a芳烃抽提(采用抽提蒸馏技术)装置为例，通过热集成或发生低压蒸汽等方法，对甲苯塔顶物流和二甲苯塔顶物流热能回收利用采用三种方案并与基础方案进行能耗对比。

基础方案：甲苯塔和二甲苯塔常压操作，不考虑热集成，苯塔和甲苯塔用蒸汽供热，二甲苯塔用重沸炉供热。

方案一：二甲苯塔提压操作，塔顶气相物流全部为重整油分馏塔和甲苯塔供热，用蒸汽给重整油分馏塔补充部分热量，见图6-4-9。

方案二：二甲苯塔提压操作，塔顶气相物流一部分为重整油分馏塔供热，剩余部分用于产低压蒸汽；甲苯塔提压操作，塔顶气相物流为苯塔供热，多余热负荷用空冷冷却，塔底采用二甲苯塔重沸炉集中供热，见图6－4－10。

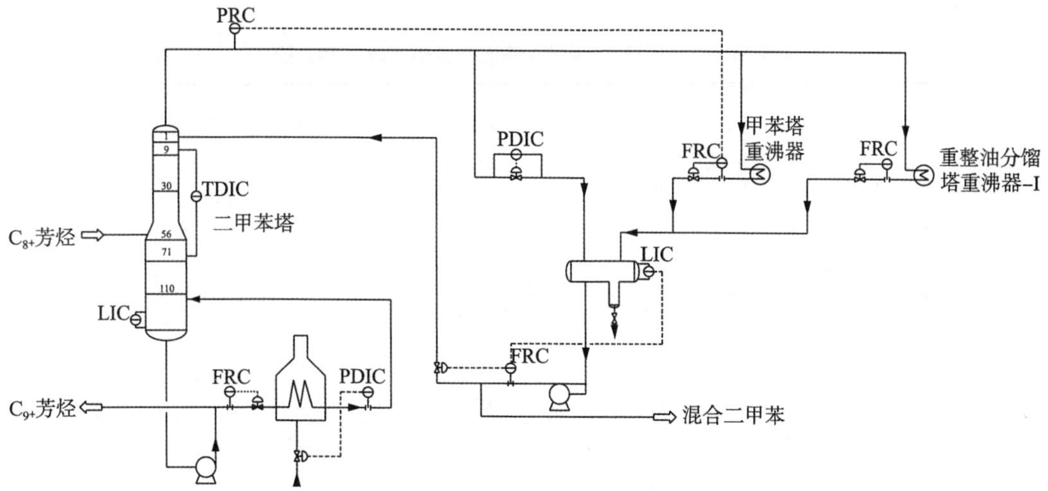

图6－4－9　方案一工艺流程示意图

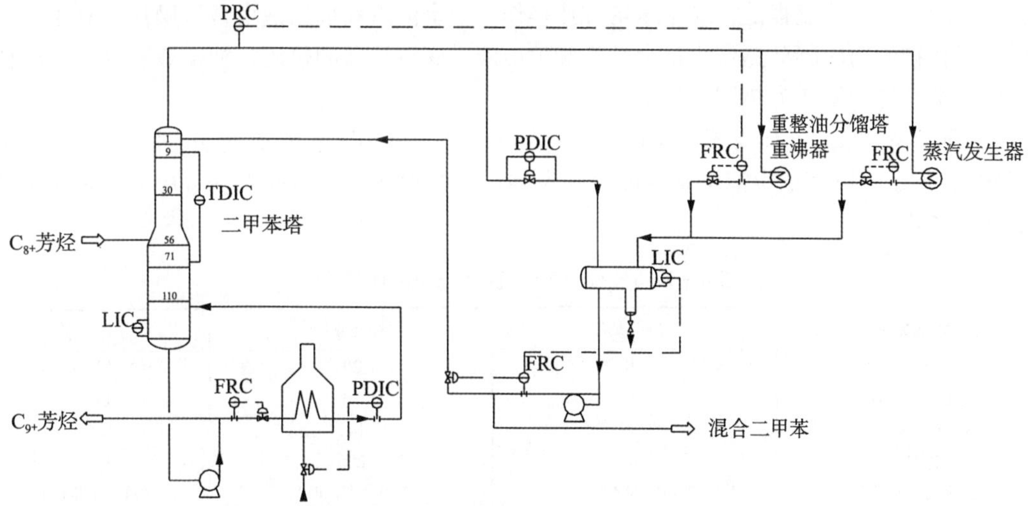

图6－4－10　方案二工艺流程示意图

需要说明的是：甲苯塔及二甲苯塔提压后均适度增加回流比，以保证其分离精度不变。

将两种方案与基础方案进行能耗对比，结果为：

①方案一比基础方案节省能耗36kg标准油/t抽提进料，表明二甲苯塔适当提压操作的节能效果非常显著。

②方案二比方案一进一步节省能耗12kg标准油/t抽提进料，表明甲苯塔适当提压操作也具有一定的节能效果。

两种方案与基础方案操作参数及能耗对比结果见表6－4－7。

（二）三塔

在对二甲苯装置中，二甲苯塔、抽余液塔和抽出液塔简称三塔。由于二甲苯塔的进料规模大、回流比高、塔顶冷凝负荷大，所以，以二甲苯塔为供热中心，与其他各分馏塔（如抽余液塔和抽出液塔等）进行热集成以及抽出液塔和抽余液塔顶低温热综合利用是近年来芳烃装置内主要节能课题之一。

表6-4-7　甲苯（二甲苯）塔顶物流热回收方案对比

方案		苯塔	甲苯塔	二甲苯塔	能耗/（kg标准油/t抽提进料）
基础方案	塔顶温度/℃	97	130	161	294
	塔底温度/℃	141	169	213	
	塔顶压力/MPa	0.07	0.07	0.07	
方案一	塔顶温度/℃	97	130	221	258
	塔底温度/℃	141	169	264	
	塔顶压力/MPa	0.07	0.07	0.50	
方案二	塔顶温度/℃	97	175	221	246
	塔底温度/℃	141	209	264	
	塔顶压力/MPa	0.07	0.35	0.50	

传统的三塔工艺流程是：二甲苯塔加压操作，抽余液塔和抽出液塔常压操作，利用二甲苯塔顶气相物流的冷凝潜热作为抽余液塔和抽出液塔底重沸器的热源，抽余液和抽出液塔顶物流经过空冷冷凝后作为热回流返塔。

以600kt/a对二甲苯装置为例，二甲苯塔和抽余液塔底热负荷分别为152MW和68.8MW，抽余液塔和抽出液塔顶温度分别为141℃和145℃。传统工艺流程中三塔操作条件见表6-4-8。

表6-4-8　传统工艺流程中三塔操作条件

操作条件	二甲苯塔	抽余液塔	抽出液塔
塔顶压力/kPa	740	20	8
塔底压力/kPa	860	70	66
塔顶温度/℃	239	141	145
塔底温度/℃	287	206	205
回流比（质量）	2.40（对产品）	1.0（对进料）	0.54（对进料）
塔顶负荷/ MW	90.0	73.5	23.9
塔底负荷/ MW	152.0①	68.8	12.2② 23.3（总负荷）

①塔底负荷包含以二甲苯塔底液为热源的所有塔底重沸器和进料加热器的热负荷。

②抽出液塔底热源分别为二甲苯塔顶气和二甲苯塔底液，12.2MW为前者。

由表6-4-3可以看出，虽然二甲苯塔采用了加压操作，通过提高塔顶物流温位的办法使其热能得到了利用，但抽余液塔和抽出液塔顶物流的大量冷凝热却尚未被回收利用。抽余液塔和抽出液塔顶冷凝热没有得到回收利用的主要原因是：

①热负荷过大，不易于内部换热回收。常压操作时抽余液塔顶和抽出液塔顶热负荷高达73.5MW和23.9MW，并且要求的压降较小，装置内难以选择能够满足温位及低压降要求的工艺物流与之换热。

②存在工艺风险。抽出液塔顶物料经成品塔后即作为PX产品，若将其他介质与之换

热，如果换热器发生泄漏，则产品不合格。抽余液塔顶物料是异构化装置的进料，若将其他介质与之换热，如果换热器发生泄漏，则可能导致异构化催化剂中毒。

针对上述问题，采取以下措施进一步回收塔顶物流热量：

①抽余液塔和抽出液塔适当提压，提高顶物流温位，利用该两股物流发生 0.4MPa 蒸汽。

②二甲苯塔进一步提压，满足抽余液塔和抽出液塔适当提压操作后的温位要求。三塔顶物流热回收操作条件及流程见表 6－4－9 及图 6－4－11。

③采取下述措施防止蒸汽发生器发生泄漏导致吸附剂中毒：

a. 蒸汽发生器管束设计采用特殊的防泄漏类型；

b. 在该两塔顶回流罐前分别设置一套水分析仪，监视蒸汽发生器的泄漏情况；

c. 蒸汽发生器多台并联操作，当其中一台出现泄漏时，能够及时切出，维持装置的连续运行。

表 6－4－9　三塔顶物流热回收操作条件

操作条件	二甲苯塔	抽余液塔	抽出液塔
塔顶压力/kPa	1700	350	280
塔底压力/kPa	1850	440	360
塔顶温度/℃	290	201	195
塔底温度/℃	336	265	256
回流比(质量)	2.65(对产品)	1.23(对进料)	0.73(对进料)
塔顶负荷/MW	99.4	78.3	26.1
塔底负荷/MW	162.2①	83.9	10.7②
			30.4(总负荷)

①包括所有以二甲苯塔底液为热源的塔底重沸器及进料加热器的总热负荷。

②仅包括以二甲苯塔顶气为热源的热负荷，不包括以二甲苯塔底液为热源的热负荷。

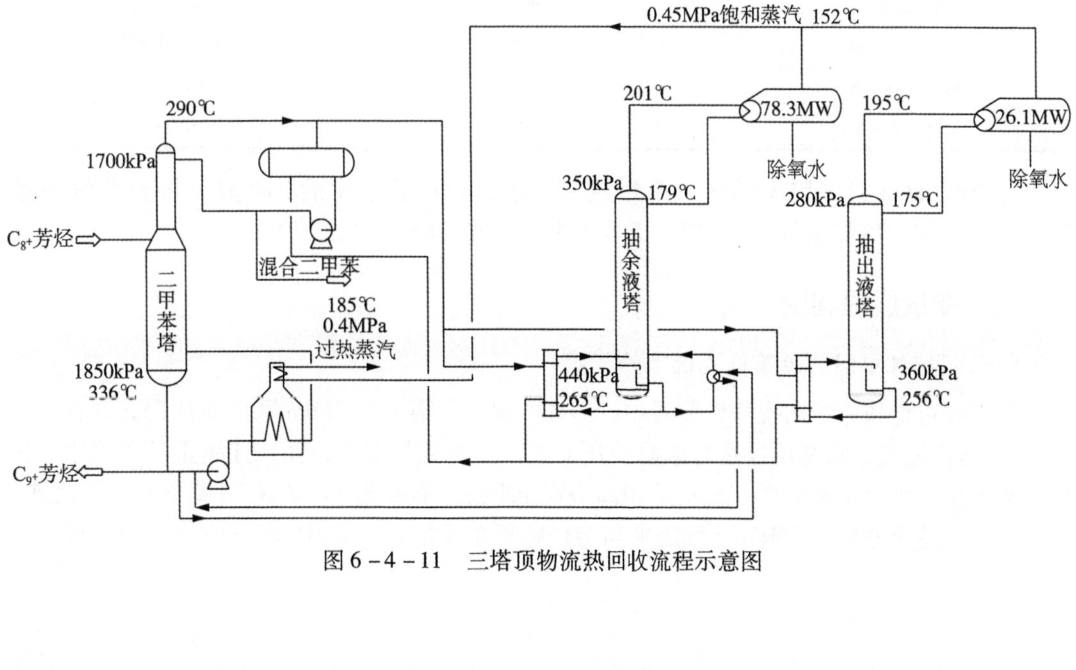

图 6－4－11　三塔顶物流热回收流程示意图

抽余液塔和抽出液塔顶发生的0.45MPa蒸汽是饱和蒸汽，不能直接送出装置，经过二甲苯塔底重沸炉的对流段过热至180～190℃后，送出装置供其他装置(如气分和硫黄等)的分馏塔作热源，或用来驱动蒸汽轮机或发电等。

以600kt/a对二甲苯装置为例，采用上述三塔顶物流热回收技术后，可发生0.45MPa蒸汽163t/h，折合成能耗为150kg标准油/tPX，扣除二甲苯塔因提压所需增加的能耗，实际节能约100kg标准油/tPX。

采用上述三塔顶物流热回收技术需要注意的有：

①0.45MPa蒸汽属于低品位蒸汽，用来驱动压缩机透平或用来发电时，透平或发电机组将选用特殊型号，会相应增加设备投资。

②二甲苯塔提压至1700kPa后，塔底温度已达336℃，塔底重组分是否会发生聚合或生焦现象还有待于工业长周期验证。

(三)重芳烃塔

在对二甲苯装置中，重芳烃塔的作用是：以C_{9+}芳烃为进料，从塔顶分出C_9芳烃和C_{10}芳烃作为歧化及烷基转移的原料，塔底脱除重组分。传统设计中，重芳烃塔采用常压操作，塔顶物流(温度为184℃)直接入空冷器进行冷却，冷后温度约150℃。

将重芳烃塔压力提高至200kPa，塔顶温度相应提高至218℃，重芳烃塔顶气相物流为重整油分馏塔底提供热源，实现重芳烃塔顶物流热回收。设置一台重整油分馏塔底蒸汽重沸器，其设计热负荷按塔底总热负荷的60%，正常操作时，作为热联合热量不足的补充及重整油分馏塔的操作调整，开停工时保证重整油分馏塔的运行。重芳烃塔顶物流热回收操作参数见表6-4-10。

表6-4-10 重芳烃塔顶物流热回收操作参数

操作条件	重芳烃塔	重整油分馏塔
塔顶压力/kPa	200	40
塔顶温度/℃	218	104
塔底温度/℃	246	178
回流比(质量)	0.93(对产品)	1.31(对进料)
塔顶负荷/MW	13.07	16.21
塔底负荷/MW	11.46	16.73

对于600kt/a对二甲苯装置，采用重芳烃塔顶热回收技术后，可减少加热蒸汽用量26.9t/h，节省空冷耗电量52.8kW，折合成能耗为31.8kg标准油/tPX。

六、能量逐级利用

(一)压缩机中间抽出蒸汽式透平的节能

在连续重整和芳烃抽提联合装置中，芳烃抽提单元需要2.2MPa蒸汽作热源，并且是由3.5MPa蒸汽通过减温减压器进行减温减压而成，存在能量损失；而在连续重整单元中，重整循环氢压缩机及重整氢增压机均采用离心式压缩机，需要3.5MPa蒸汽(背压式或凝气式)透平驱动。将压缩机3.5MPa蒸汽透平与芳烃抽提单元所需2.2MPa蒸汽综合考虑已成为近年来连续重整和芳烃抽提联合装置中节能措施之一。

以某厂1000kt/a连续重整和500kt/a芳烃抽提联合装置为例，对重整循环氢压缩机采用两种透平方案进行能耗对比：

方案一：全背压方案，即透平所需蒸汽全部由3.5MPa背压至1.0MPa，芳烃抽提单元需2.2MPa饱和蒸汽消耗量48.77t/h全部由3.5MPa蒸汽减温减压而成；

方案二：抽汽背压方案，即透平采用中间抽汽式后，抽出2.2MPa饱和蒸汽40t/h送来芳烃抽提，芳烃抽提不足的蒸汽由3.5MPa蒸汽减温减压得到。

对比结果为：方案二比方案一节省能耗1.30kg标准油/t重整进料，见表6-4-11。

表6-4-11　重整循环氢压缩机透平全背压和抽汽背压方案消耗及能耗对比

序　号	项　目	方案一全背压	方案二抽汽背压	方案二-方案一
1	重整循环氢压缩机			
	3.5MPa蒸汽/(t/h)	91.6	111.4	19.8
	1.0MPa蒸汽/(t/h)	-91.6	-71.4	20.2
2	芳烃抽提单元			
	3.5MPa蒸汽/(t/h)	41.8	3.0	-38.8
	除氧水/(t/h)	6.9	5.2	-1.7
3	合计			
	3.5MPa蒸汽/(t/h)	133.4	114.4	-19.0
	1.0MPa蒸汽/(t/h)	-91.6	-71.4	20.2
	除氧水/(t/h)	6.9	5.2	-1.7
	能耗/(kg标准油/t重整进料)	40.68	39.38	-1.30

(二)蒸汽凝结水分级扩容

通常情况下，炼化企业设置的蒸汽管网有3.5MPa、1.0MPa和0.5(或0.3)MPa三个等级。对拥有乙烯或PTA装置的炼化一体化企业还设置有10 MPa等级。芳烃联合装置需要消耗的蒸汽等级有3.5MPa、2.2MPa和1.0MPa，其中2.2MPa蒸汽是芳烃抽提装置中为了防止塔底环丁砜溶剂高温分解而设置的，是由3.5MPa蒸汽在装置内减温减压而得到，因此，芳烃联合装置会产生3.5MPa、2.2MPa和1.0MPa三个等级的蒸汽凝结水。处理蒸汽凝结水的传统办法是：设置一个等级的凝结水管网(0.5MPa)，将三个等级的凝结水混合排至该凝结水管网。这不仅造成热能和凝结水量的损失，还经常使凝结水管网出现“液击”现象。

对于1.0MPa和0.5MPa蒸汽能够在下游装置得到充分利用的炼化企业，芳烃联合装置可以设置蒸汽凝结水分级扩容，方法是：将较高压力(3.5MPa和2.2MPa)的凝结水先进行1.0MPa扩容，产生一部分1.0MPa蒸汽，扩容后的凝结水与来自其他设备的1.0MPa蒸汽凝结水混合后再进行0.5MPa扩容，再产生一部分0.5MPa蒸汽。为防止凝结水在送出装置后的管网中产生“液击”现象，0.5MPa蒸汽凝结水进行最后的常压扩容后送出装置。蒸汽凝结水分级扩容流程示意见图6-4-12。

以某厂与1000kt/a连续重整配套的400kt/a芳烃抽提为例，采用蒸汽凝结水分级扩容方案后，节约能耗5.19kg标准油/t重整进料，见表6-4-12。

表6-4-12 芳烃抽提装置凝结水处理方案能耗对比

项目	不扩容方案	分级扩容方案
3.5MPa凝结水产量/(t/h)	-32.82	—
2.2MPa凝结水产量/(t/h)	-23.22	—
1.0MPa扩容产汽量/(t/h)	—	-6.39
0.5MPa扩容产汽量/(t/h)	—	-3.31
常压扩容剩余凝结水量/(t/h)	—	-46.34
用电量/kW	—	44
能耗/(kg标准油/t重整进料)	0	-5.19

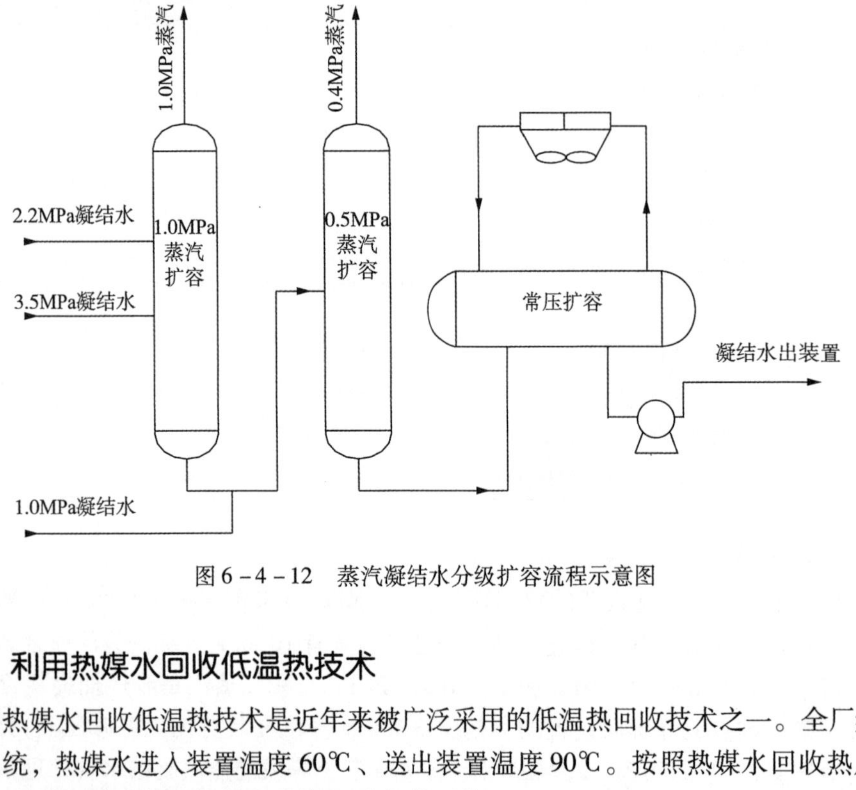

图6-4-12 蒸汽凝结水分级扩容流程示意图

七、利用热媒水回收低温热技术

利用热媒水回收低温热技术是近年来被广泛采用的低温热回收技术之一。全厂集中设置热媒水系统，热媒水进入装置温度60℃、送出装置温度90℃。按照热媒水回收热后介质温度90℃，对芳烃联合装置的低温热资源进行热回收。

(一)连续重整装置

以1000kt/a连续重整装置和芳烃抽提联合装置为例，利用热媒水回收预加氢反应产物、脱庚烷塔顶物流及二甲苯产品的低温热，共回收热量16.16MW，产出的热媒水量461t/h。回收的热量折算成能耗为5.81kg标准油/t重整进料。回收低温热情况见表6-4-13。

(二)对二甲苯装置

以600kt/a对二甲苯装置为例，采用热媒水回收歧化反应产物、歧化汽提塔顶物流及重整油分馏塔顶物流的低温热，共回收热量15.97MW，产出的热媒水量456t/h，回收的热量折算成能耗为13.55kg标准油/tPX，见表6-4-14。

表 6-4-13　1000kt/a 连续重整和芳烃抽提联合装置回收低温热情况

物流名称	压力/kPa	低温热回收前			低温热回收后	
		空冷前温度/℃	空冷后温度/℃	空冷负荷/MW	回收热负荷/MW	空冷负荷/MW
预加氢反应产物	2200	116	52	8.31	3.76	4.55
脱庚烷塔顶	100	135	50	11.10	10.08	1.02
混合二甲苯产品	500	205	40	3.18	2.32	0.86
合计	—	—	—	22.59	16.16	6.43

表 6-4-14　600kt/a 对二甲苯装置内利用热媒水回收低温热情况

对二甲苯装置	压力/kPa	低温热回收前			低温热回收后	
		空冷前温度/℃	空冷后温度/℃	空冷负荷/MW	回收热负荷/MW	空冷负荷/MW
歧化反应产物	3.00	106	50	12.32	4.01	8.31
歧化汽提塔顶	0.68	121	50	6.72	3.91	2.81
重整油分馏塔顶	0.09	115	63	10.48	8.05	2.43
合计	—	—	—	29.52	15.97	13.55

热媒水回收的热量应优先考虑在装置内充分利用，也可考虑全厂综合利用，如：为低温分馏塔(气体分馏等装置)重沸器提供热源、用于管线伴热及冬季采暖、为溴化锂制冷系统提供热动力，以建立约 10℃的全厂冷冻水系统为全厂集中提供冷源，还可以考虑低温热水发电等。

八、利用低温热发电技术

利用低温热发电是一种重要的能量回收形式，可以将低温热能直接转化成电能。在大量低温热过剩，难以找到合适的回收渠道时，利用低温热发电是一种有效途径。近年来，芳烃联合装置中分馏塔顶低温热发电技术逐渐开始工业化应用。根据低温热源温位的高低，利用低温热发电技术包括：利用低温热产生低压蒸汽，再利用低压蒸汽发电(简称"低压蒸汽发电")；利用低温热产生低温热水，再利用低温热水发电(简称"低温热水发电")。

(一)低压蒸汽发电

芳烃联合装置中抽余液塔和抽出液塔常规设计为常压塔，塔顶温度 145~160℃，冷后温度 121~130℃，塔顶温度随塔操作压力不同略有差异。抽余液塔顶和抽出液塔顶的冷凝热是两处热负荷较大的低温热。以一套 600kt/a 对二甲苯装置为例(下同)，这两处的热负荷合计为 97.4MW，折合成对每吨对二甲苯产品的能耗大于 100kg 标准油，如果这部分低温热能够部分回收，对于芳烃联合装置的节能降耗会起很大的作用。

抽余液塔和抽出液塔按常压塔操作时，塔顶可以发生 0.27MPa 的蒸汽，经过热后压力一般在 0.2MPa 左右，这个品质的蒸汽如果用来发电，则汽电转换效率低，另外，发电机组规模较大、占地面积大，投资高及投资回收期长，从技术经济角度考虑不甚合理。因此，适当提高这两台塔的操作压力，可以提高塔顶低温热回收的经济性。

将抽余液塔和抽出液塔提压操作至塔顶压力分别为0.35 MPa和0.28 MPa，塔回流温度为180℃左右，可以发生0.5 MPa的蒸汽163t/h，过热后用来发电，可净发电15600kW，净热电转化效率可达15%。该蒸汽发电系统投资约1.4亿元，每年节约操作费用0.85亿元，静态回收期为1.65年，对每吨对二甲苯产品能耗降低约50 kg标准油。蒸汽发电机组厂房占地33m×18m，透平采用板式湿空冷冷却，占地36m×30m，布置在框架及管廊上方。

(二)低温热水发电

芳烃联合装置中低于130℃的低温热源，难以用来发生蒸汽，可以利用除盐水为热媒，工艺物料分别与低温除盐水进行换热，回收的低温热集中送到热水发电机组发电。

低压闪蒸蒸汽发电技术自20世纪七八十年代开始在洛阳、长岭、锦西等炼油厂进行过尝试。发电机组热效率以及经济效益受热源温位、冷却水温度等因素影响较大，热电转换效率仅为2%~3%，透平效率和机组经济性较差，没有大规模推广应用。近年来，采用低沸点有机工质的卡琳娜循环技术(氨水混合物)、朗肯循环技术(氟利昂、戊烷等烃类)在国外得到推广，可以实现较低温度下的低温热发电。目前世界上已经有11套卡琳娜循环低温发电装置。

卡琳娜循环技术的原理是：低温热媒水与低温热源换热后，进入卡琳娜循环循环系统的氨蒸发器，与循环工质——氨水混合物在蒸发器中换热，换热后的70℃的热媒水回到装置各低温热源处循环取热。氨水混合物在蒸发器中部分蒸发，分离出来的饱和汽进入汽轮机膨胀做功，驱动发电机发电，汽轮机做功后的乏汽经冷凝冷却后循环回到蒸发器中与热媒水换热，如此形成卡琳娜动力循环。卡琳娜循环技术示意图见图6-4-13。

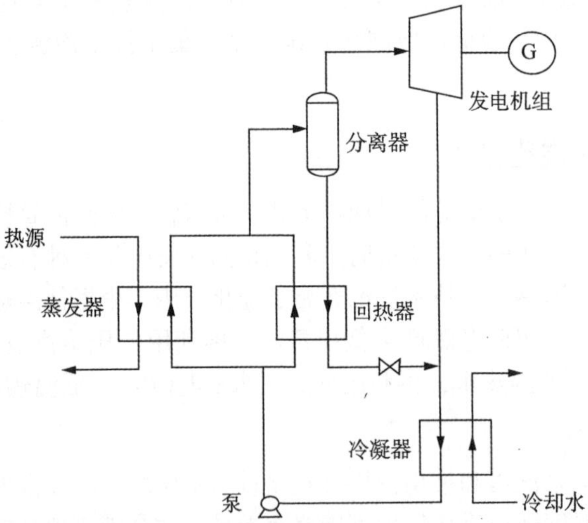

图6-4-13 卡琳娜循环技术示意图

以一套600kt/a对二甲苯装置为例，统筹利用装置内部低温热与热媒水进行换热，可产生热媒水(70~120℃)785t/h，回收热量45.57MW。通过卡琳娜循环技术进行发电，净发电量3058kW，净热电转化效率6.7%。热水发电系统投资约6千万元，节约操作费用970万元/a，静态回收期为6.2年，对每吨对二甲苯产品能耗降低5.8kg标准油。热水发电系统占地36m×18m。装置低温热及低温热水产生情况见表6-4-15，低温热水发电机组指标见表6-4-16。

表 6-4-15　600kt/a 对二甲苯装置低温热及低温热水产生情况

低温热物料名称	低温热负荷/MW	低温热源温度/℃	产生低温热水量/(t/h)(70 ~120℃)
低温热源 A	6.54	123.5	645
低温热源 B	6.29	126.1	
低温热源 C	24.69	157.4	
低温热源 D/E	5.04	117/144	88
低温热源 F	3.01	159	52
合计	45.57		785

表 6-4-16　600kt/a 对二甲苯装置低温热水发电机组指标

序　号	项　目	指　标
1	循环冷却水温度/℃	33
2	热媒水条件	
	进水温度/℃	120
	出水温度/℃	70
	热媒水流量/(t/h)	785
	输入热功率/MW	45.57
3	输出电功率(毛)/kW	3430
	循环热效率(毛)/%	7.53
4	输出电功率(净)/kW	3058
	净热电转化效率/%	6.73
5	机组自耗电功率/kW	373
6	凝汽器冷却水流量/(t/h)	3570
	冷却水出口温度/℃	43
7	消耗品	
	氨耗量/(kg/月)	280

九、技术展望

目前，利用低温热发电技术存在的问题是热效率过低。采用卡琳娜循环技术的低温热水发电机组，尽管投资回收期不长(静态投资回收期约 6 年)，但热电转化效率较低(仅为 6.7%)。低压蒸汽发电投资回收期较短(静态投资回收期小于 2 年)，经济效益良好，但热电转化效率仍然不高(15%)。因此，提高热电转化效率是利用低温热发电技术的主要发展方向，或者说，利用低温热发电技术今后能否得到广泛的工业应用取决于其热电转化效率是否能稳步提高。

参考文献

[1] 刘智勇，等. 夹点理论及其在换热网络中的优化分析[J]. 节能技术，2012，5(3)：273-277.
[2] 刘巍，邓方义，等. 冷换设备工艺计算手册(第二版). 北京：中国石化出版社，2008.
[3] 于文辉，李玮，夹点技术在重芳烃分离装置节能改造中的应用[J]. 化学工程，2010，7(7)：96-99.
[4] 夏翔鸣，徐宏，等，芳烃歧化装置综合节能技术及其应用研究[J]. 太原理工大学学报，2010，9(5)：590-592.

第七章　乙苯、异丙苯技术

乙苯和异丙苯是重要的有机化工原料和中间体，乙苯主要用于生产苯乙烯，异丙苯主要用于生产苯酚和丙酮。2012 年，全球乙苯产能和异丙苯产能分别约为35 Mt 和16 Mt，其中，我国乙苯产能约为6.2 Mt，异丙苯产能约为1.8 Mt。20 世纪 80 年代之前，乙苯和异丙苯主要采用 $AlCl_3$ 均相法或固体磷酸法(SPA)生产，但这些方法存在腐蚀和污染等问题。目前，乙苯和异丙苯在工业上均采用环保型固体酸催化剂，通过苯和烯烃的烷基化反应生产。生产技术的进步和发展使乙苯和异丙苯的产品收率和纯度得以提高，同时拓展了原料范围，降低了物耗和能耗。

本章重点讨论乙苯和异丙苯的生产技术，特别是催化剂和生产工艺。

第一节　乙苯生产技术

一、概　述

大约 99% 以上的乙苯用于生产苯乙烯，少量乙苯用于生产溶剂、稀释剂和二乙苯[1,2]。同时大约 90% 的苯乙烯都是通过乙苯脱氢获得。因此，乙苯生产技术的发展与苯乙烯生产技术的进步密切相关，苯乙烯的需求情况基本代表了乙苯的需求情况。当前世界乙苯/苯乙烯处于供略过于求的状态，但国内却随着需求增长自给率严重不足[3,4]。

除少量乙苯通过 C_8 芳烃分离生产外，98% 以上的乙苯都由苯和乙烯烷基化反应获得。传统的 $AlCl_3$ 法由于存在设备腐蚀、环境污染、维护费用高等缺点，已逐渐被淘汰。目前，乙苯的生产工艺主要包括分子筛气相法和分子筛液相法两种类型。由于烷基化反应生成的乙苯能继续和乙烯反应生成多乙苯(主要为二乙苯和三乙苯)，为了提高乙苯收率，需将多乙苯和苯再进行烷基转移反应生成乙苯。烷基化反应和烷基转移反应都为酸催化反应，酸性分子筛为催化剂的主要活性组分。

近几十年来，国内外各大石油化工公司相继开发了不同的乙苯生产工艺和催化剂[5~7]。20 世纪 70 年代末，Mobil 公司和 Badger 公司合作开发了 ZSM－5 为催化剂的气相烷基化法制乙苯 Mobil/Badger 工艺[8]。在最初的第一代和第二代工艺中，苯和乙烯的烷基化反应与苯和多乙苯的烷基转移反应在同一个反应器内进行，产品中二甲苯含量较高。第三代技术将烷基化反应器和烷基转移反应器分开，二甲苯含量大幅降低到 1000 μg/g[5]。Mobil 公司和 Badger 公司还开发了利用催化裂化干气中乙烯为原料生产乙苯的工艺，并于 1991 年实现了工业应用[9,10]。80 年代末，中国石化开发的乙苯合成分子筛催化剂及工艺技术实现了工业应用[5,8]。2004 年，中国石化又开发出 SGEB 气相法稀乙烯制乙苯催化剂及成套工艺技术，并成功应用于国内多套稀乙烯制乙苯装置[11]。

20 世纪 80 年代末开始，相继出现了以 β 分子筛或 MCM－22 分子筛为催化剂的分子筛液相法乙苯生产技术，包括 Lummus 公司和 UOP 公司联合开发的 EB - One 工艺，以及 Mobil 公司和 Badger 公司合作开发的 EB - Max 工艺，使反应能在较低的苯烯比和低温条件下进行，同时，产物中二甲苯含量大幅降低到 10 μg/g 左右[12~15]。中国石化也开发了液相法生产乙苯技术，目前已在国内大多数乙苯装置上采用[16~18]。Chemical Research & Licensing 公司和 Lummus 公司在 20 世纪 90 年代开发了催化精馏制乙苯的 CDTECH 工艺，将分子筛液相烷基化与精馏过程相结合，实现了反应分离一体化[5]。国内北京服装学院和中国科学院大连化学物理研究所(以下简称大化所)分别开展了催化蒸馏技术用于干气与苯烷基化制乙苯工艺的研究。

截止到 2013 年底，我国 35 套乙苯生产装置中采用国内技术的有 27 套，其余多采用 EB - One 或 EB - Max 等技术。减少苯烯比以降低能耗、装置大型化以及原料多样化是未来乙苯技术的发展方向。

二、反应原理

(一)化学反应

1. 主反应

烷基化和烷基转移包括两个主要反应：

苯与乙烯烷基化反应生成乙苯，反应方程式如下：

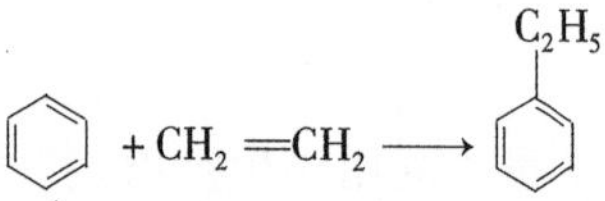
$\Delta H_{r1}^{0} = -105.44$ kJ/mol (7 - 1 - 1)

烷基化反应都是强放热反应[5]，该反应原则上是可逆反应，但在反应条件下，正向反应(烷基化)比逆反应(脱烷基)更为有利。

乙苯和乙烯会进一步发生烷基化反应生成多乙苯(二乙苯和三乙苯)，为了提高乙苯收率，需将多乙苯再和苯进行烷基转移反应生成乙苯，反应方程式如下：

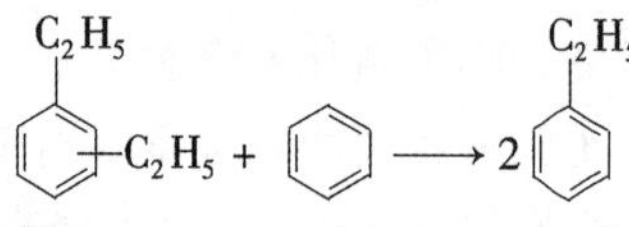
$\Delta H_{r2}^{0} = -1.35$kJ/mol (7 - 1 - 2)

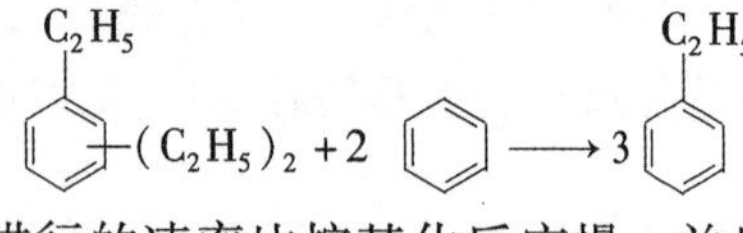
$\Delta H_{r3}^{0} = -1.44$ kJ/mol (7 - 1 - 3)

烷基转移反应进行的速率比烷基化反应慢，并且受化学平衡的限制。烷基转移反应的热效应比较小[1]。

在烷基化和烷基转移反应中，苯都是过量加入的，这有利于乙苯的生成和抑制多乙苯化合物的生成。

2. 副反应

主要的副反应为乙苯进一步烷基化生成二乙苯和三乙苯等。例如：

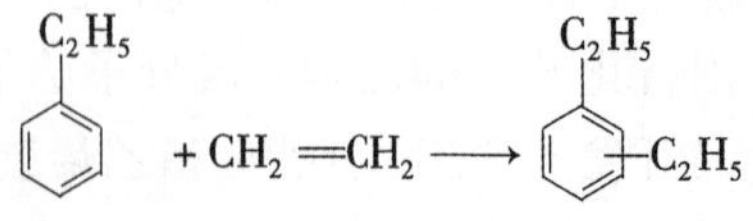
(7 - 1 - 4)

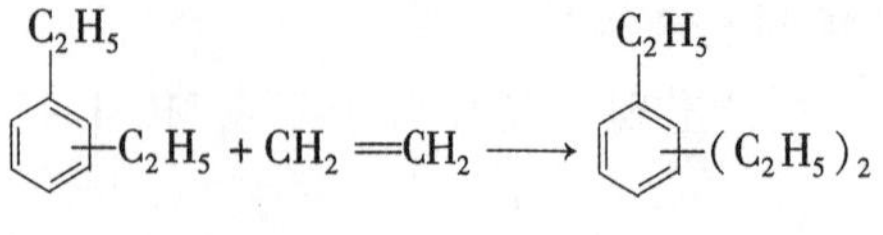
(7 - 1 - 5)

在分子筛酸性位还会发生其他的副反应，特别是在反应温度较高的气相法中，副反应更多，这些副反应产物浓度虽然很低，但一些产物如二甲苯、甲苯等会影响到乙苯产品纯度，一些重组分还会影响催化剂的寿命。生成的微量二甲苯，很难通过蒸馏和乙苯分离，对下游的乙苯脱氢生产苯乙烯及苯乙烯下游的产品质量均有较大影响。

乙烯还会在沸石分子筛上发生聚合，生成少量丁烯、己烯。乙烯聚合物也会发生裂化，生成丙烯等副产品。丙烯、丁烯和苯反应可生成丙苯和丁苯。乙苯、丙苯和丁苯都能不同程度地产生微量的甲苯和二甲苯，生成的甲苯又能和乙烯烷基化生成甲乙苯等。例如：

$$2\,CH_2{=}CH_2 \longrightarrow C_4H_8 \qquad (7-1-6)$$

$$3\,CH_2{=}CH_2 \longrightarrow C_6H_{12} \qquad (7-1-7)$$

$$C_6H_{12} \longrightarrow 2\,C_3H_6 \qquad (7-1-8)$$

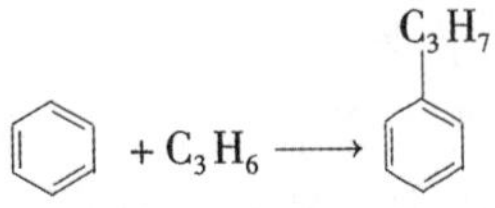
(7－1－9)

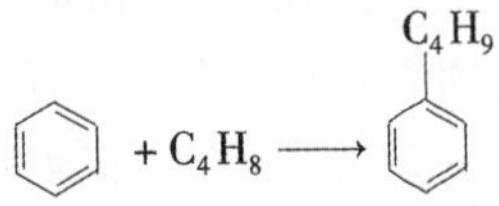
(7－1－10)

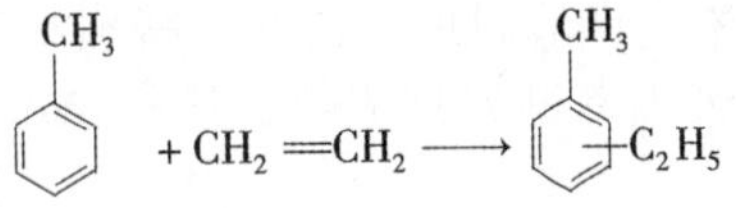
(7－1－11)

少量烷基苯也会在烷基化反应器中发生脱氢反应生成苯乙烯、丙烯基苯等。多环化合物包括二苯基乙烷和二苯基甲烷等。苯乙烯可和苯反应生成二苯基乙烷，较高级的烷基苯(丙苯、丁苯等)和苯可生成二苯基甲烷。例如：

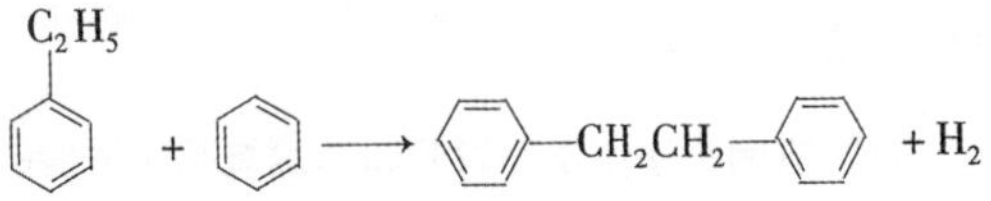
(7－1－12)

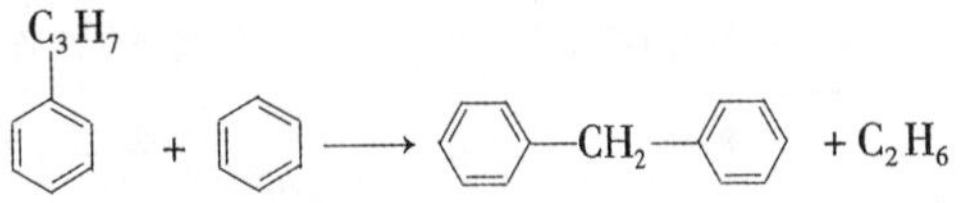
(7－1－13)

如果多环化合物循环回反应器，在催化剂表面将产生结焦而导致催化剂快速失活，因此必须将其作为重组分从系统中排出。

(二)反应机理

在分子筛等固体酸催化剂的存在下，苯与乙烯烷基化生成乙苯是典型的 Fridel－Crafts 反应，属于正碳离子机理。其反应机理可描述如下[19](图 7－1－1)：

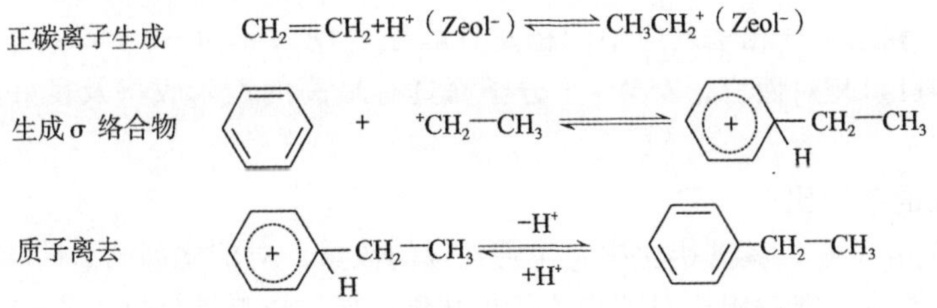

图 7－1－1　苯与乙烯烷基化合成乙苯的反应机理

苯与乙烯烷基化生成乙苯是亲电取代反应。在酸催化剂作用下，乙烯被活化生成乙基正碳离子，乙基正碳离子进攻苯环形成σ络合物，再经质子离去完成烷基化反应过程。

三、苯气相烷基化制乙苯技术

苯气相烷基化制乙苯技术是在气相条件下以苯和烷基化剂(如纯乙烯、乙醇、干气或稀乙烯等)为原料，在催化剂表面发生烷基化、烷基转移等反应，生成乙苯和其他芳烃产品，该技术的核心为催化剂及反应工艺。

(一)催化材料

由于烷基化和烷基转移两个反应过程的最佳条件不同，特别是反应温度差异较大，现有技术都将烷基化和烷基转移分开在不同的反应器中进行，并逐渐研发了单独的烷基转移催化剂，不再使用相同的催化剂以减少副产物的产生。

烷基化反应和烷基转移反应均为酸催化反应，一般以具有特定结构的酸性分子筛为催化剂的主要成分。20世纪70年代末，Mobil公司成功研发出ZSM-5分子筛，并将其应用于苯和乙烯气相烷基化制乙苯的生产中。该催化剂具有催化活性高、活性稳定性好、乙苯选择性高等优点，特别是ZSM-5分子筛无超笼结构，具有很强的抗结焦能力。为了提高原料的适应性，拓展乙苯生产原料的多样性，将稀乙烯(干气)、乙醇或焦化苯等作为反应原料来合成乙苯的技术也逐渐发展成熟，该类技术主要以改性ZSM-5分子筛作为催化剂。

1. 纯乙烯气相法催化材料

(1)分子筛类型

杨为民等[20]比较了ZSM-5、ZSM-11、ZSM-5/ZSM-11和ZSM-23催化剂对苯和乙烯的反应性能的影响，结果见表7-1-1。

表7-1-1 不同分子筛类型对苯和乙烯烷基化性能的影响

分子筛类型	乙烯转化率/%	乙基选择性/%	重组分/乙苯/%(质量)
ZSM-5	87.81	98.23	4.86
ZSM-5/ZSM-11	72.90	98.60	10.70
ZSM-11	81.17	98.93	9.06
ZSM-23	67.42	99.57	5.19

由表7-1-1可知，催化剂的活性顺序依次为ZSM-5>ZSM-11>ZSM-5/ZSM-11>ZSM-23。催化剂上生成的重组分含量越高，催化剂越容易结焦，稳定性也越差。因此，这几种分子筛在苯和乙烯气相法反应中的稳定性顺序表现为ZSM-5>ZSM-23>ZSM-11>ZSM-5/ZSM-11。相对而言，ZSM-5分子筛具有最高的乙苯收率及良好的稳定性，综合性能最佳。

(2)分子筛的硅铝比

对于相同的分子筛，其硅铝比决定了活性位的数量，对催化剂的活性和稳定性的影响至关重要。ZSM-5分子筛硅铝比对苯和乙烯烷基化性能的影响结果见表7-1-2。

表 7-1-2　ZSM-5 分子筛硅铝比对苯和乙烯烷基化性能的影响

硅铝比	乙烯转化率/%	乙基选择性/%	失活速率/(%/h)
55	91.85	87.58	0.852
82	83.76	93.19	0.790
91	81.23	94.37	0.314
120	74.31	94.86	0.302
142	58.26	95.28	0.291
165	55.34	95.85	0.256

由表 7-1-2 可知，随着 ZSM-5 分子筛硅铝比的提高，乙烯转化率下降，而乙基选择性及催化剂的稳定性提高[21]。这是因为随着硅铝比的提高，分子筛骨架中铝原子含量降低，B 酸密度下降，因此催化活性降低，副反应减少，稳定性提高。

(3) 晶粒大小

在固定合成母液配比的条件下，通过改变晶化温度和搅拌速度等合成条件，制得一系列硅铝比相同而晶粒尺寸不同的 ZSM-5 分子筛，用以考察 ZSM-5 的晶粒尺寸对烷基化反应的影响，结果见 7-1-3。

表 7-1-3　ZSM-5 分子筛晶粒大小对苯和乙烯烷基化性能的影响

晶粒大小/(μm×μm)	乙烯转化率/%	乙基选择性/%	失活速率/(%/h)
5×9	59.85	95.56	0.307
3×3	69.23	94.48	0.298
1×2	70.56	93.76	0.274
1×1	72.98	93.52	0.251

由表 7-1-3 可知，分子筛晶粒减小，乙基选择性有所下降，而乙烯转化率和催化剂稳定性明显提高[21]。这主要是由于小晶粒 ZSM-5 催化剂表面积大，有效活性中心多，反应活性高，但外表面酸中心比率的提高使得副反应加剧，从而导致选择性下降。另外，小晶粒分子筛的孔道短，反应物或产物在孔道内的停留时间短，发生脱氢、聚合或生成多烷基芳烃及多环化合物的机会减少，催化剂结焦的速度较慢，故稳定性好。

(4) 晶化时间

孙洪敏等[21]考察了晶化时间对 ZSM-5 分子筛结晶度及其催化苯和乙烯烷基化反应性能的影响，结果见表 7-1-4。

表 7-1-4　晶化时间对苯和乙烯烷基化性能的影响

晶化时间/h	相对结晶度/%	乙烯转化率/%	乙基选择性/%	二甲苯/乙苯/10^{-3}	C_{10+}/乙苯/10^{-3}	失活速率/(%/h)	结焦量/%
55	10	35.3	99.6	0.435	4.085	1.67	4.7
70	66	57.3	99.4	0.780	6.275	1.83	5.6
90	98	88.8	99.2	1.761	9.266	1.95	6.9
110	98	89.2	98.9	2.017	10.692	2.08	8.1
130	98	90.7	97.1	2.534	13.240	2.15	8.4
150	98	90.8	96.6	3.120	15.329	2.34	9.1

由表7-1-4可知，晶化初期，由于无定形物相居多，故其催化活性很低。晶化90 h时，催化剂显示出最佳的催化性能，活性和选择性均较高，并且结焦量和平均失活速率较低，活性稳定性较高。继续延长晶化时间，催化剂上乙烯转化率略有升高，但副产物二甲苯和C_{10+}含量明显增加，乙苯选择性显著下降，而且结焦量逐渐增加，平均失活速率明显加快，活性稳定性变差。这主要是由于分子筛晶粒的外表面逐渐富铝，表面硅铝比降低，酸中心密度增加，导致一些非选择性副反应明显加剧。因此，在分子筛的合成过程中，控制适当的晶化时间，对改善分子筛的催化性能具有很重要的作用。

(5)改性方法

分子筛的改性可调变其酸性质，一般认为，某些强酸位的存在是导致分子筛催化剂失活的主要原因。为了降低催化剂的失活速率，提高其稳定性，必须抑制强酸中心。对ZSM-5改性的方法有离子改性、水热处理、氨水改性、预结焦、气固相置换、化学气相沉积、外表面中毒等。以稳定性较好的ZSM-5分子筛为基准，通过磷改性、水蒸气改性、预结焦改性和添加两种元素改性等，得到一系列改性催化剂[22]，分子筛改性对苯和乙烯烷基化性能的影响结果见表7-1-5。

表7-1-5 分子筛改性对苯和乙烯烷基化性能的影响

改性方法	乙烯转化率/%	乙基选择性/%	失活速率/(%/h)
未改性	65.50	94.55	0.244
磷改性	49.27	96.57	0.280
水蒸气改性	45.65	97.50	0.163
预结焦改性	45.72	94.34	0.215
镧镁改性	42.16	97.54	0.165

由表7-1-5可知，水蒸气处理、预结焦、添加两种元素改性均可提高ZSM-5分子筛的稳定性，其中，水蒸气处理得到的改性催化剂失活速率最慢。

2. 干气法制乙苯催化材料

Mobil/Badger公司首先开发了基于催化裂化干气中的乙烯为原料生产乙苯的催化剂及工艺技术，并于1991年在英国Stanlow建成世界上第一套催化裂化干气制乙苯装置，规模为160kt/a[8,10]。但是该技术要求对催化裂化干气进行脱水、脱硫处理，并利用深冷分离除去丙烯，然后才能与苯进行烷基化反应生产乙苯，造成工艺流程过于复杂，经济性降低。

中国科学院大连化学物理研究所(以下简称大化所)开发了ZSM-5/ZSM-11高硅混晶沸石分子筛[23,24]，其中，ZSM-5具有椭圆形十元环直孔道(0.54 nm×0.56 nm)和正弦形孔道(0.51 nm×0.54 nm)，ZSM-11由椭圆形十元环二维直孔道(0.51nm×0.55 nm)相交而成。该分子筛具有很强的抗杂质(H_2S、CO_2和CO)能力及水热稳定性，可简化干气预处理过程，在反应温度350~450℃、压力1.0~1.2 MPa、乙烯WHSV 0.8~2.5 h^{-1}的反应条件下，干气中乙烯转化率达90%以上，乙烯生成乙苯加二乙苯的选择性为80%~95%，催化剂的单程操作时间可达50天。之后，通过催化剂和工艺的改进，乙烯转化率提高到99%，乙基选择性达99%，产品中二甲苯含量约900μg/g，并使催化剂单程寿命也得到大幅延长[10,25,26]。

王利等[27]在固定床反应器上研究了催化裂化干气制乙苯过程中二甲苯的生成，发现丙苯和丁苯烷基转移有利于甲苯生成，二甲苯主要由甲苯歧化、甲乙苯裂化和歧化生成，尤其是甲乙苯易于生成二甲苯。

徐龙伢等[23]对苯和干气烷基化制乙苯催化剂的结焦过程进行了动力学研究，发现乙烯、丙烯和乙苯比苯更容易使催化剂结焦，结焦过程主要发生在催化剂酸性中心，催化剂的择形选择性可以降低催化剂的结焦并提高催化剂稳定性。此外，对催化剂的烧焦再生过程进行了研究，发现催化剂失活的主要原因是结焦堵塞了分子筛的孔道和覆盖了酸性中心，在550℃使用 O_2 体积浓度为0.25% ~2%的 O_2/N_2 能使结焦完全烧除，使催化剂活性恢复[28]。

Graf 等[29]使用 ZSM－5 催化甲烷氧化偶联生成的稀乙烯进行烷基化来制备乙苯，在反应温度360℃下，乙烯转化率达95%以上，乙苯收率达90%以上，原料中的杂质如 CO、CO_2、CH_4、C_2H_6 和 H_2O 等对反应活性和选择性没有影响。

宦明耀等[30]对比了改性 ZSM－5 分子筛和参比催化剂对苯和催化裂化干气中乙烯的气相烷基化反应的催化性能。结果表明，改性催化剂的乙基选择性高于参比催化剂，产物中的二甲苯和总杂质含量小于参比催化剂，稳定性优于参比催化剂，并获得了匹配于该改性分子筛催化剂的较佳工艺条件，即反应温度350 ~380℃、反应压力0.5 ~0.9 MPa、苯烯比4.0 ~7.0、乙烯重时空速0.4 ~0.7 h^{-1}。同时，在优化的工艺条件下进行了两种催化剂的1000h寿命实验，结果显示，反应产物中乙苯含量没有下降的趋势，改性催化剂和参比催化剂的乙烯转化率分别为99.99%和99.96%，乙基选择性分别为80%和77%，二甲苯含量分别为871μg/g 和2223μg/g 左右。

3. 乙醇法制乙苯催化材料

苯与乙醇烷基化制乙苯工艺中，采用乙醇作为烷基化剂，具有原料的运输和储存方便、工艺操作简单的特点。虽然乙烯和乙醇作为烷基化剂对烷基化反应性能影响不大[31]，但苯和乙醇烷基化过程中会产生大量水蒸气，因此除了要求催化剂具有较高的抗结焦能力，尤其需要催化剂具有良好的水热稳定性。近年来，国内外特别是国内对乙醇法的研究有较多的文献报道[32~37]，主要集中在筛选水热稳定性优异的催化材料。国内已经有苯和乙醇烷基化工艺的工业装置建成[38]，但由于乙醇价格波动较大，对乙醇法的应用产生了一定限制。

中国石化采用高温水蒸气和磷酸处理的方法对 SiO_2/Al_2O_3 为30 ~400、晶粒直径为5 ~350nm 的 ZSM－5 分子筛进行改性，并添加一定比例的碱土金属，获得的乙醇法制乙苯催化剂具有稳定性好、再生周期长的特点[39]。

中国科学院山西煤炭化学研究所对苯和乙醇气相烷基化反应做了一系列工作。考察了丝光沸石、β分子筛、SAPO－11 和 HZSM－5 四种分子筛的苯和乙醇的烷基化性能，发现丝光沸石和β分子筛失活快，SAPO－11 活性低，HZSM－5 分子筛具有较高的反应活性和较长的使用寿命，是比较合适的催化剂，适量磷改性能提高乙苯选择性[34]。他们合成出不同晶粒大小的 ZSM－5 分子筛，并在固定床反应器上对其进行了苯与乙醇烷基化反应性能的评价。结果表明，酸性弱、酸量少的小晶粒 ZSM－5 催化剂上乙苯选择性和苯的转化率能同时达到最优[33]。使用 Zn、Fe 和 Ti 改性能有效调变酸性，使乙苯选择性提高[35,40]。

Odedairo 等研究了不同链长度的醇和苯在分子筛上的烷基化反应，ZSM－5 比丝光沸石具有更好的催化苯和乙醇生成乙苯的选择性[41]。Vijayaraghavan 等使用 Al－P－O 大孔分子筛考察了苯和乙醇烷基化反应性能，在 MnAPO－5 上乙苯收率为14%，二乙苯收率为17%[42]。王祥生等使用纳米 ZSM－5 催化焦化苯和乙醇烷基化反应，水热处理和稀土金属改性后 ZSM－5 的催化性能和活性稳定性获得了显著提高[43,44]。李建军等用 NaOH 对 ZSM－5 改性，低浓度碱能调变孔结构，提高反应活性，碱浓度过高，则会破坏 ZSM－5 骨架[32]。此外，还有用碳酸二乙酯和草酸二乙酯等和苯进行烷基化反应合成乙苯的报道[45,46]。

4. 烷基转移催化材料

与苯和乙烯烷基化相比，在烷基转移反应器中，多乙苯并不能完全转化，未反应的多乙苯通过再循环使用。未反应的多乙苯也会在催化剂酸性位生成聚合物而影响催化剂的活性、稳定性。

孙洪敏等[47,48]采用硅铝比大于 70、晶粒小于 1μm 的 ZSM－5 分子筛原粉，经过焙烧除有机胺，与黏结剂湿混挤条成型，再经离子交换、焙烧，制成氢型分子筛催化剂，并进行水热改性制得了气相法烷基转移制乙苯催化剂，该催化剂具有较高的反应活性、选择性和稳定性。此外，他们还研究了反应温度、反应压力、苯与二乙苯质量比、重时空速等工艺条件对该反应的影响。

赵雪松等[49,50]以 ZSM－5/ZSM－11 共结晶分子筛为活性组分，在固定床反应装置上对气相法烷基转移和二乙苯与苯烷基转移的动力学进行了考察。

Cavani 等[51]发现以 β 分子筛为催化剂，在液相条件下，苯和二乙苯的烷基转移反应在 270℃以下具有高乙苯选择性。

贺健等[52]研究了改性 Y 分子筛在苯和乙醇制乙苯工艺中的液相烷基转移反应性能，得到一种活性较高、稳定性较好的催化剂。考察了催化剂在液相烷基转移反应中的催化性能，并得到较佳的工艺条件，即反应温度 120～230℃，反应压力 3.0～3.8 MPa，苯和二乙苯质量比 2.0～8.0，总物料空速 0.5～3.3 h^{-1}。

5. 乙烷法合成乙苯催化材料

乙烯可由乙烷裂解等制备，国外研究者曾尝试将裂解气直接用于与苯的烷基化反应，但由于裂解气中含有一定量炔烃和二烯，会使催化剂迅速失活。

Dow 化学公司公开了一种由苯和乙烷制乙苯的过程，该过程包括两个步骤。第一个步骤：乙烷在丝光沸石和含有镓、锌、铂族金属或其混合物为催化剂的作用下进行脱氢反应形成含有乙烯的产物，在催化脱氢条件下，产物中几乎没有乙炔和二烯；第二个步骤：在酸性催化剂下，苯和其中的稀乙烯进行反应，生成乙苯[53,54]。

Lukyanov 等尝试使用 PtH－MFI 双功能催化剂用于苯和乙烷直接烷基化制乙苯，发现在该催化剂上可获得较高的苯转化率和乙苯选择性，在反应温度 370℃时，苯转化率可达到 10%～12%，接近理论平衡值 13.5%。反应在该催化剂上由两个步骤组成：乙烷在 Pt 上脱氢生成乙烯；苯和乙烯在酸性中心生成乙苯[55,56]。

（二）工业催化剂

1. 纯乙烯气相法烷基化催化剂

1999 年 9 月，中国石化成功开发的 AB－96 气相烷基化制乙苯分子筛催化剂在盘锦华锦乙烯有限责任公司 66 kt/a 乙苯引进装置上成功应用，结果见表 7－1－6。催化剂使用寿命达 3 年多，期间经历了各种工况条件变化，装置运转正常，产品质量稳定。该催化剂具有生产负荷大、反应活性高、二甲苯含量低、稳定性好以及使用周期长等特点[57～59]。

表 7－1－6　AB－96 型催化剂在盘锦乙烯 66 kt/a 乙苯装置的工业应用

项　目	第一再生周期		第二再生周期	
	第一次标定	第二次标定	第三次标定	第四次标定
乙烯重时空速/h^{-1}	3.25	3.33	3.31	3.28
负荷/%	101.3	103.5	103.0	102.0
苯/乙烯摩尔比	7.13	7.07	7.04	7.14
反应器入口温度/℃	411.0	414.8	411.8	415.5
反应器出口温度/℃	436.2	435.7	436.2	435.2
反应器入口压力/MPa	2.036	2.072	2.035	2.073
乙烯总转化率/%	99.88	99.74	99.86	99.73
乙苯与多乙苯选择性/%	99.57	99.81	99.73	99.81
二甲苯含量/(μg/g)	317.0	303.0	310.0	296.7

中国石化之后在分子筛的合成和改性技术方面进一步创新，开发的 AB－97 催化剂的反应性能得到进一步的提高[60,61]。AB－97 催化剂在第一个运转周期和再生后的标定结果见表 7－1－7。

表 7－1－7　AB－97 型催化剂工业应用的标定数据

项　目	半年	一年	再生后
乙烯进料/(kg/h)	2990	2951	3217
苯进料/(kg/h)	59800	60820	61509
乙烯重时空速/h^{-1}	1.99	1.97	2.09
苯/乙烯摩尔比	7.18	7.4	6.86
反应温度/℃	389	389	389
反应压力/MPa	1.62	1.70	1.67
乙烯总转化率/%	99.94	99.51	99.94
乙苯与多乙苯选择性/%	99.66	99.27	99.62

由表 7－1－7 可知，在反应入口温度 389℃、乙烯重时空速 1.97～1.99h^{-1} 的条件下，乙烯总转化率为 99.51%～99.94%，乙基选择性达到 99.27%～99.66%。此外，催化剂经再生后，反应性能可恢复到新鲜催化剂的水平。AB－97 催化剂的活性稳定性好，再生周期长，能满足长周期高负荷运转，提高装置的生产能力。

为了进一步提高产物的选择性，中国石化又开发了高选择性的 AB－05hs 烷基化催化剂，将 AB－97 和 AB－05hs 催化剂进行组合装填，不仅可以保持高的乙烯转化率，更能提高乙苯的选择性、降低反应液中的二甲苯含量，从而提高产品乙苯的纯度。AB 系列催化剂先后成功应用于盘锦乙烯工业公司 66kt/a、中国石油大庆石化公司（以下简称大庆石化）66kt/a、中国石化广州分公司（以下简称广州石化）84kt/a 和常州东昊化工有限公司（以下简称常州东昊）160kt/a 等纯乙烯气相法制乙苯装置上。

2. 气相法烷基转移催化剂

为了配合 AB 系列纯乙烯气相法制乙苯催化剂的使用，中国石化开发了以改性 ZSM－5 为主要活性成分的烷基转移催化剂 AB－97－T[62]。2003 年 7 月，AB－97－T 烷基转移催化剂在大庆石化 66 kt/a 引进装置上进行了工业应用试验，开车一次成功，标定结果见表 7－1－8。

表 7－1－8 AB－97－T 烷基转移催化剂工业应用的标定数据

项目	第一次标定(开车后一个月内)	第二次标定(再生前一个月内)	第三次标定(再生后一个月内)
反应器入口温度/℃	430.0	439.0	432.0
反应器入口压力/MPa	0.62	0.67	0.64
苯/二乙苯质量比	3.10	2.91	3.20
总重时空速/h^{-1}	33.5	35.5	34.9
二乙苯转化率/%	59.1	41.5	60.7
乙苯选择性/%	100.0	100.0	100.0

由表 7－1－8 可知，在烷基转移反应器入口温度 430.0～439.0℃、入口压力 0.62～0.67 MPa、总空速 33.5～35.5 h^{-1}，二乙苯转化率为 59.1%～41.5%，乙苯选择性为 100.0%。

2005 年 9 月，AB－97－T 烷基转移催化剂在广州石化进行工业应用，并稳定运行了 25 个月。该催化剂的特点是能满足高负荷的反应条件，反应活性高，在较低反应温度条件下，同样可以保证二乙苯的高转化率，且降低能耗。

3. DF－AS 乙醇法烷基化催化剂

随着生物质制乙醇和煤制乙醇技术的不断开发，乙醇的价格有望大幅度降低，为苯和乙醇直接烷基化制乙苯技术的开发和应用提供了可能性。中国石化通过使用水蒸气脱铝、磷修饰、稀土金属修饰等改性方法，获得了抗水耐硫性能优异的 DF－AS 乙醇法烷基化催化剂，大幅延长了催化剂的再生周期和使用寿命[39,63,64]。2010 年 10 月，该催化剂成功应用于山东菏泽玉皇化工有限公司(以下简称玉皇化工)215 kt/a 乙苯装置[38]，具有高抗水耐硫性、高活性稳定性和高乙苯选择性等特点。图 7－1－2 是 DF－AS 乙醇法烷基化催化剂的工业运行情况。

由图 7－1－2 可知，在反应温度 360～400℃、压力 1.0～1.8 MPa、苯醇比 6.0～7.0 的反应条件下，乙醇转化率接近 100%，乙基选择性大于 99%，产品中乙苯纯度超过 99.7%，该催化剂的单程寿命大于 12 个月。

4. 干气烷基化制乙苯催化剂和烷基转移催化剂

大化所研发的干气制乙苯第三代技术所用的催化剂 DL0802A 为气相烷基化催化剂，主要活性组分为 ZSM－5/ZSM－11 混晶分子筛。该催化剂的特点是催化裂化干气不经精制直接烷基化，具有较好的催化反应性能；DL0801 为液相烷基转移催化剂，主要活性组分为 β 分子筛，能在较低温度下催化苯和多乙苯的烷基转移反应，并大幅降低二甲苯含量。该催化剂已在锦西石化、锦州石化、华北石油管理局、大庆中蓝石化等多套工业装置上进行工业应用[27,65]。

5. 稀乙烯烷基化制乙苯催化剂

中国石化在纯乙烯气相法制乙苯的研究基础上，通过 ZSM－5 合成条件的优化及一系列改性处理，开发出了以 ZSM－5 为主要活性组分的 SEB－08 稀乙烯烷基化制乙苯催化剂[11,66]。2009 年 8 月，SEB－08 稀乙烯制乙苯催化剂在海南实华嘉盛化工有限公司(以下简称海南实华嘉盛）85 kt/a 干气制乙苯生产装置上成功进行了工业应用。在反应温度 345 ~ 375℃、压力 0.75 ~ 0.95 MPa、乙烯重时空速 0.3 ~ 0.5 h^{-1}、苯烯摩尔比 5.5 ~ 7.0 的反应条件下，乙烯转化率为 97.3% ~ 99.6%，乙基选择性为 99.6% ~ 99.9%。

图 7 - 1 - 3 是 SEB - 08 稀乙烯烷基化制乙苯催化剂在 2011 年 9 月 ~ 2012 年 8 月于青岛炼化的工业运行情况。

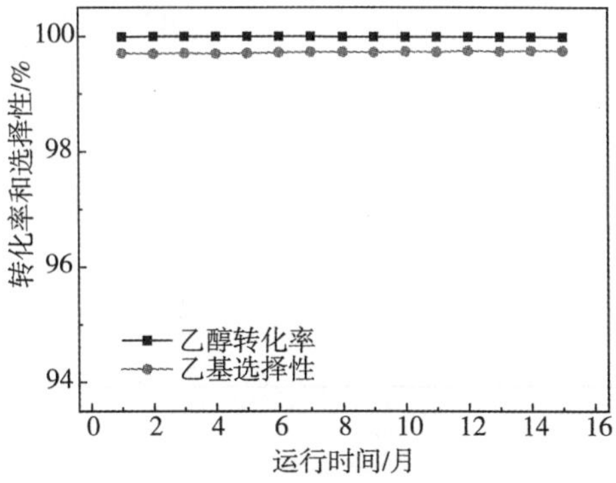

图 7 - 1 - 2　DF - AS 乙醇法烷基化催化剂的工业运行情况

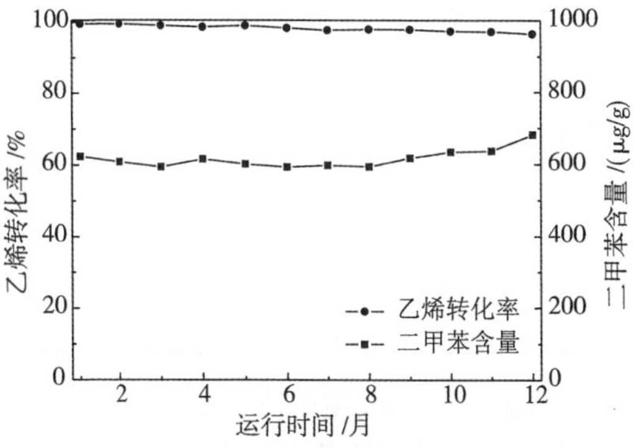

图 7 - 1 - 3　SEB - 08 稀乙烯烷基化制乙苯催化剂的工业运行情况

由运行数据来看，该催化剂具有高活性及高稳定性的特点，乙烯转化率始终维持在 96% 以上，催化剂再生周期大于 12 月。此外，该催化剂还具有处理量大、选择性好、二甲苯和杂质生成量少、抗工艺波动能力强和使用前不需要活化等特点。

截止到 2013 年底，SEB - 08 催化剂已先后应用于海南实华嘉盛 85kt/a 乙苯装置、中国石化青岛炼化化工有限责任公司（以下简称青岛炼化）90 kt/a 乙苯装置、广州石化 85kt/a 乙苯装置、中国石化长岭分公司（以下简称长岭石化）120 kt/a 乙苯装置、中国石化安庆分公司（以下简称安庆石化）80 kt/a 乙苯装置、中国石油大庆炼化公司（以下简称大庆炼化）100kt/a 乙苯装置和中国石化湛江东兴石油化工有限公司（以下简称湛江东兴）60 kt/a 乙苯装置等。见表 7 - 1 - 9。未来几年还将应用于中国石化九江分公司（以下简称九江石化）、中海石油东方石化有限公司（以下简称海南东方）和中海石油宁波大榭石化有限公司（以下简称宁波大榭）等稀乙烯制乙苯装置。

（三）工艺流程和工艺条件

1. 纯乙烯气相法制乙苯工艺

1980 年，世界上第一套分子筛气相烷基化制乙苯工业装置在美国得克萨斯州的 Bayport 试验成功，之后该工艺在乙苯技术市场迅速推广。我国在“八五”期间引进了该技术，在盘锦乙烯公司、大庆石化和广州石化共建了 3 套纯乙烯气相法制乙苯生产装置，相继于 1995 年和 1996 年建成投产。

自 1993 年起，中国石化开始进行纯乙烯气相法工艺技术的开发[66,67]，先后完成了催化剂国产化、传统工艺的气相法清洁技术改造、引进装置的扩能改造，并建成国内最大的 160kt/a 气相法制乙苯装置，实现了纯乙烯气相法制乙苯技术的国产化，成为世界上第二个拥有该技术的国家。

表 7-1-9 SEB-08 稀乙烯烷基化制乙苯催化剂的工业应用

企业名称	装置规模/(kt/a)	应用年份
海南实华嘉盛	85	2009
青岛炼化	90	2011
广州石化	85	2011
长岭石化	120	2012
安庆石化	100	2013
大庆炼化	100	2013
湛江东兴	60	2013
海南东方	120	2014
宁波大榭	300	2015
九江石化	80	2015

(1)原料、产品及主要反应指标

纯乙烯气相法制乙苯工艺中的原料苯应满足《石油苯》国家标准 GB/T 3405—2011，原料乙烯应满足《工业用乙烯》国家标准 GB/T 7715—2003，乙苯产品符合《工业用乙苯》石化行业标准 SH/T 1140—2001(详见附录二)。

苯和乙烯烷基化在反应温度388℃、压力1.6 MPa、乙烯重时空速2.17 h^{-1}、苯烃摩尔比为6.5的反应条件下，乙烯转化率为99.89%，乙基选择性为99.61%。苯和多乙苯的烷基转移反应在反应温度430～439℃、压力0.62～0.67 MPa、苯/二乙苯质量比2.9～3.1，总重时空速34 h^{-1}的反应条件下，二乙苯转化率约为44%，乙基选择性接近100%。此时所得产品中乙苯纯度高于99.8%，二甲苯含量低于800μg/g，原料苯单耗为0.7373t/t乙苯，原料乙烯单耗为0.2644t/t乙苯，综合能耗约为25kg标准油/t乙苯。

(2)工艺流程

中国石化纯乙烯气相烷基化制乙苯技术采用气相烷基化和气相烷基转移工艺，工业装置流程如图7-1-4所示。

该工艺主要包括反应和精馏两个部分。烷基化反应器由六段装有分子筛催化剂的床层组成。乙烯分六股物流分别进入反应器的六段床层，苯主要从第一催化剂床层进入反应器。为了控制六段床层在基本相同的温度下反应，在段间引入冷的循环反应液控制每段床层的起始温度，烷基化反应产物经换热后送至苯精馏塔回收苯。

新鲜苯是从苯塔进入装置，其主要目标是脱出水等其他杂质，苯塔塔顶产出的回收苯送往烷基化反应器和烷基转移反应器，含有乙苯和多乙苯的塔釜物流送往乙苯塔。产品乙苯从乙苯塔塔顶采出，多乙苯在多乙苯塔中精制后从侧线采出并送往烷基转移反应器。

多乙苯与来自苯塔回收苯混合，经过加热后进入烷基转移反应器。在烷基转移反应器中，多乙苯与苯在430℃下进行烷基转移反应，多乙苯转化率为44.3%，乙苯选择性接近100%。

烷基转移反应器的反应物流送到稳定塔分离中脱出轻烃，苯、乙苯等较重的组分从塔釜采出并送往苯塔，轻烃等不凝气送去作燃料。

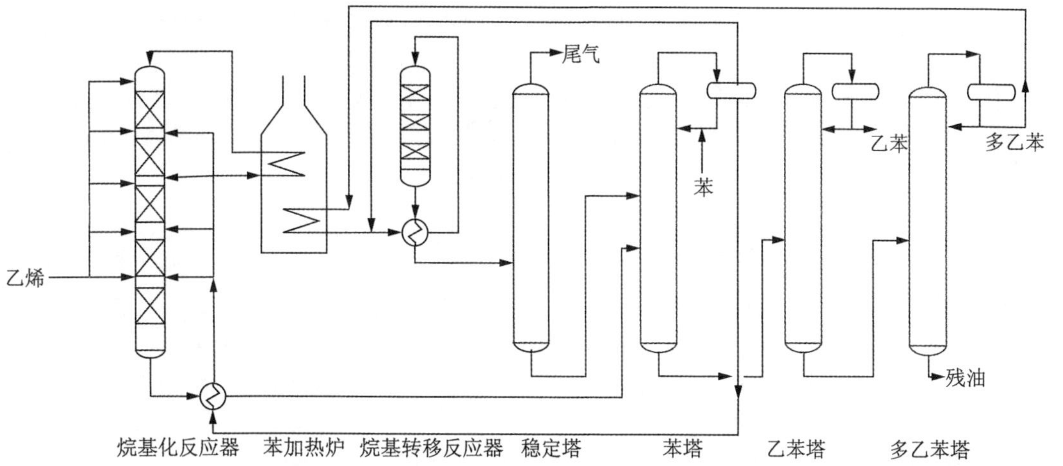

图7-1-4　中国石化纯乙烯气相法制乙苯流程图

(3)装置组成和主要设备

纯乙烯气相法烷基化制乙苯工业装置主要由反应系统和精馏系统两部分组成。反应部分主要包括烷基化反应系统和烷基转移反应系统，精馏系统主要包括苯塔、乙苯塔、多乙苯塔和轻组分脱除塔等。

反应系统的主要设备有反应器进料加热炉、再生气加热器、烷基化反应器和单床层的烷基转移反应器等。

由于气相烷基化制乙苯的反应是放热反应，因此反应器设计时对反应器的传热要求比较高，所以一般针对该工艺过程的反应器都是采用多段绝热式固定床反应器，内部设有四段或者六段催化剂床层。每个催化剂床层之间安装气体分布器供引入急冷苯蒸气和补充乙烯，这样可以及时移走部分反应热，有效控制要求的反应条件，使烷基化反应在最佳工艺条件下进行，有利于提高反应的选择性和产品乙苯的纯度。

多段绝热式固定床反应器是一圆筒形耐压反应器。反应物料从上而下通过反应器，反应器顶部设有气体分布器，分布器上开有数排小孔，使气体均匀分布；反应器底部设有反应气体出口管，此外每一段催化剂床层之间都设有人孔，供催化剂装填用。

(4)工艺条件的影响

1)反应温度

催化剂活性随温度的升高而升高，但苯和乙烯烷基化反应是放热反应，热效应很大，反应温度升高将不利于化学平衡，而且反应温度升高，会使二甲苯等副产物含量提高，且加速催化剂失活。因此需要选择合适的反应温度进行苯和乙烯的烷基化反应，一般工业装置的反应温度为350~400℃，通常开工初期在较低的温度下进行，随着催化剂失活可逐渐提高反应温度。见图7-1-5。

2)反应压力

苯和乙烯烷基化是体积减小的反应，因此提高压力有利于化学平衡向正反应方向移动，随压力提高，苯和乙烯的转化率提高，乙基选择性略有下降，但压力过高则能耗较高，一般压力控制在0.5~1.5 MPa。见图7-1-6。

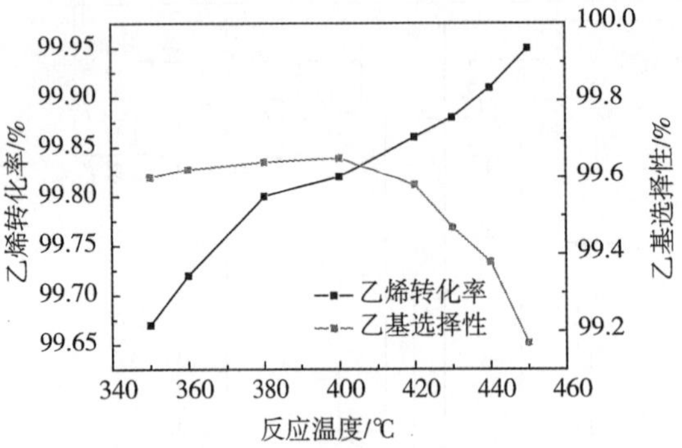

图7-1-5　反应温度对催化性能的影响

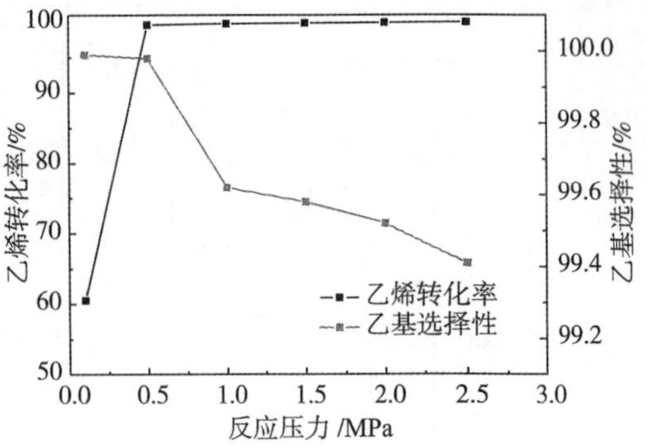

图7-1-6　反应压力对催化性能的影响

3)苯烯比

苯烯比增加将导致苯的转化率下降，乙基选择性增加，二甲苯含量明显下降，表明高的苯烯比有利于抑制二甲苯的生成；但过高的苯烯比会造成大量的苯循环，导致能耗增加，因此适宜的苯烯比为5.0～7.0。见图7-1-7。

4)乙烯重时空速

随着乙烯空速的增加，乙烯转化率逐渐减小，因此要保证较高的乙烯单程转化率，适宜的乙烯重时空速为2.0～3.0 h^{-1}。见图7-1-8。

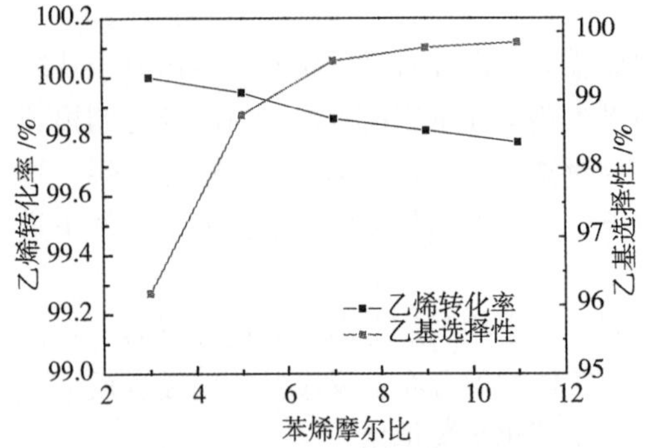

图7-1-7　苯烯比对催化性能的影响

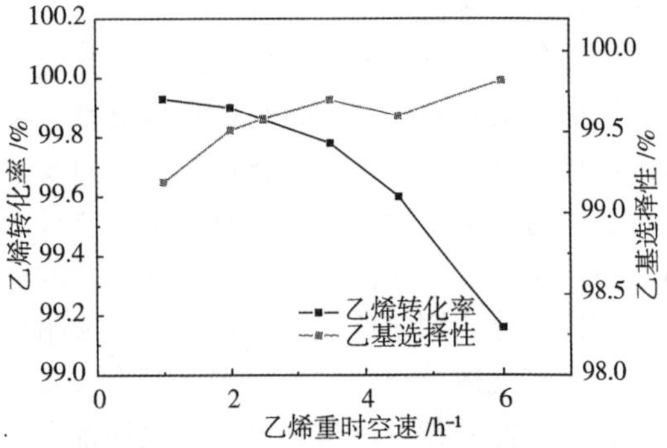

图7-1-8　乙烯重时空速对催化性能的影响

(5)技术特点

中国石化纯乙烯气相法制乙苯技术具有以下特点：

①采用气相法苯烷基化制乙苯工艺，设置单独的烷基化反应器，使多乙苯和苯进行烷基转移反应，乙苯收率高，且苯共沸物及 C_9～C_{10}重质芳烃不会积累在反应系统中；

②采用AB系列分子筛催化剂，活性高、稳定性好、再生周期长；

③乙烯空速高，催化剂装填量明显少于液相法工艺；

④采用具有气体均布内构件的多段绝热式固定床反应器，使反应物能够得到较好的混合，反应条件较易控制，烷基化反应能在最佳工艺条件下进行；

⑤工艺过程中没有使用腐蚀性催化剂和化学品，无残渣和废气污染环境，属于清洁工艺，装置大部分可采用碳钢；

⑥热能回收率高，能耗低。

2. 干气制乙苯工艺

20 世纪 90 年代初，大化所成功开发了 ZSM－5/ZSM－11 混晶分子筛催化剂，在此基础上，中国石化洛阳工程公司、中国石油抚顺石油二厂和大化所合作开发了干气制乙苯技术。该技术简化了干气预处理流程，干气经简单预处理即可和苯进行烷基化反应，其简要流程如图 7－1－9 所示。该技术不断改进，目前已经发展到第五代催化裂化干气制乙苯成套技术[26]。

第一代技术中烷基化和烷基转移在一个反应器内进行，产物中二甲苯含量高达 3000μg/g。其典型的操作条件为：温度 410～430℃，压力 0.6～1.2 MPa，苯烯摩尔比 5，乙烯重时空速 0.5～1.5h^{-1}。第二代技术将烷基化反应器和烷基转移反应器分开，采用气相烷基化和气相烷基转移技术，产品中二甲苯含量降至 2000～2500μg/g。烷基化反应的操作条件为：360～390 ℃，0.6～1.2 MPa，苯烯摩尔比为 7，乙烯重时空速 0.5 h^{-1}；烷基转移反应的操作条件为：410～430℃，0.6～1.2MPa，苯/多乙苯质量比为 2.5。为了进一步降低产品中二甲苯含量，大化所又开发出第三代技术，该技术采用气相烷基化和液相烷基转移的工艺，液相烷基转移催化剂使用 β 分子筛，同时增加了脱丙烯装置，以解决丙苯馏分不能烷基转移的问题，使用该技术能将产品中二甲苯含量进一步降低[65,67]。目前国内已经有十几套装置采用该技术，该工艺的特点是干气不需精制，直接用干气中的稀乙烯与苯反应制乙苯，大幅降低了乙苯的生产成本。之后，又开发出液相烷基化与液相烷基转移组合的第四代催化蒸馏技术和催化干气与苯变相催化制乙苯第五代技术[27]，但并未见工业化应用的报道。

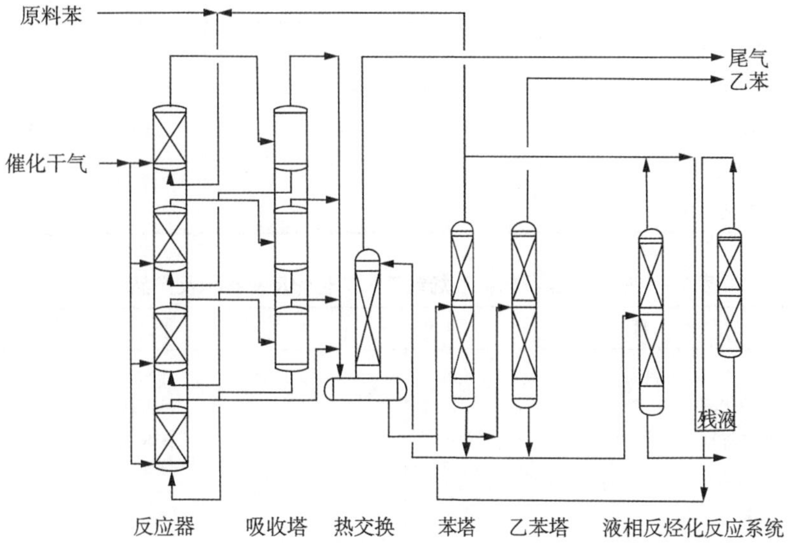

图 7－1－9　大化所第三代干气制乙苯工艺流程图

3. 稀乙烯制乙苯工艺

中国石化在开发高性能 SEB－08 稀乙烯制乙苯烷基化催化剂和 AEB－1H 烷基转移催化剂的基础上，成功开发了新一代稀乙烯制乙苯成套技术（简称 SGEB 技术）[11,66,68]。

(1) 原料、产品及主要反应指标

稀乙烯气相法制乙苯工艺中的原料苯应满足《石油苯》国家标准 GB/T 3405—2011，乙苯产品符合《工业用乙苯》石化行业标准 SH/T 1140—2001（详见附录二）。

原料稀乙烯通常为含有10% ~20%(质量)乙烯的催化裂化干气，需要控制的杂质主要包括：硫化氢<20 mg/Nm^3，乙炔<5 μg/g，丁烯<5μg/g，丙二烯<5μg/g，脱硫剂<5μg/g。

(2)工艺流程

SGEB工艺使用高活性、稳定性良好的SEB-08烷基化催化剂和AEB-1H低温烷基转移催化剂，使用一段吸收、两段解析的原料脱丙烯工艺，其流程如图7-1-10所示，主要操作参数见表7-1-10，主要反应指标及产品质量见7-1-11。

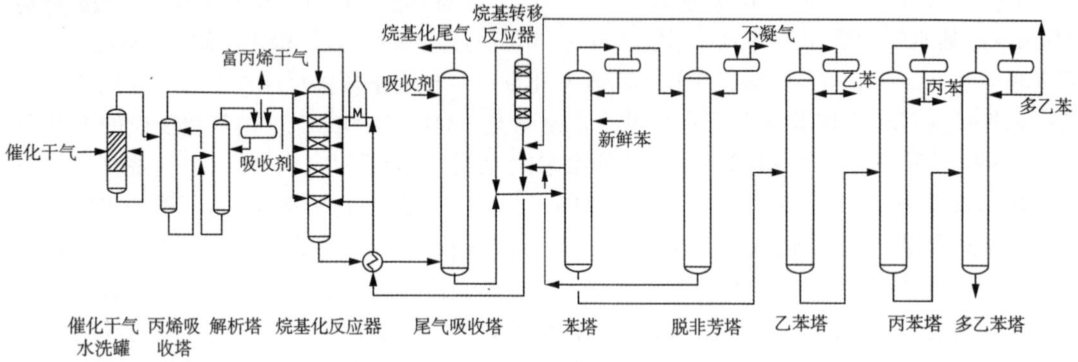

图7-1-10 中国石化稀乙烯制乙苯工艺流程图

表7-1-10 中国石化稀乙烯制乙苯工艺的反应条件

项　目	烷基化反应	烷基转移反应
反应温度/℃	320~430	170~245
压力/MPa	0.8~1.3	2.9~3.3
WHSV/h^{-1}	0.2~0.5(乙烯)	1.5~2.0(烷基转移料)
苯/乙烯摩尔比	6.0~7.0	—
苯/多乙苯质量比	—	5~8

表7-1-11 中国石化稀乙烯制乙苯工艺的反应指标及产品质量

项　目	指　标
烷基化反应	
乙烯转化率	≥95.0%
乙基选择性	≥99.0%
烷基化转移反应	
二乙苯转化率	60% ~70%
乙苯选择性	≥99.0%
产品质量及单耗	
乙苯纯度	≥99.8%
二甲苯	<800μg/g
乙烯消耗	0.28t/t 乙苯
苯消耗	0.78t/t 乙苯
能耗	225kg 标准油/t 乙苯

2011 年以来，SGEB 技术已经推广至青岛炼化、长岭石化、广州石化、湛江东兴石化、九江石化、宁波大榭和海南东方等企业。

SGEB 工艺和纯乙烯气相法的主要差别是：①稀乙烯需先进行水洗脱硫的预处理过程；②需添加一脱丙烯塔减少或除去稀乙烯中丙烯、丁烯等；③苯采用顶部一段进料；④在乙苯塔和多乙苯塔之间添加一丙苯塔，分离产生的少量丙苯。

(3) 工艺条件的影响

1) 反应温度

随着反应温度的升高，乙烯转化率及乙基选择性逐渐提高。通常，开工初期在较低的起始反应温度(320~330℃)进行，随着运行时间的延长，催化剂的活性略有下降。一般均采用提温的方式来弥补活性的下降。由图 7-1-11 可见，随着反应温度的提高，催化剂的乙烯转化率逐渐提高，较适宜的反应温度范围为 320~430℃。在一定的反应温度范围内，催化剂的乙基选择性可达到 99.0% 以上。

2) 反应压力

随着压力的增加，反应物料在催化剂床层的停留时间增加，乙烯的转化率逐渐增加，而乙基选择性略有下降。工业上，稀乙烯的入口压力通常在 0.8~1.3MPa，为了使工艺流程中不增加稀乙烯压缩机，通常一般采用与入口相匹配的反应压力。见图 7-1-12。

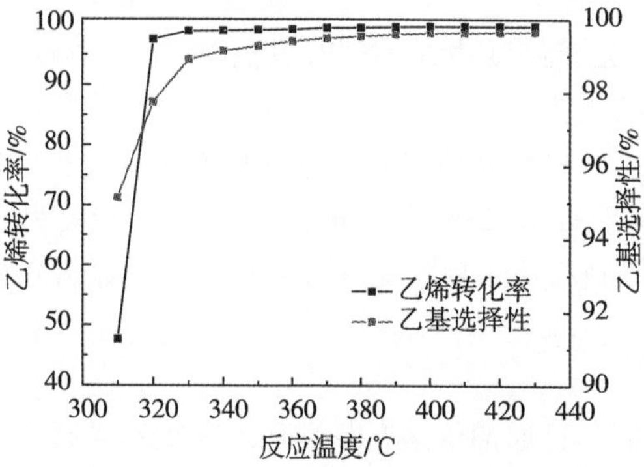

图 7-1-11　反应温度对催化性能的影响

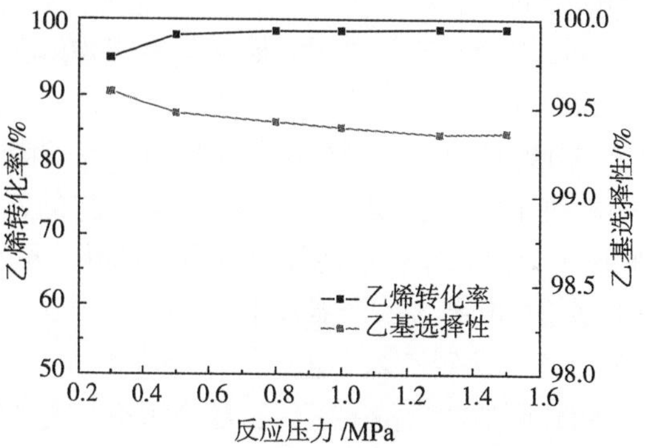

图 7-1-12　反应压力对催化性能的影响

3) 苯烯比

随着苯烯比的增加，乙烯的转化率下降，乙基选择性有所增加，说明高的苯/乙烯比有利于抑制杂质的生成，但过高的苯烯比需要大量的苯循环，导致能耗增加。因而，为了确保一定的转化率和减少杂质的产出，工业上通常采用的苯烯比范围为 6.0~7.0，但随着催化剂性能的不断改性，苯烯比还存在进一步降低的空间。见图 7-1-13。

4) 乙烯重时空速

随着乙烯重时空速的增加，乙烯转化率逐渐减小，乙基选择性逐渐增加。工业上，为了保证较高的乙烯转化率和乙基选择性，一般采用的乙烯重时空速为 0.2~0.5h^{-1}。如果要追求更高的乙苯产量，实际运行的乙烯重时空速也有进一步提高的空间。见图 7-1-14。

(4) 技术特点

中国石化稀乙烯制乙苯工艺具有以下特点：

①采用 SEB 系列苯气相烷基化分子筛催化剂，具有活性高、选择性高、再生周期和使用寿命长的特点；

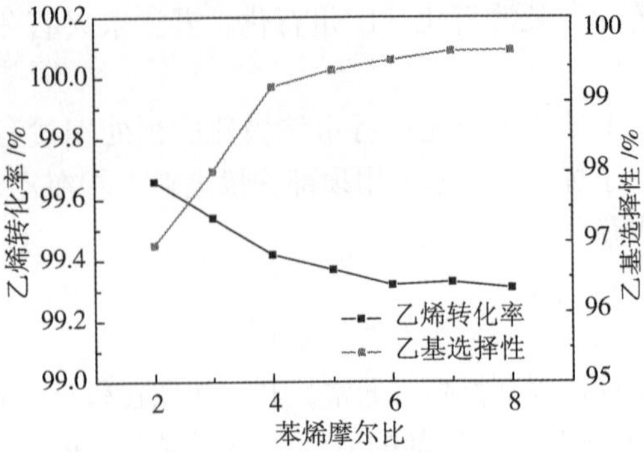

图 7-1-13 苯烯比对催化性能的影响

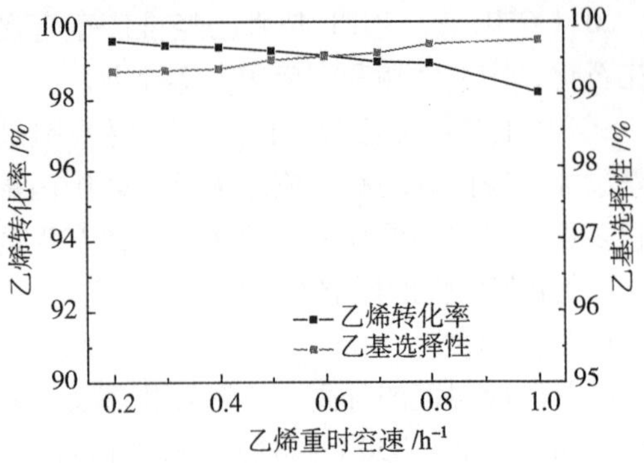

图 7-1-14 乙烯重时空速对催化性能的影响

②采用 AEB 系列液相烷基转移催化剂，乙苯产品中的二甲苯含量可以显著降低，催化剂抗毒性能好；

③采用原料脱丙烯后进行烷基化反应的工艺流程技术，有效降低原料苯单耗；

④开发了多段绝热、段间原料激冷固定床烷基化反应器，反应器内采用入口气体预分布器和段间气体分布器，气体分布均匀，有效控制了反应温升，提高了催化剂利用率，大幅抑制副反应的发生；

⑤乙苯产品中二甲苯含量较低(≤800μg/g)，乙苯纯度达到 99.8% 以上。

稀乙烯制乙苯工艺在原料成本方面具有独特的优势，源自炼油厂的稀乙烯原料只需经过简单预处理即可和苯进行烷基化反应，有效降低了原料预处理成本，是国内独有的技术。但是，相对于液相法制乙苯工艺，该工艺的乙苯产品中二甲苯含量仍然偏高，一般都在 500μg/g 以上，物耗和能耗也较高。此外，稀乙烯制乙苯的装置规模通常受炼油厂原料来源的限制，单套装置的产能较小。

4. 乙醇法制乙苯工艺

随着原油的日益匮乏，乙烯来源逐步受到限制，且原油价格不断攀升，导致乙烯原料成本增加，因此，传统以乙烯为原料的苯与乙烯烷基化制乙苯工艺受到一定的影响[34,35,52]。近年来生物化工技术的飞速发展使生物质制乙醇的生产成本大幅度降低，以乙醇为原料制乙苯的优势日益明显。在此背景下，中国石化开发了采用乙醇为原料的一步法制乙苯工艺，该技术流程简单，投资和操作费用低，相比传统工艺具有明显的优势。乙醇法制乙苯技术的开发成功，将为我国拓展乙苯生产原料多样性、进一步合理利用资源和提高经济效益提供有力的技术支撑。

(1)原料、产品及技术指标

乙醇法制乙苯工艺中的原料苯应满足《石油苯》国家标准 GB/T 3405—2011，原料乙醇应满足《95% 乙醇》国家标准 GB/T 679—2002，乙苯产品符合《工业用乙苯》石化行业标准 SH/T 1140—2001(详见附录二)。

烷基化反应乙醇转化率≥99.0%，(乙苯 + 多乙苯)选择性≥99.0%；烷基转移反应二乙苯转化率为 50% ~70%，乙苯选择性≥99.0%。

产品中乙苯纯度为 99.7% 以上，二甲苯含量为 1000μg/g 以下，苯消耗为 0.741t/t 乙苯，乙醇(纯)消耗为 0.439t/t 乙苯，综合能耗约为 110 公斤标准油/t 乙苯。

(2)工艺流程

该工艺整个系统包括烷基化、烷基转移反应、反应产物分离、工艺水处理等几个部分，其流程如图 7-1-15 所示。

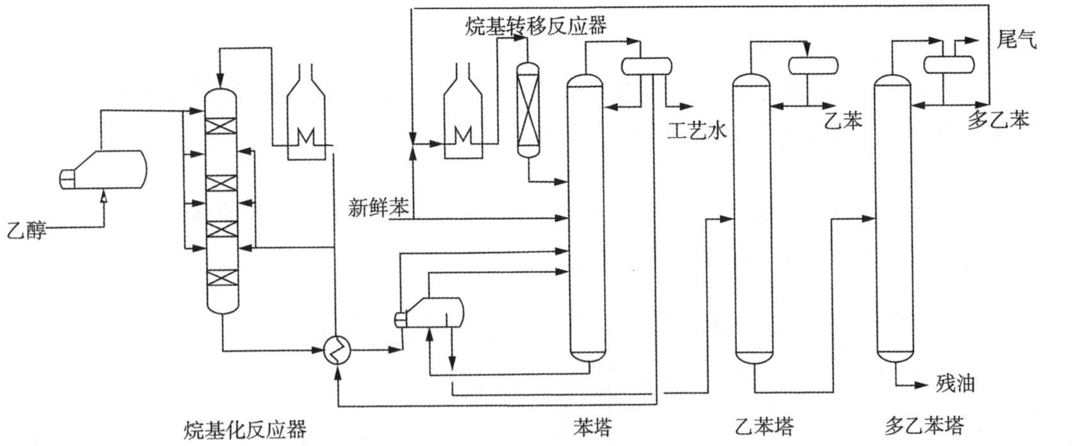

图 7-1-15　中国石化乙醇法制乙苯工艺流程图

乙醇经汽化后与来自苯塔的苯混合进入烷基化反应器顶部进行烷基化反应，烷基化反应器底部出来的反应产物经冷却去循环苯塔，循环苯塔塔顶气冷凝后经油水分离分出反应生成水和循环苯，反应生成水经汽提后作为废热回收系统的补充水使用，苯循环回反应系统；塔釜液经泵抽出进入乙苯精馏塔，经分离塔顶得到乙苯产品，乙苯塔塔釜液送往多乙苯塔，塔顶多乙苯与苯原料去烷基转移反应器以获得更多的产品乙苯。

乙醇原料采用工业酒精，其中约含 5%(体积)的水，乙醇和苯反应过程中也有水生成，为延长催化剂寿命，在返回反应系统的循环苯中应尽可能脱除水。反应器出口反应气经换热进入循环苯塔，其中所含水和苯被蒸至塔顶，塔顶气冷凝后进入循环苯塔塔顶油水分离器。由于水和苯系互不相溶的两类液体，借助重度差异，通过重力沉降作用，实现轻相(苯)和重相(工艺凝水)的分离，脱除工艺水的循环苯返回反应系统，油水分离后的工艺水中仍含少量苯等油性物质，采用汽提塔工艺进行进一步分离。汽提塔是通过水蒸气的汽提作用，脱除水中夹带的苯等烃类物质，进一步改善工艺凝水质量，使它能作为锅炉给水(或其他用途)而循环使用，减少装置的废水排放量，同时把工艺凝水中夹带的芳烃物料加以回收，减少物耗。

乙醇法制乙苯技术的主要工艺条件如表 7-1-12 所示。

表 7-1-12　中国石化乙醇法制乙苯工艺条件

项　　目	烷基化反应	烷基转移反应
反应温度/℃	365 ~ 420	410 ~ 445
压力/MPa	1.0 ~ 1.8	0.6 ~ 0.8
乙醇重时空速/h^{-1}	0.5 ~ 0.8	—
苯/乙醇摩尔比	5.0 ~ 7.0	—
烷基转移料重时空速/h^{-1}	—	10 ~ 20
苯/烷基转移料质量比	—	2 ~ 6

(3)工艺条件的影响

影响该技术的工艺条件主要有：反应温度、反应压力、苯醇比、乙醇重时空速等。此外，还受到催化剂性能、原料中含化学杂质情况等因素的影响。

1)反应温度

随着反应温度升高，乙醇转化率不断增加，温度超过340℃以后，乙醇转化率已大于99%，而乙基选择性呈现出先增加后略微降低的趋势。工业上为保证乙醇转化率的乙基选择性，通常采用的反应温度为360~420℃。见图7-1-16。

2)反应压力

反应压力对反应性能的影响不大，但为了兼顾反应-分离工艺流程的连续性，工业上通常采用的压力范围为1.0~1.8MPa。见图7-1-17。

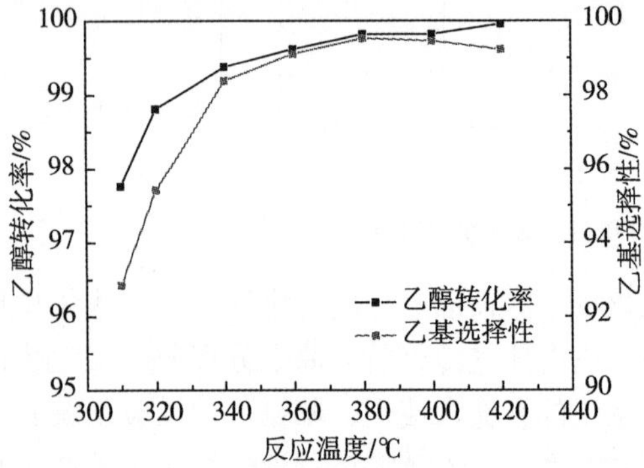

图7-1-16　反应温度对催化性能的影响

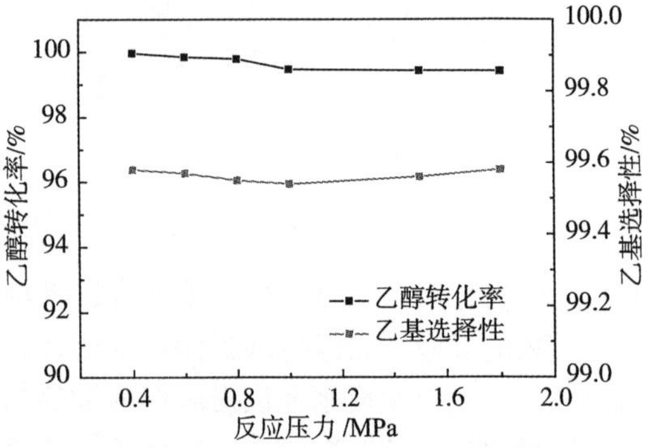

图7-1-17　反应压力对催化性能的影响

3)苯醇比

随着苯和乙醇摩尔比的提高，乙醇转化率也逐渐提高，乙基化选择性呈现先增加后降低的趋势。由于过高的苯和乙醇摩尔比会增加物耗，所以工业上一般选择苯和乙醇摩尔比为5~7。见图7-1-18。

4)乙醇重时空速

随着乙醇空速的提高，反应物料在反应器中的停留时间减少，乙醇转化率不断降低，而乙基化选择性逐渐提高。为兼顾转化率及选择性，工业上通常采用的乙醇重时空速为0.5~0.8h^{-1}。见图7-1-19。

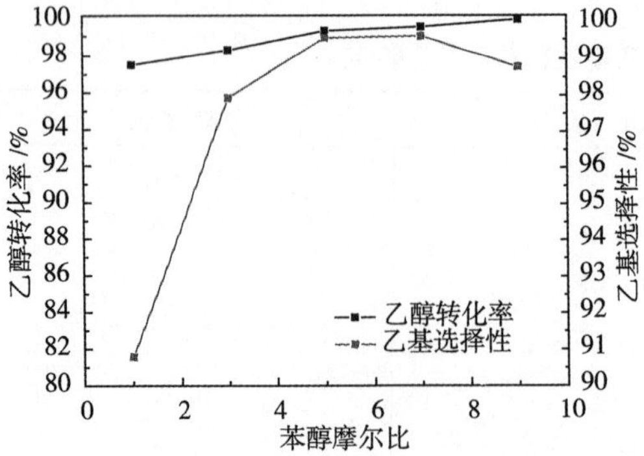

图7-1-18　苯醇比对催化性能的影响

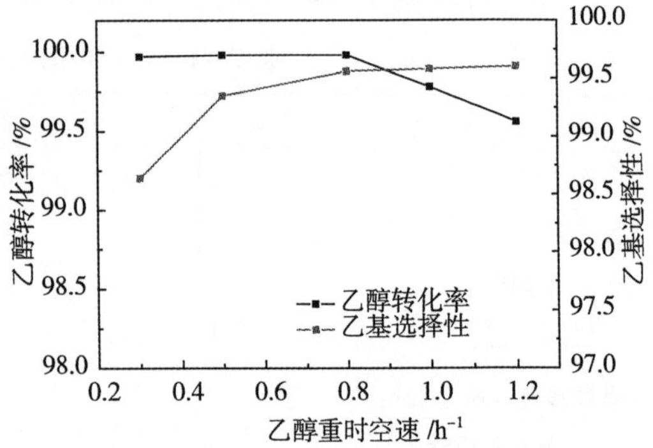

图7-1-19　乙醇重时空速对催化性能的影响

(4)工艺技术特点

乙醇气相法苯烷基化制乙苯生产技术，所用的分子筛催化剂是中国石化开发的 DF－AS 烷基化分子筛催化剂和 DF－AS－T 烷基转移分子筛催化剂，主要特点有：

①乙醇脱水反应与乙烯和苯的烷基化反应在一台反应器内同时完成，乙醇脱水所需的热量由烷基化反应的放热供应，副反应少，流程简单，操作费用低；

②设置单独的烷基转移反应器，使副反应生成的苯共沸物与 C_9～C_{10}芳烃在较高温度下裂解，不会产生积累；

③反应器使用了满足乙醇脱水与乙烯烷基化同时进行的分子筛催化剂，乙醇转化率和乙基选择性高；

④反应过程中没有使用腐蚀性化学品，装置大部分采用碳钢。

(5)技术优缺点

中国石化开发的乙醇合成乙苯工艺可直接利用工业乙醇在一个反应器内生产乙苯，与传统纯乙烯气相法乙苯工艺相比，流程相似，技术关键在于长周期稳定耐水催化剂和节能精馏脱水工艺技术的开发。目前中国石化开发的 DF－AS 型催化剂已在玉皇化工进行工业化应用，再生周期达到 1 年以上，乙醇转化率和乙基选择性达到纯乙烯法相同的水平，开发的高温分脱节能精馏工艺使得装置的综合能耗较低。

该技术的成功开发对于生物乙醇资源丰富或乙烯资源受限的地区有很大的意义。不足之处在于乙苯生产成本受乙醇和乙烯价格比影响较大，另外由于乙醇中含水，催化剂的再生周期短于纯乙烯法，反应产物的脱水和处理使得装置能耗也高于纯乙烯法，但仍低于稀乙烯法。

四、苯液相烷基化制乙苯技术

苯和乙烯液相法制乙苯技术通常是在低温、高压条件下，以苯和烷基化剂为原料，在催化剂表面发生烷基化反应、烷基转移等反应，生成乙苯和其他芳烃产品。该技术具有较低的苯烯比和杂质含量，已经逐渐成为乙苯生产的主流技术。

(一)催化材料

在以沸石为催化剂的苯与低碳烯烃烷基化反应中，沸石的晶内扩散阻力比较大，其催化体系的研究主要集中在孔径较大的沸石。现有工业应用的液相法催化剂采用的分子筛有 Y 分子筛、β 分子筛和具有 MWW 结构的 MCM－22 分子筛，其中 β 分子筛的催化活性最高，而 MCM－22 分子筛的选择性最好，Y 分子筛由于孔道中存在超笼，其乙苯选择性较差，而且容易失活[14,69]。近几年国内外对液相法催化剂的研究主要集中在 β 分子筛和 MCM－22 分子筛。

1. β 分子筛

Bellusi 等比较了 β 分子筛、Y 型分子筛及传统杂多酸催化苯和乙烯(丙烯)烷基化反应性能，发现 β 分子筛具有更好的反应活性和选择性[69]。

慕俊娟等使用改性 β 分子筛进行苯和乙烯液相烷基化反应性能考察，发现改性 β 分子筛催化剂对苯与乙烯液相烷基化合成乙苯具有良好的乙基选择性，液相产物中未见二甲苯，其他副产物的生成量也极低[70]。

Du 等使用原位红外光谱研究了 β 分子筛上苯和乙烯的反应机理，吸附在弱酸中心的乙烯与吸附在强酸中心的苯发生反应生成乙苯。乙烯吸附形成正碳离子，该物种与酸性中心发生很强的相互作用，如果活化的乙烯分子周围的苯分子太少，则容易和其他乙烯分子聚合形成高聚物，再形成结焦[51]。

2. MWW 型分子筛

MWW 结构沸石是一类具有独特的孔道和骨架结构的新型沸石。1990 年，美国 Mobil 公司合成了一种新型硅铝分子筛 MCM－22[71,72]，该分子筛具有两套独立的互不相通的十元环孔道体系：一套二维正弦型交叉孔道，孔道截面为椭圆形，孔径 0.41nm×0.51 nm；另一套孔道具有尺寸为 0.71nm×0.71nm×1.82nm 的圆柱形十二元环超笼，超笼通过略微扭曲的十元环窗口(0.40 nm×0.55 nm)与外界连通；此外，MCM－22 分子筛还具有碗状的十二元环半超笼，位于外表面。

Mobil/Badger 公司以 MCM－22 分子筛为催化剂的苯与乙烯烷基化制乙苯工艺已经实现了工业应用[8,14,73~76]。与 USY、β 和 ZSM－5 分子筛相比，MCM－22 分子筛在保持很高的乙烯转化率情况下，还具有更高的乙苯选择性，烯烃齐聚产物及重组分等副产物较少。此外，较低的反应温度和更低的苯烯比使得 MCM－22 分子筛催化剂具有更广阔的应用和推广前景。Zhang 等[77]采用温和的酸性溶液对 MCM－22 前驱体进行预处理，使层间模板剂局部脱除，再经过滤、洗涤、烘干及焙烧等步骤后获得 MCM－56 分子筛。与常规 MCM－22 分子筛相比，后处理 MCM－56 分子筛在苯和乙烯液相烷基化制乙苯反应中，具有更高的反应活性、乙基苯收率及更优的反应稳定性。此外，他们还采用硬模板法将炭黑引入到合成母液中，通过合成配比的优化制得了一系列不同硅铝比的介孔 MCM－22 分子筛。该分子筛的介孔孔道有利于反应物与催化活性中心的接触以及反应产物的快速扩散，在苯和乙烯液相烷基化制乙苯反应中乙烯转化率的明显提高，乙苯的选择性和催化剂的稳定性也有不同程度的提高[78]。

3. 其他材料

Zhang 等[79,80]研究了硅担载的 K 型结构的磷酸钨在苯和乙烯液相烷基化、苯和多乙苯液相烷基转移的性能，结果表明，该催化剂在烷基化和烷基转移都具有很好的反应活性和选择性，且分散度较好的催化剂具有更好的反应活性。

(二) 工业催化剂

中国石化自 1990 年开始苯和乙烯液相烷基化合成乙苯的研究，已研制出了活性高、乙苯选择性好、活性稳定的 AEB－2 型催化剂，该催化剂既能用于苯和乙烯液相烷基化反应，又能用于苯和多乙苯液相烷基转移反应[16~18,81]。在苯烯比为 5 的条件下，烷基化催化剂具有较好的活性和稳定性，其中，乙烯转化率为 100%，乙苯选择性大于 86.5%，乙基选择性大于 99.9%。烷基转移催化剂也具有较好的活性和稳定性，反应温度为 213～221℃，二乙苯转化率、多乙苯转化率接近或达到 80% 以上，乙苯选择性为 100%。

根据工业装置的运转情况，中国石化又研究开发了 AEB－6 型苯和乙烯液相烷基化催化剂，由于采用了晶体尺寸更小的分子筛，催化剂的选择性、活性和稳定性进一步提高。在苯烯比为 3.5 的条件下，乙烯转化率达 100%，乙苯选择性为 87.9%，乙基选择性为 99.7%。与 AEB－2 型催化剂相比，苯烯比降低了 30%，但物耗没有增加，能耗显著下降。

AEB－1 型低温烷基转移催化剂具有反应温度较低、活性高、乙苯选择性好和活性稳定的特点[18,82,83]，在 175℃条件下，多乙苯转化率为 77.9%，乙苯选择性 99.5% 以上。

AEB 系列催化剂已先后在中国石化燕山分公司、中国石化齐鲁分公司、中国石化镇海炼油化工股份有限公司、中国石化茂名分公司、中石油兰州分公司、江苏利士德化工公司和华锦集团公司等的液相法乙苯装置上应用，运行稳定。

（三）工艺流程和工艺条件

1. 工艺流程

中国石化开发了苯和乙烯液相烷基化循环固定床反应器新工艺[17,84,85]，其工艺流程如图 7－1－20 所示。

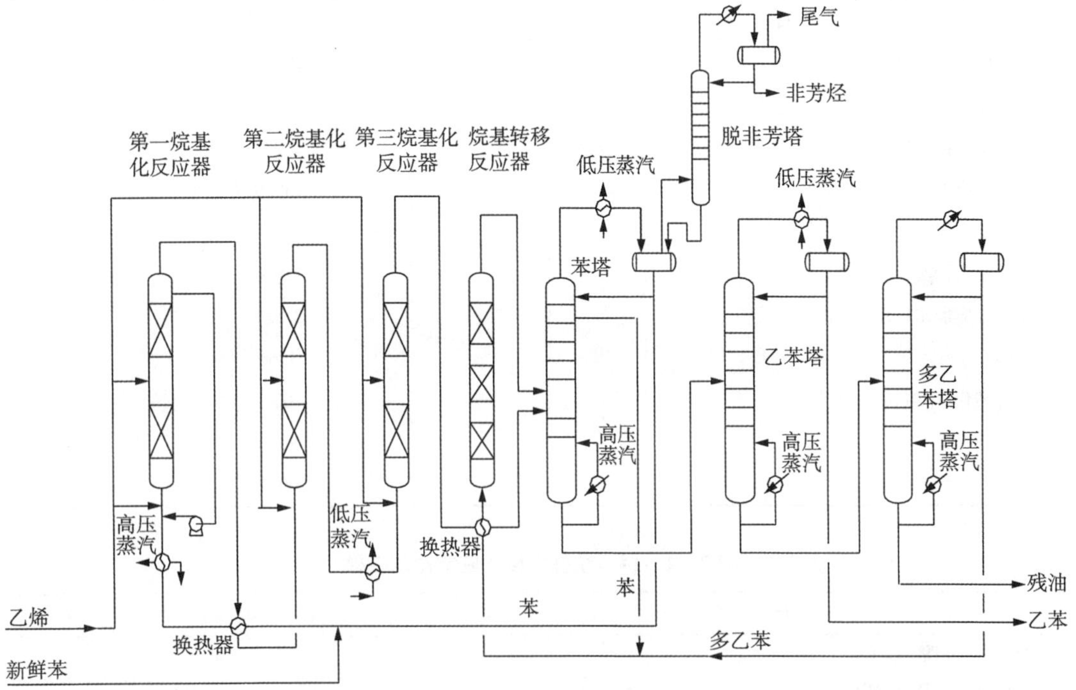

图 7－1－20　苯和乙烯液相法装置流程示意图

该工艺由反应部分和精馏部分组成，其中反应部分包括烷基化反应器和烷基转移反应器。烷基化反应的苯烯摩尔比为 3.5，采用三反六段加一反循环的流程，每台反应器均含有二段催化剂床层。

来自外界的乙烯按一定的比例分成 6 份分别进入烷基化反应器各床层的底部；来自精馏工段苯塔的回收苯和新鲜苯混合后作为烷基化反应的原料，苯由下而上进入烷基化反应器，与乙烯进行液相烷基化反应。在第一烷基化反应器的出口引部分物流经过泵升压后返回到第一烷基化反应器的入口，其余部分物料进入后二台反应器继续进行反应。在每台反应器之间设换热器，以控制下一个反应器的床层温度。烷基化反应器的出料与烷基转移反应器的进料换热后，直接送入精馏工段。烷基转移反应器的进料是来自精馏工段的回收苯与多乙苯的混合物，该混合物自下而上进入烷基转移反应器，反应产物直接送入精馏工段。

精馏部分共有四个塔，其中苯塔、乙苯塔、多乙苯塔，用于分离反应产物中的苯、乙苯、多乙苯和残油，脱非芳塔用于除去原料苯中的轻烃组分、轻非芳烃和水，防止其在系统内累积。

2. 催化反应性能和产品质量

表7－1－13为液相法乙苯装置上的烷基化反应条件及结果。在苯烯摩尔比3.5的条件下，乙烯转化率为100%，乙苯选择性为87.9%，乙基选择性为99.7%。表7－1－14为烷基转移反应条件及结果。在反应条件下，二乙苯转化率能达到79%，乙苯选择性为接近100%。使用该工艺所制得乙苯纯度为99.8%以上，二甲苯含量低于10 μg/g。乙烯单耗为0.265t/t乙苯，苯单耗为0.740t/t乙苯。

表7－1－13　液相法烷基化反应条件及结果

项　　目	数　　据
第一反应器入口温度/℃	200.5
第一反应器出口温度/℃	239.6
第二反应器入口温度/℃	200.1
第二反应器出口温度/℃	239.0
第三反应器入口温度/℃	200.1
第三反应器出口温度/℃	239.6
第三反应器出口压力/MPa	3.552
苯烯摩尔比	3.66
乙烯转化率/%	100.0
乙苯选择性/%	87.9
乙基选择性/%	99.7

表7－1－14　烷基转移反应条件及结果

项　　目	数　　据
反应器进口温度/℃	175.0
反应器出口压力/MPa	2.9
苯/多乙苯质量比	7.1
二乙苯转化率/%	79.0
多乙苯转化率/%	77.9
乙苯选择性/%	100.0

3. 技术特点

液相烷基化循环固定床反应器新工艺具有以下特点：①原料苯直接注入循环物料中吸收反应热，提高了热效率，且降低了原料预热能耗；②可以采用相对低的苯烯比，从而降低苯塔负荷，降低能耗。

（四）催化蒸馏技术

催化蒸馏技术从广义上说也属于液相法的范围，只是将催化反应和精馏过程放在同一个塔内完成，既可使用纯乙烯为原料，也可使用稀乙烯为原料，使用的催化剂和液相法催化剂类似。

Chemical Research & Licensing公司和Lummus公司在20世纪90年代开发成功催化精馏制乙苯生产工艺，即“CDTECH”工艺[1,75]。该工艺采用的催化剂为Y型分子筛，反应器为精馏塔，催化剂置于塔的精馏段，塔釜加热，塔顶苯全部回流，乙苯从塔釜出料。反应温度为150~170℃，压力为1.0~2.0 MPa。该工艺的特点是可将反应热直接用于分离，从而降低了分离的热负荷，工艺能耗低；反应在液相中进行，可及时将结焦前体移出，有利于延长催化剂寿命；可使乙苯及时离开反应区，提高乙苯的选择性，降低再烷基化反应以及异构化生成二甲苯等副反应的可能性。但该方法的设备投资较高，且催化剂装填较为复杂。

北京服装学院对β分子筛催化蒸馏干气与苯液相烷基化制乙苯进行了研究[86,87]，在乙烯重时空速小于0.25 h^{-1}、进料苯烯摩尔比大于4、反应压力大于1.5 MPa、反应温度150~180 ℃的条件下，乙烯转化率大于96 %，乙苯选择性大于94 %，反应产物中基本上无二甲苯生成。

大化所对Y分子筛和MCM-22分子筛催化蒸馏干气与苯液相烷基化制乙苯进行了研究，取得了乙苯选择性90%以上、乙基选择性99.3%的结果[88,89]。

五、技术展望

目前，国内乙苯生产技术与国际最先进的技术在物耗、能耗及操作水平等方面仍有一定差距。对于现有的乙苯生产技术，主要通过酸性调变、孔结构修饰、元素改性等催化剂的性能改进来提高乙烯转化率和乙基选择性、降低二甲苯含量和提高催化剂的稳定性及产品质量，以实现装置的高效、稳定运行，追求经济效益的最大化。

未来乙苯生产技术将向装置大型化、原料多样化和生产绿色环保化的方向发展。比如，将炼油厂的乙烷和乙烯一起有效利用或将多家炼油厂的稀乙烯集中利用是出路之一，特别是国内已有约20套稀乙烯制乙苯反应装置的原料中还有和乙烯量相当的乙烷，如能研发出合适的工艺路线将这部分乙烷转化为乙烯，并和稀乙烯法联合，则能提高该类装置的产能，在一定程度上解决稀乙烯法产能较低的问题。同时，采用生物乙醇、煤基乙烯、焦化苯等原料替代传统的石油乙烯和石油苯来实现原料多样化和降低生产成本也将成为未来研究方向之一。此外，国内乙苯生产过程中较高的苯烯比导致能耗偏高，进一步提高催化剂的综合性能、优化工艺路线、提高操作精细度来降低物耗、能耗也是未来重要的发展方向。

参考文献

[1] T. F. D. Jr., C. M. Smith. C. R. Venkat, Alkylation of aromatics with ethylene and propylene: recent developments in commercial processes[J]. Applied Catalysis A: General, 2001, 221: 283-294.

[2] T. Remy, L. Ma, M. Maes, D. E. De Vos, G. V. Baron, J. F. M. Denayer. Vapor-phase adsorption and separation of ethylbenzene and styrene on the metal - organic frameworks MIL-47 and MIL-53(Al)[J]. Industrial & Engineering Chemistry Research, 2012, 51(45): 14824-14833.

[3] 王俭，禾火. 苯乙烯生产和国内外市场分析[J]. 精细化工原料及中间体，2009，(6)：33-37.

[4] 钱伯章. 我国苯乙烯市场分析[J]. 精细化工原料及中间体，2008，(9)：45-46.

[5] 王玉庆. 乙苯/苯乙烯的技术现状及发展[J]. 石油化工，2001，30(6)：479-485.

[6] 张春宇，周玮，马中义，等. 乙苯工艺技术及催化剂的应用研究进展[J]. 化工科技，2012，30(3)：71-74.

[7] 郝小明，张风美，王瑾. 液相循环法生产乙苯的研究开发及工业应用[J]. 化工进展，2003，22(9)：920-924.

[8] 黄望旗．乙苯生产技术进展[J]．精细石油化工进展，2005，6(7)：43－49.
[9] 林泰明，谷育生，李吉春，等．催化裂化干气的综合利用[J]．石化技术与应用，2004，22(5)：315－319.
[10] 王清遐，蔡光宇，黄祖贤，等．低浓度乙烯气或催化裂化干气制取乙苯[J]．石油化工，1989，18(7)：421－425.
[11] 孙洪敏，张斌，宦明耀，等．SEB－08 稀乙烯制乙苯催化剂反应性能的研究[J]．工业催化，2009，17(增刊)：321－325.
[12] K. Liu，S. Xie，S. Liu，G. Xu，N. Gao，L. Xu. Catalytic role of different pore systems in MCM－49 zeolite for liquid alkylation of benzene with ethylene[J]. Journal of Catalysis，2011，283(1)：68－74.
[13] K. Liu，S. Xie，G. Xu，Y. Li，S. Liu，L. Xu. Effects of NaOH solution treatment on the catalytic performances of MCM－49 in liquid alkylation of benzene with ethylene[J]. Applied Catalysis A：General，2010，383(1－2)：102－111.
[14] J. C. Cheng，T. F. Deghan，J. S. Beck，Y. Y. Huang，M. Kalyanarman，J. A. Kowalski，C. A. Loehr，D. N. Mazzone. A Comparison of zeolites MCM－22，beta，and usy for liquid phase alkylation of benzene with ethylene [J]. Studies in Surface Science and Catalysis，1998，121：53－60.
[15] A. N. Ebrahimi，A. Z. Sharak，S. A. Mousavi，F. Aghazadeh，A. Soltani. Modification and optimization of benzene alkylation process for production of ethylbenzene[J]. Chemical Engineering and Processing：Process Intensification，2011，50(1)：31－36.
[16] 黄志渊，田素贤，徐亚丽，等．β 沸石－γ－氧化铝催化剂及其制备方法[P]：中国，ZL 93106946.7，1998.
[17] 李明林，黄志渊，毕财章，等．苯的液相烷基化工艺[P]：中国，1999.
[18] 张凤美，王瑾，黄志渊，等．苯和乙烯液相烷基化合成乙苯的研究及其新工艺的开发[J]．石油炼制与化工，2000，31(5)：37－41.
[19] 高滋．沸石催化和分离技术．北京：中国石化出版社，2009.
[20] 杨为民，孙洪敏，杨书江，等．苯和乙烯气相烷基化制乙苯 ZSM 型沸石催化剂的研究[J]．上海化工，2002，9(10)：16－18.
[21] 孙洪敏，杨为民，陈庆龄．晶化时间对 ZSM－5 分子筛物化性质及催化性能的影响[J]．催化学报，2001，22(3)：291－293.
[22] 杨为民，孙洪敏，陈庆龄．苯与乙烯气相烷基化制乙苯用分子筛催化剂的研制[J]．精细石油化工进展，2002，3(4)：12－14.
[23] L. Xu，J. Liu，Q. Wang，S. Liu，W. Xin，Y. Xu. Coking kinetics on the catalyst during alkylation of fcc off－gas with benzene to ethylbenzene[J]. Applied Catalysis A：General，2004，258(1)：47－53.
[24] 陈福存，赵雪松，刘盛林，等．柠檬酸处理对 FCC 干气与苯烷基化催化剂的影响[J]．工业催化，2006，14(7)：14－17.
[25] 王清遐，蔡光宇，黄祖贤，等．催化裂化干气中乙烯制乙苯的催化剂研究[J]．催化学报，1990，11(3)：236－241.
[26] 陈福存，朱向学，谢素娟，等．催化干气制乙苯技术工艺进展[J]．催化学报，2009，30(8)：817－824.
[27] 王利，刘盛林，赵雪松，等．催化裂化干气制乙苯过程中二甲苯生成研究[J]．天然气化工，2006，31(4)：8－12.
[28] Y. Song，S. Liu，Q. Wang，L. Xu，Y. Zhai. Coke burning behavior of a catalyst of ZSM－5/ZSM－11 co－crystallized zeolite in the alkylation of benzene with FCC off－gas to ethylbenzene[J]. Fuel Processing Technology，2006，87(4)：297－302.

[29] P. O. Graf, L. Lefferts. Reactive separation of ethylene from the effluent gas of methane oxidative coupling via alkylation of benzene to ethylbenzene on ZSM－5[J]. Chemical Engineering Science, 2009, 64(12): 2773－2780.

[30] 宦明耀，孙洪敏，张斌，等．改性ZSM－5催化剂上苯与FCC干气中乙烯气相烷基化反应[J]．化学反应工程与工艺，2008，24(4)：395－399.

[31] 聂小娃，刘新，宋春山，等．H－ZSM－5分子筛上苯与乙醇和乙烯烷基化反应的理论研究[J]．催化学报，2009，30(5)：453－458.

[32] 李建军，甘玉花，王伟明，等．碱处理法改性ZSM－5分子筛催化苯与乙醇烷基化制乙苯[J]．厦门大学学报(自然科学版)，2012，51(5)：883－887.

[33] 高俊华，张立东，胡津仙，等．不同HZSM－5催化剂上苯与乙醇的烷基化反应[J]．石油学报(石油加工)，2009，25(1)：59－65.

[34] 高俊华，胡津仙，李文怀，等．分子筛结构及磷改性对催化苯与乙醇烷基化反应性能的影响[J]．石油炼制与化工，2008，39(10)：25－29.

[35] 高俊华，张立东，胡津仙，等．改性HZSM－5催化剂上苯与乙醇烷基化反应的研究[J]．燃料化学学报，2010，38(2)：207－211.

[36] 高俊华，张立东，胡津仙，等．改性ZSM－5上苯与乙醇烷基化反应条件的考察及再生评价[J]．化工进展，2008，27(11)：1800－1804.

[37] 罗国华．HZSM－5沸石上苯与乙醇烷基化合成乙苯[J]．北京石油化工学院学报，2009，17(3)：1－3.

[38] 赵延江，张兴，周长麟，等．乙苯合成新技术——乙醇制乙苯[J]．当代化工，2011，40(11)：1149－1151.

[39] 杨为民，孙洪敏，张斌，等．乙醇与苯气相烷基化制乙苯的方法[P]：中国，2011.

[40] J. Gao, L. Zhang, J. Hu, W. Li, J. Wang. Effect of zinc salt on the synthesis of ZSM－5 for alkylation of benzene with ethanol[J]. Catalysis Communications, 2009, 10(12): 1615－1619.

[41] T. Odedairo, S. Al－Khattaf. Comparative study of zeolite catalyzed alkylation of benzene with alcohols of different chain length: H－ZSM－5 versus mordenite[J]. Catalysis Today, 2013, 204: 73－84.

[42] V. R. Vijayaraghavan, K. J. A. Raj. Ethylation of benzene with ethanol over substituted large pore aluminophosphate－based molecular sieves[J]. Journal of Molecular Catalysis A: Chemical, 2004, 207(1): 41－50.

[43] L. Sun, X. Guo, M. Liu, X. Wang. Ethylation of coking benzene over nanoscale HZSM－5 zeolites: Effects of hydrothermal treatment, calcination and La_2O_3 modification[J]. Applied Catalysis A: General, 2009, 355(1－2): 184－191.

[44] L. Sun, X. Guo, G. Xiong, X. Wang. Ethylation of coking benzene with ethanol over nano－sized ZSM－5 zeolites: Effects of rare earth oxides on catalyst stability[J]. Catalysis Communications, 2012, 25: 18－21.

[45] Y. Li, B. Xue, X. He. Synthesis of ethylbenzene by alkylation of benzene with diethyl carbonate over parent MCM－22 and hydrothermally treated MCM－22[J]. Journal of Molecular Catalysis A: Chemical, 2009, 301(1－2): 106－113.

[46] Y. Li, B. Xue, Y. Yang. Synthesis of ethylbenzene by alkylation of benzene with diethyl oxalate over HZSM－5[J]. Fuel Processing Technology, 2009, 90(10): 1220－1225.

[47] 孙洪敏，杨为民，陈庆龄．AB－97－T催化剂上苯与多乙苯气相烷基转移反应工艺条件的研究[J]．精细石油化工进展，2005，6(5)：41－43.

[48] 杨为民，孙洪敏，杨书江．ZSM－5沸石催化剂上苯与二乙苯气相烷基转移反应条件研究[J]．现代

化工，2002，22(增刊)：98－100.
[49] 赵雪松，刘盛林，陈福存，等．ZSM－5/ZSM－11共结晶分子筛上二乙苯气相烷基转移[J]．黑龙江大学自然科学学报，2006，23(3)：344－349.
[50] 赵雪松，刘盛林，陈福存，等．干气制乙苯中烷基苯与苯气相烷基转移[J]．工业催化，2005，Z1：305－307.
[51] Y. Du，HaiWang，S. Chen. Study on alkylation of benzene with ethylene over β－zeolite catalyst to ethylbenzene by in situ IR[J]. Journal of Materials Chemistry A：Chemical，2002，179：253－261.
[52] 贺健，孙洪敏，宦明耀，等．苯和乙醇制乙苯工艺中液相烷基转移反应的研究[J]．化学反应工程与工艺，2011，12(2)：39－42.
[53] R. F. 波格，J. M. 加西斯，T. M. 梅，A. Q. 坎贝尔．制备乙苯及其衍生物的方法[P]：中国，ZL95197844.6，1998.
[54] 颜廷昭，徐荣．乙烷生产乙苯新工艺及技术经济评价[J]．四川化工与腐蚀控制，2000，3(4)：45－47.
[55] D. Lukyanov，T. Vazhnova. A kinetic study of benzene alkylation with ethane into ethylbenzene over bifunctional PtH－MFI catalyst[J]. Journal of Catalysis，2008，257(2)：382－389.
[56] D. B. Lukyanov，T. Vazhnova. Highly selective and stable alkylation of benzene with ethane into ethylbenzene over bifunctional PtH－MFI catalysts[J]. Journal of Molecular Catalysis A：Chemical，2008，279(1)：128－132.
[57] 孙洪敏，杨为民，陈庆龄．在AB－96沸石催化剂上苯与乙烯气相烷基化反应工艺条件的研究[J]．石油炼制与化工，2001，32(5)：10－12.
[58] 孙洪敏，杨为民，陈庆龄，等．AB－96型乙苯催化剂的试生产和工业应用[J]．工业催化，2001，9(5)：23－28.
[59] 孙洪敏，杨为民，陈庆龄，等．AB－96型乙苯催化剂的工业应用[J]．精细石油化工进展，2003，4(3)：28－30.
[60] 陆铭，朱子彬，杨为民，等．AB－97型分子筛催化剂上苯与乙烯烷基化Ⅱ．副产物二甲苯的生成规律[J]．石油化工，2001，30(4)：270－274.
[61] 孙洪敏，杨为民，廖宝星，等．AB－97型气相烷基化制乙苯催化剂的研制及工业应用[J]．化学反应工程与工艺，2006，22(3)：206－211.
[62] 孙洪敏，杨为民，关海延，等．AB－97－T型气相烷基转移制乙苯催化剂的工业应用[J]．工业催化，2005，13(9)：17－19.
[63] Y. Weimin，S. Hongmin，L. Wenjie，Z. Bin，S. Zhenhao，H. Mingyao，Z. Hongyu. Processes for synthesizing ethylbenzene from ethanol and benzene[P]：US，201113158709 2011.
[64] 孙洪敏，杨为民，张斌，等．乙醇与苯生产乙苯的方法 [P]：中国，2011.
[65] 高淑清．催化干气与苯烷基化制乙苯第三代技术的工业应用[J]．天然气化工，2010，35(4)：55－58.
[66] 李淑红．稀乙烯制乙苯工艺技综述[J]．炼油技术与工程，2010，40(5)：1－5.
[67] 李建伟，王嘉，刘学玲，等．催化干气制乙苯第三代技术的工业应用[J]．化工进展，2010，29(9)：1790－1795.
[68] 王邓军，汪彩彩，温博，等．国内干气制乙苯技术开发进展[J]．广州化工，2013，41(15)：24－26.
[69] G. Bellussi，G. Pazzuconi，C. Perego，G. Girotti，G. Terzoni. Liquid－phase alkylation of benzene with light olefins catalyzed by β－zeolites[J]. Journal of Catalysis，1995，157：227－234.
[70] 慕俊娟，李建伟，李英，等．沸石催化剂上苯与乙烯液相烷基化反应的研究[J]．北京化工大学学

报，2004，31(6)：1 -4.

[71] M. K. Rubin，P. Chu. Composition of synthetic porous crystalline material，its synthesis and use[P]：USA，4954325，1990.

[72] M. E. Leonowicz，J. A. Lawton，S. L. Lawton，M. K. Rubin. MCM -22：A molecular sieve with two independent multidimensional channel systems[J]. Science，1994，264(5167)：1910 -1913.

[73] J. D. Kushnerick，D. O. Marler，J. P. McWilliams. Process for preparing short chain alkyl aromatic compounds[P]：USA，4992606，1991.

[74] C. Ercan，F. M. Dautzenberg，C. Y. Yeh，H. E. Barner. Mass -transfer effects in liquid -phase alkylation of benzene with zeolite catalysts[J]. Industrial & Engineering Chemistry Research，1998，37：1724 -1728.

[75] C. Perego，P. Ingallina. Recent advances in the industrial alkylation of aromatics：New catalysts and new processes[J]. Catalysis Today，2002，73：3 -22.

[76] 程志林，赵训志，邢淑建. 乙苯生产技术及催化剂研究进展[J]. 工业催化，2007，15(7)：4 -9.

[77] B. Zhang，Y. Ji，Z. Wang，Y. Liu，H. Sun，W. Yang，P. Wu. Liquid -phase alkylation of benzene with ethylene over postsynthesized MCM -56 analogues[J]. Applied Catalysis A：General，2012，443 -444：103 -110.

[78] B Zhang，Z. Wang，P Ji，Y Liu，H. Sun，W Yang，P. Wu. Efficient liquid -phase ethylation of benzene with ethylene over mesoporous MCM -22 catalyst[J]. Microporous and Mesoporous Materials，2013，179：63 -68.

[79] Y. Zhang，Z. Du，E. Min. Effect of acidity and structures of supported tungstophosphoric acid on its catalytic activity and selectivity in liquid phase synthesis of ethylbenzene[J]. Catalysis Today，2004，93 -95：327 -332.

[80] 张永强，杜泽学，杨克勇，等. 负载磷钨酸催化苯与乙烯液相烷基化[J]. 石油化工，2002，31(3)：165 -169.

[81] H. Zhiyuan，T. Suxian，X. Yali，Z. Bin，W. Weidong，Z. Fengmei，W. Xie. Zeolite catalyst for the liquid phase alkylation and transalkylation of benzene[P]：US，1997.

[82] 张凤美，舒兴田，何鸣元，等. 一种Y型分子筛及其制备方法[P]：中国，ZL00107414.8，2003.

[83] 张凤美，舒兴田，何鸣元，等. 一种烷基转移催化剂及其制备方法[P]：中国，ZL00107413.X，2004.

[84] 王瑾，杜伟彦，张凤美，等. 一种改进的烷基苯生产方法[P]：中国，ZL200410071116.0，2004.

[85] 王瑾，杨克勇，张凤美，等. 一种烷基苯的生产方法[P]：中国，ZL01144957.8，2004.

[86] 李东风，张吉瑞. 催化蒸馏法干气制乙苯工艺的研究[J]. 石油化工，2001，30(9)：669 -672.

[87] 刘军霞，王云山，张吉瑞，等. 催化精馏法干气制乙苯新工艺的研究[J]. 石油化工，2003，32(4)：269 -272.

[88] 孙新德，王清遐，刘盛林，等. 干气和苯催化蒸馏制乙苯[J]. 石油化工，2005，34(7)：626 -631.

[89] 孙新德，王清遐，刘盛林，等. Y沸石催化剂催化蒸馏干气与苯制乙苯[J]. 化学反应工程与工艺，2006，22(4)：294 -299.

第二节 异丙苯生产技术

一、概 述

异丙苯(cumene，分子式 C_9H_{12})又名枯烯，是一种重要的有机化工原料，主要用来生产苯酚和丙酮[1]，也可作为溶剂或用作提高发动机燃料辛烷值的添加物。2012 年全球异丙苯生产能力超过16Mt，其中，美洲地区占40%，欧洲占30%，亚太地区占30%。我国异丙苯产能为1.8Mt，约占世界总产能的11.4%。美国和日本是世界上最大的异丙苯出口国，韩国是世界上最大的异丙苯进口国。

工业上，异丙苯是在催化剂作用下，通过丙烯和苯进行Friedel – Crafts烷基化反应合成，产物异丙苯可以和丙烯进一步烷基化生成多异丙苯；多异丙苯则在适当的催化剂存在下和苯发生烷基转移反应生成异丙苯。烷基化和烷基转移都是正碳离子反应机理，分子筛的酸性中心是主要的催化活性中心。由于异丙苯以及多异丙苯都是较大的分子，因此具有十二元环以上孔道结构的沸石分子筛是最适宜的催化剂。工业上已经采用的分子筛催化剂包括丝光沸石、Y分子筛、β分子筛和MCM – 22分子筛等。催化剂决定了苯烯比、操作周期以及产品质量等重要的工艺指标。对于液相烷基化制异丙苯过程，较低的苯烯比可降低体系中循环苯量，较大幅度降低装置能耗，从而降低生产成本。因此，开发新型的适合低苯烯比、再生周期长的催化剂，是液相法合成异丙苯技术的主要发展方向。

20世纪80年代之前，异丙苯主要采用固体磷酸法（SPA）和$AlCl_3$法生产[2]。SPA法和$AlCl_3$法腐蚀问题和污染问题严重，操作环境恶劣，已经逐渐被淘汰。目前全球绝大部分异丙苯装置都改造为以固体酸分子筛为催化剂的液相固定床生产工艺[3,4]。具有代表性的液相法合成异丙苯技术有：Dow/Kellog工艺、UOP的Q – Max工艺、Mobil/Badger工艺以及中国石化的S – ACT工艺等。分子筛烷基化法工艺具有流程简单、反应温和、低腐蚀、低污染的优点，异丙苯产品纯度可达99.97%以上，收率为99.7%。

UOP公司开发的Q – Max工艺，采用碱金属离子改性的β分子筛 – MgAPSO – 31作为烷基化和烷基转移催化剂[5~11]，苯烯比在3.5左右。Mobil/Badger异丙苯工艺采用MCM – 22分子筛作为丙烯和苯液相烷基化的催化剂[2]，烷基化反应温度为130℃，反应压力为2.1MPa，专利报道的苯烯摩尔比为3～5。Dow/Kellog工艺的催化剂为高性能的脱铝丝光沸石，丙烯转化率100%，产物选择性高，苯烯摩尔比为5～7。中国石化的S – ACT异丙苯成套技术采用具有稳定层状MWW结构沸石SRZ – 21为催化剂，苯烯摩尔比为2，2010年在天津石化300kt/a异丙苯生产装置上得到应用。

二、反应原理

（一）化学反应

异丙苯的工业生产以丙烯和苯为原料，其中丙烯可选自聚合级丙烯、化学级丙烯或炼厂级丙烯，苯通常为石油苯。反应体系包括两个反应过程：苯和丙烯烷基化反应生成异丙苯和少量多异丙苯（二异丙苯和三异丙苯）；多异丙苯和苯通过烷基转移反应生成异丙苯。两个反应均在液相条件下进行。反应方程式如下所示：

1. 主反应

（1）烷基化反应

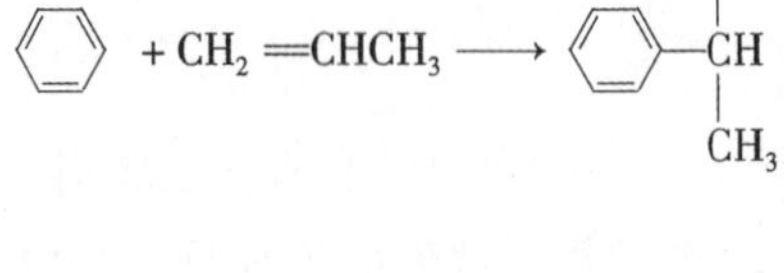

$\Delta H_f^0 = -99.42\ kJ/mol\ (T = 298K)$ （7 – 2 – 1）

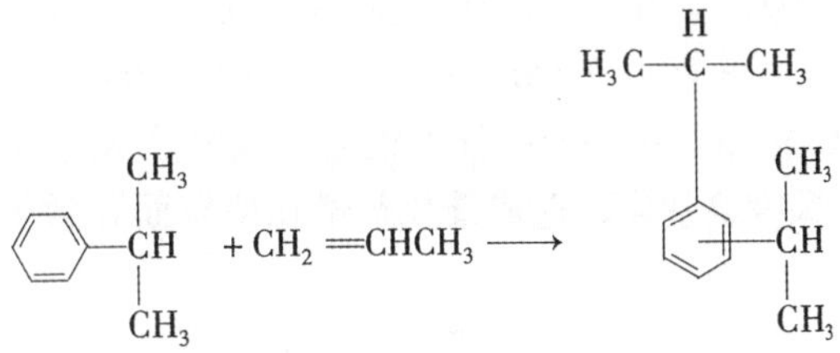
$\Delta H_f^0 = -101.95\ \text{kJ/mol}\ (T=298\text{K})$

(7-2-2)

(2)烷基转移反应

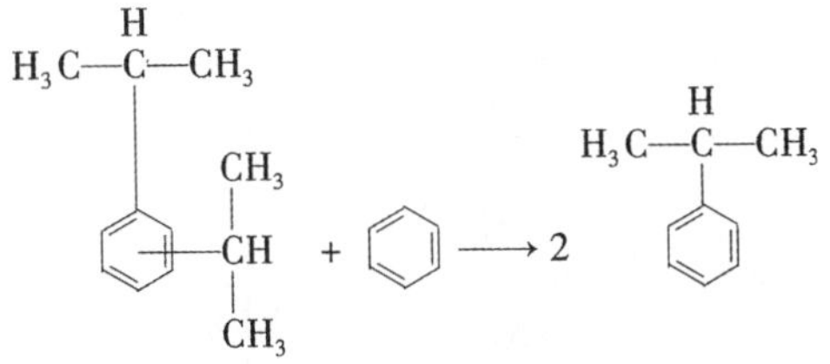
$\Delta H_f^0 = -65.1\ \text{kJ/mol}\ (T=298\text{K})$　(7-2-3)

2. 副反应

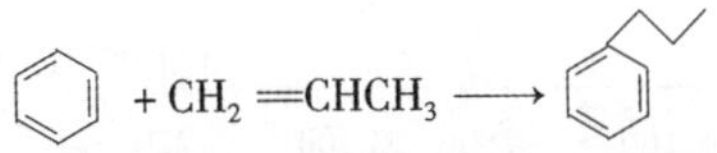
$\Delta H_f^0 = -95.53\ \text{kJ/mol}(T=298\text{K})$　(7-2-4)

在烷基化和烷基转移过程中，主要的副反应包括：正丙苯的生成、丙烯齐聚、异丙苯深度烷基化、歧化、异构化等，副反应生成的二异丙苯存在三种同分异构体，即邻、间、对二异丙苯。二异丙苯可再烷基化生成三异丙苯、四异丙苯，尤其在苯烯比较低时，三异丙苯、四异丙苯生成量较多。

最需要避免的副反应是正丙苯的生成、丙烯齐聚和异丙苯深度烷基化。正丙苯是异丙苯的同分异构体，很难将其分离，它的存在会严重影响后续苯酚、丙酮的生产；而丙烯齐聚和异丙苯深度烷基化则是造成催化剂失活的主要原因。

烷基化反应是可逆的反应过程，丙烯转化率接近100%。多异丙苯的烷基转移反应为热力学平衡反应，对温度敏感，转化率通常控制在30%～70%。

苯的烷基化以及多异丙苯的烷基转移都属于正碳离子机理，丙烯在酸催化剂作用下，被活化成异丙基正碳离子，生成的异丙基正碳离子进攻苯环形成σ络合物，再经质子离去完成了该烷基化反应过程。

正碳离子生成：

$$CH_2{=}CHCH_3 + H^+ \rightleftharpoons CH_3{-}C^+H{-}CH_3$$

生成σ络合物：

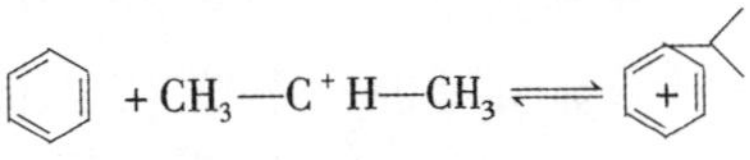

质子离去：

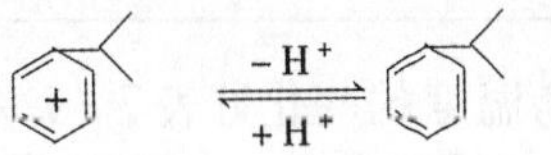

活化的丙烯正碳离子存在以下三种可能的竞争反应过程：①正碳离子和苯分子反应生成异丙苯；②正碳离子和丙烯分子发生齐聚生成C_6、C_9等烯烃，生成的C_6、C_9等烯烃再进一步和苯烷基化生成重组分，这也是造成催化剂失活的主要原因之一；③正碳离子进一步和异丙苯反应生成二异丙苯以及三异丙苯等。其中，丙烯的吸附活化是快过程，而正碳离子和苯

的烷基化是慢过程。从动力学的观点看，丙烯(动力学直径0.5nm)是小分子，扩散速度快，易于在催化剂孔道发生吸附并聚合。苯(动力学直径0.68nm)，尤其反应产物异丙苯(动力学直径0.76nm)、多异丙苯(动力学直径0.8 nm ~0.9nm)分子较大，其分子大小接近催化剂孔道尺寸，因此扩散阻力大，易于发生深度烷基化，造成催化剂微孔堵塞而导致催化剂活性降低，同时也降低了异丙苯选择性。

杂质正丙苯主要是通过伯正碳离子机理生成，因此正丙苯在热力学上更有利，随着反应温度升高，正丙苯含量急剧增加，图7-2-1表明了这一变化趋势[6]。因此，无论烷基化或烷基转移反应，应该尽可能在较低的温度条件下进行。

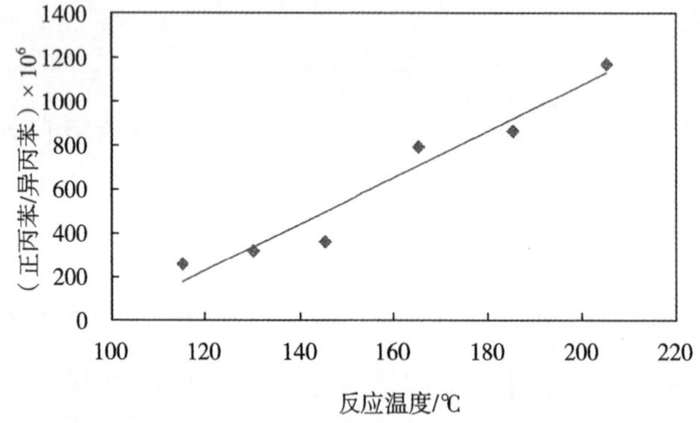

图7-2-1 反应温度和正丙苯含量的关系

(二)反应热力学与动力学分析

反应焓变随温度的变化如表7-2-1所示。由表可知，反应(7-2-1)、反应(7-2-2)、反应(7-2-4)均为强放热反应，但随着温度的升高，热效应呈轻微下降趋势。由于各反应为强放热反应，在工业生产中，体系可以利用反应热维持一定的反应温度，此外，还必须采取适当的措施及时将多余的反应热撤走。

表7-2-1 反应焓变随温度的变化

T/K	ΔH_f^0/(kJ/mol)		
	反应(7-2-1)	反应(7-2-2)	反应(7-2-4)
298	-99.42	-101.95	-95.53
348	-99.03	-101.66	-95.15
398	-98.56	-101.37	-94.72
433	-98.31	-101.16	-94.42
453	-98.03	-101.03	-94.24

化学反应自由能和平衡常数随温度的变化见表7-2-4，由表可见，在298~453K范围内，各独立反应的生成自由能$\Delta G_f \ll 0$，且均处于同一数量级，因此，从热力学上看，各反应均有强烈地向右进行的趋势。异丙苯继续发生烷基化反应生成二异丙苯不仅在热力学上有利，而且由于异丙基的给电子作用，异丙苯的进一步烷基化比苯更容易，因此，在实际生产中，一般要通过提高苯与丙烯的摩尔比或通过催化剂孔道的择形性来降低异丙苯发生串联反

应的几率。

表7-2-2还说明，随着反应温度的升高，各反应的ΔG_f逐渐增大，即升高反应温度不利于化学平衡向正方向移动。此外，随着反应温度的升高，正丙苯的生成在热力学上正向进行的趋势比异丙苯的生成略高，即升高反应温度有利于正丙苯生成。所以，从热力学上看，要减少正丙苯生成，应尽可能将反应温度控制在较低的水平。

尽管在热力学上更有利于正丙苯的生成，然而在合成异丙苯技术中，反应产物主要为异丙苯，正丙苯的生成极微量。其主要原因是：一方面，从反应机理的角度看，仲正碳离子的稳定性远高于伯正碳离子，生成异丙苯的活化能更低，因此在动力学上生成异丙苯是更有利的；另一方面，烷基化和烷基转移反应都是在较低的温度下进行，并通过反应工艺的优化，使产物组成远离热力学平衡。

表7-2-2　化学反应自由能和平衡常数随温度的变化

T/K	反应(7-2-1)		反应(7-2-2)		反应(7-2-4)	
	ΔG_f/(kJ/mol)	K_1	ΔG_f/(kJ/mol)	K_2	ΔG_f/(kJ/mol)	K_4
298	-55.40	5.16×10^9	-55.17	4.70×10^8	-55.14	4.63×10^9
348	-48.09	1.65×10^7	-47.36	1.29×10^7	-48.42	1.85×10^7
398	-40.82	2.28×10^5	-39.58	1.57×10^5	-41.74	3.01×10^5
433	-35.75	2.06×10^4	-34.15	1.32×10^4	-37.09	2.98×10^4
453	-32.86	6.17×10^3	-31.06	3.82×10^3	-34.45	9.38×10^3

三、催化剂

目前已经成功用作异丙苯催化剂活性组分的沸石分子筛主要包括丝光沸石、Y分子筛、β分子筛及具有MWW结构的系列分子筛[7]。

(一)丝光沸石催化剂

丝光沸石是一种具有十二元环和八元环交叉孔道的双孔分子筛[7]，其十二元环孔道具有一维特性，因此孔口容易发生堵塞引起失活。

Vyawahare等[8]采用丝光沸石作为催化剂进行苯与丙烯烷基化的研究，发现氢型丝光沸石具有良好的催化活性。采用NH_3-TPD、吡啶吸附、热重等分析手段研究表明，良好的催化活性来自于沸石孔道中的酸性位。通过烷基吸附、加入水蒸气的方式，发现对烷基化反应、异构化反应具有抑制作用，更进一步说明了孔道中酸性位的作用。

将丝光沸石进行高度脱铝后，骨架体系中将存在大量的介孔，可使得其扩散性能得到改善，减少焦油的生成。并且脱铝方式的不同会影响沸石催化剂的性能，Qin[9]等人先采用NaOH脱硅而后用氟硅酸铵脱铝的方法制备了沸石催化剂，发现比单纯采用氟硅酸铵脱铝的催化剂具有更好的抗结焦性能。

Dow化学公司开发了一种高度脱铝的氢型丝光沸石(3-DDM)催化剂[10,11]，经过高度脱铝的丝光沸石具有高比例的介孔，使得原本一维孔道的丝光沸石的扩散性能得到改善；同时高度脱铝降低了酸密度，其硅铝比高达70，使得催化剂的抗结焦性能得到改善。

(二)β分子筛催化剂

β分子筛是一种高硅分子筛，具有交叉十二元环孔道体系。与Y分子筛相比，β分子筛的烷基化活性和选择性高，稳定性好，因此在液相烷基化合成异丙苯技术方面有着广泛的应用[12]。

Enichem 公司采用离子交换法将碱金属、碱土金属或金属阳离子引入 β 分子筛中，减少了齐聚副产物的生成[13,14]。

中国石化开发了以纳米 β 分子筛为主要活性组分的 BTA－01 和 BTA－02 催化剂[15]，其中，BTA－01 为烷基化催化剂，BTA－02 为烷基转移催化剂。纳米 β 分子筛晶粒尺寸约为 20nm，比表面积接近 600 m^2/g，总孔体积为 0.42 cm^3/g，都高于常规 β 分子筛。纳米 β 分子筛孔道短，催化活性高，相对于常规 β 分子筛具有明显优势。纳米 β 分子筛的烷基转移催化活性也大大高于常规 β 分子筛(表 7－2－3)。由表 7－2－3 可知，在相同的反应条件下，当苯和二异丙苯质量比为 1.0，二异丙苯的重时空速为 2.0 h^{-1}，反应温度为 160 ℃时，二异丙苯转化率可以达到 50% 以上。当苯烯比约为 3.0 时，BTA－01 催化剂能够稳定运行，最佳反应温度为 150～160℃。

表 7－2－3 不同来源 β 分子筛催化 DIPB 烷基转移性能对比

催化剂类型	粒子大小/nm	二异丙苯转化率/%	正丙苯和异丙苯质量比
BTA－02	20	50.8	586
QL－β	200	7.3	—
NK－β	200	37.1	537
DT－β	200	21.3	—

注：反应条件：温度 160 ℃，二异丙苯空速 2.0 h^{-1}，苯/二异丙苯质量比＝1.0，时间 48h。

燕山石化和北京服装学院合作开发的 FX－01 催化剂使用了改性 β 分子筛为活性组分[16]，于 1998 年应用于燕山石化 85kt/a 异丙苯装置。随后，燕山石化和北京化工大学合作进一步改进了催化剂，提高了催化剂的稳定性，降低了苯烯比[17]。

(三)MWW 结构分子筛催化剂

MWW 结构分子筛的超笼[18]有利于较大分子尺寸的反应物和产物的扩散，这可能使 MCM－22 在液相烷基化反应中具有良好的抗结焦性能，目前已在苯与丙烯、苯与乙烯的液相烷基化反应的工业装置中得到了应用。

SRZ－21 是以硅溶胶和有机硅烷为混合硅源合成的。常规 MWW 结构结晶分子筛如 MCM－22 具有规整的层状结构，在进行热处理后，层间硅羟基会发生缩合，形成致密的三维体相结构。而 SRZ－21 在合成中引入特定的有机硅物种后，有机硅键合于微晶表面，削弱了微晶表面间的相互作用，促使微晶沿二维方向生长，形成了“无序”的层间结构，避免了层间缩合的发生。图 7－2－2 给出了 SRZ－21 和 MCM－22 样品的 X 射线粉末衍射谱。

由图 7－2－2 可知，在 SRZ－21 和 MCM－22 分子筛的 X 射线粉末衍射谱中，与晶面指标(hk0)相关的衍射峰 2θ＝7.1(100)、14.4(200)、26.1(310)都呈尖锐衍射峰，而与其他晶面指标(hk1)相关的衍射峰 2θ＝8.2(101)、9.5(102)、15.9(202)和 22.6(302)，呈宽化的包峰。同常规方法合成的规整层状 MCM－22 相比，SRZ－21 分子筛在 2θ＝9.5(102)的衍射峰完全消失，在 2θ＝8～10 之间呈一个宽的包峰。这一结果表明 SRZ－21 的层与层之间呈高度的“无序”状态，从而抑制了层间缩合的发生，使得 SRZ－21 具有稳定的层状结构。

中国石化以 SRZ－21 为主要活性组分，开发了用于异丙苯合成的 MP－01 和 MP－02 催化剂[19]，其中 MP－01 用于烷基化，MP－02 用于烷基转移。典型的烷基化反应条件为：苯烯摩尔比为2.0、反应温度155℃、反应压力2.6MPa。典型的烷基转移反应条件为：苯与二异丙苯的质量比为1.0、反应温度180℃、反应压力1.7MPa。催化剂无需热苯洗涤，总寿命超过5年。MP－01和MP－02催化剂已经在天津中沙石化公司、高桥石化公司等多套异丙苯装置上得到应用。

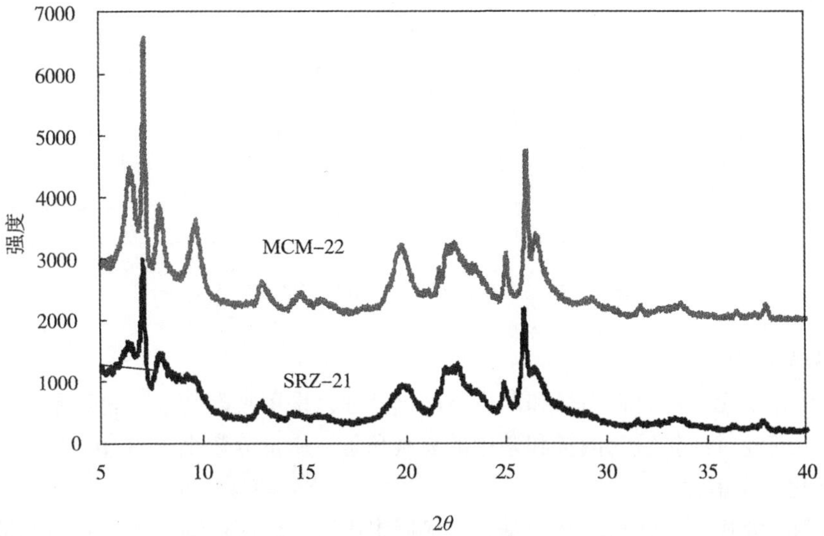

图7－2－2　SRZ－21和MCM－22的XRD图谱

四、工艺流程和工艺条件

我国异丙苯生产始于20世纪60年代，至2012年生产厂家主要有7家。其中，燕山石化使用两种分子筛混合物作为活性组分的YSBH－3催化剂，苯烯摩尔比为4～5；大连理工大学开发的异丙苯催化剂正在吉林石化的异丙苯装置上进行工业试验；中国石化的S－ACT工艺已在天津石化实现工业应用。

(一)原料、产品及主要反应指标

异丙苯生产原料为化学级或聚合级丙烯和石油苯。新鲜化学级丙烯主要来自催化裂化装置、石油炼化装置、煤化工装置。

异丙苯技术生产的异丙苯产品质量指标应完全满足异丙苯石化行业标准SH/T 1744—2004的指标要求。

(二)工艺流程

S－ACT工艺由中国石化开发成功，并首次在天津石化公司实现商业化，2010年建成300kt/a异丙苯生产装置。

S－ACT工艺利用苯和丙烯的烷基化反应来制取异丙苯，反应在液相中进行，采用四段外循环固定床技术和专利催化剂，烷基化采用高选择性MP－01催化剂[10]，烷基转移采用高活性MP－02催化剂[20]。装置主要包括原料净化单元、烷基化反应单元、烷基转移反应单元和精馏单元，工艺流程如图7－2－3所示。

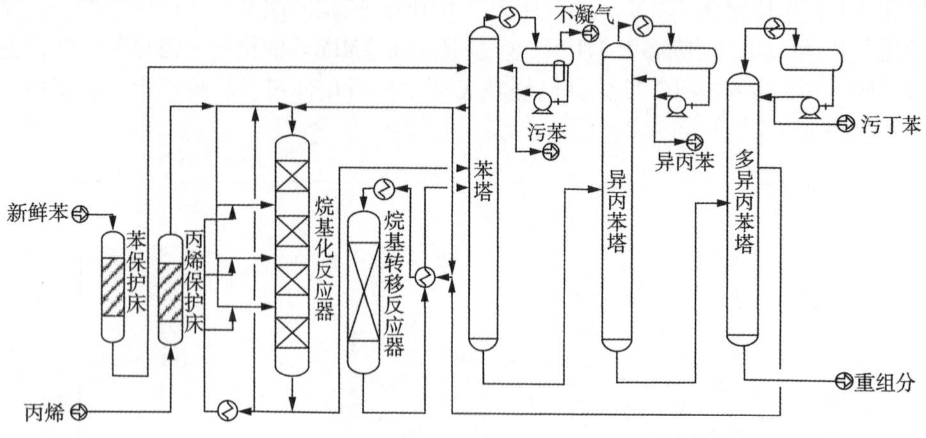

图 7-2-3　中国石化 S-ACT 工艺流程图

1. 原料净化单元

在原料净化单元，对原料丙烯和苯进行净化处理，采用吸附剂吸附脱除原料中的碱性氮和硫化合物，使经过纯化后的丙烯和苯中的总氮和总硫质量分数小于 30 μg/kg。

2. 烷基化反应单元

丙烯和苯的液相烷基化反应在烷基化反应器中进行，反应产物主要是异丙苯以及少量二异丙苯和三异丙苯。烷基化反应为放热反应，烷基化反应器为四段层式固定床绝热反应器，催化剂分别装填在四个床层中，丙烯分为四股物流分别进入每段催化剂床层，原料苯从反应器顶部进入反应器。烷基化反应器通过反应产物外循环撤热和段间冷却的方式控制床层温升和反应温度：通过冷循环液温度和流量控制每段催化剂床层的入口温度在 120～150℃左右，通过外循环液总量控制催化剂床层的温升小于 15℃。

MP-01 催化剂对异丙苯的选择性很高，多异丙苯生成量较少。同时烷基化反应器中生成的多异丙苯在烷基转移反应器中可以转化为异丙苯，所以多异丙苯的生成对整个装置的物耗几乎没有明显的影响。但是，由于多异丙苯的烷基转移反应会产生更多的正丙苯，所以应尽量减少烷基化反应器中多异丙苯的生成。多异丙苯的生成量主要是通过苯丙烯进料比和丙烯的分段进料模式来控制。

3. 烷基转移反应单元

多异丙苯和苯在液相条件下通过烷基转移反应生成异丙苯，同时也会生成少量正丙苯、乙苯和丁苯等杂质。烷基转移几乎为恒温反应，多异丙苯的转化率主要受反应的化学平衡和反应动力学的限制。虽然提高烷基转移反应的温度可以提高多异丙苯的单程转化率，降低其在装置内的循环量，进而降低装置能耗，但提高温度也会增加杂质的生成量，特别是正丙苯的生成量。因此当烷基转移反应器的操作温度过高，就会导致正丙苯生成量的增加，严重时会导致异丙苯产品中的正丙苯含量超标，所以必须加以避免。在 S-ACT 工艺中，烷基转移反应温度控制在 170～210℃，使多异丙苯转化率达到 50%[21]。在正常操作中，烷基转移反应接近于等温反应，

4. 精馏单元

精馏单元包括脱丙烷塔、苯塔、异丙苯塔和多异丙苯塔[22]。脱丙烷塔的功能是脱除丙

烯原料带来的丙烷，只有在采用化学级或炼厂级丙烯为原料时，异丙苯工艺才设置脱丙烷塔；如果采用聚合级丙烯，则可以不设。苯塔具有多重作用：一是回收反应液中未反应的苯；二是脱除苯原料中带入的非芳烃组分至0.5%以下。异丙苯塔的主要作用是实现异丙苯产品与丁苯、甲基异丙苯等杂质的分离而得到异丙苯产品。多异丙苯塔的功能是回收二异丙苯和三异丙苯，从塔顶脱除丁苯、甲基异丙苯等杂质，同时从塔釜脱除重组分。

5. 技术特点

S－ACT工艺技术可生产纯度大于99.95%的异丙苯，正丙苯含量低于300 μg/kg，苯烯摩尔比可以降低到2.0。

S－ACT异丙苯工艺有如下四个主要特点：

①烷基化和烷基转移催化剂具有低苯烯比、高活性、高选择性和高稳定性的特点，可再生，寿命长达五年以上。

②采用高效烷基化反应器。烷基化反应采用丙烯分段进料，多段外循环工艺。其优点为：每段床层中保持较高苯/丙烯比，减少多异丙苯生成；降低催化剂床层温升，抑制正丙苯等杂质生成。

③异丙苯产品质量高。催化剂具有高选择性特点，且低聚、裂解、氢转移等副反应很少，因此产品中乙苯、丁苯、α－甲基苯乙烯(AMS)以及非芳烃的含量也很低，产品纯度能达到99.95%以上，正丙苯含量小于300μg/g。

④异丙苯产品单耗低、能耗低。绝大部分反应生成的二异丙苯和三异丙苯副产品可以通过烷基转移反应得到异丙苯产品，仅有少量的重组分从多异丙苯塔釜排出。由于原料苯烯比低，异丙苯塔顶采用了发生蒸汽的方式回收热量，因而能耗低。

(三)工艺条件的影响

1. 杂质影响

原料丙烯和苯中的各种微量杂质都会发生化学反应生成各种化合物，这些化合物可能会成为产品异丙苯的杂质，有些杂质也会导致催化剂的失活[21]。丙烯进料中典型的烯烃类杂质包括乙烯、环丙烷、丙炔、丙二烯和丁烯；苯进料中典型的杂质包括非芳香烃碳氢化合物、甲苯和少量的烯烃类化合物。

(1)乙烯

乙烯和苯反应生成乙苯，乙苯很难通过分离的方法从异丙苯中分离。由于异丙苯产品对乙苯含量一般都有限制，因此，丙烯原料中的乙烯含量也必须控制在一定范围之内。

(2)非芳烃

苯进料中常常会含有非芳香烃类碳氢化合物。在操作温度范围内，烷烃类非芳香烃碳氢化合物在系统中是惰性的，烷烃类非芳香烷基化合物从苯塔塔顶随污苯一起被排出系统。

(3)碱性氮

碱性氮化合物是催化剂毒物。新鲜苯中的氮化合物，通过苯保护床吸附脱除。丙烯进料中的碱性氮化合物通过丙烯保护床吸附脱除。

2. 工艺参数影响

反应工艺包括烷基化部分和烷基转移部分。为了使装置达到最佳工艺性能，必须优化控制装置的各项反应工艺参数[6]。

(1)烷基化反应

1)苯/丙烯比

苯/丙烯比(苯烯比)是烷基化反应器最重要的工艺参数之一。其定义为进入反应器的苯量和丙烯量的摩尔比。苯烯比对催化剂的稳定性、异丙苯的产量以及多异丙苯塔的负荷有着直接的影响。不同的催化剂对苯烯比的要求不同，目前运行的工业装置的苯烯比一般在2.0~3.0。S-ACT异丙苯工艺采用MP-01催化剂，具有低苯烯比的特点，苯烯比可以低至2.0操作。

如果在苯烯比高于设计值操作，苯塔的负荷就会增大，从而增加能耗。反之，在苯烯比低于设计值的条件下操作，在烷基化反应器出料中二异丙苯和三异丙苯的含量就会增加，多异丙苯塔的负荷就会增大，同时烷基转移反应器的负荷也会增大，异丙苯产品中的杂质如正丙苯、丁苯和重组分就会增加。

2)丙烯空速

丙烯空速是每小时进入反应器的丙烯质量(以纯丙烯计算)与烷基化反应器内催化剂质量之比。该参数反映了催化剂的处理能力，也直接决定了催化剂的装填量。丙烯空速一般在0.5~0.8h^{-1}。

较低的空速能使丙烯的转化率更高，因此能延长催化剂的再生周期。相反，较高的空速会降低丙烯的转化率，会缩短催化剂的再生周期。

3)反应温度

催化剂床层温度会影响到催化剂的稳定性、催化剂的活性和烷基化液中正丙苯的含量。正常的床层温度为130~160℃。

床层温度越高，催化剂活性越高，但正丙苯含量也越高；反之，床层温度越低，催化剂活性越低，但正丙苯含量也越低。

4)烷基化液循环比

烷基化反应器外循环的目的在于降低反应器床层温升。烷基化反应器的烷基化液循环比等于反应器中的烷基化液的循环质量流量和进入反应器的苯质量流量的比值。

循环比的改变会影响到反应器的温度分布。如果循环比过高，有利于减少正丙苯的生成。但是过高的循环比会使反应器中异丙苯浓度升高，导致多异丙苯生成量增加。如果循环比过低，使得催化剂床层温升超过设计值，将导致正丙苯的生成量增加。

5)反应器压力

烷基化反应器出口压力要确保烷基化反应器内的所有物料都处于液相状态。出口压力一般控制在2.0~3.0MPa。

(2)烷基转移反应器

1)苯/多异丙苯比

苯/多异丙苯比是烷基转移反应器最重要的工艺参数之一。苯/多异丙苯比等于进入烷基转移反应器的苯的质量流量和多异丙苯的质量流量之比。一般将该数值控制在1~2。

苯和多异丙苯的烷基转移是一个较慢的、可逆的化学热力学平衡反应。较高的苯/多异丙苯比能够促进多异丙苯向异丙苯转化；但较高的苯/多异丙苯比也提高了总的进料空速，缩短了反应物的停留时间，使多异丙苯的转化率降低。因此，多异丙苯的单程转化率的升高或降低取决于在当前的操作状况下苯/多异丙苯比和空速两者之间的相对影响，所以最佳的苯/多异丙苯比有可能与设计值有轻微的偏差。

2)总空速

总空速也是烷基转移反应器的重要参数之一。烷基转移反应器的总空速定义为进入烷基转移反应器的苯和多异丙苯总物流质量流量与烷基转移反应器中的催化剂总质量的比值。当总空速增大时，多异丙苯的单程转化率就会下降，从而导致多异丙苯塔的负荷增大。

3)催化剂床层温度

烷基转移反应器的进口温度是另外一个重要的烷基转移反应器的工艺参数。较高的温度会提高多异丙苯的转化率，但也会增加反应器出料中的正丙苯含量。因此，可以通过调节烷基转移反应器的进口温度以维持多异丙苯的单程转化率达到50%。

4)操作压力

烷基转移反应器出口压力要确保烷基转移反应器内的所有物料都处于液相状态。一般控制在1.0～2.0 MPa。

五、关键设备

S－ACT工艺中，丙烯和苯的液相烷基化是在多段层式绝热固定床反应器中进行的，多异丙苯和苯的烷基转移是在常规绝热固定床反应器中进行。两种反应器的主要参数如表7－2－4所示。

烷基化反应器如图7－2－4所示，工业上普遍采用四段层式固定床反应器。催化剂分为四部分，分段装填于反应器中。烷基化反应器设计的关键之一是要使每段丙烯进料后能够与反应器内的物料实现快速混合均匀，防止丙烯局部浓度过高造成反应温度过高以及丙烯聚合副反应的增加。因此，每段原料入口分布器的设计至关重要。烷基化反应器采用碳钢材料，器内不等高度分四层放置催化剂，由Johnson网和栅板作为支撑；每层上部分别设置进料分配器；装填异丙苯烷基化催化剂，每段床层底部设置催化剂卸出口。底部出口设置液体收集器，下封头底部开设催化剂卸出口和瓷球卸出口各一个。所有法兰采用长颈对焊法兰，法兰密封面采用凹凸面型式。此外，为监测反应器内催化剂床层温度分布，在反应器四段催化剂床层中适当部位分别开设有6～8个测温管，除一个用于进料温度控制用途外(每段上部第一个测温管)，其余每一个测温管中设置了三点测温点，用于检测同一截面上不同点的床层温度。

表7－2－4　合成异丙苯烷基化反应器和烷基转移反应器主要参数

项　目	烷基化反应器	烷基转移反应器
反应器类型	四段层式固定床	单段固定床
液体流动方式	上进下出	上进下出
控温方式	反应液外循环/段间冷却	进出料换热
进料方式	丙烯分段进料	不分段
床层温度/℃	～150	150～210
反应压力/MPa	2.5～3.0	1.0～2.0
转化率/%	>99.5%(以丙烯计)	>40.0%(以二异丙苯计)

烷基转移反应器如图7－2－5所示，催化剂为单一床层，反应几乎为等温反应。反应进料为苯和多异丙苯，通常由反应器顶部进入反应器。

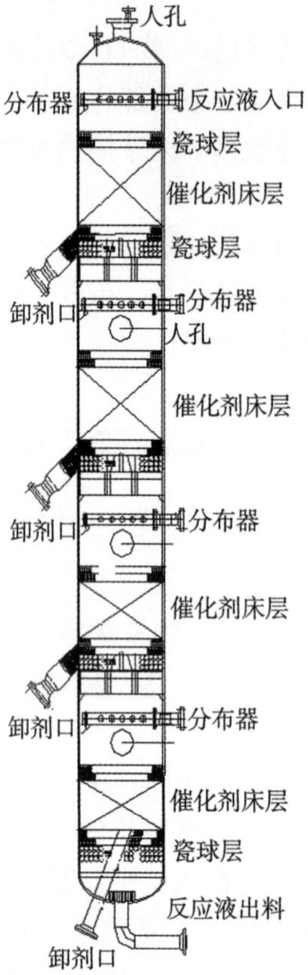

图7－2－4　烷基化反应器

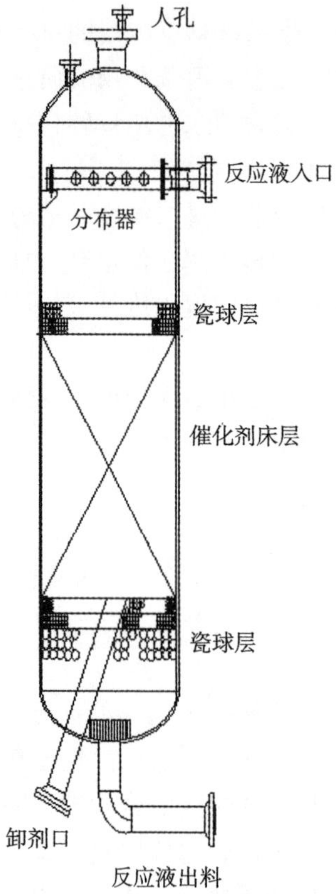

图7－2－5　烷基转移反应器

六、技术展望

未来异丙苯生产技术应重点在开发大型成套技术及节能工艺、研制新型催化剂，以及拓展原料多样化等方面开展工作。

中国石化已开发成功S－ACT异丙苯成套技术，并在天津石化建成了国内产能最大的300kt/a异丙苯装置，但国际上最大的异丙苯装置规模已达到720kt/a，日本、北美和欧洲的大多数异丙苯装置规模也都在300kt/a以上。随着国内劳动力成本的不断提高，以及炼化上下游装置规模的扩能，大型异丙苯装置必将提高企业的竞争力。因此，建议发展产能在400kt/a以上的大型异丙苯成套技术。

开发和推广节能异丙苯技术具有重要意义。低苯烯比技术能够降低装置中的循环苯的量，进而显著降低装置能耗。开发活性更高、稳定性更好的新型催化剂一直是异丙苯技术的一个重点，节能降耗的工艺条件设计应首先着眼于催化剂的研发。原料多样化发展趋势明显。国外绝大多数异丙苯装置都采用炼厂级丙烯为原料，而国内异丙苯装置仍采用化学级或者聚合级丙烯。采用低浓度的炼厂级丙烯为原料，通过工艺集成可以大幅度降低炼油厂丙烯分离的综合能耗。

参考文献

[1] 金栋．异丙苯生产技术进展及其国内外市场分析[J]．化工文摘，2006，5：28－30.

[2] T F Degnan Jr，C M Smith. Alkylation of aromatics with ethylene and propylene：Recent developments in commercial processes[J]. Appl. Catal. A：General. 2001，221：283.

[3] Kozo Tanabea，Wolfgang F. HoElderich. Industrial application of solid acid－base catalysts [J]. Applied Catalysis A：General. 1999，181：399－434.

[4] Hydrocarbon Processing [M]. 1997，3：121.

[5] J A Horsley. Chemtech [M]. 1997，45.

[6] 周斌，高焕新，魏一伦．液相烷基化制异丙苯 MP－01 催化剂的性能[J]．化学反应工程与工艺，2009，25(2)：148.

[7] 邢淑建，程志林，于海斌．纳米丝光沸石分子筛的合成及表征[J]．分子催化，2008，22：111－116.

[8] Vyawahare，Yogesh K，Chumbhale，Vilas R.，et al. Alkylation of benzene to cumene over zeolite catalysts [J]. Revue Roumaine de Chimie，2012，57(2)：107－113.

[9] Qin Z，Shen B，Gao X，Lin F，et al. Mesoporous Y zeolite with homogeneous aluminum distribution obtained by sequential desilication－dealumination and its performance in the catalytic cracking of cumene and 1，3，5－triisopropylbenzene[J]. Journal of Catalysis，2011，278(2)：266－275.

[10] 刘志成，王仰东，谢在库．从工业催化角度看分子筛催化剂未来发展的若干思考[J]．催化学报，2012，33(1)：22－38.

[11] G R Meima. CATTECH[M]. 1998，2(1)：5.

[12] 肖丰收，辛勤．BETA 沸石酸性质的红外测定[J]．吉林大学自然科学学报，1993，2：89－93.

[13] Perego C，Pazzuconi G，Girotti G，Terzoni G. Proces for the preparation of cumene[P]：US 5672799，1997.

[14] Bellussi G，Pazzuconi G. Perego C[J]. J. Catal.，1995，157：227.

[15] 倪金剑，魏一伦，高焕新．纳米 Beta 沸石合成及二异丙苯烷基转移性能研究[J]．化学反应工程与工艺，2012，28(4)：312.

[16] 张佩君．合成异丙苯生产现状及技术进展[J]．石化技术，2005，12(2)：62.

[17] 崔小明．异丙苯生产技术进展及其国内外市场分析[J]．化工技术经济，2006，24(7)：27.

[18] M E Leonowicz，J A Lawton，et al[J]. Science，1994，264：1910.

[19] 王晓溪，耿晓棉，关志强，等．MP－01 新型异丙苯催化剂中试研究[J]．石化技术，2005，12(3)：1－4.

[20] 周斌，高焕新，魏一伦等．多异丙苯液相烷基转移催化剂 MP－02 性能研究[J]．化学反应工程与工艺，2009，25(5)：447.

[21] 周斌，高焕新．丙烯和苯液相烷基化反应中分子筛性能的研究[J]．石油化工，2002，31：883.

[22] 赵国新，夏俊芝，肖松斌．异丙苯装置中苯塔压力波动的原因分析及对策[J]．石油化工，2012，41(40)：435.

第八章　非石油基芳烃技术

芳烃作为重要的化工原料，工业上主要通过石油基路线的石脑油催化重整和石脑油蒸汽裂解工艺而得。随着我国石油对外依存度越来越高，石油基路线的芳烃生产将有可能受到制约。因此，开发资源多元化的芳烃生产技术，可以有效缓解芳烃生产对石油的依赖，降低我国石油的对外依存度，具有良好的社会效益和重要的战略意义。

当前，随着我国钢铁行业的发展，焦化粗苯和煤焦油的产量已相当可观。应用现有的成熟技术，或开发更为先进的加氢技术，充分并清洁利用焦化粗苯和煤焦油来增产芳烃，不仅可以实现炼焦行业的资源增值，而且可以有效拓展芳烃生产原料范围。基于我国“缺油少气富煤”的资源禀赋，开发甲苯甲醇甲基化、甲醇芳构化等更为有效的煤基芳烃生产技术，开辟了全新的芳烃生产路线。随着国内外天然气，特别是页岩气资源的开发和利用，具有原子经济特性的天然气无氧芳构化制芳烃技术也广受关注。国际上以生物质为原料生产芳烃技术的研究和开发工作也正在蓬勃发展。若能成功商业化运行，则为芳烃的工业生产提供了一条资源“取之不尽、用之不竭”的技术路线。

本章主要介绍煤焦油及焦化粗苯制芳烃、甲苯甲醇甲基化、甲醇芳构化制芳烃、天然气制芳烃和生物质制芳烃等非石油基芳烃生产技术的原理、最新技术进展及其发展趋势。

第一节　焦化粗苯与煤焦油增产芳烃技术

一、概　述

煤在干馏过程(又称炼焦或焦化)中热解生成焦炉气、煤焦油和焦炭。焦炉气经洗涤和苯蒸馏回收得到焦化粗苯。按焦化炉加热终温的不同，煤的干馏可分为低温干馏(500～600℃)、中温干馏(700～900℃)和高温干馏(900～1100℃)三种类型。由于煤种和干馏条件的不同，导致干馏产物分布有较大的差别。以烟煤为例，不同干馏温度条件下干馏产物的典型分布见表8－1－1[1]。

表8－1－1　以烟煤为原料不同干馏温度时产物典型分布　　%(质量)

产物	低温干馏	高温干馏
煤气	6～8	13～15
焦化粗苯	0.4～0.6	0.8～1.1
煤焦油	7～10	3～5

焦化粗苯实际上是芳烃混合物，是苯类产品的重要来源之一，其典型组成为苯含量60%～65%，甲苯含量11%～15%。煤焦油主要由多环芳香族化合物组成，也是生产芳烃及其衍生物的重要资源。

19世纪初，人们开始了对煤焦油的应用研究，并相继从中发现了苯、甲苯、萘、蒽、苯酚、喹啉、苯胺和吡啶等一系列主要化合物，为有机化学的发展奠定了基础。1822 年，英国建成第一个煤焦油蒸馏工业装置，所产重油主要用于浸渍铁路枕木和建筑用木料。1860 年，J. Rüetgers 在德国建成第一家煤焦油加工厂，为煤焦油加工的技术进步做出了历史性贡献。由于合成染料和药物研究的兴起，19 世纪后期，来自于煤焦油的苯、萘和蒽为迅速崛起的德国有机化学工业提供了原料。直到第二次世界大战结束，工业用苯、甲苯、萘和蒽、苯酚和杂酚油、吡啶、喹啉等几乎全部来自焦化粗苯和煤焦油。

经过 100 多年的技术发展和积累，发达国家在煤焦油加工领域的技术水平普遍较高。对煤焦油的加工和利用已从高含量组分转向精细化工所需的高附加值组分，特别是对各窄馏分进行综合利用。

20 世纪 80 年代以来，世界炼焦工业的中心从主要工业国家向中国转移，中国成为世界钢铁主要出口国和主要的煤焦油生产国。进入 21 世纪后，国内虽然开始重视煤焦油深加工技术的开发和应用，但煤焦油的加工装置较分散。截止到 2010 年，国内煤焦油深加工装置的加工能力大多小于 100 kt/a，其加工利用深度也不高，杂环化合物和稠环芳烃类化合物均以生产初级产品为主，煤焦油没有得到有效利用。

焦化粗苯和煤焦油中含有丰富的芳烃资源，通过深加工利用好这部分资源，是增产芳烃的一条重要途径。

二、焦化粗苯增产芳烃技术

焦化粗苯沸点小于 200℃，其产率与炼焦煤组成、炼焦及洗涤工艺条件有关。目前，工业装置粗苯产率以装炉煤计约为 1.0%（质量）[2]。2011 年全国粗苯产量约 4.45Mt [3]。

焦化粗苯在加工利用，特别是用于增产芳烃之前，必须先经过精制过程，脱除其中的烯烃和 S、N 等杂质原子。粗苯精制工艺主要有酸洗法、萃取法和加氢法等。其中，酸洗法是应用最早的焦化粗苯精制技术，但由于该技术在产品收率、材料选择以及经济效益等方面存在诸多不足之处，特别是生产过程会带来严重的环境污染，所产生的污染物治理成本高，因此已趋向淘汰。侨友公司与天津大学合作开发的萃取精馏技术，是一种物理分离提取芳烃的方法，该工艺采用普通精馏、精密精馏、萃取精馏、汽提蒸馏等技术对粗苯进行分离提纯，即先分去轻、重组分，再从所得轻馏分中逐步分离出苯、甲苯、二甲苯、噻吩等产品[4]。新建的工业装置主要采用固定床加氢技术进行焦化粗苯精制。因此，本部分内容仅介绍焦化粗苯通过加氢精制方案来增产芳烃。

一般来讲，焦化粗苯通过两段选择性加氢精制后的产物组成与石脑油重整后的产物类似。焦化粗苯加氢精制的产物再经过萃取（抽提）蒸馏及常规精馏过程，即可以生产出符合标准的苯、甲苯、二甲苯等芳烃产品。

（一）焦化粗苯组成及用途

焦化粗苯的外观为浅黄色、易流动的液体，组成复杂，易于燃烧。中国石化测得的典型焦化粗苯的主要成分及含量见表 8-1-2。

表 8-1-2 典型焦化粗苯的主要组成

组分	苯	甲苯	二甲苯	萘	α-甲基萘	β-甲基萘	C_{9+}
含量/%（质量）	60~65	11~15	5~7	2.9~7.0	0.4~1.5	0.12~0.5	其余部分

焦化粗苯除了用于生产苯、甲苯和二甲苯以外，还可以用于生产溶剂，副产重芳烃中三甲苯、萘、茚满、茚、古马隆等还可用于生产古马隆－茚树脂(简称古马隆树脂)。

(二)加氢精制原理

粗苯加氢工艺主要分为高温法与低温法两种。在低温加氢工艺中，根据分离加氢油中非芳烃与芳烃的方法不同，又可分为萃取蒸馏法和溶剂萃取法。

低温催化加氢的操作条件为：温度190～380℃、压力3.0～3.5MPa。发生的主要反应是不饱和烃加氢转化为饱和烃以及非烃化合物脱硫、脱氮、脱氧等反应。由于反应温度低，一般不发生加氢裂解和脱烷基等深度加氢反应。加氢后得到的加氢油一般采用以下两种工艺进一步加工：萃取蒸馏低温加氢工艺采用萃取精馏法，将非芳烃与芳烃分离；溶剂萃取低温加氢工艺采用溶剂液液萃取法，将非芳烃与芳烃分离。芳烃之间的分离可用一般精馏方法实现，最终得到苯、甲苯、二甲苯。主要工艺有中国石化开发的焦化粗苯加氢工艺(FCBH)、萃取蒸馏加氢(KK法)和溶剂萃取加氢等。

高温催化加氢一般是在600～650℃、5.0～6.0MPa条件下进行。通过加氢裂解反应把高分子烷烃和环烷烃转化为低分子烷烃，并以气态形式分离出去，脱除不饱和烃；同时，通过加氢脱烷基把苯的同系物最终转化为苯和低分子烷烃。高温加氢的产品只有苯，没有甲苯和二甲苯。而原料中的S、N、O等以H_2S、NH_3、H_2O的形式除去。对加氢油的处理可采用一般精馏方法，最终得到纯苯产品。

加氢精制脱烯烃和脱除硫、氮等杂质过程的主要化学反应包括：

(1)预加氢反应

$$C_4^= + H_2 \longrightarrow C_4$$

$$C_5^= + H_2 \longrightarrow C_5$$

$$C_6^= + H_2 \longrightarrow C_6$$

$$C_7^= + H_2 \longrightarrow C_7$$

$$C_8^= + H_2 \longrightarrow C_8$$

$$(C_6H_5)CH{=}CH_2 + H_2 \longrightarrow (C_6H_5)CH_2CH_3$$

$$\alpha-CH_3(C_6H_5)CH{=}CH_2 + H_2 \longrightarrow 1,2-CH_3(C_6H_5)CH_2CH_3$$

(2)主加氢反应

$$CS_2 + H_2 \longrightarrow CH_4 + H_2S$$

$$C_4H_4S + H_2 \longrightarrow C_4 + H_2S$$

$$C_5H_5N + H_2 \longrightarrow C_5 + NH_3$$

通过加氢以后，产物的溴价和总硫、总氮含量等指标可以满足下游分离提纯装置的进料要求。

(三)焦化粗苯加氢精制技术

国内的粗苯加氢技术主要有中国石化FCBH工艺和中国科学院山西煤炭化学研究所(山西煤化所)的技术；国外的粗苯加氢技术主要有KK法[5]、莱托尔法(Litol)和鲁奇法(Lurgi)。无论哪种加氢技术，焦化粗苯都要先进行预处理(预分馏)，以除去其中杂质含量较高的重组分。预处理通常是经过一个分馏塔进行，塔顶产物主要为C_8及C_8以下的烃类，作为加氢精制单元的原料，C_{9+}组分从塔底排出系统。

几种典型粗苯加氢技术的工艺特点见表8-1-3。

1. 中国石化FCBH加氢技术

FCBH是一种低温加氢工艺，包括以脱除烯烃为主的预加氢和以脱硫、氮等杂质为主的主加氢过程，所用催化剂为FH系列粗苯加氢催化剂。加氢产物的分离提纯采用中国石化的环丁砜法萃取蒸馏工艺。得到的产物可以满足下游生产苯乙烯等产品的要求。

表8-1-3　几种典型焦化粗苯加氢生产芳烃技术工艺特点

加氢工艺方法	FCBH工艺	KK工艺[6]	Litol工艺[6]
萃取剂	环丁砜	甲酰吗啉	无
芳烃精制	萃取蒸馏	萃取蒸馏	简单蒸馏
加氢温度/℃			
预加氢	170~280	220~230	230
主加氢	190~380	340~380	610~630
加氢压力/MPa			
预加氢	3.0~3.5	3.5	5.7
主加氢	3.0~3.5	3.4	5.0
苯产品主要性质			
冰点/℃	≥5.4	>5.4	>5.4
纯度/%	≥99.9	99.9	99.9
总硫/(μg/g)	≤1.0	<0.5	<0.5
主要产品	苯、甲苯、二甲苯及烷烃、重芳烃	苯、甲苯、二甲苯等	苯
无机硫处理方法及特点	反应吸附，无酸性气体排放	萃取吸附、解吸，主火炬燃烧，有酸性气体排放	萃取吸附、解吸，主火炬燃烧，有酸性气体排放

(1)粗苯加氢催化剂

FH-40B和FH-40C是中国石化开发的高活性轻馏分油加氢精制催化剂。该系列催化剂采用的特种改性氧化铝载体具有更大的孔体积和比表面积，能够有效提高活性金属的分散性能，并且通过载体改性调节活性金属与载体间相互作用，有利于产生更多活性更高的边缘活性中心，从而提高催化剂的加氢精制活性。FH-40B和FH-40C催化剂具有孔体积大、比表面积高、加氢脱硫和加氢脱烯活性好、装填堆比低及不含腐蚀性助剂等特点，是加工轻质馏分油的理想催化剂。催化剂物化性质见表8-1-4。FH-40C催化剂于2005年工业化，至2012年已在国内外30多套加氢装置工业应用，是目前国内市场使用最多的轻质馏分油加氢催化剂。

(2)粗苯加氢工艺

焦化粗苯经加热后送入预蒸馏塔，除去粗苯中比二甲苯沸点高的重组分(重苯)，同时在预蒸馏塔顶设立分水器，分离粗苯中所含的水分。得到的塔顶产物俗称轻苯。轻苯与循环氢压缩机送来的循环氢混合，进行连续蒸发。汽化后的轻苯与氢气的混合气体经过与加氢油换热后，进入预加氢反应器，与催化剂接触进行加氢饱和反应。预加氢反应产物经过与加氢油换热及加热炉加热后，进入主加氢反应器，与催化剂接触进行脱除硫、氮等化学反应。主加氢反应器流出物在换热器冷却过程中会有 NH_4Cl、NH_4HS 等盐类物质析出，需注入脱氧水以防止铵盐结晶。主反应器流出物进入高压分离器进行气液分离，加氢油进入稳定塔脱除 H_2S，气体经冷却和气液分离后大部分进入循环气压缩机，经压缩后再返回反应系统，少部分排出系统外。为了调节系统氢浓度，装置反应需要的补充氢气由补充氢气压缩机压缩后，进入循环气系统，补充加氢反应消耗的氢气量。图 8－1－1 为焦化粗苯加氢 FCBH 工艺流程示意图。

(3)典型结果

采用 FCBH 工艺和 FH－40 系列催化剂时，焦化粗苯加氢反应后的典型产物组成及结果见表 8－1－5。

(4)FCBH 工艺特点

①反应部分采用低温低压两段加氢工艺，分离系统采用中国石化焦化粗苯精制后抽提蒸馏技术。

②主加氢精制反应器催化剂分层设置，并设有分配器、保护剂等，可以控制第一床层温升(约占反应器总温升的 60%)，适应原料变化较大的情况(尤其是对高、低负荷生产方案)。

③使用冷氢控制第二催化剂床层入口温度，提高反应器的操作灵活性，延长催化剂使用周期。

表 8－1－4 中国石化 FH 系列粗苯加氢催化剂物化性质

项　目	FH－40B	FH－40C
化学组成	Mo－Co	W－Mo－Ni－Co
物理性质		
孔体积/(mL/g)	≥0.40	≥0.42
比表面积/(m^2/g)	≥200	≥220
压碎强度/(N/cm)	≥150	≥150
自然装填密度/(kg/m^3)	750～850	660～740
外形	三或四叶草	三或四叶草

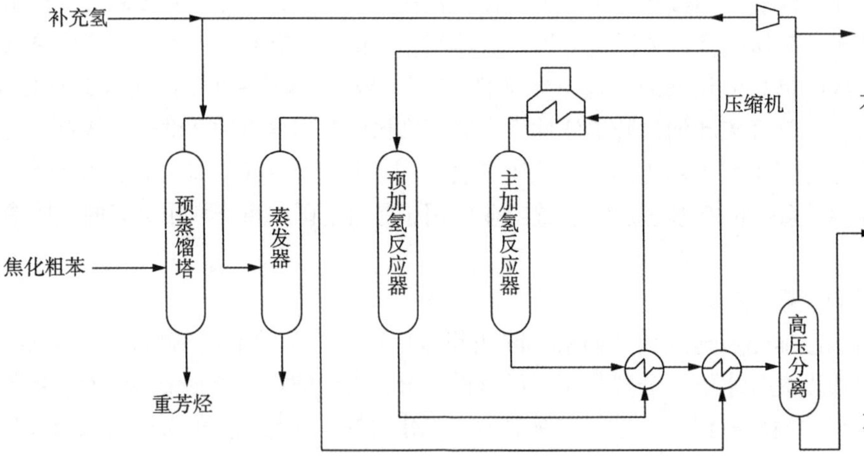

图 8－1－1 FCBH 工艺焦化粗苯加氢流程示意图

④在反应流出物/反应进料换热器上游设置脱氧水注入点(间断注水)，以防止铵盐结晶，防止堵塞换热器。

⑤加氢油进入稳定塔，脱除硫化氢和戊烷以下轻组分，塔底得到脱除硫化氢的稳定油，塔顶设注缓蚀剂设施，降低塔顶流出物中硫化氢对稳定塔顶系统的腐蚀。

表 8-1-5　采用 FCBH 工艺和 FH-40 系列催化剂时焦化粗苯加氢典型结果

项　目		条件 1	条件 2
氢分压/MPa		2.8	2.8
液时空速/h^{-1}		0.5	0.5
氢油体积比		600	600
反应温度(第一反应器/第二反应器)/℃		195/280	195/290
成分	粗苯原料/%(质量)	加氢产物/%(质量)	
苯	76.03	72.77	75
甲苯	14.31	16.45	14.90
乙苯	0.15	1.73	1.61
对二甲苯	0.86	1.01	0.92
间二甲苯	2.45	2.87	2.62
邻二甲苯	0.66	0.77	0.71
1，4-二甲基-2-乙基苯	—	0.09	0.09
1，3-二甲基-4-乙基苯	—	0.22	0.20
1，3，5-三甲基苯	0.21	0.23	0.21
1，2，4-三甲基苯	0.23	0.29	0.27
茚满	0.16	1.07	0.98
总计	95.06	97.50	97.51
杂质元素			
硫含量/(μg/g)	4955.8	0.47	0.27
氮含量/(μg/g)	618	1	1

2. 国内其他粗苯加氢技术

除中国石化外，还有国内其他机构致力于低温粗苯加氢技术和催化剂的开发[7~12]。其中，山西煤化所开发的 Ni-Mo 型预加氢和 Co-Mo 型加氢催化剂，在粗苯加氢模拟工业装置上得到了验证[13]。

3. 国外焦化粗苯加氢技术

(1)KK 法

KK 法是由德国 BASF 公司开发、经德国 KK 公司改进的 BASF/VEBA 低温加氢工艺[14]。主要包括三个单元：混氢汽化过程(原为 ABB lummus 的专利技术，目前已公开)、催化加氢精制过程(预加氢和主加氢)和产品提纯过程(萃取蒸馏、抽提等)。KK 法三种苯系芳烃收率(质量分数)分别为：苯 98.5%、甲苯 95%、二甲苯 89%。由于反应温度为 320~380℃、反应压力为 3.0~3.5MPa，设备和管道的材料使用 CrMo 钢即可，因此投资费用较低，操作危险性下降。其工艺流程如图 8－1－2 所示。

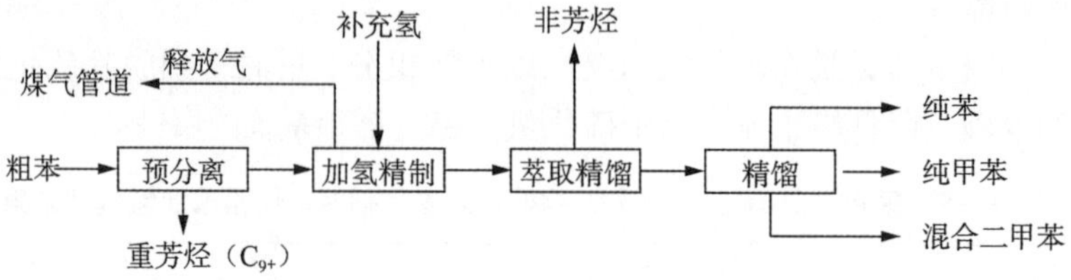

图 8－1－2 低温加氢－KK 法粗苯精制工艺流程示意图

(2)莱托尔(Litol)技术

Litol 方法是美国胡德利(Houdry)空气产品公司于 20 世纪 60 年代开发的高温加氢技术，其反应压力为 5.0～6.0 MPa、反应温度 600～650℃，加氢反应催化剂选用 Cr 系催化剂[14～16]。由于原料中的甲苯、二甲苯加氢脱烷基转化成苯，Litol 法只生产纯苯，苯收率可达 110% 以上。该法苯产品质量高，其冰点大于 5.4℃，噻吩含量小于 0.5 μg/g。20 世纪 80 年代，上海宝钢引进 Litol 法建造了国内第一家焦化粗苯加氢精制装置，工艺包及催化剂由美国 ABB Lummus 公司提供。由于该工艺对设备要求较高，国内新建粗苯加氢大都不再采用。

Litol 工艺流程如图 8－1－3 所示。

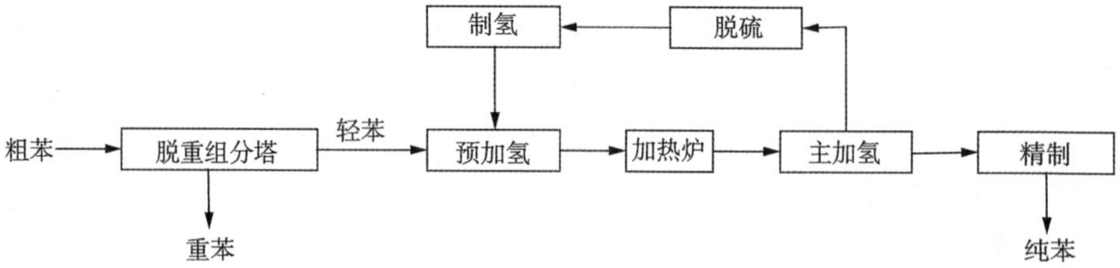

图 8－1－3 高温加氢莱托尔加氢工艺流程示意图

(四)焦化粗苯加氢产物分离技术

焦化粗苯经加氢精制后产物组成与石脑油重整后的产物类似，因此工业上其分离提纯也大都采用石油化工的芳烃抽提技术。这部分的内容详见本书第四章第一节。

三、煤焦油增产芳烃技术

煤焦油是煤炭热解、气化等利用过程中产生的副产品，是碳氢化合物和含有杂原子的非烃的复杂混合物。在我国，除部分煤焦油用于提取苯、酚、萘、蒽等化工产品外，还有部分作为燃料直接燃烧。

煤焦油中含有大量的芳香族化合物，煤焦油也是生产芳烃化合物较好的原料。此外，随着炼焦行业的发展，煤焦油的数量也相当可观，2011 年全国焦炭产量 409.33Mt[17]，煤焦油总产能约为 22Mt 左右，煤焦油产量约在 17.5Mt[18]。在石油资源短缺、对外依存度持续走高的现实条件下，将其加工转化成为芳烃和轻质燃料油产品，是综合利用煤炭资源、提高企业经济效益的有效途径。

煤焦油不能直接用来生产高品质的芳烃产品。煤焦油增产芳烃技术是指对煤焦油进行脱水、脱机械杂质、蒸馏和加氢脱二烯烃等预处理后，通过煤焦油加氢精制技术得到煤基石脑油，再通过催化重整和芳烃分离得到高品质的芳烃产品。

本部分内容重点介绍煤焦油加氢精制制煤基石脑油的化学反应、催化剂、工艺技术及其最新进展。有关石脑油催化重整生产芳烃及其分离技术的相关内容，可参阅本书第二章和第四章。

(一)煤焦油物性

煤焦油性质随原料及加工条件的不同而有显著差异。与馏程相近的石油组分相比，煤焦油具有密度大、氧及芳炭含量高等特性。

几种典型煤焦油物性数据见表8-1-6。

表8-1-6　几种典型煤焦油的性质

煤焦油种类	低温煤焦油	中温煤焦油	高温煤焦油
干馏过程	低温	中温	高温
煤种	褐煤	烟煤	烟煤
密度(20℃)/(g/cm³)	0.9571	1.0491	1.1800
馏程(模拟蒸馏)①/℃			
IBP/10%	38/89	181/247	84/259
30%/50%	176/232	327/389	363/455
70%/90%	277/335	472/750(77.1%)	—/—
95%/EBP	373/449		
硫含量/%	1.12	0.18	0.85
氮含量/(μg/g)	10300	5473	7749
碳含量/%	80.35	81.90	90.28
氢含量/%	9.89	8.67	5.44
氧含量/%	5.51	6.37	2.66
残炭/%	0.66	5.22	23.74
沥青质/%	0.60	0.73	33.47
组成②/%			
链烷烃/环烷烃	3.8/7.6	9.4/11.7	1.5
芳烃/胶质	69.8/18.8	39.8/39.1	33.30/31.70

①分析方法SH/T 0165。

②分析方法SH/T 0509。

中、低温煤焦油是复杂的有机化合物的混合物。低温煤焦油中酸性组分(以酚类化合为主)较多，中性组分(以芳香类化合物为主)中萘及其同系物含量较高[19,20]。中、低温煤焦油的典型组成见表8-1-7。

高温煤焦油是萘、蒽等芳烃化合物的重要来源，其组成极为复杂，目前已经分离和鉴定的化合物有500多种，以稠环芳香族化合物为主，烷烃和环烷烃化合物很少。在进一步利用中，通常需将煤焦油分成轻油、酚油、萘油、洗油、蒽油等馏分，不同馏分的典型性质见表8-1-8。

表 8－1－7　中、低温煤焦油典型组成

组　　分	含量/%	主要用途
酚类化合物	<35	酚醛树脂、双酚 A、己内酰胺、植物保护剂、杀虫剂、有机合成中间体等
有机碱(吡啶、喹啉等)	1～2	变性剂、助染剂、药品、消毒剂、染料、酚醛树脂的固化剂、金属防腐剂
烷烃	2～10	试剂、燃料、有机合成中间体等
烯烃	3～5	试剂、燃料、有机合成中间体等
环烷烃	<10	试剂、燃料、有机合成中间体等
芳烃	15～25	合成纤维、染料、医药、树脂、热载体、杀虫剂、溶剂
中性含氧化合物(酮、酯等)	20～25	溶剂、医药、消毒剂、防腐剂、染料、合成树脂及高温润滑剂等
中性含氮化合物(五元杂环化合物等)	2～3	有机合成、医药、农药、香料、橡胶硫化促进剂、环氧树脂固化剂、分析标准物、有机合成及制药
沥青	<10	建筑、道路电极焦、炭素材料、炭黑、针状焦、碳纤维

表 8－1－8　高温煤焦油馏分特性[21]

馏分	切割温度/℃	成分	主要用途
轻油	<170	苯、甲苯、二甲苯	溶剂、染料、合成纤维
酚油	170～210	苯酚、甲酚、二甲酚	塑料、合成纤维、医药、农药、染料等
萘油	210～230	萘、甲基萘、二甲基萘	树脂、染料、驱虫剂、聚酯等
洗油	230～300	苊、芴	树脂、染料、药物等
蒽油	300～360	蒽、菲、荧蒽	染料、医药等

(二)加氢原理

煤焦油中含有较多含硫、氮、氧等杂原子的非烃化合物和较多稠环大分子。由煤焦油生产石脑油或清洁燃料组分时，煤焦油在经过预处理之后，一般需采用加氢工艺来脱除杂原子并对稠环进行饱和及开环。

(1)加氢脱硫

$$RSH + H_2 \longrightarrow RH + H_2S$$

$$R_1{-}S{-}R_2 + 2H_2 \longrightarrow R_1H + R_2H + H_2S$$

$$R_1{-}S{-}S{-}R_2 + 3H_2 \longrightarrow R_1H + R_2H + 2H_2S$$

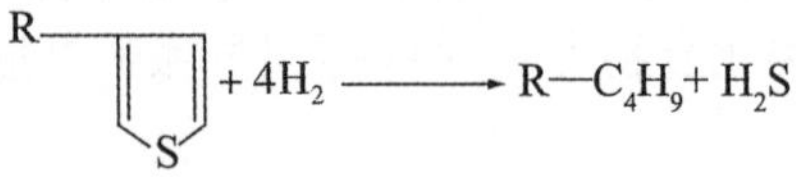

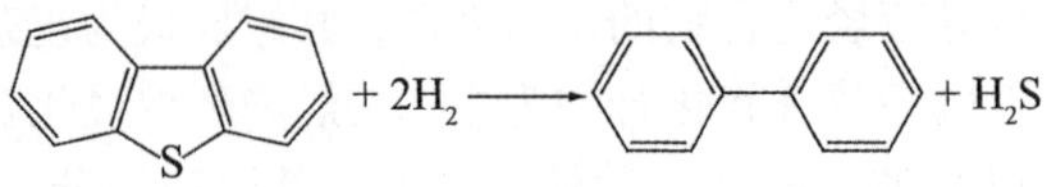

(2)加氢脱氮

$$RNH_2 + H_2 \longrightarrow RH + NH_3$$

$$RCN + 3H_2 \longrightarrow RCH_3 + NH_3$$

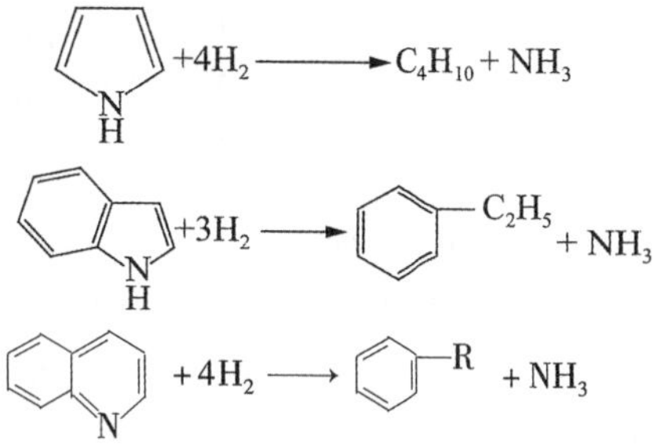

(3)加氢脱氧

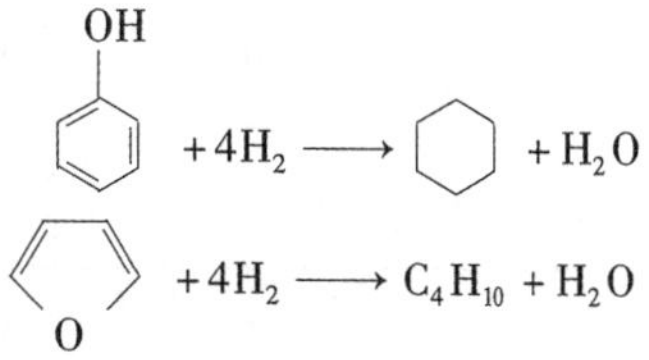

(4)稠环饱和及其开环

蒽油中的烃类90%以上是三环、四环及四环以上的芳烃，芳香核十分稳定，很难直接断裂开环，大分子的稠环及多环通常要在芳香环加氢饱和或部分饱和之后才能开环，并进一步发生裂化反应，生成较小的分子。

(三)煤焦油加氢技术

以煤焦油为原料生产芳烃和清洁燃料油品等目标产品，一般采用加氢过程来实现。煤焦油通过加氢脱硫、脱氮、脱氧和芳烃饱和及部分开环，改善了油品的颜色和使用性能，安定性也得到显著提高，不仅使煤焦油清洁化，利于环保，还可获得大量的芳烃以及部分清洁油品[22~27]。

1. 煤焦油预处理

(1)脱水及机械杂质

煤焦油中通常含有水分和机械杂质。一部分水呈水滴悬浮在油中，另一部分与煤焦油中某些极性化合物相结合而存在。由于煤焦油与水的密度差很小，油水分离较困难。

煤焦油中机械杂质含量与干馏方式有关，一般煤焦油机械杂质含量为1%～3%。机械杂质主要为煤粉、焦油碱、焦油酸及在加工过程中混入的一些固体颗粒物等。煤焦油加热后，焦油中的水分在蒸馏时易暴沸，影响蒸馏操作，其中的机械杂质易沉降堵塞蒸馏设备及管线。因此，煤焦油加工时首先要进行脱水、脱机械杂质。脱水、脱机械杂质的方法主要有机械法(加热静置和离心分离)、化学法(加入电解质或破乳化剂)及电破乳法等。

(2)蒸馏预处理

通过蒸馏预处理，将煤焦油分割成若干馏分，为整个煤焦油进一步加工准备原料。中低温煤焦油的蒸馏方式通常采用高真空度的减压蒸馏并结合水蒸气汽提，大幅降低蒸馏塔塔底温度，尽量减少塔底结焦。

表8-1-9为中温煤焦油经实沸点蒸馏前后物性的变化情况，切除重馏分后，残炭、胶质及重金属均显著降低，有利于后续加工利用。

表 8-1-9　中温煤焦油蒸馏预处理前后物料性质

项　　目	原　　料	馏　分　油	残　　渣
收率/%		83.75	
密度(20℃)/(g/cm³)	1.0981	0.9822	
馏程(模拟蒸馏)/℃			
IBP/10%/30%/50%	36/201/252/296	165/222/289/332	
70%/90%/95%/EBP	349/403/425/—	366/407/430/524	
硫含量/%	0.14	0.12	0.40
氮含量/%	1.06	0.77	2.54
残炭含量/%	0.61	0.47	37.80
金属(Fe/Na/Ni/V)含量/(μg/g)	66.9	1.3	
质谱组成/%			
胶质/链烷烃/环烷烃/芳烃	31.0/17.9/8.5/42.6	37.4/10.1/8.2/44.3	

(3)加氢脱二烯烃预处理

中低温煤焦油中含有一些不稳定、容易生焦的二烯烃[21]，可采用低温加氢预精制的方法将原料中的二烯烃组分脱除。中低温煤焦油 <500℃馏分加氢预精制的工艺条件及结果见表 8-1-10。由表中数据可知，中低温煤焦油原料经过加氢预精制后，生成油的二烯烃和残炭大幅降低，精制效果良好，可以保证中低温煤焦油下游油品精制工艺的顺利进行。加氢生成油的密度变化不大，表明加氢预精制产品仍需进行深度的加氢处理，才能进一步提高产品的质量。

表 8-1-10　中低温煤焦油加氢预处理主要工艺条件及结果

项　　目	数　　据	
氢分压/MPa	15.0	
液时空速/h^{-1}	2.0	
氢油体积比	1200	
平均反应温度/℃	200	
油品性质	原料	加氢生成油
二烯烃/%	3.5	0.2
残炭/%	0.72	0.15
密度(20℃)/(g/cm³)	0.9903	0.9887

2. 中国石化 FTH 煤焦油加氢技术

煤焦油经预分馏后得到多种馏分，针对不同原料，加氢工艺需要不同性能的催化剂。为此，中国石化开发了 FF 和 FC 等不同系列的煤焦油加氢催化剂，并在此基础上，开发了 FTH 系列煤焦油加氢工艺技术。通过该工艺，可将煤焦油转化为煤基石脑油和燃料油，解决了煤焦油加工难的问题，并在哈尔滨气化厂成功应用[22]。

(1)煤焦油加氢催化剂

FF 系列加氢精制催化剂是中国石化开发的加氢精制催化剂，具有优异的加氢脱硫、脱氮和芳烃饱和性能，可较好地应用于石油馏分油、预处理后的煤焦油等的加氢处理、加氢裂化预精制、柴油馏分加氢改质等过程。截止到2012年末，已在20余套工业装置上得到应用。

FF－46的主要物化性质见表8－1－11。

表8－1－11　FF－46加氢催化剂主要物化性质

催化剂	FF－46
化学组成	
活性金属	Mo－Ni
含量/%	26.0～30.0
物理性质	
孔体积/(mL/g)	≥0.33
比表面积/(m^2/g)	≥160
形状	三叶草条
直径/mm	1.1～1.3
长度/mm	3～8
装填密度/(g/cm^3)	～0.90
耐压强度/(N/cm)	≥150

FC系列是中国石化开发的加氢裂化催化剂，具有催化剂活性好、加氢性能强、中间馏分油收率高等特点，可广泛应用于包括煤焦油在内的多种馏分油加氢裂化工艺过程。FC－50加氢裂化催化剂2011年投入市场以来，已在多套工业装置上得到应用。该催化剂主要物化性质见表8－1－12。

表8－1－12　FC－50加氢裂化催化剂主要物化性质

项　目	数　据
活性金属组分	W－Ni
物理性质	
外观形状	圆柱条
颗粒直径/mm	1.5～1.7
装填密度/(g/cm^3)	～0.85
压碎强度/(N/cm)	≥180

(2)中国石化煤焦油FTH加氢技术

1)煤焦油常压馏分加氢生产优质重整原料

煤焦油常压馏分加氢生产优质重整料工艺原则流程见图8－1－4。

该工艺过程设置一个加氢精制反应段，反应器装填耐水、抗结焦和高脱氮活性的加氢精制催化剂，用于煤焦油馏分的加氢精制。反应产物经换热后进入高压和低压分离器进行气液分离，分离出的液体产物进入产品分馏塔，切割出液化气、石脑油和柴油调合组分等产品。煤焦油常压馏分固定床加氢精制工业应用的典型工艺条件和产物性质如表8－1－13所示。

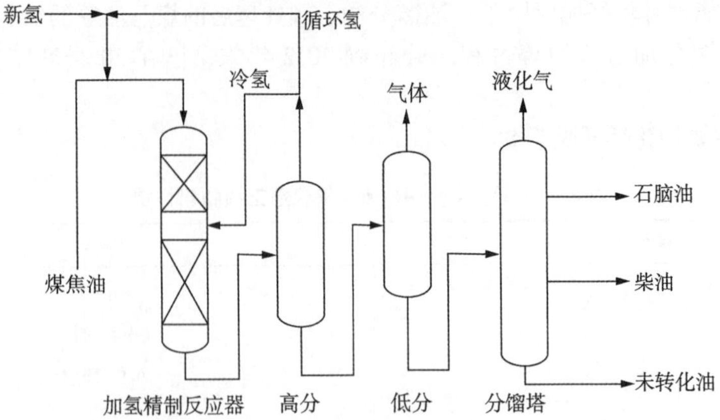

图 8－1－4　煤焦油常压馏分固定床加氢精制工艺原则流程图

表 8－1－13　煤焦油常压馏分固定床加氢精制典型工艺条件及产物性质

	项　目	数　值
加氢精制工艺条件	氢分压/MPa	8.0
	液时空速/h^{-1}	0.6
	平均反应温度/℃	340
	反应器入口氢油体积比	800
产物性质	石脑油馏分	
	硫含量/(μg/g)	1.1
	氮含量/(μg/g)	1.1
	族组成(C_6～C_8)/%	
	烷烃/环烷烃/芳烃	5.8/60.0/8.5
	芳烃潜含量/%	64.9
	柴油馏分	
	密度(20℃)/(kg/m^3)	857.0
	硫含量/(μg/g)	1.8
	凝点/℃	－24
	十六烷指数	32

该工艺石脑油产品中经过深度加氢精制，将硫、氮等杂质含量脱至很低，实现了产品的清洁化。石脑油产品中环烷烃和芳烃的总含量仍保持着较高水平，是优质的重整原料。此外，该工艺还可生产硫含量较低的柴油调合组分，同时产生部分未转化油。

煤焦油中含氧、含氮化合物和稠环化合物含量高，要求加氢精制催化剂具有合适的孔结构和活性中心尺寸，并具有较高的单位面积活性中心数量。中低温煤焦油加氢可选择耐水、抗结焦和高脱氮活性的加氢精制催化剂。高温煤焦油加氢精制催化剂除应具备上述特点外，还应具有孔分布集中、孔体积大、比表面积大的特点。

2)煤焦油重馏分加氢精制－加氢裂化技术

煤焦油重馏分加氢精制－加氢裂化两段法工艺原则流程图见图 8－1－5。

该工艺设置加氢精制和加氢裂化两个反应段，由于加氢裂化催化剂含有分子筛组分，煤焦油馏分经过加氢精制后，生成油中的水、氨等可使加氢裂化催化剂中毒，很难实现长周期运转。加氢精制生成油需要换热冷却后，进入高压和低压分离器，分离出的液体物流通过汽提塔分离出生成水，再进入加氢裂化反应段，进一步改善产品质量。加氢精制－加氢裂化两段法工艺典型条件和典型产物性质见表8－1－14。

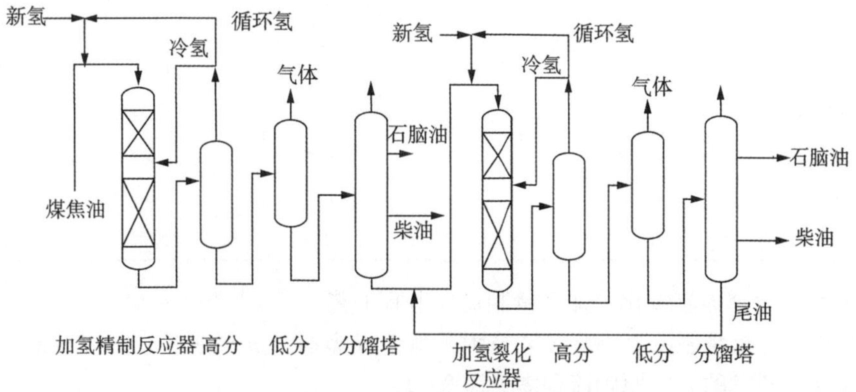

图8－1－5　加氢精制－加氢裂化两段法加氢工艺原则流程图

表8－1－14　固定床加氢精制－加氢裂化两段法典型工艺条件及产物性质

	项　目	数　值
反应条件	氢分压/MPa	15.0
	加氢精制段液时空速/h^{-1}	0.8
	加氢裂化段液时空速/h^{-1}	0.5
	加氢精制段反应温度/℃	380
	加氢裂化段反应温度/℃	390
	反应器入口氢油体积比	1500
产物性质	混合石脑油馏分	
	硫含量/(μg/g)	1.5
	氮含量/(μg/g)	1.0
	芳烃潜含量/%	55.7
	混合柴油馏分	
	密度(20℃)/(kg/m^3)	835.0
	硫含量/(μg/g)	2.0
	凝点/℃	-20
	十六烷值(实测)	47.5

该工艺包括加氢裂化过程，在加氢裂化催化剂的作用下，煤焦油进料可以全部转化成石脑油和柴油调合组分。可以根据生产芳烃的需要，通过灵活调整加氢裂化过程的转化率，多产优质石脑油，见表8－1－15。

与常规加氢精制工艺相比，加氢精制－加氢裂化两段法工艺柴油产品的密度和十六烷值有较大改善。

煤焦油加氢工艺所用加氢裂化催化剂要选择抗氮能力强、芳烃和环烷烃选择性开环功能强、裂解性能适宜的催化剂，以达到提高柴油馏分收率、降低柴油馏分密度和提高十六烷值的效果。

表8-1-15 加氢裂化过程灵活调整石脑油产率

项 目	数 值				
加氢裂化转化率/%	34	29	20	17	12
石脑油总收率/%	43.18	38.89	33.18	29.75	26.60
混合石脑油性质					
硫含量/(μg/g)	<1.0	1.0	1.5	1.5	2.0
氮含量/(μg/g)	1.0	1.0	1.0	1.0	1.0
芳烃潜含量/%	52.2	52.9	51.8	55.7	56.0

3)煤焦油重馏分加氢裂化-加氢精制反序串联工艺

加氢裂化-加氢精制反序串联工艺技术是基于煤焦油、页岩油等非常规石油资源高氮、高氧含量等特征开发的，其原则流程图见图8-1-6。

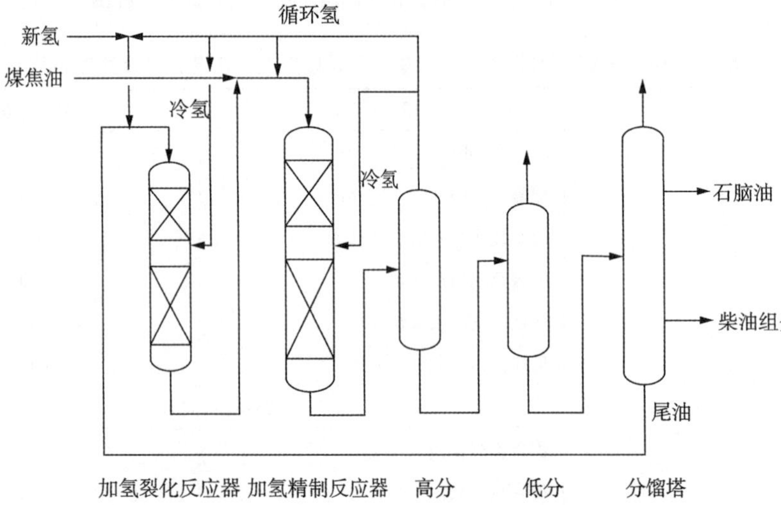

图8-1-6 加氢裂化-加氢精制(FHC-FHT)反序串联工艺原则流程图

该工艺设置两个串联反应器，加氢精制反应器用于新鲜原料和加氢裂化反应产物的深度加氢处理，加氢裂化反应段用于循环油深度加氢转化。界区外来的新鲜原料先与加氢裂化反应产物混合后，进入加氢精制反应器进行深度加氢处理，加氢精制产物经过换热后进入高压和低压分离器进行气液分离，分离出的液体产物进入产品分馏塔，切割出液化气、石脑油、柴油组分等产品，分馏塔底尾油循环到加氢裂化反应段进一步转化。

通过灵活调整加氢裂化过程的转化率，可以多产或全部生产优质石脑油，该工艺也是以煤焦油为原料生产芳烃工艺路线的重要过程之一。

加氢裂化-加氢精制反序串联工艺将部分或全部蒸馏塔尾油循环回裂化反应器作为进料，裂化反应器出料与煤焦油原料混合后进入加氢精制反应器，显著改善了加氢精制进料的性质，减少了加氢精制的反应温升，降低了加氢精制的反应难度。与两段法工艺流程相比，简化了工艺流程，降低了装置投资和操作费用，具有较好的经济性。该过程典型工艺条件及产品性质如表 8-1-16 所示。

表 8-1-16　固定床(FHC-FHT)反序加氢典型工艺条件及产物性质

	项　目	数　值	
反应条件	氢分压/MPa	15.0 ~ 18.0	
	反应器	加氢裂化	加氢精制
	液时空速/h^{-1}	0.4 ~ 0.8	0.4 ~ 0.8
	反应温度/℃	350 ~ 400	350 ~ 400
	氢油体积比	1000 ~ 1500	
产物性质	混合石脑油馏分		
	硫含量/(μg/g)	<2.0	
	氮含量/(μg/g)	<2.0	
	芳烃潜含量/%	50 ~ 65	
	混合柴油馏分		
	密度(20℃)/(kg/m^3)	850.0 ~ 880.0	
	硫含量/(μg/g)	<5.0	
	凝点/℃	≤ -10	
	十六烷值(实测)	35 ~ 42	

(3)蒽油两段加氢处理工艺

蒽油作为高温煤焦油的较重馏分，具有高密度、高氮、高芳炭的特点，其性质和组成如表 8-1-17 和表 8-1-18 所示。蒽油两段加氢处理工艺使芳环饱和、开环，部分嵌在芳环中的 S、N 原子以 H_2S 和 NH_3 的形式脱除，生成带有侧链的单环烃类，获得高芳烃潜含量的石脑油馏分及柴油馏分，石脑油馏分可用于重整生产芳烃。该技术解决了蒽油中氮、氧和稠环芳香化合物含量高给加氢技术带来的新问题。

表 8-1-17　蒽油性质

项　目	蒽油 P	蒽油 Q	蒽油 S
密度(20℃)/(kg/m^3)	1154	1151	1135
硫含量/(μg/g)	4950	4800	6100
氮含量/(μg/g)	10145	11285	10021
碳含量/%	91.24	91.64	91.62
氢含量/%	5.34	5.59	5.78
氧含量/%	1.91	1.16	0.99
馏程/℃			
IBP/10%	222/300	239/324	230/290
30%/50%	335/365	346/367	310/325
70%/90%	410/470	388/441	355/440
95%/EBP	490/—	468/—	460/—

续表

项　目	蒽油 P	蒽油 Q	蒽油 S
黏度(100℃)/(mm^2/s)	3.251	2.742	2.691
残炭/%	1.16	0.58	0.71
四组分/%			
饱和分	0.10	0.01	0.20
芳香分	73.13	77.52	71.90
胶质	25.71	21.80	27.30
沥青质	1.06	0.67	0.60

表 8-1-18　蒽油质谱组成 %

项　目	蒽油 P	蒽油 Q	蒽油 S
单环芳烃	15.5	16.8	13.2
烷基苯	—	0.1	—
环烷基苯	11.7	14.6	11.7
二环烷基苯	3.8	2.1	1.5
双环芳烃	23.2	24.1	30.8
萘类	3.4	3.9	3.7
苊类	13.0	11.9	15.7
芴类	6.8	8.3	11.4
三环芳烃	27.8	31.0	28.9
菲类	24.2	29.0	25.4
环烷菲类	3.6	2.0	3.5
四环芳烃	18.2	17.1	15.5
芘类	15.8	15.6	14.7
屈类	2.4	1.5	0.8
五环芳烃	1.0	—	0.2
苝类	1.0	—	0.2
噻吩类	5.8	3.0	6.8
未鉴定芳烃	1.6	0.6	0.1
总芳烃	93.1	92.6	95.5
胶质	6.9	7.4	4.5
芳烃+胶质	100	100	100

近年来，蒽油的深加工主要集中在中国。炼钢技术的进步、化工合成水平的提高和煤焦油资源量小等因素，可能是其他发达国家不再建蒽油加氢装置的部分原因[23]。FTH 系列技术之蒽油两段加氢处理原则工艺流程见图 8-1-7。

加氢精制热低分油循环，加氢裂化段采用加氢精制-加氢裂化-后精制的催化剂匹配装填的方式，可将高温煤焦油完全转化为石脑油馏分和清洁柴油馏分，适当调节工艺参数或改换催化剂可得芳烃潜含量更高的石脑油。该工艺是以煤焦油为原料生产芳烃工艺路线的过程之一[24,25]。

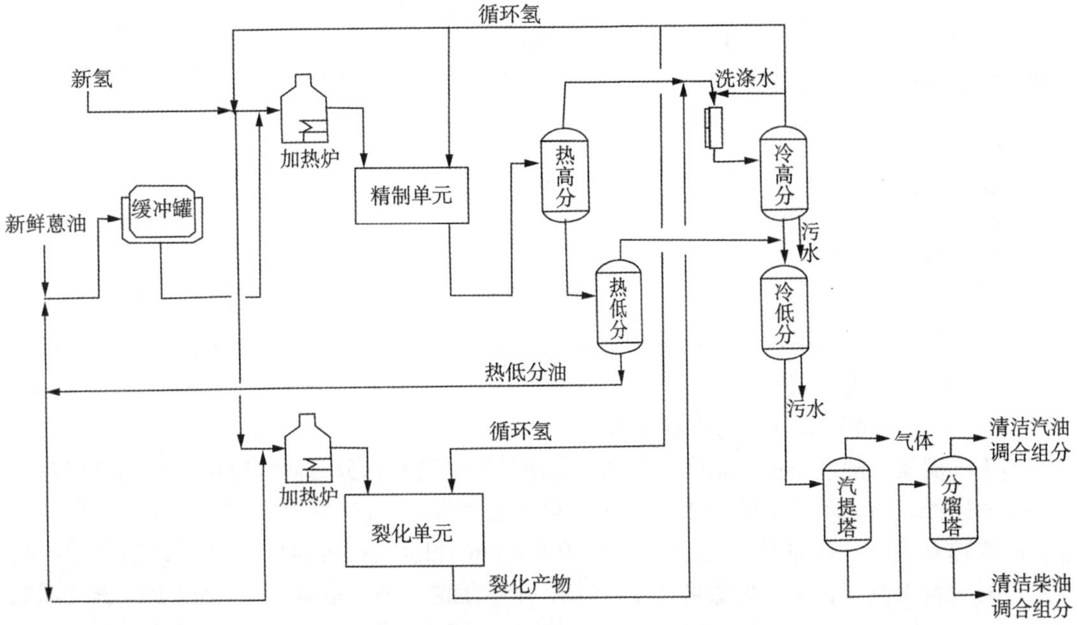

图 8－1－7　蒽油两段加氢处理工艺流程示意图

加氢精制热低分油与新鲜焦油进料充分混合后，在加氢精制反应器中依次经过加氢保护剂和加氢精制催化剂，进行加氢精制反应。加氢精制产物经气液分离后的热低分油大部分作为稀释油直接返回原料缓冲罐，以降低原料油中蒽、菲和咔唑等典型化合物的浓度，缓解反应集中放热问题。余下部分作为加氢裂化单元原料，在加氢裂化单元中稠环芳烃先进一步加氢饱和，再进行加氢裂化反应。所得加氢裂化产物经与加氢精制单元共用的分离系统分离，得到石脑油馏分和清洁柴油调合组分。

蒽油两段加氢工艺条件和结果列于表 8－1－19。

表 8－1－19　蒽油两段加氢工艺条件和结果

项　目	数　值			
原料油	蒽　油			
工艺条件	精制段	裂化方案 1	裂化方案 2	裂化方案 3
催化剂	精制剂 A	精制剂 A/裂化剂 B	精制剂 A/裂化剂 B	精制剂 C/裂化剂 D
氢分压/MPa	15.0	15.0	15.0	15.0
氢油体积比	1500	1500	1500	1500
液时空速/h^{-1}	0.30	0.35	0.30	0.35
反应温度/℃	380～390	355/365	382/392	382/392
C_{5+} 液收/%	>100.0	98.8	97.8	97.7
产品分布/%				
石脑油馏分		21.3	33.9	35.1
柴油馏分		77.5	63.9	62.6
石脑油馏分				
芳烃潜含量(C_9)/%		80.7	78.9	75.3

续表

项　目	数　值			
研究法辛烷值(RON)		76.0	77.2	77.8
硫含量/(μg/g)		5.0	6.5	8.7
氮含量/(μg/g)		1.0	1.1	1.2
柴油调合组分				
密度(20℃)/(kg/m^3)		889.0	889.7	893.3
硫含量/(μg/g)		12.5	13.0	14.2
氮含量/(μg/g)		1.1	1.1	1.2
凝点/℃		< -50	-52	-54
十六烷值(实测)		27.0	27.5	28.0

3. 其他煤焦油加氢技术

(1)高温煤焦油轻馏分加氢改质技术

鉴于高温煤焦油性质过于恶劣，中国石化设计了将其轻馏分与催化裂化柴油混合加氢改质的技术路线。该技术采用两段集成工艺流程，主要工艺条件为：氢分压12.0~14.0MPa、总液时空速$0.5h^{-1}$、氢油体积比1000~1500 Nm^3/m^3 和反应温度360~400℃，所得的产品柴油性质大幅度改善，十六烷值可达45左右，十六烷值提高值达25个单位以上，密度降低值达0.1g/cm^3 以上；同时可副产20%左右的石脑油馏分，其芳烃潜含量达60%以上。

(2)中低温煤焦油轻馏分油深度加氢处理技术

针对中低温煤焦油，中国石化开发了煤焦油轻馏分油深度加氢处理技术。该技术由预分馏和加氢两个单元构成。在预分馏单元，煤焦油完成脱水并分馏为<380℃轻馏分油和>380℃重油，<380℃轻馏分进入到加氢单元进一步加工，而>380℃重油则直接出装置用于调燃料油或炼焦等。加氢单元采用单段柴油部分循环工艺流程，在氢分压12.0MPa、新鲜进料液时空速$0.5h^{-1}$、氢油比1000~1500Nm^3/m^3 和反应温度350~400℃的条件下，<380℃轻馏分经深度加氢处理可得到收率35%~40%的石脑油馏分，其芳烃潜含量达65%以上、RON 70左右；产品柴油收率约为60%，十六烷值约为45。

(3)中低温煤焦油全馏分加氢改质技术

为了提高高价值产品收率、改善过程经济性，中国石化开发了中低温煤焦油全馏分加氢改质技术。该技术由加氢预处理单元和加氢裂化单元构成，采用固定床技术路线。加氢预处理单元主要任务是脱水、脱除金属并转化沥青质，同时一定程度降低氮含量和部分饱和芳烃；加氢裂化单元采用两段集成流程，可实现重馏分的全转化，最大限度生产得到石脑油和柴油产品，其中石脑油收率为20%~40%，芳烃潜含量为70%以上，柴油收率为50%~70%，十六烷值达45以上。

中国石化在系统研究煤直接液化油加氢提质的基础上，针对高温和中低温煤焦油分别开发了轻馏分油加氢改质和深度加氢处理技术，进而为改善经济性开发了中低温煤焦油全馏分加氢改质技术，工业示范装置已在建设中。

(四)煤焦油加氢技术进展

1. 沸腾床-固定床组合加氢技术

中国石化煤焦油沸腾床-固定床加氢组合工艺已完成中试，其工艺流程如图8-1-8所示。

该工艺采用中国石化的STRONG沸腾床加氢技术[26]，避免了固定床工艺因床层压降升高过快导致装置停工的问题，循环氢压缩机的动力消耗也会降低。反应器内由于催化剂、原料油和氢气的剧烈搅拌和返混，促进了传质和传热过程，使沸腾床反应器内部上下温度基本一致，反应器温度均匀，既有利于催化剂活性的充分发挥，又避免了固定床反应期易发生的因局部过热而产生的飞温现象。

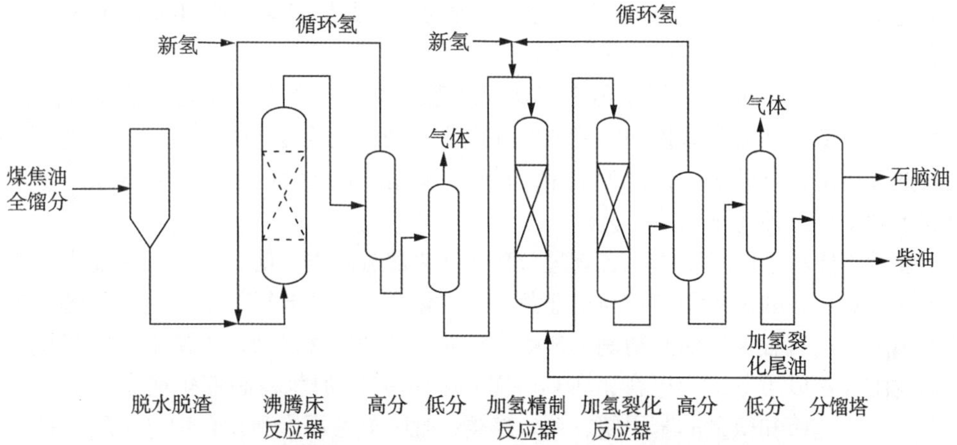

图8-1-8　煤焦油沸腾床-固定床加氢组合工艺流程示意图

煤焦油全馏分经过沸腾床加氢后，煤焦油硫、氮含量降低，沸程大幅度前移，甲苯不溶物和残炭含量降低到固定床加氢长周期运转允许的范围，同时饱和了含氧化合物和双烯烃等杂质，简化了后续加工过程。

2. 悬浮床/浆态床-固定床组合加氢技术

中国石化提出的煤焦油悬浮床-固定床加氢组合工艺技术以煤焦油全馏分为悬浮床加氢进料，将少量催化剂分散在原料油中。主要工艺条件为：反应温度320~420℃，反应压力6.0~19.0MPa，氢油体积比400~2000 Nm^3/m^3，液时空速0.5~3.0h^{-1}。反应产物经分馏后得到的石脑油和柴油组分进入到固定床反应器继续深度加氢转化，分馏得到的重油馏分循环回悬浮床反应器入口，进一步轻质化[27]。

煤炭科学研究总院提出了非均相悬浮床/浆态床煤焦油加氢工艺技术[28,29]。该技术是将煤焦油通过蒸馏分成酚油、柴油和大于370℃重油，其中酚油进行脱酚获得酚类化学品；大于370℃重油作为悬浮床加氢裂化原料，悬浮床加氢反应温度320~480℃，反应压力8~19MPa，液时空速0.30~3.0h^{-1}，氢油体积比500~2000。催化剂为配套研发的复合多金属活性组分的粉状细颗粒悬浮床（或鼓泡床或浆态床）加氢催化剂。悬浮床加氢反应产物分出轻质油后，含有催化剂的尾油大部分直接循环至悬浮床反应器，少部分尾油进行脱除催化剂处理后再循环至悬浮床反应器进一步轻质化。该过程得到的全部轻质馏分油（包括悬浮床加氢反应产物小于370℃轻馏分油和原料蒸馏得到的柴油馏分和脱酚油）再进行固定床加氢精制，生产车用发动机燃料油和化工原料。

四、煤基重芳烃分离工艺

煤干馏所得的煤焦油中含有大量重芳化合物，含量超过1%的有十多种，按含量多少顺序，依次为萘、菲、荧蒽、芘、蒽、咔唑、芴、苊等，其中萘在煤焦油中约占10%，蒽

1.2% ~1.8%，咔唑0.5% ~1.8%。这些重芳化合物是塑料、合成橡胶、农药、医药、耐高温材料及国防工业的宝贵原料。

煤基重芳化合物一般通过萃取、结晶、精馏、吸附等过程来获得。目前，工业上生产的煤基重芳烃产品主要有萘、蒽、咔唑、菲及其同系物等。

(一)精萘生产工艺

萘最先是由德国人在19世纪从煤焦油里发现的。世界萘产量中约90%以上来自于煤焦油。以煤焦油为原料生产的萘称为焦油萘。

通常将含萘94% ~96%的粗萘称为工业萘，粗萘经物理分离或催化加氢等方法精制后得到精萘。一般将煤焦油蒸馏得到的萘油馏分或含萘油的混合馏分作为生产工业萘的原料，再采用碱洗、酸洗、再碱洗、精馏等工序，得到工业萘。工业萘的蒸馏主要有双炉双塔、单炉单塔和单炉双塔三种连续精馏工艺。

以工业萘为原料生产精萘主要有物理分离和催化加氢两类，前者主要采用精馏、结晶相结合的方法，利用萘的沸点和熔点与工业萘中杂质化合物的差异提纯萘，大部分的精萘产品采用此方法生产；后者采用加氢精制工艺生产精萘，产品硫含量低，主要用于生产邻苯二甲酸酐。催化加氢法以工业萘为原料，在Co - Mo或Ni - Mo加氢精制催化剂作用下，将粗萘中主要杂质——硫茚和微量的苯甲腈、茚、酚类、吡啶类及不饱和化合物等杂质，在一定条件下加氢精制，可得到含硫为10 ~100μg/g的精萘，副产四氢萘[30]。

具有代表性的物理分离方法主要有分步结晶法、熔融结晶法和降膜结晶法等。如法国Proad公司开发的间歇式分步结晶技术和澳大利亚联合碳化物公司的连续式多级分步结晶精制Brodie技术，德国吕特格公司的鼓泡式熔融结晶技术和日本新日铁化学公司的连续结晶技术，以及瑞士苏尔寿公司的立管降膜结晶技术等。鞍钢化工总厂的精萘生产采用立管降膜结晶技术[31]。典型的降膜结晶工艺流程图见图8 - 1 - 9。

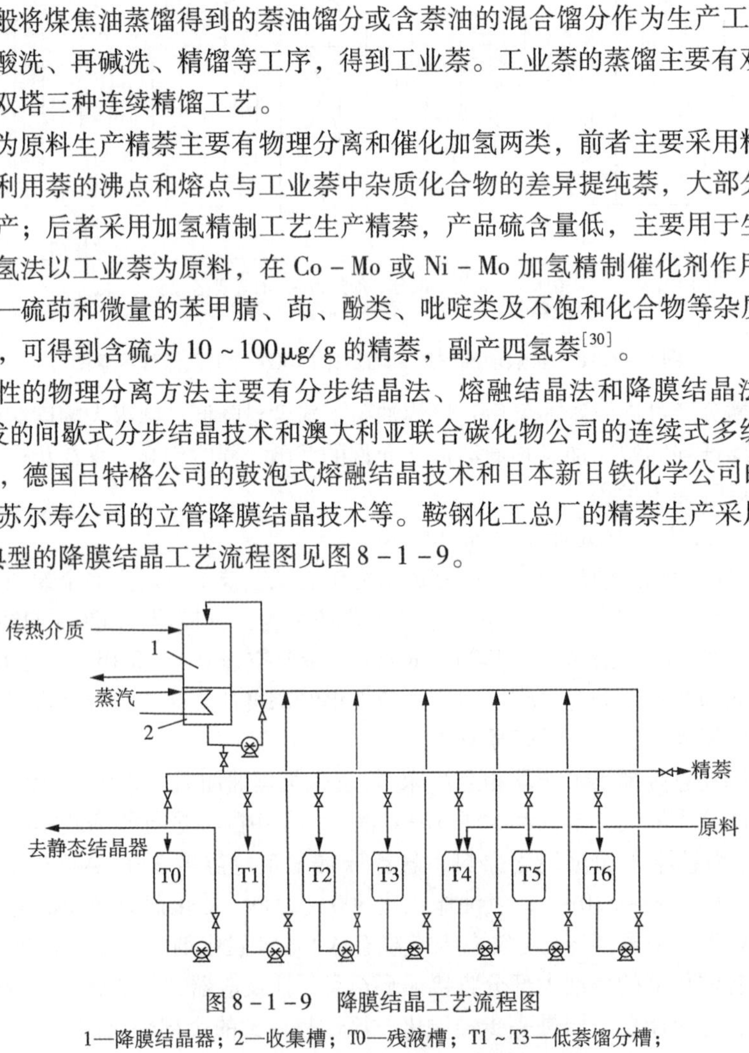

图8 - 1 - 9 降膜结晶工艺流程图

1—降膜结晶器；2—收集槽；T0—残液槽；T1 ~ T3—低萘馏分槽；T4—原料槽；T5—全溶液槽；T6—液态精萘槽

该工艺通常以萘油和洗油混合馏分为原料，经过精馏、结晶得到精萘，其中精馏生产粗萘采用双炉双塔工艺。来自于原料槽T4中的工业萘进入收集槽，再泵送至降膜结晶器，萘走管程，传热介质走壳程，工业萘被冷却结晶。当结晶器的温度降至控制系统给定的设定值后，未结晶的工业萘熔体全部排入T1槽中，提高管外介质的温度后，附着在管壁上的结晶开始熔化，熔点低的硫茚杂质先熔化，排入 T0 残液槽，进一步提高传热介质的温度，熔点较高的萘开始熔化，萘液先放入收集槽中。当收集槽中萘含量满足精萘成品要求后，放入 T6 产品槽中，若没有满足要求，则放入相应馏分槽，如 T5 中贮存。这样一个结晶、发汗、全熔的过程，称为一个“段”，原料来自于某个槽即称某段，以上过程称之为 4 段。已初步提纯的萘全熔液槽 T5 中的物料，重复上述的冷却结晶、加热发汗及全熔过程，未结晶的工业萘熔体排入 T2 槽中，残液入 T0，不合格的全熔液排入相应馏分槽中，完成 5 段过程。同样地，6 段的未结晶工业萘熔体排入 T3 槽，液态精萘排入 T6，其余 3 段、2 段和 1 段过程类似。显然，T1 ~ T3 槽中萘浓度逐个增递。工业萘经过以上 6 个段后提纯成为精萘产品。这样一个由工业萘制得精萘产品的过程称为 1 个小循环。每个小循环的进料由进料阀控制，当工业萘注入量到达设定值后进料阀关闭，已进入系统的工业萘开始循环。由 4 个小循环组成一个大循环，每个小循环的段数不同，大循环是连续生产中的一个周期性生产单元[32]。

为了提高萘的回收率，将富含硫茚的 T0 中物料送往静态结晶器中处理，通过缓慢降低介质的温度，使萘结晶析出，在低温状态下保持一段较长的时间，使萘充分结晶。未结晶的熔体作为富硫茚的残液排出，萘晶层经发汗、全熔得到精制，全熔液返回至降膜结晶器的相应馏分槽中进一步精制。

该工艺过程可将 95% 的工业萘精制为 99.5% 的精萘，产品的结晶点、不挥发物、灰分、颜色等各项指标符合国家一级品标准。

熔融结晶法中的日本新日铁连续结晶技术（BMC），可处理萘含量大于 95.0%、硫茚小于 2.9% 的原料，生产凝固点 79.9℃、硫茚小于 1.1% 的精萘[33]。BMC 工艺主要装置见图 8-1-10。

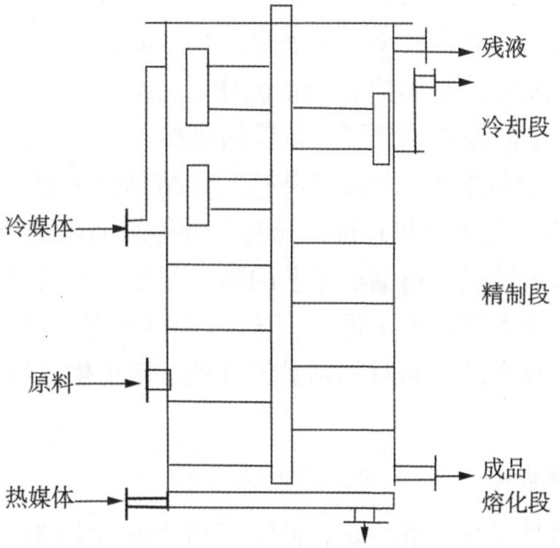

图 8-1-10　BMC 工艺主要装置示意图[33]

该工艺在塔内设有回转轴，在冷却段装有结晶刮板，在精制段装有结晶搅拌叶片。原料以液态由装置底部装入，沿塔内上升到冷却段，

萘冷却析出，析出的结晶一边与正在上升的母液逆流接触，一边借重力沿塔内下降至熔化段。粗萘结晶通过与母液逆流接触的熔化、再结晶过程得到精制，精制后的萘结晶下降到熔化段，受热后变成高纯度溶液。溶液的一部分作为成品放出，余者作为回流液沿塔内上升对下降的结晶进行精制，塔顶采出残液。

（二）蒽、咔唑和菲的分离提纯工艺

世界市场上90%以上的蒽和全部的咔唑均来自高温煤焦油的蒽油馏分。蒽、咔唑和菲沸点接近，熔点较高，分离比较困难。目前，提纯精制蒽和咔唑的主要技术有化学分离法、区域熔融法、乳化液膜法及溶剂法[34]。溶剂法包含溶剂洗涤法、溶剂结晶－精馏法和精馏－溶剂法。溶剂洗涤法使用较广，利用蒽、菲、咔唑在一定溶剂中溶解度不同使其分离。

上海宝钢化工有限公司（简称宝钢化工）采用溶剂结晶－精馏法工艺，可以从煤焦油的蒽油馏分直接生产精蒽和咔唑产品。工艺流程示意见图8－1－11。

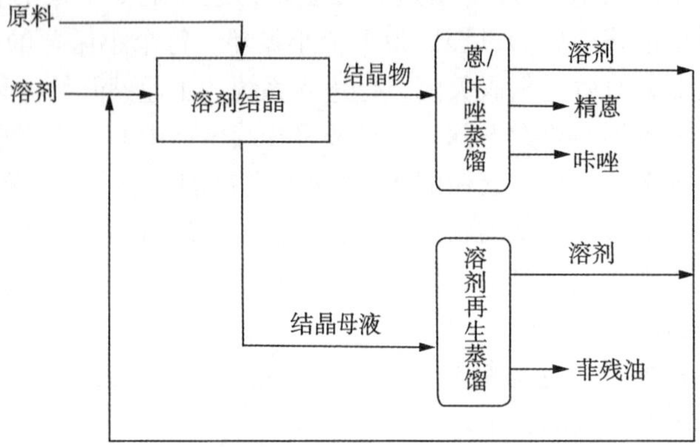

图8－1－11　溶剂结晶－精馏工艺流程示意图[34]

溶剂结晶－精馏法工艺分为溶剂结晶（间歇操作）和精馏（连续操作）两部分。关键步骤是溶剂结晶，采用分步结晶技术，核心设备是结晶箱[35]。溶剂结晶工艺过程有5个段，第1段溶剂与原料蒽油按适宜比例混合后装入结晶箱，在结晶箱内冷却、结晶，至7℃左右停止冷却，排出残液，再进行发汗，晶体留在结晶箱中；之后再进料（也称补料），重复上述过程，经过约7次的补料，结晶箱内积累了一定量的晶体。接下来进行溶剂结晶的第2段到第5段，首先是来自相应中间槽的物料进入结晶箱，在结晶箱中结晶，然后加热熔化、混合，再冷却生成结晶，到约30℃停止冷却并排出残液，所得结晶产物脱除了如菲、2－甲基蒽及丫啶等杂质，然后进入溶剂结晶－精馏法工艺的第二部分——精馏系统，先经浓缩蒸馏塔脱除溶剂，再进入蒽和咔唑分离蒸馏塔，进一步从塔顶和塔底分别脱除轻、重杂质组分，从塔的侧线分别得到精蒽和咔唑产品。同时，结晶母液进溶剂再生蒸馏系统，溶剂再生后返回溶剂结晶系统循环使用。

（三）酚类化合物的提取

煤焦油的酚类化合物是煤热分解产物，其组成和产量与干馏煤的氧含量、煤的质量及干馏温度等有关[36]。一般煤焦油中酚类化合物的含量约占煤焦油的1%～2.5%。酚类化合物是有机化学工业的基本原料之一，应用在合成纤维、工程塑料、农药、医药、染料中间体、增塑剂、防腐剂、抗氧化剂及炸药等的生产中。

酚类化合物根据沸点的不同，分为低级酚和高级酚。低级酚指酚、甲酚和二甲酚，高级酚指三甲酚、乙基酚、丙基酚、丁基酚、苯二酚、萘酚、菲酚及蒽酚等。高级酚含量低，很难提取分离。酚类化合物也可按其能否与水共沸，并能和水蒸气一起挥发而分为挥发酚和不挥发酚。苯酚、甲酚和二甲酚均属挥发酚，二元酚和多元酚属不挥发酚。

煤焦油脱酚工艺由碱洗脱酚和酚钠分解两部分组成。碱洗脱酚包括泵前混合式连续洗涤工艺、对喷式连续洗涤工艺和喷射混合器式连续洗涤工艺。泵前混合式连续洗涤工艺流程见图8-1-12[37]。

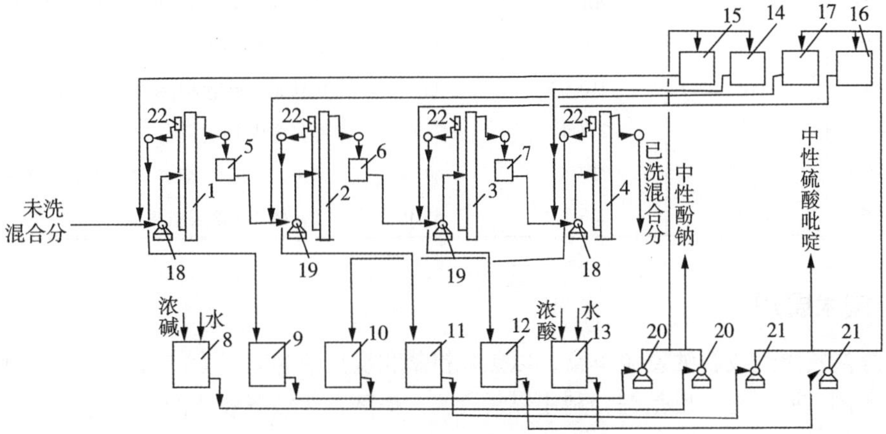

图8-1-12　泵前混合式连续洗涤工艺流程

1—一次脱酚分离器；2—一次脱盐基分离器；3—二次脱盐基分离器；4—二次脱酚分离器；5—一次脱酚缓冲槽；6—一次脱盐基缓冲槽；7—二次脱盐基缓冲槽；8—稀碱槽；9—中性酚钠槽；10—碱性酚钠槽；11—中性硫酸盐基槽；12—酸性硫酸盐基槽；13—稀酸槽；14—稀碱高位槽；15—碱性酚钠高位槽；16—稀酸高位槽；17—酸性硫酸盐基高位槽；18—连洗用碱泵；19—连洗用酸泵；20—碱泵；21—酸泵；22—液面调节器

脱酚过程得到的中性酚钠采用蒸汽吹法或轻油洗净法两种精制工艺其中的一种，精制后一般再采用硫酸或二氧化碳气体等酸性物进行中和分解得到粗酚产品。煤焦油脱酚工艺的主要工艺参数见表8-1-20。

表8-1-20　煤焦油脱酚过程主要工艺参数

项　　目	结　　果
原料温度/℃	60.0～80.0
碱液浓度/%（质量）	5.0～10.0
碱液比	0.15～0.20
碱洗温度/℃	40.0～50.0
分解塔温度/℃	55.0～60.0
分解塔操作压力/MPa	≤0.025

粗酚产品可利用酚类化合物之间沸点的差异，采用减压蒸馏生产苯酚、甲酚及二甲酚等化学品，煤焦油生产的主要酚类化合物性质及用途见表8-1-21。

表8-1-21　主要酚类化合物的性质及用途

名　　称	密度/(kg/m^3)	沸点/℃	熔点/℃	主要用途
苯酚	1070.0	181.8	40.9	酚醛树脂、双酚A、己内酰胺等
邻甲酚	1050.0	190.1	30.8	除莠剂、植物保护剂和防腐剂
间甲酚	1030.0	202.8	10.9	植物保护剂和润滑剂添加剂

续表

名　称	密度/(kg/m³)	沸点/℃	熔点/℃	主要用途
对甲酚	1030.0	202.0	36.5	塑料、橡胶防老剂和食品防腐剂
2，6-二甲酚	—	201.0	48.0	杀菌剂、黏合剂、农药和感光材料等
2，4-二甲酚	1040.0	210.0	26.0	有机合成中间体
2，5-二甲酚	1170.0	210.0	75.0	医药原料和化学指示剂二甲基酚兰
2，3-二甲酚	—	217.1	75.0	有机合成中间体
3，5-二甲酚	970.0	219.5	64.0	杀虫剂、抗氧化剂、防腐剂和增塑剂等
3，4-二甲酚	980.0	225.0	65.0	二苯醚四甲酰亚胺树脂

五、技术展望

我国煤炭资源远较石油资源丰富，以焦化粗苯和煤焦油为原料生产芳烃及芳烃原料，是对石油资源的重要补充，也是综合利用煤炭资源、提高企业经济效益的有效途径之一，有望得到进一步的发展。

煤焦油资源综合利用还有较大的提高空间。将煤化工的副产物作为石油化工行业的原料，借用石油炼制业积累的技术和工业经验，以最大量生产芳烃原料和清洁燃料油为主要目的，目前已形成了以加氢为主的多种技术路线。煤焦油轻馏分的加氢改质和煤焦油重馏分的加氢裂化都可以最大量生产优质芳烃原料，是未来发展的重点。煤化工与石油化工现有技术或新技术相结合，还将创造出一些原料利用率更高、综合经济性更好的技术路线，实现煤焦油资源利用率和利润最大化的目标。

参考文献

[1] 郭树才主编．煤化工工艺学[M]．北京：化学工业出版社，2005：81.

[2] 吕国志，叶煌．国内焦化粗苯加工发展趋势[J]．燃料与化工，2006，37(1)：35-38.

[3] 慧聪化工网，http：//info. chem. hc360. com/2012/07/111105359201. html

[4] 孙慧玲．焦化粗苯萃取精馏新工艺与加氢工艺比较[J]．山西化工，2011，31(2)：52-55.

[5] 杜雄伟，凌开成，申峻．焦化粗苯及其深加工的探讨[J]．现代化工，2007，第27卷增刊(1)：344-346.

[6] 林恒生，等．焦化粗苯催化加氢精制纯苯的研究与开发[J]．煤化工，2004，(1)：33-36.

[7] 中国科学院山西煤炭化学研究所．焦化粗苯加氢精制复合床催化剂及其制法和用途：CN1100004A[P]. 1995-03-15.

[8] 西南化工研究设计院．一种用于粗苯加氢脱硫脱氮制精苯的催化剂及其制备方法：CN1947841A[P]. 2007-04-18.

[9] 湖南长岭石化科技开发有限公司．一种粗苯加氢方法：CN102320910A[P]. 2012-01-18.

[10] 中国石油集团工程设计有限责任公司抚顺分公司．一种焦化粗苯加氢精制工艺：CN101519338A[P]. 2009-09-02.

[11] 邢台旭阳煤化工有限公司．一种高活性低压降焦化粗苯加氢精制催化剂：CN101648149A[P]. 2012-02-18.

[12] 内江天科化工有限责任公司．一种粗苯加氢精制方法：CN101967078A[P]. 2011-02-09.

[13] 江大好，宿亮虎，陆殿乔，等．焦化粗苯的组成及其加氢精制工艺[J]．现代化工，2009，29(5)：

72 - 75.
[14] 薛璋．宝钢 Litol 法与 K - K 法粗苯加氢的对比[J]. 燃料与化工，2006，31(3)：32 - 36.
[15] 王焕煜，等．宝钢莱托尔加氢装置加氢催化剂早期活性下降现象的对策及启示[J]. 现代化工，2010，30(1)：71 - 73.
[16] 赵明马，希博，粗苯加氢精制技术比较[J]. 燃料与化工，2008，39(1)：29 - 36.
[17] 国家统计局网站，国家数据/焦炭平衡表(p：//data. stats. gov. cn/workspace/index；jsessionid = 18EDB9F29EEFD8C4CE9553F3C237686F？ m = hgnd)
[18] 中国化工网，2012 年煤焦油行业投资市场调查观点，http：//news. chemnet. com/item/2012 - 08 - 14/1686134. html
[19] 潘晓磊，杜开欢，等．不同沉积环境煤的低温煤焦油的性质表征[J]. 石油化工，2011，40(7)：785 - 789.
[20] 吴婷，凌凤香，马波，等. GC - MS 分析低温煤焦油酸性组分及碱性组分[J]. 石油化工高等学校学报，2013，(26)：44 - 52.
[21] 徐春霞．煤焦油的性质与加工利用[J]. 清洁煤技术，2013，19(5)：63 - 67.
[22] 付晓东．煤气化副产品焦油的加氢转化[J]. 化学工程师，2005，(4)：53 - 54.
[23] H H Schobert，C Song. Chemicals and materials from coal in the 21st century[J]. Fuel. 2002，81(1)：15 - 32.
[24] 许杰，方向晨，陈松．非沥青重质煤焦油临氢轻质化研究[J]. 煤炭转化，2007，(4)：63 - 66.
[25] 许杰，刘平，王立言．蒽油加氢转化为轻质燃料油技术研究[J]. 煤化工，2008，(5)：21 - 24.
[26] 杨涛，方向晨，等. STRONG 沸腾床渣油加氢工艺研究[J]. 石油学报，2010，增刊：33.
[27] 中国石油化工股份有限公司．一种煤焦油全馏分加氢处理工艺：CN1766058[P]. 2004 - 10 - 29.
[28] 煤炭科学研究总院．一种复合型煤焦油加氢催化剂及其制备方法：CN101927167[P]. 2010 - 12 - 29.
[29] 煤炭科学研究总院．一种非均相催化剂的煤焦油悬浮创加氢方法：CN101885982[P]. 2010 - 11 - 17.
[30] 高晋生．煤的热解、炼焦和煤焦油加工[M]. 北京：化学工业出版社，2010：316.
[31] 谈业贵. MWB 降膜结晶法精萘装置的工艺及生产[J]. 燃料与化工，1997，28(4)：212 - 216.
[32] 甘李军，丁小川．用降膜分步结晶生产精萘[J]. 燃料与化工，2002，33(4)：209 - 211.
[33] 贺英群．萘的精制研究[J]. 鞍钢技术，1997，(7)：46 - 49.
[34] 王焕煜，王仁远，沈雷，等．从煤焦油分离提纯蒽和咔唑工艺改进探讨[J]. 现代化工，2011，31(10)：65 - 68.
[35] 宝山钢铁股份有限公司．用于结晶提纯蒽系产品的溶剂：CN200510028923[P]. 2007 - 02 - 21.
[36] 肖瑞华．煤焦油化工学[M]. 北京：冶金工业出版社，2009：100.
[37] 肖瑞华．煤焦油化工学[M]. 北京：冶金工业出版社，2009：76.

第二节 甲苯甲基化技术

一、概 述

PX 的工业化生产主要是通过混合二甲苯(来自催化重整、甲苯歧化与烷基转移、甲苯择形歧化等工艺单元)的模拟移动床吸附分离或结晶分离得到。通过该技术生产的 PX，其相对产量直接受到重整生成油中甲基/苯环之比的限制，甲基/苯环比越高，PX 相对产量越大[1]。

广义的“甲苯甲基化技术”是指以甲苯和甲基化试剂(如甲烷、甲醇和二甲醚等)为原料，通过甲基化试剂与甲苯反应，生成二甲苯和其他小分子的增产碳八芳烃技术。本节“甲苯甲基化技术”是狭义的甲苯甲基化技术，仅指以甲醇为甲基化试剂与甲苯进行甲基化反应，生成二甲苯和水的反应过程，也简称“甲基化”技术。按照反应产物中PX选择性的高低，甲苯甲基化技术可分为平衡型甲苯甲基化技术(简称“MTX”技术，二甲苯产物为热力学平衡混合物)和甲苯择形甲基化技术(简称“MTPX”技术，二甲苯产物中PX的浓度高达80%～90%)。与甲苯歧化与烷基转移技术和甲苯择形歧化技术相比，甲苯甲基化技术的甲苯利用率高。按照化学计量反应，在甲苯甲基化反应过程中，1mol的甲苯可生产1mol的碳八芳烃，而传统的甲苯歧化技术和甲苯择形歧化技术，1mol的甲苯只可生成0.5mol的碳八芳烃。

甲苯甲基化技术拓展了芳烃生产原料，实现了煤资源的高效利用，促进了煤化工与石油化工的结合。特别地，若能由甲苯与甲醇通过择形甲基化反应直接合成富含PX的混苯，还可减少PX分离和二甲苯异构化的处理量，PX生产效率也可显著提高。因此，MTX/MTPX技术的研究、开发和工业转化，得到了业界的高度关注[2]。

近年来，国外BP、陶氏化学(原联合碳化物)、杜邦、ExxonMobil、GTC和Sabic等公司加大了对甲苯甲醇择形甲基化制PX技术的研究开发[3]。2000年初，GTC公司得到印度石化公司的许可，在世界范围销售GT－TolAlk甲苯甲基化工艺技术[4]。

国内大连理工大学[5]、中科院大连化物所[6]和中国石化[7,8]等机构也长期致力于该技术的研究。2012年，中国石化在成功开发高性能甲苯甲基化催化剂、多床层反应工艺、废水处理工艺、热联合及低温热利用工艺等[9~11]的基础上，率先在世界范围内成功进行了200kt/a MTX装置的工业化运行。同时，中国石化正在开发的MTPX甲苯择形甲基化技术也已完成催化剂及工艺技术的开发，即将实现工业化。

二、反应原理

(一)化学反应及热力学分析

甲苯甲基化反应过程主要包括甲苯甲基化主反应和甲醇自转化等副反应[12]。

1. 甲苯甲基化反应

甲苯甲基化反应主要包括以下反应过程：

$$\text{Tol} + CH_3OH \rightleftharpoons \text{PX} + H_2O \qquad (8-2-1)$$

$$\text{Tol} + CH_3OH \rightleftharpoons \text{OX} + H_2O \qquad (8-2-2)$$

$$\text{Tol} + CH_3OH \rightleftharpoons \text{MX} + H_2O \qquad (8-2-3)$$

当460℃时，计算得到式(8－2－1)～式(8－2－3)的ΔH，分别为－69.9 kJ/mol、－67.3 kJ/mol和－70.52 kJ/mol。

表8－2－1所示为不同温度下甲苯甲基化生产二甲苯反应的Gibbs自由能[13]。由表8－2－1可知，所有反应的$\Delta_r G_m^\circ$均小于0，且随着温度升高而不断增大，表明在热力学上反应能够自发进行。

2. 甲醇自转化反应

甲醇自身的转化过程主要包括甲醇脱水生成二甲醚(DME)、MTO、MTP和甲醇自分解等过程。通常，甲醇先在L酸位上转化为二甲醚，随后在B酸位上反应转化为烃类等，甚至导致催化剂结焦，降低了甲醇的利用率，是甲苯甲基化反应的关键不利因素。据文献报道，甲醇转化反应的反应历程如图 8－2－1 所示[13]。此外，还有少量的甲醇分解反应，生成一些不凝气体，以 CH_4、H_2、CO 和 CO_2 为主。

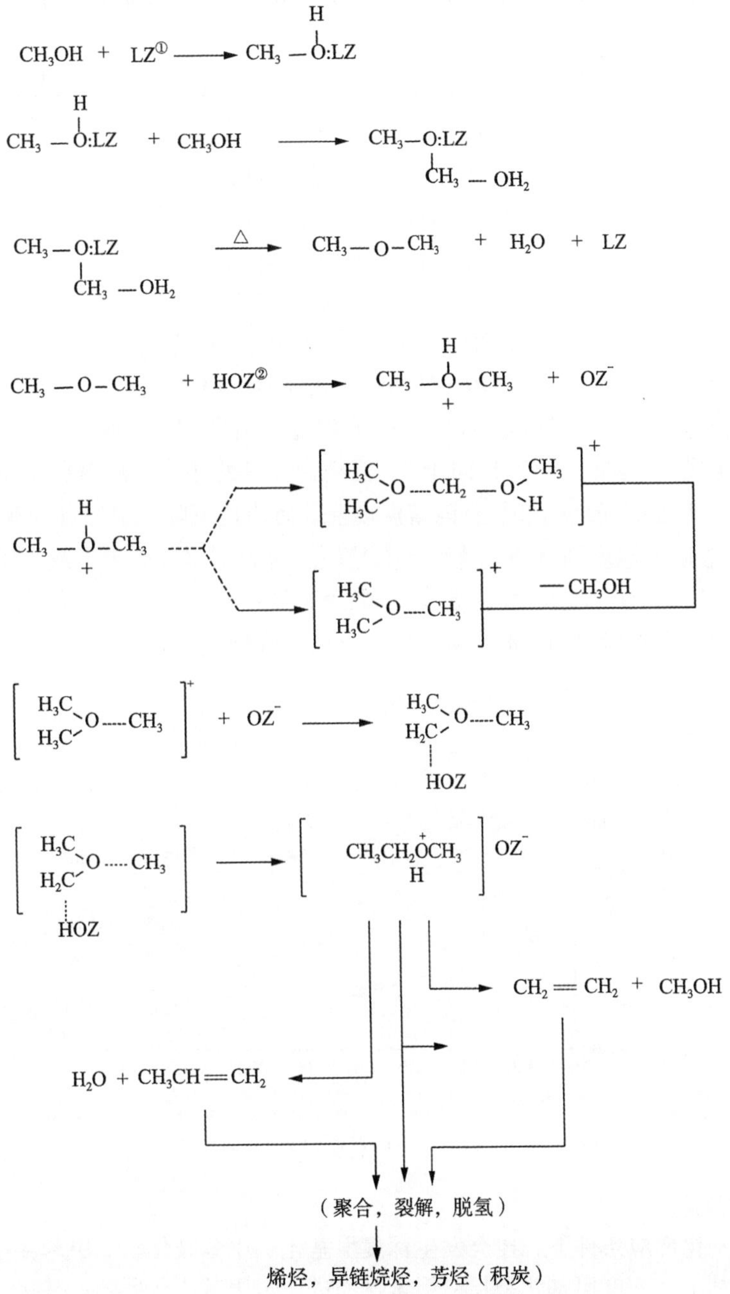

图 8－2－1　甲醇自转化反应网络图

①LZ—分子筛上的 L 酸位；②HOZ—分子筛上的 B 酸位

表 8-2-1　甲基化反应的 Gibbs 自由能值 $\Delta_r G_m^\ominus$ 与温度的关系

反　应	温度/K				
	300	500	700	900	1000
8-2-1	-66.96	-63.63	-60.97	-58.25	-56.87
8-2-2	-66.01	-63.08	-61.21	-59.42	-58.53
8-2-3	-69.25	-67.03	-65.62	-64.19	-63.49

$$2CH_3OH = CH_3OCH_3 + H_2O \quad (8-2-4)$$
$$2CH_3OH = C_2H_4 + 2H_2O \quad (8-2-5)$$
$$3CH_3OH = C_3H_6 + 3H_2O \quad (8-2-6)$$
$$4CH_3OH = C_4H_8 + 4H_2O \quad (8-2-7)$$
$$CH_3OH = CO + 2H_2 \quad (8-2-8)$$
$$CH_3OH = C + H_2O + H_2 \quad (8-2-9)$$
$$2CH_3OH = CO_2 + 4H_2 + C \quad (8-2-10)$$

甲醇自身转化反应在不同温度下的 Gibbs 自由能如图 8-2-2 所示[13]。由图 8-2-2 可知，甲醇脱水生成二甲醚的 $\Delta_r G_m^\ominus$ 趋向于 0，且随温度变化不大；甲醇脱水生成乙烯、丙烯和丁烯的反应，其 $\Delta_r G_m^\ominus$ 远小于 0，且随着温度上升而快速下降；甲醇自分解生成 CO、C 和 CO_2 反应的 $\Delta_r G_m^\ominus$ 随着温度的升高呈持续下降趋势。这表明甲醇脱水形成二甲醚的过程受温度影响不大，为快速平衡反应；反应温度升高有利于烯烃生成和甲醇分解和积炭，因此为了避免甲醇自身副反应和催化剂上的积炭失活，可适当降低反应温度。

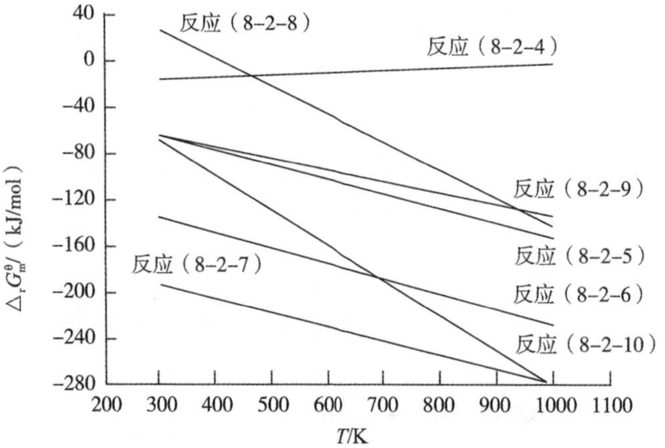

图 8-2-2　甲醇自身转化反应 $\Delta_r G_m^\ominus$ 与温度的关系

3. 其他副反应

在甲苯甲基化反应条件下，还会发生深度甲基化、甲苯歧化、二甲苯异构化和甲醇自转化等副反应。其中，深度甲基化是指二甲苯产物进一步甲基化或甲苯乙基化、丙基化等，生成碳九及以上芳烃的反应；甲苯歧化反应生成一分子二甲苯需要消耗两分子甲苯，不利于甲苯高效转化为二甲苯；甲苯歧化反应与甲基化反应相比，反应速率较慢，不是甲基化反应的主要竞争者，其主要的竞争反应是甲醇自转化反应。

（二）反应机理

一般认为，甲苯甲基化反应符合碳正离子亲电取代反应机理[14]。甲醇在催化剂的 B 酸位质子化，生成相应的碳正离子，以甲氧基离子形式来进攻催化剂上弱吸附的甲苯，在苯环上甲基的诱导作用下，甲基转移到苯环上，最后质子又回到催化剂的 B 酸位。过程如下所示：

$$CH_3OH + HZeol \rightleftharpoons \overset{\oplus}{CH_3}OH_2\overset{\ominus}{Z}eol \qquad (8-2-11)$$

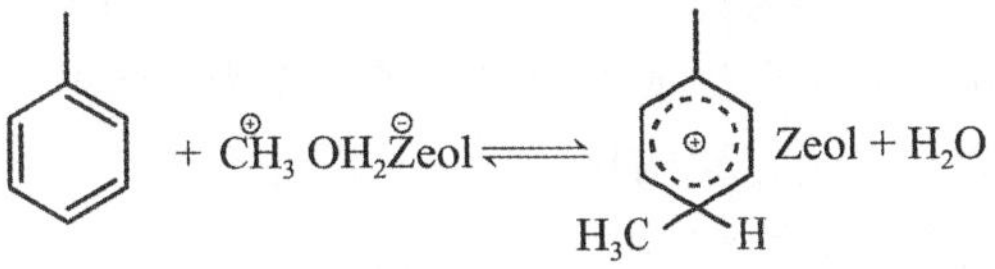

（8－2－12）

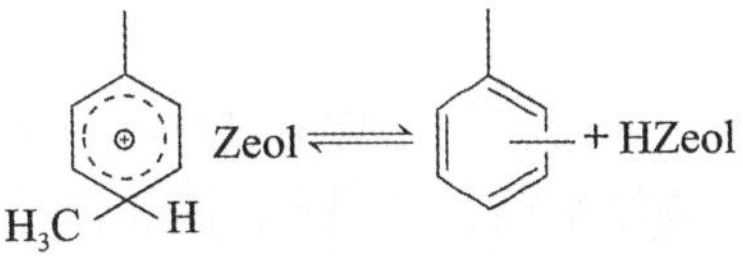

（8－2－13）

在甲苯甲醇烷基化生成二甲苯的过程中，假设不存在催化剂空间扩散阻力，形成邻二甲苯的活化能最低，而形成间二甲苯的活化能最高。因此，亲电取代反应的难易顺序为：邻位 > 对位 > 间位。由于二甲苯异构化反应主要发生在分子筛表面的 B 酸位上，且甲苯甲基化生成的二甲苯在催化剂表面可以迅速异构化得到热力学平衡的二甲苯产物分布，该过程即为 MTX 甲苯甲基化技术反应过程。

对分子筛催化剂的孔口进行修饰，同时钝化分子筛外表面的活性中心，甲苯和甲醇发生甲基化反应之后，反应产物中邻、间、对三种二甲苯异构体在扩散过程中存在空间位阻和扩散控制的差别。而 PX 分子的动力学直径较小，其在分子筛孔道中 PX 所受的空间阻力亦较小，扩散最快；由于邻二甲苯和间二甲苯的分子动力学直径较大，扩散慢，反应的宏观表现结果为 PX 的选择性生成，此即为 MTPX 甲苯择形甲基化过程。

（三）择形机理

根据择形催化的因素分析，一般而言，分子筛的择形性主要有三类：反应物择形性、产物择形性和过渡态择形性[15,16]等。前两者是指因反应物或者产物分子扩散截面的不同而产生分子筛分效应，主要与分子筛孔道的大小和形状有关；而过渡态择形性主要取决于分子筛空腔的大小，因可以容纳不同大小的过渡态络合物而产生的择形性。

迄今为止，对影响甲苯甲醇择形甲基化反应的对位选择性的原因虽尚未有统一的认识，但与甲苯择形歧化的择形机理相似。实现甲基化择形性的方法主要有两个：其一是扩散控制，其次是催化剂表面酸性钝化。

1. 扩散控制

Weisz[17]最早提出了根据反应/扩散动力学模型解释分子筛对位选择性的认识。择形性主要依赖于二甲苯异构体在分子筛孔道内的扩散能力、晶内扩散路径长度和分子筛孔道的曲折度，因此主要受分子筛的结构类型、粒径大小和改性物质的种类分布等因素的控制。其研究表明[17]，对二甲苯的分子截面尺寸（$d = 0.57$nm）比间二甲苯和邻二甲苯的分子截面尺寸（$d = 0.63$nm）略小，在分子筛孔道内扩散的最快，其扩散速率是邻二甲苯及间二甲苯的 1000 倍左右，从而得以优先扩散出去。该方法与 Wei 等[18]提出的数学模型、理论计算一致，其数学模型的计算结果也较好地与实验数据吻合。Haag[19]等将饱和吸附邻二甲苯所需时间30%（$t_{0.3}$）的值对应于分子筛孔道的曲折度，并认为大晶体或改性ZSM－5的择形性与$t_{0.3}$有很好关联。

曾昭槐[14]认为在甲苯甲醇择形甲基化合成对二甲苯的反应中，当分子筛的孔道/孔径尺寸与某些分子大小相接近时，该分子的扩散就会受到限制，该区域为“构型”扩散区，此区域内分子大小尺寸的微小变化都能导致扩散系数的很大变化，从而最终产生择形性。

2. 催化剂表面酸性钝化

甲苯甲基化催化剂的酸分布作为择形性控制因素之一也得到了广泛的研究。与甲苯择形歧化技术相似，甲苯甲基化反应过程生成的对二甲苯，作为一级产物在分子筛孔道内是优先生成的，但在催化剂表面会发生快速异构化反应，从而使择形性下降。因此，为了提高对位选择性，必须对甲基化催化剂的表面酸性中心进行钝化，以抑制一级产物对二甲苯在催化剂表面进一步发生异构化反应。

改性的方法一般是将金属或非金属氧化物通过浸渍、交换或机械混合负载在催化剂上，如有机碱中毒、氧化物改性、高温水蒸气处理等，使催化剂外表面的强酸性位钝化，以提高催化剂的对位选择性。Yashima等[20]认为，分子筛骨架上引入三价阳离子可调节其酸强度，使催化剂的对位选择性提高；Derewinski等[21]对分子筛进行磷改性后，P位于分子筛孔道的交叉处，分子筛的孔径和孔体积都稍有缩小，强酸性位被中和，从而提高了催化剂的选择性。

3. 动力学模拟

曾昭槐等[22]以HZSM－5为催化剂，研究了甲苯甲醇择形甲基化反应的动力学。采用半经验模型拟合产物的产率和选择性，并采用Powell算法求算动力学参数，在表观速率层次上分析择形机理的主要影响因素。

其半经验模型的建立基础为：对甲醇自转化、深度甲基化、甲苯歧化和二甲苯异构化等副反应不予以考虑，认为苯主要来源于甲苯脱烷基反应，且甲苯脱烷基反应和甲苯甲基化反应均为不可逆反应。根据所建立的半经验模型，采用表面反应控速的Langmuir－Hinshelwood－Hougen－Watson型反应速率方程，对产率和选择性进行了拟合计算，获得甲苯脱烷基反应、甲基化反应和二甲苯异构化反应的表观速率参数，如表8－2－2所示[22]。

表8－2－2　甲基化副反应的表观速率变化对对位选择性（S_p）的影响

相对表观速率			S_p/%		
脱烷基	甲基化	异构化	τ①＝1/64	τ＝1/8	τ＝1
1	1	1	64.2	31.8	22.2
2	1	1	66.5	33.8	22.4
1/2	1	1	62.9	30.6	22.1
1	2	1	70.6	33.0	22.1
1	1/2	1	60.2	30.1	22.2
1	1	2	46.9	24.9	21.4
1	1	1/2	77.8	46.2	24.6
1	2	2	54.0	24.9	21.3
1	1/2	1/2	74.8	44.3	24.5

①τ为接触时间，gcat·h/mL。

由表8-2-2可知，脱烷基反应的表观速率改变对对位选择性 S_p 的影响不大，零接触时间的极限选择性取决于3个甲基化表观速率的相对大小。在实际操作条件下，为提高催化剂的对位选择性，可通过提高极限选择性、提高甲基化表观速率和降低催化剂表面异构化的反应表观速率来实现。

三、催化材料与催化剂

(一)催化材料

1. 催化材料选择

ZSM-5[23]、Y[24]、SAPO-11[25]、IM-5和TNU-9[26]等分子筛均有用于甲苯甲基化反应研究的报道。其中，ZSM-5分子筛晶体属于理想的斜方晶系，空间群为D2h16-Pnma，属中孔分子筛[27]，具有均匀的孔道结构和良好的水热稳定性。其三维骨架中包含两种交叉的十元环通道[28]：一种是走向平行于[001]的正弦孔道，孔径为0.54nm×0.56nm；另一种是平行于[010]的直线型孔道，具有0.51nm×0.57 nm的椭圆开口，其孔道开口居于较小的八元环和较大的十二元环之间，孔道交联处的直径大约为0.9 nm。基于这些独特的孔道结构和孔道尺寸，对ZSM-5分子筛进行修饰和改性后，非常适合用于固体酸催化、有水生成、需要对PX、MX和OX等进行形状选择的甲苯甲基化反应。

其他类型的催化材料也有报道。Benito等[29]报道了一种蒙脱石层状材料在甲苯甲基化反应中的应用，该材料通过氧化铝多聚物和氧化镓/氧化铝复合多聚物柱撑，来调节层与层之间的距离，使其具有高于平衡值的对位异构体选择性，对二甲苯选择性最高为37.6%，并且氧化镓/氧化铝复合多聚物柱撑的层状材料具有更高的活性。另有报道用氧化铬柱撑蒙脱石制备的层状材料催化甲苯甲基化反应，其 C_8 异构体中对二甲苯选择性最高达57.1%[30]。

为了克服催化剂稳定性差的缺点，往往需要对现有的固定床反应工艺进行改进，其中催化精馏是一个很好的选择。催化精馏是指在生产二甲苯的同时从反应段中分离除去二甲苯，提高对二甲苯的选择性，降低副产物的形成，从而减少催化剂的结焦，提高催化剂的寿命。然而，现有的催化剂并不适合于催化精馏这一新工艺，因为其在低于400℃反应温度时活性较低，因此必须寻找新的、活性更高的催化体系，尤其是在反应温度较低时具有很高的活性。鉴于甲基化反应是一个酸催化的反应，这就要求新的催化剂必须具有较强的酸性，才能在较低温度下活化反应物，固体超强酸和杂多酸这两类固体酸是较为理想的选择。Bokade等[31]发现活性黏土负载的磷钼杂多酸活性很高，在250℃条件下就具有了甲苯甲基化性能，甲苯转化率高达62%，对二甲苯选择性接近100%；Johnson等[32]研究了磷钨酸的甲基化性能，发现在200℃条件下，甲苯转化率高达76.4%，对二甲苯选择性最高为58%。

综上所述，虽然已有众多催化材料用于甲苯甲基化反应体系的研究，但ZSM-5分子筛自身独特的物化性质和甲苯甲基化反应体系的特点及要求，使得甲苯甲基化反应研究基本上均围绕ZSM-5分子筛开展。

2. ZSM-5改性

使用ZSM-5分子筛作为催化材料时，为了提高MTPX反应过程中的对位选择性，对ZSM-5分子筛的改性主要是通过对分子筛的表面酸性调变和孔口调节实现的。具体来讲，是指采用改性剂溶液浸渍HZSM-5的方法，将金属或非金属化合物引入ZSM-5分子筛晶体(包括晶体外表面和孔口)的合适位置，再经过焙烧，使这些化合物分解为相应的氧化物并负载于ZSM-5分子筛晶体的外表面和/或孔口处，从而达到分子筛表面酸性调变和孔口尺寸调节的目的[33]。

(1)金属氧化物改性

1)碱土金属氧化物改性

采用MgO对分子筛的酸性进行调变时，常用的改性剂是$Mg(OAC)_2$，改性方法通常是用$Mg(OAC)_2$溶液浸渍。一般认为，在甲苯甲基化合成对二甲苯的反应工艺中，MgO改性HZSM-5引起PX选择性提高和催化剂活性的下降，主要是由于MgO覆盖HZSM-5强B酸性位，使催化剂的强酸性位减少。Derewiski等[34]用$Mg(OAC)_2$溶液浸渍HZSM-5分子筛的吸附研究发现，对二甲苯、间二甲苯和正己烷的吸附量都下降，但与其他人结论不同的是，Derewiski等发现，NH_3-TPD显示的强酸性位却没有变化。分析认为，主要原因是$Mg(OAC)_2$溶液中的Mg离子呈络合物状态，尺寸较大，难以进入ZSM-5分子筛孔道，焙烧后MgO仅位于分子筛外表面。

MgO改性使分子筛的强酸性位趋于降低，但在减少B酸性位的同时，增加了L酸性位，并且分子筛表面硅铝比减少，下降趋势随着Mg添加量的增加而加大。由于Mg为二价阳离子，在溶液中容易形成水合阳离子，对离其较远的铝氧四面体产生较强的静电场，促使部分铝向表面迁移而形成离析的氧化铝，导致XPS结合能下降与峰宽化。同时，Mg也可较多地配位在氧化态硅附近，对硅产生屏蔽效应，因此表面硅铝比下降[35]。

ZSM-5分子筛经Ca改性后用于甲苯甲基化反应，对二甲苯选择性可达94%，这主要是由分子筛外表面酸性的变化引起的[36]。一个Ca^{2+}交换两个H^+后，会发生水解反应得到一个质子酸性位，故酸性位数目稍有减少，并且Ca^{2+}电负性小，交换进入ZSM-5孔道会使分子筛表面酸强度变弱。由于Ca^{2+}覆盖了绝大部分外表面酸性位和部分孔内酸性位，使生成的对二甲苯不容易异构化，加上一定的孔道空间阻碍了邻位取代优势，所以有效提高了对二甲苯选择性。

2)稀土金属氧化物改性

稀土具有较好的热稳定性和抗水蒸气、抗积炭性能，因此稀土金属也常被用作分子筛催化材料的改性剂。其中，La和Ce是最常用的稀土改性剂。在改性ZSM-5分子筛时，La和Ce的水合离子尺寸较大，一般被认为不能进入分子筛孔道。Sugi等进行了La与Ce的硝酸盐浸渍改性ZSM-5的试验，发现两种稀土金属改性都能覆盖分子筛外表面大部分酸性位，降低酸强度，减少分子筛表面L酸性位的同时，保留适宜强度B酸性位[37]。不同的是La还起到收缩分子筛孔口的作用，而Ce改性没有这种效果。

邹薇等[7]研究了La_2O_3-MgO复合改性与各物种单独改性所制备的HZSM-5催化剂的孔结构、表面酸性、吸附性能以及两种不同改性方式在甲苯与甲醇甲基化反应中催化性能的差异。结果表明，催化剂经复合改性后，甲苯转化率达19.9%，对二甲苯选择性提高幅度最大，达到了93.1%。并认为高的对位异构体选择性是分子筛孔口收缩和外表面酸性调变共同作用的结果，且孔径效应对催化剂对位选择性的影响更大。

(2)非金属改性

磷负载是调变HZSM-5分子筛酸性的常用方法。磷负载的常规负载方法是用H_3PO_4或有机磷溶液浸渍HZSM-5，焙烧后形成P_2O_5，并以$[O=P(OH)_2]^+$基团的形式与分子筛的

B 酸性位作用，取代分子筛表面质子并与分子筛骨架中的铝四面体配位[38]。当磷含量达到10%时，改性物 P_2O_5 主要沉积在孔口和外表面，分子筛的外表面酸量减少，孔径、孔体积略缩小，孔道弯曲度增加，甲基化反应产物中对位选择性提高，催化剂活性降低。

另一种非金属改性是硼改性。Sayed 等采用溶液浸渍的方法使 HZSM－5 负载硼，使对位选择性提高，但催化活性明显下降，研究发现硼与分子筛骨架的 B 酸性位相结合而没有取代骨架铝。由于负载的硼只是与酸性位的弱结合，而没有进入分子筛骨架，因此，在反应条件下硼容易迁移，并表现为改性效果逐渐下降[39]。相反，如果硼同晶取代分子筛骨架中的铝，并形成 H－B－ZSM－5 分子筛时，硼占据了可移动的 B 酸位，分子筛酸性偏弱，催化活性很低，邻位和对位异构体选择性有所提高。

与甲苯择形歧化技术相似，分子筛硅改性的作用机理是利用氧化硅惰性物质沉积在分子筛的外表面活性位和孔口附近，形成 SiO_2 涂层，使分子筛外表面酸性位钝化和孔口尺寸收缩。当 SiO_2 沉积量 5.0% 时，催化剂表现出活性大幅下降和对位选择性上升，甲苯转化率为 23.5%，对二甲苯选择性达 84.5%[40]。Hibino[41] 和 Kim 等[42] 采用化学气相沉积(CVD)法将硅醇盐沉积在 HZSM－5 上，发现对位选择性的提高是由于控制了孔口大小而不是分子筛外表面酸位失活的影响。研究结果表明，硅改性后总酸量虽然可能会部分减少，但酸强度却与未改性的分子筛相同。

(3)核壳型分子筛

核壳型分子筛是一类非均相分子筛材料，核相与壳层可以是不同晶相分子筛，也可以是组成不同的同晶分子筛。核壳型分子筛应用于甲苯甲基化反应，可取得理想的择形效果。以 Silicalite－1@ZSM－5 为例，核相为 ZSM－5 硅铝分子筛，具有甲苯甲基化活性；壳层为全硅的 Silicalite－1 分子筛，不具备甲苯甲基化活性，因此可以控制反应在核内进行；生成的对二甲苯可以穿过壳层扩散到催化剂外，而由于邻、对位异构体尺寸稍大，无法经壳层扩散，继续留在核相异构化为对二甲苯[43]。硅沉积 ZSM－5 分子筛也有全硅的壳层，然而由于未经晶化，不具备分子筛晶体的优良扩散性能，因此核壳型分子筛更具应用前景。

(二)MTX 催化剂

众所周知，影响分子筛催化性能的关键因素包括孔结构、硅铝比、晶粒形貌与尺寸等，其中孔结构决定了该分子筛可能容纳的反应物分子、反应中间体及产物分子的尺寸，也因此确定其可能适合的反应体系；硅铝比决定了分子筛所具有的酸性质；而晶粒形貌尺寸主要是通过影响分子扩散而影响催化性能。

非择形的甲苯甲基化反应(MTX)是在较高温度下进行，反应过程生成水，因此，要求催化剂具有良好的水热稳定性；伴随甲苯甲基化反应之外，还发生甲醇制烯烃、甲醇制丙烯和积炭等反应过程，这些反应都是强放热反应；由于反应过程有烯烃的生成，因此催化剂很容易积炭，要求催化剂必须能够多次反复再生。因此，在 MTX 甲苯甲基化催化剂的设计和开发过程中，需要兼顾甲苯甲基化反应的上述特点和要求，使催化剂具有良好的水热稳定性，较高的容碳能力，以及可反复再生的特性。

中国石化开发的第一代 MTX－1000 甲苯甲基化催化剂以纳米 ZSM－5 分子筛为催化剂活性主体、以氧化铝为黏结剂。其在甲苯甲基化工业示范装置上运行的结果表明，在满负荷条件，甲苯转化率达到 32.5 %，二甲苯选择性达到 81.4 %，二甲苯中 EB 含量 0.5%，表现出良好的甲苯甲基化和增产混合二甲苯的能力。

MTX－1000 甲苯甲基化催化剂的主要物性数据如表 8－2－3 所示。

表 8－2－3　MTX－1000 甲苯甲基化催化剂主要物性数据

项　目	内　容
物相组成	$ZSM-5/Al_2O_3$
外观	白色条状物
尺寸/mm	$\phi(1.6\sim1.8)\times(3\sim5)$
堆密度/(g/mL)	0.67 ± 0.05
抗压碎力/N	>80
粉化度/%	<1

(三)MTPX 催化剂

MTPX 择形甲苯甲基化催化剂与 MTX 催化剂相比，除了要求具有 MTX 催化剂的基本属性之外，还要求催化剂对甲基化产物中对位(PX)的选择性。

目前，MTPX 技术尚未工业化，其主要制约因素是该技术中所用催化剂在改性过程中存在“逆向效应”，即催化剂改性后，其选择性提高的同时，必然造成催化剂的转化率大幅度下降；甲醇副反应造成结焦导致催化剂失活，催化剂寿命偏短不利于工业化运行。

四、MTX 工艺技术

(一)工艺流程

中国石化开发的 MTX 工艺采用固定床和中间激冷的气固相催化工艺路线，以保证反应过程的温度可控。

采用无载气气氛，原料甲苯、甲醇等混合，进入固定床反应器进行反应。反应产物经热量回收后进入油水分离器，水相去污水汽提塔达排放要求后出界外。油相进入汽提塔进行分离，汽提塔顶分出轻组分去燃料气管网，汽提塔塔釜采出重组分去甲苯塔进行分离。甲苯塔顶采出，与界外来的新鲜甲苯混合后继续反应，甲苯塔塔釜得到产品。

中国石化 200kt/a 甲苯甲基化工业示范装置使用 MTX－1000 催化剂，装置运行良好，催化剂性能稳定。运行结果表明，甲苯转化率达到 30% 以上，甲醇转化率接近 100%，二甲苯选择性大于 80%。反应产物中各指标均符合后续工艺要求，所产二甲苯及以上芳烃完全满足芳烃联合装置的原料质量要求，产品顺利引入芳烃联合装置，直接并入下游二甲苯分馏单元。

中国石化的 MTX 技术具有如下特点：

①采用 MTX－1000 甲苯甲醇甲基化催化剂，具有空速高、稳定性好、甲基利用率高和产物中乙苯含量低等特点。

②利用煤基甲醇作为原料与甲苯一起生产优质的二甲苯产品，实现了石油化工与煤化工的有机结合。

③采用水蒸气作为惰性组分，降低了每段床层的温升，并提高了催化剂的耐结焦性能。

④开发了以甲苯和水的气相混合物作为段间冷激物料的反应工艺，控制每段床层的入口温度。

⑤优化了反应系统的换热流程，充分回收了反应热，从而达到节能目的。

在 MTX 生产过程中，有可能存在未转化的甲醇，特别是开停车过程中，会随相关物料流到芳烃联合装置相关系统中，应加强监控，确保废水处理系统等不受冲击，吸附剂性能不受影响。

(二)工艺条件的影响

甲苯甲醇甲基化过程有比较复杂的反应体系，各工艺操作条件的变化通常会对多个主副反应的行为造成影响，进而改变反应产物的总体组成。该体系影响因素包括反应温度、反应压力、重时空速、烃醇比、水醇比等[44]。

1. 反应温度

甲苯甲基化反应是不可逆反应。在催化剂的作用下，反应温度主要通过控制反应动力学即各主副反应的速率而影响转化率指标及产物组成，该工艺参数是控制反应性能指标的主要因素。此外，由于主反应和甲醇各类副反应均是强放热反应，催化剂床层存在一定温升，这就使得温度对反应的影响被放大，因此，反应温度的控制成为甲苯甲基化反应控制的关键。

降低反应温度，催化剂活性不足，甲苯循环量大，从而增加操作费用；提高温度，可加速甲苯与甲醇的甲基化反应过程，提高甲苯转化率和甲醇利用率，但同时加速的还有深度甲基化反应，结果是二甲苯和碳九以上芳烃收率同时增加。随着反应温度上升，二甲苯收率会在达到峰值以后呈现下降趋势，此时继续提高温度将不利于甲基化主反应的进行，而是促进各种副反应的发生，苯、碳九以上芳烃及各种非芳副产物的收率增加，选择性和甲醇利用率下降。反应温度过高时还会加速催化剂表面积炭，导致催化剂活性较快下降。

在 n(甲苯)/n(甲醇)=2:1、$n(N_2)/n$(物料)=10:1、物料重时空速 $2.0h^{-1}$、常压条件下，考察了温度变化对催化剂性能的影响，其结果如图 8-2-3 所示。

由图 8-2-3 可知，随着反应温度的升高，甲苯转化率增加，从而使对二甲苯的单程收率增加，对二甲苯选择性和甲基化率变化不大，但温度过高，由于甲苯歧化反应和甲苯脱烷基反应加剧，产物中非芳烃和苯量增多，故反应温度不宜过高，以 450~470℃ 为宜[44]。

2. 反应压力

甲苯甲基化反应是等分子反应，因此反应压力对热力学平衡无影响。但是增加压力，可提高各反应物料的分压，增加反应物在催化剂床层的停留时间，因而有利于反应物的转化，但其作用不及反应温度的提高那么明显。压力对甲醇副反应的作用要明显强于主反应，压力升高会显著促进甲醇自身转化的各类副反应，造成甲醇利用率下降、非芳副产物增加、二甲苯收率下降、碳九以上芳烃增加以及催化剂失活加快等影响。适宜的压力条件范围为 0.4~1.0MPa。

3. 重时空速

提高反应的进料空速，可以提高单位时间内单位质量催化剂的加工能力，但反应物转化率会降低，同时会缩短催化剂使用寿命。在反应温度等条件不变的情况下，考察了物料空速变化对催化剂反应性能的影响，其结果见图 8-2-4[44]。

由图 8-2-4 可知，随着重时空速的增大，甲苯转化率和对二甲苯单程收率均下降，而对二甲苯选择性和甲基化选择率变化不明显，故本工艺的重时空速不宜太大，一般以 2~$3h^{-1}$为宜。

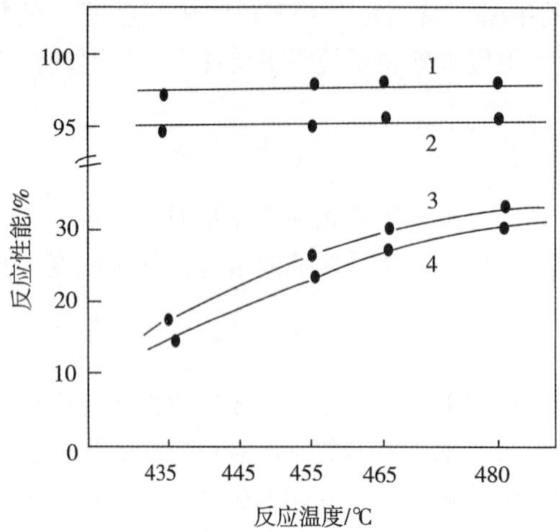

图 8-2-3 温度对催化剂反应性能的影响

1—对二甲苯选择率；2—甲基化选择率；

3—甲苯转化率；4—对二甲苯单程收率

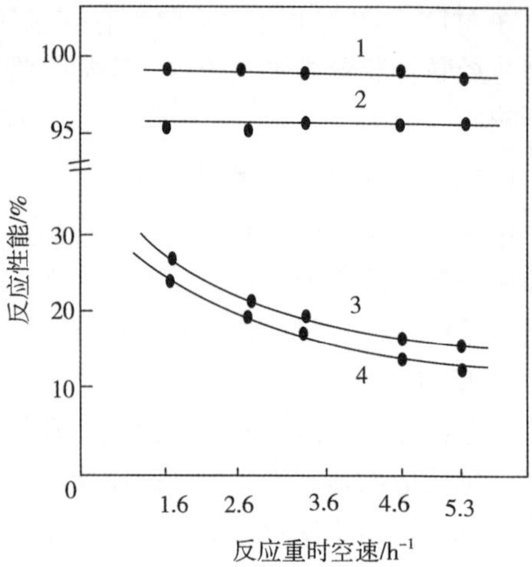

图 8-2-4 空速对催化剂反应性能的影响

1—对二甲苯选择率；2—甲基化选择率；

3—甲苯转化率；4—对二甲苯单程收率

4. 烃醇比

甲苯甲基化主反应与甲醇自身转化的副反应是竞争反应，并且甲醇自身转化更易进行。实际操作过程中，需控制一定的进料甲苯/甲醇比例。烃醇比较高时，可以增加甲苯分子与甲醇分子的接触几率，促进主反应，降低甲醇单耗，延长催化剂使用寿命，提高技术经济性；然而，烃醇比也不能过高，否则会因甲基化试剂不足导致甲苯单程转化率和单程收率处于较低水平，增加甲苯循环量，对装置的实际产能和能耗水平造成不利影响。适宜的烃醇比为 2.0～5.0（摩尔比）。

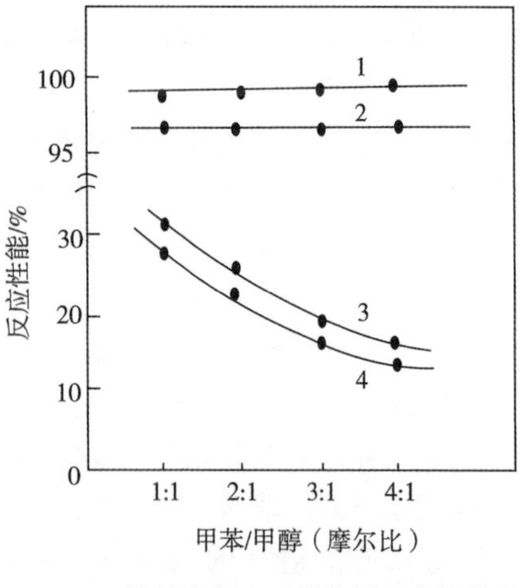

图 8-2-5 物料摩尔比对催化剂反应性能的影响

1—对二甲苯选择率；2—甲基化选择率；

3—甲苯转化率；4—对二甲苯单程收率

物料的烃醇比变化对催化剂反应性能的影响如图 8-2-5 所示[44]。由图 8-2-5 可知，随着甲苯/甲醇的摩尔比增大，甲苯转化率和对二甲苯单程收率降低，对二甲苯选择性和甲基化率变化不大。

5. 水醇比

在甲苯甲基化体系中引入水的目的是控制副反应、抑制催化剂积炭，从而延长催化剂使用寿命。水醇比需控制在一定范围，过低时，起不到抑制副反应和积炭的作用；过高则会影响甲苯的转化，降低二甲苯单程收率，同时增加装置能耗和物耗，对经济性不利。适宜的水醇比为 0～2.0（摩尔比）。

五、催化剂失活与再生

随着使用时间的增长，几乎所有的催化剂均表现出一定的活性下降也就是失活现象。催化剂在正常使用过程中性能随时间变化的规律可分为诱导期、稳定期和失活期三个阶段。催化剂的失活并不一定专指在失活期催化剂活性的完全丧失，更普遍的是指在稳定期催化剂的活性或选择性在使用过程中逐渐下降。催化剂活性和选择性下降的过程也常称为催化剂失活的过程。

大量研究结果表明[45,46]，催化剂失活是一个复杂的物理和化学过程，大致可以归结为中毒、结焦、烧结和固相反应。通常将失活过程划分为以下三种类型：催化剂积炭等堵塞失活、催化剂中毒失活、催化剂热失活及烧结失活[12]。

分子筛催化剂因积炭而失活主要有两类原因，分别是活性位覆盖和孔口堵塞，孔口堵塞又包括孔道交叉处被积炭占据，或反应物分子无法进入孔道内进行反应。

(一)失活机理分析

为了延长催化剂的使用寿命，深入研究催化剂的失活机理就显得尤为重要。常规使用于甲苯甲基化反应的 HZSM－5 氢型分子筛催化剂，结焦(或积炭)是其主要的失活原因[47,48]。

Ducarme 等[49]合成了一系列不同硅铝比和不同孔径大小的 HZSM－5 型分子筛，探讨了分子筛失活机理以及分子筛颗粒大小与形貌对分子筛催化剂失活的影响。结果表明，积炭造成了分子筛晶体内表面和孔体积的减小，从而阻碍了外界气相反应介质进入到分子筛的孔道结构中，降低了催化剂的反应活性，同时也抑制了积炭前驱体的生成。并且随着分子筛孔径和表面铝含量的减小，积炭造成的催化剂失活更为显著，在孔径较小时两者之间甚至达到线性关系。此外，高压可以增加分子筛的稳定性，特别是对那些微小晶粒的簇集体。

Mirth 等[50]用 $Si(OEt)_4$ 改性 HZSM－5 分子筛催化剂，覆盖了催化剂表面一部分活性部位。针对较小孔径的催化剂，其起始阶段的失活归结为表面吸附的二甲苯分子减少；对较大孔径的催化剂，孔内留存的二甲苯异构体更倾向于二甲苯异构体的再甲基化生成三甲苯。三甲苯一旦生成，由于其分子截面尺寸较大，其扩散和脱甲基化会变得较为困难，同时也阻碍了活性位(Si—OH—Al)，造成催化剂失活。此外，采用原位 IR 手段研究了不同反应时期改性催化剂状态。结果表明，在实验条件下难以检测到多甲基取代的副产物，但是随着反应时间的延长，三甲苯的特征光谱更趋于明显，其覆盖的活性位也稳定增长，造成催化剂反应活性的持续下降。

Sotelo 等[51]利用多种表征手段探讨了甲苯甲基化反应中镁改性 ZSM－5 催化剂的积炭分布情况。热重(TG)分析显示随着反应时间的延长，催化剂 TG 微分曲线的最高峰趋向更高温度发展，表明催化剂表面重组分的增加；H/C 元素分析结果表明积炭组分的 H/C 摩尔比随着反应时间的延长而减小；FT－IR 光谱显示积炭催化剂在 1585 cm^{-1}左右(趋向于 1600 cm^{-1})有特征的“积炭峰”，表明聚芳烃的存在并且聚芳烃含量随时间的延长而增加，另外，在 1365 cm^{-1} 和 1380 cm^{-1} 发现成对的两个吸收峰，表明生成了某类饱和烷烃。在甲苯吸附－扩散实验的基础上根据 Fick 扩散第二定律计算催化剂的扩散系数和吸附容量，且通过叔丁胺吸附－脱附实验(TPD)测定催化剂的酸性。将新鲜催化剂与不同时期积炭催化剂的数据比较，结果表明反应初期积炭主要表现于填充孔道，随着反应进行逐渐堵塞孔道造成扩散路径受限，因此减弱了积炭催化剂孔道内以扩散为主反应机理的二甲苯异构化，降低了对二甲苯的选择性。

刘中民等[52]通过甲醇转化反应研究了 HZSM－5 氢型催化剂的积炭情况。碳氢元素分析表明，一定时间后催化剂积炭的 C/H 比为 0.73，是富氢物种；^{13}C－NMR 结果显示其化学位移在13处有单峰，解析谱图可将其归属为环烷烃或链烷烃中的亚甲基信号，应为积炭的前驱体。并且，由其比表面积和强酸性位数对积炭量作图，将积炭过程分为三个阶段：在反应初期，积炭主要在强酸性位上发生并将其覆盖，部分堵塞孔道；之后为活性稳定期；最后积炭量接近饱和再稍稍增大，转化率直线下降，为活性下降阶段。

(二)催化剂再生方法

ZSM－5类的甲基化催化剂再生方法一般有两种：

①器外再生：将反应器中的催化剂卸出，放入焙烧炉中，在一定温度、一定氧含量的氮气氛或空气中烧焦一定时间，使催化剂上的结焦物燃烧完全。

②器内再生：催化剂停留在反应器内，在一定压力、空速和温度范围内，将含有一定氧含量的氮气流通过催化剂床层，催化剂上的结焦物(碳和碳氢化合物)与氧发生燃烧反应。

器外再生与器内再生各有优缺点。器外再生的优点是每批催化剂再生后的性能比较均匀，而且可以随时监测催化剂的烧焦程度；缺点是催化剂需要卸剂和装剂，费时费力，而且再生前催化剂表面吸附有较多的芳烃，对环境有污染。器内再生的优点是省去了催化剂拆卸和重新装填步骤，并且不会造成环境污染和催化剂损耗；但是再生工艺比较复杂，一般需采用变温、变氧含量条件操作，如操作不当会导致催化剂飞温。

绝热式轴向或径向固定床反应器中的甲苯甲基化催化剂，可采用器内再生的方式，控制一定的温度，用低氧含量的氮气流进行烧焦再生。

六、技术展望

甲苯甲基化技术是一种新型的由甲苯制取二甲苯的工艺路线。在传统石油基芳烃生产领域引入了甲醇原料，实现了煤化工与石油化工的有机结合，可有效促进煤资源的高效利用和国内紧缺石油资源的部分替代。

以甲醇为甲基化试剂的MTX和MTPX甲苯甲基化技术具有良好的技术经济性，可为芳烃生产中的原料多元化、产品结构调整和芳烃装置的增产扩能提供重要技术支持。提高稳定性和甲醇有效利用是MTX技术发展的方向。

目前，MTPX技术普遍采用ZSM－5分子筛为催化剂活性主体，对二甲苯选择性可达到85%以上，但催化剂稳定性不够，该技术至今未实现工业化。开发高稳定性、高转化率和高目的产物选择性的MTPX催化剂，最大限度地避免甲醇副反应是择形甲基化技术工业化的关键。同时，选择合适的反应条件，也将会对催化剂活性和稳定性产生明显影响。

参考文献

[1] 陈庆龄，孔德金，杨卫胜．对二甲苯增产技术发展趋向[J]．石油化工，2004，33(10)：909－915.

[2] 孔德金，杨为民．芳烃生产技术进展[J]．化工进展，2011，30(1)：16－25.

[3] 曹德安．甲苯甲基化制对二甲苯技术研究进展[J]．化学反应工程与工艺，2007，23(4)：359－362.

[4] 石油化工动态，2000，8(4)，41.

[5] 李书纹，王祥生．在含混合稀土的ZSM－5沸石催化剂上甲苯－甲醇合成对二甲苯的研究[J]．石油学报(石油加工)，1989，5(2)：11－17.

[6] 曹劲松，张军民，许磊，等．甲苯甲基化制PX技术的开发优势[J]．石油化工技术与经济，2010，26(1)：8－10.

[7] 邹薇，杨德琴，高滋，等．金属氧化物改性的HZSM－5上甲苯与甲醇的甲基化反应[J]．催化学报，

2005，26(6)：470 - 474.
[8] Zhu Z，Chen Q，Zou W，et al. Catalytic performance of MCM - 22 zeolite for alkylation of toluene with methanol[J]. Catalysis Today，2004，(93 - 95)：321 - 325.
[9] 朱志荣，陈庆龄，等．甲苯择形甲基化制对二甲苯催化剂的制备方法：中国，CN 200510028771.2.
[10] 邹薇，孔德金，等．芳烃甲基串联反应方法：中国，CN 201110193508.4.
[11] 邹薇，孔德金，等．甲苯甲基化制对二甲苯催化剂的制备方法：中国，CN 200510028770.8.
[12] 葛欣，王文月，沈俭一．改性 ZSN - 5 分子筛催化甲苯、甲醇苯环烷基化反应的研究进展[J]．无机化学学报，2001，17(1)：17 - 26.
[13] 王莉，朱景利，李华宝，等．甲苯和甲醇甲基化反应热力学分析与计算[J]．化学工程，2008，36(10)：48 - 51.
[14] 曾昭槐．择形催化[M]．北京：中国石化出版社，1994.
[15] P B Weisz，V J Frilette. Intracrystalline and molecular - shape - selective catalysis by zeolite Salts [J]. J Phys Chem，1960，64：382 - 383.
[16] Csicsery S M. Zeolite chemistry and catalysis [M]. ACS，Monograph，Washinton D C，1980：171，680.
[17] P B Weisz. Molecular shape selective catalysis[J]. Pure Appl Chem，1980，52：2091 - 2103.
[18] Wei J. A mathematical theory of enhanced para - xylene selectivity in molecular sieve catalysts J. Catal.，1982，76：433 - 439.
[19] Haag W O，Lago R M，Weisz P B. Transport and reactivity of hydrocarbon molecules in shape selective zeolites[J]. Faraday Discussion Chem Soc，1982，72：317 - 330.
[20] T Yashima，J - H Kim，H Ohta，S Namba，T Komatsu. 4. 3 Shape selective alkylation of aromatics on metallosilicates[J]. Stud. Surf. Sci. Catal. Acid - Base Catalysis II，1994，90：379 - 389.
[21] M Derewiński，J Haber，J Ptaszyński，V P Shiralkar，S D Ż wigaj. Influence of Ni，Mg and P on selectivity of ZSM - 5 class zeolite catalysts in toluene - methanol alkylation and methanol conversion [J]. Stud. Surf. Sci. Catal. Structure and Reactivity of Modified Zeolites，1984，18：209 - 216.
[22] 张晓东，李玉光，曾昭槐．HZSM - 5 分子筛上甲苯 - 甲醇甲基化动力学[J]．化学物理学报，1993，6(1)：6 - 12.
[23] Chen N Y，Kaeding W W，Dwyer F G. Para - directed aromatic reactions over shape - selective molecular sieve zeolite catalysts[J]. Journal of the American Chemical Society，1979，101：6783 - 6784.
[24] Tatsuaki Yashima，Habib Ahmad，Kaoru Yamazaki，Masatoshi Katsuta，Nobuyoshi Hara. Alkylation on synthetic zeolites：I. Alkylation of toluene with methanol[J]. J. Catal，1970，16：273 - 280.
[25] 刘杨，严爱珍，须沁华．中孔分子筛上择形甲基化反应的研究 I．反应条件对甲苯甲醇择形甲基化反应的影响[J]．催化学报，1990，11(4)：328 - 332.
[26] 陈强，王永睿，孙敏，等．IM - 5 和 TNU - 9 分子筛在甲苯甲基化反应中的催化性能[J]．石油学报(石油加工)，2010，26(2)：165 - 170.
[27] Kokotailo G T，Lawton S L，Olson D H，et al. Structure of synthetic zeolite ZSM - 5[J]. Nature，1978，272：437 - 438.
[28] Pierre Dejaifve，Jacques C. Védrine，Vera Bolis，Eric G Derouane. Reaction pathways for the conversion of methanol and olefins on H - ZSM - 5 zeolite[J]. J. Catal.，1980，63：331 - 345.
[29] I Benito，A del Riego，M Martínez，C Blanco，C Pesquera，F González，Benito I，Del Riego A. Toluene methylation on Al13 - and GaAl12 - pillared clay catalysts [J]. Applied Catalysis A：General，1999，180：175 - 182.
[30] N N Binitha，S Sugunan. Shape selective toluene methylation over chromia pillared montmorillonites[J]. Catalysis Communications，2008，9：2376 - 2380.

[31] Bokade V V, Deshpande S S, Patil R, et al. Toluene alkylation with methanol to p – Xylene over heteropoly acids supported by clay[J]. Journal of Natural Gas Chemistry, 2007, 16: 42 – 45.

[32] K Johnson, B Viswanathan, T K Varadarajan, et al. Alkylation of toluene with methanol on heteropoly compounds: p – xylene selectivity[J]. Stud. Surf. Sci. Catal, 1998, 113: 233 – 240.

[33] T Yashima, Y Sakaguchi, S Namba. Selective formation of p – Xylene by alkylation of toluene with methanol on ZSM – 5 type Zeolites[J]. Stud. Surf. Sci. Catal, 1981, 7: 739 – 751.

[34] M Derewiński, J Haber, J Ptaszyński, et al. Influence of Ni, Mg and P on selectivity of ZSM – 5 class zeolite catalysts in toluene – methanol alkylation and methanol conversion [J]. Stud. Surf. Sci. Catal, 1984, 18: 209.

[35] 蔡光宇，辛勤，王祥珍，等．经磷或镁改质的 ZSM – 5 沸石的表面性质研究[J]．催化学报，1985，6(1)：50 – 57.

[36] 曾昭槐，曾永平．碱土金属化合物改性的 ZSM – 5 分子筛的择形催化作用[J]．石油学报(石油加工)，1987，3(增刊)：32 – 40.

[37] Sugi Y, Kubota Y, Komura K. Shape – selective alkylation [J]. Appl. Catal. A, 2006, 299 (1): 157 – 166.

[38] Jacques C Védrine, Aline Auroux, Pierre Dejaifve, Valentin Ducarme, Hanna Hoser, Shuibao Zhou. Catalytic and physical properties of phosphorus – modified ZSM – 5 zeolite [J]. Journal of Catalysis, 1982, 73: 147 – 160.

[39] Moein B Sayed, Jacques C Védrine. The effect of modification with boron on the catalytic activity and selectivity of HZSM – 5: I. Impregnation with boric acid[J]. Journal of Catalysis, 1986, 101, 43 – 55.

[40] Moein B Sayed, Aline Auroux, Jacques C Védrine. The effect of boron on ZSM – 5 zeolite shape selectivity and activity: II. Coincorporation of aluminium and boron in the zeolite lattice[J]. Journal of Catalysis, 1989, 116: 1 – 10.

[41] Takashi Hibino, Miki Niwa, Yuichi Murakami. Shape – selectivity over HZSM – 5 modified by chemical vapor deposition of silicon alkoxide [J]. Journal of Catalysis, 1991, 128: 551 – 558.

[42] Jong – Ho Kim, Akihisa Ishida, Manabu Okajima, Miki Niwa. Modification of HZSM – 5 by CVD of various silicon compounds and generation of para – selectivity[J]. Journal of Catalysis, 1996, 161: 387 – 392.

[43] Dung Van Vu, Manabu Miyamoto, Norikazu Nishiyama, Yasuyuki Egashira, Korekazu Ueyama. Selective formation of para – xylene over H – ZSM – 5 coated with polycrystalline silicalite crystals[J]. Journal of Catalysis, 2006, 243: 389 – 394.

[44] 李书纹，王祥生．甲苯 – 甲醇合成高纯度对二甲苯的研究[J]．天然气化工，1991，16(6)：3 – 5.

[45] S Bhatia, J Beltramini, D D Do. Deactivation of zeolite catalysts[J]. Catal. Rev. Sci. Eng, 1989 – 90, 31(4): 431 – 480.

[46] R Hughes. Deactivation of Catalysts. London: Academic Press, 1984.

[47] J Oudar, H Wise (eds.). Deactivation and Poisoning of Catalysts. New York: Dekker, 1985.

[48] M Guisnet, P Magnoux. Organic chemistry of coke formation. Applied Catalysis A: General, 2001, 212: 83 – 96.

[49] V Ducarme, J C Vedrine. ZSM – 5 and ZSM – 11 Zeolites: Influence of morphological and chemical parameters on catalytic selectivity and deactivation[J]. Applied Catalysis, 1985, 17: 175 – 184.

[50] G Mirth, J Cejka, J Krtil, et al. Deactivation and coking of HZSM – 5 catalysts during alkylation reactions, Studies in Surface Science and Catalysis[J]. 1994, 88: 241 – 248.

[51] J L Sotelo, M A Uguina, J L Valverde, D P Serrano. Deactivation of toluene alkylation with methanol over magnesium – modified ZSM – 5 shape selectivity changes induced by coke formation[J]. Applied Catalysis A:

General, 1994, 114: 273－285.
[52] 刘中民, 陈国权, 王清遐, 等. 分子筛催化剂的失活与积炭[J]. 催化学报, 1994, 15(4): 301－303.

第三节　甲醇芳构化制芳烃技术

一、概　述

通过对催化剂及反应条件等因素的调控，甲醇制烃(methanol to hydrocarbons，简称MTH)过程可获得不同的目的产品。其中，甲醇制芳烃(MTA)是指以甲醇为原料直接制备以苯、甲苯和二甲苯混合芳烃为主的工艺过程[1]，是非石油路线获取芳烃产品的重要途径之一。MTH还包括甲醇制汽油(MTG)、甲醇制烯烃(MTO)和甲醇制丙烯(MTP)等过程。MTH过程的原料－产品链如图8－3－1所示。

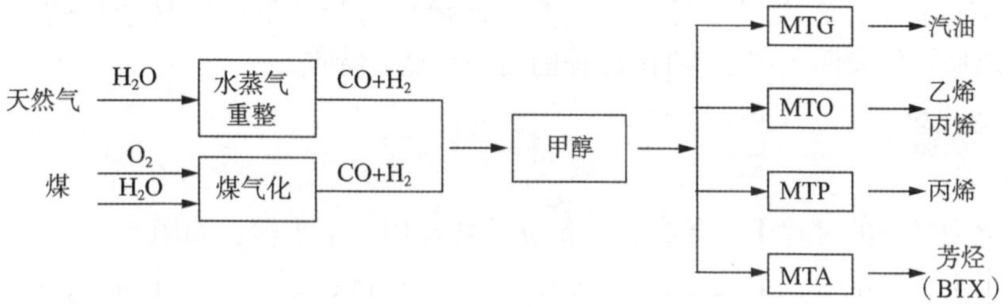

图8－3－1　MTH过程原料－产品链

MTA与MTG过程有很深的渊源。虽然MTG过程得到的汽油产品中也含有相当量的芳烃，并且从催化剂与工艺方面来看，MTG与MTA过程存在很多相似点，但是从目的产品、应用方向以及产物分布来看，两者还是有所差异。MTG技术开发的出发点在于部分替代传统炼油路线得到汽油产品，MTG过程的目标产物为富含异构烷烃与一定含量芳烃的高辛烷值汽油组分，得到的产物中，非芳烃的烷烃组分含量高达40%～60%。而MTA过程的目的是获得芳烃产品，得到的液体产品中，非芳烃组分的含量小于20%，液体产品中占主导地位的是芳烃产品，尤其是高附加值的BTX。

国外的Mobil、Philips、Sabic以及国内的山西煤化所、清华大学、上海石油化工研究院、大连化物所等公司与研究机构，均开展了对MTA催化剂及工艺技术的研发。甲醇制芳烃技术开发的核心在于高水热稳定性、高BTX选择性以及高活性的MTA催化剂的研制。基于MTA反应放热量巨大与催化剂积炭严重的特点，在开发相应工艺时，需重点关注反应热的移出以及反应－再生的连续操作等问题。目前，MTA工艺还未见到工业化报道。

二、反应原理

(一)化学反应

MTA反应的方程式如式(8－3－1)所示。MTA过程具有反应温度较高、放热量大等特点，反应产物含有水、烯烃及芳烃等物种。为了开发出高效的MTA催化剂及工艺技术，需要对以上MTA反应特点加以重点关注。

$$CH_3OH(g) \xrightarrow{\text{催化剂，}400\sim500℃} \frac{1}{n}C_nH_{2n-6}(g) + \frac{3}{n}H_2 + H_2O(g) + \Delta H \quad (8-3-1)$$

（n 为≥6 的整数）

从反应热效应来看，MTA 属于强放热反应，这也是 MTH 反应的一个典型特点。在标准状况下，每生成 1mol 的苯(g)，反应放热约 163.9kJ。而芳烃与甲醇的进一步烷基化生成甲基或多甲基衍生物种以及多环芳烃的反应，也均为放热反应。因此，从热力学上看，甲醇芳构化反应是一个低温较为有利的过程。

MTA 反应属于反应分子数增多的反应，因此，采用低压操作有利于加快 MTA 过程，提高芳烃产物的收率。

MTA 反应过程有水生成，并且水分压较高(超过 50%)。此外，积炭催化剂再生过程中，也会处于水蒸气气氛中。MTA 的反应－再生温度一般在 400℃以上，反应与再生气氛中存在的水蒸气会使硅铝分子筛催化剂发生骨架脱铝，从而导致催化剂永久性失活。因此，高性能的 MTA 催化剂需要具备优异水热稳定性，以适应工业长周期运行的要求。

MTA 反应过程中存在大量的烯烃与芳烃，而烯烃与芳烃都是极易结焦的前驱体物种，因此，催化剂易结焦失活，这是 MTA 过程的另一个显著特点。

(二)反应机理

1. 主反应

甲醇转化为烃类的过程十分复杂，一般认为要经历三个步骤，如图 8－3－2 所示：第一步，甲醇脱水生成二甲醚；第二步，生成第一个 C—C 键；第三步，生成 $C_3\sim C_4$ 烯烃，进而通过氢转移、烷基化及缩聚反应生成芳烃、烷烃、环烷烃以及高碳烯烃。开发高性能 MTA 催化剂，可实现抑制非芳产物的生成，高选择性地将甲醇转化为芳物产品的目标，尤其是高附加值的 BTX 产品。

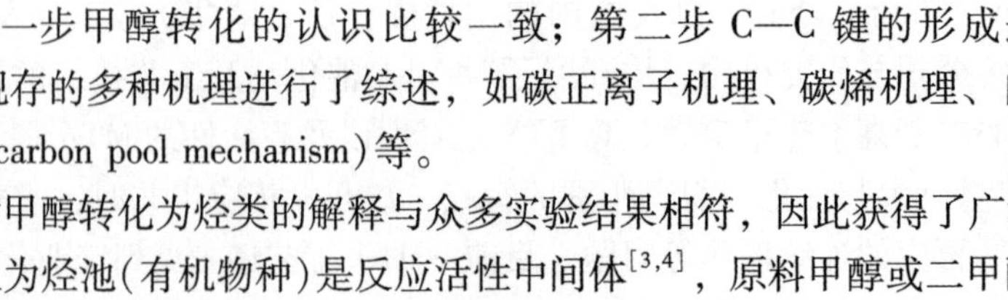

图 8－3－2 甲醇转化为烃类的反应历程

当前，对第一步甲醇转化的认识比较一致；第二步 C—C 键的形成过程非常复杂，Stocker 等[2]对现存的多种机理进行了综述，如碳正离子机理、碳烯机理、自由基机理以及烃池机理(hydrocarbon pool mechanism)等。

烃池机理对甲醇转化为烃类的解释与众多实验结果相符，因此获得了广泛认可。烃池机理的核心思想认为烃池(有机物种)是反应活性中间体[3,4]，原料甲醇或二甲醚与该物种相互作用生成烃类物种。早期研究对烃池的具体物质属性未指出，只是简单将其记做$(CH_2)_n$，并未出活性中间体的具体属性。

Haw 等[5]在 ZSM－5 分子筛孔道内发现了 1，3－二甲基环戊烯碳正离子的存在，随后又进一步转化为甲苯，因此推测该碳正离子为 MTO 的活性中间体。Kolboe[6]在甲醇转化反应中发现多甲基苯发挥着重要作用，认为 β 分子筛孔道内的活性中间物种为六甲基取代苯，而在 ZSM－5 分子筛孔道内，二甲基苯、三甲基苯、五甲基苯是重要的活性中间体。Kolboe[7]与Haw[8]等在SAPO-34分子筛笼内与β分子筛孔道内合成了七甲基取代苯碳正离子，而且根据甲醇的^{13}C同位素实验结果推测，该正碳离子只有在具有大孔径或笼结构的分子筛上才能形成的中间物种。

基于对活性中间物种的认识，一些研究者提出更为具体的中间物种转化机理来修正对烃池机理的认识[9,10]，形成了中间物种转化机理。中间物种转化机理认为，甲基取代苯为活性中间体，首先烯烃通过聚合、成环形成苯环，随后甲醇与二甲醚通过甲基化作用与苯环形成甲基取代苯，再通过分子重整与消去反应生成低碳芳烃。这一转化机理同Sullivan[11]与Mole[12]分别提出的消去机理(见图8-3-3)和甲苯侧链烷基化机理(见图8-3-4)非常类似。

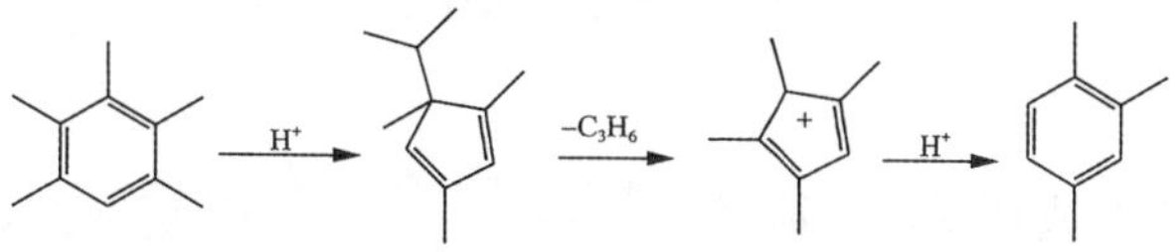

图8-3-3 消去机理示意图[11]

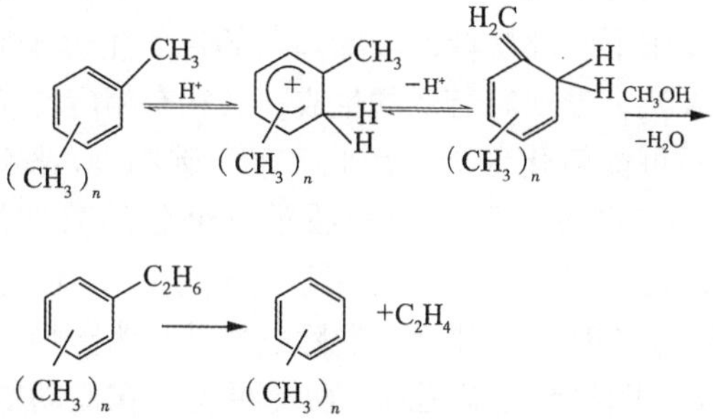

图8-3-4 甲苯侧链烷基化机理示意图[12]

早期的烃池机理可以很好地解释MTH过程稳定期初始C—C键的形成过程，但是后续丙烯及以上高级烯烃生成的二次反应过程比较复杂。生成的低级烯烃可通过聚合以及甲醇甲基化等反应生成更多的烃类物种。早期研究提出的烯烃与甲醇甲基化(同系物链增长)的解释得到了广泛的认同[2]。近期，在ZSM-22分子筛上，Song等[13]进行的同位素实验结果也证实了存在甲醇与乙烯的甲基化过程。目前争论较大的是二次反应中丙烯以及高级烯烃的来源。早期的烃池机理认为，丙烯来自于多甲基苯的消去反应。而近年来一些学者认为丙烯与高级烯烃来自于甲基化与烯烃裂解，提出改进的烃池机理——双循环机理[14,15]来解释MTO产物的分布，如图8-3-5所示。

由图8-3-5可知，甲醇既可以通过烃池生成烯烃与芳烃，也可以通过甲基化链增长与烯烃裂解生成更多的丙烯以及高级烯烃。生成的高级烯烃可以通过氢转移与芳构化转化为甲苯与烷烃。

目前，对于甲醇转化为烯烃(MTO与MTP)的中间体以及具体过程还存在一定的争议，机理完全澄清还需要进一步证据的支持。甲醇转化为烯烃后，烯烃可以通过甲基化或聚合实现链增长转化为高级烯烃，在ZSM-5孔道的择形作用下，高级烯烃可发生环化反应转化为环烷烃或环烯烃，这一过程被认为是芳构化的必经途径。

对于环烷烃或环烯烃转化芳烃的过程，目前认识较为一致，有以下途径1与途径2[16]两种途径：

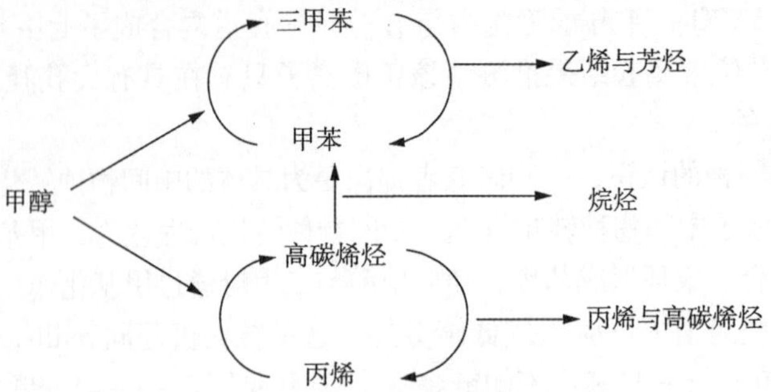

图 8-3-5 双循环机理示意图

芳构化途径 1：

$$\text{环烷烃或环烯烃} + \text{烯烃} \xrightarrow{\text{氢转移，ZSM-5 催化剂}} \text{芳烃} + \text{烷烃}$$

芳构化途径 2：

$$\text{环烷烃或环烯烃} \xrightarrow{\text{脱氢，ZnO/ZSM-5 催化剂}} \text{芳烃} + \text{氢气}$$

途径 1 中，在酸催化作用下，环烷烃或环烯烃与烯烃发生分子间氢转移而转化为芳烃。对于途径 1 的芳构化过程来说，伴随着芳烃的生成，必然有相应的烷烃分子生成。在氢转移芳构化机理下，烷烃几乎不可能转化芳烃，因此，基于碳物种（来源于甲醇）来说，该途径的芳烃理想选择性必然小于 100%。而对于负载脱氢组分的双功能催化剂来说（如 ZnO/ZSM-5），芳烃不仅可以通过途径 1 生成，还可以通过途径 2 生成，即环烷烃或环烯烃在 ZnO/ZSM-5 负载的脱氢组分 ZnO 的作用下，脱除氢气转化为芳烃。因此，这一过程理论芳烃碳基选择性可高达 100%，明显高于途径 1。由此可见，在双功能催化剂上，通过途径 2 生成芳烃，才能实现甲醇高选择性生成芳烃组分。这也是 MTG 与 MTA 过程的产物分布存在较大差别的决定性因素。由于应用的催化剂不同，导致反应的途径有所不同。

综上所述，MTA 反应可以看作是甲醇制低碳烯烃（MTO）、低碳烯烃链增长成高碳烃以及高碳烃经氢转移、环化、脱氢成芳烃三个步骤的组合过程。

2. 副反应

MTA 过程的主要副产物为 CO_x、甲烷以及 C_{2+} 的非芳烃组分。其中，CO_x 主要由以下三种反应途径产生：

（1）甲醇直接热分解

$$CH_3OH \longrightarrow CO + 2H_2 \tag{8-3-2}$$

（2）甲醇与水蒸气的变换反应

$$CH_3OH + H_2O \longrightarrow CO_2 + 3H_2 \tag{8-3-3}$$

（3）甲醇的甲烷化反应

$$CH_3OH \longrightarrow 0.25CO_2 + 0.75CH_4 + 0.5H_2O \tag{8-3-4}$$

热力学计算显示[17]，300℃下，三个反应的吉布斯自由能分别为 -3.9×10^4J/mol、-5.6×10^6J/mol、-1.0×10^4J/mol，均远小于0，因此，这些反应均可自发进行，并且温度越高，自发程度越高。以上三个反应均是吸热反应，反应温度的提高有利于这三个反应的发生。

甲烷的生成可归结为三个途径：①表面的甲氧基与甲醇或二甲醚的反应；②甲醇的甲烷

化反应；③甲基取代苯或积炭的脱甲基反应。

Hutchings 等[18]通过实验证实甲烷是 MTO 过程中初始烃类产物中的一种，推测甲烷可能是由已经形成的表面甲氧基(如图 8-3-6 所示)与甲醇或者二甲醚反应而生成的，如将表面甲氧基记作 R_1^+，则反应如下表示：

$$R_1^+ + CH_3OH \longrightarrow CH_4 + HCHO + H^+ \tag{8-3-5}$$

甲醛分解反应速率比甲醛生成反应速率高好几个数量级。甲醛分解在常温下就极易发生，甲醛一经生成就马上分解为 CO 与 H_2，且该反应为不可逆反应。随着温度升高，途径②与③的甲烷生成速度会加快。

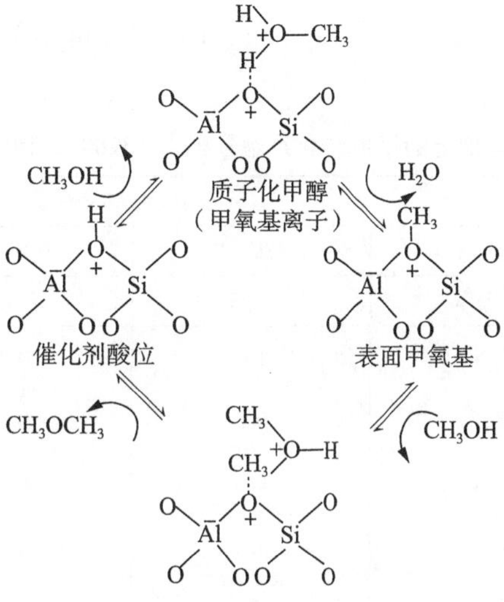

图 8-3-6　表面甲氧基的生成机理[18]

C_{2+}非芳烃组分可能是在 MTA 过程中的生成烯烃，或者烯烃经链增长、氢转移、裂化以及环化等反应生成烃类组分。其中的低碳烯烃和液相组分属于附加值较高组分。

三、MTA 催化剂

高选择性的甲醇芳构化催化剂为双功能型，由酸性组分与脱氢组分两部分所构成。从目前的研究来看，氧化物 Ga_2O_3、CuO、ZnO、Ag_2O、MoO_3 以及贵金属 Pt、Pd 元素等均可以作为脱氢组分[19~27]，酸性组分主要由 ZSM-5、ZSM-11、β 以及 MCM-22 等具有一定择形功能的分子筛[19~28]所构成。

(一)分子筛性能的影响

对于 MTA 催化剂来说，分子筛的性能(孔道结构与尺寸、晶粒尺寸、介孔结构以及酸性)、脱氢组分种类及负载量都是影响催化剂芳构化性能的重要因素。

1. 分子筛结构

分子筛对特定反应的择形选择性体现在其孔道尺寸或孔结构对反应过渡态中间体、反应产物的“限域”作用。受到分子筛孔道与结构的限制，尺寸接近或大于分子筛孔道的物种难以生成，甚至不能生成。不同结构的硅铝分子筛上甲醇转化结果显示[28]，催化剂的芳构化选择性按照以下次序依次下降，ZSM－5 ＞ ZSM－11 ＞ 丝光沸石 ＞ 毛沸石(见表8－3－1)。对于八元环结构的毛沸石(具有CHA拓扑结构)，裂化产物主要为分子尺寸较小的小分子烃类，芳烃产物的浓度很低。这主要是由于其八元环的小孔，只允许小分子的直链烃类逸出，因而限制了芳烃组分的生成。

在孔口尺寸较大的十二元环的丝光沸石上，其芳烃产物主要以 C_{11} 重芳烃为主。十元环的ZSM－5与ZSM－11分子筛，尤其是孔道尺寸略窄的ZSM－5分子筛具有较高的芳构化收率。Mikkelsen等[6]发现十二元环的β分子筛与丝光沸石上得到芳烃产物主要为五、六甲基取代苯，而十元环的ZSM－5分子筛上，主导芳烃产物为分子尺寸较小的二甲基取代苯、三甲基取代苯。这被归结为ZSM－5分子筛的孔口尺寸与BTX分子尺寸相当，有利于抑制重芳烃的生成。因此，从目前的研究看来，ZSM－5分子筛是性能最为优异的MTA催化剂的酸性分子筛组分。

表8－3－1 不同孔结构催化剂上的甲醇转化产物分布[28] (370℃，101.3kPa，LHSV＝1.0h⁻¹)

组　分	产物分布/%			
	毛沸石	ZSM－5	ZSM－11	丝光沸石
	八元环	十元环	十元环	十二元环
CH_4	5.5	1.0	0.1	4.5
CH_4	36.3	0.5	0.4	13.8
C_2H_6	0.4	0.6	0.1	0.3
C_3H_6	39.1	1.0	2.4	15.7
C_3H_8	1.8	16.2	6.0	5.9
C_4H_8	9.0	1.3	5.0	9.8
C_4H_{10}	5.7	24.2	25.0	13.8
C_{5+}	2.2	14.0	32.7	18.6
芳烃	0	41.2	28.4	20.4

2. 分子筛酸性

MTH反应是一个典型的酸催化反应。Mandersloot等[29]指出弱酸位只能实现甲醇脱水至二甲醚的转化过程，强酸位才能催化MTH反应。钟炳等[30]结合TPSR和GC－MS表征结果推测甲醇脱水反应主要由L酸性位引发。采用吡啶毒化了催化剂后，进行了甲醇－TPD实验。结果显示，脱附物中未检测到芳烃。由此推测在MTH过程中，在C—C键以及芳烃的生成过程中，主要是B酸性位在起作用。

ZSM－5分子筛硅铝比对MTH产物分布有一定影响[31]，随着硅铝比降低，芳烃选择性逐渐增加(如图8－3－7所示)。SiO_2/Al_2O_3 比与离子交换度对H－ZSM－5上MTA产物分布的影响的研究结果[26]显示，产物中的芳烃浓度随着强酸性位数目增多而增大。Choudhary[27]在研究H－GaMFI上甲醇转化时发现，甲醇转化需要一定量的强酸位，催化剂上0.05 mmol/g的强酸就能实现甲醇100%的转化，而芳烃产率随酸位数量增加而逐渐增加。在ZSM－5的强酸位数目为0.21 mmol/g时达到最大，然后基本保持不变。Song等[32]研究证实，烃类的芳构化需要强酸性位参与。因此，提高强酸性位数目，一定程度上有利于提高催化剂 MTA 的反应活性。

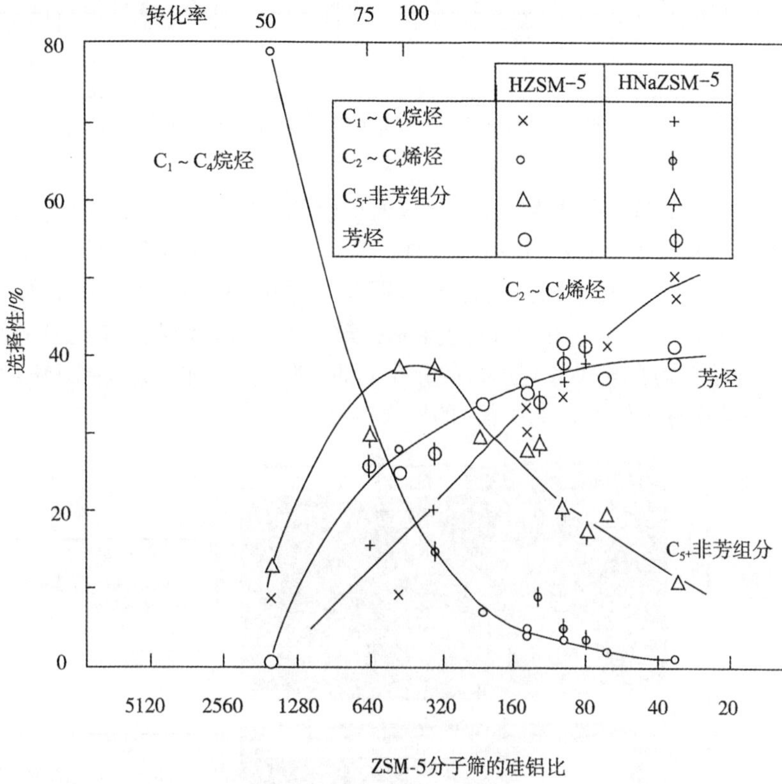

图 8-3-7　分子筛的硅铝比对转化产物浓度的影响[31]
(370℃，101.3kPa，LHSV = 1.0 h^{-1})

3. 晶粒尺寸与介孔结构

分子筛的晶粒尺寸与介孔结构也是影响催化剂 MTA 活性、选择性与稳定性的重要因素。与常规微米尺寸分子筛相比，小晶粒分子筛暴露的孔口数目多、可接近的酸性位多，应用于甲醇转化制芳烃反应时，可有效提高反应的转化率。并且，小晶粒分子筛具有较丰富的介孔，扩散路径也相对较短，有利于反应物和产物的扩散，在一定程度上抑制催化剂的积炭，提高催化剂的芳构化选择性与稳定性。李光兴等[23]以 $Zn(R)_4$（R 为 NH_3 或小分子有机胺，如甲胺、乙胺以及二甲胺等）为锌源，四丙基氢氧化铵或溴化铵为模板剂合成了尺寸为 250nm × 50nm × 25nm 的 Zn－ZSM－5 小晶粒分子筛。该催化剂的甲醇芳构化活性、选择性及稳定性都显著优于常规浸渍法制备的微米级 Zn－ZSM－5 催化剂。这被归结为小晶粒分子筛较短的扩散路径，减小了扩散限制，减少了二次反应与积炭，而且具有较多可接触的酸性位，提高了甲醇转化率，从而提高了催化剂的整体芳构化性能。

近年来介孔分子筛的研究显示，提高介孔的比表面积与孔体积，有利于降低反应的扩散限制、改善催化剂的稳定性。Rownaghi 等[33]通过采用有机硅、铝源为原料合成了介孔 ZSM－5 分子筛（Meso－ZSM－5），并与常规的 ZSM－5 分子筛（Con－ZSM－5）比较了物化性能与甲醇转化性能。表 8－3－2 给出了 Meso－ZSM－5 与 Con－ZSM－5 分子筛的织构性能。

表 8－3－2 介孔与常规 ZSM－5 分子筛的织构性能[33]

样 品	晶粒尺寸/μm	S_{BET}/(m^2/g)	S_{Meso}/(m^2/g)	V_{total}/(mL/g)	V_{micro}/(mL/g)	V_{meso}/(mL/g)	D_{meso}/nm
Meso－ZSM－5	1.95×1.45	395	214	1.85	0.46	0.38	9.8
Con－ZSM－5	2.10×1.45	348	108	3.22	0.20	0.08	3.0

注：S_{BET}，总比表面积；S_{Meso}，介孔比表面积；V_{total}，总孔体积；V_{micro}，微孔孔体积；V_{meso}，介孔孔体积；D_{meso}，介孔平均孔径。

由表 8－3－2 可知，Meso－ZSM－5 的比表面积(398 m^2/g)、介孔表面积(214 m^2/g)与介孔的孔体积均显著高于 Con－ZSM－5。此外，与常规合成的分子筛相比，在介孔分子筛上形成了更大孔径尺寸的介孔结构。结合 SEM 照片，图 8－3－8 解释了介孔分子筛单晶与常规催化剂上甲醇的转化途径，由于后者遭遇的扩散阻力更大，因此，催化剂的活性、选择性等指标均较差。较大的介孔尺寸与丰富的介孔，都被归结为使得 Meso－ZSM－5 具有更高活性、稳定性(是常规分子筛寿命的两倍)的原因。

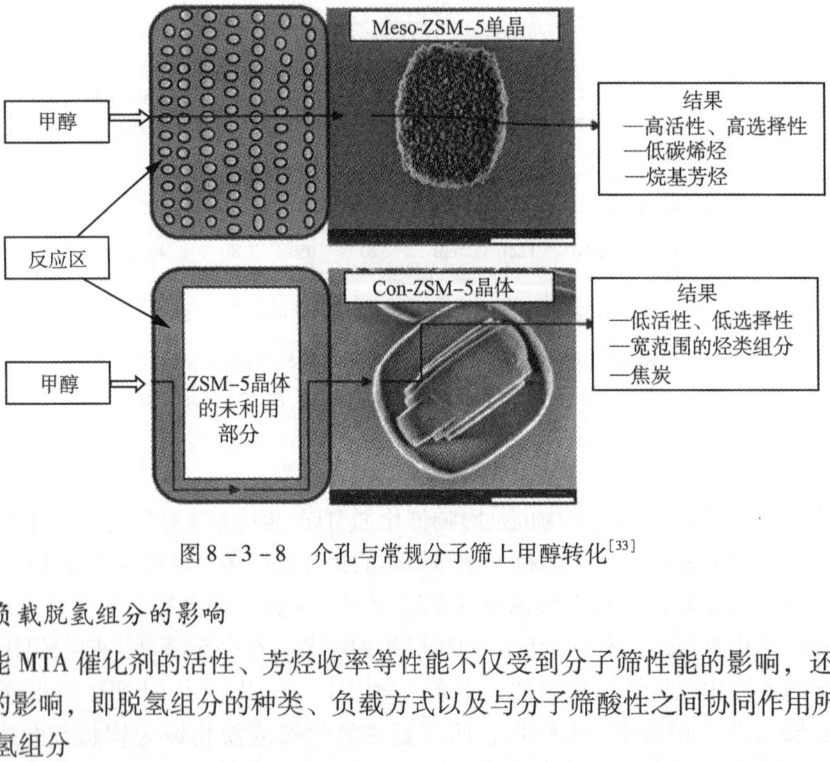

图 8－3－8 介孔与常规分子筛上甲醇转化[33]

(二)负载脱氢组分的影响

双功能 MTA 催化剂的活性、芳烃收率等性能不仅受到分子筛性能的影响，还受到脱氢组分性能的影响，即脱氢组分的种类、负载方式以及与分子筛酸性之间协同作用所影响。

1. 脱氢组分

Conte 等比较了[22] Ag、Pd、Ir、Ru、Ni、Cu 负载组分对催化剂芳构化性能的影响，发现 Ag、Cu 以及 Ni 有助于提高甲醇芳构化的选择性，认为这些金属组分与烯烃活性中间物种之间具有很好的缔合作用，促进了芳构化过程。这三种金属组分对特定芳烃选择性的调控性能也有所差异，Ni 基催化剂对萘系芳烃及衍生物具有较高的选择性，Cu 基催化剂对 C_9～C_{11} 芳烃的选择性较高，而 Ag 基催化剂对 C_6～C_8 芳烃显示了很高的选择性。

Pant 等[34] 考察了 HZSM－5、ZnO/ZSM－5、CuO/ZSM－5、CuO－ZnO/ZSM－5 四种不同催化剂的甲醇转化行为。研究结果显示，四种不同催化剂的芳烃产率按照以下次序逐渐递减：CuO/ZSM－5 > CuO－ZnO/ZSM－5 > ZnO/ZSM－5 > HZSM－5。负载具有脱氢、加氢功能的 CuO、ZnO 组分，催化剂的芳构化性能有了明显提高。这也与前文的反应原理分析相吻合。在双功能 MTA 催化剂上，通过氢转移以及脱氢环化两种过程，可使产物中的芳烃组分进一步富集。

Zn^{2+} 与 Ag^{+} 交换 ZSM－5 催化剂的甲醇芳构化性能比较见表 8－3－3[24]。由表 8－3－3 可以发现，引入了 Zn 与 Ag 脱氢组分后，催化剂芳构化性能有了明显提高，并且 Ag/ZSM－5 的芳烃收率(80.3%)高于 Zn/ZSM－5 的芳烃收率(68.8%)。分析气相产物发现，Ag^{+} 的引入还有利于抑制催化剂上甲醇分解生成 CO_2 的反应发生

表 8－3－3　三种催化剂的甲醇制芳烃性能比较[24]

	Ag/ZSM－5		HZSM－5	Zn/ZSM－5
反应温度/℃	427	477	427	477
产物分布(碳基%)				
CH_4	1.3	5.0	2.1	2.4
C_2H_4	8.1	7.0	7.9	8.1
C_2H_6	0.4	1.0	0.7	1.0
C_3H_6	6.2	2.6	10.6	4.7
C_3H_8	3.5	2.2	11.8	6.3
C_4H_8	2.5	0.4	5.3	3.4
C_4H_{10}	4.0	1.2	8.6	3.4
C_{5+}脂肪烃	1.5	0.3	4.6	1.9
芳烃	72.5	80.3	48.4	68.8
H_2 摩尔产率/100mol 甲醇				
	22	22	1.6	22

注：甲醇分压 20kPa，*W* 催化剂/*F* 甲醇 =9.0g · h/mol。

2. 负载方式

分子筛或催化剂上引入脱氢组分的方式主要有浸渍法、离子交换法、水热合成法以及气相沉积法等。前两种方法，尤其是浸渍法简单易行、成本低，在工业催化剂的制备过程中较为常用。由于对载体的表面酸性、与酸性位的结合方式以及自身分布的不同，不同的负载组分引入方式制备的催化剂的性能也会有所差异。

刘维桥等[20]考察了不同 ZnO 负载方式制备的 ZSM－5 基催化剂物化性质与芳构化性能的影响。NH_3－TPD 的表征结果显示比较显示，水热直接合成的 HZnZSM－5 的酸量略高于浸渍法制备的 Zn/HZSM－5 催化剂。图 8－3－9 给出了不同催化剂的性能。可以发现，水热直接合成的 HZnZSM－5 催化剂对甲醇转化率以及芳烃的选择性都优于浸渍法所制备的 Zn/HZSM－5，前者的稳定性也略高于后者。水热直接合成法得到 HZnZSM－5 的催化剂，可使 ZnO 物种高度分散在分子筛的孔道与外表面上，孔道通畅，比表面积大，从而保留了较多的酸性位。这均在一定程度上抑制积炭等副反应的发生，并促进了甲醇芳构化过程进行。

3. 负载量

ZnO负载量对B酸与L酸的比例有重要影响，进而影响催化剂的芳构化性能[32]，这一点在MTA的研究中也得到了证实[25,35]。王金英等[35]考察了ZnO脱氢组分负载量对ZnO/ZSM-5催化剂（ZSM-5硅铝比为68）的物化性能与甲醇芳构化性能的影响。采用吡啶-IR测量了催化剂的酸度，Zn的负载量对催化剂B酸与L酸相对含量的影响见表8-3-4。

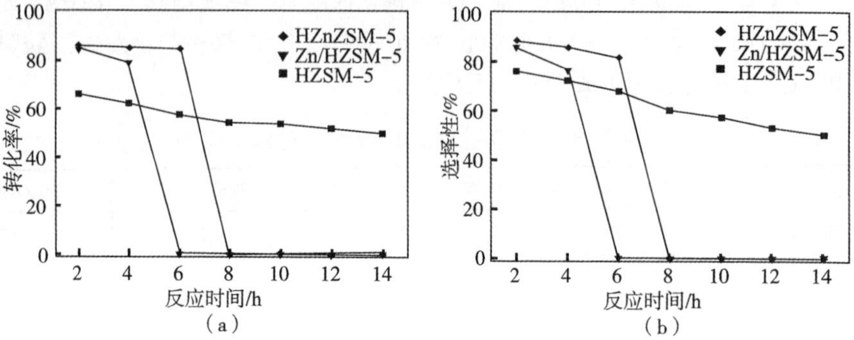

图8-3-9 不同催化剂的芳构化性能[20]

[360℃，101.3kPa，CH_3OH/N_2（摩尔比）=1:2，WHSV=1.5h^{-1}]

表8-3-4 Zn负载量对催化剂表面酸性的影响[35]

项目	Zn负载量/%（质量）						
	0	0.5	1.0	2.0	3.0	4.0	5.0
B酸酸量/（A/m^2）	0.17	0.15	0.15	0.1	0.09	0.09	0.06
L酸酸量/（A/m^2）	1.10	1.47	1.49	1.73	1.92	2.32	2.46
B酸/L酸比例	0.15	0.1	0.1	0.06	0.05	0.04	0.02

由表8-3-4可知，随着Zn负载量的增加，L酸量显著增加，而B酸量逐渐减小。催化剂酸性的降低，是由于负载的ZnO覆盖了催化剂上一部分的B酸性位所造成的。此外，常规浸渍法引入ZnO，也会存在堵塞分子筛的孔道，而导致催化剂的比表面积与孔体积下降的现象。

不同Zn负载量的ZnO/ZSM-5催化剂的甲醇芳构化活性如图8-3-10所示。由图可知，当催化剂的Zn负载量为1%时，催化剂的芳构化收率最高，此时B/L酸的比例为0.1。图8-3-11给出了Zn负载量对甲醇制芳烃副产物的影响。由图8-3-11可知，随着Zn含量的增加，乙烯、丙烯、CO+CO_2收率显著增加。低碳产物中，烯烃产物浓度的增加，主要由于两方面的因素：一方面，B酸浓度的降低抑制了氢转移反应的发生；另一方面，ZnO的引入提高了催化剂的脱氢能力。当Zn的负载量超过2%以后，（CO+CO_2）收率显著增加，这意味着甲醇分解副反应可能加剧，这势必会显著提高MTA过程的成本。不同Zn负载量对Zn/ZSM-5（硅铝比为38）催化剂二甲醚芳构化性能研究结果显示[25]，随着Zn的增加，催化剂的芳构化活性逐渐增加，当Zn负载量为2.0%时，催化剂的芳构化活性达到最大，而后逐渐下降。

从提高MTA过程效率方面考虑，ZnO负载应有一合适的量。MTA与烃类芳构化的研究都证实[32]，催化剂的芳构化性能对催化剂的B酸/L酸比值非常敏感，该值达到一定数值才能使催化剂的芳构化活性达到最佳。虽然 ZSM－5 分子筛上 ZnO 的负载使得催化剂的 B 酸性位数目下降，但是 ZnO 的引入可以使反应过程按照“芳构化途径 2”所述的脱氢环化机理进行，从而弥补了因“芳构化途径 1”所述的氢转移芳构化过程的抑制而造成的芳烃产率的降低。如果 ZnO 负载量太高，尽管催化剂的脱氢环化的活性很强，过量的 ZnO 的负载可能会导致 B 酸位被大量覆盖，导致酸量显著下降，从而使催化剂的烯烃聚合环化活性下降，降低了环烷烃或环烯烃中间体的生成，最终导致催化剂的芳构化活性下降。

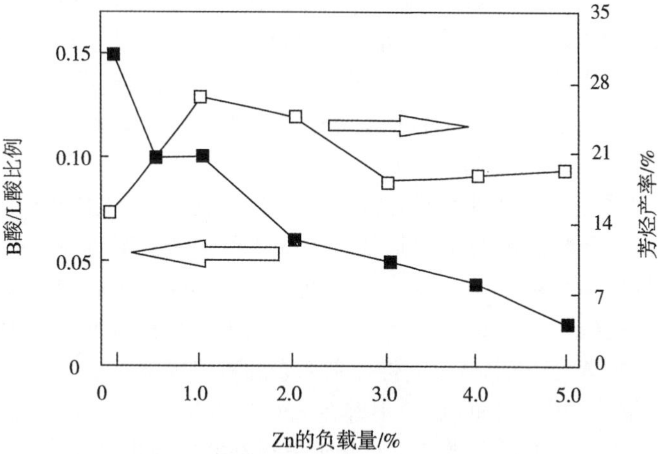

图 8－3－10 Zn 的负载量对催化剂上 B 酸/L 酸比例与芳烃产率的影响[35]
(101.3kPa，400℃，WHSV＝0.9h^{-1})

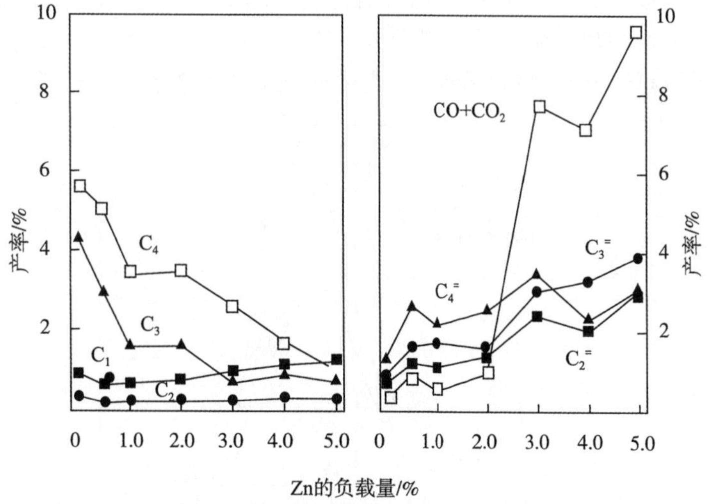

图 8－3－11 Zn 的负载量对甲醇制芳烃过程副产物分布的影响[35]
(101.3kPa，400℃，WHSV＝0.9h^{-1})

四、催化剂失活与再生

Bibby 等[36]认为 MTG 催化剂失活主要来自三方面的因素：

①反应过程中，ZSM－5 分子筛因表面积炭而发生活性下降；

②反应过程中，水蒸气使分子筛骨架脱铝而发生了永久性失活；

③催化剂再生过程中，高温水蒸气条件下，分子筛也会发生骨架脱铝而发生永久性失活。

除此之外，与 MTG 催化剂相比，典型的 MTA 催化剂为负载脱氢组分的分子筛基双功能催化剂。脱氢组分的聚集[37]、烧结、甚至流失以及催化剂上引入的骨架元素的脱除(如 Ga)[38]，也可能是 MTA 催化剂发生失活的重要因素之一。

反应过程中影响高硅催化剂积炭位置的因素包括反应物与产物分子的尺寸、反应温度、反应特点、催化剂表面酸度以及分子筛形貌等[39]。XPS 对 MTG 过程中 ZSM－5 催化剂的积炭表征结果[40]显示，在 375℃下，积炭首先发生在 ZSM－5 分子筛的孔道内，当积炭量分数达到 7.0 %时，分子筛的外表面开始积炭，且积炭量达到 14.0%时，催化剂失活速度加快。反应温度对积炭的位置有重要的影响。Baumgartner 等[41]发现在 475℃下，积炭反应就主要发生在 ZSM－5 催化剂的外表面上。这种外表面高度的积炭过程，被认为是来源于甲醇热解反应。

分子筛催化剂表面强酸性位的存在是其发生快速积炭的重要原因。通过脱铝试剂[42]或者大分子毒物选择性脱除或毒化[43]、覆盖催化剂外表面的酸性中心[44]，可一定程度上抑制催化剂的积炭失活。这些研究结果也证实了催化剂的外表面酸性是影响其积炭的关键性因素。此外，催化剂上的 Al 分布也是影响催化剂积炭的重要因素[45]。

双功能型 MTA 催化剂引入 ZnO 后，甲醇在 ZnO 上发生分解，芳烃与烯烃缩合环化生成稠环芳烃，在催化剂上产生大量积炭，也是导致催化剂的快速积炭失活的重要因素。刘维桥等[20]利用 CO_2－TPD 研究了 ZSM－5、ZnO/ZSM－5(浸渍法制备)以及 HZnZSM－5(Zn 由合成过程中直接引入)等三种不同催化剂的积炭属性。不同催化剂的 CO_2－TPD 如图 8－3－12 所示。由图 8－3－12 可知，与 ZSM－5 分子筛相比，ZnO 与 ZSM－5 复合的双功能催化剂上的积炭量较大。NH_3－TPD 的表征结果显示，ZnO/ZSM－5 的酸量明显低于 ZSM－5 与 HZnZSM－5，表明 ZnO 的引入导致 ZSM－5 基催化剂上的积炭增加主导因素。

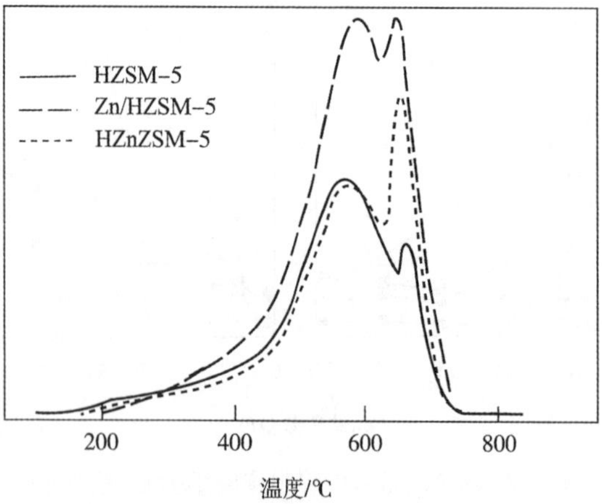

图 8－3－12 三种不同催化剂的 CO_2－TPD 图[20]

由图 8－3－12 还可以发现，两种 ZnO 的引入方式，都会导致催化剂上难脱除的积炭的生成，这一积炭可能为缩合程度较高或近石墨化的积炭。此外，两种不同 ZnO 的引入方式制备的催化剂的积炭量明显不同。直接浸渍制备的 ZnO/ZSM－5 催化剂更容易积炭，这被归结为 ZnO 的沉积位置有所差异。水热合成引入的 ZnO 可以较为均匀地分布在催化剂的表面上，而直接浸渍的可能占据或堵塞催化剂的孔道，因而导致催化剂更容易积炭。

对于 MTA 反应，催化剂的反应与再生过程均处于水蒸气气氛，催化剂经常会因为发生骨架脱铝导致永久性失活。魏飞等[37]研究了 Ag/ZSM－5 催化剂的甲醇转化为芳烃的反应－再生过程。催化剂的芳构化产率随反应－再生循环次数变化的关系见图 8－3－13。由图可发现，第一次反应－再生循环时，催化剂的芳烃初始收率为65%，反应 4h 后芳构化收率下降至45.3%；第二次反应初活性只恢复到52.2%，第四次反应再生后，催化剂的初活性仅有33.8%。以上结果表明，在 MTA 反应过程中，催化剂不仅存在积炭失活，而且还有骨架脱铝等不可逆的失活。

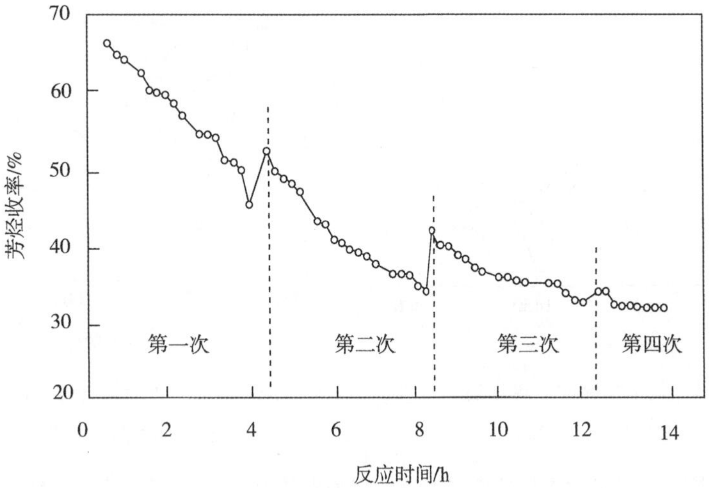

图 8－3－13 四次反应－再生过程，芳烃收率随反应时间的变化的关系图[37]
(475℃，甲醇分压 76.0kPa)

XRD 与 TEM 的表征结果显示，多次反应再生后，催化剂上负载的 Ag 粒子的粒径变化不大，这一结果表明，导致催化剂在反应－再生过程失活，可能是源于分子筛的结构或酸性发生了变化。图 8－3－14 给出了新鲜与多次再生催化剂的吡啶吸附红外谱图。$1540cm^{-1}$处的谱峰可归结为 B 酸的吸附，1450 cm^{-1}为 L 酸的吸附，1490 cm^{-1}被归结为吡啶同时吸附 B 酸与 L 酸的谱峰。由图 8－3－14 可知，随着反应－再生循环次数的增加，B 酸的酸量逐渐减小，而 L 酸酸量变化不大。图 8－3－15 给出了空白与多次反应后的催化剂的骨架羟基红外谱图。图中 $3610cm^{-1}$处的谱峰，可归结为分子筛的骨架羟基。由图 8－3－15 可见，随着反应－再生次数的增加，骨架羟基峰的峰强度逐渐减弱。以上结果表明，催化剂在反应－再生过程发生不可逆的失活主要是由于反应或再生过程中，催化剂上酸性活性中心被破坏所致。这主要源于反应与再生过程中，水蒸气对骨架铝的脱除作用。

对于 MTA 催化剂来说，无论是反应还是再生过程中，都不可避免地处于水热气氛中，因此，如何稳定催化剂酸性中心、使得催化剂能经受水蒸气对骨架结构与骨架羟基的破坏作用，是该催化剂能否工业化的重要性能指标。

五、MTA 工艺技术

(一)反应工艺

目前，严格意义上的甲醇制芳烃技术尚无工业化装置。从反应器的形式上来看，MTA

技术可分为固定床与流化床两种技术路线。清华大学开发的 FMTA 技术[21]采用芳构化流化床工艺，通过控制芳构化反应器内催化剂的结焦量实现催化剂连续反应－再生循环。山西煤化所与赛鼎工程有限公司开发了两段固定床的 MTA 技术[19]。甲醇转化为烃类的反应基本上都是强放热与积炭严重的反应。因此，工艺的开发需要重点关注反应过程中热量的移出、控制以及催化剂反应－再生操作等关键环节。

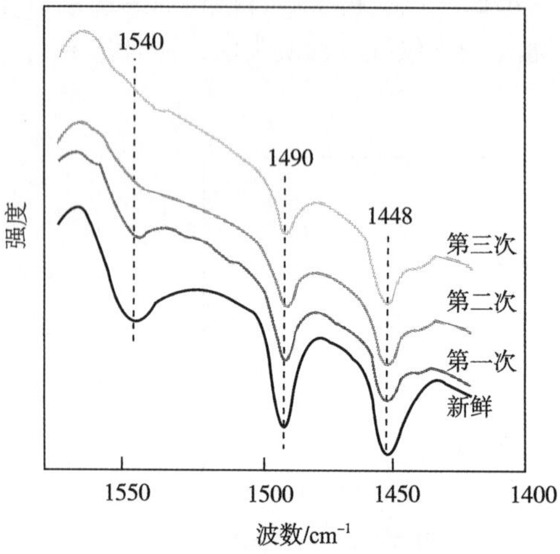

图 8－3－14 新鲜与反应－再生后催化剂的吡啶吸附红外谱图[37]

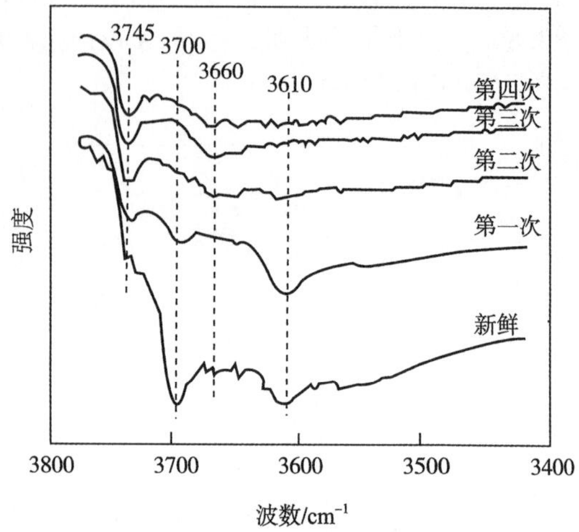

图 8－3－15 新鲜与反应－再生后催化剂的羟基红外谱图[37]

华电煤业集团公司和清华大学在陕西榆林榆横煤化学工业园区合作建设的万吨级流化床甲醇制芳烃工业试验装置于 2013 年 1 月 13 日实现一次投料试车成功，通过了中国石油和化学工业联合会组织的现场 72h 考核，甲醇转化率 99.99%，芳烃的烃基总收率为 74.47%（折 3.07t 甲醇/t 芳烃），催化剂消耗为 0.20 kg/t 甲醇。

通过 MTA 技术得到的混合芳烃可采用现行石化工业中成熟的分离单元操作（见本书第四章），即可得到目标产品（BTX）。

（二）工艺条件的影响

20 世纪 80 年代，Chang 等[31,46]就反应参数（温度、甲醇分压以及停留时间）对 MTH 产物分布的影响进行了系统研究。虽然这些研究是基于 ZSM－5 催化剂体系，变化规律与后来的基于双功能 MTA 催化剂的反应规律的研究结果[24~25,35]基本相同。

1. 反应温度

图 8－3－16 给出不同反应温度下 MTA 产物的分布规律[31]。随着反应温度的增加，甲醇与二甲醚的浓度逐渐下降，至 370℃左右，甲醇与二甲醚基本完全转化。而随着温度的增加，产物中芳烃浓度逐渐增加，但是增加的速率有所减缓。温度约 420℃，产物中芳烃浓度达到最高，之后，芳烃浓度随温度增加呈现下降趋势。在反应温度增加到约 400℃以后，气体副产物甲烷、H_2、CO 和 CO_2 的浓度随温度的升高逐渐增加。MTA 的副反应大都是吸热反应，因此，随着温度的升高，这些副反应速率会加快。基于抑制副产物、提高芳烃收率来提高 MTA 过程效率的目标，反应温度应该有一合适的范围。

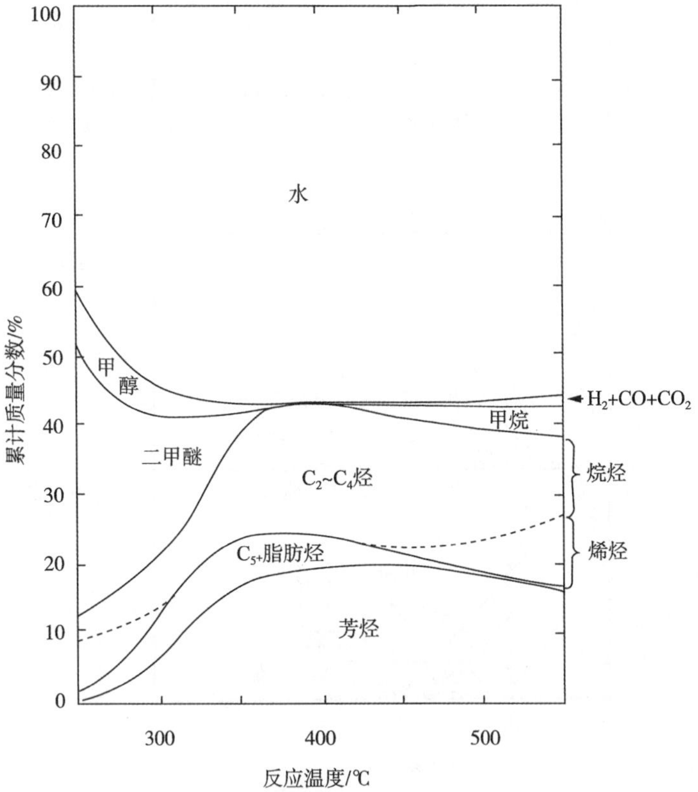

图 8－3－16　反应温度对甲醇制烃产物分布的影响[31]
(370℃，101.3kPa)

2. 反应压力

图 8－3－17 所示为不同反应压力下随甲醇分压的变化，MTA 产物分布的变化规律[46]。由图 8－3－17 可见，随着甲醇分压的提高，低压的时候，产物中芳烃的浓度较低，在适中甲醇分压(101.3kPa)的条件下，芳烃产物浓度较高；在较高的甲醇分压条件下(5056kPa)，芳烃产物浓度有所下降。总体来说，MTA 适合在较低的压力条件下运行。这与 MTA 反应特点密切相关。MTA 反应是一个反应分子数增多的反应，提高反应压力，会抑制芳构化进程。而 BTX 进一步发生烷基化生成重芳烃是一个分子数减少的反应。因此，提高反应压力，可能会使烷基化反应加剧，导致重芳烃含量的显著增加，从而降低芳构化反应的选择性。因此，综合各方面考虑，选择较低压操作，对 MTA 过程是有利的。

3. 停留时间

Chang 等[46]研究了停留时间对不同甲醇制烃组分的影响。如图 8－3－17 所示，在甲醇分压为 101.3kPa 的条件下，随着接触时间的增加，甲醇在反应产物中的浓度逐渐降低至完全转化。MTH 过程中二甲醚和 C_2～C_5 低碳烯烃的浓度在 10^{-3}～10^{-2}h 的停留时间内分别达到极值，这也符合中间产物的转化规律。而产物中烷烃与芳烃的浓度却随着停留时间增大逐渐增加，至停留时间为 10^{-1}h 时，浓度的增加趋缓。MTA 需要较长停留时间的现象，与甲醇芳构化反应特点密切相关。MTA 是一个多步反应过程，生成高碳烃与芳烃的过程属于多步骤、慢反应，较长的停留时间有利于提高芳烃在产物中的浓度。

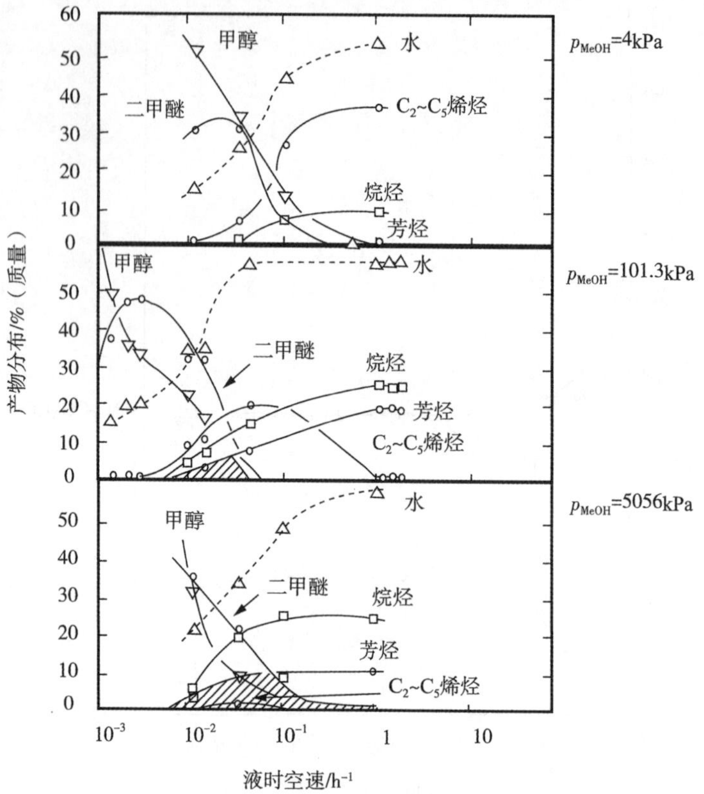

图 8-3-17　甲醇分压对 MTA 反应产物产率的影响[46]（370℃）

六、技术展望

我国“缺油、少气、富煤”的能源结构特点，决定了发展新型煤化工技术（MTO、MTP、MTA 等）是保障国家能源安全的需要以及实现煤炭资源有效增值的重要途径。大型的煤化工技术普遍存在着能效较低、耗水以及废水排放量巨大等弊端。如何通过技术进步与科技创新解决以上问题，是未来包括 MTA 技术在内的新型煤化工技术获得可持续发展的必由之路。

对于 MTA 工艺来说，MTA 催化剂是其核心技术。高水热稳定性、高 BTX 选择性、高芳烃收率以及高甲醇转化率，是高性能 MTA 催化剂开发的方向。基于 MTA 反应的强放热、催化剂易积炭失活的反应特点，采用流化床反应-再生技术有利于快速移热、反应温度平稳控制以及连续反应-再生操作。因此，循环流化床反应-再生技术可能是未来 MTA 工艺开发的重要方向。此外，MTA 过程中废水处理与回用以及芳烃产品的含氧化合物的脱除都是该工艺未来工业应用必须加以关注的重要技术环节。

参考文献

[1] Kvisle S, Fuglerud T, Kolboe S, et al. Methanol-to-hydrocarbons[M]//Ertl G, Knozinger H, Schuth F, et al. Handbook of heterogeneous catalysis. 2nd Ed. Vol. 6, Weinheim: Wiley-VCH, 2008. 2950-2965.

[2] Stocker M. Methanol-to-hydrocarbons: Catalytic materials and their behavior[J]. Micropor. Mesopor. Mater,

1999, 29(1): 3 -48.

[3] Dahl I M, Kolboe S. On the reaction mechanism for propene formation in the MTO reaction over SAPO - 34 [J]. Catal. Lett. , 1993, 20(2): 329 -336.

[4] Dahl I M, Kolboe S. On the reaction mechanism for hydrocarbon formation from methanol over SAPO - 34: I. isotopic labeling studies of the Co - reaction of ethene and methanol [J]. J. Catal, 1994, 149 (2): 458 -464.

[5] Goguen P W, Xu T, Barich D H, Skloss T W, Song W, Wang Z, Nicholas J B, Haw J F. Pulse - quench catalytic reactor studies reveal a carbon - pool mechanism in methanol - to - gasoline chemistry on zeolite HZSM -5[J]. J. Am. Chem. Soc, 1998, 120: 2650 -2651.

[6] Mikkelsen Ø, Kolboe S. The conversion of methanol to hydrocarbons over zeolite H - beta [J]. Micropor. Mesopor. Mater. , 1999, 29 (2): 173 -184.

[7] Bjφrgen M, Olsbye U, Petersen D, Kolboe S. The methanol - to - hydrocarbons reaction: insight into the reaction mechanism from [12C] benzene and [13C] methanol coreactions over zeolite H - beta[J]. J. Catal. , 2004, 221 (1): 1 -10.

[8] Song, W, Nicholas J B, Haw J F. A persistent carbenium ion on the methanol - to - olefin catalyst HSAPO - 34: Acetone shows the way[J]. J. Phys. Chem. B, 2001, 105, 4317 -4323.

[9] Haw J F, Zhang J, Shimizu K, Venkatraman T N, Luigi D P, Song W, Barich D H, Nicholas J B. NMR and theoretical study of acidity probes on sulfated zirconia catalysts [J]. J. Am. Chem. Soc, 2000, 122, 12561 -12570.

[10] Song W, Nicholas J B, Haw J F. Acid - base chemistry of a carbenium ion in a zeolite under equilibrium conditions: Verification of a theoretical explanation of carbenium ion stability[J]. J. Am. Chem. Soc, 2001, 123, 121 -129.

[11] Sullivan R F, Egan C J, Langlois G E. A new reaction that occurs in the hydrocracking of certain aromatic hydrocarbons[J]. J. Am. Chem. Soc. , 1961, 83(5): 1156 -1160.

[12] Mole T, Bett G, Seddon D. Conversion of methanol to ethylene over ZSM -5 zeolite: A reexamination of the oxonium - ylide hypothesis, using 13carbon - and deuterium - labeled feeds [J]. J. Catal, 1983, 84 (2): 435 -445.

[13] Wang Q, Cui Z M, Cao C Y, Song W G. 0. 3 Å makes the difference: dramatic changes in methanol - to - olefin activities between H - ZSM - 12 and H - ZSM - 22 zeolites [J]. J. Phys. Chem. C, 2011, 115: 24987 -24992.

[14] Bjφrgen M, Olsbye U, Kolboe S. Coke precursor formation and zeolite deactivation: mechanistic insights from hexamethylbenzene conversion[J]. J. Catal. , 2003, 215(1): 30 -44.

[15] Bjφrgen M, Svelle S, Joensen F, Nerlov J, Kolboe S, Bonino F, Palumbo L, Bordiga S, Olsbye U. Conversion of methanol to hydrocarbons over zeolite H - ZSM -5: On the origin of the olefinic species [J]. J. Catal. , 2007, 249(2): 195 -207.

[16] 程谟杰，杨亚书 . ZnHZSM -5 上脱氢环化芳构化过程的探讨[J]. 分子催化，1996，10(6)：418 -422.

[17] 齐国祯，谢在库，钟思青，等 . 甲醇制烯烃反应副产物的生成规律分析[J]. 石油与天然气化工，2005，35(1)：5 -9.

[18] Hutchings G J, Gottschalk F, et al. Hydrocarbon formation from methylating agents over zeolite catalyst ZSM -5: Comments on the mechanism of carbon - carbon bond and methane formation [J]. J. Chem. Faraday. Trans. 1987, 83: 571 -583.

[19] 李文怀，张庆庚，胡津仙，等 . 甲醇转化制芳烃工艺及催化剂和催化剂制备方法[P]. 中国，CN

1880288, 2006 - 12 - 20.

[20] 刘维桥，雷卫宁，尚通明，等. Zn对HZSM - 5分子筛催化剂甲醇芳构化催化反应性能影响[J]. 化工进展, 2011, 30(9): 1967 - 1976.

[21] 骞伟中，魏飞，魏彤，等. 一种连续芳构化与催化剂再生的装置及其方法[P]. 中国, CN 101244969A, 2008 - 08 - 20.

[22] Conte M, Lopez - Sanchez J A, He Qian, Morgan D J, Ryabenkova Y, Bartley J K, Carley A F, Taylor S H, Kiely C J, Khalid K, Hutchings G J. Modified zeolite ZSM - 5 for the methanol to aromatics reaction [J]. Catal. Sci. Technol., 2012, 2(1): 105 - 112.

[23] 李光兴，李涛，倪友明，等. 一种锌同晶取代的纳米分子筛催化剂及其制备方法和应用[P]: 中国, CN10954291B, 2010 - 09 - 26.

[24] Inoue Y, Nakashiro K, Ono Y. Selective conversion of methanol into aromatic hydrocarbons over silver - exchanged ZSM - 5 zeolites[J]. Miropor. Mater., 1995, 4(2): 379 - 383.

[25] 方奕文，汤吉，黄晓昌，等. Zn/H - ZSM - 5催化剂上的二甲醚芳构化反应[J]. 催化学报, 2010, 31(3): 264 - 266.

[26] Choudhary V R, Nayak V S. Conversion of alcohols to aromatics on H - ZSM - 5: Influence of silicon/aluminum ratio and degree of cation exchange on product distribution[J]. Zeolites, 1985, 5: 325 - 328.

[27] Choudhary V R, Kinage A K. Methanol - to - aromatics conversion over H - gallosilicate (MFI): Influence of Si/Ga ratio, degree of H exchange, pretreatment conditions, and poisoning of strong acid sites[J]. Zeolites, 1995, 15: 732 - 738.

[28] 高晋升，张德祥. 甲醇制低碳烯烃的原理及进展[J]. 煤化工. 2006, 125(4): 7 - 13.

[29] Mandersloot W G B, Nicolaides C P, Scurrell M S. Comments on the effect of the acidic strength of silica - alumina in the conversion of methanol to hydrocarbons[J]. App. Catal., 1986, 27(2): 393 - 396.

[30] 钟炳，罗庆云，肖有燮，等. 甲醇在HZSM - 5上转化为烃类的催化反应机理[J]. 燃料化学学报, 1986, 14(1): 9 - 16.

[31] Chang C D, Chu C T W, Socha R. The conversion of methanol to olefins: 1 the effect of temperature and zeolite SiO_2/Al_2O_3[J]. J. Catal., 1984, 86(2): 289 - 296.

[32] Song Y Q, Zhu X X, Xu L Y. Study on the process of transformation of olefin into aromatics over HZSM - 5 [J]. Catal. Comm. 2006, 7(4): 218 - 223

[33] Rownaghi A A, Rezaei F, Hedlund J. Uniform mesoporous ZSM - 5 single crystals catalyst with high resistance to coke formation for methanol deoxygenation [J]. Micropor. Mesopor. Mater., 2012, 151 (1): 26 - 33.

[34] Zaidi H A, Pant K K. Catalytic conversion of methanol to gasoline range hydrocarbons[J]. Catal. Today, 2004, 96 (1): 155 - 160.

[35] 王金英，李文怀，胡津仙. ZnHZSM - 5上甲醇芳构化反应的研究[J]. 燃料化学学报, 2009, 37(5): 607 - 612.

[36] McLellan G D, Howe R F, Bibby D M. Regeneration of coke deactivated ZSM - 5 by air/oxygen. Stud. Surf. Sci. Catal. 1988, 36: 633 - 637.

[37] 田涛，骞伟中，汤效平，等. 甲醇芳构化反应中Ag/ZSM - 5催化剂的失活特性[J]. 物理化学学报, 2010, 26(12): 3305 - 3309.

[38] Mentzel U V, Hohjolt K T, HolmM S. Conversion of methanol to hydrocarbons over conventional and mesoporous H - ZSM - 5 and H - Ga - MFI: Major differences in deactivation behavior[J]. Appl. Catal. A: Gen., 2012, 417 - 418: 290 - 297.

[39] Bibby D M, Howe R F, McLellan G D. Coke formation in high - silica zeolites Original[J]. Appl. Catal. A:

Gen. , 1992, 93(1): 1 - 34.

[40] Sexton B A, Hughes A E, BibbyD M. An XPS study of coke distribution on ZSM - 5[J]. J. Catal. , 1988, 109(1): 126 - 131.

[41] Schulz H, Wei Z S, Baumgartner W. Coke forming reactions during methanol conversion on zeolite catalysts. Stud. Surf. Sci. Catal. , 1987, 34: 479 - 492.

[42] Chang C D. De - aluminization of aluminosilicates[P]. US Patent 4273753, Mobil Oil Co. , 1981 - 06 - 16.

[43] Kovach S M. Process for selective hydrogenation of olefins with deactivated zeolite catalyst. US Patent 3404192, Sinclair Research Inc. , 1968 - 10 - 01.

[44] Frenken P M G. Crystalline silicate catalysts with deactivated external surface, and process for its deactivation. EP Patent App Num: 19830200221, Stamicarbon, 1983 - 08 - 24.

[45] D M Bibby, G D McLellan, R F Howe. Effects of coke formation and removal on the acidity of ZSM - 5. Stud. Surf. Sci. Catal. 1987, 34: 651 - 658.

[46] Chang C D, Lang W H, Smith R L. The conversion of methanol and other O - compounds to hydrocarbons over zeolite catalysts[J]. J. Catal. , 1979, 56(1): 169 - 173.

第四节　天然气制芳烃技术

一、概　述

随着页岩气开采技术与液化天然气储运技术的革命性发展，世界范围内天然气资源的开采与消耗量持续高速增长，《International Energy Outlook 2011》报告预测其年消耗总量将从2008年的110.7万亿立方英尺提高为2035年的168.7万亿立方英尺[1]。我国是可燃冰、页岩气和煤层气等天然气资源相对丰富的国家，天然气采储比约为1:80，远低于原油1:14.5的数据[2]，因此天然气的开发利用对中国能源格局的提升具有重大的战略意义。国际能源机构也预测在2020年中国能源消费结构中，天然气的占有率将从2008年的3.5%提高到10%以上[3]。

与煤炭、石油相比，天然气中氮、硫和重金属等杂质含量低，其主要成分甲烷具有高的氢碳比。除直接燃烧外，作为优质化石资源，天然气还可通过化学反应与化工过程直接或间接转化为液体燃料或高价值化学品(图8 - 4 - 1)。

天然气制芳烃技术是甲烷在有氧或无氧条件下发生脱氢芳构化反应直接转化为芳烃的过程。由于在有氧条件下，甲烷活化后会不可避免地发生深度氧化转化为CO和CO_2，只得到少量的芳烃产物[4]，因此相关研究主要集中于无氧反应。

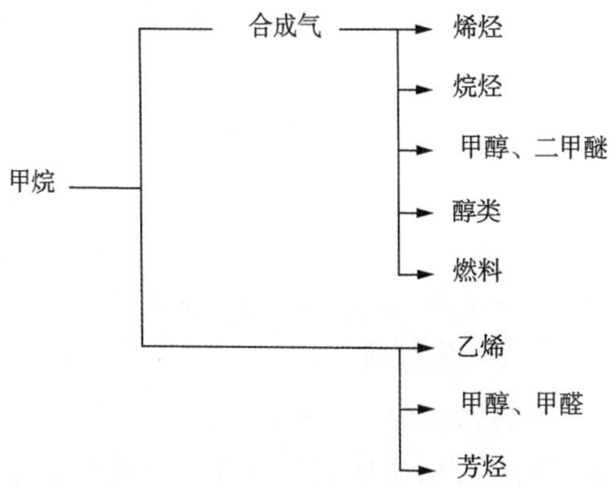

图8 - 4 - 1　甲烷主要的转化利用途径

$$6CH_4 \longrightarrow C_6H_6 + 9H_2$$

$$\Delta_r H^\ominus = +596\ \text{kJ/mol},\ \Delta_r C^\ominus = +146\ \text{kJ/mol}$$

在早期的研究工作中，科学家尝试了多种芳构化催化剂、氢转移催化剂、复合氧化物催化剂，但都未取得突破性的研究进展[5]。1993

年，大连化学物理研究所首次报道了以 Mo/HZSM－5 为催化剂，在固定床反应器、甲烷连续进料的情况下，甲烷无氧脱氢芳构化反应的芳烃产率可达热力学平衡产率的 70%～80%（不计积炭）[6]，这一具有工业化潜力的突破性研究成果当即受到了国内外催化工作者的广泛关注。

天然气制芳烃过程主要是经由碳碳键生成及碳链增长的反应。这种通过活化惰性的甲烷碳氢键、选择性转化制备有机化学品是一种实现石油资源替代的高效策略[7]。本节在归纳总结国内外甲烷无氧脱氢芳构化反应最新研究进展的基础上，寻找其中的关键科学问题，展望天然气制芳烃技术的发展趋势。

二、反应原理

目前，甲烷无氧脱氢芳构化反应主要采用以 Mo/HZSM－5 为典型的分子筛负载过渡金属化合物双功能催化剂。在反应诱导期中，催化剂的钼物种被甲烷碳化还原后形成碳化钼相活性中心。诱导期后，甲烷在该活性中心上裂解活化脱氢生成反应中间体，并在分子筛载体 B 酸位上发生聚合，通过载体孔道结构的择形作用，最终生成苯与其他芳烃产物[8,9]。

图 8－4－2 示出了甲烷无氧脱氢芳构化反应的反应网络[10]，主要包括脱氢偶联（步骤 1）、质子化（步骤 2）、寡聚（步骤 3、4）、去质子化（步骤 5、8、10、12、14、16、18、19、23）、氢转移（步骤 6）、环化（步骤 7）、质子转移脱氢（步骤 9、11、15、17、20、21）和烷基化（步骤 13、22）等基元反应。

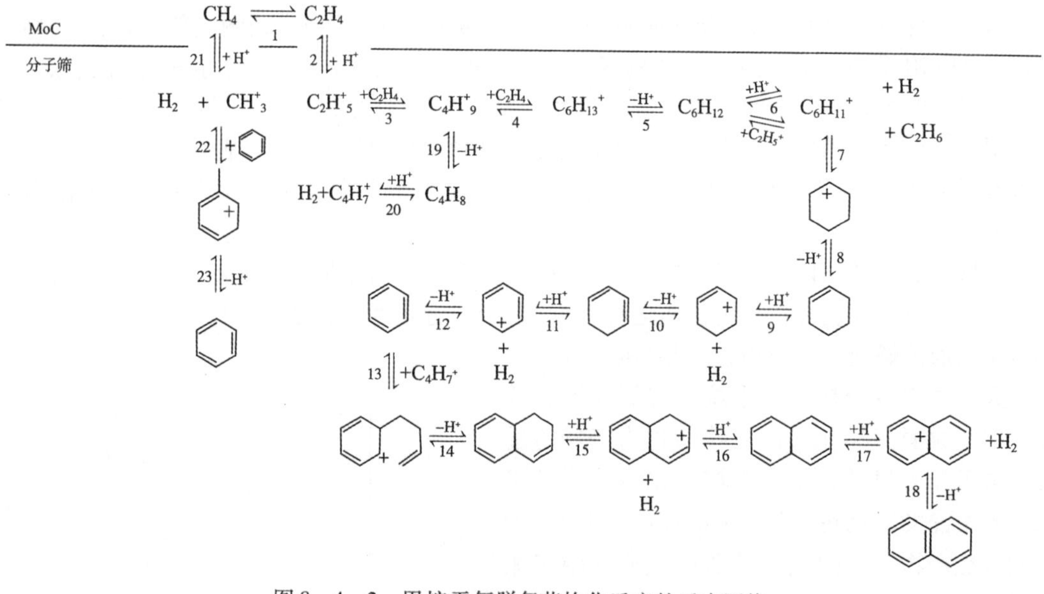

图 8－4－2 甲烷无氧脱氢芳构化反应的反应网络

三、催化剂

由反应温度对甲烷平衡转化率的影响（图 8－4－3）可知，在无氧条件下，不利于发生甲烷的脱氢芳构化反应，表现为平衡转化率较低，单程芳烃产率难以达到具有经济价值的 15% 以上水平，且催化剂严重的积炭失活行为等不利因素都严重制约了天然气制芳烃技术的工业化进程[2]。但通过高效催化剂的使用，在 700～900℃ 的反应温度范围内，就会有相当量的甲烷被转化为苯和氢气，如在反应温度为723℃时，甲烷的平衡转化率约为13.8 %[11]。因此，研制反应的高效催化剂，探讨催化剂的失活机理，以及开发失活催化剂的再生工艺等是重要的研究方向。

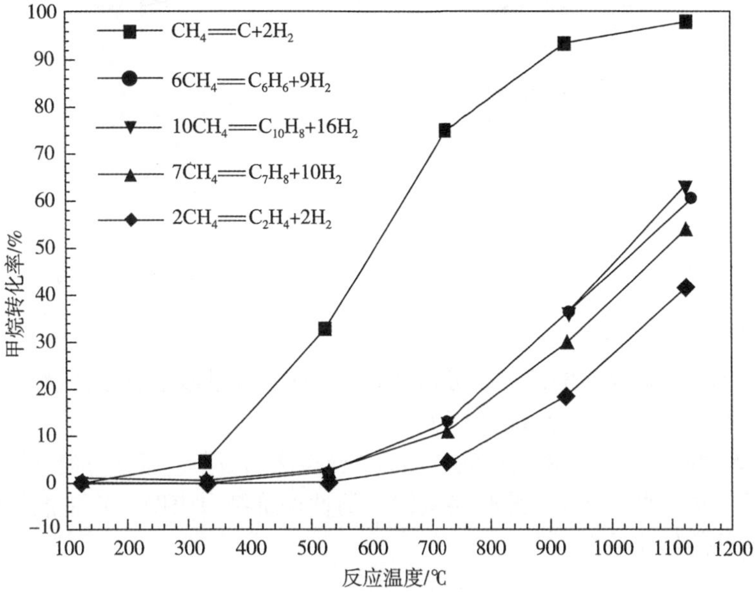

图8－4－3　反应温度对甲烷平衡转化率的影响

（一）分子筛载体

由于无氧脱氢芳构化反应对催化剂双功能催化特性的要求，分子筛是适合的载体。其不仅能为金属活性组分提供分散、稳定和支撑作用，同时所含的酸性位与孔道结构也为该反应提供了不可或缺的酸催化中心和择形作用。

在甲烷无氧脱氢芳构化反应的发展过程中，具有MFI结构的HZSM－5分子筛的二维十元环孔道结构不仅有利于分子动力学直径为0.58nm的苯分子在孔道中的生成和扩散，也能有效地阻抑稠环芳烃的生成和积累[图8－4－4(a)][10,12~14]。若采用SAPO－34(d = 0.43nm)等小孔径分子筛不利于芳烃产物在孔道中的生成与扩散，在反应过程中表现为极低的甲烷转化率[12]；X型或Y型等大孔径(d = 0.74 nm)和笼状结构(1.2nm)分子筛的择形性较差，使得甲烷脱氢后直接转化为稠环芳烃类产物，最终导致催化剂中积炭的快速生成和积累[15]；同样地，丝光沸石、USY和FSM－16等分子筛也不适用于甲烷无氧脱氢芳构化反应，因为积炭选择性都超过了80 %[13]。

近年来，中科院大连化物所与吉林大学的研究团队相继报道了氢型MCM－22、MCM－49等具有MWW结构的层状分子筛用于甲烷无氧脱氢芳构化反应的研究结果，发现此类具有超笼结构(0.71 nm×0.71 nm×1.82nm)和孔道结构的分子筛负载活性组分后，不仅在反应过程中表现出与Mo/HZSM－5相似的甲烷转化率，并具有更高的抗积炭能力和芳烃选择性[图8－4－4(b)][16,17]。由Mo/HZSM－5与Mo/HMCM－22的对比实验发现，少量积炭[约7 %(质量)]就能导致Mo/HZSM－5失去芳烃择形性，而HMCM－22的超笼结构能够容纳更多的积炭，甚至当催化剂的积炭含量达到11%(质量)时，依然保持着较高的择形选择性[18]。在研究载体性质对催化性能的影响时发现，对比Si/Al相近的HZSM－5和HMCM－

22 分子筛，稠环芳烃类产物更易在 HMCM－22 的超笼结构中生成，催化剂失活更快[19]。

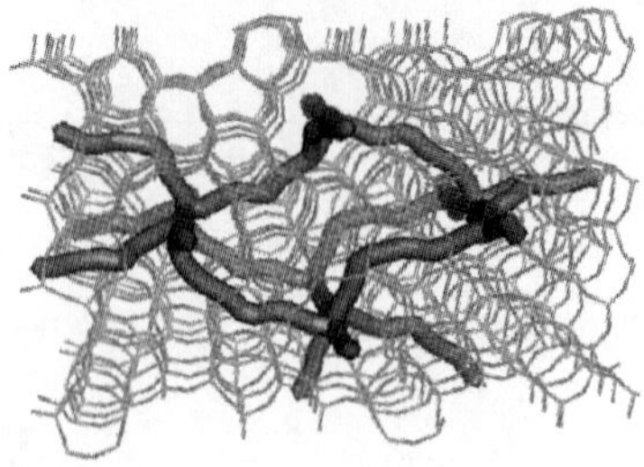

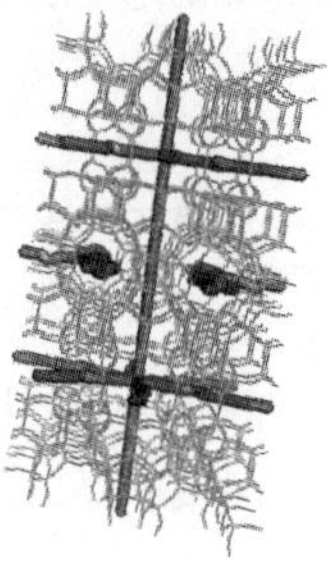

（a） （b）

图 8－4－4 ZSM－5 分子筛(a)与 MCM－22 分子筛(b)的骨架结构

（二）活性组分与甲烷无氧活化

甲烷无氧脱氢芳构化反应的活性组分通常为一种或几种过渡金属化合物，其与分子筛载体的 B 酸位协同作用对甲烷进行活化和反应。

以 HZSM－5 为载体，分别使用浸渍法和离子交换法制备了一系列过渡金属，如钼、铜、锌、镍、钨、铁等负载型催化剂(图 8－4－5)。活性评价结果表明，钼是最佳的活性组分，钨也表现出了较好的催化活性[8,20]。

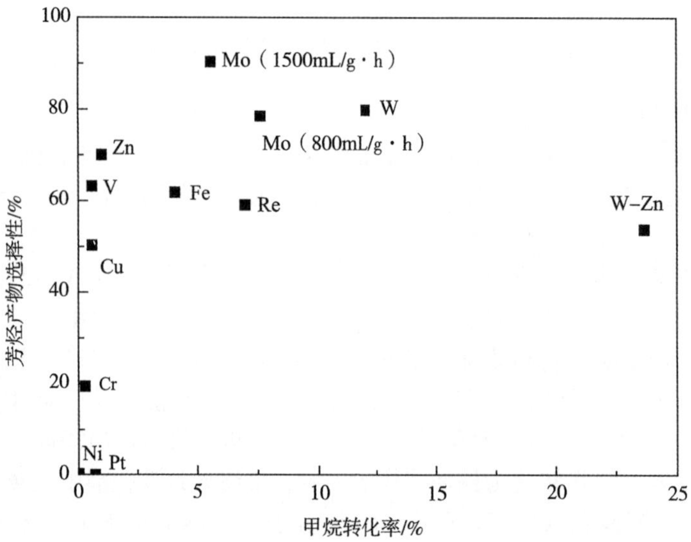

图 8－4－5 HZSM－5 负载不同活性组分催化剂的催化性能

研究发现，在以钼酸铵为活性组分前驱体制备催化剂过程中，焙烧环节能将分散于分子筛载体外表面的钼酸盐高温分解、扩散迁移进入孔道内并与载体的 B 酸发生相互作用生成 Al－O－Mo 物种[21]。通过^{1}H MAS NMR 表征方法跟踪 HZSM－5 在钼物种引入前后 B 酸数目的变化情况可知，延长焙烧时间能有效地促进钼物种在分子筛孔道中的扩散，提高催化剂中 Al－O－Mo 物种的含量，催化剂表现出了更高的反应稳定性与芳烃产物的选择性[22]。目前，对于催化剂中钼物种的落位状态，与分子筛 B 酸的相互作用，对甲烷分子无氧活化反应的催化作用仍存在较大争议。

EPR 研究结果表明，Mo/HZSM－5 中存在有两种不同结构的钼物种：一种是多核结构的三氧化钼微晶或聚集体，位于分子筛的外表面呈正八面体或四方锥配位构型，经反应诱导期后被完全还原为碳化钼，失去活性；另一种是单核结构的 Al－O－Mo 物种，钼物种取代 B 酸位的 H^+ 与骨架铝物种强相互作用，经反应诱导期后仅发生部分碳化还原，为反应的催化活性中心[23]。超高场 ^{95}Mo NMR 研究也发现当催化剂中钼负载量分别为 4%（质量），6%（质量）和 10%（质量）时，催化剂中与骨架铝物种强相互作用所形成 Al－O－Mo 物种分别占总含量的 78%，58% 和 33%，而余下的钼物种则为三氧化钼晶体[24]。对于催化剂中 Al－O－Mo 物种的构型，主要认为存在有两种：一种是 $(Mo_2O_5)^{2+}$ 形式的双聚构型；另一种则是 $(MoO_2)^{2+}$ 形式的单分子构型[24,25]（图 8－4－6）。

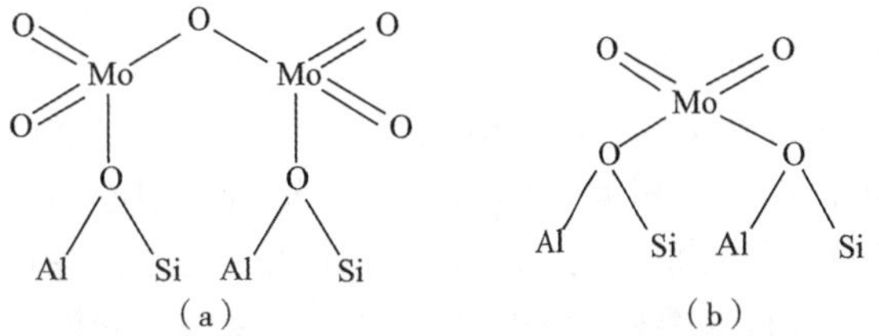

图 8－4－6　催化剂中 Al－O－Mo 物种的构型

在反应过程中，催化剂出现明显的活性诱导期。普遍认为，在此期间，催化剂的钼物种发生碳化还原，生成活性碳化钼相物种为催化甲烷无氧活化的活性中心[26]。

$$MoO_3 + CH_4 \longrightarrow MoO_2 + CO_2 + 2H_2O$$

$$2MoO_2 + CH_4 \longrightarrow Mo_2C + CO + CO_2 + 2H_2O + H_2$$

而直接采用碳化钼为前驱体制备的催化剂却也存在着明显的反应诱导期，且活性并未高过钼酸铵催化剂，表明与载体 B 酸相互作用的钼物种才是反应的活性中心[27]。并在诱导期间，这类钼物种仅发生部分还原生成 fcc 亚稳态的碳化钼 MoC_xO_y，而不是形成通常得到的稳态碳化钼相 hcp β－Mo_2C，这也是 Mo/HZSM－5 表现出高活性和稳定性的原因[28]。

对于甲烷分子的无氧活化过程，金属卡宾机理、自由基机理与两者的混合机理一直是争论的焦点。其中，金属卡宾机理认为反应中甲烷的碳氢键先与钼物种相互作用，并在相邻 B 酸位的作用下脱氢形成金属卡宾（$Mo{=}CH_2$），金属卡宾之间二聚生成中间体乙烯，乙烯再聚合、环化生成芳烃[8,29]；自由基机理则认为甲烷首先是在周围有着空 B 酸位的钼物种上活化产生甲基自由基，再生成乙烯或乙烷反应中间体后发生芳构化反应[9]；而认为甲烷先是在钼物种表面上活化为甲基自由基再原位脱氢生成亚甲基物种，然后缩合为乙烯中间体的活化过程则为混合机理[30]。

（三）催化剂积炭与再生

在无氧条件下，甲烷碳氢键的活化需要较高的反应温度，催化剂易发生严重的积炭行为，表现为快速失活，需频繁再生或更换是制约天然气制芳烃技术工业化进程的重要原因之一。反应后催化剂中主要存在三种类型的碳物种：碳化钼相的碳、*sp* 杂化稠环芳烃型积炭相的碳和石墨型积炭相的碳[31]。俄罗斯 Boreskov 催化研究所的研究小组认为甲烷无氧脱氢芳构化反应催化剂的积炭行为贯穿于整个反应过程并且是连续发生的，除了甲烷在钼活性位上活化、脱氢所生成的中间体会部分转化为低聚集度的积炭外，在分子筛酸性位上生成的芳烃产物更是高聚集度稠环芳烃类积炭的前驱体（图 8－4－7）[26]。而后者也被认为是导致催化剂快速失活的主要因素，抑制此类积炭的生成是目前催化剂改性研究的重要目标。

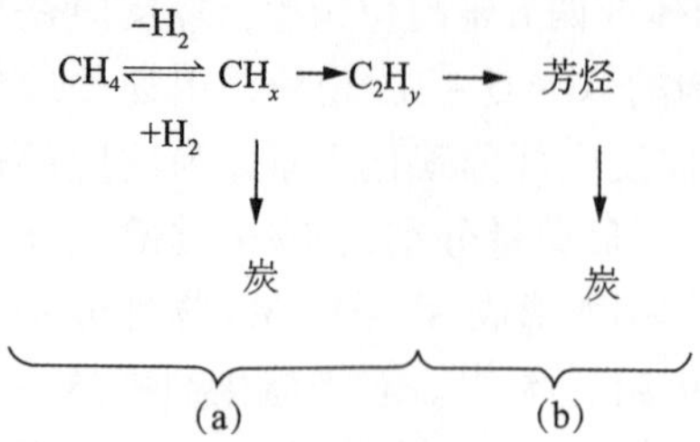

图 8-4-7 反应过程中积炭产物的生成途径

在已报道的文献中，氧化消炭与还原消炭是甲烷无氧脱氢芳构化催化剂主要的再生手段。其中，空气、氧气、二氧化碳和一氧化氮是常用的氧化再生气[32~34]。在氧化消炭过程中，积炭与再生气的强反应放热会造成催化剂过热，导致其结构与性质发生变化，对性能造成一定的负面影响。因此在氧化消炭过程中，再生过程的温度控制就显得非常重要，一般需控制在 450~550℃ 范围内进行再生操作，这与反应温度存在近 300℃ 的落差，势必造成能量的无谓损耗与操作工艺的复杂性[35]。还原消炭则是在高温条件下，利用氢气与积炭发生甲烷化反应，从而达到消炭的目的[36,37]。由 TPH 等实验证明，不同于氧气和二氧化碳等氧化气氛，还原性的氢气只能消除分子筛载体酸性位上芳烃类积炭，而对碳化钼相活性中心以及石墨类积炭无明显效果[38,39]。虽然这一选择性的还原消炭方法能保持钼活性中心的结构与性质，减少对分子筛结构的破坏作用，但存在着石墨类积炭无效性、再生速率慢、周期长等再生效率低的问题。近日，日本产业技术综合研究所公开了一种利用甲烷原料气与氢气再生气周期切换技术，对催化剂进行连续再生，能有效恢复催化剂的活性并在较长反应时间内保持其高的稳定性[40]（图 8-4-8）。

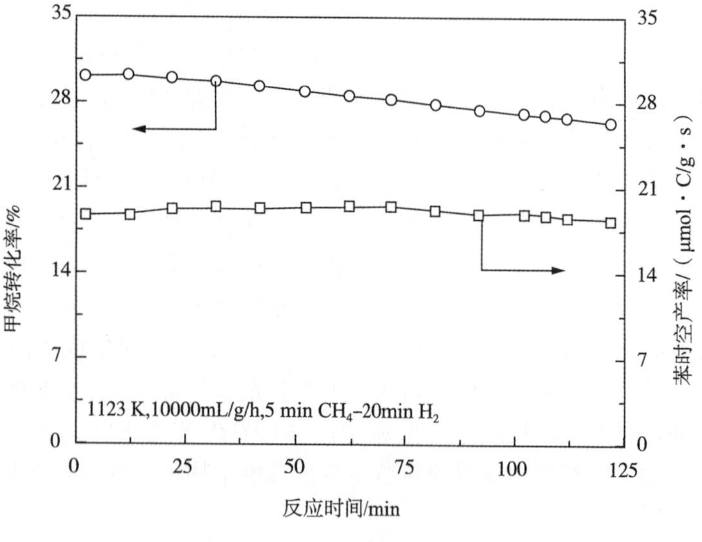

图 8-4-8 催化剂稳定性考察

（μmol · C/g · s 指每克催化剂每秒微摩尔转化为苯的甲烷或碳原子）

（四）催化剂改性

Mo/HZSM-5 虽然被认为是甲烷无氧脱氢芳构化反应最适合的催化剂，但它在反应过程中表现出的钼活性物种不稳定、积炭严重易失活等问题仍需进一步改进，因此研究人员对 Mo/HZSM-5 开展了一系列改性研究。

1. 助催化剂

对于甲烷无氧脱氢芳构化催化剂的改性研究，一般引入第二金属组分，如铜、钌、镓、铁、锌等元素以提高催化剂的催化性能与稳定性。虽然不同的文献存在较大的差异，甚至是矛盾的地方，但可简单归纳出如下助催化剂引入的主要效果：

①与钼物种相互作用，提高其还原性能与催化甲烷碳氢键无氧活化的能力；

②稳定分子筛的骨架结构，抑制其在催化剂制备过程与反应过程中的脱铝行为；

③调变催化剂的酸性，减少稠环芳烃类积炭的生成。

如钌的引入不仅能促进钼物种的还原，提高催化剂对甲烷的无氧活化能力，还能调变分子筛的表面酸性，减少强酸位，提高中等酸位和弱酸位的含量，减少积炭生成[41]；而在甲烷原料气中添加一氧化碳或二氧化碳的实验中，镓的引入使得 Mo/HZSM－5 能够选择性地吸附、活化一氧化碳或二氧化碳，促进反应中间体乙烯的产生，并与已生成的积炭产物发生氧化分解反应，从而提高催化剂的活性和稳定性[42]。

2. 分子筛改性

分子筛载体的酸性位既是反应不可或缺的活性中心，也是积炭副反应的酸催化中心，尤其是处于分子筛不具有择形性外表面的 B 酸位，是生成稠环芳烃类积炭导致催化剂快速失活的主要原因[43]。

通过分子筛载体的脱铝、硅烷化等改性修饰方法，可有效消除或减少这些多余的酸性位，在保持催化剂较高反应活性的同时减少积炭的生成。如采用水蒸气脱铝的方法脱除 HZSM－5 分子筛晶格中的部分四配位骨架铝，减少载体的强酸位，从而提高反应对芳烃的选择性与抗积炭能力(表 8－4－1)[44]。采用氢氧化钠、硝酸、氟化氨等改性方法[45~47]，也能有效调变分子筛的酸性位，取得相似的实验结果。

表 8－4－1　水蒸气改性 HZSM－5 对催化剂性能的影响作用①

催化剂②	甲烷转化率/%	产物选择性/%				芳烃产率/ %
		苯	甲苯	萘	积炭	
Mo/HZSM－5(P)	11.9	46.1	2.7	6.3	37.9	6.6
Mo/HZSM－5(HCl)	11.7	48.6	2.2	7.0	35.2	6.8
Mo/HZSM－5(ST2)	10.9	63.5	3.1	8.3	18.9	8.7

①反应条件：温度 750℃，压力 101.325kPa，GHSV 600 h^{-1}，时间 420 min。

② P：未改性；HCl：0.5 mol/L 盐酸水溶液处理；ST2：水蒸气处理 2 h。

采用有机硅烷，如 3－氨基丙基三乙氧基硅烷[48~50]或金属有机化合物，如 $Sn(nBu)_4$[51]等修饰剂对载体进行改性处理后，能选择性地减少载体外表面的酸性位，使得催化剂的酸催化中心，以及与其相互作用而生成的 Al－O－Mo 物种都处于具有择形选择性的分子筛孔道内部，可提高芳烃选择性、抑制积炭副反应。

近年来，随着催化脱氢和烯烃裂化等反应分子筛催化剂改性技术的发展，在核相分子筛外表面包裹壳层分子筛制备核壳结构分子筛以调变和优化分子筛酸性与结构，提升催化剂性能的方法受到了广泛关注[52~54]。对此，中国石化围绕着甲烷无氧脱氢芳构化催化剂的双功能催化特性，采用外延生长法在核相 HZSM－5 分子筛外表面生长 Silicalite－1(全硅 HZSM－5)壳层，合成不同核壳比的 MFI 型核壳结构分子筛 HZ5@S1。并以此为载体制备 Mo/HZ5@S1，用于甲烷无氧脱氢芳构化反应，并开展了载体核壳比对催化剂结构与性能影响的研究。研究发现[55]，HZ5@S1 载体的核壳结构能消除外表面酸性，避免 Al－O－Mo 物种在分子筛外表面生成，有助于提高催化剂的催化性能；但高含量的全硅壳层会妨碍钼物种的孔道迁移，降低催化剂中 Al－O－Mo 的含量，反而不利于反应的进行(图 8－4－9)。

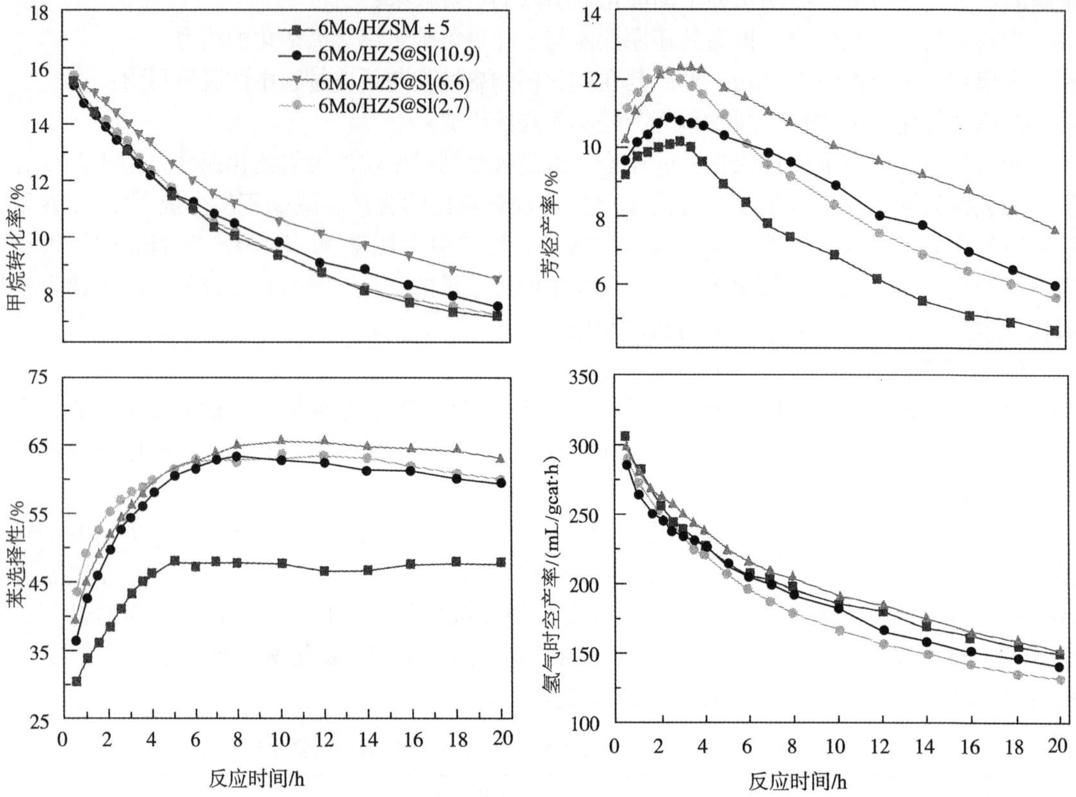

图 8－4－9 核壳比对催化剂性能的影响

四、工艺技术

(一)反应耦合

通过在甲烷原料气中添加其他组分，如一氧化碳、二氧化碳、氢气、水、氧气、轻烃等，可实现无氧脱氢芳构化反应与 Boudouard 反应、甲烷重整反应、甲烷氧化偶联反应、氢转移反应等反应的耦合，提高芳烃产率和催化剂稳定性。

研究表明，在反应过程中，一氧化碳通过 Boudouard 反应在催化剂上生成二氧化碳和活性[C]，活性[C]再与反应体系中的氢气和甲烷反应生成 CH_x 或 C_2H_y 等中间体，最终转化为芳烃产物；而二氧化碳的加入不仅能与积炭发生逆 Boudouard 反应，也能直接与甲烷发生干气重整转变为一氧化碳后再促进反应的进行(图 8－4－10)[56]。

原料气中微量氧气的添加不仅能与积炭发生氧化消炭反应，与甲烷发生部分氧化反应，还能使催化剂中的钼物种保持为高活性的 MoO_xC_y 结构，避免其在反应过程中被完全还原而失活[57]。相似地，在原料气中添加少量的水，不仅能与反应中间体 CH_x 发生重整反应抑制积炭的生成，更能直接消除已生成的积炭，但体系中水含量较高时则易造成分子筛的骨架脱铝，破坏分子筛的骨架结构使得催化剂的活性迅速下降[58]。一般认为，在原料气中添加少量乙烷能显著提高芳烃产物的生成速率，这可能是由于在催化活性中心上甲烷通过氢转移反应与乙烷结合生成芳烃[59,60]。

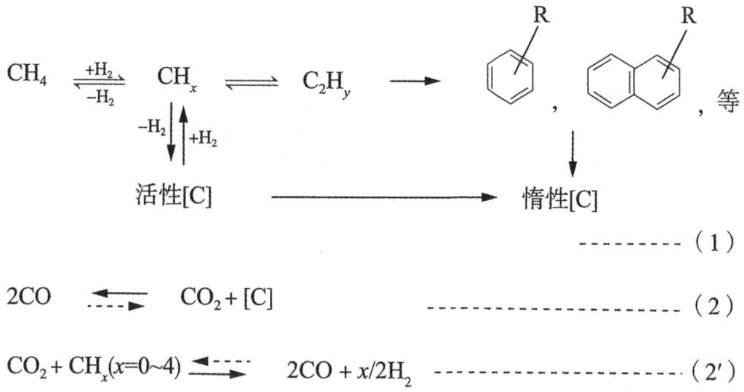

8 - 4 - 10 Boudouard 反应与甲烷无氧脱氢芳构化反应的耦合

（二）反应器选择

1. 流化床反应器

具有高度原子经济性的甲烷无氧脱氢芳构化反应能将甲烷直接转化为芳烃与氢气，在无氧条件下催化剂严重的积炭行为往往在反应几小时后就表现出快速失活现象，需配合频繁的催化剂切换再生工艺。在此情况下，采用常规的固定床反应器不仅提高了工艺的操作难度，降低生产效率，并且吸热反应与放热再生间不同的反应条件，不利于反应能耗的控制与热效平衡的实现。要实现该反应的工业推广，须提高催化剂的单程芳烃产率达到 15 % 以上[2]，这对于低的甲烷热力学平衡转化率限制是难以突破的研究目标。

从流化床反应器的特性来看，反应器中流体和颗粒的不停运动使床层具有良好的传热性能，床层内部温度均匀，易于控制，便于进行催化剂的连续再生和循环操作，适于催化剂失活速率高的反应，这都与甲烷无氧脱氢芳构化催化剂的反应规律相符。但常规的单反应区域流化床反应器系统，仍需要采用两个单独的反应器分别用于甲烷无氧脱氢芳构化反应与失活催化剂的再生处理，难以完全体现流化床反应器高的热效、能效与生产效率。

Gimeno 等[61]报道了一种采用甲烷气中间进料而再生气下进料的方法，将反应与再生分别置于单个流化床反应器的上下两区域中同时进行的[图 8 - 4 - 11(a)]。通过反应器选型与催化剂再生工艺的优化，提高了催化剂的原位再生效率，反应 8 h 后，仍能保持较高的甲烷转化率(8% ~9%)和芳烃选择性(苯 85% ~90%)，这是目前所有已报道的研究成果中最接近于热力学平衡的实验数据。而催化剂在反应器中的高效返混作用，实现了吸热反应与放热再生间的反应耦合，有助于促进反应过程的热效平衡，降低生产能耗。

Dow 公司公开了一种基于循环流化床反应器的反应工艺[62]。在反应过程中催化剂是连续循环的，在有着温度梯度的提升管反应器中随高速原料气向上运动、活化及反应，并在汽提塔中实现物料分离，进入再生器氧化消炭再生，最后导回提升管进行二次反应，可多次循环[图 8 - 4 - 11(b)]。

为了配合甲烷原料气与氢气再生气周期切换技术，日本产业技术综合研究所开发了一种由一个流化床甲烷转化反应器与两个移动床催化剂再生器组成的新型多床反应系统(图 8 - 4 - 12)[40]。通过反应工艺的优化，多床反应系统不仅能够实现流化床催化剂在不同反应器中反应与再生的封闭循环，而且能方便地进行失活催化剂的抽提与新剂的补充，提高生产效率与操作工艺的稳定性。

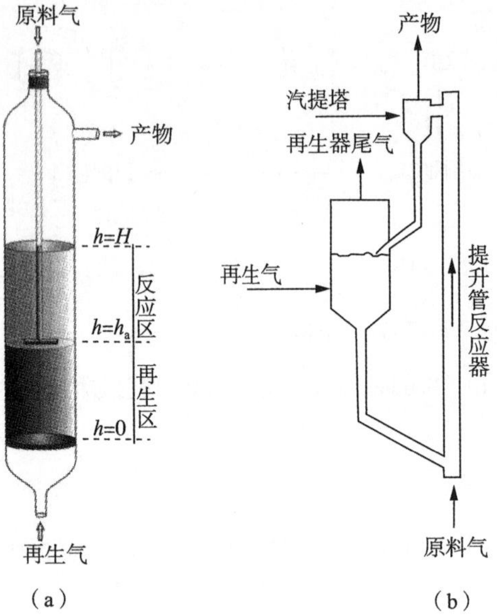

图 8-4-11 甲烷无氧脱氢芳构化反应双区域流化床反应器(a)与循环流化床反应器(b)

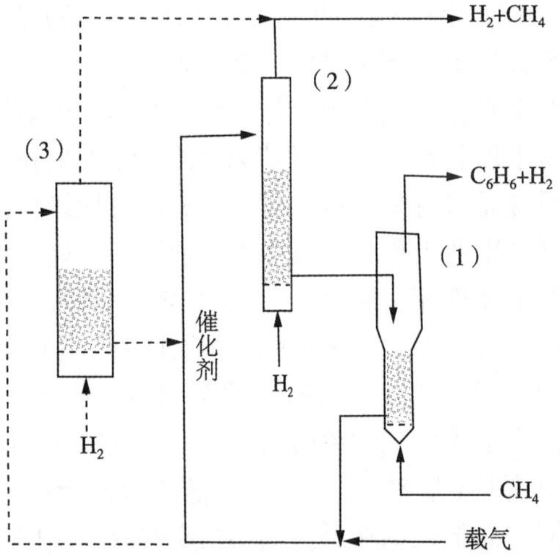

图 8-4-12 甲烷无氧脱氢芳构化反应多床反应系统

2. 膜反应器

氢气分子在金属 Pd 膜表面化学吸附解离为氢原子后溶解，并从一侧扩散至另一侧，再化合为氢分子脱附的溶解扩散过程，可实现氢气的高效分离与纯化，已被广泛用于氢气制备与燃料电池工业[63]。

将具有透氢性的 Pd 基膜反应器用于甲烷无氧脱氢芳构化反应中，通过不断地将反应生成的氢气从体系中及时移出，促进反应平衡的正相偏移，提高了甲烷的转化率与芳烃产物的收率，打破热力学平衡对甲烷转化率的限制(图 8-4-13)。但实验结果表明，反应体系中氢气的缺失，也会加重催化剂的积炭行为，表现为失活速率的加快[64]。

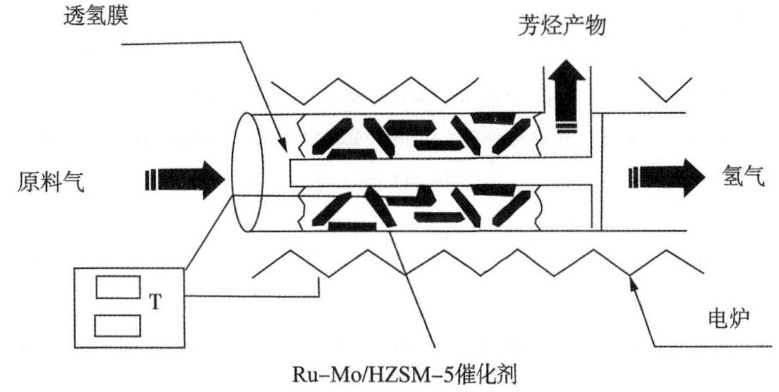

图 8-4-13　Pd 基透氢膜反应装置示意图

五、技术展望

近年来，能源化工领域实现绿色低碳、可持续发展的呼声日益高涨，也相继出现了绿色碳科学与绿色氢科学理念[65,66]。而基于甲烷无氧脱氢芳构化反应的天然气制芳烃技术，将甲烷直接转化为芳烃与氢气，具有高度的原子经济性。

发展甲烷无氧脱氢芳构化反应高效催化材料，打破反应热力学平衡的限制，提高甲烷转化率和芳烃产率，抑制催化剂严重的积炭失活行为，解决催化剂需频繁再生的问题，是研究发展过程中的关键问题。

通过多区域流化床反应器或多床反应器技术、化学环技术等新工艺的发展，实现不同化学过程的反应耦合或过程强化，提高甲烷转化率、优化产物分布、降低能耗，实现天然气制芳烃技术的产业化。

参 考 文 献

[1]　U. S. Energy Information Administration. International energy outlook 2011[R]. U. S. Department of Energy, 2011.

[2]　能源科学学科发展战略研究组. 2011－2020 我国能源科学发展战略报告[R]. 国家自然科学基金委员会，中国科学院，2010.

[3]　Higashi N. Natural gas in China, market evolution and strategy[R]. International Energy Agency, 2009.

[4]　Bonura G, Blasi O D, Spadaro L, et al. A basic assessment of the reactivity of Ni catalysts in the decomposition of methane for the production of "CO_x－free" hydrogen for fuel cells application[J]. Catal. Today, 2006, 116: 298－303.

[5]　白杰. 甲烷芳构化催化剂稳定性的研究[D]. 大连：中国科学院大连化学物理研究所，2003.

[6]　Wang L, Tao L, Xie M, et al. Dehydrogenation and aromatization of methane under non－oxidizing conditions[J]. Catal. Lett., 1993, 21: 35－41.

[7]　Labinger J A, Bercaw J E. Understanding and exploiting C－H bond activation[J]. Nature, 2002, 417: 507－514.

[8]　Xu Y, Liu S, Wang L, Xie M. Methane activation without using oxidants over Mo/HZSM－5 zeolite catalysts [J] Catal. Lett., 1994, 30: 135－149.

[9]　Chen L, Lin L, Xu Z. Dehydro－oligomerization of methane to ethylene and aromatics over molybdenum/HZSM－5 Catalyst[J]. J. Catal., 1995, 157: 190－200.

[10]　Wong K S, Thybaut J W, Tangstad E, et al. Methane aromatization based upon elementary step: Kinetic

and catalyst descriptors[J]. Micro. Meso. Mater., 2012, 164: 302-312.

[11] Ismagilov Z R, Matus E V, Tsikoza L T. Direct conversion of methane on Mo/HZSM-5 catalysts to produce benzene and hydroegen: achievements and perspectives[J]. Energy Environ. Sci., 2008, 1: 526-541.

[12] Zhang C, Li S, Yuan Y, et al. Aromatization of methane in the absence of oxygen over Mo-based catalysts supported on different types of zeolites[J]. Catal. Lett., 1998, 56: 207-213.

[13] Liu S, Wang L, Ohnishi R, Ichikawa M. Bifunctional catalysis of Mo/HZSM-5 in the dehydroaromatization of methane to benzene and naphthalene XAFS/TG/DTA/MASS/FTIR characterization and supporting effects[J]. J. Catal., 1999, 181: 175-188.

[14] Wong S, Xu Y, Liu W, et al. Methane activation without using oxidants over supported Mo catalysts[J]. Appl. Catal. A: Gen., 1996, 136: 7-17.

[15] Chen J, Lin J, Kang Y, et al. Preparation of nano-gold in zeolites for CO oxidation: Effects of structures and number of ion exchange sites of zeolites[J]. Appl. Catal. A: Gen., 2005, 291: 162-169.

[16] Shu Y, Ma D, Xu L, et al. Methane dehydro-aromatization over Mo/MCM-22 catalysts: A highly selective catalyst for the formation of benzene[J]. Catal. Lett., 2000, 70: 67-73.

[17] Wang D, Kan Q, Xu N, et al. Study on methane aromatization over MoO_3/HMCM-49 catalyst[J]. Catal. Today, 2005, 93-95: 75-80.

[18] Bai J, Liu S, Xie S, et al. Shape selectivity in methane dehydroaromatization over Mo/MCM-22 catalysts during a lifetime experiment[J]. Catal. Lett., 2003, 90: 123-130.

[19] Smieskova A, Hudec P, Kumar N, et al. Aromatization of methane on Mo modified zeolites: Influence of the surface and structural properties of the carriers[J]. Appl. Catal. A: Gen., 2010, 377: 83-91.

[20] Weckhuysen B M, Wang D, Rosynek M P, Lunsford J H. Conversion of methane to benzene over transition metal Ion ZSM-5 zeolites: I. Catalytic characterization[J]. J. Catal., 1998, 175: 338-346.

[21] Wang D, Lunsford J H, Rosynek M P. Characterization of a Mo/ZSM-5 catalyst for the conversion of methane to benzene[J]. J. Catal., 1997, 169: 347-358.

[22] Liu W, Xu Y. Methane dehydrogenation and aromatization over Mo/HZSM-5: In situ FT-IR characterization of its acidity and the interaction between Mo Species and HZSM-5[J]. J. Catal., 1999, 185: 386-392.

[23] Ma D, Shu Y, Bao X, Xu Y. Methane dehydro-aromatization under nonoxidative conditions over Mo/HZSM-5 catalysts: EPR study of the Mo species on/in the HZSM-5 Zeolite[J]. J. Catal., 2000, 189: 314-325.

[24] Zheng H, Ma D, Bao X, et al. Direct observation of the active center for methane dehydroaromatization using an ultrahigh field 95Mo NMR spectroscopy[J]. J. Am. Chem. Soc., 2008, 130: 3722-3723.

[25] Tessonnier J-P, Louis B, Rigolet S, et al. Methane dehydro-aromatization on Mo/ZSM-5: about the hidden role of BrØnsted acid sites[J]. Appl. Catal. A: Gen., 2008, 336: 79-88.

[26] Matus E V, Ismagilov I Z, Sukhova O B, et al. Study of methane dehydroaromatization on impregnated Mo/ZSM-5 catalysts and characterization of nanostructured molybdenum phases and carbonaceous deposits[J]. Ind. Eng. Chem. Res., 2007, 46: 4063-4074.

[27] Solymosi F, Cserenyi J, Szoke A, et al. Aromatization of methane over supported and unsupported Mo-based catalysts[J]. J. Catal., 1997, 165: 150-161.

[28] Bouchy C, Schmidt I, Anderson J R, et al. Metastable fcc $\alpha-MoC_{1-x}$ supported on HZSM5: preparation and catalytic performance for the non-oxidative conversion of methane to aromatic compounds[J]. J. Mol. Catal. A: Chem., 2000, 163: 283-296.

[29] Liu H, Bao X, Xu Y. Methane dehydroaromatization under nonoxidative conditions over Mo/HZSM-5 cata-

lysts: Identification and preparation of the Mo active species[J]. J. Catal., 2006, 239: 441-450.

[30] Siaj M, Oudghiri-Hassani H, Maltais C, McBreen P H. Thermally stable alkylidene groups on the surface of β-Mo_2C: Relevance to methane aromatization and olefin-metathesis catalysis[J]. J. Phys. Chem. C, 2007, 111: 1725-1732.

[31] Meriaudeau P, Tiep L P, Ha V T T, Naccache-Szabo C G. Aromatization of methane over Mo/H-ZSM-5 catalyst: on the possible reaction intermediates[J]. J. Mol. Catal. A: Chem., 1999, 144: 469-471.

[32] Skutil K, Taniewski M. Some technological aspects of methane aromatization[J]. Fuel Process. Technol., 2006, 87: 511-521.

[33] Ma H, Kojima R, Ohnishi R, Ichikawa M. Efficient regeneration of Mo/HZSM-5 catalyst by using air with NO in methane dehydroaromatization[J]. Appl. Catal. A: Gen. 2004, 275: 183-187.

[34] Shu Y Y, Ma H T, Ohnishi R, et al. Highly stable performance of catalytic methane dehydrocondensation towards benzene on Mo/HZSM-5 by a periodic switching treatment with H_2 and CO_2[J]. Chem. Commun., 2003, (1): 86-87.

[35] 胥月兵，陆江银，王吉德，等. Mo基分子筛催化剂及甲烷无氧芳构化[J]. 化学进展，2011，23: 90-106.

[36] Shu Y Y, Ohnishi R, Ichikawa M. Pressurized dehydrocondensation of methane toward benzene and naphthalene on Mo/HZSM-5 catalyst: Optimization of reaction parameters and promotion by CO_2 addition [J]. J. Catal., 2002, 206: 134-142.

[37] Xu Y, Lu J, Wang J, et al. The catalytic stability of Mo/HZSM-5 in methane dehydroaromatization at severe and periodic CH_4-H_2 swith operating[J]. Chem. Eng. J., 2011, 168: 390-402.

[38] Ma D, Wang D Z, Su L L, et al. Carbonaceous deposition on Mo/HMCM-22 catalysts for methane aromatization: A TP technique investigation[J]. J. Catal., 2002, 208: 260-269.

[39] Liu H M, Su L L, Wang H X, et al. The chemical nature of carbonaceous deposits and their role in methane dehydroaromatization on Mo/MCM-22 catalysts[J]. Appl. Catal. A: Gen., 2002, 236: 263-280.

[40] Xu Y B, Lu J Y, Suzuki Y, et al. Performance of a binder-free, spherical-shaped Mo/HZSM-5 catalyst in the non-oxidative CH_4 dehydroaromatization in fixed- and fluidized-bed reactors under periodic CH_4-H_2 swith operation[J]. Chem. Eng. Processing: Prog. Interns., 2013, 72: 90-102.

[41] Li S, Zhang C, Kan Q, et al. The function of Cu(Ⅱ) ions in the Mo/CuH-ZSM-5 catalyst for methane conversion under non-oxidative condition[J]. Appl. Catal. A: Gen., 1999, 187: 199-206.

[42] Liu B, Jiang L, Sun H, Au C T. XPS, XAES, and TG/DTA characterization of deposited carbon in methane dehydroaromatization over Ga-Mo/ZSM-5 catalyst [J]. Appl. Catal. A: Gen., 2007, 253: 5092-5100.

[43] Shu Y, Ohnishi R, Ichikawa M. Improved methane dehydrocondensation reaction on HMCM-22 and HZSM-5 supported rhenium and molybdenum catalysts [J]. Appl. Catal. A: Gen., 2003, 252: 315-329.

[44] Lu Y, Ma D, Xu Z, et al. A high coking-resistance catalyst for methane aromatization [J]. Chem. Commun., 2001, 2048-2049.

[45] Su L, Liu L, Zhuang J, et al. Creating mesopores in ZSM-5 zeolite by alkali treatment: A new way to enhance the catalytic performance of methane dehydroaromatization on Mo/HZSM-5 catalysts[J]. Catal. Lett., 2003, 91: 155-167.

[46] 刘红梅，申文杰，刘秀梅，等. 分子筛的酸处理对Mo/HZSM-5催化甲烷无氧芳构化反应性能的影响[J]. 催化学报，2004，25: 688-691.

[47] 李永刚，黄秀敏，柳林，等. NH_4F改性Mo/HZSM-5催化剂上的甲烷无氧芳构化反应：预处理温

度影响的进一步研究[J]. 催化学报，2006，27：166-170.

[48] Kikuchi S, Kojima R, Ma H, et al, Study on Mo/HZSM-5 catalysts modified by bulky aminoalkyl-substituted silyl compounds for the selective methane-to-benzene (MTB) reaction[J]. J. Catal., 2006, 242: 349-356.

[49] Ding W, Meitzner G D, Iglesia E. The effects of silanation of external acid sites on the structure and catalytic behavior of Mo/HZSM-5[J]. J. Catal., 2002, 206: 14-22.

[50] 王红霞，谭大力，徐奕德，等. 硅烷化处理对 Mo/HZSM-5 催化剂上甲烷脱氢芳构化活性的影响[J]. 催化学报，2004，25：445-449.

[51] Wang P, Kan Q, Wang X, et al. Acidity and catalytic properties for methane conversion of Mo/HZSM-5 catalyst modified by reacting with organometallic complex[J]. Appl. Catal. A: Gen., 2005, 282: 39-44.

[52] 童伟益，孔德金，刘志成，et al. ZSM-5/Silicalite-1 核壳分子筛含氟水热体系的合成及表征[J]. 催化学报，2008，29：1247-1252.

[53] Bouizi Y, Rouleau L, Valtchev V P. Factors controlling the formation of core-shell zeolite-zeolite composites[J]. Chem. Mater., 2006, 18: 4959-4966.

[54] Miyamoto M, Kamei T, Nishiyama N, et al. Single crystals of ZSM-5/Silicalite composites[J]. Adv. Mater., 2005, 17: 1985-1988.

[55] Jin Z H, Liu S, Qin L, et al. Methane dehydroaromatization by Mo-supported MFI-type zeolite with core-shell structure[J]. Appl. Catal. A: Gen., 2013, 453: 295-301.

[56] Ohnishi R, Liu S, Wang L, Ichikawa M. Catalytic dehydrocondensation of methane with CO and CO_2 toward benzene and naphthalene on Mo/HZSM-5 and Fe/Co-modified Mo/HZSM-5[J]. J. Catal., 1999, 182: 92-103.

[57] Yuan S, Li J, Hao Z, et al. The effect of oxygen on the aromatization of methane over the Mo/HZSM-5 catalyst[J]. Catal. Lett., 1999, 63: 73-77.

[58] Liu S, Ohnishi R, Ichikawa M. Promotional role of water added to methane feed on catalytic performance in the methane dehydroaromatization reaction on Mo/HZSM-5 catalyst[J]. J. Catal., 2003, 220: 57-65.

[59] Choudhary V R, Kinage A K, Choudhary T V. Low-temperature nonoxidative activation of methane over H-Galloaluminosilicate(MFI) zeolite[J]. Science, 1997, 275: 1286-1288.

[60] Chu W, Qiu F. Remarkable promotion of benzene formation in methane aromatization with ethane addition [J]. Topics Catal., 2003, 22: 131-134.

[61] Gimeno M P, Soler J, HerguidoJ, Menendez M. Counteracting catalyst deactivation in methane aromatization with a two zone fluidized bed reactor[J]. Ind. Eng. Chem. Res., 2010, 49: 996-1000.

[62] Gulotty R J, Pelati J E, Prunier A R, et al. Continuous process for oxygen-free conversion of methane: US, 20100312029[P]. 2010-09-09.

[63] 黄彦，李雪，范益群，等. 透氢钯复合膜的原理、制备及表征[J]. 化学进展，2006，18：230-238.

[64] Rival O, Grandjian B P A, Guy C, Sayari A, Larachi F. Oxygen-free methane aromatization in a catalytic membrane reactor[J]. Ind. Eng. Chem. Res., 2001, 40: 2212-2219.

[65] 何鸣元，孙予罕. 绿色碳科学化石能源增效减排的科学基础[J]. 中国科学：化学，2011，41：925-932.

[66] 谢在库，金中豪，王仰东. 基于绿色氢科学理念构筑从低碳制氢到高效储氢的氢能体系[J]. 中国科学：化学，2013，43：930-938.

第五节　生物质制芳烃技术

一、概　述

生物质直接或间接来源于太阳能和植物的光合作用，广义上包括植物、农作物、林产物、海产物、农林废弃物、城市废弃物(报纸、天然纤维等)。相对于石化资源而言，其储量更为丰富，且具有可再生的特点[1]。全球每年生物质产量约200000Mt，其中8000～20000Mt的原始生物质也有开发的潜力[2]。开发利用生物质制芳烃的技术，不仅能够降低芳烃生产对化石资源的依赖性，同时也可缓解全球化石资源的紧张局面。

目前，以生物质为原料生产芳烃的研究工作正快速发展。生物质制BTX的研究机构主要包括中国石化、Anellotech、Virent、Gevo和UOP等公司。其中，中国石化正在开发生物质热解制芳烃原料技术，美国Anellotech公司正在将催化快速热裂解工艺推向商业化；Virent公司开发了以生物多糖类为原料生产二甲苯的“液相重整技术”；GEVO公司正在开发生物异丁醇生产二甲苯的绿色二甲苯生产技术，目标是形成绿色聚酯产业链。

本节主要介绍生物质制芳烃技术的最新进展。

二、反应原理

一直以来，生物质资源主要通过热化学(燃烧)方法加以利用，而生产液体燃料和化工产品的历史很短。通过生物质资源生产芳烃，必须要解决两个主要问题，即生物质大分子向有机小分子的转化以及含氧有机小分子向芳烃的转化。生物质制芳烃主要有四条工艺路线，其反应原理也各不相同。除传统的生物质先气化为合成气，再以合成气为原料经C_1化工路线生产燃料和化学品路线外，根据转化途径的不同，生物质制芳烃还包括：①生物质快速热解制芳烃；②生物质催化快速热解制芳烃；③生物质水解液液相重整制芳烃；④生物质发酵法制对二甲苯等四类工艺路线，如图8－5－1所示。

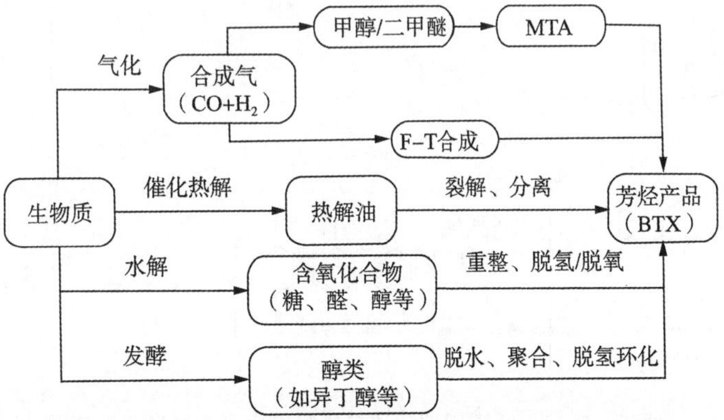

图8－5－1　生物质制芳烃利用途径

(一)生物质快速热解

快速热加工(rapid thermal processing，简称RTP)技术是在隔绝空气或少量供氧的条件下，生物质在>250℃的高温条件下吸热、发生一系列不可逆的裂解反应，利用热能切断生物质大分子中的化学键，使之转化形成相对分子质量较小的混合有机化合物的热裂化降解过程，通常也称为热解反应。热解把生物质资源转变成油品混合物，化学过程涉及键的断裂、重组异构化和小分子聚合等系列反应。生物质中的纤维素、半纤维素和木质素三种主要组成物通常被假设是独立地发生热解，可基本分为五个阶段：水分的去除（<100℃）、挥发性有机物的分解（100～250℃）、半纤维素的分解（250～350℃）、纤维素的分解（350～500℃）和木质素的分解（>500℃）[3]。半纤维素和纤维素主要产生挥发性物质，而木质素则主要分解成炭[4]。

（二）生物质催化快速热解

催化快速热解（catalytic fast pyrolysis，简称 CFP）技术生物质热解法制芳烃是以固态生物质（如木质、农产品、海洋植物、代谢废料、纤维废料等）为起始原料，将其加热分解产生热解产品（挥发有机物），在催化剂的作用下，经脱氢、脱羰、脱羧、异构化、聚合等一系列复杂反应，将生物质直接转化为液体燃料，获得苯、甲苯、萘、二甲苯、烯烃等产品。

催化快速热解是在快速热解过程中引入催化剂，热解挥发物在催化剂上原位发生系列反应过程，直接得到芳烃粗产品。其转化过程如图 8－5－2 所示，纤维素类生物质依次热分解为寡聚糖乃至呋喃化合物，然后在 ZSM－5 分子筛上遵循“烃池机理”转化为烃类化合物[5]。

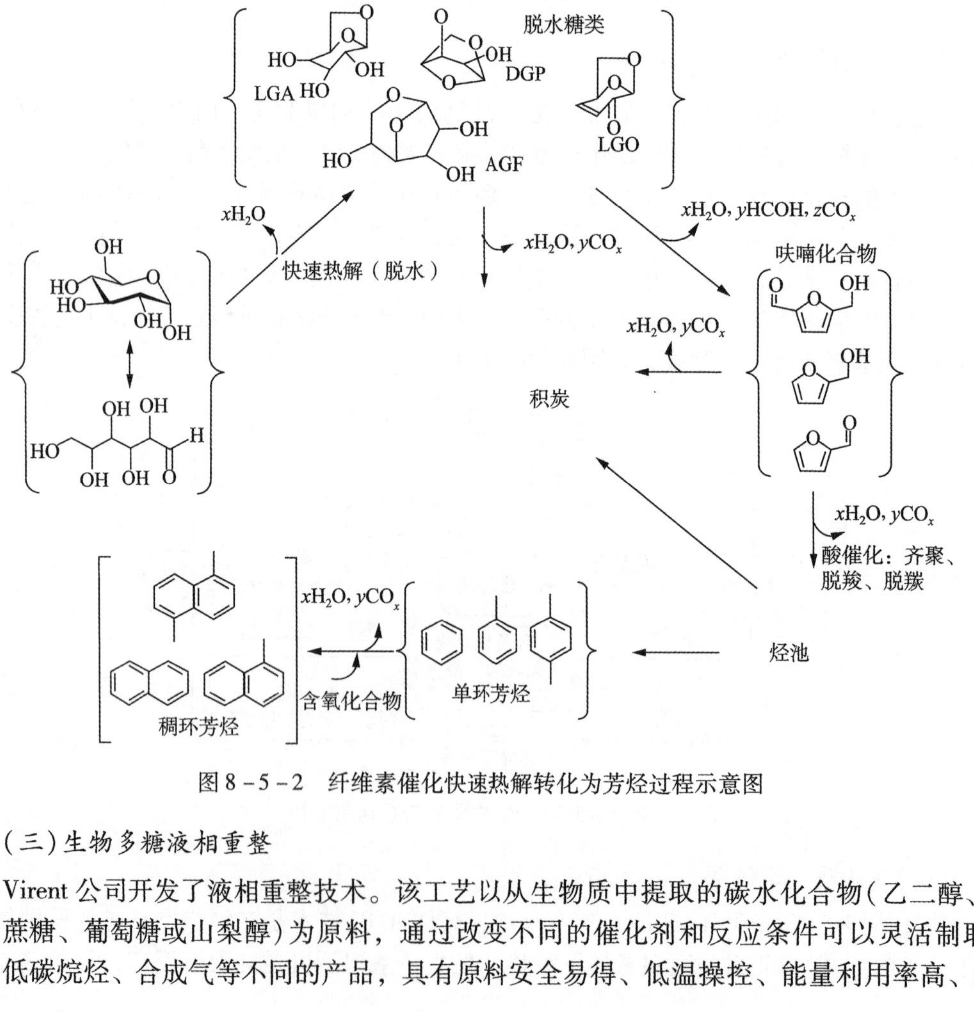

图 8－5－2 纤维素催化快速热解转化为芳烃过程示意图

（三）生物多糖液相重整

Virent 公司开发了液相重整技术。该工艺以从生物质中提取的碳水化合物（乙二醇、甘油、蔗糖、葡萄糖或山梨醇）为原料，通过改变不同的催化剂和反应条件可以灵活制取氢气、低碳烷烃、合成气等不同的产品，具有原料安全易得、低温操控、能量利用率高、CO_2

净排量为零等优点。

图 8-5-3 为典型的液相重整催化转化过程[6]。液相重整反应的条件相对温和，温度介于 180～300℃，压力介于 1～9 MPa，目标产物是醇类、酮类、醛类和呋喃类等，发生的主要反应如下：①产氢的重整反应；②醇类脱氢/羰基加氢；③脱氧反应；④氢解反应；⑤环化反应。

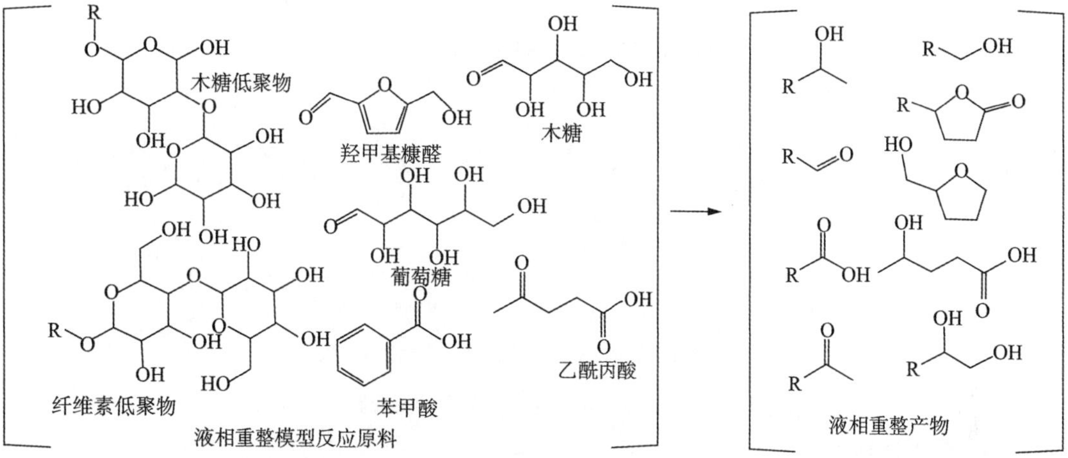

图 8-5-3　液相重整催化转化过程示意图

(四)生物质发酵制异丁醇及其催化转化制二甲苯

通过生物质糖类的微生物发酵技术制备异丁醇已经实现了商业化生产。Gevo 公司最早申请了生物基异丁醇制高纯对二甲苯的专利，异丁醇可以通过脱水得到异丁烯，再通过二、三个中间物的低聚/寡聚，环化脱氢得到芳烃，如图 8-5-4 所示[7]。

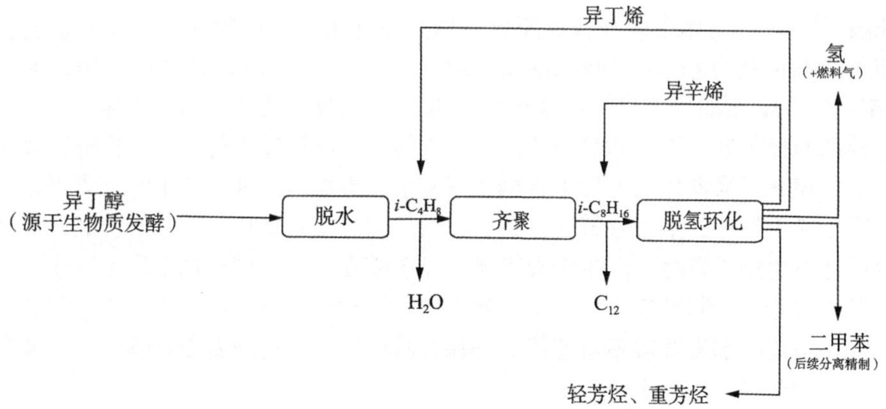

图 8-5-4　GEVO 公司异丁醇催化转化生产芳烃技术路线示意图

大连化物所研究了 ZSM-5 上异丁醇催化转化形成芳烃的过程，转化机理如图 8-5-5 所示[8]。异丁醇在 ZSM-5 上催化转化形成芳烃的同时会副产较多的低碳烯烃，BTX 产率仅有 33%～35%(质量)。而引入金属锌[2.3%～5.1%(质量)]之后，强的 B 酸位的减少，抑制了齐聚-裂化反应形成 C_3 组分副产物，增强了特定反应及芳烃产物的选择性，BTX 产率达到 49%～52%(质量)。

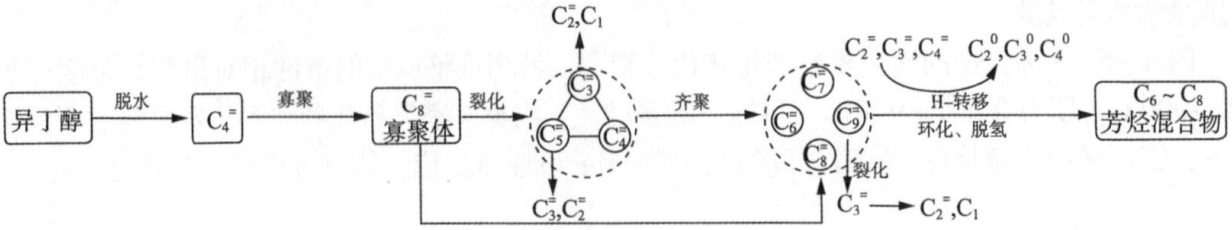

（a）在ZSM-5分子筛上的异丁醇催化转化机制

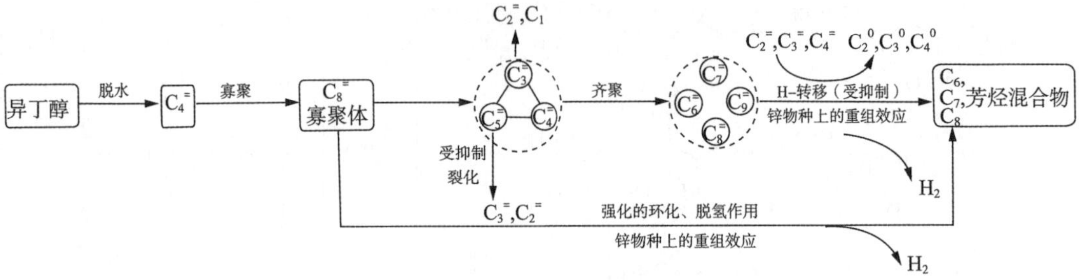

（b）在Zn/ZSM-5上的异丁醇催化转化机制

图8-5-5 异丁醇催化转化生成芳烃的反应路径示意图

(五)微波热解法

中国石化采用微波加热技术对木屑、秸秆等生物质原料进行了热解制芳烃原料研究。在微波热解反应器中，当生物质物料停留时间 <2s 时，生物油的收率可以达到60% 以上。

三、催化剂

能够用来制备芳烃的生物质资源主要包括纤维素$[C_6(H_2O_5)]_n$[9]、木质素$(C_{10}H_{12}O_3)_n$[10]及半纤维素$[C_5(H_2O_4)]_n$[11]。除了天然含苯环的木质素[12,13]、重质生物质油[14]、烷芳醚[15]和间甲苯酚[16]等外，可用来生产芳烃原料还包括非食用的生物质资源－纤维素的转化衍生物等，涉及的平台化合物(platform chemicals)[17]有：生物乙醇、甘油(生物柴油副产物)、异丁醇/酮、C_2 ~ C_5 混合醇、C_7 ~ C_{12}烷烃、呋喃、葡萄糖等生物质水解单糖。

由于较低的相对分子质量和较高的活性，生物多糖可通过液相重整过程进行预处理，重整液仍然需要在分子筛催化剂上发生芳构化反应生成芳烃。纤维素和半纤维素可通过快速热解过程生产出易于处理的生物热解油，再通过加氢和分子筛催化过程生产芳烃。纤维素和半纤维素也可通过生物质发酵生产生物异丁醇，异丁醇在分子筛催化剂上发生脱水、叠合和环化脱氢反应生成芳烃。归纳起来，在从生物质到芳烃的转化路线中，液相重整催化剂、加氢催化剂和分子筛催化剂发挥着不可替代的作用，其中分子筛扮演着将含碳、氢、氧物质转化为只含碳、氢的芳烃的重要角色。

(一)液相重整催化剂

威斯康辛大学开发了 Pt/Al_2O_3 催化剂和 Raney Ni 催化剂。这两种催化剂表现出不同的产物选择性。以 10%(质量)的乙二醇水溶液为原料，在 210℃、22.4MPa 条件下，Pt/Al_2O_3 催化剂对氢气的选择性较好，而 Raney Ni 催化剂在产氢的同时产出较多的烃类，如图8－5－6 所示[18]。

(二)加氢催化剂

生物热解油和液相重整油具有高含氧量、组分复杂、腐蚀性和化学不稳定等特性，必须通过加氢脱氧过程提高生物油的氢碳比，或有效去除生物油中的氧元素。加氢脱氧过程与石油化工中的加氢脱硫、加氢脱氮过程有显著的差异，开发活性好、选择性高、长周期稳定性好的催化剂是一项难题。已有报道涉及金属硫化物催化剂[19]、贵金属催化剂[20,21]以及新型金属磷化物催化剂[22]等，负载在氧化铝、活性炭和氧化硅等载体上。由于金属硫化物催化剂需要在生物油中外加硫，其应用受到了一定的限制。

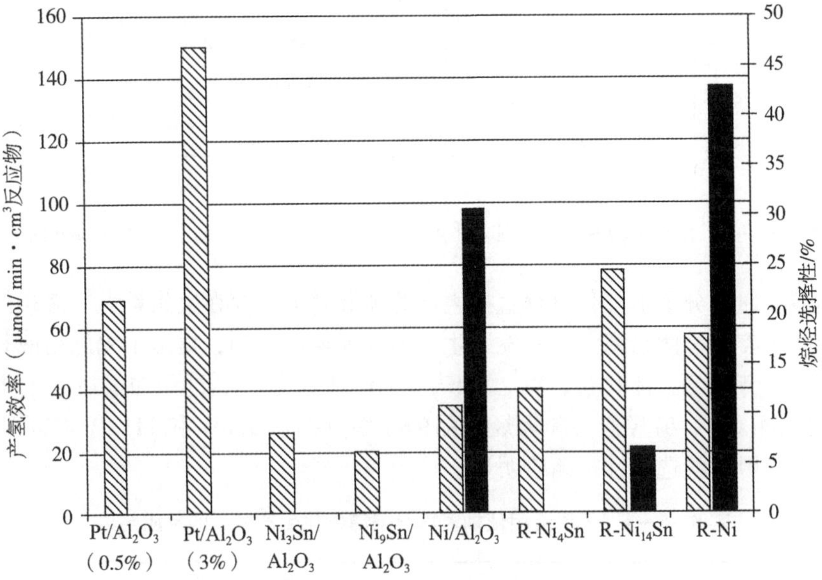

图 8-5-6　异丁醇在液相重整催化剂上的转化

氢气选择性；烃类选择性

催化剂的本征特性和反应工艺条件对生物油加氢产物的 O/C 比和 H/C 比有重要影响，如图 8-5-7 所示[23]。深度脱氧过程只能在较苛刻的操作条件下才能实现，Ru/C 催化剂具有较好的综合性能，产物 O/C 比极低，油相产品收率高。而金属硫化物型催化剂加氢脱氧效果不佳，油相产物的收率也严重偏低，对过程经济性有影响。在温和加氢脱氧过程中，Pd/C 催化剂的综合性能相对较好。

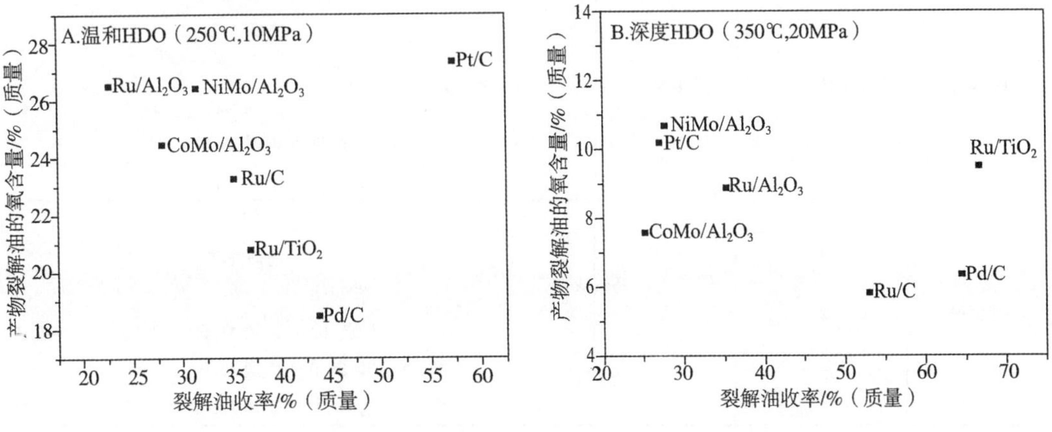

图 8-5-7(续)

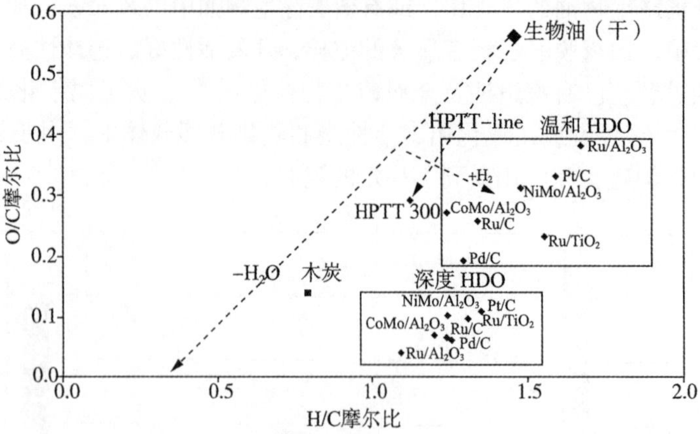

图 8－5－7　生物油温和、深度加氢脱氧产品的 O/C 比和 H/C 比 van Krevelen 曲线

生物热解油通过分子筛催化过程直接生产芳烃等烃类，存在生焦量大、液相产品收率低等问题。为此，美国马萨诸塞大学开发了生物油预加氢催化剂，提出了先低温液相预加氢再分子筛催化生产芳烃的一体化过程[24]。如表 8－5－1 所示，经过预加氢后，生焦损失率从 49.5% 降低到 34.6%，芳烃产品和烯烃产品的收率分别从 9.8% 和 11.2% 提高到 14.4% 和 18.2%，其中二甲苯的选择性提高较明显。

表 8－5－1　低温液相预加氢再分子筛催化生产芳烃的反应结果

原　　料	催化剂	耗氢 g/100g 原料 C	最终产物（% 碳收率①）及选择性/%					
			$C_{1\sim6}$烷	CO_x	芳烃	烯烃	积炭	未知物
DOE② － BO③	分子筛（zeolite，以下简写 Z）	无	0	18.3	9.8 苯 17.3 甲苯 40.8 二甲苯 23.5 乙苯 2.0	11.2 选择性/% 乙烯 51.8 丙烯 36.6 丁烯 11.6	49.5	11.2
DOE － BO	Ru/H_2 + Z	0.9	2.0	26.5	14.4 苯 16.9 甲苯 37.2 二甲苯 38.5 乙苯 3.4	18.2 选择性/% 乙烯 52.2 丙烯 35.9 丁烯 11.4	34.6	4.3
WSBO④	Z	无	0	23.7	8.2 苯 26.8 甲苯 46.3 二甲苯 20.7 乙苯 1.2	18.5 选择性/% 乙烯 41.6 丙烯 45.9 丁烯 12.4	32.3	17.3

续表

原　料	催化剂	耗氢 g/100g 原料 C	最终产物(%碳收率①)及选择性/%					
			$C_{1\sim6}$烷	CO_x	芳烃	烯烃	积炭	未知物
WSBO	Ru/H_2+Z	4.8	7.5	13.9	21.6 选择性/% 苯 17.6 甲苯 45.5 二甲苯 31.3 乙苯 2.6	30.2 选择性/% 乙烯 31.8 丙烯 55.4 丁烯 12.8	17.4	9.4
WSBO	$Ru/H_2+Pt/H_2+Z$	8.1	15.0	10.7	18.3 选择性/% 苯 27.0 甲苯 49.3 二甲苯 19.1 乙苯 2.3	43.0 选择性/% 乙烯 32.0 丙烯 53.8 丁烯 14.2	12.6	0.4

①%碳收率表示生物质原料里碳原子总数在产物中分布比例。

②DOE：US Department of Energy，美国能源局。

③BO：Bio - oil，生物质油。

WSBO：Water soluble fraction of pine wood bio - oil，松木生物油的水溶性部分。

（三）分子筛催化剂

生物质原料在分子筛上的催化转化研究，最早见于 Mobil 公司的报道[25]。如图 8 - 5 - 8，分子筛孔径与生物质制芳烃过程目标分子的动力学直径具有相关性，十元环的 ZSM - 5 分子筛上能选择性生成 BTX 产品。

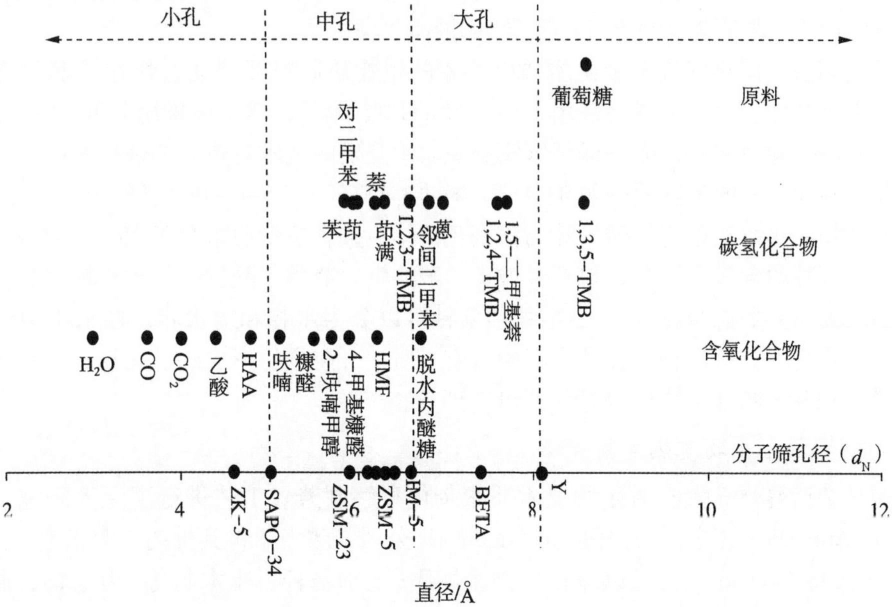

图 8 - 5 - 8　分子筛孔径及生物质催化热解过程模型分子动力学尺寸的分布[5]

（1Å = 0.1nm）

以葡萄糖为模型化合物，在不同分子筛上进行催化转化的结果表明，芳烃产品的选择性与分子筛材料的孔径和形状选择性密切相关。当孔道直径介于0.52～0.59nm时，芳烃产品的收率最高，而在更大孔径的分子筛上主要发生生成焦炭的反应，如图8-5-9所示[5]。

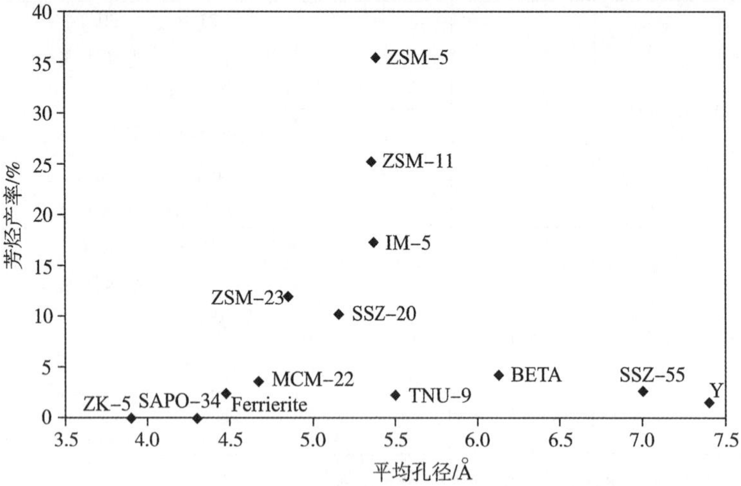

图8-5-9 葡萄糖向芳烃转化时不同分子筛上的芳烃产率
(1Å=0.1nm)

四、工艺技术

(一)RTP技术生物质热解制芳烃

美国UOP公司和加拿大Ensyn公司开发了RTP技术。RTP技术使生物质在常压下被加热，以产生高产率、可流动的液体热解油。这是一个滞留时间极短且快速冷却的瞬态过程，很大程度上排除了积炭的生成，通常在快速流化床反应器中，迅速反应生成高烯烃、碳氢化合物含量的产物，最高能达到75%(质量)的液体收率。

UOP公司在夏威夷建成一个由木质纤维素的生物质原料资源通过快速热解生产绿色燃料的示范生产基地。这套装置将采用Ensyn的RTP技术[26]，然后再采用UOP公司与美国国家可再生能源实验室和西北太平洋国家实验室联手开发的技术对热解油进行改质。

目前，商业目的的生物质热解油ASTM标准(ASTM D 7544-09)已经公布[27]。快速热解得到的生物质热解油是有特殊气味的深褐色液体，其含氧量通常介于35%～40%(质量)，包含超过上百种的含氧有机物，包括：醇类、羧酸类、醛类、酮类、酯类、糖类、呋喃、酚类、愈创木酚及芳烃混合物等[28]。生物热解油可以分为水相和疏水相，在水相中含有大部分的碳水化合物的分解产物，在疏水相中含有木质素分解产物形成的低聚物。生物热解油通过加氢脱氧和分子筛催化提质等过程即可得到芳烃产品。

(二)CFP技术生物质热解制芳烃

美国马萨诸赛州立大学对生物质木质素催化裂解制芳烃工艺进行了深入研究，开发了Biomass to Aromatic™工艺[29]，并成立Anellotech公司，致力于将其推向工业化生产。

Biomass to Aromatic™工艺以非粮食类生物质(植物秸秆、废木材等)为原料，通过CFP技术制芳烃，是目前发展前景较好的生物质热解制芳烃工艺。

Biomass to Aromatic™工艺是一种高效的生物质转化工艺，所有化学反应在一个高温循环流化床中完成，原料和催化剂以气体涡流的形式充分混合反应，有效提高芳烃选择性和产率，具备良好的工艺可行性。其工艺设备(反应器、催化剂再生器等)与石油炼化(如FCC)装置类似，同时保证了快速的热交换和流体动力以避免催化剂结焦；催化剂采用石油炼化工业中广泛应用的含有多孔硅/铝构造的ZSM-5分子筛。工艺流程示意如图8-5-10所示[30]。

固态生物质原料(如木材废料、玉米秸秆、甘蔗渣等)干燥后研磨至粉末，与粉状ZSM-5催化剂混合送入高温循环流化床反应器中，以气体涡流的形式充分混合并加热，在600 ℃、0.1~0.4 MPa条件下，原料迅速转化为芳烃，催化剂表面产生积炭失活。失活的催化剂和反应产物一起移至网状分离器，反应物经冷凝、提纯可获得BTX产品，催化剂则送入再生系统恢复活性后返回反应器循环利用。再生系统内部催化剂烧焦所产生的热量可用于工艺供热和供能。为防止水和氧气对反应温度控制产生不良影响，工艺过程采用无氧无水条件，反应物流以工艺产生的H_2或CO/CO_2气体作为载体。

改进的CFP技术可使对二甲苯的选择性提高至95%，从而显著降低了产物分离成本。此外，该工艺还具有如下特点：①工艺过程采用无氧无水条件，反应物流以过程产生的H_2或CO/CO_2气体作为载体，防止水和氧气对反应温度控制产生不良影响，同时避免了如生物乙醇生产过程产生的大量废弃物。②无需像生物质热解油的改质精炼过程那样使用氢气。③预处理简单，且工艺过程所产生的焦炭、水、气体、烯烃等均可得到有效利用，生产成本较低。

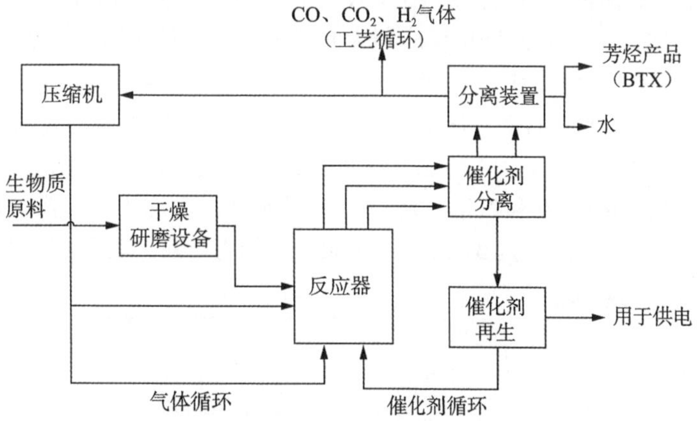

图8-5-10　生物质催化快速热裂解Biomass to Aromatics™工艺示意图

Anellotech公司已于2011年建成基于CFP技术的实验装置[31]。目前，采用快速催化热解工艺，1t生物质可生产50gal(1US gal=3.7854L)BTX产品，BTX的目标产率为85gal/t生物质。由于产品无需进一步加工，因此当原油价格为50~60美元/桶时，该工艺具备与石油原料路线生产的BTX相竞争的成本优势。

CFP的优点是：热解和转化反应同时进行，主要的的转化过程在一个反应器内实现，催化剂的主要功能组分为ZSM-5分子筛，芳烃和烯烃产物适用于现行的石油化工生产装置。

(三)生物质水解液“液相重整”制芳烃

美国Virent公司与威斯康辛大学合作，将植物纤维水解与传统催化加氢技术相结合，在Virent公司纤维素多糖催化(CLS)技术的基础上发展了BioForming™工艺[32]。

BioForming™工艺生产原料来源广泛，包括玉米、甘蔗和木屑等生物质。工艺流程示意如图8-5-11所示[33]。

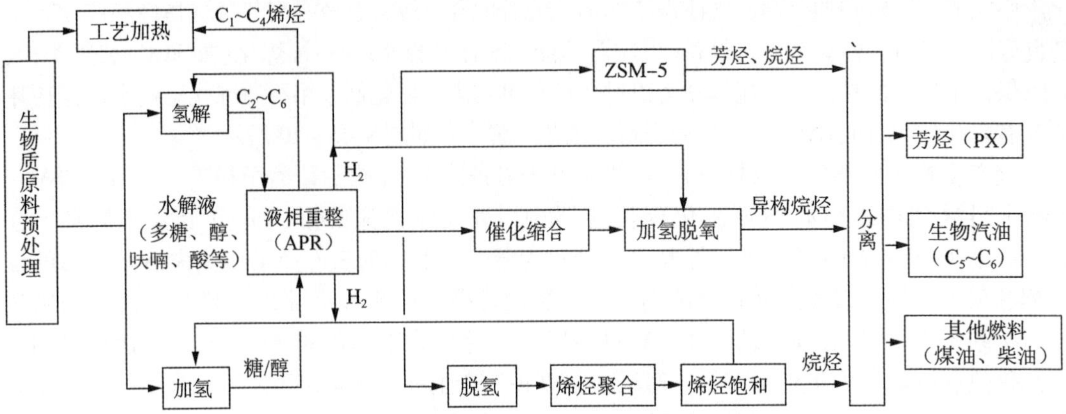

图8-5-11　BioForming™工艺流程的方框示意图

首先将生物质原料(玉米秸秆、木材废料)水解转化为富含碳水化合物(醇、糖、醛)的水解液；利用美国威斯康辛大学开发的液相重整(APR)技术，将糖类混合物脱氧转化为单氧化合物(醇、醛等)，同时生成氢气和二氧化碳。APR 重整产品经连续催化缩合和加氢脱氧反应获得富含 C_{5+}烷烃、异构烷烃以及芳烃的粗产品，经简单分离即可得到高辛烷值汽油和 PX 产品。加氢重整所需氢气可使用 APR 反应副产氢气，也可追加外源氢气，副产 C_1 ~ C_4轻烃可作为工艺热源。其中，APR 反应器为并流下行多管反应器，以活性炭负载铂和铁/铼金属的非均相催化剂，在低温(≤400℃)低压(≤5MPa)的条件发生系列反应[34]。

BioForming™工艺所生产的重整产品(即 BioFormate™产品)组成与传统石油炼化的重整产品组成十分接近，如图8-5-12所示。此外，由产品液相色谱图和产品主要组分表可以看出，Virent 产品分布接近89号汽油，简单分离后即可作为现代商用汽油的的替代品投入使用；而富含的 C_7/C_8 芳烃组分(BTX)则可单独分离作为产品，表8-5-2所示。

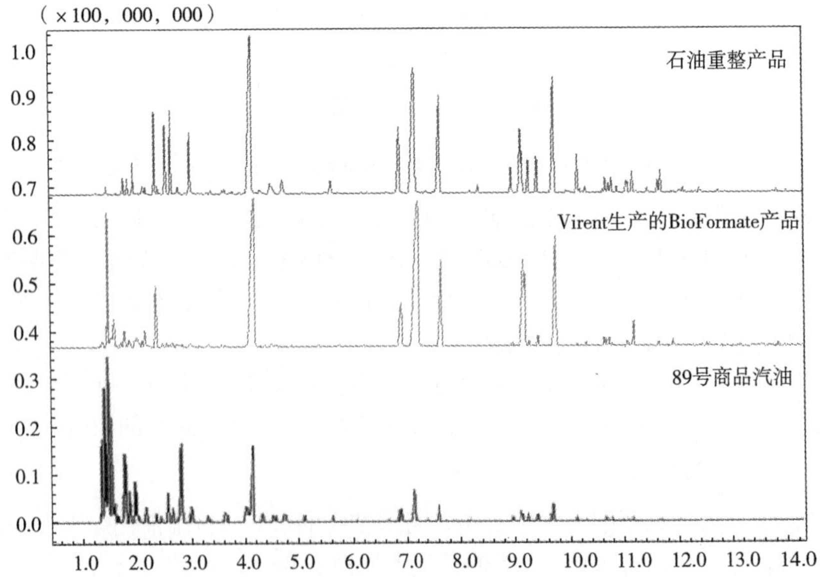

图8-5-12　BioForming™产品液相色谱比较图[33]

表 8-5-2 BioForming™产品组分表[33]

组 分	石油炼化重整产品/%(体积)	BioForming™产品/%(体积)
链烷烃	22.5	20.6
环烷烃	0.7	3.9
芳烃	60.8	64.4
总计	84.0	88.9

(四)生物质发酵法制芳烃

美国可再生化学品公司 Gevo 以生物质发酵的产物异丁醇为原料，生产生物基对二甲苯，其中涉及传统的化学工艺，如脱水、二聚和环化。脱水、二聚、脱氢环化等反应步骤可以在一个单一的反应器中进行，而且每一个单一的反应步骤在不同的反应区域内进行，如图 8-5-13 所示。

根据 GEVO 公司专利[35~37]，工艺流程包括：将生物质原料由 GIFT™工艺转化的 C_4 醇类(异丁醇)送入固定床管式脱水反应器，采用 BASF AL-3996 型 $\gamma-Al_2O_3$ 催化剂进行脱水反应，在 250~350℃、0.4~1.4MPa 条件下得到 C_4 烯烃(异丁烯)，异丁醇转化率超过 99%；所得丁烯在聚合反应器中，以 150~180℃、5.2MPa 下以 ZSM-5 为催化剂获得 C_8 烯烃(2，4，4-三甲基戊烯、2，5-二甲基己烯)，未聚合的异丁烯可作为稀释剂返回脱氢环化反应器，以有效提高 PX 选择性；C_8 烯烃在固定床反应器中进行脱氢环化，在高温(400~600℃)低压(≤0.1MPa)的条件下，采用 BASF D-1145E1/8 型催化剂获得 PX 产品，PX 选择性超过 75%，纯度达 99%，可直接用于进一步氧化生产 PTA 或 PET。

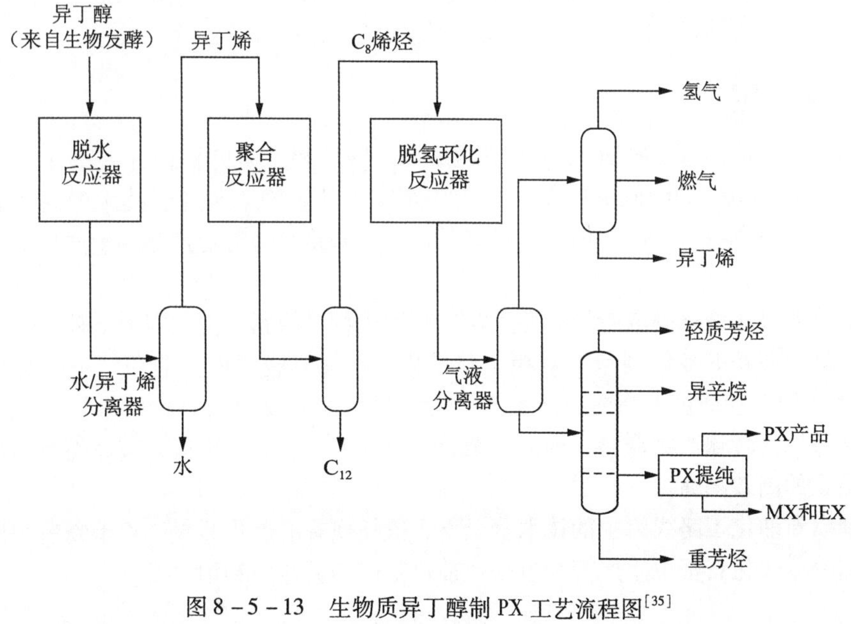

图 8-5-13 生物质异丁醇制 PX 工艺流程图[35]

该工艺可在温和环境下实现 PX 转化，避免在环化反应中由于高温造成的原料裂解副产物，同时可直接生产高纯度 PX 产品，省去了异构化、芳烃分离等复杂工艺，生产过程相对简单。缺点在于：脱氢环化催化剂在高温环境下容易积炭，每15min需移出再生，需要多个反应器切换操作。

Gevo还探索了生物基丙酮制二甲苯工艺，采用晶体粒度为2μm的ZSM-5分子筛作为催化剂，丙酮经过连锁反应合成异丁烯后裂解得到二甲苯产品[38]，但目前还未见工业化报道。

（五）其他生物质制芳烃路线

除上述工艺外，国内外多个研究机构也在积极开展生物质制芳烃技术的开发。UOP公司在其专利中采用生物质原料（葡萄糖或多糖）合成二甲基甲酰胺（DMF），并与乙烯通过催化环加成（Diels-Alder）生成DMF的呋喃环，随后与氧杂双环庚烯衍生物开环并脱水得到PX[39,40]。美国北卡罗莱纳大学以生物质线性单烯（乙烯、丙烯、丁烯以及C_5/C_6烯烃）为原料，在催化剂的作用下转化为对应的C_5/C_6共轭二烯（1，3-戊二烯、2，4-己二烯等），并进一步与乙烯发生加氢环化（Diels-Alder）反应得到带有1~2个甲基的环己烯，最后催化脱氢得到甲苯和二甲苯产品[41]。

采用生物质原料与传统蒸汽裂解工艺相结合也是实现生物基芳烃生产的有效途径。BASF公司以生物质热解油或木质素作为热解原料，经临氢催化裂解反应转化为烯烃和芳烃，提纯后产品与石油炼制产品类似，且不需要改变生产装置基础设施的配置[42]。韩国SK能源公司将煤或木材液化得到生物质合成油分离后，C_1~C_5组分进入轻烃分离过程生产烯烃，C_6~C_{10}组分进入芳烃分离单元和烷基转移单元，得到苯、甲苯、二甲苯产品，C_{11+}重油经回收进入加氢单元循环利用[43]。该工艺所生产的BTX浓度高，同时选择性生产丙烯等低碳烯烃，使总产品价值得到提升。Total采用生物基油脂（如椰油）为蒸汽裂解原料，部分加氢处理后与石脑油原料按一定比例混合蒸汽裂解，产品分馏后可获得烯烃、双烯烃、芳烃和汽油等产品[44]。但该方法主要产品为C_1~C_4烯烃，芳烃含量较低。

五、技术展望

近年来，生物能源和生物炼制技术快速发展，国外相关研究机构开展了深入的研究工作。Anellotech、Gevo、Virent和UOP等公司正在实施从生物质制芳烃技术的商业化，尽管这些技术路线的特点各有不同，但它们最终的产业化必将会对芳烃产品的生产格局产生深远的影响。

要将生物质直接液化制取芳烃，尤其从非食用生物质原料出发，需要从催化剂和工艺技术上寻求突破，涉及的催化剂包括液相重整催化剂、加氢脱氧催化剂和分子筛芳构化催化剂，实现绿色PTA和绿色聚酯的清洁生产。纤维素是体量最大的非食用生物质原料，目前从纤维素到芳烃的转化产物众多、构成复杂，可控性差、有效产率低，因此需要解决的首要问题是纤维素的高效解离。

在当今以石油化工路线为主的技术背景下，依托现有的炼化装置，将生物质资源作为部分原料，部分替代化石资源生产芳烃也是目前值得密切关注的利用方式。

参考文献

[1] Centi G, Santen R A van. Catalysis for renewables: from feedstock to energy production [M]. Weinheim: Wiley-VCH, 2007.

[2] a) Corma A, Iborra S, Velty A. Chemical routes for the transformation of biomass into chemicals [J]. Chem. Rev., 2007, 107 (6): 2411-2502; b) Gallezot P. Catalytic conversion of biomass [J]. Chem. Sus. Chem., 2008, 1: 734-737.
[3] Raveendran K, Genesh A, Khilar K C. Pyrolysis characteristics of biomass and biomass components. Fuel, 1996, 75: 987-998.
[4] Ranzi E, Cuoci A, Faravelli T, et al. Chemical kinetics of biomass pyrolysis [J]. Energy & Fuels, 2008, 22, 4292 - 4300.
[5] Jae J, Tompsett G A, Foster A J, et al. Investigation into the shape selectivity of zeolite catalysts for biomass conversion [J]. J. Catal., 2011, 279: 257-268.
[6] http://www.virent.com/technology/bioforming/.
[7] Peters M W, Taylor J D, Jenni M, Manzer L E, Henton D E. Integrated process to selectively convert renewable isobutanol to p-xylene [P]: USP 20110087000, 2011.
[8] Yu L, Huang S, Zhang S, et al. Transformation of isobutyl alcohol to aromatics over zeolite-based catalysts [J]. ACS Catal, 2012, 2: 1203-1210.
[9] O'sullivan A C. Cellulose: the structure slowly unravels[J]. Cellulose, 1997. 4: 173 -207.
[10] Appell H R, Anderson L, Tilman D A. Fuels from waste [M]. New York: Academic Press, 1970.
[11] Perez J, et al. Biodegradation and biological treatments of cellulose, hemicellulose and lignin: an overview [J]. International Microbiology, 2002, 5: 53-63.
[12] Ma Z, Troussard E, Bokhoven J A van. Controlling the selectivity to chemicals from lignin via catalytic fast pyrolysis [J]. Appl. Catal. A-Gener., 2012, 423-424: 130-136.
[13] Li X, Su L, Wang Y, Yu Y, Wang C, Li X, Wang Z. Catalytic fast pyrolysis of kraft lignin with HZSM-5 zeolite for producing aromatic hydrocarbons [J]. Front Environ. Sci. Eng., 2012, 6: 295-303.
[14] Huang Y, Kudo S, Norinaga K, Amaike M, Hayashi J-I. Selective production of light oil by biomass pyrolysis with feedstock-mediated recycling of heavy oil [J]. Energy Fuels, 2012, 26, 256-264.
[15] Sergeev A G, Hartwig J F. Selective, Nickel-catalyzed hydrogenolysis of aryl ethers [J]. Science, 2011, 332: 439-443.
[16] Ausavasukhi A, Huang Y, To A T, Sooknoi T, Resasco D E. Hydrodeoxygenation of m-cresol over gallium-modified beta zeolite catalysts [J]. J Catal, 2012, 290: 90 - 100.
[17] Mentzel U V, Holm M S. Utilization of biomass: Conversion of model compounds to hydrocarbons over zeolite H-ZSM-5 [J]. Appl. Catal. A-Gener., 2011, 396: 59-67.
[18] Shabaker J W, Dumesic J A. Kinetics of aqueous-phase reforming of oxygenated hydrocarbons: Pt/Al_2O_3 and Sn-Modified Ni Catalysts [J]. Ind. Eng. Chem. Res., 2004, 43, 3105-3112.
[19] Popov A, Kondratieva E, Mariey L, et al. Bio-oil hydrodeoxygenation: adsorption of phenolic compounds on sulfided (Co)Mo catalysts [J]. J. Catal., 2013, 297: 176-186.
[20] Wang H M, Male J, Wang Y. Recent advances in hydrotreating of pyrolysis bio-oil and its oxygen-containing model copounds [J]. ACS Catal., 2013, 3: 1047-1070.
[21] 李其义，万磊，张素平，等，生物油低温加氢脱氧的研究[J]. 石油化工，2011，40：954-957.
[22] Li K Wang R, Chen J, Hydrodeoxygenation of anisole over silica-supported Ni_2P, MoP, and NiMoP catalysts [J]. Energy Fuels, 2011, 25: 854-863.
[23] Wildschut J, Mahfud F H, Venderbosch R H, et al. Hydrotreatment of fast pyrolysis oil using heterogeneous noble-metal catalysts [J]. Ind. Eng. Chem. Res., 2009, 48: 10324-10334.
[24] Vispute T P, Zhang H Y, Sanna A, et al. Renewable chemical commodity feedstocks from integrated catalytic processing of pyrolysis oils [J]. Science, 2010, 330: 1222-1227.

[25] Weisz P B, Haag W O, Rodewald P G. Catalytic production of high - grade fuel (gasoline) from biomass compounds by shape - selective satalysis [J]. Science, 1979, 206: 57 - 58.

[26] UOP. http: //www. ensyn. com/news/DOEBiomassToGreenFuelsGrant. pdf. 2010, 2010 - 09 - 18.

[27] ASTMD7544, Standard specification for pyrolysis liquid biofuel, in petroleum standards (D02. E0), Book of Standards [M], 2009, ASTM International: West Conshohocken, PA, USA.

[28] Diebold J P. A review of the chemical and physical mechanisms of the storage stability of fastpyrolysis bio - oils [M], 2000, Golden.

[29] Brown T R, Zhang Y, Hu G, et al. Techno - economic analysis of biobased chemicals production via integrated catalytic processing [J]. Biofuels, Bioprod. Bioref., 2012, 6: 73 - 87.

[30] http: //chenected. aiche. org/energy/biochemical - engineering - innovator - george - huber - announces - breakthrough/attachment/2012 - 01 - 19_ 1152 - schematic - anellotech/

[31] Guzman D de. Chemicals firms venture into biomass feedstock[J]. ICIS Chemical Business, 2011 - 01 - 10.

[32] Virent succeds in producing PX from 100% plant - based sugars[N]. Petro Chemical News, 2011 - 06 - 18: 1.

[33] http: //www. virent. com/products/chemicals/.

[34] Huber G W, Dumesic J A. An overview of aqueous - phase catalytic processes for production of hydrogen and alkanes in a biorefinery[J]. Catalysis Today, 2006, 111: 119 - 132

[35] Peters M W, et al. Renewable xylenes produced from biological C_4 and C_5 molecules: WO, 2012061372 [P]. 2012 - 05 - 10.

[36] Peters M W, Taylor J D, et al. Process for preparing p - xylene from isobutanol: US, 20110087000[P]. 2011 - 04 - 14.

[37] Hawkins A C, Glassner D A, William A E, et al. Methods for the economical production of biofuel from biomass: US, 20090226990A1[P]. 2009 - 09 - 10.

[38] Tago T, Konno H, Sakamoto M, et al. Selective synthesis for light olefins from acetone over ZSM - 5 zeolites with nano - and macro - crystal sizes[J]. Applied Catalysis, A: General, 2011, 403(1 - 2): 183 - 191.

[39] Universal Oil Product Company. 对二甲苯和对苯二甲酸的碳水化合物途径: 中国, 102482177[P]. 2012 - 05 - 30.

[40] Brandvold T A. Carbohydrate route to para - xylene and terephthalic acid: US, 20100331568[P]. 2010 - 12 - 30.

[41] Brookhart M, Findlater M, et al. Synthesis of para - xylene and toluene: WO, 2012061272A3[P]. 2012 - 07 - 12.

[42] Prochazka R, Bitterlich S, et al. Process for preparing at least one low molecular weight aromatic material of value from a lignin - comprising starting material: US, 20110275868[P]. 2011 - 11 - 10.

[43] Kim H C, Kim Y S, Kim S W, et al. Method of producing valuable aromatics and olefins from hydrocarbonaceous oils derived from coal or wood: WO, 2012036484[P]. 2012 - 03 - 22.

[44] Vanrysselberghe V, Vermeiren W. Use of free fatty acids produced from bio - sourced oils & Fats as the feedstock for a steamcracker: US, 20120142982[P]. 2012 - 06 - 07.

第九章 芳烃衍生物技术

芳烃的一个或几个氢原子被其他原子或官能团取代后所生成的化合物称为芳烃衍生物。芳烃衍生物生产技术的开发，对于延伸芳烃产业链，发展高端化学品，具有重要的意义。芳烃衍生物技术围绕着高性能催化剂和配套工艺技术的开发，其生产通常伴随着强吸/放热过程，需兼顾工艺经济性和过程可控性。总体上讲，节能降耗、过程绿色化、装备大型化是主要的技术发展方向。

本章将介绍苯乙烯、苯酚、硝基苯、苯胺、苯甲腈/苯二甲腈、苯二甲酸、均/偏苯三甲酸酐和均苯四甲酸酐的主要生产技术，涉及加氢、脱氢、硝化、氨氧化和氧化等催化反应过程。环己烷不是芳烃的衍生物，但目前苯的一个重要用途是生产环己烷，因此在本章一并讨论。

第一节 苯乙烯技术

一、概

苯乙烯，又名乙烯基苯，分子式为 $C_6H_5C_2H_3$，相对分子质量为 104.15。外观为无色、有特殊香气的透明油状液体，密度为 $0.906g/cm^3$，熔点为 -30.6℃，沸点为 145℃[1]。苯乙烯是一种重要的有机化工原料，主要用于生产苯乙烯系列树脂及丁苯橡胶，此外还是生产离子交换树脂及医药品的原料之一。

目前工业上生产苯乙烯的方法主要有乙苯催化脱氢法、乙苯共氧化联产(PO/SM)法以及裂解汽油抽提回收苯乙烯法。乙苯催化脱氢法在苯乙烯的生产中占主导地位，约占苯乙烯总产能的80%；乙苯共氧化联产法可同时获得两种产品，近年来发展较快，约占苯乙烯总产能的20%；随着乙烯规模的大型化，从裂解汽油中分离回收苯乙烯的方法也正受到重视。

乙苯催化脱氢工艺按反应器的不同可分为绝热脱氢工艺和等温脱氢工艺。世界上绝大多数装置采用绝热脱氢工艺，主要包括 Lummus/UOP Classic SM™ 工艺、Lummus/UOP Smart SM™ 工艺、Fina/Badger 工艺、Dow 工艺以及中国石化(Sinopec)工艺；欧洲一些苯乙烯生产装置采用等温脱氢工艺，如 BASF 等温脱氢工艺[2~6]。

美国 Halcon 公司和英荷 Shell 公司分别开发成功乙苯共氧化联产法生成苯乙烯和环氧丙烷技术，于20世纪70年代实现了工业化。该工艺是将乙苯脱氢的吸热反应和丙烯氧化的放热反应结合，同时得到苯乙烯和环氧丙烷两种产品。目前，联产法生产工艺的主要专利商是 Shell 和 Lyondell 公司。甲苯甲醇侧链烷基化制乙苯/苯乙烯技术的研究工作也取得了较好的结果[7]。

二、乙苯催化脱氢生成苯乙烯技术

(一)反应原理

在催化剂的作用下，乙苯脱氢生成苯乙烯，具体反应方程式如下所示[8,9]：

主反应：

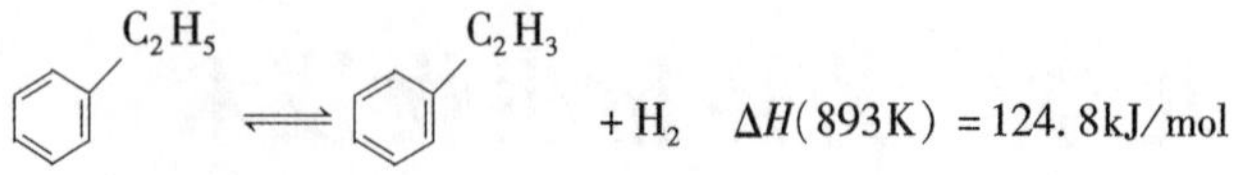

副反应：

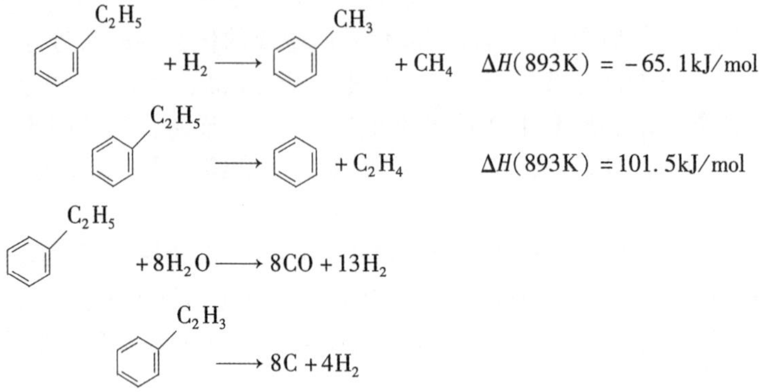

$$C + H_2O \longrightarrow CO + H_2$$

$$CO + 2H_2O \xrightarrow{Fe} CO_2 + 2H_2$$

乙苯脱氢生成苯乙烯反应是一个强吸热可逆分子数增加反应。通过控制苯乙烯和乙苯之间的平衡能够控制该反应的深度。提高反应温度，降低反应压力，有利于脱氢主反应的进行。除生成主产物苯乙烯外，副产物主要有苯、甲苯、甲烷、乙烯、二氧化碳、一氧化碳、氢气等。

在一定条件下，各种反应途径在热力学上都是有可能的。实际的产物分布由这些反应的相对速率所控制。由图 9-1-1[10] 可知，高温有利于平衡向主产物转移，但是在高温反应条件下，裂解、氢解以及结焦等副反应过程也显著加速。因此，在乙苯脱氢反应过程中，必须采用高性能的催化剂来提高主产物苯乙烯的选择性。

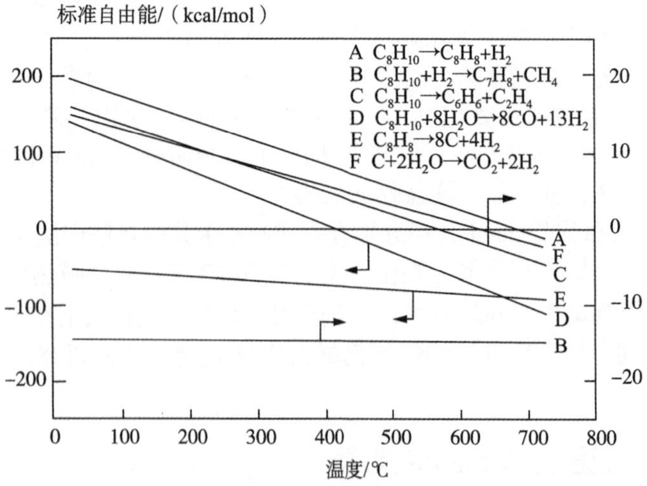

图 9-1-1 乙苯脱氢过程中各种反应的标准自由能（1mol 反应物为基准）

（1 kcal = 4.1868kJ）

对于氧化铁系催化剂，有研究认为脱氢机理如图 9－1－2 所示[11]。乙苯先在 $Fe^{(2\sim3)+}$ 上进行($\mu_1-\eta^6$)吸附，然后通过超共扼效应生成烯丙负基，在 K^+ 的氧配位基(O_{23})上脱 α－H，并在另一铁离子(Fe_{20})上脱 β－H，高温下吸附在(Fe_{19})上的烯丙基异构化，由苯环上一个碳原子和乙基上的 α 及 β 碳原子组成新的烯丙基，最后脱附生成苯乙烯，Fe_{20}－H 和 O_{23}－H作用生成 H_2。

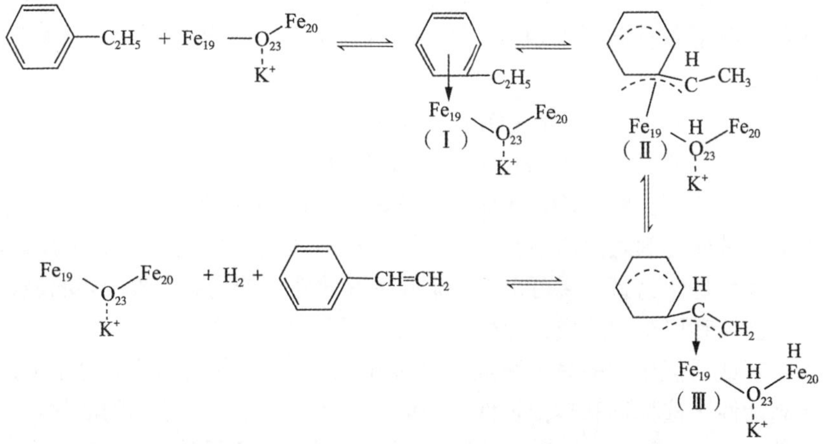

图 9－1－2　氧化铁系催化剂上乙苯脱氢反应机理

(二)催化剂

对于乙苯脱氢制苯乙烯这一重要的石油化工过程，催化剂的优劣决定了脱氢过程的经济性。20 世纪 30 年代以来，乙苯脱氢催化剂的研究开发和更新换代一直在持续进行，苯乙烯工业化初期使用的锌系、镁系催化剂很快被综合性能更好的铁系催化剂所替代，并沿用至今。

20 世纪 80 年代以来，乙苯脱氢铁系催化剂实现了几个重要转变：①由 Fe－K－Cr 型向 Fe－K－Ce 型转变，这是因为 Cr 的氧化物污染环境，能引起癌变，所以用 Ce、Mo 代替 Cr 的作用。②催化剂由高钾型向低钾型转变。“能源危机”使苯乙烯生产过程中的蒸汽费用急剧上扬，高钾型催化剂应运而生，高钾含量有助于提高水煤气反应速率，增强催化剂的抗积炭能力和抗还原能力，可以在较低的水蒸气/乙苯质量比(水比)下应用，有一定的节能效果。但高钾催化剂存在着钾容易流失问题，因此从 20 世纪 90 年代开始，催化剂的研发方向为钾含量约为 10%，且适用于低水比条件的低钾型催化剂。③由高水比向低水比转化，有利于减少苯乙烯生产过程的蒸汽耗量，有效降低生产成本。④催化剂的使用寿命明显延长，最低要求为两年。

1. 催化剂的活性相

乙苯脱氢铁系催化剂的主要活性组分是氧化铁，但对铁以何种价态和相态促进脱氢反应，有许多不同的看法。有研究者认为，在反应条件下氧化铁以磁性 Fe_3O_4 的形式存在[12]。也有研究发现，随着使用时间的增加，催化剂中 $\alpha-Fe_2O_3$ 物相减少，而由 Fe_2O_3 和 FeO 共同组成的 Fe_3O_4 物相逐渐形成，表明乙苯脱氢反应过程中存在着 $\alpha-Fe_2O_3$ 的缓慢还原过程，催化剂的脱氢活性可能就是通过 Fe^{3+} 还原为 Fe^{2+} 的过程实现的[13]。Hirano 研究认为钾和氧化铁相互作用的产物 $KFeO_2$ 是活性相[14,15]。Muhler[16,17] 等认为活化态催化剂为 $KFeO_2$/

$K_2Fe_{22}O_{34}/Fe_3O_4$ 多相动态体系，其中 $KFeO_2$ 是活性相，$K_2Fe_{22}O_{34}$是储钾相，钾动态平衡于 $KFeO_2$ 和 $K_2Fe_{22}O_{34}$之间，催化剂的活性取决于多相体系储存钾的能力。综合而言，比较一致的观点认为 $KFeO_2$ 是活性相。

2. 助剂的作用及影响

为了提高催化剂的性能，铁系脱氢催化剂还需引入多种助剂。钾是其中最重要的一种助剂，钾的引入可将催化剂的活性提高一个数量级以上[12]。钾与氧化铁生成 $KFeO_2$ 物相，该物相呈橄榄绿色，但是在室温下不稳定。Hirano 认为 $KFeO_2$ 物相的形成和分解按照以下反应方程式进行[14]。

$$K_2CO_3 \rightleftharpoons CO_2 + K_2O$$
$$K_2O + Fe_2O_3 \longrightarrow K_2Fe_2O_4$$
$$K_2Fe_2O_4 + CO_2 \longrightarrow K_2CO_3 + Fe_2O_3$$

钾助剂可以促进催化剂表面的消炭反应，因此在乙苯脱氢反应体系中起着重要的作用。钾助剂的另一个作用是作为碱金属可以降低催化剂的酸性。催化剂中含较多的碱金属和碱土金属更有利于苯乙烯和甲苯的形成，而酸性中心则更有利于苯的生成[12]。

铈是乙苯脱氢铁系催化剂中另一种重要的助剂。稀土金属作为结构和电子助剂广泛用于催化剂中以提高活性、选择性和热稳定性。铈的引入降低了生成苯乙烯的活化能，从而提高了催化剂的活性。CeO_2 可以通过 Ce^{3+}/Ce^{4+} 离子偶的氧化－还原循环，$Fe^{2+} + Ce^{4+} = Fe^{3+} + Ce^{3+}$（Redox 机理），向催化剂活性相供应晶格氧，改善活性位之间的电子传递，促进脱氢及水煤气反应、提高催化剂自再生能力[18,19]。也有学者提出[20]在实验条件下催化剂表层 CeO_2 首先被还原，Fe^{3+}形成新的活性位，Fe^{3+} 为 L 酸中心，Ce^{3+} 为碱中心，在这种活性中心上，脱氢反应过程如图 9－1－3 所示。同时，铈对催化剂组分起分散和稳定的作用，铈的引入使氧化铁变得较难被还原，从而提高催化剂的稳定性。

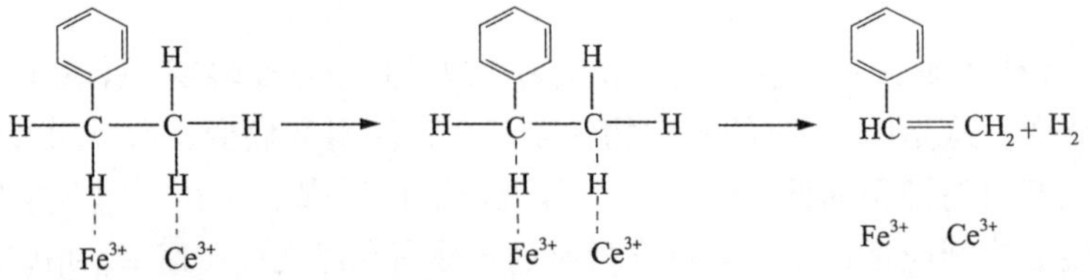

图 9－1－3　乙苯催化脱氢催化剂 Fe 和 Ce 协作机理图

铈引入到催化剂中的前驱体以及铈的含量对催化剂的性能也有着重要的影响[21,22]。表 9－1－1 为 CeO_2 含量对催化剂性能的影响[22]。

表 9－1－1　CeO_2 含量对催化剂性能的影响

CeO_2 含量/％(质量)	乙苯转化率/％(质量)	苯乙烯选择性/％(质量)	机械强度/(N/5mm)
5.0	75.1	90.2	100
8.5	76.0	94.0	102
10.0	76.8	95.3	106
11.0	76.6	94.9	90
12.0	76.5	94.8	88

由表9-1-1可知，随着催化剂中铈含量的增加，催化剂的活性和选择性都有所增加。但当增加到一定值时，催化剂性能对 CeO_2 含量的敏感性下降，且催化剂的机械强度也有一定程度的下降，表明 CeO_2 含量对催化剂性能的影响存在峰值，将 CeO_2 含量控制在10%时较佳。

除了钾和铈助剂外，其他助剂也会对催化剂的性能产生影响。钼的引入能够降低苯乙烯、苯、甲苯的生成速率，提高催化剂的选择性[23,24]，原因可能是生成苯、甲苯的活性位的减少量比苯乙烯的大。但钼含量过高则不利于催化剂的选择性和活性，过量的钼还会抑制铁钾化合物的生成，促使其分解[25]。镁的引入可以提高铁离子的抗还原稳定性，这是因为铁和镁的离子半径更相近，更易形成复合氧化物而发挥结构助催化作用[26]。钙的引入可以提高催化剂的选择性和稳定性[27]。这是因为钙能起到结构助剂的作用，降低铁酸钾的生成温度，延缓催化剂中的 Fe^{3+} 被还原[28]。锰也能起到结构助剂的作用，锰取代铁可以提高催化剂的活性，取代量为20%时效果最佳，可以加速 $KFeO_2$ 的形成，增加催化剂的比表面积，减少催化剂的积炭，延缓 $KFeO_2$ 热分解为KOH和 Fe_3O_4[29]。

乙苯脱氢生成苯乙烯反应属于气相大分子反应。为了反应物和产物的扩散，催化剂需要具有较大的孔道。研究发现，催化剂使用后，孔径小于50nm的微孔全部被积炭阻塞，而大的孔则积炭较少，因此催化剂应具有小比表面积、大孔径的特点[30]。研究发现催化剂中加入水泥后，催化剂的比表面积减少，大孔孔径增大，催化剂的性能提高[31]。致孔剂的选择也会对催化剂的孔结构产生影响，进而影响催化剂性能，结果见图9-1-4[30]。

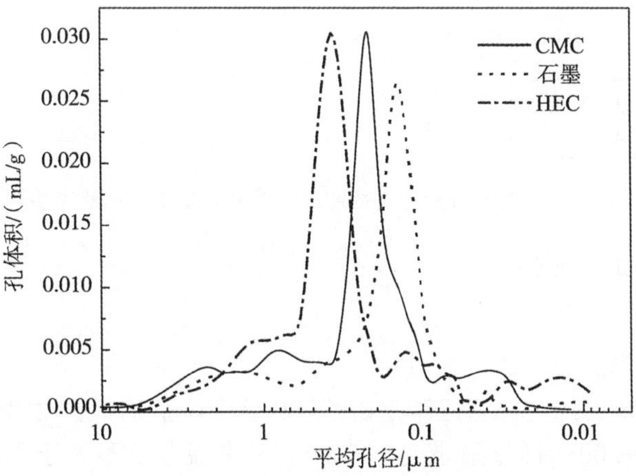

图9-1-4　致孔剂对孔结构的影响

将石墨作为致孔剂的催化剂最可几孔径(出现几率最大的孔径)为0.16 μm，羧甲基纤维素钠(CMC)作为致孔剂的催化剂最可几孔径为0.22 μm，不含氯离子的羟乙基纤维素(HEC)作为致孔剂的催化剂，由于减少了钠等杂质，催化剂的最可几孔径增大到0.37 μm。这表明添加致孔剂能够调变催化剂的孔结构。以上三种催化剂经负压绝热评价装置催速老化后，积炭量分别为3.89%、2.21%和1.32%，表明通过改善催化剂的孔结构可以大幅度减少表面积炭，提高催化剂的稳定性。

3. 催化剂的失活

氧化铁系乙苯脱氢催化剂的失活可以归结为四个方面的原因：催化剂表面的积炭、钾的流失和迁移、三价铁的还原和催化剂物理结构的变化[32~37]。催化剂使用过程中的晶相变化以及失活过程如图9-1-5所示[16]，随着钾的流失，当催化剂的晶相转变为Fe_3O_4晶相时，催化剂失活。

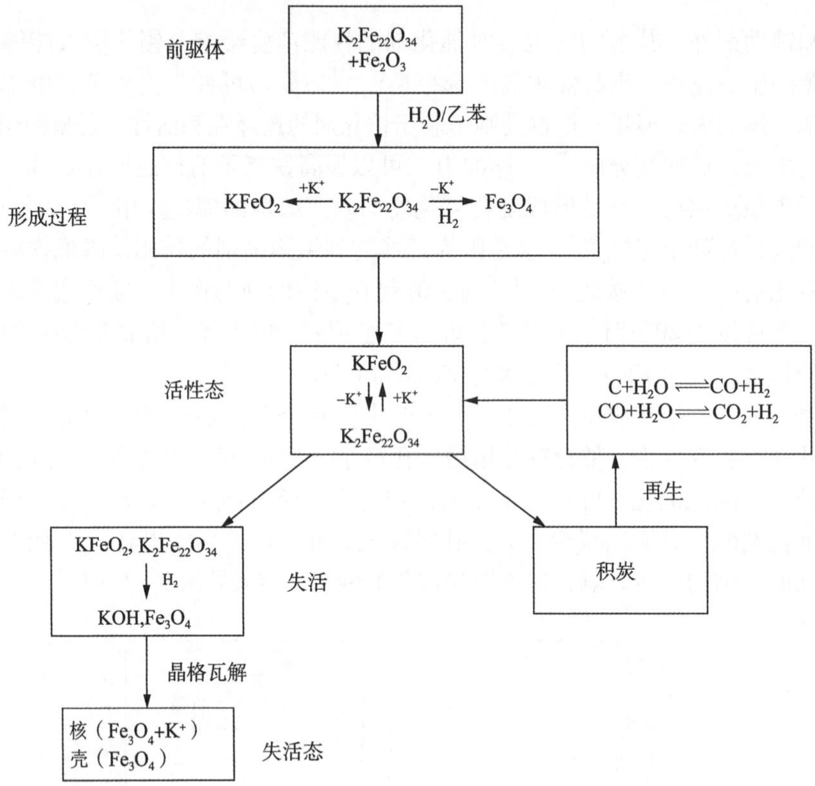

图9-1-5 乙苯脱氢催化剂使用过程中的晶相变化及失活过程

(三)工艺流程和工艺条件

1. 原料和产品

(1)原料来源与规格

用于乙苯脱氢制苯乙烯的原料乙苯是由乙烯和苯经烷基化反应而得。乙苯质量应符合行业标准，SH/T 1140—2001(详见附录二，表9)。其中硫含量不大于3μg/g，氯含量不大于1μg/g，色度(Pt-Co色号)不大于10。

乙苯是乙烯和苯经烷基化反应制得，其中含有二甲苯。二甲苯经脱氢催化剂在高温下部分裂解，未裂解的二甲苯部分在装置内循环，部分随苯乙烯产品带出。用一般的分离方法很难将少量的二甲苯从苯乙烯中分离出来，尤其是邻二甲苯，因此控制乙苯中的二甲苯含量至关重要，它直接影响苯乙烯产品的纯度。

原料乙苯中若含异丙苯将对脱氢反应产生一定影响。异丙苯在乙苯脱氢工艺条件下也发生脱氢反应，生成α-甲基苯乙烯，会对苯乙烯产品质量产生影响。

此外还需满足脱氢催化剂对原料乙苯控制硫、氯离子、二乙苯含量和游离水的要求。

(2)产品质量指标

乙苯脱氢制苯乙烯产品外观为无色透明液体，无机械杂质和游离水，规格达到国家标准

GB/T 3915—2011（详见附录二，表 11）。

2. 工艺流程

国内自 1960 年开始生产苯乙烯，采用等温脱氢技术及列管式反应器，装置单列生产规模较小，最大装置规模仅 8kt/a。由于物耗和能耗较高，产品市场竞争力较弱，上述生产装置先后停产。80 年代末期装置规模开始向大型化方向发展。

20 世纪 80 年代初，中国石化开始了 GS 系列乙苯脱氢催化剂的开发，通过对催化剂多级孔道创制、表面酸碱性协调、尖晶石结构形成等关键问题的深入研究，突破了影响催化剂活性、选择性的关键技术，解决了催化剂使用寿命短的难题，形成了包括催化剂组成、制备、应用方案在内的具有自主知识产权的一系列技术[38~45]，催化剂的物性指标见表 9－1－2。GS 系列催化剂已在中国（含台湾）27 套苯乙烯装置上进行工业应用。

表 9－1－2　典型 GS 催化剂的物化指标

项　　目	指　　标
主要组分	Fe－K－Ce－Mo
外观	红褐色圆柱体
粒度分布	
直径/mm	3.0 ±0.1
条长/mm	4 ~8
比表面积/（m^2/g）	3 ±1
松装堆密度/（g/mL）	1.35 ±0.05
抗压碎力/（N/5mm）	≥105
试样低抗压碎力颗粒的质量分数/%（质量）	≤20
冷水浸泡后颗粒完整率/%	100
煮沸浸泡后颗粒完整率/%	100

在乙苯脱氢催化剂成功开发和应用的基础上，中国石化自主开发了乙苯脱氢制苯乙烯成套技术。该技术具有以下特点：①采用国内开发的具有级间换热的负压绝热脱氢反应工艺技术。②采用国产 GS 系列乙苯脱氢催化剂，具有稳定的高转化率和高选择性。③脱氢反应器采用国内开发的轴径向反应器。它合理利用轴径向流动技术，优化集流和分流流道设计，使反应器压降满足负压反应要求，反应器容积利用率和催化剂利用率较高。④脱氢液分馏精制采用顺序分离恒沸热回收节能工艺，减少水蒸气消耗。⑤焦油中苯乙烯的回收采用负压绝热闪蒸工艺。⑥对工艺凝液和尾气进行充分处理，“三废”排放量少，环境污染被控制到最低程度。乙苯脱氢制苯乙烯工艺在脱氢反应器后均设有三级组合式换热器以回收高温热。传统工艺中，通常采用卧式一字型组合换热器来回收热量，该方式虽然接管阻力小，热量回收充分，但是存在水平方向热膨胀量大、乙苯过热器容易泄漏、占地面积大等问题。中国石化开发了 L 型组合式换热器新技术，既解决了泄漏问题，同时又充分回收了反应出料的高温显热，其流程见图 9－1－6[46]。

该工艺方案的优点有：①乙苯过热器改为立式放置后，换热管管束的热膨胀方向与换热器自重方向一致，乙苯过热器的滑动管板不再受换热管管束质量的影响，滑动管板与壳体圆筒不再发生直接接触，保证装置在开/停车及操作温度变动较大时也能正常滑动。②换热器壳体底部聚合物以及结垢在壳侧四周增加均匀，不会累积在一侧而影响滑动管板的自由滑动。③换热器壳体四周受力均匀，降低了对换热器壳体圆度的要求，换热器制造加工的难度降低。④保留了原工艺热量回收率高的优点，且流程占地面积减小。

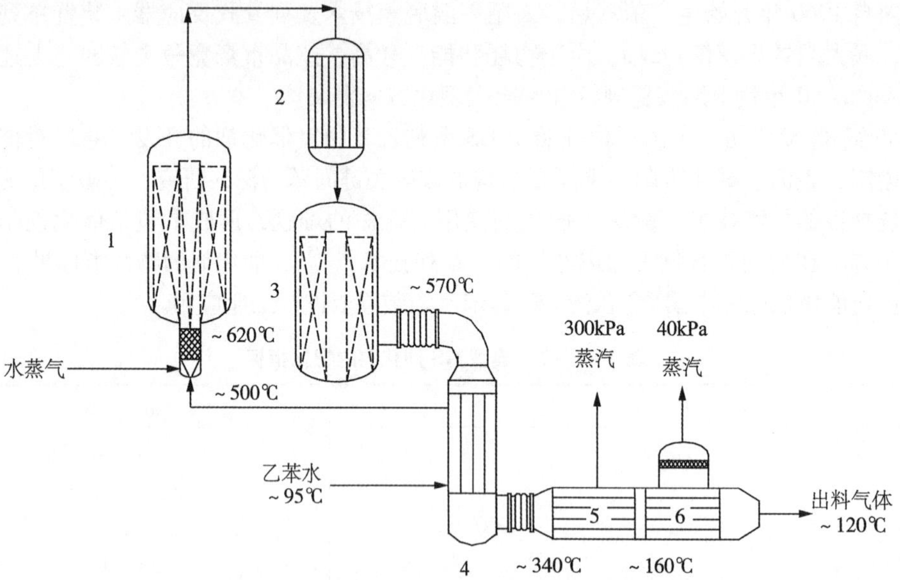

图9-1-6 L型组合式换热器回收反应出料高温显热流程示意图

1—第一反应器；2—中间再热器；3—第二反应器；4—乙苯过热器；
5—低压废热锅炉；6—低低压废热锅炉

为了适应石化企业节能降耗的需求，中国石化开发了第二代乙苯脱氢苯乙烯成套技术。其核心技术为顺序分离共沸热回收节能新工艺[47,48]，工艺流程见图9-1-7。

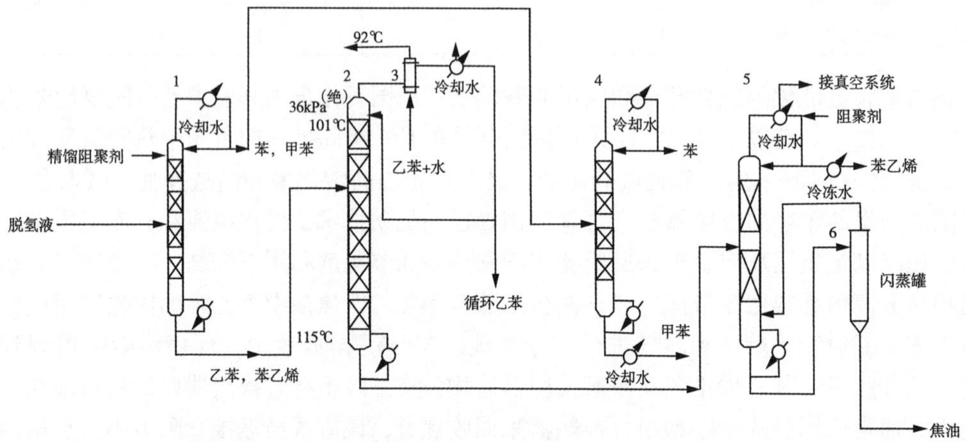

图9-1-7 苯乙烯顺序分离共沸热回收节能工艺流程图

1—预分塔；2—乙苯/苯乙烯分离塔；3—乙苯/苯乙烯分离塔塔顶冷凝器；4—苯/甲苯分离塔；
5—精苯乙烯塔；6—闪蒸罐

三级组合式换热器出来的物流经过进一步冷却后，进入油水分离器进行烃相和水相的分离，所得的烃相混合物(即脱氢液)进入苯乙烯精馏单元经一系列分离得苯乙烯产品。所谓顺序分离工艺，即脱氢液先经预分塔分离，塔顶将苯、甲苯等轻组分分离，塔釜为乙苯、苯乙烯和高沸物；预分塔塔釜混合物进入到乙苯/苯乙烯分离塔分离，塔顶为乙苯，塔釜主要为苯乙烯；塔釜苯乙烯再经精苯乙烯塔进一步精馏得苯乙烯产品。在乙苯/苯乙烯分离塔塔顶冷凝器(乙苯/水蒸发器)应用恒沸热回收技术，用于蒸发原料乙苯和水的混合物，从而节省了大量水蒸气达到节能目的。由于采用顺序分离工艺，乙苯塔塔顶气中基本没有苯、甲苯等轻组分，塔顶冷凝器(乙苯/水蒸发器)的换热效果大为改善，乙苯分离塔的塔顶压力相比国外同类节能工艺可下降3~5kPa，塔釜温度相应降低2~5℃，苯乙烯在该塔塔釜的聚合损失可减少20%以上。该技术与传统技术相比，中压蒸汽与低压蒸汽耗量分别下降87%和21%，苯乙烯装置综合能耗下降15%以上。

中国石化自主开发的乙苯脱氢成套技术，已对外许可23套，其中建成投产17套，在建装置6套。

3. 工艺条件的影响

乙苯脱氢生成苯乙烯反应主要受反应温度、压力、水比和液时空速(LHSV)等工艺条件的影响。

(1)反应温度

乙苯脱氢生成苯乙烯反应为吸热反应，故乙苯的平衡转化率随着反应温度的升高而增加。以中国石化开发的GS-08催化剂为例，在实验室负压二段绝热装置上考察了反应温度的影响，结果见表9-1-3[49]。

表9-1-3 反应温度对乙苯脱氢反应的影响

反应温度/℃		反应结果	
第一反应器入口	第二反应器入口	乙苯转化率/%	苯乙烯选择性/%
605	610	64.35	96.82
615	620	68.59	96.11
620	625	70.24	95.84
625	630	72.49	95.57

由表9-1-3可知，升高反应温度，乙苯转化率提高，但副反应(指吸热的副反应)也将加剧，造成生成苯乙烯的选择性降低，因此反应温度不宜过高。从降低能耗和延长催化剂寿命的角度出发，希望在保证苯乙烯单程收率的前提下，尽量采用较低的反应温度。工业上乙苯绝热脱氢反应器的进口温度一般为615~645℃。

(2)反应压力

乙苯脱氢生成苯乙烯是分子数增加反应，因此降低反应压力有利于反应向生成苯乙烯的正方向进行。对于给定的反应温度和水比，压力对反应的影响见图9-1-8[49]。

由图9-1-8可知，随着反应压力的降低，乙苯转化率显著增加，选择性也在增加。在相同的乙苯液时空速和水比下，降低反应压力可相应降低反应温度，而苯乙烯的单程收率维持不变。另外，较高的反应压力有利于苯乙烯的聚合，造成管道、设备的堵塞，因此降低反应系统压力可在一定程度上抑制苯乙烯聚合。

鉴于上述两个原因，负压操作明显有利于提高苯乙烯的单程收率，故当今苯乙烯工业生产普遍采用负压脱氢工艺，操作压力通常为40~60kPa。

(3)水比

水比对乙苯脱氢反应的影响见图9-1-9[49]。

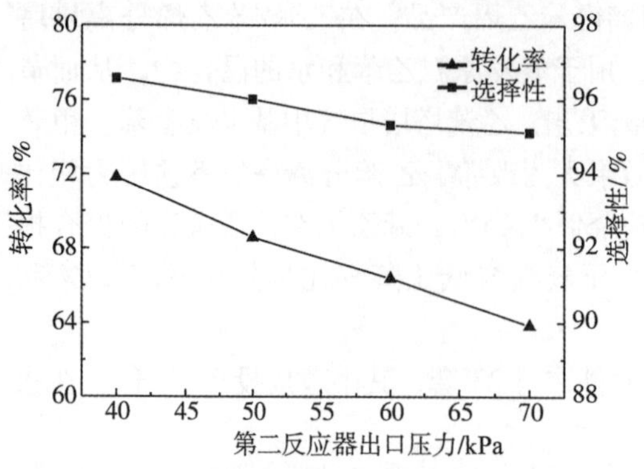

图9-1-8 反应压力对乙苯脱氢反应的影响

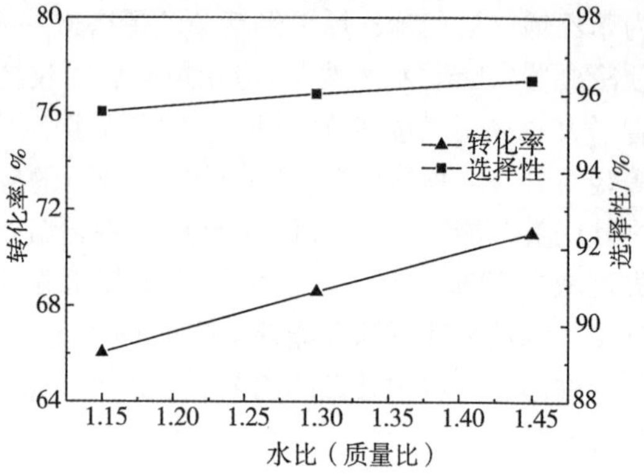

图9-1-9 水比对乙苯脱氢反应的影响

水蒸气的作用主要有如下三点：①水蒸气的存在降低了反应物和反应产物的分压，起到类似于降低反应压力的作用，从而使反应向着有利于生成苯乙烯的正方向进行，提高乙苯的转化率和苯乙烯的选择性。②水蒸气可与催化剂表面的积炭发生水煤气变换反应生成 CO 和 CO_2，延长催化剂寿命；此外，水蒸气还可防止催化剂的活性成分还原为金属，也有利于延长催化剂寿命。③对于绝热脱氢工艺，加入的过热蒸汽更是不可缺少的供给反应热的载热体，过热蒸汽提供了乙苯脱氢所需的能量。由图9-1-9可知，在恒定的反应温度和压力下，随着水比的增加，乙苯转化率和苯乙烯选择性均得到提高。

尽管水蒸气有许多好处，但水蒸气加入量受到反应系统允许压降和能耗的制约。由于高温过热水蒸气的比容很大，过多加入水蒸气势必增大反应物料的体积流量，从而增加系统压降，不利于降低反应区域压力。此外，增加水蒸气加入量，必将增加能耗，一旦水蒸气加入量增加到在经济上得不偿失的程度，那么提高水比将是没有意义的。目前，先进的乙苯脱氢工艺均追求以较低的水比获得较高的苯乙烯收率。降低水比已成为衡量一个乙苯脱氢工艺技术和催化剂是否先进的重要评价指标之一。工业上乙苯脱氢反应负压绝热脱氢工艺的水比为1.1~1.5(质量比)。

(4)乙苯液时空速(LHSV)

空速对反应的影响见表9-1-4[49]。由表9-1-4可知，在相同的反应温度、压力和水比条件下，随着空速增大(即乙苯和水蒸气投料量按比例同时增大，反应物料在反应器中停留时间缩短)，乙苯单程转化率下降，苯乙烯的选择性略有上升，苯乙烯单程收率下降。欲维持苯乙烯单程收率不变，需相应升高反应温度。

表9-1-4 空速对乙苯脱氢反应的影响

空速/h^{-1}	反应结果	
	转化率/%	选择性/%
0.4	68.92	96.04
0.5	68.59	96.11
0.6	67.97	96.53

液时空速是催化剂性能的重要标志之一。液时空速大，意味着反应器单位体积的生产能力大。因此，在相同的反应条件(温度、压力和水比等)下，在工艺允许范围内，尽可能采用较

大的液时空速进行生产。工业上，负压绝热脱氢工艺的乙苯液时空速一般为0.35 ~0.4h^{-1}。

(四)主要设备

中国石化自主开发的乙苯脱氢成套技术中关键技术之一是脱氢反应部分采用轴径向反应器，其设计原则是使流体在反应器内沿各流线流动的停留时间相等，充分发挥反应器内催化剂的活性。轴径向反应器是一种新型的径向反应器，反应器的突出优点为：结构简化、装卸催化剂方便；反应器容积利用率提高，催化剂床中消除死区，有效地减少副反应，提高了催化剂利用率和反应选择性；采用薄床层径向流动技术，反应器压降小，更适应负压工艺要求及大型化要求，结构示意图如图 9-1-10 所示[50,51]。

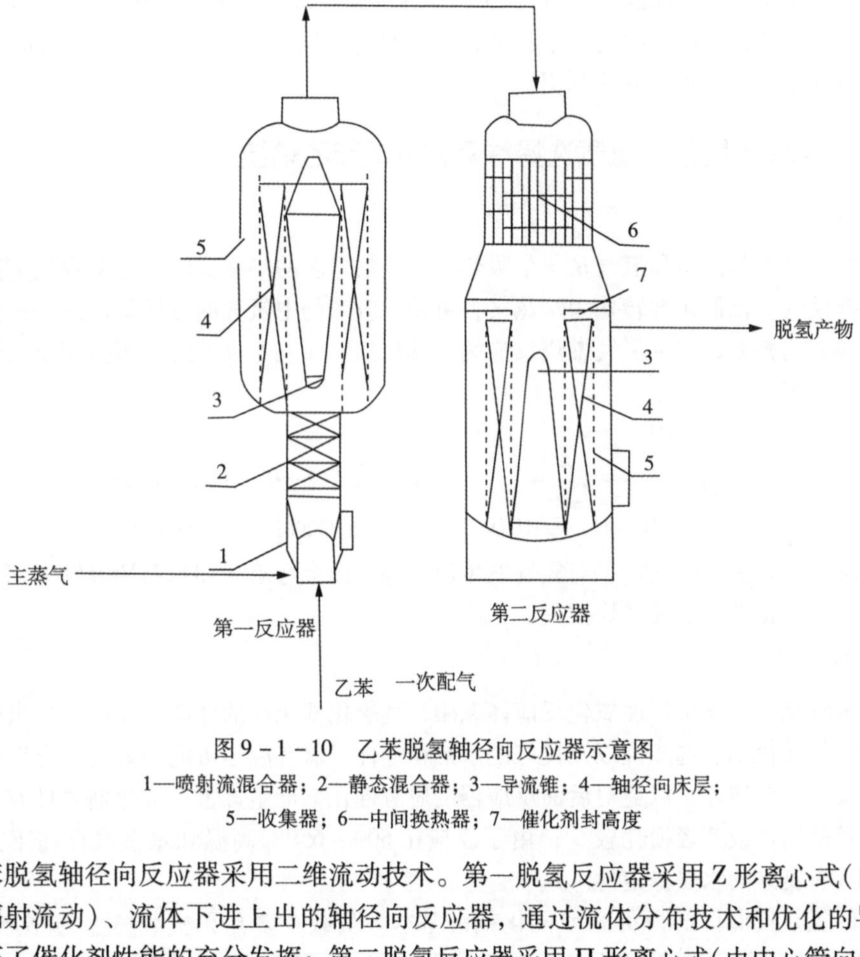

图9-1-10 乙苯脱氢轴径向反应器示意图

1—喷射流混合器；2—静态混合器；3—导流锥；4—轴径向床层；5—收集器；6—中间换热器；7—催化剂封高度

乙苯脱氢轴径向反应器采用二维流动技术。第一脱氢反应器采用 Z 形离心式(由中心管向外环辐射流动)、流体下进上出的轴径向反应器，通过流体分布技术和优化的导流锥设计，保证了催化剂性能的充分发挥；第二脱氢反应器采用 Π 形离心式(由中心管向外环辐射流动)、流体上进上出的轴径向反应器，通过流体分布技术和优化的分流流道与集流流道设计，既保证了催化剂性能的充分发挥，又采用了反应器上出口，使得后续三联换热器中第一个高温换热器得以垂直设置，有效改善了传统换热器的因热膨胀而引起到原料泄漏问题。

反应器的分流、集流流道应合理组合和优化设计，能减少流道间的静压差，有利于径向床的流体均布；集流流道截面积适度放宽有利于减缓流道流速变化和静压变化，从而获得良好的流体分布，但其流道截面积过大，将占据过多的反应器内部空间，会导致反应器的容积利用率降低。

在中心流道内安装锥形流体分布器，锥形流体分布器的最佳化设计是薄床层径向反应器设计的关键技术之一。它能使中心流道内的流体达到最优化分布，从而使分流和集流两流道的静压差值沿轴向高度满足最小值。

催化剂封高度对流场有十分重要的影响。催化剂封过高，则通过催化剂封的流量减少，造成局部滞流；催化剂封过低，则轴向流量增多，造成局部沟流，导致转化率下降。在轴径向二维流反应器中，催化剂封高度是根据催化剂封区内流体的流场特征和反应特征优化后确定的，这是保证反应器设计的另一个关键结构参数。

在轴径向反应器中，床层的径向段沿反应器的轴向高度，压降是均匀的，流体分布也是十分均匀的，完全符合径向反应器的流体均布的目标；床层的轴径向段(催化剂封区)，存在以径向流为主的轴向和径向的二维流动，催化剂封区域不存在局部的滞流和局部的沟流，确保该区域催化剂得到较充分的利用。

三、乙苯催化脱氢-氢气选择性氧化生成苯乙烯技术

(一)反应原理

乙苯脱氢生产苯乙烯和氢气是一个吸热、分子数增多的平衡反应。乙苯脱氢生产的氢气通过高选择性的氧化催化剂转化为水蒸气，可使反应产物中氢气的分压降低，平衡向有利于生产苯乙烯方向移动，并且氢气燃烧反应为放热反应，又可以为脱氢反应提供所需的热量。具体的反应方程式如下[52]：

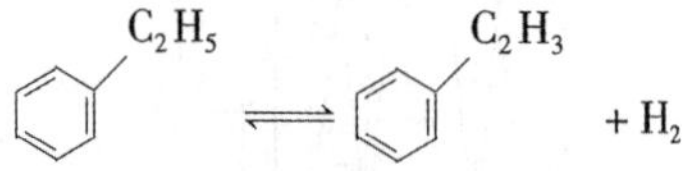

$\Delta H(298\text{K}) = 117.6\text{kJ/mol}$

$$1/2O_2 + H_2 \longrightarrow H_2O \qquad \Delta H(298\text{K}) = -243.6\text{kJ/mol}$$

在此反应体系中，氧气除了与氢气发生反应外，还会与乙苯和苯乙烯等发生副反应生成二氧化碳、一氧化碳，造成芳烃损失。

(二)催化剂

在乙苯脱氢-氢气选择性氧化反应体系中，氢氧化催化剂的性能是关键，要求催化剂具有很高的氧气转化率、选择性以及良好的水热稳定性。氧气应尽可能与氢气完全反应，且氧气在氧化段要完全转化，以免对后面反应器的脱氢催化剂产生毒害；催化剂要具有高的选择性，对芳烃呈惰性或芳烃损耗较少；由于反应在600~650℃高温和水蒸气存在下进行，催化剂还应具有良好的水热稳定性。

典型的氢氧化催化剂为负载型催化剂，基本为负载在多孔无机载体上的Ⅷ族贵金属、ⅣA族元素、ⅠA和ⅡA族元素[53~55]。其中贵金属为活性组分，常选用Pt和Pd；ⅣA族元素、ⅠA和ⅡA族元素为助催化剂，常选用Sn和Li；载体为Al_2O_3。

催化剂中活性组分在载体上采用非均匀分布的形式。活性组分在载体上的非均匀分布是指活性组分的浓度从载体中心到载体表面呈有规律的变化，可分为三种典型的形态：蛋壳型、蛋白型和蛋黄型[56]，如图9-1-11所示。

蛋壳型催化剂由于其活性中心集中在催化剂的表面，因此在许多表面快反应和扩散控制的反应中表现出了优异的催化性能。对于存在较大内扩散阻力的表面快反应来说，颗粒催化剂的内扩散影响较大，催化剂外部的活性中心是参与反应的主体，因此将催化剂设计成蛋壳

型活性位分布，可以使得催化剂活性组分得到最大限度的利用；蛋壳型分布的催化剂有利于反应产物从催化剂表面脱附迁出，避免了目标产物的进一步反应，从而提高了目标产物的选择性；对于强放热反应来说，活性中心分布在催化剂的外表面有利于热量的转移，不会引起反应热失活，因此也能获得更好的催化反应稳定性和使用寿命。

图 9-1-11　典型的活性组分在载体上的非均匀分布形态

氢氧化催化剂设计成蛋壳型粒子分布更有利于催化剂性能的提高[57,58]。通过采用表面浸渍技术调变层状复合载体对催化剂前驱体的吸附能力和吸附速度，使催化剂活性组分分散在外表面，贵金属的浓度梯度更小，薄壳形催化剂厚度更薄、更均匀，从而呈现高分散的蛋壳状构造。此构造使得贵金属活性组分仅分散在催化剂的外表面，其催化位点易于接近，反应物和产物具有更短的扩散路径，缩短了它们在催化剂颗粒中的停留时间，降低了芳烃的损失，反应的选择性得以提高。表 9-1-5[57] 为乙苯脱氢-氢选择性氧化反应中催化剂性能的比较。与活性组分均匀分布的催化剂相比，蛋壳型催化剂上氢氧化选择性提高了约 2%，芳烃损失率降低约 80%。

表 9-1-5　乙苯脱氢-氢选择性氧化反应中催化剂性能的比较

催化剂	氢氧化选择性/%		芳烃损失率/%	
	580℃	620℃	580℃	620℃
蛋壳型	92.25	80.42	0.07	0.38
均匀型	90.01	78.44	0.51	0.75

经研究 Al_2O_3 载体发现，$\alpha-Al_2O_3$ 晶型优于 $\gamma-Al_2O_3$ 晶型。$\gamma-Al_2O_3$ 经 1200℃ 以上焙烧可以得到 $\alpha-Al_2O_3$ 晶型，但是在实际焙烧过程中，焙烧温度和气氛对载体的物理结构影响较大，结果见表 9-1-6[58]。由于在工业装置中，载体强度过低易造成催化剂破碎，磨耗高则容易导致催化剂粉化，都会造成催化剂床层压降升高，影响工业生产。由表 9-1-6 可知，氢氧化催化剂的 Al_2O_3 载体在焙烧过程中，焙烧温度不宜过低，同时要保证焙烧中空气流通状况良好，以保证较高的强度和较低的磨耗。

乙苯脱氢-氢选择性氧化催化剂的失活主要是由于长期在高温和水蒸气条件下，活性组分 Pt 晶粒容易团聚；同时来自前段脱氢催化剂的铁元素，会导致非选择性氧化活性较高，也是部分导致催化剂中毒失活的原因[59]。

中国石化经过多年的研究，形成了包括内核制备、涂层制备、活性组分浸渍和活化等在内的具有自主知识产权的一系列专利技术[60~64]。研究开发的 SHO-01 乙苯脱氢-氢氧化催化剂已实现工业化。工业运转的结果表明：SHO-01 催化剂的氧气转化率达 100%，氧气选择性达 93% 左右，芳烃损失率小于 0.2%，苯乙烯选择性为 95%~98%，乙苯转化率为 76%~79%。中国石化第二代乙苯脱氢-氢氧化催化剂已完成实验室开发，催化剂的耐磨性、选择性和稳定性比 SHO-01 催化剂又有明显提高。

表 9-1-6 不同焙烧条件下载体的物化性能

载体	焙烧条件	最可几孔径/μm	孔体积/(cm^3/g)	机械强度/(N/mm)	磨耗率/%(质量)
1	1200℃，自然通风	0.11	0.454	27.4	0.77
2	1400℃，密闭条件	0.25	0.391	19.6	1.10
3	1400℃，自然通风	0.26	0.390	30.4	0.80
4	1400℃，强制通风	0.25	0.391	33.3	0.68

(三)工艺流程

乙苯脱氢-氢气选择性氧化工艺是在乙苯催化脱氢的基础上增加氢气选择性氧化反应的新工艺。相对于传统乙苯催化脱氢工艺而言，该工艺主要具有两点优势：①产物之一的氢气被反应消耗，有利于乙苯脱氢反应向生成苯乙烯方向移动，从而提高反应的转化率；②乙苯脱氢为吸热反应，氢气燃烧产生热量为下一步脱氢提供热量。

20 世纪 80 年代初，国内外开始研究开发乙苯脱氢-氢气选择性氧化技术，目前该技术的主要专利商是 UOP、BP 和三菱油化公司，UOP 公司称该技术为 SMART 工艺(UOP 和 Lummus 公司合作开发)。

UOP 公司于 1995 年在三菱油化 350kt/a 装置上首先实现了乙苯脱氢-氢气选择性氧化工艺的工业应用，1999 年在加拿大的 Nova Chemicals 的 370kt/a 装置上进行了第二次工业应用。另外美国有一套约 450kt/a，伊朗一套 80kt/a，印度一套约 40kt/a 生产装置也采用乙苯脱氢-氢气选择性氧化工艺。UOP 公司有两种工艺分别针对新建装置或旧装置改造。

SMART 工艺的流程简图见图 9-1-12[65]。

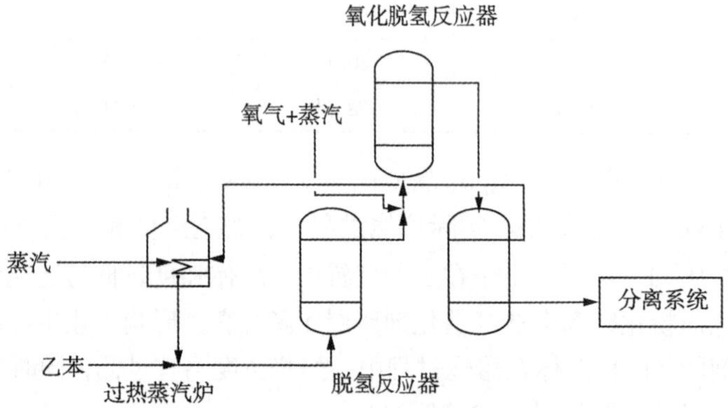

图 9-1-12 SMART 乙苯脱氢工艺流程图

UOP 公司的 SMART 工艺是在原有的催化脱氢工艺中反应器部分加了一个氧化脱氢反应器。除了反应器部分结合氧化再热技术外，SMART 工艺其余流程基本和原有催化脱氢技术工艺类似，因此其原料规格要求、产品质量指标以及工艺操作条件和原有催化脱氢技术一致。该工艺由原来的两段式反应器变为三段式反应器，在氧化脱氢反应器中氢气在催化剂上选择性氧化放出的热量可以代替中间换热节约能量，同时氢气消耗后反应向右移动，乙苯转化率可大于 80%，提高了生产能力。

四、共氧化法生成苯乙烯技术(PO/SM法)

(一)反应原理

乙苯、丙烯共氧化法生成苯乙烯和环氧丙烷联产法包括三个反应步骤：①乙苯氧化为过氧化乙苯；②丙烯与过氧化乙苯反应生成α－苯乙醇和环氧丙烷；③α－苯乙醇脱水生成苯乙烯。具体的反应方程式如下[66]：

(1)过氧化

主反应：

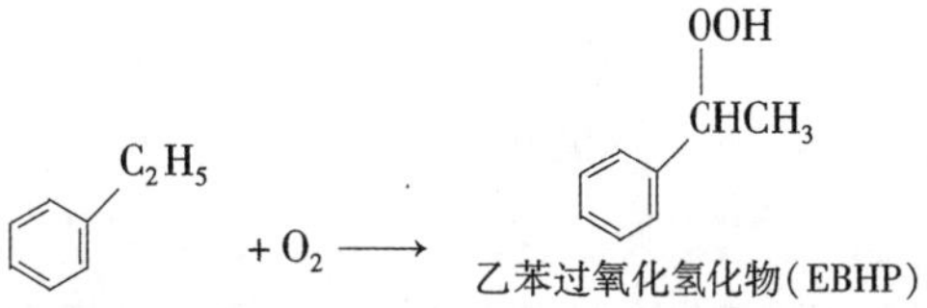

副反应：

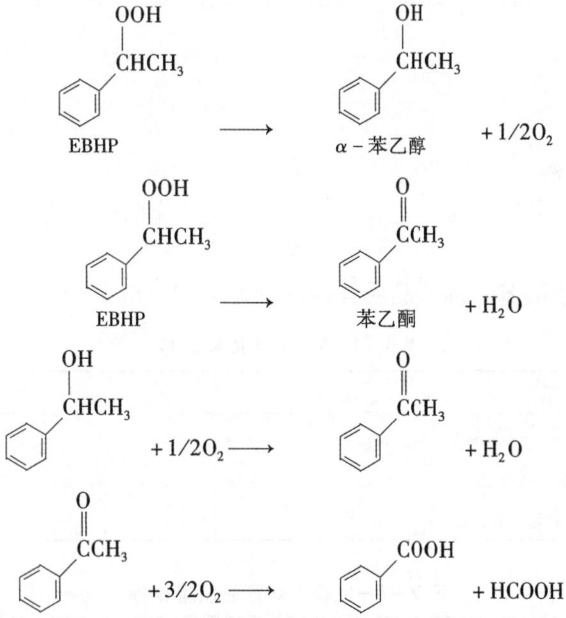

(2)环氧化

主反应：

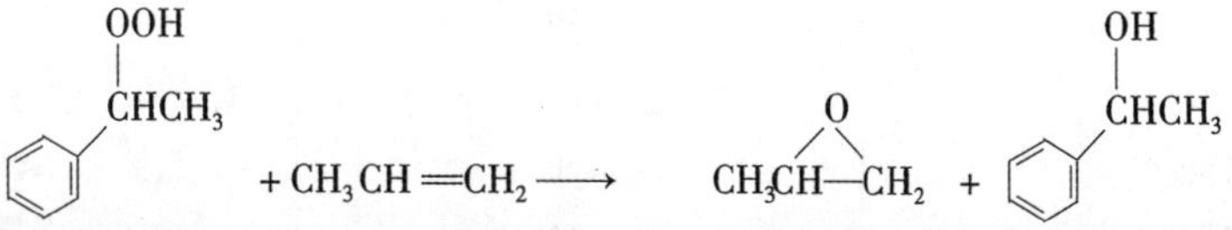

副反应：

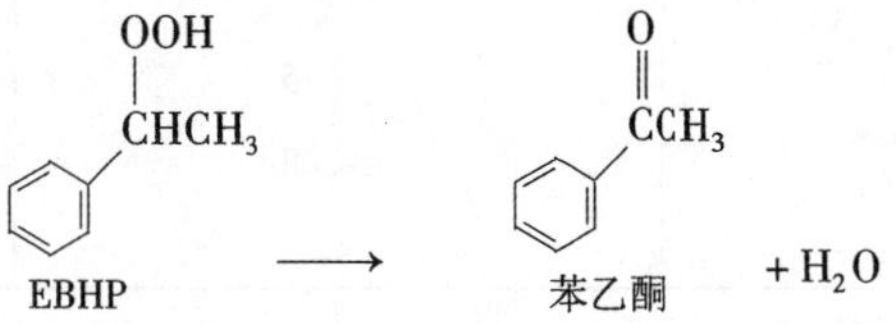

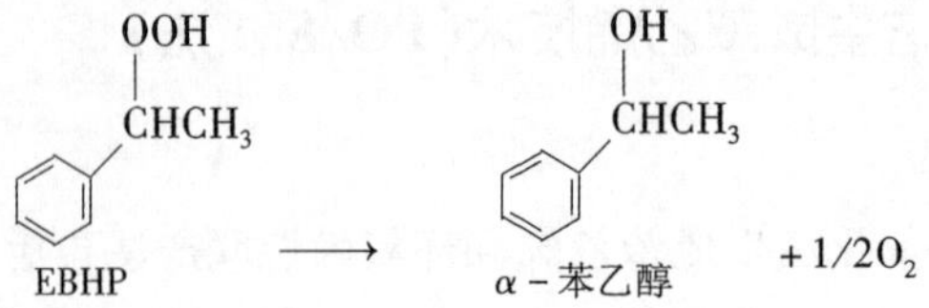

(3)氢化、脱水制苯乙烯

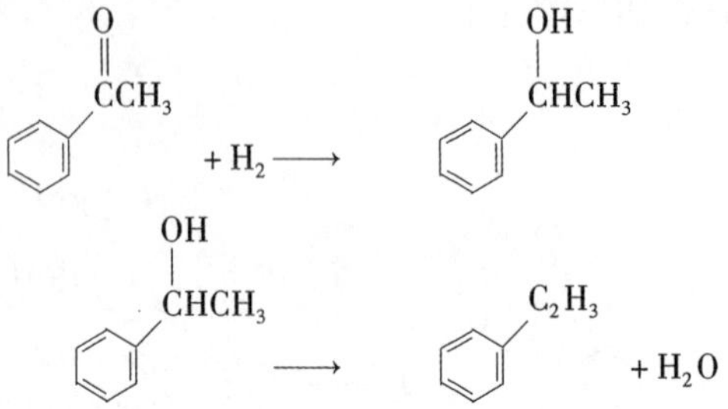

在此反应体系中，过氧化反应中的副产物有α-苯乙醇、苯乙酮、有机酸等；环氧化反应中的副产物有丙酮、丙醛、丙烯醇、苯乙酮等；副产物苯乙酮可经加氢生成α-苯乙醇，再经脱水生成苯乙烯。

(二)工艺流程

1. 原料和产品

(1)原料来源与规格

PO/SM 联产法的乙苯原料是由乙烯和苯经烷基化反应而得，其组成列于表9-1-7。

(2)产品质量指标

PO/SM 联产法制得的苯乙烯产品质量指标见表9-1-8。

表9-1-7 乙苯原料组成

组 分	数 值
乙苯/%(质量)	99.95
苯/%(质量)	<0.001
二甲苯/(μg/g)	<10

表9-1-8 苯乙烯产品质量指标

组 分	指标	GB 3915—2011 优级品
苯乙烯/%(质量)	99.95	≥99.8
色度(Pt-Co 色号)/号	≤10	≤10
α-甲基苯乙烯/(μg/g)	132	—
醛类(以苯甲醛计)/(μg/g)	≤50	≤100
聚合物/(μg/g)	≤10	≤10
过氧化物(以 H_2O_2 计)/(μg/g)	<10	≤100
TBC/(μg/g)	10~15	10~15
乙苯/%(质量)	≤0.08	≤0.08
二甲苯/(μg/g)	<2	—

2. 工艺流程

1973 年第一套苯乙烯 - 环氧丙烷联产工业化装置在 Halcon 国际与 Enpetrol 公司的西班牙合资公司开车，因该工艺为 ARCO 公司和 Halcon 国际公司的合资公司 Oxirane 所拥有，故称为 Oxirane 工艺，1980 年 Oxirane 公司与 ARCO 公司合并，因此该工艺称为 ARCO 工艺。

世界上拥有苯乙烯 - 环氧丙烷联产技术专利转让权的生产商主要有 Lyondell(原 ARCO)和 Shell 两家公司。PO/SM 联产工艺流程简图见图 9 - 1 - 13[65]。

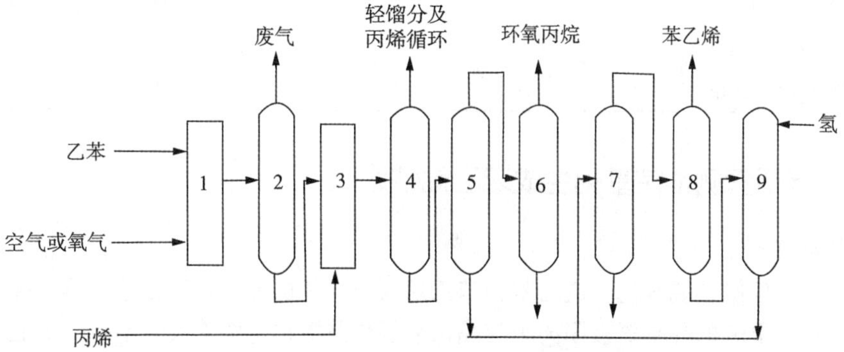

图 9 - 1 - 13　PO/SM 联产工艺流程图

1—过氧化塔；2—提浓塔；3—环氧化塔；4，5—分离塔；6—环氧丙烷提浓塔；7—α - 苯乙醇脱水塔；8—苯乙烯提浓塔；9—苯乙酮加氢器

在 130 ~ 160℃、0.3 ~ 0.5MPa 条件下[66]，乙苯先在液相反应器中用氧气氧化生成乙苯过氧化氢化物(EBHP)，该反应不需要催化剂，但需添加碱性化合物调节反应混合物的 pH 值在 7 以上，可减少 EBHP 的分解。生成的 EBHP 经提浓到 17% 后进入环氧化工序，在 115℃、3.74MPa 条件下，与丙烯发生环氧化反应生成环氧丙烷和 α - 苯乙醇。环氧化反应使用的催化剂为环烷酸的钠和钼混合型催化体系，EBHP 的转化率为 99%，以 EBHP 计的环氧丙烷的选择性为 85%，α - 苯乙醇和苯乙酮的选择性为 93%。环氧化反应液经过蒸馏得到环氧丙烷，α - 苯乙醇在 260℃、常压条件下脱水生成苯乙烯。脱水反应在酸性催化剂的作用下进行，当 α - 苯乙醇的转化率为 95% 时，苯乙烯的选择性可达 95%。反应产物中苯乙烯与环氧丙烷的质量之比为 2.5∶1。

Shell 技术和 Lyondell 技术在固定投资和产品产值上几乎相当[67]。两种技术最大的不同在环氧化步骤上，Lyondell 采用均相环烷酸钠和钼混合型催化剂；而 Shell 采用多相催化剂，为经有机硅烷基化剂处理的负载于二氧化硅上的 TiO_2 催化剂或 TiO_2/MgO 催化剂。除此之外，其他过程两种技术基本相同。由于 Shell 法使用了多相催化剂，产物不易污染，分离过程相对简单，在 EBHP 浓度为 17% 时，典型 Shell 法环氧化反应条件见表9 - 1 - 9[67]。

PO/SM 联产法的特点是反应温度条件缓和，将乙苯脱氢的吸热反应和丙烯氧化的放热反应耦合起来，节省了能量，同时联产苯乙烯和环氧丙烷两种重要的有机化工产品。该方法的不足之处在于 PO/SM 联产工艺的分离过程较为复杂，原因是该工艺的副产烃类氧化物如醛类可能影响苯乙烯的聚合及色泽，需要复杂的分离工艺以达到苯乙烯产品要求。而且一次性投资成本大，不宜建设中、小型装置，且两种产品的产量比例无法调节，必须同时考虑两种产品的市场需求。

表 9-1-9 典型 Shell 法环氧化反应条件

项目	数值
反应温度/℃	90
反应压力/MPa	3.67
催化剂	TiO_2/MgO
空速/h^{-1}	2.0
转化率/%(以 EBHP 计)	99.0
环氧丙烷选择性/%(以 EBHP 计)	81.0
苯乙醇选择性/%(以 EBHP 计)	81.0

五、甲苯甲醇侧链烷基化生成苯乙烯技术

(一)反应原理

对于甲苯甲醇侧链烷基化生成乙苯和苯乙烯反应，其机理一般认为是甲醇在沸石的碱性位上生成甲醛，甲醛的醛基氧被阳离子与晶格氧极化并活化。甲苯吸附于阳离子上，甲基氢被晶格氧活化后与活化的甲醛分子发生碳链增长反应生成苯乙烯，而苯乙烯容易被反应所形成的氢气还原形成乙苯，如图 9-1-14 所示[68]。

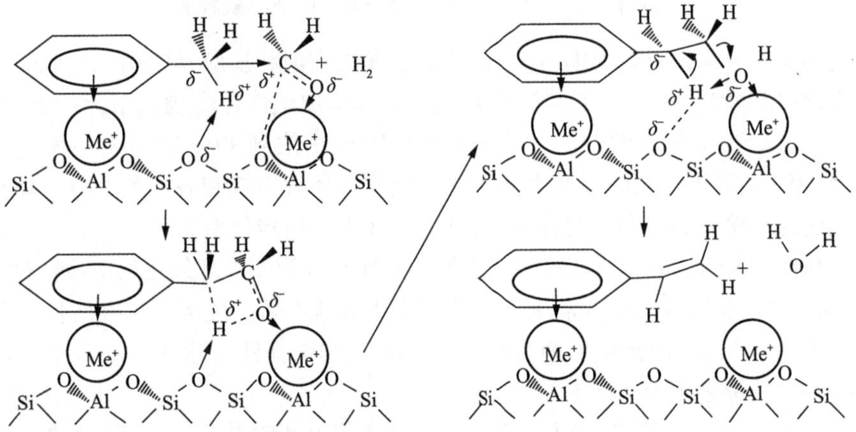

图 9-1-14 甲苯甲醇侧链烷基化反应机理

(二)催化剂

1967 年 Sidorenko[69]等首次采用碱金属离子交换的 X 型和 Y 型分子筛为催化剂，以甲苯和甲醇为原料合成出了乙苯以及苯乙烯。之后，有关该方面的研究逐渐增多[70~75]，提高催化剂的稳定性是主要的研究方向。

中国石化对甲苯甲醇侧链烷基化进行了研究[76~78]。研究发现，FAU 型分子筛是对于侧链烷基化活性较好的沸石分子筛。其催化活性与催化剂的酸碱性质以及分子筛硅铝比有关。FAU 型分子筛硅铝比越低，侧链烷基化催化效果越好[76]。分子筛硅铝比与侧链烷基化活性之间的关系见表 9-1-10。

表 9-1-10　分子筛硅铝比对甲苯甲醇侧链烷基化催化效果的影响

催化剂	甲醇利用率	产物选择性/%		
		苯乙烯(ST)	乙苯(EB)	ST + EB
KCsX(2.19)	35.1	12.5	84.4	96.9
KCsX(2.57)	30.5	6.9	90.4	97.3
KCsY(5.58)	15.3	32.9	64.6	97.5
KCsY(USY)	5.8	38.1	50.5	98.6

注：反应条件：688 K，空速 2.0 h^{-1}。

由表9-1-10 可知，同属于 FAU 型的分子筛，硅铝比高的 Y 分子筛比硅铝比低的 X 型分子筛活性明显要低。甲苯甲醇侧链烷基化催化反应过程大致分两步进行，第一步是甲醇在催化剂碱性中心反应产生甲醛，第二步是甲醛再与活化的甲苯反应产生苯乙烯。通过理论计算，甲醇在 FAU 分子筛的 $S_{Ⅲ}$ 位比 $S_{Ⅱ}$ 位分解成甲醛的活化能要低，而硅铝比低的 FAU 型分子筛含有更多的 $S_{Ⅲ}$ 位阳离子。因此，分子筛硅铝比越低，侧链烷基化催化效果越好。

侧链烷基化反应还与催化剂的碱性密切相关。研究发现，不同碱金属离子交换的 X 分子筛其催化性质有很大不同，如表 9-1-11 所示。

表 9-1-11　碱金属离子交换对甲苯甲醇侧链烷基化催化反应的影响

催化剂	甲醇利用率	产物选择性/%		
		苯乙烯(ST)	乙苯(EB)	ST + EB
NaX(2.19)	14.91	10.8	3.2	14.0
KX(2.19)	10.9	25.3	72.2	97.5
CsX(2.19)	13.2	31.9	66.6	98.5
KCsX(2.19)	35.1	12.5	84.4	96.9
KRbCsX(2.19)	49.6	10.5	85.3	95.8

注：反应条件：688 K，空速 2.5 h^{-1}。

由表9-1-11 可知，钠型 X 分子筛主要催化苯环上的烷基化反应，碱金属离子从钾离子开始是转折点；钾、铷、铯交换的 X 分子筛催化剂主要催化侧链烷基化反应，而且多种金属离子交换的分子筛侧链烷基化催化活性更好。这与催化剂的碱性密切相关。催化剂样品二氧化碳吸附红外图谱如图 9-1-15 所示。

由图 9-1-15 可知，NaX 样品与其他样品的红外吸收峰存在较大差异。其他样品主要是在 1360cm^{-1}和 1650cm^{-1}左右出现吸收峰，而 NaX 样品在 1400～1500cm^{-1}出现两个吸收峰，且当温度从 303K 上升到 373K 时，1340cm^{-1}的吸收峰消失。

甲苯甲醇侧链烷基化反应主要是一个以碱性为主的酸碱协同催化反应。其催化剂并不局限于 FAU 型分子筛材料，其他如多孔碱性氧化物[79]或者负载有碱性氧化物的活性炭材料[80]，以及层状双羟基氢氧化物[81]也被报道应用于甲苯甲醇侧链烷基化反应。因此，确定能有效催化甲苯甲醇侧链烷基化反应并将其应用于工业化生产的催化材料还有待更进一步的深入研究。

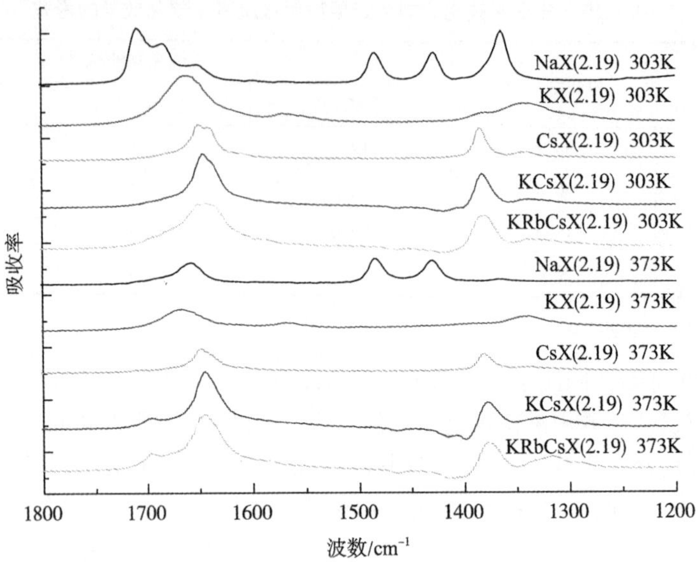

图 9-1-15 催化剂二氧化碳吸附红外图谱

六、乙烷和苯生成苯乙烯技术

Dow 化学公司和意大利 Snamprogetti 公司(意大利埃尼公司的工程子公司)正在联合推进以苯和乙烷为原料制取苯乙烯生产技术的工业化进程，该技术名为 SNOW 工艺。

图 9-1-16 SNOW 工艺的反应器和催化剂再生器

SNOW 工艺的主要流程是：乙烷和从烷基化装置生产的乙苯一同进入脱氢反应器，该反应器装填有一种以二氧化硅改性的氧化铝为载体，负载镓、铂和钾的催化剂，反应生成苯乙烯和乙烯，乙烯再循环至上游的烷基化装置[82~85]。SNOW 工艺的核心是由意大利 Snamprogetti 公司提出的先进的反应器设计，采用带催化剂循环的流化床反应器，流程见图 9-1-16[86]。整个反应系统与流化催化裂化过程非常相似。该工艺包括特制反应器、基于现有技术的乙苯生产体系和 Dow 提纯工艺。

在 SNOW 工艺中，乙苯和催化剂在流化床反应器的提升管内短时间接触(1~5s)，并脱氢生成苯乙烯。流化床反应器设计可使该工艺根据不同的反应速率连续补充新鲜的催化剂，而专有的反应器内构件设计确保反应器每个部分均满足一定的流体动力学要求。另外可保证反应器内压力降较低。

在实验室规模试验中，脱氢反应在 600℃、0.11MPa 条件下进行，采用了不同组分的进料和空速。乙苯转化率为 45%~58%，苯乙烯选择性为 94%；乙烷转化率为 7%~12%时，乙烯选择性为95%。催化剂再生温度为500～750℃。

SNOW工艺的流化床催化剂和反应器不仅可用于乙烷/乙苯脱氢模式，而且可用于单独乙苯脱氢工艺，采用流化床工艺，装置规模可达百万吨级。由于流化床可在线补充新催化剂，装置不用停车装填新催化剂。

SNOW工艺的优势在于乙烷原料价格比乙烯便宜较多。但有一种观点认为采用该工艺与传统工艺相比没有什么特别优势，因为来自脱氢装置的乙烷与乙烯的分离和循环所需要的投资和操作费用足以抵消乙烷的价格优势。

七、裂解汽油抽提回收苯乙烯技术

苯乙烯主要通过苯烷基化技术路线生产，而乙烯装置的裂解汽油中也含有一定量的苯乙烯。依据裂解原料的不同，苯乙烯质量分数一般为3%～5%。在现有裂解汽油加工流程中，所含的苯乙烯加氢生成乙苯，这种富含乙苯的 C_8 馏分，或供给下游PX装置作为原料、作为溶剂或作为汽油调合组分，造成相当数量的苯乙烯资源被浪费。如果在裂解汽油加氢之前，将苯乙烯进行回收，则会使资源得到充分利用。

中国石化完成了苯乙炔选择性加氢技术、苯乙烯抽提溶剂和阻聚剂筛选、抽提蒸馏工艺以及脱色精制技术的开发[87～91]，与广东新华粤石化股份有限公司合作，成功开发了裂解汽油抽提回收苯乙烯的成套技术，建成30kt/年苯乙烯抽提装置。该装置以茂名石化乙烯裂解汽油 C_{8+} 馏分为原料，生产苯乙烯产品，同时副产 C_8 馏分和 C_{9+} 馏分，装置于2011年5月投产，运行平稳，达到预期目标。

（一）原料和产品

1. 原料来源与规格

裂解汽油抽提回收苯乙烯装置原料为裂解汽油 C_{8+} 馏分，其典型组成列于表9－1－12。

表9－1－12 原料油组成 %（质量）

组　分	数　值
甲苯	0.05
乙苯	5.11
间对二甲苯	15.76
邻二甲苯	6.43
苯乙烯	15.62
茚	6.73
萘	1.24
双环戊二烯	12.31
其他	36.74

2. 产品质量指标

裂解汽油抽提回收装置得到苯乙烯产品，其苯乙烯纯度达到99.87%（质量），杂质中乙苯含量0.01%（质量），过氧化物含量7μg/g，未检测出聚合物。规格达到国家标准GB/T 3915—2011（详见附录二，表11）。

(二)工艺流程

裂解汽油抽提回收苯乙烯工艺包括原料预处理、抽提蒸馏及苯乙烯精制三部分，主要流程见图9-1-17。原料预处理部分包括原料预分馏及苯乙炔加氢；抽提蒸馏部分包括抽提蒸馏、溶剂回收及溶剂再生；苯乙烯精制部分包括脱色及苯乙烯精馏。

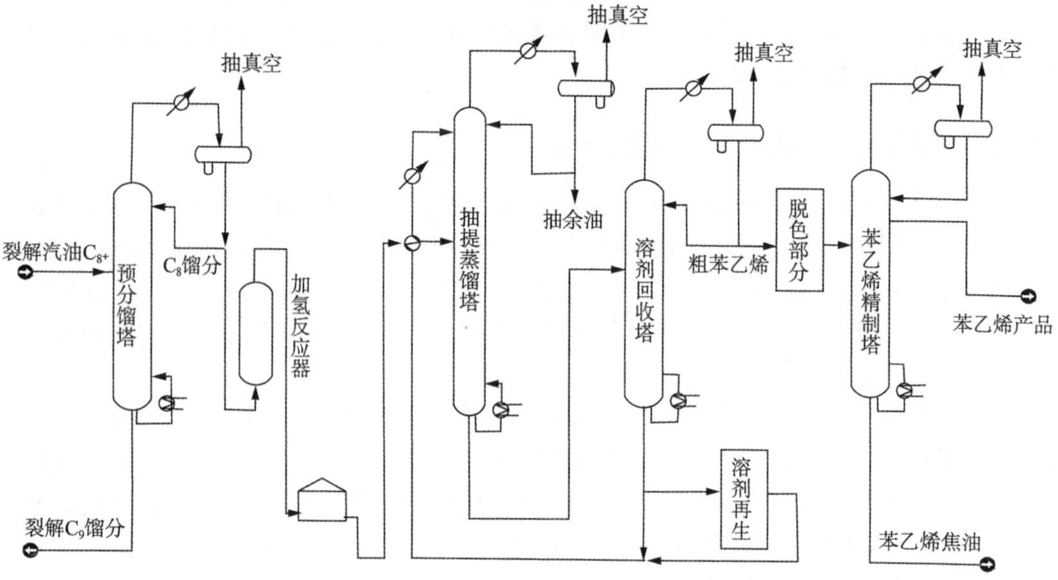

图9-1-17 裂解汽油苯乙烯抽提工艺流程图

预分馏的主要作用是切出富集苯乙烯的C_8馏分，作为加氢单元的进料。来自乙烯装置的C_{8+}馏分与预分馏塔塔底C_{9+}馏分换热后进入预分馏塔，该塔为规整填料塔、负压操作，经过精馏富集，苯乙烯浓度为30%~45%(质量)的C_8馏分从塔顶蒸出，经冷凝冷却后，一部分回流，一部分采出作为苯乙炔选择性加氢单元的进料。预分馏塔底采出重组分，经换热、冷却后送出界区。预分馏单元的关键技术在于塔的设计和质量控制。

选择性加氢的目的是除掉C_8馏分中的苯乙炔。来自预分馏的C_8馏分一般含有0.5%左右的苯乙炔，与循环液合并进入苯乙炔加氢反应器底部，采用镍系催化剂，反应温度为35~60℃，压力为0.4MPa，反应后的物料经过气液分离后，液相作为抽提进料。在加氢单元，中国石化开发了高选择性的苯乙炔加氢催化剂及工艺，苯乙炔可以被加至15μg/g以下，而苯乙烯的损失率约1%。

抽提部分的作用是实现苯乙烯与其他C_8芳烃的分离，包括抽提蒸馏(ED)、溶剂回收、溶剂再生等。选择性加氢后C_8馏分进入ED塔中部，贫溶剂进入ED塔的上部。ED塔为填料塔，设有多段规整填料。经过萃取精馏，塔顶蒸出的C_8芳烃一部分回流，一部分作为副产品送出装置。ED塔底富溶剂进入溶剂回收塔实现溶剂和粗苯乙烯的分离，溶剂循环，粗苯乙烯送脱色精制单元。

为了维持溶剂的纯度和抽提性能，抽提部分设有抽余油反萃和降膜蒸发溶剂再生两个系统，分别用于脱除溶剂中的聚合物及溶剂中的其他高沸点杂质。

在抽提部分开发并采用了如下几项关键技术：

①高选择性复合溶剂，该复合溶剂以环丁砜为主，添加了少量助溶剂、高效破乳剂和高

温阻聚剂，具有选择性高、抗聚合、抗乳化的特点，对保证苯乙烯的纯度、降低聚合和稳定操作具有重要作用。

②抽提蒸馏塔的降温技术，使塔底温度有效降低5～12℃，从而可控制在130℃左右的安全温度操作。在保持合理真空度的条件下，传统技术抽提蒸馏塔塔釜的温度高达140℃以上，在此温度下，阻聚剂的性能都显著下降，如何最大限度降低塔釜的温度，对减少苯乙烯聚合、维持塔的正常操作具有重要意义。

③抽余油反萃脱除溶剂中聚合物技术，由于在苯乙炔加氢以及后续的抽提过程中会产生苯乙烯的低聚物和中聚物，常规的减压蒸馏无法有效除掉这些聚合物，开发利用了抽余油反萃脱除溶剂中聚合物的新工艺，该工艺以C_8芳烃抽余油作为反萃剂，在特别设计的反萃塔中实现了聚合物与溶剂的分离，充分保证了系统溶剂的品质。该方法具有聚合物脱除效果好、溶剂基本不损失的特点。

④降膜蒸发溶剂再生技术，采用了水蒸气存在下的降膜蒸发器代替传统的溶剂再生塔底部的插入式再沸器。由于消除了传统插入式再沸器液面静压力的影响，待再生溶剂和水蒸气可均匀分布，在相同的再生压力下，再生塔底部的温度可降低5～10℃，有效避免了苯乙烯进一步聚合而堵塞设备，保证了装置的长周期稳定运行。

⑤高效阻聚剂及其注入技术，针对苯乙烯抽提工艺特点，开发了抗高温的复合阻聚剂及其注入技术，具有阻聚效果好、用量小的特点。

脱色精制单元的作用是脱掉粗苯乙烯的颜色，获得聚合级苯乙烯产品。来自抽提单元的粗苯乙烯经过浓硝酸处理、碱中和、水洗后进入苯乙烯精制塔，塔顶全回流，侧线抽出苯乙烯产品。在脱色精制单元，开发了无机酸脱色的关键技术，其核心在于设计了特殊的混合反应设备及适宜的操作参数。该脱色技术具有脱色效果好、操作稳定、苯乙烯损耗小、操作费用低的优点。

（三）操作参数

苯乙烯抽提装置的主要设备为C_8切割塔、加氢反应器、抽提蒸馏塔、溶剂回收塔和精制塔，其主要操作参数列于表9－1－13。其中D、F、R、S、W分别表示塔顶采出、原料、塔顶回流、溶剂以及汽提水的质量流量。

表9－1－13　主要操作参数

塔名称	项　　目	操作参数
C_8切割塔	塔顶压力/kPa	－85
	回流比(R/D)	1～3
	塔顶温度/℃	85～95
	塔底温度/℃	120～130
加氢反应器	压力/MPa	0.35
	温度/℃	40
抽提蒸馏塔	塔顶压力/kPa	－85
	溶剂比(S/F)	2～5
	塔顶温度/℃	70～80
	塔底温度/℃	125～130

续表

塔名称	项目	操作参数
溶剂回收塔	塔顶压力/kPa	-86
	汽提水比(W/S)	0.040
	回流比(R/D)	1.2
	塔顶温度/℃	50~60
	塔底温度/℃	130~140
精制塔	塔顶压力/kPa	-90
	回流比(R/D)	1.5
	塔顶温度/℃	70~80
	塔底温度/℃	90~100

八、技术展望

节能降耗是苯乙烯生产技术的发展方向。要开发和应用新型苯乙烯精馏工艺，实现低品位热的高效利用，降低苯乙烯单位生产能耗。脱氢催化剂开发应围绕低温、低水比、高选择性等方面开展工作，进一步降低苯乙烯生产的能耗和物耗。要根据不同企业的要求，开发差别化的催化剂及综合性能好的催化剂，为企业节能降耗提供技术支持。加快苯乙烯生产新技术路线的开发和工业示范，实现甲苯和甲醇在碱性催化剂上侧链烷基化直接合成苯乙烯技术以及乙烷和苯为原料生成苯乙烯技术的工业应用，从根本上改变传统的苯乙烯生产原料路线。此外，还应加强脱氢尾气、焦油的综合利用，高效利用宝贵的氢气资源，从而降低生产成本、提高经济效益。

苯乙烯除合成方法外，乙烯装置副产裂解汽油中苯乙烯也成为苯乙烯的另一个来源，抽提分离技术在溶剂脱色工艺等领域仍有发展的空间。

参考文献

[1] 刘光启，马连湘，刘杰．化学化工物性数据手册(有机卷)[M]．北京：化学工业出版社，2002：214.

[2] 王玉庆．乙苯/苯乙烯的技术现状及发展[J]．石油化工，2001，30(6)：479-485.

[3] 江川一雄，马健文．生产苯乙烯的新工艺[J]．石油化工译丛，1992，(1)：40-45.

[4] 饶兴鹤．苯乙烯生产现状及工艺技术进展[J]．化工生产与技术，2002，9(5)：32-36.

[5] 顾松园．苯乙烯生产技术进展[J]．化学世界，2006，(10)：622-625.

[6] 钱伯章，朱建芳．苯乙烯的生产技术进展[J]．江苏化工，2007，35(5)：11-14.

[7] 徐仑，张全信．甲苯甲醇侧链烷基化催化反应的研究[J]．石化技术，2000，7：254-256.

[8] Ertl G，KnÖizinger H，Scheth F，et al. Handbook of heterogeneous catalysis：vol 7[M]. Germany：Wiley-VCH，2008：3229-3240.

[9] LEE W J. Ethylbenzene dehydrogenation into styrene：kinetic modeling and reactor simulation[D]. Texas A&M University，2005.

[10] CAVANI F，TRIFIRO F. Alternative processes for the production of styrene[J]. Applied Catalysis A：General，1995，133：219-239.

[11] 赖伍江，白震谷．钾助催氧化铁催化剂上乙苯脱氢的活性中心和吸附过渡态模型及其催化作用机理[J]．催化学报，1986，7(2)：147-153.

[12] Lee E H. Iron oxide catalysts for dehydrogenation of ethylbenzene in the presence of steam[J]. Catalysis Reviews, 1973, 8(2): 285 -305.

[13] 杨爕龙，翁斯灏，蒋可玉，等. 乙苯脱氢铁系催化剂的穆斯堡尔谱的研究[J]. 催化学报，1993，14(4): 276 -280.

[14] Hirano T. Roles of potassium in potassium - promoted iron oxide catalyst for dehydrogenation of ethylbenzene [J]. Applied Catalysis, 1986, 26: 65 -79.

[15] Hirano T. Active phase in potassium - promoted iron oxide catalyst for dehydrogenation of ethylbenzene[J]. Applied Catalysis, 1986, 26: 81 -90.

[16] Muhler M, Schutze J, Wesemann M, et al. The nature of the iron oxide - based catalyst for dehydrogenation of ethylbenzene to styrene: 1. solid - state chemistry and bulk characterization[J]. Journal of Catalysis, 1990, 126(2): 339 -360.

[17] Muhler M, Schlogl R, Ertl G.. The nature of the iron oxide - based catalyst for dehydrogenation of ethylbenzene to styrene: 2. surface chemistry of the active phase[J]. Journal of Catalysis, 1992, 138(2): 413 -444.

[18] 何淡云，林仁存，夏明，等. 乙苯脱氢制苯乙烯 $Fe_2O_3-K_2O$ 系催化剂的 XPS 研究[J]. 厦门大学学报：自然科学版，1991，30(6): 577 -581.

[19] 祝以湘，胡云行，戴深峻，等. 铈助催铁系乙苯脱氢催化剂的 XPS、TPR 研究[J]. 中国稀土学报，1994，12(2): 129 -136.

[20] Trovarelli A, Leitenburg C, Boaro M, et al. The utilization of ceria in industrial catalysis[J]. Catalysis Today, 1999, 50: 353 -367.

[21] 廖仕杰，范勤，缪长喜，等. 铈及其前驱物对铁系乙苯脱氢催化剂性能的影响[J]. 化学反应工程与工艺，2008，24(6): 493 -497.

[22] 顾松园，宋磊，廖仕杰，等. 助剂和焙烧条件对乙苯脱氢制苯乙烯催化剂性能的影响[J]. 化学反应工程与工艺，2006，22(5): 467 -471.

[23] Girdler Chemical Inc. Dehydrogenation catalyst: 美国，US3904552[P]. 1975 -09 -09.

[24] Hirano T. Dehydrogenation of ethylbenzene over potassium - promoted iron oxide containing cerium and molybdenum oxides[J]. Applied Catalysis, 1986, 28: 119 -132.

[25] 蒋可玉，李香箐，阮梅春，等. 钼在乙苯脱氢铁系催化剂中作用的穆斯堡尔研究[J]. 华东师范大学学报(自然科学版)，1996，(4): 47 -51.

[26] 陈铜，范勤，廖仕杰，等. MgO 和 CaO 助剂在 Fe - K 催化剂中的作用[J]. 催化学报，2008，29(5): 447 -452.

[27] 范勤，蒋可玉，陈铜，等. Ca 对乙苯脱氢催化剂的影响[J]. 石油化工，2008，37: 245 -247(增).

[28] 祝以湘，封雷，陈荣钦，等. 乙苯脱氢催化剂中 CaO 助催化作用的穆斯堡尔谱学表征[J]. 化学物理学报，1999，12(4): 491 -499.

[29] Miyakoshi A, Ueno A, Ichikawa M. Mn - substituted Fe - K mixed oxide catalysts for dehydrogenation of ethylbenzene towards styrene[J]. Applied Catalysis A: General, 2001, 219: 249 -258.

[30] 宋磊，危春玲，缪长喜. 节能型乙苯脱氢催化剂的开发及其性能评价[J]. 精细化工，2012，29(11): 1061 -1065.

[31] 陈铜，范勤，廖仕杰，等. 水泥对乙苯脱氢催化剂性能的影响[J]. 石油化工，2008，37: 248 -250(增).

[32] Serafin I, Kotarbaa A, Grzywa M, et al. Quenching of potassium loss from styrene catalyst: Effect of Cr doping on stabilization of the $K_2Fe_{22}O_{34}$ active phase[J]. Journal of Catalysis, 2006, 239: 137 -144.

[33] Rossetti I, Bencini E, Trentini L. Study of the deactivation of a commercial catalyst for ethylbenzene dehy-

drogenation to styrene[J]. Applied Catalysis A: General, 2005, 292(1-2): 118-123.

[34] Meima G R, Menon P G. Catalyst deactivation phenomena in styrene production[J]. Applied Catalysis A: General, 2001, 212(1-2): 239-245.

[35] Matsui J, Sodesawa T, Nvzaki F, et a1. Influence of carbon dioxide addition upon decay of activity of a potassium - promoted iron oxide catalyst for dehydrogenation of ethylbenzene[J]. Applied Catalysis, 1991, 67(1): 179-188.

[36] Shekhah O, Ranke W, Schlogl R, et a1. Styrene synthesis: in situ characterization and reactivity studis of unpromoted and potassium-promoted iron oxide model catalysts[J]. Journal of Catalysis, 2004, 225(1): 56-68.

[37] 廖仕杰，陈铜，缪长喜，等．乙苯脱氢制苯乙烯工业催化剂的失活原因[J]．催化学报，2008，29(2)：179-184.

[38] 缪长喜，宋磊．低温型乙苯脱氢催化剂的制备及性能[J]．精细化工，2003，20(5)：281-283.

[39] 宋磊，邬时海，缪长喜．低水比乙苯脱氢制苯乙烯催化剂的开发[J]．工业催化，2007，15(4)：26-29.

[40] 廖仕杰，范勤，陈铜，等．焙烧温度对乙苯脱氢催化剂 $Fe_2O_3-K_2O$ 性能的影响[J]．催化学报，2008，29(6)：583-587.

[41] 宋磊，缪长喜．节能型GS-11乙苯脱氢催化剂开发与工业试验[J]．现代化工，2009，29(9)：70-74.

[42] 中国石油化工股份有限公司．用于制备苯乙烯的脱氢催化剂：中国，01126342.3[P]. 2004-06-02.

[43] 中国石油化工股份有限公司．烷基芳烃脱氢催化剂：中国，03150718.2[P]. 2006-12-20.

[44] 中国石油化工股份有限公司．用于烷基芳烃脱氢制备烷烯基芳烃的催化剂：中国，200510023613.8[P]. 2008-4-30.

[45] 中国石油化工股份有限公司．节能的烷基芳烃脱氢催化剂：中国，200710039048.3[P]. 2011-05-18.

[46] 刘文杰，黄云群，张洪宇，等．乙苯脱氢制苯乙烯反应出料高温显热回收技术[J]．现代化工，2008，28(3)：65-67.

[47] 刘文杰．苯乙烯装置节能工艺研究[J]．石油化工设计，2008，25(4)：47-49.

[48] 张洪宇，刘文杰．乙苯-苯乙烯分离节能新工艺[J]．化学工业与工程技术，2009，30(6)：49-51.

[49] 缪长喜．GS-08乙苯脱氢催化剂的性能及其活性衰退原因的考察[J]．石油炼制与化工，2002，33(3)：43-46.

[50] 徐志刚，朱子彬，张成芳，等．大型乙苯脱氢轴径向反应器的研究与开发(Ⅰ)[J]．化工学报，2001，52(10)：858-864.

[51] 徐志刚，朱子彬，张成芳，等．大型乙苯脱氢轴径向反应器的研究与开发(Ⅱ)[J]．化工学报，2001，52(10)：865-871.

[52] BRYAN K B著，吴文秀译．UOP公司Styro-Plus苯乙烯工艺[J]．石化译文，1996，(4)：39-42.

[53] UOP Inc. Dehydrogenation of dehydrogenatable hydrocarbons：美国，US4812597[P]. 1989-05-14.

[54] UOP Inc. Dehydrogenation of dehydrogenatable hydrocarbons：美国，US4914249[P]. 1990-04-03.

[55] UOP Inc. Dehydrogenation of dehydrogenatable hydrocarbons：美国，US5043500[P]. 1991-08-27.

[56] Gavriilidis A, Varma A, Morbidelli M. Optimal distribution of catalyst in pellets[J]. Catal. Rev. - Sci. Eng., 1993, 35(3): 399-456.

[57] 邬时海，谢在库，卢立义，等．薄壳型氧化催化剂的制备及性能[J]．石油化工，2005，34(9)：822-826.

[58] 邬时海，谢在库，卢立义，等．乙苯脱氢-氢氧化工艺中的催化剂研究[J]．化学反应工程与工艺，

2005, 21(6): 502 - 508.

[59] 邬时海，谢在库，卢立义，等. 乙苯脱氢 - 氢选择性氧化催化剂失活机理的研究[J]. 化学反应工程与工艺，2006，22(2)：125 - 130.

[60] 中国石油化工股份有限公司. 用于乙苯脱氢中氢氧化反应催化剂：中国，200410024727.x[P].2007 - 05 - 30.

[61] 中国石油化工股份有限公司. 用于乙苯脱氢制苯乙烯的氢氧化反应催化剂：中国，200410024729.9[P].2007 - 08 - 01.

[62] 中国石油化工股份有限公司. 氢氧化反应催化剂：中国，200410066626.9[P].2007 - 12 - 05.

[63] 中国石油化工股份有限公司. 薄壳型氢氧化催化剂的制备方法：中国，200510029459.5[P].2008 - 09 - 17.

[64] 中国石油化工股份有限公司. 含尖晶石的层状复合载体：中国，200710040696.0[P].2010 - 12 - 22.

[65] 李皓巍，金月昶，金熙俊. 苯乙烯现状及工艺技术[J]. 当代化工，2012，41(9)：986 - 989.

[66] 张旭之，陶志华，王松汉，等. 丙烯衍生物工学[M]. 北京：化学工业出版社，1995：299 - 302.

[67] 薛祖源. 环氧丙烷生产工艺述评及发展设想[J].2009，19(5)：3 - 10.

[68] Palomares A E, Eder - mirth G, Rep M, et al. Alkylation of toluene over basic catalysts - key requirements for side chain alkylation[J]. Journal of Catalysis, 1998, 180: 56 - 65.

[69] King S T, Garces J M. In situ infrared study of toluene with methanol on alkali cation - exchanged zeolites [J]. Journal of Catalysis, 1987, 104: 59 - 70.

[70] Song L L, Li Z R, Zhang R Z, et al. Alkylation of toluene with methanol: The effect of K exchange degree on the direction to ring or side - chain alkylation[J]. Catalysis Communication, 2012, 19: 90 - 95.

[71] Wang B, Huang W, Wen Y, et al. Styrene from toluene by side chain alkylation over a novel solid acid - base catalyst[J]. Catalysis Today, 2011, 173: 38 - 43.

[72] Borgna A, Magni S, Sepulveda J, et al. Side - chain alkylation of toluene with methanol on Cs - exchnged NaY zeolites: Effect of Cs loading[J]. Catalysis Letters, 2005, 102: 15 - 21.

[73] Wieland W S, Davis R J, Garces J M. Side - chain alkylation of toluene with methanol over alkali - exchanged zeolites X, Y, L, and β[J]. Journal of Catalysis, 1998, 173: 490 - 500.

[74] Beltrame P, Fumagalli P, Zuretti G. Side - chain alkylation of toluene by methanol over a basic zeolite: A kinetic study[J]. I n d. E n g. Chem. Res., 1993, 32: 26 - 30.

[75] Wang. X S, Guiru W, Dongmin S, et al. Side - chain alkylation of toluene with methanol on KX/KZSM - 5 binary zeolite catalysts[J]. Zeolites, 1991, 11: 254 - 257.

[76] Jiang J, Lu G, Miao C X, et al. Catalytic performance of X molecular sieve modified by alkali metal ions for the side - chain alkylation of toluene with methanol[J]. Microporous and Mesoporous Materials, 2013, 167: 213 - 220.

[77] 中国石油化工股份有限公司. 甲苯甲醇侧链烷基化制苯乙烯催化剂的制备方法：中国，200810043611.9[P].2011 - 08 - 17.

[78] 中国石油化工股份有限公司. 用于制备苯乙烯的碱性分子筛催化剂：中国，200810043610.4[P].2011 - 08 - 17.

[79] Tanabe K, Takahashi O, Hattori H. Anomalous effect of nitrogen on side - chain alkylation of toluene with methanol over solid bases[J]. React. Kinet. Catal. Lett., 1977, 7: 347 - 352.

[80] Dogan F, Hammond K D, Tompsett G A, et al. Searching for microporous, strongly basic catalysts: experimental and calculated 29Si NMR spectra of heavily nitrogen - doped Y zeolites[J]. J. Am. Chem. Soc., 2009, 131: 11062 - 11079.

[81] Manivannan R, Pandurangan A. Formation of ethyl benzene and styrene by side chain methylation of toluene

over calcined LDHs[J]. Appl. Clay Sci., 2009, 44: 137 – 143.
[82] Snamprogetti S P A. Process for the production of styrene: USA, 6031143[P]. 2000 – 02 – 29.
[83] Snamprogetti S P A. Catalytic system and process for dehydrogenating ethylbenzene to styrene: USA, 6242660[P]. 2001 – 06 – 05.
[84] Snamprogetti S P A. Process for the dehydrogenation of ethylbenzene to styrene: USA, 6841712[P]. 2005 – 01 – 11.
[85] Dow and snamprogetti nurture an economic route to styrene[J]. Chemical Engineering Progress, 2005, 101(5): 8.
[86] New aromatics technology uses ethane over olefins[J]. Hydrocarbon Progessing, 2007, 86(3): 25.
[87] 中国石油化工股份有限公司. 萃取精馏分离苯乙烯所用萃取溶剂的再生方法: 中国, 200910135880.2[P]. 2013 – 07 – 31.
[88] 中国石油化工股份有限公司. 一种抽提蒸馏分离芳烃的方法及使用的复合溶剂: 中国, 01119818[P]. 2003 – 01 – 29.
[89] 中国石油化工股份有限公司. 从烃类混合物中抽提精馏分离苯乙烯的复合溶剂及方法: 中国, 200710304479.8[P]. 2012 – 09 – 05.
[90] 中国石油化工股份有限公司. 一种抽提精馏分离苯乙烯的复合溶剂及应用: 中国, 201010211593.8[P]. 2012 – 01 – 11.
[91] 中国石油化工股份有限公司. 从烃类混合物中萃取精馏分离苯乙烯的方法: 中国, 200810246518.8[P]. 2012 – 12 – 12.

第二节 环己烷技术

一、概 述

环己烷不是芳烃的衍生物，但工业环己烷基本上都是由苯加氢制得，因此在本章一并讨论。

环己烷是一种易挥发、微有刺激性气味的液体，主要用于生产环己醇和环己酮(约占90%)，并进一步生产己二酸和己内酰胺；少量用作工业、涂料溶剂，是树脂、脂肪、石蜡油类、丁基橡胶等的溶剂；另外，环己烷也用于医药中间体的合成。

环己烷的生产方法分为气相法、液相法和催化蒸馏法。气相法以 UOP 公司的多段气相加氢法和 DSM Stamicarbon 公司的 Bexane 法为代表。UOP 法使用绝热多段反应器，在每段反应器之间用沸水移出反应热，同时产生高压或中压蒸汽；Bexane 法使用列管式固定床反应器，催化剂为 $Pt-Al_2O_3$。液相法以法国石油科学研究院(IFP)的苯加氢法为代表，其反应系统由一个液相浆态床反应器和一个固定床补充反应器组成。浆态床反应器以 Ziegler – Natta 型镍基络合物为催化剂，补充反应器采用 $Ni-Al_2O_3$ 催化剂。催化蒸馏法是美国催化蒸馏技术(CDTECH)公司开发的苯加氢制备环己烷新工艺，采用催化蒸馏塔作为反应器，催化剂($Ni-Al_2O_3$ 或 $Pt-Al_2O_3$)以一定方式布置在反应塔中。

我国的苯加氢制环己烷技术是 20 世纪 80 ~ 90 年代在引进国外技术基础上发展起来的。国内环己烷的生产多采用气相法(列管式固定床反应器)工艺，一些大型己内酰胺装置则采用液相法(浆态床反应器)生产工艺。目前，用于气相法工艺的 $Ni-Al_2O_3$ 和 $Pt-Al_2O_3$ 催化剂，以及用于液相法工艺的 Ziegler – Natta 型镍基络合物催化剂，均已实现国产化。

二、反应原理

苯加氢生成环己烷的反应看似简单，但实际是一个比较复杂的反应体系。在反应系统中，苯与氢气可能发生以下各种反应[1]：

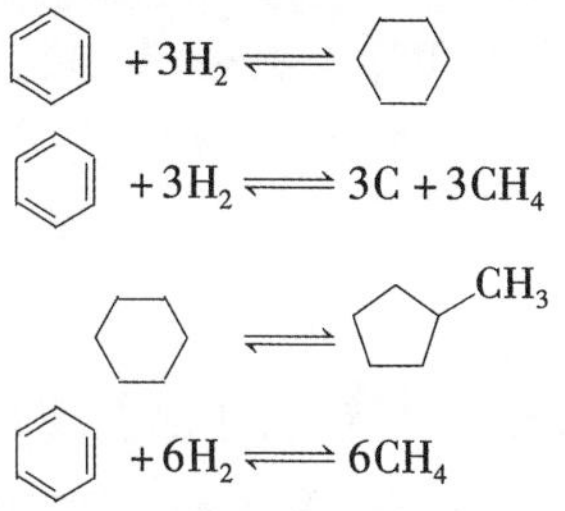

$\Delta H = -215.69$ kJ/mol　(1)

$\Delta H = 315.95$ kJ/mol　(2)

$\Delta H = 16.58$ kJ/mol　(3)

$\Delta H = -342.66$ kJ/mol　(4)

上述各反应的热力学平衡数据见表9－2－1[1]。

表9－2－1　苯加氢反应体系的平衡常数

T/K	$\lg K_p$			
	反应(1)	反应(2)	反应(3)	反应(4)
300	16.984	49.129	-0.694	58.682
400	2.773	35.598	0.044	44.240
500	2.208	27.417	0.478	35.434
550	0.171	24.421	0.632	32.184
560	-0.193	23.884	0.659	31.600
600	-1.534	21.911	0.759	29.446
700	-4.234	17.935	0.953	25.068
800	-6.282	14.914	1.093	21.696
900	-7.897	12.530	1.197	18.996
1000	-9.207	10.592	1.275	16.765

反应(1)为主反应，生成目的产物环己烷。该反应是一个放热、体积减小的可逆反应，其平衡常数随温度的升高而显著降低，因此，低温和高压对该反应是有利的。另外，由表9－2－1数据还可以发现，当温度超过560K以后，反应(1)的苯转化率显著减小，这表明苯加氢制环己烷的适宜反应温度不应超过560K；否则只有提高系统压力才能保证高的转化率，而这无疑将增加设备投资和操作费用。因此，苯加氢制环己烷的反应温度不宜过高，但也不能太低，否则反应速率较慢。

反应(2)是苯的加氢裂解反应，反应(4)为环己烷的加氢裂解反应。这两个副反应的发生，会造成环己烷收率的降低，同时造成催化剂表面积炭，影响催化剂活性及稳定性。这两个副反应在低于500K时反应速率很低，但在高温下较显著。这两个副反应可能是由Ⅷ族金属催化的氢解过程引起的，也可能是由加氢裂解反应引起的。工业上使用的Ni/Al_2O_3、Pt/Al_2O_3催化剂中的$\gamma-Al_2O_3$载体上往往存在一定的酸性中心，与金属(Ni或Pt)构成双功能催化作用。因此，在催化剂制备过程中设法消除载体的酸性，并降低反应温度，可以减少加氢裂解反应的发生。

反应(3)是环己烷的异构化反应，它往往被酸所催化，且反应的平衡常数随温度的升高而增大。环己烷生成甲基环戊烷，造成环己烷收率的降低并影响产品纯度。通过钝化催化剂的酸性中心，并降低反应温度，可以减少异构化反应的发生。

三、催化剂

研究发现，Pt、Pd、Ni、Ru、Rh 和 Co 等的金属单质、硫化物或络合物对苯加氢反应均具有良好的催化活性。目前工业上广泛应用的苯加氢反应催化剂，主要分为镍系、铂系和 Ziegler－Natta 型络合物三类。

(一)镍系催化剂

镍系苯加氢催化剂主要有 Ni/Al_2O_3、Ni/SiO_2、雷尼镍和非晶态镍系等产品，其中 Ni/Al_2O_3苯加氢催化剂应用较为广泛。工业使用的 Ni/Al_2O_3 催化剂，除含镍主加氢活性组元外，还含有氧化稀土(R_2O_3)、氧化锆(ZrO_2)、氧化钛(TiO_2)、氧化锌(ZnO)、氧化硼(B_2O_3)、氧化钡(BaO)等助催化剂，以改善催化剂的选择性和热稳定性。Ni/Al_2O_3 催化剂的制备程序一般为：先用硝酸溶解电解镍等并配制成一定浓度的硝酸镍溶液，将一定浓度的硝酸镍及助剂的可溶性盐溶液，在一定的条件下与碳酸钠、氨水共沉淀，制得的沉淀物与适量的氧化铝等一同经水洗、过滤、干燥、碾压、焙烧后，混合定量的胶体石墨及黏结剂成型，再经还原钝化后制成催化剂[2]。表 9－2－2 为 Ni/Al_2O_3 催化剂的基本物化性能。

表 9－2－2 Ni/Al_2O_3 苯加氢催化剂的基本物化性能

项　目	指　标
外观	黑色或灰色圆柱形颗粒
镍含量/%(质量)	40～50
直径/mm	3～5
长度/mm	3.0～5.0
堆密度/(kg/L)	0.90～1.40
比表面积/(m^2/g)	100～200
孔体积/(mL/g)	0.15～0.30
径向抗压碎强度/(N/cm)	≥120

镍系苯加氢催化剂加氢活性好、价格较便宜，反应温度低，在 150～200℃，但该催化剂存在一些缺点，如产物中含有少量甲基环戊烷杂质，耐硫性和耐热性差，苯的液时空速低，使用寿命较短(一般为一年到两年)等，且由于反应温度低，只能副产低压蒸汽。

(二)铂系催化剂

在各种金属中，以金属铂的苯加氢活性最高。研究表明，铂、镍和钯三种金属对苯加氢反应速率常数比为 $k_{Pt}:k_{Ni}:k_{Pd}=19:7:1$，即铂的加氢活性是镍的 2.7 倍，钯的 19 倍。通常将铂高度分散在氧化铝载体上，以充分发挥其催化作用。Pt/Al_2O_3 催化剂的制备过程通常为：以高纯氧化铝为原料，对其进行适当的预处理后加入定量的助剂，经过碾压、造粒、烘干后再配入一定量的成型助剂，然后经压片焙烧得到载体。根据载体质量准确称取一定量的氯铂酸及助剂，于室温下浸渍氧化铝载体，然后经干燥、还原、洗涤、焙烧得 Pt/Al_2O_3 催化剂。表 9－2－3 为 Pt/Al_2O_3 催化剂的主要物化性能。

表 9-2-3　铂系苯加氢催化剂的主要物化性能[3]

项　　目	指　　标
外型	ϕ3.2mm×3.2mm
铂含量/%(质量)	0.3
堆密度/(kg/L)	1.06
比表面积/(m^2/g)	111
孔体积/(mL/g)	0.33
径向抗压碎强度/(N/cm)	512

与 Ni 系苯加氢催化剂相比，Pt 系苯加氢催化剂具有许多优点：高活性、高选择性，可在较高的苯液时空速下操作；耐热性能好，反应温度为 200～400℃，因此可利用反应热副产中压蒸汽；耐硫性能好、中毒后易再生，工业使用寿命长。

(三) Ziegler-Natta 型镍基络合物加氢催化剂

Ziegler-Natta 型络合物是 20 世纪 50 年代开发成功的聚合催化剂。60 年代初，Solen 等发现 Ziegler-Natta 型催化剂可催化不饱和烃加氢反应。1976 年 IFP 开发出由主催化剂羧酸镍、助催化剂烷基铝及调节剂有机醇三组分共同结合而成的 Ziegler-Natta 型苯加氢催化剂，与原采用的 Raney 催化剂相比，该催化剂具有不自燃、对输送设备无磨损的特点，而且加氢的转化率和选择性高，催化剂更换方便。

中国石油辽阳石油化纤公司在现有技术基础上，通过添加异辛醇作为第三组分和微量水作为第四组分，得到的 Ziegler-Natta 型苯加氢催化剂具有较好的初活性和稳定性[4,5]。中国石化对催化剂制备技术进行了进一步改进，在保持加氢效果不变的前提下，提高了催化剂的抗水性能、延长了催化剂的使用寿命，使得工业装置催化剂消耗量降低[6,7]。

四、工艺流程和工艺条件

苯加氢制环己烷工艺可分为液相法、气相法和气液相法(催化蒸馏)三大类[8]。

(一) 气相法苯加氢工艺

气相法一般采用列管式固定床反应器，典型的工艺流程见图 9-2-1。苯、补充氢和循环氢混合后与反应产物进行换热升温，再经汽化器加热汽化后进入反应器，反应热可以通过管壁产生低压或中压蒸汽。

固定床加氢工艺可采用镍催化剂或铂催化剂，两类催化剂的主要工艺条件和技术指标见表 9-2-4。

表 9-2-4　两类催化剂苯加氢工艺比较

催化剂	Ni/Al_2O_3	Pt/Al_2O_3
操作条件		
温度/℃	150～220	220～370
压力/MPa	0.2～1.0	2.5～3.5

续表

催化剂	Ni/Al_2O_3	Pt/Al_2O_3
苯进料空速 $/h^{-1}$	0.2~1.0	1.0~2.0
主要技术指标		
苯单程转化率/%	~100	~100
环己烷选择性/%	≥99.9	≥99.9
催化剂寿命/a	2~3	4~5
副产蒸汽压力/MPa	0.4~0.6	2~3

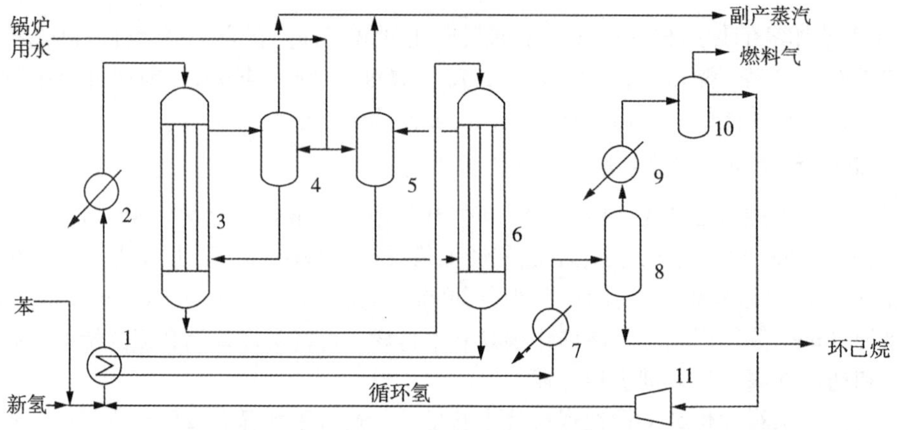

图9-2-1 典型的气相法苯加氢工艺流程图

1—换热器；2—汽化器；3—前反应器；4，5—汽包；6—后反应器；7—冷却器；8—气液分离罐；9—尾气冷却器；10—缓冲罐；11—循环氢压缩机

(二)液相法苯加氢工艺

液相法苯加氢工艺最初由IFP开发，工艺流程见图9-2-2[7]。反应系统由一个液相浆态床反应器和一个固定床补充反应器组成。该工艺刚开发时，加氢催化剂使用雷尼镍，目前已改为Ziegler-Natta型镍基络合催化剂。催化剂以淤浆状悬浮在液相中，苯与氢气从反应器底部进入反应器，反应热通过循环冷却移出。在反应器中生成的环己烷与其他气体一起从反应器顶部排出。为了保证苯的完全转化，再经过固定床进行补充加氢，固定床采用$Ni-Al_2O_3$催化剂。加氢产物经过冷凝、分离、闪蒸得到环己烷产品。液相浆态床反应器温度为180~200℃，氢气分压约0.7MPa，系统总压力为约2.4MPa。后反应器为绝热固定床，要求温升不超过30℃，通常反应温度控制为190~220℃。苯的总转化率接近100%，环己烷选择性≥99.9%。

(三)催化蒸馏苯加氢工艺

CDTECH公司开发了苯加氢制备环己烷的催化蒸馏工艺[9,10]，工艺流程见图9-2-3。

该工艺的核心是以一定方式布置加氢催化剂的蒸馏塔反应器。苯进入蒸馏塔反应器中的催化剂床层顶部，氢气进入催化剂床层底部，苯经过催化剂床层与上升的氢气进行反应，生成环己烷。反应放出的热量会导致更多的反应混合物蒸发而使催化剂床层温度始终控制在泡点温度。塔中上升的蒸汽含有环己烷和未反应的苯和氢气，进入塔顶过冷凝器，其中苯和环己烷被冷凝下来。顶部气体通过接收/分离器，液体经回流管作为回流液回到蒸馏塔反应器，气体作为燃料气排放。环己烷产物从底部出料。该工艺的优点是，利用蒸馏塔作为反应器，反应热可以通过液体的蒸发而移出，避免了热点温度的产生，因此其操作比固定床工艺安全，同时操作温度（149～204℃）和压力（1.4～1.7MPa）较低，可大大降低甲基环戊烷等副产物的生成。

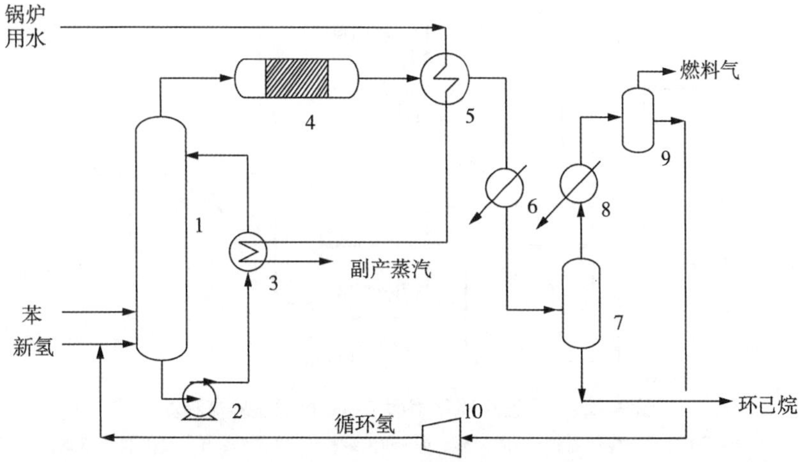

图 9-2-2　IFP 法苯加氢工艺流程图

1—前反应器；2—循环泵；3—换热器；4—补充反应器；5—换热器；6—冷却器；7—气液分离器；8—尾气冷却器；9—缓冲罐；10—循环氢压缩机

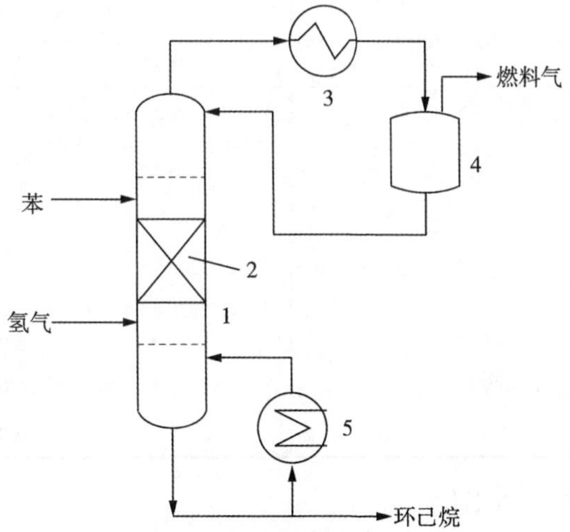

图 9-2-3　催化蒸馏苯加氢工艺流程图

1—催化蒸馏塔；2—催化剂床层；3—冷凝器；4—接收/分离器；5—再沸器

（四）悬浮催化蒸馏工艺

中国石化开发的悬浮催化蒸馏工艺利用精馏塔作为反应器，但催化剂不是固定在反应塔中，而是悬浮分散或溶解在反应体系中。该工艺既具有催化蒸馏技术的优点，又可避免采用催化剂构件带来的问题，应用于苯加氢过程获得很好的加氢效果[11]。

中国石化开展的悬浮床苯加氢模式试验流程见图 9 –2 –4。模试装置的主体为直径为 100mm 的反应塔。氢气由塔釜进入反应塔，苯可以由塔顶、中部、塔釜三个部位同时或分别加入。反应热通过环己烷的蒸发移出，产生蒸汽经塔顶冷凝器冷凝后再回流入反应塔。带有催化剂的产物从塔底排出至闪蒸塔，环己烷闪蒸冷凝为产品，催化剂循环回反应塔。

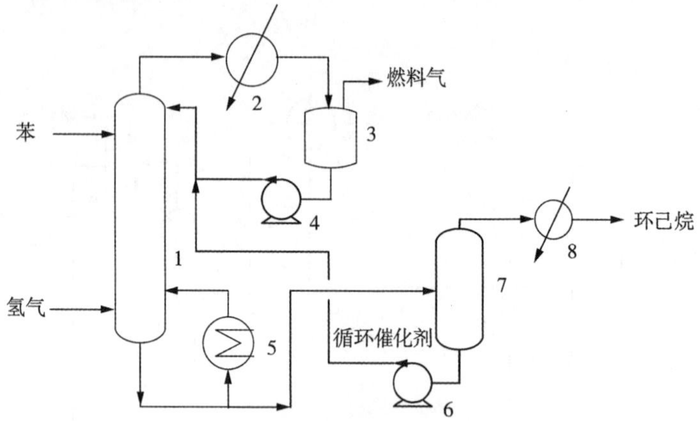

图 9 –2 –4　悬浮催化蒸馏苯加氢模式试验流程图

1—反应塔；2—冷却器；3—回流罐；4—回流泵；5—再沸器；6—催化剂循环泵；7—闪蒸塔；8—冷却器

悬浮催化蒸馏苯加氢工艺模式试验主要实验条件及结果见表 9 –2 –5 。

表 9 –2 –5　悬浮催化蒸馏工艺的主要实验条件及结果

项　　目	悬浮催化蒸馏苯加氢工艺
工艺过程要点	塔式反应，多级逆流反应，自蒸发取热
操作条件	
温度/℃	180～195
压力/MPa	1.0～1.3
氢纯度要求/%	≥65
主要结果	
苯单程转化率/%	≥99.9
氢利用率(原料氢气纯度为 93%)/%	90
选择性/%	≥99.9

悬浮催化蒸馏工艺具有以下优点：

①流程简单，反应压力较低，可减少投资费用。

②苯的单程转化率接近 100%，一个反应塔就可以实现苯的完全转化。

③对原料氢气的纯度要求低。悬浮催化蒸馏加氢塔，苯和氢气多级逆流反应，反应效率高，低浓度的氢气也能很好转化，因此氢气利用率高，对原料氢的纯度要求低，可降低环己烷的生产成本。

④用相变蒸发热抵消反应热，有效地解决移热问题，反应温度平稳，容易控制。

五、技术展望

苯加氢生产环己烷的技术发展主要体现在催化剂性能的进一步提升、装置的大型化、焦化苯原料路线的技术开发及过程强化的苯加氢工艺开发。

通过采用双金属或多金属组分代替单金属组分，改进催化剂载体，进一步提高催化剂的活性、选择性和使用寿命是催化剂的发展方向，同时焦化苯中的微量杂质对加氢催化剂的适应性研究以及对环己烷产品的质量影响还有待进一步研究。一些性能更好的新加氢催化材料，如非晶态合金催化剂等，可望在工业苯加氢装置上获得应用。

苯加氢工艺过程的效率将进一步提高，一些过程强化的工艺过程，如催化蒸馏、悬浮催化蒸馏[11]、相变反应器[12]等苯加氢新工艺，将会加快其工业化进程。

参考文献

[1] 周志明，程振民，袁渭康．苯加氢制环己烷的反应动力学研究进展[J]．化学反应过程与工艺，2003，19(1)：171－181.

[2] 张党英．NCG－6 型苯加氢催化剂性能的研究[J]．化学工业与工程技术，2004，25(3)：10－12.

[3] 王金利．NCH1－1 型铂系苯加氢催化剂的工业应用[J]．化学工业与工程技术，2007，28(增刊)：22－24.

[4] 唐占忠．齐格勒型苯加氢催化剂的放大生产与工业应用[J]．石油炼制与化工，1995，26(1)：62－63.

[5] 陈一斋，闫俊士，徐国良，等．苯加氢制环己烷的齐格勒型均相催化剂的研制[J]．辽宁化工，1992，5：44－47.

[6] 张宪仁，陈一斋，张林，等．一种苯加氢均相催化剂：中国，CN88105065.2[P]. 1988－05－21.

[7] 傅送保．悬浮催化蒸馏苯加氢制备环己烷工艺研究[D]．北京：石油化工科学研究院，2006.

[8] 刘良红，傅送保，朱泽华，等．苯加氢制备环己烷工艺进展[J]．化工进展，2004，23(6)：673－676.

[9] Gerald Ondrey. A reactive distillation route offers a cheaper way to make high purity cyclohexane[J]. Chemical Engineering，1999，106(4)：21.

[10] Gary R G，Hugh M P，Dennis H. Selective hydrogenation of aromatics contained in hydrocarbon streams：US5856602[P]，1999.

[11] 温朗友，闵恩泽，李成岳．悬浮催化蒸馏——化工强化与集成新技术[J]．化学反应过程与工艺，2007，23(1)：1－7.

[12] Anter A M，程振民，肖琼，等．新型苯加氢反应器的研究[J]．中国工程科学，2000，2(6)：59－63.

第三节　苯酚技术

一、概　述

苯酚作为重要的有机化工原料，主要用于酚醛树脂、双酚 A 的合成，此外还在合成纤维、合成橡胶、塑料、医药、农药、香料、染料以及涂料等方面具有广泛应用。

2011 年中国苯酚产能约为 865kt/a，主要装置位于中东部地区，其中天津中沙石化酚酮装置产能达到 350kt/a。同年我国苯酚表观消费量达到 1428kt，同比增长 12.3%。预计到 2015 年，我国对苯酚的总需求量将达约 1900kt。我国苯酚主要用于生产酚醛树脂、双酚 A、水杨酸以及壬基酚等。2011 年，酚醛树脂对苯酚的消费量占总消费量的 39%，双酚 A 占 26%，水杨酸占 8%，壬基酚占 6%，其他占 21%。

1834 年德国化学家 Runge 首先从煤焦油中分离得到了粗苯酚，因此苯酚又被称为石炭酸。随后通过苯胺盐酸盐与亚硝酸银反应首次合成苯酚。1923 年美国 Monsanto 公司开始用磺化碱熔法合成苯酚。随后又相继出现了氯苯法、环己烷法、甲苯氧化法、异丙苯法等多种合成方法。

异丙苯法合成苯酚是德国 Hock 等于 1944 年发明。1953 年英国 Distillers 公司和美国 Hercules Powder 公司首次在加拿大建设了工业装置。由于异丙苯法是当时丙酮的主要生产方法，苯酚作为副产物加以利用，技术经济性较好，因此异丙苯法成为苯酚生产的首选方法。截至 2010 年，全球苯酚装置规模总量的 98% 以上均采用异丙苯法生产工艺。

二、反应原理

异丙苯法合成苯酚和丙酮的主要原料是异丙苯，涉及的主要反应过程如下：

(1)异丙苯氧化反应

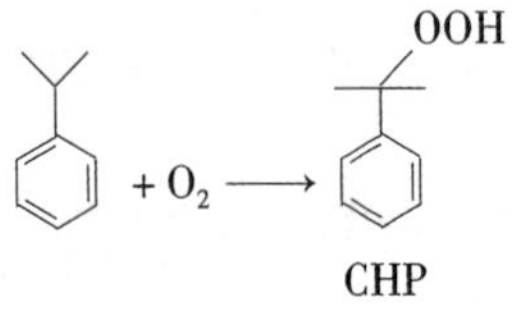

(2)过氧化氢异丙苯分解反应

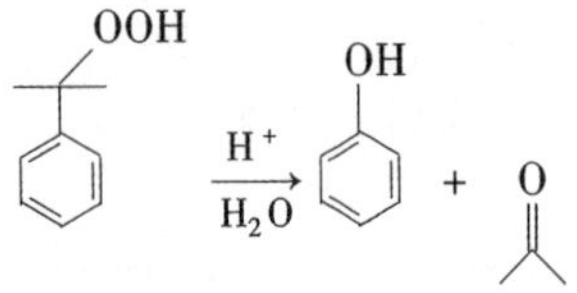

(3)苄醇脱水反应

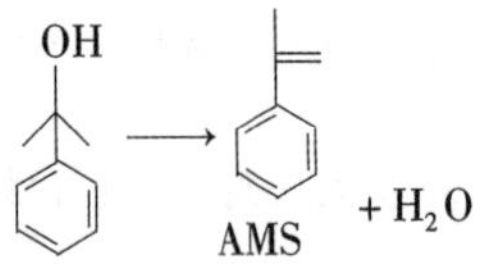

(4)AMS 加氢反应

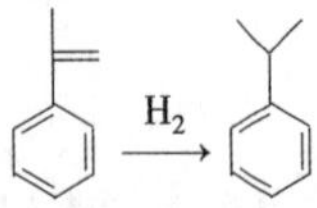

三、催化剂

异丙苯法合成苯酚主要包括三个反应过程：异丙苯氧化合成 CHP、CHP 分解及 AMS 加氢。其中异丙苯和氧气反应合成 CHP 为非催化过程，不涉及催化剂。

CHP 分解为苯酚和丙酮为酸催化过程，KBR 工艺和 UOP 工艺等均采用 92% 以上的浓硫酸为催化剂。1997 年建成投产的中国石化高桥石化分公司 45kt/a 苯酚装置采用强酸阳离子交换树脂为 CHP 分解催化剂，但由于物耗偏高及苯酚质量问题，该装置已于 2010 年改造为硫酸法。

AMS 加氢生成异丙苯可循环利用。由于非钯系催化剂的活性和选择性不高，近年来以钯为主要或唯一加氢活性组分的催化剂颇受关注。目前，AMS 加氢通常采用负载型 Pd/Al_2O_3 催化剂，加氢温度低于 120℃。施力[1]制备了 $Pd/\gamma-Al_2O_3$ 催化剂用于 AMS 加氢，并研究了浸渍与成型的关系；R. Lange[2]对 $Pd/\gamma-Al_2O_3$ 催化剂用于 AMS 加氢反应滴流床反应器的周期操作进行了研究；M. R. Khadilkar[3]也研究了滴流床反应器与溢流床反应器的反应特征；周志明等[4]研究了 $Pd/\gamma-Al_2O_3$ 催化剂上的苯气相加氢反应动力学，并应用到 AMS 加氢反应当中。

四、工艺流程和工艺条件

异丙苯法是目前生产苯酚和丙酮的主要方法[5]，主要有 Kellogg/Hercules/BP 工艺（KBR 工艺），UOP/Allied Chemical 工艺（UOP 工艺），ABB/Lummus 工艺和日本三井油化工艺等，技术关键在于各工艺对工艺条件的控制，以及物料和热量的集成利用情况。经过 Kellogg 工程公司的改进，KBR 工艺已广泛用于世界上多套大型装置。这些装置工程质量高，流程简单，产品质量高，能量的综合利用和三废治理都较好，各项技术经济指标居领先地位。

异丙苯法原料规格要求见附录二（表 10），苯酚产品质量符合国家标准 GB/T 339—2001。

不论何种工艺，其原则流程基本相同，如图 9－3－1 所示，可以分为异丙苯氧化、CHP 分解、CHP 提浓、苯酚丙酮精馏以及 AMS 回收组成。

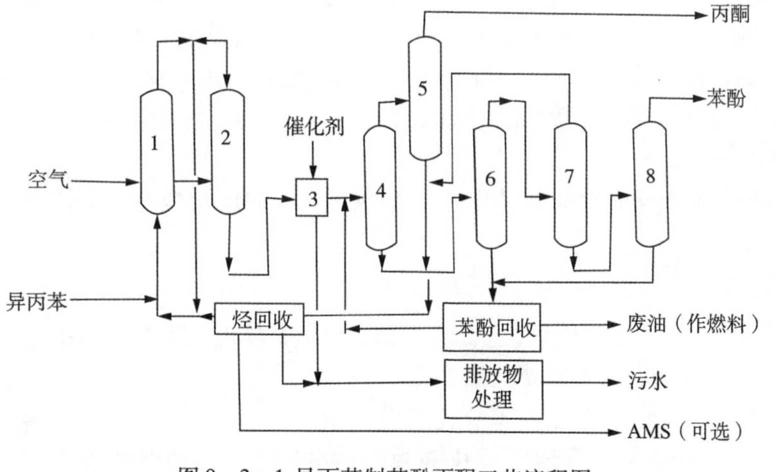

图 9－3－1 异丙苯制苯酚丙酮工艺流程图

1，2—氧化反应器；3—CHP 分解；4—粗丙酮分离；5—丙酮精制；6—粗苯酚分离；7—粗苯酚脱杂；8—苯酚精制

（一）KBR 工艺

KBR 工艺可以生产高纯度的苯酚和丙酮，同时可伴产 AMS[6]。KBR 工艺主要包括：异丙苯氧化制 CHP、CHP 提浓、CHP 分解和中和、产品精制、AMS 加氢和废水处理等单元。

（1）异丙苯氧化

异丙苯氧化反应在两个串联的反应器内进行，进入每个反应器的空气量为总空气进料量的1/2，因此每个反应器的转化率基本相同。反应热通过外循环换热控制，最终氧化产物中CHP的浓度约为24%。KBR工艺采用较高的反应温度(95～110℃)和压力(0.4～0.5MPa)。为了保证氧化反应的平稳、安全运行，进入氧化反应器的空气和异丙苯都必须经过碱液洗涤，除去影响氧化反应的有机酸、酚类等杂质。为了保证装置的安全性，氧化尾气中的氧气含量必须控制在6%以下。

(2)CHP提浓

来自氧化单元浓度为24%的CHP，经一级提浓后，CHP浓度达到40%～45%，二级提浓后CHP浓度达到80%～85%。两级提浓均在真空条件下进行。

(3)分解与中和

在分解单元，CHP在浓硫酸的催化下分解为苯酚和丙酮。酸催化CHP分解包括一级和二级分解反应器。一级分解反应器为全混流式反应器，可使CHP接近完全分解，反应热通过无水丙酮循环和丙酮汽化撤出。二级分解反应器为换热器式活塞流反应器，使残余CHP完全分解，并使DMBA脱水生成AMS。CHP分解产物中含有硫酸及少量有机酸，为避免下游设备腐蚀，采用氢氧化钠水溶液对其进行中和。

(4)丙酮精馏

中和后的物料经粗丙酮精馏塔分离为粗丙酮馏分和苯酚馏分。粗丙酮馏分中包含丙酮、异丙苯、AMS和轻馏分等；苯酚馏分包含苯酚和重组分。粗丙酮馏分经进一步精馏可得到产品丙酮、回收的异丙苯和AMS。

(5)苯酚精馏

上述苯酚馏分主要包括苯酚、少量AMS、枯基苯酚组分、AMS二聚物和焦油等。首先经减压精馏分离为粗苯酚馏分和重组分。粗苯酚再依次通过萃取蒸馏脱除烃类杂质、酸性树脂床处理、精馏，得到高纯苯酚。酸性树脂处理的目的是将羰基化合物、2－甲基苯并呋喃(2－MBF)以及残留的AMS等转化成高沸点化合物，以便通过精馏脱除。

(6)AMS加氢

精馏系统回收的主要副产品是AMS。在加氢单元，AMS加氢生成异丙苯，并循环到氧化反应部分。

(二)UOP工艺

UOP工艺和KBR工艺的主要工艺流程相似，也包括异丙苯氧化、CHP提浓、分解和中和、产品精制、AMS加氢、废水处理等单元[7]。

该工艺具有以下特点：①异丙苯氧化部分采用两个串联的反应器，并采用低温(80～86℃)、常压工艺，两级氧化产物中CHP浓度达24%左右，经两级提浓到80%以上。由于是低温低压工艺，氧化反应器的体积较大。②CHP酸分解也采用两级分解形式，但反应热的撤热是通过大量反应液外循环冷却换热来实现。③酸的中和采用有机胺。④精馏单元中塔顶丙酮馏分中主要包含丙酮、轻组分和水，而异丙苯和AMS则包含在塔釜苯酚馏分中。苯酚精制之前，同样采用酸性树脂处理等方法使不易分离的杂质转变为高沸点化合物。

(三)Ineos工艺

Ineos苯酚工艺主要集中在CHP分解反应部分，是Ineos苯酚的专利技术[8]。传统的CHP分解工艺流程如图9－3－2所示。浓CHP进入一级分解反应器，在催化剂作用下生成苯酚和丙酮。分解反应器是一种带循环装置的管式反应器，或是一种带回流的反应装置，也可由多个串联的反应器组成。如果是管式反应器，一级反应器的部分分解液循环回分解器中。

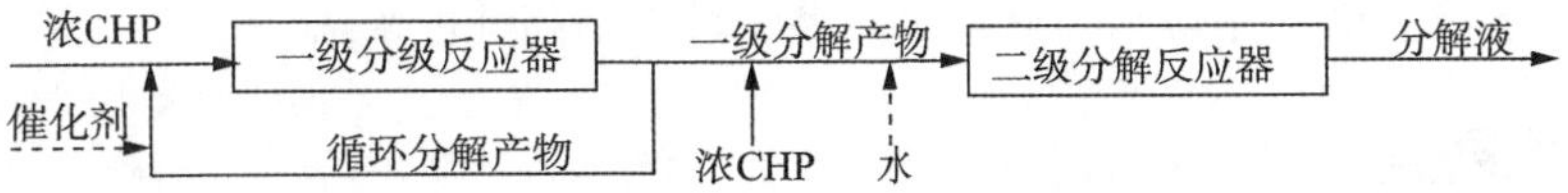

图 9－3－2　分解反应的传统工艺流程示意图

Ineos 苯酚工艺提出了新的分解工艺，如图 9－3－3 所示。浓 CHP 首先进入混合器中，与加有均相催化剂的一级分解反应器分解产物按一定比例混合，混合器按不同混合比例送出两股 CHP 浓度不等的物料，分别进入一级、二级分解器，在一级分解反应器中进行低温分解，在二级分解反应器中进行高温分解。同时，进入二级分解反应器混合物料 CHP 浓度控制在 6.4%，因此在二级分解反应时，可达到最高反应温度 115℃，而无需添加额外的 CHP 浓缩物。Ineos 对 CHP 分解工艺进行了持续的改进，形成了改进工艺Ⅰ~Ⅳ等流程，进一步提高了产品苯酚收率。Ineos 公开的苯酚中脱除羟基丙酮(HA)的方法是：在碱性条件下，通过控制 HA 反应器的温度 95℃和一定的停留时间，将水相中含有质量分数为 0.5%～2.0%的 HA 氧化，HA 转化率达到 92%，反应的产物被送到中和槽，用来中和分解液中的硫酸，形成了水的闭路循环。Ineos 在分解反应热回收及粗丙酮塔热量综合利用等节能方面，也是行之有效的。

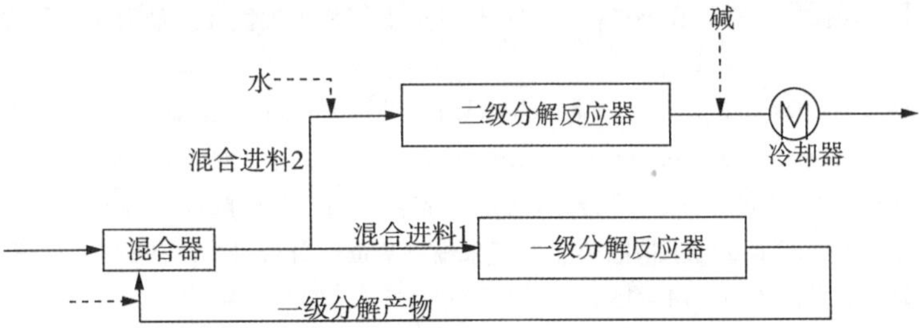

图 9－3－3　Ineos 分解反应改进工艺流程示意图

(四)其他异丙苯法生产苯酚技术

其他拥有异丙苯法生产苯酚技术的公司包括 Exxonmobil、Allied、ABB/Lummus 以及日本三井等。其中，ABB/Lummus 技术与 KBR 技术工艺相似[9,10]。日本三井油化工艺[11]与 KBR 工艺差别不大，其不同之处在于，三井技术强调异丙苯技术和苯酚技术的耦合，以充分利用热量，但实际上其装置能耗并不低[12]。

ExxonMobil 公司[13,14]开发了由 CHP 制取苯酚的催化精馏技术，催化剂床层中采用 Zr－Fe－W 氧化物固体催化剂，转化率接近 100%，苯酚和丙酮选择性高，且 4－异丙苯基苯酚、AMS 二聚物及焦油等高沸点的杂质数量很少。该工艺对苯酚的选择性为 89.5%。反应器催化剂床层操作条件为：50～90℃、34 kPa、液时空速 $4h^{-1}$。联产的 AMS 和 AP 选择性分别为 9.7%和 0.8%。该催化精馏工艺有效地将反应热用于丙酮精馏过程，将反应过程和精馏过程结合在一起，降低了能耗和投资。同时该技术在工业装置上可采用管式反应器，可对现有的异丙苯法装置进行改造。另外，由于采用固体酸催化剂代替传统的硫酸催化剂，可免除产物的中和过程。

美国 Allied 公司设计了高纯度苯酚生产工艺。该工艺采用胺处理方法将苯酚粗产物中的丙酮醇和 2－苯基丙醛转化成高沸点化合物，然后将粗产物蒸馏除去高沸点化合物，与水进行蒸汽蒸馏，再向塔釜产物中加入一定量的胺，将一缩二丙酮及羰基化合物等转化成轻、重杂质，然后将蒸汽蒸馏工序得到的重组分蒸馏，可得到高纯度苯酚。

五、技术展望

随着国内苯酚、双酚 A 产业链的不断发展，市场对苯酚的需求将保持强劲增长。异丙苯法苯酚生产工艺的技术进步，主要围绕新型催化剂开发、分解工序和提纯工序优化、苯酚产品纯度提高，并向节能环保的方向发展。

随着国内乙烯装置产能的增加，丁烯的高附加值利用将越来越得到重视。通过丁烯和苯烷基化合成丁苯，再通过丁苯氧化、分解可生产甲乙酮和苯酚，具有较好的发展前景。

参考文献

[1] 施力，杨勇，李承烈．AMS 加氢催化剂的开发与研究[J]. 石油炼制与化工，1994，25(3)：19 -22.

[2] Lange R，Gutsche R，Hanika J. Forced periodic operation of trickle - bed reaction[J]. Chem. Eng. Sci.，1999，54：2569 -2573.

[3] Khadilkar M R，Wu Y X，Al - Dahhan M H，et al. Comoarison of trickie - bed and upflow reactor performance at high pressure[J]. Chem. Eng. Sci.，1996，51(10)：2139 -2148.

[4] 周志明，李卓，程振民，等．在 $Pd/\gamma-Al_2O_3$ 催化剂上气相苯加氢反应动力学[J]. 石油化工，2003，32(5)：392 -396.

[5] Elvim O. Camara greiner and ehiyo funada，phenol[J]. CEH Marketing Research. 2008，7：1 -64.

[6] Barton Miller. Petrochemical processing[J]. Hydrocarbon Processing，2003，82(3)：72 -140.

[7] 王永健．异丙苯法苯酚丙酮清洁生产技术[M]. 北京：中国石化出版社，2009：22 -27.

[8] 毛文杰．异丙苯法生产苯酚丙酮精馏单元的粗苯酚塔釜重组分含量过高研究[M]. 大连：大连理工大学工程硕士学位论文，2013：14 -15.

[9] 刘海军，逯春平，华阳，等．国内外苯酚生产及市场情况分析[J]. 弹性体，2006，6：68 -76.

[10] 李玉芳．国内外苯酚生产技术进展[J]. 中国化工，2006，8：40 -42.

[11] Albert Gruby. Hydrocarbon Processing[M]，1997，3：146.

[12] Alexander Claus. New technology in phenol [J]. Euro. Chem. News，1991，1：24.

[13] Santiesteban J G，Levin D. Production of phenol using reactive distillation [P]：WO 0146102，2001 -06 -05.

[14] Satiesteban J G，Levin D. Apparatus for producing phenol using reactive distillation [P]：US 6441252，2002 -07 -01.

第四节　硝基苯与苯胺技术

一、硝基苯

(一)概　述

硝基苯为无色油状透明液体，具有良好的溶解性能，易溶于多数有机溶剂，同时也是优良的有机溶剂，属于高沸点极性非质子传递性溶剂，工业上用于 Friedel - Crafts 等多种重要反应。硝基苯的芳环和硝基上可发生多种化学反应，尤其是位于芳环上的硝基可发生多种还原反应，在特定反应条件下得到亚硝基苯、*N* - 苯基羟胺、苯胺、氧化偶氮苯、偶氮苯以及二苯肼等产品。硝基苯也可用作氧化剂，如将芳环侧链的甲基氧化为醛基[1]。

早期硝基苯工业生产采用苯与混酸(硝酸与硫酸)的间歇硝化法，随着苯胺需求量的迅速增长，20 世纪 60 年代后，逐渐发展了釜式串联、管式、环式或泵式循环等连续等温硝化工艺，后来又发展了绝热硝化工艺，进一步提高了反应效率，降低了副产物的生成。绝热硝化法代表工艺有美国氰胺公司与加拿大工业公司共同开发的多釜串联绝热硝化工艺和加拿大 NORAM、德国 Chematur 公司下属 Plinke 公司等开发的管式绝热硝化工艺两种。

(二)反应原理

硝基苯技术是以苯为主要原料，在硝化剂作用下进行硝化反应，将苯环上的氢原子用硝基取代，生成硝基苯的技术。工业上硝基苯主要采用苯经混酸硝化法进行生产，副产物包括苯酚、二硝基苯、硝基酚等。

主反应：

$$C_6H_6 + HNO_3 \xrightarrow{H_2SO_4} C_6H_5NO_2 + H_2O \qquad \Delta H = -143.6\text{kJ/mol}$$[2]

副反应：

$$C_6H_6 + HNO_3 \xrightarrow{H_2SO_4} C_6H_5OH + HNO_2$$

$$C_6H_5NO_2 + HNO_3 \xrightarrow{H_2SO_4} C_6H_4(NO_2)_2 + H_2O$$

$$C_6H_5OH + nHNO_3 \xrightarrow{H_2SO_4} HOC_6H_{5-n}(NO_2)_n + H_2O \quad (n=1\sim3)$$

苯与混酸的硝化过程是强放热反应，且混酸中的硫酸被反应水稀释，放出稀释热。反应体系温度的升高是引起副反应的主要因素，其中硝基酚类副产物为易燃易爆物，其存在是造成硝基苯生产工厂发生爆炸事故的主要原因。因此，在生产中必须严格控制反应温度、搅拌、冷却等反应条件，以抑制副反应的发生，并在产品的后处理过程中充分洗涤粗产品中的酚类副产物。针对酸性硝基苯产物进行中和与脱酚的反应方程式为：

$$HNO_3 + NaOH \longrightarrow NaNO_3 + H_2O$$

$$H_2SO_4 + 2NaOH \longrightarrow Na_2SO_4 + 2H_2O$$

$$HOC_6H_{5-n}(NO_2)_n + NaOH \longrightarrow NaOC_6H_{5-n}(NO_2)_n + H_2O \quad (n=1\sim3)$$

(三)催化剂

在硝基苯生产工艺中，一般采用硫酸作为催化剂。

硝基苯生产过程中生成等物质的量的水，而不消耗硫酸。水的生成使硫酸的催化作用逐渐降低，直至消失，从而产生废的稀硫酸，需经提浓后循环使用。

为了实现苯的清洁硝化，以固体酸催化剂取代浓硫酸生产硝基苯的工艺正在开发中。人们对包括沸石分子筛[3]、黏土类、离子交换树脂[4]、固载化液体酸、复合氧化物、杂多酸、金属盐等催化材料进行了研究，其中价格低廉、资源丰富的黏土(尤其是用多价金属进行离子交换的蒙脱土)具有潜在的工业应用价值，而固载化硫酸具有较高的催化活性，也将是浓硫酸的理想替代催化剂[5]。但这些催化剂均存在一定缺陷，不能同时满足活性与寿命的要求，因此目前尚无法取代廉价、高效的液体硫酸用于工业生产。

(四)工艺流程和工艺条件

硝基苯制备过程中的原料苯应满足《石油苯》国家标准 GB/T 3405—2011(详见附录二)，原料硫酸应满足《工业硫酸》国家标准 GB/T 534—2002，原料浓硝酸应满足《工业硝酸浓硝酸》国家标准 GB/T 337.1—2002，硝基苯产品符合《硝基苯》国家标准 GB/T 9335—2009。石油苯消耗定额为≤645kg/t，硝酸和硫酸（纯度均为98%）消费定额分别为≤537 kg/t 和≤10 kg/t。

目前工业上生产硝基苯所采用的工艺主要为等温硝化工艺和绝热硝化工艺，其中等温硝化工艺包括传统釜式硝化法和列管式泵式循环硝化法。

1. 传统硝化法

传统硝化法是将苯与硫酸和硝酸配置的混酸在硝化反应器中进行反应，可采用间歇工艺或连续工艺。其中连续硝化工艺效率较高，所用混酸的组成（体积分数）为硫酸 46% ~49%、硝酸 44% ~47%、水 4% ~10%。苯稍微过量，以尽量消耗混酸中的硝酸，同时减少二硝基苯的生成量。传统苯连续硝化工艺流程示意图如图 9-4-1 所示[6]。

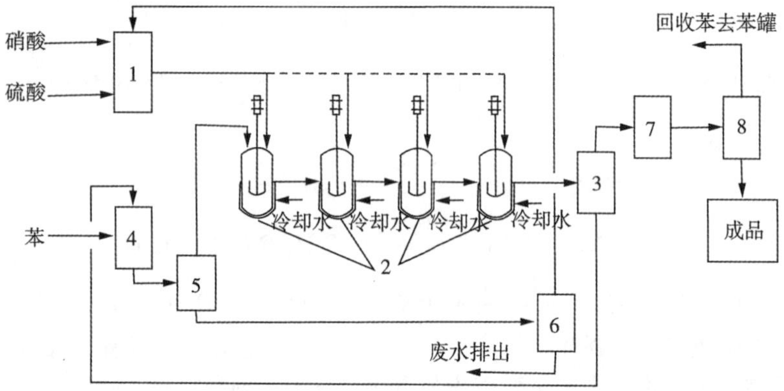

图 9-4-1 传统苯连续硝化工艺流程图

1—酸混合器；2—硝化反应器；3，5—分离器；4—提取釜；6—稀酸提浓装置；7—碱洗、水洗部分；8—苯回收塔

反应物料进入硝化反应器中反应，硝化反应器一般为带有强力搅拌的反应釜，内部装有冷却蛇管，以导出反应热，且反应器多为串联操作，温度控制在 50 ~ 80℃，停留时间 30 ~50min，产率为 96.0% ~98.5%。反应完成后，产物连续由硝化反应器进入分离器，其中有机相为粗硝基苯，去洗涤提纯部分，而无机相为被反应产物水稀释的硫酸，去稀酸提浓部分。

粗硝基苯提纯包括碱水中和洗涤及分离两部分。将粗硝基苯中的硝酸、硫酸、少部分硝基酚、二硝基酚等杂质中和并溶解在碱水中，再经水洗，然后分离得到有机相和水相，其中有机相是已分离了酸性介质但含有小部分苯的硝基苯，再经苯回收塔之后，从苯回收塔底得到干燥脱水的产品硝基苯。稀酸提浓过程则主要采用真空浓缩法，利用蒸汽加热浓缩器中的稀酸至高温，再真空闪蒸出大量的水分，经过提浓后，浓度约 68% 的稀酸一般可提浓到 88% ~93%（体积）。

中国石化南化公司在 150kt/a 硝基苯装置中成功应用了自主开发的多釜并串联多点加料技术，通过多釜多点加料及推进式与涡轮式双层组合搅拌技术，保证了反应釜内温度场与浓度场分布均匀及整体硝化停留时间，从而抑制了大型硝化过程中二硝基苯及多硝基酚等危险副产物的生成，解决了硝化反应器的放大问题，并降低了硝基苯精制单元的负荷[7]。南化公司 150kt/a 硝基苯装置的物耗与国际先进水平相当，而副产物比国内同类装置减少了

86%，二硝基苯含量为痕量[8]。

20 世纪 70 年代后期，一些国家开发了泵式循环硝化工艺。该工艺将苯和预混的混酸加到不锈钢离心泵入口，经泵的激烈搅动，约 1 min 内完成硝化，反应产物经冷却进入分离器，将硝基苯和废酸分离。该法反应物浓度低，反应温度上升不超过 15℃，有机相在系统中停留时间极短，因此副反应少。但由于反应器外形尺寸较大、造价高等因素，该法在大规模硝基苯装置中应用较少[9]。

2. 绝热硝化法

绝热硝化法是 20 世纪 70 年代发展起来的一种硝化新技术，突破了反应必须在低温下恒温操作的传统观念，取消了冷却装置，节省了大量用以移除反应热的冷却剂，充分利用混合热和反应热来提高反应速率，因此物料停留时间短，副反应少，且反应后的稀酸可以利用反应热进行浓缩和循环使用，能耗低，具有较好的发展前景。

绝热硝化法包括多釜串联绝热硝化工艺和管式绝热硝化工艺两种[10]。多釜串联绝热硝化工艺将超理论量 10% 的苯与预热到 90℃ 的混酸[含硝酸 3% ~7.5%(体积)，硫酸 58.5% ~66.5%(体积)，水 28% ~37%(体积)]一起加到 4 个串联的硝化釜中，在 0.44MPa 压力下进行反应。釜中无冷却装置，大量酸的存在使得硝化反应和稀释时产生的大量热被酸吸收，硝化温度维持在 145℃以下，这部分热量还可用于真空硫酸蒸发器中提浓稀酸。多釜串联操作的物料在反应器中的停留时间约为 10 ~12min，产率可达到 99%。粗硝基苯经碱洗和水洗后，蒸出未反应的过量苯，得到硝基苯产品。

管式绝热硝化工艺采用管式反应器，反应物料的流型为平推流，其核心为静态混合绝热硝化。混合酸和经预热的原料苯在管式反应器中进行反应，产生的反应热使物料温度由 90℃上升到 135℃，加快了反应的进行，因此允许使用较稀的废酸进行生产。当混合充分后，反应热能被物料迅速均匀吸收。在管外设置苯原料的预热套管，既可以预热原料，又可移走大量反应热，从而有效降低局部过热现象，减少副产物的生成。物料在反应器的停留时间 2 ~4min，产率可达 99.3%。粗硝基苯经中和洗涤及分离精馏后，得到硝基苯产品。

(五)主要设备

苯硝化反应的主要设备是硝化反应器。国内硝化反应器一般包括釜式硝化反应器、环形硝化反应器和管式硝化反应器等。

常用的釜式硝化反应器有筒身、釜盖、夹套、冷却蛇管、搅拌器及减速器等组成，结构如图 9 -4 -2 所示。釜体除夹套外均采用不锈钢制造。冷却蛇管通常设 1 ~3 组。为了增强硝化釜的传质和传热，釜内设有搅拌器。搅拌器一般由 3 个桨叶组成，桨叶直径为反应釜直径的 0.30 ~0.33 倍。为了改善物料的循环流动，提高搅拌效率，常利用紧密排列的冷却蛇管形成导流筒的作用。因硝化反应是强放热反应，及时有效地排除热量，是硝化反应器设计的首要前提。为保证安全操作，需装有自控仪表及安全连锁装置。

(六)技术经济分析

以 Chematur 工艺和 NORAM 工艺的绝热硝化法制硝基苯工艺装置为例，技术经济性分析结果见表 9 -4 -1。

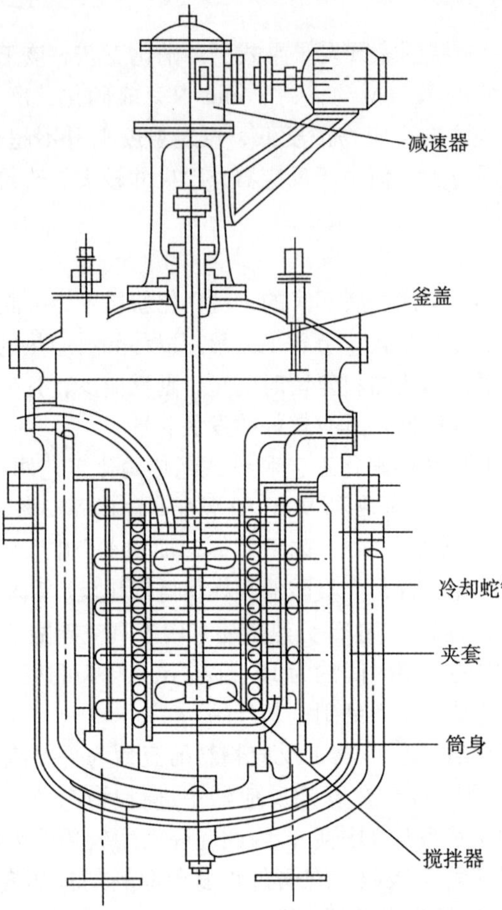

图 9－4－2　釜式硝化反应器

表 9－4－1　硝基苯生产工艺的技术经济性分析

工　艺	Chematur 工艺	NORAM 工艺
装置产能/(kt/a)	40.0	407.0
投资/百万元人民币		
总项目投资	143.9	648.6
总资金投入	176.9	929.9
生产成本/(元/t)		
原材料成本	5870.9	5817.1
副产收益	0.0	0.0
净公用工程	56.4	53.8
固定成本	403.1	90.7
总现金成本	6329.7	5961.0
折旧/(元/t)	314.3	139.3
总成本 + 10% 投资回报率/(元/t)	6643.9	6100.9

注：以 2011 年第 2 季度汇率为基础。

在不同地区建硝基苯装置的生产成本也存在较大差异，如表9－4－2所示。

表9－4－2　在不同地区建造硝基苯装置的技术经济性比较

地区	中国	中东	美国海湾	西欧
投资/百万元人民币	816.5	1056.2	926.6	972.0
生产成本/(元/t)				
净原材料	4801.7	4665.6	5819.0	5929.2
公用工程	77.8	25.9	51.8	181.4
固定成本	51.8	142.6	90.7	103.7
现金成本	4931.3	4834.1	5961.6	6214.3
折旧	123.1	168.5	142.6	149.0
生产成本	5054.4	5009.0	6097.7	6363.4

注：采用NORAM绝热硝化法工艺，装置规模407.0kt/a。

由表9－4－2可知，中国和中东具有投资成本低及原料价格低廉的优势，因此同样采用NORAM绝热硝化工艺，同规模装置生产成本比美国海湾地区分别低17%和18%。

二、苯胺

(一)概　述

苯胺俗称阿尼林油，外观为无色或浅黄色透明油状液体，具有强烈的刺激性气味，能与醇、苯、醚等混溶，微溶于水。苯胺是比较活泼的化合物，分子中的氨基易发生各种取代和缩合反应；氨基是第一类定位基，对环上的亲电取代反应有较强的活化作用，使得苯环上易发生卤化、硝化及磺化等，也可发生氧化还原反应[11]。

1826年德国科学家O. Unverdorben干馏靛蓝时首次得到苯胺。1854年Béchamp发现硝基物在铁粉和乙酸存在下可进行还原，之后Perkin于1857年将此法工业化，从此开始了苯胺的工业化生产。硝基苯铁粉还原法制苯胺工业生产曾对染料工业的发展起过重大的促进作用。但由于该工艺消耗大量优质铁粉，排放大量铁泥，并存在设备易腐蚀、操作维修费用高等问题，因此逐渐被后来开发的催化加氢法所取代，现仅在德国和美国还保留一部分铁粉还原法生产能力，主要目的是获得联产的氧化铁颜料。目前硝基苯催化加氢法是最主要的苯胺生产工艺，其中Lonza和Bayer公司开发了固定床气相催化加氢工艺，BASF公司等开发了流化床气相催化加氢工艺，ICI和DuPont等公司开发了液相催化加氢。此外，美国Halcon国际公司于1962年开发了苯酚氨化法制苯胺工艺，1970年实现工业化。但该工艺受原料价格影响较大，经济性无法与硝基苯催化加氢法相竞争，2009年日本三井化学最后一套70kt/a装置停运，至今已无采用苯酚氨化法制苯胺的工业装置处于运行状态。

(二)反应原理

工业化的苯胺生产工艺包括硝基苯铁粉还原法、硝基苯催化加氢法和苯酚氨化法三种。

1. 铁粉还原法

在铁粉存在下，硝基苯还原生成苯胺。硝基苯铁粉还原制苯胺的反应原理相当复杂，简单表示如下。

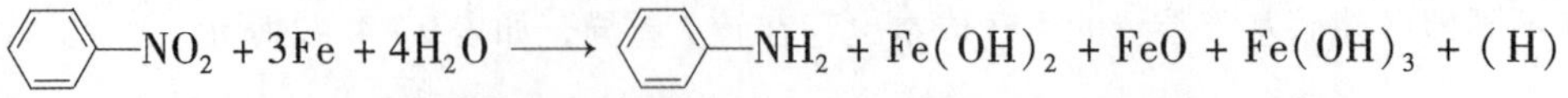

$$Fe(OH)_2 + 2Fe(OH)_3 \longrightarrow Fe_3O_4 + 4H_2O$$

铁可能与盐酸反应直接生成 Fe^{2+} 和氢气分子，然而实际观察到的氢量很少。另一可能是铁在酸性催化剂存在下与硝基苯直接反应，硝基苯被还原，铁被氧化成氧化亚铁或氧化铁。此外，部分铁生成氯化亚铁。

2. 催化加氢法

硝基苯催化加氢制苯胺反应方程式如下所示。

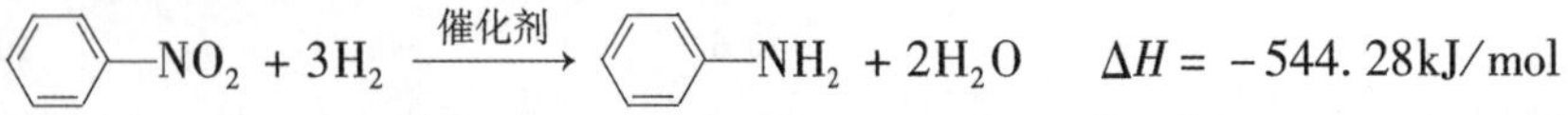

该过程为放热反应，经历多个反应步骤，可以检测到多种中间体，主要包括亚硝基苯(NSB)、*N*-羟基苯胺(N-PHA)、氧化偶氮苯(AOB)、偶氮苯(AB)和氢化偶氮苯(HAB)等。目前广为接受的反应途径由 Haber 提出，如图 9-4-3 所示[12]。

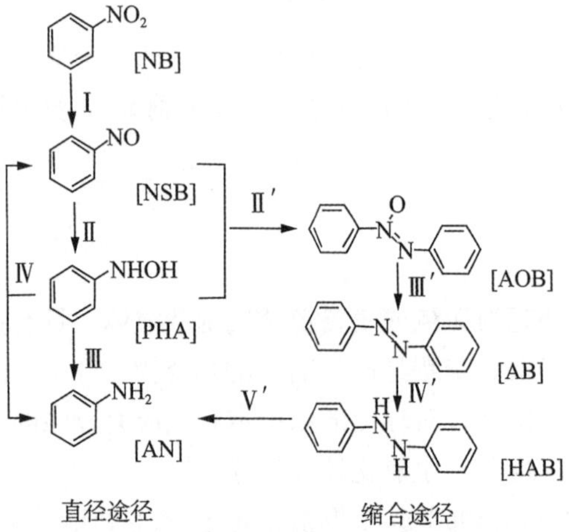

图 9-4-3 硝基苯加氢制苯胺可能的反应途径

NB—硝基苯；NSB—亚硝基苯；PHA—*N*-羟基苯胺；AOB—氧化偶氮苯；AB—偶氮苯；HAB—氢化偶氮苯；AN—苯胺

在催化剂作用下，反应主要通过直接途径(左部分，Ⅰ-Ⅱ-Ⅲ)和缩合途径(右部分，Ⅰ-Ⅱ′-Ⅲ′-Ⅳ′-Ⅴ′)来完成。直接途径的步骤Ⅰ和Ⅱ反应速率很快，并且硝基苯和亚硝基苯会强烈吸附在催化剂表面；相反，第Ⅲ步骤中 *N*-羟基苯胺的加氢需要断裂 N—O 键，所以反应速率很慢，同时 *N*-羟基苯胺可能通过Ⅳ′步骤(歧化反应)生成苯胺。缩合途径在碱性条件下比较容易发生[13]。

采用负载 Pt 或 Pd 催化剂进行硝基苯三相加氢制苯胺反应时，速率控制步骤为吸附的硝基苯和来自液相中未吸附的分子氢之间的表面反应，符合 Eley-Rideal 反应模型。速率方程式为[14]：

$$r(c_{H_2},\ c_{NB}) = k\frac{K_{NB}\cdot c_{H_2}\cdot c_{NB}}{1 + K_{NB}\cdot c_{NB}}$$

式中，r 为反应速率，mol/(g·s·L)；K 为该催化剂的硝基苯吸附平衡常数，L/mol；c 为该组分的浓度，mol/L；k 为反应速率常数，mol/(g·s·L)。

3. 苯酚氨化法

苯酚氨化法的反应原理是苯酚和氨在固体酸催化下进行亲核取代反应生成苯胺。反应式如下所示。

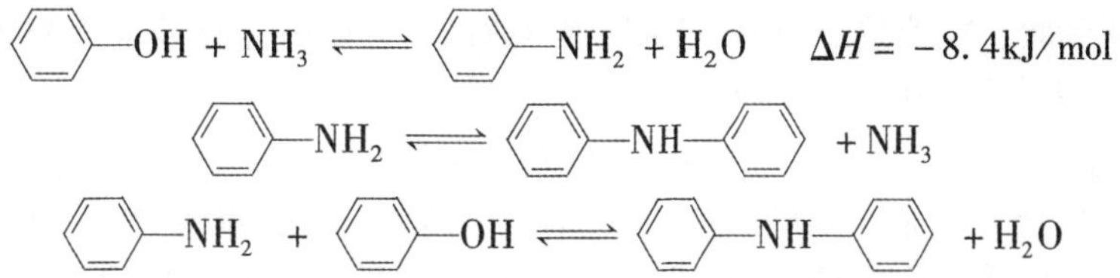

该反应放热量低，并可逆，采用过量的氨可抑制副反应，降低胺的分解率，二苯胺生成量约 1% ~2%(按苯胺计)。

(三)催化剂

硝基苯催化加氢生产苯胺的催化剂主要有两种类型，一种是铜负载在二氧化硅载体上的 Cu/SiO_2 催化剂，以及加入 Cr、Mo、Zr 等第二组分的改进型催化剂，该类催化剂成本低，选择性好，主要用于气相加氢反应，但抗毒性差，微量有机硫化物极易使催化剂中毒；另一种是将 Pt、Pd、Rh 等金属负载在氧化铝、活性炭等载体上的贵金属催化剂，该类催化剂具有催化活性高、寿命长等优点，主要用于硝基苯的液相催化加氢，但生产成本较高。多家研究机构正通过在催化剂中添加金属助剂[15]或采用碳纳米管负载贵金属[16]的方式降低贵金属的用量，从而进一步提高反应活性，并降低成本。

Cu/SiO_2 系列催化剂中活性组分 Cu 的含量对还原反应产生直接影响[17]。Cu 含量低则催化剂负荷低，单位时间内生成的苯胺量少；Cu 含量太高则会增加催化剂成本，且制造难度大。

在硝基苯加氢反应过程中，Cu/SiO_2 催化剂的催化活性会逐渐降低，即催化剂失活。失活的速率与原料的性质及组成、操作条件、产品的要求和催化剂本身的特性有密切关系。工业加氢催化剂失活的主要原因是生成焦炭，造成催化剂孔结构堵塞和活性中心被覆盖，其他原因包括活性中心吸附原料中的有毒组分、活性金属组分迁移或聚集、相组成变化、载体烧结等[18]。当催化剂失活后，需要通过再生和活化使其恢复活性。

中国石化针对硝基苯流化床催化加氢工艺，开发了 Cu/SiO_2 型 NCH2 催化剂。该催化剂具有良好的加氢活性、选择性和稳定性，其堆密度为 0. 56 ~0. 70g/mL，水分含量低于 5%，Cu 的质量分数(以干基计)为 15. 0% ~20. 0%[19]。NCH2 型催化剂在南化公司苯胺生产装置上实现了工业应用，最大装置规模为 100kt/a，苯胺产品质量达到优等品要求，装置运行稳定，其中在新建的 100kt/a 苯胺装置上的催化剂再生周期达 345 天，优于以往平均 6 个月再生周期的行业水平[20]。

(四)工艺流程和工艺条件

硝基苯制苯胺工艺包括铁粉还原、催化加氢和苯酚氨化法三种。本节主要介绍加氢工艺。

1. 硝基苯催化加氢制苯胺

硝基苯加氢制苯胺中的原料硝基苯应满足《硝基苯》国家标准 GB/T 9335—2009，原料氢气体积纯度不低于 98. 5%，苯胺产品符合《苯胺》国家标准 GB 2961—2006。硝基苯消耗定额为≤1. 34t/t，氢气消耗量为≤75kg/t，催化剂消耗量约为 0. 001kg/t。

硝基苯催化加氢制苯胺包括固定床气相催化加氢、流化床气相催化加氢和液相催化加氢三种工艺。

(1)固定床气相催化加氢

固定床气相催化加氢工艺反应条件为200~300℃，1~3MPa。经预热的氢和硝基苯发生加氢反应生成粗苯胺，粗苯胺经脱水、精馏后得成品，苯胺的选择性大于99%，产品纯度大于99.8%，硝基苯含量小于5μg/g。

Lonza和Bayer公司开发了各自的固定床气相催化加氢工艺。Lonza工艺首先将氢气和硝基苯[摩尔比(2.5~6):1]混合后喷入加热的循环气相物流，入口温度约200℃，并通过固定床催化剂床层，采用浮石负载Cu催化剂。反应出口温度约300℃，随后进入冷凝器，分离过量氢气、粗苯胺和水，并通过蒸馏提纯苯胺。Bayer公司工艺采用Pd/Al_2O_3催化剂，并用V和Pb进行改性。Bayer公司工艺不同之处还在于使用绝热反应器，入口温度为250~350℃，催化剂床层高为0.1~1.0m。反应出口温度高达460℃，该热量可用于生成高压蒸汽[21]。Bayer公司苯胺工艺流程如图9-4-4所示。

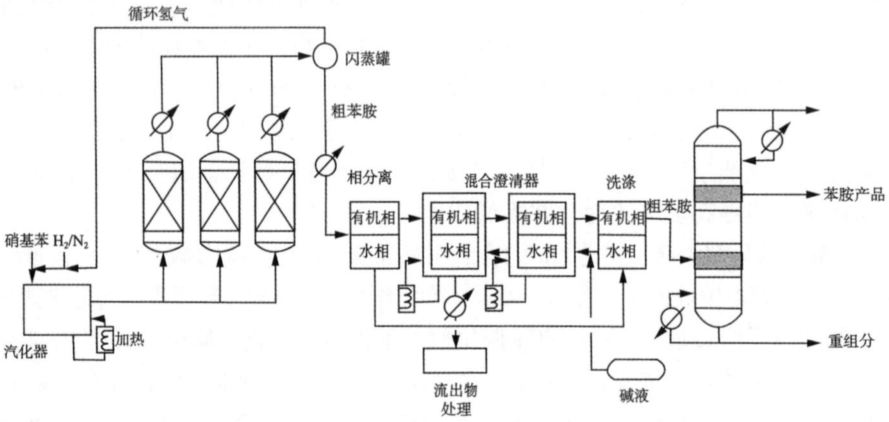

图9-4-4 固定床气相催化加氢制苯胺工艺流程图

(2)流化床气相催化加氢

流化床气相催化加氢工艺流程如图9-4-5所示。

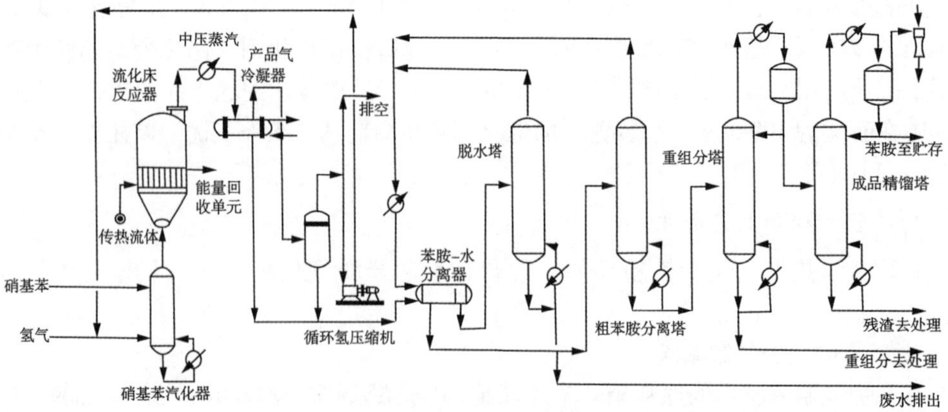

图9-4-5 流化床气相催化加氢制苯胺工艺流程图

氢气与硝基苯(摩尔比10:1)进入汽化塔，形成过热气体，进入装有铜-硅胶催化剂的流化床反应器中，在260~280℃、0.1~1MPa条件下进行加氢还原反应生成苯胺和水蒸气，硝基苯几乎全部转化，苯胺选择性大于99%。经冷凝、分离、脱水、精馏得到苯胺产品，水蒸气则为苯胺精制过程提供热量。

中国石化与清华大学共同开发的硝基苯流化床气相催化加氢技术采用加压高速湍动流化床反应器及专用新型管式气体分布器，可有效控制分布器区温度，床内热点温度下降至268~272℃，显著降低副产物的生成量和催化剂的积炭量，从而延长催化剂寿命；反应器内部设置脊形构件，并通过优化构件在流化床内的排列方式，有效降低催化剂的磨损率和催化剂回收系统的负荷；另外还应用了旋风分组催化剂捕集技术和可控换热管束，采用上述技术，可使硝基苯转化率超过99.999%，苯胺粗品中硝基苯含量低于10μg/g，苯胺产品中硝基苯含量低于0.5μg/g[8]。采用上述技术，中国石化南化公司建成了直径达5m、产能为100kt/a的硝基苯加氢制苯胺装置。与同类技术相比，中国石化开发的流化床硝基苯加氢技术具有操作弹性大、苯胺精制负荷低的优点，催化剂再生周期超过11个月，远高于国际平均水平的3~4个月。

典型的流化床气相催化加氢工艺由BASF公司开发并工业化应用。该工艺首先将部分硝基苯在含氢的热气流中汽化，然后从流化床反应器不同高度的多个入口进入催化床层，采用Cu/SiO_2[Cu含量约15%（质量）]催化剂，并用Cr、B等进行改性，反应温度250~300℃、反应压力0.4~1.0MPa。反应产物经过换热器，在气液分离器中得到苯胺。反应热用于生成蒸汽。催化剂可通过在空气气氛中250~350℃下焙烧进行再生[22]。

（3）液相催化加氢

为了解决反应温度高、设备体积大等问题，英国ICI、美国DuPont等公司相继开发出硝基苯液相连续催化加氢工艺。ICI技术于20世纪60年代实现工业化[22]，以苯胺为溶剂，加氢温度接近溶剂沸点，压力小于0.1MPa，反应热部分或全部由产物蒸发所吸收，大量苯胺回流入反应器，以保持操作条件的稳定，可采用镍/硅藻土催化剂。该公司硝基苯液相加氢制苯胺工艺流程如图9-4-6所示[23]。

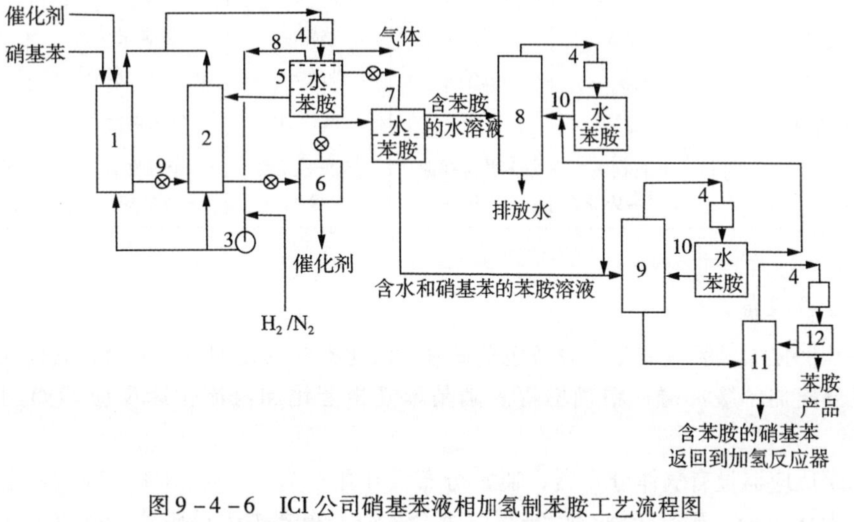

图9-4-6　ICI公司硝基苯液相加氢制苯胺工艺流程图

1，2—加氢反应器；3—气体循环泵；4—冷凝器；5—初始分离器；6—压滤器；7—第二分离器；8—蒸馏塔；9—苯胺蒸馏器；10—分离塔；11—苯胺精馏塔；12—回流器

DuPont公司在1983年提出含有聚硝基苯酚(PNP)杂质的粗硝基苯液相催化加氢生产苯胺的工艺[24]。在反应中，PNP可以转化为聚合焦油，并从苯胺产品中轻易分离除去，进行焚烧处理，因此无需PNP预先分离过程。反应条件为150~250℃、0.15~1.0MPa，催化剂为Pt(0.54%)-Pd(4.50%)-Fe(5.00%)/C，其中Fe为改性剂，所得苯胺产品中只有5μg/g的PNP，PNP转化为焦油的转化率大于99%，苯胺收率大于99%。

2. 苯酚氨化制苯胺

苯酚氨化制苯胺工艺由美国Halcon公司于1962年开发成功，日本三井油化公司1970年首次实现工业化生产。由于该反应放热量低，反应过程可逆，通常需要氨过量以抑制副反应。苯酚与氨(摩尔比为1:20)经混合、汽化、预热后，进入装有氧化铝-硅胶催化剂的固定床反应器中，在370℃、1.7MPa条件下，进行氨化反应制得苯胺，同时联产二苯胺，苯酚转化率和苯胺选择性均在98%左右。该工艺简单，催化剂价格低廉，寿命长，所得产品质量好，“三废”污染少，适合于大规模连续生产，并可根据需要联产二苯胺。

3. 硝基苯铁粉还原制苯胺

该法多采用间歇法工艺。生产时将苯胺废水和部分铁粉与盐酸投入还原釜中，直接蒸汽加热至100℃，经一段时间后分批加入硝基苯和铁粉，反应直至回流冷凝物无硝基苯为止。产物经蒸馏，得粗苯胺，再经精馏得到成品，铁泥经处理后排放。苯胺收率为95%~98%。铁粉质量的好坏对苯胺产率有直接影响。

上述主要苯胺生产工艺的对比见表9-4-3。

表9-4-3 主要苯胺生产工艺对比

工艺	硝基苯铁粉还原工艺	硝基苯催化加氢工艺			苯酚氨化工艺
		固定床气相加氢	流化床气相加氢	液相加氢(DuPont)	
原料	硝基苯，盐酸	硝基苯，氢气	硝基苯，氢气	硝基苯，氢气	苯酚，氨
反应条件	100℃	200~300℃ 1~3MPa	260~280℃ 0.1~1MPa	150~250℃ <0.1MPa	370℃ 1.7MPa
反应器	还原釜	固定床	流化床	固定床	固定床
催化剂	铁粉	Cu/浮石	Cu/SiO_2	Pt-Pd-Fe/C	Al_2O_3-硅胶
再生周期	—	6个月	11个月	无需再生	—
反应性能	苯胺收率 95%~98%	苯胺选择性 >99%	苯胺选择性 >99%	苯胺收率 >99%	苯胺选择 性约98%

(五)主要设备

硝基苯催化加氢装置的主要设备包括硝基苯汽化器和催化加氢反应器，其他还包括冷凝器、气液分离器、缓冲罐、精馏塔等。硝基苯气相催化加氢流化床反应器如图9-4-7所示[25]。

流化床反应器设有气体分布器，通常分布板开孔率为0.4%~1%。分布板上的风帽中心孔直径为0.6mm。硝基苯汽化后与氢气混合，经分布器进入反应器。反应器内装有催化剂，床层内设U形冷却管束以及时移除反应热。为防止气体夹带催化剂，流化床内设有气固分离结构，如旋风分离器，这里一级料腿采用双锥堵头，二级、三级料腿通常采用翼阀。

反应后的气体产物经冷凝去分离器，氢气去循环压缩机；粗苯胺进入苯胺精制系统，获得成品苯胺。

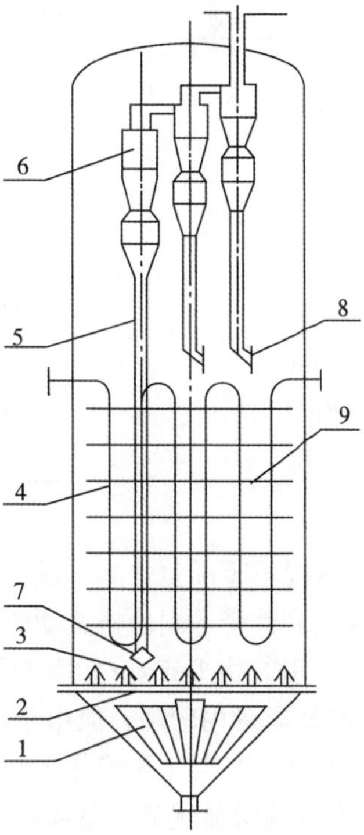

图 9-4-7　流化床反应器简图

1—预分布器；2—分布板；3—风帽；4—U 形管束；5—料腿；6—内旋风分离器；7—双锥堵头；8—翼阀；9—波纹挡板

硝基苯液相催化加氢反应器中硝基苯以液相参与反应，因此无需汽化。反应器设有安全阀，一旦出现压力超高情况，反应器内的物料可以通过安全阀及其管道送入事故罐进行收集，防止事故扩大。反应系统采用双回路联锁保护装置设计，确保了装置的安全稳定[26]。

(六)技术经济分析

对不同工艺制苯胺装置的经济性进行了分析，如表 9-4-4 所示。

表 9-4-4　苯胺生产工艺的技术经济性比较

工　艺	BASF 流化床气相加氢法	DuPont/KBR 硝基苯-液相加氢一体化法	苯酚氨化法
原料	来自 NORAM 工艺的硝基苯、氢气	来自 NORAM 工艺的硝基苯、氢气	苯酚、氨
装置产能/(kt/a)	304.0	304.0	304.0
投资/百万元人民币			
总项目投资	1369.9	1423.0	1108.7
总资金投入	1410.0	1761.3	1246.8

续表

工　艺	BASF 流化床气相加氢法	DuPont/KBR 硝基苯-液相加氢一体化法	苯酚氨化法
生产成本/(元/t)			
原材料成本	8550.4	8521.8	9096.6
副产收益	0.0	0.0	-29.2
净公用工程	251.4	-103.0	399.8
固定成本	271.5	313.0	197.0
总现金成本	9073.9	8736.3	9664.3
折旧/(元/t)	391.4	406.9	383.0
10%投资回报率(ROI)	464.0	579.3	410.2
总成本+10% ROI/(元/t)	9929.3	9722.6	10457.4

注：以2011年第2季度汇率为基础。

由表9-4-4可知，相同规模情况下苯酚氨化法路线的装置投资费用最低，但该生产成本中原料成本所占比例较高，装置盈利性受原料价格波动的影响非常大。相对而言，基于硝基苯的路线受原料价格的影响就小得多。将DuPont/KBR公司液相法工艺与BASF流化床气相工艺进行比较，尽管DuPont工艺投资费用较高，但由于液相法避免了气体循环装置，且提高了反应器时空收率，因此更加节能。如与上游绝热硝基苯装置配套进行硝基苯和苯胺的生产，则DuPont一体化液相法工艺将具明显优势。总体看来，一体化的液相加氢工艺较具竞争力。

三、技术展望

从技术开发趋势看，高效、节能、环保的硝基苯生产技术将得到进一步开发与应用。苯绝热硝化制硝基苯技术应用于工业生产，突破了硝化反应必须在低温条件下恒温操作的约束，反应速率快，节能降耗，提高了产品质量，具有较好的发展前景。固体酸取代浓硫酸作为催化剂也正在开发中，不仅能够减少环境污染，而且解决了硫酸易流失的问题，其中以多价金属进行离子交换的蒙脱土具有较高的活性，未来有望应用于硝基苯工艺中。

硝基苯催化加氢仍将是主要的苯胺生产工艺。随着苯胺生产装置向大型化、上下游一体化的方向发展，高效、节能、环保的苯胺生产技术将得到进一步的开发和推广。苯直接氨化合成苯胺作为一项绿色生产工艺，将多步反应变为一步，不仅明显提高原子利用率，且副产物氢和水对环境无害[27]，因此国内外多家石化公司正对该工艺进行深入开发。

参 考 文 献

[1] 魏文德主编．有机化工原料大全(下卷)[M]．北京：化学工业出版社，1999：719.

[2] 赵仁殿，金彰礼，陶志华．芳烃工学[M]．北京：化学工业出版社，2001：456.

[3] L Bertea，H W Kouwenhoven，R Prins. Vapour-phase nitration of benzene over modified mordenite catalysts[J]. Applied Catalysis A：General，1995，129(2)：229-250.

[4] Mark A Harmer，Qun Sun. Solid acid catalysis using ion-exchange resins[J]. Applied Catalysis A：General，2001，221(1-2)：45-62.

[5]　胡育，杨先贵，王公应．硝基苯清洁生产催化剂及工艺的研究[J]．工业催化．2006，14(7)：8－13.
[6]　孙雪玲．苯硝化制硝基苯工艺技术浅析[J]．化学工业与工程技术．2007，28(增刊)：35－38.
[7]　董安城，戚品豹，曹荣，等．多釜加料的芳烃釜式硝化方法：中国，CN1629130[P]．2005－06－22.
[8]　龚建华．100kt/a大型苯胺装置技术的开发和应用[J]．化工设计，2011，21（1）：38－41.
[9]　赵仁殿，金彰礼，陶志华．芳烃工学[M]．北京：化学工业出版社，2001：453.
[10]　孟庆茹．绝热硝化法生产硝基苯工艺的进展[J]．石油化工．2005，34(增刊)：255－257.
[11]　魏文德主编．有机化工原料大全(下卷)[M]．北京：化学工业出版社，1999：772.
[12]　Hans － Ulrich Blaser. A golden boost to an old reaction[J]. Science，2006，(313)：312－313.
[13]　王军华．硝基苯加氢反应中负载型镍、铂催化剂的研究[D]，浙江：浙江大学理学院，2011. 1.
[14]　Volker Höller，Dagmar Wegricht，Igor Yuranov，et al. Three－phase nitrobenzene hydrogenation over supported glass fiber catalysts：Reaction kinetics study[J]. Chem. Eng. Technol.，2000，23(3)：251－255.
[15]　Shaopai Lee，Yuwen Chen. Nitrobenzene hydrogenation on Ni － P，Ni － B and Ni － P － B ultrafine materials[J]. Journal of Molecular Catalysis A：Chemical，2000，152(1－2)：213－223.
[16]　Yun Zhao，Chunhua Li，Zhenxing Yu，et al. Effect of microstructures of Pt catalysts supported on carbon nanotubes（CNTs）and activated carbon（AC）for nitrobenzene hydrogenation[J]. Materials Chemistry and Physics. 2007，103(2－3)：225－229.
[17]　姜新亮．Cu－SiO_2 催化剂在苯胺生产中的应用[J]．氯碱工业，2009，45(9)：30－34.
[18]　刘昆，王涛，潘德满．工业应用失活与再生加氢催化剂研究[J]．辽宁化工．2007，36(12)：807－812.
[19]　姜新亮．苯胺装置扩产改造开车运行分析[J]．辽宁化工，2010，39(9)：983－986.
[20]　南化集团研究院研制的NCH2型硝基苯加氢催化剂通过鉴定[J]．石油化工，2011，40(11)：1210.
[21]　Langer Reinhard，Buysch Hans－Josef，Pentling Ursula. Process and catalyst for the preparation of aromatic amines by hydrogenation in the gas phase：德国，EP748789[P]．1996－12－18.
[22]　Ullmann's Encyclopedia of Industrial Chemistry，Aniline，2000. 6. 15.
[23]　张超林．硝基苯液相催化加氢制苯胺技术进展[J]．现代化工，2007，27(12)：11－14.
[24]　Frederick R Lawrence. Process for preparing aniline：美国，US4415754 [P]．1983－11－17.
[25]　阎铁林．2万吨/年硝基苯加氢流化床反应器设计[J]．化学反应工程与工艺，1990，6(4)：86－93.
[26]　苯胺生产技术介绍[R]．天脊煤化工集团交流报告，2010.
[27]　Yu Fenlu，Liang Fangzhu，Qiu Yuanliu，et al. Direct amination of benzene to aniline with several typical vanadium complexes[J]. Chinese Chemical Letters，2009，20：238－240.

第五节　芳香腈技术

一、概　述

苯甲腈/苯二甲腈是用途广泛的精细化工产品，可用于农药、医药、染料、树脂以及高分子聚合单体等领域。苯甲腈与双氰胺反应生成的苯代三聚氰胺可用于制取热固性树脂、改性树脂、氨基涂料和塑料、医药、农药及染料的中间体，用于生产金属涂料、装饰板、着色剂以及印刷油墨；苯甲腈还是性能优良的高沸点极性有机溶剂[1]。间苯二甲腈经氯化反应可制得高效低毒杀菌剂四氯间苯二甲腈(百菌清)[2]。加氢反应制得的间苯二甲胺是耐温环氧树脂固化剂，也是尼龙树脂和聚氨酯材料的中间体[3]。对苯二甲腈经氯化、氟化等反应可制得菊酯类农药[4]；经加氢反应可制得高分子聚酰胺的单体[5]。邻苯二甲腈和金属反应可合成多种酞菁染料[6]，还可用来制备特种高分子塑料。

甲苯、二甲苯氨氧化反应合成苯甲腈、苯二甲腈是目前最为简单、经济的生产方法。芳烃氨氧化反应就是具有 α-H 的芳烃和氨、氧气(空气)在特定的温度压力及催化剂作用下直接合成芳腈。

20 世纪 60 年代，国外一些企业就已经开始利用甲苯、二甲苯氨氧化反应合成苯甲腈、苯二甲腈。日本的 Nippon Shokubai、Showa Denko (SDK)公司分别开发了固定床工艺技术生产苯甲腈、间苯二甲腈。随后 Mitsubishi Gas Chemical (MGC)、美国 Standard Oil 公司利用流化床技术合成间苯二甲腈。Lummus 公司开发了移动床工艺技术制备间(对)苯二甲腈并建成生产装置。武汉大学、中国石化也分别开发了苯二甲腈生产技术。

二、反应原理

芳烃氨氧化反应较为复杂。以间二甲苯氨氧化反应为例，其副反应既有平行反应，又有串联反应，且均为强放热反应[7]。

主反应：

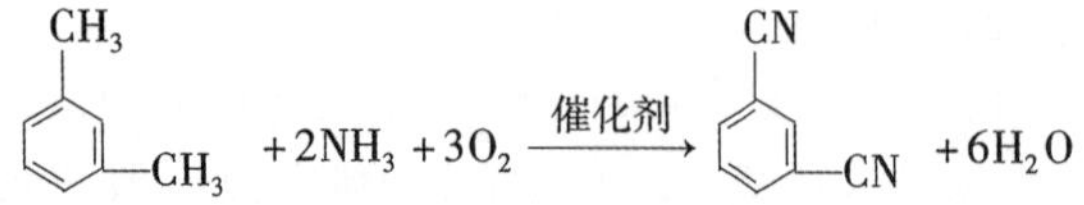

$\Delta H = -1312\text{kJ/mol}$

副反应：

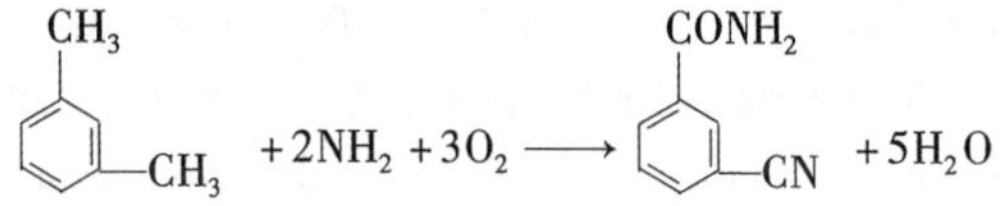

$\Delta H = -1112\text{kJ/mol}$

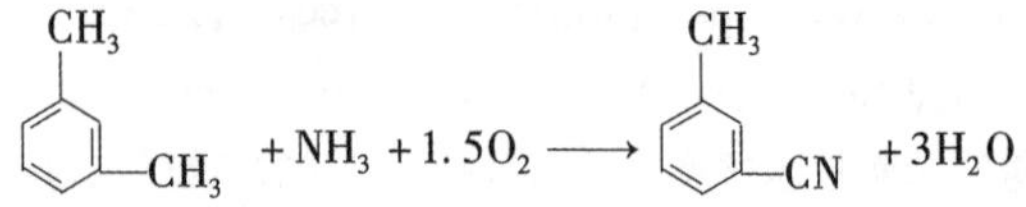

$\Delta H = -487\text{kJ/mol}$

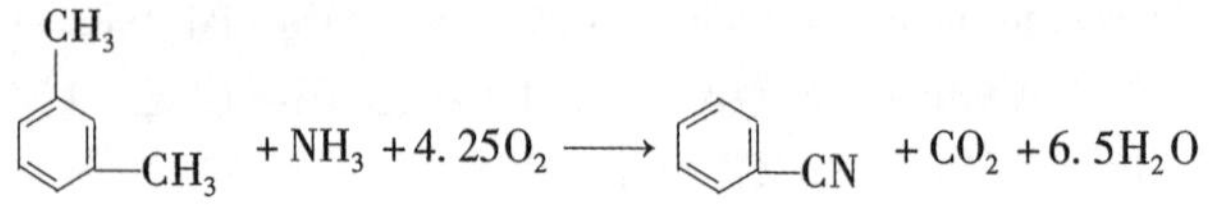

$\Delta H = -518\text{kJ/mol}$

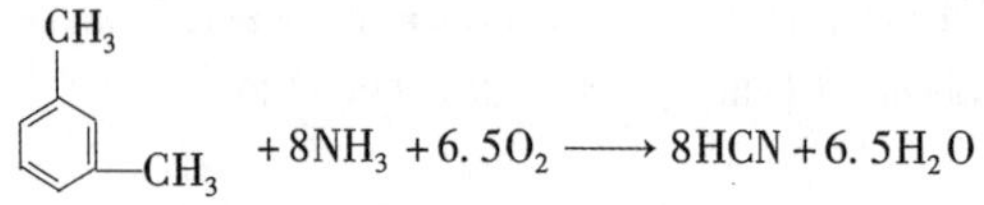

$\Delta H = -1749\text{kJ/mol}$

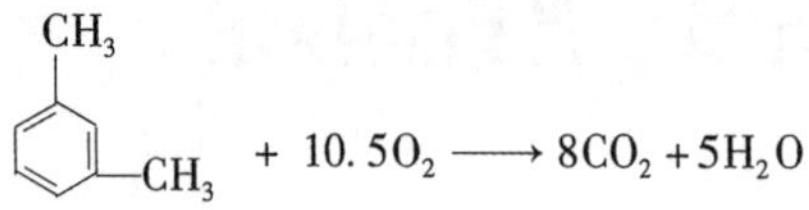

$\Delta H = -4371\text{kJ/mol}$

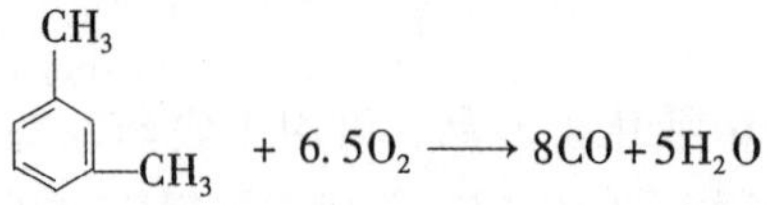

$\Delta H = -2108\text{kJ/mol}$

$$NH_3 + 0.75O_2 \longrightarrow 0.5N_2 + 1.5H_2O \qquad \Delta H = -318\text{kJ/mol}$$

甲苯氨氧化制备苯甲腈的反应与此类似。因此，采用合适的催化剂和与其相适应的反应器(重点是反应撤热)及其工艺条件就显得尤为重要。先进的技术必须在保证生成苯甲腈、间苯二甲腈的主反应顺利进行的前提下，尽可能地抑制副反应的发生，以提高产品的收率和选择性。

三、催化剂

在氨氧化制备苯甲腈、苯二甲腈反应技术中，催化剂是核心。根据反应原理，性能优良的催化剂必须有合适的脱氢、供氧中心，且具有较强的腈化能力，使反应在较高原料转化率的前提下保持较好的选择性。因此，研究氨氧化反应的核心和关键是开发设计出高活性、高选择性的催化剂，其性能主要取决于催化剂活性相组成及结构。从原子水平揭示氨氧化催化反应的本质，分析催化剂的组成与催化活性之间的关系，可以减少在催化剂设计和筛选过程中的盲目性[8]。

目前，应用于甲苯/二甲苯氨氧化反应的催化剂主要为含钒氧化物(钒系)和非钒氧化物(非钒系)催化剂。

(一)含钒氧化物体系催化剂

在芳烃氨氧化催化反应工艺中，钒系催化剂是一种最普遍且有效的催化体系。早期催化剂一般使用简单的钒组分或钒配有其他少量组分，总体活性高，但选择性差，芳腈产品收率较低。从近期制备苯甲腈、苯二甲腈等的催化剂组成发展来看，常加入其他元素，如碱金属、碱土金属以及 P、Sb 等元素形成复合氧化物体系，来增加催化剂的活性和选择性，主要包括 V－Ti、V－Cr、V－P、V－Sn、V－Mo 及 V－Sb 等体系催化剂。

1. 纯钒氧化物催化剂

在氨氧化反应工艺条件下，纯氧化钒中一般存在三种相态，即 V_2O_5、V_2O_4、V_6O_{13}，其中由选择性非常低的 VO_2 相转化而来的 V_6O_{13} 相，是氨氧化反应的活性相。根据 V_2O_5 的晶体结构研究可知，芳烃是和垂直于 V_2O_5(010)面具有双键性质的端氧(V=O)反应。Andersson[9]等发现，使用过的 V_6O_{13} 催化剂中同时存在 V_2O_5 和 V_6O_{13} 相，且比单一的钒氧化物具有更高的活性和选择性。这可能是因为 V_6O_{13} 与 V_2O_5 形成了一个新相。总的来说，纯钒氧化物催化剂在甲基芳香烃化合物的氧化反应中催化性能往往不够理想。

2. V－ Ti 体系催化剂

V－Ti 氧化物对烷基芳烃氨氧化合成芳腈具有非常好的催化活性。Sanatim[10]等对采用浸渍法制备的 V/TiO_2 负载型催化剂进行了研究，结果发现，钒氧化物的负载量对催化剂的结构及性能影响较大。当负载量到 4～5 层时，催化剂形成了八面体结构的 V^{5+}，它是由扭曲 VO_6 八面体组成的无定形相，此时催化剂对甲苯氨氧化反应的催化活性和选择性最高，而过量可溶于碱的无定形 V_2O_5 对甲苯氨氧化反应并无催化活性。

3. V－Cr 体系催化剂

V－Cr 体系催化剂用于芳烃的氨氧化反应报道较多，但有关其结构及催化反应机理的研究并不多。在催化剂制备过程中，Cr 元素在催化剂表面产生富集。催化剂活性组分 V 与 Cr 之间在氨氧化过程中会发生相互作用，催化剂的还原耗氢温度随 Cr/V 摩尔比的增大而降低，还原温度与催化剂表面的脱氢活性有关。Xie[11]等在研究硅胶负载的 V－Cr 氧化物催化剂时发现，Cr 组分的添加抑制了 V_2O_5 晶相的形成[12]，减少了原料的深度氧化。同时，由于 Cr 与 V 形成了复合氧化物，其协同作用提高了催化剂的活性和选择性。硅胶表面覆盖的 V、Cr 原子含量较低，催化剂中 V 主要以五价存在，Cr 主要为三价，活性相主要为 $CrVO_4$。

4. V－P 体系催化剂

钒磷氧(VPO)催化剂具有良好的活性和对腈基的选择性，能够有效催化甲基芳香烃氨氧化反应[13]。催化剂中的主要晶相为$(VO)_2P_2O_7$，其中$(VO)_2P_2O_7$(V^{4+})和无定形 VPO(V^{5+})之间的氧化还原作用是催化剂具有高活性的原因。同时，催化剂载体、P/V 摩尔比和V_2O_5负载量对 VPO 催化甲苯氨氧化反应性能也具有重要影响。其中 P/V 摩尔比影响最大，P 的引入使 VPO 催化剂晶态结构破坏，呈现无定形态。合适的 P/V 摩尔比有较好的催化性能是因为内层的 V ═O 氧化活性中心与 P - OH 的 B 酸中心共同组成了氨氧化反应的一个复合催化活性中心。采用 P/V 摩尔比 =1 ~2 之间的 VPO/硅胶催化剂，苯甲腈收率在 440℃时达到最高，为 91.2%，具备工业化生产的潜力[14,15]。

5. V - Sn 体系催化剂

V - Sn 氧化物对芳烃氨氧化也具有比较好的催化活性。在 V - Sn 氧化物催化剂中，并没有检测到钒酸盐或锡酸盐的存在[16]。这是因为在催化剂中，有部分V^{4+}溶于SnO_2相，SnO_2相的组成为$V_{0.03}Sn_{0.97}O_2$。当催化剂体系中SnO_2的质量分数不超过 10% 时，可以形成类似隧道结构的钒氧化物，此时VO_4四面体通过共角或共边彼此相连。同时，Sn^{4+}也能进入V_2O_5的晶格内部，从而削弱了 V ═O 键，增加了催化剂中氧的交换，进而大大提高催化剂的活性。

6. V - Mo 体系催化剂

V - Mo 体系也是研究较多的一类催化剂。在 V - Mo 氧化物中，MoO_3浓度较低时能溶于V_2O_5中，从而削弱了 V ═O 键的强度。当MoO_3质量分数超过 30% 时，形成了类似于$Mo_4V_6O_{25}$或$Mo_6V_9O_{40}$的化合物[17]。$Mo_6V_9O_{40}$在反应物混合气中于 500℃ 能被还原成$Mo_4V_6O_{25}$，$Mo_4V_6O_{25}$在空气中又能重新氧化到$Mo_6V_9O_{40}$，它们是催化反应的活性相。

7. V - Sb 体系催化剂

V - Sb 体系催化剂对各种烃类，如甲基芳烃、丙烯、丙烷等的氨氧化反应都具有很好的活性和选择性[18]。V - Sb 氧化物催化剂的结构和组成很大程度上依赖于制备方法、活化条件以及 Sb/V 比。非计量的$VSbO_4$(标记为$\approx VSbO_4$)是氨氧化反应的活性相，其中 Sb 为五价，V 以三价和四价共存[19]。Sb/V 比不同，催化剂的结构与活性也不相同。当 Sb/V >1 时，催化剂由$VSbO_4$和Sb_2O_4组成，此时催化剂一般具有更高的催化活性。Sb_2O_4本身并不具有催化活性，但能补充活性相$VSbO_4$在反应中所消耗的氧，加快再氧化速率，使之保持高的氧化态，从而提高了催化剂的活性和选择性[20]。

钒系氧化物催化剂对芳香烃氨氧化反应具有非常好的应用效果，是氨氧化催化剂中最重要的一类。表 9 -5 -1 给出了一些典型的钒系氧化物催化剂，以及它们在不同甲基芳香烃氨氧化反应中的催化性能[21]。

(二)非钒氧化物体系催化剂

在使用钒系催化剂进行氨氧化法合成芳腈时，所消耗的氨量大大超过化学反应计量数。这主要是因为钒系催化剂容易导致氨的燃烧，从而增加了氨耗。同时，伴随氨的燃烧会放出大量的反应热，导致固定床反应器局部过热，从而降低了催化剂的活性[22]。因此，研究者对非钒系催化剂也开展了大量的研究工作，并取得了一定进展。

日本 Nippon Shokubai 开发的 Mn 系催化剂是一种已经工业化的固定床非钒系催化剂。它由 Mn、W 等氧化物组成，主要用于邻苯二甲腈的合成。在 470℃条件下，邻苯二腈收率达 63% 左右。这种催化剂对于其他芳腈的合成也具有良好的催化性能[23]。

表 9-5-1　钒系氧化物催化剂上甲基芳香烃氨氧化

催化剂	反应产物	产率/%	反应温度/℃
V_2O_5/Al_2O_3	对苯二甲腈	81.0	409
$V-B-O/Al_2O_3$	间苯二甲腈	63.5	441
$V-Cr-O/Al_2O_3$	苯甲腈	67.0~71.0	410
$V-Cr-Sn-As-Sb-O/Al_2O_3$	间苯二甲腈	82.3	422
V-Sn-O	间苯二甲腈	80.0	400
V-Ti-O	苯甲腈	92.0	380
V-As-Na-O	苯甲腈	88.1	372
$V-Mo-P-O/Al_2O_3$	苯甲腈	78.5	400
$V-Na-Nb-O/Al_2O_3$	对苯二甲腈	71.5	430
V-Sb-O	邻苯二甲腈	71.0	330
$V-Sb-K-O/Al_2O_3$	邻苯二甲腈	74.2	475
V-Sb-Ni-O	苯甲腈	86.9	440

Mo 系催化剂用于芳烃氨氧化也引起了人们较多的关注。在 Mo 氧化物中添加 Fe、Ni、Co 等氧化物，可明显提高氨氧化反应的收率。对于 Mo-Fe-O 催化剂，当 Fe 摩尔分数为 75%，在 450℃的反应温度下，对二甲苯氨氧化反应生成对苯二腈的收率约为 67%。

（三）中国石化苯甲腈/苯二甲腈催化剂

中国石化 1986 年开发成功制备间苯二甲腈的 V-Cr 体系细颗粒催化剂（NC-Ⅱ），随后又相继开发了 NC-Ⅲ、NC-Ⅳ间苯二甲腈催化剂、对苯二甲腈催化剂和 BN-97/98/10 苯甲腈催化剂并实现工业应用，其催化剂技术指标[24~28]如表 9-5-2 所示。

表 9-5-2　中国石化苯甲腈、苯二甲腈催化剂及其技术指标

催化剂型号	物性数据				转化率/%	选择性/%	反应温度/℃
	压紧密度/(g/mL)	磨耗率/%	孔体积/(mL/g)	比表面积/(m^2/g)			
BN-97 苯甲腈催化剂	1.05~1.30	4.0	0.10~0.20	35~45	97.0	78.4	405
BN-98 苯甲腈催化剂	1.05~1.30	4.0	0.15~0.25	35~45	98.0	81.6	400
BN-10 苯甲腈催化剂	1.08~1.35	4.0	0.18~0.28	32~42	98.5	84.3	390
NC-Ⅲ间苯二甲腈催化剂	1.05~1.30	4.0	0.15~0.30	35~45	97.0	79.4	410
NC-Ⅳ间苯二甲腈催化剂	1.08~1.35	4.0	0.15~0.30	32~42	98.5	83.2	395
对苯二甲腈催化剂	1.05~1.30	4.0	0.15~0.30	35~45	98.5	82.2	390

研发的芳腈系列催化剂具有原料转化率高、产品收率好、副产物少、纯度优、三废污染少的优点。国内最大的苯甲腈/苯二甲腈生产企业上海华谊集团涂料有限公司苯甲腈生产装置，山东大成农药股份有限公司、江苏新河农用化工有限公司和泰州百力化学有限公司等间苯二甲腈、对苯二甲腈生产装置均采用中国石化技术及催化剂，生产装置运行情况良好。

四、工艺流程和工艺条件

20世纪50年代初，Allied公司开发了芳香烃氨氧化技术，60年代日本首先实现工业化氨氧化制造芳香腈技术[21]。随后，芳香腈生产有了很大发展，在世界各地相继建立生产装置。氨氧化生产苯甲腈、苯二甲腈的反应工艺较为类似，其工艺流程主要有原料汽化、氨氧化反应和产物接收工段。根据反应采用的反应器不同可分为固定床、流化床和移动床反应工艺(适合于氧化氨解)。

(一)固定床工艺

20世纪60年代，Nippon Shokubai率先采用固定床反应工艺氨氧化甲苯合成苯甲腈。德国BASF公司采用邻二甲苯合成邻苯二甲腈，日本Showa Denko公司采用间二甲苯合成间苯二甲腈。固定床芳香烃氨氧化反应的工艺流程如图9－5－1所示[22~24]。

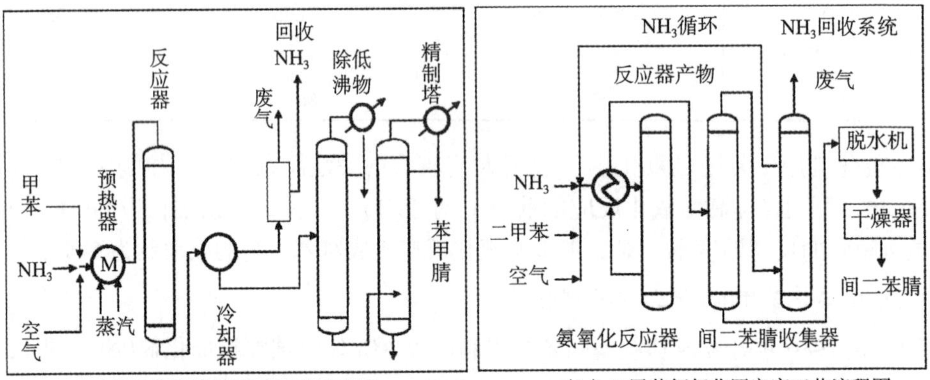

(a) 甲苯氨氧化固定床工艺流程图　(b) 二甲苯氨氧化固定床工艺流程图

图9－5－1　固定床芳香烃氨氧化反应的工艺流程

甲苯/二甲苯、氨和空气混合后经预热器汽化进入反应器，在催化剂的作用下进行氨氧化反应，反应产物经冷凝收集后进入粗品存放罐。对于甲苯生产苯甲腈的单耗约为1.06，收率约为84%(摩尔)；而间苯二甲腈的收率为80%～85%(摩尔)。

固定床反应工艺普遍采用列管式反应器，利用熔盐移出反应热，其径向移热效率较低。由于氨氧化均为强放热反应，固定床工艺的撤热，特别是径向撤热非常困难，因此存在热点明显、工程放大时热效应影响较大的缺陷。同时物料须在爆炸极限浓度范围外反应，反应物料中芳烃的浓度低，导致生产效率不高；其次反应器结构复杂，温控等辅助系统繁琐，投资大。但固定床反应工艺适用的催化剂制备简单，反应物料流呈活塞流流型，无返混现象，反应的选择性较高。

(二)流化床工艺

对于强放热的甲苯和二甲苯氨氧化反应，具有高效撤热的流化床反应工艺是一种较理想的方案。其温度控制平稳，反应热回收方便。特别是近年来，采用平均粒径50μm左右的细颗粒催化剂和高气速的湍流流化床及快速流化床等技术成功实现工业应用，极大地提高了产品生产效率和收率。国内外苯甲腈、苯二甲腈的生产技术主要采用流化床反应工艺。

中国石化开发了甲苯氨氧化反应制备苯甲腈、二甲苯氨氧化制备苯二甲腈成套工艺并成功实现工业应用[25]，工艺流程图如图9－5－2所示。

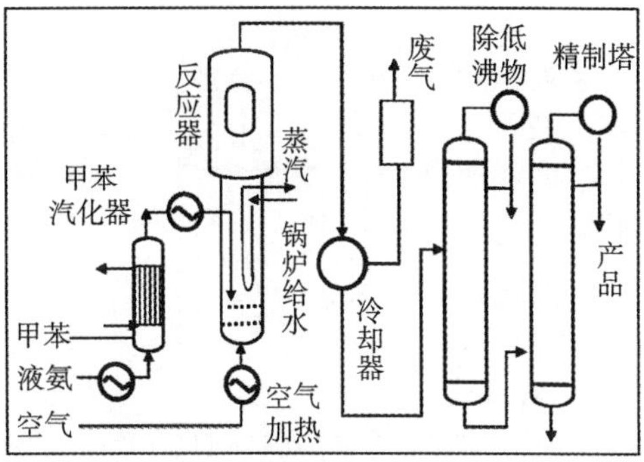

（a）甲苯氨氧化流化床工艺流程图

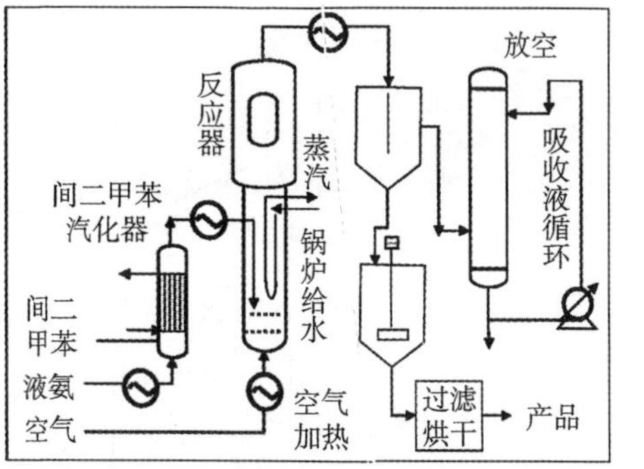

（b）二甲苯氨氧化流化床工艺流程图

图9－5－2　流化床芳香烃氨氧化反应的工艺流程

甲苯/二甲苯和氨经汽化后由分布器进入反应器，和经空气分布板进入的空气接触，在催化剂的作用下，反应生成苯甲腈/苯二甲腈，反应热由内置撤热水管中的水汽化吸热移去。催化剂经旋风分离器气固分离后返回反应器内，苯甲腈经冷凝接收后，再经过精馏得到产品；苯二甲腈经溶剂吸收后，再经过重结晶精制得到产品。

中国石化开发的湍流流化床反应器[37]结构简单，内置撤热水管和回收催化剂用的旋风分离器，无其他内构件，不但制造成本低，而且极大地降低了催化剂的磨损，如图9－5－3所示。物料分布器是其核心技术，分为空气分布器和甲苯(二甲苯)/氨分布器。这种反应器具有床层操作流化数高，膨胀度大；气流流态化质量好，气泡直径小，不随反应器直径放大而增大，并呈分散型而不易团聚，气固接触效率高，同时设计放大效应小的特点。

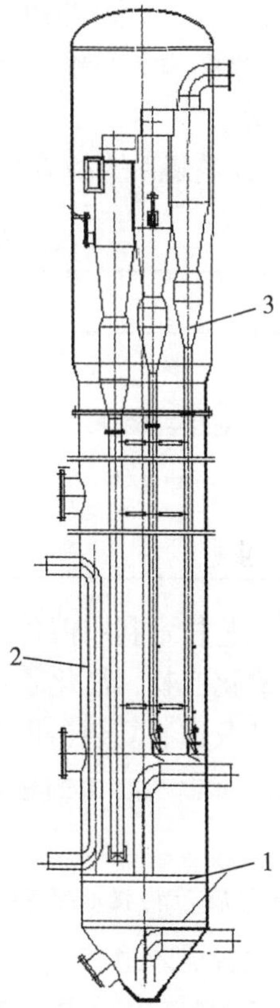

图9－5－3　中国石化甲苯/二甲苯氨氧化反应器结构简图

1—物料分布器；2—撤热水管；3—旋风分离器

（三）移动床工艺

Lummus公司于20世纪70年代研发成功二甲苯氧化氨解工艺(移动床或循环流化床)，流程如图9－5－4所示[27]，可分为三个部分：①氧化氨解反应；②冷却与产品的收集；③氨的回收。

移动床工艺氧化氨解反应的主要设备有反应器、汽提器、再生器、空压机和有机物及氨的进料系统。反应原料甲苯/二甲苯和氨汽化后进入反应器，在催化剂的作用下，反应生成苯甲腈/苯二甲腈。反应后的催化剂经汽提器进入再生器，在空气中氧的作用下补充晶格氧，经补充晶格氧后的催化剂进入反应器催化甲苯/二甲苯和氨发生反应生成苯甲腈/苯二甲腈，从而完成催化剂反应和再生的循环，类似于流化催化裂化工艺。

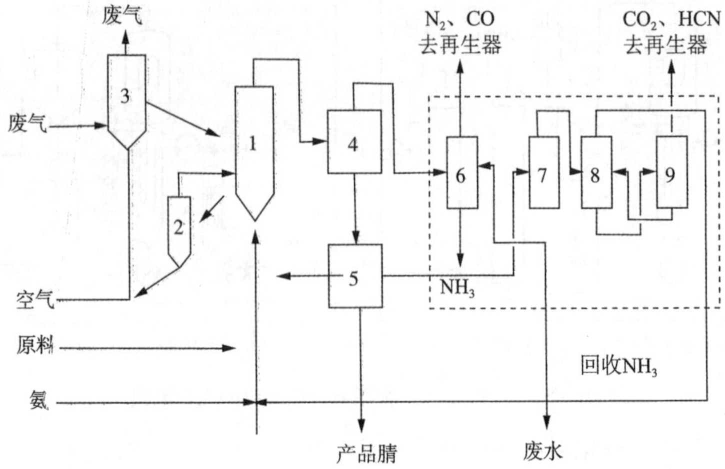

图 9－5－4 Lummus 公司二甲苯氨氧化工艺流程图

1—反应器；2—汽提器；3—再生器；4—骤冷器；5—产品回收和纯化；6—氨吸收器；7—溶液汽提器；8—二氧化碳吸收器；9—碳酸盐分解器

Lummus 氨解系统的芳腈产率见表 9－5－3。

表 9－5－3 Lummus 氨解系统的芳腈产率

原　料	产　品	最高产率/%(摩尔)
甲苯	苯甲腈	约 90
对二甲苯	对苯二甲腈	约 90
间二甲苯	间苯二甲腈	80～85
邻二甲苯	邻苯二甲腈	75～80

这种工艺技术利用催化剂的晶格氧氧化，避免了甲苯/二甲苯与氧分子的直接接触，减少了深度氧化产物，简化了产物的接收工艺，并提高了反应产物的选择性。但反应工艺操作繁琐，设备及控制复杂，投资大。同时催化剂制造要求高，晶格氧的氧化能力及其氧补充再生等技术严重影响催化剂稳定性，且易结焦和磨损粉化，阻碍了该技术的进一步工业推广应用。

(四)反应产物接收及纯化

氨氧化合成苯甲腈、苯二甲腈均为气固相反应，其反应产物接收可根据产物性质的差异而采用不同的方式。苯甲腈常温下为液体产品，反应产物接收可采用急冷冷凝或喷淋方法，其中急冷冷凝可采用板式冷凝器、列管式冷凝器、螺旋螺纹管冷凝器等设备，喷淋可采用塔式设备，有机溶剂或水作喷淋剂；苯二甲腈常温下为固体产品，产物接收可采用固体箱式冷凝或溶剂喷淋方式，喷淋剂一般采用有机高沸点溶剂。产品纯化一般可采用精馏或重结晶方式。

(五)工艺条件的影响

氨氧化合成苯甲腈、苯二甲腈生产工艺条件主要包括反应温度、原料配比和重时空速。

1. 反应温度

温度是对反应影响最为敏感的因素。在催化剂耐受极限温度内，反应温度升高，转化率上升，易发生深度氧化反应，目标产物收率下降；反之则转化率下降。根据催化剂活性，氨氧化制备苯甲腈、苯二甲腈均有适宜的反应温度范围[25,28]。以间二甲苯氨氧化反应为例，温度对间二甲苯氨氧化反应的影响如图 9－5－5 所示。由图 9－5－5 可知，405℃是最适宜反应温度，此时氧比为 6～8、氨比为 6～7，重时空速为 60～80h^{-1}。

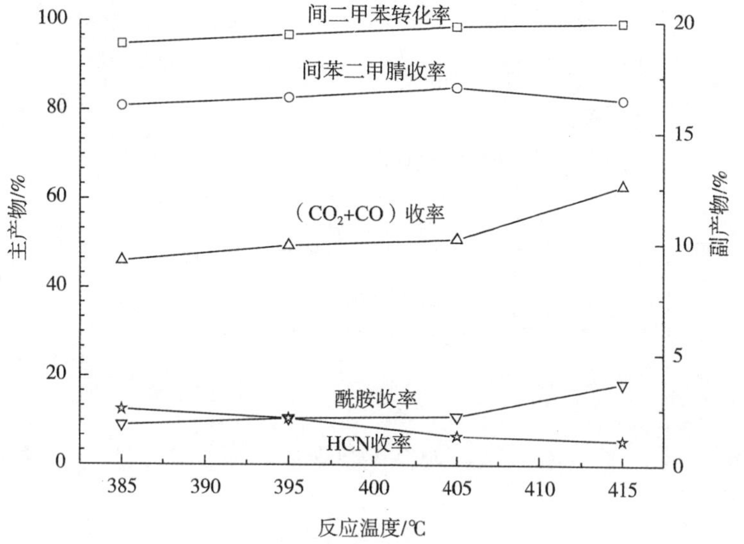

图 9－5－5　温度对间二甲苯氨氧化反应的影响

2. 原料配比

氨氧化反应生产苯甲腈、苯二甲腈的原料是甲苯/二甲苯、氨气和氧气(空气)，其配比指氨气与甲苯/二甲苯的配比(氨比)和氧气(空气)与甲苯/二甲苯的配比(氧比)。一般地，提高氨比，有利于提高苯甲腈/苯二甲腈的收率，但在生产过程中必须综合考虑氨气成本及回收的费用与提高苯甲腈/苯二甲腈的收率的经济性；提高氧比，有利于提高原料的转化率，提高反应的氧化性能，但同时会提高反应深度氧化产物的收率，从而降低目标产物收率和选择性。图 9－5－6 是间二甲苯氨氧化制间苯二甲腈中原料氧比和氨比对反应结果的影响[10]，在反应温度 405℃，重时空速为 60～80h^{-1}时，其氧比为 6～8、氨比为 6～7，能够在原料间二甲苯转化率较高的情况下，保持较高的间苯二甲腈收率。

3. 重时空速

催化剂重时空速的大小决定了装置的生产能力，与开发的催化剂性能相关，特定的催化剂必须在其适宜重时空速下操作，以保证安全使用，否则极易损坏催化剂。图 9－5－7 是中国石化开发的 NC－Ⅲ间苯二甲腈催化剂其重时空速对反应结果的影响[10]。

当催化剂重时空速在 60～80h^{-1}时，其转化率和间苯二甲腈收率保持不变；当重时空速大于 90h^{-1}，其转化率和收率呈下降趋势，同时 CO_2＋CO 和 HCN 的收率也呈下降趋势，而苯二甲酰胺收率呈上升趋势，表明此时催化剂供氧和腈化能力不足，这对催化剂稳定性有很大影响。

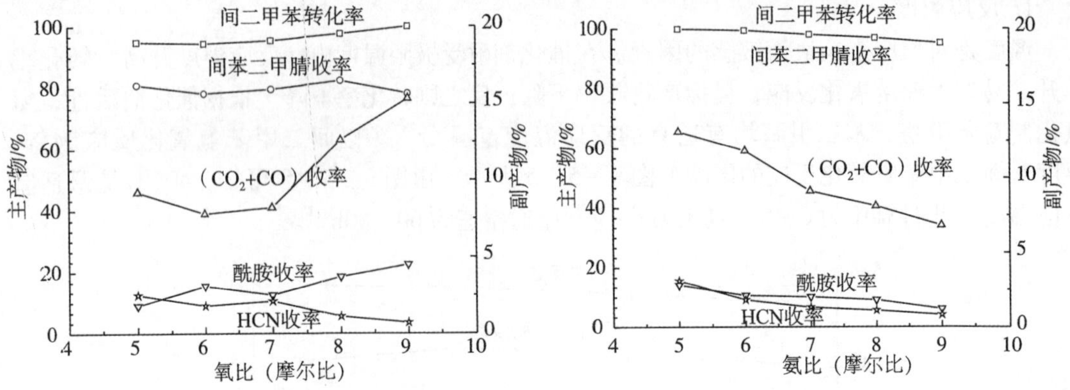

图9-5-6 原料配比对间二甲苯氨氧化反应的影响

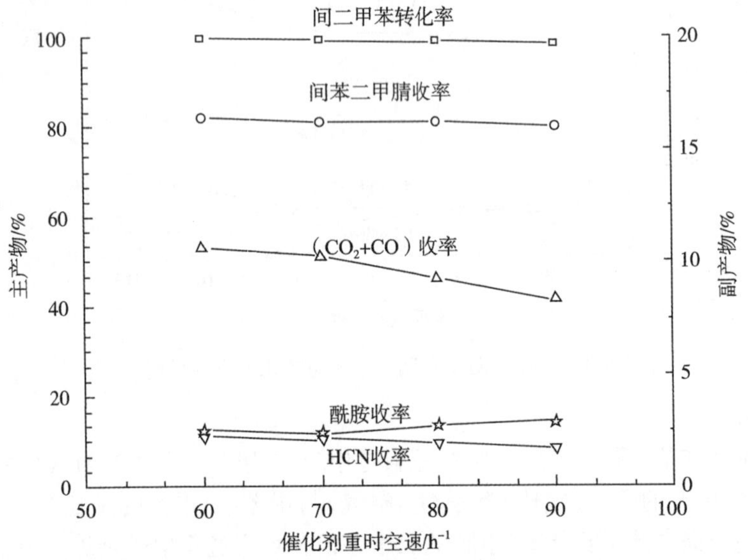

图9-5-7 催化剂重时空速对间二甲苯氨氧化反应的影响

五、技术展望

苯甲腈、苯二甲腈是具有高附加值的精细化工产品。随着产品应用范围的不断拓宽，生产及应用技术的不断完善，尤其近年来在高分子和农药等领域的大量应用，促进了苯甲腈、苯二甲腈的生产发展。氨氧化合成苯甲腈、苯二甲腈技术工艺流程短，三废污染少，能耗低，是目前最为绿色环保的生产技术，应用前景非常广阔。

固定床反应工艺是目前使用最广泛的工艺方法，其相适应的催化剂制备简单，反应物流没有返混现象，因此反应的选择性较高。但其撤热困难的缺点也非常突出，在工程放大时热效应影响非常大。同时，物料必须在爆炸极限浓度范围之外反应，导致生产效率不高。固定床反应工艺必须解决撤热问题和爆炸极限问题，才能在以后的生产中继续占有主导地位。

流化床反应工艺在氧化反应中具有独特优势，其高效的撤热能力可以大大减少工程放大时的工作量。同时物料不必控制在爆炸极限浓度范围外反应，有效提高生产效率。但由于流化床反应工艺的返混现象严重，因此对催化剂的要求非常高，需要具有非常好的耐磨性能，因此流化床反应工艺的未来方向是开发耐磨性能优异的催化剂，提高催化剂的强度，并不断改进反应工艺。

移动床反应工艺利用催化剂的晶格氧氧化，减少了深度氧化，大大提高了反应产物的选择性。但反应工艺操作繁琐，设备及控制复杂，投资大。未来的发展方向是减少催化剂的结焦和磨损，提高晶格氧的氧化能力及其氧补充再生等技术，降低对催化剂的制备要求，才能为其工业化开辟道路。

氨氧化法合成苯甲腈、苯二甲腈技术开发成功，对含有甲基的芳烃化合物氨氧化制芳腈具有重要的指导价值。在进一步研究工作中，需加强利用晶格氧的氨氧化催化剂及氧化氨解移动床工艺技术研究，进一步提高反应目标产物的选择性。同时深入开展氨氧化生产苯甲腈、苯二甲腈等三废处理技术研究，提高三废处理效率，降低处理成本。氨氧化技术可拓展到杂环化合物以及含不同基团的芳香腈生产领域。

参考文献

[1] 杭祖圣，毕慧平．苯代三聚氰胺改性三聚氰胺树脂纤维性能研究[J]．南京工程学院学报(自然科学版)，2008，6(3)：39－44.

[2] 艾秋红，江多阶，李国珍．复合床生产百菌清连续运行探索[J]．农药，2002，41(11)：15－16.

[3] 任黎明，沈守仓，高孝廉．间苯二甲胺合成工艺研究[J]．浙江化工，1996，27(2)：21－23.

[4] 孟祥启．七氟菊酯的合成及工艺改进[D]．天津：天津大学化工学院，2006.

[5] 小川俊，阿由叶慎市，住野隆彦，等．聚酰胺树脂：中国，CN102449028[P]．2010－05－28.

[6] 周国容，童长春，张兴乾．邻苯二甲腈合成铜酞菁[J]．成都科技大学学报，1988，40(4)：49－54.

[7] 沈伟．间二甲苯氨氧化制间苯二腈工艺[J]．上海化工，2002，19－20：29－31.

[8] Andersson A. Structural dynamics of a V_2O_5/SnO_2 catalyst in the ammoxidation of 3－picoline [J]. Journal of Catalysis，1981，69(2)：465－474.

[9] Ushikubot T，Oshima K，Kayou A，et al. Ammoxidation of propane over catalysts comprising mixed oxides of Mo and V [J]. Journal of Catalysis，1997，169 (1)：394－396.

[10] Andersson A，Andersson S L T，Centi G，et al. Surface characterization and reactivity in ammoxidation reactions of vanadium antimonate catalysts[J]. Applied Catalysis A：General，1994，113(1)：43－57.

[11] Nilsson R，Lindrlad T，Andersson A. Ammoxidation of propane over antimony vanadium－oxide catalysts [J]. Journal Catalysis，1994，148(2)：501－513.

[12] 李静，程铁欣，江春，等．丙烷氨氧化 V/Sb 系复合氧化物催化剂的研究[J]．高等学校化学学报，1993，14(12)：89－92.

[13] 卢晗锋．甲基芳香烃氨氧化催化剂的研究[D]．浙江：浙江工业大学化工学院，2002.

[14] Rao K N，Gopinath R，Hussain A，et al. Influence of ammonium salt formation on the activity and selectivity of the 12－molybdophosphate heteropolyacid catalyst prepared by solid－solid interaction in the ammoxidation of 2－methylpyrazine [J]. Catalysis Letter，2000，68(3/4)：223－227.

[15] 陈金华．芳烃氨氧化合成芳腈技术进展[J]．精细石油化工，1998，(5)：42－46.

[16] 陈金华，顾龙勤，顾建良，李为．用于制备苯甲腈的流化床催化剂：中国，CN1351989[P]．2002－6－5.

[17] 顾龙勤，陈亮．用于制备苯甲腈的方法：中国，CN102219710A[P]．2011－10－19.

[18] 褚玉梅．间二甲苯氨氧化制间苯二甲腈喷雾型催化剂[J]．石油化工，1986，15(8)：472－476.

[19] 杨为民，顾龙勤，陈亮．用于氨氧化生产间苯二甲腈催化剂的制备方法：中国，CN102527419A [P]．2012－07－04.

[20] 陈金华，顾龙勤，施惠，肖景娴. 制备对苯二甲腈的方法：中国，CN1490309[P]. 2004-04-21.
[21] 陈金华，顾龙勤. 芳香烃氨氧化合成芳香腈技术[J]. 精细与专用化学品，2004，12(2)：10-11，14.
[22] NIPPON Shokubai Kagaku Kogyo CO，LTD. Benzonitrile [J]. Hydrocarbon Processing，1981，11：140.
[23] Showa D K K. Isophthalonitrile [J]. Hydrocarbon Processing，1975，11：153.
[24] Takashi I，Tajiro O，Showa D K K. Isophthalonitrile made by ammoxidation of m-Xylene[J]. Chemical Engineering，1971，11：53-55.
[25] 顾龙勤，陈金华. 甲苯氨氧化制苯甲腈研究[J]. 工业催化，2003，11(7)：29-31.
[26] 黄云群，胡力智，等. 细颗粒流化床反应器：中国，CN2901210Y[P]. 2007-05-16.
[27] MORGAN C S，Abraham P G，Make aromatic nitriles this way [J]. Hydrocarbon Processing，1976，2：103-106.
[28] 陈金华，顾建良，顾龙勤. 用NC-Ⅲ型催化剂合成间苯二甲腈[J]. 石油化工，1999，28(12)：812-814.

第六节 苯二甲酸技术

一、对苯二甲酸和间苯二甲酸生产技术

(一)概 述

苯二甲酸作为二甲苯的羧酸衍生物，根据两个羧基在苯环上位置的不同可分为对苯二甲酸、间苯二甲酸和邻苯二甲酸。

精对苯二甲酸(PTA)是重要的化纤原料，主要用于生产聚酯(PET)，广泛应用于化学纤维、轻工、电子和建筑等领域。PTA主要通过对二甲苯(PX)空气氧化及粗对苯二甲酸(CTA)加氢精制的两步法生产，代表技术主要有BP-Amoco、Invista、Mitsui Chemicals、Dow-Inca、MCC和Interquisa等工艺。PX氧化催化剂方面对传统的Co-Mn-Br均相催化剂体系的改进研究一直在进行，其中日本关西大学采用*N*-羟基酞酰亚胺(NHPI)、三羟基亚氨基三聚异氰酸(THICA)取代四溴乙烷助剂的报道引起了更多的关注；CTA加氢精制Pd/C催化剂已很成熟，主要有德国的MPB5-HD、美国的CBA-300、意大利的D-3065、日本的NEC-1500和中国石化的CTP系列Pd/C催化剂。其共同点都是将0.5%的钯负载于椰壳活性炭上，但负载的结构特征如钯分布的深度以及表面分散度、分散微晶晶体的物理尺寸有所差别。不同结构的催化剂反应性能和使用寿命等稳定性能存在差异[1]。

精间苯二甲酸(PIA)主要用于生产不饱和聚酯树脂、聚酯树脂、醇酸树脂(主要用作表面涂料)以及油墨、增塑剂和包装材料的中间产物等。PIA的生产工艺与PTA的生产工艺类似，目前主流工艺是Amoco公司开发的高温氧化工艺，包括空气直接液相氧化间二甲苯及加氢精制两步。

(二)反应原理

1. 化学反应

工业对二甲苯和间二甲苯的氧化过程基本一致，均采用Co-Mn-Br三元复合催化剂，乙酸为溶剂。反应中Co和Mn以2价和3价形式存在，3价的Co有极高的氧化还原电位，能够与芳烃及溴作用生成自由基引发反应，是反应的主催化剂。锰与钴的作用类似，钴锰之

间有很强的协同效应[2]。然而，只使用金属离子催化的对二甲苯和间二甲苯氧化反应的选择性很低，这主要是由于3价金属离子更易与溶剂乙酸发生脱羧反应。为了提高芳烃氧化的选择性，需要在催化体系中加入促进剂溴。溴的加入一方面可以使3价金属离子的浓度降低，抑制脱羧；另一方面又提供了大量高活性和高选择性的溴自由基，与芳烃作用加速了反应的进行。

以对二甲苯的氧化过程为例，主要有以下主、副反应。

主反应：

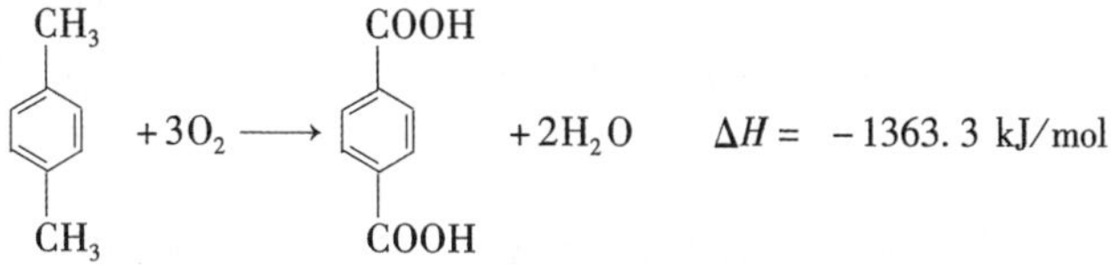

副反应：

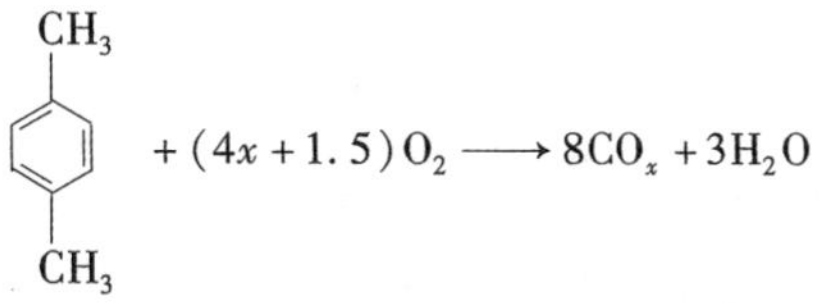

$$CH_3COOH + xO_2 \longrightarrow 2CO_x + 2H_2O$$

上述主反应中在生成对苯二甲酸的氧化过程中，除原料PX和最终产品TA外，还有对甲基苯甲醇(TALC)、对甲基苯甲醛(TALD)、对甲基苯甲酸(PT)、对羧基苯甲醛(4－CBA)等其他中间产物存在。各中间产物的浓度均存在一个极大值，呈现出连串反应的特征。PX氧化的路径如图9－6－1所示[3,4]，此路径中的各步反应按反应官能团的不同可分为甲基的氧化和醛基的氧化。

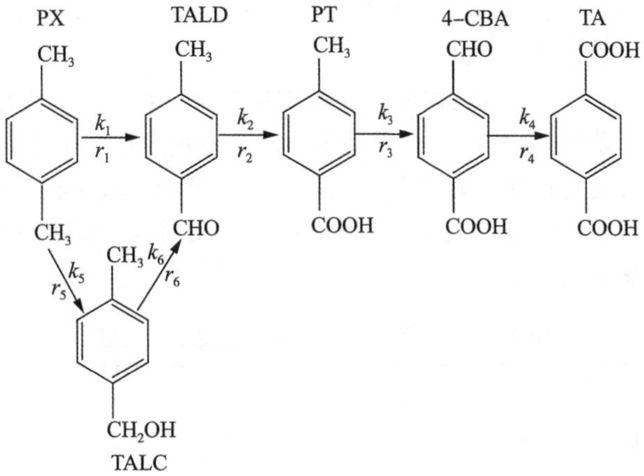

图9－6－1　对二甲苯氧化的反应路径

对二甲苯和间二甲苯氧化反应得到的产品中含有相应的杂质对羧基苯甲醛(4－CBA)和间羧基苯甲醛(3－CBA)及其他有色杂质等，最终导致聚酯着色，无法满足高纯度产品的要求，而且用普通物理方法难以去除，一般需采用加氢精制工艺。以粗对苯二甲酸精制为例，首先含有4－CBA和有色杂质的粗品溶解于水中，在高温高压下、用钯炭催化剂进行选择加氢，使4－CBA和有色杂质还原成易溶于水的对甲基苯甲酸和无色组分，再经结晶分离，得到4－CBA含量小于25μg/g的纤维级精对苯二甲酸或精间苯二甲酸，该加氢反应的反应式如下：

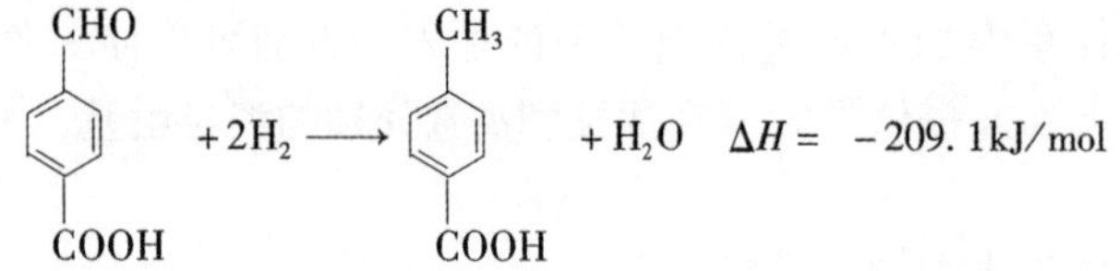

2. 反应热力学

PX氧化是一连串反应，其反应历程如图9－6－1所示，通过简单的基团贡献法(G－C法和Rihani－Doraiswamy法)可以得到标准状态下和反应状态下的反应焓和吉布斯自由焓，其结果如表9－6－1所示。

表9－6－1 PX氧化体系中可能发生的反应在298K及463K下的热力学计算结果

反应序号	$\Delta H_f^\ominus/(kJ/mol)$		$\Delta G_f^\ominus/(kJ/mol)$	
	298K	463K	298K	463K
r_1	－98.347	－73.7913	－99.5244	－60.0517
r_2	－293.715	－276.462	－287.268	－268.101
r_3	－383.727	－349.449	－374.851	－332.704
r_4	－293.715	－276.462	－287.268	－268.101
r_5	－463.543	－447.445	－445.495	－442.855
r_6	－206.464	－178.561	－205.582	－163.403

由表9－6－1可知，在反应温度下所有反应均为强放热反应，且吉布斯自由焓均很大，即平衡常数非常大，可视作不可逆反应。

在TA加氢精制体系中，反应过程中存在着大量的TA溶液，主要的杂质为4－CBA，同时还有对甲基苯甲酸、苯甲酸(BA)、对甲基苯甲醛等少量杂质。上述物质含有羧基、醛基、苯基等一系列活性较大的官能团，在加氢反应条件下，有可能发生的反应较多(见表9－6－2)。这些反应可以简单地分成6类反应：①羰基加氢；②脱羰分解；③羧基加氢；④脱羧分解；⑤苯环加氢；⑥羰基氧化。

表9－6－2 TA加氢体系可能发生的反应

序号	反应方程	反应类型
1	$CHO—C_6H_4—COOH + H_2 \longrightarrow HOCH_2—C_6H_4—COOH$	①
2	$HOCH_2—C_6H_4—COOH + H_2 \longrightarrow CH_3—C_6H_4—COOH + H_2O$	①
3	$C_6H_5—COOH + H_2 \longrightarrow C_6H_5—CHO + H_2O$	③
4	$CH_3—C_6H_4—CHO + H_2 \longrightarrow CH_3—C_6H_4—CH_2OH$	①
5	$CH_3—C_6H_4—CH_2OH + H_2 \longrightarrow CH_3—C_6H_4—CH_3 + H_2O$	①

续表

序号	反应方程	反应类型
6	$CH_3—C_6H_4—CHO + 2H_2 \longrightarrow CH_3—C_6H_4—CH_3 + H_2O$	①
7	$CH_3—C_6H_4—COOH + H_2 \longrightarrow CH_3—C_6H_4—CHO + H_2O$	③
8	$COOH—C_6H_4—COOH + H_2 \longrightarrow CHO—C_6H_4—COOH + H_2O$	③
9	$CHO—C_6H_4—COOH \longrightarrow C_6H_5—COOH + CO$	②
10	$CHO—C_6H_4—COOH \longrightarrow C_6H_5—CHO + CO_2$	④
11	$COOH—C_6H_4—COOH \longrightarrow C_6H_5—COOH + CO_2$	④
12	$CHO—C_6H_4—CH_3 \longrightarrow C_6H_5—CH_3 + CO$	②
13	$CH_3—C_6H_4—COOH \longrightarrow C_6H_5—CH_3 + CO$	④
14	$COOH—C_6H_5 \longrightarrow C_6H_6 + CO$	④
15	$CHO—C_6H_4—COOH + 1/2O_2 \longrightarrow COOH—C_6H_4—COOH$	⑥
16	$COOH—C_6H_4—COOH + 3H_2 \longrightarrow COOH—C_6H_{10}—COOH$	⑤
17	$CH_3—C_6H_4—CH_3 + 3H_2 \longrightarrow CH_3—C_6H_{10}—CH_3$	⑤
18	$CHO—C_6H_4—COOH + 3H_2 \longrightarrow CHO—C_6H_{10}—COOH$	⑤
19	$CHO—C_6H_4—CH_3 + 3H_2 \longrightarrow CHO—C_6H_{10}—CH_3$	⑤
20	$CH_3—C_6H_4—COOH + 3H_2 \longrightarrow CH_3—C_6H_{10}—COOH$	⑤

华东理工大学的周静红等[5]对 Pd/C 催化剂上的 TA 加氢精制过程的反应热力学作了分析，分别采用 Anderson – Beyer – Watson 法和 Rihani – Doraiswamy 法发展的官能团加和法得到了 298K 和 553K 时各反应的 $\Delta H_f^\ominus$ 和 $\Delta G_f^\ominus$，其结果如表 9 – 6 – 3 所示。

表 9 – 6 – 3　TA 体系中可能发生的反应在 298K 及 553K 下的热力学计算结果

序号	$\Delta H_f^\ominus$/(kJ/mol)		$\Delta G_f^\ominus$/(kJ/mol)	
	298K	553K	298K	553K
1	-82.76	-83.82	-36.42	-11.51
2	-129.31	-121.88	-105.89	-93.29
3	-31.96	-23.36	8.74	0.32
4	-82.76	-83.32	-36.42	-11.51
5	-129.31	-121.88	-88.74	-61.46
6	-212.07	-205.70	-125.15	-72.97
7	4.62	13.21	25.89	32.15
8	4.62	13.21	25.89	32.15
9	18.39	18.73	-41.58	-80.98
10	-10.72	-12.14	-35.69	-75.97
11	25.85	24.44	-35.69	-75.97
12	-4.92	-4.58	-24.43	-49.15
13	2.55	1.13	-18.54	-44.14
14	-19.88	-21.30	29.69	42.03

续表

反应序号	$\Delta H_f^\Theta/(kJ/mol)$		$\Delta G_f^\Theta/(kJ/mol)$	
	298K	553K	298K	553K
15	-290.16	-289.86	-262.85	-239.28
16	(Ⅰ) -194.41	-203.45	-53.11	42.51
	(Ⅱ) -202.35	-211.39	-43.02	67.27
17	(Ⅰ) -194.41	-203.45	-70.26	10.68
	(Ⅱ) -202.35	-211.39	-60.17	35.44
18	(Ⅰ) -193.33	-202.36	-53.11	42.51
	(Ⅱ) -201.27	-210.31	-60.17	35.44
19	(Ⅰ) -193.33	-202.36	-53.11	42.51
	(Ⅱ) -201.27	-210.31	-60.17	35.44
20	(Ⅰ) -194.41	-203.45	-53.11	42.51
	(Ⅱ) -202.35	-211.39	-60.17	35.44

注：(Ⅰ)代表顺式，(Ⅱ)代表反式。

根据表9-6-3中TA加氢反应体系中可能发生反应的反应焓及自由焓的估算结果，可以对上述6类反应进行分析并得到如下结论：

①羰基、羧基加氢反应：从表9-6-3的反应焓计算结果可知本体系的羰基、羧基加氢反应均为放热反应，因此当反应温度升高，反应平衡常数减小，不利于这一类反应的发生。羰基加氢反应较易进行，其过程为羰基先和一个氢气分子发生反应，生成羟甲基，然后进一步与氢气反应生成甲基。但是对4-CBA的加氢过程，羰基的加氢反应自由焓在553 K时仅为-11.5kJ/mol，所以该反应的逆反应是不可忽略的。而其后继的对羟甲基苯甲酸的进一步加氢，553K时的反应自由焓为-93.29kJ/mol，即平衡常数非常大，可视作不可逆反应。而羧基加氢反应不管是在高温还是低温下，其加氢反应自由焓为4~40kJ/mol，反应平衡常数非常小，因此在体系中可以不予考虑。

②羰基、羧基分解反应：羰基的分解反应受其他基团的影响，有的吸热，有的放热，但热效应都较小。脱羰反应的反应自由焓的绝对值都比较大，反应平衡常数比较大。对于4-CBA的脱羰反应，反应为放热反应，553 K时的反应焓为18.73kJ/mol，反应自由焓为-80.97kJ/mol，因此反应平衡常数很大，反应很容易发生。苯甲酸的羧基不容易发生分解，分解反应的反应自由焓为42.0kJ/mol，但当其对位有其他的基团(如甲基，醛基或羧基)时，则羧基的分解反应能够进行，且高温有利于这些反应发生。在本反应体系中，则有可能发生4-CBA上的羰基分解反应，生成BA。

③羰基氧化反应：羰基在氧气存在的条件下非常易于氧化成对苯二甲酸，4-CBA氧化的反应自由焓为-239.31kJ/mol，同时反应放热。另外，氧气的存在会使其他存在的一些微量杂质同时发生许多不希望发生的反应。因此，为使加氢反应顺利进行，实验过程中必须尽可能除去氧气，即使溶解在水溶液中的微量氧也应尽量赶跑。

④苯环加氢反应：表9-6-2中的反应16~20均为苯环加氢反应，从热力学分析结果可以看到，苯环加氢是一个放热反应，反应受温度影响严重，随着反应温度的逐渐升高，反应渐渐转为难以进行。在接近工业反应条件下的TA加氢体系中，可以忽略该类反应的

存在。

3. 反应动力学

PX 氧化过程呈现出连串反应的特征，各步反应在时间上是共存的，各反应物、自由基及催化剂之间存在着强烈的耦合作用。浙江大学王丽军等[6]在全面考虑这种相互作用的前提下，提出了如下反应动力学方程：

$$r_m = \frac{k_m}{\sum_{i=1}^{4} d_i[R_i] + \varepsilon}[R_m] \tag{9-6-1}$$

$$r_a = \frac{k_a}{[\sum_{i=1}^{4} d_i[R_i] + \varepsilon]^{\beta}}[R_a] \tag{9-6-2}$$

式中，r_m 为甲基的氧化速率；r_a 为醛的氧化反应速率；$[R_m]$和$[R_a]$分别为甲基和醛的浓度；分母中的求和项仅考虑了液相中 4 种主要的反应组分 PX、TALD、PT 和 4 - CBA，分别用标号 1 ~4 代表；d_i、ε、β 为动力学参数。在不同的反应条件下，得到了不同的动力学参数。

当温度 191℃，压力 1.3MPa，催化剂[Co] =350mg/kg HAc，Co∶ Mn∶ Br =1∶1∶1(摩尔比)保持不变，改变反应物初始浓度(PX∶HAc =1∶3、1∶5、1∶10、1∶20)，所得的各步反应动力学参数值如表 9 -6 -4 所示。

表 9 -6 -4　反应物初始浓度不同时的动力学模型参数

参数	k_i	d_i	β	ε
$i=1$	0.1716	1.4247		0.0146
$i=2$	0.7002	0	0.5254	
$i=3$	0.0353	0		
$i=4$	0.3296	4.8419	0.8111	
$i=5$	0.0386			
$i=6$	1.2845		0.9302	

其中 k_1 ~ k_4 分别代表 PX、TALD、PT、4 - CBA 各步反应的速率常数，k_5、k_6 表示与 TALC 有关的分支路径的反应速率常数。

当在固定的溶剂比、温度和压力(PX∶HAc = 1∶10，191℃，1.4MPa)下，改变催化剂中 Co、Mn、Br 的配比和浓度，所得的各步反应动力学参数值如表 9 -6 -5 所示。

在所考虑的 PX 氧化条件下(191℃，1.4MPa，[Br] = [Co + Mn]/2)，虽然钴锰配比对反应的影响不如催化剂浓度显著，但仍存在最佳钴锰比，即 Co∶Mn = 1∶1，溴对反应过程的影响最为显著，在较低的催化剂浓度下，提高催化剂浓度将使各步反应同步加快；而在较高的催化剂浓度下，提高催化剂浓度对后期慢反应步骤的加速作用更为显著。

基于上述动力学模型，谢刚等[7]通过实验获得了不同氧化反应温度(185 ~197℃)下的动力学速率常数，并计算获得了 PX 氧化各反应过程的活化能，其值在 54 ~93 kJ/mol 之间，其中 PT 氧化为 4 - CBA 这一步的活化能最大，4 - CBA 氧化反应为 TA 这一步次之，表明 PX 上的第 2 个甲基或醛基的氧化更容易受温度变化的影响。各反应步骤活化能及速率常数值的比较说明，对现有的 PX 工业氧化过程，PT 酸的氧化步骤不仅是对温度变化最敏感的反应步骤，而且也是氧化过程的速率控制步骤。

表9-6-5 催化剂配比及浓度不同时的反应动力学模型参数

序号	Co∶Mn∶Br（摩尔比）	Co + Mn + Br（质量分数）	k_1/min^{-1}	k_2/min^{-1}	k_3/min^{-1}	k_4/min^{-1}	k_5/min^{-1}	k_6/min^{-1}	相对误差/%
1	1∶3∶1	1803×10^{-6}	0.169	0.602	0.0334	0.318	0.0348	1.07	1.71
2	1∶1∶1	1151×10^{-6}	0.172	0.700	0.0353	0.330	0.0386	1.29	2.13
3	3∶1∶1	1851×10^{-6}	0.168	0.612	0.0335	0.316	0.0353	1.08	1.63
4	1∶1∶0.5	913.5×10^{-6}	0.0991	0.507	0.0232	0.220	0.0295	1.14	2.53
5	1∶1∶1.5	1388.5×10^{-6}	0.205	0.837	0.0473	0.461	0.0443	1.39	4.54
6	1∶1∶2	1626×10^{-6}	0.219	0.855	0.0578	0.531	0.0494	1.54	3.65
7	1∶1∶1	822×10^{-6}	0.119	0.513	0.0250	0.253	0.0219	0.929	2.45
8	1∶1∶1	1480×10^{-6}	0.211	0.841	0.0472	0.433	0.0515	1.57	3.81
9	1∶1∶1	1809×10^{-6}	0.217	0.908	0.0568	0.521	0.0562	1.62	4.03

实验研究结合热力学分析表明，TA 加氢精制过程中 4-CBA 并非如人们一直认为是简单地加氢到 PT 酸，而是经历了复杂的串并联反应。一方面，在钯炭催化剂表面，同时发生了脱羰反应和加氢反应；而另一方面，加氢反应过程中存在着一个中间产物，即 4-HMBA。其反应历程如图 9-6-2 所示。但该两个伴随反应的存在并不影响精制目的，脱羰产物苯甲酸(BA)和加氢中间产物 4-HMBA 在常温下 100g 水中的溶解度分别达 0.29g 和大于 1g，均显著大于 PT 常温下的溶解度 0.035g，完全可以在后续的结晶水洗过程中除去，从而达到精制 CTA 的目的。因此，在实际应用中，通常忽略中间产物 4-HMBA 和 BA，而仅考虑 4-CBA 和 PT。

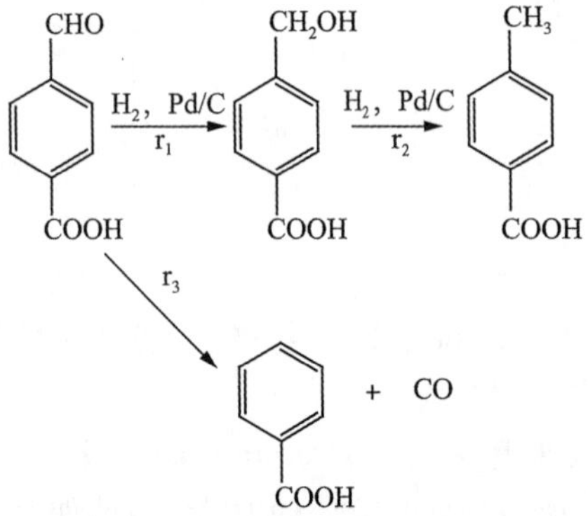

图 9-6-2 TA 加氢精制反应历程

周立进等[8]和周静红等[9]分别在考察了内、外扩散对 TA 加氢精制的影响后，认为 TA 加氢精制是一个内、外扩散都非常严重的反应过程，最后都在接近工业条件下建立了 TA 加氢精制的宏观反应动力学。

周立进等[8]根据 4-CBA 加氢的宏观动力学分析，并假设：①在强烈搅拌和高压条件下，液相中氢易溶解达到平衡，与气相中氢分压符合亨利定律关系，即 $c_{AL} = c_{Ai} = p_{AG}/H_A$，且不随反应时间的变化而变化。②由于溶解的氢过量，且由于反应物中 4-CBA 含量小，故反应过程中消耗的氢很少，可略去氢在液固间和催化剂颗粒内部的传质阻力，即颗粒内、外氢浓度与液相主体基本一致，且不随反应时间变化。③在强烈搅拌下，反应器内浓度和温度均一。④在实验温度范围内可视为恒容过程，略去反应液相体积随温度的变化。⑤本征反应速率对氢和4－CBA浓度均为一级反应。在此假设下，根据气液固三相反应特点，按照膜传质理论，建立了TA加氢精制的宏观反应方程式：

$$N_B a' = k_{LS} a'_p (c_{BL} - c_{BS}) = k \frac{p_A}{H_A} c_{BS} m\eta = \frac{c_{BL}}{\frac{1}{k_{LS} a'_p} + \frac{1}{k \frac{p_A}{H_A} m\eta}} \quad (9-6-3)$$

由于实验中通过强化搅拌基本排除了液固间的传质阻力，即$\frac{1}{k_{LS} a'_p} = 0$，因此式(9－6－3)简化为：

$$-r_B = \frac{dc_B}{dt} = \frac{c_{BL}}{\frac{1}{k \frac{p_A}{H_A} m\eta}} = k \frac{p_A}{H_A} m\eta c_{BL} = \frac{p_A mk\eta}{H_A} c_{BL} \quad (9-6-4)$$

若认为在实验温度范围内反应速率常数k与温度T满足Arrhenius方程，即

$$k = k_0 \exp(-\frac{E_a}{RT}) \quad (9-6-5)$$

亨利系数也写成Arrhenius关系式

$$H_A = H_0 \exp(-\frac{E_H}{RT}) \quad (9-6-6)$$

催化剂内扩散有效因子η也与反应温度有关，为简化起见，将η与温度关联成以下关系式：

$$\eta = \eta_0 \exp(-\frac{E_\eta}{RT}) \quad (9-6-7)$$

由实验测得的宏观动力学数据，通过数学方法就可对式(9－6－3)～式(9－6－7)中的有关参数进行估算，其结果见表9－6－6。

表9－6－6　参数估算结果

参　　数	估　算　值
k_0/[m^6/(mol·g·min)]	0.1181
E_a/(kJ/mol)	61.14
H_0/(m^3·MPa/mol)	0.0127
E_H/(kJ/mol)	2.023
η_0	4.2×10^{-14}
E_η/(kJ/mol)	140

周静红等[9]则考察了搅拌转速为1000r/min、氢分压为0.7MPa条件下，4～8目催化剂颗粒上4－CBA的加氢反应过程，并采用幂指数型动力学模型和参数估计方法，得到了4－CBA在工业Pd/C催化剂上加氢反应的宏观动力学方程：

$$(-r) = -\frac{dc_{4-CBA}}{dt} = 516.26\exp(-\frac{28000}{RT}) c_{4-CBA}^{1.23} \quad (9-6-8)$$

张少钢等[10]在前人的基础上，又进一步考虑了中间产物4－HMBA，得到了间歇釜中4－CBA在钯炭催化剂上串联加氢反应的宏观动力学：

$$-r_{4-\mathrm{CBA}}=2.843\exp\left(-\frac{16976.4}{RT}\right)c_{4-\mathrm{CBA}}^{0.96}c_{\mathrm{H_2}}^{0.24} \tag{9-6-9}$$

$$r_{4-\mathrm{HMBA}}=2.843\exp\left(-\frac{16976.4}{RT}\right)c_{4-\mathrm{CBA}}^{0.96}c_{\mathrm{H_2}}^{0.24}-9.163\exp\left(-\frac{23438.6}{RT}\right)c_{4-\mathrm{HMBA}}^{0.61}c_{\mathrm{H_2}}^{0.75}$$

$$r_{\mathrm{PT}}=9.163\exp\left(-\frac{23438.6}{RT}\right)c_{4-\mathrm{HMBA}}^{0.61}c_{\mathrm{H_2}}^{0.75} \tag{9-6-10}$$

$$r_{\mathrm{BA}}=2.044\times10^{5}\exp\left(-\frac{88874.4}{RT}\right)c_{4-\mathrm{CBA}}^{0.54} \tag{9-6-11}$$

由于工业上通常采用固定床反应器进行TA加氢精制，因此畅延青研究了TA在固定床反应器中连续加氢的情况，得到了TA加氢的反应动力学方程：

（Ⅰ）如果忽略氢气扩散

$$r_{4-\mathrm{CBA}}=\frac{c_{4-\mathrm{CBA}}}{\dfrac{1}{(k_{\mathrm{S}}a_{\mathrm{S}})_{4-\mathrm{CBA}}}+\dfrac{1}{12.625\mathrm{e}^{-\frac{26418.2}{RT}}\left[\dfrac{p_{\mathrm{H_2}}}{H_{\mathrm{H_2}}}-2c_{4-\mathrm{CBA},0}-(c_{4-\mathrm{HMBA},0}-c_{4-\mathrm{HMBA}})\right]}} \tag{9-6-12}$$

$$r_{4-\mathrm{HMBA}}=\frac{c_{4-\mathrm{HMBA}}}{\dfrac{1}{(k_{\mathrm{S}}a_{\mathrm{S}})_{4-\mathrm{HMBA}}}+\dfrac{1}{9.471\mathrm{e}^{-\frac{39157}{RT}}\left[\dfrac{p_{\mathrm{H_2}}}{H_{\mathrm{H_2}}}-2c_{4-\mathrm{CBA},0}-(c_{4-\mathrm{HMBA},0}-c_{4-\mathrm{HMBA}})\right]}} \tag{9-6-13}$$

式中，$(k_{\mathrm{S}}a_{\mathrm{S}})_{4-\mathrm{CBA}}=0.16\times10^{-6}\,\mathrm{cm^2/s}$，$(k_{\mathrm{S}}a_{\mathrm{S}})_{4-\mathrm{HMBA}}=0.11\times10^{-6}\,\mathrm{cm^2/s}$，$H_{\mathrm{H_2}}=0.0383\mathrm{MPa\cdot L/mol}$。

（Ⅱ）忽略4-CBA、4-HMBA液相扩散浓度差：

$$r_{4-\mathrm{CBA}}=-\frac{\mathrm{d}c_{4-\mathrm{CBA}}}{\mathrm{d}t}=\frac{14.471\mathrm{e}^{-\frac{29187}{RT}}c_{4-\mathrm{CBA}}\cdot(k_{\mathrm{S}}a_{\mathrm{S}})_{\mathrm{H_2}}\left[\dfrac{p_{\mathrm{H_2}}}{H_{\mathrm{H_2}}}-2(c_{4-\mathrm{CBA},0}-c_{4-\mathrm{CBA}})-(c_{4-\mathrm{HMBA},0}-c_{4-\mathrm{HMBA}})\right]}{(k_{\mathrm{S}}a_{\mathrm{S}})_{\mathrm{H_2}}+(2k_1c_{4-\mathrm{CBA}}-k_2c_{4-\mathrm{HMBA}})} \tag{9-6-14}$$

$$r_{4-\mathrm{HMBA}}=\frac{\mathrm{d}c_{4-\mathrm{HMBA}}}{\mathrm{d}t}$$

$$=\frac{(14.471\mathrm{e}^{-\frac{29187}{RT}}c_{4-\mathrm{CBA}}-10.162\mathrm{e}^{-\frac{42584}{RT}}c_{4-\mathrm{HMBA}})\cdot(k_{\mathrm{S}}a_{\mathrm{S}})_{\mathrm{H_2}}\left[\dfrac{p_{\mathrm{H_2}}}{H_{\mathrm{H_2}}}-2(c_{4-\mathrm{CBA},0}-c_{4-\mathrm{CBA}})-(c_{4-\mathrm{HMBA},0}-c_{4-\mathrm{HMBA}})\right]}{(k_{\mathrm{S}}a_{\mathrm{S}})_{\mathrm{H_2}}+(28.942\mathrm{e}^{-\frac{29187}{RT}}c_{4-\mathrm{CBA}}-10.162\mathrm{e}^{-\frac{42584}{RT}}c_{4-\mathrm{HMBA}})} \tag{9-6-15}$$

式中，$(k_{\mathrm{S}}a_{\mathrm{S}})_{\mathrm{H_2}}=63.6\mathrm{cm^2/s}$，$H_{\mathrm{H_2}}=0.0383\mathrm{MPa\cdot L/mol}$。

（三）催化剂

1. 氧化催化剂

在对(间)二甲苯氧化制对(间)苯二甲酸工艺中，催化剂通常使用Co-Mn-Br体系。Co-Mn-Br系催化剂是存在自由基的自动氧化催化剂，可使甲基快速、高选择性地氧化反应生成羧基。Co-Mn-Br具有特殊的三元协同效果，且金属成分不以羧酸盐的形式析出，因此含有催化剂的溶剂(母液)可进行循环。工业上通常使用四溴乙烷或氢溴酸为催化剂助剂，主要是利用溴化合物上溴自由基，引发苯环上的甲基氧化，提高催化剂的反应性能。乙酸或乙酸盐可与金属形成弱配位键，有利于促进氧化反应的进行，故通常又将乙酸作为反应介质。乙酸可使对(间)二甲苯在反应体系中进行有效分散，有利于反应体系的传质和传热，并可溶解出中间氧化产物，如对(间)甲基苯甲酸，从而使之进一步氧化为对(间)苯二甲酸。

为了减少对二甲苯氧化制对苯二甲酸催化剂的用量及成本、降低副产物生成量并提高产品质量，对工业用催化剂体系进行了改进，如添加少量 Zr、Hf 等过渡金属[11,12]、碱金属[13]和 CO_2[14] 以及利用嵌入沸石的钴锰簇团络合物等[15,16]，均使催化剂的性能获得了提高。

近来日本关西大学开发的采用 *N*－羟基酞酰亚胺(NHPI)的催化剂技术引起人们关注[17]。在这种催化剂体系中，NHPI 生成酞酰亚胺 *N*－氧自由基，并用作生成烷基自由基的促进剂，可在低温、非卤素条件下对各种基团进行有效氧化。采用 NHPI/$Co(OAc)_2$/$Mn(OAc)_2$ 催化剂，在 150℃、空气压力为 3 MPa 条件下，对二甲苯氧化得到的 TA 收率为 84%。但由于 NHPI 质量分数须大于 20%，使用量过多，且 NHPI 自身易分解，因此最近改用三羟基亚氨基三聚异氰酸(THICA)催化剂，可减少使用量，且该化合物性能稳定。中国石化在低溴或非溴 PX 氧化体系的催化剂方面也进行了大量的研究，所开发的催化剂已进入工业试验阶段，有望替代原有的 Co－Mn－Br 催化剂体系。

2. 加氢精制催化剂

1964 年，Amoco 公司开发了使用钯炭催化剂通过加氢来精制粗对苯二甲酸的方法，该催化剂活性组分是单一的贵金属钯。随着对该催化剂不断深入的研究，有关钯炭催化剂结构特征与催化剂性能的关系愈来愈清晰。

钯炭催化剂的设计主要考虑三个方面因素：活性组分钯含量、钯的结构特征以及活性组分的稳定性状况。这些因素对催化剂活性、选择性、抗毒性抗热性及抗干扰稳定性等具有至关重要的作用。催化剂活性组分钯含量通常为 0.5%，催化剂结构特征主要是活性组分钯的分散、分布形式。对于粗对苯二甲酸精制过程，其化学反应主要是芳烃醛基的加氢，反应较容易进行。催化剂结构以活性组分钯在载体上呈蛋壳型分布以及钯在载体表面高度分散形态，不但对反应最有利，同时也提高了贵金属钯的有效利用率。催化剂使用中出现的诸如钯的流失、催化剂中毒以及催化剂寿命短等问题，与催化剂结构及稳定性密不可分。

催化剂结构及稳定性主要取决于钯的负载形式、催化剂制备工艺以及催化剂载体结构等。目前，各催化剂的共同点都是将 0.5% 的钯负载于椰壳活性炭上，但负载的结构特征如钯分布的深度以及表面分散度、分散微晶晶体的物理尺寸有所差别[18]。如有些产品钯分布在 20～50μm 表面，有些要达到 0.2mm；微晶晶体尺寸小的在 3.5～4.5nm，大的达到 10～18nm。催化剂结构不同，其反应性能、稳定性等也存在差异。

中国石化从活性金属 Pd 和载体活性炭两方面入手对 Pd/C 催化剂进行改进，解决以往催化剂耐热、抗毒(硫)、耐磨、抗干扰等稳定性技术难题，研制出活性组分高分散、窄分布、结构稳定的新型催化剂，实现了高活性、高选择性和长周期运行目标[19,20]。主要技术突破体现在：一方面通过浸渍金属分散控制技术、钯前驱体多元复合配位亚稳态成胶技术、分散金属微晶结构稳定技术和活性组分 Pd 绿色还原技术来控制 Pd 在载体上的负载，即在负载过程中通过特定量度的大分子官能团结构控制活性组分(钯)深入载体内部的分布程度，控制蛋壳型分布的区域和范围，从而大大降低了固－液界面表面张力，颗粒表面润湿均匀，更易制备出金属分散度高的催化剂；新的浸渍工艺，极大程度降低钯的损耗和流失，既解决了直接浸渍时吸附热效应诱发部分钯前驱体被载体表面还原物种过早还原，造成活性组分分散、分布不均匀的难题，又减少了活性组分钯的磨损，使催化剂制造成本大幅度降低。另一方面，采用微孔孔径分布和V形孔型结构的载体构建技术及载体表面特种金属和活性物种修饰技术对载体进行改进，使得制备的活性炭孔径分布主要集中在微孔部分，同时使钯能在载体表面稳定负载，降低或消除有毒物种在微孔孔道的吸附、凝聚和析出，提高了分散金属的分散性能和稳定性能。该催化剂(CTP－Ⅳ)的参数如表9－6－7所示。目前该催化剂已在国内PTA装置广泛应用。

表9－6－7　CTP－Ⅳ催化剂的规格参数

参　　数	CTP－Ⅳ
钯含量/%(质量)	0.48～0.52
比表面积(BET)/(m^2/g)	1000～1300
粒度(4～8目)/%(质量)	≥95
磨耗/%(质量)	≤1.0
落粉率/%(质量)	0.63
硫含量/(μg/g)	300
铁含量/(μg/g)	100
铜含量/(μg/g)	40
使用3年后催化剂残余钯含量/%(质量)	0.42

PIA生产用钯炭催化剂长期沿用PTA生产使用的TA加氢精制催化剂，尽管两个工艺非常接近，但两种产品的物理化学性质、加氢精制反应条件等都存在很大差异，因此TA加氢精制催化剂在PIA工艺上的使用效果远远达不到在PTA工艺上的使用效果。存在的主要问题是催化剂稳定性能差，使用寿命短，通常只有PTA处理能力的三分之一左右。中国石化在PTA加氢精制催化剂基础上，成功开发了CIP－2010型PIA专用加氢精制催化剂。该催化剂钯含量比常规TA精制催化剂降低8%～10%，但钯分散度高，3－CBA加氢活性和选择性好，已在燕山石化PIA装置上成功应用，使用寿命超过3年，目前仍在稳定使用中。在使用期间，催化剂没有因为活性原因进行碱洗操作，催化剂处理能力超过40tPIA/kg催化剂。

(四)工艺流程和工艺条件

1. 工艺流程

对苯二甲酸(PTA)和间苯二甲酸(PIA)生产工艺流程非常接近，均包括空气氧化、加氢精制和催化剂回收三个工序。无论是生产规模，还是工艺成熟度方面，PTA的生产工艺具有典型代表性。因此，本节主要介绍PTA的生产工艺。

目前PTA生产的主流工艺是BP－Amoco工艺[21,22]，其余工艺都是在其基础上发展和改进的。BP－Amoco工艺由两部分组成，即PX氧化反应生成粗对苯二甲酸(CTA)工艺(见图9－6－3)和CTA加氢精制生成PTA的生产工艺(见图9－6－4)。

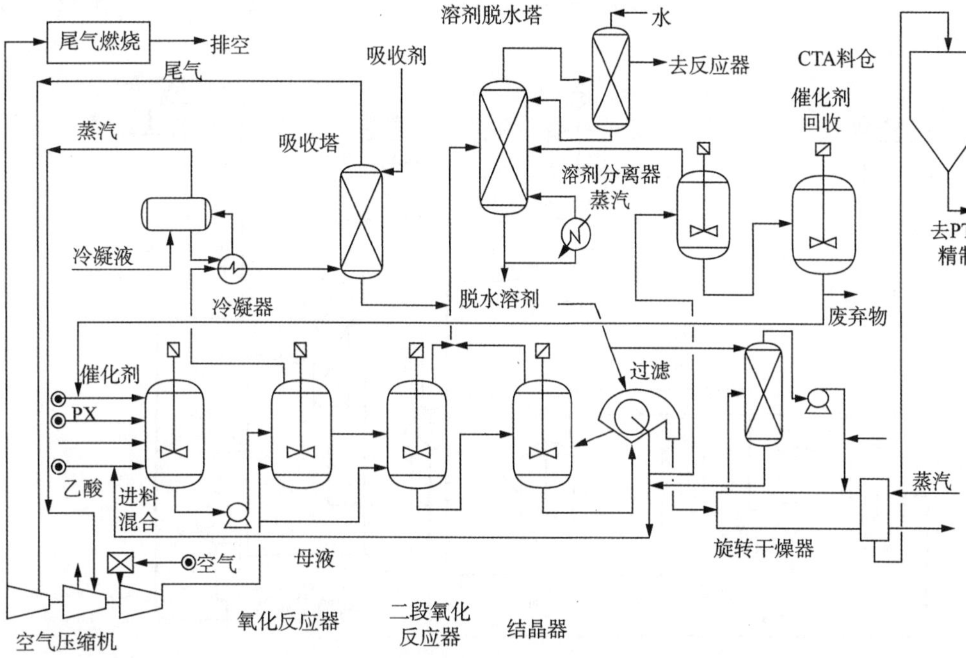

图9-6-3 Amoco 氧化工艺流程示意图

CTA 生产工艺主要工序为：PX 氧化、CTA 结晶、CTA 分离或过滤、CTA 干燥、溶剂回收以及溶剂脱水等单元。

氧化催化剂(乙酸钴、乙酸锰和溴化物)和一定量的循环乙酸溶剂混合后进入氧化反应器，开车引发氧化反应时需预热到 190～200℃。催化剂与溶剂的质量比一般在 0.1～0.2。空气经压缩后进入反应器，反应温度不高于 205℃，属于高温氧化技术(BP-Amoco 改进的高温氧化工艺反应温度大多在 193～200℃，压力为 1.45MPa)。反应热通过溶剂和水蒸气带走。停留时间约 1h，PX 转化率为 98.3%，TA 收率为 99.5%(摩尔)。反应后浆料通过多级结晶器结晶，在二段氧化反应器(也称第一结晶器)中进行深度氧化，进一步减少 4-CBA 和 PT 的含量。结晶后浆料经过滤、洗涤，部分母液循环回到溶解槽，其他进入溶剂回收单元。CTA 经干燥后送入 CTA 料仓。

TA 加氢工艺主要工序为：加氢精制、PTA 结晶、PTA 过滤、PTA 干燥、PTA 母液固体回收等单元。

干燥后的 CTA 送入 TA 溶解槽，用水配制成 26%～30% 的浆料，通过多级预热器将浆料加热到 280～300℃，TA 溶解成水溶液后进入加氢反应器。反应温度 280～300℃，反应压力通过氢气调节和控制。催化剂通常采用负载在活性炭上的贵金属钯制备的钯炭催化剂，通过钯炭催化剂将 CTA 中的 4-CBA 还原成水溶性的 PT，同时将有色杂质脱色。反应后的浆料，通过多级闪蒸结晶和两级分离(高压离心分离和常压分离)，经过转筒干燥器干燥成纤维级高纯度对苯二甲酸(PTA)，其中 4-CBA 小于 25μg/g。精制反应转化率接近 100%，PTA 摩尔收率达到 99%。

中国石化已经拥有 PTA 成套工艺技术，主要创新技术如：采用富氧氧化技术；基于机理模型的先进控制技术；能量综合利用技术；以压力过滤技术替代压力离心技术；催化剂回收利用采用新型冷却与过滤技术；尾气催化燃烧技术；废水综合回用技术，开发了动力波洗涤器，吸收尾气中苯甲酸技术。应用该成套技术对现有 PTA 装置进行了改造，能耗、物耗达到预期目标。

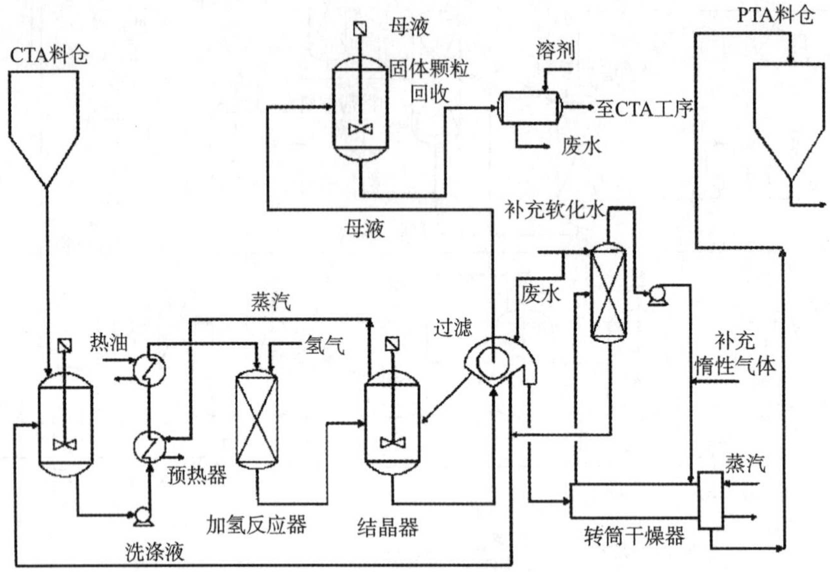

图 9-6-4 Amoco TA 加氢流程示意图

尽管 PTA 和 PIA 两者工艺流程十分相近，但由于两者的原料和产品在溶剂中溶解度差异较大，导致两种产品的生产工艺条件差异也较大。由于 PIA 比 PTA 溶解度要大许多倍，在氧化反应器中，间苯二甲酸结晶的量要少很多，其中混杂的 3-CBA 含量也较低(与 PTA 4-CBA 几千 μg/g 相比，仅为几百 μg/g)，它主要停留在溶液中，更容易发生完整的氧化反应。另一方面，PIA 生产中，间二甲苯与乙酸溶剂之比相对小于 PTA 中两者之比，因此间二甲苯氧化过程中，可以承受乙酸溶剂中含有较高的水浓度。催化剂乙酸钴在溶剂中的浓度可以低于 PTA 工艺的要求，但钴在二甲苯中的浓度、Mn^{2+} 对 Co^{2+} 的比例和溴相对于总的催化剂金属的比例都高于 PTA 制备工艺。表 9-6-8 是两种工艺中氧化反应诸多工艺参数的比较。

表 9-6-8 氧化反应器反应参数比较

工艺参数	PTA	PIA
反应温度/℃	175~225	190~220
反应压力/MPa	1.06~2.65	1.62~2.52
溴原子相对于总金属总原子的比例(Co 加 Mn)	(0.5~1)：1	(0.7~1)：1
进料醋酸溶剂的水含量/%(质量)	2~6	5~10
液体溶剂相对于二甲苯进料的质量比	2.3~3.5	3.7~5.0
停留时间/min	20~90	20~90

2. 工艺条件的影响

(1) PX 氧化反应

影响 PX 氧化反应的因素主要包括原料配比、催化剂浓度、含水量、氧浓度、反应温度与压力以及停留时间等[23~25]。

1)原料配比

原料配比对 PX 氧化反应的转化率、TA 收率、4 - CBA 液相浓度和尾气中 CO_2 含量的影响如图 9 - 6 - 5、图 9 - 6 - 6 所示。由图可知，增加乙酸与对二甲苯的摩尔比有利于提高反应转化率、TA 收率，降低 4 - CBA 液相浓度，但副反应消耗也会随着乙酸与对二甲苯摩尔比的增加而增加。因此，工业上较优的乙酸与对二甲苯的摩尔比应取拐点附近，约 3 ~ 3.5。

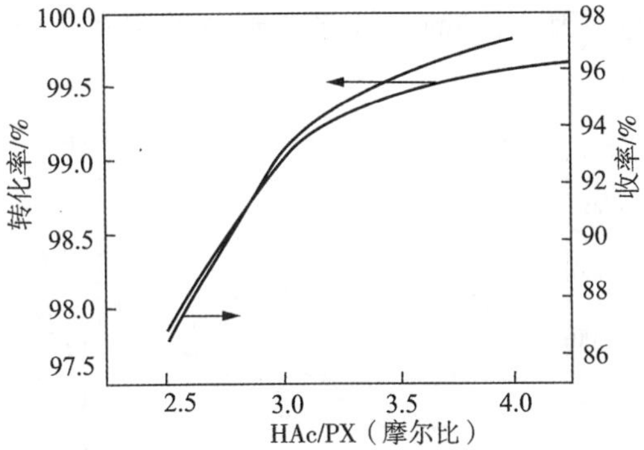

图 9 - 6 - 5　不同乙酸与对二甲苯的摩尔比时的转化率和收率

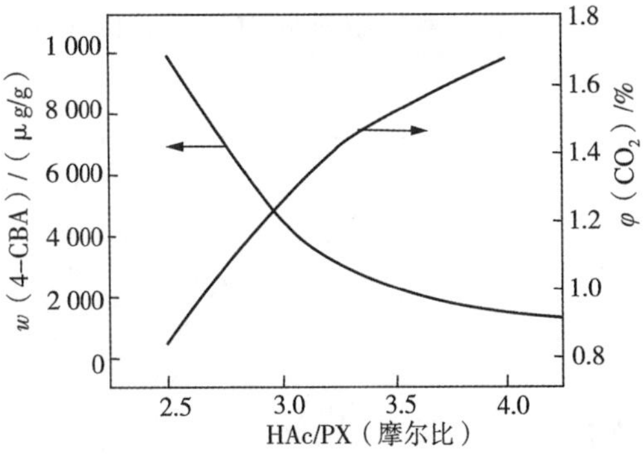

图 9 - 6 - 6　不同乙酸与对二甲苯的摩尔比时液相 4 - CBA 质量分数和尾气中 CO_2 的体积分数

[反应条件：$t = 195℃$，$w(Co) = 300 \times 10^{-6}$，$m(Co)$：$m(Mn)$：$m(Br) = 1$：2：2.5，停留时间 = 55min，$w(H_2O) = 15\%$，$\varphi(O_2) = 3.5\%$]

2)催化剂浓度

催化剂浓度对 PX 氧化反应的转化率、TA 收率、4 - CBA 液相浓度和尾气中 CO_2 含量的影响如图 9 - 6 - 7 和图 9 - 6 - 8 所示。由图可知，当催化剂浓度较低时，提高催化剂浓度对增加反应转化率和收率、降低 4 - CBA 液相质量分数较为显著；而高催化剂浓度下增加催化剂的作用就比较平缓。对于副反应，随着催化剂的浓度增加，CO_2 体积分数成线性增加，工业上通过增加催化剂浓度来增容的方法使乙酸消耗大幅增加。因此，Amoco 工艺条件下较优的 Co 含量应为 300 ~ 350μg/g。

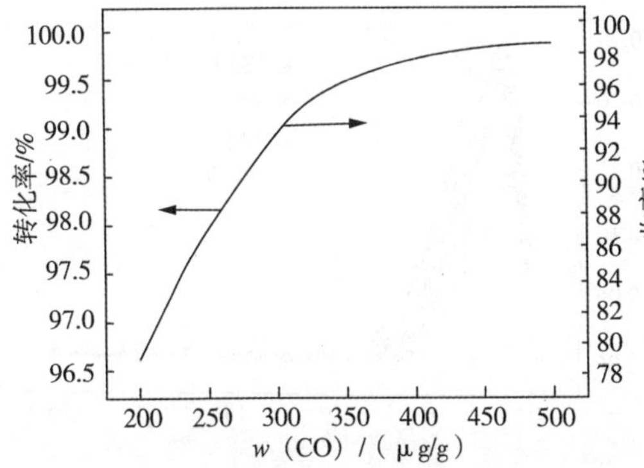

图 9 - 6 - 7　不同 Co 含量时的转化率和收率

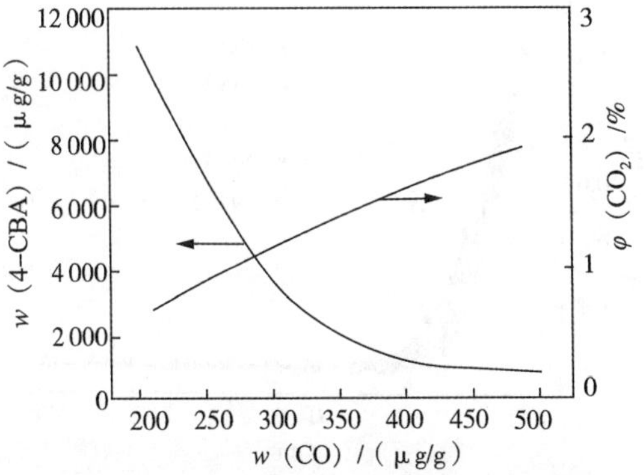

图 9 - 6 - 8　不同 Co 含量时液相 4 - CBA 质量分数和尾气中 $\varphi(CO_2)$

[反应条件：$t = 195℃$，$m(Co)$：$m(Mn)$：$m(Br) = 1$：2：2.5，停留时间 = 55min，$w(H_2O) = 15\%$，$\varphi(O_2) = 3.5\%$]

3)含水量

反应器内含水量对 PX 氧化反应的转化率、TA 收率、4－CBA 液相浓度和尾气中 CO_2 含量的影响见图 9－6－9 和图 9－6－10。由图可知，随着含水量的增加，反应转化率、收率和副反应生成的 CO_2 体积分数的下降幅度逐渐增大，而 4－CBA 液相的质量分数却逐渐增加；当含水量达到一定值后，转化率、收率和副反应生成的 CO_2 的体积分数呈直线下降趋势，而 4－CBA 液相质量分数却呈直线上升趋势。因此，Amoco 工艺中适宜的含水量应为 13%～15%。

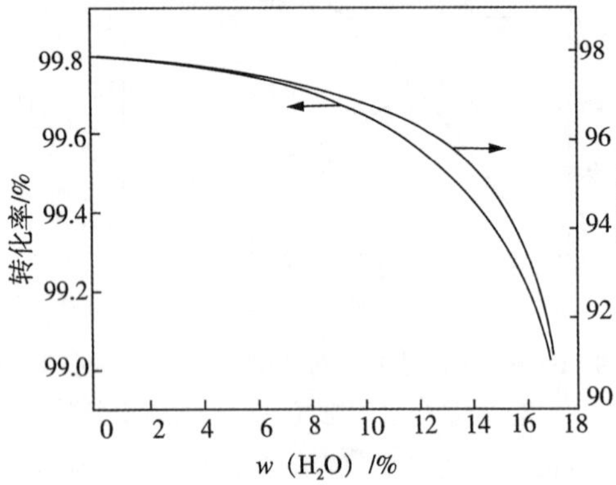

图 9－6－9 含水量不同时的转化率和收率

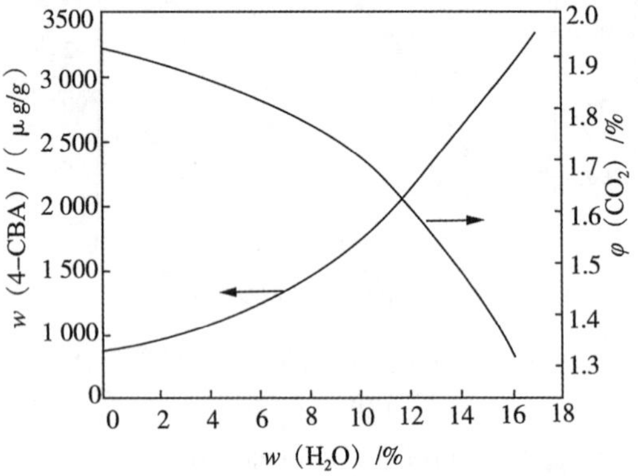

图 9－6－10 含水量不同时液相 4－CBA 质量分数和尾气中 $\varphi(CO_2)$

[反应条件：t＝195℃，w(Co)＝300μg/g，m(Co)∶m(Mn)∶m(Br)＝1∶2∶2.5，停留时间＝55min，$\varphi(O_2)$＝3.5%]

4)反应温度和氧浓度

将各组分浓度除以 PX 初始浓度后，得到了不同温度下的 PX、TALD、PT、4－CBA 浓度－时间曲线(图 9－6－11～图 9－6－14)和不同氧浓度下的各组分浓度－时间曲线(图 9－6－15～图 9－6－18)。

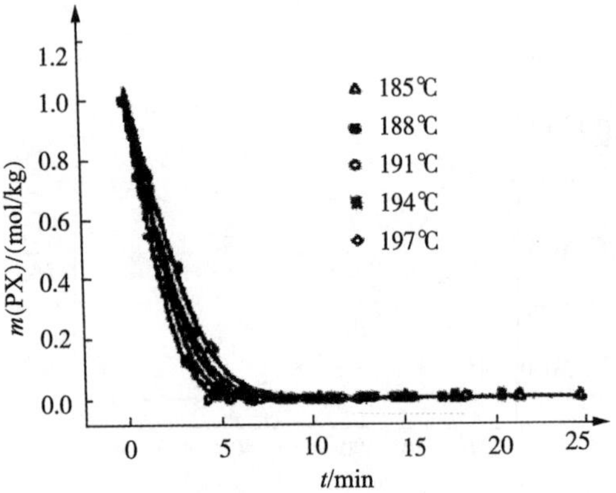

图 9－6－11 不同温度下的 m(PX)－t 曲线

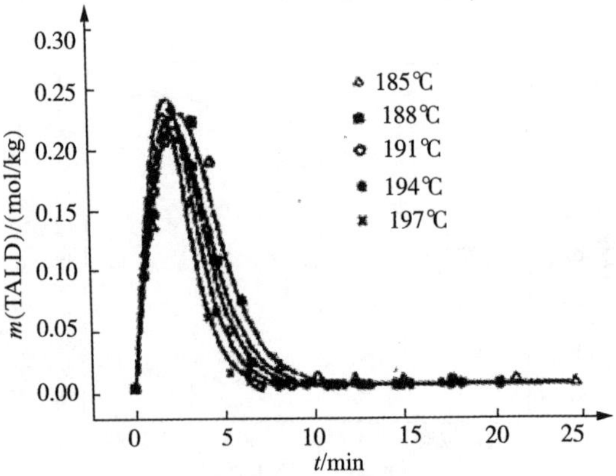

图 9－6－12 不同温度下的 m(TALD)－t 曲线

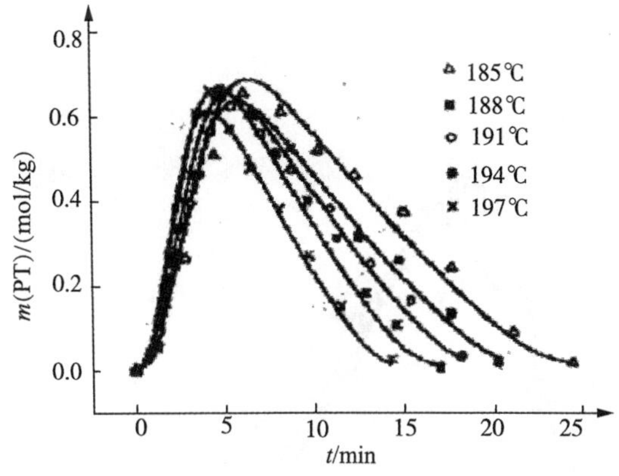

图 9－6－13　不同温度下的 m(PT)－t 曲线

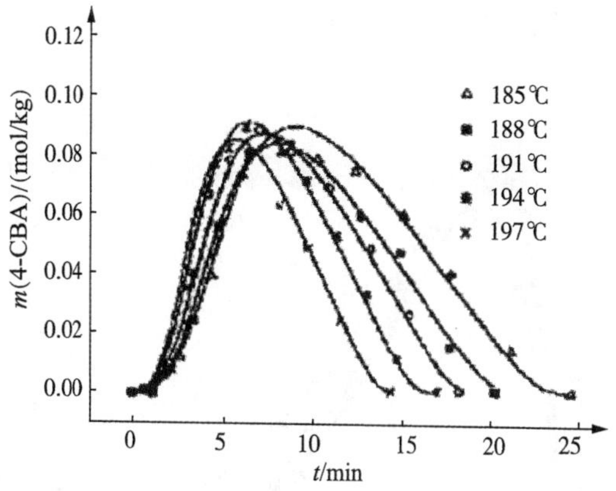

图 9－6－14　不同温度下的 m(4－CBA)－t 曲线

由图 9－6－11～图 9－6－14 可知，各组分浓度分布均随着温度的升高而变窄或前移，表明其反应速率随着温度的上升而显著加快。

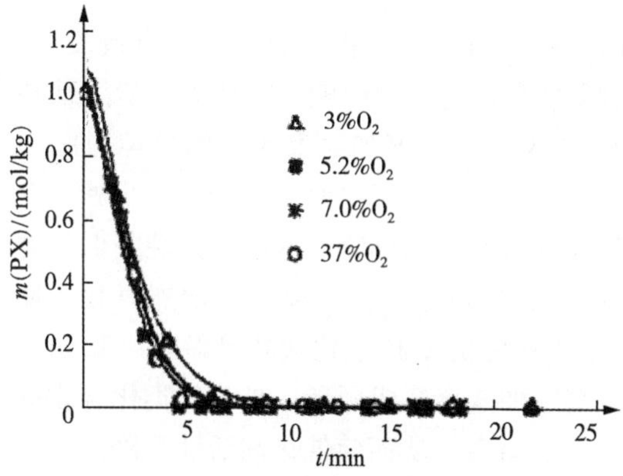

图 9－6－15　不同氧体积分数下的 m(PX)－t 曲线

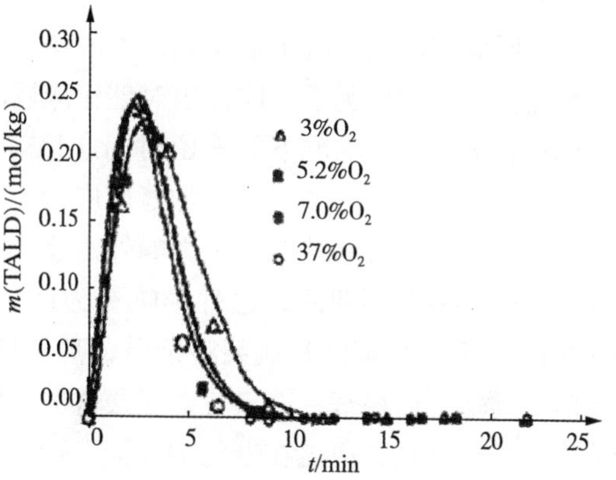

图 9－6－16　不同氧体积分数下的 m(TALD)－t 曲线

由图 9－6－15～图 9－6－18 可知，氧浓度升高，反应加快。当氧体积分数由 3% 增加到 5.2% 时，反应速率增加的幅度远大于其由 5.2% 增加到 7% 时，这表明低氧浓度对反应的影响较大。当尾氧的体积分数超过 7% 时已不再对主反应产生明显的影响，因此可以认为 7% 即为主反应的氧的体积分数阈值。Amoco 工艺对尾气含氧量的控制条件为 3%～4.8%。当尾气含氧量达到 6% 即发出警报，达到 8% 便自动停止进氧或空气。

5）PX 进料量或 PX 停留时间与氧化反应的关系

PX 的停留时间一般是指反应器的溶剂（HAc＋H_2O）体积与溶剂流率的比值。若反应器内的溶剂比不变，则停留时间与 PX 进料量成反比。加大 PX 进料量，则 CO_x 的数量会随着 PX 进料量的增加而减少。此外，若反应器内溶剂比不变，只改变溶剂量，则溶剂量增加即缩短停留时间，4－CBA 浓度会增加。

（2）TA 加氢精制反应

TA 加氢精制反应在固定床反应器上进行，停留时间、反应温度、反应压力等都对 TA

加氢精制有着很大的影响。

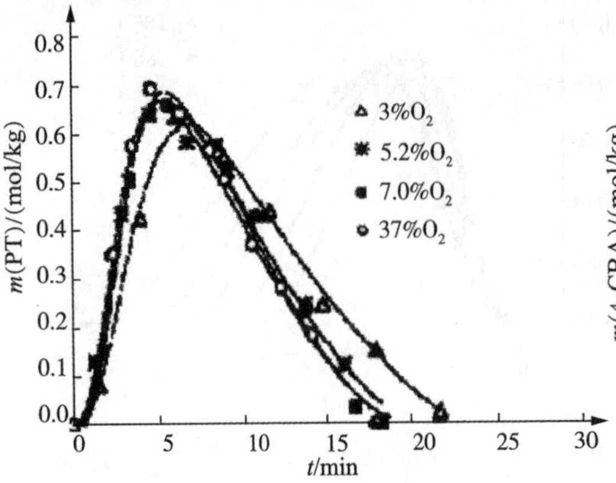

图 9-6-17 不同氧体积分数下的 m(PT 酸)-t 曲线

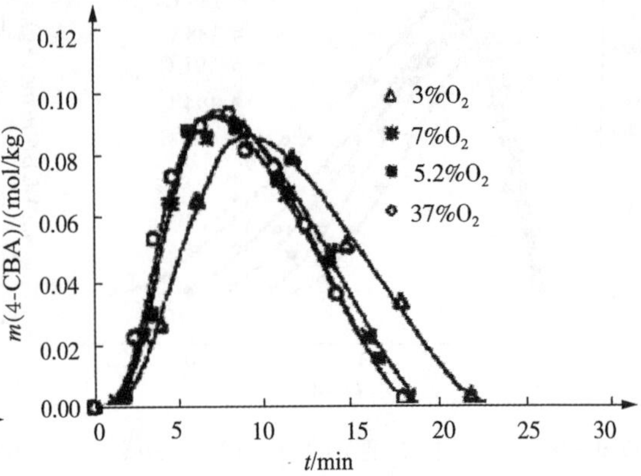

图 9-6-18 不同氧体积分数下的 m(4-CBA)-t 曲线

1)停留时间

停留时间实际上反映了催化剂的本质特性，由于停留时间与催化剂装填量有直接关系，在浆料流量一定的情况下，同样也对催化床层的流动状况产生极大影响。表 9-6-9 为某装置不同催化剂装填量状况下的停留时间。目前国内 PTA 生产厂家加氢反应器的停留时间一般都在 6~10min 左右。4-CBA 加氢反应速率很快，宏观反应速率主要取决于扩散步骤。停留时间过长，除对流动状况产生影响外，反应本身也容易发生副反应，造成选择性降低。尤其在长时间浆料循环期间，这种影响更为严重。若停留时间过长，将会发生剧烈氢化，使 4-CBA或对苯二甲酸转化成某些杂质，甚至使对苯二甲酸的苯核氢化成环己烷基-1，4-二羧酸。类似环己烷基-1，4-二羧酸这类杂质，继续加氢会造成开环，与苯环类化合物聚合成大分子化合物，覆盖在催化剂表面，造成活性孔道堵塞，从而使催化剂活性下降。

表 9-6-9 不同催化剂装填量下的催化床层停留时间

粗 TA 浆料流量/(t/h)	装填量/t		
	8.5	11.5	18.0
	停留时间/min		
124.6	8.89	12.04	18.84
127.3	8.70	11.76	18.41
132.0	8.39	11.36	17.78
138.0	8.01	10.85	16.98
141.0	7.85	10.62	16.62
143.5	7.72	10.45	16.35
176.0	6.28	8.51	13.32
237.0	4.67	6.32	9.88

2)反应温度

反应温度是重要的工艺条件，主要取决于浆料浓度和装置运行状况。不同温度下对苯二甲酸在水中的溶解度如表 9-6-10 所示[26]。为了保证 TA 在反应器内不结晶，一般要求饱和溶解度有 15% 的裕度。装置运行状况也是影响反应温度的因素之一。当外部润湿率较高时，可采用稍高的反应温度，以尽量减缓有机化合物的凝聚。但到了操作后期，当氢分压受总压限制不能再提高时，可适当降低反应温度以增加氢向固体表面传质的推动力。

表 9-6-10 对苯二甲酸在水中的溶解度

温度/℃	溶解度/(g/100g)	温度/℃	溶解度/(g/100g)
25	0.0019	200	1.8
100	0.0347	225	5.0
120	0.07	242	10.0
160	0.38	259	20.0
185	1.0	272	50.0

3)反应总压

PTA 反应釜内，反应器总压为饱和水蒸气分压与氢分压之和。在总压一定情况下，水饱和蒸汽压是反应温度的函数，因此氢分压同样受反应温度制约。氢分压对 TA 加氢反应有重要影响，在氢分压较低情况下，对苯二甲酸易发生脱羧基反应，生成苯甲酸，并生成一氧化碳。由于钯对一氧化碳(CO)的吸附能力比 H_2 的吸附能力强，因此 CO 易吸附在催化剂活性中心上，占据活性中心位，造成催化剂暂时失活，而现在国内装置氢分压大多在 0.6～1.0 MPa。若反应温度在 287～289℃，相应操作总压应在 8.0～8.2 MPa，此时氢分压大体在 0.7～1.4 MPa。

(五)主要设备

1. 氧化反应器

氧化反应器是 PTA 生产装置主要反应器，主要有鼓泡(图 9-6-19)和多层搅拌(图 9-6-20)两种形式。这两种结构反应器并行发展、各具特色。对于高温氧化工艺，通常采用釜式搅拌反应器，如 BP-Amoco 采用釜式多层搅拌[27]，其特点是利用强力搅拌实现反应物料与空气的混合，保证固体颗粒的悬浮，传质性能较好。空气从反应器侧面切线通入，目的在于减少液层内所产生的气泡，比较充分发挥反应器的有效容积。对于中温和低温氧化工艺，大多采用鼓泡塔式反应器。如三井化学氧化反应器是无强力搅拌，主要依靠从反应器底部通入的空气鼓泡来实现反应物料与空气的混合，并在液层产生尽可能多的气泡，反应器内设置的搅拌器仅仅对浆料中的固体颗粒起到辅助翻动作用。而 Eastman 低温氧化工艺采用乙酸喷雾鼓泡代替传统的机械搅拌[28]。中国石化开发了具有多孔导流筒的气升式环流反应器[29]应用于 PX 氧化反应。在适当的工艺条件下，对苯二甲酸的收率可达 95% 以上。

由于使用含溴反应溶液，氧化反应器材质多使用碳钢+钛材复合材料。过去国内建设的 PTA 装置氧化反应器均从国外引进，属于国外专利设备，特别是搅拌器、气液分布器以及制造加工都是技术关键。目前国内一些企业具有碳钢+钛材爆炸复合的技术和钛材设备的制造经验。

生产 PIA 氧化反应器主要采用搅拌釜式反应器[30]，材料大多选择钛材或不锈钢 316L 内衬钛材。整个反应器由水平式挡板划分为三个部分，上部有 6 个垂直挡板，反应产品恰好位于反应器液面下。在反应液体充满约70%空间的操作条件下，这种设计既确保了空气中的氧与溶剂中的间二甲苯达到最佳接触效果，又提供了从氧化反应器产生的蒸汽排气空间。

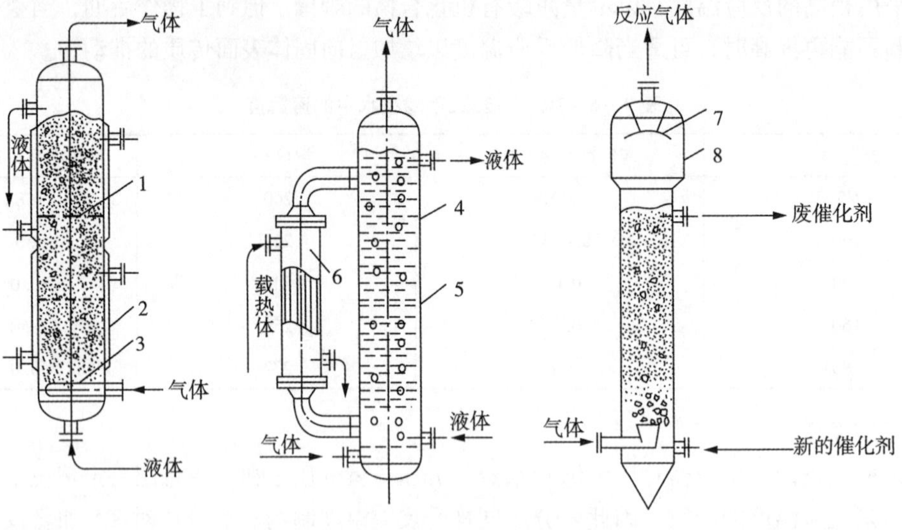

图9-6-19 鼓泡塔反应器结构简图

1—塔体；2—夹套；3—气体分布器；4—塔体；5—挡板；6—塔外换热器；7—液体捕集器；8—扩大段

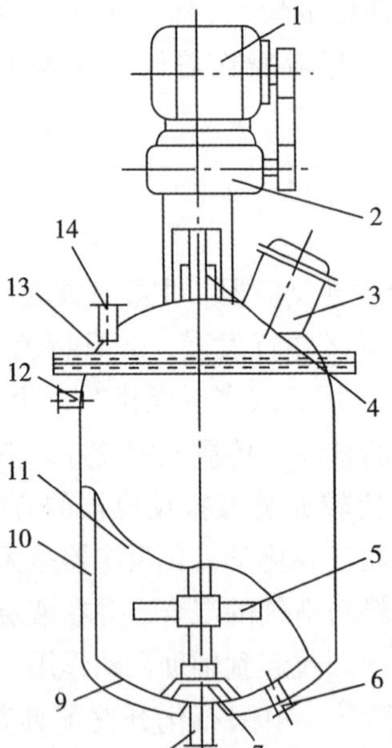

图9-6-20 釜式搅拌反应器结构简图

1—电动机；2—传动装置；3—人孔；4—密封装置；5—搅拌器；6，12—夹套直管；7—搅拌器轴承；8—出料管；9—釜底；10—夹套；11—釜体；13—顶盖；14—加料管

2. 压力过滤设备

压力过滤设备包括压力离心机和压力过滤机[31]。技术关键在于大功率高精度行星差速器技术、不锈钢转鼓离心浇注技术、大直径双端面机械密封制造技术。

压力过滤机包括旋转转鼓式和旋转框格式等多种形式。旋转转鼓式压滤机见图9－6－21。设备结构与真空过滤机相似，整个腔体为一个压力容器，但一般要保留干燥机。因此要解决压滤机下料与干燥机接口处的压力隔离难题，现有技术多采用旋转阀隔离，类似于常压排料。但运行中旋转阀的漏气、腔体结料成为长周期运行的隐患。旋转框格式压滤机见图9－6－22。该型设备为集过滤、洗涤、干燥、卸料为一体的功能集成化设备，以变频调速方式在整体压力外壳内做向心旋转，转鼓与外壳间的环形区采用特殊填料密封，且被隔离件分成不同的气密腔体，转鼓表面的活动单元室(分别变换为过滤室、一次洗涤室、二次洗涤室、干燥室、卸料室)通过其下部液体管(滤液管、洗涤水管、干燥气管)与控制头的液体排出管连接在一起。下料可以直接加纯水配料进入精制单元。但设备结构较复杂，最大难度是解决转鼓与外壳之间的密封问题。

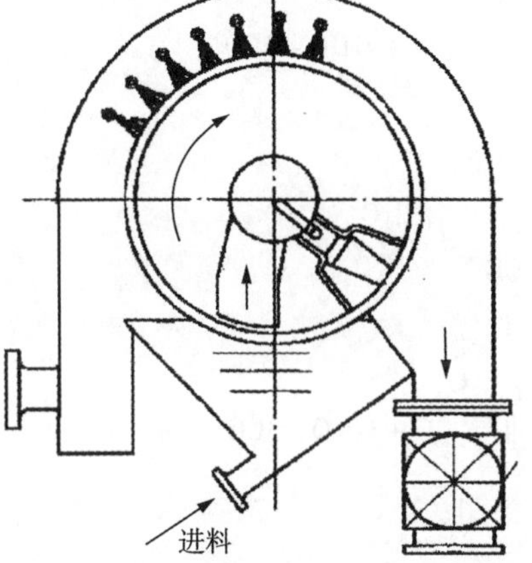

图9－6－21　旋转转鼓压力过滤机示意图

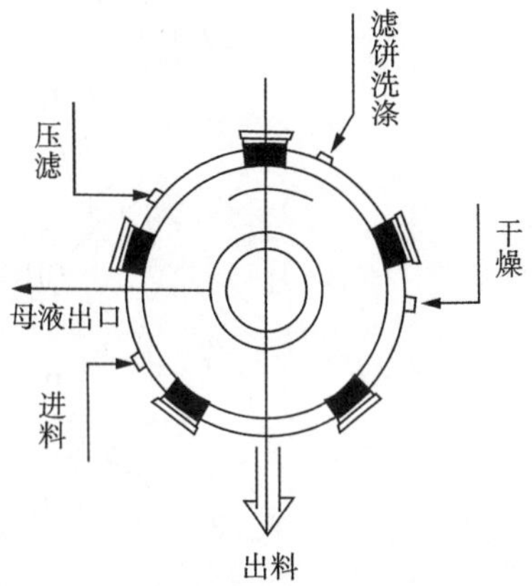

图9－6－22　旋转框格式压力过滤机示意图

目前许多PTA装置都采用压力过滤机替代压力离心机或真空过滤机。同传统的分离方式相比，压力过滤机具有工艺设备简单，处理量大，流程短，能耗低，运行费用低和维修成本低，设备购置费及设备检修费用低的优点。

二、邻苯二甲酸酐生产技术

(一)概　述

邻苯二甲酸酐(PA)简称苯酐，是邻苯二甲酸分子内脱水形成的环状酸酐，主要用于制造邻苯二甲酸二辛酯(DOP)、邻苯二甲酸二丁酯(DBP)等增塑剂、聚酯树脂和醇酸树脂。苯酐的生产有邻二甲苯氧化法和萘氧化法两种工艺路线。随着我国石油化学工业的发展，新建生产装置大都采用邻二甲苯氧化法。

(二)反应原理

1. 邻二甲苯氧化法

以邻二甲苯为原料，采用气相催化氧化法制取苯酐的反应历程包括一系列平行和串联反应[32]。主反应为邻二甲苯与氧气在V－Ti催化剂作用下，发生选择性氧化反应生成苯酐，同时发生副反应生成顺酐、苯甲酸、甲基苯甲酸、柠檬酸酐和苯酞等副产物，部分发生过氧

化反应生成 CO_2 或 CO。主反应方程式如下所示：

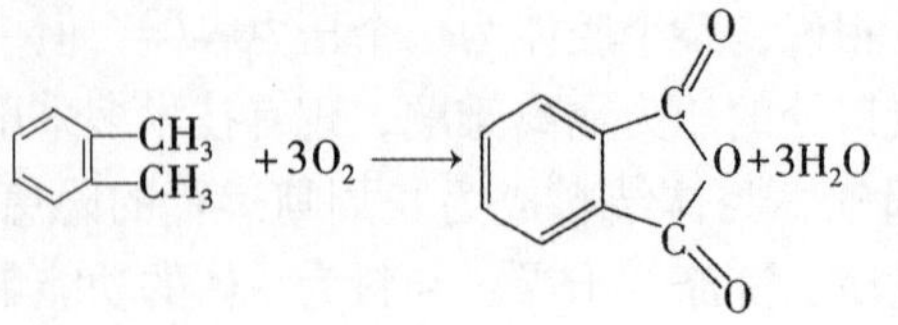

$\Delta H = -1302.0\ \mathrm{kJ/mol}$

副反应方程式如下：

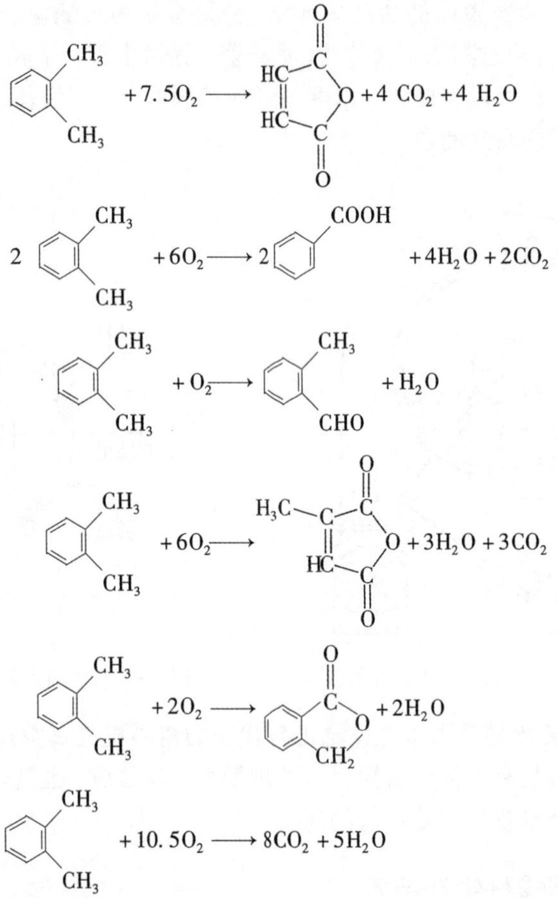

该反应是强放热反应，一般通过盐浴移走反应产生的热量，副产过热蒸汽。反应温度、空速等是影响该反应的决定性因素。

生成苯酐和过氧化生成二氧化碳的反应为两个平行反应，过氧化反应的程度愈深，则反应热量愈多。发生不完全氧化反应生成如苯酞、苯甲酸、柠糠酐等中间产物时，系统的反应热会下降。根据这一反应特点，只有将反应产生的热量移出，并维持一个合适、稳定的反应温度才能确保反应的顺利进行。在 V_2O_5 催化剂上的气相氧化反应对邻二甲苯浓度而言是一级反应，但过高的邻二甲苯浓度，会造成催化剂的不可逆失活，反应速率迅速下降。可能的反应机理是：①在 370℃以下，反应对于氧气浓度为一级反应，速率常数较低，转化为苯酐的选择性很高，但原料利用不充分，而且容易发生进一步的氧化反应；②当 370 ~ 440℃时，反应对于邻二甲苯浓度而言为一级反应，速率常数高，反应选择性也较高，邻二甲苯基本完全转化；③当 440 ~ 550℃时，反应对于邻二甲苯浓度仍然为一级反应，速率常数更高，但随着温度升高，选择性开始降低，这主要是因为副反应和完全氧化反应更易发生。

李英[33]提出了只考虑主反应及邻二甲苯和苯酐深度氧化反应的邻二甲苯氧化表观反应动力学，其反应网络如下：

在此基础上，建立了换热式固定床反应器模型：

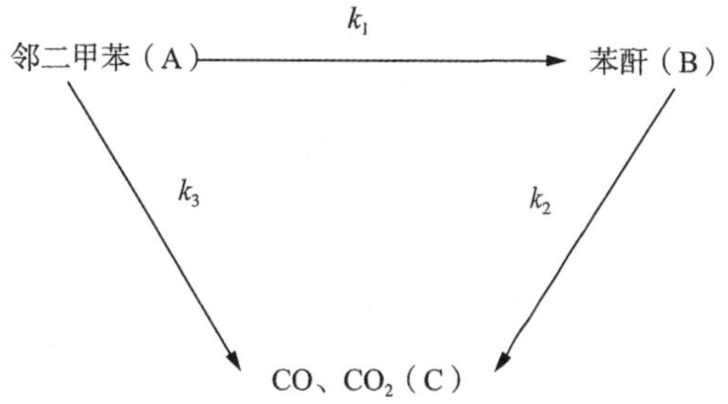

$$\frac{dY_B}{dZ}=4.748\times10^8\left[(1-Y_B-Y_C)\exp\left(-\frac{135000}{T}\right)-2.781Y_B\exp\left(-\frac{155000}{T}\right)\right] \quad (9-6-16)$$

$$\frac{dY_C}{dZ}=1.995\times10^8\left[(1-Y_B-Y_C)\exp\left(-\frac{14300}{T}\right)+6.621Y_B\exp\left(-\frac{155000}{T}\right)\right] \quad (9-6-17)$$

$$\frac{dT}{dZ}=1.661\times10^{11}\left[(1-Y_B-Y_C)\exp\left(-\frac{135000}{T}\right)-2.781Y_B\exp\left(-\frac{155000}{T}\right)\right]+2.447$$
$$\times10^{11}\left[(1-Y_B-Y_C)\exp\left(-\frac{14300}{T}\right)+6.619Y_B\exp\left(-\frac{155000}{T}\right)\right] \quad (9-6-18)$$

式中，Z 为反应器轴向距离；Y_B 为苯酐收率；Y_C 为 CO 和 CO_2 的总收率；T 为温度。其初值条件为 $Z=0$，$Y_B=0$，$Y_C=0$，$T=T_0=T_C$，以上方程为常微分方程，对不同的进料温度用龙格－库塔法进行求解，得出不同进料温度(即不同熔盐温度)下，轴向温度分布曲线与收率的轴向分布曲线，见图9－6－23(图中虚线为一氧化碳和二氧化碳收率，实线为苯酐收率)。

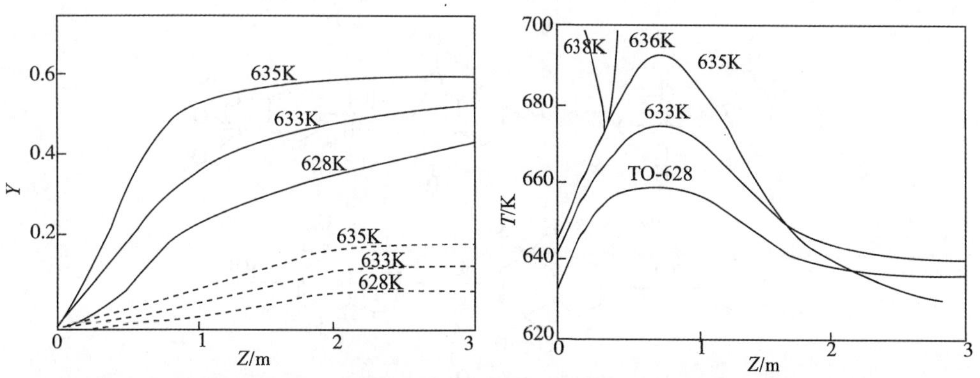

图9－6－23　反应器床层轴向温度分布及苯酐收率的轴向分布

2. 萘氧化法

萘的氧化反应非常复杂，包括了一系列平行和串联反应，均为放热反应。以下为主反应及主要副反应的方程式[34]：

主反应：

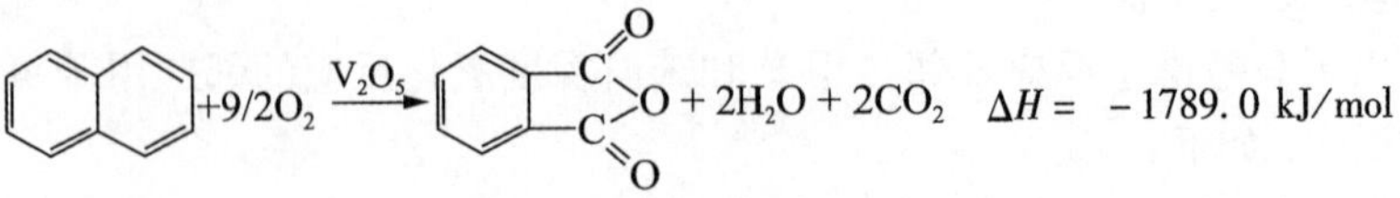

副反应：

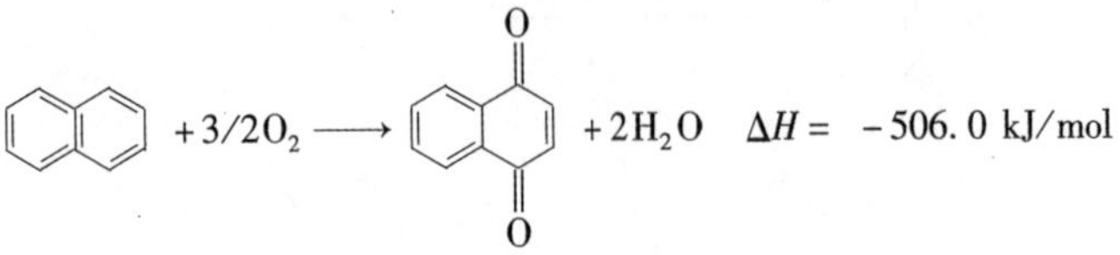

1，4－萘醌

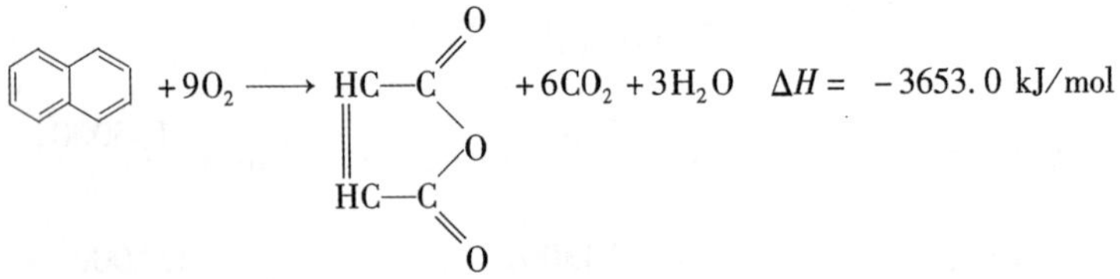

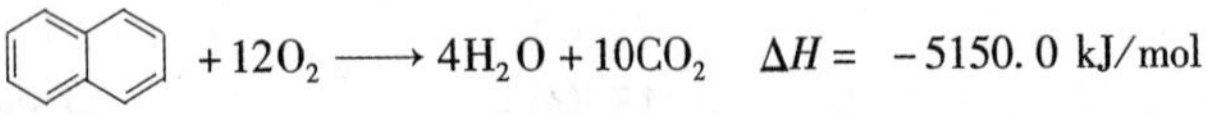

萘氧化的进行是从供[O]开始的，然后脱氢、断键等步骤都较容易进行。苯酐和萘醌基本是平行生成的，一氧化碳和二氧化碳主要是顺序反应产物。萘醌最不稳定，其氧化速率是萘的4倍，是苯酐的133倍，是顺酐的6倍，反应中生成的萘醌有50%～75%转化为苯酐，25%～50%转化为顺酐。苯酐进一步反应的速度最低，特别是当气相中还有萘和萘醌存在时，苯酐很难进一步氧化分解的可能性很小。反应机理见下图所示。

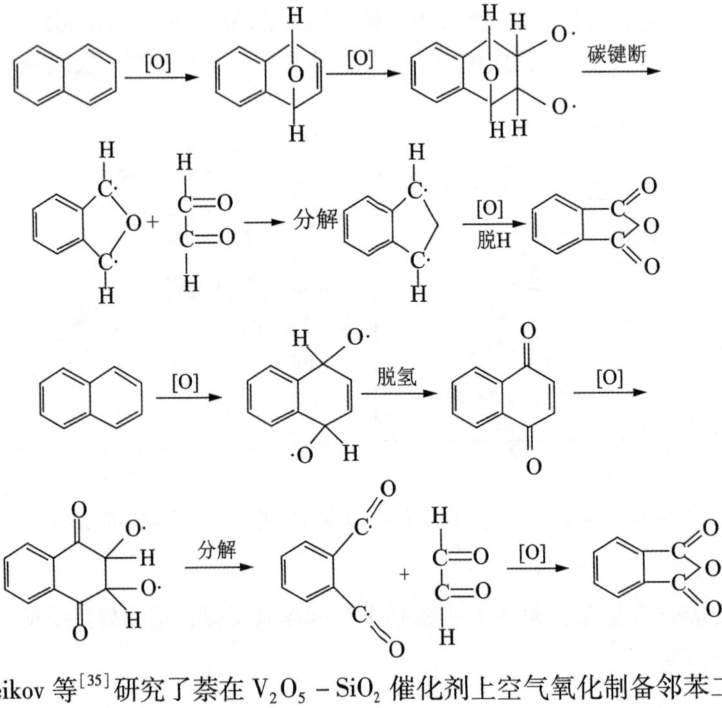

E. I. Andreikov 等[35]研究了萘在 $V_2O_5-SiO_2$ 催化剂上空气氧化制备邻苯二甲酸酐的反应

机理，得到了如下反应动力学模型：$W_N = \dfrac{k_1k_2c_Nc_{O_2}^{1/2}}{\nu k_2c_N + k_1c_{O_2}^{1/2}}$，其中动力学常数 k_1 和 k_2 的活化能分别为 $E_1 = 125.5\text{kJ/mol}$ 和 $E_2 = 46.0\text{kJ/mol}$。

(三)催化剂

1. 邻二甲苯氧化法

邻二甲苯氧化生产苯酐的催化剂主要是适应低温高空速的 $V_2O_5 - TiO_2$ - 惰性载体的表面涂层催化剂，因其收率高，生产能力大，寿命长，并且无需添加 SO_2 来维持活性，因此得到大力发展和应用，主要有以下五种：

(1) Von Heyden 苯酐催化剂

包括 ϕ8mm 的球形催化剂和外形为 ϕ7mm，H 7mm 的环形催化剂。催化剂载体为外涂薄膜的陶瓷，膜厚为 0.25mm，薄膜活性物质为 $V_2O_5 - TiO_2$，此外还含有 1% 促进剂等物质。在 60g 负荷，每管 4Nm^3/h 空气流量下操作，苯酐收率期待值为 109% ~110%，催化剂的寿命一般为 4 年[36]。

(2) BASF 催化剂

德国 BASF 公司自 1965 年以来研究开发了一系列 V - Ti 表面涂层催化剂，采用喷涂法制备，活性组分为 $V_2O_5 - TiO_2$，可添加少量的 P、Sb、Ti、Cr、Mo、W、Nb、Zr、碱金属氧化物以及稀土氧化物为促进剂，载体为滑石球块。BASF 公司苯酐催化剂的特点是顺酐产量较高，若以苯酐顺酐总收率计，约为 112%，从经济效益看不低于 Von Heyden 催化剂，其寿命一般也为 4 年[36]。

(3) 法国 Rhone - Progil 公司催化剂

该催化剂为高负荷 V - Ti 系催化剂，采用熔融氧化铝球为载体，是一种低温、高空速、高邻二甲苯与空气体积比的催化剂[36]。

(4) 日本触媒工业公司催化剂

该催化剂为高负荷 V - Ti 系表面涂层催化剂，在 V - Ti 组成中添加少量 Nb、P、K、Cs、Na、Sb 等的氧化物为促进剂来调节反应床上下两段催化剂的活性和选择性，载体为特制的碳化硅，可以在低氧浓度的反应条件下，对生成苯酐具有高活性、高选择性，同时具有抗水蒸气能力[36]。

(5) 中国石化催化剂

中国石化先后开发出系列苯酐催化剂，分别适合于不同类型的反应器，使苯酐催化剂实现了国产化。其中 BC - 249 型催化剂为负载型催化剂，以 V - Ti 为活性组分，采用低温喷涂法将活性组分喷涂于惰性无孔载体表面上，改善了催化剂活性组分的分散性。BC - 249 型催化剂的粗苯酐质量收率为 112% ~113%，粗苯酐中苯酞含量不高于 0.2%[37]。

2. 萘氧化法

萘氧化法所用催化剂为平均粒径 45 ~100μm 的 $V_2O_5 - K_2SO_4 - SiO_2$ 微球形催化剂，其中 V_2O_5 为活性组分，K_2SO_4 用以抑制深度氧化并维持催化剂活性，以硅胶为载体，制成微球以提高耐磨性。

(四)工艺流程与工艺条件

1. 邻二甲苯氧化法

目前，邻二甲苯固定床氧化技术已占全球苯酐总生产能力的 90% 以上。1976 年以前，国外苯酐生产工艺都采用每立方米邻二甲苯进料浓度为 40 g 的工艺。为了适用于高浓度邻二甲苯原料气，经过 15 年的开发增加到 60 ~ 75 g 工艺。直到 20 世纪 90 年代，开发成功 100 g 工艺。

目前，邻二甲苯固定床气相氧化技术主要有 BASF、Wacker/Von - Heyden、ElfAtochem (Atofina)/日触、Alusuisse Italia 等几种典型的生产工艺[38]。BASF 工艺于 1976 年开始工业化生产，总生产能力超过 1000kt/a，单台反应器的最大产能为 45kt/a，具体工艺流程如图 9 - 6 - 24 所示。

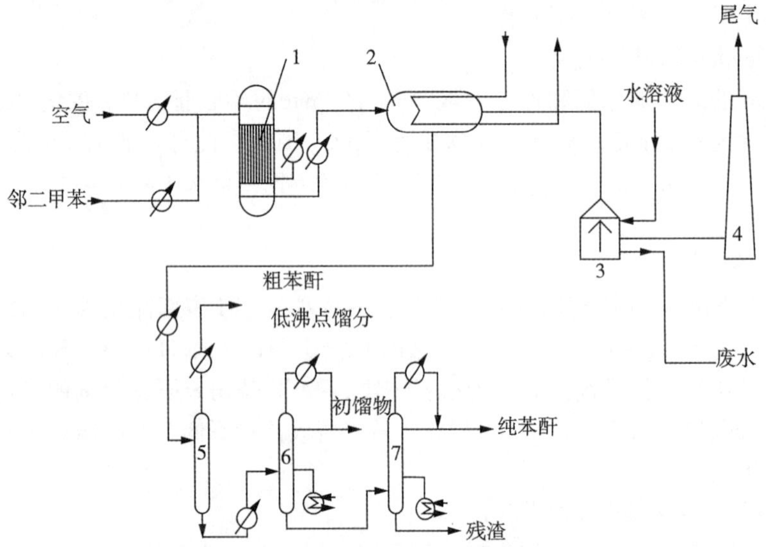

图 9 - 6 - 24 BASF 法工艺流程图

1—反应器；2—转换冷却器；3—水洗塔；4—烟囱；5—预分解器；6—汽提塔；7—蒸馏塔

经净化预热后的空气与汽化的邻二甲苯混合进入列管式固定床反应器，在 V - Ti 环形催化剂表面进行反应，反应温度为 360℃，空速为 $3000h^{-1}$，反应热由熔盐导出。粗苯酐在微负压下采用高温或同时添加少量化学品除去某些杂质后送入精制塔精制。该工艺的特点是低反应温度、高空速、V - Ti 催化体系(80g 环状催化剂)、水洗回收副产顺酐(每 100 kg 苯酐可回收顺酐 5kg)、生产费用低、无废水排出。采用蒸汽透平，输出中压蒸汽。

Wacker/Von - Heyden 工艺的特点是低能耗、高负荷、生产能力大。粗苯酐精制采用连续精馏，尾气催化焚烧或回收顺酐及富马酸。催化剂在活化时无需使用 SO_2。最新的 Wacker/Von - Heyden 工艺由于邻二甲苯含量可达 $100g/m^3$，使用了高性能 V_2O_5 催化剂、反向进料技术及有效的撤热措施，从而降低了反应器"飞温"的可能性。

Elf Atochem/日触工艺与 BASF 工艺相似，但采用低空烃比，增加了操作安全性；高负荷，空气量相应减少，采用蒸汽透平反应热回收，总能耗下降；工艺中的氧化和冷凝设备较小，投资较低；尾气全部通过催化剂焚烧处理，污染小。采用日触寿命为 4 年的 NX - 16R 高选择性 75g 工艺催化剂，苯酐收率为 110% ~113%，催化剂活化时无需添加 SO_2，且所用的反应器管长为 2 ~3 m，为"两层"催化剂。

意大利的 Alusuisse 公司于 1986 年开发了 Alusuisse Italia(Lonza)低空烃比工艺，空气对邻二甲苯的质量比减少到 9.5∶1，而原料气浓度可提高到邻二甲苯 $134g/m^3$ 空气标准态。截止到 1996 年，世界共有 11 套装置采用该工艺，总生产能力为 249kt/a，催化剂形状为环状或半环状，反应器和压缩机体积较小，故设备投资减少。上述各工艺参数及技术经济指标见表 9－6－11。

表 9－6－11　各工艺参数及技术经济指标比较

项目		BASF 工艺	Von－Heyden 工艺	日触工艺	Lonza 工艺
采用工艺		单程法	单程法	尾气循环	—
催化剂寿命/a		4～5	4～5	4	3.5
原料中邻二甲苯含量/(g/m^3)		80	85	75	80
空速/h^{-1}		3000	3000	—	—
精制苯酐收率/%		105～107	114～115	110～113	109～110
反应器	列管内径/mm	25	25	25	25
	列管长度/m	3	3	2.8	3.1
	单台产能/(t/a)	1.95	2	1.34	—
	空压机类型	透平	透平	透平	透平
	精馏工艺	连续	连续	连续	连续
	尾气处理方式	水洗	水洗/催化焚烧	催化焚烧	水洗
	邻二甲苯单耗/(t/t)	0.885	0.877	0.903	0.917
公用工程	输出蒸汽/(t/t)	2.79	4.1	7	4.9
	燃料油耗/(t/t)	0.004	0.0075	0.05	0
	电耗/(kW·h/t)	145	180	135	—
	冷却水/(m^3/t)	375	150	322	200

2. 萘氧化法

萘氧化法作为最早生产苯酐的方法，也是最早形成工业化生产的方法，其原料为焦油萘。我国在 1953 年开始萘法生产苯酐，当时是以萘为原料，固定床气相氧化法生产苯酐。1958 年我国又开发了流化床工艺，并在此基础上建设了多套工业生产装置。萘氧化法生产苯酐的工艺流程可简化如图 9－6－25 所示。

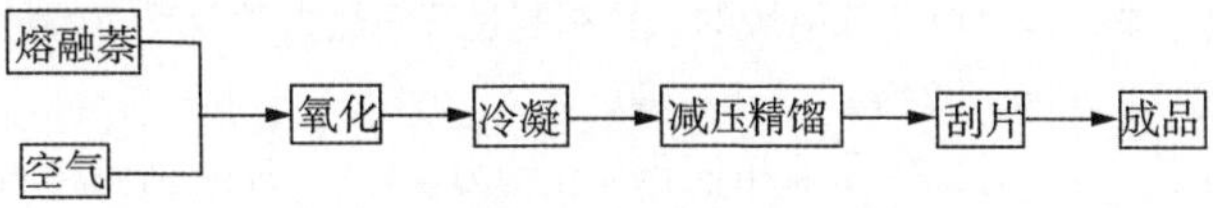

图 9－6－25　萘氧化法工艺流程

干净的空气经预热后进入流化床反应器底部，喷入液体萘，萘汽化后与空气混合，通过流化状态的催化剂层，发生放热反应生成苯酐。反应器内装有列管冷却器，以水作为热载体移出反应热。反应气体经三级旋风分离器，把气体携带的催化剂分离下来后，进入液体冷凝器，有 40%～60% 的粗苯酐以液态冷凝下来，气体再进入切换冷凝器（又称热融箱）进一步分离粗苯酐，粗苯酐经预分解后进行精馏得到苯酐成品。尾气经洗涤后排放，洗涤液用水稀释后排放或送去进行催化焚烧。

随着石油工业的发展以及邻二甲苯氧化法技术的开发，萘氧化法的劣势显露出来：原料焦油萘供应紧张，价格不断上扬，单台反应器生产能力较低，这些都不可避免地造成了萘法的高能耗。由于萘氧化法生产在降低能耗上没有再出现大的进展，在大量低价位邻法苯酐的冲击下，使萘氧化法的利润空间越来越小。为了提高自身的经济效益，众多的萘氧化法厂家开始进行工艺改造，转向邻二甲苯氧化法生产。到1999年萘氧化法产量占总产量已不足10%，进入21世纪，萘氧化法在我国已逐渐被淘汰掉。

三、技术展望

我国已成为世界第一大PTA生产国和消费国，在PTA工艺、装备、催化剂以及控制等多方面都拥有专利技术，开发了1000 kt/a PTA成套工艺技术。今后PTA行业发展趋势主要表现在以下几个方面：反应装置向超大型化发展，主流PTA装置产能将提高到1000～3000kt/a；现有装置的进一步优化，开展以降低投资、减少物耗能耗、最终增强产品竞争力为核心内容的各项技术研发；满足超大型PTA装置需求的、适应多种原料路线的新型催化剂和助剂开发技术，如新型低溴和非溴PX氧化催化剂、加氢精制催化剂等；新型环境友好PTA工艺技术路线开发，如PX直接氧化一步制取PTA工艺[39,40]，超临界水中H_2O_2对PX氧化生产PTA的绿色工艺[41]；开发溶剂提纯PTA技术[42,43]等。

近几年PIA主流生产工艺并没有发生较大的改变，技术进展主要体现在装置大型化、新型氧化技术、加氢催化剂以及新原料路线开发等方面。在开发具有我国自主知识产权的新型高效邻二甲苯氧化法制苯酐催化技术和工艺技术的同时，应加快苯酐下游产品的开发。

参 考 文 献

[1] 徐亚蓉，郑裕国，沈寅初．对苯二甲酸的生产方法及展望[J]．化学与生物工程，2005，7：1－3.

[2] Partenheimer W. Methodology and scope of metal/ bromide autoxidation of hydrocarbons[J]. Catalysis Today, 1995, 23: 69－158.

[3] Cincotti A, OrrùR, Broi A, Cao G. Effect of catalyst concentration and simulation of precipitation processes on liquid phase catalytic oxidation of p－xylene to terephthalic acid[J]. Chemical Engineering Science, 1997: 4205－4213.

[4] Cincotti A, OrrùR, Broi A, Cao G. Kinetics and related engineering, aspects of catalytic liquid－phase oxidation of p－xylene[J]. Catalysis today, 1999, 52: 331－347.

[5] 周静红，张涛，隋志军，等．对苯二甲酸的加氢精制过程Ⅰ热力学及反应特性分析[J]．华东理工大学学报(自然科学版)，2006，32(4)：374－380.

[6] 王丽军，李希，谢刚，等．对二甲苯液相催化氧化动力学(Ⅰ)反应机理和动力学模型[J]．化工学报，2003，54(7)：946－952.

[7] 谢刚，李希，牛俊峰．对二甲苯液相催化氧化动力学(Ⅱ)温度效应[J]．化工学报，2003，54(7)：1013－1016.

[8] 周立进，王振新，纪磊，等．对苯二甲酸加氢精制反应宏观动力学的研究[J]．石油化工，2005，34(3)：242－246.

[9] 周静红，申广照，朱俊，等．对羧基苯甲醛在Pd/AC催化剂上加氢反应表观动力学．化学反应工程与工艺，2006，22(1)：53－57.

[10] 张少钢，周静红，徐笑春，等．对羧基苯甲醛在钯炭催化剂上串联加氢反应宏观动力学[J]．化学反应工程与工艺，2008，24(6)：509－515.

[11] Partenheimer W. The effect of zirconium in metal/bromide catalysts on the autoxidation of p－xylene Part Ⅱ.

Alternative metals to zirconium and the effect of zirconium on manganese (Ⅳ) dioxide formation and precipitation with pyromellitic acid [J]. J. Mol Catal. A: Chem, 2003, 206 (1 ~2): 131 -144.
[12] 成有为，李希，牛俊峰．锆铪催化添加剂对 PX 液相氧化过程的影响[J]．分子催化，2004，18(6)：436 -442.
[13] Sung Hwa Jhung, Ki Hwa Lee, Youn - Seok Park. Effects of alkali metals on the liquid phase oxidation of pxylene[J]. Appl. Catal. A, 2002, 230(1 -2): 31 -40.
[14] Burri Raju David, Jun Ki - Won, Yoo Jin S, et a1. Combined promotional effect of CO_2 and Ni on Co/Mn/Br catalyst in the liquid - phase oxidation of p - xylene[J]. Catal. Lett. , 2002, 81 (3 -4): 169 -173.
[15] Chavan S A, Halligudi S B, Srinivas D, et a1. Formation and role of cobalt and manganese cluster complexes in the oxidation of p - xylene[J]. J. Mol. Catal. A, 2000, 161: 49 -64.
[16] Chavan S A, Srinivas D, Ratnasamy P. Selective oxidation of para - xylene to terephthalic acid by oxo - bridged Co/Mn cluster complexes encapsulated in zeolite - Y[J]. J. Catal. , 2001, (204): 409 -419.
[17] Yasutaka Tashim, Takahim wahama, Satoshi Sak - aguci, et a1. A Dew strategy for the preparation of terephthalic acid by the aerobic oxidation of p - xylene using N - hydroxyphthalimide as a catalyst[J]. Adv Syn. Catal. , 2001, (343): 220 -225.
[18] 黄伟，贾艳秋，孙盛凯．Pd/C 催化剂研究进展[J]．工业催化，2006，14(6)：7 -11.
[19] 畅延青，陈大伟，吴征，许红兵，穆宇飞．用于对苯二甲酸精制的加氢催化剂[P]：CN1213803C，2005 -8 -10.
[20] 畅延青，陈大伟，吴征，等．TA 加氢精制钯炭催化剂的制备与表征[J]．化学通报，2003，66：1 -4.
[21] Landau R, Heights R, Saffer A, Process for the preparation of terephthalic acid[P]: US 2833818, 1958 -5 -6.
[22] Sheehan R J. Terephthalic acid. Ullmanns Encyclopedia of Industrial Chemistry. Wiley - VCH: Weinheim, Germany, 1995, (26): 193 -204.
[23] 王勤波，李希，王丽军，等．PX 氧化反应段工艺条件的优化研究[J]．聚酯工业，2003，16(4)：12 -17.
[24] 谢刚，代伟，司马坚，等．温度和氧浓度对 PX 氧化的影响[J]．聚酯工业，2003，16(3)：17 -21.
[25] 畅延青．对苯二甲酸精制过程中几个反应工程问题探讨[J]．金山油化纤，2003，1：11 -14.
[26] 孙静珉，等编．聚酯工艺[M]．北京：化学工业出版社，1985.
[27] 朱培玉，顾道斌．对二甲苯液相氧化技术的研究进展[J]．石油化工，2001，30(12)：947 -951.
[28] Sheppard R B, Sumner C E, Tennant B A[P]. US20020183546, 2002 -12 -05.
[29] 中国石化扬子石油化工有限公司．一种气升式环流反应器：中国，200810023266.2[P]，2008 -4 -3.
[30] 皇甫功凯，李伟，肖文德，等．间二甲苯氧化反应器通气条件下液相停留时间分布的测定[J]．石油化工，2005，34(6)：565 -568
[31] 杜旭光，蒋国光．压滤机在 PTA 生产中的应用分析[J]．济南纺织化纤科技，2007，2：22 -25.
[32] 王毅．论邻二甲苯法制苯酐工艺氧化反应系统[J]．化工设计，2010，20(3)：17 -19.
[33] 李英．邻二甲苯氧化反应动力学分析[J]．辽宁化工．2009，38(9)：659 -661.
[34] 王东．萘法固定床苯酐生产技术[J]．广州化工，2010，38(12)：233　23.
[35] Cristina R Dias, M Farinha Portela, Geoffrey C Bond. Synthesis of phthalic anhydride: Catalysts, kinetics, and reaction modeling[J]. Catal. Rev. Sci. Eng. , 1997, 39(3): 169 -207.
[36] 赵仁殿主编．芳烃工学[M]．北京：化学工业出版社，2001：8.
[37] 翟辉．新型苯酐催化剂的工业应用[J]．齐鲁石油化工，200 8，36 (3)：196 -198.

[38] 张全英，丁敏，吴方宁，等. 邻苯二甲酸酐的生产及工业现状[J]. 化工中间体，2005，10：5－8.
[39] Subramaniam B，Busch D H，Niu F. Spray process for selective oxidation：WO 2010111288 A2，2010
[40] Meng Li，Fenghui Niu，Xiaobin Zuo，Peter D. Metelski，Daryle H. Busch，Bala Subramaniam. A spray reactor concept for catalytic oxidation of *p* – xylene to produce high – purity terephthalic acid [J]. Chem. Eng. Sci.，2013，104：93 － 102.
[41] Paul A Hamley，Thomas llkenhans，Jeremy M Webster，et al. Selective partial oxidation in supercritical water：the continuous generation of terephthalic acid from para – xylene in high yield [J]. Green Chem.，2002，4：235－238.
[42] Fumio Ohkoshi，Masato Inary，Fumiya Zaima. Process for producing highly pure terephthalic acid[P]：US 5684187 A，1997.
[43] 徐世昌，刘会武，罗其明，等. 溶剂洗涤法脱除粗对苯二甲酸中乙酸的研究[J]. 石油化工，2007，36(7)：694－698.

第七节　均、偏苯三甲酸/酐技术

一、均苯三甲酸技术

(一)概　述

均苯三甲酸即1，3，5－苯三甲酸，是一种新兴的附加值较高的重要化工原料，主要用于制备反渗透膜、高分子分离膜，应用于海水淡化、水的高度提纯和气体分离等；在生物医药上用于制备抗癌药物、植物生长调节剂等；在航空工业上用作火箭推进器固体燃料的交联剂和制备耐高温的高分子材料等。此外，对塑料、人造纤维、水溶性烷基树脂、增塑剂等生产也具有重要意义。2011 年，全球均苯三甲酸的总产能为 3330t，主要生产公司集中在美国、日本和中国等少数国家，美国 Amoco 和日本三菱是最早生产均苯三甲酸的公司，已经有几十年的生产历史。

(二)反应原理

由均三甲苯合成均苯三甲酸的路线[1]，主要为液相氧化法，包括液相空气氧化法、硝酸氧化法和高锰酸钾氧化法，其中液相空气氧化法是主要工业生产方法。各种液相氧化法除所选用的氧化剂不同外，基本化学反应原理相同。

1. 液相空气氧化法

1964 年，美国 Mid－Century 公司提出均三甲苯液相催化空气氧化法合成均苯三甲酸，后由 Amoco 公司[2]加以改进，并建立了多烷基苯氧化装置，现已实现工业化生产。国内黑龙江石化研究院也采用了该方法合成均苯三甲酸。该方法主要涉及的化学反应为：

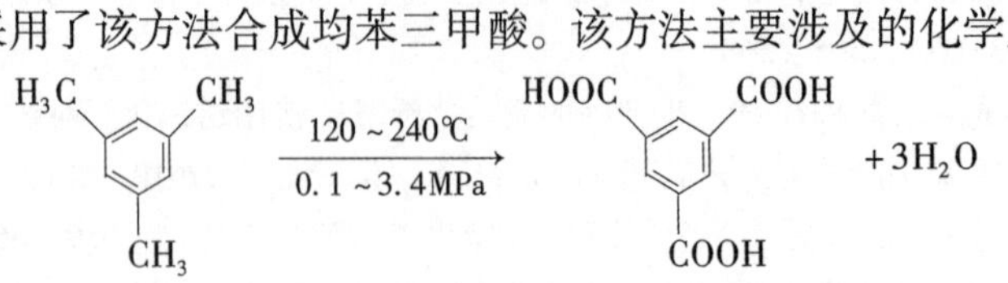

均三甲苯液相催化空气氧化合成均苯三甲酸的具体反应步骤为：

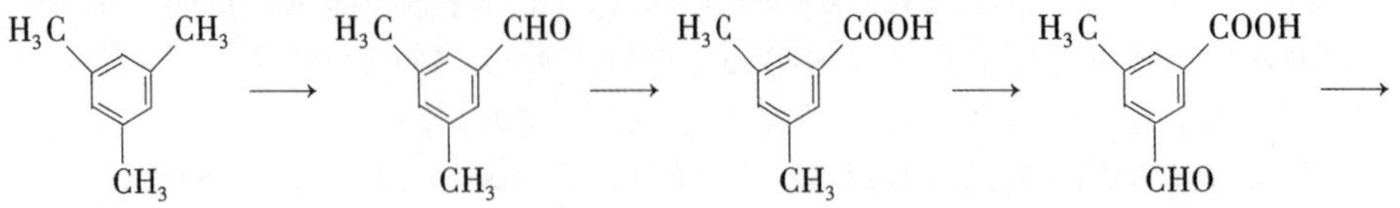

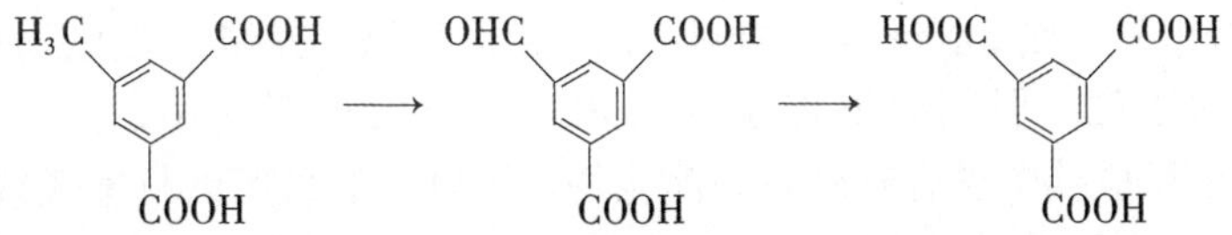

液相空气氧化法的优势在于使用了价廉易得的空气作为氧化剂，从而降低了原料成本。此外，通过使用溶剂乙酸，催化剂乙酸钴与乙酸锰和引发剂四溴乙烷，提高了产品收率，使该技术路线成为工业上普遍采用的主流工艺。

2. 硝酸氧化法

早在1948年，Lawton等[2]就提出在220℃、3.5MPa下使用硝酸氧化烷基芳烃合成对苯二甲酸的方法。1956，年Newby[2]发明硝酸氧化来合成均苯三甲酸，后来Hilms等[3]在115℃、1.0MPa下使用硝酸氧化均三甲苯得到均苯三甲酸等产品。

该方法存在硝酸原料成本高、目的产品选择性差、均三甲苯氧化效果差、产品精制难度大、环境污染严重且易爆，危险性大等问题，因此该方法在工业上已被淘汰。

3. 高锰酸钾氧化法

高锰酸钾氧化法是在硝酸氧化法基础上，通过引入相转移催化剂，如溴化十六烷基三甲铵、十八叔胺二甲基羟基硝酸季铵盐和Kao Asfier-101等，增大了无机相高锰酸钾溶液与有机相均三甲苯的接触相界面积，进而提高了反应速率和产品收率。

孙洪明等[3]采用该方法来合成均苯三甲酸，其中选用溴化十六烷基三甲铵作相转移催化剂，在70~80℃下反应3h，以高锰酸钾计的均苯三甲酸摩尔收率约为82%。但是由于成本高、收率较低、环境污染严重等问题，该方法的使用正在逐渐减少，但工业上仍用此方法进行均苯三甲酸的小批量生产。

(三)工艺流程和反应条件

液相空气氧化法生产均苯三甲酸的工艺流程如图9-7-1所示。

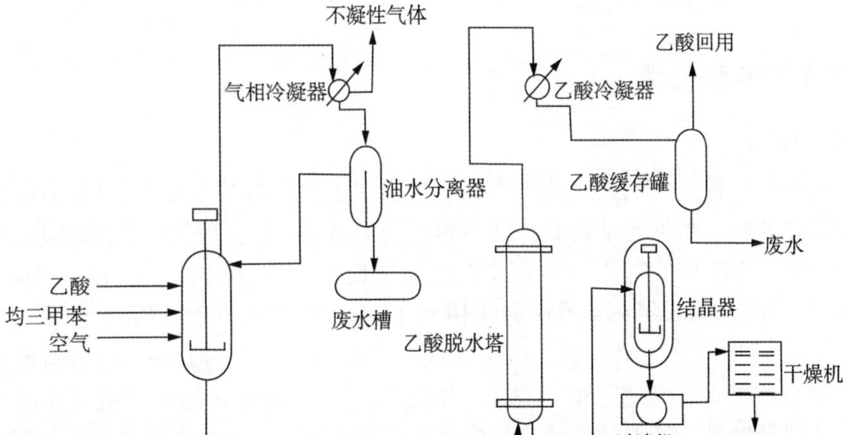

图9-7-1　均苯三甲酸生产工艺流程示意图

1. 均三甲苯的氧化

反应所用溶剂通常为乙酸[4]，催化剂为钴锰乙酸盐，引发剂为溴化物，如四溴乙烷、溴化钠或溴化铵等。反应温度和催化剂配比通常决定反应速率快慢，两者可以互补。反应压力与反应温度密切相关，通常在操作压力对应的泡点温度以下操作。增大反应压力能够提高反应器中分子氧的浓度，但同时增加了动力消耗和设备投资费用，因此正常压力应在4.0MPa以下。由于反应器中含有有机酸和溴化物，所以一般采用钛材釜式或塔式氧化反应器。为了强化气液传质效果，反应器采用机械搅拌。另外，空气喷嘴和气体分布板的形状、大小、位置也会影响气液传质和反应。值得注意的是，均苯三甲酸合成主反应和乙酸燃烧等副反应都有水的生成，反应器中大量水的存在不但会对这些反应产生抑制作用，而且也会使溶液中催化剂分散不均匀，进而影响到反应效果，所以要严格控制原料液中的水含量。该反应属强放热反应，反应热通常采用塔顶冷凝和溶剂闪蒸的方式移出，这在工业上可副产部分高压蒸汽。通过外循环取出部分反应热的方法，不但可以降低反应温度，而且在满足反应所需要氧分压的前提下没有增加尾气中氧的含量。为了保证均三甲苯转化率和氧化装置安全操作，尾气中氧含量应控制在体积分数8%以下。

2. 均苯三甲酸的提纯

提纯净化的目的是对氧化反应得到的粗均苯三甲酸进行精制，从而获得均苯三甲酸纯品。操作过程由结晶和过滤两部分构成。为了得到纯度更高的产品，还可以进行重结晶。结晶是在80～105℃下搅拌釜式结晶器中完成的，粗晶再经过过滤机处理后得到白色晶体，最后用乙酸或水漂洗后得到最终产品。工业级均苯三甲酸的纯度指标为≥99%（质量），酸值要求达到780～800mgKOH/g。

3. 溶剂回收

液相催化空气氧化法合成均苯三甲酸所需的乙酸和均三甲苯的体积比为(5:1)～(20:1)，为了降低成本，乙酸需要回收和再利用。要保证塔底乙酸质量浓度达到98%以上，工艺中的乙酸脱水塔需要81块理论塔板。为了降低装置造价，同时减少安装、维修及操作等费用，可以通过加入共沸剂*N*－乙酸丁酯把脱水塔理论塔板数降低到60块。另外，为了减少乙酸在氧化反应器中的燃烧及其与水分离所带来的损失，可采用苯甲酸和水代替乙酸作溶剂的新方法[5]。

二、偏苯三酸酐技术

(一)概　述

偏苯三酸酐是一种重要的精细化工产品，主要用于生产偏苯三酸三辛酯(TOTM)、聚酯亚胺漆、聚酯酰亚胺、水性醇酸树脂、环氧树脂固化剂等。世界偏苯三酸酐的研究开发始于20世纪50年代，1962年美国Amoco公司首先采用偏三甲苯液相空气氧化法(Amoco法)实现工业化生产，并于1968年在美国伊利诺伊州Joliet工厂建成一套13kt/a偏苯三酸酐生产装置。1985年，日本三菱瓦斯化学公司开发成功了以间二甲苯为原料，经芳香醛水溶液空气氧化制偏苯三酸酐的新工艺(MGC法)，并建成了一套15kt/a偏苯三酸酐生产装置。目前，Amoco公司是世界上最大的偏苯三酸酐生产厂家，生产能力约占世界偏苯三酸酐总生产能力的一半以上[6]。截至2011年底，我国偏苯三酸酐的生产能力约达120kt，约占世界偏苯三酸酐总生产能力的三分之一以上。

(二)反应原理

偏苯三酸酐的生产方法主要有偏三甲苯液相硝酸氧化法、偏三甲苯液相空气氧化法、偏三甲苯气相空气氧化法和间二甲苯甲醛液相空气氧化法(MGC法)[7,8]。

1. 偏三甲苯液相硝酸氧化法

偏三甲苯液相硝酸氧化法由德国 Saarbergwerk 公司于 20 世纪 70 年代开发成功并实现工业化生产。它是将偏三甲苯加入到稀硝酸溶液中，在 1.5 ~ 3.0MPa、175 ~ 200℃ 条件下进行氧化反应，氧化后的物料经冷却结晶．然后经离心分离和干燥得到粗偏苯三甲酸。粗偏苯三甲酸在 200 ~ 240℃ 下加热脱水，再进行真空蒸馏制得偏苯三酸酐产品。该法收率达 90%，产品纯度达 98.5%。目前该法已基本被淘汰。

2. 偏三甲苯液相空气氧化法

偏三甲苯液相空气氧化法是目前国内外工业上生产偏苯三酸酐的主要方法。最早由 Mid - Century 公司开发成功，称为 MC 法。1962 年 Amoco 公司首先采用该方法实现工业化生产，故又称 Amoco 法。该法以偏三甲苯为原料，空气为氧化剂，乙酸钴和乙酸锰为主催化剂，四溴乙烷为助催化剂，在 200 ~ 220℃、2.0 ~ 2.3MPa 压力条件下，偏三甲苯在乙酸溶液中经空气氧化生成偏苯三甲酸，偏苯三甲酸再经脱水生成偏苯三酸酐。该法产品纯度高达 99%。

3. 偏三甲苯气相空气氧化法

偏三甲苯气相空气氧化法由日本触媒化学工业株式会社于 20 世纪 70 年代研究开发成功。采用以含钒、钛、磷等化合物为催化剂，在 395 ~ 415℃ 条件下，偏三甲苯发生氧化反应生成偏苯三甲酸，偏苯三甲酸再经脱水生成偏苯三甲酸酐。该法的关键是研制出一种活性高、选择性好、收率高的高效催化剂，目前该法还未实现工业化生产。

4. 间二甲基苯甲醛液相空气氧化法

间二甲基苯甲醛液相空气氧化法(MGC 法)由日本三菱瓦斯化学公司于 1985 年开发成功。在反应温度小于 0℃、压力为 2.0MPa 以及液体超强酸 $HF - BF_3$ 为催化剂条件下，间二甲苯与一氧化碳进行甲酰化反应生成 2，4 - 二甲基苯甲醛；然后再以水为溶剂，以溴化锰和溴化氢作为催化剂，在 200 ~ 220℃、1.96 ~ 2.94MPa 条件下，用空气将 2，4 - 二甲基苯甲醛氧化生成偏苯三甲酸，转化率为 100%；然后经 200℃ 以上高温加热，于熔融状态下脱水生成偏苯三酸酐。该法反应选择性高，产品收率可以达到 90% 以上，是一种很有发展前途的方法。具体反应方程式如下所示：

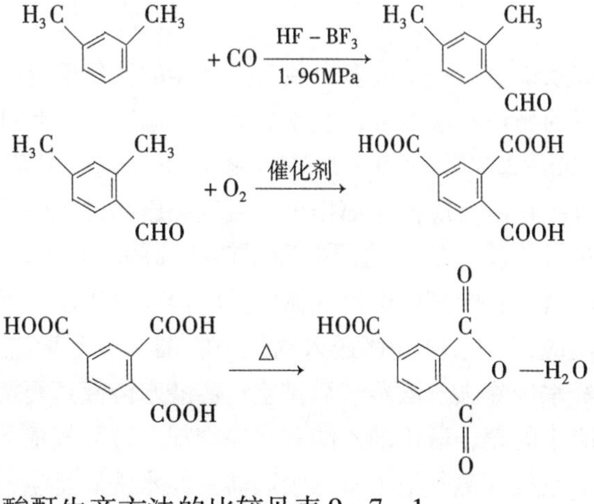

以上四种偏苯三甲酸酐生产方法的比较见表 9 - 7 - 1。

(三)液相空气氧化法工艺流程和工艺条件

偏三甲苯液相空气氧化法是目前国内外工业上生产偏苯三酸酐的主要方法。该方法的工艺过程主要包括氧化反应、溶剂浓缩和脱水成酐三部分，工艺流程如图 9－7－2 所示[9,10]。

表 9－7－1 四种偏苯三甲酸酐生产方法特点比较

生产方法	原料	催化剂	优点	缺点	目前应用
硝酸氧化法	偏三甲苯 硝酸	—	工艺简单，容易操作	设备腐蚀严重，生产成本较高，副产物多，收率低，三废严重，操作危险	已基本淘汰
Amoco 法	偏三甲苯 空气	乙酸钴 乙酸锰 四溴乙烷	空气作氧化剂成本低，技术成熟，操作安全，能耗低，收率高，环境效益好	腐蚀严重，设备投资大，催化剂价格高	目前工业化生产采用的主要方法
气相空气氧化法	偏三甲苯 空气	钒、钛、磷 固体催化剂	氧化过程中无腐蚀性介质，设备投资小；工艺过程简单	所用催化剂选择性差，收率低	未实现工业化生产
MGC 法	间二甲苯 一氧化碳 空气	$HF-BF_3$ 超强酸 溴化锰 溴化氢	原料易得；以水为溶剂，不存在溶剂挥发损失和蒸气爆炸的危险；无副产物处理；溶剂水和反应生成的水易与产品分离，简化了溶剂回收系统	强酸性催化剂，腐蚀严重，设备造价高，技术难度大	日本市场偏酐主要的生产方法

1. 偏三甲苯氧化

偏三甲苯氧化反应系统包括一个或多个装有搅拌器的氧化反应器。偏三甲苯、乙酸溶剂和催化剂与来自溶剂罐的循环乙酸混合，经预热至反应温度后一起进入反应器。压缩空气由反应器底部进入。在 200～220℃、2.0～2.3MPa 条件下，偏三甲苯在乙酸溶液中氧化生成偏苯三甲酸，氧化反应产物由反应器底部排出，通过减压阀进入闪蒸罐。

氧化反应放出的热量使反应器中的溶剂和原料经沸腾汽化，产生的蒸汽和副产的水蒸气，以及氮气、未反应氧气和二氧化碳等气体由反应器顶部排出，通过冷却器和气液分离器后，冷凝液返回氧化反应器。未凝气体送入高压吸收器，经乙酸洗去烃类物质后进入溶剂罐。剩下的不凝气体经水洗除去乙酸蒸气后排空；乙酸水溶液送至溶剂浓缩系统。

氧化产物在闪蒸罐中闪蒸，蒸出的乙酸和水经冷却后进入气液分离器。然后，液体送至溶剂浓缩系统。未反应空气和蒸气送入常压吸收器，经水洗后排空；乙酸水溶液送至溶剂浓缩系统。

闪蒸罐中的混合物送进减压操作下的结晶器。结晶器中的搅拌器使偏苯三酸结晶呈悬浮状态，结晶淤浆送至过滤机过滤得到偏苯三酸湿滤饼。母液汇集于母液罐。滤饼通过螺旋运输机送至脱水器。

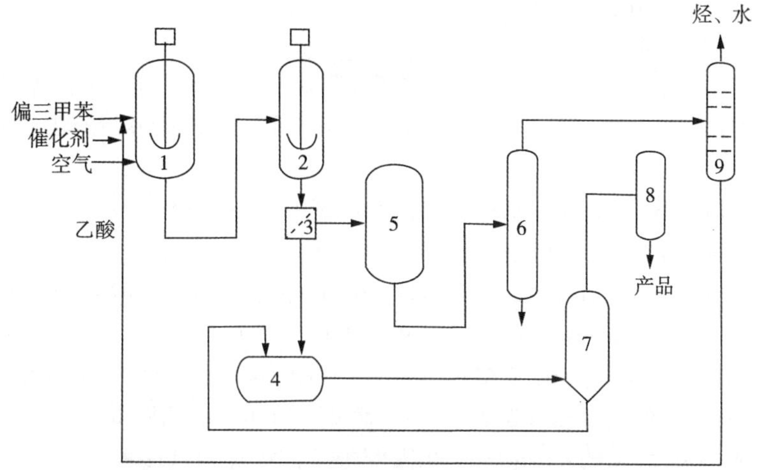

图 9-7-2　偏三甲苯液相空气氧化法工艺流程图

1—氧化反应器；2—结晶器；3—过滤机；4—脱水器；5—母液罐；6—母液汽提塔；7—产品蒸馏塔；8—液体酐产品罐；9—乙酸脱水塔

2. 溶剂回收

过滤机母液集中在母液罐中，然后用泵送入母液汽提塔。塔顶排出水和乙酸蒸气，经乙酸脱水塔蒸除水蒸气后，得到浓度为 93% ~98%（摩尔）的乙酸，收集于乙酸罐中。补充的乙酸也进入该罐中，罐中乙酸用泵送至溶剂罐。

母液汽提塔的塔底流出物和产品蒸馏塔的塔底流出物含有高熔点固体和催化剂金属，一起排放至沉降槽经沉降后，部分作为废液排放，其余送至第一脱水器。

3. 脱水成酐

来自过滤机的偏苯三酸湿滤饼经螺旋进料器进入含有熔融粗酐的第一脱水器，在常压下用盘管加热脱水为偏苯三酸酐（TMA）。闪蒸出的乙酸和水排放至母液罐。第一脱水器流出物再经减压（最好低于 73kPa）操作下的第二脱水器加热脱水，经二次脱水后，粗酐产品中 TMA 含量高于 97%。然后送至产品蒸馏塔，酐蒸气由塔顶蒸出，经冷却器后进入液体酐产品罐。低沸物由罐顶排除。液体酐产品由罐底流出，经刨片机冷凝刨片，作为产品投入料槽输送至贮罐或包装。蒸馏塔的塔底流出物含有催化剂金属和高沸物，可泵送至沉降槽。

三、技术展望

液相空气氧化法以其自身潜在的技术和经济优势正逐步取代高锰酸钾氧化法，成为合成均苯三甲酸的首选方法。但目前该方法在合成工艺上仍然存在着一些不足之处，如液相氧化催化剂的性能不足，产品提纯工艺复杂、能耗较高，溶剂和催化剂的回收率低等问题。未来该工艺的发展方向包括：①采用鼓泡塔反应器，该反应器通过气泡自身扰动实现气液传质，可以很好地解决机械搅拌带来的轴密封、动力消耗等问题；②开发更高活性和选择性的催化剂，降低反应压力和温度；③采用快捷、简便的在线分析方法，实现原料和产物的全面及时分析。

偏苯三酸酐的工业化生产仍普遍采用偏三甲苯液相氧化法。偏三甲苯气相氧化法尽管具有工艺过程简单、无腐蚀性介质、设备投资小和建设费用低等优点，但催化剂选择性低、产品收率较低。要实现气相法工艺的工业化生产，必须在催化剂性能上取得突破，研制出活性高、选择性好、产品收率高的高效催化剂。

参考文献

[1] 王丽军，李希，谢刚，等．对二甲苯液相催化氧化动力学(I)反应机理和动力学模型[J]．化工学报，2003，54(7)：949－952.

[2] Method for producing purified trimesic acid：US，5107020[P]，1992－04－21.

[3] 孙洪明，朱宝康．均苯三甲酰氯的研制[J]．燃料与化工，1991，(1)：42－45.

[4] Method for increasing yield and product quality while reducing power costs in oxidation of an aromatic alkyl hydrocarbon to an aromatic carboxylic acid：US，4935539[P]，1990－06－19.

[5] 一种均三甲苯连续氧化制备均苯三甲酸的方法：CN，102146029A[P]. 2010－02－04.

[6] 金栋．国内外偏苯三酸酐生产技术路线对比[J]．精细化工原料及中间体，2009，(9)：35－38.

[7] 朱新远．偏苯三酸酐的生产及市场[J]．石化技术与应用，2003，21(1)：46－50.

[8] Bonnie M Robbins. Process for the production and recovery of trimellictic anhydride：US，4788296[P]. 1998－09－29.

[9] 杨林森．偏三甲苯液相空气氧化制偏苯三酸酐技术进展[J]．精细石油化工，1992，6：44－48.

[10] 赵仁殿，金彰礼，陶志华．芳烃工学[M]．化学工业出版社．2001：765.

第八节 均苯四甲酸二酐技术

一、概 述

均苯四甲酸二酐即1，2，4，5－苯甲酸二酐(pyromellitic dianhydride，缩写为PMDA，简称均酐)[1]。均酐和醚、芳香二胺、多元醇等合成的高分子聚合物，大量用于生产聚酰亚胺树脂、环氧树脂固化剂、增塑剂、表面活性剂、润滑剂以及改进剂等。1960年，美国杜邦公司以均四甲苯为原料，首次建立了均酐工业化生产装置。目前，美国均酐生产能力约为35.0kt/a，德国约为28.0kt/a，日本约为32.6kt/a。我国自20世纪60年代开始进行均酐的试验研究和试生产，2010年总产能为5～6kt/a，生产技术也在不断进步[2]。近年来，均酐等精细化学品应用前景广阔，开发合适的工艺以及低成本、高处理能力的催化剂，生产杂质含量低、收率高的均酐产品将成为未来均酐的研究方向。

二、反应原理

国内均酐的生产方法，多以钒钛氧化物为催化剂，采用空气催化氧化均四甲苯得到粗均苯四甲酸，再经水解、重结晶得到精均苯四甲酸，均苯四甲酸经真空脱水，得到粗均酐，然后经高温真空升华制得成品均酐。反应方程式如下所示。

主反应：

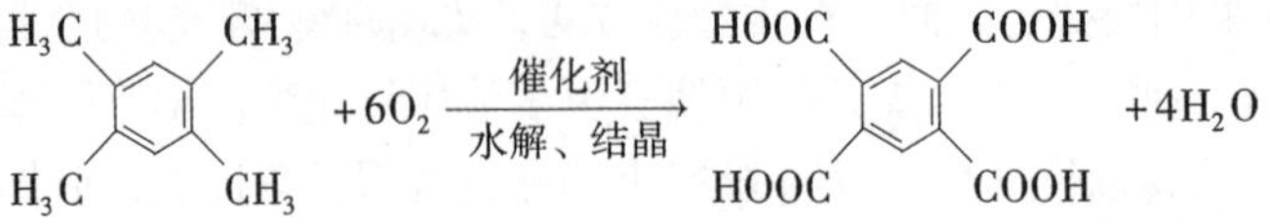

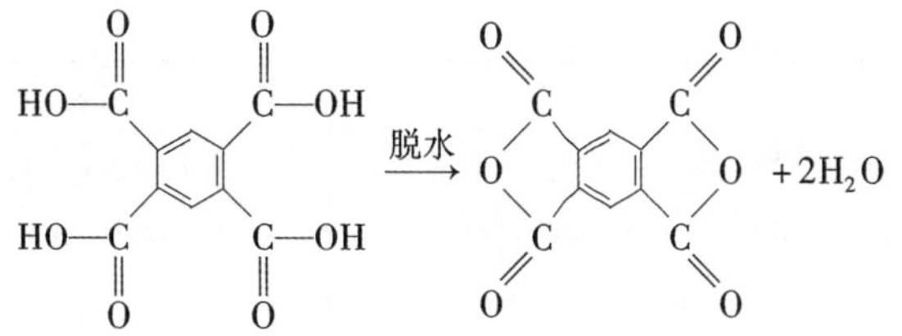

副反应：

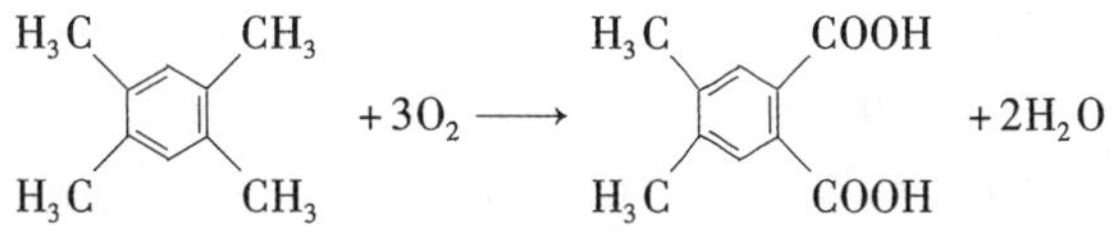

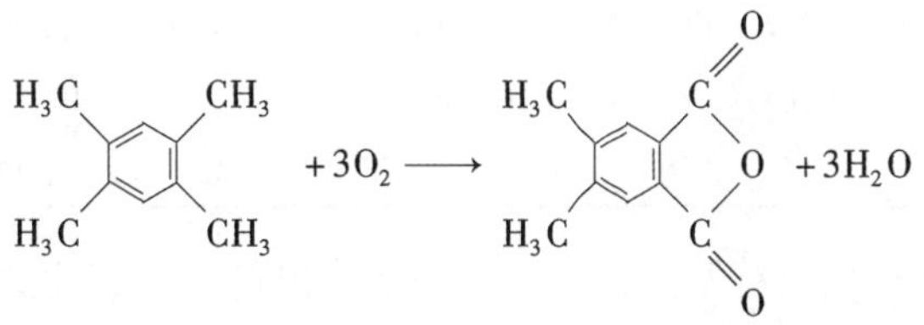

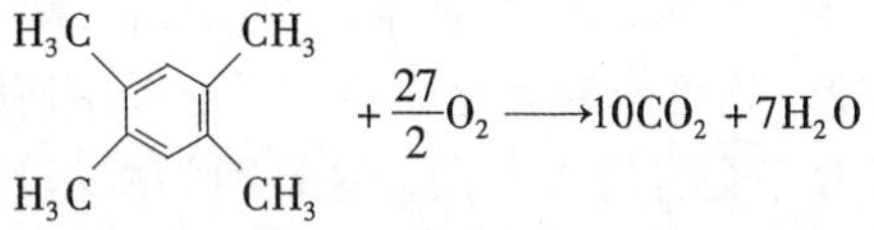

工业化生产报道的反应器是列管固定床反应器，与常规放热反应采用的反应器一样，列管内径为25mm，有利于热量的移出。但是由于反应温度较难控制，且催化剂选择性欠佳，反应过程中生成多种副产物。这些副产物随催化剂种类、合成条件各异，主要有苯二甲酸酐、苯三甲酸酐、5－甲基苯甲酸、醛类、醌类以及小分子酸等。

三、催化剂

均四甲苯气相氧化法是制备均酐的主要方法，采用不同的原料、催化剂和反应条件，均酐收率也有差别。近年来均四甲苯气相氧化的主要工艺见表9－8－1[3]。

表9－8－1 均四甲苯气相催化氧化工艺简介

原料	催化剂	工艺条件	收率/%
均四甲苯	$V_2O_5-K_2SO_4/Al_2O_3$	440～450℃，2000～3000h^{-1}	86
均四甲苯	V/SiC(或 Al_2O_3)	427～594℃，2800h^{-1}	102
均四甲苯	$V_2O_5-Na_2O/Al_2O_3$	430～470℃，8000～12000h^{-1}	102
均四甲苯	$V_2O_5-P_2O_5/TiO_2$	350℃，15000h^{-1}	109
均四甲苯	$V_2O_5-Nb_2O_5/Al_2O_3$	500℃，10800h^{-1}	101
均四甲苯	$V_2O_5-SnO_2-K_2SO_4/SiC(Al_2O_3)$	390～460℃，7000～15000h^{-1}	>90
均四甲苯	V－Nb(V－Mo，V－Cr，V－Ag，V－Ti)	460～600℃，7000～12000h^{-1}	83
均四甲苯，多烷基苯	$V-Se/Al_2O_3(SiC)$	400～550℃，18000h^{-1}	113
均四甲苯	$V-Mo-P/TiO_2$	380℃，5000 h^{-1}	104
均四甲苯	$V_2O_5-TiO_2-Na_2O/Al_2O_3$	410～430℃，14000h^{-1}	111
均四甲苯，四烷基苯	$V-P-W(Ti, Mo)/Al_2O_3(SiC)$	450℃，6000h^{-1}	119

续表

原　　料	催化剂	工艺条件	收率/%
均四甲苯	$V-Ce-Sb-Sn(Ge)/Al_2O_3(SiC)$	390～420℃，12000h^{-1}	125
均四甲苯	$V_2O_5-P_2O_5-MoO_3/Al_2O_3(SiC)$	460℃，8000h^{-1}	108
四烷基苯	$V_2O_5-B_2O_3/Al_2O_3(SiC)$	350～500℃，1000～10000h^{-1}	109
均四甲苯	$V-W-P-Na/Al_2O_3$	8750h^{-1}	106
多烷基苯	$V_2O_5-SiC-SiO_2/Al_2O_3$	390	82
均四甲苯	$V_2O_5-K_2O-FeO_2-NaO_2-P_2O_5/Al_2O_3$	420℃，12000h^{-1}	109
均四甲苯	$V_2O_5+TiO_2-Nb_2O_5-P_2O_5-Cs_2O/SiC$	380～420℃，8000～16000h^{-1}	120
均四甲苯	$V_2O_5-B_2O_3(P_2O_5-TiO_2-NaO_2)/Al_2O_3(SiC)$	350～500℃，1000～10000h^{-1}	102
四烷基苯	$V_2O_5-B_2O_3(V_2O_5-B_2O_3-TiO_2)/Al_2O_3$	410℃	110
多烷基苯，均四甲苯	$V_2O_5-TiO_2-K_2SO_4$	420～460℃，12800h^{-1}	113

除了均四甲苯作为氧化原料外，各种均四烷基苯也可用作氧化原料。以丙烯为烷化剂，原料芳烃可以从苯到均三甲苯，合成均四烷基苯，如三异丙基甲苯、二异丙基二甲苯和1，2，4－三甲基5－异丙基苯等，均可作为氧化原料。不论采用何种原料，氧化后固体产物中均酐的含量均极高，但分子收率会有较大不同，这是因为烷基侧链愈长，完全燃烧愈明显，反应热效应变大，氧化温度的控制愈困难，因此一般认为单烷基链多于4个碳原子时就不合适。氧化原料中均四烷基苯的含量与收率有一定关系，四烷基苯含量过低会导致混合物内其他组分的过度氧化，均苯四酸二酐收率显著下降。含量低的馏分氧化时均酐的收率（对原料中纯均四甲苯而言）还有所增加，这可能是因为偏四甲苯有部分异构化再氧化成均酐。

四、工艺流程和工艺技术

（一）工艺简介

1. 均四甲苯空气氧化法

均四甲苯空气氧化法采用均四甲苯为原料，进行气相催化氧化，反应方程如下所示。

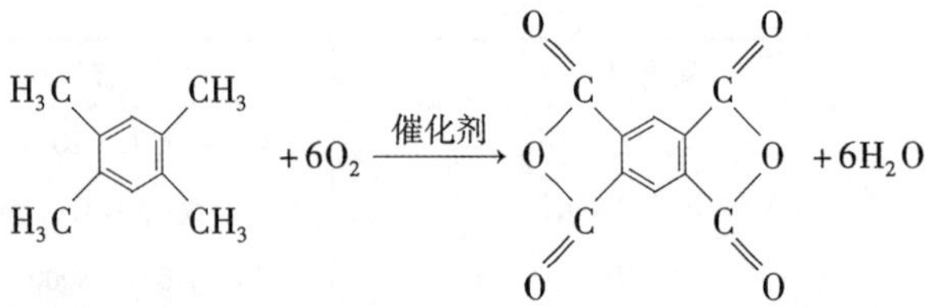

我国最早由南京工业大学开发研制成功，并在天津化工厂首次建成了50t/a规模的生产装置。由于20世纪80年代初的均四甲苯难得，且价格昂贵，此法所采用的原料曾被偏三甲苯法所取代，但随着石化工业的不断发展，副产C_{10}中存在大量均四甲苯，其分离技术也很简单，因而原料成本大幅下降。且此法可连续生产，并能实现自动化控制，产品性能稳定，污染小，生产成本低，是目前我国主要的生产方法。

2. 均四甲苯液相氧化法

以均四甲苯为原料生产均酐早期采用的是液相氧化工艺，该工艺合成均酐的收率虽然比较高，但是工艺路线较长，以硝酸或重铬酸盐等作氧化剂，易造成环境污染。中国石化以乙酸为溶剂，钴、锰、溴等为催化剂，对空气或氧气液相氧化均四甲苯进行了研究，在乙酸、水和均四甲苯溶剂比6∶1（质量），反应温度190～200℃、反应压力1.6MPa、反应时间90min、水含量6%～8%（质量）、Co/Mn/Br＝2∶1∶4等条件下，可以获得较大的反应产物量。氧化产物中均苯四甲酸含量在50%左右，产物酸值约800mgKOH/g。该法特点是工艺简单，可省去脱水工序，除空气外不采用其他氧化剂，也不需液相所必需的催化剂分离工序，并可连续生产，易于实现自动化操作。因其反应条件温和，液相氧化法将是未来发展趋势。

3. 一氧化碳法

一氧化碳法是20世纪90年代开发的均酐生产方法。首先由偏三甲苯和一氧化碳反应制得高纯度的中间体芳香醛2，4，5－三甲基苯甲醛（TBAL），然后氧化得均苯四甲酸，最后经脱水生成均苯四酸二酐。

该法采用羰基化新工艺，副反应少，产品纯度高，收率高，选择性好，对设备腐蚀性小，符合环保要求。装置通过切换原料，可生产偏苯三酸酐和均酐二种产品，生产成本较低，代表了均酐生产的发展方向。

4. 2，4－二甲苯氯甲基化法

将间对位占98%的2，4－二甲苯与甲醛、浓盐酸反应后分离出双氯甲基二甲苯，在80～85℃下，将双氯甲基二甲苯与硝酸进行常压氧化成盐后，再与高锰酸钾在92～101℃下进行氧化，所得产物经酸化、结晶、过滤得均苯四甲酸，最后于210℃保温、脱水、环化成PMDA。该法原料易得，但工艺相对较长，污染严重，在我国未见有生产厂家。

（二）工艺流程

目前工业化生产采用工艺流程如图9－8－1所示[4]。空气经过滤、压缩除水、除油后进入空气预热器，用0.5～0.6MPa水蒸气预热至120～130℃，融化釜中均四甲苯与空气充分混合形成混合气体，送入热交换器与来自氧化反应器底部的高温反应气（通入交换器管内）换热至230～240℃，然后进入氧化反应器顶部，在催化剂层上发生氧化反应，反应后的气体由氧化反应器下部排出，进入热交换器列管内，与列管外混合气体换热，温度由400℃降至250～260℃，再进入方箱和旋风分离器捕集氧化产物，捕集粗酐后的尾气经水洗塔净化后放空。由于均四甲苯氧化为强放热反应，反应放出的热量除反应气体带走一部分外，其余由熔盐载体带出。熔盐由熔盐槽经熔盐循环泵从反应器下部熔盐分配盘处进入反应器管间，吸收反应热后由反应器上部排出。均四甲苯在熔化釜中熔化后，放入计量槽计量，经过滤器过滤杂质后用计量泵送入汽化器与空气混合。

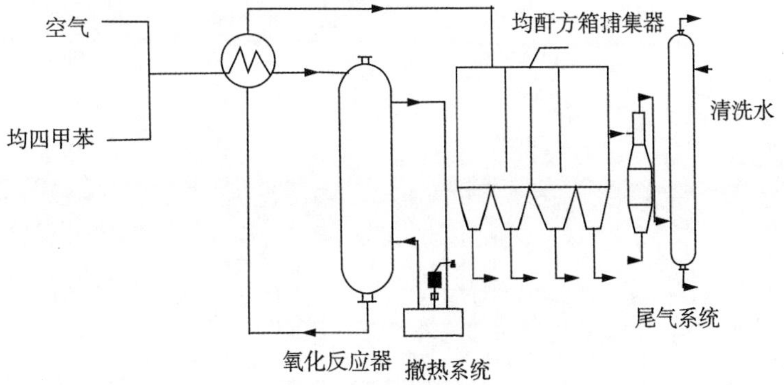

图9－8－1　均酐工艺流程图

五、技术展望

随着我国石油工业的迅速发展，重整装置重芳烃产量不断提高，为均酐的生产提供了原料保证。其中重芳烃 C_{10} 中存在大量均四甲苯。随着均四甲苯分离技术的不断发展，原料成本大幅下降，同时异构化技术的普遍使用，均四甲苯产品的产量提高。以均四甲苯直接氧化制均酐的工艺是未来发展的重点。

开发具有优良催化性能及热稳定性，能够提高目的产品收率、抑制副反应的新型催化剂是均四甲苯直接氧化制均酐的核心。从工艺角度看，及时移走反应热，快速冷却反应器气体，减少副反应的发生，提高产品收率，降低产品杂质含量，降低过程能耗的绿色催化工艺是均酐技术发展的方向。

参考文献

[1] 赵帆，张刚，等. 均苯四甲酸二酐的性质及应用[J]. 精细石油化工，1998，(4)：52－53.
[2] 汪开明. 均苯四甲酸二酐的生产技术与应用开发[J]. 安徽化工，2000，(5)：5－6.
[3] Tsutomu Takeichi，Yoshinori Endo，Yutaka Kaburaci，et al. Carbonization and graphitization of polyimide films：Polyamide acid methyl ester of PMDA/PDA as a precursor [J]. Journal of Applied Polymer Science，1996，(61)：1571－1578.
[4] 丁志平，房鼎业. 100t/a 均苯四甲酸二酐的技术开发[J]. 化学工业与工程，2003，24(1)：7－10.

附录

附录一　芳烃物性数据

物质名称	CAS 编号	结构式分子式	相对分子质量	颜色	形态	折射率及其他	密度/(kg/m³)	熔点/℃	沸点/℃	溶解性	闪点/℃	黏度
苯	71－43－2	C_6H_6	78.11	无色至淡黄	液	(n_D^{20})1.5011 (n_D^{25})1.4979 易燃，易挥发，强烈芳香味	(d_4^{20}) 0.8790	5.5	80.1	与乙醇、乙醚、丙酮、四氯化碳、二硫化碳和乙酸混溶，微溶于水	（闭杯） －11.1	0.638mPa·s (20℃)
甲苯	108－88－3	$C_6H_5CH_3$	92.13	无色透明	液	(n_D^{25})1.49414 可燃，易挥发，有类似苯的气味	(d_4^{20}) 0.8667	－95	110.8	溶于乙醇、苯、乙醚，不溶于水	4.44	0.6mPa·s (20℃)
对二甲苯	106－42－3	$C_6H_4(CH_3)_2$	106.16	无色	液	(n_D^{21})1.5004 (n_D^{25})1.4958 易燃	(d_4^{20}) 0.8611	13.263	138.37	可与乙醇、乙醚、苯、丙酮混溶，不溶于水	27.2	0.642mPa·s (20℃)
间二甲苯	108－38－3	$C_6H_4(CH_3)_2$	106.16	无色透明	液	(n_9^{20})1.4972 (n_D^{25})1.4971 易燃，有强烈芳香气味	(d_4^{15}) 0.8684	－47.872	139.3	不溶于水，溶于乙醇和乙醚	29.44	0.615mPa·s (20℃)
邻二甲苯	95－47－6	$C_6H_4(CH_3)_2$	106.16	无色透明	液	(n_D^{20})1.5016 易燃，有芳香气味	(d_4^{20}) 0.89679	－25.2	144.4	可与乙醇、乙醚、丙酮和苯混溶，不溶于水	32.0	0.92mPa·s (20℃)
乙苯	100－41－4	$C_6H_5C_2H_5$	106.16	无色	液	(n_D^{100})1.5009 芳香	(d_4^{25}) 0.8671	－94.9	136.2	溶于乙醇、苯、四氯化碳及乙醚，几乎不溶于水	15	0.64mPa·s (25℃)

续表

物质名称	CAS 编号	结构式分子式	相对分子质量	颜色	形态	折射率及其他	密度/(kg/m^3)	熔点/℃	沸点/℃	溶解性	闪点/℃	黏度
异丙苯	98-82-8	$C_6H_5CH(CH_3)_2$	120.19	无色	液	(n_D^{20})1.4915 麻醉	(d_4^{20}) 0.8618	-96.9	152~154	不溶于水,溶于乙醇、乙醚、苯和四氯化碳	(闭杯) 35	0.791mPa·s (20℃)
丙基苯②	103-65-1	$C_6H_5CH_2CH_2CH_3$	120.19	无色	液	(n_D^{20})1.4415 易燃,芳香	(d_4^{20}) 0.8621	-99.2	159.2	几乎不溶于水,与乙醇、乙醚和丙酮混溶	47	
1,2,3-三甲苯	526-73-8	$C_6H_3(CH_3)_3$	120.19	无色透明	液	(n_D^{20})1.5149 香味	(d_4^{20}) 0.8944	-25.5	175~176	溶于醇、醚、苯、丙酮等有机溶剂	48	6.471mPa·s (50℃)
1,2,4-三甲苯	95-63-6	$C_6H_3(CH_3)_3$	120.19	无色	液	(n_D^{21})1.5048 芳香	(d_4^{20}) 0.8758	-44	168.2	不溶于水,溶于乙醇、乙醚和苯	48	1.01mPa·s (20℃)
1,3,5-三甲苯	108-67-8	$C_6H_3(CH_3)_3$	120.19	无色透明	液	(n_D^{20})1.4994 香味	(d_4^{20}) 0.864	α-45/β-51	164.8	不溶于水,溶于乙醇,能以任意比例溶于苯、乙醚、丙酮	44	1.15mPa·s (20℃)
1,2,3,4-四甲基苯②	488-23-3	$(CH_3)_4C_6H_2$	134.21			(n_D^{20})1.5187	(d_4^{20}) 0.905	-6.2	205	微溶于水,能以任何比例溶于乙醇和乙醚	68	
1,2,3,5-四甲基苯②	527-53-7	$(CH_3)_4C_6H_2$	134.21	无色	液	(n_D^{20})1.5134	(d_4^{20}) 0.8906	-23.7	197.9	不溶于水,可溶于乙醇,易溶于乙醚等有机溶剂	63	
1,2,4,5-四甲基苯②	95-93-2	$(CH_3)_4C_6H_2$	134.21	白色	单斜晶体	(n_D^{20})1.5134 樟脑味,升华	(d_4^{81}) 0.838	79.2	196.8	易溶于乙醇、乙醚、苯,不溶于水	73	

续表

物质名称	CAS 编号	结构式分子式	相对分子质量	颜色	形态	折射率及其他	密度/(kg/m^3)	熔点/℃	沸点/℃	溶解性	闪点/℃	黏度
对甲基异丙苯②	99-87-6	$CH_3C_6H_4CH(CH_3)_2$	134.21	无色	液	(n_D^{20})1.4909 芳香	(d_4^{20}) 0.8573	-68.9	177.1	难溶于水，可与乙醇和乙醚混溶	47	0.632 $mN\cdot s/m^2$ (20℃)
邻甲基异丙苯②	527-84-4	$CH_3C_6H_4CH(CH_3)_2$	134.21	无色	液	(n_D^{20})1.5006 芳香	(d_4^{20}) 0.8766	-71.5	178.2	不溶于水，可溶于乙醇、乙醚、丙酮、苯	57	
间甲基异丙苯②	535-77-3	$CH_3C_6H_4CH(CH_3)_2$	134.21	无色	液	(n_D^{30})1.4930 芳香	(d_4^{20}) 0.8610	-63.8	175.1	不溶于水，可溶于乙醇、乙醚、丙酮、苯		
二乙苯⑤	25340-17-4	$(C_2H_5)_2C_6H_4$	134.22	无色透明至淡黄色	液	(n_D^{20})1.4940～1.4960 易燃，刺激	(d_4^{20}) 0.869	-73	180～182	不溶于水，易溶于乙醇、乙醚、苯、四氯化碳	56	0.89mPa·s (20℃)
1,2,4-三乙苯⑤	95-63-6	$C_6H_3(CH_3)_3$	120.19	无色透明	液	(n_D^{20})1.503～1.505	(d_4^{20}) 0.880	-44	218	不溶于水，易溶于乙醇、苯和乙醚	80.6	
1,3,5-三乙苯⑤	102-25-0	$C_6H_3(CH_3)_3$	162.26		液	(n_D^{20})1.495	(d_4^{25}) 0.862	66.5	215	不溶于水，溶于乙醚和纯乙醇	178	
六乙基苯④	604-88-6	$C_{18}H_{30}$	246.42		棱角晶		(d_4^{25}) 0.8305	129	298.3	不溶于水，易溶于苯，微溶于乙醇和乙醚		

续表

物质名称	CAS 编号	结构式分子式	相对分子质量	颜色	形态	折射率及其他	密度/(kg/m^3)	熔点/℃	沸点/℃	溶解性	闪点/℃	黏度
2,3-二甲基萘④	581-40-8	$C_{10}H_6(CH_3)_2$	156.22	白色	液	(n_D^{20})1.506	(d_4^{20}) 1.004	104.2	269	不溶于水,微溶于乙醇,溶于乙醚	269	
丁基苯③	104-51-8	$C_6H_5CH_2CH_2CH_2CH_3$	134.21	无色	液	(n_D^{20})1.48979 刺激性	(d_4^{20}) 0.860	-88.2	183.3	能与乙醇、乙醚、丙酮、苯、四氯化碳和石油醚混溶,不溶于水	(开杯) 71	1.032(20℃)
萘	91-20-3	$C_{10}H_8$	128.17	无色有光泽	单斜晶体	(n_D^{85})1.5898 可燃易挥发,樟脑丸气味	(d_4^{20}) 1.145 (d_4^{100}) 1.9625	80.29	218	不溶于水,可溶于乙醚、乙醇、氯仿、二硫化碳、苯等	(开杯) 78.89	0.776mPa·s (100℃)
α-甲基萘	90-12-0	$C_{11}H_{10}$	142.20	无色油状	液	(n_D^{20})1.6170 易燃易挥发,樟脑丸气味	(d_4^{20}) 1.0202	-30.6	244.6	不溶于水,易溶于乙醚和乙醇	82.2	
β-甲基萘	91-57-6	$C_{11}H_{10}$	142.20	白色或浅黄色	单斜晶体/熔融状结晶体	(n_D^{40})1.6019 易燃	(d_4^{20}) 1.0058		241	不溶于水,易溶于乙醇和乙醚等		
苯乙烯	100-42-5	C_8H_8	104.15	无色油状	液	(n_D^{20})1.5467 芳香	(d_4^{20}) 0.9051		145	微溶于水,溶于乙醇、乙醚、甲醇、丙酮和二硫化碳	(开杯) 31.11	0.763mPa·s (20℃)
环已烷	110-82-7	C_6H_{12}	84.16	无色	液	(n_D^{20})1.42623 可燃,刺激性气味	(d_4^{20}) 0.77855	6.5	80.738	不溶于水,溶于乙醇、丙酮和苯	(闭杯,98%) -18	0.977mPa·s (20℃)

续表

物质名称	CAS 编号	结构式分子式	相对分子质量	颜色	形态	折射率及其他	密度/(kg/m^3)	熔点/℃	沸点/℃	溶解性	闪点/℃	黏度
苯酚	108-95-2	C_6H_5OH	94.11	无色或白色	针状结晶或结晶熔块	(n_D^{41})1.54178 可燃，腐蚀力强，有特殊臭味和燃烧味	(d_4^{20}) 1.0576	43	181.7	1g溶于约15mL水，12mL苯，易溶于乙醇、乙醚、氯仿、甘油、二硫化碳、凡士林、挥发油、固定油、强碱水溶液，几乎不溶于石油醚	79.5	12.7mPa·s
硝基苯	98-95-3	$C_6H_5NO_2$	123.11	无色至浅黄色油状	液	(n_D^{20})1.55296 易燃	(d_4^{20}) 1.2037	5.85	210.9	溶于乙醇、乙醚和苯，微溶于水	88	2.030mPa·s (20℃)
苯胺	62-53-3	$C_6H_5NH_2$	93.13	无色油状	液	(n_D^{20})1.5863 易燃，强烈气味	(d_4^{20}) 1.0217	-6.3	184	稍溶于水，与乙醇、乙醚、氯仿和其他大多数有机溶剂混溶	(开杯) 70	4.4mPa·s (20℃)
苯甲腈	100-47-0	C_6H_5CN	103.12	无色油状	液	(n_D^{20})1.5289 苦杏仁气味	(d_{15}^{15}) 1.0102	-13	190.7	微溶于水，100℃在水中溶解度为1%，与常用有机溶剂混溶	71	1.24mPa·s (25℃)
苯二甲腈⑤	91-15-6	$C_6H_4(CN)_2$	128.13	无色	针状晶		(d_4^{20}) 1.2400	141	290	在水中的溶解度：0.56g/L的水(25℃)，溶于丙酮和苯，不溶于乙醚和乙醇，能随水蒸气挥发	>130	
精对苯二甲酸	100-21-0	$C_6H_4(COOH)_2$	166.13	白色	针状结晶/粉末	可燃	1.510	348↑	>300	溶于碱溶液，微溶于热乙醇，不溶于水、乙醚、冰乙酸和氯仿	260	
精间苯二甲酸	121-91-5	$C_8H_6O_4$	166.13	无色	由水或乙醇结晶	易燃，能升华	1.507	345~348		微溶于水，不溶于苯、甲苯和石油醚，溶于甲醇、乙醇、丙酮和冰乙酸		

续表

物质名称	CAS 编号	结构式分子式	相对分子质量	颜色	形态	折射率及其他	密度/(kg/m^3)	熔点/℃	沸点/℃	溶解性	闪点/℃	黏度
均苯三甲酸②	544－95－0	$C_6H_3(COOH)_3$	210.14					380↑		微溶于水，易溶于乙醇，可溶于乙醚		
均苯三甲酸酐⑤	3786－39－8	$C_9H_4O_5$	192.13	白色至灰白色	片状	湿气敏感	1.669±0.06g/cm^3(220℃)	164～169	390	0.002g/100g 四氯化碳－0.06g/100G 的石油醚(25℃)，0.4g/100g 混合二甲苯－15.5g/100g DMF(25℃)，丙酮 49.6g/100g(25℃)，21.6g/100g 乙酸乙酯(25℃下)	227	
偏苯三酸②	528－44－9	$C_6H_3(COOH)_3$	210.14	白色	结晶		(d_4^{20}) 1.654	231d⑥	505.5±45.0	易溶于乙醇和二甲基甲酰胺，溶于丙酮，略溶于水和乙酸乙酯，几乎不溶于苯、氯仿和二硫化碳	273.6±25.2	
偏苯三酸酐①	552－30－7	$C_9H_4O_5$	192.13	白－微黄	针晶	易燃，霉臭味	(d_4^0)1.68	168	390	溶于热水及丙酮、2－丁酮、二甲基甲酰胺、乙酸乙酯、环己酮，溶于无水乙醇并发生反应	222	
均苯四甲酸②	89－05－4	$C_{10}H_6O_8$	254.15	白－微黄	针晶	刺激，能升华		276		易溶于醇，微溶于乙醚和水		

续表

物质名称	CAS 编号	结构式分子式	相对分子质量	颜色	形态	折射率及其他	密度/(kg/m^3)	熔点/℃	沸点/℃	溶解性	闪点/℃	黏度
均苯四甲酸酐①	89-32-7	$C_{10}H_2O_6$	218.12	白-微黄	结晶	湿气敏感	(d_4^{20}) 1.680	286	384～400	溶于二甲基亚砜、二甲基甲酰胺、丙酮，当暴露在潮湿空气中时，水解生成酸	380	
环丁砜	126-33-0	$C_4H_8O_2S$	120.17	无色	固	(n_D^{30})1.481 无味	(d_4^{30}) 1.261	27.4～27.8	287	可与水、混合二甲苯、甲硫醇、乙硫醇混溶，也可溶于芳烃和醇类，对石蜡烃和烯烃溶解度很小	(开杯) 176.7	10.34mPa·s (30℃)
四乙二醇醚③	52814-38-7	$C_9H_{18}O_4$	194.23	无色	液	(n_D^{20})1.4618 带辣味	(d_{20}^{20}) 1.125	130	327.3	溶于水，不溶于乙醇和乙醚		
N-酰基吗啉⑤	1696-20-4	$C_6H_{11}NO_2$	129.157	无色至微黄色	液	(n_D^{20})1.4830～1.4850 刺激	(d_4^{20}) 1.11	9～10	245.5	与水混溶，溶于醇、丙酮	122	10.6mPa·s (20℃)

①数据来自《中国化工产品大全(第4版)》。
②数据来自《兰氏化学手册》。
③数据来自《实用化学手册》。
④数据来自《有机化合物实验物性数据手册》。
⑤数据来自 https://www.fishersci.ca (原 http://www.hazard.com/msds)。
⑥231d 表示在 231℃同时分解的熔点。
其他数据来自《化工产品手册:有机化工原料(第4版)》。

附录二　芳烃生产原料及产品标准摘录

表1　石油苯国家标准(GB/T 3405—2011)

项　目		质量指标		试验方法
		石油苯 - 535	石油苯 - 545	
外观		透明液体，无不溶水及机械杂质		目测[a]
颜色(铂 - 钴色号)	不深于	20	20	GB/T 3143 ASTM D 1209[b]
纯度(质量分数)/%	不小于	99.80	99.90	ASTM D 4492
甲苯(质量分数)/%	不大于	0.10	0.05	ASTM D 4492
非芳烃(质量分数)/%	不大于	0.15	0.10	ASTM D 4492
噻吩/(mg/kg)	不大于	报告	0.6	ASTM D 1685 ASTM D 4735[c]
酸洗比色		酸层颜色不深于1000mL稀酸中含0.20g重铬酸钾的标准溶液	酸层颜色不深于1000mL稀酸中含0.10g重铬酸钾的标准溶液	GB/T 2012
总硫含量/(mg/kg)	不大于	2	1	SH/T 0253[d] SH/T 0689
溴指数/(mg/100g)	不大于	—	20	SH/T 0630 SH/T 1551[e] SH/T 1767
结晶点(干基)/℃	不低于	5.35	5.45	GB/T 3145
1，4 - 二氧己烷(质量分数)/%		由供需双方商定		ASTM D 4492
氮含量/(mg/kg)		由供需双方商定		SH/T 0657 ASTM D 6069
水含量/(mg/kg)		由供需双方商定		SH/T 0246 ASTM E 1064
密度(20℃)/(kg/m^3)		报告		GB/T 2013 SH/T 0604
中性试验		中性		GB/T 1816

[a]将试样注入100mL玻璃量筒中，在(20±3)℃下观察，应是透明、无不溶水及机械杂质。对机械杂质有争议时，用GB/T 511方法进行测定，结果应为无。

[b] 在有异议时，ASTM D1209为仲裁方法。

[c] 在有异议时，ASTM D4735为仲裁方法。

[d] 在有异议时，SH/T 0253为仲裁方法。

[e] 在有异议时，SH/T 1551为仲裁方法。

表 2　工业用纯苯中国石化标准(Q/SH PRD118—2011)

项　　目		指　　标		试验方法
		优等品	一等品	
外观		清澈透明，无机械杂质及游离水		目测[a]
纯度/%(质量分数)	≥	99.90	99.80	ASTM D 4492
非芳烃/%(质量分数)	≤	0.10	0.15	ASTM D 4492
甲苯/%(质量分数)	≤	0.05	0.10	ASTM D 4492
1，4－二氧杂环己烷/%(质量分数)		报告		ASTM D 4492
噻吩/(mg/kg)	≤	0.6	1.0	ASTM D 1685 ASTM D 4735(仲裁法)
结晶点/℃	≥	5.45	5.35	GB/T 3145
颜色(铂－钴色号)/号	≤	15	20	GB/T 3143
总硫/(mg/kg)	≤	1.0		SH/T 1147 SH/T 0253 SH/T 0689(仲裁法)
酸洗比色		酸层颜色应不深于重铬酸钾含量为0.10g/L标准比色液的颜色		GB/T 2012[b]
溴指数/(mgBr/100g)	≤	20	—	SH/T 1551(仲裁法)、 SH/T 0630
密度(20℃)/(kg/m^3)		878～881		GB/T 2013(仲裁法)、 SH/T 0604
水分/%(质量分数)	≤	0.04	报告	SH/T 0246、 ASTM E 1064(仲裁法)
中性试验		中性		GB/T 1816
氮/(mg/kg)		报告		SH/T 0657
氯/(mg/kg)		报告		SH/T 1757

[a]在15～25℃进行目测。

[b] 允许使用ASTM D 848进行测试，控制指标为“≤1”。如有异议，以GB/T 2012测试结果为准。

表 3　石油甲苯国家标准(GB/T 3406—2010)

项　　目		质量指标		试验方法
		Ⅰ号	Ⅱ号	
外观		透明液体，无不溶水及机械杂质		目测[a]
颜色(Hazen单位，铂－钴色号)	不深于	10	20	GB/T 3143 ASTM D1209 [b]

续表

项目		质量指标		试验方法
		Ⅰ号	Ⅱ号	
密度(20℃)/(kg/m³)		—	865~868	GB/T 2013[c] SH/T 0604
纯度(质量分数)/%	不小于	99.9	—	ASTM D6526
烃类杂质含量				GB/T 3144 ASTM D6526[d]
苯含量(质量分数)/%	不大于	0.03	0.10	
C_8 芳烃含量(质量分数)/%	不大于	0.05	0.10	
非芳烃含量(质量分数)/%	不大于	0.1	0.25	
酸洗比色		酸层颜色不深于1000mL稀酸中含0.2g重铬酸钾的标准溶液		GB/T 2012
总硫含量/(mg/kg)	不大于	2		SH/T 0253[e] SH/T 0689
蒸发残余物/(mg/100mL)	不大于	3		GB/T 3209
中性试验		中性		GB/T 1816
溴指数/(mg/100g)		由供需双方商定		SH/T 0630 SH/T 1551 SH/T 1767

[a]将试样注入100mL玻璃量筒中，在20℃±3℃下观察，应透明、无不溶水及机械杂质。对机械杂质有争议时，用GB/T 511方法进行测定，结果应为无。

[b]有争议时，以ASTM D1209为仲裁方法。

[c]有争议时，以GB/T 2013为仲裁方法。

[d]有争议时，以ASTM D6526为仲裁方法。

[e]有争议时，以SH/T 0253为仲裁方法。

表4　石油混合二甲苯国家标准(GB/T 3407—2010)

项目		质量指标		试验方法
		3℃混合二甲苯	5℃混合二甲苯	
外观		透明液体，无不溶水及机械杂质		目测[a]
颜色(Hazen单位 铂-钴色号)	不深于	20		GB/T 3143
密度(20℃)/(kg/m³)		862~868	860~870	GB/T 2013[b] SH/T 0604
馏程/℃				GB 3146[c]
初馏点	不低于	137.5	137	
终馏点	不高于	141.5	143	
馏程范围	不大于	3	5	

续表

项　　目	质量指标		试验方法
	3℃混合二甲苯	5℃混合二甲苯	
酸洗比色	酸层颜色不深于1000mL稀酸中含0.3g重铬酸钾的标准溶液	酸层颜色不深于1000mL稀酸中含0.5g重铬酸钾的标准溶液	GB/T 2012
总硫含量/(mg/kg)　不大于	2		SH/T 0253[d] SH/T 0689
蒸发残余物/(mg/100mL)　不大于	3		GB/T 3209
铜片腐蚀	通过		GB/T 11138
中性试验	中性		GB/T 1816
溴指数/(mgBr/100g)	供需双方商定		SH/T 0630 SH/T 1551 SH/T 1767

[a]将试样注入100mL玻璃量筒中，在20℃ ±3℃下观察，应透明、无不溶水及机械杂质。对机械杂质有争议时，用GB/T 511方法进行测定，结果应为无。

[b] 有争议时，以GB/T 2013为仲裁方法。

[c] 有争议时，以蒸馏法为仲裁方法。

[d] 有争议时，以SH/T 0253为仲裁方法。

表5　PX装置用混合二甲苯中国石化标准(Q/SH PRD0404—2011)

项　　目		指　　标	试验方法
外观		清澈透明，无机械杂质及游离水	目测[a]
颜色(铂-钴色号)/号	≤	20	GB/T 3143
密度(20℃)/(kg/m^3)		860 ~870	GB/T 2013
馏程(在101.3kPa下)/℃			GB 3146.1[b]
初馏点	≥	137	
终馏点	≤	143	
总馏程范围	≤	5	
对二甲苯含量[c]/%(质量分数)	≥	18	附录B
乙苯含量[c]/%(质量分数)	≤	19	附录B
甲苯含量/%(质量分数)	≤	0.5	附录B
C_9和C_9以上芳烃含量/%(质量分数)	≤	1.0	附录B
非芳烃含量/%(质量分数)	≤	2.0[d]	附录B
酸洗比色	≤	酸层颜色不深于1000mL稀酸中含0.5g重铬酸钾的标准溶液	GB/T 2012[e]
溴指数/(mgBr/100g)	≤	50	SH/T 1551(仲裁方法)、SH/T 0630、SH/T1767
中性试验		中性	GB/T 1816

续表

项　目		指　标	试验方法
蒸发残余物/(mg/100mL)	≤	3	GB/T 3209
铜片腐蚀		通过	GB/T 11138
总硫含量/(mg/kg)	≤	1	SH/T 0253 SH/T 0689(仲裁方法)
氯含量/(mg/kg)	≤	1	SH/T 1757
氮含量/(mg/kg)	≤	1	SH/T 0657
砷含量/(μg/kg)	≤	1	SH/T 0629[f]
铅含量/(μg/kg)	≤	10	SH/T 0242[f]
铜含量/(μg/kg)	≤	5	SH/T 0182[f]

[a]在15～25℃进行目测。

[b]允许使用GB/T 3146—82中的色谱方法进行检测，结果有争议时，以GB/T 3146.1测定结果为准。

[c]乙苯含量和对二甲苯含量为C_8芳烃中的含量。

[d]对于对二甲苯装置产出的混合二甲苯，非芳含量指标由供需双方协定。

[e]允许使用附录A进行测试，控制指标为"≤6"。如有异议，以GB/T 2012测试结果为准。

[f]砷、铅、铜的试验方法也可与用户商定，有争议时以SH/T 0629、SH/T 0242、SH/T 0182为仲裁方法。

表6　石油对二甲苯石化行业标准(SH/T 1486.1—2008)

项　目		指　标		试验方法
		优等品	一等品	
外观		清澈透明，无机械杂质、无游离水		目测[a]
纯度[b]/%(质量分数)	≥	99.7	99.5	SH/T 1489、SH/T 1486.2
非芳烃含量[b]/%(质量分数)	≤	0.10		SH/T 1489、SH/T 1486.2
甲苯含量[b]/%(质量分数)	≤	0.10		SH/T 1489、SH/T 1486.2
乙苯含量[b]/%(质量分数)	≤	0.20	0.30	SH/T 1489、SH/T 1486.2
间二甲苯含量[b]/%(质量分数)	≤	0.20	0.30	SH/T 1489、SH/T 1486.2
邻二甲苯含量[b]/%(质量分数)	≤	0.10		SH/T 1489、SH/T 1486.2
总硫含量/(mg/kg)	≤	1.0	2.0	SH/T 1147
颜色(铂-钴色号)/号	≤	10		GB/T 3143
酸洗比色		酸层颜色应不深于重铬酸钾含量为0.10g/L标准比色液的颜色		GB/T 2012
溴指数[c]/(mgBr/100g)	≤	200		SH/T 1551、SH/T 1767
馏程(在101.3kPa下，包括138.3℃)/℃	≤	1.0		GB/T 3146

[a]在18.3～25.6℃进行目测。

[b]在有异议时，以SH/T 1489方法测定结果为准。

[c]在有异议时，以SH/T 1551方法测定结果为准。

表7 石油间二甲苯石化行业标准(SH/T 1766.1—2008)

项目		指标	试验方法
外观		清澈透明无沉淀	目测[a]
纯度/%(质量分数)	≥	99.50	SH/T 1766.2
乙苯/%(质量分数)	≤	0.10	SH/T 1766.2
对二甲苯+邻二甲苯/%(质量分数)	≤	0.45	SH/T 1766.2
非芳烃/%(质量分数)	≤	0.10	SH/T 1766.2
总硫含量/(mg/kg)	≤	2	SH/T 1147
色度(铂-钴色号)	≤	10	GB/T 3143
溴指数	≤	10	SH/T 1551

[a] 目测方法：将试样注入100mL量筒中，在室温下目测。

表8 石油邻二甲苯石化行业标准(SH/T 1613.1—1995)

项目		指标		试验方法
		优等品	一等品	
外观		清晰，无沉淀物	清晰，无沉淀物	目测[a]
纯度/%(质量分数)	≥	98	95	SH/T 1613.2
非芳烃+碳九芳烃/%(质量分数)	≤	1.0	1.5	SH/T 1613.2
色度(铂-钴色号)	≤	10	20	GB/T 3143
酸洗比色		酸层颜色应不深于重铬酸钾含量为0.15g/L标准比色液的颜色	—	GB/T 2012
总硫/(mg/kg)	≤	5	5	SH/T 1147
水溶性酸碱		无	无	GB/T 259
馏程[b](在101.325kPa)/℃	≤	2(包括144.4)	2(包括144.4)	GB/T 3146
不挥发物[b]/(mg/100mL)	≤	2	5	GB/T 3209

[a]将试样注入100mL量筒中，在30℃下目测。

[b] 馏程和不挥发物两项，仅在型式试验时测定。

表9 工业用乙苯石化行业标准(SH/T 1140—2001)

序号	项目		指标		试验方法
			优等品	一等品	
1	外观		无色透明均匀液体，无机械杂质和游离水		目测[a]
2	密度(20℃)/(kg/m^3)		866~870		GB/T 4472
3	水浸出物酸碱性(pH值)		6.0~8.0		SH/T 1146
4	纯度/%(质量分数)	≥	99.70	99.50	SH/T 1148
5	二甲苯/%(质量分数)	≤	0.10	0.15	SH/T 1146
6	异丙苯/%(质量分数)	≤	0.03	0.05	SH/T 1146
7	二乙苯/%(质量分数)	≤	0.001	0.001	SH/T 1146
8	硫/%(质量分数)	≤	0.0003	不测定	SH/T 1147

[a]将试样注入50mL比色管中，液面与刻度齐平，在有足够自然光线或有白色背景的灯光下径向目测，发生争议时，按GB/T 605仲裁，铂-钴标度应不大于5号。

表 10　工业用异丙苯石化行业标准(SH/T 1744—2004)

序号	指标名称	指标			试验方法
		优等品	一等品	合格品	
1	外观	a			目测
2	纯度/%(质量分数) ≥	99.92	99.70	99.50	SH/T 1745—2004
3	α-甲基苯乙烯含量/%(质量分数) ≤	0.01	0.02	0.03	SH/T 1745—2004
4	苯含量/%(质量分数) ≤	0.001	0.002	0.004	SH/T 1745—2004
5	丁苯含量/%(质量分数) ≤	0.02	0.03	0.04	SH/T 1745—2004
6	二异丙苯含量/%(质量分数) ≤	0.002	0.08	0.20	SH/T 1745—2004
7	乙苯含量/%(质量分数) ≤	0.01	0.05	0.15	SH/T 1745—2004
8	正丙苯含量/%(质量分数) ≤	0.03	0.06	0.10	SH/T 1745—2004
9	溴指数/(mgBr/100g) ≤	50	100	100	SH/T 1551—1993
10	色度/铂-钴色号 ≤	10	20	20	GB/T 3143—1982(1990)
11	过氧化氢异丙苯含量(装载时)/(mg/kg) ≤	100	100	100	SH/T 1746(仲裁方法)或 SH/T 1748—2004
12	酚类含量/(mg/kg) ≤	5	10	50	SH/T 1747(仲裁方法)或 SH/T 1748—2004
13	硫含量/(mg/kg) ≤	1	2	2	GB/T 12688.6-1990

[a]清晰液体，在 18~26℃时无沉淀和混浊。

表 11　工业用苯乙烯国家标准(GB/T 3915—2011)

序号	指标名称	指标			试验方法
		优等品	一等品	合格品	
1	外观	清晰透明，无机械杂质和游离水			目测[a]
2	纯度(质量分数)/%	≥99.8	≥99.6	≥99.3	GB/T 12688.1[b]
3	聚合物/(mg/kg)	≤10	≤10	≤50	GB/T 12688.3
4	过氧化物(以过氧化氢计)/(mg/kg)	≤50	≤100	≤100	GB/T 12688.4
5	总醛(以苯甲醛计)/(mg/kg)	≤100	≤100	≤200	GB/T 12688.5
6	色度(铂-钴色号)/号	≤10	≤15	≤30	GB/T 605
7	乙苯(质量分数)/%	≤0.08	报告	—	GB/T 12688.1[b]
8	阻聚剂(TBC)/(mg/kg)	10~15(或按需)[c]			GB/T 12688.8

[a]将试样置于 100mL 比色管中，其液层高为 50~60mm，在日光或日光灯透射下目测。

[b]在有争议时，以内标法测定结果为准。

[c]如遇特殊情况，可按供需双方协议执行。

表 12 焦化萘国家标准(GB/T 6699—1998)

指标名称		精萘			工业萘		
		优等品	一等品	合格品	优等品	一等品	合格品
外观		白色粉状、片状结晶	白色略带微红或微黄粉状、片状结晶		白色，允许带微红或微黄粉状、片状结晶		
结晶点/℃	不小于	79.8	79.6	79.3	78.3	78.0	77.5
不挥发物/%	不大于	—	0.01	0.02	0.04	0.06	0.08
灰分/%	不大于	—	0.006	0.008	0.01	0.01	0.02
酸洗比色 按标准比色液	不深于	2号	4号	—	—	—	—

注：①不挥发物按生产厂出厂检验数据为准。

②工业萘按液体供货时不挥发物指标由供需双方规定。

表 13 植物油抽提溶剂国家标准(GB 16629—2008)

项目		指标	试验方法
馏程/℃			
初馏点	不低于	61	GB /T 6536
干点	不高于	76	
苯含量(质量分数)/%	不大于	0.1	GB/T 17474
密度(20(C)/(kg/m³)		655 ~680	GB/T 1884 GB/T 1885 SH/T 0604[a]
溴指数/(mgBr/100g)	不大于	100	GB/T 11136
色度/号	不小于	+30	GB/T 3555
不挥发物/(mg/100mL)	不大于	1.0	GB/T 3209
硫含量(质量分数)/ %	不大于	0.0005	SH/T 0253[b] SH/T 0689
机械杂质及水分		无	目测[c]
铜片腐蚀(50(C，3h)/级	不大于	1	GB/T 5096

[a]有争议时，以 GB/T 1884 和 GB/T 1885 为仲裁方法。

[b] 有争议时，以 SH/T 0253 为仲裁方法。

[c] 将试样注入 100mL 玻璃量筒中，室温下观察，试样应透明，无悬浮及沉淀物。

[illegible]